Werner Gamerith, Paul Messerli, Peter Meusburger und Heinz Wanner
(Hrsg.)

Alpenwelt – Gebirgswelten
Inseln, Brücken, Grenzen

54. Deutscher Geographentag Bern 2003
28. September bis 4. Oktober 2003

Alpenwelt – Gebirgswelten
Inseln, Brücken, Grenzen

Tagungsbericht und
wissenschaftliche Abhandlungen

Werner Gamerith, Paul Messerli, Peter Meusburger und Heinz Wanner
(Hrsg.)

im Auftrag der Deutschen Gesellschaft für Geographie (DGfG)

Heidelberg und Bern 2004

© 2004 Deutsche Gesellschaft für Geographie (DGfG)

http://www.geographie.de/

Schriftleitung: Werner Gamerith
Layout und Satz: Werner Gamerith
Umschlaggestaltung: Büro Felix Frank (Bern) / Volker Schniepp

Coverfotos:
Aletschgletscher, Rosenlauital, Schweizer Flagge: © picswiss.ch/Roland Zumbühl
Eiger-Nordwand: © picswiss.ch/Gerhard Rademacher
Jungfraubahn: © Photopress
Übrige Fotos: © Werner Gamerith

Druck: Klingenberg Buchkunst Leipzig, An der Hebemärchte 6, D-04316 Leipzig

Bibliografische Information der Deutschen Bibliothek
Die Deutsche Bibliothek verzeichnet diese Publikation in der Deutschen
Nationalbibliografie; detaillierte bibliografische Daten sind im Internet über
http://dnb.ddb.de abrufbar.

ISBN 3-9808754-1-5

Inhaltsverzeichnis

Vorwort
Werner *Gamerith*, Paul *Messerli*, Peter *Meusburger* und Heinz *Wanner* 1

Eröffnung
Heinz *Wanner*: Grusswort 3
Peter *Meusburger*: Eröffnung des 54. Deutschen Geographentags 5
Urs *Gasche*: Grusswort 13
Moritz *Leuenberger*: Wer die Stadt nicht ehrt, ist der Alp nicht wert 15
Bruno *Messerli*: Von Rio 1992 zum Jahr der Berge 2002 und wie weiter?
  Die Verantwortung der Wissenschaft und der Geographie 21

Forum „Les géographes inventent les Alpes"
Jean *Ruegg*: Les géographes inventent les Alpes. Points de vue géographiques sur les Alpes:
  images, représentations et discours... ou comment des documents géographiques
  contribuent-ils à une représentation „nationale" des Alpes 43
Matthias *Stremlow*: Der geographische Blick auf die Alpen. Bilder, Vorstellungen und
  Diskurse aus dem deutschsprachigen Raum 45
Bernard *Debarbieux*: How national used to be the French perceptions of the Alps? 55

Schlussfeier
Ann *Buttimer*: Poetics, Aesthetics and Humboldtean Science 63

Photodokumentation 81

Leitthemen des 54. Deutschen Geographentags Bern 2003

Leitthema A – Aktuelle Dynamik und Langzeitsignale in Gebirgsräumen

A1 – Langfristige Umweltveränderungen

Frank *Lehmkuhl* und Christian *Schlüchter*: Einleitung 85
Jörg *Schibler*: Kurzfristige Klimaschwankungen aufgrund archäologischer Daten und
  ihre Auswirkungen auf die prähistorischen Gesellschaften 87
Willy *Tinner* und Brigitta *Ammann*: Reaktionsweisen von Gebirgswäldern –
  schneller als man denkt 95
Klaus *Heine*: Gletscherschwankungen als Zeugen für Umweltveränderungen in den
  Randtropen der Neuen Welt (Mexiko, Bolivien) während der Jüngeren Dryaszeit
  und des 8.200-Jahr-Ereignisses 103

A2 – Globaler Klimawandel und Gebirge

Wilfried *Haeberli* und Martin *Beniston*: Einleitung 113
Stephan *Glatzel*: Kohlenstoffspeicherung in und Spurengasfreisetzung aus Böden
  tropischer Gebirge – Stand des Wissens und Forschungsbedarf 115
Reinhard *Böhm*: Systematische Rekonstruktion von zweieinhalb Jahrhunderten
  instrumentellem Klima in der größeren Alpenregion – ein Statusbericht 123
Andreas *Kääb* und Wilfried *Haeberli*: Luft- und weltraumgestützte Messtechnologie –
  neue Perspektiven für die weltweite Gletscherbeobachtung 133

Inhaltsverzeichnis

A3 – Landschaftshaushalt und Ressourcennutzung

Karl *Herweg* und Hanspeter *Liniger*: Bodenschutz und Wasserkonservierung in tropischen und subtropischen Gebirgsräumen – eine Herausforderung für die Geographie 141

Jürgen *Böhner*: Der klimatisch determinierte raum/zeitliche Wandel naturräumlicher Ressourcen Zentral- und Hochasiens: Regionalisierung, Rekonstruktion und Prognose 151

Uwe *Börst*: Landschaft – eine ‚konstruierte' Ressource 161

A4 – Gebirge und Umland: Stoff- und Wertflüsse

Christoph *Stadel* und Matthias *Winiger*: Einleitung 169
Christian *Leibundgut*: Wasser- und Stoffhaushalt sind Zwillinge 171
Udo *Schickhoff*: Highland-Lowland Interactions und Gebirgswälder: Dynamik und Risiken von Ressourcen- und Stoffflüssen 181
Peter *Baccini*: Thesen zum urbanen Ressourcenhaushalt im Gebirge.................................... 191
Hiltrud *Herbers*: Bergflucht aus dem tadschikischen Pamir: Die Transformation der Gebirgs-Umland-Beziehungen 199

A5 – Gebirgsräume und Unterrichtskonzepte

Ingrid *Hemmer* und Hans-Rudolf *Volkart*: Einleitung... 209
Karl-Heinz *Otto*: Hochgebirge im Geographieunterricht – zur didaktischen Relevanz eines fragilen Natur- und Kulturraums 211
David *Golay*: Sind Subventionen sinnvoll? Agrarpolitik im Berggebiet der Schweiz, eine Unterrichtsreihe auf der Sekundarstufe I 221
Rolf *Bürki*: Davos sieht grün – Beispiele zu Klimawandel und Tourismus auf der Sekundarstufe II 229
Markus *Wemhoff*: Grödnertal und Villnößtal im Vergleich – Eine Schülerexkursion ins Hochgebirge 237

Leitthema B – Risikomanagement und Nachhaltigkeit in Gebirgsräumen

B1 – Nutzung, Naturgefahren, integrales Risikomanagement

Johann *Stötter* und Hannelore *Weck-Hannemann*: Einleitung.. 247
Hans *Kienholz*: Alpine Naturgefahren und -risiken – Analyse und Bewertung 249
Walter J. *Ammann*: Die Entwicklung des Risikos infolge Naturgefahren und die Notwendigkeit eines integralen Risikomanagements 259
Markus *Fischer*: Sichern und Versichern im Rahmen des Risikomanagements 269
Eric *Veulliet*: Naturgefahren-Management als Konzept für die dauerhafte Sicherung des alpinen Lebensraums 277

B2 – Verkehrssysteme, Urbanisierung und Metropolisierung

Frauke *Kraas* und Rita *Schneider-Sliwa*: Einleitung 287
Andreas *Dittmann* und Eckart *Ehlers*: Montane Milieus: Verkehrserschließung und Siedlungsentwicklung unter besonderer Berücksichtigung des Karakorum Highway/Pakistan 289

Axel *Borsdorf*: Verkehrs- und Städtenetze in Alpen und Anden. Über die Problematik der Übertragbarkeit von Erfahrungen im internationalen Entwicklungsdialog 299

Kay *Axhausen*, Philipp *Fröhlich*, Martin *Tschopp* und Peter *Keller*: Erreichbarkeitsveränderungen in der Schweiz und ihre Wechselwirkungen mit der Bevölkerungsveränderung 1950-2000 309

Frithjof *Voss*: Verkehrslageerfassung aus der Luft mit Hilfe einer automatisierten Auswertung von Thermal-IR-Luftbildern 319

B 3 – Biodiversität, Wildnis und Naturschutz

Karl-Heinz *Erdmann* und Hans-Rudolf *Bork*: Einleitung 329
Peter A. *Schmidt*: Biodiversität und Naturschutz im Kaukasus 331
Werner *d'Oleire-Oltmanns* und Jochen *Grab*: Biodiversitätskonvention und Alpenkonvention vor dem Hintergrund eines sich wandelnden Nutzungsmusters 341
Michael *Richter*: Störungen und Phytodiversität – ein zonaler Vergleich 349
Michaela *Block*: Pflanzenvielfalt in Städten 359

B 4 – Politische Umsetzung nachhaltiger Nutzungskonzepte

Thomas *Hammer* und Peter *Haßlacher*: Einleitung 369
Ewald *Galle*: Die Alpenkonvention und ihre Protokolle 371
Peter *Rieder*, Birgit *Kopainsky*, Simon *Buchli* und Benjamin *Buser*: Nachhaltige Nutzungskonzepte in der Primärproduktion im schweizerischen Alpenraum, auf dem Hintergrund der nationalen Politik 379
Theo *Schnider*: UNESCO Biosphäre Entlebuch / Schweiz: Dialog- und Kooperationsbereitschaft als Schlüssel zu intelligentem Wachstum 389
Rainer *Siegele*: Möglichkeiten und Grenzen des Gemeindenetzwerks „Allianz in den Alpen" 393

B 5 – Ökologische Anliegen im Geographieunterricht

Gerhard *Pfander* und Eberhard *Schallhorn*: Einleitung 397
Martin *Grosjean*: Heutige Trends in der Klima- und Klimafolgenforschung: eine neuartige Herausforderung – auch im Unterricht 399
Ulli *Vilsmaier* und Martina *Fromhold-Eisebith*: Das transdisziplinäre Lehrforschungsprojekt „Leben 2014" – Perspektiven der Regionalentwicklung in der Nationalparkregion „Hohe Tauern" 407
Joachim *Vogt*: Der Wert der Ökologie für die Geographie 417
Volker *Wilhelmi*: Umwelt- und Nachhaltigkeitserziehung in der Geographie. Schulische Anforderungen und ihre Umsetzung im Hochgebirge 427

Leitthema C – Mythen und Lebensalltag in Gebirgsräumen

C 1 – Ideologien, Mythen und Diskurse zum Leben im Gebirge

Jürgen *Hasse* und Gisbert *Rinschede*: Einleitung 437
Helga *Peskoller*: Berge als Erfahrungs- und Experimentierraum – bildungstheoretische und anthropologische Aspekte 439

Inhaltsverzeichnis

Katharina *Fleischmann*, Anke *Strüver* und Britta *Trostorff*: „Jeder nur erdenkliche Aberglaube ist unter dem hufeisenförmigen Zuge der Karpaten zu Hause" – zum Mythos Transsilvanien und Dracula 447
Erwin *Grötzbach*: Heilige Berge und Bergheiligtümer im Hochgebirge – ein Vergleich zwischen verschiedenen Religionen 457

C2 – Konvergenz und Divergenz der Lebensstile in Gebirgen und in urbanen Welten

Ilse *Helbrecht* und Friedrich M. *Zimmermann*: Einleitung 465
Verena *Meier Kruker*: Unterwegs in den Alpen: Wege (*routes*) und Wurzeln (*roots*) 467
Ulrike *Gerhard* und Ingo H. *Warnke*: Zwischen *Wiesengrund* und *Rolling Fields*: Zur Repräsentation von Natur in Stadttexturen Nordamerikas 475
Klaus *Zehner*: Zwischen Tradition und Innovation – Die Sozialraumanalyse der Stadt in der Postmoderne 485

C3 – Bevölkerungsdynamik, Migration und Segregationsprozesse

Heinz *Fassmann* und Carmella *Pfaffenbach*: Einleitung 493
Georg *Glasze*: Die „ideologies of the mountain" im Libanon: gestern nationalistischer Gründungsmythos und heute Hintergrund neuer Segregationsformen? 495
Katrin *Schneeberger*: MigrantInnen „zu Gast" in den Schweizer Alpen – Vom konfliktiven Verhältnis zwischen in- und ausländischen Arbeitskräften 505
Andreas *Dittmann*: Segregation und Migration in städtischen Zentren zwischen Hindukusch und Himalaja 515
Karin *Vorauer-Mischer*: Regionalpolitik und demographische Entwicklung. Zum Stellenwert der Demographie in der österreichischen „Alpenpolitik" 523

C4 – Grenzen, Sprachen und Kulturen

Peter *Jurczek* und Perttu *Vartiainen*: Einleitung 531
Henk van *Houtum*: Borders of Comfort: Spatial Economic Bordering Processes in the European Union (EU) 533
Walter *Leimgruber*: Von der *Regio Basiliensis* zu *Interreg* 543
Andrea Ch. *Kofler*: Das Dreiländereck Italien, Österreich, Slowenien. Leben mit kultureller Vielfalt? 553
Jussi S. *Jauhiainen*: *Baltic Sea Region* – Netzwerke und Innovationen 563

C5 – Raumwahrnehmung und Raumrepräsentationen im Geographieunterricht

Dieter *Böhn* und Martin *Hasler*: Einleitung 573
Detlef *Kanwischer*: Kopfräume und Wirklichkeitsvorstellungen – Virtuelle Welten im Geographieunterricht 575
Helmer *Vogel*: Stadterkundung – ein interdisziplinäres Projekt zur Förderung der Raumverhaltenskompetenz von Menschen mit geistiger Behinderung 585
Max *Maisch* und Peter *Wick*: „Eiszeitgletscher-Visionen" und „Gletscherschwund-Szenarien" – Interaktive Möglichkeiten zur Visualisierung und Erkundung glazialdynamischer Prozesse (am Beispiel der Museums-Installation „Gletscherland Schweiz" im Gletschergarten Luzern) 595

Olivier *Mentz*: Die Darstellung des Alpenraums in deutschen und französischen
  Geographielehrwerken 605

Leitthema D – Entwicklungsstrategien im Spannungsfeld von Geopolitik und lokalen Agenden

D 1 – Gebirge als Kriegs- und Krisenräume

Hermann *Kreutzmann* und Ulrike *Müller-Böker*: Einleitung 615
Eva *Ludi*: Sind Gebirge wirklich Kriegs- und Krisenregionen? 617
Ingrid *Prem*: Krisen und Naturkatastrophen in Bergregionen: Beiträge der GTZ zur
  Katastrophenvorsorge und Armutsminderung am Beispiel der Anden 625
Marcus *Nüsser*: Krisen und Konflikte in Lesotho: Entwicklungsprobleme eines
  peripheren Hochlands aus politisch-ökologischer Perspektive 633
Hermann *Kreutzmann*: Auswirkungen der Afghanistan-Krise auf die pamirische
  Bevölkerung des Wakhan 641

D 2 – Leistungen und Gegenleistungen von Gebirge und Umland

Hans *Elsasser* und Martin *Boesch*: Einleitung 651
Martin *Seger*: Endogene Entwicklung, externe Einflüsse: Prozesse im österreichischen
  Berggebiet 653
Franz *Dollinger*: Die Rolle des Alpenraums im Österreichischen Raumentwicklungs-
  konzept – Ein unbekannter Ballungsraum als Erholungsgebiet für die alpennahen
  Agglomerationen? 663
Michael *Marti*, Stephan *Osterwald*, Helen *Simmen* und Felix *Walter*: Zahlen die Agglo-
  merationen für die Alpen? 671
Daniel *Wachter* und Peter *Schmid*: Internalisierungsorientierte Regionalpolitik: Blick
  aus der Praxis auf ein theoretisches Konzept (Fallbeispiel Schweiz) 683

D 3 – Gestaltung der Entwicklung durch politische Raum- und Entscheidungsstrukturen

Jürgen *Aring* und Peter *Weichhart*: Einleitung 693
Axel *Priebs*: Funktionalräume versus Territorien – Möglichkeiten einer Anpassung
  politischer Entscheidungsstrukturen an den Regionalisierungsprozess 697
Manfred *Perlik*: Regionalpolitische Koordinationserfordernisse im Alpenraum – Bestands-
  aufnahme und Handlungsoptionen 707

D 4 – Von der gestaltenden Kraft lokaler Agenden

Dominik *Siegrist* und Norbert *Weixlbaumer*: Einleitung 717
Mirella *Loda*: Lokale Agendaprozesse im südlichen Apennin – vertikale Beziehungen,
  soziales Kapital und lokale Entwicklung im Gerbereidistrikt Solofra 719
Ingo *Mose*: „Initiatives at the Edge" – Lokale Agenden als Schlüssel der Regional-
  entwicklung in den schottischen Highlands and Islands? 729
Jeannette *Behringer*: *Policy*-Netzwerke für eine nachhaltige Entwicklung am Beispiel
  Gemeindenetzwerke und lokale Agenden 739
Thomas *Hammer*: Schutzgebiete als Grundlagen lokal-regionaler Agenden nachhaltiger
  Entwicklung 749

D5 – Entwicklungsperspektiven in der Fachdidaktik

Sibylle *Reinfried*: Einleitung 759
Helmuth *Köck*: Endogene Hemmnisse und Potentiale geographischen Lehrens
und Lernens 761
Tilman *Rhode-Jüchtern*: „Zahlen, Figuren, wahre Weltgeschichte" – Fachwissen und
verständnisintensives Lernen im Geographieunterricht 771
Armin *Rempfler*: Systemtheorie und Konstruktivismus im Geographieunterricht –
Möglichkeiten und Grenzen 783
Eberhard *Kroß*: Globales Lernen – eine neue Perspektive für den Geographieunterricht 791

Autoren- und Herausgeberverzeichnis

Prof. Dr. Brigitta AMMANN Institut für Pflanzenwissenschaften Universität Bern Altenbergrain 21 CH-3013 Bern *brigitta.ammann@ips.unibe.ch*	Dr. Walter J. AMMANN Eidgenössisches Institut für Schnee- und Lawinenforschung SLF Flüelastrasse 11 CH-7260 Davos *ammann@slf.ch*	Dr. Jürgen ARING Büro für Angewandte Geographie Klosterstraße 84 D-53340 Meckenheim *aring@t-online.de*
Prof. Dr. Kay AXHAUSEN Institut für Verkehrsplanung und Transportsysteme ETH Zürich ETH Hönggerberg HIL CH-8093 Zürich *axhausen@ivt.baug.ethz.ch*	Prof. Dr. Peter BACCINI Dept. Bau, Umwelt und Geomatik ETH Zürich ETH Hönggerberg HIF E21 CH-8093 Zürich *peter.baccini@eawag.ch*	Dr. rer. pol. Jeannette BEHRINGER equiterre-Partnerin für nachhaltige Entwicklung Merkurstrasse 45 CH-8032 Zürich *behringer@equiterre.ch*
Prof. Dr. Martin BENISTON Département de Géosciences Université de Fribourg Rue du Musée 4 – Pérolles CH-1700 Fribourg *martin.beniston@unifr.ch*	Dipl.-Geogr. Michaela BLOCK Institut für Geographie Universität Erlangen-Nürnberg Kochstraße 4/4 D-91054 Erlangen *mblock@geographie.uni-erlangen.de*	Dr. Reinhard BÖHM Zentralanstalt für Meteorologie und Geodynamik (ZAMG) Hohe Warte 38 A-1190 Wien *reinhard.boehm@zamg.ac.at*
Prof. Dr. Dieter BÖHN Institut für Geographie Universität Würzburg Wittelsbacherplatz 1 D-97074 Würzburg *dieter.boehn@mail.uni-wuerzburg.de*	Dr. Jürgen BÖHNER Geographisches Institut Universität Göttingen Goldschmidtstraße 5 D-37077 Göttingen *jboehne1@gwdg.de*	Dipl.-Geogr. Uwe BÖRST Geographisches Institut Universität Bonn Meckenheimer Allee 166 D-53115 Bonn *boerst@giub.uni-bonn.de*
Prof. Dr. Martin BOESCH Forschungsstelle für Wirtschaftsgeographie und Raumordnungspolitik Universität St. Gallen Postfach CH-9011 St. Gallen *martin.boesch@unisg.ch*	Prof. Dr. Hans-Rudolf BORK Ökologie-Zentrum Universität Kiel Olshausenstraße 75 D-24118 Kiel *mail@hans-rudolf-bork.de*	Prof. Dr. Axel BORSDORF Institut für Stadt- und Regionalforschung der Österreichischen Akademie der Wissenschaften Postgasse 7/4/2 A-1010 Wien *axel.borsdorf@oeaw.ac.at*
Simon BUCHLI Institut für Agrarwirtschaft ETH Zentrum Sonneggstrasse 33 CH-8092 Zürich *simon.buchli@iaw.agrl.ethz.ch*	Dr. Rolf BÜRKI Pädagogische Hochschule St. Gallen Notkerstrasse 27 CH-9000 St. Gallen *rbuerki@bluewin.ch*	Benjamin BUSER Institut für Agrarwirtschaft ETH Zentrum Sonneggstrasse 33 CH-8092 Zürich *benjamin.buser@iaw.agrl.ethz.ch*
Prof. Dr. Anne BUTTIMER President – International Geographical Union (IGU) Department of Geography University College Dublin Dublin 4 – Ireland *anne.buttimer@ucd.ie*	Prof. Dr. Bernard DEBARBIEUX Département de Géographie Université de Genève Boulevard du Pont d'Arve 40 CH-1211 Genève 4 *bernard.debarbieux@geo.unige.ch*	PD Dr. Andreas DITTMANN Geographisches Institut Universität Bonn Meckenheimer Allee 166 D-53115 Bonn *dittmann@giub.uni-bonn.de*
Dr. Werner D'OLEIRE-OLTMANNS Zukunft Biosphäre GmbH Dachlmoosweg 6 D-83489 Bischofswiesen *w.oleire@ko-mo.de*	Univ.-Doz. Dr. Franz DOLLINGER Land Salzburg – Fachreferent Raumforschung und grenzüberschreitende Raumplanung Postfach 527 A-5010 Salzburg *franz.dollinger@salzburg.gv.at*	Prof. Dr. Eckart EHLERS Geographisches Institut Universität Bonn Meckenheimer Allee 166 D-53115 Bonn *ehlers@giub.uni-bonn.de*

Autoren- und Herausgeberverzeichnis

Prof. Dr. Hans ELSASSER Geographisches Institut Universität Zürich Winterthurerstrasse 190 CH-8057 Zürich *elsasser@geo.unizh.ch*	Dr. Karl-Heinz ERDMANN Bundesamt für Naturschutz Konstantinstraße 110 D-53179 Bonn *karl-heinz.erdmann@bfn.de*	Prof. Dr. Heinz FASSMANN Institut für Geographie und Regionalforschung Universität Wien Universitätsstraße 7 A-1010 Wien *heinz.fassmann@univie.ac.at*
Dr. Markus FISCHER Gebäudeversicherung Graubünden Ottostrasse 22 CH-7001 Chur *markus.fischer@gva.gr.ch*	Katharina FLEISCHMANN, M.A. Institut für Geographische Wissenschaften Freie Universität Berlin Malteserstraße 74-100 D-12249 Berlin *kathi@geog.fu-berlin.de*	Dipl.-Ing. Philipp FRÖHLICH Institut für Verkehrsplanung und Transportsysteme ETH Zürich ETH Hönggerberg HIL CH-8093 Zürich *froehlich@ivt.baug.ethz.ch*
Prof. Dr. Martina FROMHOLD-EISEBITH Institut für Geographie und angewandte Geoinformatik Universität Salzburg Hellbrunner Straße 34 A-5020 Salzburg *martina.fromhold@sbg.ac.at*	Dr. Ewald GALLE Bundesministerium für Land- und Forstwirtschaft, Umwelt und Wasserwirtschaft Stubenbastei 5 A-1010 Wien *ewald.galle@lebensministerium.at*	PD Dr. Werner GAMERITH Geographisches Institut Universität Heidelberg Berliner Straße 48 D-69120 Heidelberg *werner.gamerith@urz.uni-heidelberg.de*
Urs GASCHE Regierungspräsident und Finanzdirektor des Kantons Bern Münsterplatz 12 CH-3011 Bern	Dr. Ulrike GERHARD Geographisches Institut Universität Würzburg Am Hubland D-97074 Würzburg *ulrike.gerhard@mail.uni-wuerzburg.de*	Dr. Georg GLASZE Geographisches Institut Universität Mainz Becherweg 21 D-55128 Mainz *g.glasze@geo.uni-mainz.de*
Dr. Stephan GLATZEL Institut für Geographie Universität Göttingen Goldschmidtstraße 5 D-37077 Göttingen *sglatze@gwdg.de*	Dipl.-Geogr. David GOLAY Im Grund 54 CH-4469 Anwil *golay-bacci@bluewin.ch*	Dipl.-Ing. (FH) Jochen GRAB Zukunft Biosphäre GmbH Dachlmoosweg 6 D-83489 Bischofswiesen *j.grab@ko-mo.de*
em. Prof. Dr. Erwin GRÖTZBACH Traubinger Straße 13 D-82327 Tutzing *egroetu@t-online.de*	PD Dr. Martin GROSJEAN NCCR Climate Universität Bern Erlachstrasse 9a CH-3012 Bern *grosjean@giub.unibe.ch*	Prof. Dr. Wilfried HAEBERLI Geographisches Institut Universität Zürich-Irchel Winterthurerstrasse 190 CH-8057 Zürich *haeberli@geo.unizh.ch*
PD Dr. Thomas HAMMER Interfakultäre Koordinationsstelle für Allgemeine Ökologie (IKAÖ) Universität Bern Falkenplatz 16 CH-3012 Bern *hammer@ikaoe.unibe.ch*	Prof. Dr. Martin HASLER Geographisches Institut Universität Bern Hallerstrasse 12 CH-3012 Bern *hasler@sis.unibe.ch*	Prof. Dr. Jürgen HASSE Fachbereich Geowissenschaften / Geographie Universität Frankfurt/Main Schumannstraße 58 D-60325 Frankfurt/Main *j.hasse@em.uni-frankfurt.de*
Mag. Peter HASSLACHER Österreichischer Alpenverein Fachabteilung Raumplanung-Naturschutz Wilhelm-Greil-Straße 15 A-6010 Innsbruck *peter.hasslacher@alpenverein.at*	Prof. Dr. Klaus HEINE Geographisches Institut Universität Regensburg Universitätsstraße 31 D-93053 Regensburg *klaus.heine@geographie.uni-regensburg.de*	Prof. Dr. Ilse HELBRECHT Institut für Geographie Universität Bremen Bibliothekstraße 1 D-28359 Bremen *ilse.helbrecht@uni-bremen.de*

Prof. Dr. Ingrid HEMMER Professur für Didaktik der Geographie Universität Eichstätt-Ingolstadt Ostenstraße 18 D-85072 Eichstätt *ingrid.hemmer@ku-eichstaett.de*	Dr. Hiltrud HERBERS Institut für Geographie Universität Erlangen-Nürnberg Kochstraße 4/4 D-91054 Erlangen *hherbers@geographie.uni-erlangen.de*	Dr. Karl HERWEG Centre for Development and Environment (CDE) Geographisches Institut Universität Bern Steigerhubelstrasse 3 CH-3008 Bern *karl.herweg@cde.unibe.ch*
Dr. Henk van HOUTUM Centre for Border Research Department of Human Geography Radboud University Nijmegen P.O. Box 9108 NL-6500 HK Nijmegen *h.vanhoutum@nsm.kun.nl*	Prof. Dr. Jussi S. JAUHIAINEN Department of Geography University of Oulu FIN-90014 Oulu *jussi.jauhiainen@oulu.fi*	Prof. Dr. Peter JURCZEK Technische Universität Chemnitz Fachgebiet Geographie D-09107 Chemnitz *peter.jurczek@phil.tu-chemnitz.de*
Dr. Andreas KÄÄB Geographisches Institut Universität Zürich Winterthurerstrasse 190 CH-8057 Zürich *kaeaeb@geo.unizh.ch*	Dipl.-Geogr. Detlef KANWISCHER Institut für Geographie Universität Jena Löbdergraben 32 D-07743 Jena *detlef.kanwischer@geogr.uni-jena.de*	Dipl.-Architekt Peter KELLER Institut für Verkehrsplanung und Transportsysteme ETH Zürich ETH Hönggerberg HIL CH-8093 Zürich *keller@ivt.baug.ethz.ch*
Prof. Dr. Hans KIENHOLZ Geographisches Institut Universität Bern Hallerstrasse 12 CH-3012 Bern *kienholz@giub.unibe.ch*	Prof. DDr. Helmuth KÖCK Institut für Naturwissenschaften und Naturwissenschaftliche Bildung – Abteilung Geographie Universität Koblenz-Landau Im Fort 7 D-76829 Landau *koeck@uni-landau.de*	Mag. Andrea Ch. KOFLER Geographisches Institut Universität Bern Hallerstrasse 12 CH-3012 Bern *kofler@giub.unibe.ch*
Birgit KOPAINSKY Institut für Agrarwirtschaft ETH Zentrum Sonneggstrasse 33 CH-8092 Zürich *birgit.kopainsky@iaw.agrl.ethz.ch*	Prof. Dr. Frauke KRAAS Geographisches Institut Universität zu Köln Albertus-Magnus-Platz D-50923 Köln *f.kraas@uni-koeln.de*	Prof. Dr. Hermann KREUTZMANN Institut für Geographie Universität Erlangen-Nürnberg Kochstraße 4/4 D-91054 Erlangen *hkreutzm@geographie.uni-erlangen.de*
Prof. Dr. Eberhard KROSS Geographisches Institut Ruhr-Universität Bochum Universitätsstraße 150 D-44801 Bochum *eberhard.kross@ruhr-uni-bochum.de*	Prof. Dr. Frank LEHMKUHL Geographisches Institut RWTH Aachen Templergraben 55 D-52056 Aachen *flehmkuhl@geo.rwth-aachen.de*	Prof. Dr. Christian LEIBUNDGUT Institut für Hydrologie Universität Freiburg Fahnenbergplatz D-79098 Freiburg *chris.leibundgut@hydrology.uni-freiburg.de*
Prof. Dr. Walter LEIMGRUBER Departement Geowissenschaften Fachbereich Geographie Universität Freiburg CH-1700 Freiburg *walter.leimgruber@unifr.ch*	Moritz LEUENBERGER Bundesrat Vorsteher Eidgenössisches Departement für Umwelt, Verkehr, Energie und Kommunikation Kochergasse 10 CH-3003 Bern	Dr. Hanspeter LINIGER Centre for Development and Environment (CDE) Geographisches Institut Universität Bern Steigerhubelstrasse 3 CH-3008 Bern *liniger@giub.unibe.ch*
Prof. Dr. Mirella LODA Dipt. di Studi Storici e Geografici Università degli Studi di Firenze Via S. Gallo, 10 I-50129 Firenze *mireloda@tin.it*	Dr. Eva LUDI swisspeace – Schweizerische Friedensstiftung Sonnenbergstrasse 17 CH-3000 Bern 7 *ludi@swisspeace.unibe.ch*	PD Dr. Max MAISCH Geographisches Institut Universität Zürich Winterthurerstrasse 190 CH-8057 Zürich *maisch@geo.unizh.ch*

Autoren- und Herausgeberverzeichnis

Dr. Michael MARTI Ecoplan – Forschung und Beratung in Wirtschaft und Politik Schützengasse 1 CH-6460 Altdorf *marti@ecoplan.ch*	Prof. Dr. Verena MEIER KRUKER Landhusweg 8 CH-8052 Zürich *verenaj.meier@bluewin.ch*	Dr. Olivier MENTZ Pädagogische Hochschule Karlsruhe Abteilung Geographie Postfach 11 10 62 D-76060 Karlsruhe *mentz@ph-karlsruhe.de*
em. Prof. Dr. Bruno MESSERLI Brunnweid CH-3086 Zimmerwald *bmesserli@bluewin.ch*	Prof. Dr. Paul MESSERLI Geographisches Institut Universität Bern Hallerstrasse 12 CH-3012 Bern *mep@giub.unibe.ch*	Prof. Dr. Peter MEUSBURGER Geographisches Institut Universität Heidelberg Berliner Straße 48 D-69120 Heidelberg *peter.meusburger@urz.uni-heidelberg.de*
Prof. Dr. Ingo MOSE Institut für Umweltwissenschaften Hochschule Vechta Postfach 1553 D-49364 Vechta *ingo.mose@uni-vechta.de*	Prof. Dr. Ulrike MÜLLER-BÖKER Institut für Geographie Universität Zürich-Irchel Winterthurerstrasse 190 CH-8057 Zürich *boeker@geo.unizh.ch*	PD Dr. Marcus NÜSSER Geographisches Institut Universität Bonn Meckenheimer Allee 166 D-53115 Bonn *m.nuesser@uni-bonn.de*
Stephan OSTERWALD, lic. rer. pol. Ecoplan – Forschung und Beratung in Wirtschaft und Politik Schützengasse 1 CH-6460 Altdorf *osterwald@ecoplan.ch*	Prof. Dr. Karl-Heinz OTTO Geographisches Institut Ruhr-Universität Bochum Universitätsstraße 150 D-44801 Bochum *karl-heinz.otto@ruhr-uni-bochum.de*	Dr. Manfred PERLIK Eidg. Forschungsanstalt für Wald, Schnee und Landschaft (WSL) Zürcherstrasse 111 CH-8903 Birmensdorf *manfred.perlik@wsl.ch*
Prof. Dr. Helga PESKOLLER Institut für Erziehungswissenschaften Universität Innsbruck Liebeneggstraße 8 A-6020 Innsbruck *helga.peskoller@uibk.ac.at*	PD Dr. Carmella PFAFFENBACH Department für Geo- und Umweltwissenschaften – Sektion Geographie Universität München Luisenstraße 37 D-80333 München *pfaffenbach@ssg.geo.uni-muenchen.de*	Gerhard PFANDER Medienzentrum Schulwarte Bern Helvetiaplatz 2 Postfach CH-3001 Bern *pfander@schulwarte.ch*
Ingrid PREM Deutsche Gesellschaft für technische Zusammenarbeit GTZ GmbH Dag-Hammarskjöld-Weg 1 D-65726 Eschborn *ingrid.prem@gtz.de*	Hon.Prof. Dr. Axel PRIEBS Erster Regionsrat der Region Hannover Hildesheimer Straße 20 D-30169 Hannover *axel.priebs@t-online.de*	Prof. Dr. Sibylle REINFRIED Fachdidaktikerin für Geographie an der ETH Zürich Flühgasse 33 CH-8008 Zürich *s.reinfried@bluewin.ch*
Dr. Armin REMPFLER Pädagogische Hochschule Zentralschweiz Museggstrasse 22 CH-6004 Luzern *armin.rempfler@phz.ch*	Prof. Dr. Tilman RHODE-JÜCHTERN Institut für Geographie Universität Jena Löbdergraben 32 D-07743 Jena *tilman.rhode-juechtern@uni-jena.de*	Prof. Dr. Michael RICHTER Institut für Geographie Universität Erlangen-Nürnberg Kochstraße 4/4 D-91054 Erlangen *mrichter@geographie.uni-erlangen.de*
Prof. Dr. Peter RIEDER Institut für Agrarwirtschaft ETH Zentrum Sonneggstrasse 33 CH-8092 Zürich *peter.rieder@iaw.agrl.ethz.ch*	Prof. Dr. Gisbert RINSCHEDE Institut für Geographie Universität Regensburg Universitätsstraße 31 D-93053 Regensburg *gisbert.rinschede@geographie.uni-regensburg.de*	Prof. Dr. Jean RUEGG Département de Géosciences Université de Fribourg Rue du Musée 4 – Pérolles CH-1700 Fribourg *jean.ruegg@unifr.ch*

Dr. Eberhard SCHALLHORN Breslauer Straße 34 D-75015 Bretten *schallhorn@erdkunde.com*	Prof. Dr. Jörg SCHIBLER Institut für Prähistorische und Naturwissenschaftliche Archäologie Universität Basel Spalenring 145 CH-4055 Basel *joerg.schibler@unibas.ch*	Prof. Dr. Udo SCHICKHOFF Geographisches Institut Universität Bonn Meckenheimer Allee 166 D-53115 Bonn *schickhoff@giub.uni-bonn.de*
Prof. Dr. Christian SCHLÜCHTER Institut für Geologie Universität Bern Baltzerstrasse 1 CH-3012 Bern *christian.schluechter@swissonline.ch*	Peter SCHMID, lic. rer. pol. Bundesamt für Raumentwicklung CH-3003 Bern *peter.schmid@are.admin.ch*	Prof. Dr. Peter A. SCHMIDT Institut für Allgemeine Ökologie und Umweltschutz Technische Universität Dresden Postfach 1117 D-01735 Tharandt *schmidt@forst.tu-dresden.de*
Dr. Katrin SCHNEEBERGER Mühlemattstrasse 37 CH-3007 Bern *katrin.schneeberger@gmx.ch*	Prof. Dr. Rita SCHNEIDER-SLIWA Geographisches Institut Universität Basel Klingelbergstrasse 27 CH-4056 Basel *rita.schneider-sliwa@unibas.ch*	Theo SCHNIDER UNESCO Biosphäre Entlebuch Chlosterbühel 28 CH-6170 Schüpfheim *t.schnider@biosphaere.ch*
Prof. Dr. Martin SEGER Institut für Geographie Universität Klagenfurt Universitätsstraße 65-67 A-9020 Klagenfurt *martin.seger@uni-klu.ac.at*	Rainer SIEGELE Bürgermeister der Gemeinde Mäder Alte Schulstraße 7 A-6841 Mäder *r.siegele@maeder.at*	Dr. Dominik SIEGRIST Forschungsstelle für Freizeit, Tourismus und Landschaft Hochschule für Technik, Rapperswil Oberseestrasse 10 CH-8640 Rapperswil *dsiegris@hsr.ch*
Helen SIMMEN, lic. oec. HSG Ecoplan – Forschung und Beratung in Wirtschaft und Politik Schützengasse 1 CH-6460 Altdorf *simmen@ecoplan.ch*	Prof. Dr. Christoph STADEL Institut für Geographie und angewandte Geoinformatik Universität Salzburg Hellbrunner Straße 34 A-5020 Salzburg *christoph.stadel@sbg.ac.at*	Prof. Dr. Johann STÖTTER Institut für Geographie Universität Innsbruck Innrain 52 A-6020 Innsbruck *hans.stoetter@uibk.ac.at*
Dr. Matthias STREMLOW Steinhölzliweg 77 CH-3007 Bern *mstremlou@freesurf.ch*	Dipl.-Geogr. Anke STRÜVER Department of Human Geography University of Nijmegen P.O. Box 9108 6500 HK Nijmegen The Netherlands *a.struver@nsm.kun.nl*	Dr. Willy TINNER Institut für Pflanzenwissenschaften Universität Bern Altenbergrain 21 CH-3013 Bern *willy.tinner@ips.unibe.ch*
Dipl.-Geogr. Britta TROSTORFF Institut für Geographische Wissenschaften Freie Universität Berlin Malteserstraße 74-100 D-12249 Berlin *britta@geog.fu-berlin.de*	Dipl.-Geogr. Martin TSCHOPP Institut für Verkehrsplanung und Transportsysteme ETH Zürich ETH Hönggerberg HIL CH-8093 Zürich *tschopp@ivt.baug.ethz.ch*	Prof. Dr. Perttu VARTIAINEN Rector University of Joensuu P.O. Box 111 FIN-80101 Joensuu *perttu.vartiainen@joensuu.fi*
Dr. Eric VEULLIET alpS GmbH Zentrum für Naturgefahren Management Grabenweg 3 A-6020 Innsbruck *veulliet@alps-gmbh.com*	Mag. Ulli VILSMAIER Institut für Geographie und angewandte Geoinformatik Universität Salzburg Hellbrunner Straße 34 A-5020 Salzburg *ulli.vilsmaier@sbg.ac.at*	Dr. Helmer VOGEL Institut für Geographie Universität Würzburg Wittelsbacherplatz 1 D-97074 Würzburg *helmer.vogel@mail.uni-wuerzburg.de*

Autoren- und Herausgeberverzeichnis

PD Dr. Joachim VOGT Institut für Regionalwissenschaft Universität Karlsruhe Kaiserstraße 12 D-76128 Karlsruhe *joachim.vogt@bgu.uni-karlsruhe.de*	Dr. Hans-Rudolf VOLKART Lehrbeauftragter für Fachdidaktik Geographie Universität Zürich Witellikerstrasse 39 CH-8702 Zollikon *hrvolkart@bluewin.ch*	Dr. Karin VORAUER-MISCHER Institut für Geographie und Regionalforschung Universität Wien Universitätsstraße 7 A-1010 Wien *karin.vorauer@univie.ac.at*
Prof. Dr. Frithjof VOSS Institut für Geographie Berlin Kurfürstenstraße 114 D-10787 Berlin *voss@geographie-berlin.de*	PD Dr. Daniel WACHTER Bundesamt für Raumentwicklung CH-3003 Bern *daniel.wachter@are.admin.ch*	Felix WALTER, lic. rer. pol. Ecoplan – Forschung und Beratung in Wirtschaft und Politik Schützengasse 1 CH-6460 Altdorf *walter@ecoplan.ch*
Prof. Dr. Heinz WANNER Geographisches Institut Universität Bern Hallerstrasse 12 CH-3012 Bern *wanner@giub.unibe.ch*	HD Dr. Ingo H. WARNKE Fakultät für Linguistik und Literaturwissenschaft Universität Bielefeld Postfach 10 01 31 D-33501 Bielefeld *warnke@uni-kassel.de*	Prof. Dr. Hannelore WECK-HANNEMANN Institut für Finanzwissenschaften Universität Innsbruck Universitätsstraße 15 A-6020 Innsbruck *hannelore.weck@uibk.ac.at*
Prof. Dr. Peter WEICHHART Institut für Geographie und Regionalforschung Universität Wien Universitätsstraße 7 A-1010 Wien *peter.weichhart@univie.ac.at*	Dr. Norbert WEIXLBAUMER Institut für Geographie und Regionalforschung Universität Wien Universitätsstraße 7 A-1010 Wien *norbert.weixlbaumer@univie.ac.at*	Markus WEMHOFF Liboristraße 7 D-48155 Münster *markuswemhoff@aol.com*
Peter WICK Gletschergarten Luzern Denkmalstrasse 4 CH-6006 Luzern *wick@gletschergarten.ch*	StD Dr. Volker WILHELMI Lehrbeauftragter für Fachdidaktik Universität Mainz Probststraße 11 D-55128 Mainz *wilhelmi@mail.uni-mainz.de*	Prof. Dr. Matthias WINIGER Geographisches Institut Universität Bonn Meckenheimer Allee 166 D-53115 Bonn *winiger@giub.uni-bonn.de*
PD Dr. Klaus ZEHNER Geographisches Institut Universität zu Köln Albertus Magnus Platz D-50923 Köln *k.zehner@uni-koeln.de*	Prof. Dr. Friedrich M. ZIMMERMANN Institut für Geographie Universität Graz Heinrichstraße 36 A-8010 Graz *friedrich.zimmermann@uni-graz.at*	

Werner GAMERITH, Paul MESSERLI, Peter MEUSBURGER und Heinz WANNER

Vorwort

„Alpenwelt – Gebirgswelten": Unter diesem Motto des 54. Deutschen Geographentags Bern 2003 steht auch der vorliegende Tagungsband, und der Untertitel „Inseln, Brücken, Grenzen" verweist bereits auf die verschiedenen Gesichtspunkte, unter denen die Alpen und andere Hochgebirge im Rahmen dieser Tagung betrachtet wurden. Wie Inseln ragen Gebirgswelten aus ihrer Umgebung und bilden, zumal mit ihren spezifischen Umweltbedingungen, besondere Konstellationen, die schon früh das Interesse der Wissenschaft auf sich gezogen haben. Gerade die Natur- und Umweltwissenschaften finden in den Hochgebirgen der Erde ein Forschungsfeld, etwa bei der Rekonstruktion vergangener Klimaverhältnisse oder bei der Analyse aktueller geoökologischer Prozesse. Aber auch für die Sozial- und Kulturwissenschaften bieten Gebirgswelten eine Fülle von Forschungsfragen – von der Bedeutung der Hochgebirge als Rückzugsräume marginalisierter Kulturen, vom Gegensatz touristischer Kern- und peripherer Wirtschaftsräume bis zu Aspekten der Flächennutzung und Raumplanung im Spannungsfeld von Schutz und Nutzung. Dass Alltagswelten und Funktionen der Hochgebirge sehr unterschiedlich wahrgenommen werden können, soll durch die Dialektik von „Brücken" und „Grenzen" repräsentiert werden. Je nach Perspektive, ob von innen oder von außen, können die Alpen – und Gebirge allgemein – als verbindendes oder als trennendes Element erscheinen. Hier können sich Gemeinsamkeiten und Brücken, aber auch Grenzen und Brüche etablieren, und es gibt wohl kaum ein Hochgebirge der Erde, auf das diese Paradoxie nicht zutrifft.

Entlang von vier Achsen wird diese Mehrdeutigkeit der Gebirge mit unterschiedlicher Konzeption und Intention beleuchtet: „Aktuelle Dynamik und Langzeitsignale in Gebirgsräumen" (Leitthema A), „Risikomanagement und Nachhaltigkeit in Gebirgsräumen" (B), „Mythen und Lebensalltag in Gebirgsräumen" (C) und „Entwicklungsstrategien im Spannungsfeld von Geopolitik und lokalen Agenden". Dem Ortsausschuss des 54. Deutschen Geographentags Bern ist es dabei in Zusammenarbeit mit dem Präsidium der Deutschen Gesellschaft für Geographie (DGfG) gelungen, ein breites Spektrum renommierter Referentinnen und Referenten aufzubieten. Dass das Vortragsprogramm Vertreter der Hochschulgeographie ebenso wie Praktiker aus der Wirtschaft und Planung sowie Pädagogen und Didaktiker aus Schule, Hochschule und Universität enthält, untermauert den multikonzeptionellen Ansatz der vier Leitthemen. Hochgebirge im allgemeinen und die Alpen im speziellen sind für einen umfassenden Kanon beruflicher Tätigkeiten von eminenter Bedeutung – für die Hochschule in zahlreichen Fragestellungen von der Physischen Geographie bis zur Siedlungs- und Verkehrsgeographie, für die Angewandte Geographie im Bereich der Naturschutzplanung oder der Tourismusentwicklung, für die Didaktik in der Vermittlung vernetzten Denkens und engagierten Problembewusstseins bei Schülern, Studierenden und dem breiten Publikum, das die Hochgebirge der Erde zur Erholung und Freizeitgestaltung nutzt. Die Vorträge in den Leitthemen des 54. Deutschen Geographentags spiegeln darüber hinaus den hohen Grad der Interdisziplinarität und eine Internationalität wider, wie sie allein schon durch den Alpenbogen und die daran beteiligten Staaten vorgezeichnet ist.

Vorwort

In diesem Band sind nur die *Leitthemensitzungen* des 54. Deutschen Geographentags publiziert. Wichtige wissenschaftliche Impulse gingen jedoch auch von den zahlreichen Fachsitzungen und Arbeitskreissitzungen aus, die eine erstaunlich große Zahl von Studierenden und Nachwuchswissenschaftlern angezogen und wichtige Beiträge zur Theoriediskussion geleistet haben. Diese Beiträge werden auf Initiative der jeweiligen Sitzungsleiter anderswo publiziert.

Wer sich mit den Alpen oder ganz allgemein mit Hochgebirgen befasst, wird in diesem Band ein thematisch geordnetes, breites Spektrum von Fachbeiträgen verschiedener Disziplinen finden, die für Wissenschaft und Praxis gleichermaßen von Bedeutung sind.

Es ist schließlich der unkomplizierten Kooperationsbereitschaft der Referentinnen und Referenten zu danken, dass dieser Tagungsbericht in nahezu vollumfänglicher Form und in relativ kurzer Zeit den Teilnehmerinnen und Teilnehmern des 54. Deutschen Geographentags und einer breiteren Öffentlichkeit vorgelegt werden kann. Die Herausgeber hoffen, dass mit „Alpenwelt – Gebirgswelten" eine ebenso übersichtliche wie umfassende Kompilation geographischer Expertise zu den Hochgebirgen der Erde zur Verfügung steht, von der reger Gebrauch gemacht werden wird.

Heidelberg und Bern, im März 2004

Heinz **WANNER** (Bern)

Sehr geehrte Damen und Herren,
liebe Kolleginnen und Kollegen,
liebe Freundinnen und Freunde der Geographie,

im Namen des organisierenden Ortsausschusses möchte ich Sie zur Eröffnung des 54. Deutschen Geographentags in Bern ganz herzlich willkommen heißen. Für das Berner Geographische Institut ist es eine besondere Freude, diesen Geographentag unter dem Leitthema „Alpenwelt – Gebirgswelten / Inseln, Brücken, Grenzen" ausrichten zu dürfen. Besonders herzlich begrüssen möchten wir unsere Ehrengäste. Es sind dies

- unser Schweizer Umwelt-, Verkehrs- und Energieminister, Herr Bundesrat Moritz Leuenberger
- unser Regierungspräsident des Bundeslands Bern, in der Schweiz bekanntlich Kanton genannt, Herr Regierungsrat Urs Gasche
- der Rektor der Universität Bern, Herr Prof. Dr. Christoph Schäublin
- Wir begrüssen besonders auch die Vertreterinnen und Vertreter unserer Sponsoren sowie die Kolleginnen und Kollegen unserer Schweizer Schwesterinstitute und danken Ihnen allen ganz herzlich für die großzügige Unterstützung, ohne die eine solche Tagung nicht stattfinden könnte.

Ein ganz herzliches Willkommen gilt auch dem Präsidenten der Schweizerischen Akademie für Naturwissenschaften, Herrn Prof. Dr. Peter Baccini, dem Präsidenten unserer Schirmherrin, der Deutschen Gesellschaft für Geographie, Herrn Prof. Dr. Peter Meusburger, dem geschäftsführenden Vizepräsidenten der Österreichischen Geographischen Gesellschaft, Herrn Prof. Dr. Christian Staudacher, sowie dem Präsidenten des Verbands der Schweizer Geographen, Herrn Prof. Dr. Heinz Veit. All diesen Personen sowie meinen Kolleginnen und Kollegen, allen voran unserer Geschäftsführerin Frau Dr. Barbara Gerber und meinem Kollegen Prof. Dr. Paul Messerli, danke ich für die tolle kollegiale Zusammenarbeit während der langen Vorbereitungszeit, vor allem jedoch für die vielen Stunden der Fronarbeit zu oft sonntäglicher und nächtlicher Stunde.

Unser Institut hat erst einmal, vor 112 Jahren nämlich, einen derart großen Kongress organisieren dürfen. Unter dem Präsidium von Herrn Regierungsrat Gobat, dem späteren Friedensnobelpreisträger, und unter der Leitung von meinem berühmten Vorgänger Eduard Brückner, einem der Väter der alpinen Klima- und Gletscherforschung, fand in Bern vom 10. bis 14. August 1891 der Welt-Geographiekongress der *International Geographical Union* statt. Dass sich die Geographie seither einem drastischen dynamischen Wandel unterzogen hat, können sie bei einem Vergleich der Themen der damaligen Einführungsreferate auf der Leinwand hinter mir mit unserem aktuellen Tagungsprogrammen unschwer feststellen.

Die Geographie versieht heute als wichtiges Forschungs- und Lehrfach im Zusammenhang mit den globalen Veränderungen des Mensch-Umwelt-Systems wichtige zentrale Funktionen. In praktisch allen Ländern der Erde sind Geographinnen und Geographen in Umweltanalytik, in Raumordnungsfragen, bei politischen Expertisen, bei Drittwelteinsätzen oder im Schulunterricht auf verschiedenen Stufen äußerst gefragt. Es erstaunt deshalb nicht, dass auch die

Eröffnung

deutschsprachigen Geographischen Institute einen regen studentischen Zuspruch verzeichnen, der bisweilen unsere Kapazitätsgrenzen sprengt. Die jungen Leute wählen unser Fach aus großem Interesse, vor allem aber auch aus Sorge um die wachsende regionale und globale Umweltbedrohung. Es ist unserem Fach deshalb zu wünschen, dass die Geographischen Institute im Rahmen der Bolognareform von ihren Autoritäten die nötige finanzielle und infrastrukturelle Unterstützung erhalten werden.

Gemäß den Wünschen unserer Kolleginnen und Kollegen aus dem nördlichen Nachbarland haben wir jene Gegenwartsprobleme und Herausforderungen in den Mittelpunkt unseres Leitthemas gestellt, denen sich die europäischen Alpen und die Gebirge der Welt in der Gegenwart ausgesetzt sehen. Die zwei letzten Referate dieses Vormittags, gehalten von den Herren Moritz Leuenberger und Bruno Messerli, werden diese Thematik aufnehmen und sowohl aus politischer als auch aus wissenschaftlicher Sicht beleuchten. Vergessen wir jedoch nicht, dass neben der Diskussion der Leitthemen auch eine große Zahl von Fach- und Arbeitskreissitzungen stattfinden wird, deren Gefäße für die gesamte Breite geographischen Schaffens geöffnet sind. Dazu kommen fast 50 Exkursionen in die weitere Umgebung von Alpen und Jura, die zum Teil schon stattgefunden haben. Zusätzliche Rahmenveranstaltungen wie das Podium und das Forum vom Dienstag sind den Inhalten der europäischen Berggebietspolitik sowie den Bildern und der Darstellung der Alpen gewidmet.

Bereits vor über drei Wochen haben unsere zwei begleitenden Ausstellungen ihre Tore geöffnet. Jene im Schweizerischen Alpinen Museum ist der Frage des Klimawandels gewidmet, ein Thema, dessen Aktualität auch nach diesem heißen Sommer kaum bestritten sein dürfte. Besonders stolz sind wir auch auf die zweite Ausstellung, in der gleich gegenüber dem Alpinen Museum, in der Berner Kunsthalle, unter dem Titel „Danger Zone" sieben Künstlerinnen und Künstler u. a. der Frage nachgegangen sind, wie sich das Bild der Gebirge im Laufe der Jahrhunderte gewandelt hat. Nehmen sie die Gelegenheit wahr und besuchen sie diese beiden Museen. Es lohnt sich wirklich.

Mit diesen kurzen Begrüssungsworten wünsche ich Ihnen eine fruchtbare und erlebnisreiche Woche mit vielen neuen Erfahrungen und Begegnungen und gebe das Mikrophon zur offiziellen Eröffnung unserer Tagung weiter an den Präsidenten der Deutschen Gesellschaft für Geographie, Herrn Prof. Dr. Peter Meusburger aus Heidelberg.

Peter **MEUSBURGER** (Heidelberg)

Eröffnung des 54. Deutschen Geographentags

Sehr geehrter Herr Bundesrat Leuenberger,
sehr geehrter Herr Regierungspräsidenz Gasche,
Magnifizenz Schäublin,
sehr geehrte Frau Präsidentin Buttimer,
meine Damen und Herren,

im Namen der Deutschen Gesellschaft für Geographie begrüße ich Sie recht herzlich zur Eröffnungsfeier des 54. Deutschen Geographentags. Als erstes möchte ich mich bei den Mitgliedern des Berner Ortsausschusses und allen Mithelfenden sehr herzlich dafür bedanken, dass sie mit großem Enthusiasmus die enorme Arbeitsleistung auf sich genommen haben, den Deutschen Geographentag durchzuführen und so vorzüglich zu organisieren. In diesen Dank möchte ich auch alle Sponsoren von staatlicher und privater Seite einschließen.

Nach den beiden Geographentagen in Innsbruck in den Jahren 1912 und 1975 stehen die Alpen zum dritten mal ein Mittelpunkt eines Deutschen Geographentags. Dafür gibt es gute Gründe. Die Alpen üben auf uns Geographen eine große wissenschaftliche Faszination aus. Sie haben sich seit der zweiten Hälfte des 19. Jahrhunderts für unser Fach zu einem wichtigen Erkenntnisobjekt und einem geradezu idealen Experimentierfeld entwickelt. Viele klassische Stätten der Forschung, an denen neue wissenschaftliche Erkenntnisse der Geomorphologie, der Gletscherkunde, Vegetationsgeographie, Geoökologie, Klimageschichte, aber auch der Humangeographie und Humanökologie gewonnen wurden, liegen in den Alpen. Im Rahmen der Forschung über die Alpen wurden grundlegend neue wissenschaftliche Methoden erprobt und wichtige theoretische Weichenstellungen vorgenommen.

Hochgebirgsräume sind für Geographen eine hervorragende Stätte der Ausbildung, hier kann man bedeutsame geomorphologische, wirtschaftliche und soziokulturelle Prozesse aktuell verfolgen und ökologische Zusammenhänge besonders anschaulich demonstrieren, die anderswo vor langen Zeiträumen abgelaufen und heute nur noch mit anspruchsvollen Methoden zu rekonstruieren sind.

Regionale Disparitäten oder zentral-periphere Gegensätze, die anderswo nur auf Distanzen von Hunderten Kilometern zu beobachten sind, können in den Alpen aufgrund der Variabilität von Klima und Vegetation, der Kleinkammerung des Reliefs, der sozioökonomischen „Stockwerksgliederung" oder einer unterschiedlichen Erschlossenheit durch Verkehrswege unmittelbar nebeneinander liegen. Insgesamt stellen die Alpen ein sensibles ökologisches und sozioökonomisches System dar, in dem die Wechselbeziehungen und Abhängigkeiten im System Mensch-Umwelt-Technik besonders komplex, aber auch geradezu lehrbuchartig darstellbar sind, in welchen andererseits aber auch die konventionellen Grenzen zwischen Natur und Kultur immer wieder überschritten werden. Dramatisch zurückgehende Gletscher, Felsstürze als Folge auftauenden Permafrosts, von Schlammlawinen verwüstete Siedlungen und andere katastrophale Ereignisse in den Alpen führen uns immer wieder vor Augen, wie sensibel gerade Gebirgsräume auf extreme Wetterereignisse, geringfügige Klimaänderungen oder Eingriffe des Menschen in den Naturhaushalt reagieren.

GAMERITH, W. / MESSERLI, P. / MEUSBURGER, P. / WANNER, H. (Hrsg.) (2004): Alpenwelt – Gebirgswelten. Inseln, Brücken, Grenzen. Tagungsbericht und wissenschaftliche Abhandlungen. 54. Deutscher Geographentag Bern 2003. 28. September bis 4. Oktober 2003. – Heidelberg, Bern. 5-11.

Eröffnung

Das Nebeneinander von dynamischen Innovationszentren und peripheren Rückzugsgebieten, eine kleinräumig auftretende Vielfalt an historischen Erfahrungen, an ethnischen Identitäten und damit verbundenen lokalen Wissensbeständen sowie die sehr unterschiedlichen politischen Organisationsformen, deren Spannweite vom sprichwörtlichen Föderalismus der Schweiz bis zum extremen Zentralismus Frankreichs reicht, zwingen alle jene, die in den Alpen wissenschaftlich arbeiten, von einfachen Erklärungsversuchen Abstand zu nehmen, vernetzt zu denken und Faktoren zu berücksichtigen, die man in anderen Regionen nie in Betracht ziehen würde. Dies betrifft alle Teilgebiete der Geographie von der Klimageographie bis zur Bildungsgeographie.

Wenn man von einigen wenigen Talschaften absieht, so waren die Alpen als Ganzes nie über einen längeren Zeitraum hinweg eine periphere oder beharrende Region, sie waren auch kein Ungunstraum, den Menschen in der Vor- und Frühgeschichte gemieden hätten und in welchem es demzufolge keine archäologischen Funde gibt. Ganz im Gegenteil: Heute wissen wir, dass Gebiete oberhalb der Waldgrenze seit gut 9.000 Jahren im Rahmen der Weidewirtschaft genutzt wurden, dass die intensivsten ökonomischen und demographischen Beziehungen über Jahrtausende nicht zwischen Haupt- und Nebental, sondern über den Alpenhauptkamm hinweg stattfanden und dass schon der steinzeitliche Bewohner der Alpen, gemessen an den Herkunftsgebieten seiner Werkzeuge, erstaunlich große Aktionsräume hatte. Die Alpen stellten bis zum Ende des I. Weltkriegs nie eine „natürliche Grenze" dar, sie waren im Laufe der Geschichte immer wieder ein politisch wichtiges Bindeglied, das Regionen Nord- und Südeuropas sowie West- und Osteuropas miteinander verflochten hat und somit ein Kontaktfeld verschiedener politischer, kultureller, wirtschaftlicher und physisch-geographischer Einflusssphären darstellte. In einigen Gebirgstälern, die Teile von wichtigen Alpenübergängen darstellten, bündelten sich bedeutende Verkehrsströme aus allen Himmelsrichtungen. Diese schufen ein Kontaktpotential, das dem von Großstädten oder Residenzstädten keineswegs nachstand.

Die Inhaber der politischen Macht nutzten die vorhandenen Möglichkeiten, diese transkontinentalen Waren- und Verkehrsströme zu kontrollieren, aus ihnen ökonomischen Gewinn abzuschöpfen und bedeutende kulturelle Leistungen zu hinterlassen. Die Schweizer Eidgenossenschaft, die Grafschaft von Tirol und Teile Vorarlbergs (Bregenzerwald) gehören weltweit zu den ältesten Wiegen der Demokratie, die schon im 14. oder 15. Jahrhundert mit Freiheiten und einem Grad an Selbstverwaltung ausgestattet waren, wie man sie in den angeblichen Geburtsstätten der Demokratie, wie z. B. Großbritannien oder USA, erst viel später beobachten konnte.

Die europaweiten Kontaktfelder, die durch das Landsknechtswesen und die in Realteilungsgebieten weit verbreitete Saisonarbeit, die von der Nordsee bis ans Schwarze Meer reichte, noch verstärkt wurde, hat zusammen mit der frühen Demokratisierung dazu beigetragen, dass der mittlere Alpenraum europaweit ein Vorreiter der Alphabetisierung war. Große Teile der Schweiz, Vorarlbergs und Tirols gehörten schon im 18. Jahrhundert zu jenen Regionen Europas, welche die höchsten Anteile an Lese- und Schreibkundigen aufwiesen. In den hoch gelegenen Walsergebieten, aber auch im Herkunftsgebiet der Bregenzerwälder Barockbaumeister wurden lange vor der staatlichen Einrichtung der allgemeinen Schulpflicht Schulen errichtet, in denen die Kinder vorwiegend in den Wintermonaten unterrichtet wurden.

Peter MEUSBURGER

Die Kombination zwischen einem hohen Maß an politischer Freiheit, der frühen Einführung von Elementen einer demokratischen Selbstverwaltung, einer sehr frühen Lese- und Schreibkundigkeit und weiträumigen Kontaktfeldern war eine ideale Voraussetzung dafür, dass sich Teile des mittleren Alpenraums (z. B. St. Gallen, Vorarlberger Rheintal) auch einen Vorsprung im Industrialisierungsprozess verschaffen konnten und somit zu den am frühesten industrialisierten Gebieten des europäischen Kontinents zählten.

Nicht zuletzt wurden in den Alpen beim Bau von Gebirgsstraßen, Gebirgsbahnen, Tunneln und Speicherkraftwerken technische Pionierleistungen erbracht und wichtige neue Technologien entwickelt, die später weltweit Anwendung fanden. Die Alpen stellen für Natur-, Ingenieur- und Geisteswissenschaftler nicht nur eine besondere wissenschaftliche Herausforderung dar, sondern sie bieten auch eine einmalige Chance, die wissenschaftliche Bedeutung, Aktualität und Praxisrelevanz des Fachs Geographie unter Beweis zu stellen.

Die Alpen waren aber auch immer wieder im Blickpunkt überregionaler Interessen. Der in einigen Gebieten der Alpen vorhandene Reichtum an Salz und Erzen lenkte schon sehr früh das Interesse der damaligen transnationalen Unternehmen, wie der Fugger, in die Alpen, die hier die Rohstoffe ausbeuteten und mit ihrem Reichtum wiederum die europäische Politik beeinflussten. Manch eine Kaiserwahl wurde mit Silber aus Tirol entschieden.

Nicht nur der große Ausbau der Speicherkraftwerke nach dem I. Weltkrieg wurde in vielen Fällen mit ausländischem Kapital finanziert, sondern auch der in den Alpen produzierte Spitzenstrom ging über eine Distanz von Hunderten Kilometern vorwiegend in außeralpine Industrierevierе. Diese überregionale Bedeutung kommt den Alpen auch hinsichtlich der Erholungsfunktion zu, die von Millionen von Urlaubern genutzt wird.

Dem Berner Ortsausschuss ist es in Zusammenarbeit mit der Deutschen Gesellschaft für Geographie gelungen, ein zwischen Physiogeographie und Anthropogeographie ausgewogenes Programm zu erstellen, das vor allem hinsichtlich der theoretischen und methodischen Diskussionen zahlreiche Höhepunkte aufweist. Dies dürfte neben dem attraktiven Standort, der zu sehr interessanten Exkursionen einlädt, auch der Hauptgrund dafür sein, dass beim Berner Geographentag der Anteil der Studierenden unter den Teilnehmern höher ist als bei jedem Geographentag zuvor und dass auch unter den Referenten ein erstaunlich hoher Anteil an NachwuchswissenschaftlernInnen aufscheint.

Bei der Eröffnungsfeier eines Deutschen Geographentags erwartet man sich vom jeweiligen Präsidenten der Deutschen Gesellschaft für Geographie in der Regel auch einige programmatische Aussagen zur Theoriediskussion innerhalb der Geographie und zur Entwicklung des Fachs. Wenn ich dieser Tradition folge, so möchte ich nicht missverstanden werden. Die zukünftige Entwicklung der Geographie wird nicht „von oben", also nicht von etablierten Professoren und schon gar nicht vom Präsidium der Deutschen Gesellschaft für Geographie beeinflusst, sondern sie wächst von unten. Die Zukunft unseres Fachs entfaltet sich, lange bevor es die Programmgestalter von Kongressen oder Herausgeber wichtiger Zeitschriften bemerken, in zahlreichen Arbeitskreisen und kleinen Symposien, wo Doktoranden und NachwuchswissenschaftlerInnen neue Fragen stellen, gewagte Thesen aufstellen, Kritik üben und mit neuen Ideen im doppelten Sinn des Worts „anstoßen". Wer also die intellektuelle Entwicklung eines Fachs fördern will, tut gut daran, eine Diskussionskultur und Veranstaltungstypen zu fördern, die dem wissenschaftlichen Nachwuchs Entfaltungsmöglichkeiten eröffnen.

Eröffnung

So wichtig und notwendig eine weitere Spezialisierung der natur-, geistes-, wirtschafts- und sozialwissenschaftlichen Teilgebiete der Geographie ist, so möchte ich mich heute doch einer Frage zuwenden, um die viele Kollegen jahrelang einen großen Bogen machten und die heftige Emotionen und Streitgespräche auslöst, welche aber zu den großen Herausforderungen unseres Fachs gehört. Es ist die Frage, wie man aus sozialwissenschaftlicher Sicht sinnvoll mit der materiellen Umwelt umgehen kann, ohne in einen Geodeterminismus zu verfallen bzw. mit welchen theoretischen Ansätzen man die traditionelle konzeptionelle Dichotomie zwischen Natur und Gesellschaft überbrücken kann, die durch jüngere technologische Entwicklungen und eine immer stärkere Transformation unserer Umwelt zunehmend in Frage gestellt wird. Die Frage, wie wir mit diesen Herausforderungen umgehen und welche Antworten wir auf die umstrittenen Fragen geben, beeinflusst nicht nur die Lösung aktueller politischer und wirtschaftlicher Probleme, sondern sie bestimmt auch die Position der Geographie in Theoriediskussionen mit den Nachbarfächern, die Akzeptanz der Geographie durch andere Disziplinen, die Zukunftschancen unserer Absolventen auf dem Arbeitsmarkt und auch den internen Zusammenhalt unseres Fachs, das immer wieder zentrifugale Tendenzen von Spezialgebieten auszuhalten und aufzufangen hat.

Es gibt wissenschaftliche, pragmatische und fachpolitische Gründe, warum wir Geographen die Mensch-Natur-Problematik nicht vernachlässigen dürfen. Die pragmatischen Gründe sind ganz offenkundig. Bei den großen nationalen und internationalen Forschungsprojekten der Geowissenschaften bzw. der Umweltwissenschaften wird von fast allen Geldgebern gefordert, dass nicht nur naturwissenschaftliche Aspekte, sondern auch gesellschaftliche, wirtschaftliche und politische Dimensionen einbezogen und deren Wechselbeziehungen erforscht werden sollten.

Es ist unbestritten, dass die Erforschung von Mensch-Umwelt-Beziehungen und von komplexen räumlichen Systemen nicht auf eine naturwissenschaftliche oder eine sozial- oder wirtschaftswissenschaftliche Disziplin reduziert werden kann. Vor allem die wissenschaftlich interessanten und gesellschaftlich besonders aktuellen Fragestellungen und Planungsaufgaben machen nicht an Disziplingrenzen halt.

Es genügt allerdings nicht, die Aktualität und Notwendigkeit integrativer Ansätze zu betonen. Die Zusammenarbeit zwischen den naturwissenschaftlich ausgerichteten Geo- und Umweltwissenschaften und der sozial-, wirtschafts- und geisteswissenschaftlich orientierten Humangeographie sowie den anderen Sozial-, Kultur- und Wirtschaftswissenschaften kann nur dann zufriedenstellend funktionieren, wenn es gelingt, für die geforderten integrativen Ansätze überzeugende theoretische Konzepte vorzulegen. Solange diese Konzepte nicht vorliegen und akzeptiert werden, wird es bestenfalls ein Nebeneinander, aber kein Miteinander der Arbeitsgebiete oder gar einen Rückfall in einen längst überwunden geglaubten Geodeterminismus geben.

Die Beziehungen zwischen Mensch und materieller Umwelt zählen nicht nur zu den fundamentalen Grundfragen der Geographie, sondern haben in der jüngsten Vergangenheit auch großes Interesse bei Soziologen, Psychologen und Anthropologen gefunden. Obwohl die Soziologie seit ihren Gründervätern (E. Durkheim und M. Weber) das Dogma verfolgte, dass Soziales nur durch Soziales erklärt werden darf, gibt es nicht wenige Soziologen, die dieses fachliche Selbstverständnis in jüngster Zeit aufgegeben haben. Sie sehen Natur und Gesellschaft nicht mehr als separate, unverbindbare Einheiten an und akzeptieren es durchaus, dass die physisch-materielle Welt in bestimmten Situationen ursächlich auf die soziale Welt einwirken kann. Offen ist nur die Frage, wie dies genau funktioniert, auf welchen Maßstabsebenen man diesen Zusammenhängen nachgehen kann und warum solche Mensch-Umwelt-Interaktionen in der zeitlichen und räumlichen Dimension variieren.

Mensch-Umwelt-Beziehungen und der Einfluss des räumlichen Kontexts auf das Verhalten der Menschen erleben in Psychologie, Soziologie und Anthropologie geradezu einen Boom, so dass man von einer Ökologisierung humanwissenschaftlichen Denkens und von einer Renaissance integrativer Ansätze sprechen kann. Es liegt im Interesse der Geographie, diesen Trend aufzunehmen, den Nachbarwissenschaften mit den eigenen theoretischen Konzepten entgegenzukommen, aber auch von diesen zu lernen.

Gerade weil in unserer arbeitsteiligen und komplexen Welt die fachliche Spezialisierung immer weiter voranschreiten muss, besteht gleichzeitig auch ein dringender Bedarf an Experten und Führungskräften, die in der Lage sind, Systemzusammenhänge zwischen Mensch, Kultur, Technik und Umwelt anhand konkreter Standorte und Räume zu analysieren und zu erklären.

Während raumwissenschaftliche Konzepte und Erklärungsansätze noch vor wenigen Jahren in den sozial- und wirtschaftswissenschaftlichen Nachbardisziplinen kaum eine Rolle spielten und sich auch manche Geographen eine Sozialgeographie ohne Raum vorstellen konnten, scheint sich vor kurzem der Wind wieder gedreht zu haben. Nun befassen sich mehrere sozialwissenschaftliche Disziplinen mit dem Thema „Raum und Kommunikation" sowie mit der Bedeutung des räumlichen Kontexts oder eines „action settings" für das Handeln. Ethnologen und Psychologen forschen über *space games* und kulturelle Unterschiede hinsichtlich der Orientierung im Raum, Neuropsychologen betonen die Bedeutung von räumlich verorteten Artefakten für das Auslösen von Erinnerungen und manche Sozialgeographen vertreten nun die Ansicht, dass sich viele gesellschaftlichen Strukturen und Ungleichheiten sowie die Folgen der immer komplexer werdenden Arbeitsteilung ohne Berücksichtigung der räumlichen Dimension dem Beobachter gar nicht erschließen würden. Dieser überraschenden Trendwende in den Sozialwissenschaften steht die paradoxe Situation gegenüber, dass es manche Humangeographen aus Angst vor der Keule des Geodeterminismus-Vorwurfs kaum noch wagen, Einflüsse aus der materiellen Umwelt auf das Handeln des Menschen zu untersuchen.

Humanökologen, Umweltpsychologen, Anthropologen oder Vertreter der Akteursnetzwerktheorie zeigen uns jedoch, dass ein Einfluss der materiellen Umwelt auf das Wissen und Handeln des Menschen sehr wohl besteht und dass man diesen Einfluss nur mit anderen theoretischen Konzepten erklären sollte und andere Begriffsinhalte und Raumkonzepte verwenden muss als es früher der Fall war.

Einige der Schlüsselfragen, denen sich die Geographie bei der Überwindung der Mensch-Natur-Dichotomie stellen muss, lauten:

- Wie können Aspekte wie Natur, Technologie, Umwelt und lokale Kontexte in sozialwissenschaftliche Untersuchungen integriert werden, ohne der physisch-materiellen Welt eine deterministische Bedeutung für soziales Handeln zuzuweisen?
- Auf welche Weise kann die physisch-materielle Welt ursächlich auf die soziale Welt einwirken?

- Ist das Menschenbild des rational handelnden, mit freiem Willen ausgestatteten und vom Kontext unbeeinflussten Akteurs noch gerechtfertigt? Dürfen wir die dem Menschen innenbürtigen Faktoren unseres kognitiven Apparats noch länger ignorieren? Sollten wir nicht von einem Menschenbild ausgehen, das nicht nur geisteswissenschaftlich, sondern auch naturwissenschaftlich begründet ist?
- Inwieweit können unsere kognitiven Potentiale als eine Anpassungsleistung an eine real existierende und mental repräsentierte Umwelt aufgefasst werden? Welche Rolle spielen in diesem Zusammenhang regionale Unterschiede des Wissens?
- Wie lange können es sich die Sozialwissenschaften noch leisten, die Befunde der Ethologie und der Neurowissenschaften zu ignorieren?

Aus der Neuropsychologie wissen wir, dass das Gedächtnis für Ereignisse stark mit dem Gedächtnis für Orte verknüpft ist. Von diesem Forschungsergebnis ist es nur ein kleiner Schritt zu einer Erkenntnis der Geographie, dass Orte, Plätze und Regionen für einen Akteur gleichsam als ein externer Speicher von Informationen, als Mittel zur Reduktion komplexer Sachverhalte, als Auslöser von Reizen oder als „Gedächtnisstütze" dienen können, die frühere Erinnerungen, Gefühle, Assoziationen und Wissensbestände zum Teil bewusst und zum Teil unbewusst aktivieren.

Aus meiner Sicht stellt bei all diesen theoretischen Ansätzen, die eine Brücke zwischen materieller Umwelt und sozialem Handeln schlagen wollen, der Problemkreis „Wissen und Handeln" die Schlüsselfrage dar. Den Oberbegriff „Wissen", verstanden als Fähigkeit zum Handeln, möchte ich in diesem Zusammenhang sehr weit fassen, er umfasst nicht nur „gesichertes" oder allgemein akzeptiertes Wissen, sondern auch Kompetenzen, Erfahrungen, Weltbilder, Ideologien und Glaubensinhalte. Wenn wir uns mit Wissen in der räumlichen Dimension befassen, sollten wir allerdings einsehen, dass Wissen und Information nicht dasselbe sind und dass Wissen räumlich viel stärker „verwurzelt" bzw. immobiler ist als Informationen, die in Sekunden weltweit übertragen werden können. Wir werden nicht umhinkommen, uns näher mit den Fragen zu befassen, wie unterschiedliche Kategorien von Wissen produziert, im Gedächtnis gespeichert, an andere Personen übermittelt, reaktiviert und in Handlungen umgesetzt werden. Wir müssen uns mehr mit den Zusammenhängen zwischen Wissen und Macht sowie mit der Manipulation von Informationen und Wissenserwerb durch die Inhaber der Macht befassen.

Im Kontext der Mensch-Umwelt-Beziehungen spielt Wissen vor allem in jenen Situationen eine entscheidende Rolle, in denen es um Wettbewerb oder den Selbsterhalt von sozialen Systemen in einer dynamischen, ungewissen Umwelt geht und den Akteuren zur Verwirklichung der angestrebten Ziele nur ein begrenzter Umfang an Energie und materiellen Ressourcen zur Verfügung steht. Einflüsse der physisch-materiellen Umwelt auf Entscheidungsprozesse und Handlungen vollziehen sich in erster Linie über den Weg der Wahrnehmung, Informationsverarbeitung, Wissensakkumulation, Gedächtnisbildung und Sinnzuschreibung durch individuelle Akteure und deren Netzwerke. Da sich einzelne Akteure hinsichtlich ihrer informationsverarbeitenden Kapazitäten, ihrer kognitiven Fähigkeiten, ihres Erfahrungsschatzes, ihres Kurz- und Langzeitgedächtnisses, ihrer Wissensbestände und Kompetenzen, ihrer Bewertungen von Risiken und Chancen sowie ihrer Sinnzuschreibungen an Elemente der Natur deutlich unterscheiden, da nicht alle Akteure in der Lage sind, das verfügbare Wissen zu verstehen und intellektuell zu verarbeiten, da das notwendige Vorwissen nicht kurzfristig und kostenlos zu erwerben ist, werden die von der physisch-materiellen Umwelt ausgehenden Informationen von einzelnen Akteuren in unterschiedlichem Maße wahrgenommen, interpretiert sowie in Entscheidungen und Handlungen umgesetzt. Dies ist auch der Hauptgrund, warum der Einfluss der physisch-materiellen Umwelt auf das Handeln von Akteuren je nach Wissen, Erfahrungen und Informationsniveau der Akteure variiert und nie deterministischer Natur sein kann.

Wenn wir in diesem Bereich weitere Fortschritte machen wollen, sollten wir uns als erstes vom Konzept des rational handelnden Akteurs verabschieden oder den Begriff Rationalität völlig anders definieren. Das Konzept der *rational choice* mag vielleicht bei sehr einfachen ökonomischen Entscheidungsproblemen anwendbar sein, bei denen der Preis die einzige oder wichtigste Entscheidungsvariable ist und im Preis alle wichtigen Informationen enthalten sind. Es versagt jedoch, sobald man sich mit einer dynamischen, komplexen, wettbewerbsintensiven und mit hoher Ungewissheit konfrontierten Umwelt befasst und die neoklassische Annahme einer Ubiquität des Wissens aufgibt. Mit Rationalität kann man keine langfristigen Ziele begründen, keine Dynamik auslösen, keine Wettbewerbsfähigkeit erreichen, keine technischen oder sozialen Innovationen schaffen und vor allem keine Ungewissheit bewältigen.

Die *rechtzeitige* Festlegung von neuen Zielen, die Anpassung an neue Entwicklungen, das Finden neuer Methoden sowie die Entwicklung von neuen oder besseren Alternativen und Ideen erfordern nicht Rationalität, sondern Wissen, Kompetenz, Erfahrung, Kreativität und Lernfähigkeit. Die Beziehungen zwischen Wissen und Handeln sind allerdings sehr vielfältig und auch ambivalent. Mit dem kurzen Anreißen dieses Themas wollte ich an dieser Stelle lediglich auf eine der wichtigsten Herausforderungen hinweisen, denen sich die Geographie und andere Umweltwissenschaften zu stellen haben.

Vielleicht kann der 54. Deutsche Geographentag in Bern einige Diskussionen und Impulse in diese Richtung anstoßen. Als Vorbild könnte durchaus der vor 112 Jahren in Bern veranstaltete große Weltkongress der Internationalen Geographischen Union dienen, der für die gesamte Geographie wichtige Weichenstellungen auslöste.

Ich wünsche Ihnen allen wissenschaftlich ergiebige Veranstaltungen und interessante Diskussionen und erkläre hiermit den 54. Deutschen Geographentag für eröffnet.

Urs GASCHE (Bern)

Sehr geehrter Herr Bundesrat,
sehr geehrter Professor Wanner,
sehr geehrte Damen und Herren,
liebe Gäste von nah und fern,

Ich freue mich, Sie im Namen des Regierungsrats des Kantons Bern zum 54. Deutschen Geographentag begrüßen zu dürfen. Dies sei „der bedeutendste Anlass der deutschsprachigen Geographie", steht in der Tagungseinladung geschrieben – deshalb sind wir sehr stolz, Sie für diesen Anlass in der Schweiz, hier in Bern, begrüßen zu dürfen.

„Alpenwelt – Gebirgswelten / Inseln, Brücken, Grenzen" ist das Motto dieser Tagung. Dazu haben sie mit Bern einen vorzüglichen Tagungsort gewählt. Genießen wir doch sowohl hier vom Casino wie auch vom Hauptgebäude der Universität aus einen wunderbaren Blick auf das bekannte Alpenpanorama, man möchte sagen, auf eines der eindrücklichsten überhaupt, nämlich auf Eiger, Mönch und Jungfrau – so das Wetter will.

Ein Blick auf unsere Berner Alpen wird Ihnen genügen, um zu verstehen, wie prägend diese für unseren Kanton und die Schweiz sind. Sie stellen Inseln dar: gleichzeitig Lebens-, Kultur- und Naturraum. Wir bauen Brücken und überwinden damit die Grenzen. So ist der Kanton groß geworden, im Schlagen von Brücken liegt auch seine Zukunft.

Eingebettet zwischen Jura-Bogen und Alpenkette, in der Mitte Europas gelegen, versteht sich der Kanton Bern als Scharnier zwischen der deutsch- und der französischsprachigen Schweiz und als Brückenbauer zwischen den Kulturen. Nicht nur unsere Geschichte, unsere kulturelle, gesellschaftliche und wirtschaftliche Entwicklung, sondern auch unsere Zukunft wird durch die besondere geographische Lage an der Sprachgrenze maßgeblich beeinflusst.

Die Alpen sind auch das Wasserschloss Europas. Die UNO hat dieses Jahr zum internationalen Jahr des Wassers erklärt. Wasser ist Leben, lebensnotwendig. Wasser kann aber auch bedrohlich sein. Wasser trennt, aber es verbindet auch – über Grenzen hinweg. So verbindet das Wasser der Aare die Regionen des Kantons Bern, das Oberland mit dem Seeland, mit den Jurahängen und dem Oberaargau. Und die Aare fließt weiter, über Kantonsgrenzen und schließlich im Rhein auch über Landesgrenzen hinweg. Die Aare ist vielleicht das Element, das die Regionen des Kantons Bern und die Menschen, die hier leben, am stärksten verbindet. Sie versorgt uns mit Trinkwasser, sie produziert Energie, sie ist Erholungsgebiet und Lebensraum. Wo sonst kann man schon mitten durch eine Landeshauptstadt schwimmen?

Habe ich Sie überzeugt, den Kanton Bern auch einmal privat mit ihrer Familie zu besuchen? Ich kann es Ihnen nur empfehlen! Neben dem UNESCO-Welterbe Berner Altstadt und Jungfrau-Aletsch haben wir noch viel mehr zu bieten. Die Karsthöhen des Juras, das durch die Gewässerkorrekturen geformte Seeland, die Sportmöglichkeiten im Hochgebirge, die Hügellandschaft des Emmentals, um nur eine Auswahl zu nennen. Sie werden ja anlässlich ihrer Exkursionen die Gelegenheit haben, unseren schönen Kanton zu entdecken.

Zum Schluss möchte ich den Organisatorinnen und Organisatoren des Geographentags ganz herzlich für ihren großen Einsatz danken. Ein besonderer Dank gilt auch allen Mitwir-

Eröffnung

kenden, den vielen Helferinnen und Helfern sowie den Sponsoren, die zum Gelingen dieser Tagung beitragen. Möge die Tagung dazu dienen, Brücken zu bauen, Grenzen niederzureißen und Inseln zu erschließen. In diesem Sinn wünsche ich Ihnen viel Erfolg und einen angenehmen Aufenthalt im Kanton Bern.

Moritz LEUENBERGER (Bern)

Wer die Stadt nicht ehrt, ist der Alp nicht wert

1 Mythos Alpen

Sehr geehrte Damen und Herren,
liebe Geographinnen und Geographen,

Sie führen Ihre Tagung in der Schweiz durch und Sie widmen sie deswegen den Alpen. Das gilt als folgerichtig: Die Schweiz ist eine Alpenrepublik. Auch die Frankfurter Buchmesse wählte 1989 für das Gastland Schweiz den Slogan: „Hoher Himmel, enges Tal." Für Literaten und Geographen sind und bleiben Schweiz und Alpen Synonyme: Dafür haben Johanna Spyri und die schweizerische Tourismuswerbung gesorgt. Und ewig lockt das Matterhorn. Mit Erfolg: Sie alle folgten dem Ruf des Berges. Ich heiße Sie willkommen.

Ich muss Sie allerdings über einen Irrtum aufklären. Jetzt, wo Sie da sind, kann ich es ja sagen: In Wirklichkeit leben drei von vier Schweizern in Städten und Agglomerationen. Oberhalb der Waldgrenze, in den Alpen, wohnen nicht einmal zwei Promille unserer Bevölkerung. Keine einzige Stadt liegt im engen Tal. Der Himmel ist so hoch wie überall, und selbst die Trauben hängen für die Schweizer langsam so hoch wie überall. Das Heidiland kennen die meisten heute als eine Autobahnraststätte im Rheintal, Edelweiß ist eine Schweizer Charter-Fluggesellschaft, die Alpaufzüge finden in Lastwagen statt, Kühe werden per Helikopter transportiert, und weil der Permafrost, der das Matterhorn zusammenhält, in diesem heißen Sommer weich geworden ist, wackelt gar die Silhouette unseres Nationalsymbols. Und unser höchster Berg befindet sich gar nicht in den Alpen. Es ist nämlich der Schuldenberg.

Dennoch: Die Alpen haben nicht nur im Ausland, sondern auch für uns Schweizer eine mythische Bedeutung. Daran liegt es wohl, dass Abstimmungen zum Alpenschutz politisch immer sehr gute Chancen haben: So ist eine Volksinitiative zum Schutz der Moore 1987 deutlich angenommen worden. Der Bundesrat hat sie bekämpft, doch seine Argumente verhallten wie die Schreie eines einsamen Moorhuhns. Angenommen wurde 1994 vom Schweizer Volk auch eine Verfassungsbestimmung, die den Ausbau der Transitstrassen durch die Alpen kategorisch verbietet. Für den Schutz der Alpen setzte sich – ähnlich wie zuvor schon beim Moorschutz – eine starke politische Koalition ein. Ihr gehörten sowohl Grüne an wie EU-Gegner, sowohl Sozialdemokraten wie Konservative. Im Abstimmungskampf ist an die alte Sage von der Teufelsbrücke erinnert worden: Wer die Ruhe der Alpen mit einem Bauwerk entweiht, der muss dem Teufel seine Seele überlassen. Gegen den Teufel hatte der Bundesrat keine Chance – und verlor auch diese Abstimmung. Als es darum ging, in einem Berg der Innerschweiz Sondierbohrungen für radioaktiven Abfall zu bewilligen, wurde von den Gegnern des geologischen Tiefenlagers ein Indianerhäuptling eingeflogen. Gegen ihn hatte der Bundesrat keine Chance und er musste erneut Federn lassen.

Sie ahnen nun, warum unsere Regierung seit fast fünfzig Jahren gleich zusammengesetzt ist und jeder Bundesrat selbst entscheiden kann, wann er zurücktreten will: Die Regierung hat sowieso nichts zu sagen. Das kann ich natürlich nicht gelten lassen. Einige Federn will ich mir dann doch an den Hut stecken: Eine überwältigende Mehrheit der Schweizerinnen und

Schweizer ist dem Bundesrat gefolgt und hat 1998 Steuergelder von 30 Mrd. Franken bewilligt, um damit das Eisenbahnnetz auszubauen. Unter den Alpen hindurch entstehen nun zwei gigantische Basistunnel, die den Langstreckenverkehr von den Alptälern und den Strassen weg auf die Schiene verschieben sollen. Damit diese Verlagerung gelingt, haben Schweizerinnen und Schweizer 1998 auch eine Lenkungsabgabe für den Schwerverkehr beschlossen und sind ebenfalls dem Bundesrat gefolgt. Dabei muss man wissen: Neue Abgaben haben in der Schweiz sonst kaum Chancen vor dem Volk, im Gegensatz zu allen anderen Ländern, wo das ja kein Problem ist.

2 Die Politik und die Alpen

In der Tat sind die Alpen ein Teil der Seele jedes Schweizers. Das sieht man schon an der Nationalhymne. Die erste Strophe lautet:

> „Trittst im Morgenrot daher,
> Seh' ich dich im Strahlenmeer,
> Dich, du Hocherhabener, Herrlicher!
> Wenn der Alpen Firn sich rötet,
> Betet, freie Schweizer, betet!"

Aus den Städten, wo man die Nationalhymne nicht immer so gut auswendig kann, kommt jeweils die größte Zustimmung zu Alpenschutzprojekten. Solche Mythen zu hinterfragen kann gefährlich werden, vor allem für ein Mitglied der Landesregierung. Ich fragte mich einmal öffentlich: „Warum sollten denn die Menschen in den Alpen besonders geschützt werden? Widerspricht das nicht dem Gleichheitsgebot? Auch Städter haben doch ein Recht auf saubere Luft, gesunde Bäume und keinen Strassenlärm. Sie sind doppelt benachteiligt: Sie haben keine Berge und können also den Verkehr nicht in Tunneln vergraben."

Das trug mir Briefe und Inserate mit Vorwürfen der Verfassungsuntreue ein, so dass ich mich heute dem Dilemma vorsichtiger, nämlich mit folgender Formel, entwinde: Die Menschen in den Alpen sind zwar nicht wertvoller als die Städter. Der besondere Schutz, der für die Alpen reklamiert wird, ist aber akzeptierbar, wenn er als Ausgangspunkt für eine nachhaltige Politik dient, die sich auch auf Täler und Städte erstreckt, wie das Wasser, das sich von den Bergen zu Tale stürzt und sich dort in lieblichen Flüssen und Seen verbreitet.

2.1 Verlagerungspolitik

Diese Einstellung kommt auch in der Verlagerungspolitik zum Ausdruck. Wenn die Schweiz den Verkehr von der Strasse auf die Schiene verlagern will, tun wir das nicht nur wegen der Alpen. Zwar zeigen sich am Gotthard die Folgen des europäischen Nord-Süd-Güterverkehrs ganz besonders: Wie in einem Trichterhals bündelt sich hier auf engstem Raum der Nord-Süd-Transitverkehr, er wächst ständig, heute fahren achtmal mehr Camions durch als vor 20 Jahren. Aber: Diese Verkehrszunahme haben wir ja auch in den Agglomerationen. Wenn wir die Schiene ausbauen, tun wir dies auch für die Luft, die Gesundheit und die Ruhe der Städte.

2.2 Neue Naturparkpolitik

Über Jahre hat die Schweiz eine Naturparkpolitik betrieben, bei der Steinböcke und Orchideen konserviert und menschliches Wirken strikt ausgeschlossen wurde. Als wir dann den Nationalpark vergrößern wollten, wehrten sich die Bewohner. Reinhold Messner weiß es schon lange: „Alpen ohne Menschen sind keine Alpen." Wir aber mussten zuerst einen Lernprozess vollziehen und erkennen: Streng geschützte Inseln, in denen alles verboten ist, umgeben von einer wuchernden Zivilisation, in der alles erlaubt ist, kann nicht eine erstrebenswerte Lösung sein.

Mit den neuen regionalen Naturparken erkennen wir an, dass auch der Mensch ein Teil der Natur ist. In dieser Rolle wird er nicht mehr aus dem Paradies ausgeschlossen, sondern er hat den ihm zustehenden Platz in der Schöpfung zu finden und diesen in Verantwortung zu nutzen. Mit der neuen Naturparkpolitik fördern wir einen solchen verantwortungsvollen Umgang mit der Natur.

2.3 Tourismus

Dabei denken wir ganz besonders an den naturnahen Tourismus, der Arbeitsplätze schafft und so die Abwanderung aus den Berggebieten bremst. Nun mussten aber in diesem Sommer Bergführer Touren absagen. Die Steinschlaggefahr in den auftauenden Alpen war zu groß geworden. Das Matterhorn musste gesperrt werden. Es stand also zeitweise nicht zur Verfügung als Fotosujet, auch nicht für Politiker – und das ausgerechnet im Wahljahr. Geht der Permafrost weiter zurück, müssen weitere Wanderwege gesperrt werden, Berghütten und -hotels werden unbewohnbar und die Fundamente von Bergbahnen instabil. Der Alpentourismus ist auf den Permafrost angewiesen, und dieser – wir haben es im vergangenen Sommer erlebt – verträgt den Klimawandel nicht.

So, wie er auch unverhältnismäßige Eingriffe für den Massentourismus nicht erträgt. Planierte Pisten locken im Winter Tausende zu Massenabfahrten. Mit der Schneeschmelze kommen dann erodierende Steinwüsten zum Vorschein. Abgesehen von den Folgeschäden für die Natur verhindert diese Einöde auch den Sommertourismus und schädigt langfristig die Einkommensgrundlage für spätere Generationen.

2.4 Alpenkonvention

Auf dieser Erkenntnis basiert die Alpenkonvention. Sie ist leider auch in der Schweiz umstritten, am vehementesten bekämpft wird sie von Vertretern jener Regionen, denen die Alpenkonvention einen besonderen Schutz geben will. Er könne mit dieser Konvention kaum leben, sagte ein Vertreter eines ländlichen Kantons im Parlament, sie mache ihn beinahe krank. Er betrachte die Alpenkonvention „als einen Angriff auf die Rand- und Berggebiete". Das ist die Alpenkonvention eben gerade nicht. Sie vernichtet keine Arbeitsplätze, im Gegenteil: Sie fördert deren Wert und Wirtschaftskraft, und zwar nachhaltig. Dennoch: Die Sorge eines Berglers, seine Heimat werde zum Reservat gemacht, ist ernst zu nehmen.

3 Gegen Reservate

Bergbewohner wollen kein Reservat. Es würde sie und ihren Lebens- und Arbeitsraum zum Museum, zum Guckkasten für schwärmerische Städter degradieren. Die Gefahr der Romantisierung des Berglebens durch Städter hat Tradition. Der Berner Albrecht von Haller errang mit seiner Alpendichtung literarischen Rang. Er war ein städtischer Aristokrat, der in die Alpen zog und die Sennen mit Gedichten beglückte wie:

> „Wann Tugend Müh zur Lust und Armut glücklich macht [...] Man isst, man schläft, man liebt und
> danket dem Geschicke."

Das empfanden die Sennen nicht genau gleich und vom Schriftsteller Thomas Platter tönte es
anders. Er war ein Bergler, der in die Stadt zog und sich erinnerte:

> „Im Sommer musste ich im Heu liegen, im Winter auf einem Strohsack voller Wanzen und oft auch
> voller Läuse. So liegen gewöhnlich die armen Hirtlein, die bei den Bauern in den Einöden liegen."

Reservate sind oft Kopfgeburten schwärmerischer Außenseiter, auch anderswo: Innenstädte, die nur gerade aus Ladenlokalen bestehen, sind zwar Paradiese des Boutiquismus. Aber es sind auch Reservate. Abends sind sie Niemandsland und menschenleer. Das Gegenstück sind die Satelliten- und Schlafstädte, auch sie Reservate. Deshalb achtet heute jede Gemeinde auf eine Durchmischung von Wohn- und Gewerbezonen.

Jede Ghettoisierung bedeutet Isolation. Isolation ist das Gegenteil von Durchmischung und verhindert daher auch das gegenseitige Verständnis: Je atomisierter eine Gesellschaft, desto kleiner ist das Zusammengehörigkeitsgefühl der einen Gruppe mit der anderen, der einen Region mit der anderen, des einen Individuums mit dem anderen. Nähe hingegen erlaubt Solidarität.

In einem Lebensraum, mit dem sich verschiedene Gruppen identifizieren, spürt oder sieht jeder die Folgen seines Tuns auch beim anderen. Wenn wir jedoch geographische Gegensätze zu zementieren beginnen – hier Stadt, dort Land, hier Arbeit, dort Freizeit –, verabschieden wir uns von der ganzheitlichen Betrachtungsweise. Das kann dazu führen, dass wir gewisse Gebiete als weniger lebenswert aufgeben und im Gegenzug andere Gebiete als Ort unserer Träume verherrlichen. Auf der Suche nach unserem Traum flüchten wir zuerst von der Stadt aufs Land, später vom Land in die Berge. Und wenn diese ins Rutschen geraten, beginnt der Alptraum.

4   Alpen als Frühwarnsystem

Die Weißtannen zeigten uns als erste das beginnende Waldsterben. Die Gletscher warnen uns als erste vor der Klimaerwärmung. Die Alpen sind ein Frühwarnsystem. Sie zeigen uns vor allen anderen Regionen, wo unsere Grenzen beim Naturverschleiß sind.

Alpenschutz – auch wenn er ursprünglich auf Nostalgie und Mythen gründet – kann und muss sich ausweiten: auf Täler, Städte, Agglomerationen und auf die ganze Erde und in der Erkenntnis münden: Wir befinden uns alle in denselben Zielkonflikten, die Konflikte im Alpenraum sind genau dieselben wie die Konflikte in den Städten und Agglomerationen: Es stehen sich überall wirtschaftliche Ziele, soziale Ziele und ökologische Ziele gegenüber.

Auch die Städte und Agglomerationen sind Frühwarnsysteme, nämlich für soziale und wirtschaftliche Probleme. Wer zu den Alpen Sorge trägt, schützt deshalb allen Lebensraum. Wer die Stadt nicht ehrt, ist der Alp nicht wert.

5   Wechselwirkung Natur und Mensch

Weshalb zünden Kinder in den Banlieus von Paris Autos an und schlagen alles zusammen? Gottfried Honegger, Maler und Plastiker, meint: „Ein Kind, aufgewachsen in Hässlichkeit, kann anderen niemals in Liebe und Rücksicht begegnen." Joseph Beuys antwortete auf die

Frage, weshalb Menschen gewalttätig seien: „Weil sie in hässlichen Tapeten aufgewachsen sind." Die Natur prägt uns und unser Verhalten. In einer verkümmerten Natur verkümmern auch die gesellschaftlichen Umgangsformen. Verschwindet das Grün um uns herum, sind sich auch die Menschen nicht mehr grün. Das alles ist eine Theorie und selbstverständlich nicht die ganze Wahrheit. Der Mensch ist nicht bloß durch die Natur determiniert, sondern er gestaltet seine Umwelt, damit sie ihn und damit die Gemeinschaft beeinflusse. Das ist zwar auch die Natur, in erster Linie jedoch Kultur und Bildung.

Hugo Lötscher bekannte sich im „Immunen" zum Credo: „Natura hominis arte facta est", der Mensch kann und muss sich seine Einflüsse auch künstlich schaffen, um eine gerechte Gesellschaft zu erstreben, zum Beispiel mit Bildung. Und dafür ist der Mensch verantwortlich.

5.1 Die Beweislast bei Eingriffen in die Natur

So oder so, aus welcher Motivation es auch immer geschieht: Der Mensch gestaltet die Natur, er macht sich die Erde untertan. Die Frage der Folgen und damit der Verantwortung stellt sich beim Abholzen eines Walds, bei der Umleitung eines Flusses, beim Bau eines Stausees genau so wie bei der Klimaveränderung.

Von Wissenschaftern und Umweltprofessoren hören wir: Wir stellen zwar einen Klimawandel fest, er ist bewiesen, nicht aber, dass er vom Menschen gemacht wäre. Hiezu fehlt der strikte Beweis. Es gibt nur Indizien und Wahrscheinlichkeiten. Was machen wir, die wir die Gesellschaft gestalten wollen? Wir können uns nicht bloß nach der Beweislage richten. Der Mensch schafft das Risiko und er hat zu beweisen, dass sein Eingriff unschädlich ist, auch für künftige Zeiten und spätere Generationen. Allein schon die Wahrscheinlichkeit einer negativen Spätfolge eines Eingriffs gebietet also flankierende Maßnahmen oder verbietet ihn.

Dieses Vorsorgeprinzip kennen wir in anderen Bereichen auch: Im Strassenverkehr ziehen wir seit je diejenigen zur Verantwortung, die ein Risiko für andere schaffen: Wer die Tempolimits überschreitet, wird bestraft oder muss den Ausweis abgeben – auch wenn nicht jeder, der mit Tempo 100 durch ein Dorf rast, zwangsläufig einen Unfall baut. Es genügt die Wahrscheinlichkeit. Wer eine Waffe tragen will, muss eine Bewilligung einholen, obwohl nicht bewiesen ist, dass er jemanden töten will. Es genügt das theoretische Risiko. Wer eine Mobilfunkantenne aufstellt, muss sich an Grenzwerte halten, obwohl keineswegs bewiesen ist, dass die Strahlung krank macht. Wir stellen auf die Wahrscheinlichkeit ab.

Solche Vorsorge braucht auch die Klimapolitik. Auch wenn es bloß wahrscheinlich ist, dass CO_2-Ausstoß für das schwankende Matterhorn, die schmelzenden Gletscher und die steigenden Meeresspiegel verantwortlich ist, müssen wir ihn vorsorglich reduzieren.

Das will auch das Kyotoprotokoll. Von diesem verabschieden sich nun aber die USA, und sie ziehen viele europäische Politiker in ihren Argumentationsbann. Drei Wochen vor den Wahlen stelle ich das mit Unruhe auch in unserem Alpenland fest. Und ich stelle auch fest, dass in Zeiten wirtschaftlicher Rezession argumentative Diskussionen über Beweisführungs- und Kausalitätsfragen sehr viel schwieriger zu führen sind.

5.2 Schaffen wir unsere Mythen nicht ab

Im sogenannten rationalen Diskurs hat ja das kurzfristige wirtschaftliche Denken derzeit ganz klar die Oberhand und beweist damit, wie begrenzt jede vermeintliche Rationalität ist. Umweltschutz und Wirtschaft werden wieder als Gegensatz dargestellt, die Philosophie, die der Nachhaltigkeit zugrunde liegt, wird ignoriert, die Erkenntnis nämlich, dass Umweltschutz sehr wohl im wirtschaftlichen Interesse ist, nicht nur langfristig. Wir erleben eine Restauration des Raubbaus zu Lasten von Klima und Erde. Einsichten der 1980er und 1990er Jahre werden infrage gestellt und Errungenschaften rückgängig gemacht.

Da ist es doch gar nicht so schlecht, wenn tief in unserer Seele Mythen wurzeln, die uns davor bewahren, alles zu zerstören und Umwelt und Klima ganz zu vergessen. Mythen von Wichtelmännchen mögen mitspielen beim Schutz der Wälder, beim Gewässerschutz mag es die Hoffnung auf eine dankbare Meerjungfrau oder auf die Begegnung mit einem Froschkönig sein. Der Alpenmythos verhalf der Schweiz mit zu einer Verkehrspolitik, die sonst nur in Weiß- und Grünbüchern als Theorie zu finden ist. Und eines Tages hilft uns für einen wirksamen Klimaschutz vielleicht die Furcht vor einer biblischen Sintflut.

Wir neigen dazu, Mythen zu belächeln. Doch sie helfen zum Teil mehr als theoretische Erkenntnisse, gerade weil sie Emotionen – ja religiöse Gefühle – wecken. Sie sind hier im Saal als Wissenschafter alles aufgeklärte Wesen. Wir als Politiker bemühen uns, es zu sein. Doch allein mit der Vernunft schaffen wir es nicht, Klima und Umwelt zu schützen. Zum Glück helfen uns bei unserer Arbeit für Wasser, Erde und Luft so getreue Kumpane wie Nessy, Faune und Kobolde. Ich heiße auch sie an dieser Tagung ganz herzlich willkommen!

Bruno MESSERLI (Zimmerwald)

Von Rio 1992 zum Jahr der Berge 2002 und wie weiter?
Die Verantwortung der Wissenschaft und der Geographie

1 „Um-Welt" im Umbruch und die Suche nach den Antriebskräften

Alpenwelt – Gebirgswelten, das Logo dieses Geographentags 2003, bedeutet für mich, dass wir für unsere Alpenwelt, ihre Probleme und ihre dynamischen Veränderungen, wissenschaftlich und politisch mitgestaltend Verantwortung tragen, dass wir aber Brücken schlagen zu den Bergen der Welt, Grenzen sprengen dort, wo es nötig ist, und Inseln erhalten dort, wo etwas Unwiederbringliches auf dem Spiele steht. Vor allem aber sollten wir die Alpenwelt und die Gebirgswelten im Zusammenhang mit ihren umgebenden Tiefländern sehen, dort wo die politischen und wirtschaftlichen Machtzentren sind, dort wo rasch wachsende Agglomerationen auf die Erhaltung der nötigen Ausgleichsräume drängen.

Aber auf diesem Logo spricht uns mit dem Bild noch etwas anderes an: Die drei berühmten Berge Eiger, Mönch und Jungfrau sind ein Symbol der Beharrung und der Unveränderlichkeit, vielleicht haben sie sogar die Charaktereigenschaften der Berner und Schweizer wesentlich mitgeprägt. Aber als die Geomorphologen die Abtragungsraten in den Hochalpen berechneten, lernten wir auch in dieser scheinbaren Unveränderlichkeit die kontinuierliche Veränderung zu sehen. Die Tourismuswerbung nutzte das unverzüglich mit dem Slogan: „Besuchen Sie die Alpen, sie sind in zweieinhalb Millionen Jahren nur noch halb so hoch!" Wir sind aber heute nicht mehr so sicher über diese Aussage, weil im Zentrum der Alpen eine kontinuierliche Hebung gemessen werden kann. Auch wenn der Betrag in der Größenordnung von einem Millimeter pro Jahr und nicht von einem Zentimeter pro Jahr wie im Himalaja liegt, so bedeutet das doch eine ständige Veränderung aufgrund natürlicher tektonischer Antriebskräfte.

Mit einer ganz anderen Zeitdimension ist zu rechnen, wenn wir die drei eindrücklichen Bilder des Tschierva-Gletschers am Piz Bernina betrachten, zusammengestellt von Max Maisch vom Zürcher Geographischen Institut (Abb. 1): Um 1850 werden die großen Seitenmoränen gebildet, die beim heutigen Stand eine 150jährige Gletschergeschichte dokumentieren. Bei einem weiteren Temperaturanstieg im Laufe unseres Jahrhunderts von ungefähr 1,8° dürfte der Gletscher auf Grund eines GIS-basierten Modells etwa so aussehen wie im dritten Bild. Die Frage mag offen bleiben, wie die Situation bei einem Temperaturanstieg von etwa 3° am Ende unseres Jahrhunderts aussehen könnte: Wird der Piz Bernina zu einem sommerlich „schwarzen Berg", an dem die Gletscher fehlen? Diese Frage muss uns dazu anregen, über die natürlichen und menschlichen Antriebskräfte dieser Veränderungen nachzudenken und nachzuforschen.

Eine nochmals andere Zeitdimension begegnet uns in einem Bild aus der Tourismuswerbung für das Berner Oberland: Die Erschliessung und Mechanisierung einer einzigartigen Landschaft (Abb. 2). Abgesehen von den Bahnbauten an der Wende vom 19. zum 20. Jahrhundert, z. B. die Jungfraubahn, ist diese Veränderung der Landschaft für den Sommer- und Wintertourismus in den letzten 50 Jahren abgelaufen. Die wirtschaftlichen Antriebskräfte halten sich nicht mehr an nationale Grenzen, weder bei den Investitionen noch bei der Nut-

Eröffnung

zung. Touristen aus Europa, Amerika, Japan, Indien, usw. nutzen diese prächtige Landschaftsszenerie, man könnte meinen, die Schweiz sei international völlig vernetzt und integriert!

Abb. 1: Tschierva-Gletscher mit Piz Bernina (freundlicherweise zur Verfügung gestellt von Max Maisch, Geographisches Institut der Universität Zürich). Oben links: rekonstruierter Höchststand um 1850; oben rechts: echte Situation heute; unten: virtuelles Schwundszenarium um 2050

Abb. 2: Bahnen und Transportanlagen des Berner Oberlands auf einem Prospekt der Tourismus-Werbung. Abgesehen von den Bahnen, die in der euphorischen Wendezeit vom 19. zum 20. Jahrhundert gebaut wurden (z. B. Jungfraubahn), sind all die touristischen Transportanlagen für Sommer- und Wintertourismus in den letzten 50 Jahren entstanden.

Vergleichen wir die Zeitdimensionen der Veränderungsprozesse in diesen Bildern: Die Berge brauchen Jahrmillionen, die Gletscher Jahrhunderte und die Menschen mit ihren Landschaften und Agglomerationen bloß Dekaden! Die

Dynamik dieser Prozesse markiert die Aussage der „Global-Change-Forschung", dass wir uns nicht mehr in einem geologischen Zeitalter, sondern im mensch-geprägten Anthropozän oder Anthropozoikum befinden. Aber noch wichtiger ist die Suche nach den Antriebskräften oder den sogenannten „driving forces": Die Veränderungen des zentralen Aarmassivs, des Tschierva-Gletschers und der Transportanlagen des Berner Oberlands sind räumlich und zeitlich klar definierbare Prozesse, aber die Antriebskräfte finden sich außerhalb dieser Gebiete. Für die Tektonik liegen sie in regionalen und globalen Prozessen, für den Gletscher sind sie in globalen Klima- und Umweltveränderungen zu suchen, für das Berner Oberland finden sie sich in inländischen Investitionen und in der touristischen Nachfrage aus vielen Ländern. Nicht jede lokale Forschung kann sich den Aufwand leisten, dieser komplexen, je nach Thema methodisch und technisch anspruchsvollen, aber oftmals zeit- und personalaufwendigen Suche nach den Antriebskräften im Einzelnen nachzugehen. Gerade deshalb wurden ja auch die globalen Forschungsprogramme in Gang gesetzt, an der unsere Länder mittragen. Sie sollen die Zugänge schaffen, damit wir die verschiedenen Aktionsebenen vom Globalen bis zu Lokalen in Bezug setzen können. Diese Verbindungen zwischen den verschiedenen Maßstabs- oder Aktionsebenen erlauben uns nicht nur eine umfassendere Interpretation der Resultate aus einem räumlich begrenzten Forschungsgebiet, sondern sie geben uns auch Hinweise auf die zeitliche Interpretation der Prozesse, und zusammengefasst bedeuten sie eine bessere Ausgangslage für die immer wichtiger werdende Wirkungs- und Impactforschung.

Eine Frage aber muss offen bleiben: In den Bergen der Welt finden wir noch einen großartigen Reichtum an Landschaften, die nicht nur geprägt sind von gewaltigen Naturszenarien, sondern auch von einzigartigen Kulturleistungen und Kulturlandschaften, in denen heute noch Bahnen, Straßen und Hotels fehlen (MOUNTAIN AGENDA 1999). Wie werden sie in einer weiteren Zukunft aussehen? Wenn einmal eine gewisse politische Stabilität erreicht sein wird, werden sie denselben Antriebskräften erliegen wie bei uns? Oder werden sie, so wie sie sind, zu ernsthaften Konkurrenten unseres Tourismusbetriebs? Damit ist die Brücke geschlagen von der heimischen Alpenwelt zu den Gebirgswelten der Entwicklungsländer.

2 Von Rio 1992 zum Internationalen Jahr der Berge 2002: Ein wissenschaftlicher und ein politischer Bedeutungswandel

Verschiedene Forschungsprojekte in den Bergen Afrikas, dem Himalaja und den Anden schafften die Basis, dass ein interdisziplinäres und internationales Team von Wissenschaftlern unter dem Namen „Mountain Agenda" ein Gebirgskapitel in die Agenda 21 einbringen konnte. Ohne auf die Vorgeschichte und auf den Rio-Entscheid im Einzelnen einzugehen (MESSERLI / HOFER 2003), muss aber deutlich gesagt sein, dass dieser Erfolg ohne die Unterstützung durch die UNU (*United Nations University*), die UNESCO, die DEZA (Schweizerische Direktion für Entwicklung und Zusammenarbeit), den Schweizerischen Nationalfonds und das Geographische Institut der Universität Bern nicht möglich gewesen wäre. Für einen Deutschen Geographentag darf aber auch die IGU-Gebirgskommission erwähnt werden, die von Carl Troll 1968 gegründet wurde und die mit wechselnden Zielsetzungen bis heute mit wesentlichen Projekten und Publikationen zu diesem Erfolg beigetragen hat (IVES / MESSERLI 2002).

Dieser „äußere" Erfolg in Rio war aber auch von einem gewissen „inneren" Misserfolg begleitet. Auf einer in Rio an die politischen Delegationen verteilten Broschüre mit dem Titel

Eröffnung

„An Appeal for the Mountains" (MOUNTAIN AGENDA 1992) war auf der Frontseite der berühmte Bergsturz vom 31. Mai 1970 am Huascarán, Peru, abgebildet (Abb. 3; WELSCH 1983). Ausgelöst durch ein Erdbeben, stürzten die Felsmassen ab und mobilisierten das tiefer liegende Lockermaterial. Ein gewaltiger Materialstrom verschüttete die 12 km entfernte Stadt Yungai. 18.000 Tote machten dieses Ereignis weltweit bekannt. Für die politischen Delegationen an der Rio Konferenz sollte es ein einprägsames Symbol für das untrennbare Zusammenwirken von Natur und Mensch oder von natürlichen Prozessen und menschlichen Aktivitäten in den Bergen der Welt sein. Erstaunlicherweise hat aber gerade dieser Gedanke in Rio nicht gezündet. In den Korridoren ließen sich etwa die folgenden Kommentare hören: Die Katastrophe ist wohl eindrücklich und bedauerlich, aber sie ist letztlich doch ein nationales Problem Perus, selbst wenn internationale Hilfe angefordert wurde. Genau gleich sind auch die Probleme der Land- und Forstwirtschaft, wie auch des Lebens und Überlebens der Gebirgsbevölkerung nationale und nicht globale Probleme. Gibt es überhaupt in diesem Gebirgskapitel globale Aspekte, die einen Platz in der Agenda 21 rechtfertigen?

Abb. 3: Titelbild einer Broschüre, die an der Rio-Konferenz 1992 präsentiert wurde (Titelbild freundlicherweise zur Verfügung gestellt von Walter Welsch, Institut für Geodäsie, Universität der Bundeswehr, München). Ein Erdbeben erschütterte den Gipfelraum des Huascarán (6.768 m), Cordillera Blanca, Peru, am 31. Mai 1970. Der Bergsturz setzte die tiefer liegenden Lockermassen in Bewegung und geschätzte 10 bis 100 Millionen m³ Fels, Eis und Schuttmaterial überfuhr die Siedlung Yungai, 18.000 Menschen starben (WELSCH 1983).

Diese Enttäuschung mobilisierte aber auch neue Energien und neue Ideen. Sie löste eine Zeit des Nachdenkens aus: Was sind wirklich übergeordnete regionale und globale Probleme, wie können wir die Wissenschaften zu einem verstärkten Engagement motivieren, und wie verbessern wir die Kommunikation mit der Politik? Tatsächlich brachte erst die spezielle UNO-Generalversammlung zur Evaluation der einzelnen Kapitel der Agenda 21 in New York 1997, Rio + 5, den wirklichen Durchbruch für das Gebirgskapitel „Managing Fragile Ecosystems – Mountain Sustainable Development". Eine Dokumentation, basierend auf dem damaligen Stand des Wissens, wurde in Buchform unter dem Titel „Mountains of the World. A Global Priority" zusammengestellt (MESSERLI / IVES 1997) und eine auf die Konferenzteilnehmer ausgerichtete Broschüre mit dem Titel „Mountains of the World. Challenges for the 21st Century" allen politischen Delegationen übergeben (MOUNTAIN AGENDA 1997). Aber nicht nur das, den von der UNCED (*United Nations Commission for Sustainable Development*) vorgegebenen Themen für die Jahre bis zur Konferenz von Johannesburg 2002 folgend, hat eine Gruppe von Wissenschaftlern unter Führung der Abteilung für Entwicklung und Umwelt des Geographischen Instituts der Universität Bern und mit Unterstützung der DEZA jedes Jahr eine leicht verständliche Broschüre aus der Sicht des Gebirgskapitels verfasst. Dazu gehörten die Themen Wasser (MOUNTAIN AGENDA 1998), Tourismus (MOUNTAIN AGENDA 1999), Wälder (MOUNTAIN AGENDA 2000), Energie und Transport (MOUNTAIN AGENDA 2001) sowie „Politische Maßnahmen und Instrumente" (MOUNTAIN AGENDA 2002).

Im folgenden sollen diejenigen Themen etwas genauer erläutert werden, die den Gebirgen der Welt nicht nur in politischen Kreisen durch ihre globale Dimension eine hohe Anerkennung eingebracht haben, sondern auch in wissenschaftlichen Kreisen einen neuen Forschungsschub ausgelöst haben.

2.1 Die Gebirge als Wasserschlösser der Zukunft

Ohne auf das methodischen Vorgehen im Einzelnen einzugehen (VIVIROLI / WEINGARTNER / MESSERLI 2003), zeigt ein weltweiter Vergleich von 20 Einzugsgebieten aufgrund der heute verfügbaren Daten (GRDC 1999; FRIEND 1999), dass in den ariden und semi-ariden Gebieten, die wohl über 40% der Landfläche umfassen, die Gebirge mit ihren Wasserressourcen eine ganz entscheidende Rolle spielen (MOUNTAIN AGENDA 1998). Abb. 4 zeigt, dass der mittlere jährliche Anteil der Berggebiete am totalen Abfluss des gesamten Einzugsgebiets für die folgenden ausgewählten Flüsse zwischen 90 und 100% beträgt: Oranje (Südafrika), Colorado (Nordamerika), Rio Negro (Südamerika), Amu Darya (Zentralasien), Nil (Afrika). Bei den folgenden Einzugsgebieten beträgt dieser Gebirgsanteil 50 bis 90%, aber allen ist gemeinsam, dass in der Trockenzeit während mindestens einem Monat dieser Gebirgsanteil 100% beträgt, was für große Gebiete der wechselfeuchten Tropen im Blick auf Bewässerung und Nahrungsproduktion, aber auch im Blick auf Urbanisierung und Industrialisierung von hoher Bedeutung ist. Dazu gehören der Euphrat, Tigris, Indus, São Francisco in Brasilien, Senegal, Niger und Cauvery in Südindien. In einer dritten Gruppe befinden sich Einzugsgebiete der humideren Zone wie zum Beispiel Ebro (Pyrenäen), Rhein, Saskatchewan, Columbia, Donau, bei denen die Gebirge 30 bis 60% des Abflusses liefern, selbst wenn die Gebirge flächenmäßig nur 10 bis 30% des Einzugsgebiets ausmachen. Bedeutungslos werden die Gebirge in den feuchten Tropen, wie das Bespiel Orinoco zeigt und wie es auch aus dem Amazonasgebiet bekannt ist, wo bloß 20% des Abflusses aus den Anden stammen, dafür aber 80% der Sedimente, die für die Bodenerneuerung im Überschwemmungsbereich wichtig sind.

Diese wenigen Angaben weisen darauf hin, dass die Frage der Gebirge als „Wasserschlösser" wissenschaftlich und politisch von großer Bedeutung ist: Wissenschaftlich deshalb, weil die heute verfügbaren Daten, vor allem in den Gebirgen der Tropen und Subtropen, d. h. der

Eröffnung

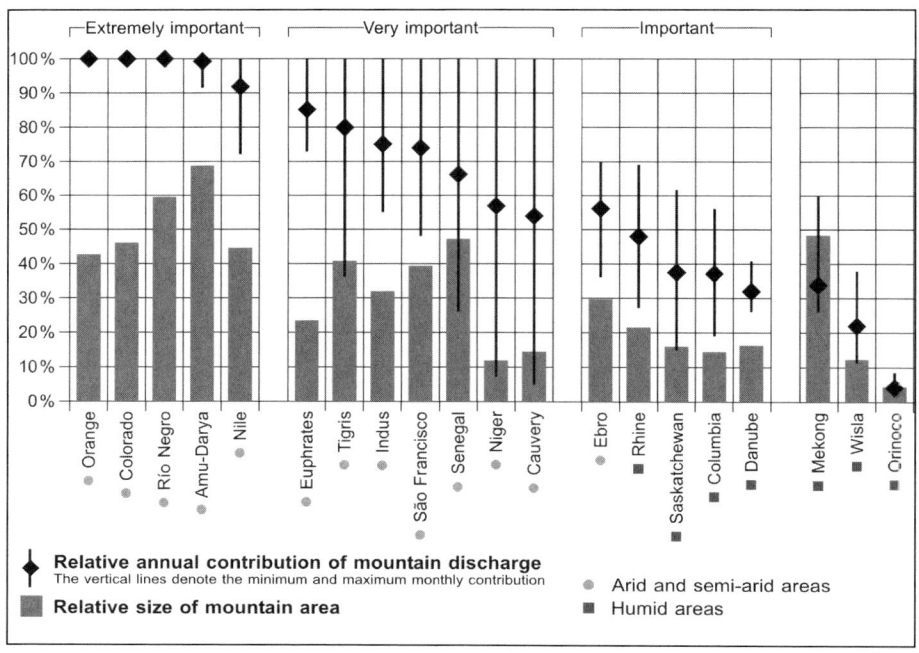

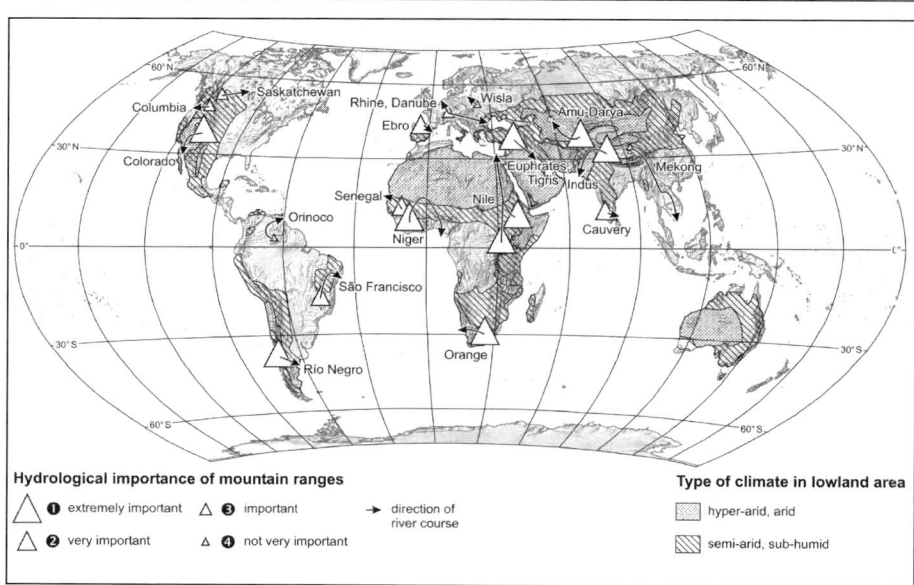

Relative annual contribution of mountain discharge
The vertical lines denote the minimum and maximum monthly contribution

Relative size of mountain area

● Arid and semi-arid areas
■ Humid areas

Hydrological importance of mountain ranges
△ ❶ extremely important
△ ❷ very important
△ ❸ important
△ ❹ not very important
→ direction of river course

Type of climate in lowland area
▨ hyper-arid, arid
▨ semi-arid, sub-humid

Abb. 4 (*gegenüberliegende Seite oben*): Relativer jährlicher Anteil des Gebirgsabflusses am totalen Abfluss eines Einzugsgebiets. Die vertikalen Linien geben einen Hinweis auf den maximalen und minimalen Monatsabfluss. Die dunklen Säulen zeigen den Anteil des Gebirges am gesamten Einzugsgebiet an. (Quelle: VIVIROLI / WEINGARTNER / MESSERLI 2003, vgl. auch Abb. 5)

Abb. 5 (*gegenüberliegende Seite unten*): Hydrologische Bedeutung der Gebirge für das angrenzende Umland aufgrund der Daten in Abb. 4 (VIVIROLI / WEINGARTNER / MESSERLI 2003). Insbesondere in den ariden und semi-ariden Gebieten der Tropen und Subtropen spielen die Gebirge eine entscheidende Rolle für den Bewässerungsfeldbau und die Nahrungsproduktion.

Entwicklungsländer, vielfach völlig ungenügend sind und keine langfristige Planung und Risikoabschätzung erlauben. Politisch deshalb, weil die geschätzte Zunahme der Weltbevölkerung um ungefähr 2,5 Milliarden bis Mitte unseres Jahrhunderts vorwiegend diese hydrologisch kritischen Räume betreffen wird. Bedenken wir ferner, dass größere Flusssysteme von der Quelle bis zur Mündung nationale Grenzen überqueren, dann sind auch politische Konflikte um die begehrte Ressource Wasser voraussehbar. Schließlich zeigen die Indikatoren der Weltbank, dass 65 Länder, darunter China, Indien, Ägypten, mehr als 75% des verfügbaren Frischwassers für die Landwirtschaft brauchen (WORLD BANK 2001), was interne Konflikte mit der wachsenden Industrie und den rasch wachsenden urbanen Zentren schafft. Deshalb ist es auch nicht erstaunlich, dass verschiedenste Planungen eingesetzt haben, wie Gebirgsabflüsse mittels technischer Großprojekte umgeleitet werden könnten. Zum Beispiel: Die Umleitung des Wassers von Brahmaputra und Ganges über verschiedenste Flusssysteme bis in den Süden Indiens, die Umleitung des Jangtsekiang auf verschiedenen Höhenstufen in den Gelben Fluss, die Versorgung des Großraums Johannesburg mit Wasser aus den Gebirgen Lesothos, die Frage der Umleitung von Ebro-Wasser bis in den Süden Spaniens usw. Diese wenigen Angaben und die Abb. 4 und 5 mögen zeigen, dass das Thema Berge und Wasser bereits heute von wirklich globaler Bedeutung ist und im Laufe dieses Jahrhunderts wohl noch eine weitere Bedeutungssteigerung erfahren wird.

2.2 Die Gebirge als „Hot Spots" der biologischen Vielfalt

In jeder Einführung in die Physische Geographie wird auf die außerordentliche Besonderheit hingewiesen, dass ein tropisch-äquatoriales Hochgebirge in vertikaler Anordnung sämtliche Klimazonen unseres Planeten vom feucht-warmen Tiefland bis zur kalt-glazialen Gipfelstufe aufweist. Gerade diese Kompression verschiedenster Klimazonen auf kürzester Horizontaldistanz muss zu einem biologischen Reichtum führen, der in vermindertem Maße auch in den Gebirgen der Subtropen und selbst der gemäßigten Zonen – wie bei uns in den Alpen – noch deutlich in Erscheinung tritt. Erst nach höheren Breiten hin verlieren die Gebirge infolge ihrer generell harschen Klima- und Bodenbedingungen ihre Sonderstellung. Diese scheinbar bekannten Tatsachen wurden fünf Jahre nach Rio, in der speziellen UNO-Generalversammlung, mit der Weltkarte der Biodiversität eines Bonner Teams von Botanikern und Geographen (BARTHLOTT / LAUER / PLACKE 1996) allen politischen Delegationen vorgeführt (MOUNTAIN AGENDA 1997), und die Wirkung war erstaunlich: In den Folgejahren zeigte sich das zunehmende Interesse sowohl in der Wissenschaft wie in der Politik.

Von der wissenschaftlichen Seite meldete sich das DIVERSITAS-Programm mit der Frage, wer und wie man ein spezielles Gebirgsprojekt konzipieren könnte. Das führte zum erfolgreichen Start des „Global Mountain Biodiversity Assessment" (GMBA)-Programms unter Führung von Christian Körner von der Universität Basel (KÖRNER / SPEHN / MESSERLI 2001; KÖRNER / SPEHN 2002) mit dem Ergebnis, dass die Gebirgsbiodiversität zu einem

Querschnittsthema des DIVERSITAS-Programms wurde, dass es sich in der „Convention on Biological Diversity" als ein spezielles Thema etablierte (MCNEELY 2002) und dass im „Millennium Ecosystem Assessment" ein besonderes Gebirgskapitel in Vorbereitung ist.

Von der politischen Seite präsentierte die Weltbank in der Bishkek-Konferenz zum Abschluss des Internationalen Jahres der Berge eine eigene Publikation zur Bedeutung der Gebirgsbiodiversität (WORLD BANK 2002b), und die OECD publizierte 2002 ein Handbuch zur Bewertung der Biodiversität, das mit folgendem Begleittext angekündigt wurde: „Der fortschreitende Verlust der Artenvielfalt ist eines der großen Umweltprobleme unserer Zeit. Die Dringlichkeit dieses Problems steht jedoch in keinem Verhältnis zur Bedeutung, die ihm in politischen Entscheidungsprozessen beigemessen wird. Es ist schwierig, den gesellschaftlichen Nutzen der Artenvielfalt zu messen, und was schwierig zu evaluieren und monetär zu quantifizieren ist, kann leicht ignoriert werden. So werden die Kräfte, die das Artensterben vorantreiben, oftmals für bedeutsamer gehalten. Mit diesem Handbuch legt die OECD einen praktischen Leitfaden zur wirtschaftlichen Bewertung der Biodiversität für die Politik vor und gibt einen Überblick über die verschiedenen Werte (ökonomisch, kulturell, traditionell, geistig), die mit der Artenvielfalt verbunden sind" (OECD 2002).

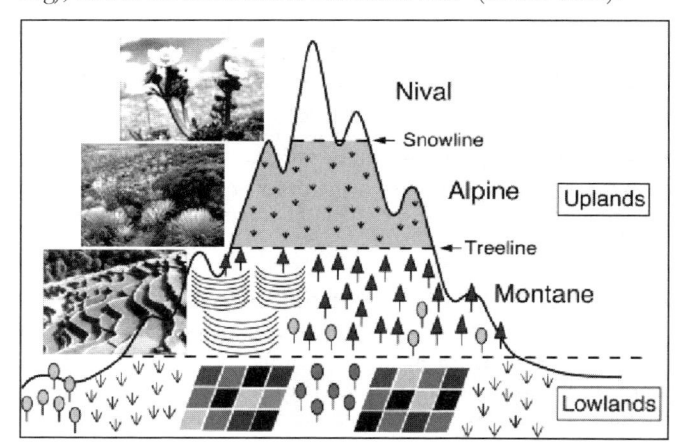

Abb. 6: Gebirge als „Hot Spots" der biologischen Vielfalt infolge der Kompression verschiedener Klimazonen auf einen vertikalen Gradienten (KÖRNER 1999; KÖRNER / SPEHN / MESSERLI 2001). Vielfalt entsteht sowohl in naturnahen Ökosystemen wie auch in angepassten agrarischen Nutzungssystemen der sogenannten Kulturlandschaft. (Bild freundlicherweise zur Verfügung gestellt von Christian Körner, Universität Basel)

Zusammengefasst dürfen wir wohl sagen, dass sich im Bereich Berge und Biodiversität ein wissenschaftlicher und politischer Bedeutungswandel in der erstaunlich kurzen Zeit von 1997 bis 2002 vollzogen hat. Vergessen wir aber nicht, dass die Erhaltung der Biodiversität in den Bergen der Welt nicht allein ein biologisches Problem ist, sondern mit vielen Fragen des Schützens und Nutzens verbunden ist (Abb. 6; HEGG 1997; MESSERLI. P. 2001), und das wiederum heißt Einbezug von folgenden Werten: Ökologischen (Anpassungsfähigkeit, Integrität und Erosionsresistenz von Ökosystemen), ökonomischen (Wasserhaushalt, Nahrungsproduktion, Tourismus), juristischen (Definition und Abgrenzung von Schutzgebieten, Bodenbesitz und Nutzungsrechte), kulturellen (überliefertes Wissen und traditionelle Anbaumethoden zur Nachhaltigkeit), ästhetischen (Schönheit, Erholung) und ethischen (Erhaltung für künftige Generationen). Diese Werte und Aspekte gehören in alle langfristigen Entwicklungsstrategien in den Gebirgen der Industrie-, Schwellen- und Entwicklungsländer.

2.3 Die Gebirge, ein Hort kultureller Diversität?

Die UNESCO, verpflichtet durch ihre Deklaration zur Erhaltung der kulturellen Diversität, meldete schon in der Rio-Konferenz ihr großes Interesse an diesem Thema an. Berggebiete mit ihrer hohen Geo- und Biodiversität, aber auch mit ihrem geschichtlichen Hintergrund als Refugium oder als Transitraum, als Insel oder als Brücke, sind zweifellos prädestiniert für eine hohe kulturelle Diversität ihrer Bewohner. Ethnische, religiöse und sprachliche Eigenheiten können auf engstem Raum Unterschiede zeigen, wie es in der Arbeit von KREUTZMANN (1998) über Sprachenvielfalt und regionale Differenzierung von Glaubensgemeinschaften im Hindukusch-Karakorum ausgezeichnet zur Darstellung kommt. Die wohl eindrücklichsten Zeugnisse für die Berge als Hort einer kulturell-religiösen Identität sind die sogenannten heiligen Berge. Sie haben die Kulturgeschichte vieler Völker geprägt. Denken wir bloß an den Kailash, 6.714 m, im westlichen Transhimalaja Tibets, der von über 300 Millionen Buddhisten und fast 800 Millionen Hinduisten als heiliger Berg verehrt wird (BERNBAUM 1998). Oder denken wir an den Berg Sinai, 2.285 m, auf dem Moses von Gott die Gesetzestafeln erhalten hat, welche die Gesetzgebung der westlichen Zivilisation wesentlich geprägt haben. Viele weitere Beispiele aus den indianischen Kulturen Nord- und Südamerikas, aus der ursprünglichen Bevölkerung Afrikas (z. B. Kilimanjaro), aus der heutigen Kultur Asiens (z. B. Fujiyama) und der Geschichte Europas (z. B. Olymp) ließen sich zitieren, aber eigenartigerweise fehlen sie in den Alpen. Gerade jetzt, im Blick auf die konkrete Ausgestaltung der Alpenkonvention, ist ein spezielles Protokoll zu „Bevölkerung und Kultur" in Vorbereitung, aber die Diskussionen bleiben in scheinbar unüberwindlichen Hindernissen stecken. Die Frage von Definition und Abgrenzung, die Frage was denn alles zur Kultur gehört, und schließlich die Frage, ob es überhaupt so etwas wie eine „Alpenkultur" gibt, hat viele, auch politische Probleme aufgeworfen, die bis Ende 2003 nicht bereinigt werden konnten (BÄTZING 2002; SAGW 2002). Diese Schwierigkeiten sind wohl symptomatisch auch für andere Berggebiete der Welt, denn bis heute fehlen uns regionale Übersichten über eine kulturelle Diversität, und damit ist auch die zentrale Frage mit Fakten nicht beantwortbar, ob denn die Berge wirklich ein Hort kultureller Diversität sind.

2.4 Die Gebirge als Erholungsraum für eine zunehmend urbane Weltbevölkerung

Während der speziellen UN-Generalversammlung 1997 entstand eine intensive Diskussion zum Thema Tourismus und seinen grenzüberschreitenden und rasch wachsenden Menschen- und Kapitalströmen, insbesondere auch im Zusammenhang mit der zunehmenden Urbanisierung der Weltbevölkerung, die jetzt wohl die 50%-Schwelle überschritten hat. Wie sich dieser Prozess in unserem Jahrhundert fortsetzen wird, wissen wir nicht, aber eines ist sicher: Urbane Räume verlangen nach naturnäheren Ausgleichs- und Erholungsräumen. In globaler Sicht, die im Tourismusgeschäft immer wichtiger wird, könnten dies vor allem die Küsten und die Berge sein. Küsten haben den Nachteil, dass sie, auf warme Meere beschränkt, linear sind und deshalb rasch zu urbanen Konzentrationen ausarten. Berge dagegen sind dreidimensionale Gebiete mit verhältnismäßig großen Flächen und hoher Vielfalt. Die touristische Entwicklung, die wir in den Alpen erlebten, dürfte sich in vielen Gebirgen der Welt in reich differenzierter Weise wiederholen. Das wird nicht nur politische, ökonomische, ökologische und raumordnende Überlegungen und Prozesse auslösen, sondern es werden auch Konflikte um die Erhaltung der landschaftlichen Ressourcen und der biologischen und kulturellen Vielfalt entstehen. Eine ganz besondere Beachtung verdienen die durch den westlichen Tourismus provozierten kulturellen Konflikte in den Gebirgen der Entwicklungsländer, und deshalb ist die Gründung eines „Journals of Tourism and Cultural Change" (2002) auch für die Gebirgsforschung der Zukunft von Bedeutung. Wenn wir ferner bedenken, dass der „World Travel and Tourism Council" 1995 schätzte, dass 212 Millionen Menschen, fast ein Zehntel der weltweiten Arbeitskräfte, im Tourismus beschäftig waren, und dass der Umsatz rund 3.400 Mrd. US-$ betrug und für das Jahr 2005 bereits 338 Millionen Beschäftigte und ein Umsatz von 7.200 Mrd. erwartet wird, dann müssen wir die Konsequenzen für die Berge der Welt, regional differenziert, ernsthaft in Rechnung stellen (PRICE / MOSS / WILLIAMS 1997). Auch wenn wir wissen, dass dieser Wachstumsprozess in den letzten Jahren durch Krieg, Epidemien und Wirtschaftskrisen wesentliche Dämpfer erfahren hat, so bleibt doch das Ausgleichs- und Erholungspotential der Berggebiete für die weiter wachsenden Agglomerations- und Konzentrationsbereiche in vielen Teilen der Welt höchst attraktiv (MOUNTAIN AGENDA 1999).

2.5 Berge der Welt: Globale Indikatoren für Klima- und Umweltveränderungen

Den Bergen der Welt ist gemeinsam, dass sie infolge ihrer vertikalen Stufung mit ihren zahlreichen ökologischen Grenz- und Übergangsbereichen höchst empfindlich auf Klima- und Umweltveränderungen reagieren müssen (BENISTON 2003). Dazu kommt, dass die Hochgebirgsregion oberhalb der Waldgrenze mit Gletschern, Permafrost und obersten Vegetationsgrenzen das einzige Ökosystem unseres Planeten ist, das in allen Klimazonen vorkommt und als sensitiver Indikator vergleichbare Messungen und Beobachtungen ermöglicht. Von solchen heute ablaufenden Veränderungen sind nicht nur die erwähnten Ressourcen Wasser, Biodiversität und Erholungsraum betroffen, sondern es stellt sich auch die Frage nach den Auswirkungen auf die Naturgefahren. Die Weltkarte der Naturgefahren (MÜNCHENER RÜCK 1998) zeigt mit aller Deutlichkeit die hohen Risiken in den Bergen der Welt. Nicht nur Erdbeben und Vulkane sind mit den tektonischen Schwäche- und Bewegungszonen der Gebirge verbunden, sondern vor allem auch klimabedingte Prozesse wie Massenbewegungen, fluviale und glaziale Prozesse, usw. Damit stellt sich die Frage der Forschungsdefizite. Wenn in den westlichen USA nahezu 80% des für Landwirtschaft, Industrie und Hausgebrauch benötigten Wassers von den hochgelegenen Winter- und Frühlings-Schneeakkumulationen stammt (PRICE / BARRY 1997), dann weist das nicht nur auf die Bedeutung der Gebirge als existenzielle Ressourcenräume hin, sondern auch auf die Bedeutung als hervorragend geeignete Frühwarnsysteme für geringste Klima- und Umweltveränderungen. Neue Forschungsinitiativen sind gefragt, und darauf kommen wir im nächsten Kapitel wieder zurück (Abb. 8).

2.6 2002: Die Konferenz Rio + 10 in Johannesburg, eingebettet in das Internationale Jahr der Berge

Am „World Summit on Sustainable Development" (WSSD) in Johannesburg wurde die „International Partnership for Sustainable Development in Mountain Regions" durch die UNO-Organisationen FAO, UNEP und der Schweiz gegründet, zu der unmittelbar danach zahlreiche nationale Regierungen ihren Beitritt erklärten (JOHANNESBURG 2002). Das Zusammentreffen mit dem Jahr der Berge (FAO 2000) war insofern ein Glücksfall, dass nicht nur in über 70 Ländern Nationalkomitees oder ähnliche Organe für die Berggebietsentwicklung unter der Leitung der FAO gegründet worden waren, die nun in diese „Johannesburg- Partnerschaft" übergeführt werden konnten, sondern dass auch die Schlusskonferenz des Jahres der Berge in Bishkek, Kirghizstan, dieser Partnerschaft in ihrem Abschlussdokument die zentrale Rolle für die künftige Berggebietsentwicklung zuordnen konnte (BISHKEK MOUNTAIN PLATFORM 2002). Verstärkend kam dazu, dass das UNEP „World Conservation Monitoring Centre" in Cambridge, England, die kartographisch gut dokumentierte Schrift MOUNTAIN WATCH (2002) publizierte und die Königliche Schwedische Akademie der Wissenschaften ein Seminar in Abisko organisierte mit dem Ziel, das Gebirgskapitel der Agenda 21 im Sinne einer zukunftsorientierten Forschungsagenda aufzudatieren und zu überarbeiten (THE ABISKO AGENDA 2002). Schließlich ging dieses ereignisreiche Gebirgsjahr zu Ende mit einem zukunftsweisenden Entscheid der UNO-Generalversammlung am 19. November 2002: Aufgrund einer Resolution, die von Andorra, Argentinien, Costa Rica, Äthiopien, Kirghizstan, Lesotho, Peru, Südafrika und der Schweiz .eingereicht wurde, hat die UNO-Generalversammlung die *Bishkek Mountain Platform* bestätigt, das Internationale Jahr der Berge als Erfolg gewertet, der Staatengemeinschaft die Internationale Partnerschaft für Gebirgsentwicklung zur Mitarbeit empfohlen und den 11. Dezember zum Internationalen Tag der Berge erklärt (UN GENERAL ASSEMBLY 2002), weil am 11. Dezember 2001 das Internationale Jahr der Berge im Gebäude der UNO in New York offiziell eröffnet wurde.

Abb. 7: Kirghizstan, im Hintergrund Tien Schan, im Vordergrund die übernutzten Weidegebiete der Vorgebirge. Titelbild der Broschüre, die für die Konferenz in Johannesburg 2002, zehn Jahre nach Rio, auf die Dringlichkeit hinwies, für die nachhaltige Entwicklung der Berggebiete entsprechende politische Instrumente und Gesetze zu schaffen (MOUNTAIN AGENDA 2002)

Diese knappe Zusammenfassung der Ereignisse im Jahre 2002 möge zeigen, dass in der kurzen Zeit von zehn Jahren seit der Konferenz von Rio de Janeiro, eigentlich müssten wir sogar sagen in fünf Jahren seit der UNO-Konferenz von New York 1997, ein eindrücklicher Bedeutungswandel stattgefunden hat. Rückblickend ist interessant zu sehen, dass die konkreten Probleme der Gebirgsbevölkerung, insbesondere auch alle Fragen der Land- und Forstwirtschaft, die national gelöst werden müssen, auf der globalen Ebene der Rio-Konferenz keine Anerkennung als eine Art Sonderstatus gefunden haben. Es brauchte die Überzeugungsarbeit, dass Gebirge über globale Ressourcen höchster Ordnung verfügen, die in Zukunft eine zunehmend wichtigere Rolle spielen werden. Erst aufgrund dieses Erfolgs konnte man wieder zur nationalen Ebene zurückkehren, dorthin, wo letztlich wirtschaftliche und politische Entscheide fallen. Jetzt erst wurde es sogar möglich, Ratschläge für eine nationale Gebirgspolitik zuhanden der Konferenz von Johannesburg 2002 zu formulieren (Abb. 7; MOUNTAIN AGENDA 2002). Dieser Kreislauf vom Lokalen und Nationalen zum Globalen und wieder zurück zum Nationalen und Lokalen sollte uns zeigen, wie wichtig die Berücksichtigung und die Interaktion dieser verschiedenen Ebenen sind (MESSERLI / HOFER 2003), genau gleich wie bei der Diskussion der rasanten Umweltveränderungen und ihrer Antriebskräfte im ersten Kapitel.

3 Wie weiter? Herausforderungen für die Wissenschaft und die Entwicklungspolitik

3.1 Naturwissenschaftlich dominierte Initiativen

Die *„Mountain Research Initiative"* (MRI) ist im Rahmen der Global Change-Forschung entstanden, insbesondere der Programme IGBP, IHDP und GTOS (*Global Terrestrial Observation System*). Die Grundlagen haben BECKER / BUGMANN (2001) erarbeitet, und für die erste internationale Konferenz 2003 im Biosphärenreservat Entlebuch, Schweiz, hat die UNESCO einen entscheidenden Beitrag geliefert. Die Leitidee zu diesem Forschungsprogramm ist die Nutzung der Gebirge als höchst sensitive Indikatoren für Klima- und Umweltveränderungen mit all ihren Auswirkungen auf die menschlichen Lebens- und Nutzungssysteme. Dieses Projekt hat im Laufe der letzten Jahre durch eine äußerst stimulierende Hypothese eine bedeutungsvolle Aufwertung erfahren, die im folgenden dargestellt wird.

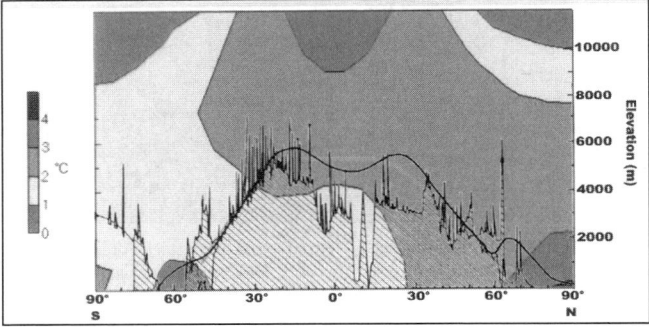

Abb. 8: Die Bereiche stärkerer Erwärmung bei Verdoppelung des CO_2 im Profil Pol – Äquator – Pol, von Feuerland bis Alaska, sind in dunkel werdenden Grautönen wiedergegeben. Die stärkste Erwärmung liegt im nördlichen Polarbereich auf Bodenhöhe, im tropischen Bereich aber auf über 4.000 m Höhe und löst sich auf der Südhalbkugel zum Teil auf. Dicke Linie: Ungefähre mittlere Höhe des Reliefs. Dünne Linie: Gipfelhöhe der Gebirge.

(Grundlegende Figur als Farbbild in IPCC 2001, 544, Fig. 9.8; verändert und ergänzt durch Ray Bradley, University of Massachusetts, Amherst, der die Figur freundlicherweise zur Verfügung stellt).

Abb. 8 zeigt die Zonen und Höhenstufen stärkster Erwärmung von 90° Süd bis 90° Nord durch Süd- und Nordamerika. Bei einer Verdoppelung des CO_2-Gehalts der Atmosphäre liegt der Bereich höchster Erwärmung zwischen 60 und 90° Nord auf Bodenhöhe. In diesem Zusammenhang mag der Hinweis von Interesse sein, dass in der von der Russischen Akademie der Wissenschaften organisierten IGU-Konferenz in Barnaul, 2003, im Vorland des Altai-Gebirges im südlichsten Sibirien, die Messdaten von Barnaul vorgestellt wurden. Dieser Hauptort verfügt über eine der längsten, homogenisierten und gesicherten Datenreihen Asiens von 1835 bis heute. In den 120 Jahren von 1838 bis 1958 nahm die mittlere Jahrestemperatur um 1,77° C zu, und in den 43 Jahren von 1958 bis 2001 sogar um 1,45° C (RERYAKIN / KHARLAMOVA 2003). Das bedeutet, der mittlere Gradient des Anstiegs betrug für die ältere Periode 0,0147° C und für die jüngere Periode 0,0336° C, d. h., mehr als eine Verdoppelung und mehr noch, die mittlere Jahrestemperatur ist in den letzten 60 Jahren um rund 2° C angestiegen: eine beeindruckende Zunahme im Vergleich zu unseren Regionen, und damit auch eine höchst interessante Bestätigung für Abb. 8. Zwischen 60 und 30° Nord aber wölbt sich diese Erwärmungszone auf einer Höhe von 4.000 m und mehr über den Äquator hinweg auf. Im weiteren Verlauf auf der Südhalbkugel kommt es zu einer Auflösung dieser Gesetzmäßigkeit, was wohl mit der zunehmenden Dominanz der Wasserflächen zusammenhängen könnte. Der Verlauf dieses Höhenbereichs der maximalen Erwärmung dürfte mit den Zirkulations- und Druckverhältnissen in den Tropen zusammenhängen. Interessant ist die lebhaft oszillierende dünnere Linie, welche die realen Gipfelhöhen wiedergibt und damit die Frage aufwirft, ob wir nun die entsprechenden Höhenstationen haben, die diesen Bereich stärkerer Erwärmung erreichen (R. Bradley, University of Massachusetts, Amherst, mit bestem Dank für die persönlichen Informationen).

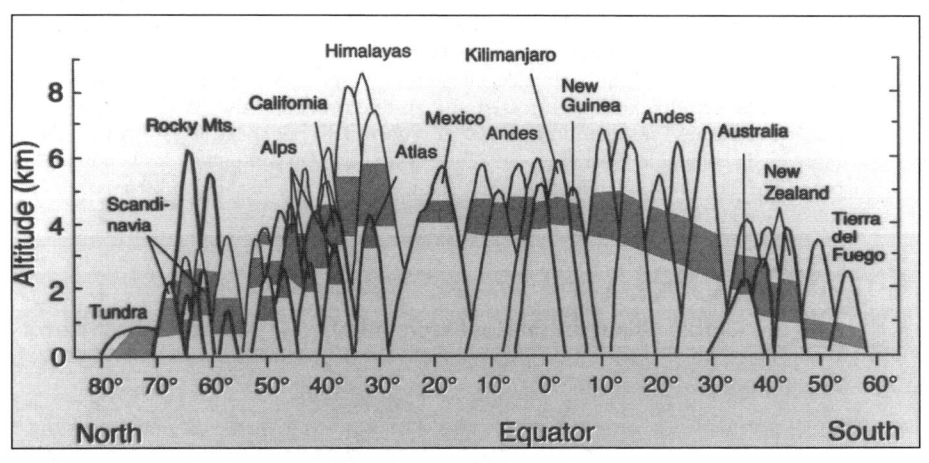

Abb. 9: Das Forschungsprogramm „Global Mountain Biodiversity Assessment" (GMBA) setzt den Schwerpunkt auf die alpine Lebenszone oberhalb der Waldgrenze, wo natur- und menschgemachte Umweltveränderungen und ihre Auswirkungen am deutlichsten erfasst und interpretiert werden können. (Bild freundlicherweise zur Verfügung gestellt von Christian Körner, Universität Basel)

Dieser interessante Sachverhalt, der in Zukunft durch weitere Untersuchungen noch besser belegt werden muss, gibt den Hochgebirgen der Welt eine zusätzliche Bedeutung als globale Indikatoren für Klima- und Umweltveränderungen, die das MRI in den kommenden Jahren nutzen muss. Die Fragen sind gestellt, wie das Netz der Hochgebirgsstationen verdichtet und technisch perfektioniert werden kann, um die anfallenden Daten vollautomatisch zu liefern und auszutauschen. Aber auch im Wissen darum, dass wohl die obersten Ökosysteme mit Gletschern, Permafrost und obersten Vegetationsgrenzen die empfindlichsten Indikatoren für geringste Veränderungen sind, müssen doch die unteren Stockwerke mit Landnutzung und Siedlung einbezogen werden, weil ein veränderter Wasserhaushalt sich fast zeitgleich von oben auf die tieferliegenden Ökosysteme und vor allem auch auf das weitere Umland auswirken kann. Aus diesem Grund bietet sich das Konzept der UNESCO-„Gebirgs-Biosphären-Reservate" geradezu an, wo in vielen Fällen bereits eine Forschungsinfrastruktur für die naturnahen höheren und menschgeprägten tieferen Ökosysteme existiert. Ungefähr zwanzig Manager solcher Biosphären-Reservate trafen sich in der ersten internationalen Konferenz 2003 mit Vertretern der Global Change-Programme, um das gemeinsame Vorgehen zu besprechen (BJÖRNSEN GURUNG / SCHAAF 2003; PRICE / KIM 1999). Erfreulicherweise zeichnete sich ein großes Interesse für dieses Programm ab, nicht nur weil dadurch die Biosphären-Reservate eine neue Inwertsetzung erfahren, sondern weil auch schon Folgeprojekte für eine Verdichtung des Beobachtungs- und Messnetzes für Nordamerika und Russland vorgelegt wurden. Die nächsten Jahre werden zeigen, ob es gelingt, die finanziellen und die wissenschaftlich-technisch-methodischen Grundlagen für ein solch weltweites Gebirgsprogramm zu schaffen.

Das Forschungsprogramm *„Global Mountain Biodiversity Assessment"* ist ein wichtiger Beitrag an den Bedeutungswandel, den die Gebirge und die Gebirgsbiodiversität in den letzten zehn Jahren erfahren haben. Die in die Zukunft weisende Leitidee ist, die Biodiversität in ihrem Prozessgefüge regional und global besser zu verstehen, die Beeinflussung durch die Landnutzung einzubeziehen und die Auswirkungen möglicher Klimaänderungen zu untersuchen. Abgesehen von ausgewählten Profilen durch alle Höhenstufen soll der Schwerpunkt auf dem Höhenbereich oberhalb der Waldgrenze liegen, weil in dieser alpinen Lebenszone die Veränderungen besonders eindrücklich zu erfassen und zu interpretieren sind (Abb. 9). Nach zwei Konferenzen in Moshi, Tansania, und La Paz, Bolivien, ist eine spezielle „Moshi-La Paz"-Forschungsagenda entstanden, die in einem Schwerpunkt die Auswirkungen der Landnutzung und insbesondere der Weidewirtschaft auf die Biodiversität tropischer und subtropischer Gebirge untersuchen soll (SPEHN / KÖRNER 2003).

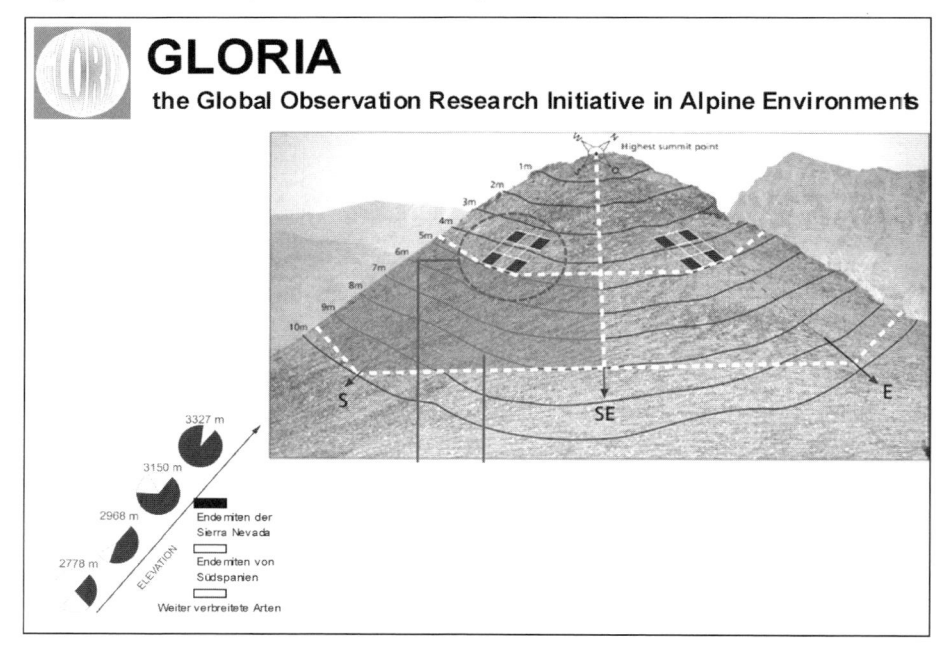

Abb. 10: Das Forschungsprogramm „Global Observation Research Initiative in Alpine Environments" (GLORIA) will die Veränderung und Zusammensetzung der Vegetation in fest eingerichteten Flächenquadraten erfassen und – begleitet von Temperaturmessungen – die Wirkungen feinster Klimaveränderungen analysieren (GRABHERR et al. 2001). Interessant ist die Veränderung der Endemismen im Höhenprofil der Sierra Nevada, Andalusien.

Das Forschungsprogramm „*Global Observation Research Initiative in Alpine Environments*" (GLORIA) hat als Leitidee, ein langfristiges, standardisiertes und mit einfachstem technischen Aufwand ausgerüstetes Messnetz in Gipfelpositionen einzurichten, um die Auswirkungen von Klimaänderungen auf diese Vegetationsstufen zu erfassen. Gemäß Abb. 10 wird ein jeder Gipfel in acht Sektionen aufgeteilt, in jeder Sektion sind vier permanente Quadrate zu je einem Quadratmeter, in denen die Veränderungen und die Zusammensetzung der Vegetation langfristig untersucht werden, begleitet von kontinuierlichen Temperaturmessungen. Der sogenannte „Multi-Summit-Approach" bedeutet, dass in einer Testregion mehrere Gipfel unterschiedlicher Höhe als Beobachtungsstationen eingerichtet werden. Ausgehend von einem EU-finanzierten Programm mit 18 Testregionen zwischen Skandinavien und Ural im nördlichen Europa und der Sierra Nevada Andalusiens und Kreta im südlichen Europa, soll dieses Netz nun weltweit ausgebaut werden (GRABHERR et al. 2001).

Zusammengefasst streben die drei Forschungsprogramme MRI, GMBA und GLORIA eine enge Zusammenarbeit an, weil dadurch bedeutende Synergien entstehen und jedes Programm einen beachtlichen Mehrwert erhält. Auch wenn viele Fragen der Realisierung und der Finanzierung noch offen sind, versprechen die drei Programme doch einen bedeutenden Gewinn für die „Global Change"-Forschung.

3.2 Humanwissenschaftlich dominierte Initiativen

Den *Verstädterungsprozess* in den Bergregionen hat man lange Zeit kaum als Problem wahrgenommen. Grundlegende Untersuchungen im Alpenraum haben aber deutlich gezeigt, dass die letzten Jahrzehnte nicht einfach durch Auswanderung und Bevölkerungsabnahme, sondern durch eine Umschichtung innerhalb der Alpen und in großen Teilen sogar durch eine Bevölkerungszunahme geprägt wurden. Als Ganzes ist das Bevölkerungswachstum in den Alpen sogar höher als im europäischen Mittel. Diese Umschichtung vollzog sich von isolierten und schwer bewirtschaftbaren Randlagen zu verkehrserschlossenen Zentral- und Tallagen, von kleinbäuerlichen Betrieben zu Arbeitsplätzen in anderen Wirtschaftszweigen. Mit anderen Worten: Die Urbanisierung machte auch vor den Alpenregionen nicht halt (PERLIK 2001), und die Mehrheit der Alpenbevölkerung lebt heute in Städten oder in einem verstädterten Umfeld, was zu neuen Spannungsfeldern in der Raumpolitik führt (BÄTZING 1999; PERLIK 2001).

Fast gleichzeitig wird dieser Verstädterungsprozess aber auch in den Bergen der Entwicklungsländer zu einem wichtigen Problem. Mexiko City auf 2.240 m Höhe, umgeben von einem Gebirgskranz, dürfte nach verschiedenen Schätzungen als gesamte Agglomeration etwa 24 Mio. Einwohner zählen, fast das Doppelte der gesamten Alpenbevölkerung, die heute ungefähr mit 13 Mio. beziffert wird (BROGGI 2002). Aber nicht nur Lateinamerika und insbesondere die Großstädte der Anden spielen eine fundamentale Rolle in der gesamten Berggebietsentwicklung, sondern auch aus dem Himalaja liegen erste Publikationen zu diesem Thema vor (GARDNER / SINGH 2001), und sogar erste vergleichende Untersuchungen Anden-Himalaja-Alpen weisen auf die Bedeutung dieser Verstädterung hin (MATHIEU 2003).

Die wichtigste Dokumentation zu diesem Thema hat aber die FAO verfasst, indem sie nicht nur eine Karte mit den größeren urbanen Zentren in den Bergen der Welt publizierte, sondern auch die Berggebiete definierte und regionsweise den Anteil der urbanen Bevölkerung in den Gebirgen ermittelte (FAO 2003). Ohne auf die methodisch-technischen Pro-

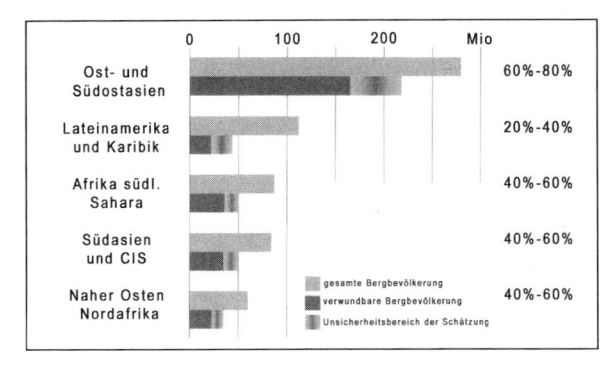

Abb. 11: Verwundbarkeit der Gebirgsbevölkerung aufgrund der Ernährungsunsicherheit (FAO 2002), die wiederum auf vielen natur- und menschbedingten Faktoren beruht.

bleme dieser Analyse einzugehen, ergeben sich folgende Werte für den Anteil städtischer Bevölkerung gegenüber der ländlichen Bevölkerung in den Bergen der Welt: Asien und Pazifik 14%, Afrika südlich der Sahara 22%, Naher Osten und Nordafrika 41%, Lateinamerika und Karibik 47%, Entwicklungsländer gesamthaft 36% und Schwellenländer 47%. Einzig in den Alpen ist dieser Prozess bereits weiter fortgeschritten. Ohne die großen Alpenvorstädte einzubeziehen, lebten 1990 bereits 59% der Alpenbevölkerung in Städten oder dazugehörigen Umlandgemeinden. Dort befinden sich auch 66% der Arbeitsplätze, obschon nur 26% der Alpenfläche von urbanen und periurbanen Zonen eingenommen wird (PERLIK 2001). Die Frage muss offen bleiben, wie sich dieser Urbanisierungsprozess in den nächsten Jahren in den verschiedenen Gebirgsregionen weiterentwickelt, ob bald auch in anderen Gebirgen alpine Werte erreicht werden und ob die Sogwirkung auf das ländliche Umland in den Entwicklungsländern nicht mehr Probleme schafft als in den Industrieländern, weil die ungelösten Probleme der ländlichen Räume zu unlösbaren Problemen der städtischen Räume werden. In den folgenden Ausführungen zur Verwundbarkeit der Gebirgsbevölkerung liegen weitere Antriebskräfte, welch die Migrationsbewegungen vom ländlichen zum städtischen Raum und vom Hochland zum Tiefland zusätzlich verstärken.

Die *Ernährungsunsicherheit* ist ein wesentliches Element der Verwundbarkeit, und sie ist in den Bergen der Entwicklungswelt erschreckend groß. Die Daten zu Abb. 11 sind von der FAO (2002; 2003) zusammengestellt worden. Die weltweite Gebirgsbevölkerung wird mit 718 Mio. Menschen angenommen, davon etwa 625 Mio. in Entwicklungsländern, die auch gemäß Abb. 11 genauer untersucht wurden. Dabei zeigt sich, dass in Ost- und Südostasien diese Ernährungsunsicherheit oder Verwundbarkeit mit 60 bis 80% der Bevölkerung am größten ist. In Afrika südlich der Sahara, in Südasien und in den Staaten der früheren Sowjetunion, im Nahen Osten und in Nordafrika liegt dieser Anteil bei 40 bis 60%, und nur in Lateinamerika und in der Karibik sinken diese Zahlen auf 20 bis 40%. Wenn wir diese Prozentwerte (WORLDBANK 2002a; JENNY / EGAL 2002) in Zahlen umrechnen und in ein Verhältnis zur Milliarde der von Armut und Hunger betroffenen Menschen setzen, dann sind davon ungefähr 30 bis 40% oder 300 bis 400 Mio. Gebirgsbewohner der Entwicklungsländer betroffen. Dieser Befund ist eine gewaltige Herausforderung für eine künftige Gebirgspolitik und auch für eine künftige Forschungspolitik. Ohne entsprechende Grundlagen und Zielsetzungen wird eine nachhaltige Entwicklung in den Bergen der Welt nicht zu erreichen sein. Darüber hinaus müssen wir ganz klar feststellen, dass die sogenannten Milleniumsziele, die Zahl der vom Hunger betroffenen Menschen bis 2015 zu halbieren (WORLD BANK 2002a), kaum zu erreichen sein wird, und das wiederum betrifft in ganz besonderem Maße auch die Menschen in den Bergen der Welt. Diese Feststellung bedeutet folgendes: Die Entwicklung der Weltwirtschaft und ihrer Globalisierungsprozesse verlangen eine kritische wissenschaftliche Begleitung. Photos 1a und 1b zeigen zwei Bilder, nicht weit voneinander aufgenommen.

Photos 1a und 1b: Links: Großflächiger Rebbau in der chilenischen Atacama-Wüste, beschränkt auf die wenigen permanenten Abflussstellen aus den trockenen Hochanden, ausgerichtet auf die Märkte in den westlichen USA. Rechts: Vorbereiten der Felder für das Setzen der Kartoffeln in einer Selbstversorgungswirtschaft auf dem bolivianischen Altiplano auf 4.000 m Höhe. (Aufnahmen: B. Messerli)

Auf der Westseite der Zentralen Hochanden, im Bereich der Atacama-Wüste, hat sich an den Wasseraustrittstellen ein großflächiger Rebbau entwickelt. Dank der südhemisphärischen Lage werden die Trauben zur Weihnachtszeit auf die großen Stadt- und Marktzentren der US-Westküste geliefert. Marktwirtschaftlich hervorragend organisiert vom privaten Land- und Wasserbesitz bis zum großflächigen Anbau, basierend auf einem effizienten Transport- und Absatzsystem, ist dieser Wirtschaftszweig auch für eine globalisierte Wirtschaft hervorragend gerüstet. Das andere Bild zeigt den Bauer auf dem bolivianischen Altiplano auf rund 4.000 m Höhe, der in einer bescheidenen Selbstversorgungswirtschaft lebend, in einer feierlichen, kulturell-religiös geprägten Zeremonie mit dem geschmückten Ochsengespann den Boden für das Setzen der Kartoffeln vorbereitet. Die Frage ist unumgänglich, ob und wie diese Wirtschaftsweise in einer globalisierten Marktwirtschaft überleben wird. Und wenn nicht, wo wird dieser Bauer einen neuen Arbeitsplatz finden? Die Millionenstadt La Paz ist nahe, aber wer schafft die nötigen Arbeitsplätze, und wer garantiert, dass diese rasch wachsende Stadt lebenswert bleibt?

Zusammengefasst: Viele Fragen und wenig befriedigende Antworten. Neue Initiativen haben in den Alpen und in den Bergen der Entwicklungswelt zu neuen Forschungsprogrammen geführt, die sowohl disziplinäre wie transdisziplinäre Fragen betreffen. Für die Schweiz lassen sich folgende Beispiele nennen: Das Nationale Forschungsprogramm des Schweizerischen Nationalfonds mit rund 36 Projekten zum Thema „Landschaften und Lebensräume der Alpen" (SCHWEIZERISCHER NATIONALFONDS 2003) und neu das *Swiss National Centre for Competence in Research* (NCCR) mit einem weltweiten Gebirgsprogramm, dessen Führungs- und Koordinationsstelle am Geographischen Institut der Universität Bern angesiedelt ist (HURNI / WIESMANN / SCHERTENLEIB 2004). Darüber hinaus müssen wir auf die in der Konferenz von Johannesburg 2002 gegründete Partnerschaft für die Berggebietspolitik hinweisen (WACHS 2003). In diesem Dokument, wie auch in der BISHKEK MOUNTAIN PLATFORM (2002), dem Schlussdokument des Internationalen Jahres der Berge, werden wesentliche Leitlinien für eine künftige Forschungspolitik vorgezeichnet. Schließlich hat auch die Schwedische Akademie der Wissenschaften in einer Serie von Seminaren in der Forschungsstation

Eröffnung

Abisko den bereits erwähnten Bericht erarbeitet, wie ein heutiges Gebirgskapitel in der Agenda 21 aus der Sicht der Wissenschaft und ihrer Anwendung aussehen müsste (THE ABISKO AGENDA 2002). Die letzte Frage aber lautet: Wo werden wir in zehn Jahren, bei der Konferenz Rio + 20, stehen?

4 Die Verantwortung der Wissenschaft und der Geographie

Bevor wir in die Zukunft schauen, nochmals einen Blick zurück: Plato schrieb vor rund 2.400 Jahren: „Früher hatten die Berge bis hoch hinauf Wälder. Nun ist nur das nackte Gerippe des Gebirges, dem Skelett eines Kranken gleichend, übrig geblieben" (BURY 1961, 273). Der Philosoph hat seine Verantwortung erkannt und diese Misswirtschaft in den Bergen Griechenlands seinen Lesern klar gemacht. Aber wo blieb die Wissenschaft? Wenn es sie gab, war sie wohl in den Städten, in der Nähe der Machtzentren von Politik und Wirtschaft. Offenbar hat sie nicht realisiert, dass diese Schäden in einigen Gebirgen Griechenlands und des Mittelmeerraums bis in unsere Zeit nachwirken würden und dass viele nachfolgende Generationen den Preis für diese Versäumnisse zahlen müssten. Wohlverstanden, ich spreche von der Zeit Platos, 400 Jahre v. Chr., oder sind wir etwa versucht, an die heutige Zeit zu denken?

Diese Gebirgslandschaft Syriens, an den Hängen des Antilibanon, könnte vielleicht der Beschreibung Platos entsprechen und der Bauer, der hier seine Steine pflügt, würde wohl auch zum Bild Platos passen (Photo 2). Hier hatte es einmal Bäume und Wälder, nun ist der Boden degradiert und die Niederschläge von Jahr zu Jahr unsicher. Und doch pflügt er wieder! Aber eigentlich stellt uns dieses Bild die Frage: Kann man da noch leben und überleben? Könnte

Photo 2: Pflügender Bauer im Bergland des Antilibanon, Syrien. Degradierte Böden, unsichere Niederschlagsbedingungen, risikoreiche Landwirtschaft. (Aufnahme: B. Messerli)

man diese Situation verbessern? Was verlangt eine solche Abklärung? Sie verlangt ein Grundlagenwissen über die Niederschlagsrisiken und die Bodenverbesserung, aber auch über Fragen einer Bewässerung gekoppelt mit demographischen, ökonomischen, sozialen und politischen Problemen. Würden wir jetzt als Geographen sagen, Natur- und Sozialwissenschafter hätten halt nicht die gleiche Denkweise, unsere Institute seien zum Teil getrennt, die Kontakte fehlten, erkenntnistheoretisch gebe es ... usw. Der Bauer würde diese Antwort nicht verstehen, die Probleme sind doch klar. Aber auch in der Gesellschaft und in der Politik wird man den Kopf schütteln, und vielleicht wird man sich sogar fragen, ob man diese Wissenschaft überhaupt noch braucht. Aber vergessen wir nicht, dieser Bauer vertritt große Teile der Entwicklungswelt: Können wir deshalb solche integralen Fragen einfach negieren? Auch wenn wir eine weiterführende

Grundlagenforschung dringend brauchen, so brauchen wir ebenso dringend inter- und transdisziplinäre Ansätze. Dies umso mehr, als die UNO-Organisationen, die Weltbank und das *World Resources Institute* im Jahre 2000 einen dringenden Appell lanciert haben, die Fragen der begrenzten, geschädigten und verschmutzen Ressourcen viel ernster zu nehmen, weil ihre Nutzung wohl noch in diesem Jahrhundert in vielen Regionen an Grenzen stoßen wird. Ressourcenforschung aber braucht sowohl die naturwissenschaftlichen wie auch die sozial- und kulturwissenschaftlichen Daten und Prozessanalysen in ihrer ganzen komplexen Verknüpfung. Das globale Programm „Millennium Ecosystem Assessment" wurde geschaffen mit dem Ziel, eine weltweite Bilanz der verschiedenen Ökosysteme – inklusive der Berge dieser Welt – zu erarbeiten, um ihren Zustand und ihr Leistungsvermögen besser zu kennen. Genau in die gleiche Richtung geht der Appell der Global Change-Programme, nicht nur die Ursachen, sondern auch die Auswirkungen der Umweltveränderungen verstärkt in die Forschungsziele aufzunehmen, um sich auf die kommenden Probleme vorzubereiten. Drei Themen stehen im Vordergrund: Klimaänderung, Wasser und Ernährung. Der Karbonzyklus und die Klimaänderung stehen im Zusammenhang mit unserer Lebensweise, mit der zunehmenden Urbanisierung, Industrialisierung und dem rasch wachsenden Verkehr. Klimaänderungen betreffen vor allem auch die Gebirge mit ihrer Eis- und Schneebedeckung. Veränderungen und Schwankungen übertragen sich sehr rasch auf den Wasserabfluss und das wiederum betrifft die umliegenden Tiefländer mit ihrer Bewässerung und Nahrungsproduktion für eine wachsende Bevölkerung.

Photo 3: Grindelwald und Eigernordwand: Auf einer Horizontaldistanz von maximal fünf Kilometer enthält die Höhendifferenz von 3.000 m alle ökologischen Stockwerke mit ihren Begrenzungen von der Siedlung und Landnutzung im Talbereich bis zur nivalen und glazialen Stufe im Gipfelbereich. (Aufnahme: B. Messerli)

Die Zersplitterung der Wissenschaft ist eine Tatsache, die Vorteile, aber auch viele Nachteile mit sich bringt. Die verschiedenen Denkweisen oder Kulturen mögen existieren, aber sie dürfen die Zusammenarbeit nicht verhindern. Genau gleich gibt es fließende Übergänge zwischen Grundlagen- und angewandter Forschung und zwischen disziplinärer und transdisziplinärer Forschung (BÄTZING 2000). Wir sollten wohl viel flexibler werden und uns in den Studiengängen bemühen, dass wir auf breiter Grundlage beginnend, die Studierenden einerseits zu einer Fachkompetenz führen, andererseits aber auch ihre Diskussionskompetenz in anderen Fachbereichen unterstützen und fördern. Diese Dualität könnten wir auch als Expertenwissen und Orientierungswissen bezeichnen. Eine solche Ausbildung macht uns offen, vielschichtige und komplexe Fragestellungen mit Mut und Selbstvertrauen anzupacken, unabhängig davon, ob das Hauptgewicht in einem bestimmten Projekt auf dem eigenen oder einem anderen Fachwissen beruht. Das Wichtigste aber ist, was einmal in Stein gemeißelt vor einem Universitätsinstitut für Studien über Ostasien zu lesen war: „Wisdom is to see things not yet materialised". Für diese Voraussicht trägt die Wissenschaft eine Verantwortung oder noch deutlicher: Die Wissenschaft hat eine reich befrachtete Periode großer Freiheit hinter sich. Aber von nun an hat sie vermehrt eine reich befrachtete Periode großer Verantwortung für unsere Gesellschaft und für unsere Welt vor sich (FENSTAD 2003). Der Reduktionismus hat der westlichen Welt gewaltige Erfolge in Wissenschaft und Technik gebracht, aber sie hat keine der anstehenden Umwelt- und Ressourcenprobleme gelöst.

Kehren wir zum Schluss zurück zu der uns vertrauten Alpenwelt. Wir haben das Berner Oberland mit seinen touristischen Anlagen in einem allzu schlechten Licht gezeigt, diesem Bild in Abb. 3 müssen wir mit dem Photo 3 eine übergeordnete Idee geben. Die Aufnahme von Grindelwald und der Eigernordwand zeigt eine unglaubliche geologische, biologische und ästhetische Vielfalt in einem Blick: Vom blühenden Apfelbaum bis zur Eis- und Felswüste der Gipfelregion, untermalt durch menschliche Siedlungs- und Nutzungsgrenzen, das Ganze vielleicht noch begleitet von einem emotional spirituellen Empfinden. Das alles gehört zu den Bergen der Welt, die in den letzten Jahren und Jahrzehnten einen Bedeutungswandel erlebt haben, den wir in Zukunft mit Sorge, mit Weitblick und mit Engagement – kritisch und doch auch fasziniert – begleiten sollten: Verantwortung der Wissenschaft und der Geographie!

Literatur

BARTHLOTT, W. / LAUER, W. / PLACKE, A. (1996): Global Distribution of Species Diversity in Vascular Plants. Towards a World Map of Phytodiversity. – In: Erdkunde 50. – 317-327.
BÄTZING, W. (1999): Die Alpen im Spannungsfeld der europäischen Raumordnungspolitik. Anmerkungen zum EUREK-Entwurf auf dem Hintergrund des aktuellen Strukturwandels im Alpenraum. – In: Raumforschung und Raumordnung 57(1). – 3-13.
BÄTZING, W. (2000): Erfahrungen und Probleme transdisziplinärer Nachhaltigkeitsforschung am Beispiel der Alpenforschung. – In: Analytica 16. – 85-107.
BÄTZING, W. (2002): Die aktuellen Veränderungen von Umwelt, Wirtschaft, Gesellschaft und Bevölkerung in den Alpen. – Berlin.
BECKER, A. / BUGMANN, H. (2001): Global Change and Mountain Regions. The Mountain Research Initiative. (= IGBP Report, 49). – Stockholm.
BENISTON, M. (2003): Climate Change in Mountain Regions. A Review of possible Impacts. – In: Climate Change 59. – 5-31.
BERNBAUM, E. (1998): Sacred Mountains of the World. – Berkeley, Los Angeles.
BISHKEK MOUNTAIN PLATFORM (2002): Bishkek Global Mountain Summit, Kirgizstan, 28. Oct.- 1. Nov. 2002. [unpublished]
BJÖRNSEN GURUNG A. / SCHAAF, T. (2003): MRI Newsletter 2: Global Change Research in UNESCO Mountain Biosphere Reserves. – In: Mountain Research and Development 23(4). – 376-377.
BROGGI, M. (2002): Alpine Space. A Social Challenge for Research. – In: Centralblatt für das gesamte Forstwesen. Austrian Journal of Forests 119(3/4). – 247-254.
BURY, R. G. (1961): Plato. The Complete Works. Translated by R. G. Bury. Vol. VII. (= Loeb Classical Library). – Cambridge/Mass.
FAO (2000): International Year of Mountains 2002. Concept Paper. – Rom.

FAO (2002): Environment, Poverty and Food Insecurity. The Vulnerability of Mountain Environments and People. (= FAO Special Feature). – Rom.
FAO (2003): Towards a GIS-Based Analysis of Mountain Environments and Populations. Environment and Natural Resources. (= Working Paper No 10). – Rom.
FENSTAD, J. E. (2003): Science between Freedom and Responsibility . – In: Academia Europea. European Review 11(3). – 407-416.
FRIEND (1999): Flow Regimes from International Experimental and Network Data. European Water Archive. – Wallingford, CT.
GARDNER, J. S. / SINGH, R. B. (2001): Urban Development and Environmental Impacts in a Mountain Context. CIDA – SICI Partnership Project. University of Delhi, India, University of Manitoba, Canada.
GRABHERR, G. et al. (2001): GLORIA – Europe. EU Project Nr. EVK 2 – 2000-3056. – Institute of Ecology and Conservation Biology. University of Vienna. [spez. Broschüre zum EU-Projekt]
GRDC (1999): Global Runoff Data Centre. – Koblenz.
HEGG, O. (1997): Human Influence on Alpine Pasture. – In: MESSERLI, B. / IVES, J. D. (eds.): Mountains of the World. – London. 220.
HURNI, H. / WIESMANN, U. / SCHERTENLEIB, R. (eds.) (2004): Research for Mitigating Syndroms of Global Change. A Transdisciplinary Appraisal of Selected Regions of the World to Prepare Development-Oriented Research Partnerships. NCCR North-South. (= Geographica Bernensia, 1). – Bern.
JENNY, A. L. / EGAL, F. (2002): Household Food Security and Nutrition in Mountain Areas: an often forgotten Story. FAO- ESN, Oct. 2002.
JOHANNESBURG 2002: International Partnership for Sustainable Development in Mountain Regions. An Outcome of the World Summit on Sustainable Development (WSSD). [unpublished]
IPCC (2001): Intergovernmental Panel on Climate Change. Vol.: Climate Change, the Scientific Basis. WMO / UNEP, IPCC Secr. – Paris, Genf.
IVES, J. D. / MESSERLI, B. (2002): Mountain Geoecology. The Evolution of Intellectually-Based Scholarship into a Political Force for Sustainable Mountain Development. – Oxford. http://www.eolss.net/E6-14-toc.aspx
KÖRNER, C. (1999): Alpine Plant Life. – Berlin.
KÖRNER, C. / SPEHN, E. / MESSERLI, B. (2001): Mountain Biodiversity Matters. A Research Network of DIVERSITAS. – Basel.
KÖRNER, C. / SPEHN, E. (eds.) (2002): Mountain Biodiversity. A Global Assessment. – London.
KREUTZMANN, H. (1995): Sprachenvielfalt und regionale Differenzierung von Glaubensgemeinschaften im Hindukusch-Karakorum. Die Rolle von Minderheiten im Konfliktfeld Nordpakistans. – In: Erdkunde 49. – 106-121.
MATHIEU, J. (2003): The Mountains in Urban Development. Lessons from a Comparative View. – In: BUSSET, T. / LORENZETTI, L. / MATHIEU, J. (Hrsg.): Andes – Himalaya – Alps. (= Internationale Gesellschaft für historische Alpenforschung, 8). – Zürich. 15-34.
MCNEELY, J. A. (2002): Key Principles and Strategic Actions for Conserving Cultural and Biological Diversity in the Mountains. – In: Mountain Research and Development 22(2). – 193-196.
MESSERLI, B. / IVES, J. D. (eds.) (1997): Mountains of the World. A Global Priority. – London.
MESSERLI, B. / HOFER, T. (2003): Von der Welt der Berner Alpen zu den Gebirgen der Welt. – In: JEANNERET, F. et al. (Hrsg.): Welt der Alpen – Gebirge der Welt. – Bern. 9-21.
MESSERLI, P. (2001): Natur und Landschaftsschutz in der Regionalentwicklung. Kraftwerke Rheinau, Rheinbund. – In: Natur und Mensch 6. – 17-23.
MOUNTAIN AGENDA (1992): An Appeal for the Mountains. – Bern.
MOUNTAIN AGENDA (1997): Mountains of the World. Challenges for the 21st Century. – Bern.
MOUNTAIN AGENDA (1998): Mountains of the World. Water Towers for the 21st Century. – Bern.
MOUNTAIN AGENDA (1999): Mountains of the World. Tourism and Sustainable Development. – Bern.

MOUNTAIN AGENDA (2000): Mountains of the World. Mountain Forests and Sustainable Development. – Bern.
MOUNTAIN AGENDA (2001): Mountains of the World. Mountains, Energy and Transport. – Bern.
MOUNTAIN AGENDA (2002): Mountains of the World. Sustainable Development in Mountain Areas. The Need for Adequate Policies and Instruments. – Bern.
MOUNTAIN WATCH (2002): Environmental Change and Sustainable Development in Mountains. UNEP, WCMC, GEF. – Cambridge, UK.
MÜNCHENER RÜCK (1998): Weltkarte der Naturgefahren. – München.
OECD (2002): Handbook of Biodiversity. Valuation. A guide for Policy-Makers. – Paris.
PERLIK, M. (2001): Alpenstädte. Zwischen Metropolisation und neuer Eigenständigkeit. (= Geographica Bernensia, P.38). – Bern.
PRICE, M. / BARRY, R. G. (1997): Climate Change. – In: MESSERLI, B. / IVES, J. D. (eds.): Mountains of the World. – London. 409-445.
PRICE, M. / MOSS, L. A. G. / WILLIAMS, P. W. (1997): Tourism and Amenity Migration. – In: MESSERLI, B. / IVES, J. D. (eds.): Mountains of the World. – London. 249-280.
PRICE, M. / KIM, E. G. (1999): Priorities for Sustainable Mountain Development in Europe. –In: International Journal of Sustainable Development, World Ecology 6. – 203-219.
RERJAKIN, V. S., KHARLAMOVA, N. F. (2003): Climatic Changes in Inner Asia. Evaluation, Climatic Predictions. Abstracts: Moscow – Barnaul, 18. - 29. July 2003. – 229-231.
SAGW (2002): Schweizerische Akademie der Geistes- und Sozialwissenschaften. Alpenforschung: Kulturelle Diversität im Alpenraum. – Bern.
SCHWEIZERISCHER NATIONALFONDS (2003): Landschaften und Lebensräume der Alpen. (= NFP 48). – Bern.
SPEHN, E. / KÖRNER, C. (2003): Sustainable Use and Biodiversity of Subtropical and Tropical Highlands. The GMBA Moshi-La Paz Research Agenda. – In: DIVERSITAS Newsletter 5. – 12-14.
THE ABISKO AGENDA (2002): Research for Mountain Area Development. The Royal Swedish Academy of Sciences. (= Ambio Special Report, 11).
UN GENERAL ASSEMBLY (2002): Document A/C 2/57/L 49. – New York, 19. Nov. 2002.
VIVIROLI, D. / WEINGARTNER, R. / MESSERLI, B. (2003): Assessing the Hydrological Significance of the World's Mountains. – In: Mountain Research and Development 23(1). – 32-40.
WACHS, T. (2003): International Partnership for Sustainable Development in Mountain Regions (IPSDMR). – In Mountain Research and Development 23(4). – 380-381.
WELSCH, W. (1983): Begleitworte zum Höhenlinienplan 1:25.000 der Bergsturzmure von Huascaran am 31. Mai 1970. – In: ARBEITSGEMEINSCHAFT FÜR VERGLEICHENDE HOCHGEBIRGSFORSCHUNG (Hrsg.): Die Berg- und Gletscherstürze vom Huascaran, Cordillera Blanca, Peru. (= Hochgebirgsforschung, 6). – Innsbruck. 31-50 und Kartenbeilage.
WORLD BANK (2001): World Development Indicators. Table 3.5. Freshwater. *www.worldbank.org*
WORLD BANK (2002a): The Environment and the Millennium Development Goals.
WORLD BANK (2002b): Conservation of Biodiversity in Mountain Ecosystems – at a Glance.

Jean **RUEGG** (Fribourg)

Les géographes inventent les Alpes[1]
Points de vue géographiques sur les Alpes: images, représentations et discours… ou comment des documents géographiques contribuent-ils à une représentation „nationale" des Alpes

La chaire de géographie humaine du Département de Géosciences de l'Université de Fribourg a souhaité s'associer au 54. Deutscher Geographentag pour plusieurs raisons. Elle est rattachée à une institution qui, avec les *alma mater* de Berne et de Neuchâtel, est partie prenante du réseau de collaboration interuniversitaire BeNeFri. La contribution fribourgeoise s'inscrit donc aussi dans la volonté d'animer ce réseau, chaque fois qu'une opportunité se présente. L'Université de Fribourg est bilingue. Elle offre ainsi cette situation rare de bénéficier et de participer aux débats scientifiques qui se développent dans les milieux germanophone et francophone. Le 54. Deutscher Geographentag constituait ainsi une occasion rêvée pour exploiter justement la richesse de cette diversité linguistique, dans le champ de la géographie. Et puis, et peut-être surtout, ce symposium fut pour nous une chance unique d'apporter, en toute amitié, une pierre à l'initiative importante que nos collègues bernois ont su prendre et mener avec le succès que l'on sait. A ce titre, nous tenons à remercier vivement Paul Messerli pour son accueil, son engagement et son soutien indéfectible. Notre gratitude va aussi à Bernard Debarbieux, Mike Heffernan et Matthias Stremlow qui ont accepté de se prêter à cette aventure. Leur disponibilité et leur appui furent décisifs. Nous leur devons pratiquement tout, puisque ce sont eux qui ont garanti la qualité des arguments énoncés. Pourtant leur tâche ne fut pas des plus aisées!

L'objectif de ces quelques lignes est de resituer les propos tenus lors de cette fin d'après-midi du 30 septembre 2003, en rappelant l'esprit qui les a guidés. Nous avons donc invité trois personnes: Bernard Debarbieux, Mike Heffernan et Matthias Stremlow pour représenter les cultures française, anglaise et alémanique, respectivement. Chacun disposait de trois moments pour présenter successivement:

- un document géographique (une carte, un plan, un graphique) qui montrerait en quoi la culture dont il est issu a contribué à l'invention des Alpes;
- quelques mots-clefs qui expliciteraient les spécificités de „sa" géographie en matière de représentation des Alpes;
- quelques exemples qui signaleraient les influences de „sa" géographie sur la recherche, les pratiques et/ou les politiques développées dans son pays.

Chacun s'exprimait dans sa langue, une traduction simultanée étant assurée grâce au soutien de l'*Interakademische Kommission der Alpenforschung,* de l'Académie suisse des sciences naturelles et de l'Académie suisse des sciences humaines.

Plusieurs éléments mériteraient d'être mis en exergue. Nous aimerions simplement évoquer les deux derniers points pour lesquels nos invités furent sollicités. Rappelons brièvement les mots-clefs retenus:

Forum: „Les géographes inventent les Alpes"

B. Debarbieux	M. Heffernan	M. Stremlow
Marginalité	Empire	Natur – Kulturlandschaft
Genre de vie	Education	Kultur – Lebensraum
Imaginaire	Fieldwork	Entwicklung – Planungsregion
	Sport	

Sans aller très loin dans l'analyse, ils nous permettent de signaler une différence qui nous paraît significative. Elle concerne la position de chaque pays par rapport aux Alpes. Les Alpes font partie du territoire national français, suisse, allemand et autrichien. Mais tel n'est évidemment pas le cas pour les Iles Britanniques dont les ressortissants jouent pourtant un rôle essentiel dans la découverte et l'invention des Alpes comme lieu touristique privilégié. Les propos de Mike Heffernan sont ainsi révélateurs de cette distance. Les représentations anglaises des Alpes sont marquées à la fois par le voyage: il faut s'y rendre, et le terrain: il faut les pratiquer. Voyage et terrain font indiscutablement parties des méthodes de fabrication et de production des savoirs géographiques. Mais ces représentations sont aussi liées à des conceptions de l'éducation fondées sur une recherche de l'équilibre dans le développement du corps et de l'esprit. Les Alpes apparaissent alors comme un lieu de „sublimation". Elles sont l'expression spectaculaire de la nature et de sa force. Admettre et respecter cela contribue à ouvrir et à raffermir l'esprit. Mais les Alpes offrent également un terrain d'exercice et d'exploration dans lequel aguerrir son corps et apprendre à reconnaître ses propres limites physiques. Les Alpes constituent ainsi une sorte de lieu de formation et d'éducation particulier, fortement prisé par des écoles anglaises dédiées à certaines élites. En comparaison, les représentations française et alémanique nous sont évidemment plus proches, d'autant qu'elles révèlent – autant qu'elles sont nourries par – certains traits caractéristiques des écoles allemande et française. La prégnance du débat nature-culture, bien illustrée par Matthias Stremlow, mérite aussi d'être signalée pour ses effets sur les conceptions liées au paysage (rôle du *Heimatschutz*) et le pragmatisme tout helvétique qui a présidé à la mise sur pied de la politique régionale (LIM, loi d'aide aux investissements dans les régions de montagne). Quant au „genre de vie" cher à l'école vidalienne, Bernard Debarbieux montre aussi comment il trouve une sorte de prolongement dans les „pays", les „parcs naturels régionaux" ou les „appellations d'origine contrôlée" qui sont autant de tentatives d'orienter l'intervention française vers les échelles locale et régionale, d'une part et vers les partenariats, d'autre part. Or ces filiations franco-alémaniques pourraient bien converger assez rapidement avec la montée en puissance des démarches de projet (voir à ce propos les orientations des nouvelles politiques suisses concernant soit les agglomérations urbaines soit les régions périphériques).

Ces points rapides et partiels signalent à l'envi que l'effort comparatif mériterait d'être poursuivi.

---

[1] Ce titre est celui de l'exposition organisée par la Galerie Eurêka et le Musée Dauphinois de Grenoble, avec le concours de l'Institut de géographie alpine de Grenoble, dans le cadre de l'Année internationale de la montagne. Bernard Debarbieux fut un des contributeurs scientifiques importants de cette exposition.

Matthias STREMLOW (Bern)

Der geographische Blick auf die Alpen
Bilder, Vorstellungen und Diskurse aus dem deutschsprachigen Raum

Im Zentrum dieses Forums steht die Frage, wie die geographischen Alpendarstellungen die Forschung, die Politikgestaltung und den Alltagsdiskurs über die Alpen beeinflusst haben und beeinflussen. Mit dem Fokus auf die Alpen ist eine Region gewählt, welche wie kaum eine zweite in Europa die Menschen inspiriert und zur Darstellung angeregt hat. Unsere Kultur birgt vielfältige Vorstellungen, die sich die Einheimischen, die Reisenden und auch die Forschenden von diesem Raum gemacht haben. Die Alpen sind dabei in den letzten zweihundert Jahren oft im rückwärtsgewandten, idealisierenden Blick gesehen worden. Sie schienen uns so vertraut – immer gleich, verlässliche Grundfeste in Zeiten des raschen Landschaftswandels und einer bewegten räumlichen Identität.

1 Als Einstieg ein Beispiel

Anhand folgender Abbildung werde ich mich den geographischen Darstellungsarten der Alpen im deutschsprachigen Raum annähern[1]. Das Dokument, das ich vorstelle, erscheint auf den ersten Blick nicht als klassische geographische Quelle. Es handelt sich um eine Karikatur des Berner Künstlers Ted Scapa, die 1978 als Logo für das Europaseminar in Grindelwald (Kanton Bern) entstanden ist. Diese internationale Konferenz des Europarats widmete sich den Problemen der Belastung und der Raumplanung im Berggebiet. Erklärtes Ziel war es, für die 4. Europäische Raumordnungsminister-Konferenz in Wien Wege für eine belastungsarme Entwicklung der Berggebiete aufzuzeigen.

Abb. 1: Karikatur von Ted Scapa (1978)

Der Karikaturist zeigt einen Balanceakt. Der dargestellte Mann bewegt sich auf einem dünnen Seil oder, wie es in der Alpendiskussion auch immer wieder heißt, auf einem schmalen Grat. Er ist auf dem Weg zwischen zwei Extremen: Links den zersiedelten und rechts den idyllischen Alpen. Der idyllische Berg steht für eine außerordentliche Natur. Dabei wird nicht die hochalpine Stufe mit ihren Felsen und Gletschern angedeutet. Der Berg symbolisiert mit den Blumen für den deutschsprachigen Raum charakteristischerweise die Almstufe, die für die traditionelle Kulturlandschaft steht. Scapa evoziert mit dieser Darstellungsweise im Betrachtenden die schönen Alpen, die gebildete Reisende in der zweiten Hälfte des 18. Jahrhunderts entdeckten. Da diese Sichtweise heute kulturell bestens verankert ist, kann die Botschaft leicht verstanden werden. Die skizzierten Blumen werden ohne weiteres mit bunten Wiesen, Kühen, rauschenden Bächen, reiner Luft, Alphüttenromantik und glücklichen Älplern verbunden. Der rechte Berg steht damit für die kulturell verankerte Sicht der schönen Alpen.

Forum: „Les géographes inventent les Alpes"

Diesen schönen Alpen stellt Scapa die total zersiedelten Alpen gegenüber. Pikanterweise ist dabei der rechte Berg größer und überlappt bereits die Almen. Der linke Berg symbolisiert die modernisierende Umgestaltung des Berggebiets. Diese Entwicklung wurde seit Ende der 1960er Jahre zunehmend als Problem wahrgenommen und von Jost Krippendorf damals im Titel „Die Landschaftsfresser" programmatisch gefasst. Wenn Scapa den idyllischen Alpen ein zersiedeltes Berggebiet gegenüberstellt, arbeitet er mit einer kulturell vertrauten Darstellungsweise. Die Gegenüberstellung der beiden Berge ruft in den Betrachtenden automatisch die positive Differenzqualität wach, welche die Alpen als scheinbar ewiger, unverrückbarer Fels in der Brandung der zivilisatorischen Entwicklung haben.

Diese Karikatur ist nicht nur Ende der 1970er Jahre in zahlreichen Publikationen rund um das Europaseminar verwendet worden. Als Quellendokument ist sie gerade auch deshalb von besonderem Interesse, weil sie seither immer wieder in geographischen Publikationen wie beispielsweise im populärwissenschaftlichen Alpenbuch von BIRKENHAUER (1988) und in Publikationen des Umweltschutzes und der Tourismuskritik verwendet wurde. Diese Übertragbarkeit in andere Kontexte verdeutlicht, dass die Karikatur von Scapa über die vergangenen zwei Jahrzehnte gültige Alpenvorstellungen repräsentiert. Der Erfolg liegt darin begründet, dass die Abbildung Elemente der gesellschaftlichen Alpensicht auf eine anschauliche Weise mit der damals neuen, auch von der Geographie gestützten Sichtweise der Alpen als begrenzter Ressource zu verbinden versteht. Im Laufe der 1970er Jahre wurde zunehmend deutlich, dass die Entwicklung in den Bergregionen an Belastungsgrenzen stößt. Deshalb schien es im Interesse der alpinen Bevölkerung und der außeralpinen Regionen angezeigt, die Nutzung der begrenzten Ressourcen zu planen.

2   Die geographische Alpenwahrnehmung als kulturelles Phänomen

Ausgehend von unserer zentralen Forumsfrage verdeutlicht die Erläuterung des Quellendokuments, dass der dargestellte Raum immer Ausdruck einer spezifischen Mensch-Natur-Beziehung ist. Jedes dargestellte Element wie die Blumen, die gebauten Elemente oder die Gegenüberstellung der beiden Berge öffnet einen Bedeutungskosmos, auf den die Betrachtenden zurückgreifen und deren Botschaften sie im entsprechenden Kulturraum verstehen. Wer sich in solche Darstellungen und Beschreibungen der Alpen einarbeitet, der entdeckt die Geschichte öffentlich einstudierter Deutungsmuster der Alpen. Versteckt hinter der Vielfalt individueller Bilder tauchen immer wieder ähnliche Stereotype wie die reine Natur oder die Freiheit auf. Dieser Bildgebungsprozess wurde wesentlich durch die urbane Gesellschaft beeinflusst und hat in den letzten beiden Jahrhunderten auch die Wahrnehmung der Bergbevölkerung von ihrem Lebens- und Wirtschaftsraum verändert.

Erziehungspersonen, Prospekte, Postkarten, Filme und Bücher vermitteln uns, wie die jeweilige Gesellschaft Themen des Naturdiskurses ausgestaltet und bewertet. So haben wir beispielsweise gelernt, die Alpen als idyllische Landschaft mit rauschenden Bächen, blühenden Wiesen und Kühen wahrzunehmen oder wie es auf einer Schautafel im Alpinen Museum heißt: „Die Vorstellung, dass in den Bergen - im Gegensatz zum städtischen Alltag - ein friedliches, stilles, romantisches und beschauliches Leben, eben ein Idyll, vorherrscht, haben wir alle in uns bewahrt." Diese inneren Bilder aus zweiter Hand geben in keiner Weise eine genaue Darstellung der Alpen wieder und handeln nur sehr allgemein vom Berg oder vom europäischen Gebirge namens Alpen. Sie haben vielmehr den Zweck, für unterschiedliche Ansprechgruppen Sinn zu vermitteln. In der Werbung soll das Bild der Alpen zum Kauf eines

Produkts anregen. Idealisierte Vorstellungen können aber auch zu einem persönlichen, finanziellen und themenpolitischen Einsatz zugunsten des Alpenraums motivieren. Im politischen Kontext liefern festgefügte Alpenbilder Begründungen für rechtliche oder auch staatspolitische Entscheide wie beispielsweise die Ausgestaltung von Förderinstrumenten.

Neben diesen konventionalisierten Bildern besteht ein naturkundliches, ökologisches und historisches (Experten-)Wissen über die Naturdinge, das unsere Erfahrung von Natur ebenfalls beeinflusst. Dieses (natur-)wissenschaftliche Wissen hat sich in den letzten drei Jahrhunderten stark ausgeweitet und vertieft. Beispielsweise wurde durch die Alpenforschung in den Jahren zwischen 1840 und 1870 das empirisch abgestützte Wissen über die Alpen enorm erweitert und mittels Enzyklopädien (z. B. Brockhaus) und populärwissenschaftlicher Alpendarstellungen (z. B. BERLEPSCH 1861; TSCHUDI 1868[8]) für eine interessierte Öffentlichkeit aufgearbeitet. Auch dieses Expertenwissen ist – wie die Forschung ganz allgemein – eingebunden in die gesellschaftliche Wahrnehmung und Bewertung des Berggebiets.

Wenn sich die Geographie mit dem „konkreten Raum" der Alpen beschäftigt, liefert sie nie nur eine neutrale Beschreibung beispielsweise der Wechselwirkungen zwischen Mensch und Natur im Berggebiet. Die Beschreibungen enthalten auch unausgesprochene Vorstellungen und Wertungen etwa über die Koexistenz des Menschen mit seiner ihn umgebenden Natur. Dabei ist die Alpendarstellung nicht nur Folge einer individuellen Landschaftserfahrung, sondern auch Ausdruck von gesellschaftlichen Werten und Einstellungen sowie im Falle der geographischen Darstellung von disziplinären Theorien und Paradigmen. Die Darstellung der Alpen im öffentlichen Denken und Schreiben ermöglicht deshalb Erkenntnisse über das gesellschaftliche Verhältnis zu diesen Räumen und allgemeiner zur Natur.

Gerade in dieser kulturspezifischen Raumsemantik sind nationale Unterschiede zu orten. So bedeuten und bezeichnen beispielsweise die für die Alpenforschung wichtigen Begriffe ‚Landschaft', ‚paysage' und ‚landscape' nicht das gleiche, was in der mehrsprachigen Schweiz auch in den Legalbegriffen ersichtlich wird. Das schweizerische Natur- und Heimatschutzgesetz (NHG) heißt auf französisch „Loi sur la protection de la nature et du paysage" (LPN). Diese Begriffsunterschiede existieren, obwohl im Deutschen der Begriff ‚paysage' und im Französischen der Begriff ‚Heimat' übersetzbar gewesen wäre. Dass der Gesetzgeber diese Begriffe nicht verwendet hat, zeigt kulturell unterschiedliche Vorstellungen an, die mit den Begriffen verbunden sind. Das Bewusstsein für diese kulturell geprägten begrifflichen und damit raumsemantischen Unterschiede ist gerade auch heute im Rahmen der internationalen Alpenforschung wichtig, da Wissen nicht nur übersetzt, sondern auch das kulturell Mitgemeinte erfasst werden sollte. Die Einbindung der geographischen Forschung in die gesellschaftliche Wahrnehmung und Bewertung der Alpen ist in Abb. 2 graphisch dargestellt.

Diese Grundannahme bedeutet für die deutschsprachige geographische Alpendarstellung eine Wechselwirkung mit den gesellschaftlich verankerten Alpenbildern, in denen die Alpen im Laufe des 18. Jahrhunderts von den schrecklichen zu den erhabenen und später schönen Alpen grundlegend neu gesehen wurden. Bereits für die sogenannte „Entdeckung" der Alpen im 18. Jahrhundert ist bezeichnend, dass die Alpen gleichzeitig zum Gegenstand wissenschaftlicher Erforschung (Geologie, Glaziologie) und zum erhabenen Naturerlebnis wurden. Beide Stoßrichtungen zusammen haben zum grundlegenden Umbruch in der Alpenwahrnehmung und zur Alpenbegeisterung geführt (STREMLOW 1998). Es kann davon ausgegangen werden, dass die emotionale Überhöhung der Alpen in der gesellschaftlichen Wahrnehmung auch die wissenschaftliche Faszination für diesen Raum und damit seine Erforschung gefördert hat[2].

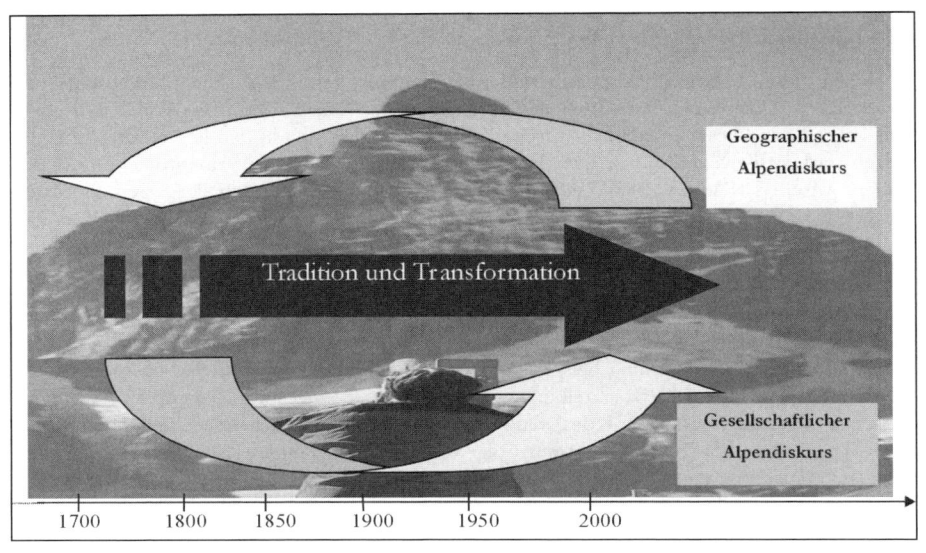

Abb. 2: Wechselwirkung zwischen gesellschaftlichem und geographischem Alpendiskurs

In dieser diskurshistorischen Optik zeigt das Stichwort ‚Tradition' an, dass sich in der geographischen Alpendarstellung der letzten dreihundert Jahre Raumvorstellungen finden lassen, die tradiert werden und zumeist unbewusst immer wieder die Wahrnehmung kanalisieren. Im deutschsprachigen Raum ist die Sehweise der Alpen als traditionelle Kulturlandschaft, in der die alpinen Bewohner in Harmonie mit der Natur leben, ein solcher tradierter Alpenentwurf. Der Begriff ‚Transformation' steht für Brüche oder Paradigmenwechsel in der geographischen Alpendarstellung, wie sie beispielsweise im deutschsprachigen Raum in den 1970er Jahren ersichtlich werden.

Disziplingeschichtlich setzt ebenfalls in dieser Phase der deutschsprachigen Geographie eine Auseinandersetzung mit Begriffen und Raumkonzepten der wissenschaftlichen Praxis ein, für welche die Untersuchungen von Gerhard Hard zum Begriff ‚Landschaft' wegweisend sind. Bisher wurde aber in dieser geographischen Forschungsrichtung nur in einigen Teilaspekten auf die Alpenvorstellungen eingegangen wie beispielsweise jüngst Werner BÄTZING (2000) in seinem Aufsatz zur Alpenforschung der letzten 30 Jahre[3]. Eine Überblicksdarstellung zur geographischen Wahrnehmungsgeschichte der Alpen liegt nicht vor. Hier könnte die Geographie von kulturwissenschaftlichen Untersuchungen zum sogenannten „Mythos Alpen" profitieren, die in den letzten zehn Jahren vorgelegt wurden (RAYMOND 1993; STREMLOW 1998; TSCHOFEN 1999; STREMLOW / SIDLER 2002).

3 Der geographische Alpenblick: diskursanalytische Annäherungen

Gemäß den Vorgaben dieses Forums möchte ich die geographische Alpenvorstellung der jüngeren Vergangenheit mit den drei Stichworten ‚Kulturlandschaft', ‚Lebensraum' und ‚Planungsregion' charakterisieren. Ich werde dabei die eingangs gezeigte Karikatur von Ted Scapa nochmals aufgreifen, indem ich sie wie in Abb. 3 generalisiere.

Abb. 3: Diskursanalytische Annäherung an das geographische Alpenbild der jüngeren Vergangenheit

3.1 Alpen und Natur: Kulturlandschaft

Ich habe mich in den letzten Jahren anhand deutschsprachiger Literatur mit gesellschaftlich verankerten Bildern der Alpen und der Wildnis eingehender beschäftigt (STREMLOW 1998; STREMLOW / SIDLER 2002). Dabei habe ich mich insbesondere auf Vorstellungen konzentriert, die von Menschen außerhalb der Alpen stammen. Ein Resultat dieser Untersuchungen ist, dass die Alpen im deutschsprachigen Kulturraum wesentlich für Natur stehen, sowohl in einer harmonischen als auch in einer dynamischen Ausprägung. Diese im wesentlichen im 18. Jahrhundert ausgestaltete Alpenbildlichkeit basiert auf drei Kernelementen der kulturellen Bildgebung: der räumlichen Trennung von Flachland und Alpen; der historischen Entkoppelung der Alpen von der Modernisierung im Bild einer zeitlosen, zumeist heilen Alpenwelt sowie der Verknüpfung von Natur mit einem positiven Erlebnis.

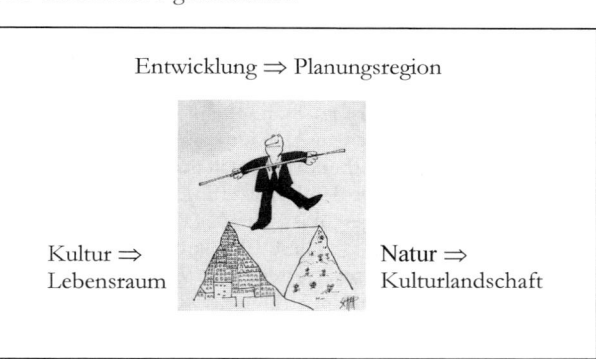

Diese Erkenntnisse sind auch für die Charakterisierung der geographischen Alpensicht bedeutsam. Die Alpen sind in der deutschsprachigen Geographie lange Zeit primär als ländlicher Raum mit einer traditionellen Kulturlandschaft wahrgenommen worden. Als geographische Interessenschwerpunkte können der landwirtschaftliche Raum sowie die alpinen Höhenstufen angesprochen werden. Für die geographische Alpenforschung trifft wohl im speziellen zu, was Gerhard Hard in seinen zahlreichen Untersuchungen zum deutschsprachigen Landschaftsbegriff erarbeitet hat, nämlich dass die Alpenvorstellungen von den Bedeutungen „ländliches Idyll", „arkadische Glückseligkeit" und „konservative Kulturkritik" (HARD 1983, 145ff) begleitet werden. Diese oft auch harmonisierende Fokussierung auf die Alpen als Natur[4] hat lange Zeit blinde Flecken auf der Landkarte hinterlassen. Zu nennen sind insbesondere die alpinen Städte und Agglomerationen. In der deutschsprachigen Geographie werden urbane Phänomene im Alpenraum erst in jüngerer Zeit eingehender untersucht. Wie das Interview mit Paul Messerli im Zürcher Tagesanzeiger (26.09.2003) im Vorfeld dieser Tagung unterstreicht, werden mit der Titelaussage „Wir brauchen starke Alpenstädte" urbane Phänomene aus Sicht der Geographie für die Zukunftsgestaltung des Alpenraums zunehmend bedeutsam.

3.2 Alpen und Kultur: Lebensraum

Die traditionelle Kulturlandschaft ist das Ideal der deutschsprachigen Landschaftspräferenz. Die Alpen werden als besiedelter und landwirtschaftlich gestalteter Raum wahrgenommen. Entsprechend kann in der deutschsprachigen Geographie zwischen dem ausgehenden 19. Jahrhundert und 1970 eine Fokussierung auf die Mensch-Natur-Beziehung beobachtet werden, in der die Prägung des Menschen durch die Natur besonders interessiert. Leben und Werk der Bergbevölkerung scheinen dabei eine von der Modernisierung ungestörte Entwicklung zu repräsentieren.

Diese Blickrichtung ist im Sinne der von mir betonten Wechselwirkung von geographischem und gesellschaftlichem Alpendiskurs kulturell stark vorgeprägt. Die Alpenbegeisterung, die im Laufe des 18. Jahrhunderts entsteht, basiert neben der Ästhetisierung der Natur auch auf einer Idyllisierung der Bergbevölkerung. In der Literaturwissenschaft wird die Idylle durch die Charakteristika „Abgeschlossenheit", „Geschichtslosigkeit" und „Zivilisationsferne" (WEDEWER 1986, 142) gefasst[5]. Diese Charakteristika sind gerade auch für die gesellschaftlichen Sehgewohnheiten der Alpen treffend. Sie zeigen an, dass die Alpen im Moment ihrer kulturellen Idyllisierung von der Entwicklung des Flachlands räumlich getrennt wurden. Diese Abkoppelung der Alpen von der industriellen und kulturellen Entwicklung baut dabei auf einem in die Alpen projizierten Ursprünglichen der Natur auf. Diese angenommene Differenz führte bis in die jüngste Vergangenheit gerade auch in den Wissenschaften (einschließlich der historischen Wissenschaften) dazu, die Alpen als unabhängig von räumlichen und gesellschaftlichen Veränderungsprozessen zu sehen. Bezogen auf die deutschsprachige Geographie kann zusammenfassend gefolgert werden, dass basierend auf einer naturalistischen Normativität der Harmonie gesellschaftlich bedingte Widersprüche und Konflikte lange Zeit ausgeblendet wurden.

3.3 Alpen und Entwicklung: Planungsregion

Nachdem die geographische Alpenforschung bis in die 1950er Jahre stark durch einen landschaftsbezogenen Ansatz geprägt war, kann für Ende der 1960er Jahre eine klare Zäsur festgestellt werden. Aufgrund der Sorge um die zunehmend belastete Umwelt wendet sich die Geographie vom Landschaftsfokus ab. Problem- und praxisorientierte Betrachtungsweisen werden entwickelt. Gleichzeitig differenziert sich die Geographie als Wissenschaft aus. Bezogen auf die Alpenforschung ist es ihr Ziel, räumliche Prozesse, menschliche Handlungsspielräume und ökologische Grenzen zu erkennen (BÄTZING 2000). Damit ist sie für die in den 1970er Jahren aufkommenden politischen Alpendiskussionen ein wichtiger Gesprächspartner.

Die internationalen Alpenkonferenzen, die 1973 begonnen hatten, konzentrierten sich auf die Frage der Belastungen und die Suche nach Belastungsgrenzen. Dabei waren die Problemanalyse und die politischen Forderungen anfänglich vor allem durch die Sichtweise und die Interessen der außeralpinen Regionen geprägt. Stichworte waren beispielsweise die Alpen als Erholungsraum, als Wasser- und Energiespeicher sowie als ökologischer Ausgleichsraum für Millionen von Europäern in den großen Agglomerationen. Die Konferenzen von 1978, die wesentlich durch Geographen geprägt waren, rückten dagegen die Lebensinteressen der Bevölkerung des Alpenraums in den Vordergrund. Schließlich führten die Öffentlichkeitsarbeit der MAB-Projekte und das Engagement verschiedener Wissenschafter dazu, dass auch in der außerwissenschaftlichen Alpendiskussion nicht der Schutz der Alpen ins Zentrum gerückt wurde, sondern die umweltverträgliche Ausgestaltung des gesamten Wirtschaftens im Alpenraum (BÄTZING 2000, 91ff). Es war in dieser Optik gerade die Geographie in ihrer Doppelstellung zwischen Geo- und Humanwissenschaften, die sich anbot, Prozesswissen hinsichtlich räumlicher Systeme, menschlicher Spielräume und ökologischer Grenzen zu erarbeiten und entsprechendes Wissen zu synthetisieren.

In den Unterlagen des oben erwähnten Europaseminars in Grindelwald unterstreicht der Berner Geograph Bruno Messerli in seinem Referat genau diese Praxisorientierung der Forschung, wenn er ausführt: „Es ist Nacht, sechs Männer stehen Rücken an Rücken, jeder hat eine Laterne in der Hand. Jeder leuchtet seinen Platz aus und ist fasziniert von dem, was er sieht. Er ist so fasziniert, dass er noch mehr sehen will und deshalb setzt er sich in Bewegung. Jeder marschiert in seiner Richtung, leuchtet sich einen Weg aus, geblendet von dem, was er sieht. Genau so, meine Damen und Herren, entwickelte sich die Wissenschaft bis zu einem ganz bestimmten, vielleicht bis zum heutigen Zeitpunkt. Jetzt befehlen Sie allen anzuhalten und was stellen Sie fest: Es gibt noch mehr Nacht als am Anfang, die einzelnen Laternenträger sehen sich kaum mehr, die immer größeren Zwischenbereiche werden immer dunkler. Was bedeutet das für uns? Ich glaube, wir sollten lernen, dass Wissenschaft nicht nur Analyse, sondern auch Synthese ist. Wir sollten aber auch lernen, dass sich die Wissenschaft vermehrt in diesen undefinierbaren, zu keiner ‚Fakultät' gehörenden Zwischenbereichen engagieren muss. Denn gerade in diesen Grau- oder Dunkelzonen muss sich eine umfassende Raumplanung bewegen. Sie als Planer bekommen Ratschläge von einzelnen Laternenträgern, ist es aber der richtige oder geben Sie einem den Vorzug, weil er unseren herkömmlichen Wertvorstellungen am ehesten entspricht? Ist denn nicht unsere Umwelt von einzelnen Laternen dominiert?" (MESSERLI 1978, 23). Dieses Statement ist meines Erachtens charakteristisch für das Selbstverständnis der Geographie seit den späten 1970er Jahren, im Rahmen der Alpenforschung mit inter- und transdisziplinären Ansätzen wesentliche Grundlagen für die Politikberatung zu schaffen.

Insgesamt ist es vor allem die Geographie, die in dieser Phase der ausgeprägten Differenzierung der Alpenforschung auf der interdisziplinären Erfahrung des länderkundlichen Ansatzes bestrebt ist, eine Synthetisierung des Wissens zu erreichen. Im schweizerischen MAB-Programm hat sich in der zweiten Hälfte der 1980er Jahre insbesondere der Berner Geograph Paul Messerli um eine Synthesemöglichkeit der unterschiedlichen räumlichen und theoretischen Einzelergebnisse bemüht (MESSERLI 1989). Die Bündelung des räumlichen und gesellschaftlichen Alpenwissens hinsichtlich einer systematischen Betrachtung der Bereiche Umwelt, Wirtschaft und Gesellschaft hat dazu geführt, dass die deutschsprachige Geographie in der Ausarbeitung der Regionalpolitik eine Rolle spielt. Zu nennen ist etwa die Weiterentwicklung des eidgenössischen Investitionshilfegesetzes (IHG). Der geographische Input in die regionalpolitische Diskussion zeigt sich heute beispielsweise in der Ausgestaltung von integrativen Parkkonzepten, wie sie zur Zeit in der Revision des eidgenössischen Natur- und Heimatschutzgesetzes (NHG) zur Diskussion stehen.

Mein Referat abschliessen möchte ich mit einer Beobachtung, die ich heute Mittag während der Podiumsdiskussion zur Alpenkonvention gemacht habe. Es wurde festgestellt, dass sie die Austauschprozesse und Abhängigkeiten des Alpenraums mit den ihn umgebenden Zentren zu wenig berücksichtigt. In ihrer Alpenkonzeption scheint die bis in die 1950er Jahre gründende Konvention noch in der kulturell verankerten Wahrnehmung der Alpen als Insel verhaftet zu sein. Die oft zitierten modellhaften Alpen, für die im Kontext der Alpenkonvention in den 1990er Jahren das Bild des Herzens Europas geprägt wurde, sind dagegen ein pulsierender Teil eines größeren vernetzten Ganzen. Eine lebenswerte Zukunft in den Alpen als Natur-, Lebens-, Wirtschafts-, Kultur- und Erholungsraum bedingt – gemäß dem Motto dieses Geographentags –, sich der liebgewonnenen Vorstellungen eines schönen alpinen Inseldaseins bewusst zu werden, Brücken zwischen Zentren und ländlichen Räumen zu schlagen und sich der Grenzen in unserer Wahrnehmung des Ländlichen und des Urbanen bewusst anzunehmen. In diesem Sinn wünsche ich der aktuellen Alpendiskussion „Inseln", „Brücken" und „Grenzen".

[1] Ich danke den Geographen Paul Messerli (Bern), Urs Müller (Zürich) und Dominik Siegrist (Rapperswil) für die wertvollen Anregungen und Hinweise.

[2] Die Alpenbegeisterung der Forschenden kann aber bereits im Laufe des 19. Jahrhunderts meist nicht aus den wissenschaftlichen Dokumenten selbst erschlossen werden. Sie zeigt sich aber in den Vorworten alpenspezifischer Studien und dann in wissenschaftsferneren Kontexten, die am Beispiel der Alpenvereinsgründungen näher untersucht werden könnten. Gerade die Alpenvereine hatten in ihren Statuten die wissenschaftlich-literarische Tätigkeit als Hauptziele verankert. Dieses Ziel weicht nach dem I. Weltkrieg der sportlichen Motivation (TSCHOFEN 1993).

[3] vgl. auch SIEGRIST (1996), der in seiner diskursanalytischen Untersuchung von Reiseberichten aus dem Himalaja auch auf die gesellschaftlich verankerten Sehmuster der Alpen eingeht

[4] Im deutschsprachigen Raum werden bis in die 1960er Jahre mit dem Naturbegriff Phänomene des Unerklärlichen und des Rätselhaften verbunden (BRECHBÜHL / REY 1998). Gerade auch in wissenschaftlichen Dokumenten des 18. und 19. Jahrhunderts wird die Natur immer wieder als geheimnisvoll angesprochen. Dieses Geheimnisvolle der Natur löst den für die Geographie wichtigen Reiz des Entdeckens und Erkundens aus.

[5] In diesem Zusammenhang sind auch die Begriffe ‚Heimat' und ‚Freiheit' zu erwähnen, die im deutschsprachigen Raum mit der Vorstellung einer reinen Natur verbunden sind (BRECHBÜHL / REY 1998). Der Zusammenhang von Freiheit und heimatlichen Bergen ist beispielsweise in der geographischen Forschung der 1930er Jahre nachweisbar. SIEGRIST (1989) hat in seiner Untersuchung der Schweizer Geographie der Vorkriegszeit dargestellt, welchen Beitrag sie zur Unterstützung der mentalen Landesverteidigung leistete, indem die Einheit der Nation und der Volkscharakter mit den alpinen Grundlagen der Schweiz in Verbindung gebracht wurden.

Literatur

BÄTZING, W. (2000): Erfahrungen und Probleme transdisziplinärer Nachhaltigkeitsforschung am Beispiel der Alpenforschung. – In: BRAND, K.-W. (Hrsg.): Nachhaltige Entwicklung und Transdisziplinarität. Besonderheiten, Probleme und Erfordernisse der Nachhaltigkeitsforschung. (= Angewandte Umweltforschung, 16). – Berlin. 85-107.

BERLEPSCH, H. A. (1861): Die Alpen in Natur- und Lebensbildern. – Leipzig, St. Gallen, Zürich.

BIRKENHAUER, J. (1988): Die Alpen. Gefährdeter Lebensraum im Gebirge. (= Problemräume Europas, 6). – Köln.

BRECHBÜHL, U. / REY, L. (1998): Natur als kulturelle Leistung. Zur Entstehung des modernen Umweltdiskurses in der mehrsprachigen Schweiz. – Zürich.

HARD, G. (1983): Zu Begriff und Geschichte der „Natur" in der Geographie des 19. und 20. Jahrhunderts. – In: GROSSKLAUS, G. / OLDENMEYER, E. (Hrsg.): Natur als Gegenwelt. Beiträge zur Kulturgeschichte der Natur. (= Karlsruher kulturwissenschaftliche Arbeiten). – Karlsruhe. 139-168.

RAYMOND, P. (1993): Von der Landschaft im Kopf zur Landschaft aus Sprache. Die Romantisierung der Alpen in den Reiseschilderungen und die Literarisierung des Gebirges in der Erzählprosa der Goethezeit. (= Studien zur deutschen Literatur, 123). – Tübingen.

MESSERLI, B. (1978): Sozio-ökonomische Entwicklung und ökologische Belastbarkeit im Berggebiet – der Beitrag des UNESCO-Programmes MAB-6. – In: Raumplanung Schweiz, Nr. 3/78. – 17-26.

MESSERLI, P. (1989): Mensch und Natur im alpinen Lebensraum. Risiken, Chancen, Perspektiven. Zentrale Erkenntnisse aus dem schweizerischen MAB-Programm. – Bern, Stuttgart.

SIEGRIST, D. (1989): Landschaft – Heimat – Nation. Ein ideologiekritischer Beitrag zur Geschichte der Schweizer Geographie während der Zeit des deutschen Faschismus. – In: FAHLBUCH, M. / RÖSSLER, M. / SIEGRIST, D.: Geographie und Nationalsozialismus. 3 Fallstudien zur Institution Geographie im Deutschen Reich und der Schweiz. – Kassel.

SIEGRIST, D. (1996): Sehnsucht Himalaya. Alltagsgeographie und Naturdiskurs in deutschsprachigen Bergsteigerreiseberichten. – Zürich.

STREMLOW, M. (1998): Die Alpen aus der Untersicht. Von der Verheissung der nahen Fremde zur Sportarena. Kontinuität und Wandel von Alpenbildern seit 1700. – Bern, Stuttgart, Wien.

STREMLOW, M. / SIDLER, C. (2002): Schreibzüge durch die Wildnis. Wildnisvorstellungen in Literatur und Printmedien der Schweiz. (= Bristol-Schriftenreihe, 8). – Bern, Stuttgart, Wien.

TSCHOFEN, B. (1993): Aufstiege – Auswege. Skizzen zu einer Symbolgeschichte des Berges im 20. Jahrhundert. – In: Zeitschrift für Volkskunde 89(2). – 213-232.

TSCHOFEN, B. (1999): Berg, Kultur, Moderne. Volkskundliches aus den Alpen. – Wien.

TSCHUDI, F. von (1868[8]): Das Thierleben der Alpenwelt. Naturansichten und Thierzeichnungen aus dem schweizerischen Gebirge. – Leipzig.

WEDEWER, R. (1986): „Ursprünglichkeit" als radikalisierte Idylle. – In: SEEBER, H. U. / KLUSSMANN, P. G. (Hrsg.): Idylle und Modernisierung in der europäischen Literatur des 19. Jahrhunderts. (= Abhandlungen zur Kunst-, Musik- und Literaturwissenschaft, 372). – Bonn. 137-152.

Bernard DEBARBIEUX (Genève)

How national used to be the French perceptions of the Alps?

1 A celebration of heroic and geopolitical vision of the Alps

Paris, December 16, 1804: The City of Paris sets up a show dedicated to Napoleon Bonaparte who was just crowned emperor. A huge artificial mountain has been built. It is big and strong enough for allowing several actors to walk on it. They perform the crossing of the Alps by the French army heading for Italy, driven by this young general who was about to become an emperor. At the end of the show, a huge firework takes place at the top of the „mountain". The celebration of Napoleon's grandeur could not deserve less than a mountain.

Fig. 1: Engraving made by L. Lecoeur in 1804 representing the firework organized in honor of Napoleon Bonaparte in Paris in December 1804

For Napoleon, the Alps are a figure of political realism and heroism. When, in May 1800, he leads the French army to Italy through the Grand Saint Bernard pass, he is writing one of the most spectacular pages of his own story. Italy opens its gates to the French revolutionary ideas for a few years, and the French dream, very similar to the German one during the Middle Ages, to build a country on both sides of the Alps, is about to take place. The crossing of the Grand Saint Bernard pass has been described and painted several times in a very heroic manner, especially by David, the official painter of Napoleon: the young general, riding a stormy horse, defies the hostile nature of the mountain with panache.

In a way, the unification of France and Italy in what is about to become the Napoleonian Empire, puts an end to about one hundred and fifty years of patient building of the French territory in the shade on major mountain ranges. First in modern times Europe, France has made the „natural border theory" a guideline for thinking the shape and the limits of its territory (NORDMAN 1999). With the end of the long-lasting war between France and Spain (1659), the Pyrenees became the first international border to be strictly drawn on the crest line of a range. During the following decades this method was used for drawing the border between France and Piemont. Following Waterloo, the Treaty of Vienna (1815) drew France back on one side of the Alps and the Pyrenees. And a major part of the 19th century political map of Europe progressively borrowed to topographic and hydrographical maps the lines of the borders it needed.

European mountains are often international borders, settlements for strategic buildings and places for heroic demonstration, with arms when carried by soldiers and generals, or with ropes and crampon shoes when carried by climbers. But this situation is better illustrated by France or, after 1860, Italy where the main mountains are peripheral to modern territories, than for Austria, Hungary, or Switzerland where high mountains are less often international borders.

2 Scientific narratives and images of the Alps during the 18th and 19th centuries

Did the scientists of that time play a role to the building of this vision of mountains? It seems so. Let's examine the geography of mountains of a 18th century geographer, Philippe Buache, the representation of France by two geologists of the early 19th century and the interpretation of this latter work made by a famous geographer of the late 19th century, Elisée Reclus.

Philippe Buache was „geographer of the King", officially in charge with teaching geography to Louis XV and advising the royal government, when he published his *Essai de géographie physique* (BUACHE 1752)[1]. This document is one of the very few theories of locations of mountains for this period, and it was to influence deeply and for more than a century the conception of mountains in Europe. Building on the fairly good knowledge of rivers and watersheds and fitting the Newtonian theory to the realm of rocks and waters, he deduced that mountains ought to be at the periphery of watersheds. As most of his contemporaries, he was unable to understand how important the knowledge of the geological structure is for the mountains' analysis. And since he had a very high esteem for theoretical visions, he did not take account of the obvious lack of mountains where his theory wanted some to be (for example between the Seine and the Loire rivers). His way of seeing mountains, mainly lines of springs and natural barriers, peripheral regions for the main axis of transportation and the major cities located by the rivers, was a scientific conception fitting perfectly the political and strategic visions of the royal/imperial territory.

Eighty years later, Léonce Elie de Beaumont and Albert Dufresnoy were asked to organize a systematic mapping of the geological outcrops of the French territory. Naturalists of that time already knew how false Buache's theory of mountains was and how important the geological structure was for understanding topography. Topographic cartography had made decisive progress for several decades. It had produced representations of mountainous sites and volumes much more precise, but more complex too, than Buache had before. The first attempts for drawing geological maps had been made a little bit earlier in Belgium and for the surroundings of Paris and London. But no one had ever drawn maps for territories of that scale. In 1841, they published a book untitled *Explication de la carte géologique de la France* (ELIE DE BEAUMONT / DUFRESNOY 1841)[2] displaying the first geological map of France, a very good one indeed, presenting the characteristics of the various geological regions and outcrops. In the first chapter of this book, the authors, drawing the main lines of the French

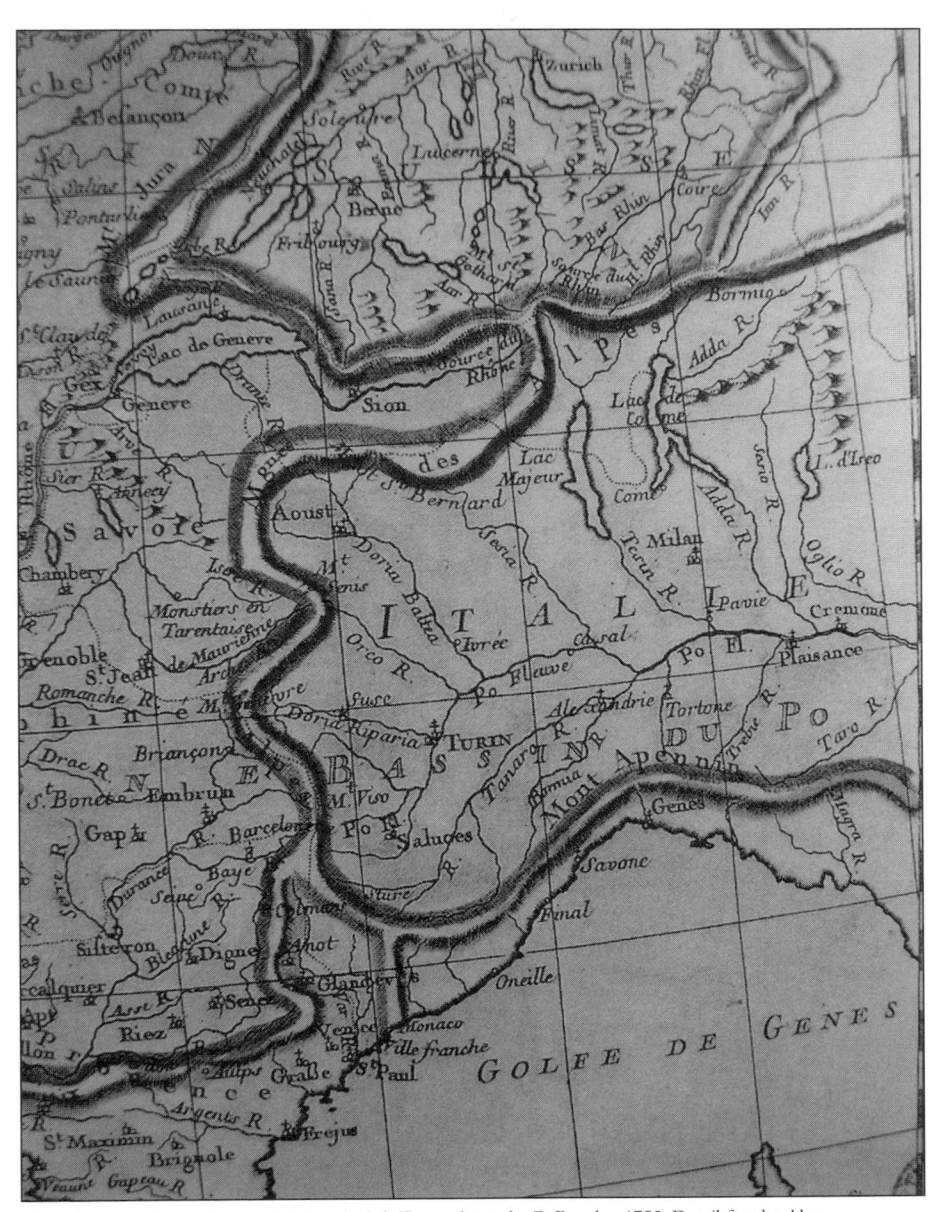

Fig. 2: *Carte physique ou Géographie Naturelle de la France*, drawn by P. Buache, 1752. Detail for the Alps

territory, gave this description of the French mountains: „The most fixed borders of France, those of its southern part, separates it from the nations which have the most natural relation-

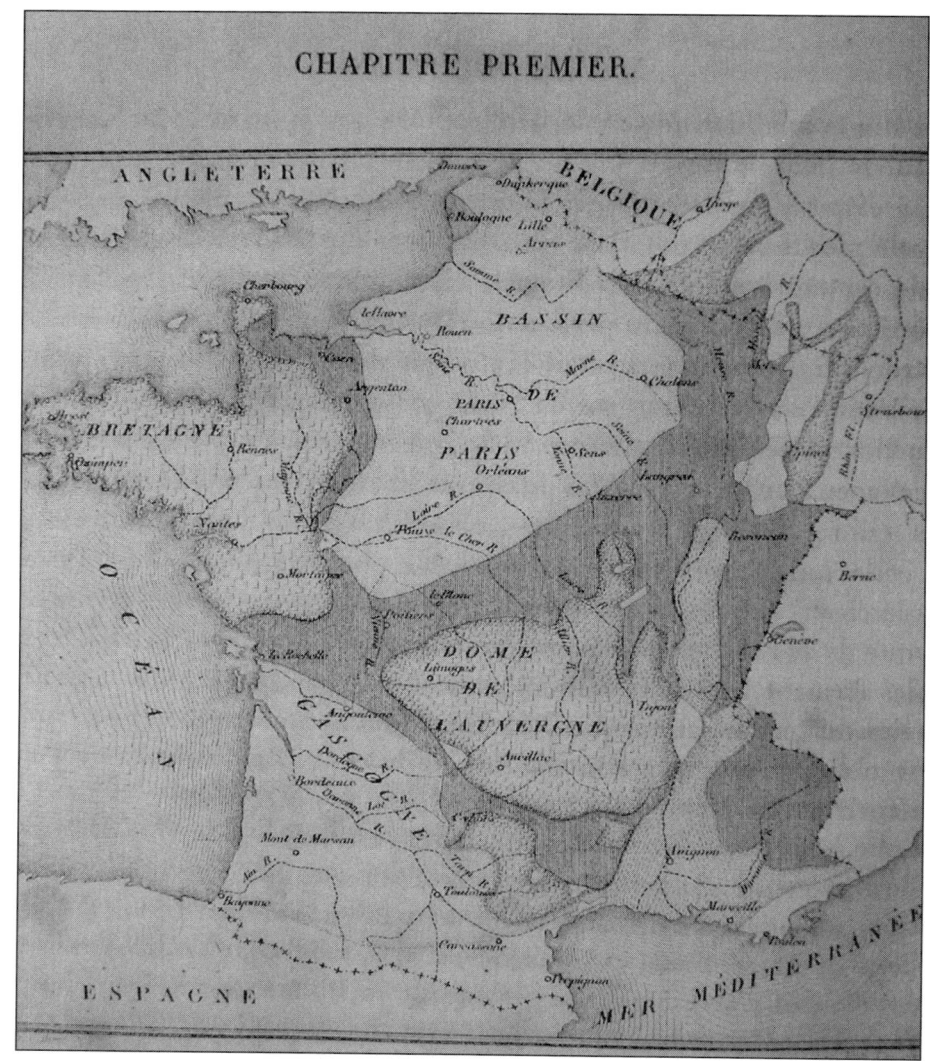

Fig. 3: A sketch geological map drawn by ELIE DE BEAUMONT / DUFRESNOY (1841) for presenting the main structural agency of the substratum of France. They gave a general coherence for the shape of France by isolating a „Jurassic 8" following the outcrop of Jurassic limestones and argyles around the Parisian Basin, on the northern half, and the Dome d'Auvergne, later known as Massif Central, on the southern half. This figure was to become a sign of the natural harmony of the French territory.

ships with France, thanks to the Roman or Celtic origin of their civilizations and languages; one can imagine that if those natural limits would not have existed, the French, the Spanish and the Italians would form a single nation." (ELIE DE BEAUMONT / DUFRESNOY 1841, 29).

French mountains, mainly the Alps, the Pyrenees and the Jura, are once again described as natural barriers, devoted to guarantee French integrity and identity. In the same book can be found the first evocation of an area located in the centre of southern France of ancient crystalline rocks surrounded by Mesozoic formations which was to become known as the *Massif Central* by the end of the century (about this *invention* of *Massif Central* see POUJOL 1994). This area would progressively be identified as a natural region, another kind of mountain seen, with Paris, as one of the two spiritual centres of the French nation.

This vision is adopted by the French geographer Elisée Reclus, author of an impressive *Geographie Universelle* and major personality of 19th century French geography. In the volume entirely specialized on France, he writes that mountain ranges „strengthen the angles of the territory and separate it of every border country in order to give to it a set of natural limits and to make visible the role played by France in European history" (RECLUS 1877, 6). In the preface of a guide book published a few years earlier, he repeats an idea borrowed from the *Explication de la carte géologique*: „In Southern France, if the Pyrenees and the Alps had notexisted, if Spain and Italy had not been almost completely separated from France, it is liable that wars and trade would have erased the national individuality of those countries"[3]. Then, the Alps, as well as the Pyrenees, appear as an intentional border for the nation, the condition and the guarantee of the building and expression of national identity.

Without giving major information about the nature and complexity of the range, 18th and 19th French geographers and geologists contributed to the building of representations of Alps as natural border, peripheral and marginal area of the national territory. This vision was reinforced by the annexation of Savoy to the national territory in 1860 and the translation of the French border in the east from the hills of Lyons region to the summits and passes of the Mont Blanc – Mont Cenis area. It was barely lightened with the growing importance of Alpine tourism, railroads tunnels and international trade with Italy.

3 French regionalism and regional geography

At the end of the 19th century, the classical centralized vision of the French territory is challenged by another one. Critics against the excessive concentration of wealth in major urban areas, especially Paris, and against cultural homogenisation of the French society led to two kinds of regionalism: a cultural one, celebrating local cultures, languages and traditions; and an economic one, willing to give strong basis to regional development.

This context eased the development of a regional geography focusing on local adaptations of people to natural environments. Thanks to its physiographic characteristics and to the originality of traditional economy, the Alps became a major fieldwork for geographers mainly settled in Grenoble, Paris, Marseille and Nice. One could say that the Alps got thicker, the academic works devoted to them becoming much more numerous and attentive to details and internal variations.

Among those „Alpine" geographers, Raoul Blanchard was probably the most interesting one. With a large number of books and papers written on the subject[4], he developed a very seducing and convincing analysis of the Alps as a major natural region, structured by geological and climatic phenomena, occupied by local societies very skilful in adopting economic modes of production adapted to the natural character of the area (cattle raising, woodcraft, hydroelectricity). When, in the aftermath of World War I, the French government for the first time tried to create economic regions for boosting local initiatives, he personally played a major role in promoting the creation of the „Alps" region, focusing on the economic potential of hydroelectricity, tourism and rural modernization (VEITL 2001). Thanks to its editorial appetite, regional involvement and pedagogy, he managed to make natural the idea that the Alps are, as a geographical region, an original and important element of French territory.

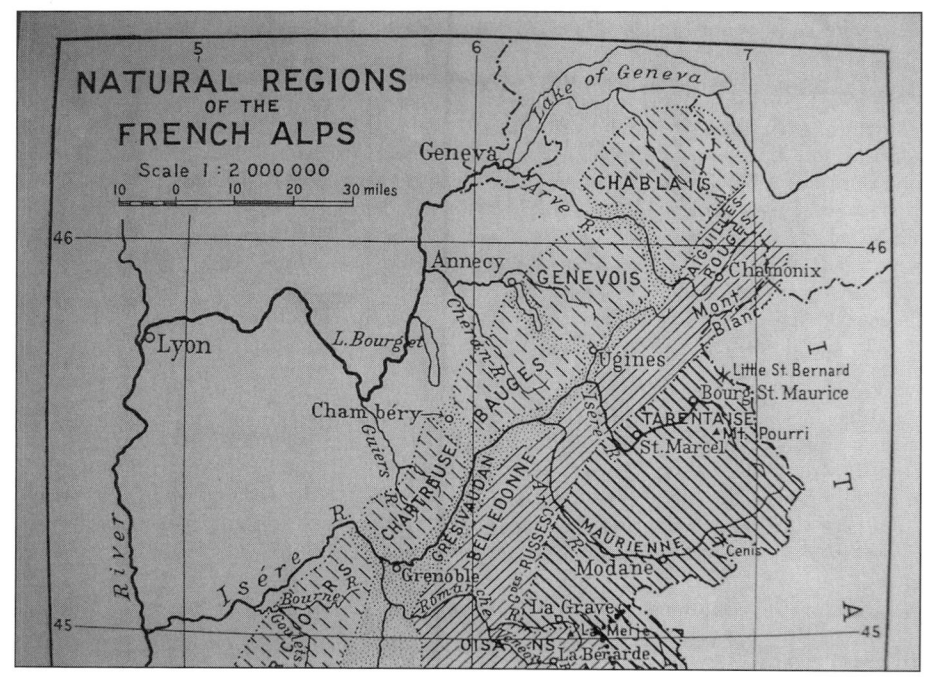

Fig. 4: Map of Alpine regions by Blanchard (Regional Geography, 1921), detail. One of the most interesting innovation by Blanchard was his conception of dividing the Alpine space at a local level. He invented a method relying on climatic characters (humid and cold Northern Alps versus dry and mild Southern Alps), geological characters (limestone versus crystalline rocks), morphology, and local cultures. It allowed him to give up historical divisions and names (Roman ones such as „Alpes cottiennes" or „Alpes pennines", as well as classical ones such as Savoy, Dauphiné, Provence) and to promote natural and popular ones. This way of dividing the Alps has been very successful, being progressively adopted by schoolbooks, tourist guides and even local people (for a deeper analysis, see DEBARBIEUX / ROBIC 2001).

The same kind of attention for the Alpine singularity can be found in various administrative initiatives: laws for reforestation (1860-1892), modernization of cattle raising, incentives to industrialization of the main valleys (for preventing the excessive concentration of industry by the Belgian and German border), or creation of the first national parks (see, for example, ZUANON 1995; MAUZ 2003). Nevertheless, the political will to encourage Alpine economy was not strong enough to prevent dramatic decline of traditional activities and strong emigration: France is the only country to lose inhabitants in its Alpine area between 1871 and 1951 (-11%; Italy: +15%; Switzerland: +33%; Austria: +46%; Germany: +167% – BÄTZING 2002). Among the major activities which actually developed within the Alps, only protected areas and tourist resorts really became important. Except for a few cities like Grenoble or Annecy which developed important industrial and services activities, the Alps largely remained a peripheral area for the national territory, managed according to the needs of large cities (electric powers, resorts, natural landscapes, hydrologic regulation).

4 Contemporary „Alpine geography"

Due to this dramatic evolution of Alpine activities during the last century, French geographers have been mainly involved in two kinds of works: (1) the production of data and models for understanding the localisation, availability and fragility of natural resources (water, snow, ice, wood, landscape); (2) a critical analysis of the ideological perception of the Alps and its social or cultural effects.

Up to the 1980s, both kinds of research played a minor role in land planning and economic development. Most decisions were taken at a national level according to methods promoted by French corps of engineers with very little consideration for academic works. If some geographical knowledge happened to be taken into account for water availability (for irrigation, hydroelectricity) and rural modernization, it was completely ignored for the creation of new ski resorts and protected areas. This attitude partly explains the critical posture of many social geographers of that time (see for example GUMUCHIAN 1983; GUÉRIN 1984; 1989). In that sense, French geography of the Alps was somehow driven by the French taste for social theory and critical ideology, but without any kind of cooperation between national planners and governments on one side, and scientists on the other.

During the last twenty years, thanks to the decentralization initiated by two sets of laws (1982-83), local and regional communities began to become attentive to geographer's competencies. Applied geography grew more important for local politicians and associations especially interested in rural development, transformation of resorts and tourist practices, evolution of landscape, or promotion of sustainable development. For this kind of social and institutional expectations, it happened that geographers were asked to be experts according to the kind of knowledge developed during the first half of the 20th century: This was the case for mapping the areas of the *appellations contrôlées*, officially adopted for agricultural production, and for deciding the size and shape of new levels of administrative and political organization (*les pays, les parcs naturels régionaux*). In a sense, geographers became especially useful at the end of the century thanks to a cultural image which had become fairly obsolete: their reputation of empiricist and pragmatic scientists, of persons highly competent in analysing the relations between natural characters and cultural *genres de vie*. But hopefully, the curiosity for social theory and urban dynamics (FOURNY 1999) also caught the attention of regional and local politicians and administrations.

For these various reasons, Alpine geographers, barely associated to decisions made at the national level, fit fairly well local and regional expectations. In that sense, they have been influenced by the evolution of political and administration life in France for the last two decades. But what about a contemporaneous French perception of the Alps? Thanks to the European construction, national specificities have probably lightened. It is possible that the ecological sensibility remains stronger in Germany, Austria, and Switzerland than in France, both in administrations and departments of geography. But for the main aspects, it seems that

Forum: „Les géographes inventent les Alpes"

French geographies of the Alps have lost most of their national specificities, sharing more and more fields and objects with colleagues from other countries.

[1] see an interesting analysis of this book in BROC (1969)

[2] for an analysis of this work see DEBARBIEUX (2004)

[3] Introduction to JOANNE (1864)

[4] His major work is BLANCHARD (1938-1956). He also wrote a very useful and efficient synthesis (BLANCHARD 1947).

References

BÄTZING, W. (2002): Das Alpenkonventionsthema: Bevölkerung und Kultur. – Berlin.
BLANCHARD, R. (1938-1956): Les Alpes occidentales. 11 vol. – Grenoble.
BLANCHARD, R. (1947): Les Alpes françaises. – Paris.
BROC, N. (1969): Les montagnes vues par les géographes et les naturalistes de langue française au XVIIIe siècle. – Paris.
BUACHE, P. (1752): Essai de géographie physique. – Paris. Mémoire de l'Académie des sciences.
DEBARBIEUX, B. (2004): Cartes d'identités, cartes d'altérité. – In: BORD, J. P. (ed.): Les cartes de la connaisance. – Paris. [in press]
DEBARBIEUX, B. / ROBIC, M. C. (ed.) (2001): Les géographes inventent les Alpes. – In: Revue de Géographie Alpine 89(4).
ELIE DE BEAUMONT, L. / DUFRESNOY, A. P. (1841): Explication de la carte géologique de la France. – Paris.
FOURNY, M. C. (ed.) (1999): Les enjeux de L'appartenance alpine dans la dynamique des villes. – In: Revue de Géographie Alpine 87(1).
GUÉRIN, J. P. (1984): L'aménagement de la montagne en France: politiques, discours et productions d'espaces. – Gap.
GUÉRIN, J. P. (1989): Significations des Alpes. – In: Revue de Géographie Alpine 76(1). – 267-278.
GUMUCHIAN, H. (1983): La neige dans les Alpes françaises. – Grenoble.
JOANNE, A. L. (1864): Dictionnaire des communes de la France. – Paris.
MAUZ, I. (2003): Histoire du Parc National de la Vanoise. – Grenoble.
NORDMAN, D. (1999): Frontières de France, de l'espace au territoire, XVI-XIXe siècle. – Paris.
POUJOL, O. (1994): L'invention du Massif Central. – In: Revue de Géographie Alpine 82(3). – 49-62.
RECLUS, E. (1877): Nouvelle Géographie Universelle. – Paris.
VEITL, P. (2001): Entre étude scientifique et engagement social: l'institut de géographie alpine de Raoul Blanchard, laboratoire de la région économique alpine. – In: Revue de Géographie Alpine 89(4). – 121-131.
ZUANON, J. P. (1995): Chronique d'un parc oublié: du Parc de la Bérarde au Parc des Ecrins. – Grenoble.

Anne BUTTIMER (Dublin)

Poetics, Aesthetics and Humboldtean Science

1 Introduction

It is an honour and a delight to address this gathering and to share some reflections on the life and work of your illustrious ancestor, Alexander von Humboldt. Twenty years ago (1983) I was invited to address the *Deutscher Geographentag* in Münster on the subject of environmental perception and vivid memories of that event remain. Much has changed over these two decades. Looking out over this audience one notices an obvious „demographic" transition. Papers delivered during the past few days reveal something of conceptual transitions, too. In the early 1980s geographers mostly identified with either physical or human branches of the discipline; functional specialisation was still the order of the day. The programme for this 54. *Geographentag* reveals a distinct enthusiasm for more integrative themes, nature and culture, impacts of climate change, globalisation and local identity, environment and sustainable development. What has not changed, however, is the warmth of your welcome and for this I am truly grateful.

Your central focus on mountains, particularly on the Alps, has no doubt facilitated these synergies of effort across the divides between physical and human geography, theoretical and applied interests, academic research and school teaching, place-based syntheses and space-time analyses of patterns and processes. As is clear in the impressive literature emerging from the Year of the Mountains 2002 – a project to which the entire geographical community owes an enormous debt to Switzerland – the *Gebirgswelt* invites conceptual navigation through all scales of concern from local to global. And within this Alpine world one finds resonance to the experiences of mountain milieux throughout the world.

The life and work of Alexander von Humboldt (1769-1859) affords a perennial reminder of geography's unique potential in precisely these realms of knowledge enquiry. His monumental endeavour epitomises the challenge of integrating insights from both scientific and humanistic enquiry toward comprehensive insight on humanity and environment. Many of the cognitive and practical challenges broached in his writings have enduring salience today, as scholars acknowledge the urgent need to understand sustainability in humanity's modes of relating to its terrestrial home. Mountains had a special appeal for Humboldt. Long before his famous climb of Chimborazo and other Andean peaks he found evidence here among Alpine features for alternatives to conventional theories about the formation of the earth's surface. Mountains themselves, their profiles, vegetation carpets, ways of life and milieux served a vital role in the evolution of his world view. Mountains posed challenges for not only physical endurance and unprecedented scientific analyses; they also inspired innovative ways of presenting research results in graphic forms. A brief review of his career and work seems particularly appropriate at a conference on *Alpenwelt – Gebirgswelten* staged here, in the heart of the Alps, a region which also provided enduring inspiration throughout his lifetime[1]. With illustrations from his *Essai sur la géographie des plantes* (1805, 1807) I wish to demonstrate the cardinal importance of aesthetics and poetics in the constitution of his scientific discourse on humanity and environment.

2 Alexander von Humboldt (1769-1859)

Polymath scholar and celebrated patriarch of European geography, Alexander von Humboldt's career details and published works retain an enduring appeal for geographers worldwide (BIERMANN 1989; BOTTING 1973; KELLNER 1963). Privately tutored and exposed to a diverse range of intellectual interests in childhood, three of these continued to evoke passion throughout his lifetime. First was natural history: „flowers, butterflies, beetles, shells and stones were his favourite playthings" (BOTTING 1973, 12); he often wandered alone in the woods, collected items and then mounted and classified them in various lists and sequences. Reminiscing later to a friend he wrote: „The sight of exotic plants, even of dried specimens in a herbarium, fired my imagination and I longed to see the tropical vegetation in southern countries with my own eyes"[2]. The germ of geographical exploration, his second major interest, should be ascribed to his meeting in Göttingen with George Forster, companion on Cook's circumnavigation of the world, and who accompanied him on an excursion to England, travelling by boat on the Rhine[3]. A third major influence during student years in Berlin, Frankfurt and Göttingen was the ethos underlying the French Revolution, the ideals of which struck a lasting chord. Throughout his life, too, Alexander enjoyed the affection and support of his brother Wilhelm von Humboldt, celebrated founder of the Humboldtean University in Berlin. It was Wilhelm who also introduced him to Aimé Bonpland, his faithful companion on the trans-Atlantic voyages.

2.1 Eighteenth century debates on studies of nature

Humboldt's ideas and work are best appreciated when placed in the context of the late eighteenth and early nineteenth centuries, a time of starkly contrasting and often conflicting world views and social upheaval throughout Europe. Lively debates were astir over issues of science, medicine, political economy, the arts and literature.

The eighteenth century witnessed tensions between the most prosaic and utilitarian teachings and the lofty heights of Kantian philosophy, tensions between bourgeoisie and nobility, between faith and reason, between external tyrannies and internal freedom, between freemasonry and Rationalismus (BECK 1959, 1).

The Tropical World posed new horizons: issues of health and disease, of racial diversity, commercially viable commodities and colonial administration. Fresh data from scientific travellers, colonial officials, and trading companies meanwhile were already exciting popular imaginations and political challenges. Reports from geographical explorations were discussed in elite and popular circles, and especially in the Court of Weimar. How to understand nature became, in fact, one of the burning questions on scholarly horizons during Alexander von Humboldt's formative years. Academic opinion oscillated between two contrasting poles. On the one hand were the *Encyclopedistes* such as D'Alembert and D'Holbach who believed in the power of science and scientifically-based technology and politics to bring about a better world. On the other hand there were the „Nature philosophers" such as Schiller, Herder, Hegel, Emerson and Thoreau for whom any „explanation" of nature which ignored spiritual and aesthetic dimensions of reality was abhorrent (Fig. 1). The prospect of applied mechanics in human affairs evoked particularly hostile reactions in Germany and in New England.

Both Humboldt and Goethe (1749-1832) advocated more direct observation of nature than either of these approaches allowed. While Humboldt championed objectivity and rigour in measurement and eventual generalization of results, Goethe emphasized a careful attunement to the observation process itself, and the inevitable subjectivity in human perception and understanding. Correspondence between these two scholars reveals much about the sciences and humanities of their day (Table 1). Both acknowledged the cardinal importance of direct sensory experience of nature, the intimate connections between reason and emotion, poetics and aesthetics in the conduct of science.

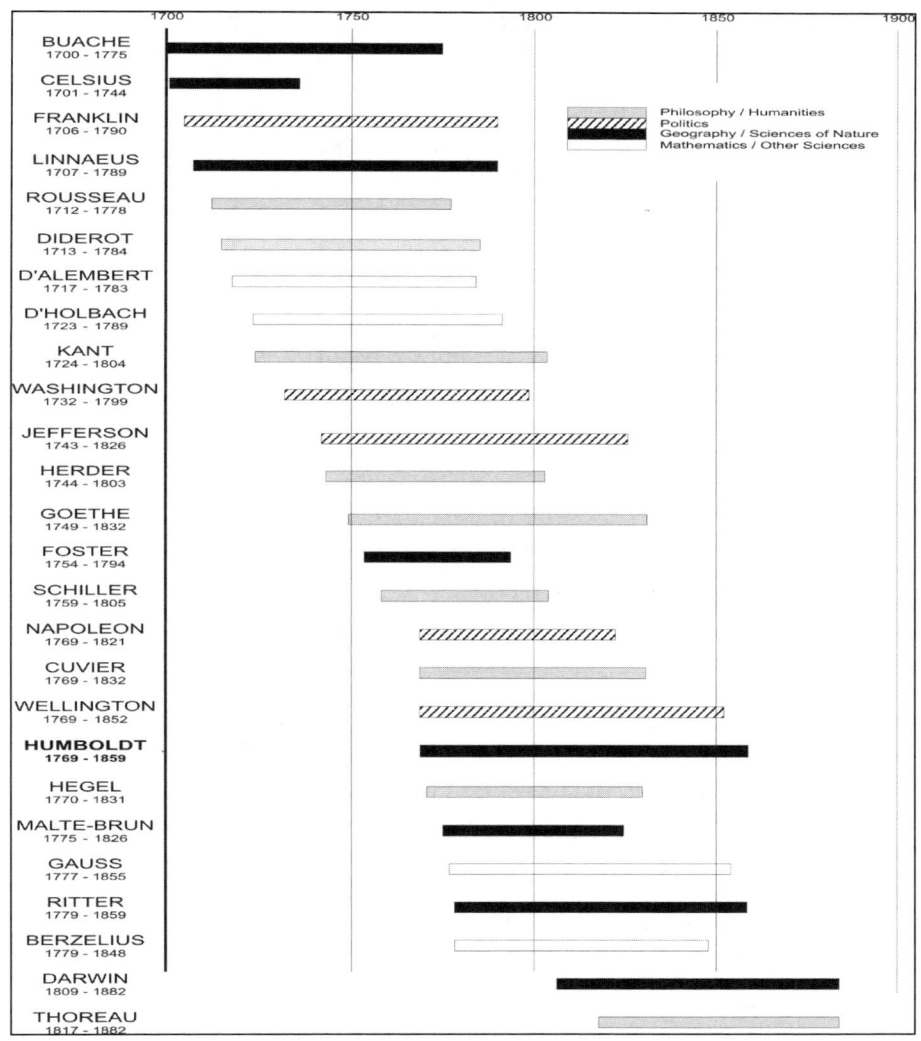

Fig. 1: Some contemporaries of Humboldt. (Source: BUTTIMER 2001, 106)

Schlussfeier

Goethe 1749 - 1832			Humboldt 1769 - 1859		
Year	Age	Interests / Works	Year	Age	Interests / Works
1778	29	Geology, mineralogy			
1784	35	*Os intermaxillare*; botany, zoology			
1790	41	*Metamorphose der Pflanzen*; Colours	1790	21	*Basalte des Rheins*
1791	42	*Beiträge der Optik*			
			1794	25	Visit to Goethe
			1797	28	*Muskel und Nerv*
1798	49	Astro observations			
			1799 - 1804	30-35	American Voyages
1805	56	Physics and chemistry	1805-34	36-65	*Nouveau Continent*
			1808	39	*Ansichten der Natur*
1810	61	*Farbenlehre*			
1814	65	Cloud formations			
1825	76	*Witterungslehre*			
			1827	58	Physical geography
1832	82	Studies on the rainbow			
			1834	65	Work on *Kosmos*
			1843	74	*Central-Asien*
			1845-58	76-89	*Kosmos I-IV*
			1853	84	*Kleinere Schriften*
			1862	93	*Kosmos V und Index*

Table 1: Career interests: Goethe and Humboldt

The *salon* was the place where scholars from diverse fields assembled in the late eighteenth century to debate, to read and to write. It was in such a context that Humboldt made the acquaintance of Goethe and Schiller. On 18 June 1795 Goethe wrote to Humboldt: „Do tell me about your experiences and be sure of my vital interest. Your observations start from the *Element* and mine from the *Gestalt*, so we should hasten to meet each other in the middle". Both Goethe and Humboldt sought ways to transcend the antipathies between the sciences and the humanities and there was a strong bond of mutual respect and admiration. Between them „I've spent a most fruitful time with Humboldt", Goethe wrote to Schiller on 26 April 1797:

> „His presence here has roused my interest in natural history from its slumber. I regard him as unique – I've never known anyone who combines such a wide variety of interests [...] what he can still do for science is incalculable." (SCURLA 1959², 91f).

Schiller, however, did not share Goethe's positive opinion. Writing to Körner, 6 August 1797:

> „A small-minded restless vanity inspires his entire work [...] He shows a shallowness of intellect that is most unfortunate [...] shamelessly applying naked analytical reason to measure nature: nature which is venerable, forever inscrutable [...] Alexander impresses many, and wins most times in comparison with his brother, because he has a mouth (*Maul*) and usually makes an impression." (BORCH 1948, 97).

A mouth indeed, particularly in French, the language he preferred, and Paris was the place where he particularly liked to work. „What a charming and tireless conversationalist is M. de Humboldt!", one of his correspondents remarked, „A man of the world who knows everything and expresses it without a smile, while his audience bursts into laughter – those mischievous eyes which have explored all secrets of natural history and all the products of earth, have also plumbed the depths of the human heart and found there many weaknesses, and many follies!" (PERPILLOU 1965, 2).

„Humboldt demonstrated many features of the eighteenth century", Minguet wrote, „universalism, encyclopedism, intellectual curiosity, a taste for natural science, travel, humanitarianism, eclecticism [...]" (MINGUET 1968, 670). But he demonstrated much more. He inspired literary and artistic interest in nature – particularly in tropical landscapes – throughout the nineteenth century. Much of this, in turn, inspired movements toward nature conservation and environmental protection at both sides of the Atlantic (BUNKŠÉ 1981).

2.2 The American Voyages (1799-1804)

> „From my earliest youth I had been possessed by a passionate desire to travel in far-off countries, little visited by Europeans [...] Having grown up in a country lacking direct contact with the two Indies and settled later in mountainous country far from the sea-coast and famed mainly for its intensive mining industry, I sensed an ever-growing impulsion towards the sea and extensive journeys [...] All that which is far off and only indistinctly discernible captivates the imagination."

Central to Humboldt's entire *oeuvre* were his journeys in the Americas (1799-1804), during which he amassed volumes of primary data on flora and fauna, geo-magnetism and volcanism, oceanic currents, archaeological treasures and cultural features – the raw material for all his subsequent lectures and writing. Setting out on the trans-Atlantic voyage he wrote to Friesleben, June 1799:

> „[...] I shall collect plants and fossils, and make astronomical observations with the best of instruments. Yet this is not the main purpose of my journey. I shall endeavour to discover how nature's forces act upon one another and in what manner the geographic environment exerts its influence on animals and plants. In short, I must find out about the harmony in nature." (DE TERRA 1955, 86f).

His aim was therefore not simply the accumulation of „insulated facts" (HUMBOLDT 1851: x), he wanted to understand the interconnections among diverse orders of reality. „The great problem of the physical description of the globe", he later wrote, „is the determination of the form of these types [of stony strata, plants and animals], the laws of their relations with each other, and the eternal ties which link the phenomena of life, and those of inanimate nature" (HUMBOLDT 1851, xi). „The goals for which I strove", he already revealed in *Ansichten der Natur*, „were to depict nature in its prime traits, to find proof of the interworking of (natural) forces, and to achieve a sense of enjoyment which the immediate view gives to sensitive man [...]" (HUMBOLDT 1808, 1f).

And mountains, especially volcanic ones, held a special fascination. En route across the Atlantic in 1799 Humboldt and Bonpland visited Teneriffe, climbing the Pico de Teide and descending into its volcanic crater. „The sulphurous vapour in the crater burnt holes in our clothes", he noted, „while our hands were frozen numb". A few years later in Mexico he climbed into the crater of Jorullo, a volcano created on 29 September 1759 and still burning. „The cones all around emitted a dense vapour which made the air unbearably hot", he reports in *Vues des Cordillères*. When the Cotopaxi volcano erupted on 4 January 1803, he and Bonpland travelled up the Rio Guayaquil to Bebahoyo on 6 February in order to examine the phenomenon at close range (BECK / SCHOENWALDT 1999, 29). Direct sensory contact with nature was an essential prelude for accurate scientific analyses. „Nature must be experienced via the senses", he later wrote to Goethe, „those who only observe and reach abstractions can spend a lifetime classifying plants and animals in the hot tropics and believe that they can describe nature, but they will never get close to it" (GEIGER 1909, 304).

Humboldt's American expeditions were revolutionary. Previous explorers had reported on exotic phenomena but Humboldt now added accurate measurements, scientific explanations, and results presented in a variety of graphic, tabular and cartographic modes. In fact, his work has since been regarded as pioneering example of „Humboldtean Science"[4]. There was certainly an impressive supply of instruments along, the most sophisticated available in his day. This became quite oppressive at times: „Our progress was often retarded by the necessity of dragging after us, during expeditions of five or six months, twelve, fifteen, and sometimes more than twenty loaded mules, exchanging these animals every eight or ten days and superintending the Indians who were employed in driving the numerous caravans" (HUMBOLDT 1851: xii).

Among the most famous of his achievements was, of course, the ascent of Mount Chimborazo (6.310 m) on 23 June 1802 together with Bonpland and Montufar. He climbed, with a wounded foot, wearing only simple walking shoes and dragging all their instruments through thick fog, stopping short at about 900 m from the peak because of an impassable ravine. Their barometer recorded a height of nearly 19.286 feet, a world record at the time. Humboldt was proud to note that measurements could be made with the magnetic needle at a height which was 1.100 m higher than the top of Mont Blanc. „All my life I imagined that of all mortals, I was the one who had risen highest in the world" (cited in BOTTING 1973, 153). It was somewhat disillusioning later to discover that the recorded heights in the Himalayas exceeded those of Chimborazo. In fact, if measured from the center of the earth, Chimborazo juts out further than Everest (Fig. 2).

On December 15, 1998 IGU President Bruno Messerli declared Chimborazo as birthplace of „mountain ecology" and on the Monument for Simón Bolívar situated at 5.000 m above sea level, unveiled a plaque in memory of Alexander von Humboldt (Fig. 3).

Apart from this strenuous climb and other unanticipated travails, Humboldt felt quite „at home" in the Tropics. On 21 February 1801 he wrote to Willdenow from Havana:

> „After having to sleep for four months in forests, surrounded by crocodiles, anacondas and jaguars who attack the canoes [...] Despite the incessant alternations between dampness, heat and mountain cold, my health and my mood have clearly improved since I left Spain. The tropical world is my element, I have never been so consistently healthy as during the last two years." (BIERMANN 1989, 175).

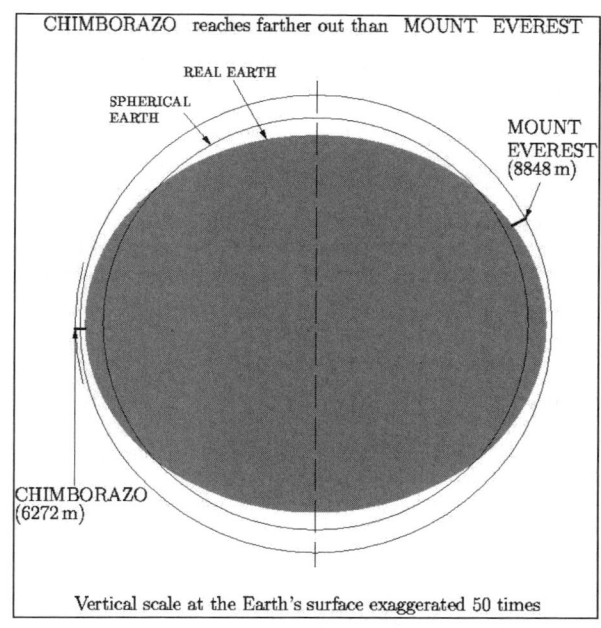

Fig. 2: Chimborazo from the Earth's Centre. Because the earth is flattened at the poles, Chimborazo, which is located close to the Equator, extends more than 1 km out from the centre of the earth than Mount Everest, even though the latter, measured from sea level, is more than 2 km higher. This figure exaggerates the vertical scale by a factor of 50 near the surface of the earth. (Sketch: Bertram Brokers; Source: BUTTIMER 2001, 114)

Fig. 3: Alexander von Humboldt – 23 June 1802. (Source: MESSERLI 1999)

Schlussfeier

The energy and enthusiasm displayed by Humboldt and Bonpland on these American voyages were rewarded with a truly impressive scientific harvest. They surveyed and mapped, listed and classified, sketched and wrote about a vast range of phenomena; not only on the flora, fauna, physiognomy and geophysics of the New World landscapes, but also on their social and economic geography. Individual volcanoes were now to be understood in terms of volcanic fields; botanical phenomena in terms of altitudinal as well as spatial zonation; human livelihoods in terms of economic base and cultural norms. He mapped the flows of gold from one continent to another, sketched alternative potential routes for the Panama Canal to link Atlantic and Pacific Oceans; learned how to decode the hieroglyphs which revealed the world views and value systems of Maya and Inca, and did not hesitate to question conventional theories about the origins of mountains and river systems.

Travel into the interior of New World space was often, of course, only possible by water. And indeed many of Humboldt's most notable discoveries were made on canoe trips along South American rivers. He noticed, for example, the dramatic differences between tropical black and white water rivers. In dry seasons when they were separated by their low water level, the black water rivers were almost free of insects, their banks infertile, and only small fish survived in the waters. But the area around the white water rivers (Orinoco, Rio Blanco, Rio Magdalena) was swarming with hostile insects, their banks were rich in vegetation, and all kinds of life forms were found in the water. The reason, he suggested might lie in the chemical composition of the water. Today in fact it is known that the black water is almost entirely lacking in oxygen, hostile to insects, with pH values of 4.3 to 6, which cause an acid reaction that kills bacteria. The pH values of the white water rivers are 7.0 to 8.5 (BECK / SCHOENWALDT 1999, 21f).

One of his more dramatic discoveries was that of the Casiquiare Canal linking the Orinoco and the Rio Negro, tributary to the Amazon. In 1744 the Jesuit priest Manuel Roman had actually travelled on this canal, but when this was reported by La Condamine to the French Academy, it was met with disbelief. „This long supposed connection between the Orinoco and the Amazon is a monstrous error in geography", Philippe Buache's map of the Orinoco region noted in 1798, „To rectify the ideas entertained to this point, it is only necessary to observe the direction of the great chain of mountains which separates the water". Humboldt and Bonpland travelled up the Casiquiare from Rio Negro and found the place where it enters the Orinoco, mapping this for posterity. Later he could mock the „armchair" geographers who had refused to entertain any alternative hypotheses to the conventional ones (BECK / BONACKER 1969, xliv):

> „It is [...] by a false application of the principles of hydrography that geographers, from the depths of their offices (*cabinets*), have sought to determine the direction of mountain chains in countries where they think they know the exact course of the rivers. They imagined that two large hydrographic basins could only be separated by high lands, or that a large river could not change direction except through obstruction by a mountain chain."

2.3 Humboldtean Science and Goethe's way

While his avowed purpose was that of „scientific traveller", Humboldt was constantly aware of the humanistic approaches to nature study which he had gleaned through his dialogue with Goethe (BUTTIMER 2001). Unlike conventional „natural science" approaches which sought objectivity and verifiable generalizations in scientific knowledge, Goethe's „Way of Science"tried to transcend the rift between subject and object, placing emphasis on the knower and processes of discovery (SEAMON / ZAJONC 1996). „[...] Man knows himself only to that he knows the world", Goethe had written, "he becomes aware of himself only within the world, and aware of the world only within himself. Every object, well contemplated, opens up a new organ in us" (GOETHE 1981, XIII: 38)[5]. Humboldt must have meditated long on these words while exploring the Tropics. In a letter to Caroline von Wolzogen, Berlin, on 14 May 1806, he wrote:

> "In the Amazon forests, as on the peaks of the Andes, I had the feeling that the same life infiltrates stones, plants and animals, as well as the swelling breast of humankind, as if animated by a single spirit from pole to pole. Everywhere I felt strongly how powerfully those relationships forged at Jena influence me now, and – thanks to Goethe's perspectives on Nature – I have acquired virtually new organs of perception." (BIERMANN 1989, 180).

"Nature", he wrote later in the first volume of *Cosmos*, "is animated by the breath of life" (HUMBOLDT 1845, 20). Analytically, Humboldt took study of "nature" out of the laboratory into the landscape. While each element demanded specialised analytical attention in order to establish its own specific rules of order and organization, the most important challenge was that of integrating all these knowledges. And wherein might lie secrets of such integration? Throughout his voyages, and especially while recounting the story of his voyages, it was Goethe's way which afforded solutions. The most succinct expression of these convictions, and in fact a microcosm of his entire *oeuvre*, is found in his work on the geography of plants.

One of the very first products of the American observations, and allegedly the basis for *Cosmos*, *Naturgemälde der Tropenwelt: Geographie der Pflanzen in den Tropen-Ländern, ein Naturgemälde der Anden*, published in Tübingen, 1807, was dedicated to Goethe (BIERMANN 1989, 116). Goethe was thrilled. In a letter dated 3 April 1807 (GEIGER 1909, 299f):

> "I have read through the volume several times with great attention and I have begun – even without the promised cross-sectional diagram – to imagine a landscape myself where, at a scale of 4000 toises [approx. 8.000 m] to a page, the heights of the European and American mountains are sketched side by side; the snowlines and the vegetation are also sketched. I enclose a copy of this sketch, partly for fun, partly seriously, and I ask you to make corrections on it with feather pen and with colours if you like, and also to make some notes on the page and return it to me as soon as possible."

There was some delay in response from Humboldt. Later, however, when the eventual map showing the global distribution of vegetation types was finalised, it was accompanied by succinct diagrams which model altitudinal variations in plant distribution and a wide range of other patterns. In his celebrated *Géographie des plantes équinoxiales. Tableau physique des Andes et pays voisins*, he summarised lessons on the interconnectedness of terrestrial phenomena. One central mountain, presumably modelled on Chimborazo, with two others – presumably Cotopaxi and Pichincha – nearby show the altitudinal zonation of vegetation forms.

This is framed with parallel columns marked off by altitude, containing other relevant information on air temperature, chemical composition of the atmosphere, lower limits of snow in various latitudes, zones inhabited by various animals, zonal locations of cultivated crops, visibility from sea level, measures of intensity of solar radiation, the degrees at which water boils at different elevations, electrical phenomena, and an extensive description of rock types, their structures and bed-inclinations which (although quite independent of climate) may be relevant for plant growth (Table 2).

	Vertical columns showing altitudinal variations in:
1	Vegetation forms
2	Typical animals
3	Geological structures
4	Typical agricultural crops
5	Temperatures – maxima and minima –
6	Lower limits of perpetual snow
7	Chemical composition of air (oxygen, hydrogen, carbon)
8	Electrical phenomena
9	Decline in gravitational force
10	Barometric pressure
11	Intensity of blueness in the sky
12	Horizontal refraction of light
13	Visibility of mountains from the sea
14	Temperature at which water boils

Table 2: *Tableau physique des régions équatoriales*

2.4 Tableau physique des Andes et pays voisins

This *Tableau* (Table 2) was intended to evoke awareness of connections between particular and general, local and global, and to raise questions about linkages and analogues among different orders of reality.

„This tableau summarises all the research which I have conducted in the course of this excursion to the Tropics", Humboldt later wrote. „I dare to think that this will be of interest not only to the geographer (*physicien*); I believe that, for all viewers, it will evoke a sense of multiple associations [...]".

> „In these immense chains of cause and effect, nothing can be regarded in isolation. The overall equilibrium which exists throughout major perturbations is the result of an infinite range of mechanical forces and chemical reactions all of which balance each other. While each series of facts needs to be studied separately in order to discover its own rules of order, the general study of nature demands that all knowledges about material transformations matter be then combined." (HUMBOLDT [1805] 1990, 42f).

The *Essai sur la géographie des plantes* resonates not only to the grandest claims of „Humboldtean Science" but also to some of the central features of „Goethe's Way of Science". His graphic language evokes moments of insight, the instant „worth a thousand, bearing all within itself", those moments of intuitive perception, when the universal is seen within the particular, the whole that is present in the part, as fragments to the hologram. Metamorphosis, so central to Goethe's scientific method, was taken-for-granted in Humboldt's world view, recognisable not only in plant morphology, but in the global spread and regional constellations of vegetation forms. Beyond all scientific ambitions, too, Humboldt daringly insisted on the value of nature study as *Bildung*, and the Geography of Plants as a basis for philosophical reflection (HUMBOLDT 1805, 30f):

> „[...] the person who is sensitive to the beauties of nature finds here [in the Geography of Plants] also a reason for the influence which vegetation can have on the tastes and imaginations of people [...] The simple aspect of nature, the view of fields and woodland, yields a pleasure which is essentially different from the impression received from studying the particular structure of an organized being. Here, it is the detail which interests us and excites our curiosity; there, it is the whole, the overall mass, which stirs our imagination [...] What a striking contrast between the forests of the temperate zone and those of the equator, where the naked and slender palm tree trunks rise above the flowering acajous, and extend their majestic portals into the air? What is the moral cause of these sensations? Are they produced by nature, by the grandeur of the masses, the contours of the forms, or the [*port*] bearing of the plants? [...]"

„It is the absolute beauty of forms", he continues, „the harmony and contrast which emerges from their assemblage which constitutes the character of nature in a particular region". He then proposes a taxonomy of 15 vegetation types based on their overall physiognomy rather than their botanical category (Table 3). „In the great variety of plants which carpet the earth's surface", he wrote, „one may easily discern certain general forms around which all the others could be subsumed – typical families or groups showing strong formal analogies. Let me suggest fifteen such groups whose physiognomic features could offer an interesting study for the landscape painter."

Item	Physiognomic Type
1	Scintaminées (*musa, heliconia, strelitria*)
2	Palmiers (*palmae*), palm tree
3	Fougères arborescentes, tree fern
4	*Arum, pothos* and *dracontium,* arum lily
5	*Sapins (Taxus, pinus)*, fir
6	*Folia acerosa,* maple and sycamore
7	Tamarins (*Mimosa, gleditsia, porlieria*), tamarin
8	Malcacées (*Sterculia, hibiscus, ochroma, cavanillesia*), mallow
9	Lianes (*Vitis, paullinia*), creepers
10	Orchidées (*epidendrum, serapias*), orchids
11	Raquettes (*cactus*), prickly pear
12	Casuarines (*equisetum*), horse tails
13	Graminées, grasses
14	Mousses, mosses
15	Lichens, lichen

Table 3: Physiognomic Taxonomy of Plants for the Landscape Painter

And indeed it would be „a project worthy of a distinguished artist to study the physiognomy of these groups of plants which I listed, not in the greenhouse or botanical text books, but in nature itself" (HUMBOLDT 1805, 32). After glowing accounts of Andean valleys, Humboldt also noted: „The native in tropical regions also knows all those plant forms which nature has supplied around him: the land affords for him as varied a spectacle as the azure vault of the sky which does not hide any of its constellations." (HUMBOLDT 1805, 34).

> „European people do not enjoy a similar advantage. Those plants which languish in greenhouses either for love of science or of luxurious fad are only a shadow of the majestic tropical plants, many of whose forms are still unknown [...] It is through imitative art that we can retrace the varied picture of tropical lands. In Europe, an individual isolated on an arid coast could gain intellectual pleasure from images of far-away places: if his soul is sensitive to works of art, if his spirit is sufficiently open to stretch toward the major conceptions of physical geography, then from the depths of his solitude, even without ever leaving his home, he could gain all that the intrepid naturalist has discovered through his travels through oceanic breezes, exploring subterranean caves, or climbing snow-covered peaks."

Artists did indeed respond to his call (BUNKŠÉ 1981). One of the more celebrated examples is that of the Cotopaxi volcano, which Humboldt described as follows (Plate X *Vues des Cordillères*):

> „The form of Cotopaxi is the most beautiful and regular of the colossal summits of the high Andes. It is a perfect cone, which, covered with an enormous layer of snow, shines with dazzling splendor at the setting of the sun, and detaches itself in the most picturesque manner from the azure vault of Heaven. This covering of snow conceals from the eye of the observer even the smallest inequalities of the soil; no point of rock, no stony mass, penetrates this coating of ice, or breaks the regularity of the figure of the cone [...] This is one of the most majestic and most awful views I ever beheld in either hemisphere." (Humboldt, translation WILLIAMS 1814, 120).

The American Frederick E. Church and others responded eagerly to the challenge of basing their sketches on accurate scientific data. Masterpieces such as „The Heart of the Andes" and „Cotopaxi" projected that same attempt to portray unity in diversity of the tropics which Humboldt has endeavoured to express in words and maps (BUNKŠÉ 1981). In the latter half of the nineteenth century, this new *genre* of landscape painting evoked public awareness of nature and led eventually to the establishment of America's first National Parks of Yellowstone and Yosemite (EDWARDS 1999, 52).

3   Geography, Aesthetics and the Geo-poetics of *Cosmos*

The enduring appeal of Alexander von Humboldt's work owes much to the role of poetics and aesthetics in the evolution of his science. Much of this appeal rests on his clever renderings of landscape. For him, landscape evoked cosmic dimensions, embracing not only the geomorphology and geophysics of Planet Earth, but the entire history of its human occupancy, traceable especially (but not exclusively) in the geography of plants (GODLEWSKA 1999). The *Witz* (ingenuity/cleverness) of landscape in Humboldt's *oeuvre*, as Franco Farinelli has written, was its legitimacy as object of both natural science and humanities in early nineteenth century scholarly circles (FARINELLI 1999). It was especially in the *Essai sur la géographie des plantes* that Humboldt achieved the unique feat of integrating two otherwise contrasting approaches to the study of nature, i. e., Humboldtean Science and Goethe's Way. This major rhetorical achievement rested on not only demonstrated expertise in both „science" and „humanities", but also on clever choices of discursive strategy.

Among such strategies one could identify at least five. First, there is a sensitivity to scale and ingenious uses of the comparative method; secondly, there is sensitivity to temporality, rhythmicity, dynamism and change in all aspects of physical and human worlds; thirdly, there is sensitivity to social worlds, harangues against Eurocentrism and slavery, appreciating the integrity of human civilizations; fourthly, his awareness of reflexivity in the ways scholars have described „nature" and „others", and fifthly, his visual language and succinct graphic representations of landscapes and lifeways are intended to illustrate the importance of aesthetics in the journey toward understanding. In all of these respects, his most important legacy consists not only in his voluminous *faits accomplis*, but also in the aesthetics and poetics of his discourse, i. e., invitations to creativity evoked among artists, scientists and writers in the humanities.

3.1 Scale and comparative method

In all of his enquiries into bio-physical features of the earth, Humboldt constantly refers to comparisons and contrasts between Old World and New, frequently demolishing previous theories regarding the age of the earth, the size and elevation of the continents, the lower limits of the snowline in different parts of the earth, and most especially the flora and fauna which carpet its surface. As narrator of scientific travel he frequently pauses to remind readers of the stances from which phenomena were being viewed. This was already noted in the descriptions of Teneriffe, but it was especially pronounced in the account of their ascent to Chimborazo (Humboldt, translator WILLIAMS 1814, 234f):

> „The plain of Tapia [seen on the foreground of Plate XVI of his *Vues des Cordillères*] which I have sketched the group of Chimborazo and Carguaiazo, has an absolute elevation of 2.891 metres; it is only a sixth less elevated than the top of Etna. The summit of Chimborazo does not therefore surpass the height of this plain more than 3.640 metres, which is 84 metres less than the height of the top of Mont Blanc above the priory of Chamonix; for the difference between Chimborazo and Mont Blanc is nearly equal to that which is observed between the elevation of the plain of Tapia and the bottom of the valley of Chamonix. The top of the Peak of Teneriffe, compared with the level of the town of Oratava, is still more elevated than Chimborazo and Mont Blanc above Riobamba and Chamonix."

Chief among his innovations as *physicien*, of course, were not only the maps of geomagnetic fields and magnetic declinations, but also the firm establishment of vulcanism as one major cause underlying the formation of mountain chains. Geographically-speaking, it was not just the locations of phenomena which mattered, it was their distributions in multi-dimensional space and time. Certainly the most important demonstration of Humboldtean perspectives lay in the use of „isolines" – tracing points of equal intensity in given distributions – among which his global map of isotherms became the most famous (RUPKE 2000). The global map of isotherms later became the background frame within which a range of other distributions were displayed in the *Berghauser Physikalischer Atlas* (BERGHAUS 1849, 1851), especially the geographies of plants and animals, agriculture and other livelihoods, as well as patterns of health and disease.

3.2 Temporality

A second major feature of Humboldt's work is a vivid awareness of temporality in earth phenomena. Nothing was regarded as static on planet earth: All phenomena were in process of evolution, however varied were their temporal rhythms. Among those who have explicitly acknowledged the influence of his work are Lyell and Darwin. Lyell, schooled in the descriptive and local-area based geology practiced in Britain at the time, not only found Humboldt's „catastrophism" a refreshing alternative to Neptunist; he also found the links between geology and biology, as intimated in Humboldt's *Essai sur la géographie des plantes*, to be quite liberating. Fossilised tropical plants had been discovered north of the Arctic Circle – could this possibly be explained by migrations? Lyell continued to research the intersection zones of geology and biology, using the isothermal lines as basis for his own investigations into climate change. Darwin, too, was inspired by the *Essai*, and even more by the *Personal narrative to the equinoctial regions of America*. The Dragon Tree of Teneriffe lured him to the tropics (ARMSTRONG 1999). Arriving in Rio de Janeiro in 1832, Darwin wrote to Henslow, „I formerly admired Humboldt, I now almost adore him; he alone gives any notion of the feelings which are raised in the mind on first entering the Tropics" (Darwin to Henslow, May 18 1832).

Humboldt also speculated on climate change, „perturbations of our planetary system" and on records of plant domestication and sedentary agriculture. Plants have certainly migrated, he affirms, „but their origin is as little known as the origin of different human races as far back as recorded history". Agricultural activities vary not only by latitude, he continues; plant nutrients vary also in their effects on human passions. The history of navigation and wars is replete with evidence of contests over dominance of the „vegetable kingdom":„[...] the geography of plants is linked to the political and moral history of humanity".

3.3 Sociality

A third major feature of Humboldt's work was his apparent fascination with sociality, as essential feature of living beings – of plants, animals and humans. All living forms, in Humboldt's world view, belonged to one of two broad types: social or individual:

> „The geography of plants includes not only vegetation in terms of altitudinal zones where they occur [...] it also makes the distinction, as among animals, between two different ways of life – or one might say, different habits. Some grow separately, isolated from others [...] others assemble in societies like ants and bees, covering vast expanses and excluding all heterogeneous species [...] These associative plants are more common in temperate than in tropical lands. There vegetation is less uniform and therefore more picturesque. From the banks of the Orinoco to those of the Amazon and the Ucayale, over an expanses of more than 500 leagues, the entire surface is covered with thick forests; and if the rivers did not interrupt the continuity, the monkeys who are virtually the only inhabitants of these tracts, could transport themselves from the northern hemisphere to the southern hemisphere simply by leaping from branch to branch."

Humboldt not only uncovered treasures of indigenous South American civilizations, their languages, art, ways of life, belief systems and political structures, he freely criticised the Euro-centrism of conventional histories (Humboldt, translator WILLIAMS 1814, 2):

> „I have dwelt more at length on such as could throw light on the analogies existing between the inhabitants of the two hemispheres; and we shall be surprised to find, towards the end of the fifteenth century, in a world we call new, those ancient institutions, those religious notions, and that style of building, which seem in Asia to indicate the very dawn of civilization [...]"

„Nothing is more difficult", he warned, „than a comparison between nations who have followed different roads in their progress towards social perfection. The Mexicans and Peruvians must not be judged according to the principles laid down in the history of those nations which are the unceasing objects of our studies". As enthusiast about the great promises of French and American Revolutions, he found slavery to be intolerable. He spared no irony on white plantation owners and their treatment of servants; the livelihood of *cargueros* an enigma (*Vues de Cordillères*, translator WILLIAMS 1814, 65). Enlightenment convictions are also evident in his visions for the future – including the prospect of political emancipation from colonial powers.

„The principle of freedom for the individual and the principle of political freedom both derive from the irrevocable conviction that all members of the human race have equality before the law" (*Cosmos*, t.II).

3.4 Reflexivity

Humboldt was keenly aware of what is now called *reflexivity* in science, and offered many a note of caution. Always he cautioned about the hazards of premature syntheses, such as those of which he accused his contemporaries. „A small number of nations", he noted, „far distant from each other, the Etruscans, the Egyptians, the people of Tibet and the Axtecs, exhibit striking analogies in their buildings, their religious institutions, their division of time, their cycles of regeneration, and their mystic notions. It is the duty of the historian to point out these analogies, which are as difficult to explain as the relations that exist between Sanscrit, Persian, Greek, and the languages of German origin; but in attempting to generalize ideas, we should learn to stop at the point where precise data are wanting [...]" (HUMBOLDT 1814, 10f).

In his very first publication *Flora subterranea Freibergiensis* he referred to Spinoza's famous warning (KELLNER 1963, 93f):

„Thus we see that all theories, destined to explain natural phenomena, are only modes of the imagination, not indicators of natural causes but of the constitution of that imagination."

Writing to M. A. Pictet, 24 January 1796, he also noted:

„Of the whole picture presented to us by physics, only the facts are stable and certain. The theories, children of our opinions, are variable like them. They are the meteors of the intellectual world, seldom beneficial and more often harmful for the intellectual progress of mankind."

3.5 Visual language

Humboldt's renderings of landscape sought to reveal not only the material (ecological) but also the aesthetic and ethical dimensions of humanity's relationship to the natural world. Landscape became an important tool to evoke understandings of regional character and people's sense of place – a challenge he offered to artists. His celebrated *Tableau* summarises lessons on the interconnectedness of terrestrial phenomena. And throughout his own work, in oral and written discourse, he held firmly to the educational value of landscape pictures as catalysts of intercultural communication. The concluding paragraphs of *La géographie des plantes* express a conviction which remains relevant two hundred years later:

„It is thus that the lights of civilisation can bring the greatest pleasure to us as individuals: they enable us to live in past and present; they assemble around us all that nature has produced in its different climates, and places us in communication with all the people of the earth [...] Involvement in such research affords that intellectual delight, that moral freedom which fortifies us against the blows of destiny, and against which no external power could prevail."

At the heart of Humboldt's *oeuvre* was a central goal, still central to geography: to understand life unfolding on Planet Earth. This involves more than scientific mastery of various geophysical and biological processes; it involves poetics, aesthetics, emotion and reason in the quest for wiser ways of dwelling. If he had been present at this *Geographentag* he would no doubt have rejoiced to witness the new-found enthusiasm for studies which transcend inherited divides and courageously address contemporary challenges of humanity and planet Earth.

[1] The following paragraphs overlap in places with a previously published article entitled „Beyond Humboldtean Science and Goethe's Way of Science: Challenges of Alexander von Humboldt's Geography" (Erdkunde 55[2], 2001, 105-120) and also with a paper currently in press entitled „Renaissance and Re-membering Geography: Pioneering Ideas of Alexander von Humboldt (1769-1859)" (South African Geographical Journal).

[2] letter to Swiss geographer Pictet dated 3 January 1806

[3] Of the account of Cook's voyages by Johann Reinhold Forster, George's father, Humboldt wrote: „He [J. H. Forster] was the first to describe with charm the varying stages of vegetation, the climatic conditions, the nutrients in relation to the customs of people in different localities [...]" (Humboldt, Cosmos I, 72, cited in KELLNER 1963, 14).

[4] The term „Humboldtean Science" refers to a wave of early nineteenth century research in fields ranging from „astronomy and the physics of the earth and the biology of the earth all viewed from a geographical standpoint, with the goal of discovering quantitative mathematical connections and interrelationships" (CANNON 1978, 77). Four of its essential elements were: (1) A new insistence on accuracy of all instruments and all observations; (2) a new mental sophistication, expressed as contempt for easy theories of the past, or as taking lightly the theoretical mechanisms and entities of the past; (3) a new set of conceptual tools: isomaps, graphs, theory of errors; and (4) application of these tools not to laboratory isolates but to the immense variety of real phenomena, so as to produce laws dealing with the very complex interrelationships of the physical, the biological, and even the human (BUTTIMER 2001).

[5] Four essential features of „Goethe's Way of Science" were: (1) New ways to study nature (beyond *Encyclopedisme* and *Naturphilosophie*); (2) „Delicate empiricism": observation – reflection – association; (3) transcending split of subject and object via experiment, trusting human senses rather than instruments; (4) recognition of metamorphosis as essential feature of life, emerging from tensions between opposing tendencies (light – dark, diastole – systole, inhalation – exhalation); (5) *Urphänomen* (e. g. the leaf): cause and effect inseparable, nature study as *Bildung*, leading to metamorphosis of the scientist; (6) world as expression of universal idea (SEAMON / ZAJONC 1996; BUTTIMER 2001).

References

ARMSTRONG, P. (1999): Charles Darwin's image of the world: The influence of Alexander von Humboldt on the Victorian naturalist. – In: BUTTIMER, A. / BRUNN, S. D. / WARDENGA, U. (eds.): Text and image: Social constructions of regional knowledges. – Leipzig. 46-53.
BECK, H. (1959): Alexander von Humboldt. Biographie in zwei Bänden. – Wiesbaden.
BECK, H. / BONACKER, : (1969): Facsimile reproduction of HUMBOLDT, A. von: Atlas géographique et physique du Royaume de la Nouvelle Espagne. – Stuttgart.
BECK, H. / SCHOENWALDT, P. (1999): The Last of the Greats. Alexander von Humboldt. – Bonn.
BERGHAUS, H. (Hrsg.) (1849, 1851): Physikalischer Atlas oder Sammlung von Karten. 5 Bde. – Gotha.
BIERMANN, K.-R. (Hrsg.) (1989): Alexander von Humboldt. Aus meinem Leben. Autobiographische Bekenntnisse. – Leipzig.
BORCH, R. (1948): Alexander von Humboldt. Sein Leben in Selbstzeugnissen. Briefen und Berichten. – Berlin.
BOTTING, D. (1973): Humboldt and the Cosmos. – London.
BUNKŠÉ, E. V. (1981): Humboldt and an aesthetic tradition in geography. – In: Geographical Review 71. – 127-146.
BUTTIMER, A. (2001): Beyond Humboldtean Science and Goethe's Way of Science: Challenges of Alexander von Humboldt's Geography. – In: Erdkunde 55(2). – 105-120.
CANNON, S. F. (1978): Science in culture: the early Victorian period. – New York.
DE TERRA, H. (1955): Humboldt. – New York.
EDWARDS, J. S. (1999): Humboldt's South America Today. – In: Humboldt Mitteilungen 73. – 47-52.
FARINELLI, F. (1999): Text and Image in eighteenth and nineteenth century German Geography: The *Witz* of the landscape and the astuteness of the representation. – In: BUTTIMER, A. / BRUNN, S. D. / WARDENGA, U. (eds.): Text and image: Social constructions of regional knowledges. – Leipzig. 38-45.
GEIGER, L. (1909): Goethes Briefwechsel mit Wilhelm und Alexander v. Humboldt. – Berlin.

GODLEWSKA, A. M.-C. (1999): From Enlightenment vision to modern science: Humboldt's visual thinking. – In: LIVINGSTONE, D. N. / WITHERS, C. W. (eds.): Geography and Enlightenment. – Chicago. – 236-275.

GOETHE, J. W. von (1981): Goethes Werke, Naturwissenschaftliche Schriften 1, Hamburger Ausgabe, 14 vols. – München.

HUMBOLDT, A. von (1805): Essai sur la géographie des plantes, accompagné d'un tableau physique des régions équinoxiales, fondé sur les mésures exécutées, depuis le dixième degré de latitude boréale jusqu'au dixième degré de latitude australe, pendant les années 1799, 1800, 1801, 1802, et 1903 par A. de Humboldt et A. Bonpland. – Paris.

HUMBOLDT, A. von (1808): Ansichten der Natur. – Tübingen.

HUMBOLDT, A. von (1814): Voyage aux régions équinoxiales du nouveau continent, fait en 1799, 1800, 1801, 1802, 1803 et 1804, par A. de Humboldt et A. Bonpland, avec un atlas géographique et physique. – Paris.

HUMBOLDT, A. von (1845, 1847, 1850, 1858, 1862): Kosmos. Translations of Vols. I-IV from the German by E. C. OTTÉ (1848) entitled „Cosmos: A sketch of a physical description of the universe." – London.

HUMBOLDT, A. von (1851): Personal narrative of travels to the equinoctial regions of America during the years 1799-1804. Written in French by A. von Humboldt. Translation by Thomasina ROSS. 3 vols. London, New York.

KELLNER, L. (1963): Alexander von Humboldt. – London, New York.

MESSERLI, B. (1999): The Andean Mountain Association, the International Geographical Union, and Alexander von Humboldt on Mount Chimborazo. – In: IGU Bulletin 49(2). – 161-164.

MINGUET, C. (1969): Alexandre de Humboldt. Historien et géographe de l'Amérique Espagnole (1799-1804). [Thèse pour le doctorat-et-lèttres à l'Université de Paris, Sorbonne, Faculté des Lettres et des Sciences Humaines]

PERPILLOU, A. (ed.) (1965): Souvenirs d'Alexandre de Humboldt (1769-1859). – In: Acta Geographica, Fasciscule Spécial 53-54.

RUPKE, N. (ed.) (2000): Medical Geography in Historical Perspective. (= Special issue of Medical History, Supplement 20). – London.

SCURLA, H. (1959²): Alexander von Humboldt. Leben und Wirken. – Berlin.

SEAMON, D. / ZAJONC, A. (eds.) (1996): Goethe's way of science. A phenomenology of nature. – Albany.

WILLIAMS, H. M. (1814) (translator): Researches concerning the institutions and monuments of the ancient inhabitants of America, with descriptions and views of some of the most striking scenes in the Cordilleras. Written in French by Alexander de Humboldt. – London.

Photodokumentation

Photo 1: Eröffnung des 54. Deutschen Geographentags, Prof. Dr. Heinz Wanner. (Aufnahme: S. Schmid)

Photo 2: Eröffnungsrede, Prof. Dr. Peter Meusburger. (Aufnahme: S. Schmid)

Photo 3 (von links): Prof. Dr. Paul Messerli (stv. Vorsitzender des Ortsausschusses des 54. Deutschen Geographentags), der Schweizer Bundesrat Moritz Leuenberger, der Berner Regierungspräsident Urs Gasche und Prof. Dr. Heinz Wanner (Vorsitzender des Ortsausschusses des 54. Deutschen Geographentags). (Aufnahme: S. Schmid)

GAMERITH, W. / MESSERLI, P. / MEUSBURGER, P. / WANNER, H. (Hrsg.) (2004): Alpenwelt – Gebirgswelten. Inseln, Brücken, Grenzen. Tagungsbericht und wissenschaftliche Abhandlungen. 54. Deutscher Geographentag Bern 2003. 28. September bis 4. Oktober 2003. – Heidelberg, Bern. 81-84.

Photodokumentation

Photos 4 und 5: Festvortrag, Prof. Dr. Bruno Messerli. (Aufnahmen: S. Schmid)
Photo 6: Prof. Dr. Heinz Wanner und Prof. Dr. Anne Buttimer. (Aufnahme: P. Meusburger)

Photo 7: Hauptgebäude der Universität Bern. (Aufnahme: P. Meusburger)
Photo 8: Tagungsbüro im Hauptgebäude der Universität Bern. (Aufnahme: S. Schmid)

Photodokumentation

Photo 9: Prof. Dr. Frithjof Voss (li.) bei der Übergabe des Wissenschaftspreises der Prof. Dr. Frithjof Voss Stiftung für Physische Geographie an PD Dr. Norbert Lanfer (Berlin). (Aufnahme: S. Schmid)

Photo 10: Einladung zum 55. Deutschen Geographentag 2005 in Trier durch Prof. Dr. Heiner Monheim. (Aufnahme: S. Schmid)

Photo 11: Preisträger 2003 der Prof. Dr. Frithjof Voss Stiftung und des Verbands der Geographen an Deutschen Hochschulen (VGDH) (von links): Robert Roseeu und Dr. Winfried Bauer (Erdkundelehrer und Schulleiter als Vertreter des Gymnasiums Gröbenzell, des Preisträgers der Voss Stiftung für Schulgeographie), Dr. Martina Neuburger (Tübingen; Dissertationspreis des VGDH für Anthropogeographie), Dr. Manfred Miosga (München; Wissenschaftspreis der Voss Stiftung für Angewandte Geographie), Dr. Judith Miggelbrink (Leipzig; Wissenschaftspreis der Voss Stiftung für Anthropogeographie), PD Dr. Norbert Lanfer (Berlin; Wissenschaftspreis der Voss Stiftung für Physische Geographie) und Dr. Peter Houben (Frankfurt/Main; Dissertationspreis des VGDH für Physische Geographie). (Aufnahme: S. Schmid)

Frank LEHMKUHL (Aachen) und Christian SCHLÜCHTER (Bern)

Leitthema A1 – Langfristige Umweltveränderungen

Unter langfristigen Umweltveränderungen sollen hier Änderungen im Jungquartär, insbesondere im Holozän, d. h. den letzten 10.000 und bis maximal 100.000 Jahren, verstanden werden. In diesem Themenkomplex arbeiten Geographen eng mit anderen quartärwissenschaftlichen Disziplinen zusammen; es werden unterschiedliche Methoden angewandt, um die langfristigen Mensch-Umweltbeziehungen der Vergangenheit zu untersuchen. Dabei geht es u. a. um die Rekonstruktion vorzeitlicher Umweltbedingungen und deren raum-zeitliche Variabilität. Gebirge und ihre Vorländer können dabei als besonders sensitive Räume gelten, da eine Änderung der Jahresmitteltemperatur um ein Grad Celsius bereits eine Verschiebung von Höhengrenzen, z. B. der Waldgrenze oder der Gletscherschneegrenze, um 100 Höhenmeter bewirken kann. Kenntnisse über die raum-zeitliche Paläodynamik sind insbesondere vor dem Hintergrund einer zu erwartenden zukünftigen Erwärmung um zwei bis vier Grad Celsius pro Jahrhundert (IPCC 2001) außerordentlich wichtig. Hinsichtlich der regionalen Ausrichtung der Beiträge des Geographentags 2003 sind zwei Beispiele aus dem alpinen Raum und eines aus den Gebirgen der Neuen Welt gewählt worden.

Im ersten Beitrag von Jörg Schibler (Basel) werden Ergebnisse aus archäozoologischen und archäobotanischen Untersuchungen in jungsteinzeitlichen und bronzezeitlichen Seeufersiedlungen aus dem Schweizer Alpenvorland (4.300 v. Chr. bis 2.500 v. Chr.) präsentiert. Wirtschaftliche Entwicklungen und Veränderungen lassen sich anhand des Verhältnisses von Haus- und Wildtierknochen nachweisen und erlauben Rückschlüsse auf die Ernährungsweise. Die Wertschätzung der Viehhaltung und des Getreideanbaus nahm während des betrachteten Zeitraums zu und war mit einer Öffnung der Landschaft verbunden. Während schlechterer klimatischer Abschnitte wurden mit intensiver Jagd zusätzliche Kalorien beschafft. Insbesondere die auch aus Gletscher- und Waldgrenzschwankungen bekannte Klimadepression um 3.700 v. Chr. zeigt eine Zunahme der Hirschjagd bis zum Aussterben der Population. Gleichzeitige geringere Getreideanteile lassen auf Ernteeinbrüche schließen.

Der folgende Beitrag von Brigitta Ammann und Willy Tinner (Bern) aus der Palynologie widmet sich der Frage, wie schnell die Vegetation sich Klima- und Umweltbedingungen anpassen kann. Fallbeispiele aus drei Zeitfenstern und aus unterschiedlichen Regionen (Schweiz, Süddeutschland und Alaska) zeigen, dass Gebirgsökosysteme auf kurzfristige Temperaturveränderungen empfindlich reagieren und sich schneller anpassen können als zumeist angenommen wird.

Mit dem letzten Beitrag von Klaus Heine (Regensburg) verlassen wir Europa. Heine berichtet über Gletscherschwankungen in Gebirgen der Neuen Welt während der Jüngeren Dryaszeit. Seine Datensätze der Gletschervorstöße zeigen asynchrones Verhalten: Während in Nordamerika, Mexiko und Bolivien Gletschervorstöße zur Jüngeren Dryaszeit nachgewiesen werden konnten, reagieren die Gletscher in Ecuador, Bolivien und Chile auf diese nordhemisphärische Abkühlungsphase nicht. Dies zeigt, dass globale Klimaschwankungen (Eiszeit – Warmzeit) von zahlreichen lokal gesteuerten Signalen überlagert sein können. Heine weist in diesem Zusammenhang auf die Bedeutung von nacheiszeitlichen Schmelzwasserausbrüchen in den Golf von Mexiko und in den Atlantik hin.

Aktuelle Dynamik und Langzeitsignale in Gebirgsräumen

Diese vielfältigen Beiträge zeigen, dass unterschiedliche Proxydaten verschiedener Disziplinen die Rekonstruktion vorzeitlicher Umwelt- und Klimabedingungen ermöglichen und zu einem besseren Verständnis von regionalen und überregionalen Klimaschwankungen führen können.

Literatur

IPCC (2001): Climate Change 2001: The Scientific Basis. Contribution of Working Group I to the Third Assessment Report of the Intergovernmental Panel on Climate Change. – Cambridge.

Jörg SCHIBLER (Basel)

Kurzfristige Klimaschwankungen aufgrund archäologischer Daten und ihre Auswirkungen auf die prähistorischen Gesellschaften

1 Einleitung

Betrachten wir archäologische Chronologie-Schemata, so nehmen die definierten Kulturen oder Kulturabschnitte meist einen Zeitraum von mindestens hundert oder mehreren hundert Jahren ein. Es wird somit klar, dass in prähistorischen Zeiträumen kaum Einzelereignisse erfasst werden können, sondern höchstens Aussagen zu längeren Zeitabschnitten oder Zeitperioden. Selbst eine präzise ^{14}C-Datierung umfasst noch einen Zeitraum von mehreren Jahrzehnten. Die einzige Methode in der Archäologie, die noch präzisere Datierungen erlaubt, ist die Dendrochronologie (SCHWEINGRUBER 1983). Sie erlaubt im besten Fall jahrgenaue Datierungen oder mindestens eine Einordnung innerhalb weniger Jahre. Diese Methode findet dort Anwendung, wo Holz erhalten ist, am besten unverkohltes Stammholz mit der sogenannten Waldkante (äußerster Jahrring) und mindestens 30 oder besser mehr Jahresringen. Die Erhaltungszustände, die solche Voraussetzungen bieten können, sind dauernd wassergesättigte Schichten im Grundwasserbereich. Unter solchen anaeroben Bedingungen sind die jungsteinzeitlichen oder bronzezeitlichen Seeufersiedlungen des Alpenvorlands erhalten geblieben. Viele der in diesen Siedlungen verbauten Hauspfähle – diese haben ja zum Bergriff der „Pfahlbauten" geführt – erfüllen die oben beschriebenen Kriterien und ermöglichen in vielen Fällen eine jahrgenaue Datierung einzelner Siedlungen oder Siedlungsphasen. Als Beispiel kann hier etwa die jungsteinzeitliche Siedlung Arbon Bleiche 3 am Bodensee angeführt werden (LEUZINGER 2000). Dank der dendrochronologischen Datierung der Weisstannenpfähle weiss man, dass das erste Haus dieser Siedlung im Jahre 3384 v. Chr. erbaut wurde und die ganze Siedlung, wohl infolge einer Überschwemmungs- und Brandkatastrophe, 3370 v. Chr. aufgelassen wurde (LEUZINGER 2000). Dieses Beispiel erklärt, wieso in den Zeitabschnitten, innerhalb derer im Alpenvorland jungsteinzeitliche und bronzezeitliche Feuchtbodensiedlungen erhalten geblieben sind, die präzisesten Datierungen und Chronologien erarbeitet werden konnten (STÖCKLI / NIFFELER / GROSS-KLEE 1995; OSTERWALDER / SCHWARZ 1986). Damit wird auch klar, dass Auswirkungen von kurzfristigen Klimaschwankungen auf prähistorische Bevölkerungen vorwiegend innerhalb der erwähnten Zeitabschnitte und Erhaltungsbedingungen untersucht werden können.

Während der Jungsteinzeit finden wir Seeufersiedlungen zwischen 4300 und 2500 v. Chr, für die Bronzezeit zwischen ca. 1900-1500 und 1050-850 v. Chr. (STÖCKLI / NIFFELER / GROSS-KLEE 1995; HOCHUELI / NIFFELER / RYCHNER 1998; CONSCIENCE 2001). Innerhalb dieser Zeiträume gibt es aber immer auch wieder längere Zeitabschnitte, für die keine Siedlungsreste an den Seeufern überliefert sind (GROSS-KLEE / MAISE 1997).

2 Berücksichtigte paläoklimatische Quellen

Als klimatische Proxydaten berücksichtigen wir die ^{14}C-Konzentrationen in der Erdatmosphäre (STUIVER et al. 1991; MAISE 1995). Dies geschieht im Bewusstsein, dass die ^{14}C-Konzentrationen nicht ausschließlich Klimainformationen vermitteln oder ausschließlich von klimatischen Indikatoren abhängig sind, sondern dass diese Werte unter anderem auch von der Sonnenaktivität abhängig und somit mit der klimatischen Entwicklung gekoppelt sind (MAGNY 1993; JACOMET / MAGNY / BURGA 1995; STUIVER et al. 1991).

3 Betrachtete archäologische Daten

In der Folge betrachten wir paläoökonomische Daten aus neolithischen Seeufersiedlungen aus der Schweiz und dem angrenzenden Ausland. Besonders geeignet sind dabei die in den Siedlungsschichten gefundenen Tierknochen, die Speise- und Schlachtabfälle darstellen. Aus diesen Knochenabfällen lassen sich Informationen zur Ernährungsweise, zur Viehhaltung, zur Jagd und zur Umwelt erschließen (SCHIBLER / CHAIX 1995). Ergänzend dazu werden auch die archäobotanischen Untersuchungsergebnisse berücksichtigt, denn durch die Bestimmung der erhaltenen botanischen Makroreste lassen sich ebenfalls Rückschlüsse auf Ernährung, Ackerbau, Sammeltätigkeit und Umwelt ziehen (BROMBACHER 1995). Archäozoologische und archäobotanische Untersuchungen bilden somit wichtige Grundlagen, um paläoökonomische und paläoökologische Aussagen zu machen (SCHIBLER et al. 1997a).

4 Wirtschaftliche Entwicklung in den jungsteinzeitlichen Seeufersiedlungen aufgrund der archäozoologischen Ergebnisse

Als Grundlage stehen etwa 130 Seeufersiedlungen mit untersuchten und publizierten Tierknochen zur Verfügung. In diesen Siedlungen liegen insgesamt über 250.000 zoologisch bestimmbare Tierknochen vor (SCHIBLER / CHAIX 1995; SCHIBLER et al. 1997a). Die Bestimmungsergebnisse aus diesen Siedlungen können einerseits chronologisch und andererseits regional geordnet werden. Die chronologische Abfolge beginnt um etwa 4300 v. Chr. und endet etwa bei 2500 v. Chr. Diese Abfolge kann sowohl für die Zentral- und Westschweiz wie auch für die Ostschweiz dargestellt werden, wobei die östliche Hälfte des Schweizerischen Mittellands ab Zürich und dem Zürichsee beginnt.

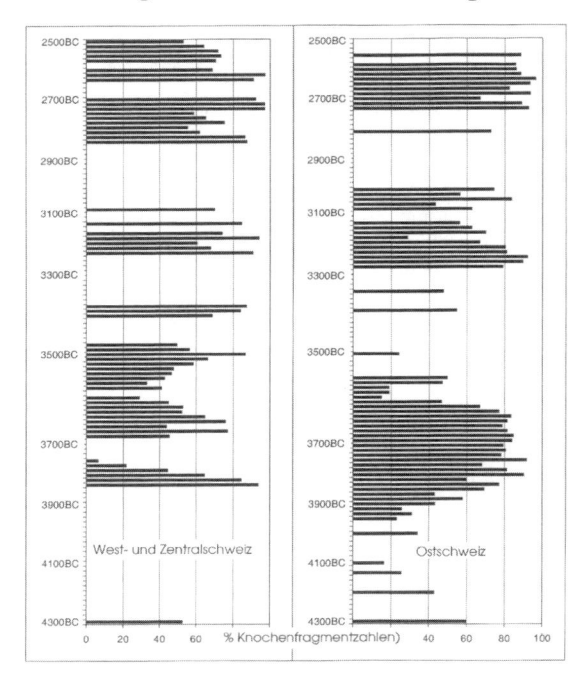

Abb. 1: Anteile der von Haustieren stammenden Tierknochen aus den Seeufersiedlungen der Schweiz und des angrenzenden Auslands. Berechnungsgrundlage sind Knochenfragmentzahlen. (Quelle: SCHIBLER et al. 1997a)

Jörg SCHIBLER

Betrachten wir innerhalb dieser zeitlichen und regionalen Gliederung das Verhältnis zwischen den Knochenzahlen von Haus- und Wildtieren, so fallen sehr große Schwankungen auf. Wir erkennen viele Siedlungen, in denen die Haustierknochen dominieren und mehr als 80%, ja sogar mehr als 90% aller bestimmbarer Tierknochen ausmachen (Abb. 1). Andererseits erkennen wir aber auch Siedlungen, in denen nur etwa 20% oder sogar noch weniger Haustierknochen bestimmt wurden, die also von Wildtierknochen dominiert werden. Zusätzlich fällt auf, dass die Veränderungen dieser Haustier-Wildtier-Verhältnisse nicht zeitlich abrupt, sondern allmählich erfolgen und somit meist nicht eine wilde Zickzackkurve, sondern vielfach der Eindruck eines runden, harmonischen Kurvenverlaufs entsteht.

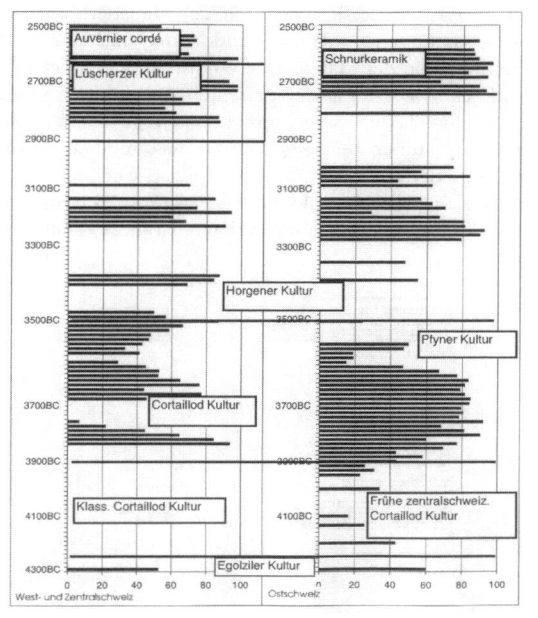

Abb. 2: Anteile der von Haustieren stammenden Tierknochen aus den Seeufersiedlungen der Schweiz und des angrenzenden Auslands und die chronologischen Kulturgrenzen

Was sind nun die Gründe für diese wirtschaftlichen Veränderungen in den jungsteinzeitlichen Seeufersiedlungen? Zeigen vielleicht einzelne neolithische Kulturen ein kulturtypisches Ernährungsverhalten? Bevorzugen somit einzelne Kulturen eher Wildtierfleisch, andere dagegen das Fleisch von Haustieren? Oder ist die Qualität, die Bedeutung oder die Wertschätzung der Haustierhaltung in den einzelnen Kulturen unterschiedlich? Oder sind noch andere Gründe, wie etwa kurzfristige Klimaveränderungen, für diese Ergebnisse verantwortlich?

Zur Klärung der ersten Frage legen wir die zeitlich definierten Kulturgrenzen über die Kurvenverläufe der archäozoologischen Ergebnisse und stellen sehr schnell fest, dass diese nicht mit den Grenzen zwischen den unterschiedlichen Haustier-Wildtier-Verhältnissen zusammenfallen (vgl. Abb. 2). Somit kann ein Zusammenhang mit kulturtypischer Ernährungsweise ausgeschlossen werden.

Um abzuklären, ob in einzelnen Zeitabschnitten der Viehhaltung eine unterschiedliche Bedeutung oder Wertschätzung zukam, müssen wir eine andere Methode der Quantifizierung der Bestimmungsergebnisse anwenden. Üblicherweise werden die Bestimmungsergebnisse der Tierknochen mittels Prozentwerten, die auf der Basis von Knochenfragmentzahlen oder Knochengewichten ermittelt werden, quantifiziert. Die so ermittelten Anteile einzelner Tierarten oder Tiergruppen beeinflussen sich gegenseitig. Dominiert eine Tierart oder Tiergruppe, werden logischerweise die Prozentwerte der anderen Tierarten geschmälert, obwohl diese Arten möglicherweise gar nicht eine geringere Bedeutung hatten. Wir müssen also diese gegenseitige Beeinflussung der Prozentwerte von Haus- und Wildtieren vermeiden. Diese erlaubt es nicht, die wirkliche Bedeutung der Haustiere abzuschätzen. Eine unabhängige Quantifizierungsmethode ist z. B. die Funddichte von Haus- und Wildtierknochen (STÖCKLI 1990). Die Funddichten der Haus- oder Wildtierknochen beeinflussen sich nicht gegenseitig, so dass die wirkliche Bedeutung der einzelnen Tiergruppen untersucht werden kann. Aus Gründen der unterschiedlichen Schichterhaltungsmöglichkeiten berechnen wir jedoch nicht die auf das Schichtvolumen bezogene, wirkliche Funddichte, sondern bestimmen die Anzahl Knochen pro Quadratmeter und Siedlungsphase. Die Siedlungsdauer ist zwar nicht für alle Siedlungen die gleiche, sie schwankt jedoch meist um 20 Jahre. Sofern wir also nicht kleinste Schwankungen der Funddichten interpretieren, ist dieser Fehler zu vernachlässigen.

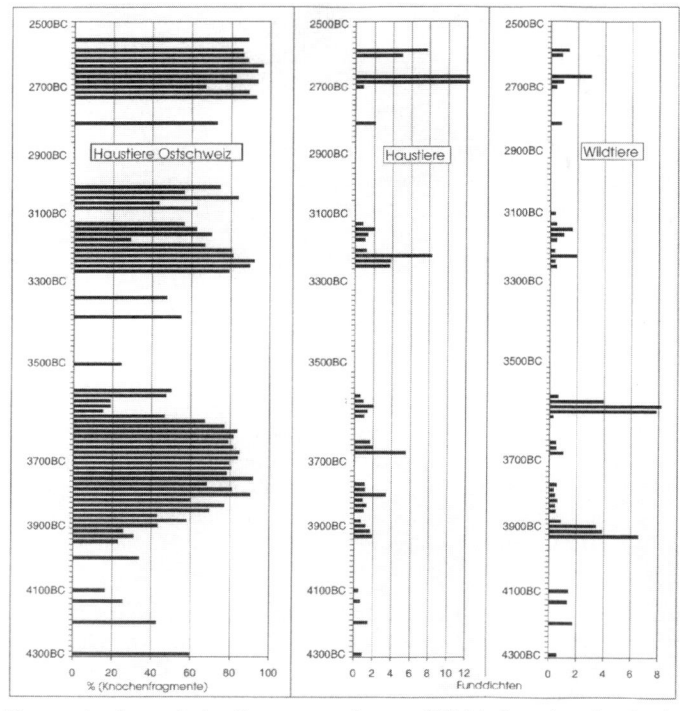

Abb. 3: Vergleich zwischen den Prozentanteilen der Haustierknochen in den Siedlungen der Ostschweiz und den Funddichten der Knochen von Haustieren und Wildtieren in den Siedlungen des unteren Zürichseebeckens. Funddichte: Anzahl Knochenfragmente pro Quadratmeter und Siedlungsphase.
(Datenquelle: SCHIBLER et al. 1997a)

Leider stehen die benötigten Daten zu den exakten Siedlungsflächen vorerst nur für die Seeufersiedlungen in Zürich zur Verfügung. Wir betrachten also somit nur die Funddichten von Haus- und Wildtieren aus den Zürcher Siedlungen. Diese zeigen, dass in Phasen, in denen hohe Prozentanteile von Wildtierknochen beobachtet wurden, die Dichtewerte der Wildtiere hoch sind, diejenigen der Haustiere jedoch unverändert bleiben (vgl. Abb. 3). Wir finden also keine Einbrüche in der Bedeutung oder der Wertschätzung der Viehhaltung. Diese bleibt von 4300 v. Chr. bis 2700 v. Chr. mehr oder weniger gleich bedeutend. Die Dichtewerte der Haustiere nehmen erst in der Endphase der Entwicklung des Seeuferneolithikums ab etwa 2700 v. Chr. zu. Die Intensivierung der Viehhaltung am Ende des Seeuferneolithikums ist wohl eine Folge der über 1.500 Jahre dauernden Nutzung des Siedlungsumlands und der daraus resultierenden Öffnung der Landschaft (SCHIBLER et al. 1997a, 345ff).

Jörg Schibler

Bleibt als letztes abzuklären, ob kurzfristige Klimaschwankungen mit den schwankenden Wildtier-Haustier-Verhältnissen in Zusammenhang gebracht werden können. Wir greifen dafür die beiden Zeitabschnitte des 40. und des 37. Jahrhunderts heraus, in denen vor allem in den Siedlungen der Ostschweiz extrem hohe Wildtieranteile beobachtet werden können. Die traditionellen Klimarekonstruktionen aufgrund von Gletscherschwankungen, Waldgrenzenschwankungen sowie Seespiegelschwankungen machen deutlich, dass in den erwähnten Zeitbereichen zwei deutliche Klimadepressionen belegt sind, nämlich für die Zeit um 4000 v. Chr. die Piora 1-Depression und für den Zeitraum des 37. und 36. Jahrhunderts v. Chr. die Piora 2-Depression (JACOMET / MAGNY / BURGA 1995). In den gleichen Zeitabschnitten werden auch stark erhöhte ^{14}C-Anteile beobachtet, die ebenfalls als Hinweise auf Klimadepressionen gewertet werden können. Legen wir für die Zürcher Seeufersiedlungen die Kurve der ^{14}C-Konzentrationen und die Wildtieranteile in den einzelnen Siedlungen übereinander, erkennen wir eine sehr gute Übereinstimmung (HÜSTER-PLOGMANN / SCHIBLER / STEPPAN 1999). Hohe ^{14}C-Konzentrationen fallen meist zusammen mit hohen Wildtieranteilen. Dies lässt an einen Zusammenhang zwischen den hohen Wildtieranteilen mit Klimadepressionen denken. Dass es sich um eine klimatische Beeinflussung handeln muss, zeigt auch die Tatsache, dass während des 37. Jahrhunderts v. Chr. in allen Seeufersiedlungen vom Bodensee über die schweizerischen Mittellandseen bis hin zu den französischen Juraseen erhöhte Wildtieranteile beobachtet werden können (SCHIBLER et al. 1997b). Dass es sich also um eine überregionale Beobachtung handelt, weist auch auf einen klimatischen Zusammenhang hin.

Abb. 4: ^{14}C-Konzentrationen (y-Achse rechts) und Wildtieranteile (y-Achse links). Zunehmende ^{14}C-Konzentrationen weisen auf Klimadepressionen, abnehmende ^{14}C-Konzentrationen zeigen klimatisch günstige Phasen an. (Quelle: HÜSTER-PLOGMANN / SCHIBLER / STEPPAN 1999)

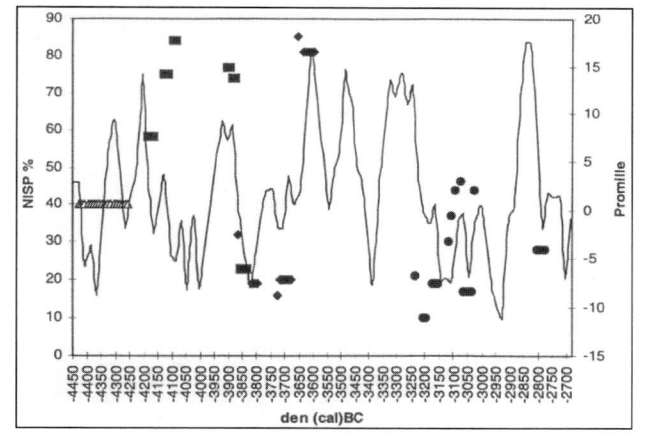

Offenbar mussten während schlechterer klimatischer Abschnitte mittels intensivierter Jagd zusätzliche Kalorien beschafft werden. Die stark erhöhten Funddichten sprechen ja deutlich für einen höheren Fleischverbrauch. Auch die archäobotanischen Ergebnisse lassen gewisse Schwankungen im Bereich der Getreide und der Sammelpflanzen erkennen. Die Anteile einzelner Sammelpflanzen steigen in den erwähnten Zeitabschnitten an, und während des 37. Jahrhunderts v. Chr. gibt es Hinweise auf geringere Getreideanteile (BROMBACHER / JACOMET 1997, 331f). Diese Ergebnisse lassen darauf schließen, dass wohl während schlechter klimatischer Verhältnisse die Getreideerträge stark sanken und die fehlenden Kalorien durch eine Intensivierung der Sammel- und Jagdtätigkeit auszugleichen versucht wurden. Da Getreide wohl mehr als die Hälfte, wenn nicht sogar mehr als 60% der notwendigen Kalorien lieferte (GROSS / JACOMET / SCHIBLER 1990), waren Ernteeinbrüche besonders gravierend für die Ernährungsgrundlage prähistorischer Bevölkerungen. Dauerten Klimadepressionen länger an, kam es vermutlich zu Hungersnöten – eine Entwicklung, die auch noch aus der frühen Neuzeit bekannt ist (PFISTER 1985).

Die periodische intensive Nutzung von Wildressourcen hinterliess auch ihre Spuren in der Umwelt. So kam es vermutlich periodisch zur Übernutzung von Wildarten. Dazu gibt es Hinweise aus den Seeufersiedlungen des 37. Jahrhunderts v. Chr. in Zürich. In diesem Jahrhundert fassen wir zwischen 3668 und 3600 v. Chr. drei Siedlungsphasen in der Siedlung „Zürich-Mozartstrasse", in denen immer über 80% Wildtierknochen und über 60% Hirschknochen belegt sind. Dass diese intensive Hirschjagd nicht ohne Auswirkung auf die Rothirschpopulation blieb, zeigen die zunehmenden Anteile von Jungtieren unter den erlegten Hirschen, welche auf eine Überjagung hinweisen. Am Ende dieser Periode könnte sogar die lokale Rothirschpopulation ausgestorben sein (SCHIBLER et al. 1997a, 92ff).

5 Ausblick

Zum Schluss soll nicht verschwiegen werden, dass es im behandelten Themenkreis in Zukunft noch einige offene Fragen zu klären gilt:

- Wie sind Unstimmigkeiten im Kurvenverlauf der Wildtieranteile zwischen den Siedlungen des westlichen und östlichen Mittellands zu erklären? Wirken sich hier regionalklimatische oder regionalökologische Unterschiede aus?
- Wie sind die während der Bronzezeit beobachteten erheblichen Unterschiede zwischen den höheren Wildtieranteilen in den Seeufersiedlungen und den verschwindend kleinen Anteilen in den Mineralbodensiedlungen zu erklären? Erhalten sich in den Mineralbodensiedlungen etwa aus den Zeitabschnitten schlechterer Klimaverläufe keine Fundmaterialien?
- Wieso beobachten wir nach der Bronzezeit keine großen Schwankungen der Wildtieranteile mehr? Ist dies auch erhaltungsbedingt oder wurden andere Strategien der Krisenbewältigung entwickelt?

Literatur

BROMBACHER, C. (1995): Wirtschaftliche Entwicklung aufgrund archäobotanischer Daten. – In: STÖCKLI, W. / NIFFELER, U. / GROSS-KLEE, E. (Hrsg.): Die Schweiz vom Paläolithikum bis zum frühen Mittelalter II: Neolithikum, Vol. II. – Basel. 86-98.

BROMBACHER, C. / JACOMET, S. (1997): Ackerbau, Sammelwirtschaft und Umwelt: Ergebnisse archäobotanischer Untersuchungen. – In: Schibler, J. et al. (Hrsg.): Ökonomie und Ökologie neolithischer und bronzezeitlicher Ufersiedlungen am Zürichsee. Ergebnisse der Ausgrabungen Mozartstrasse, Kanalisationssanierung Seefeld, AKAD/Pressehaus und Mythenschloss in Zürich. (= Monographien der Kantonsarchäologie Zürich, 20). – Zürich, Egg. 220-299.

CONSCIENCE, A.-C. (2001): Frühbronzezeitliche Uferdörfer aus Zürich-Mozartstrasse – eine folgenreiche Neudatierung. – In: Jahrbuch der Schweizerischen Gesellschaft für Ur- und Frühgeschichte 84. – 147-157.

GROSS-KLEE, E. / MAISE, C. (1997): Sonne, Vulkane und Seeufersiedlungen. – In: Jahrbuch der Schweizerischen Gesellschaft für Ur- und Frühgeschichte 80. – 85-94.

GROSS, E. / JACOMET, S. / SCHIBLER, J. (1990): Stand und Ziele der wirtschaftsarchäologischen Forschung an neolithischen Ufer- und Inselsiedlungen im unteren Zürichseeraum (Kt. Zürich,

Schweiz). – In: SCHIBLER, J. / SEDLMEIER, J. / SPYCHER, H. P. (Hrsg.): Festschrift für Hans R. Stampfli. – Basel. 77-100.

HOCHUELI, S. / NIFFELER, U. / RYCHNER, V. (1998): Die Schweiz vom Paläolithikum bis zum frühen Mittelalter III: Bronzezeit. Vol. 2. – Basel.

HÜSTER-PLOGMANN, H. / SCHIBLER, J. / STEPPAN, K. (1999): The relationship between wild mammal exploitation, climatic fluctuations, and economic adaptations. A transdisciplinary study on Neolithic sites from Lake Zurich region, Southwest Germany and Bavaria. – In: BECKER, C. et al. (Hrsg.): Historia animalium ex ossibus. Festschrift für Angela von den Driesch. – Rahden. 189-200.

JACOMET, S. / MAGNY, M. / BURGA, C. (1995): Klima- und Seespiegelschwankungen im Verlauf des Neolithikums und ihre Auswirkungen auf die Besiedlung der Seeufer. – In: STÖCKLI, W. / NIFFELER, U. / GROSS-KLEE, E. (Hrsg.): Die Schweiz vom Paläolithikum bis zum frühen Mittelalter II: Neolithikum, Vol. II. – Basel. 53-58.

LEUZINGER, U. (2000): Die jungsteinzeitliche Seeufersiedlung Arbon Bleiche 3. Befunde. (= Departement für Erziehung und Kultur des Kantons Thurgau, Archäologie im Thurgau, 9). – Frauenfeld.

MAISE, C. (1995): Der Einfluss des Klimas auf die prähistorische Besiedlungsentwicklung. [Diss. Univ. Freiburg/Br.]

MAGNY, M. (1993): Solar Influences on Holocene Climatic Changes Illustrated by Correlations between Past Lake-Level Fluctuations and Athmospheric ^{14}C Record. – In: Quaternary Research 40. – 1-9.

OSTERWALDER, C. / SCHWARZ, P.-A. (Hrsg.) (1986): Chronologie. Archäologische Daten der Schweiz. (= Antiqua, 15). – Basel.

PFISTER, C. (1985). Klimageschichte der Schweiz 1525-1860. (= Academica Helvetica, 2 Bde.). – Bern, Stuttgart.

SCHIBLER, J. / CHAIX, L. (1995): Wirtschaftliche Entwicklung aufgrund archäozoologischer Daten / L'évolution économique sur la base de données archéozoologiques. – In: STÖCKLI, W. / NIFFELER, U. / GROSS-KLEE, E. (Hrsg.): Die Schweiz vom Paläolithikum bis zum frühen Mittelalter II: Neolithikum, Vol. II. – Basel. 97-120.

SCHIBLER, J. et al. (1997a): Ökonomie und Ökologie neolithischer und bronzezeitlicher Ufersiedlungen am Zürichsee. Ergebnisse der Ausgrabungen Mozartstrasse, Kanalisationssanierung Seefeld, AKAD/Pressehaus und Mythenschloss in Zürich. (= Monographien der Kantonsarchäologie Zürich, 20). – Zürich, Egg.

SCHIBLER, J. et al. (1997b) Economic crash in the 37th and 36th century BC cal in neolithic lake shore sites in Switzerland. Proceedings of the 7th ICAZ conference (Konstanz 26/09/1994-01/10/1994). – In: Anthropozoologica, 25-26. – 553-570.

SCHWEINGRUBER, F. H. (1983): Der Jahrring. – Bern.

STÖCKLI, W. (1990): Das Verhältnis zwischen Haus- und Wildtierknochen in den neolithischen Ufersiedlungen von Twann (Kt. Bern). – In: SCHIBLER, J. / SEDLMEIER, J. / SPYCHER, H. P. (Hrsg.): Festschrift für Hans R. Stampfli. – Basel. 273-276.

STÖCKLI, W. / NIFFELER, U. / GROSS-KLEE, E. (Hrsg.) (1995): Die Schweiz vom Paläolithikum bis zum frühen Mittelalter II: Neolithikum, Vol. II. – Basel.

STUIVER, M. et al. (1991): Climatic, Solar, Oceanic and Geomagnetic influences on Late-Glacial and Holocene Atmoseric ^{14}C/^{12}C-Change. – In: Quaternary Research 35. – 1-24.

Willy **TINNER** UND Brigitta **AMMANN** (Bern)

Reaktionsweisen von Gebirgswäldern – schneller als man denkt

1 Einleitung

Szenarien möglicher Reaktionsabfolgen (und deren Geschwindigkeiten) auf Temperaturveränderungen sind unter dem Blickwinkel des globalen Klimawandels von großem wissenschaftlichen, ökologischen und sozioökonomischen Interesse. Zeitfenster im Spätglazial und Holozän sind hier deshalb von Bedeutung, weil wir Temperaturverschiebungen auswerten können, die in ihrer Amplitude größer und in ihren Geschwindigkeiten rascher waren als alle von meteorologischen Messreihen erfassten Veränderungen. Dass allerdings die zukünftige globale Erwärmung sogar weit über die Variabilität der letzten ca. 400.000 Jahre hinausgehen wird, gehört zum Konsens des umfassenden Modellvergleichs des dritten IPCC-Berichts (IPCC 2001). Reaktionsweisen terrestrischer Ökosysteme im Spätglazial und Holozän können somit bloß Teil-Analoga zu künftigen Ökosystem-Antworten sein, doch sind sie sicher von der Amplitude und Dynamik her realistischer als Analoga aus den letzten ca. 100 bis 150 Jahren.

Im folgenden sollen (1) anhand dreier Fallbeispiele aus drei Zeitfenstern die Reaktionsweisen von Gehölzen auf kurzfristige Temperaturveränderungen dargestellt und (2) die beteiligten biologischen Prozesse charakterisiert werden.

2 Zeitfenster der Jüngeren Dryas: Gerzensee, Leysin und Regenmoos (Schweiz)

Aus den Eisbohrkernen Grönlands und aus marinen und terrestrischen Sedimentkernen ist bekannt, dass während des Endes der letzten Eiszeit starke Klimaschwankungen hemisphärischer, wenn nicht globaler Ausdehnung, mit großen Geschwindigkeiten erfolgten. An den zwei Lokalitäten Gerzensee (603 m ü.M.) und Leysin (1.230 m ü.M.) konnten SCHWANDER / EICHER / AMMANN (2000) die hochaufgelösten Kurven des karbonatischen $\delta\,^{18}O$ mit denjenigen des GRIP-Eiskerns korrelieren, was sowohl eine Abschätzung der Veränderungen der mittleren Sommertemperatur wie auch einen Zeitmaßstab lieferte (dies selbst in einem Zeitraum mit Radiokarbon-Plateaus von konstantem Alter). Für die Lokalität Gerzensee bestätigten GRAFENSTEIN et al. (2000) die Kurven der Sauerstoffisotope aus Seekreide mit Messungen an monospezifischen Proben von Ostrakoden (Muschelkrebsen). Bei einer Probenauflösung von ca. 8 bis 38 Jahren wurde die terrestrische Vegetation mittels Pollen sowie pflanzlicher Makroreste erfasst (WICK 2000; AMMANN et al. 2000). Veränderungen der Artenzusammensetzung der Spektren (basierend auf 20 bis 120 Taxa) wurden mittels Hauptkomponentenanalyse zusammengefasst (AMMANN et al. 2000) und mit den Biostratigraphien aquatischer Wirbelloser verglichen (Chironomiden = Zuckmücken, BROOKS 2000; Cladoceren = Wasserflöhe, HOFMANN 2000; zur Synthese vgl. AMMANN et al. 2000; als Beispiel vgl. Abb. 1: der Übergang vom Alleröd in die Jüngere Dryas in Leysin sowie der Übergang von der Jüngeren Dryas ins Präboreal im Regenmoos).

Die Abkühlung vom Alleröd in die Jüngere Dryas dauerte ca. 150 Jahre, die Erwärmung von der Jüngeren Dryas ins Präboreal nur ca. 50 Jahre. Aus den Sauerstoffisotope-Daten lässt sich die Stärke der Kälteschwankung abschätzen (z. B. GRAFENSTEIN et al. 1998); möglicherweise erreichte die rasche Abkühlung vor 12.600 Jahren in Mitteleuropa ca. -3 bis –4° C (-2 bis –2,5‰) und die darauf folgende rasche Erwärmung vor 11.500 Jahren ca. +4° C (+2,5‰).

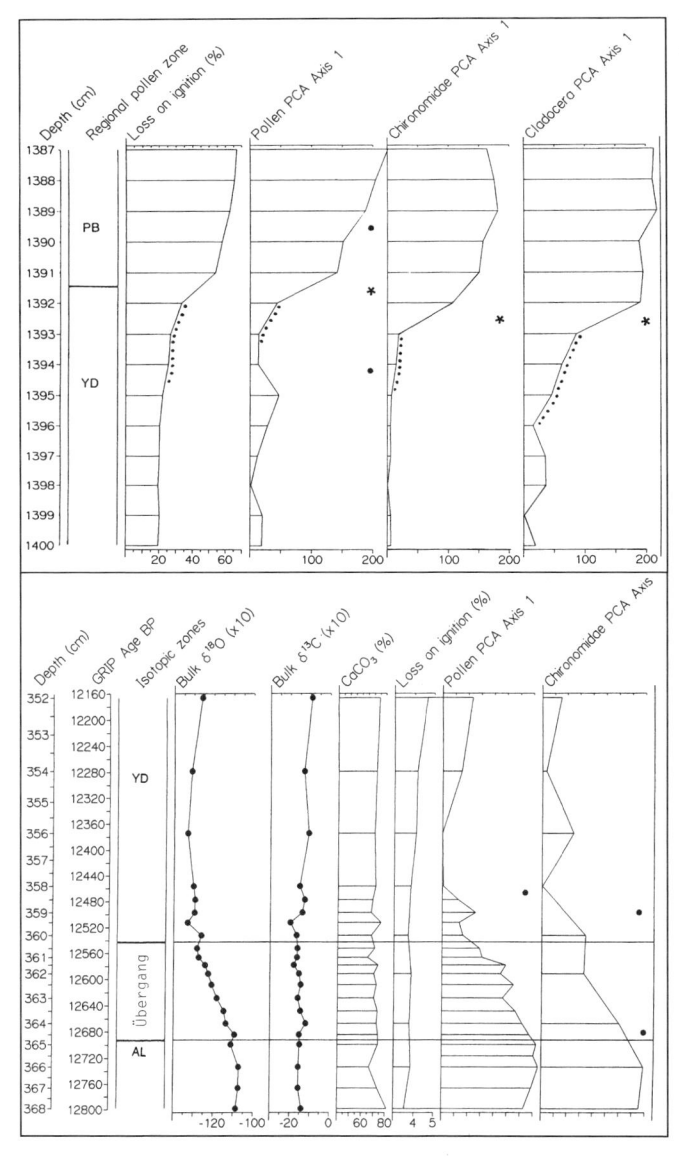

Abb. 1: Beginn und Ende der Jüngeren Dryas. Die qualitativen und quantitativen Antworten (also welche Arten in welcher Häufigkeit) der terrestrischen Vegetation (basierend auf Pollen) sowie der aquatischen Wirbellosen (hier Chironomiden und Cladoceren, d. h. Zuckmücken und Wasserflöhe) werden zusammengefasst mit den Werten auf der ersten Achse einer Hauptkomponentenanalyse.

AL = Allerød, YD = Jüngere Dryas, PB = Präboreal. Die Asterisken bezeichnen statistisch signifikante, die Punkte nicht-signifikante Zonengrenzen. *Abb. 1 oben:* Ende der Jüngeren Dryas im Regenmoos im Simmental auf 1.260 m ü.M., dargestellt auf einer tiefenlinearen Achse; der Glühverlust LOI als unabhängiges, „weiches" Maß der Erwärmung verglichen mit den Veränderungen in den Artenzusammensetzungen in drei biologischen Gruppen. *Abb. 1 unten:* Beginn der Jüngeren Dryas in Leysin auf 1.230 m ü.M., dargestellt auf einer zeitlinearen Achse (nach Korrelation mit GRIP, SCHWANDER et al. 2000). Die Sauerstoffisotopen-Verhältnisse reflektieren die Abkühlung, die drei folgenden Kurven (Kohlenstoffisotope, Kalkgehalt und organisches Material) zeigen, dass detritischer Input in der Jüngeren Dryas keine Rolle spielt. Die Antwort der Landvegetation (PCA der Pollen) und der aquatischen Insekten (PCA Chironomiden) ist untereinander und zum Signal der Sauerstoffisotopen synchron.

Willy TINNER und Brigitta AMMANN

Überraschende Geschwindigkeiten und weitgehende Gleichzeitigkeiten resultierten in den biotischen Reaktionen von terrestrischen und aquatischen Organismen.

Dies ist u. a. deshalb unerwartet, weil Organismen mit sehr verschiedenen Lebenszyklen involviert sind: Aquatische Wirbellose haben teilweise mehrere Generationen pro Jahr, während Bäume oft erst mit 20 bis 60 Jahren zu blühen beginnen. Auch andere Aspekte der Mobilität und damit der potentiellen Wandergeschwindigkeit (vgl. Verbreitungsbiologie) streuen über mehrere Größenordnungen. Deshalb lassen sich drei Gruppen beteiligter Prozesse diskutieren (AMMANN et al. 2000): (1) die Produktivität (rasch reagierend, z. B. im laufenden oder im folgenden Jahr wie z. B. Pollenproduktivität oder Jahrring-Zuwachs), (2) die Populationsdynamik (insbesondere Wanderung/Einwanderung und Populationsaufbau, was je nach Lebenszyklus Jahre bis Jahrhunderte benötigt) sowie (3) ökosystemare Prozesse der Bodenbildung und der Nährstoffgeschichte von Seen (vgl. Schlussfolgerungen).

3 Zeitfenster des 8,2 ka-Ereignisses: Soppensee und Schleinsee (Schweiz und Süddeutschland)

Eine scharfe, relativ kurzfristige Kälteschwankung um 8.200 Jahre vor heute wurde in den Eiskernen von GRIP und GISP gefunden (DANSGAARD et al. 1993; GROOTES et al. 1993) und entspricht dem „europäischen Klassiker" der Misox-Schwankung von ZOLLER (1960), der bereits in den 1960er Jahren eine hemisphärische Verbreitung dieser Schwankung diskutierte (ZOLLER / SCHINDLER / RÖTHLISBERGER 1966). In Mitteleuropa kam es innerhalb weniger Jahrzehnte (ca. 50 Jahre) zu einer Abkühlung um ca. 2° C (GRAFENSTEIN et al. 1998). Die Wiedererwärmung erfolgte nach weniger als 100 Jahren ähnlich schnell. TINNER / LOTTER (2001) untersuchten am Soppensee (in der montanen Stufe auf 596 m ü.M., Schweiz; LOTTER 1999) und Schleinsee (auf 474 m ü.M., Süddeutschland; CLARK / MERKT / MÜLLER 1989) Sedimente, die für diese Periode jahreszeitlich geschichtet sind und über eine vulkanische Aschenlage (Tephra) miteinander korreliert und absolut datiert werden konnten. Ein solches Vorgehen hat den Vorteil, dass die Zeitstellung der Prozesse genau erfasst werden kann. Am Soppensee und Schleinsee reagierten verschiedene Gehölzarten außerordentlich rasch, aber in unterschiedlicher Weise: Die Hasel (*Corylus avellana*) erlitt beispielsweise eine rapide Reduktion, die Föhre (*Pinus silvestris*) reagierte mit entweder höherer Dichte und/oder größerer Pollenproduktion, und für die Buche (*Fagus silvatica*) scheint die Schwankung den Populationsaufbau ausgelöst zu haben (vgl. Abb. 2). Die Reaktionen der Pflanzen fanden unmittelbar nach der Klimaänderung statt; mittels eines Vergleichs mit den Grönlanddaten konnte geschätzt werden, dass die Reaktionsverzögerungen bei den meisten Pflanzensippen kleiner als 20 Jahre waren. Interessant ist auch, dass vermutlich in den mittleren Breiten der zwei genannten Lokalitäten nicht die an der Waldgrenze (vgl. WICK / TINNER 1997) oder in Grönland registrierte Temperaturabnahme, sondern viel mehr der Niederschlag, insbesondere das Wegfallen von Dürreperioden, entscheidend war: Die trockenheitsresistente Hasel wurde durch dürreanfälligere Gehölze wie Linde (*Tilia*) und Buche auskonkurrenziert (TINNER / LOTTER 2001). Der schnelle Populationsaufbau der Buche während der Jahrzehnte nach der Kälteschwankung vor 8.200 Jahren lässt vermuten, dass nicht wie bisher angenommen eine Einwanderungsverzögerung die relativ späte Ausbreitung der heute sehr wichtigen Baumart in Mitteleuropa bewirkte. Vielmehr mussten einzelne Individuen an günstigen Standorten (z. B. [luft]feucht und frühfrostgeschützt) schon vor der Kälteschwankung eingewandert sein. Diese sehr seltenen Individuen vermochten sich in den Pollendiagrammen nur durch Polleneinzelfunde abzubilden, was darauf hinweist, dass es schwierig ist, den genauen Zeitpunkt der Einwanderung von Pflanzenarten mittels Pollendaten festzulegen (im Gegensatz etwa zum sich klar abbildenden Populationsaufbau).

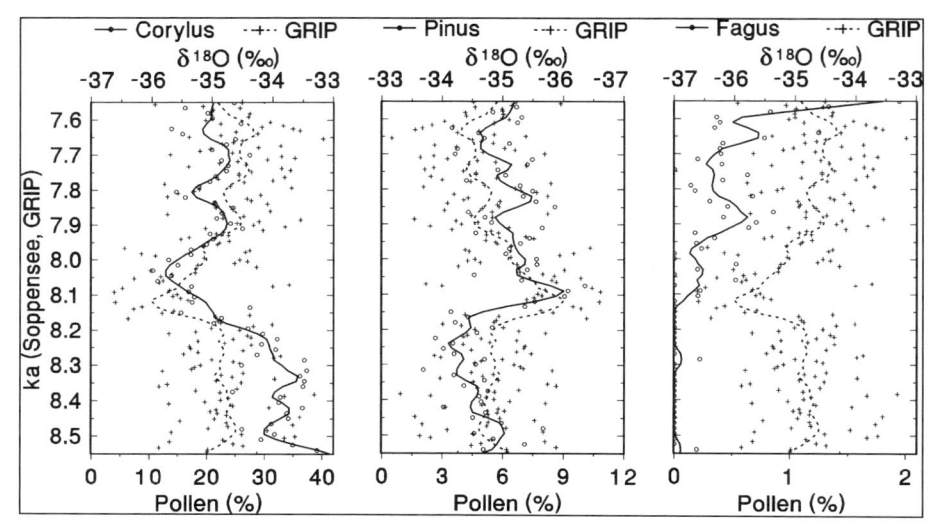

Abb. 2: Ausgewählte Pollentypen aus Seeablagerungen des Soppensees (Schweiz, LOTTER 1999). *Corylus* = Hasel, *Pinus* = Föhre, *Fagus* = Linde. Die Pollen-Prozentwerte werden mit δ ^{18}O Reihen aus dem Grönlandeis verglichen. GRIP = *European Greenland ice-core project*. Die mittlere zeitliche Auflösung beträgt 15 Jahre am Soppensee und 5,3 Jahre für den GRIP-Kern. Um einen besseren Vergleich gemeinsamer Trends zu ermöglichen, wurden die Pollen- und Sauerstoffisotope-Werte mit LOWESS geglättet (Spannung 10). Die Kurve der Sauerstoffisotope wurde für den Vergleich mit Föhrenpollen (*Pinus*) gespiegelt. Die Chronologie der Pollendaten wurde durch Warvenzählungen bestimmt, der Vergleich mit den Grönland-Sauerstoffisotope erfolgt aufgrund der jeweiligen (unabhängigen) Chronologien. Für genauere Angaben vgl. TINNER / LOTTER (2001).

4 Zeitfenster Kleine Eiszeit: Grizzly Lake (Alaska)

Der Kontrast zwischen „mittelalterlichem Klima-Optimum" und Kleiner Eiszeit fasziniert die Klimaforscher bereits seit langem. In Mitteleuropa ist mancherorts und in manchen natürlichen Archiven der Klimaeffekt stark von menschlichen Einflüssen überlagert. In Alaska fällt diese Schwierigkeit weg. HU et al. (2001) zeigten für den Farewell Lake (nördlich der Alaska Range, auf 320 m ü.M.) ein deutliches Signal der Abkühlung (-1,7° C) um ca. 1450 AD und der Erwärmung um ca. 1750 bis 1850 AD (vgl. Abb. 3). Am Grizzly Lake (Copper River Becken, Südostalaska, auf 720 m ü.M. nahe der Waldgrenze) konnten TINNER / HU (2001; unpublizierte Daten) zeigen, dass südlich der Alaska Range die Vegetation empfindlich auf die Abkühlungsphasen der Kleinen Eiszeit reagierte. Innerhalb von 20 bis 60 Jahren wurden sowohl um 1500 wie auch um 1600 AD boreale Wälder (*Picea mariana, Betula papyrifera*) durch Strauch- (*Alnus crispa*), Zwergstrauch- (*Betula nana, B. glandulosa*) und Hochstaudengemeinschaften (*Epilobium*) abgelöst. Die Erholung der Vegetation (um 1860 bis 1900 AD) erfolgte ebenfalls sehr schnell: Die Pollendaten zeigen, dass die borealen Wälder innerhalb von wenigen Jahrzehnten die Strauch- und Tundragemeinschaften ersetzen konnten, sobald das Klima um ca. ein bis zwei Grad Celsius wärmer wurde. Interessanterweise scheinen zunehmende Waldbrände den Übergang zur baumlosen Vegetation beschleunigt zu haben. In den Sedimenten ist die Zunahme von Pollen feuertoleranter Pflanzen (Grünerlen, Zwergbirken und Weidenröschen) mit einer starken Zunahme von Holzkohleteilchen verbunden, was darauf hindeutet, dass die Feuerhäufigkeit als direkte (Begünstigung durch Trockenheit) oder indirekte (mehr Totholz durch Baumsterben) Folge der Klimaänderung zunahm. Für eine trockene Kaltzeit während der Kleinen Eiszeit sprechen die starken Seespiegelabsenkungen (mehrere Meter), die mittels quantitativer Diatomeenanalysen rekonstruiert werden konnten. Daraus geht hervor, dass boreale Ökosysteme auf Klimaänderungen sehr empfindlich reagieren. Dies ist auch für die Zukunftsperspektiven von großer Bedeutung, da erstens die Temperatur-Veränderungen der kleinen Eiszeit dem untersten Ende der IPCC-Prognosen (1,4 bis 5,8° C) für die nächsten 100 Jahre entsprechen und zweitens Klimamodelle insbesondere für hohe Breiten starke Erwärmungen prognostizieren.

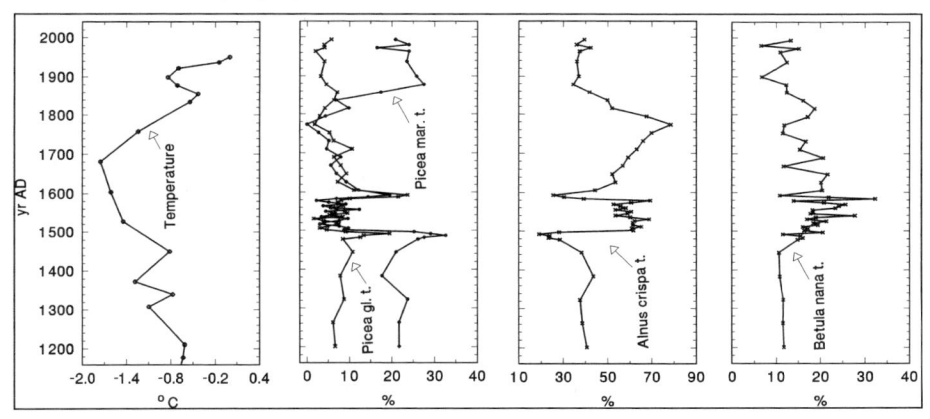

Abb. 3: Temperaturrekonstruktion für den Farewell Lake (HU et al. 2001) und ausgewählte Pollentypen (Prozentwerte) aus Seeablagerungen des Grizzly Lake (TINNER et al., unpubliziert). *Picea glauca* = Weißfichte, *Picea mariana* = Schwarzfichte, *Alnus crispa* = Amerikanische Grünerle, *Betula nana* = Zwergbirke. Die mittlere zeitliche Auflösung beträgt ca. 45 Jahre am Farewell Lake und ca. 20 Jahre am Grizzly Lake. Die Temperaturschwankungen wurden mittels geochemischer Parameter bestimmt (u. a. Sauerstoffisotope-Daten, für genauere Angaben vgl. HU et al. 2001). Die Chronologie des Farewell Lake beruht auf elf [210]Pb- und vier ^{14}C-Datierungen, die des Grizzly Lake auf sechs [210]Pb- und vier ^{14}C-Datierungen. Der Vergleich der beiden Reihen erfolgt aufgrund der jeweiligen (unabhängigen) Chronologien.

5 Schlussfolgerungen

Aus den vorgestellten Untersuchungen geht hervor, dass Biosphäre und Umwelt unerwartet schnell auf Klimaänderungen reagierten. Die rasche Reaktion der Waldgemeinschaften kann hauptsächlich durch zwei Gruppen von Prozessen erklärt werden: (1) Die Produktivität (z. B. der Pollen) kann schon im laufenden oder im folgenden Jahr auf Klimaänderungen reagieren. (2) Wanderung, Einwanderung und Populationsaufbau können je nach Lebenszyklus Jahre bis Jahrhunderte benötigen. Obwohl Bäume sehr lange Lebenszyklen haben, gibt es in unseren Untersuchungen Beispiele, bei denen der Populationsaufbau vorher kaum verbreiteter

Waldbäume nur 10 bis 20 Jahre nach der Klimaänderung einsetzte. Als dritter Faktor spielten ökosystemare Prozesse wie Bodenbildung vermutlich eher mittel- bis längerfristig eine Rolle, indem sie Prozesse wie Einwanderung und Populationsaufbau verlangsamen oder beschleunigen konnten.

Die Amplitude der Klimaänderungen war in den dargelegten Fällen ähnlich oder geringer als die der IPCC-Szenarien. Falls der prognostizierte Klimawandel Wirklichkeit werden sollte, scheinen demnach rasche und weitreichende Vegetationsveränderungen für die nahe Zukunft unausweichlich. Beispielsweise könnte vermehrter Sommer-Trockenstress in Mitteleuropa als Folge des Klimawandels zu einem Absterben der charakteristischen Buchenwälder und zu einer Ausbreitung neuer, heute noch exotischer Arten innerhalb weniger Jahre oder Jahrzehnte führen. Diese durch paläoökologische Untersuchungen gewonnenen Resultate werden durch dynamische Vegetationsmodelle unterstützt, die ähnlich dramatische Vegetationsverschiebungen auf regionaler bis kontinentaler Ebene voraussagen (LINDNER et al. 1997; LISCHKE et al. 1998; OVERPECK / WHITLOCK / HUNTLEY 2003). Viele Faktoren sprechen dafür, dass Gebirgswälder besonders empfindlich auf die angehenden Klimaveränderungen reagieren werden. Ohne Schutz- und Konservierungsstrategien sind wegen der begrenzten und fragmentierten Lebensräume Massenaussterben als Folge besonders schneller und starker Klimaänderungen (> ca. ein bis zwei Grad Celsius pro Jahrhundert) zu erwarten (OVERPECK / WHITLOCK / HUNTLEY 2003). Neben einer Verarmung der Gebirgsökosysteme hätte dies in Anbetracht der Erholungs- und Schutzfunktion der Gebirgswälder weitreichende soziale und ökonomische Folgen.

Danksagung

Unser großer Dank geht an André F. Lotter und Feng Sheng Hu, die über Post-Doc-Projekte für W. T. die Untersuchungen am Soppensee und Grizzly Lake ermöglichten. Die Studien am Soppensee und Grizzly Lake wurden teilweise vom Schweizerischen Nationalfonds zur Förderung der Wissenschaften finanziert. Dieser ermöglichte auch die Untersuchungen in Gerzensee, Leysin und Regenmoos (Projekt-Nr. 4031-033417).

Literatur

AMMANN, B. et al. (2000): Quantification of biotic responses to rapid climatic changes around the Younger Dryas – a synthesis. – In: Palaeogeography, Palaeoclimatology, Palaeoecology 159. – 313-347.

BROOKS, S. J. (2000): Late-glacial fossil midge stratigraphies (Insecta: Diptera: Chironomidae) from the Swiss Alps. – In: Palaeogeography, Palaeoclimatology, Palaeoecology 159. – 261-279.

CLARK, J. S. / MERKT, J./ MÜLLER, H. (1989): Post-glacial fire, vegetation, and human history on the northern alpine forelands, south-western Germany. – In: Journal of Ecology 77. – 897-925.

DANSGAARD, W. et al. (1993): Evidence for general instability of past climate from a 250-kyr ice-core record. – In: Nature 364. – 218-220.

GRAFENSTEIN, U. von et al. (1998): The cold event 8200 years ago documented in oxygen isotope records of precipitation in Europe and Greenland. – In: Climate Dynamics 14. – 73-81.

GRAFENSTEIN, U. von et al. (2000): Isotope signature of the Younger Dryas and two minor oscillations at Gerzensee (Switzerland): palaeoclimatic and palaeolimnologic interpretation based on bulk and biogenic carbonates. – In: Palaeogeography, Palaeoclimatology, Palaeoecology 159. – 215-229.

GROOTES, P. M. et al. (1993): Comparison of oxygen isotope records from the GISP2 and GRIP Greenland ice cores. – In: Nature 366. – 552-554.

HOFMANN, W. (2000): Response of chydorid faunas to rapid climatic changes in four alpine lakes at different altitudes. – In: Palaeogeography, Palaeoclimatology, Palaeoecology 159. – 281-292.

HU, F. S. et al. (2001): Pronounced climatic variations in Alaska during the last two millennia. – In: Proceedings of the National Academy of Sciences of the United States of America 98. – 10552-10556.

IPCC (2001): Climate Change 2001: The Scientific Basis. Contribution of Working Group I to the Third Assessment Report of the Intergovernmental Panel on Climate Change. – Cambridge.

LINDNER, M. et al. (1997): Regional impacts of climatic change on forests in the state of Brandenburg, Germany. – In: Agricultural and Forest Meteorology 84. – 123-135.

LISCHKE, H. et al. (1998): Vegetation responses to climatic change in the Alps: Modelling studies. – In: CEBON, P. et al. (eds.): Views from the Alps. – Cambridge/Mass. 309-350.

LOTTER, A. F. (1999): Late-glacial and Holocene vegetation history and dynamics as evidenced by pollen and plant macrofossil analyses in annually laminated sediments from Soppensee (Central Switzerland). – In: Vegetation History and Archaeobotany 8. – 165-184.

OVERPECK, J. / WHITLOCK, C. / HUNTLEY, B. (2003): Terrestrial biosphere dynamics in the climate system: past and future. – In: ALVERSON, K. D. / BRADLEY, R. S. / PEDERSEN, T. F. (eds.): Paleoclimate, Global Change and the Future. – Berlin. 81-103.

SCHWANDER, J. / EICHER, U. / AMMANN, B. (2000): Oxygen isotopes of lake marl at Gerzensee and Leysin (Switzerland), covering the Younger Dryas and two minor oscillations, and their correlation to the GRIP ice core. – In: Palaeogeography, Palaeoclimatology, Palaeoecology 159. – 203-214.

TINNER, W. / HU, F. S. (2001): Responses of fire and vegetation to Little-Ice-Age climatic change in boreal Alaska. – In: ESA 86th Annual Meeting. – 221.

TINNER, W. / LOTTER, A. F. (2001): Central European vegetation response to abrupt climate change at 8.2 ka. – In: Geology 29. – 551-554.

WICK, L. (2000): Vegetational response to climatic changes recorded in Swiss Late Glacial lake sediments. – In: Palaeogeography, Palaeoclimatology, Palaeoecology 159. – 231-250.

WICK, L. / TINNER, W. (1997): Vegetation changes and timberline fluctuations in the Central Alps as indicator of Holocene climatic oscillations. – In: Arctic and Alpine Research 29. – 445-458.

ZOLLER, H. (1960): Pollenanalytische Untersuchungen zur Vegetationsgeschichte der insubrischen Schweiz. – In: Denkschriften Schweizerische Naturforschende Gesellschaft 83. – 45-156.

ZOLLER, H. / SCHINDLER, C. / RÖTHLISBERGER, H. (1966): Postglaziale Gletscherstände und Klimaschwankungen im Gotthardmassiv und Vorderrheingebiet. – In: Verhandlungen Naturforschende Gesellschaft Basel 77. – 97-164.

Klaus HEINE (Regensburg)

Gletscherschwankungen als Zeugen für Umweltveränderungen in den Randtropen der Neuen Welt (Mexiko, Bolivien) während der Jüngeren Dryaszeit und des 8.200-Jahr-Ereignisses

1 Einleitung

Gletscher reagieren sehr empfindlich auf Klimaänderungen. Der globale Temperaturanstieg seit AD 1850 hat in den meisten Gebirgen der Erde zu einem schnellen Schrumpfen der Gletscher geführt, vor allem in den Tropen und Randtropen. Diese und zahlreiche andere Beobachtungen der Beziehungen zwischen globaler Temperaturentwicklung und Gletscherverhalten führten zu der Vorstellung, dass Gletscherschwankungen weltweit synchron verliefen. Einerseits wurden Gletscherschwankungen herangezogen, um den Nachweis globaler Klimaschwankungen zu belegen, andererseits wurden unter der Annahme, dass sich Klimaschwankungen global auswirkten, nicht exakt datierte Gletscherschwankungen bestimmten Klimaphasen zugeordnet. Dies trifft besonders für die Jüngere Dryaszeit zu. Am Beispiel von Mexiko und Bolivien wird aufgezeigt, dass die kurzfristigen abrupten Klimaschwankungen am Ende der letzten Eiszeit und im frühen Holozän (Jüngere Dryaszeit und 8.200-Jahr-Ereignis) mit einem in Raum und Zeit differenzierten Gletscherverhalten einhergehen.

Um Umweltveränderungen anhand von Gletscherschwankungen belegen zu können, müssen zwei Voraussetzungen erfüllt sein: (1) Das Alter der Gletscherschwankungen muss zweifelsfrei belegt werden können, damit nicht Gletscherbewegungen verschiedenen Alters zur Rekonstruktion einer bestimmten Zeitscheibe (z. B. Jüngere Dryaszeit, 8.200-Jahr-Ereignis) herangezogen werden, und (2) die Ursachen der Gletscherschwankungen müssen bekannt sein, damit bestimmte Klimaelemente (Temperatur, Niederschlag) richtig eingeschätzt werden können.

2 Arbeitsgebiete

In Mexiko (ca. 19 bis 20° Nord) werden Hochbecken in 2.000 bis 2.500 m NN von Gebirgen bis 5.700 m Höhe überragt; in Bolivien (ca. 15 bis 20° Süd) erheben sich über dem Altiplano in 3.800 bis 4.200 m NN vergletscherte Gebirge bis über 6.000 m Höhe. Während die zentralmexikanische Cordillera Neovolcánica das Land von Ost nach West in einem etwa 1.000 km langen Gürtel aus Hochbecken und Vulkangebirgen vom Golf von Mexiko bis zum Pazifik quert, erheben sich die Gebirge Boliviens westlich und östlich des bis zu 200 km breiten und 800 km langen Altiplano. Die Hochländer Mexikos und Boliviens weisen ein randtropisches Klima mit nord- bzw. südsommerlichen, konvektiven tropischen Regen- und winterlichen Trockenzeiten auf. Zentralmexiko erhält die Feuchtigkeit sowohl aus dem Raum des Golfs von Mexiko und der Karibik als auch vom Pazifik. Die winterlichen Passat-Steigungsregen erreichen das zentralmexikanische Hochland nicht mehr, wohl aber geringe Regen- und Schneefälle in Verbindung mit Kaltlufteinbrüchen (*Nortes*) aus dem nordamerikanischen Raum. Die bolivianischen Anden in 15 bis 20° Süd empfangen die Feuchtigkeit im Südsommer vom tropischen Atlantik über das Amazonasbecken (GODFREY et al. 2003). Dabei zeigen die Andenketten eine blockierende Wirkung.

3 Gletscher, glaziale Formen und Sedimente als Indikator der raum-zeitlichen Klimaänderungen

3.1 Gletscherschwankungen in Zentralmexiko

Die mexikanische Glazialchronologie basiert auf glazialen Formen der Vulkane Iztaccíhuatl (5.282 m NN), Nevado de Toluca (4.558 m NN) und La Malinche (4.461 m NN). Morphostratigraphie, Tephrochronologie, Paläopedologie, zahlreiche ^{14}C-Alter und 81 kosmogene ^{36}Cl-Oberflächendatierungen erlauben differenzierte Aussagen zu den Gletscherbewegungen seit dem LGM (HEINE 1994; VÁZQUEZ-SELEM 2000; VÁZQUEZ-SELEM / HEINE 2004). Bezüglich der Altersangaben der Gletscherschwankungen ist die mexikanische Chronologie von allen Glazialchronologien der Tropen und Subtropen am besten gesichert (Abb. 1).

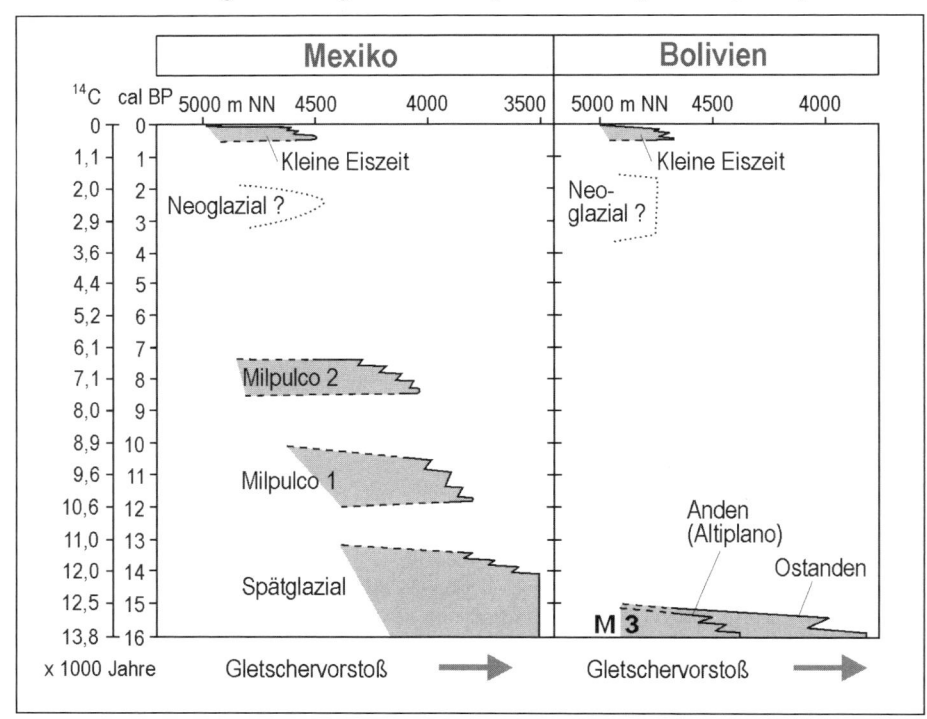

Abb. 1: Gletschervorstöße in Mexiko und in Bolivien während der letzten 15.000 Jahre

Für das Iztaccíhuatl-Vulkanmassiv hat VÁZQUEZ-SELEM (2000) die Gletscherschwankungen rekonstruiert und datiert. Die glazialen jungquartären Chronostratigraphien der Vulkane Nevado de Toluca und La Malinche ergänzen die Datierungen von VÁZQUEZ-SELEM (2000) (VÁZQUEZ-SELEM / HEINE 2004). Im Spätglazial wurden Rückzugsmoränen zwischen 14.000 und 13.000 cal a BP gebildet . Es folgte ein schnelles Abschmelzen zwischen 13.000 und 12.000 cal a BP. Anschließend rückten die Gletscher erneut vor (Milpulco 1). Weitere Rück-

Klaus HEINE

zugsmoränen wurden zwischen 11.000 und 10.000 cal a BP gebildet. Zwischen 8.300 und 7.300 cal a BP erfolgte ein markanter Gletschervorstoß (Milpulco 2). Im Jungholozän wurden vermutlich neoglaziale Moränen und die gewaltigen Moränen der Kleinen Eiszeit (< 1.000 cal a BP) aufgeschüttet. Die rekonstruierte Depression der klimatischen Schneegrenze des Iztaccíhuatl-Massivs während der spätglazial/frühholozänen Vorstöße ergibt Werte von 730 m (Milpulco 1) und 550 m (Milpulco 2) bezogen auf das Jahr 1959/60.

3.2 Gletscherschwankungen in Bolivien

Die bolivianische Glazialchronologie leidet an dem Mangel absoluter Datierungen (Abb. 1). Aufgrund einiger ^{14}C-Daten wird vermutet, dass die bolivianischen Gletscher ihre LGM-zeitliche Maximalausdehnung zwischen 25.000 und 15.000 ^{14}C a BP hatten (HEINE 1996; JORDAN et al. 1993). Die LGM-Vergletscherung hatte eine geringere Ausdehnung als von den meisten Autoren angenommen wird (HEINE 1995). Das ergibt sich eindeutig aus der Auswertung der Verbreitung von aktiven und inaktiven stratifizierten Hangsedimenten auf den verschiedenen Moränen (HEINE 1995).

Über den Verlauf der Deglaziation der bolivianischen Anden ist viel diskutiert worden. Die zahlreichen Rückzugsmoränenwälle lassen auf häufiges Oszillieren der spätglazialen Gletscher schließen (JORDAN et al. 1993; Heine 1995; 1996; 2000). Die exakten Alter der verschiedenen Rückzugsmoränen sind nicht bekannt (MARK / SELTZER / RODBELL 2004; SELTZER et al. 2002). Die auffälligen spätglazialen M 3-Moränenwälle (HEINE 2000) sind älter als 11.000 ^{14}C a BP.

Holozäne Gletschervorstöße gab es vermutlich im Neoglazial (ca. 3.500 bis 1.500 ^{14}C a BP) und in der Kleinen Eiszeit (ca. AD 1350 bis 1850).

4 Klimageschichte

Im folgenden werden zwei viel diskutierte Zeitabschnitte der jungquartären Klimageschichte herausgegriffen, nämlich die Jüngere Dryaszeit und das 8.200 Jahr-Ereignis. Die Jüngere Dryaszeit (*Younger Dryas Chron* = YD) wird in die Zeit zwischen 11.000 und 10.000 ^{14}C a BP datiert. Durch Kalibrierung der ^{14}C-Daten ergibt sich ein Alter in Kalenderjahren zwischen ca. 12.700 und 11.600 a BP (HEINE / GEYH 2002). Man vermutet die Ursache für den plötzlichen Kälterückfall in einer Verschiebung der nordatlantischen thermohalinen Zirkulation, die fast zu LGM-Verhältnissen im Nordatlantik führte. Auslöser dafür waren Fluktuationen der Eisränder des laurentischen Inlandeises, die zu plötzlichen Änderungen der Schmelzwasser-Abflusswege des Lake Agassiz-Eisstausee-Systems führten (HOSTETLER et al. 2000). So erhielt der Golf von Mexiko vor und nach der YD gewaltige Mengen an kaltem Schmelzwasser über das Mississippi-Flusssystem zugeführt, nicht jedoch während der YD, als die Schmelzwasser größtenteils über den St. Lorenzstrom in den Nordatlantik gelangten (ANDERSON 1997) (Abb. 2).

Während der YD gab es in Zentralmexiko keine Gletschervorstöße. Erst am Ende der YD (11.600 cal a BP) und zu Beginn des Präboreals (Holozän) erfolgte ein Gletschervorstoß. Anhand umfangreicher Berechnungen unter Verwendung der bisher ermittelten Relationen von Temperatur und Niederschlag für tropische wie auch außertropische Gletscher vermutet VÁZQUEZ-SELEM (2000) für Mexiko, dass Gletschervorstöße mit einer Erniedrigung der Temperatur und weniger mit einer Zunahme der Niederschläge einhergehen. Daraus kann ge-

Aktuelle Dynamik und Langzeitsignale in Gebirgsräumen

folgert werden, dass während der YD in Zentralmexiko keine markante Temperaturabsenkung erfolgte. Der frühholozäne Gletschervorstoß deutet auf eine Temperaturabnahme hin, die zum nordhemisphärischen Temperaturtrend entgegengesetzt verlief (Abb. 3). VÁZQUEZ-SELEM (2000) postuliert aufgrund der Absenkung der klimatischen Schneegrenze (ELA = *equilibrium line altitude*), von THAR (*toe-to headwall altitude ratio*, THAR = 0,4 ELA) und des Temperaturgradienten (LR = *lapse rate*, 0,6° C/100 m) für das beginnende Holozän eine Temperaturdepression von 4,4 ± 0,4° C und aufgrund von Modellierungen der ELA von 4,1° C. Für das LGM sind diese Werte 5,6 ± 0,8° C bzw. 5,4° C. Während der YD scheint die Temperaturdepression geringer als zur Zeit der frühholozänen Vergletscherung gewesen zu sein.

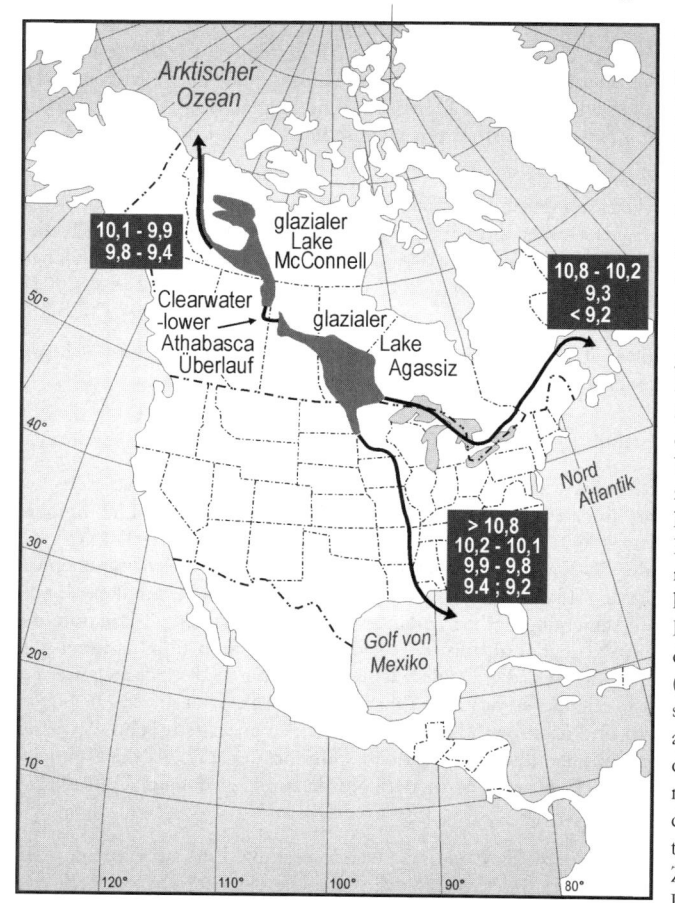

Abb. 2: Abflusswege des Lake Agassiz. Die schwarzen Pfeile geben die Entwässerungsbahnen an. In den Kästchen sind die Phasen der Entwässerung in 1000 ^{14}C-Jahren vor heute angegeben. (Quelle: nach FISHER / SMITH 1994; TELLER / LEVERINGTON / MANN 2002).

Sehr deutlich ausgebildet sind frühholozäne Moränenwälle in den zentralmexikanischen Vulkangebirgen (VÁZQUEZ-SELEM 2000; HEINE / VÁZQUEZ-SELEM 2002). Sie haben ein Alter von 8,3 cal a BP bis ca. 7,3 cal a BP (Rückzugsmoränen). Zeitlich fallen sie mit dem 8.200-Jahr-Ereignis zusammen, das nach dem Kollabieren des laurentischen Eisschilds im Hudson Bay-Gebiet durch das plötzliche Auslaufen (163.000 km³) eines Eisstausees in die Labradorsee ausgelöst wurde. Es stellt die stärkste natürliche Klimavariation im Holozän dar und zeigt die Bedeutung der thermohalinen Zirkulation für plötzliche Klimaänderungen auf (CLARK et al. 2002). VÁZQUEZ-SELEM (2000) berechnet für diese Phase eine Temperaturerniedrigung von 3,3 ± 0,7° C.

Abb. 3: Temperaturentwicklung während der letzten 25.000 Jahre an der oberen Waldgrenze (4.000 m NN) für Mexiko (19°00' Nord, 98°39' West) berechnet anhand der Gletscherschwankungen (**e**). Im Vergleich dazu Temperaturtrends ausgedrückt durch $\delta^{18}O_{ice}$ (‰ vs VSMOW) für (**a**) Grönland (GRIP) und (**b**) die Antarktis (Byrd), (**c**) durch das Cd/Ca-Verhältnis für den Bohrkern EN120 GGC1 im Nordatlantik (33°40' Nord, 57°37' West) und (**d**) durch die Meeresoberflächentemperaturen (SST) des Bohrkerns M 35003-4 im tropischen Atlantik (12°05' Nord, 61°15' West). Es bedeuten: 8,2 = 8.200-Jahr-Ereignis, YD = Jüngere Dryaszeit, BA = Bölling-Alleröd, H1 = Heinrich 1-Event. (Quelle: nach RÜHLEMANN et al. 1999, verändert und ergänzt unter Verwendung der Daten von VÁZQUEZ-SELEM 2000)

In den bolivianischen Anden gibt es weder Hinweise auf einen Gletschervorstoß während der YD noch während des 8.200-Jahr-Ereignisses (HEINE 1995; 1996; 2000; MARK / SELTZER / RODBELL 2004; SELTZER et al. 2002). Daher können anhand der Gletscherschwankungen für die Zeitscheiben der YD und um 8.200 cal a BP keine Rekonstruktionen der Umweltveränderungen gemacht werden. Andere Geoarchive aus Bolivien (ABBOTT et al. 2000; ARGOLLO / MOURGUIART 2000; THOMPSON / MOSLEY-THOMPSON / HENDERSON 2000) und der angrenzenden Atacama-Wüste belegen jedoch hygrische Klimaschwankungen an der Pleistozän/Holozän-Wende (BOBST et al. 2001).

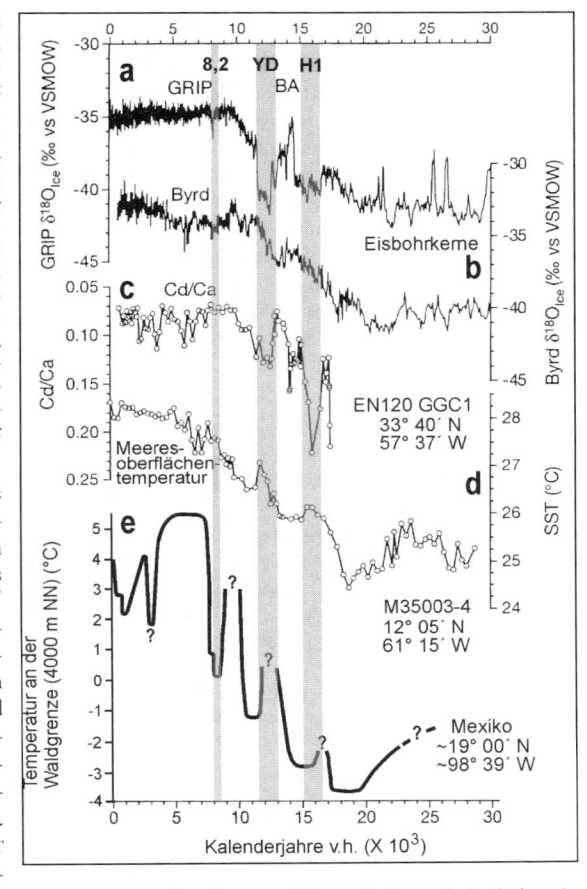

5 Folgerungen und Diskussion

Während der YD traten Gletscherschwankungen zeitlich nicht synchron auf (Abb. 4). In den europäischen Alpen und in Skandinavien werden YD-zeitliche Gletschervorstöße registriert; dies trifft für die neuweltlichen Gebirge vom Polarmeer bis mindestens 45° Süd nicht zu. Da ganz offensichtlich in verschiedenen Regionen Nord- und Südamerikas die Gletschervorstöße vor, während und nach der YD auftraten, können diese nur zu Rekonstruktionen der Umwelt herangezogen werden, wenn deren Alter exakt bestimmt worden ist. Dies ist jedoch bisher nur in wenigen Fällen möglich gewesen, so in verschiedenen Gebirgen Nordamerikas (z. B. HEINE 1998), in Mexiko (HEINE 1994) und in Ecuador (HEINE / GEYH 2002). Intensive glazialchronologische Forschungen ergeben bisher *keine* Anhaltspunkte für YD/Präboreal-zeitliche Gletschervorstöße in den Anden südlich des Äquators (HEINE 1993; HEINE 1999).

Die Befunde führen zu folgender Rekonstruktion der Umweltveränderungen (Abb. 4): Durch den Schmelzwasserabfluss des südlichen laurentischen Eisstausees in den Golf von Mexiko bildete sich bis etwa 11.000 ^{14}C a BP und dreimal zwischen 10.200 und 9.200 ^{14}C a BP eine Schicht mit kühlem frischen Oberflächenwasser im Golf aus (OGLESBY / MAASCH / SALTZMAN 1989; TELLER 2001). Zwischen 10.800 und 10.000 ^{14}C a BP dagegen wurde das Schmelzwasser zum größten Teil in den Nordatlantik umgelenkt (OGLESBY / MAASCH / SALTZMAN 1989). Diese Verhältnisse führten zu recht warmen Temperaturen im Golf von Mexiko und angrenzenden Gebieten während der YD. Ein Vorrücken der Gletscher wurde damit unterbunden. Es gibt zahlreiche Hinweise aus gut datierten Geoarchiven auf eine leichte YD-zeitliche Erwärmung um den Golf von Mexiko und in angrenzenden Regionen (u. a. GUILDERSON / FAIRBANKS / RUBENSTONE 1994; NORDT et al. 2002; RÜHLEMANN et al. 1999).

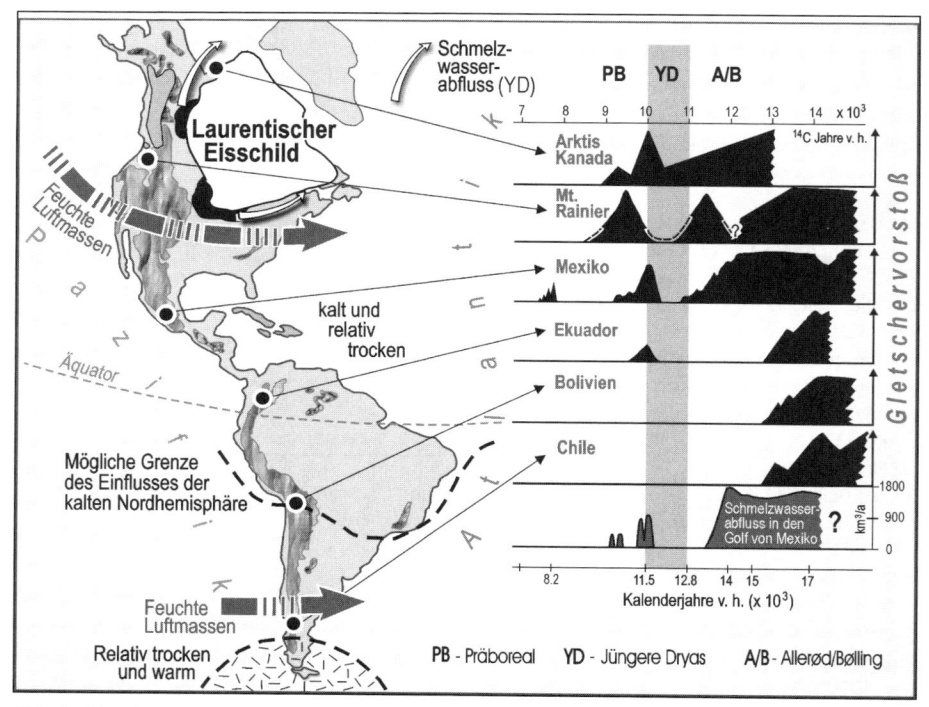

Abb. 4: Gletscherschwankungen ausgewählter Gebiete entlang der neuweltlichen Gebirge während des Übergangs vom Spätglazial zum Holozän. (Quelle: nach HEINE / GEYH 2002, verändert)

Der nordhemisphärische/nordatlantische Einfluss einer kalten YD verliert sich auf der Südhalbkugel. Wegen des Ausbleibens der kalten Schmelzwasser im Golf von Mexiko konnte der warme Golfstrom diesen Raum in der YD erwärmen; zur gleichen Zeit brachte der Schmelzwassereintrag im Nordatlantik dort eine starke Abkühlung. Während die Klimaschwankungen

Klaus HEINE

von Bölling/Alleröd – YD in Ecuador noch durch Gletscherabschmelzen (HEINE / HEINE 1996; neuerdings auch bei SELTZER et al. 2002) mit nachfolgendem Gletschervorrücken an der Wende YD/Präboreal repräsentiert werden, fehlen in Bolivien und den südlich angrenzenden Anden YD/Präboreal-zeitliche Gletscherschwankungen.

Ganz anders erscheint die Situation während des 8.200-Jahr-Ereignisses (8.200 cal a BP, 7.600 ^{14}C a BP). Das Ereignis wird durch die Sauerstoffisotopenkurven der Grönländischen Eisbohrkerne belegt, als ‚Finse event' (= Gletschervorstoß) aus Skandinavien beschrieben und im nordatlantischen Bereich als kaltes Klimaereignis (‚cold event') gedeutet. Es spiegelt den katastrophalen Ausbruch des laurentischen Eisstausees wider (BARBER et al. 1999; LEVERINGTON / MANN / TELLER 2002). An den zentralmexikanischen Vulkanen ist das 8.200-Jahr-Ereignis durch markante Moränenbildungen vertreten. Der Beginn der Milpulco 2- (VÁZQUEZ-SELEM 2000) bzw. die M III-3-Vergletscherungsphase (HEINE 1994) fällt mit der plötzlichen Abkühlung des 8.200-Jahr-Ereignisses zusammen (HEINE / VÁZQUEZ-SELEM 2002). Nach der anschließenden Erwärmung um 8.200 bis 7.800 cal a BP (EMHT – *early to mid-Holocene transition*, STAGER / MAYEWSKI 1997) treten hygrische Klimaschwankungen auf, die zwischen 7.800 und 7.300 cal a BP zur Ausbildung der Rückzugsmoränen (und von ‚talus rock glacier') führen (VÁZQUEZ-SELEM 2000). Nach den Berechnungen waren in Zentralmexiko um 8.200 cal a BP die Temperaturen ca. 3° C niedriger als heute.

Bisher liegen aus Mexiko keine anderen zeitlich hoch auflösenden Proxy-Daten vor, die sich mit dem 8.200-Jahr-Ereignis korrelieren lassen. Aufgrund zahlreicher, jedoch nicht exakt datierter Geoarchive schließt VÁZQUEZ-SELEM (2000) auf eine Zunahme der Humidität als Hauptursache für die Gletschervorstöße um 8.200 cal a BP. Damit wird deutlich, dass Gletschervorstöße durch unterschiedliche Temperatur/Niederschlagskonstellationen verursacht werden können. Am Übergang von der YD zum Holozän ist eine Temperaturabsenkung als Folge der Schmelzwassereinleitung in den Golf von Mexiko ausschlaggebend, die sich jedoch antizyklisch zum nordhemisphärischen (und globalen) Temperaturtrend verhält. Um 8.200 cal a BP dürfte sehr wahrscheinlich als Folge der veränderten thermohalinen Zirkulation und den damit verbundenen atmosphärischen Zirkulationsänderungen eine Zunahme der Niederschläge – bei kurzfristig auftretenden kühleren Temperaturen – wesentlichen Anteil an den Gletschervorstößen in Zentralmexiko haben.

6 Ausblick

Die Klimaschwankungen der Eiszeit/Warmzeit-Zyklen, die orbital gesteuert sind (RUDDIMAN 2003), werden von zahlreichen untergeordneten, oft plötzlich eintretenden Klimaschwankungen/-fluktuationen überlagert. Daten aus den verschiedensten Geoarchiven und von Modellen deuten darauf, dass abrupte Klimaänderungen während der letzten 25.000 cal a BP auf Änderungen in der atlantischen thermohalinen Zirkulation zurückzuführen sind, und zwar als Reaktion auf geringe Änderungen des hydrologischen Kreislaufs (z. B. Schmelzwasserausbrüche). Die atmosphärischen und ozeanischen Reaktionen auf diese Änderungen werden dann über eine Anzahl von Rückkoppelungen global übertragen (CLARK et al. 2002). Am Beispiel der neuweltlichen Randtropen kann aufgezeigt werden, dass Gletscherschwankungen wesentlich dazu beitragen können, Umweltveränderungen in Raum und Zeit zu erfassen. Dies ist jedoch nur möglich, wenn sichergestellt werden kann, dass die Datierung der Gletscherschwankungen zweifelsfrei belegt wird. Die angeführten Beispiele dokumentieren, dass eine Korrelierung von nicht datierten Gletscherständen zu völlig falschen paläoklimatischen Rekonstruktionen führen muss. Dies gilt in gleicher Weise für andere Geoarchive (Pollenprofile, Seesedimente, Eisbohrkerne), die zu Paläoklimarekonstruktionen herangezogen werden (vgl. HAJDAS et al. 2003).

Danksagung

Meine Forschungen in Mexiko und in den südamerikanischen Anden wurden von der DFG, der VW-Stiftung und den Universitäten in Bonn, Saarbrücken, Regensburg und Mexiko-Stadt (UNAM) finanziell gefördert. Diesen Institutionen und zahlreichen Kolleginnen und Kollegen danke ich für vielfältige Unterstützung der Arbeiten.

Literatur

ABBOTT, M. B. et al. (2000): Holocene hydrological reconstructions from stable isotopes and paleolimnology, Cordillera Real, Bolivia. – In: Quaternary Science Reviews 19. – 1801-1820.
ANDERSON, D. E. (1997): Younger Dryas research and its implications for understanding abrupt climatic change. – In: Progress Physical Geography 21. – 230-249.
ARGOLLO, J. / MOURGUIART, P. (2000): Late Quaternary climate history of the Bolivian Altiplano. – In: Quaternary International 72. – 37-51.
BARBER, D.C. et al. (1999): Forcing the cold event of 8,200 years ago by catastrophic drainage of Laurentide lakes. – In: Nature 400. – 344-348.
BOBST, A. L. et al. (2001): A 106 ka paleoclimate record from drill core of the Salar de Atacama, northern Chile. – In: Palaeogeography, Palaeoclimatology, Palaeoecology 173. – 21-42.
CLARK, P. U. et al. (2002): The role of the thermohaline circulation in abrupt climate change. – In: Nature 415. – 863-869.
FISHER, T. G. / SMITH, D. G. (1994): Glacial Lake Agassiz: Its Northwest Maximum Extent and Outlet in Saskatchewan (Emerson Phase). – In: Quaternary Science Reviews 13. – 845-858.
GODFREY, L. V. et al. (2003): Stable isotope constraints on the transport of water to the Andes between 22° and 26°S during the last glacial cycle. – In: Palaeogeography, Palaeoclimatology, Palaeoecology 194. – 299-317.
GUILDERSON, T. P. / FAIRBANKS, R. G. / RUBENSTONE, J. L. (1994): Tropical temperature variations since 20,000 years ago: modulating interhemispheric climate change. – In: Science 263. – 663-665.
HAJDAS, I. et al. (2003): Precise radiocarbon dating of Late-Glacial cooling in mid-latitude South America. – In: Quaternary Research 59. – 70-78.
HEINE, J. T. (1993): A reevaluation of the evidence for a Younger Dryas climatic reversal in the tropical Andes. – In: Quaternary Science Reviews 12. – 769-779.
HEINE, J. T. (1998): Extent, timing, and climatic implications of glacier advances, Mount Rainier, Washington, U.S.A., at Pleistocene/Holocene transition. – In: Quaternary Science Reviews 17. – 1139-1148.
HEINE, K. (1994): The late-glacial moraine sequences in Mexico: is there evidence for the Younger Dryas event? – In: Palaeogeography, Palaeoclimatology, Palaeoecology 112. – 113-123.
HEINE, K. (1995): Bedded Slope Deposits with respect to the Late Quaternary Glacial Sequence in the High Andes of Ecuador and Bolivia. – In: SLAYMAKER, O. (ed.): Steepland Geomorphology. – Chichester et al. 257-278.
HEINE, K. (1996): The extent of the last glaciation in the Bolivian Andes (Cordillera Real) and palaeoclimatic implications. – In: Zeitschrift für Geomorphologie, Suppl.-Bd. 104. – 187-202.
HEINE, K. (1999): Der Kleine Süden Chiles – eine „klassische" Glaziallandschaft. Neue Feldforschungen und Ergebnisse zum Problem der interhemisphärischen Korrelation jungpleistozäner gla-

zialer Ereignisse. – In: SCHÄBITZ, F. / LIEBRICHT, H. (Hrsg.): Beiträge zur quartären Landschaftsentwicklung Südamerikas. (= Bamberger Geographische Schriften, 19). – Bamberg. 77-105.
HEINE, K. (2000): Tropical South America during the Last Glacial Maximum: evidence from glacial, periglacial and fluvial records. – In: Quaternary International 72. – 7-21.
HEINE, K. / GEYH, M. A. (2002): Neue ^{14}C-Daten zur Jüngeren Dryaszeit in den ecuadorianischen Anden. – In: Eiszeitalter und Gegenwart 51. – 33-50.
HEINE, K. / HEINE, J. T. (1996): Late-glacial climatic fluctuations in Ecuador: Glacier retreat during Younger Dryas time? – In: Arctic and Alpine Research 28. – 496-501.
HEINE, K. / VÁZQUEZ-SELEM, L. (2002): Das 8,2 ka-Ereignis in Mexiko: Gletscherverhalten und klimatische Folgerungen. – In: Schriftenreihe der Deutschen Geologischen Gesellschaft, 21 (Geo 2002-Tagung Würzburg, 01.-05.10.2002). – 154.
HOSTETLER, E. W. et al. (2000): Simulated influences of Lake Agassiz on the climate of central North America 11,000 years ago. – In: Nature 405. – 334-337.
JORDAN, E. et al. (1993): Pleistocene moraine sequences in different areas of glaciation in the Bolivian Andes. – In: Zentralblatt Geol. Paläont., Teil I(1/2).- 455-470.
LEVERINGTON, D. W. / MANN, J. D. / TELLER, J. T. (2002): Changes in the Bathymetry and Volume of Glacial Lake Agassiz between 9200 and 7700 14C yr BP. – In: Quaternary Research 57. – 244-252.
MARK, B. G. / SELTZER, G. O. / RODBELL, D. T. (2004): Late Quaternary Glaciations of Ecuador, Peru and Bolivia. – In: EHLERS, J. / GIBBARD, P. L. (eds.): Quaternary Glaciations, Extent and Chronology, Part III: South America, Asia, Africa, Australia, Antarctica. – Amsterdam. [in press].
NORDT, L. C. et al. (2002): C4 Plant Productivity and Climate CO2 Variations in South-Central Texas during the Late Quaternary. – In: Quaternary Research 58. – 182-188.
OGLESBY, R. J. / MAASCH, K. A. / SALTZMAN, B. (1989): Glacial meltwater cooling of the Gulf of Mexico: GCM implications for Holocene and present-day climates. – In: Climate Dynamics 3. – 115-133.
RUDDIMAN, W. F. (2003): Orbital insolation, ice volume, and greenhouse gases. – In: Quarternary Science Reviews 22. – 1597-1629.
RÜHLEMANN, C. et al. (1999): Warming of the tropical Atlantic Ocean and slowdown of the thermohaline circulation during the last deglaciation. – In: Nature 402. – 511-514.
SELTZER, G. O. et al. (2002): Early Warming of Tropical South America at the Last Glacial-Interglacial Transition. – In: Science 296. – 1685-1686.
STAGER, J. C. / MAYEWSKI, P. A. (1997): Abrupt Early to Mid Holocene climatic transition registered at the Equator and the Poles. – In: Science 276. – 1834-1836.
TELLER, J. T. (2001): Formation of large beaches in an area of rapid differential isostatic rebound: the three outlet control of Lake Agassiz. – In: Quaternary Science Reviews 20. – 1649-1659.
TELLER, J. T. / LEVERINGTON, D. W. / MANN, J. D. (2002): Freshwater outbursts to the oceans from glacial Lake Agassiz and their role in climate change during the last deglaciation. – In: Quaternary Science Reviews 21. – 879-887.
THOMPSON, L. G. / MOSLEY-THOMPSON, E. / HENDERSON, K. A. (2000): Ice-core palaeoclimate records in tropical South America since the Last Glacial Maximum. – In: Journal of Quaternary Science 15. – 377-394.
VÁZQUEZ-SELEM, L. (2000): Glacial Chronology of Iztaccíhuatl Volcano, central Mexico. A Record of Environmental Change on the Border of the Tropics. [Ph.D. thesis, Arizona State University]
VÁZQUEZ-SELEM, L. / HEINE, K. (2004): Late Quaternary Glaciation of Mexico. – In: EHLERS, J. / GIBBARD, P. L. (eds.): Quaternary Glaciations, Extent and Chronology, Part III: South America, Asia, Africa, Australia, Antarctica. – Amsterdam. [in press].

Wilfried HAEBERLI (Zürich) und Martin BENISTON (Fribourg)

Leitthema A2 – Globaler Klimawandel und Gebirge

In den Alpen haben die Hochwasserereignisse der letzten Jahre, der Lawinenwinter von 1999 oder eben erst der extreme Sommer 2003 einer breiten Öffentlichkeit bewusst gemacht, dass Gebirgsregionen nicht nur als Lebensraum, sondern auch als Regler und Indikatoren im Klimasystem eine wichtige Rolle spielen. Als ausgeprägte Strukturelemente der Erdoberfläche stellt ihre Störwirkung auf großflächige atmosphärische Strömungsmuster einen der auslösenden Mechanismen für die Zyklogenese in mittleren Breiten dar. Die Einflüsse ausgedehnter Gebirgszüge auf die atmosphärische Zirkulation und das Klima im allgemeinen bildet deshalb seit jeher den Brennpunkt zahlreicher Forschungsprojekte. Ein Hauptergebnis dieser umfassenden Studien ist die Erkenntnis, dass die Orographie – zusätzlich zu den thermalen Land/Meer-Kontrasten – der wichtigste Bildungsfaktor der stationären planetarischen Wellen ist, speziell in der winterlichen Troposphäre. Jahreszeitlich stationäre Hochdruckperioden mit großräumig vernetzten Anomalien der Temperatur und des Niederschlags, wie sie in vielen Erdregionen beobachtet werden können, sind wesentlich auf die Anwesenheit der Gebirge zurückzuführen.

In Gebirgsregionen wie denen des Himalajas, der Rocky Mountains, der Anden oder der Alpen treten wegen der großen Höhenausdehnung eine Vielzahl kleinräumiger klimatischer Bedingungen auf, die den weit über die Breitengrade verteilten Klimazonen entsprechen und eine hohe Artenvielfalt aufweisen. Tatsächlich besteht ein so enger Zusammenhang zwischen der Bergvegetation und dem Klima, dass die Typologien der einzelnen Vegetationsgürtel dazu verwendet wurden, klimatische Zonen zu bestimmen und die horizontalen und vertikalen Übergänge zu definieren. Bergregionen bilden auch ein Schlüsselelement des Wasserkreislaufs, da sie die Quelle der größten Flusssysteme bilden. Räumliche oder saisonale Klimaveränderungen, speziell was die Niederschläge betrifft, würden massive Auswirkungen auf Gewässersysteme haben, deren Ursprung in Bergregionen liegt. Dies würde zu einer Veränderung der heutigen sozioökonomischen Strukturen der Bevölkerungsteile führen, die in Bergregionen oder flussabwärts in den Ebenen leben. Schnee, Gletscher und Permafrost in kalten Gebirgsregionen sind wegen ihrer Nähe zum Schmelzpunkt besonders anfällig auf Temperaturschwankungen der Atmosphäre. Kommt hinzu, dass Abtragsprozesse in hochalpinen Regionen mit steilen Hängen besonders intensiv sind. Die Veränderungen im Oberflächen- und Grundeis verursachen eine entsprechende Veränderung der geomorphologischen Prozesse. Folglich haben Klimaveränderungen starke Auswirkungen auf die Glazial- und Periglazialgürtel der Gebirgsregionen. Im 20. Jahrhundert konnte man entsprechend einschneidende Veränderungen in vereisten Gebirgsregionen feststellen.

Der Umsatz von Treibhausgasen, die Aussagekraft langfristig-instrumenteller Messungen, die Beobachtung von Schlüsselindikatoren für Veränderungen in der Umwelt und numerische Modelle zur Analyse gegenwärtiger und Antizipation möglicher zukünftiger Zustände des Klimas im Hochgebirge zählen zu den primären Aspekten aktueller „Climate Change"-Forschung im Gebirge. Die Vorträge der Leitthemensitzung sind Beispiele dafür. Stephan Glatzel gibt einen Überblick über den Stand des Wissens und die entscheidenden Herausforderungen bei der Untersuchung von Treibhausgas-Flüssen in tropischen Hochgebirgen. Er weist insbesondere auf die Relevanz der entsprechenden Beiträge zu globalen Bilanzen, die entscheidende Rolle der Landnutzung, die zu verbessernde Flächenausweisung ökosystemarer Einheiten und den Bedarf an gezielten Gasflussmessungen hin. Reinhard Böhm legt die Grundlagen zur Homogenisierung und Analyse langer instrumenteller Klimamessreihen im weiteren Alpenraum dar. Die weltweit einzigartigen Daten bestätigen den generellen Erwärmungstrend auch über die Korrelation zwischen Temperatur und Luftdruck und deuten auf ein Dipolmuster der Feuchteverteilung und -veränderung hin. Andreas Kääb illustriert die raschen Fortschritte moderner Messtechnologien aus dem Luft- und Weltraum für die Beobachtung von Gletscherveränderungen im Rahmen integrativer/klimabezogener weltweiter Messprogramme. Für die zeitlich und räumlich hochauflösende Dokumentation des beschleunigenden Gletscherschwunds als primäre Indikation der globalen Klimaänderung eröffnen vor allem Laser, Radar, Multi- und Hyperspektralsensoren und Stereokapazitäten ganz neue Möglichkeiten der Kombination mit Geoinformatikmitteln, Feldmessungen und Modellsimulationen.

Die Leiter der Sitzung danken den Autoren ganz herzlich für ihre ausgezeichneten und hochaktuell-zukunftsorientierten Beiträge.

Stephan GLATZEL (Göttingen)

Kohlenstoffspeicherung in und Spurengasfreisetzung aus Böden tropischer Gebirge – Stand des Wissens und Forschungsbedarf

1 Problemstellung

1.1 Treibhauseffekt / Globaler Klimawandel

Der weltweite Klimawandel zählt zu den bedeutendsten Herausforderungen für die Menschen im 21. Jahrhundert. Mit zunehmender Sicherheit können menschliche Aktivitäten als Ursachen für die globale Erwärmung identifiziert werden. Die wichtigsten Gase, die den anthropogenen Treibhauseffekt verursachen, sind (neben dem Wasserdampf) Kohlendioxid (CO_2), Methan (CH_4) und Lachgas (N_2O).

1.2 Kohlenstoffspeicherung

Die Böden der Erde speichern ca. 1.500 Gt (meist organischen) Kohlenstoff (C) und übertreffen damit den C-Gehalt der Erdatmosphäre (SCHLESINGER 1991). Darüber hinaus verlaufen die C-Umsatzprozesse in Böden rapide, so dass Umweltveränderungen in kurzen Zeiträumen gravierende Änderungen des C-Pools in Böden hervorrufen können. Die C-Speicherung in Böden unterliegt kurzfristigen Schwankungen und wird in hohem Maße von der Nettoprimärproduktion (NPP) gesteuert (CAO / WOODWARD 1998). Da atmosphärisches CO_2 ein wichtiger Pflanzennährstoff ist und die Assimilation oft limitiert, hat in vielen Ökosystemen der erhöhte CO_2-Gehalt der Atmosphäre zu verstärkter NPP und damit zu verstärkter C-Speicherung in Böden geführt. Dieser Mechanismus hat temperierte und boreale Wälder in C-Senken verwandelt und stellt damit einen Teil der bis vor kurzem unbekannten C-Senke („missing sink") dar (SCHOLES / NOBLE 2001). Die wichtigste C-Senke sind Moore des Nordens. Obwohl sie nur drei Prozent der Landoberfläche der Erde bedecken, sichern sie 30% des Boden-C (GORHAM 1991).

Landnutzungsänderungen verändern die C-Speicherung in Böden drastisch. Der C-Gehalt von Böden nimmt in der Reihenfolge Wald-Grünland-Acker ab. Gegenwärtig liegt der Schwerpunkt der globalen Landnutzungsänderungen bei der Abholzung von tropischen Wäldern (PRENTICE et al. 2001).

1.3 Spurengasfreisetzung

Bei erhöhten Temperaturen steigen die C-Mineralisierungsraten. So kann zusätzliches CO_2 in die Erdatmosphäre freigesetzt und eine positive Rückkoppelung in Gang gebracht werden (SCHLESER 1982). Die negativen Auswirkungen von Waldrodungen auf die C-Speicherung bestehen im verringerten C-Input über Pflanzenreste und Wurzeln, aber auch in erhöhten Verlusten an partikulärem C durch Erosion und gelöstem organischen C (CHANTIGNY 2003).

Unter anaeroben Verhältnissen erfolgt die Umsetzung von Fettsäuren, Alkoholen oder Aminen zu CH_4 (HAIDER 1996). Bei der Passage durch aerobe Bereiche wird CH_4 oxidiert. Neben dem Grundwasserspiegel wird die Methanemission vom Vegetationstyp (Pflanzen mit

Aerenchym steigern die Emission), Bodentemperatur, N(Stickstoff)-Düngung (erniedrigt CH_4-Oxidation) und pH-Wert gesteuert (HAIDER 1996).

Die Freisetzung von N_2O erfolgt durch Nitrifikation von Ammonium sowie durch Denitrifikation von Nitrat. Ihr Betrag hängt vom Redoxpotential und damit vom Bodenwassergehalt ab. Bei einem wassergefüllten Porenvolumen von ca. 60% erfolgt die stärkste N_2O-Freisetzung, bei höheren Wassergehalten erfolgt die Denitrifikation bis zum N_2 (GRANLI / BØCKMANN 1994). Die Nitrifikation und Denitrifikation benötigen N, der in großen Mengen über Düngung bereitgestellt wird. Daher korreliert die Zunahme des atmosphärischen N_2O eng mit dem Einsatz an N-Düngung (HAIDER 1996).

Aus den genannten Faktoren resultieren einfache Regeln für die Abschätzung der Größenordnung der Kohlenstoffspeicherung in wenig erforschten Regionen.

1. Mit zunehmender Feuchtigkeit und abnehmender Temperatur nimmt der Kohlenstoffgehalt von Böden zu.
2. Bei Mangel an flüssigem Wasser oder anderen Stressfaktoren sinkt die NPP und damit die C-Speicherung in Böden.
3. Sehr nasse Verhältnisse, hohe Temperaturen und bestimmte Pflanzen fördern die CH_4-Emission.
4. Feuchte Verhältnisse und N-Überschüsse fördern die Freisetzung von N_2O.

2 Untersuchungsraum

Aufgrund der unklaren Abgrenzung von tropischen Gebirgen gegenüber benachbarten Ökosystemen werden hier Räume eingeschlossen, deren Vorkommen zwingend an Gebirgsrelief und relativ höhere Lage gegenüber benachbarten Ökosystemen gebunden ist. Dies sind Bergregen- und Nebelwälder, Bergtrockenwälder sowie alle über diesen gelegenen Höhenstufen.

Die Tropen nehmen 47,8 Mio. km^2 ein (FAO 1993). Laut FAO (1993) sind davon 7,0 Mio. km^2 Hügel und Berge. In Südamerika befinden sich 7,2% der Fläche über 2.000 m NN, in Afrika sind es 3,7% und in Asien 10,8% der Fläche (BRAMER 1982[2]). Zieht man in Betracht, dass der Großteil der hoch gelegenen Fläche in Asien sich außerhalb der Tropen befindet, trifft man sicher die korrekte Größenordnung, wenn man davon ausgeht, dass ca. fünf bis zehn Prozent der Landoberfläche der Tropen, also 2,4 bis 4,8 Mio. km^2, Gebirge sind.

Innerhalb tropischer Gebirge sind laut PERSSON (1974) 2 Mio. km^2 montane und submontane Wälder, davon 0,5 Mio. km^2 Nebelwälder. Die restlichen 0,4 bis 2,8 Mio. km^2 setzten sich aus Trockenwäldern, der alpinen Stufe (Páramo), hochgelegenen Becken (Puna) sowie der nivalen Stufe zusammen.

Große Flächen innerhalb der tropischen Gebirge sind rapidem Landnutzungswandel unterworfen. Laut HENDERSON / CHURCHILL / LUTEYN (1991) sind seit 1991 90% der tropischen Bergwälder in den nördlichen Anden zerstört worden. Die jährliche Waldzerstörung in den frühen 1990er Jahren lag in den Bergwäldern der Tropen bei 1,1%. Im gleichen Zeitraum betrug sie bezogen auf alle tropischen Wälder 0,8% (DOUMENGE et al. 1993). Im Páramo und Hochebenen, die teilweise alte Kulturlandschaften sind, gibt es keine Abschätzung über das Ausmaß des aktuelle Landnutzungswandels.

Stephan GLATZEL

3 Stand des Wissens

Unter den Ökosystemen, die den tropischen Gebirgen zugeordnet werden können, sind Bergregenwälder in der ökologischen Forschung am besten untersucht. Daher ist die Übersicht über den Stand des Wissens zum C- und Spurengaswechsel in Bergregenwäldern ausführlicher als bei den anderen Ökosystemen. Es muss trotzdem betont werden, dass dem Autor (abgesehen von eigenen Voruntersuchungen) keine Spurengasflussmessungen in tropischen Gebirgen bekannt sind. Daher beschränkt sich dieser Überblick im wesentlichen auf die Beschreibung der oben erwähnten Schlüsselfaktoren und die Ableitung von Annahmen.

3.1 Tropische Bergregenwälder

Im Kohlenstoffhaushalt der Erde besitzen tropische Regenwälder eine Schlüsselfunktion. Sie bedecken 17% der terrestrischen Biosphäre, stellen 43% der Nettoprimärproduktion (NPP) und speichern 27% des bodengebundenen organischen Kohlenstoffs (SOC) der Erde (BROWN / LUGO 1982; MELILLO et al. 1993). Im Gegensatz zu anderen Biomen stehen in tropischen Regenwäldern den hohen Mengen SOC genauso hohe Mengen pflanzlicher Biomasse gegenüber (BROWN et al. 1993; DIXON et al. 1994).

Die ökologische Differenzierung innerhalb der tropischen Bergwälder hängt vor allem von den Feuchtebedingungen und damit von der Lage und Persistenz der Kondensationszonen ab (ODUM 1970). Mit steigender Höhe nimmt die Größe der Bäume ab (GRUBB 1977), steigt der Skleromorphiegrad der Vegetation (WHITMORE / BURNHAM 1969) und das C/N-Verhältnis (MARRS et al. 1998; SCHRUMPF et al. 2001). Feuchtebedingungen und Temperatur alleine sind jedoch nicht in der Lage, Teilprozesse des Umsatzes der organischen Substanz wie die Litterproduktion zu erklären (SILVER 1998).

Die Zusammenstellung des C-Gehalts von acht Profilen in tropischen Bergregenwäldern in Afrika, Asien und Mittelamerika von EDWARDS / GRUBB (1977) ergibt einen durchschnittlichen Vorrat von 16,3 kg C m^{-2}. Die aktuellen Ergebnisse von SCHRUMPF et al. (2001) über die C-Vorräte der Andenostabdachung in Ecuador ergeben ca. 7,0 bis 34,4 kg m^{-2}. Auf die geschätzte Ausdehnung der tropischen Bergregenwälder von 2 Mio. km^2 hochgerechnet sind demnach in den Böden dieses Ökosystems ca. 36 Gt C gespeichert. Zu dieser Menge muß noch der Epiphytentorf hinzugerechnet werden, dessen Menge völlig unbekannt ist. Im Vergleich zu mineralischen Böden zeichnen sich epiphytische Torfablagerungen durch höhere Gehalte an C und N, einen höheren pH-Wert sowie niedrigere N-Mineralisierung aus (VANCE / NADKARNI 1990).

In ihrer Ökologie unterscheiden sich tropische Bergwälder von Tieflandsregenwäldern durch geringere Temperaturen und höhere Luftfeuchtigkeit (WALTER / BRECKLE 1984), niedrigere NPP und Stickstoff (N)- sowie Phosphor (P)-Gehalte in den Blättern, sowie niedrigere Stoffumsatzraten (BRUIJNZEEL / VENEKLAAS, 1998). TANNER / VITOUSEK / CUEVAS (1998) vermuten eine N–Limitierung. Hieraus ergibt sich eine geringe Mineralisierung (MARRS et al. 1988) und damit eine Tendenz zur Humusakkumulation (TANNER / VITOUSEK / CUEVAS 1998). Andererseits treten auch in naturnahen, ungedüngten Bergegenwäldern N-Lücken von bis zu 20 kg ha^{-1} a^{-1} auf, die vermuten lassen, dass gasförmige Austräge eine wichtige Bilanzgröße darstellen (YASIN 2001). Da sich in Bergregenwäldern Bodenfeuchte und Redoxpotential das ganze Jahr über im Optimalbereich für N$_2$O-Produktion befinden können sind dort N$_2$O-Verluste von > 10 kg N ha^{-1} a^{-1} durchaus vorstellbar. Erste Voruntersuchungen des

Autors in ecuadorianischen Bergregenwäldern weisen auf N_2O-N-Emissionen von 0 bis 3 kg ha^{-1} a^{-1} hin. Die Bedingungen in Bergregenwäldern lassen keine hohen CH_4-Emissionen erwarten, obwohl in anaeroben Senken durchaus hohe Flüsse auftreten könnten. Über das CH_4-Oxidationspotential in Bergregenwäldern kann nur spekuliert werden.

3.2 Tropische Bergtrockenwälder

Bergtrockenwälder nehmen in allen Kontinenten bedeutende Flächen ein. Die Humusvorräte in trockenen und laubwerfenden Gebirgswäldern sind geringer als in Regenwäldern. GEROLD (1987) berichtet von C-Vorräten von 2 bis 4 kg m^{-2}. Aus oben stehenden Ausführungen ergibt sich, dass aufgrund der saisonalen Trockenheit von niedrigen N_2O-Emissionen auszugehen ist. Im Gegensatz zu Regenwäldern kann Frost in Trockenwäldern bis in tiefe Regionen reichen: GEROLD (1987) stellte in der subandinen Sierrenzone SE-Boliviens (700 bis 1.400 m NN) noch episodischen Frostwechsel fest, und in der Hochvalle- und Beckenregion der bolivianischen Ostkordillere oberhalb von 1.500 bis 1.700 m NN treten 20 bis 25 Frostwechseltage im Jahr auf. Da Frost-Tau-Zyklen Auslöser für hohe N_2O-Emissionen sein können (GOODROAD / KENEY 1984; RÖVER / HEINEMEYER / KAISER 1998), ist es denkbar, dass bei ausreichender Stickstoff- und Substrat-Verfügbarkeit nennenswerte N_2O-Emissionen auftreten. Aufgrund der langen Trockenperioden ist in tropischen Bergtrockenwäldern nicht mit starken Methanemissionen zu rechnen. In den Regenzeiten, die mit der warmen Jahreszeit zusammenfallen, ist in Senkenbereichen mit anaeroben Verhältnissen zu rechnen, so dass dann Methanemissionen zu erwarten sind. Die Stabilität der Kohlenstoffvorräte wird auch hier vom Klimawandel und Landnutzungswandel bestimmt, und Rodungen führen in der Regel zu verringerten Humusgehalten auf erodierten Flächen und der Ablagerung von humusreichen Kolluvien, die sehr starke CH_4-Quellen sein können.

3.3 Alpine Stufe

Gesellschaften der alpinen Stufe nehmen innerhalb Südamerikas den größten Raum ein. Sie gliedern sich in den immerfeuchte Páramo- und die wechselfeuchte Puna. Im Páramo äußern sich niedrige Temperaturen und hohe Luftfeuchtigkeit in starker Humusakkumulation bis hin zum Moor (STRAKA 1960). Die C-Gehalte von Böden der Puna hängen vor allem vom Humiditätsgrad ab. In der Feuchtpuna stellte GEROLD (1987) Humusgehalte von 0,3 bis 7,4% fest. In der Trockenpuna dagegen variierte der Humusgehalt von 0,2 bis 4,4%. Die starke anthropogene Überprägung von weiten Bereichen von Páramo und Puna führte zu gegenüber natürlichen Bedingungen veränderten Humusgehalten (STACHE 2000).

Die potentiellen N_2O-Emissionen im Páramo sind wegen häufigem Frostwechsel und hoher Feuchtigkeit hoch, doch bei ungenutzten Flächen ist von mangelnder N- und Substratverfügbarkeit auszugehen. In der Puna, die zu einem größeren Teil genutzt ist als der Páramo, besteht keine ganzjährige Feuchtigkeit, häufigerer Frostwechsel und intensivere landwirtschaftliche Nutzung. Damit sind die Bedingungen für N_2O-Ausgasung günstiger als im Páramo. Die immerfeuchten Verhältnisse in weiten Teilen des Páramo äußern sich neben der Vermoorung auch in CH_4-Ausgasung. In den trockeneren Bereichen ist von niedrigeren Emissionen, wenn nicht sogar Netto-CH_4-Aufnahme auszugehen.

Stephan GLATZEL

3.4 Nivale Stufe

Die nivale Stufe ist sowohl was Humusvorräte als auch Spurengasemissionen angeht vermutlich unbedeutend, denn die Aktivität aller beteiligten Mikroorganismen ist bei niedrigen Temperaturen niedrig und die dort vorherrschenden geringmächtigen Böden zeichnen sich durch geringe Humusmengen aus. Die hohen CH_4-Emissionen, die in der Tundra und Frostschuttzone des Flachlands festgestellt wurden (FRIBORG et al. 2000), sind aufgrund der Vermoorung im Flachland nicht auf nivale Ökosysteme in tropischen Gebirgen übertragbar.

4 Forschungsbedarf

Die Frage nach der C-Speicherung und Spurengasfreisetzung in tropischen Gebirgen kann bisher nicht beantwortet werden. In allen Ökosystemen, die den tropischen Gebirgen zugeordnet werden können, besteht umfangreicher Forschungsbedarf zur Kohlenstoffspeicherung und Spurengasfreisetzung. Der bisherige Mangel an Untersuchungen in tropischen Gebirgen ist auf Unzugänglichkeit, die im Gegensatz zu Tieflandsregenwäldern relativ kleine Fläche und große Heterogenität zurückzuführen. Lediglich in Bergregenwäldern Lateinamerikas sind in letzter Zeit umfangreiche Forschungsprojekte eingerichtet worden.

Ein Inventar der Boden-C-Vorräte benötigt weitere Messungen und geeignete Modellansätze. Das gegenwärtig am weitesten entwickelte Ökosystem-Prozessmodell, DNDC (LI et al. 2000), liefert gute Ergebnisse bei der Vorhersage von N_2O-Emissionen, sofern die Inputparameter in ausreichender räumlicher Auflösung bekannt sind. Da dies in Entwicklungsländern in der Regel nicht der Fall ist und möglicherweise ökosystemspezifische Prozesse wie Photooxidation (OSBURN et al. 2001) integriert werden müssen, sind baldige Erfolge mit Hilfe prozessorientierter Modelle nicht zu erwarten. Daher muss auf allen Feldern ökologischer und geographischer Forschung wie Kartierung, Messung sowie Aufklärung von Kausalitäten weitere Arbeit geleistet werden, um bessere Aussagen über C-Speicher und Spurengasflüsse machen zu können.

Gerade in Gebirgen muss davon ausgegangen werden, dass Ökosysteme sich im Wandel befinden. Bestandsaufnahmen werden durch den rapiden Landnutzungswandel in einigen Ökosystemen in den tropischen Gebirgen sowie den Klimawandel (BENISTON 2003) erschwert. Zur Trennung des Grundrauschens des „natürlichen" Wandels von den anthropogenen Prozessen ist es notwendig, die Größenordnung der gegenwärtigen Speicherungs- und Gasflussraten so schnell wie möglich zu erfassen.

Danksagung

Ich danke Prof. G. Gerold sowie M. Schawe für die Bereitstellung von Literatur und Daten und J. Boy, K. Edmaier, Dr. D. Hertel, S. Richter und Dr. R. Well für Probenahme, Transport und Messung der N_2O-Proben.

Literatur

BENISTON, M. (2003): Climatic change in mountain regions: A review of possible impacts. – In: Climatic Change 59. – 5-31.
BRAMER, H. (1982²): Geographische Zonen der Erde. – Gotha.

BROWN, S. / LUGO, A. E. (1982): The storage and production of organic matter in tropical forests and their role in the global carbon cycle. – In: Biotropica 14. – 161-187.
BROWN, S. et al. (1993): Tropical forests: Their past, present, and potential future in the terrestrial carbon cycle. – In: Water, Air Soil Pollut. 70. – 71-94.
BRUIJNZEEL, L. A. / VENEKLAAS, E. J. (1998): Climatic conditions and tropical montane forest productivity: The fog has not lifted yet. – In: Ecology 79. – 3-9.
CAO, M. / WOODWARD, F. I. (1998): Dynamic responses of terrestrial ecosystem carbon cycling to global climate change. – In: Nature 393. – 249-252.
CHANTIGNY, M. H. (2003): Dissolved and water-extractable organic matter and soils: a review on the influence of land use and management practices. – In: Geoderma 113. – 357-380.
DIXON, R. K. (1994): Carbon pools and flux of global forest ecosystems. – In: Science 263. – 185-190.
DOUMENGE, C. et al. (1993): Tropical montane cloud forests: conservation status and management issues. – In: HAMILTON, L. S. / JUVIK, J. O. / SCATENA, F. N. (eds.): Tropical montane cloud forests: Conservation status and management issues. – Honolulu. 18-24.
EDWARDS, P. J. / GRUBB, P. J. (1977): Studies of mineral cycling in a montane rain forest in New Guinea. I. The distribution of organic matter in the vegetation and soil. – In: Journal of Ecology 65. – 943-969.
FAO (1993): Summary of the final report of forest resources assessment 1990 for the tropical world. Paper prepared for the 11th COFO meeting. – Rom.
FRIBORG, T. et al. (2000): Trace gas exchange in a high-arctic valley 2. Landscape CH_4 fluxes measured and modeled using eddy correlation data. – In: Global Biogeochemical Cycles 14. – 715-723.
GEROLD, G. (1987): Untersuchungen zur Klima-, Vegetationshöhenstufung und Boden-sequenz in SE-Bolivien (ein randtropisches Andenprofil vom Chaco bis zur Puna). – In: AHNERT, F. et al. (Hrsg.): Beiträge zur Landeskunde Boliviens. (= Aachener Geographische Arbeiten, 19). – Aachen. 1-70.
GOODROAD, L. L. / KEENEY, D. R. (1984): Nitrous oxide emissions from soils during thawing. – In: Canadian Journal of Soil Science 64. – 187-194.
GORHAM, E. (1991): Northern peatlands: Role in the carbon cycle and probable responses to global warming. – In: Ecological Applications 1. – 182-195.
GRANLI, T. / BØCKMANN, O. C. (1994): Nitrous oxide from agriculture. – In: Norwegian Journal of Agricultural Sciences Supplement 12. – 1-128.
GRUBB, P. J. (1977): Control of forest growth and distribution on wet tropical mountains: with special reference to mineral nutrition. – In: Annual Review of Ecology and Systematics 8. – 83-107.
HAIDER, K. (1996): Biochemie des Bodens. – Stuttgart.
HENDERSON, A. / CHURCHILL, S. P. / LUTEYN, J. L. (1991): Neotropical plant diversity. – In: Nature 351. – 21-22.
LI, C. et al. (2000): A process-oriented model of N_2O and NO emissions from forest soils: 1, Model development. – In: Journal of Geophysical Research 105. – 4369-4384.
MARRS, R. H. et al. (1988): Changes in soil nitrogen mineralization and nitrification along an altitudinal transect in tropical rain forest in Costa Rica. – In: Journal of Ecology 76. – 466-482.
MELILLO, J. M. et al. (1993): Global climate change and terrestrial net primary production. – In: Nature 363. – 234-240.
ODUM, H. T. (1970): Rain forest structure and mineral-cycling homeostasis. – In: ODUM, H. T. / PIGEON, R. F. (eds.): A tropical rain forest, a study of irradiation and ecology at El Verde, Puerto Rico. – Oak Ridge/Tenn.
OSBURN, C. L. et al. (2001): Chemical and optical changes in freshwater dissolved organic matter exposed to solar radiation. – In: Biogeochemistry 54. – 251-278.
PERSSON, R. (1974): World Forest Resources. – Stockholm.

PRENTICE, I. C. et al. (2001): Chapter 3. – In: HOUGHTON, J. T. / YIHUI, D. (eds.): Climate Change 2001: The Scientific Basis. – Cambridge. 183-237.
RÖVER, M. / HEINEMEYER, O., / KAISER, E. A. (1998): Microbial nitrous oxide emissions from an arable soil during winter. – In: Soil Biology and Biochemistry 31. – 1859-1865.
SCHLESER, G. H. (1982): The response of CO_2 evolution from soils to global temperature changes. – In: Zeitschrift für Naturforschung 37a. – 287-291.
SCHLESINGER, W. H. (1991): Biogeochemistry. – San Diego.
SCHOLES, R. J. / NOBLE, I. R. (2001): Storing carbon on land. – In: Science 294. – 1012-1013.
SCHRUMPF, M. et al. (2001): Tropical montane rain forest soils. Development and nutrient status along an altitudinal gradient in the South Ecuadorian Andes. – In: Die Erde 132. – 43-59.
SILVER, W. L. (1998): The potential effects of elevated CO_2 and climate change on tropical forest soils and biogeochemical cycling. – In: Climatic Change 39. – 337-361.
STACHE, A. (2000): Konventionelle Landnutzung und traditionelle Hochbeete (Suka Kollus) am Titicacasee, Bolivien – Agrarökologische Standortbedingungen im Vergleich. [Diss. Geogr. Inst. Univ. Göttingen]
STRAKA, H. (1960): Literaturbericht über Moore und Torfablagerungen aus tropischen Gebieten. – In: Erdkunde 14. – 58-63.
TANNER, E. V. J. / VITOUSEK, P. M. / CUEVAS, E. (1998): Experimental investigation of nutrient limitation of forest growth on wet tropical mountains. – In: Ecology 79. – 10-22.
VANCE, E. D. / NADKARNI, N. M. (1990): Microbial biomass and activity in canopy organic matter and the forest floor of a tropical cloud forest. – In: Soil Biology and Biochemistry 22. – 677-684.
WALTER, H. / BRECKLE, S.-W. (1984): Ökologie der Erde. Band 2: Spezielle Ökologie der Tropischen und Subtropischen Zonen. – Stuttgart.
WHITMORE, T. C. / BURNHAM, C. P. (1989): The altitudinal sequence of forests and soils of granite near Kuala Lumpur. – In: Malayan Nature Journal. 22. 99-118.
YASIN, S. (2001): Water and nutrient dynamics in microcatchments under montane forest in the South ecuadorian Andes. (= Bayreuther Bodenkundliche Berichte, 73). – Bayreuth.

Reinhard **BÖHM** (Wien)

Systematische Rekonstruktion von zweieinhalb Jahrhunderten instrumentellem Klima in der größeren Alpenregion – ein Statusbericht

1 Einleitung und Datengrundlage

Gebirge haben starken Einfluss auf das Klima einer Region. Neben großräumigen Faktoren wie geographische Breite und Kontinentalität ist es die vertikale Schichtung der Atmosphäre, die zu den markanten Abweichungen des Gebirgsklimas von dem der umgebenden Ebenen führt. Gebirge verschärfen aber auch die sonst meist schleifend verlaufenden Übergänge zwischen Klimazonen in horizontaler Hinsicht. Auch bezüglich der zeitlichen Variabilität des Klimas sind derartige Modifikationen denkbar, und sie werden auch von den Klimamodellrechnungen postuliert. Inwiefern die vorliegenden Messreihen aus Gebirgsgegenden Besonderheiten widerspiegeln, kann von allen Gebirgen mit Abstand am besten in den Alpen verifiziert werden. Es gibt hier ein einzigartig dichtes Messnetz mit zum Teil unerreicht lange zurückreichenden Klimazeitreihen. Abb. 1 zeigt als Beispiel das Messnetz von Niederschlags-Langzeitstationen in der „Greater Alpine Region" („GAR"). Die zeitliche Entwicklung des Niederschlagsmessnetzes in der Alpenregion kann der Abb. 2 entnommen werden. Beide Beispiele stammen aus der im Projekt CLIVALP aufgebauten Datenbank HISTALP, die nun laufend mit Original-, homogenisierten und Metadaten aus verschiedenen Projekten gespeist wird (siehe Projektliste am Ende dieser Arbeit). In seiner endgültigen Version wird der Datensatz räumlich dichte, sorgfältig homogenisierte, langjährige Klimazeitreihen auf Monatsbasis von möglichst allen Klimaelementen beinhalten, die homogenisierbar sind. Zur Zeit ist die Arbeit an den 2003-Versionen von Temperatur und Niederschlag in der Endphase, die des Luftdrucks ist weit fortgeschritten, Sonnenscheindauer-Bewölkung sind in Arbeit und von den Elementen Dampfdruck, relative Feuchte, mittlere Temperaturextrema existiert ein fertiger Teilbereich in den Ostalpen.

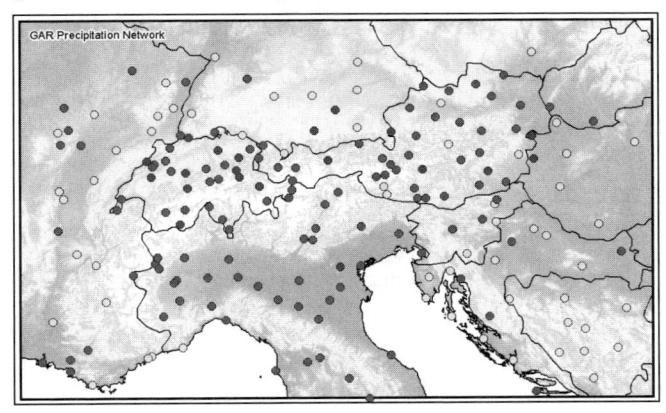

Abb. 1: Das Niederschlagsmessnetz in der GAR-Region (4 bis 18° Ost, 43 bis 49° N)

dunkle Punkte: Version 2002 (bereits verfügbar)

helle Punkte: Zusatzreihen der Version 2003 (in Fertigstellung begriffen)

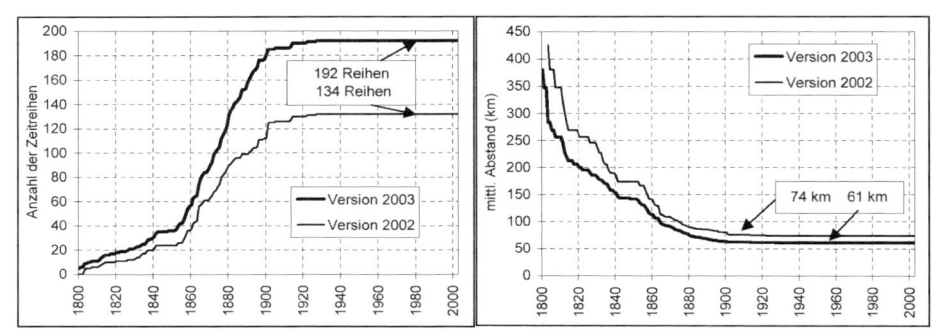

Abb. 2: Zeitliche Entwicklung des HISTALP-Niederschlagsdatensatzes
links: Zahl der Messreihen pro Jahr, rechts: mittlere Messnetzdichte pro Jahr

1.1 Die Frage der Homogenität

Auch instrumentelle Zeitreihen müssen, bevor sie für Fragen der Klimavariabilität herangezogen werden können, einer genauen Prüfung und Homogenisierung unterzogen werden. Darunter versteht man die Anpassung der älteren Teile der Reihen an den aktuellen Zustand der Messstationen. So gut wie nie ist es möglich, über Jahrzehnte oder Jahrhunderte hinweg die Messungen auf exakt gleiche Art und Weise durchzuführen. Immer gibt es Stationsverlegungen, die Einflüsse der Umgebung ändern sich (z. B. Stadteffekt, Rodung von Wäldern), der technische Fortschritt bringt andere Instrumente. Diese und andere Ursachen erzeugen eine Fülle von nicht klimatologischen Signalen in den Reihen, die durch den Prozess der Homogenisierung beseitigt werden müssen. Das vor allem deswegen, da die Inhomogenitäten nicht nur zufallsverteilt sind (und damit bei Betrachtung einer genügend großen Zahl von Zeitreihen nicht mehr von Belang sind), sondern es eine Reihe von systematischen Inhomogenitäten gibt, die in größeren Gebieten zu merklichen Verfälschungen auch der Langfristtrends führen. Abb. 3 zeigt als Beispiel die Gesamtheit aller Inhomogenitäten, die bei der Homogenisierung von 100 alpinen Temperaturzeitreihen gefunden und beseitigt werden konnten. Der Unterschied betrug in Einzelfällen bis zu +4° C, und auch das Mittel aus allen Reihen war im Original systematisch verfälscht.

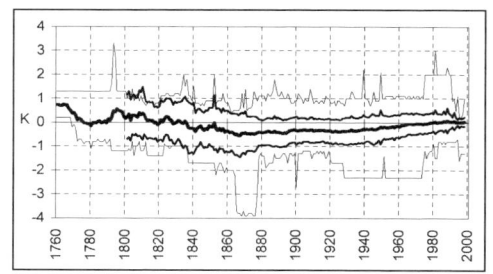

Abb. 3: Differenz zwischen homogenisierten minus originalen Temperaturzeitreihen im Alpengebiet

dick: Mittel aus 100 Reihen, mittel: einfacher Streuungsbereich, dünn: Gesamtbereich aller Inhomogenitäten

Wie extrem einzelne Inhomogenitäten sein können, sei hier am Beispiel der Messungen des Niederschlags an der Station Hohenpeißenberg illustriert (Abb. 4). Diese wurde Jahrzehnte hindurch auf dem Dach eines Gebäudes vorgenommen, wodurch die tatsächlichen Niederschlagsmengen drastisch unterschätzt wurden. Dieses Beispiel ist das extremste, das gefunden wurde, entspricht aber qualitativ ebenfalls einem generellen Trend von historischen Ombrometer-Aufstellungen (möglichst exponiert auf Messplattformen, Dächern Türmen etc.) zu der modernen Auffassung, dass Bodennähe und eine gewisse Abschirmung des Gerätes günstiger ist (Abb. 5) – wodurch die alten Teile der Zeitreihen vor der Homogenisierung systematisch zu niedrig sind.

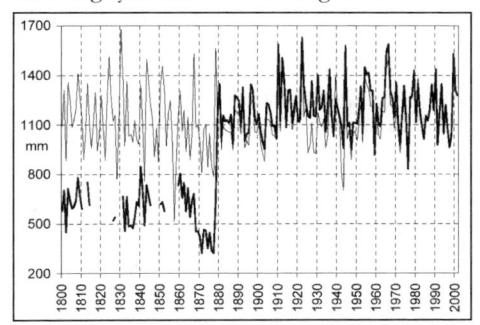

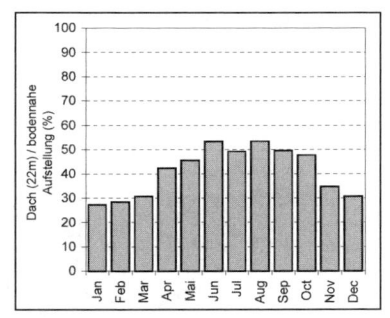

Abb. 4: Inhomogenität in der Niederschlagsreihe Hohenpeißenberg bedingt durch den Wechsel von der Dach-Aufstellung auf eine bodennahe Installation
links: Jahresreihen original (fett) und homogenisiert (dünn), rechts: mittlere Quotienten Dach/bodennah

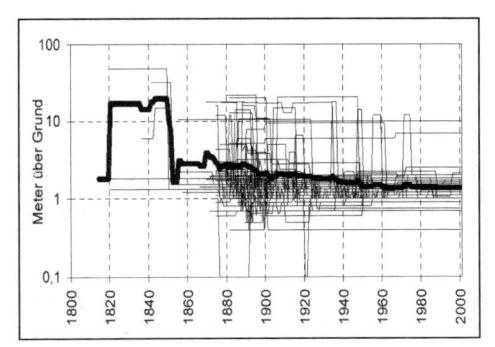

Abb. 5: Zeitliche Entwicklung der Aufstellungshöhen von Ombrometern in der GAR-Region
(dünn: Einzelstationen, dick: Mittel über alle Stationen)

Eine weitere Vertiefung der Homogenitätsfrage kann hier nicht durchgeführt werden, Interessenten seien auf AUER / BÖHM / SCHÖNER (2001a) und die dort angegebene einschlägige Literatur verwiesen. Festgehalten sei hier nur, dass alle in der Folge gezeigten Ergebnisse auf sorgfältig getesteten und homogenisierten Messreihen beruhen.

2 Beispiele für die Klimavariabilität im Alpenraum

Wir wollen nun anhand von einigen Beispielen einen Streifzug durch die Klimaschwankungen der letzten zwei Jahrhunderte im Alpenraum unternehmen und dabei mit der Temperatur beginnen.

2.1 Beispiel Temperatur

Das vielleicht überraschende Ergebnis einer Analyse auf der Basis von etwa 100 Einzelzeitreihen in der Region – von tiefgelegenen Urbanreihen bis zu den Zeitreihen der hochalpinen Observatorien vom Sonnblick bis zum Großen St. Bernhard – ist, dass der Langzeittrend überall in der Alpenregion derselbe ist. Abb. 6 zeigt den geglätteten Langzeitverlauf der Jahresmitteltemperatur aus sechs Subregionen der Alpen und die mittlere Kurve der gesamten Erde. Die Unterschiede innerhalb des Alpengebiets sind sehr gering. Die Alpenkurven beginnen mit tiefen Temperaturen im 18. Jahrhundert, steigen auf markante Maxima in den

Aktuelle Dynamik und Langzeitsignale in Gebirgsräumen

1790er- und 1820er Jahren an, fallen dann auf das für das 19. Jahrhundert typische tiefe Niveau der letzten Phase der „kleinen Eiszeit", die auch den letzten starken Gletschervorstoß in den Alpen brachte. Seit etwa 1890 sehen wir wieder einen Erwärmungstrend, der zu zwei Höhepunkten führte, der erste um 1950, der zweite in den 1990er Jahren. Die kürzere globale Kurve verläuft ähnlich, jedoch deutlich weniger steil als die der Alpen. In den Alpen war die Erwärmung seit der Mitte des 19. Jahrhunderts etwa doppelt so stark wie im globalen Mittel. Allerdings zeigt die ebenfalls warme Phase um 1800 (für die es kein globales Mittel gibt), dass bei Interpretationen wie „noch nie da gewesene Temperaturen" Vorsicht am Platz ist.

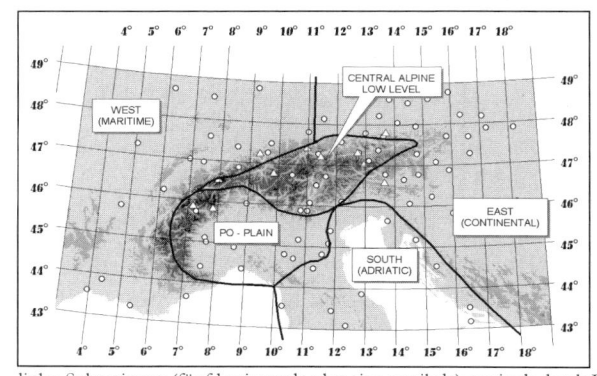

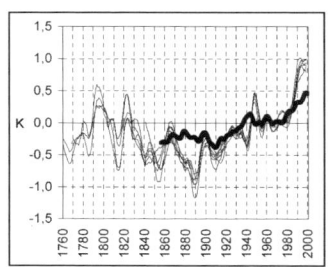

Abb. 6: Geglätteter Verlauf der Temperatur seit 1760 in sechs Subregionen der Alpen (dünn) und im globalen Mittel (fett)

links: Subregionen (fünf horizontale plus eine vertikale) ermittelt durch PCA-Analyse
rechts: zehnjährig tiefpassgefilterte Abweichungen vom Mittel des 20. Jahrhunderts

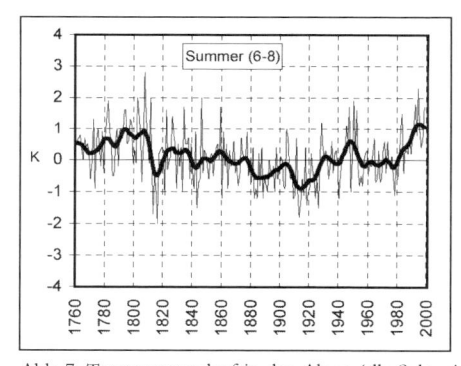

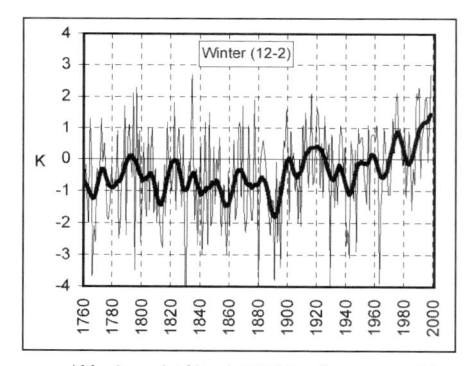

Abb. 7: Temperaturverlauf in den Alpen (alle Subregionen aus Abb. 6 gemittelt) seit 1760 im Sommer und im Winter. Gezeigt sind die Einzeljahre (dünn) und der zehnjährig geglättete Verlauf (dick).

Abb. 7 zeigt, dass es Unterschiede der Temperaturtrends in den verschiedenen Jahreszeiten gibt. Speziell das bereits erwähnte Maximum um 1800 ist im Sommer noch stärker ausgeprägt und übertrifft sowohl in der Dauer als auch in den extremen Einzeljahren die aktuelle Wärmephase. (Ob der extreme Sommer 2003 den bisherigen Rekordhalter 1811 übertreffen wird, ist zur Zeit noch nicht klar, die uns bereits vorliegenden österreichischen Werte ordnen die beiden Sommer gleich hoch ein.)

Reinhard BÖHM

2.2 Beispiel Luftdruck, Sonnenscheindauer und Temperatur

Eine der Haupteinflussgrößen auf die regionale Klimaentwicklung ist die Luftdruckverteilung. Sie steuert die Zirkulation und koppelt damit das Klima in den Alpen entweder mehr an das maritime Klima des Atlantiks, des Mittelmeers oder an das kontinentalere Klima im Osten Europas. Die Wirkungskette läuft dabei (vor allem im Sommer) über die solare Einstrahlung, für die wir lange Zeitreihen der Sonnenscheindauer besitzen. Abb. 8 zeigt (links) die mittlere Luftdruckkurve der Ostalpen des Sommerhalbjahrs (nur Tieflandstationen, hochalpine Stationen sind für Zirkulationsfragen nicht geeignet, vgl. Abschnitt 2.6) im Vergleich mit der schon bekannten Temperaturkurve. Das rechte Diagramm zeigt die entsprechende Sommerreihe der (hochalpinen) Sonnenscheindauer wieder in Kombination mit der Temperaturkurve (die Sonnenscheinreihen tieferer Luftschichten sind wegen der Lufttrübung nicht so eng an die Temperatur gekoppelt). Auf den ersten Blick erkennt man einen sehr hohen Grad an Ähnlichkeit zwischen den Kurven. Das legt den Schluss nahe, dass ein großer Anteil der regionalen Temperaturvariabilität (im Sommer) auf eine Oszillation der Lage des Subtropischen Hochdruckgebiets zurückgeht. In den Jahrzehnten um 1800 und seit den 1940er Jahren stieß das Subtropenhoch im Sommer besonders weit nach Norden vor und sorgte für wolkenarmes und heißes Wetter, von etwa 1830 bis 1940 weniger weit mit der Konsequenz maritimerer, kühlerer Sommer im Alpengebiet. Interessant ist die offensichtliche Entkopplung der Luftdruck- und Sonnenscheinreihen von der Temperaturreihe seit den 1980er Jahren. Die Tatsache, dass die Temperatur in den letzten beiden Dekaden markant gestiegen ist, der Luftdruck und die Sonnenscheindauer aber diesen Anstieg nicht zeigte, könnte als ein „anthropogenes Signal" gewertet werden, dass also nun nicht allein die Zirkulation, sondern zunehmend auch etwa der anthropogene Treibhauseffekt in der Klimaentwicklung der Alpen eine Rolle spielt.

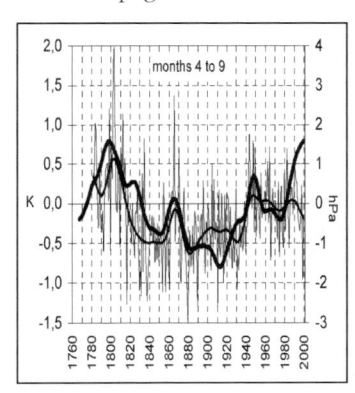

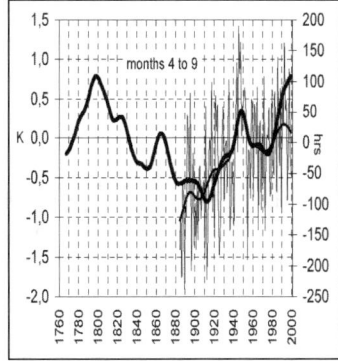

Abb. 8: Vergleich der (geglätteten) Temperaturkurve der Ostalpen (dick) mit der entsprechenden des (linkes Diagramm) Luftdrucks (dünn, Einzeljahre und geglätteter Verlauf), bzw. mit derjenigen der hochalpinen Sonnenscheindauer (rechts).
Alle Klimaelemente für den Sommer, als Abweichungen vom Mittel des 20. Jahrhunderts dargestellt.

Eine Reihe anderer interessanter Kombinationsmöglichkeiten verschiedener Klimaelemente, auch im Zusammenhang mit Zirkulationsindizes wie etwa dem NAO-Index, sind in AUER / BÖHM / SCHÖNER (2001a und b) enthalten.

2.3 Beispiel Anstieg der Null-Grad-Grenze

Die Temperaturreihen der GAR liegen für Seehöhen von 0 bis 3.100 m vor – das erlaubt eine Umrechnung der Temperaturtrends in verschiedenen Seehöhen in die sehr anschauliche und für Fragen der Vegetationsdynamik und der Permafrost-Geologie wichtige Größe „Höhe der

Null-Grad-Grenze". Wie man in Abb. 9 sieht (die ein Beispiel für die Monte Rosa-Mont Blanc-Region zeigt), ist die Null-Grad-Grenze in den Westalpen seit dem letzten Minimum um 1890 um etwa 250 m angestiegen, wobei 150 dieser 250 m allein in den letzten 20 Jahren erfolgten.

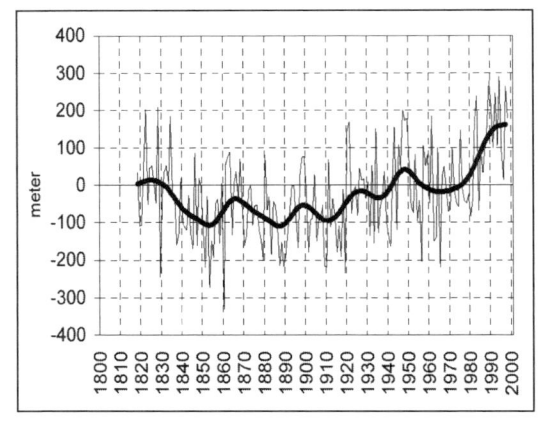

Abb. 9: Änderung der Null-Grad-Grenze in den Westalpen (Monte Rosa-Mont Blanc-Gebiet)

2.4 Beispiel thermische Stabilität

Vergleiche zwischen hochalpinen Temperaturzeitreihen und solchen aus den Ebenen der Umgebung erlauben auch die Ableitung von Zeitreihen der thermischen Stabilität der Atmosphäre. Bei stabiler Schichtung gibt es weniger, bei labiler Schichtung mehr vertikalen Abtransport von Schadstoffen aus den Quellgebieten. Im ersten Fall kumuliert die Schadstoffbelastung in den Quellgebieten, im zweiten Fall werden diese zwar entlastet, die Schadstoffe erreichen jedoch vermehrt die „Reinluftgebiete" der Alpen. Das gezeigte Beispiel in Abb. 10 aus den Westalpen verdeutlicht, dass es durchaus unterschiedliche Trends des TSI (thermischer Stabilitätsindex, berechnet aus standardisierten hochalpinen und Tieflandtemperaturreihen) gibt, je nachdem, welches Quellgebiet untersucht wird. Im Fall Monte Rosa ist gegenüber der Poebene seit etwa 1900 eine stetige Entwicklung zu unstabilen Verhältnissen zu erkennen, welche die Poebene entlasten. Gegenüber potentiellen Schadstoffquellen aus Nordwest hingegen gibt es nur kurzfristige Schwankungen, aber keinen Langfristtrend.

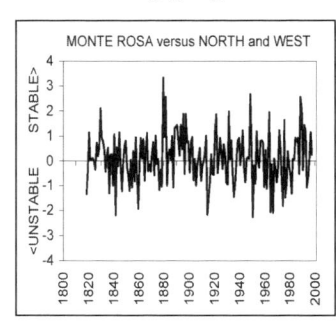

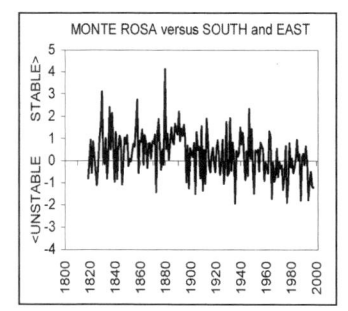

Abb. 10: Trends des "Thermischen Stabilitätsindex" im Winterhalbjahr zwischen den höchsten Gipfeln der Westalpen und zwei nahegelegenen Tieflandregionen, die als potentielle Schadstoffquellen in Frage kommen (links: Frankreich bzw. rechts: Poebene)

2.5 Beispiel Niederschlag

Die größten kleinräumigen Unterschiede in kurz- und langfristigen Klimatrends sind im Alpengebiet beim Niederschlag zu beobachten. Auf der Basis der etwa 200 Einzelzeitreihen der HISTALP-Datenbank existiert nun ein geschlossenes Bild der Niederschlags-Trendmuster in der GAR zurück bis in die erste Hälfte des 19. Jahrhunderts.

Abb. 11: Je fünf typische Zeitreihen von Jahresniederschlagssummen aus den beiden Dipol-Subregionen. jeweils Einzeljahre und 30-jährig tiefpassgefilterter Verlauf
rechts (von oben nach unten): Oderen (F), Chaumont (CH), Neuchâtel (CH), Augsburg (D), Strasbourg (F)
links: (von oben nach unten): Udine (I), Trieste (I), Sarajewo (BIH), Hvar (HR), Budapest (H)

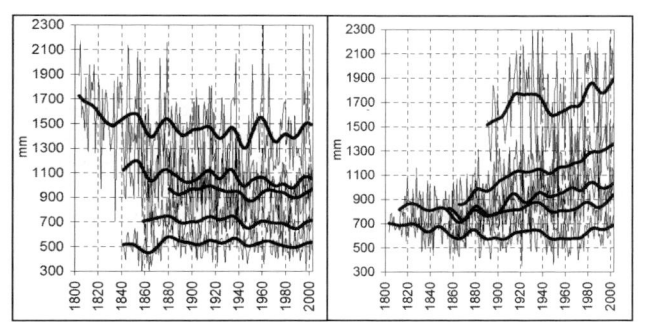

Generell fällt auf, dass – im Unterschied zu Temperatur und Luftdruck – kein einheitlicher Niederschlagstrend im Alpenraum vorliegt. Es gibt komplizierte Muster, die nicht sofort in ein einheitliches Schema zu fassen sind. Einige systematische Entwicklungen konnten jedoch bereits extrahiert werden:

Zum Ersten war das (kühle) 19. Jahrhundert eine Zeitspanne mit größerer Niederschlagsvariabilität als das (wärmere) 20. Jahrhundert. Im 19. Jahrhundert traten mittlere Dekadenabweichungen von bis zu mehr als 20% über normalem Niederschlag auf und andererseits Trockendekaden mit Negativabweichungen von mehr als 20%. Im 20. Jahrhundert war die Entwicklung ruhiger, der Rahmen des Niederschlags blieb durchwegs innerhalb +10%. Das ist kein Artefakt der anfänglich geringeren Messnetzdichte, die Streuungsabnahme ist auch für die Einzelreihen gegeben.

Die erste Hälfte des 19. Jahrhunderts zeigte generell sehr hohe Niederschläge, wobei eher der Raum südöstlich der Alpen (Norditalien, Adria) niederschlagsreicher war. Die Bevorzugung des oberitalienischen Raums gegenüber den Gebieten nordwestlich der Alpen blieb auch in der zweiten Hälfte des 19. Jahrhunderts erhalten, nur ab etwa 1850 auf schlagartig wesentlich niedrigerem Niveau. In der ersten Hälfte des 20. Jahrhunderts näherten sich alle Subregionen an den Durchschnitt an, und ab der Mitte des 20. Jahrhunderts ist eine Umkehrung des Verteilungsmusters zu erkennen: Oberitalien, Südostösterreich, Slowenien, Kroatien trocknen zunehmend aus, während die Luvzonen nordwestlich der Alpen (Savoyen, Schweiz, Westösterreich) stark steigende Trends aufweisen. Diese großräumigen Umverteilungen im Alpenraum sind zweifellos von den Alpen selbst verursacht, die auch bei geringfügigen Umstellungen der Allgemeinzirkulation ganz neue Muster der Luv- und Leelagen entstehen lassen – wobei eine langfristige Oszillation zwischen Nordweste und Südosten vorhanden zu sein scheint.

Dieser langfristigen Nordwest-Südost-Oszillation haben wir den vorläufigen Arbeitstitel „Alpiner Niederschlagsdipol" gegeben – er steht derzeit unter intensiver Analyse. Abb. 11 soll mit je fünf Jahreszeitreihen aus den beiden gegenläufigen Subregionen einen ersten Eindruck für die Art dieses Dipols vermitteln.

2.6 Beispiel für Seehöheneffekte

Ein abschließendes Beispiel soll das „vertikale Potential" von Klimaschwankungsstudien in den Alpen verdeutlichen. Ein auch heute noch gehörtes Argument gegen die Existenz der globalen Erwärmung ist der Hinweis auf die vielen möglichen Inhomogenitäten in den Tem-

Aktuelle Dynamik und Langzeitsignale in Gebirgsräumen

peraturmessreihen – es wird etwa behauptet, dass die gesamte Erwärmung auf eine zunehmende Urbanisierung zurückgeführt werden kann. Dagegen kann einerseits mit den Anstrengungen argumentiert werden, die durch die Homogenisierung der Messreihen unternommen werden. Eine simple Anwendung der Grundgesetze der Statik der Atmosphäre, wie sie etwa in dem Prinzip der relativen Topographien in der synoptischen Analyse tägliche Routine der Wetterdienste ist, erlaubt es, aus Luftdruckzeitreihen in verschiedener Seehöhe, wie sie etwa in den Alpen langjährig zur Verfügung stehen, solche der mittleren Temperatur der entsprechenden Luftsäule zu berechnen. Wie in BÖHM et al. (1998) näher ausgeführt, konnte aus vier hochalpinen und acht Tiefland-Luftdruck- und -Dampfdruckreihen (auf dem Weg über die virtuelle Temperatur) eine Lufttemperaturreihe für eine 2.500 m mächtige „Ostalpine Standardluftsäule" berechnet werden, die mit der direkt gemessenen mittleren Temperaturreihe der entsprechenden zwölf Stationen weitestgehend übereinstimmt. Abb. 12 zeigt links den Ausgangspunkt der diesbezüglichen Überlegungen – die unterschiedlichen hochalpinen Luftdrucktrends gegenüber denen des Tieflands (wegen der Geringfügigkeit des Effekts von nur 1 hPa/100 Jahren in geglätteter Form gezeigt). Das rechte Diagramm zeigt das Resultat – die berechnete und die direkt gemessene Temperaturreihe der ostalpinen Standardluftsäule. Sowohl der Langfristtrend ist identisch, als auch die Einzeljahre stimmen sehr gut überein.

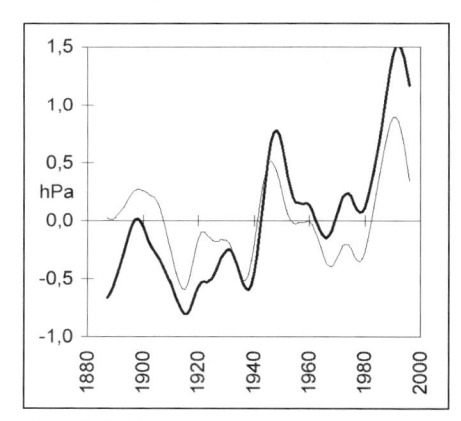

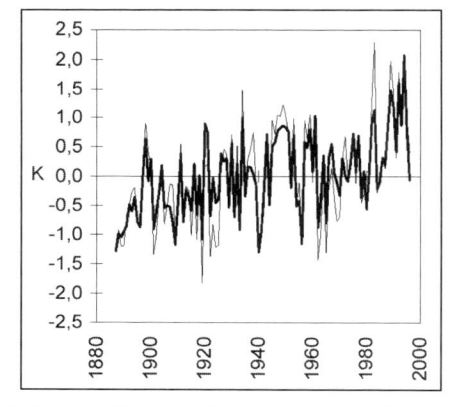

Abb. 12: Ableitung einer von Temperaturmessungen unabhängigen „Ostalpinen Standardtemperaturreihe" aus den Luftdruck- (und Feuchte-)Reihen der hochalpinen Observatorien verglichen mit denen aus dem Tiefland
links: unterschiedliche (geglättete) Luftdrucktrends über 2.000 m Seehöhe (fett) und unter 1.000 m (dünn)
rechts: aus Luftdruck- (und Feuchte-)Reihen berechnete (fett) und direkt gemessene Temperaturen

Danksagung

Die Arbeit an den instrumentellen Klimazeitreihen der GAR wurde innerhalb der Klimaschwankungsgruppe der Zentralanstalt für Meteorologie und Geodynamik (ZAMG) durchgeführt (I. Auer, R. Böhm, W. Schöner und wechselnde Projektsmitarbeiter) und durch die folgenden Forschungsprojekte unterstützt:

➢ ALOCLIM (Austrian long-term climate) – ein vom österreichischen Forschungsministerium finanziertes kooperatives Projekt von fünf ostalpinen Ländern (GZ-308.938/3-IV/B3/96)

- ALPCLIM (Environmental and climate information from high-elevated Alpine sites) – EU-project ENV4-CT97-0639
- CLIVALP (Climate variability studies in the Alpine region) – Österr. FWF-project P15076
- ALP-IMP (Multi-centennial climate variability in the Alps based on instrumental data, model simulations and proxy data) – EU-project EVK2-2001-00241

http://www.zamg.ac.at/ALP-IMP

Literatur

AUER, I. / BÖHM, R. / SCHÖNER, W. (2001a): Austrian long-term climate 1767-2000 – Multiple instrumental climate time series from Central Europe. (= Österr. Beitr. zu Meteorologie und Geophysik, 25). – 147 S. plus Data- and Metadata-CD.

AUER, I. / BÖHM, R. / SCHÖNER, W. (2001b): Long Climatic Time Series from Austria. – In: JONES, P. D. et al. (eds.): History and Climate – Memories of the Future?. – New York. 125-152.

BÖHM, R. et al. (1998): Long alpine barometric time series in different altitudes as a measure for 19th/20th century warming. Preprints of the 8th Conference on Mountain Meteorology in Flagstaff, Arizona. – Boston. 72-76.

BÖHM, R. et al. (2001): Regional temperature variability in the European Alps 1760-1998 from homogenized instrumental time series. – In: International Journal of Climatology 21. – 1779-1801.

Andreas KÄÄB und Wilfried HAEBERLI (Zürich)

Luft- und weltraumgestützte Messtechnologie – neue Perspektiven für die weltweite Gletscherbeobachtung

1 Einführung

Wegen ihrer Nähe zum Schmelzpunkt reagiert die Kryosphäre speziell sensibel auf Klimaveränderungen, insbesondere Temperaturschwankungen (HAEBERLI / BENISTON 1998). Deshalb auch zählen Gebirgsgletscher mit zu den besten Klimaindikatoren der Erde (IPCC 2001a; 2001b). Der derzeitige globale Gletscherrückzug ist ein deutliches Zeichen für eine Erwärmung der Erdatmosphäre (HAEBERLI / MAISCH / PAUL 2002). Um dieses globale Klimasignal und seine regionalen Ausprägungen repräsentativ und zuverlässig zu beobachten, sind globale Messnetze notwendig. So sammelt, verarbeitet und publiziert der *World Glacier Monitoring Service* (WGMS) eine große Anzahl von weltweiten Messungen von Gletscherlängenänderungen und Gletschermassenbilanzen (IAHS[ICSI] et al. 1998; 2001). Diese Messungen werden ausschließlich terrestrisch vorgenommen. Die angewandten Methoden sind robust, erfordern keine hochentwickelten Techniken und liefern global gut vergleichbare Daten. Andererseits erlauben moderne Fernerkundungsmethoden die Erfassung, erstens, ganz neuer glaziologischer Parameter mit, zweitens, einer bisher undenkbaren räumlichen Abdeckung und Repräsentativität. Schließlich drängt sich wegen der zunehmenden finanziellen und politischen Probleme in einer Vielzahl von Ländern die Anwendung von luft- und weltraumgestützten Verfahren auf, um so zumindest vorübergehend Lücken im Messnetz füllen zu können.

Überlegungen über eine Erweiterung bzw. Neuausrichtung der globalen Gletscherbeobachtung orientieren sich am besten an der *Global Hierarchical Observing Strategy* (GHOST) des *Global Terrestrial Observing System* (GTOS/GCOS). In Bezug auf Gletscher sieht diese internationale Beobachtungsstrategie unter anderem vor (HAEBERLI / CIHLAR / BERRY 2000; HAEBERLI / MAISCH / PAUL 2002):

- Stufe (2): Intensive, prozessorientierte Massenbilanzstudien innerhalb von Hauptklimazonen.
- Stufe (3): Regionale Beobachtung von Massenbilanzen bzw. Massenänderungen innerhalb großer Gebirgssysteme.
- Stufe (4): Repräsentative Langzeitbeobachtung von Gletscherlängenänderungen.
- Stufe (5): Globale Abdeckung durch wiederholte Gletscherinventare.

Im folgenden soll aufgezeigt werden, welche Beiträge moderne luft- und weltraumgestützte Messtechnologien bei der Verfolgung dieser Zeile leisten können. Nach einem Überblick über die zur Verfügung stehenden Methoden wird deren Einsatz in den oben genannten Stufen diskutiert.

2 Neue Messtechnologien

2.1 Digitale Photogrammetrie – multispektrale luftgestützte Sensoren

Digitale Analyse luftgestützter Stereodaten aus herkömmlichen Luftbildern oder Zeilensensoren erlaubt die automatische Generierung von digitalen Terrainmodellen (DTM) und die simultane Orthoprojektion der ursprünglichen Bilddaten (HAUBER et al. 2000; KÄÄB / VOLLMER 2000). So erstellte DTM haben eine vertikale Genauigkeit im Bereich einiger Dezimeter bis Meter. Die hochgradige Automatisierung vieler Verarbeitungsschritte ermöglicht die Bearbeitung großer Geländeausschnitte (WÜRLÄNDER / EDER 1998). Die erhaltenen orthoprojizierten Bilddaten können zu multispektralen Klassifikationen herangezogen werden, aber auch der hochauflösenden, flächenhaften Messung des Gletscherfließens dienen (KÄÄB 2002).

2.2 Laserscanning

Ganz neue Möglichkeiten zur Akquisition von DTM eröffnet zweifelsohne das Laserscanning (BALTSAVIAS et al. 2001; GEIST / STÖTTER 2003). Die resultierenden DTM haben eine horizontale Auflösung von wenigen Metern und eine vertikale Genauigkeit von wenigen Dezimetern. Ähnlich wie bei den oben genannten passiven optischen Flugzeugsensoren kann heute Dank globaler Positionierungssysteme (GPS) und inertialer Navigationssysteme (INS) an Bord der Flugweg und die Sensororientierung direkt bestimmt werden. So wird die notwendige Bodeninformation zur Rekonstruktion der geometrischen Aufnahmeparameter (Passpunkte) auf ein Minimum reduziert. In der Gletscherbeobachtung von besonderer Bedeutung ist die Eigenschaft des Laserscanning, als aktiver Sensor auch (oder sogar besonders gut) über verschneitem Gelände zu funktionieren. Wegen fehlenden optischen Kontrasts sind solche Zonen die Problemfälle passiver optischer Verfahren. Laserscanning erlaubt so erstmals die wirklich flächendeckende Bestimmung von DTM über Gletschern bzw. entsprechender vertikaler Veränderungen. Die Intensitäten der Laserreflektionen ergeben ferner eine Bildinformation, die zwar in räumlicher und radiometrischer Auflösung nicht an Luftbilder oder Zeilensensoren herankommt, aber doch einen wertvollen Datensatz bei der Datenanalyse darstellen kann.

2.3 Luftgestütztes SAR

Nur wenige Experimente liegen zur Gletscherbeobachtung mittels luftgestütztem *Synthetic Aperture Radar* (SAR) vor (VACHON et al. 1996; BINDSCHADLER / FAHNESTOCK / SIGMUND 1999; ECKERT / KELLENBERGER 2002). Im interferometrischen Modus (InSAR) steht dabei die Gewinnung von DTM im Vordergrund. Dabei werden bei räumlichen Auslösungen von einigen Metern vertikale Genauigkeiten von einigen Dezimetern erzielt. Der wesentliche Vorteil zu oben genannten optischen Verfahren ist die Wolkendurchdringung durch das Mikrowellenverfahren SAR. Noch wenig erforscht ist die thematische Information, welche die reflektierten Mikrowellen über die Eis- und Schneeoberfläche enthalten. Aus elektromagnetischen Überlegungen heraus kann dabei aber zumindest langfristig von einem großen Potential ausgegangen werden (MARSHALL / REES / DOWDESWELL 1995; ENGESET 1999).

Andreas KÄÄB und Wilfried HAEBERLI

2.4 Multispektrale Satellitensensoren

Das „Arbeitspferd" der weltraumgestützten Gletscherbeobachtung sind zweifellos die multispektralen Satellitensensoren wie zum Beispiel Landsat TM und ETM+, ASTER, IRS oder SPOT. Mit solchen Sensoren können große Gebiete mit einer Bodenauflösung von einigen Metern bis wenigen Dekametern regelmäßig beobachtet werden. Die multispektralen Daten ermöglichen eine weitgehende Automatisierung bei der Extraktion von Eis- und Schneeflächen (KÄÄB et al. 2002; PAUL et al. 2002). Stereosensoren wie ASTER erlauben sogar die simultane automatische Extraktion von DTM mit einer Auflösung und vertikalen Genauigkeit von einigen zehn Metern (Abb. 1; KÄÄB et al. 2003). Gerade bei der Analyse von hochalpinen glazialen Prozessen, die ja häufig von der Reliefenergie regiert werden, ist die Verfügbarkeit von DTM außerordentlich wichtig. Mit Sensoren wie IKONOS und QuickBird, die räumliche Auflösungen im Meter- und Submeterbereich besitzen, verschwimmen die Unterschiede zwischen optischer luft- und weltraumgestützter Fernerkundung zunehmend.

Abb. 1: Synthetische Schrägansicht der Region um den Mount Cook und des Tasman-Gletschers, Neuseeland. Aus Stereodaten des Satellitensensors ASTER wurde ein digitales Terrainmodell berechnet und die entsprechende ASTER-Nadir-Szene darüber projiziert. Seitenlänge des Ausschnitts ca. 25 km. Norden in Blickrichtung.

2.5 Weltraumgestütztes SAR

Mit ähnlicher bis leicht besserer Genauigkeit als aus optischem Satellitenstereo werden großflächige DTM aus satellitengestütztem InSAR erzeugt (TOUTIN / GRAY 2000). Dieses Mikrowellenverfahren ist besonders in Gebieten mit häufiger Wolkenbedeckung klar überlegen. Besonders hervorzuheben ist die *Shuttle Radar Topography Mission* (SRTM), die aufgrund einer Messkampagne im Februar 2000 für den Bereich zwischen 60° nördlicher und 54° südlicher Breite ein DTM mit 30 m Bodenauflösung und ca. 20 m horizontaler und vertikaler Genauigkeit geliefert hat (RABUS et al. 2003).

Neben der DTM Akquisition erlaubt InSAR im differentiellen Modus (DInSAR) die Messung von kleinsten Geländeverschiebungen. Von einer Anzahl großer Gletscher (vor allem in höheren Breiten) konnten so Fließfelder oder zumindest typische Eisgeschwindigkeiten ermittelt werden (RIGNOT / FORSTER / ISACKS 1996; STROZZI / GUDMUNDSSON / WEGMÜLLER 2003). Dieses Verfahren ergänzt sich in vielerlei Hinsicht hervorragend mit der Bewegungsmessung aus wiederholten optischen Satellitenbildern mit Hilfe von image-matching-Verfahren.

3 Intensive Prozessstudien (Stufe 2) und regionale Beobachtung von Gletschermassenänderungen (Stufe 3)

3.1 Fließfelder

Auf der Stufe der intensiven Prozessstudien (Stufe 2) ist einer der wesentlichsten Beiträge moderner Luft- und Weltraumverfahren an die weltweite Gletscherbeobachtung die Ermittlung von Oberflächenbewegungen. Aus wiederholten digitalen Luft- oder Satellitenbildern können durch Bildvergleichsverfahren dichte Gletscherfließfelder bestimmt werden (KÄÄB 2002). Optische Verfahren sind dabei auf den Erhalt von Oberflächenstrukturen wie Gletscherspalten oder Schuttflächen angewiesen. Die Resultate ergeben die zweidimensionale Oberflächenkinematik in bisher kaum erreichter räumlicher Auflösung. Das ermöglicht neue Erkenntnisse im Bereich der Gletscherdynamik und ihrer raum-zeitlichen Variationen. Auch terrestrisch unzugängliche Gebiete können so untersucht werden. Die luftgestützte Variante dieser Methodik wird sicher nur auf ausgewählten Gletschern angewendet werden (Stufe 2). Dort allerdings ist sie durchaus operationell einsetzbar, wenn ein bis zwei Befliegungen pro Jahr durchgeführt werden können. Basierend auf Satellitenbildern kann die Methode – mit geringerer Genauigkeit allerdings – auch großflächig eingesetzt werden (Abb. 2; vgl. Stufe 5; KÄÄB 2002).

Sowohl für großflächige Anwendungen als auch für Detailstudien sind Fliessfelder aus satellitengestütztem DInSAR geeignet. In mittleren Breiten werden Bewegungen nur in Blickrichtung des Sensors erhalten (STROZZI / GUDMUNDSSON / WEGMÜLLER 2003), in höheren Breiten bei Kombination von auf- und untergehendem Orbit aber zwei Verschiebungskomponenten (JOUGHIN / KWOK / FAHNESTOCK 1999). Das hochgenaue Verfahren stellt die einzige Möglichkeit dar, Fliessfelder von schneebedeckten Gletschern bzw. Akkumulationsgebieten zu messen. Einerseits hat die Technik die operationelle Stufe wohl erreicht, andererseits wird ihre regelmäßige Anwendung durch die wechselnden Spezifikationen der möglichen Sensoren aber derzeit erschwert. Für Detailstudien (Stufe 2) an großen Gletschern ist die Methodik jedoch sehr geeignet.

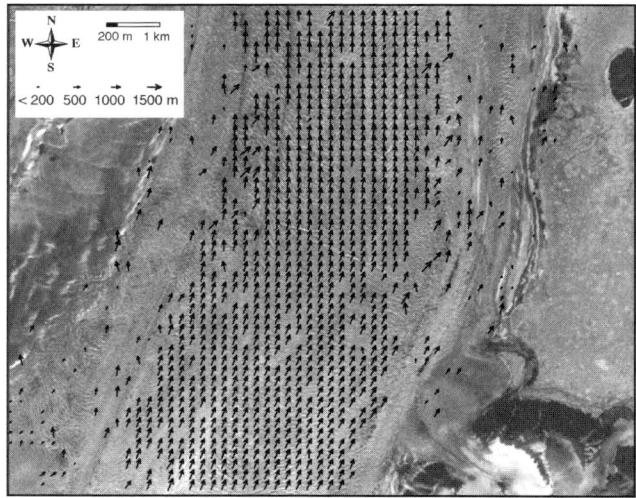

Abb. 2: Fliessfeld eines Ausschnitts des Mittiegletschers, Manson Icecap, Ellesmere Island, Kanadische Arktis, berechnet aus Landsat ETM+ pan Daten zwischen 13. Juli 1999 und 27. Juni 2000. Die Verschiebungen betragen bis zu 1.500 m. Das originale Messraster von 100 m wurde aus Gründen der Lesbarkeit auf 200 m reduziert. Während der Messperiode vollführte der Mittiegletscher einen Surge. Die Satellitendaten wurden zur Verfügung gestellt von Luke Copland, Department of Earth and Atmospheric Sciences, University of Alberta, Canada.

3.2 Gletschermassenänderungen

Wiederholte DTM sind das Standardmittel, Eisdickenveränderungen großflächig zu ermitteln. Je nach Genauigkeit dieser DTM sind solche Messungen für Detailstudien (Stufe 2) oder regionale Untersuchungen (Stufe 3) prädestiniert. Photogrammetrische Verfahren sind dabei am besten etabliert (KÄÄB 2001), Laserprofiling oder besser -scanning stellt aber zumindest für mit Flugzeugen zugängliche Regionen eine sehr vielversprechende Methode dar (ARENDT et al. 2002). Wenn zusätzlich keine gut aufgelöste Bildinformation verlangt wird, dürfte sich Laserscanning zum Mittel der Wahl entwickeln, wo Gletschermassenänderungen auf lokaler bis regionaler Ebene (Stufen 2 und 3) operationell beobachtet werden sollen.

Trotz ihrer geringeren Genauigkeit können aber satellitengestützte Photogrammetrie und InSAR interessant sein, um in abgelegenen Gebieten über längere Zeiträume (einige Jahrzehnte) Gletschermassenveränderungen zu beobachten (KÄÄB 2003). Die SRTM hat hier eine Grundlage von enormer Bedeutung geschaffen (RIGNOT / RIVERA / CASASSA 2003).

Werden in Detailstudien (Stufe 2) Fliessfelder und vertikale Veränderungen der Eismächtigkeit jährlich beobachtet, kann die Massenbilanz eines Gletschers flächenhaft mit Hilfe der Massenkontinuität modelliert werden (REEH / MADSEN / MOHR 1999; KÄÄB 2001).

4 Repräsentative Langzeitbeobachtung von Gletscherlängenänderungen (Stufe 4) und globale Abdeckung durch Gletscherinventare (Stufe 5)

4.1 Gletscherfläche

Die regionale bis globale Kartierung von Landeisflächen bzw. von deren Veränderungen ist klar eine Domäne der optischen Satellitendaten. Diese ermöglichen erstmals ein globales Inventar der Gletscherflächen, wie es derzeit im Programm GLIMS (*Global Land Ice Measurements from Space*) erstellt wird (KIEFFER et al. 2000). Die weitgehend automatisierbaren Verfahren liefern eine vollständige Stichprobe über alle Gletscher einer Region und sind so viel repräsentativer als terrestrische Messungen (KÄÄB et al. 2002; PAUL et al. 2002). In der Tat werden so, wie das Beispiel des neuen Schweizer Gletscherinventars aus Satellitenbildern zeigt, durchaus neue Erkenntnisse über die Klimareaktion von Gletschern gewonnen. Kleine Gletscher verschwinden derzeit in großer Anzahl; große Gletscher können auf die derzeitige beschleunigte Klimaerwärmung gar nicht mehr dynamisch durch Rückzug reagieren, sondern zerfallen an Ort und Stelle (sogenanntes *downwasting*) (Abb. 3; PAUL 2003). Optische Satellitenfernerkundung zur wiederholten Gletscherinventarisierung hat klar ein operationelles Stadium erreicht und muss ein fester Bestandteil weltweiter Gletscherbeobachtung werden.

4.2 Eisgeschwindigkeit

Neben den klassischen, weltweit beobachtbaren glaziologischen Parametern wie der Gletscherfläche erlauben moderne weltraumgestützte Techniken die großflächige Erfassung von Parametern, deren Einbezug in die globale Beobachtungsstufe (5) bisher völlig unmöglich war. Als Beispiel sei hier die Gletschergeschwindigkeit genannt. „Matching" von wiederholten Satellitenbildern oder DInSAR liefern Eisgeschwindigkeiten von einer Vielzahl von Gletschern, so dass dieser Parameter Teil von Gletscherinventaren werden kann (RIGNOT / FORSTER / ISACKS 1996). Der Parameter kann wichtige Hinweise auf die zu erwartende Klimareaktion eines Gletschers geben bzw. eine beobachtete Reaktion zu erklären helfen. Gezielte Beobachtungsstrategien müssen entwickelt werden.

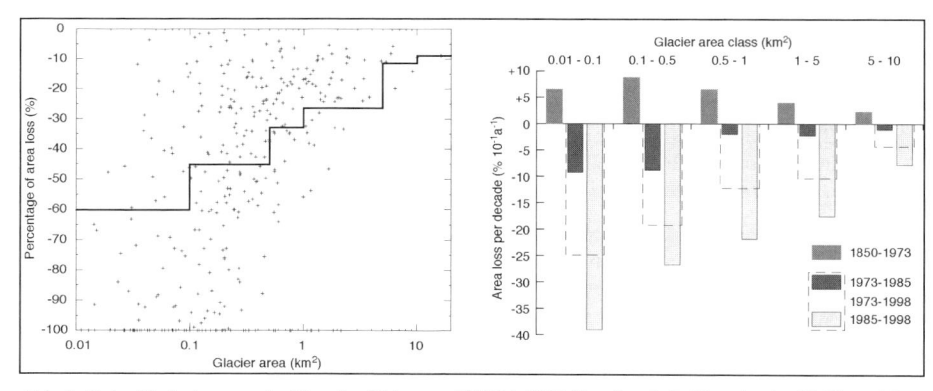

Abb. 3: Links: Veränderungen in Gletscherfläche von 1973 bis 1998 für schuttfreie Gletscher im Wallis und Berner Oberland, Schweiz. Die 1973er Daten entstammen Karten, Feldbegehungen und Luftbildinterpretationen (vgl. MAISCH et al. 1999), die Daten von 1998 sind aus Landsat-TM-Bildern abgeleitet. Die durchgezogene Stufen-Linie stellt den Mittelwert einzelner Größenklassen dar. Je kleiner die Gletscher, umso größer ist die Varianz ihrer Veränderung und umso größer ist ihr prozentualer Flächenverlust. Rechts: Gletscherflächenverlust pro Dekade für die Periode 1973-1985-1998 für die oben genannte Stichprobe aus den Schweizer Alpen. Der Verlust von 1850 bis 1973 ist aus MAISCH et al. (1999) entnommen. Alle prozentualen Veränderungen beziehen sich auf die Flächen von 1973. Der totale Flächenverlust von 1973 bis 1998 beträgt neun Prozent pro Jahrzehnt. Die gestrichelten Säulen sind das Mittel von 1973 bis 1998. (Quelle: KÄÄB et al. 2002)

5 Ausblick

Angesichts, einerseits, der derzeitigen Bedürfnisse an die weltweite Gletscherbeobachtung und, andererseits, der wesentlichen neuen Möglichkeiten, die sich aus modernen luft- und weltraumgestützten Messtechnologien ergeben, resultieren zwei grundlegende Herausforderungen:

Die *technische und wissenschaftliche Herausforderung* besteht darin, die verfügbaren Daten und Methoden sinnvoll zu fusionieren. Diese Herausforderung bezieht sich sowohl auf die Integration bestehender und bewährter terrestrischer Methoden mit den Fernerkundungsverfahren, als auch auf die verschiedenen Fernerkundungsverfahren untereinander. Luftgestützte Photogrammetrie und Laserscanning werden – vermutlich sogar sensorseitig – verschmelzen. Großes Potential – und eine Reihe offener Forschungsfragen – liegt in der Fusion von optischen und Mikrowellen-Verfahren.

Die *wissenschaftspolitische Herausforderung* besteht in der großflächigen (oder globalen) Anwendung operationeller Verfahren der luft- und raumgestützten Gletscherbeobachtung. Oft werden solche Verfahren entwickelt und erprobt, ihre Anwendung aber nicht mehr als Wissenschaft gefördert. Während diese Sichtweise aus dem methodischen Blickwinkel durchaus sinnvoll sein kann, ist sie für die Klimaforschung problematisch. Gerade globale und standardisierte Datensätze sind nötig, um die derzeitige Klimaveränderung und ihre regionalen Ausprägungen beobachten und verstehen zu können.

Literatur

ARENDT, A. A. et al. (2002): Rapid wastage of Alaska Glaciers and their contribution to rising sea level. – In: Science 297(5580). – 382-386.

BALTSAVIAS, E. P. et al. (2001): Digital surface modelling by airborne laser scanning and digital photogrammetry for glacier monitoring. – In: Photogrammetric Record 17(98). – 243-273.

BINDSCHADLER, R. / FAHNESTOCK, M. / SIGMUND, A. (1999): Comparison of Greenland ice sheet topography measured by TOPSAR and airborne laser alitmetry. – In: IEEE Transactions on Geoscience and Remote Sensing 37(5). – 2530-2535.

ECKERT, S. / KELLENBERGER, T. (2002): Qualitätsanalyse automatisch generierter digitaler Geländemodelle aus ASTER Daten. – In: SEYFERT, E. (Hrsg.): Zu neuen Märkten – auf neuen Wegen – mit neuer Technik. (= Tagungsbände der Wissenschaftlichen-Technischen Jahrestagungen der Deutschen Gesellschaft für Photogrammetrie, Fernerkundung und Geoinformation DGPF, 11). – Neubrandenburg. 337-345.

ENGESET, R. V. (1999): Comparison of annual changes in winter ERS-1 SAR images and glacier mass balance of Slakbreen, Svalbard. – In: International Journal of Remote Sensing 20(2). – 259-271.

GEIST, T. / STÖTTER, H. (2003): First results of airborne laser scanning technolgy as a tool for the quantification of glacier mass balance. – In: EARSeL eProceedings 2(1). – 8-14.

HAEBERLI, W. / BENISTON, M. (1998): Climate change and its impacts on glaciers and permafrost in the Alps. – In: AMBIO – A Journal of the Human Environment 27. – 258-265.

HAEBERLI, W. / CIHLAR, J. / BARRY, R. (2000): Glacier Monitoring within the Global Climate Observing System - a contribution to the Fritz Müller Memorial. – In: Annals of Glaciology 31. – 241-246.

HAEBERLI, W. / MAISCH, M. / PAUL, F. (2002): Mountain glaciers in global climate-related observation networks. – In: World Meteorological Organization Bulletin 51(1). – 18-25.

HAUBER, E. et al. (2000): Digital and automated high resolution stereo mapping of the Sonnblick glacier (Austria) with HRSC-A. – In: EARSeL eProceedings 1. – 246-254.

IAHS(ICSI) et al. (eds.) (1998): Fluctuations of Glaciers 1990-1995. (= Fluctuations of Glaciers, 7). – Paris.

IAHS(ICSI) et al. (eds.) (2001): Glacier Mass Balance Bulletin. (= Glacier Mass Balance Bulletin, 6.). – Zürich.

IPCC (Intergovernmental Panel on Climate Change) (2001a): Climate Change 2001 – Impacts, Adaption and Vulnerability. Third Assessment Report of the Working Group II. – Cambridge.

IPCC (Intergovernmental Panel on Climate Change) (2001b): Climate Change 2001 – The Scientific Basis. Intergovernmental Panel on Climate Change. Third Assessment Report of the Working Group I. – Cambridge.

JOUGHIN, I. R. / KWOK, R. / FAHNESTOCK, M. A. (1999): Interferometric estimation of three-dimensional ice-flow using ascending and descending passes. – In: IEEE Transactions on Geosciences and Remote Sensing 36(1). – 25-37.

KÄÄB, A. (2001): Photogrammetric reconstruction of glacier mass balance using a kinematic ice-flow model: a 20-year time-series on Grubengletscher, Swiss Alps. – In: Annals of Glaciology 31. – 45-52.

KÄÄB, A. (2002): Monitoring high-mountain terrain deformation from air- and spaceborne optical data: examples using digital aerial imagery and ASTER data. – In: ISPRS Journal of Photogrammetry and Remote Sensing 57(1-2). – 39-52.

KÄÄB, A. et al. (2002): The new remote sensing derived Swiss glacier inventory: II. First results. – In: Annals of Glaciology 34. – 362-366.

KÄÄB, A. et al. (2003): Glacier monitoring from ASTER imagery: accuracy and applications. – In: EARSel eProceedings 2(1). – 43-53.

KÄÄB, A. / VOLLMER, M. (2000): Surface geometry, thickness changes and flow fields on creeping mountain permafrost: automatic extraction by digital image analysis. – In: Permafrost and Periglacial Processes 11(4). – 315-326.

KIEFFER, H. H. et al. (2000): New eyes in the sky measure glaciers and ice sheets. – In: EOS Transactions, American Geophysical Union 81(24). – 265, 270-271.

MAISCH, M. et al. (1999): Die Gletscher der Schweizer Alpen: Gletscherhochstand 1850 – Aktuelle Vergletscherung – Gletscherschwund-Szenarien 21. Jahrhundert. (= Schlussbericht NFP 31). – Zürich.

MARSHALL, G. J. / REES, W. G. / DOWDESWELL, J. A. (1995): The discrimination of glacier facies using multitemporal ERS - 1 SAR data. – In: ASKNE, J. (ed.): Sensors and environmental applications of remote sensing. – Rotterdam. 263-269.

PAUL, F. (2003): The new Swiss glacier inventory 2000 – application of remote sensing and GIS. [Ph.D. thesis, University of Zurich].

PAUL, F. et al. (2002): The new remote sensing derived Swiss glacier inventory: I. Methods. – In: Annals of Glaciology 34. – 355-361.

RABUS, B. et al. (2003): The shuttle radar topography mission – a new class of digital elevation models acquired by spaceborne radar. – In: ISPRS Journal of Photogrammetry and Remote Sensing 57(4). – 241-262.

REEH, N. / MADSEN, S. N. / MOHR, J. J. (1999): Combining SAR interferometry and the equation of continuity to estimate the three-dimensional glacier surface vector. – In: Journal of Glaciology 45(151). – 533-538.

RIGNOT, E. / FORSTER, R. / ISACKS, B. (1996): Interferometric radar observations of Glaciar San Rafael, Chile. – In: Journal of Glaciology 42(141). – 279-291.

RIGNOT, E. / RIVERA, A. / CASASSA, G. (2003): Contribution of the Patagonia Icefields of South America to sea level rise. – In: Science 302. – 434-437.

STROZZI, T. / GUDMUNDSSON, H. / WEGMÜLLER, U. (2003): Estimation of the surface displacement of Swiss alpine glaciers using satellite radar interferometry. – In: EARSel eProceedings 2. – 3-7.

TOUTIN, T. / GRAY, L. (2000): State-of-the-art of elevation extraction from satellite SAR data. – In: ISPRS Journal of Photogrammetry and Remote Sensing 55(1). – 13-33.

VACHON, P. W. et al. (1996): Airborne and spaceborne SAR interferometry: application to the Athabasca Glacier Area. – In: Institute of Electrical and Electronics Engineering (ed.): Remote Sensing for a Sustainable Future. Geoscience and Remote Sensing Symposium. IGARSS '96. – Lincoln/Nebraska. 2255-2257.

WÜRLÄNDER, R. / EDER, K. (1998): Leistungsfähigkeit aktueller photogrammetrischer Auswertemethoden zum Aufbau eines digitalen Gletscherkatasters. – In: Zeitschrift für Gletscherkunde und Glazialgeologie 34(2). – 167-185.

Karl HERWEG und Hanspeter LINIGER (Bern)

Bodenschutz und Wasserkonservierung in tropischen und subtropischen Gebirgsräumen – eine Herausforderung für die Geographie

1   Gebirgsräume und nachhaltige Ressourcennutzung

In diesem Aufsatz wollen wir praxisrelevante Arbeiten der Geographie am Beispiel der Ressourcennutzung in tropischen und subtropischen Hochländern und Gebirgen aufzeigen und beschränken uns auf Probleme und Maßnahmen im Bereich „Boden und Wasser". Gebirgsräume in den Tropen und Subtropen sind „Wasserschlösser" verglichen mit ihrem oft trockeneren Umland. Das Klima ist feuchter und weniger heiß, und die Bodenfruchtbarkeit auf relativ jungen Gesteinen oft höher (SCHAUB / HERWEG / HURNI 1997). Entsprechend intensiv ist die Land- und Ressourcennutzung, was Gebirgsräume zusammen mit hohen und variablen Niederschlägen, dem Wechsel von Regen- und Trockenzeiten sowie hoher Reliefenergie besonders anfällig für Boden- und Wasserdegradierung macht (LINIGER et al. 1998a; 1998b; LINIGER / WEINGARTNER 2000; VIVIROLI / WEINGARTNER / MESSERLI 2003; LINIGER 1995; GICHUKI et al. 1998). Gleichzeitig ist dort die Mehrheit der Landnutzer wirtschaftlich schwach, politisch wenig einflussreich und außerdem extrem abhängig von Qualität und Verfügbarkeit natürlicher Ressourcen. Für die Forschung ist dabei die Berücksichtigung der kleinräumigen Vielfalt in Gebirgsräumen eine besondere Herausforderung. Nicht nur die Variabilität an biophysischen Parametern, sondern auch die Heterogenität im soziokulturellen, ökonomischen und politischen Sinn hat Konsequenzen für die Übertragbarkeit wissenschaftlicher Erkenntnisse auf andere Regionen. Lassen sich Modelle entwickeln, die eine komplexe Realität – z. B. bestehend aus ökologischen, ökonomischen und sozialen Komponenten – ausreichend beschreiben? Damit verbunden ist die Frage, zu welchem Zweck – über reines Forschungsinteresse hinausgehend – diese Vielfalt denn beschrieben werden soll.

2   Die Erforschung von „Problemen und Lösungen" in Gebirgsräumen

An den folgenden Beispielen soll erläutert werden, welche Beiträge die geographische Forschung leisten kann bzw. wo Ausbildungslücken bestehen. Bodenerosion durch Wasser sei hier stellvertretend als Indikator einer nicht-nachhaltigen Landnutzung genannt. Besonders für Gesellschaften, die überwiegend von der Land- und Forstwirtschaft leben, ist eine Kombination aus Ressourcennutzung bei gleichzeitigem Ressourcenschutz eine Frage des Überlebens.

2.1   Prozessforschung

Zunächst sei am Beispiel „Bodenerosion" kurz darauf hingewiesen, dass dem Begriff „Problem" mindestens zwei Bedeutungen zukommen. Zum einen kann Erosion als rein wissenschaftliches Problem, d. h. als interessante Fragestellung untersucht werden. Zum anderen kann sie als eine Bedrohung für die Gesellschaft angesehen werden, da sie zum Verlust der Produktionsbasis führen und ein erhöhtes Naturgefahrenpotential beinhalten kann. Hier wird der Begriff also normativ verwendet. In der Wissenschaft kann der Prozess der Bodenerosion

Aktuelle Dynamik und Langzeitsignale in Gebirgsräumen

je nach Fragestellung disziplinär, d. h. von einer Wissenschaftsdisziplin untersucht und beschrieben werden. Messungen, Kartierungen und Beobachtungen können sich auf relativ wenige, weitgehend bio-physikalische Parameter wie Oberflächenabfluss und Bodenabtrag beschränken. Neben dem Prozess selbst werden in der Regel verschiedene Einflussgrößen erfasst, wie Niederschlag (Erosivität), Bodeneigenschaften, Hanglänge, -neigung und -form, Pflanzenbedeckung oder Landnutzung (HERWEG 1999). Durch eine Auswahl von repräsentativen Standorten kann der Einfluss der einzelnen Faktoren auf die Erosion untersucht und ein räumlich-zeitliches Muster ermittelt werden (HERWEG / STILLHARDT 1999). Die Untersuchungen können z. B. auf die lokale Ebene beschränkt werden, und neben den Forschenden selbst ist die Beteiligung weiterer Akteure nicht unbedingt erforderlich. Die quantitativen Ergebnisse geben zunächst nur Aufschluss über unterschiedliche Größenordnungen des Erosionsprozesses und seiner unmittelbaren Einflussfaktoren. Handlungsanweisungen ergeben sich aus den Daten jedoch nicht automatisch. Sie basieren vielmehr auf einer Bewertung, d. h. wenn bereits Vorstellungen darüber bestehen, wie hoch Abtragsraten sein dürfen, welche negativen Folgen auftreten können oder wie gravierend sie sein können. Allerdings wird die Forschung kaum verhindern, dass wissenschaftliche Daten von Praktikern bewertet werden, um bestimmte Entscheidungen zu rechtfertigen, und zwar unabhängig davon, ob dies aus wissenschaftlicher Sicht zulässig ist oder nicht!

2.2 Die Erforschung von Ursachen und Folgen

Wenn zusätzlich zum Erosionsprozess dessen Ursachen und Folgen in einem konkreten Praxiskontext analysiert werden, steigt die Zahl der zu erfassenden Parameter. Die direkten Ursachen sind meist in der Landnutzung und bei den Hintergründen zu suchen, warum gerade diese Landnutzung praktiziert wird. Je nach Forschungsziel müssen zusätzliche sozioökonomische, kulturelle, institutionelle und politische Parameter berücksichtigt werden (SCRP 2000). Möglicherweise ist es interessant, die Untersuchungen von der lokalen über regionale, nationale auf internationale Ebenen auszudehnen. Diese Art der Forschung ist interdisziplinär und involviert z. B. Natur-, Sozial-, Wirtschafts- und Politikwissenschaften. Aber auch hier erzwingen Forschungsresultate allein nicht notwendigerweise Handlungen in der Praxis, es sei denn, es wurden schon von Beginn an nicht-wissenschaftliche Akteure in die Forschung einbezogen. Für die Zusammenarbeit zwischen den Wissenschaftsdisziplinen und anderen Akteuren wird in diesem Aufsatz der Begriff „Transdisziplinarität" verwendet (HIRSCH HADORN / POHL / SCHERINGER 2002; HURNI / WIESMANN 2001).

2.3 Forschungsbeiträge zu komplexen, praktischen Lösungen

Bodenschutz ausschließlich aufgrund von biophysischen Daten entwickeln zu wollen, führt in der Regel zu wirtschaftlichen und Akzeptanzproblemen. Umgekehrt gilt, dass sozioökonomische Untersuchungen allein ebenfalls kaum zu konkreten Verbesserungen führen. Vielmehr geht es um eine gleichzeitige Entwicklung von Technologien und Anpassung politischer oder wirtschaftlicher Rahmenbedingungen, damit Maßnahmen überhaupt lokal zur Anwendung kommen können.

Forschende im Bereich Boden- und Wasserschutz sehen sich oft in der Situation, dass von ihnen eine „Lösung des Problems" in relativ kurzer Zeit erwartet wird. Dabei wird übersehen, dass Ressourcennutzungsstrategien und -technologien als Teil eines lokalen Wissens- und Wertesystems in vielen Fällen bereits existieren (LINIGER / SCHWILCH 2002; GEBRE MI-

CHAEL 1999). In der Regel entstanden diese über einen langen Zeitraum unter lokal begrenzten sozioökonomischen Konstellationen. Sie sind angepasst an die jeweiligen biophysischen Bedingungen und damit nur bedingt „extrapolierbar". Immer rascher scheinen globale klimatische, politische und wirtschaftliche Veränderungen grundlegend neue Situationen zu schaffen, denen traditionelle Lösungen nicht mehr unbedingt gewachsen sind. Nachhaltige Ressourcennutzung bedeutet immer mehr eine permanente Anpassung, d. h. Veränderung von Maßnahmen unter Ausnutzung allen vorhandenen Wissens, sei es aus lokalen oder wissenschaftlichen Quellen. RIST / WIESMANN (2003) geben hierzu ein interessantes Beispiel aus dem andinen Raum und erörtern eine Option zur Integration verschiedener Wissenssysteme.

Die Komplexität dieser Lage wurde in der internationalen Entwicklungszusammenarbeit (EZA) seit langem erkannt und führte schließlich in den 1980er Jahren zu einem Paradigmenwechsel. Während die EZA lange aus Interventionen in einzelnen Sektoren (Landwirtschaft, Forstwirtschaft etc.) bestand, wurde nun mehr Wert auf sektorübergreifende Entwicklung gelegt. Mit dem Verlassen der sektoriellen Erfahrungsbereiche waren und sind aber auch die Wissenssysteme der Länder herausgefordert, die Entwicklungshilfe leisten. Es entstanden neue Fragen, z. B. wie integrierte Ansätze umgesetzt werden und wie in kurzer Zeit messbare Ergebnisse erreicht werden können. Was aber nachhaltig ist, hängt von den – normativen – Wertvorstellungen der beteiligten Akteure ab. Meist kann Konsens darüber erzielt werden, was „nicht" nachhaltig ist, z. B. jede Form der Ressourcendegradierung (sinkende Wasserqualität, Bodenerosion, Pflanzenkrankheiten oder Verringerung der Biodiversität). Allerdings können die Meinungen darüber, was nachhaltig ist, weit auseinander gehen und sich in kurzer Zeit wieder ändern. Annäherungsweise kann gesagt werden, dass Ressourcennutzung nachhaltiger wird, wenn in allen Dimensionen eine „Verbesserung" erreicht wird (ökologisch, ökonomisch, sozial, institutionell). Ist in nur einer Dimension ein Trend zu geringerer Nachhaltigkeit zu verzeichnen, kann die langfristige Entwicklung als Gesamtes auch nicht mehr als nachhaltig bezeichnet werden. Die Frage, wer entscheidet, ob eine Veränderung eine Verbesserung oder Verschlechterung ist, bleibt bestehen.

Aus dieser Situation ergibt sich für die Forschung die Forderung, dass Lösungen komplexer Probleme wie der Ressourcendegradierung inter- und transdisziplinär angegangen werden müssen (HURNI / HERWEG / LUDI 1998). Spezialisierte disziplinäre Forschungsvorhaben liefern Daten mit hoher Qualität und beantworten einzelne Fragestellungen. Aber sie werden der Komplexität der Lage kaum gerecht, und es ist fraglich, ob Ergebnisse nach Abschluss langwieriger Forschungen für die Praxis überhaupt noch relevant sind. Demgegenüber erfordert realitätsnähere Forschung eine breitere Auswahl an Parametern und muss aus Gründen der Wirtschaftlichkeit Kompromisse eingehen, was die Genauigkeit einzelner Methoden betrifft (HERWEG 1999; SCRP 2000). Es kann aber nicht darum gehen, sich für nur eine der beiden Varianten zu entscheiden. Vielmehr muss sehr gut abgeschätzt werden, welche Indikatoren für die nachhaltige Ressourcennutzung wichtig und sensitiv sind, und welche Größen mit welcher Genauigkeit beobachtet werden müssen. Bei der Suche nach akzeptablen Lösungen stellt sich aus Sicht der transdisziplinären Forschung die Frage, inwieweit nicht-wissenschaftliche Akteure aktiv in der Forschung mitmachen können oder sogar müssen. Die Frage kann auch umgekehrt gestellt werden: Welche Rolle sollte die Forschung in der gesellschaftlichen Entwicklung spielen? Damit wird die Lösungsfindung zu einem unter Umständen konfliktträchtigen Verhandlungsprozess.

2.3.1 Beispiel 1: Die Entwicklung von Bodenschutz und Wasserkonservierung im äthiopischen Hochland

Das *Soil Conservation Research Programme* (SCRP) unterstützt seit 1981 Bodenschutzaktivitäten im äthiopischen und eritreischen Hochland. Seit 1998 befinden sich die sieben Forschungsstationen unter der Leitung verschiedener regionaler Landwirtschaftsämter. Die Messungen und Kartierungen in verschiedenen agroklimatischen Zonen zeigen sehr unterschiedliche Größenordnungen von mittleren Bodenabtrags- und Abflussraten in diesen Zonen. Eine differenziertere Analyse ergibt, dass im Schnitt 80% der Abträge von weniger als 20% der Niederschlagsereignisse ausgelöst werden. Diese extremen Ereignisse führen in der Regel an einzelnen Geländepositionen, sogenannten „Hot Spots", zu erhöhter Erosion. Um die Erosionsraten wirksam senken zu können, müssen sich Maßnahmen also nicht in erster Linie an Mittel-, sondern Extremwerten orientieren. Dieses Beispiel zeigt, dass die Datengrundlage zwar eine gute Einschätzung der relativen Gefährdung erlaubt, aber nur beschränkt Hinweise in Bezug auf konkrete Schutzmaßnahmen gibt (HERWEG / STILLHARDT 1999). Daher wurden Bodenschutztechnologien über durchschnittlich fünf Jahre auf Testflächen untersucht. Zur Beurteilung und Bewertung ihrer Wirkungen wurden Indikatoren aus der ökologischen (Abtrag, Abfluss), ökonomischen (Körnerertrag, Biomasse) und sozialen (Akzeptanz, Integrierbarkeit) Dimension der Nachhaltigkeit ausgewählt. Mit dieser Auswahl ergibt sich allerdings ein widersprüchliches Bild. Tests zeigten, dass die Bodenerosion um bis zu 80% reduziert werden konnte. Gleichzeitig weisen aber sozioökonomische Studien und Ertragsmessungen auf Nebenwirkungen hin, die in vielen Fällen und zumindest kurzfristig die Wirtschaftlichkeit und Sozialverträglichkeit einzelner Technologien beeinträchtigen (BERHANE-SELLASSIE 1994; HERWEG / LUDI 1999; LUDI 2002). Neuere Studien deuten darauf hin, dass Erträge mittelfristig stabil bleiben bzw. wieder leicht steigen können, was aber das kurzfristige Existenzproblem von Subsistenzbetrieben nicht löst (LÖTSCHER 2003).

Photo 1: Für viele Gebiete im äthiopischen Hochland gibt es keine optimale Bodenschutzlösung. Während Subsistenzbauern sich effektive Erosionsminderung kaum leisten können, kontrollieren bezahlbare Technologien die Abtragsraten möglicherweise ungenügend. Die Herausforderung ist, einen Kompromiss aus ökologischen, ökonomischen und sozialen Ansprüchen zu finden. (Aufnahme: Herweg 1992)

Der Versuch, Umweltaspekte, Wirtschaftlichkeit und Sozialverträglichkeit gleichzeitig im Experiment allein verbessern zu wollen, ist nicht nur sehr aufwendig und langwierig. Es würden auch alle Beteiligten nur darauf warten, dass die Forschung ihnen die „beste" Lösung präsentiert. Stattdessen erscheint es sinnvoller, die Verantwortung auf mehrere Schultern zu verteilen. Begleitende Studien ergaben beispielsweise, dass es detailliertes, indigenes Wissen über Schutzmaßnahmen gibt, dieses aber bei der Auswahl der zu testenden Maßnahmen zu wenig

Karl HERWEG und Hanspeter LINIGER

genutzt worden war (GEBRE MICHAEL 1999; GEBRE MICHAEL / HERWEG 2000; WOCAT 2003d). Es liegt daher der Schluss nahe, zunächst beide Wissenssysteme, das externe (Forschung) und interne (lokale), besser zu integrieren, d. h. partizipative Technologieentwicklung zu betreiben, um gemeinsam schneller zum Ziel zu kommen. Ergänzend sei angemerkt, dass zur Förderung nachhaltiger Ressourcennutzung auch die politischen, wirtschaftlichen und sozialen Rahmenbedingungen angepasst werden müssten. Hieraus ergibt sich die Forderung zur Entwicklung eines umfassenderen Konzepts, das möglichst viele Akteure einbezieht (HURNI / HERWEG / LUDI 1998) und auch die Rolle der Forschung neu definiert.

2.3.2 Beispiel 2: Globaler Austausch und Nutzung von lokalem Wissen für besseren Bodenschutz und Wasserkonservierung (WOCAT)

Das Programm „World Overview of Conservation Approaches and Technologies" (WOCAT) zielt darauf ab, lokales Wissen zu Wasser- und Bodenkonservierung aufzuarbeiten, international verfügbar zu machen, auszutauschen und damit eine Unterstützung in der Entscheidungsfindung auf Feld- und Planungsebene zu liefern. Seit seiner Gründung 1992 hat sich WOCAT zu einem internationalen Netzwerk von Spezialisten aus über 35 Ländern entwickelt. In Zusammenarbeit mit seinen Partnern hat WOCAT Instrumente für die Dokumentation und den Austausch von Felderfahrungen entwickelt, die landwirtschaftliche Experten und Berater zusammen mit Landnutzern gemacht haben. Die Forschung kommt als unterstützende Komponente dazu (WOCAT 2003d). Es zeigte sich, dass für die umfassende Dokumentation und Evaluierung von Boden- und Wasserkonservierungsmaßnahmen ein sehr breites Spektrum an Fragen beantwortet werden muss. Die Entwicklung eines Fragebogens und einer Datenbank zur Beschreibung einer Technologie und eines Ansatzes (wie diese Technologie umgesetzt wurde) erwies sich als sehr aufwendig und schwierig. Die eigentliche Herausforderung war, den verschiedensten Aspekten aus der Sicht der Praktiker, der Landnutzer und der Forscher gerecht zu werden. Das Resultat ist, dass nur eine umfassende Dokumentation der lokalen ökologischen wie sozioökonomischen Verhältnisse der Komplexität einer nachhaltigen Entwicklung gerecht werden kann (WOCAT 2003a; 2003b; 2003c). Die entwickelte Methode zur Dokumentation, Evaluierung, Verbreitung und Nutzung des Wissens kann nur zum Ziel führen, wenn verschiedenste Akteure aktive Rollen übernehmen – eine wirkliche transdisziplinäre Herausforderung.

Bisherige Erfahrungen zeigen, dass Wissen über Bodenschutz und Wasserkonservierung umfangreich, aber sehr fragmentiert vorhanden ist. Einzelne Akteure verfügen über spezielles Wissen in beschränkten Bereichen aus Forschung und/oder Praxis. Dabei spiegeln lokale Wissenssysteme die Vielfalt der Gebirgsräume wider, in denen sie sich entwickelt haben. Beim Zusammentragen ergaben sich etliche Widersprüche und Wissenslücken. Es fällt auf, dass oft wichtige Fragen der Wirkungen (*Impact*) nicht beantwortet werden können, was z. B. die Effizienz von Schutzmaßnahmen, deren Auswirkungen auf die Ressourcen, aber auch ihre Kosten-Nutzen-Verhältnisse betrifft. Dies bedeutet, dass ein gesamtheitliches Verständnis noch fehlt. WOCAT strebt an, diese Lücke zu schließen. Durch das Zusammentragen fragmentierten Wissens und durch die Interaktionen der verschiedenen Beteiligten entstand bereits ein klareres Bild über die Auswirkung von Landnutzung und Boden- und Wasserkonservierung sowie ein besseres Verständnis für die verschieden Akteure.

Die gemachten Erfahrungen aufzuarbeiten und von verschiedensten Gesichtspunkten zu beleuchten, erwies sich als eine notwendige Voraussetzung, um Verbesserungen der Landnutzung unter sich kontinuierlich verändernden Bedingungen vorzunehmen. Der Wert dieses Prozesses der Selbstevaluierung und des Lernens aus den eigenen Erfahrungen, und zwar bevor Landnutzer in abgelegenen Gebirgsregionen externe Erfahrungen und teure Hilfe in Anspruch nehmen, wurde bei WOCAT ursprünglich unterschätzt. Erst wenn ein gesamtheitliches Verständnis der lokalen Situation besteht und die eigenen Möglichkeiten zur Verbesserung der Landnutzung ausgeschöpft sind, können Erfahrung von außen sinnvoll evaluiert und an die lokalen Verhältnisse angepasst werden. Erst dann zeigen sich auch Wissenslücken, Bedarf an Innovationen und damit auch die Bedeutung und Relevanz von Forschung (LINIGER / SCHWILCH 2002; LINIGER / LYNDEN / SCHWILCH 2002). Nicht alle Wissenslücken müssen durch Forschung gefüllt werden, oft würden politische Entscheidungen bereits ausreichen. Effektives Management von Wissen und Erfahrung ist nicht nur ein Muss in der Ressourcennutzungspraxis, sondern auch für die angewandte und kostengünstige transdisziplinäre Forschung.

Photo 2: Diskussion von Experten und Landnutzern über die Auswirkungen der Terrassierung als Bodenschutzmaßnahmen am Fuße des Annapurna South, Nepal. (Aufnahme: Liniger)

3 Inter- und transdisziplinäre Forschung in tropischen und subtropischen Gebirgsräumen – eine Herausforderung für die Geographie

Zusammenfassend gesagt, erfordert die Beschäftigung mit Praxisproblemen und -lösungen in Gebirgsräumen sowohl eine differenzierte räumliche Erfassung einer Vielfalt von Parametern als auch einen inter- und transdisziplinären Forschungsansatz. Es muss die Frage gestellt werden, inwieweit Forschende auf eine Mitarbeit in einem solchen Kontext vorbereitet sind. Die disziplinäre Ausbildung dauert zwischen fünf und zehn Jahre. Zwar wächst die Zahl der disziplinübergreifenden Studiengänge, die sich auch mit Problemen der interdisziplinären Didaktik auseinandersetzen (z. B. DEFILA / DI GIULIO / DRILLING 2000). Allerdings ist inter- und transdisziplinäre Ausbildung noch längst nicht Standard und kann in einzelnen Diplom- und Doktorarbeiten auch nicht praktiziert werden. Entsprechend schwer tun sich viele Wissenschaftler oder Experten später bei der Zusammenarbeit zwischen Natur- und Sozialwissenschaften. Dies kann verschiedene Gründe haben (DEFILA / DI GIULIO 1996, 126ff). Aus eigener Erfahrung können wir bestätigen, dass es zunächst vielen Forschenden schwer fällt anzuerkennen, dass es mehrere gleichberechtigte Theorien, Ansätze, Methodologien oder Arten des Erkenntnisgewinns in der Wissenschaft gibt. Die nötige Fachkompetenz bei allen Disziplinen vorausgesetzt, ist in einem Team eine hohe Sozialkompetenz gefordert, wie sie ebenfalls selten Gegenstand der Ausbildung ist. Während schon die Kommunikation innerhalb der Wissenschaften über disziplinäre Grenzen und Terminologien hinweg nicht unproblematisch ist, gestaltet sich der Austausch zwischen Wissenschaft und Praxis noch schwieriger. Besonders die transdisziplinäre Forschung muss sich ja nicht nur um wissenschaftlich anspruchsvolles Arbeiten und Publikationen in rezensierten Zeitschriften bemühen, sondern gleichzeitig um eine verständliche und einfache Vermittlung ihrer Ergebnisse. Dies ist umso entscheidender, je mehr sich die Forschung in anderen Natur- und Kulturräumen abspielt.

Eng mit der Forschung im Bereich Bodenschutz und Wasserkonservierung verbunden ist die Frage der Entscheidungs- und Handlungskompetenz. Entscheidungen über Ressourcennutzungslösungen werden letztlich in der Praxis und nicht von der Forschung getroffen und umgesetzt. Die transdisziplinäre Forschung muss also zunächst lernen, auch andere als die wissenschaftlichen Wissens- und Beurteilungssysteme zur Kenntnis zu nehmen und zu akzeptieren, und ihre eigene Rolle zu finden. Forschungsergebnisse können nur dann in gesellschaftlichen Aushandlungsprozessen einen gewissen Einfluss nehmen, wenn die wissenschaftlichen Beiträge in den Augen anderer Akteure relevant und verständlich sind. Viele dieser genannten Voraussetzungen transdisziplinären Arbeitens, wie die Kommunikation zwischen Wissenschaft und Praxis, der Umgang mit Akteuren aus der Praxis, die interkulturelle Zusammenarbeit sind ebenfalls nicht Teil der Standardausbildung an Universitäten.

Ein breit angelegtes Geographiestudium kann zwar nicht alle diese Hürden beseitigen, hat aber gegenüber vielen Spezialdisziplinen verschiedene Vorteile. Es ermöglicht z. B., verschiedene wissenschaftliche Ansätze, Philosophien oder Methodologien bereits frühzeitig kennen zu lernen und zu kombinieren. In einem interdisziplinären Team kann nicht von jedem Mitglied die Beherrschung aller Disziplinen verlangt werden, aber es muss ein Grundverständnis für andere Vorgehensweisen vorhanden sein und akzeptiert werden können. Zudem behandelt die Geographie bereits viele praxisnahe Themen in einer integrativen Weise, und der Umgang mit räumlicher Variabilität wie in Gebirgsräumen ist Teil des Studiums. Damit sind einige Grundsteine für eine inter- und transdisziplinäre Arbeit gelegt. Offen bleibt zunächst die Frage, ob und inwiefern andere Aspekte der Sozialkompetenzentwicklung (Kommunikation, interkulturelle Arbeit) in der Ausbildung berücksichtigt werden sollen. In der Frage der Entscheidungs- und Handlungskompetenz erhöhen sich sicher die Chancen für die Forschung, intensiver an der gesellschaftlichen Entwicklung, z. B. an einer nachhaltigeren Nutzung natürlicher Ressourcen in Gebirgsräumen mitzuarbeiten, wenn die Forschungsergebnisse für andere Akteure relevant sind, d. h. echte Wissenslücken füllen, in angemessenen Zeiträumen erzielt und verständlich kommuniziert werden.

Literatur

BERHANE-SELLASSIE, T. (1994): Social Survey of the Soil Conservation Areas Dizi, Anjeni and Gununo (Ethiopia). (= Soil Conservation Research Project, Research Report 24). – Addis Abeba, Bern.

DEFILA, R. / DI GIULIO, A. (1996): Voraussetzungen zu interdisziplinärem Arbeiten und Grundlagen ihrer Vermittlung. – In: BALSIGER, P. W. / DEFILA, R. / DI GIULIO, A. (Hrsg.): Ökologie und Interdisziplinarität – eine Beziehung mit Zukunft? – Basel. 125-142.

DEFILA, R. / DI GIULIO, A. / DRILLING, M. (2000): Leitfaden Allgemeine Wissenschaftspropädeutik für interdisziplinär-ökologische Studiengänge. (= Allgemeine Ökologie zur Diskussion gestellt, Nr. 4). – Bern.

GEBRE MICHAEL, Y. (1999): The Use, Maintenance and Development of Soil and Water Conservation Measures by Small-Scale Farming Households in Different Agro-Climatic Zones of Northern Shewa and Southern Wello, Ethiopia. (= Soil Conservation Research Programme Ethiopia, Research Report 44). – Addis Abeba, Bern.

GEBRE MICHAEL, Y. / HERWEG, K. (2000): Soil and Water Conservation – From Indigenous Knowledge to Participatory Technology Development. – Bern.

GICHUKI, F. N. et al. (1998): Scarce water: Exploring resource availability, use and improved management. – In: Resources, actors and policies – towards sustainable regional development in the highland – lowland system of Mount Kenya. (= Eastern and Southern Africa Journal, Vol. 8, Special Number). – Nairobi. 15-28.

HERWEG, K. (1999): Von der Bodenerosionsforschung zum angewandten Bodenschutz. – In: SCHNEIDER-SLIWA, R. / SCHAUB, D. / GEROLD, G. (Hrsg.): Angewandte Landschaftsökologie – Grundlagen und Methoden. – Berlin, Heidelberg. 261-276.

HERWEG, K. / LUDI, E. (1999): The performance of selected soil and water conservation measures – Case studies from Ethiopia and Eritrea. – In: Catena 36. – 99-114.

HERWEG, K. / STILLHARDT, B. (1999): The variability of soil erosion in the highlands of Ethiopia and Eritrea. Average and extreme erosion patterns. (= Soil Conservation Research Programme, Research Report 42). – Addis Abeba, Bern.

HIRSCH HADORN, G. / POHL, C. / SCHERINGER, M. (2002): Methodology of Transdisciplinary Research. – In: Encyclopedia of Life Support Systems (EOLSS). – Oxford. *www.eolss.net*

HURNI, H. / HERWEG, K. / LUDI, E. (1998): Nachhaltige Nutzung natürlicher Ressourcen zwischen Vision und Realität. – In: HEINRITZ, G. et al. (Hrsg.): Nachhaltigkeit als Leitbild der Umwelt- und Raumentwicklung in Europa. 51. Deutscher Geographentag Bonn 1997, Band 2. – Stuttgart. 96-104.

HURNI, H. / WIESMANN, U. (2001): Transdisziplinäre Forschung im Entwicklungskontext: Leerformel oder Notwendigkeit? – In: Forschungspartnerschaft mit Entwicklungländern. – 33-45.

LINIGER, H. P. (1995): Endangered Water – A Global Overview of Degradation, Conflicts and Strategies for Improvement. (= Development and Environmental Reports, 12, Centre for Development and Environment). – Bern.

LINIGER, H. P. / SCHWILCH, G. (2002): Enhanced decision making based on local knowledge – WOCAT method of stainable soil and water management. – In: Mountain Research and Development 22(1). – 14-18.

LINIGER, H. P. / WEINGARTNER, R. (2000): Mountain forests and their role in providing freshwater resources. – In: PRICE, M. F. / BUTT, N. (eds.): Forests in sustainable mountain development: a state of knowledge report for 2000. CABI publishing in Association with IUFRO (International Union for Forestry Research Organisations). – Wallingford (UK), New York. 370-380.

LINIGER, H. P. et al. (1998a): Pressure on land: The search for sustainable use in a highly diverse environment. – In: Resources, actors and policies – towards sustainable regional development in the highland – lowland system of Mount Kenya. (= Eastern and Southern Africa Journal, Vol. 8, Special Number). – Nairobi. 29-44.

LINIGER, H. P. et al. (1998b): Mountains of the World, Water Towers for the 21st Century – A Contribution to Global Freshwater Management. (= Mountain Agenda). – Bern.

LINIGER, H. P. / LYNDEN, G. van / SCHWILCH, G. (2002): Documenting field knowledge for better land management decisions – Experiences with WOCAT tools in local, national and global programs. – In: Proceedings of ISCO Conference 2002, Beijing.

LÖTSCHER, M. (2003): Status und Dynamik der landwirtschaftlichen Produktion und Produktivität in einem Kleineinzugsgebiet in Maybar, Wello, Äthiopien. [Diplomarbeit Universität Bern und ETH Zürich]

LUDI, E. (2002): Economic Analysis of Soil Conservation: Case Studies from the Highlands of Amhara Region, Ethiopia. [Dissertation Universität Bern]

RIST, S. / WIESMANN, U. (2003): Mythos, Lebensalltag und Wissenschaft im Berggebiet – eine Einführung. – In: Jahrbuch 2003 DEF. – 159-169.

SCHAUB, D. / HERWEG, K. / HURNI, H. (1997): Klima, Bodenverbrauch und Landnutzung. – In: Geotechnica Köln, Zusammenfassung. – Köln. 42-43.

SCRP (2000): Concept and Methodology: Long-term Monitoring of the Agricultural Environment in Six Research Stations in Ethiopia. Soil Erosion and Conservation Database. Centre for Development and Environment, University of Berne, Switzerland and The Ministry of Agriculture, Ethiopia. – Bern, Addis Abeba.

VIVIROLI, D. / WEINGARTNER, R. / MESSERLI, B. (2003): Assessing the hydrological significance of the world's mountains. – In: Mountain Research and Development 23(1). – 32-40.

WOCAT (2003a): Questionnaire on SWC Technologies. A Framework for the Evaluation of Soil and Water Conservation (revised). Centre for Development and Environment, Institute of Geography, University of Berne. – Bern.

WOCAT (2003b): Questionnaire on SWC Approaches. A Framework for the Evaluation of Soil and Water Conservation (revised). Centre for Development and Environment, Institute of Geography, University of Berne. – Bern.

WOCAT (2003c): Questionnaire on the SWC Map. A Framework for the Evaluation of Soil and Water Conservation. Centre for Development and Environment, Institute of Geography, University of Berne. – Bern.

WOCAT (2003d): About WOCAT, news, methods, questionnaires, databases, downloads, ... *www.wocat.net*

Jürgen **BÖHNER** (Göttingen)

Der klimatisch determinierte raum/zeitliche Wandel naturräumlicher Ressourcen Zentral- und Hochasiens: Regionalisierung, Rekonstruktion und Prognose

1 Problemstellung und Zielsetzung

Aufgrund der zentralen Bedeutung, die den spezifisch thermischen Bedingungen Hochasiens im Zentrum der größten Landmasse der Erde für die Genese und Konstanz der Monsunzirkulation und damit auch für den globalen Energiehaushalt zugewiesen wird, bilden klimadiagnostische Studien über Zentral- und Hochasien einen traditionellen Schwerpunkt der Klima- und Atmosphärenforschung. Obwohl die im Rahmen zahlreicher Expeditionen durchgeführten Untersuchungen sowie die Sammlung von Proxidaten und direkten Klimadaten zu einem zunehmend präzisierten Bild über Chronologie und Ausmaß vorzeitlicher Klimaschwankungen in verschiedenen Teilregionen führten, bleiben für ein deterministisches Verständnis der quartären Klimageschichte wesentliche Fragen, wie etwa nach der Ausdehnung der hochglazialen Vereisung des tibetischen Hochlands, Gegenstand zahlreicher sehr kontrovers geführter Diskussionen (LEHMKUHL 1998; KUHLE 1998; FRENZEL / LIU 2001). Der vorhandene Forschungsbedarf manifestierte sich u. a. in den Zielen des 1997 verabschiedeten IGCP 415-GRAND (*International Geological Correlation Programme, Glaciation and Reorganization of Asia's Network of Drainage*), eines für fünf Jahre konzipierten internationalen Forschungsrahmenprogramms, das Untersuchungen zur zeitlichen Abfolge der spätquartären Vergletscherung einschließlich ihrer klimatischen Mechanismen und geoökologischen Wechselbeziehungen sowie zum Komplex der Wechselwirkungen zwischen hydrologischen Prozessen und der Sedimentationsgeschichte auf regionaler Basis anstrebte.

Die diesen Zielen inhärente Forderung nach einer systemanalytischen Argumentation bei der Ableitung paläoklimatisch und paläoökologisch konsistenter Szenarien bildete auch ein wesentliches Prinzip bei der Regionalisierung des letztglazialen Klima- und Landschaftswandels Zentralasiens im Rahmen eines BMBF-geförderten Projekts zur ‚Angewandten Klima- und Atmosphärenforschung', das in Kooperation mit dem IGCP 415 von der Arbeitsgruppe ‚Terrestrische Paläoklimatologie' des Geographischen Instituts der Universität Göttingen im Zeitraum 1998 bis 2002 bearbeitet wurde. Eine zentrale methodische Zielsetzung des Projekts lag in der Entwicklung eines Regionalisierungsschemas, das eine Integration und Verknüpfung geomorphologischer/paläoökologischer Befunde mit Ergebnissen der Klimaregionalanalyse in einer für GCM-Simulationen operationalisierbaren Form leistet und damit über die paläoklimatische Indikation und Validierung von GCM-Paläosimulationen hinausgehend auch Prognosen potentiell zukünftiger landschaftsökologischer Veränderungen für alternative Klimamodellszenarien ermöglicht. Die aktualistische Basis sowohl für Rekonstruktionen als auch für Klimaimpakt-Prognosen bildeten klimatische Grenzwertfunktionen zur Eingrenzung und Regionalisierung der rezenten Prozessregionen und Höhenstufen auf Grundlage räumlich hochauflösender Klimaflächendaten.

Eine Übersicht über die im Regionalisierungskonzept berücksichtigten geomorphologischen Prozessregionen und landschaftsökologische Grenzen sowie deren spät-quartäre raum/zeitliche Veränderungen ist bei LEHMKUHL / BÖHNER / STAUCH (2003) dargestellt. Im folgenden sollen am Beispiel der Schnee-, Permafrost- und Waldgrenzen vor allem die methodischen Aspekte der Regionalisierung, Rekonstruktion und Prognose erörtert werden. Angesichts einer Fülle vor allem glaziologischer, aber auch palynologischer Befunde bildet die Modellierung dieser diskreten Grenzen ein wesentliches Instrument zur Ableitung paläoökologisch/paläoklimatisch konsistenter Szenarien. Gleichzeitig stellt der räumliche Status der Vergletscherung sowie der Permafrost- und (natürlichen) Waldverbreitung eine signifikante Steuergröße für die regionale Differenzierung der hydrologischen Regime dar, ein Aspekt, der angesichts der in weiten Teilen Zentralasiens sehr knappen (und mithin konfliktträchtigen) Ressource Wasser eine Projektion für die Evaluierung potentiell zukünftiger naturräumlicher Ressourcen notwendig macht.

Der Untersuchungsraum erstreckt sich in Nord-Süd-Richtung von den Nordindischen Tiefländern bis zum Altai und in West-Ost-Richtung vom Hindukush bis zu den ostchinesischen Beckenlandschaften und Tiefländern. Mit einer Fläche von 14.000.000 km^2 umfasst das Untersuchungsgebiet den gesamten Kernbereich der Zentralasiatischen Hochgebirge mit entsprechend unterschiedlichsten Großklimaten und einer prononcierten topoklimatischen Differenzierung. Im Rahmen zahlreicher deutsch-chinesischer Gemeinschaftsexpeditionen konnte für diesen Raum umfangreiches Datenmaterial zur rezenten und letztglazialen Vergletscherung sowie zur Permafrost- und Waldverbreitung für die Modellierung beschafft bzw. in Transsekten kartiert werden, das durch eine systematische Aufarbeitung und Interpretation von Literaturangaben, topographischen Karten und Datenbanken wie dem *World Glacier Inventory* (*www-nsidc.colorado.edu/NOAA/wgms.inventory*) ergänzt und auf Basis von Satellitenbildern überprüft wurde (vgl. LEHMKUHL / BÖHNER / STAUCH 2003). Für die Klimaregionalisierung standen Daten von über 400 Klimastationen zumeist als Zeitreihen zur Verfügung (vgl. MIEHE et al. 2001; BÖHNER 1996).

2 Klimaregionalisierung

Im Hochgebirge, mit seiner engräumigen vertikalen sowie horizontalen Abfolge und Verflechtung azonaler Ökosysteme, ist eine Identifikation klimatisch determinierter Grenzen an räumlich hochaufgelöste Klimaflächendaten gebunden, die die topoklimatische Differenzierung des Gebirgsraums hinreichend repräsentieren. Obwohl in den letzten Jahren neue, zum Teil automatisierte Klimastationen durch nationale Wetterdienste auch in den Gebirgsräumen eingerichtet wurden, ist die Anökumene Zentralasiens (und hier insbesondere das Hochgebirge) nur unzureichend repräsentiert. So liegen die wenigen Klimastationen häufig in bioklimatischen Gunstlagen (z. B. Talniveaus, Oasengürtel), so dass eine Extrapolation ihrer Beobachtungen auf die Hochgebirgsregionen nur eingeschränkt möglich ist.

Angesichts der geringen Datendichte sowie der kaum repräsentativen Verteilung von Klimastationen wurde ein semi-empirisches Regionalisierungsschema realisiert, das gestützt auf Zirkulationsdaten (NCEP-CDAS Zirkulationsdaten der Periode 1951 bis 1990; räumliche Auflösung: 2,5° x 2,5°; KALNAY et al. 1996), Stationsbeobachtungen und digitalen Geländemodellen (GTOPO-30-DGM) eine flächenhafte Generierung verschiedener Klimaparameter ermöglichte. Das Verfahren kombiniert *statistical downscaling* von GCM-Daten mit komplex-analytischen Verfahren zur Reliefparametrisierung. Auf Basis re-analysierter NCEP-CDAS Zirkulationsdaten verschiedener diskreter Troposphärenniveaus werden in einem ersten Schritt vertikale Druck-, Feuchte- und Temperaturprofile durch Polynome approximiert, de-

Jürgen BÖHNER

ren Kenngrößen eine Generierung weiterer dynamischer Einflussvariablen (Windkomponenten, *Precitable Water*, Nyquistfrequenz u. a.) zur Charakterisierung der großskaligen Zirkulationssituation und des großräumigen Vertikalzustands der Troposphäre ermöglichen. Ausgehend von der Prämisse, dass die durch Stationsbeobachtungen dokumentierten raum/zeitlichen Variationen einzelner Klimavariablen jeweils spezifische Wirkungen einer Kombination großskaliger Prozesse und topographisch determinierter oder modifizierter Prozesse repräsentieren, werden im zweiten Schritt des Verfahrens für die Ermittlung von Transferfunktionen die dynamischen Einflussvariablen mit komplexanalytischen Reliefparametern kombiniert. Im Unterschied zu rein statistischen Regionalisierungsverfahren repräsentieren die Reliefparameter keine statischen, für das gesamte Stationskollektiv proportional wirkenden Einflussgrößen, sondern ermöglichen z. B. bei der Parametrisierung von Staudruck oder Kaltluftabfluss eine zirkulationsabhängige Simulation raum/zeitlich unterschiedlicher Wirkungen. Neben dem Vorteil einer von Lagevariablen unabhängigen quasidynamischen Regionalisierung von Klimaparametern bei gleichzeitig relativ geringen Ansprüchen an die räumliche Verteilung und Dichte punktueller Beobachtungen ermöglicht das Verfahren durch die Polynomapproximation eine methodisch konsistente Assimilation alternativer Klimamodelldaten, so dass wesentliche modelltheoretische Kriterien (empirische Kongruenz, physikalische Konsistenz und Plausibilität, raum/zeitliche Flexibilität) erfüllt werden.

Während das so skizzierte Verfahren die Temperaturvariationen mit erklärten Varianzen von über 95% hinreichend abbildet, verbleiben bei der Niederschlagsregionalisierung vor allem im konvektiv dominierten Regime trotz sehr aufwendiger (und damit rechenintensiver) Reliefparametrisierungen relativ hohe unsystematische Variationsanteile von teilweise über 30% in den Monatsdaten. Im Hinblick auf die Ermittlung klimatischer Grenzwertfunktionen zur Regionalisierung von Prozessregionen wurde daher aus den residualen Abweichungen der Beobachtungen via Kriging-Interpolation eine Korrekturmatrix generiert, die den Modellergebnissen überlagert wurde.

Als besonders problematisch erwies sich auch die Flächenprognose der potentiellen Evapotranspiration. Neben der eingeschränkten Verfügbarkeit notwendiger Eingangsvariablen leisten die bisher verfügbaren (selbst komplexeren) Verfahren zur Verdunstungsbestimmung keine angemessene Parametrisierung der mit zunehmender Meershöhe (bzw. abnehmender Atmosphärenmasse) exponentiell zunehmenden Verdunstungsgeschwindigkeit. Um dennoch für die sowohl thermisch als auch hygrisch determinierten naturräumlichen Grenzen eine flächenhafte Approximation der Evapotranspiration (und Wasserbilanz) zu ermöglichen, wurde die Wang'sche Hyperbel (JÄTZOLD 1962) auf Basis von Pennmann-Verdunstungsraten, die als Zeitreihen von 64 Klimastationen der VR China vorlagen, neu kalibriert. Im Hinblick auf eine zeitlich flexible und physikalisch plausible Flächenprognose wurde die empirische Konstante der Wang'schen Hyperbel als Funktion troposphärischer Sättigungsdefizite, Druckgradienten und regionalisierter Strahlungs- und Temperaturwerte angepasst. Die Bestimmung des kurzwelligen Strahlungsglieds erfolgte durch Atmosphären-Massen-Parametrisierung der Transmission (vgl. BÖHNER / SCHRÖDER 1999) unter Berücksichtigung der barometrischen Bedingungen, der optischen Dichte der Atmosphäre (substituiert durch eine Funktion des Dampfdrucks) und der NCAR-CDAS-Bedeckungsgrade. Alle Klimavariablen wurden in 1 km^2 Rasterauflösung als Monats- und Jahreswerte generiert. In Abb. 1 ist exemplarisch das Ergebnis der Regionalisierung für die Niederschlagsjahressummen dargestellt.

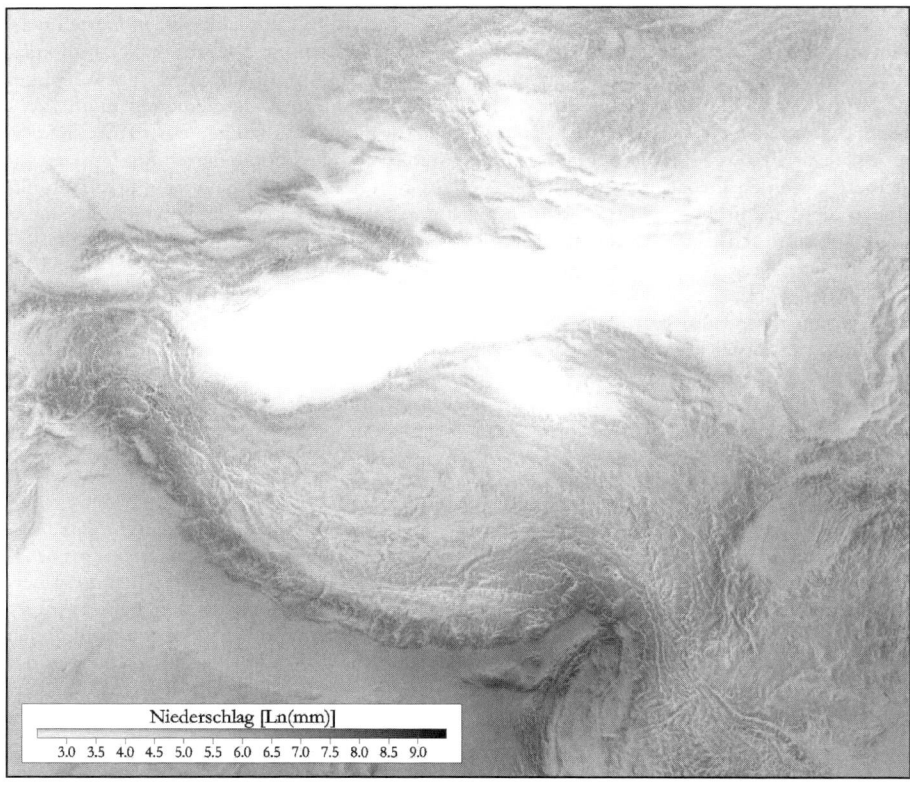

Abb. 1: Rezente Niederschlagsverteilung Zentral- und Hochasiens (natürliche Logarithmen der Jahressummen) – Bezugsperiode: 1961 bis 1990

3 Klimatische Grenzwertfunktionen rezenter naturräumlicher Grenzen

Die quantitative Ableitung des Paläoklimas aus indirekten Klimazeugen ist an eine aktualistische Eingrenzung und Quantifizierung ihrer determinierenden Klimafaktoren und Schwellenwerte gebunden. Besonders deutlich wird der Zusammenhang zwischen Klima, geomorphologischer Prozessebene und Oberflächenprägung im Glazialraum mit seinem von der Petrovarianz weitgehend unbeeinflussten und über alle Großklimate der Erde vergleichbaren Formeninventar. Die daraus resultierenden Möglichkeiten einer paläoklimatischen Indikation auf Basis eines als vorzeitlich diagnostizierten glazigenen Formeninventars haben insbesondere bei der Gletscherschneegrenze zu verschiedensten Forschungsanstrengungen bei der Parametrisierung ihrer determinierenden Klimafaktoren geführt (FURRER 1991; HAEBERLI 1991). Auf Basis der Ergebnisse der Klimaregionalisierung wurde zunächst ein statistisches Schneegrenzmodell bestimmt, das im Hinblick auf die beabsichtigte paläoklimatische Indikation einfache effektivklimatische Variablen integriert. Neben Angaben zur Gletscherschneegrenze nach LOUIS (1955) wurden auch Karniveaus als Indikatoren für ein Mindestniveau der Schneegren-

Jürgen BÖHNER

ze als Datenbasis berücksichtigt. Die Schneegrenzbestimmung nach LOUIS (1955) ermöglichte eine methodisch einheitliche Aufnahme unterschiedlichster Datenquellen, ist allerdings im Vergleich zur glaziologisch abgesicherten Flächenteilungsmethode nach GROSS / KERSCHNER / PATZELT (1978) relativ ungenau. Angesichts dieser Unsicherheiten wurde auf Grundlage kartierter Eisrandlagen ein statistisches Gletschermodell bestimmt, das bei identischer Parametrisierung eine Regionalisierung vergletscherter Flächen auf Basis klimatischer Einzugsgebietskennwerte ermöglicht. Um bei Klimarekonstruktionen die Zahl der Freiheitsgrade zu reduzieren, wurde die klimatische Grenzwertfunktion der Gletscherschneegrenze als Basis des Gletschermodells unverändert übernommen. Abweichend vom Schneegrenzmodell werden allerdings die reliefanalytisch berechneten gewichteten arithmetischen Einzugsgebietsmittel der Klimavariablen in der Grenzwertfunktion integriert, wobei sich eine Gewichtung durch die natürlichen Logarithmen der Einzugsgebietsgrößen als beste Approximation für die Regionalisierung der Gletscherbedeckung erwiesen hat. Durch die in Abb. 2 angegebenen Grenzwertfunktionen wird die kritische Jahremitteltemperatur der Gletscherschneegrenze bzw. des Gletschereinzugsgebiets als Funktion des Jahresniederschlags, des Jahresmittels der Einstrahlung sowie der Jahrestemperaturamplitude bestimmt. Als zusätzliche Grenzbedingung wird eine positive klimatische Wasserbilanz gefordert. In der in Abb. 2 dargestellten Regionalisierung wurden jeweils die Projektionen des Gletschermodells berücksichtigt.

Da vergleichbare Formenelemente der Landschaft durch Konvergenzen in Genese und Ausprägung auch bei unterschiedlichen Klimabedingungen auftreten können und eine verlässliche paläoklimatische Indikation nur aus synthetischen Betrachtungen verschiedener Proxidaten gewonnen werden kann, wurden neben den Schneegrenzen und Gletscherflächen auch Permafrost-Indikatoren sowie Waldobergrenzen und Waldunterbrenzen als weitere Paläoindikatoren nach dem Prinzip des Aktualismus geeicht. Während die Ergebnisse statistischer Analysen für die Verbreitung des kontinuierlichen und diskontinuierlichen Pemafrosts gesicherte thermische Grenzwertfunktionen ergaben (vgl. Abb. 2), die sowohl punktuelle Geländebefunde als auch flächenhafte Kartierungen der Permafrostverbreitung räumlich kongruent abbilden, erwies sich eine Ermittlung klimatischer Grenzwertfunktionen für die Waldgrenzen des Untersuchungsgebiets, bedingt durch deren starke anthropogene Beeinflussung (Rodung, Beweidung), als problematisch. Die in Abb. 2 angegebenen, auf Basis naturnaher Waldareale und Refugien ermittelten Funktionen können daher den für die Vegetationsdifferenzierung relevanten hygrothermischen Wirkungskomplex nur annähern. Bei ausreichendem Feuchtedargebot stellen die Waldobergrenzen allgemein eine Wärmemangelgrenze für den Baumwuchs dar. Die Dauer sowie die Wärmesummen der Vegetationsperiode, als die wichtigsten limitierenden Faktoren, sind in der Grenzwertfunktion vereinfachend durch Jahresmitteltemperatur und Jahrestemperaturamplitude substituiert. Für die untere Waldgrenze, die in den Zentralasiatischen Trockenräumen außerhalb der Talböden von den hygrischen Bedingungen bestimmt ist, wurde neben einem statischen Grenzwert eine kritische strahlungsabhängige Niederschlagssumme angenommen, um das durch zahlreiche Geländebefunde belegte Muster mit häufig rein nordexponierten Wäldern auf Permafroststandorten mit geringen Jahresniederschlägen von teilweise unter 200 mm abzubilden. Als mögliche Ursache für dieses Verbreitungsmuster wird ein geringeres Gefriertrocknis-Risiko diskutiert. In Abb. 2 sind potentielle Waldstandorte auf Permafrost gesondert ausgewiesen.

4 Paläoklimatische und paläoökologische Rekonstruktion

Die Rekonstruktion und Regionalisierung der spätquartären klimatischen Bedingungen erfolgte in einem iterativen Verfahren, das die Mehrheit geomorphologischer und paläoökologischer Indikationen für das letztglaziale Maximum (LGM) – hier definiert als Zeitpunkt maximaler Eisausdehnung – in einem paläoklimatisch-landschaftsökologisch konsistenten Szenario zusammenfasst. Die Ergebnisse Proxi-basierter Rekonstruktionen umfassen monatlich differenzierte Klimaflächendaten (Temperatur, potentielle Evapotranspiration, Niederschlag), die eine Deduktion großskaliger Paläozirkulationsmuster ermöglichten. In Abb. 2 ist die auf Basis rekonstruierter Klimaflächendaten modellierte Gletscherbedeckung sowie die Permafrost- und Waldverbreitung dargestellt. Um die alternativen Möglichkeiten einer Validierung von Paläosimulationen zu dokumentieren, ist den Rekonstruktionen in Abb. 2 ein rein modellbasiertes Paläo-Szenario gegenübergestellt, das durch direkte Parametrisierung der Zirkulationsdaten von ECHAM-Paläosimulationen (ECHAM T42 – PMIP 21 ka BP – ECHAM 3.6, T42-L19 Model) ermittelt wurde.

Nach den Ergebnissen des Proxi-basierten „best-fit" Szenarios muss für das LGM eine Temperaturdepression von 6,1 K (Gebietsmittel) mit einer prononcierten saisonalen und räumlichen Differenzierung angenommen werden. Für die Wintermonate wurden geringere Depressionen mit einer in Süd-Nord-Richtung abnehmenden Magnitude und Minima von teilweise unter 2,0 K in den hochkontinentalen, autochthonen Klimaten der Zentralasiatischen Beckenbereiche kalkuliert. Für das Tibetische Plateau sowie die angrenzenden Gebirgsgruppen, aber auch die wintermonsunal beeinflussten Regionen, machen die Iterationen eine winterliche Temperaturdepression von bis zu 8 K wahrscheinlich. Eine Umkehrung des Gradienten tritt in den Sommermonaten bei maximalen Abkühlungsbeträgen im Norden des Untersuchungsgebiets auf. Die intramontanen Becken und angrenzenden Gebirgsvorländer dürften zum Zeitpunkt des LGM Depressionen von über 9 K aufgewiesen haben.

Die Rekonstruktion der hygrischen Bedingungen mit maximalen Niederschlagsdepressionen von bis zu 70% im Bereich der Südasiatischen Monsunregime sowie bis zu 40% im Einflussbereich der Meiyu Front (vgl. BÖHNER 1996) verdeutlicht, dass vor allem die süd- und ostasiatischen Monsunkomponenten stark abgeschwächt waren. Entsprechende Niederschlagsdepressionen in den meridionalen Stromfurchen sowie im Südostsektor des Plateaus von bis zu 30% – das rezente Sommermaximum in diesen Bereichen ist an den Transfer latenter Wärme im 850-700hPa-Niveau durch die südasiatische sommermonsunale Strömung über dem Golf von Bengalen und den meridionalen Stromfurchen gebunden – bestätigen die Interpretation einer abgeschwächten und verkürzten Monsunperiode. Im Bereich der zentralen Plateaus, deren rezentes sommerliches Niederschlagsmaximum an die autochthone Plateauzirkulation gebunden ist, liegen die Niederschlagsabweichungen zwischen –20 und +30%, wobei die positiven Abweichungen nördlich der Plateauachse sowie im Nordwesten des Plateaus auftreten. Im Einfluss quasistationärer Fronten und Aufgleitflächen nördlich der Plateauachse sowie besonders prononciert in den rezent winterlich zyklonal dominierten Regimen der nordwestlichen und westlichen Hochgebirgsräume treten überwiegend positive Abweichungen mit maximaler Magnitude von bis zu 50% im Karakorum-Pamir-System auf.

Unter Berücksichtigung der regional-spezifischen Niederschlagsgenese muss als Ursache angenommen werden, dass die spätquartäre Temperaturdepression in den Übergangsjahreszeiten und die damit verbundene Persistenz der Schneebedeckung in den Gebirgsräumen mit einer Verstärkung der Divergenz im Bereich der außertropischen Höhenströmung zum Zeitpunkt des LGM verbunden war. Die implizierte Deltabildung im 200-500hPa-Niveau über dem Tibetischen Plateau muss durch die Intensivierung des Ryd-Scherhag-Effekts zu einer Stabilisierung der indopazifischen Hochdruckregime und damit zu einer Persistenz winterlicher Zirkulationsmuster beigetragen haben. Die erhöhte Baroklinität der planetarischen Frontalzone war mit einer Intensivierung advektiver Prozesse und einer Stabilisierung der quasistationären Fronten sowie einer intensivierten Frontogenese verbunden.

Während die oben skizzierte Proxi-basierte Klimarekonstruktion und die daraus abgeleitete Regionalisierung letztglazialer landschaftsökologischer Grenzen, insbesondere paläomorphologischer und glaziologischer Indikationen, räumlich kongruent abbildet, liefert das ECHAM-Szenario ein abweichendes Bild. Besonders deutlich werden die Unterschiede in der räumlichen Verbreitung der Glazialräume, mit Zentren starker Vergletscherung entlang der südwestlich bis südöstlich das Tibetische Plateau begrenzenden Gebirgsketten, die an den paläoklimatischen Indikationen aus diesem Raum den Grad der Vereisung überzeichnen. Bedingt durch die relativ geringen Temperaturdepressionen sowie die Niederschlagsdepressionen in weiten Teilen nördlich der zentralen Plateauachse, die zum Teil in deutlichem Widerspruch zu den oben dargestellten Niederschlagsrekonstruktionen für diesen Raum stehen, ergeben sich keine nennenswerten letztglazialen Schneegrenzabsenkungen in den Gebirgsgruppen entlang der zentralchinesischen Trockenräume. Die auf Basis der Proxidaten deduzierte Zunahme der außertropisch-zyklonalen Aktivität bis in den nordwestlichen Plateausektor wird im ECHAM-Szenario nicht erfasst. Obwohl der ECHAM-Modelllauf in sich konsistent ist, macht die Unterschätzung der Niederschlagssummen in den advektiv dominierten Rand- und außertropischen Niederschlagsregimen deutlich, dass sowohl hydrologische Zyklen als auch aberrante Zirkulationsmuster in diesem Experiment nicht hinreichend abgebildet werden.

5 Prognose potentiell-zukünftiger naturräumlicher Veränderungen

Wie bereits in der Problemstellung benannt, sollen abschließend die methodischen Möglichkeiten, die das vorgestellte Regionalisierungskonzept für die modellbasierte Projektion potentiell zukünftiger naturräumlicher Ressourcen bietet, am Beispiel von Prognosen ausgewählter SRES-Emissionsszenarien (*Special Report on Emissions Scenarios*) dargestellt werden. Eine Übersicht über die im SRES berücksichtigten GCM-Experimente sowie eine kritische Beurteilung der Prognosesicherheit ist CARTER / HULME (1999) sowie CARTER et al. (2000) zu entnehmen. Um die Amplitude möglicher klimatisch induzierter Veränderungen zu erfassen, wurden Klimamodellprognosen des B1-Szenarios sowie des A2-Szenarios ausgewählt. In Abb. 2 ist die Projektion potentieller Konsequenzen des A2-Szenarios für die Vergletscherung sowie die Permafrost- und Waldverbreitung dargestellt.

Im optimistischen B1-Szenario wird bei einem projizierten Anstieg des atmosphärischen CO_2-Gehalts von derzeit 370 ppm (2000) auf 547 ppm bis 2100 eine globale Erwärmung von 1,28 K (gegenüber der aktuellen Klimanormalperiode 1961 bis 1990) erwartet. Während die Niederschlagsveränderungen in Zentral- und Hochasien in diesem Szenario sehr gering sind, liegt die Erwärmung bereits bei 1,04 bis 1,81 K. Das A2-Szenario bildet in den Projektionen der Emissionsentwicklung, mit einem atmosphärischen CO_2-Gehalt von 834 ppm und einer assoziierten Erwärmung von 4,65 K bis zum Ende des 21. Jahrhunderts, umweltpolitisch den ‚worst case' der Szenarien. Für das Untersuchungsgebiet werden danach Niederschlagszunahmen zwischen 3,0 und 20,2% erwartet, wobei generalisiert vor allem die Monsunregime von

Niederschlagserhöhungen betroffen sind. Die erwartete Erwärmung liegt im Jahresmittel zwischen 3,77 und 6,00 K mit maximaler Magnitude im Norden des Untersuchungsgebiets.

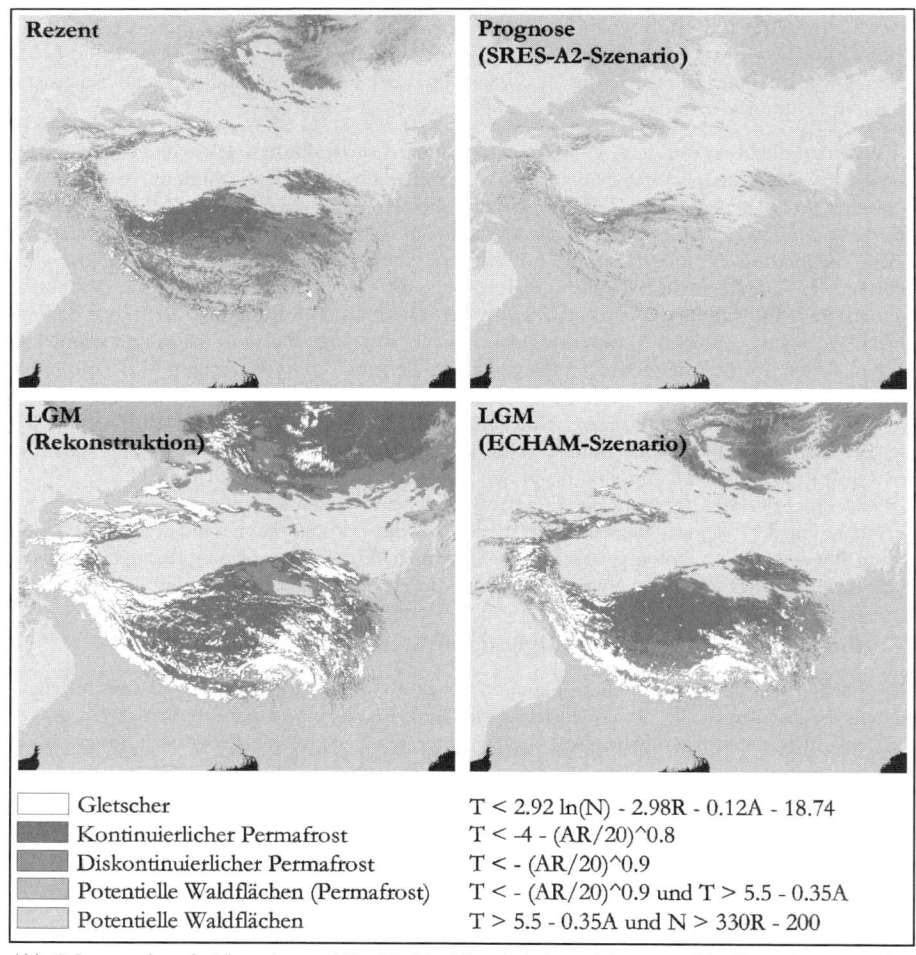

Gletscher	$T < 2.92 \ln(N) - 2.98R - 0.12A - 18.74$
Kontinuierlicher Permafrost	$T < -4 - (AR/20)^{0.8}$
Diskontinuierlicher Permafrost	$T < - (AR/20)^{0.9}$
Potentielle Waldflächen (Permafrost)	$T < - (AR/20)^{0.9}$ und $T > 5.5 - 0.35A$
Potentielle Waldflächen	$T > 5.5 - 0.35A$ und $N > 330R - 200$

Abb. 2: Rezente, letztglaziale und potentiell zukünftige klimatisch determinierte räumliche Verbreitung von Gletschern, Permafrost und (potentiellen) Waldflächen Zentral- und Hochasiens (T = Jahresmitteltemperatur, N = Jahresniederschlag, A = Temperaturamplitude, R = kurzwelliger topographischer Strahlungsgenuss)

Nach den so skizzierten Modellerwartungen muss angesichts der klimatischen Sensitivität der Kryosphäre bereits im optimistischen B1-Szenario mit einem Rückgang der vergletscherten Flächen Hochasiens um etwa 42,5% gerechnet werden. Im A2-Szenario bleiben bei einem Rückgang von über 80% (81,4%) nennenswerte Vergletscherungen auf die Kammlagen des Himalajabogens, des Karakorum-Pamir-Komplexes und des West-Kuenlun begrenzt. Gebirge wie der Qilian Shan und Tien Shan, deren rezente Gletscher regulierend auf die hydrologischen Regime in der Ablationsperiode einwirken und damit eine wichtige Rolle für die Versorgung der Bewässerungskulturen in den Vorländern spielen, sind im A2-Szenario nahezu unvergletschert. Da ein Vergleich zwischen rezenten und projizierten Wasserbilanzen zeigt, dass das erhöhte Niederschlagsdargebot im A2-Szenario durch die erwärmungsbedingte Zunahme der Evapotranspiration vor allem im Hochgebirgsraum überkompensiert wird, muss für die Oasen- und Bewässerungswirtschaft, insbesondere in den Vorländern des Kuenlun/Qilian Shan-Systems, mit einer weiteren Verknappung der ohnehin schon knappen Wasserressourcen gerechnet werden (BÖHNER / KICKNER 2002). Besonders drastische Veränderungen ergeben sich in den Projektionen auch für die Permafrostverbreitung. Da das tibetische Plateau rezent durch einen hohen Flächenanteil mit Jahresmitteltemperaturen von 0 bis –5° C gekennzeichnet ist, reduziert sich der Permafrostbereich bereits im optimistischen B1-Szenario um 27,8%, im A2-Szenario um 82,8%. Selbst wenn ein derartiger Flächenverlust von über 2.000.000 km^2 erst bei ausreichender Stationarität geänderter Klimaverhältnisse eintreten kann, ist unstrittig, dass gemessen an der Reaktivität von Bodentemperaturen eine sukzessive Erwärmung von bis zu 6,0 K im 21. Jahrhundert mit einer extremen Vermoorung in weiten Teilen Hochasiens einhergehen würde, deren assoziierte Methanfreisetzung dann eine positive Rückkopplung für den Treibhauseffekt mit sich bringen wird. Dieser in den Modellszenarien kaum berücksichtigte Aspekt relativiert zwar zunächst die getroffenen Aussagen zum möglichen Klimaimpakt, unterstreicht aber gleichzeitig, dass eine realistische Prognose potentiell zukünftiger Klimazustände nur mit transienten GCMs zu erzielen ist, die derartig extreme terrestrische Wirkungen und Rückwirkungen in der Simulation berücksichtigen.

Literatur

BÖHNER, J. (1996): Säkulare Klimaschwankungen und rezente Klimatrends Zentral- und Hochasiens. [Dissertation, Universität Göttingen, 2 Bd.].

BÖHNER, J. / KICKNER, S. (2002): Konfliktstoff „Wasser" am Qilian Shan. – In: Petermanns Geographische Mitteilungen 143(4). – 4-5.

BÖHNER, J. / SCHRÖDER, H. (1999): Zur Klimamorphologie des Tian Shan. – In: Petermanns Geographische Mitteilungen 143(1). – 17-32.

CARTER, T. / HULME, M. (1999): Interim characterizations of regional climate and related changes up to 2100 associated with the provisional SRES Marker emissions scenarios. *http://www.usgcrp.gov/ipcc/html/charGP_txt.pdf*.

CARTER, T. et al. (2000): Climate change in the 21st century: interim characterizations based on the new IPCC emissions scenarios. (= Finnish Environment Institute Report, 433). – Helsinki.

FRENZEL, B. / LIU, S. (2001): Über die jungpleistozäne Vergletscherung des Tibetischen Plateaus. – In: BUSSEMER, S. (Hrsg.): Das Erbe der Eiszeit. – Langenweißbach. 71-91.

FURRER, G. (1991): 25000 Jahre Gletschergeschichte dargestellt an einigen Beispielen aus den Schweizer Alpen. – In: Vierteljahresschrift der Naturforschenden Gesellschaft Zürich 135(5). – 1-52.

GROSS, G. / KERSCHNER, H. / PATZELT, G. (1978): Methodische Untersuchungen über die Schneegrenze in alpinen Gletschergebieten. – In: Zeitschrift für Gletscherkunde und Glazialgeologie 12. – 223-251.

HAEBERLI, W. (1991): Zur Glaziologie der letzteiszeitlichen Alpenvergletscherung. – In: Paläoklimaforschung 1. – 409-419.

JÄTZOLD, R. (1962): Die Dauer der ariden und humiden Zeiten des Jahres als Kriterium für Klimaklassifikationen. – In: Festschrift Hermann von Wissmann – Tübingen. 89-108.

KALNAY, E., et al. (1996): The NCEP/NCAR 40-year reanalysis project. – In: Bulletin of the American Meteorological Society 77. – 437-471.

KUHLE, M. (1998): Reconstruction of the 2.4 million km² late Pleistocene ice sheet on the Tibetan Plateau and its impact on the global climate. – In: Quaternary International 45/46. – 71-108.

LEHMKUHL, F. (1998): Extent and spatial distribution of Pleistocene glaciations in Eastern Tibet. – In: Quaternary International 45/46. – 123-134.

LEHMKUHL, F. / BÖHNER, J. / STAUCH, G. (2003): Geomorphologische Prozessregionen in Zentralasien. – In: Petermanns Geographische Mittelungen 147(5). – 6-13.

LOUIS, H. (1955): Schneegrenze und Schneegrenzbestimmung. – In: Geograpisches Taschenbuch 1954/55. – 414-418.

MIEHE, G. et al. (2001): The Climatic Diagram Map of High Asia. – In: Erdkunde 55. – 94-97.

Uwe **BÖRST** (Bonn)

Landschaft – eine ‚konstruierte' Ressource

1 Einleitung

Als Ausschnitte der Erdoberfläche in ihrer visuellen, strukturellen und funktionalen Gesamtheit (WINIGER / BÖRST 2003, 45) können Landschaften nicht nur als Plattform menschlicher Aktivitäten, als Wirtschafts-, Erholungs- oder allgemein als Lebensräume verstanden werden, sondern durchaus den Charakter einer Ressource für die in ihnen wirtschaftenden und agierenden Akteure annehmen.

Betrachtet man eine Landschaft, also die Kombination und das Wechselspiel verschiedener Landschaftselemente und die damit verbundenen Funktionen als Ausdruck des Spannungsbogens zwischen natürlicher und sozioökonomischer Umwelt, ist offensichtlich, dass man es in mehrfacher Weise mit einem höchst dynamischen Phänomen zu tun hat.

Landschaften wandeln sich bereits unter natürlichen Bedingungen als Folge der Reaktion des Landschaftsökosystems auf die Veränderung einzelner oder mehrerer Einflussgrößen. Weitere Dynamik entsteht durch anthropogene Eingriffe. Für europäische Verhältnisse muss konstatiert werden, dass keine reinen, unbeeinflussten Naturlandschaften mehr existieren, sondern prinzipiell von mehr oder weniger stark modifizierten Kulturlandschaften ausgegangen werden muss (BORK / ERDMANN 2002, 5). Die sich aus dem jeweiligen Landschaftswandel ergebende Raumausstattung bietet in Abhängigkeit von technischem und sozioökonomischen Hintergrund der jeweiligen Akteure differierende Potentiale für eine Inwertsetzung. Erst die reale Nutzung dieser Landschaftspotentiale lässt sie zu Ressourcen im eigentlichen Sinne werden (HAASE 1978, 115).

Anhand zweier Fallbeispiele (Lötschental, Schweiz und Rheinisches Braunkohlenrevier, Deutschland) sei im folgenden exemplarisch die Mehrdeutigkeit von Landschaften (WINIGER / BÖRST 2003) als Ressourcenräume skizziert.

2 Beispiel Lötschental[1]

Die Naturraumausstattung des südlich des Hauptkammbereichs der Berner Alpen gelegenen Lötschentals (Wallis) bot den ersten dauerhaften Siedlern an der Wende vom Spätneolithikum zur Frühen Bronzezeit einen anspruchsvollen Lebensraum. Die in der Regel dichten Wälder entlang der Talflanken und relativ schmale Mattenregionen in der alpinen Höhenstufe sowie geringmächtige Böden erschweren in Verbindung mit häufigen Überschwemmungen der Talauen sowie hoher Lawinen- und Murgangaktivität eine landwirtschaftliche Dauernutzung beträchtlich (BÄTZING 2003[2], 79). Bereits die Lokalisierung eines sicheren Bauplatzes muss sich – ohne entsprechende Erfahrungen – äußerst schwierig gestaltet haben.

Aufgrund der besonders im Winterhalbjahr häufig unterbrochenen Handelsmöglichkeiten wird der Anspruch der ersten Lötschentaler an ihren Lebensraum gewesen sein, möglichst viele Produkte des täglichen Lebens zu liefern, ohne die Reproduktionsfähigkeit der Landschaft zu gefährden (Prinzip der Nachhaltigkeit). Weitgehend auf der Basis lokaler Ressour-

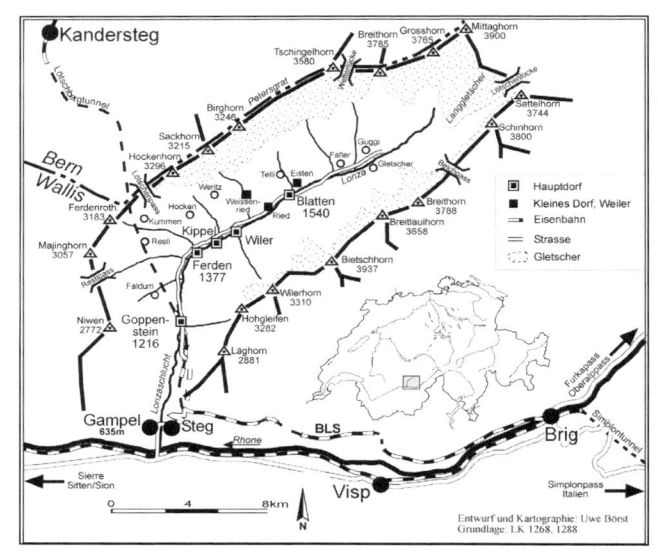

Aktuelle Dynamik und Langzeitsignale in Gebirgsräumen

cen waren die frühen Lötschentaler gezwungen, in einem teilweise sicher schmerzhaften „trial and error"-Prozess zu lernen, ihre Wirtschaftweise dem Naturraum und gleichzeitig den Naturraum ihrer Wirtschaftsweise anzupassen, und es gelang ihnen in der Regel, beides im Sinne einer positiven Entwicklung – bei gleichzeitig steigender ökologischer Stabilität – zu optimieren (BÄTZING 2003, 99).

Abb. 1: Lötschental: Siedlungsstruktur und Verkehrserschließung

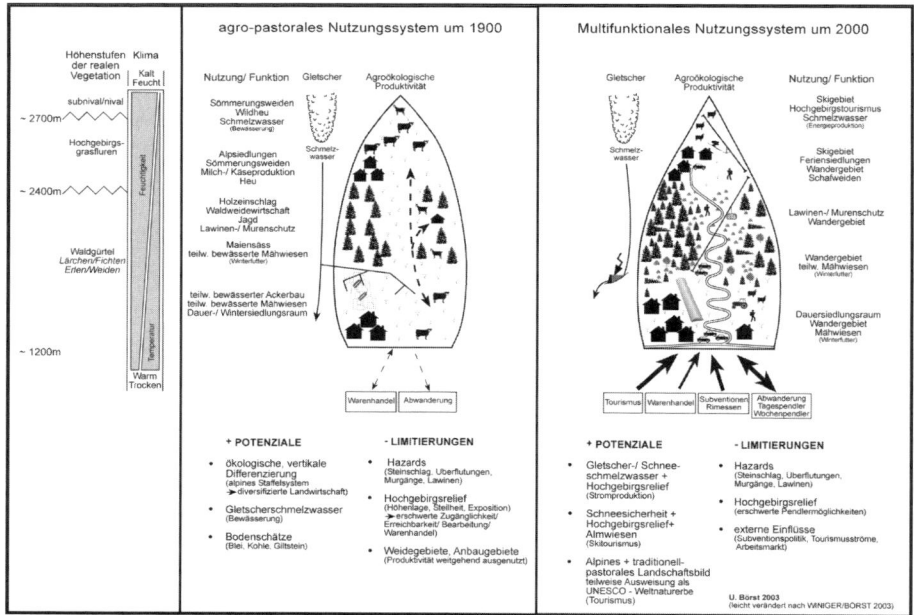

Abb. 2: Ressourcennutzungswandel im Lötschental

Wegen der Nähe zur agronomischen Höhengrenze kam der Verfügbarkeit von adäquatem Agrarland als Produktionsraum wichtiger Grundnahrungsmittel im traditionellen Autarkiekomplex eine entscheidende Rolle zu. Die notwendige Freifläche für Ackerland und Weideareale musste im Lötschental – vor allem zu Lasten der Waldfläche – erst geschaffen werden. Besonders am sonnenexponierten Hang wurde der Wald mit der Zeit auf wenige, unverzichtbare Reliktstandorte oberhalb der Siedlungen zurückgedrängt. Neben der Funktion als einziger Lawinenschutz der Dauersiedlungen stand der Wald allerdings als wichtiger und meist knapper Rohstofflieferant für Feuer- und Bauholz sowie im Zusammenhang mit der praktizierten Waldweide unter massivem Nutzungsdruck. Seine herausragende Bedeutung als Ressource wird dadurch unterstrichen, dass eine Gemeinde allgemein als wohlhabend bezeichnet wurde, wenn sie im Verhältnis zur Einwohnerzahl eine möglichst große Waldfläche besaß, da mit dem Export von Holz häufig der einzige monetäre Gewinn zu erzielen war.

Im späten 19. Jahrhundert ist die land- und forstwirtschaftliche Produktivität der Landschaft damit als wichtigste Ressource des traditionellen Wirtschaftssystems zu verstehen, womit gleichsam die Tragfähigkeitsgrenze des Raums definiert wurde: Eine Intensivierung oder Effizienzsteigerung war innerhalb der ökologischen Rahmenbedingungen sowie der technischen Fähigkeiten am Übergang zum 20. Jahrhundert kaum möglich. Besonders in klimatischen Extremjahren mit geringer Heuproduktion in Talnähe war die gesamte Fläche des Lötschentals – selbst die subnivale Stufe zum Wildheuen – in das Wirtschaftssystem einbezogen.

Um dieses hohe Nutzungsniveau schon angesichts der dem Hochgebirge inhärenten Prozessdynamik (Lawinen, Muren, Erosion) wenigstens zu halten, mussten besonders starkem Nutzungsdruck ausgesetzte Bereiche, wie der Gemeindewald oder die genossenschaftlichen Alpen, über ein kompliziertes, sehr starres und konservatives Regelwerk (z. B. Alp- und Wässerungsreglement) besonders vor den Interessen einzelner geschützt und die notwendigen reproduktiven Arbeiten gemeinschaftlich verteilt werden (NIEDERER 1996^2, 19).

Eine nachhaltige *Nutzung* konnte auf diesem Wege weitgehend garantiert, eine nachhaltige *Entwicklung* allerdings – wohl auch aus Angst vor unbekannten Folgen – zumindest sehr erschwert werden, das System war weitgehend auf Persistenz, auf das Bewahren, das Schützen der überlebensnotwendigen Ressourcen ausgelegt.

Durch den Bau der internationalen Eisenbahntransitroute Bern-Lötschberg-Simplon (BLS), die das Lötschental 1913 an die Vorlandgebiete anschloss, wurde die Talschaft quasi über Nacht mit einer veränderten Realität konfrontiert. Die sprunghaft verbesserte Erschließung führte allerdings nicht zu einem abrupten Umbruch, sondern einer langsamen, sukzessiven Transformation der Wirtschaftsweise. Die neuen Verdienstmöglichkeiten außerhalb des Tals ermöglichten bald eine Abkehr von weitgehender Selbstversorgung und ließen das Lötschental als landwirtschaftlichen Produktionsstandort zunehmend obsolet werden, neue Nutzungschancen und damit auch neue Ressourcen, aber auch neue Risiken kristallisierten sich heraus.

Fanden noch 1960 über 95% der Lötschentaler ein Einkommen im Tal selbst, pendeln zu Beginn des 21. Jahrhunderts mehr als die Hälfte der Erwerbstätigen ins nähere und weitere Umland. Sukzessive wurden arbeitsintensive und finanziell im Verhältnis zu außerlandwirtschaftlichen Einkünften wenig ertragreiche Tätigkeiten eingestellt, häufig waren dies die für die Stabilität der alpinen Kulturlandschaft wichtigen, reproduktiven Tätigkeiten.

Getreide- und Kartoffeläcker sind aus dem Landschaftsbild weitgehend verschwunden, gleichsam erfuhren diese nun durch Lawinenverbauungen sichereren Flächen als Bauland für

Aktuelle Dynamik und Langzeitsignale in Gebirgsräumen

Wohnhäuser oder Chalets eine hohe Wertsteigerung. Die Eignung einer landwirtschaftlichen Nutzfläche in Bezug auf Weide- und Mähwirtschaft orientiert sich in jüngster Zeit zudem an völlig neuen Kriterien. Nicht mehr die ökologischen Wachstumsbedingungen am jeweiligen Standort sind entscheidend, sondern vielmehr die Übereinstimmung von Reliefparametern wie Höhenlage oder Exposition mit den jeweiligen anzusetzenden Förderkriterien der Flächenbeiträge in der Subventionspolitik.

Der allgemeine Rückzug der Landwirtschaft aus der Fläche zieht in der Regel Vergandung der ehemals landwirtschaftlich genutzten Talflanken nach sich, verbunden mit einer weitgehenden Trivialisierung des Landschaftsbilds. Gerade das nun nicht mehr reproduzierte, traditionelle Kulturlandschaftsbild mit seinen kleingekammerten, diversen Nutzungseinheiten, entspricht allerdings weitgehend den stereotypen Erwartungen der Touristen und bildet eine wichtige Voraussetzung des Fremdenverkehrs, womit die ästhetisch-visuelle Attraktivität der Landschaft zur schützenswerten Ressource avanciert. Die hohe Reliefheterogenität in Verbindung mit einer teils exzessiven Besitzersplitterung als Folge der praktizierten Realteilung, bei gleichzeitiger Zerschneidung von Flächen durch nicht mehr genutzte Bewässerungskanäle erweist sich heute zunehmend als Barriere für eine längst überfällige Modernisierung der Landwirtschaft. Dringend notwendig wäre eine Reorganisation der Besitzverhältnisse, um eine ausreichende Bewirtschaftungsgröße zu erreichen. Doch für die meisten älteren Landwirte kommt eine Verpachtung des eigenen Lands an den Nachbarn – selbst wenn man es nicht mehr nutzt – schlicht nicht in Frage. Das Beharren, das starre Festhalten an alten Strukturen und Werten steht einer Anpassung an die aktuellen Anforderungen im Lötschental häufig im Wege, erst ein klarer Schnitt durch einen Generationswechsel könnte hier neue Möglichkeiten schaffen.

Den wohl tiefgreifendsten Bedeutungswandel im 20. Jahrhundert erfuhr der Wald, obwohl ihm bis heute eine wichtige Funktion als Schutz vor Naturgefahren zukommt. Wegen der schwierigen Reliefverhältnisse ist eine direkte Nutzung gegenwärtig ineffizient und findet nicht mehr statt. Vor allem nach Stürmen und Lawinenwintern wie 1990 oder 1999 sind die notwendigsten, erhaltenden Pflegemaßnahmen ohne kantonale und staatliche Hilfe nicht mehr finanzierbar. Der Wald ist somit für die Lötschentaler Gemeinden innerhalb von wenigen Jahrzehnten vom ‚Sparbuch' zur finanziellen Belastung entwertet worden, unklar ist bisher, wie dieses Defizit und die gleichzeitig fehlende Einbindung in aktuelle Nutzungskonzepte dauerhaft aufgefangen werden kann.

Auch das Wasser spielt in der Ressourcennutzung des heutigen Lötschentals eine veränderte Rolle. Zwar wird Bewässerung mangels Arbeitskräften und Notwendigkeit heute nicht mehr praktiziert. Dafür existiert nunmehr durch Winterferiensiedlungen auf den Alpen und Schneekanonen im Skigebiet ein enormer Bedarf an Brauch- und Trinkwasser zunehmend in Regionen oberhalb der Waldgrenze und zur Zeit des geringsten Dargebots. Wasser wird damit besonders im Winter zur begehrten Ressource. Gleichzeitig erweist sich allerdings die ehemals verkehrstechnisch so hinderliche, steile Schlucht ins Rhonetal heute im Hinblick auf die moderne Wasserkraftnutzung als ideale Voraussetzung für eine wirtschaftliche Inwertsetzung.

Zusammenfassend kann festgehalten werden, dass im Lötschental – einhergehend mit einer kontinuierlichen Nutzungstransformation – die Neubewertung der Landschaftsressourcen in vollem Gange ist. Die Möglichkeit, auch auf externe Ressourcen zurückzugreifen, schafft prinzipiell neue Gestaltungsspielräume, allerdings auch neue Gefahrenpotentiale. Denn gerade die Abkehr von der Selbstversorgung führt zu wachsender Bedeutung permanenter Austauschmöglichkeiten mit dem Umland, eine im Hochgebirge nur mit technisch sehr anspruchsvollen und entsprechend kostenintensiven Kunstbauten (Tunnel, Lawinengalerien) realisierbare Bedingung.

3 Beispiel: Rheinisches Braunkohlenrevier

Eine über weite Flächen nur schwach reliefierte, weitgehend homogene Landschaft, ein gemäßigtes Klima mit milden Wintern und mäßig warmen Sommern sowie eine durchschnittlich 10 m mächtige Lössauflage prädestinierten die Niederrheinische Bucht bis heute für eine landwirtschaftliche Nutzung auf höchstem Niveau (HEIDE 1988, 73). Bodenmesszahlen von über 80 bilden keine Ausnahme, die hohe Bodenfruchtbarkeit in der Region, vergleichbar mit der anderer Bördelandschaften, machte das Gebiet zu einer der landwirtschaftlich produktivsten Regionen in Mitteleuropa.

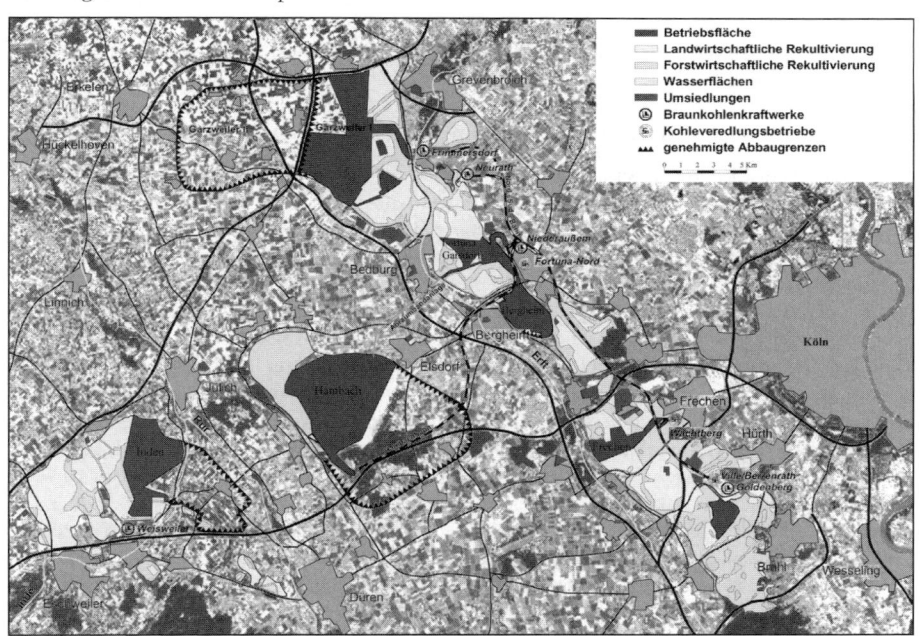

Abb. 3: Rheinisches Braunkohlenrevier in der Niederrheinischen Bucht westlich von Köln auf Landsat-Mosaik ETM+, 197-24, 25.05.2001 und 197-24, 05.07.2001. (Quelle: DEBRIV 2003, 25 und Zentrum für Fernerkundung der Landoberfläche ZFL, Bonn)

Heute befindet sich an gleicher Stelle, im Städtedreieck Mönchengladbach – Köln – Aachen, eine Landschaft im wahrsten Sinne des Worts in permanentem Umbruch, künstliche Berge werden aufgeschüttet und wieder abgetragen, Flüsse umgeleitet, Landstrassen und Autobahnen verlegt sowie Ortschaften mitsamt der Bevölkerung umgesiedelt.

Ursache für diese einschneidenden Eingriffe ist die industrielle Ausbeutung der tertiären Braunkohle. Obwohl bereits seit dem 16. Jahrhundert für den privaten Hausgebrauch in bescheidenem Maße abgebaut, führte erst die einsetzende Industrialisierung im 19. Jahrhundert sowie der wachsende Heizmittelbedarf der umliegenden Städte zu erwähnenswerter Abbautätigkeit, besonders in den oberflächennahen Lagerstätten im schwach landwirtschaftlich genutzten Südosten, dem bewaldeten Villerücken.

Eine radikale Veränderung setzte einhergehend mit dem wirtschaftlichen Aufschwung und dem damit verbundenen gesteigerten Energiebedarf der urbanen Bevölkerung und der Schwerindustrien nach dem II. Weltkrieg ein. Die Tagebautätigkeiten mussten aus abbautechnischen und wirtschaftlichen Gründen erheblich ausgeweitet werden, immer größere Flächen fruchtbarer Bördelandschaften und über 50 Ortschaften mit zusammen mehr als 30.000 Einwohnern den anrückenden Schaufelbaggern bisher weichen (DICKMANN 1995, 1).

Im Gegensatz zum Lötschental wurden hier nicht einzelne Landschaftselemente in ihrer Bedeutung mehr oder weniger bewusst sukzessive umbewertet oder einzelne Korrekturen der Landschaft vorgenommen. Im Rheinischen Braunkohlenrevier werden komplette Landschaftsökosysteme völlig entwertet; Lebensräume zum Abraum degradiert. Nicht mehr die Nutzung der Landschaft steht im Vordergrund, sondern die Nutzung dessen, was die Landschaft verdeckt. Zumindest temporär verliert sie damit jeglichen Charakter einer Ressource, sie wird als abzutragende Deckschicht eher zum problematischen Faktor.

Verständlich wird diese Situation erst, wenn man sich die enorme volkswirtschaftliche Bedeutung der Braunkohlengewinnung vor Augen führt. 13% des deutschen und 50% des rheinischen Stroms werden heute aus rheinischer Braunkohle gewonnen und damit ungefähr neun Millionen Menschen mit Strom versorgt. Das heutige Betreiberunternehmen „RWE/Rheinbraun" beschäftigt nahezu 13.000 Mitarbeiter und verzeichnet einen Jahresumsatz von ca. 1,5 Mrd. €. Etwa 40.000 Arbeitsplätze sind von der Braunkohle im Rheinland direkt oder indirekt abhängig, gleichzeitig werden 40% der Wertschöpfung im Revier vom Braunkohlenbergbau oder nachgelagerten Industrien erwirtschaftet (SCHWEDE 1997, 20). Vor diesem Hintergrund verliert jede andere Funktion der Landschaft nach zumindest kurzfristigen rational-ökonomischen Überlegungen an Bedeutung, Proteste der von Umsiedlungsmaßnahmen betroffenen Bevölkerung und Naturschutzorganisationen führten bislang nur zu marginalen Veränderungen der Abbaupläne. Das zukünftige Ausmaß des Tagebaus wird weitgehend bestimmt von nationalen Interessen und Erwägungen der Abbauwürdigkeit der Lagerstätten. Allerdings ermöglichen die bereits genehmigten Abbaupläne noch eine Förderung von über 40 Jahren, von den 55 Mrd. t Braunkohle in der Niederrheinischen Bucht sind 2003 nur etwa fünf Milliarden Tonnen ausgebeutet (DEBRIV 2003, 17).

Das Landschaftsvakuum, das durch die Tagebautätigkeit zumindest kurzfristig entsteht, muss letztendlich wieder gefüllt werden. Denkbar ist dies in Anlehnung an unterschiedlichste Leitbilder (vgl. MOSIMANN 2001, 6).

Ein naturnaher Zustand (Renaturierung) der Landschaft könnte dabei mit gleicher Berechtigung angestrebt werden wie die Wiederherstellung des ursprünglichen Kulturlandschaftszustands vor dem Abbau (Rekultivierung nach historischem Vorbild). Auch eine ‚Neuerfindung' der Landschaft im Sinne von Extrempositionen ist denkbar. Ziele wären dann beispielsweise eine optimal nutzbare Agrarlandschaft zu schaffen, das Gebiet für Industrieansiedlungen zu erschließen, zur Naherholung zu nutzen oder den Versuch zu unternehmen, bestimmte ökologische Funktionen zu optimieren.

Die bereits verwirklichten und schon in der Planungsphase in den Braunkohlenplänen rechtsverbindlich formulierten Rekultivierungspläne erheben den Anspruch, die unterschiedlichsten aktuellen Nutzungsinteressen gegeneinander abzuwägen. Angestrebt wird in der Regel eine Nutzungsvielfalt in heterogenem Relief, mit Ausweisung von Flächen für die Land- und Forstwirtschaft, die Naherholung, aber auch als ökologische Rückzugs- und Ausgleichsräume. Jedem Quadratmeter der neuen Landschaften wird mehr oder weniger zielorientiert eine neue Funktion im Landschaftsökosystem zugewiesen und den verschiedenen Nutzungsansprüchen angepasst.

4 Fazit

Das komplexe Wechselspiel zwischen natürlicher und anthropogen forcierter Landschaftsdynamik führt, ausgehend von der ursprünglich unbeeinflussten Naturraumausstattung, zu einer sich wandelnden (Kultur-)Landschaftsausstattung. Diese Landschaftsausstattung erfährt in steter Rückkopplung mit den gegenwärtigen gesellschaftlichen, politischen und ökonomischen Rahmenbedingungen im jeweiligen oder geplanten Nutzungskontext eine permanente Neubewertung in ihrer Eigenschaft als Ressource.

Im Zusammenhang mit der häufig gestellten Forderung nach einem kategorischen Schutz bzw. Erhalt sogenannter „natürlicher Ressourcen" einer Landschaft wird häufig der normativen Charakter von Ressourcen unterschätzt. Zudem unterläge man einem naturalistischen Fehlschluss, würde der ursprüngliche, natürliche oder naturnahe Zustand einer Landschaft automatisch als Zielgröße definiert.

Festzuhalten ist, dass Landschaften bzw. Landschaftselemente als Ressourcen nicht *a priori* existieren, sondern als gesellschaftliches Konstrukt zu begreifen und damit prinzipiell variabel sind. Auch in Zukunft könnten Landschaften den jeweiligen Akteuren immer wieder neue Nutzungspotentiale darbieten bzw. neue Ressourcen erschließen, die sich unserem heutigen Erfahrungshorizont noch völlig entziehen.

Landschafts(-ressourcen)schutz darf deshalb besonders vor dem Hintergrund einer postulierten nachhaltigen Entwicklung mit weitgehend offenen, zukünftigen Nutzungsszenarien gerade keinen bestimmten Zustand anstreben, sondern muss vielmehr als Prozess verstanden werden, in dem die Bewertung von Landschaftselementen in Bezug auf ihre Nutzungs- und Schutzwürdigkeit besonders auch vor dem Hintergrund etwaiger Um- und Neubewertungen zu erfolgen hat.

---

[1] Wesentliche Teile dieses Abschnitts entstammen nach Wort und Inhalt der entsprechenden Passage aus der Gemeinschaftspublikation WINIGER / BÖRST (2003).

Literatur

BÄTZING, W. (2003[2]): Die Alpen. Geschichte und Zukunft einer europäischen Kulturlandschaft. – München.

BORK, H-R. / ERDMANN, K.-H. (2002): Natur zwischen Wandel und Veränderung. Phänomene, Prozesse, Entwicklungen. – In: ERDMANN, K.-H. / SCHELL, C. (Hrsg.): Natur zwischen Wandel und Veränderung. – Berlin, Heidelberg, New York. 5-22.

DEBRIV (2003): Braunkohle 2003 – Ein Industriezweig stellt sich vor. – Köln.

DICKMANN, F. (1995): Anspruch und Wirklichkeit von Ortsumsiedlungen im Rheinischen Braunkohlenrevier. Untersuchungen zur Bedeutung von Umsiedlungsstandorten in der kommunalen Siedlungsentwicklung und -planung. (= Aachener Geographische Arbeiten, 29). – Aachen.

HAASE, G. (1978): Zur Ableitung von Naturpotentialen. – In: Petermanns Geographische Mitteilungen 178(2). – 113-125.

HEIDE, G. (1988): Boden und Bodennutzung. – In: Geologisches Landesamt Nordrhein-Westfalen (Hrsg.): Geologie am Niederrhein. – Krefeld. 73-78.

MOSIMANN, T. (2001): Funktional begründete Leitbilder für die Landschaftsentwicklung. – In: Geographische Rundschau 53(9). – 4-10.

NIEDERER, A. (1996²): Alpine Alltagskultur zwischen Beharrung und Wandel. Ausgewählte Arbeiten aus den Jahren 1956 bis 1991. Herausgegeben von K. ANDEREGG und W. BÄTZING. – Bern, Stuttgart, Wien.

SCHWEDE, D. (1997): Der Braunkohlenbergbau und seine wirtschaftliche Bedeutung. Verflechtungen, Folgeindustrien, Arbeitsplätze. – In: Geographie und Schule, Sonderheft 19. – 19-25.

WINIGER, M. / BÖRST, U. (2003): Landschaftsentwicklung und Landschaftsbewertung im Hochgebirge. Bagrot (Karakorum) und Lötschental (Berner Alpen) im Vergleich. – In: JEANNERET, F. et al. (Hrsg.): Welt der Alpen – Gebirge der Welt: Ressourcen, Akteure, Perspektiven. – Welt der Alpen – Gebirge der Welt. Ressourcen, Akteure, Perspektiven. (= Jahrbuch der Geographischen Gesellschaft Bern, 61, Buch zum 54. Deutschen Geographentag in Bern 2003). – Bern, Stuttgart, Wien. 45-59.

Christoph STADEL (Salzburg) und Matthias WINIGER (Bonn)

Leitthema A4 – Gebirge und Umland: Stoff- und Wertflüsse

Gebirge stellen keine geschlossenen Systeme oder isolierte Räume dar; sie stehen in vielfältigen wechselseitigen Beziehungen mit ihrem Umland. Diese intensiven und komplexen Verflechtungen beruhen sowohl auf physiogeographischen Prozessen und Stoff- und Werteflüssen als auch auf anthropogen bedingten und gestalteten Austauschbeziehungen. Die Stoff- und Werteflüsse zwischen Gebirge und Umland manifestieren sich auf allen Maßstabsebenen, in allen ökologischen Regionen und in allen Kulturbereichen. Sie eröffnen sowohl eine reiche Palette von Potentialen und positiv zu bewertenden „impacts" als auch Problem- und Konfliktfelder und negative Folgeerscheinungen.

Im Rahmen von Forschungsprogrammen und häufig interdisziplinär ausgerichteter Projekte wurden „highland-lowland interactive systems" seit den 1980er Jahren verstärkt von der *UN University* und anderen Institutionen sowie von Wissenschaftlern in verschiedenen Gebirgs- und den angrenzenden Umlandregionen untersucht. Diese empirischen Forschungen und Erkenntnisse bestätigen zwar die intensiven Wechselbeziehungen zwischen Gebirge und den angrenzenden Tiefländern, sie widerlegen aber auch manche voreilig und deterministisch formulierten Hypothesen der Stoff- und Werteflüsse zwischen Gebirge und Umland.

Die Beiträge der Leitthemensitzungen können nur Teilausschnitte und ausgewählte thematische und regionale Beispiele der breit ausgelegten Thematik beleuchten. Dabei werden sowohl ökologische als auch anthropogene Fragestellungen und Aspekte diskutiert. Als Fazit mag einmal mehr bestätigt werden, dass Gebirge und ihr Umland nicht gegeneinander abgrenzbar sind, sondern in ineinandergreifenden und komplementären Beziehungen zueinander stehen. Die Beiträge veranschaulichen auch, dass sich die Gebirge und ihr Umland nach ökologischen, wirtschaftlichen, sozialen, kulturellen und politischen Rahmenbedingungen und Kriterien unterscheiden und dass die Dynamik der sich verändernden wechselseitigen Beziehungen regional differenzierte Auswirkungen und Ausdrucksformen manifestieren.

Wasser ist das wichtigste Transportmedium von Stoffen in Gebirgsräumen. Dem Verständnis und der Modellierung der relevanten Prozesse ist der Beitrag von Christian Leibundgut gewidmet. Die schwerkraftbedingt einseitig gerichteten Wasser- und Stoffflüsse vom Gebirge ins Vorland sind im *konzeptionellen* Ansatz in den Grundzügen durchaus verstanden, wobei als wichtigste methodische Vorgehensweisen raum-zeitliche Bilanzierungen und Regressionsfunktionen herangezogen werden. Demgegenüber bleibt aber die hinreichend verlässliche Modellierung der Fliess- und Transportprozesse auf *physikalischer* Grundlage nach wie vor ein unzureichend gelöstes Problem. Die regional komplexen und oft nur approximierten Modellvariablen, Fliess- und Transportwege, Zwischenspeicher, chemische Transformationen und die stets zu berücksichtigenden Skalenverknüpfungen bilden die gravierendsten Unsicherheiten. Die unerlässliche Verbindung theoretischer Ansätze mit Feldexperimenten ist unverzichtbare Basis eines weiterführenden Verständnisses. Der experimentelle Nachweis der Transportprozesse und -wege bedient sich zunehmend perfektionierter künstlicher und natürlicher Tracer-Techniken. Letztlich sind die Überlegungen zu den Unsicherheiten der Modellergebnisse von grundsätzlicher Natur und über die konkreten Fallbeispiele hinaus auch für weitere geographische Fragestellungen von Relevanz.

Aktuelle Dynamik und Langzeitsignale in Gebirgsräumen

Die Ressource Holz, die in den Hochgebirgsräumen in einer Vielfalt realer und potentieller Vegetationsformationen auftritt, ist dem Nutzungsdruck der Tiefländer in einer Fülle von unterschiedlichen Szenarien ausgesetzt. Eine weltweit vergleichende Typisierung der aktuellen Situation und der dominanten Prozesse bei der Nutzung der Gebirgswälder existiert noch nicht. Ausgehend von den aktuellen klimazonal und ökonomisch variierenden Bedingungen basiert der Beitrag von Udo Schickhoff auf zwei prinzipiell entgegengesetzten Entwicklungen: Die gegenwärtig verbreitete Waldzunahme in den Gebirgen der Außertropen kontrastiert zur teilweise extremen Übernutzung der Gebirgswälder der Tropen bis Subtropen. An den zwei Fallbeispielen Karakorum/Himalaja und Alpen werden die Randbedingungen und die dominanten Prozesse der jeweiligen Waldnutzung vergleichend gegenübergestellt. Dabei wird deutlich, dass die Auswirkungen der Kombination von globalisierter und lokaler Ökonomie, der historischen Regionalentwicklung und der zunehmend raschen technischen Erschließung subtropischer und tropischer Gebirgsräume zu völlig unterschiedlichen Szenarien, einschließlich der ökologischen Konsequenzen, führen. Bis auf wenige Ausnahmen ist allen untersuchten Beispielen gemeinsam, dass die Impulse und Steuerung teilweise exzessiver Übernutzung (Beispiele Tropen/Subtropen), aber auch die fortschreitende Aufgabe der Gebirgswaldnutzung (Alpen) von den ökonomischen Interessen und der Konkurrenzsituation der Vorlandgebiete gesteuert wird. Hier werden nicht nur neue Ansätze eines überregionalen Managements gefordert, sondern auch neue Forschungsansätze – nicht zuletzt im Blick auf die nach wie vor widersprüchlichen Verlautbarungen auch von wissenschaftlicher Seite zu den ökologischen Konsequenzen nicht-angepasster Gebirgswaldnutzung.

Peter Baccini setzt sich in seinem Beitrag am Beispiel der Schweizer Alpen mit den Schlüsselressourcen und dem urbanen Ressourcenhaushalt im Gebirge auseinander. Er stellt fest, dass sich die Nachfrage nach den wichtigen Gebirgsressourcen in den letzten Dekaden sowohl zur Versorgung benachbarter Umlandregionen als auch für die sich in den Gebirgen entwickelnde ‚neue Urbanität' wesentlich intensiviert hat. Unter Heranziehung verschiedener dynamischer Stoffhaushaltmodelle und der Darstellung möglicher Szenarien geht Baccini der Frage nach, inwieweit die regionale Grundversorgung mit Ressourcen, vor allem durch den Einsatz eines erhöhten Anteils erneuerbarer Ressourcen, sowohl für das Gebirge als auch für das Umland nachhaltig neu gestaltet werden kann. Dabei plädiert er für einen interregionalen Stoff- und Werteflüsseaustausch, der in optimistischer Sicht zu einer ‚Win-Win'-Situation für das Gebirge und die umliegenden Tieflandregionen führen könnte.

In dem Beitrag von Hiltrud Herbers wird auf der Grundlage eingehender empirischer Erhebungen dargelegt, wie sich im tadschikischen Pamir unter geänderten politischen Rahmenbedingungen die sozialen und wirtschaftlichen Gebirgs-Umland-Beziehungen veränderten. Mit dem Anschluss der Region an Russland, und vor allem mit der Eingliederung von Tadschikistan als Autonomes Gebiet in die Sowjetunion haben sich die Art, die Intensität und die Richtung der Güter- und Personenverflechtungen zwischen dem Pamir und dem näheren und weiteren Umland grundlegend verändert. Vor allem hervorzuheben sind die massiven freiwilligen und erzwungenen Personentransfers und der Wandel der Wirtschaftsstrukturen. Für die postsowjetische Zeit stellt die Autorin eine Reihe von wirtschaftlichen und sozialen Nachteilen für den Pamir heraus. Da eine Lösung dieser Probleme bislang nur unzureichend gelungen ist, wird von vielen Bewohnern eine Abwanderung in städtische Zentren und in die landwirtschaftlich produktiven Flussoasen im Südwesten Tadschikistans als einzige Alternative zu der vorherrschenden marginalisierten Lebensweise gesehen.

Christian LEIBUNDGUT (Freiburg)

Wasser- und Stoffhaushalt sind Zwillinge

1 Einleitung

Um den Stoffhaushalt in der Gebirgslandschaft bilanzieren zu können, braucht es die hinlängliche Kenntnis des Transports von Stoffen. In gebirgigen Landschaften ist die Bedeutung dieses Prozesses besonders groß. Energie in Form von potentieller Energie (Gefälle) steht im Übermaß zur Verfügung. Dazu kommen generell hohe Niederschläge sowie starke tägliche und jahreszeitliche Temperatur- und Strahlungswechsel. Gebirge sind dominante Erosionsgebiete und damit auch Stofftransportgebiete. Die Gebirgsbewohner kennen leidvolle Erfahrungen mit diesem Phänomen, sei es mit dem Feststofftransport in Form von Erdrutschen, Schlamm und Geröllawinen, Murgängen oder mit Hochwassern und den damit verbundenen Sedimenten. Stoffe werden mit dem Wasser aber vor allem auch in gelöster Form transportiert. Mit wachsender Distanz in den Einzugsgebieten und ins Gebirgsvorland hinaus nimmt der Anteil an gelösten Stoffen gegenüber dem Feststofftransport relativ zu. In diesem Beitrag werden die Stoffflüsse von gelösten Stoffen im Wasser behandelt. Alle Transportformen hängen vorwiegend am Wasser als dem großen Transportmedium der Natur.

In dieser untrennbaren Verbundenheit von Wasser- und Stoffflüssen liegt das ernsthafte Problem, dass die Berechnung (Modellierung) von Stoffflüssen an die Güte der Modellierungen der Wasserflüsse gekoppelt ist: „Wasser- und Stoffflüsse sind Zwillinge".

Es ist zwar bekannt, dass die Modellierung der Wasserflüsse fehlerbehaftet ist, doch wird dies in den Stoffflussberechnungen oft nicht genügend berücksichtigt. Eine korrekte Stoffflussmodellierung erfordert zwingend, die Modellunsicherheit der Einzugsgebietsmodelle zu verringern und das Prozessverständnis der Abflussbildung und deren Integration in die Einzugsgebietsmodelle vorzunehmen. Es ist Ziel dieses Beitrags, diese Problematik aufzuzeigen und Lösungswege anzubieten.

Der Stofffluss von gelösten Stoffen im Einzugsgebiet ist deshalb ein äußerst komplexer Prozess, weil daran sämtliche Prozesse der Abflussbildung und der Translation in den Gerinnen beteiligt sind. Um Stoffeinträge und Stofftransportprozesse adäquat beschreiben zu können, ist eine detaillierte Erforschung der Abflussbildungsprozesse mit experimentellen Untersuchungsmethoden bzw. verbesserten Modellierungsansätzen erforderlich. Die Abflussbildung als eine Grundlage des Stofftransports im Einzugsgebiet ist ein zentrales Thema der hydrologischen Forschung.

Zur Lösung von Stoffflussproblemen steht ein Set an Modellen verschiedenster Art zur Verfügung (Abb. 1). Sie variieren im Detaillierungsgrad von einfachen empirischen Ansätzen (beispielsweise Regressionsfunktionen) über konzeptionelle deterministische Ansätze bis zu weitgehend physikalisch basierten, komplexen Modellen.

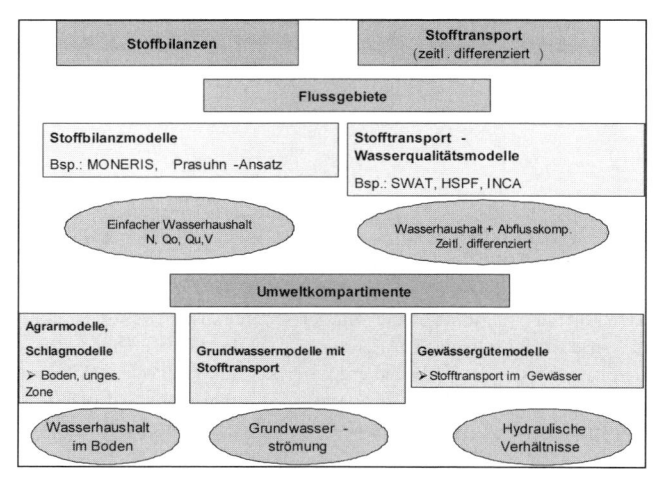

Abb. 1: Typen von Stoffflussmodellen

Grundsätzlich werden Bilanz- und Transportmodelle unterschieden. Beide Typen werden sowohl auf der Einzugsgebiets- als auch auf der Umweltkompartimentsebene angewandt. Während die Modellierungen auf der letzteren schon relativ gut gelöst sind, bereitet die Anwendung auf der Flussgebietsebene noch größere Probleme. In den letzten Jahren wurden die Stoffbilanzmodelle als Methodik zur Beschreibung des Stoffhaushalts großer Landschaftseinheiten eingeführt. Die einzelnen Bilanzglieder werden dabei in der Regel als langjährige Jahresmittelwerte angegeben. Stoffbilanzen wurden besonders für Stoffe mit einem hohen Anteil diffuser Quellen wie Stickstoff und Phosphor für große Gebiete aufgestellt. Zur zeitlich differenzierten Beschreibung des Stofftransports von Einzugsgebieten wurden zahlreiche einzugsgebietsbezogene Stofftransportmodelle entwickelt. Die detaillierte Beschreibung des Wasserhaushalts und der Abflussbildungsprozesse stellt dabei eine unabdingbare Voraussetzung für die zeitlich differenzierte Simulation des Stofftransports im Einzugsgebiet dar (EISELE 2003). Die Gewässergütemodelle behandeln die Stoffflüsse in den Gerinnen (Translation). Wir bewegen uns mit der Diskussion in diesem Beitrag auf der Ebene der Transport-Wasserqualitätsmodelle.

2 Abflussbildung und Stofftransportmodellierung

Alle Stoffflussmodelle leiden unter Einschränkungen, die die Einzugsgebietsmodelle bezüglich der Berechnung der Wasserflüsse aufweisen. Die Unsicherheit der Abflussvorhersage einer Modellierung eines Einzelereignisses in einem gebirgigen Einzugsgebiet mit einem Fehlerbereich des 5%- bzw. des 95%-Quantils von rund ±25% zum gemessen Peak-Abfluss kann als durchaus typisch angesehen werden (UHLENBROOK et al. 1999).

Weiterhin werden in den Einzugsgebietsmodellen normalerweise einfache Abflussbildungsroutinen verwendet, die auf einer „ungenügenden" Ganglinienseparation beruhen. Die Abtrennung des Direktabflusses erfolgt dabei rechnerisch aufgrund einer sehr vereinfachten Modellvorstellung. Die Realität der Natur ist demgegenüber aber meist kompliziert. Die für die Stoffflussmodellierung nötige detaillierte Bestimmung der Abflusskomponenten erfolgt nicht. Die bisher für die Simulation des Abflusses verwendeten Modelle sind meist wenig physikalisch basiert. Dem Stand der Forschung entsprechen heute konzeptionelle Ansätze. Um befriedigende Resultate zu erzielen, müssen die Konzeptionalisierungen die Abflussbildungsprozesse möglichst naturgetreu abbilden (UHLENBROOK / LEIBUNDGUT 2002).

Christian LEIBUNDGUT

Die klassische Vorstellung zur Abflussbildung geht aus von der Aufteilung des Niederschlags in den effektiven Niederschlag (Abfluss) und die Verluste. Die neueren Prozessvorstellungen sind allerdings nur schwer damit vereinbar. Eine dynamikorientierte Einteilung in Oberflächen-, Zwischen- und Grundwasserabfluss reicht oft nicht mehr aus, um die komplexen Prozesse in ihrem Ablauf zu beschreiben. Im Hinblick auf die konzeptionelle Modellierung bedarf es einer vertieften Beschreibung der Prozesse. Die Forschungen im Bereich der Abflussbildung haben den Schritt zur flächenhaften Betrachtung der Prozesse vollzogen (GUTKNECHT 1996).

Die Reaktionen eines Einzugsgebiets auf ein Niederschlagsereignis stellen eine Kombination der verschiedenen Abflussbildungsprozesse dar. Welche Prozesse dabei dominieren und inwieweit sie sich gegenseitig beeinflussen, hängt von mehreren Faktoren ab. So sind z. B. Niederschlagcharakteristik, Topographie, Landnutzung und Vorfeuchtebedingungen entscheidende Kriterien (Abb. 2). Je nach Kombination dieser Parameter wird die Stoffzusammensetzung im Gerinne anders aussehen. In vielen kleinen Einzugsgebieten wurde festgestellt, dass der Abfluss relativ schnell auf Niederschlagsereignisse reagiert, der Schwankungsbereich der Wasserinhaltsstoffe aber stark eingeschränkt bleibt, mit anderen Worten, dass die Stoffkonzentrationen dabei stabil bleiben. Das Phänomen wird als Paradoxon der Abflussbildung bezeichnet (KIRCHNER 2003).

Abb. 2: Abflussbildungsprozesse am Hang (1 = Niederschlag in das Gerinne; 2 = Sättigungsflächenabfluss; 3 = Piston-Flow; 4 = Makroporenfluss; 5 = Muldenrückhalt; 6, 8 = Return flow; 7 = Matrixfließen; 9 = Groundwater Ridging)

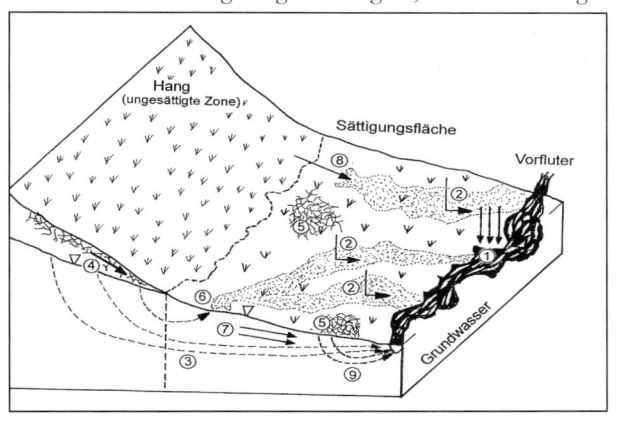

Bereits vor 25 Jahren war im Kreis der Tracerhydrologie, die experimentell arbeitet, dieses Phänomen bekannt. Allerdings wurde die Forschung damals nicht explizit unter dem Begriff der Abflussbildung durchgeführt. Es ging um die Entschlüsselung der Informationen, die in jedem Wasser- und Stoffdurchgang an einem Gerinnequerschnitt oder einer Quelle enthalten sind. Dies im Hinblick auf die verschiedensten Fragestellungen. Ein Beispiel dazu ist das „Modell Klecki". Es wurde im Rahmen des MAB-Projekts „Grindelwald" erarbeitet und würde heute als „Paradoxon Kleckiquelle" bezeichnet. Bei der Ganglinienseparation der Quellschüttung ergab sich ein mittleres Wasseralter von 40 Jahren, gemessen mit Tritium. Gleichzeitig zeigte die Quelle eine hohe Variabilität in der Schüttung, die mit dem Karsteinzugsgebiet des Wetterhorns gut zu begründen war, jedoch ein relativ kleines mittleres Wasseralter von ein bis zwei Jahren erwarten ließ. Die Lösung lag in einem dem Jahresgang alpiner Abflüsse folgenden Zufluss aus dem Oberen Grindelwald-Gletscher, der sehr altes Schmelzwasser an den Karstaquifer abgab. Dort wurde es mit dem autochthonen Karstwasser gemischt (LEIBUNDGUT 1987).

Zu diesem hochinteressanten hydrologischen Phänomen liegen zahlreiche Studien vor (STICHLER / HERMANN 1978). Die Untersuchungen zeigen, dass Hochwasserabfluss zu großen Teilen aus „altem Wasser" gebildet wird. Das heißt, dass die traditionelle Vorstellung der Ganglinienseparation nicht stimmt.

Die Prozesse, wie „altes Wasser" im Einzugsgebiet gespeichert wird und wie schnell es zum Abfluss kommt, sind bisher nur ungenügend erforscht; obwohl die in den letzten Jahren entwickelten konzeptionellen Modellansätze bezüglich dieser Fragestellungen verbessert wurden, liefern sie noch keine übergreifende plausible Erklärung für diese Phänomene (KIRCHNER 2003). Mit der Modellvorstellung des „Piston-Flow" lässt sich jedoch das Schütten von altem Wasser bei starken Schüttungsschwankungen erklären (Abb. 3).

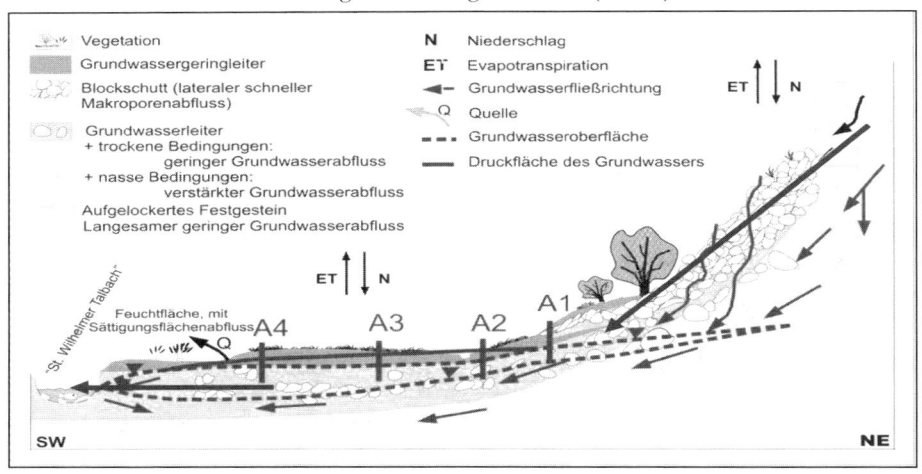

Abb. 3: Abflussbildungsprozess „Piston-Flow". (Quelle: WENNINGER 2002, verändert)

Ein weiteres Paradoxon stellt die variable Chemie des „alten Wassers" dar. Während eines Ereignisses wird zwar altes Wasser an den Vorfluter abgegeben, doch verändern sich dabei gleichzeitig die Stoffkonzentrationen in Abhängigkeit des Abflusses. Als mögliche Erklärung könnte eine schnelle chemische „Umgestaltung" von „altem Wasser" während der Abflussbildung verantwortlich sein, die jedoch bei Basis- und Ereignisabfluss unterschiedlich vonstatten gehen muss. Unterschiedliche Herkunfts- und Speicherräume mit heterogenem Chemismus könnten ebenfalls als Erklärung herangezogen werden, deren Wasser in unterschiedlichen Anteilen mobilisiert wird und zum Abfluss beitragen.

Die Tracer-Verfahren haben sich als geeignetes und wirkungsvolles Werkzeug zur experimentellen Untersuchung der Abflussbildungsprozesse erwiesen. Damit lassen sich die entscheidend wichtigen Fragen wie Verweilzeiten, Herkunftsräume und Fliesswege des Wassers sowie die Abflusskomponenten bestimmen. Die aus der Beprobung gewonnenen Tracerdurchgangskurven werden mit geeigneten Modellen evaluiert und daraus die Fliess- und Transportparameter bestimmt (MALOSZEWSKI / ZUBER 1993). Unter der Voraussetzung, dass es sich um konservative Tracer handelt, kann der Wasserfluss gleich dem Stofffluss gesetzt werden. Wesentlich schwieriger wird es, wenn die Stoffe sich reaktiv verhalten. Dann

Christian LEIBUNDGUT

muss in der Modellierung der weitere Term „Retardation" eingeführt werden, der Prozesse wie Sorption und chemische Reaktionen beinhaltet. Eine hinreichende Beschreibung der Stoffflussprozesse ist damit ebenfalls möglich.

3 Experimentelle Untersuchungen im Einzugsgebiet

Das Brugga-Einzugsgebiet liegt im südlichen Schwarzwald. Mit einer Einzugsgebietsfläche von 40 km^2 gehört es zur hydrologischen Mesoskale. Im Herbst 1999 wurde die Abflussbildung zweier Quellen, Zipfeldobel (A) und Zängerlehof (B), experimentell untersucht. Die beiden Einzugsgebiete unterscheiden sich nur bezüglich der Landnutzung (A = Wiese, B = Wald) und der periaglazialen Schuttdecken (B = höherer Anteil an groben Sedimenten). (UHLENBROOK / DIDSZUN / LEIBUNDGUT 2003).

Der Wasserfluss der Quelle A ist charakterisiert durch ein langsames und verzögertes Abflussverhalten (Abb. 4). Obwohl die zeitliche Verzögerung zwischen den Niederschlagsereignissen und dem Anstieg des Abflusses nur wenige Stunden beträgt, erreicht der Abfluss seine Spitze erst zwei bis vier Tage nach dem Niederschlagsereignis, abhängig von dessen Intensität. In krassem Gegensatz dazu ist die zeitliche Verzögerung bei Quelle B kürzer, die Abflussspitze höher, und sie wird zwei Tage früher erreicht; die Rezession ist beträchtlich steiler als bei Quelle A.

Abb. 4: Niederschlag und Abfluss der Quellen A und B im Zeitraum Herbst 1999. (Quelle: UHLENBROOK / DIDSZUN / LEIBUNDGUT 2003)

Im Hinblick auf die Berechnung der Stofffrachten aus den Abflusskomponenten ist es wichtig, die Prozesse der Abflussbildung für diese Quelle definieren zu können. Trotz der schnellen Ansprechzeit zeigt Quelle B eine ziemlich konstante Schüttung von 0,3 l/s innerhalb sommerlicher Trockenperioden. Dies lässt die Vermutung zu, dass die Quelle B von mindestens zwei verschiedenen Abflusskomponenten gespeist wird, einer konstanten Basisabflusskomponente und einer dynamischen Ereigniskomponente.

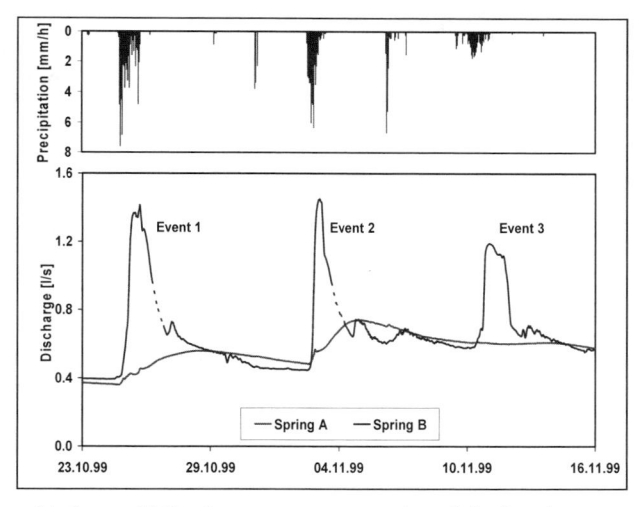

Um den Anteil der verschiedenen Abflusskomponenten am Quellabfluss zu ermitteln, wurden die Ganglinien mit Hilfe von gelöstem Silikat und ^{2}H separiert. An Quelle A wurde eine Zwei-Komponenten-Ganglinienseparation mit Hilfe des gelösten Silikats durchgeführt, weil nur eine geringe Variabilität der hydrochemischen Signatur beobachtet werden konnte. An Quelle B deuteten die ^{2}H-Analysen auf den Einfluss einer dritten Komponente hin. Aus diesem Grund wurde hier eine Dreikomponenten-Ganglinienseparation mit Hilfe der Parameter Silikat und ^{2}H vorgenommen. Die Theorie der Ganglinienseparation mit Hilfe natürlicher Tracer wurde unter anderem von SKLASH / FARVOLDEN (1979) and BUTTLE (1994) diskutiert.

Die Stoffflüsse zeigen ein unterschiedliches Verhalten für die beiden Quellen. Diese differieren deutlich in ihrer Ansprechzeit bzw. Reaktion der chemischen und isotopischen Zusammensetzung als Folge von Niederschlagsereignissen (Abb. 5).

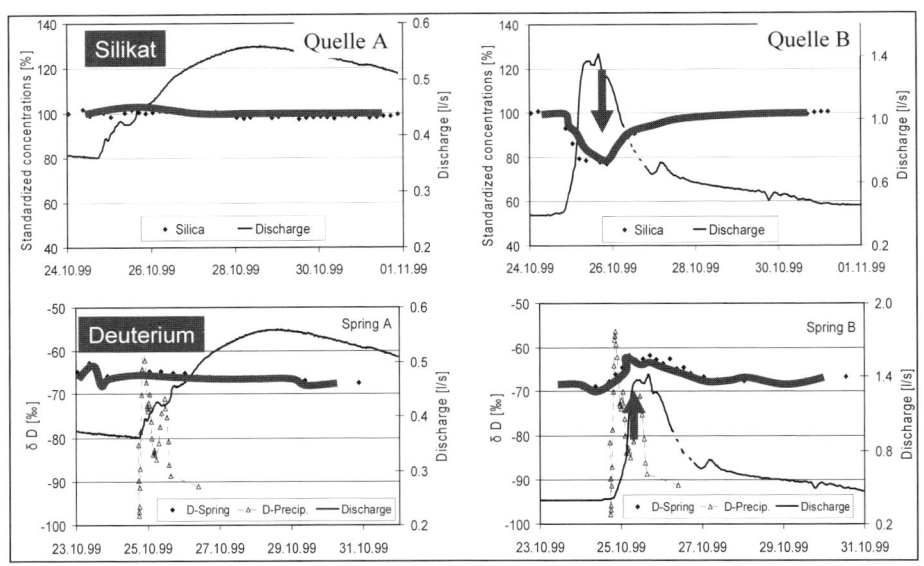

Abb. 5: Ermittelte Konzentrationen gelösten Silikats, zu Beginn des Ereignisses zu 100% gesetzt, sowie ^{2}H (D) Signaturen von Niederschlagswasser und Quellwasser der Quellen A und B. (Quelle: UHLENBROOK / DIDSZUN / LEIBUNDGUT 2003)

Die hydrochemischen Schwankungsbereiche zeigen gute Übereinstimmungen mit dem Abflussverhalten. An Quelle A zeigt die Konzentration des Silikats eine relativ konstante Signatur über die Ereignisse hinweg. Im Gegensatz dazu ist bei der Silikatkonzentration an Quelle B ein deutlicher Rückgang auf 70% während der untersuchten Abflussereignisse zu erkennen. Die Anfangskonzentration erreicht ihren Vorereigniswert jedoch nach Ende des Abflussereignisses.

Die Konzentrationen der Hauptionen zeigten an beiden Quellen mehr oder weniger die gleichen Reaktionen. An Quelle A bleiben sie während der Ereignisse relativ konstant, während an Quelle B die gemessenen Konzentrationen bis auf 50% der Anfangswerte abfielen. Dieser Abfall an Quelle B zeigt deutlich die Beteiligung mindestens einer zusätzlichen Abflusskomponente, die sich hydrochemisch deutlich unterscheidet. Die kaum sichtbare Reaktion an Quelle A deutet auf einen unbedeutenden Beitrag einer Ereigniskomponente hin.

Das Abflussverhalten spiegelt sich auch in der isotopischen Zusammensetzung des Quellwassers wider. Quelle A zeigt nur kleine, nicht systematische Schwankungen in der ^{2}H-Zusammensetzung. Im Gegensatz dazu zeigt Quelle B den Trend zu einer ^{2}H-Signatur, die auf eine dritte Abflusskomponente hindeutet, die sich von der Vorereignis- und der Ereigniskomponente unterscheidet. Diese Reaktion ist während jedem der drei untersuchten Ereignisse gleich. Aufgrund der hohen δ-Werte von ^{2}H kann angenommen werden, dass diese Komponente Wasser aus dem Herkunftsraum der periglazialen Deckschichten widerspiegelt, das einige Monate vor diesen Ereignissen im Untergrund angereichert wurde.

Die Separation der Ganglinien ergab für die Quelle A (Zipfeldobel) einen vernachlässigbar kleinen Anteil an Direktabfluss. Der Abfluss besteht fast gänzlich aus Basisabfluss und Interflow. Diese beiden Komponenten sind nicht mehr weiter auftrennbar.

An Quelle B (Zängerlehof) lassen sich die Anteile an Interflow und Basisabfluss abtrennen (Abb. 6). Der Interflow trägt zu Ereignisbeginn nur gering zum Gesamtabfluss bei, steigt jedoch während des Ereignisses deutlich an und macht schließlich den Hauptanteil der drei Komponenten aus. Der Anteil des Basisabflusses ist zu Ereignisbeginn deutlich höher als jener des Interflow, tritt innerhalb des Ereignisses jedoch signifikant zurück. Der Anteil direkter Abflusskomponenten ist gesamthaft während des Ereignisses im Vergleich zu den beiden anderen Komponenten gering. Die Anteile der drei Abflusskomponenten liegen bei 10% Direktabfluss, 50% Interflow und 40% Basisabfluss.

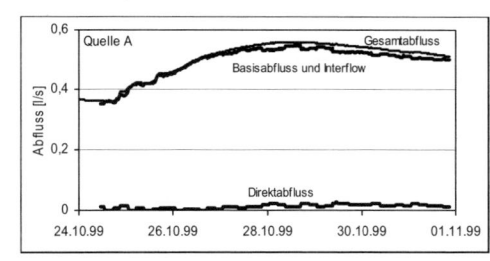

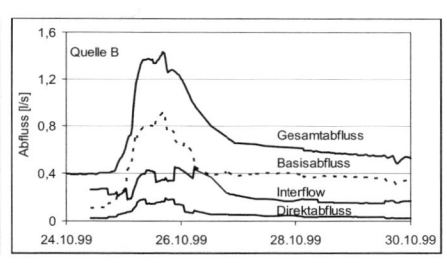

Abb. 6: Ergebnisse der Ganglinienseparationen an den Quellen A und B. (Quelle: UHLENBROOK / DIDSZUN / LEIBUNDGUT 2003)

4   Integration des Prozessverständnisses in die Modelle

Die Unsicherheiten der Quantifizierung und Prognose physikalischer Größen mit Hilfe von Modellrechnungen erfordert die Ausweitung der Prozesskenntnisse und deren Integration in die Modellierung. In der neueren Literatur zum Themenbereich Einzugsgebietsmodellierung wird diesem Problem zunehmend größere Beachtung geschenkt (BEVEN / BINLEY 1992; UHLENBROOK et al. 1999; BEVEN 2001). Den Unsicherheiten von Modellergebnissen liegen verschiedene Ursachen zugrunde:

- Fehler in den Eingangsdaten
- Fehler aufgrund der Übertragung punktueller Messungen auf größere Flächen
- Unsicherheiten aufgrund der Modellstruktur (Modellunsicherheit)
- Unsicherheiten bei der Parameterschätzung (Parameterunsicherheit)

Aktuelle Dynamik und Langzeitsignale in Gebirgsräumen

Die Unsicherheiten der Modellstruktur entstehen aufgrund der notwendigen Vereinfachung komplexer natürlicher Prozesse (BEVEN 1989). Entscheidend für die Auswahl der Modellstruktur ist die jeweilige Problematik. Der räumlichen und zeitlichen Dimension der Auswirkungen möglicher Maßnahmen muss sinngemäß die räumliche und zeitliche Auflösung des Modells entsprechen. Die Komplexität der Prozessbeschreibung muss an die Stärke und Art des Zusammenhangs zwischen der Zielvariablen und der sie beeinflussenden Faktoren sowie an die Menge des verfügbaren Datenmaterials angepasst sein. Die Transformation von Niederschlag in Abfluss kann bei ausreichend langen Zeitreihen auch aufgrund statistischer Zusammenhänge beschrieben werden. Zur Prognose von Stoffeinträgen ist jedoch eine Beschreibung der Abflussbildungsprozesse unerlässlich (DONIGIAN / IMHOFF / AMBROSE 1995). Um zu überprüfen, ob ein Modellansatz die für eine Fragestellung relevanten Prozesse ausreichend genau beschreibt, sollte wenn möglich neben den die Zielvariable beschreibenden Messdaten zusätzliches, unabhängiges Datenmaterial herangezogen werden (UHLENBROOK / LEIBUNDGUT 2002). Für die Anwendung von konzeptionellen Modellen zu Prognosezwecken wird deshalb von vielen Autoren eine Quantifizierung der Unsicherheit der Modellergebnisse gefordert (FREER / AMBROSE / BEVEN 1996).

Zur Integration dieser *multi response data*, insbesondere der mit Tracerverfahren erworbenen Prozesskenntnisse, bietet sich das eigens dafür von Uhlenbrook entwickelte TACD-Modell an. Es ist ein distribuiert konzeptionelles Einzugsgebietsmodell. Neuere Studien zeigen die erfolgreiche Reduzierung der Unsicherheit durch die Anwendung des beschriebenen Vorgehens (UHLENBROOK / LEIBUNDGUT 2002).

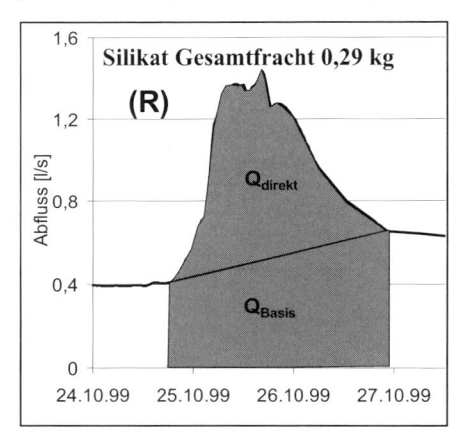

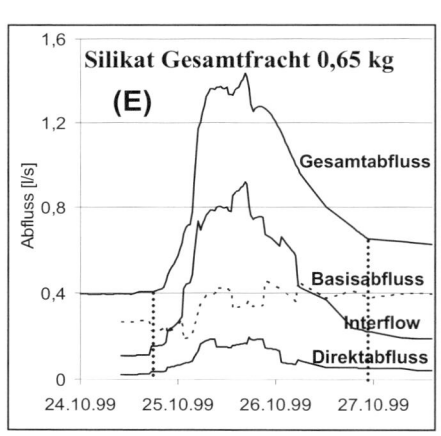

Abb. 7: Rechnerisch (R) und experimentell (E) ermittelte Silikat-Frachten an Quelle B

Die Gegenüberstellung der Stofffrachtberechnungen des beschriebenen Experiments unter Anwendung der rechnerischen und der experimentellen Verfahren der Ganglinienseparation an der Quelle B zeigt die Abweichung der Resultate (Abb. 7). Die rechnerische Bestimmung ergibt eine Gesamtfracht an Silikat von rund 0,3 kg, jene der experimentellen Bestimmung eine solche von 0,65 kg. Beim experimentellen Verfahren können die Konzentrationen der drei Abflusskomponenten berücksichtigt werden. Die Differenz der Fracht ist bestimmt durch die unterschiedliche Größe des Basisabflusses von 57 bzw. 90%.

5 Diskussion und Schlussfolgerungen

Das angeführte Fallbeispiel belegt, dass eine korrekte Modellierung der Stoffflüsse ohne Einbeziehung der experimentell gewonnenen Erkenntnisse hinsichtlich der Abflussbildung und Beteiligung der verschiedenen Abflusskomponenten mit ihren spezifischen hydrochemischen Eigenschaften am Gesamtabfluss nur bedingt bzw. ungenügend möglich ist. Selbstverständlich ist die hier verwendete Darstellung des rechnerischen Ansatzes ein sehr einfaches Beispiel, wie es in den Modellen kaum mehr verwendet wird. Dennoch bleibt die grundsätzliche Aussage bestehen.

Halten wir uns noch einmal vor Augen, dass eine Berechnung von Stoffflüssen auf den Wasserflüssen aufsetzt und dass der Fehler der Abflussmodellierung in diejenige der Stoffflussmodellierung eingeht. Es ist damit unerlässlich, dass zukünftig eine bessere Wasserflussbasis für die Stoffmodellierung verwendet wird als es bisher meist der Fall ist. Es genügt nicht, ein bestehendes Einzugsgebietsmodell zu nehmen und den Abfluss unkritisch zu modellieren. Wie dargestellt, ist bei einem solchen Vorgehen der Unsicherheitsbereich viel zu groß, um noch eine korrekte Stoffmodellierung zu erlauben. Die hydrologische Grundlage zur Stoffmodellierung, die Abflussbildung und deren Modellierung darf nicht als gelöst betrachtet werden und schon gar nicht darf sie ohne genügende Kenntnisse quasi nebenbei erfolgen. Die Fehler sind zu groß und die Folgen bei den Stoffberechnungen können untragbar werden.

Die Schwierigkeiten mit den bekannten Stoffen, wie etwa den Nährstoffen, sind schon groß genug. Sie werden aber bei der Behandlung schwieriger Stoffe, wie den „Neuen Gefahrenstoffen", noch sprunghaft ansteigen. Die Prozesse der Abflussbildung und deren Berücksichtigung in der Stoffmodellierung werden dann noch wichtiger werden.

Zusammenfassend kann gesagt werden, dass die Stoffflussmodellierung mindestens für konservative Stoffe lösbar ist. Bei der Zeitreihenmodellierung besteht weiterhin das „endmember-Problem". Detaillierte Kenntnisse des Prozessgefüges von Verweilzeiten, Herkunft, Fliesswegen, Abflusskomponenten und Dynamik der Abflussbildung sind unerlässlich. So gesehen stellt die Abflussbildung einen ultimativen Zwischenschritt auf dem Weg zur korrekten Stoffflussmodellierung dar. Nur ein solches Vorgehen kann eine noch vertretbare Unsicherheit der Modellaussagen bringen.

Literatur

BEVEN, K. J. (1989): Changing ideas in hydrology: The case of physically based models. – In: Journal of Hydrology 105. – 157-172.

BEVEN, K. J. (2001): How far can we go in distributed hydrological modeling? Dalton Lecture. – In: Hydrology and Earth System Sciences 5(1). – 1-12.

BEVEN, K. J. / BINLEY, A. (1992): The future of distributed models: model calibration and uncertainty prediction. – In: Hydrological Processes 6. – 279-298.

BUTTLE, J. M. (1994): Isotope hydrograph separations and rapid delivery of pre-event water from drainage basins. – In: Progress in Physical Geography 18(1). – 16-41.

DONIGIAN, A. S. / IMHOFF, J. C. / AMBROSE, R. B., Jr. (1995): Modeling watershed water quality. – In: SINGH, V. P. (ed.): Environmental Hydrology. – Boston, London. 377-426.

EISELE, M. (2003): Stoffhaushalt und Stoffdynamik in Flusseinzugsgebieten: Ein Beitrag zum Bewertungsverfahren „Hydrologische Güte". (= Freiburger Schriften zur Hydrologie, 18). – Freiburg.
FREER, J. / AMBROSE, B. / BEVEN, K. J. (1996): Bayesian estimation of uncertainty in runoff prediction and the value of data: an application of the GLUE approach. – In: Water Resources Research 32. – 2161-2173.
GUTKNECHT, D. (1996): Abflussentstehung an Hängen – Beobachtungen und Konzeptionen. – In: Österreichische Wasser- und Abfallwirtschaft 48(5/6). – 134-144.
KIRCHNER, J. W. (2003): A double paradox in catchment hydrology and geochemistry. – In: Hydrological Processes 17. – 871-874.
LEIBUNDGUT, C. (1987): Hydroökologische Untersuchungen in einem alpinen Einzugsgebiet. (= Abschlussbericht zum schweizerischen MAB-Programm, 30). – Bern.
MALOSZEWSKI, P. & ZUBER, A. (1993): Principles and practice of calibration and validation of mathematical models for the interpretation of environmental tracer data in aquifers. – In: Advances in Water Resources 16. – 173-190.
SKLASH, M. G. / FARVOLDEN, R. N. (1979): The role of groundwater in storm runoff. – In: Journal of Hydrology 43. – 45-65.
STICHLER, W. / HERRMANN, A. (1978): Verwendung von Sauerstoff-18-Messungen für hydrologische Bilanzierungen. – In: Deutsche Gewässerkundliche Mitteilungen 22(1). – 9-13.
UHLENBROOK, S. et al. (1999): Prediction uncertainty of conceptual rainfall-runoff models caused by problems to identify model parameters and structure. – In: Hydrological Sciences Journal 44(5). – 279-299.
UHLENBROOK, S. / LEIBUNDGUT, C. (2002): Process-oriented catchment modelling and multiple-response validation. – In: Hydrological Processes 16. – 423-440.
UHLENBROOK, S. / DIDSZUN, J. / LEIBUNDGUT , C. (2003): Runoff Generation Processes on Hillslopes and Their Susceptibility to Global Change. – In: HUBER, U. (ed.): Mountain Research Initiative – Global Change and Mountain Regions. – Zürich. 11-21.
WENNINGER, J. (2002): Experimentelle Untersuchung zur Dynamik von Hanggrundwasser und dessen Übertritt in die Talaue und den Vorfluter im Bruggaeinzugsgebiet. [Diplomarbeit, Institut für Hydrologie, Universität Freiburg].

Udo SCHICKHOFF (Bonn)

Highland-Lowland Interactions und Gebirgswälder:
Dynamik und Risiken von Ressourcen- und Stoffflüssen

1 Einführung: Bedeutung der Gebirgswälder in Gebirge-Umland-Beziehungen

Gebirge und Hochgebirge sind unentbehrliche Ressourcenräume für die umgebenden Tiefländer (Wasser, Biodiversität, Wald- und Weideressourcen, Bodenschätze oder touristische Potentiale). In der Wechselbeziehung Hochland-Tiefland spielen Gebirgswälder aufgrund ihrer Multifunktionalität (produktive, protektive, kulturelle Funktionen) eine besondere Rolle (HAMILTON / GILMOUR / CASSELLS 1997; MOUNTAIN AGENDA 2000; ZINGARI 2000). Sie sind wichtige Speicher im Wasserkreislauf, vermindern Bodenerosion und Sedimentfrachten sowie das Risiko von Naturgefahren (Lawinen, Steinschlag, Hangrutschungen). Darüber hinaus binden sie beträchtliche Mengen Kohlenstoff, sind zur Aufrechterhaltung einer reichen Biodiversität wichtig, erhöhen den Freizeit- und Erholungswert und liefern wertvolles Bau-, Nutz- und Brennholz sowie andere Produkte für Gebirgs- und Tieflandsbewohner. Diese Funktionen der Gebirgswälder in Hochland-Tiefland-Systemen werden vor allem durch Walddegradierung und -zerstörung in Entwicklungsregionen zunehmend beeinträchtigt. Tropische Hochlagenwälder weisen die höchsten Entwaldungsraten aller Lebensräume der Erde auf (FAO 1999).

Im Rahmen von Highland-Lowland-Interaktionen gehen die Ursachen von Ressourcenübernutzung in der Regel vom Tiefland aus. Die von den Vorländern gesteuerte Erschließung und sozioökonomische Integration peripherer Gebirgsräume sowie der mit wirtschaftlicher Entwicklung und Bevölkerungswachstum ansteigende Ressourcenbedarf einer globalisierten Welt sind treibende Kräfte für einen oft einseitig gerichteten Ressourcen- und Stofftransfer ins Tiefland (SCHICKHOFF 2002). Dabei zählt es nicht notwendigerweise zu den externen Interessen, eine nachhaltige Entwicklung der Gebirgswälder bzw. eine nachhaltige sozioökonomische Entwicklung im Gebirgsraum sicherzustellen. Ohne die Einbeziehung der Gebirgswälder ist eine nachhaltige Entwicklung in Gebirgsräumen indes nicht zu erreichen, wie die Post-UNCED-Diskussionen und daran anknüpfende Gebirgswald-Initiativen deutlich gezeigt haben (SÈNE 2000).

Über die aktuelle Situation der Gebirgswälder weltweit gibt es zwar zahlreiche lokale/regionale Fallstudien (z. B. in MOUNTAIN AGENDA 2000; PRICE / BUTT 2000), ein zusammenfassender globaler Überblick fehlt jedoch bisher. Dies wird im folgenden zum Anlass genommen, aktuelle Trends und Dimensionen der mit Gebirgswäldern verbundenen Ressourcen- und Stoffflüsse in globaler Sicht vergleichend zu analysieren und Muster oder Typen herauszuarbeiten. Daran anschließend wird anhand von Fallbeispielen und unter Einbeziehung der historischen Dimension die Frage gestellt, ob diese Typen Differenzierungen im Hinblick auf Hochland-Tiefland-Interaktionen erkennen lassen. Dabei ergibt sich zwangsläufig die Frage, welche Risiken für Hochland- und Tieflandökosysteme mit den Ressourcen- und Stoffflüssen verbunden sind. Schlussfolgernd werden dann Forschungsdefizite in bezug auf Hochland-Tiefland-Systeme sowie zur Rolle der Gebirgswälder herausgestellt und Forschungsansätze formuliert.

2 Aktuelle Trends von Ressourcen- und Stoffflüssen: Globaler Überblick

Die Fläche der Gebirgswälder weltweit beträgt mit 28% mehr als ein Viertel der Gesamtwaldfläche der Erde (geschlossene Wälder) (IREMONGER / RAVILIOUS / QUINTON 1997; KAPOS et al. 2000), d. h. aufgrund dieses substanziellen Anteils haben Ressourcen- und Stoffflüsse aus diesen Wäldern globale Signifikanz. Was die rezente Entwicklung der Waldflächen betrifft, ergibt sich laut ‚Global Forest Resources Assessment 2000' (FAO 2001) in den einzelnen Erdteilen ein unterschiedliches Bild.[1] In Europa sind im Zeitraum 1990 bis 2000 fast durchweg Zunahmen der Waldflächen zu verzeichnen, in einigen Ländern mehr als 0,5% a^{-1} (Bulgarien, Slowakei, Spanien), was gleichzeitig eine Zunahme von Biomassen und Kohlenstoffgehalten der Wälder bedeutet (Slowakei +8% a^{-1}; Spanien +7% a^{-1}). Ausnahmen bilden lediglich Albanien und Serbien-Montenegro, wo Kriegswirren zum Rückgang von Waldflächen beigetragen haben. In Nordamerika (Kanada, USA) sind ebenfalls leichte Zunahmen der Waldflächen zu verzeichnen, während sich dieser Trend in Mittelamerika und der Karibik umdreht. Dort weisen alle Staaten mit Ausnahme Kubas (groß angelegtes Plantagenprogramm) Waldverluste auf, insbesondere Haiti, Guatemala, Mexiko und Honduras (zwischen -1 und -6% a^{-1}, vor allem durch Umwandlung in landwirtschaftliche Nutzflächen). In den Andenstaaten Südamerikas sind ebenfalls ausschließlich Waldverluste zu beklagen, die allerdings ein geringeres Ausmaß erreichen (Spitzenwerte um -1% a^{-1} in Ecuador). Waldrückgang ist dort vor allem zurückzuführen auf Exploitation und nachfolgende Besiedlung und landwirtschaftliche Nutzung durch Kleinbauern.

Russland sowie die Gebirgsländer West-, Zentral- und Ostasiens verzeichnen wiederum leichte Zunahmen (insbesondere China und die GUS-Staaten Kirgistan, Kasachstan, Armenien und Aserbeidshan: bis zu 2,5% a^{-1}) oder kaum Veränderungen der Waldflächen.[2] Ausnahmen bilden hier die Mongolei (-0,5% a^{-1}), wo nach dem Ende der sozialistischen Ära 1990 große Holzmengen nach China exportiert wurden, sowie der Jemen (-1,9% a^{-1}), wo der große Bedarf der ländlichen Bevölkerung an Waldprodukten (Brennholz) und die Umwandlung in landwirtschaftlich genutzte Flächen zum Waldrückgang führten. Die Gebirgsländer Süd- und Südostasiens entsprechen dagegen wiederum dem Muster Mittel- und Südamerikas: Es sind fast durchweg Abnahmen der Waldflächen zu beklagen, insbesondere in Nepal, Pakistan, Myanmar und den Philippinen (jeweils um -1,5% a^{-1}). Nahezu unverändert sind die Waldflächen in Bhutan und Indien, während Vietnam als einziger Staat eine leichte Zunahme (+0,5% a^{-1}) verzeichnet, die darauf zurückzuführen ist, dass Verluste an natürlichen Waldflächen durch Plantagenprogramme überkompensiert werden. Australien (-0,2% a^{-1}) und Neuseeland (+0,5% a^{-1}) entsprechen im Prinzip dem Muster der Länder des Nordens, wobei die Waldflächen Australiens feuerbedingt leicht zurückgegangen sind. Die Gebirgsländer Afrikas liegen dagegen wieder voll im Trend der Länder des Südens: Bis auf leichte Zunahmen in Swaziland (+1,2% a^{-1}) und einer unveränderten Waldfläche in Lesotho weisen alle Staaten Waldverluste auf, wobei Burundi (-9% a^{-1}), Ruanda (-3,9% a^{-1}), Malawi (-2,4% a^{-1}) und Uganda (-2% a^{-1}) die größten Rückgänge verzeichnen. Als Hauptursachen sind hier die Auswirkungen der Bürgerkriege, der Bedarf an Landwirtschaftsflächen sowie die weitgehende Deckung des Energiebedarfs aus Wäldern zu nennen.

Zusammenfassend ergibt sich somit folgendes Bild (Abb. 1): In den tropischen Ländern sind zwischen 1990 und 2000 recht deutliche Abnahmen der Waldflächen zu konstatieren, die sich zu einem Nettoverlust an Gesamtwaldflächen von 12,3 Mio. ha a^{-1} summieren. Der Verlust an natürlichen Waldflächen in den Tropen beträgt sogar 14,2 Mio. ha a^{-1}, während durch

Aufforstungs- und Plantagenprogramme 1,9 Mio. ha a^{-1} hinzugewonnen wurden. In den außertropischen Ländern ist dagegen ein Nettogewinn an Gesamtwaldflächen von 2,9 Mio. ha a^{-1} zu verbuchen, wobei die Zunahme an natürlichen Waldflächen die der Aufforstungs- und Plantagenprogramme übertrifft.

Abb. 1: Globale Veränderungen der Waldflächen (Zu- und Abnahmen in Mio. ha a^{-1} zwischen 1990 und 2000). (Quelle: Berechnungen nach Daten in FAO 2001)

Betrachtet man lediglich die Staaten mit nennenswerten Gebirgsanteilen (vgl. Abb. 1 rechts), beträgt der Nettoverlust an Gesamtwaldflächen über 2 Mio. ha a^{-1}, wobei wiederum die Zunahmen der außertropischen Länder die großen Verluste der tropischen Länder nicht überkompensieren können. Der Nettoverlust an Gesamtwaldflächen in den Gebirgsländern der Erde entspricht einem Rückgang der Biomassen von 702,1 t ha^{-1} Waldfläche sowie einem Rückgang der Kohlenstoffgehalte (bezogen auf oberirdische Biomasse von Holzgewächsen) von etwa 351 t ha^{-1} Waldfläche im Zeitraum 1990 bis 2000 (eigene Berechnungen nach Daten in FAO 2001). Zunahmen an Biomassen von 83,5 t ha^{-1} (ca. 42 t ha^{-1} C) Waldfläche in den außertropischen Ländern stehen hier Abnahmen von 785,6 t ha^{-1} (ca. 393 t ha^{-1} C) in den tropischen Ländern gegenüber. Damit erweist sich die Abholzung von Wäldern in tropisch-subtropischen Gebirgsländern als beträchtliche rezente Kohlenstoffquelle, die sich noch dadurch verstärkt, dass bei einer Umwandlung z. B. in Ackerflächen auch die Bodenkohlenstoffvorräte deutlich zurückgehen (vgl. z. B. LAL / KIMBLE / FOLLETT 1998).

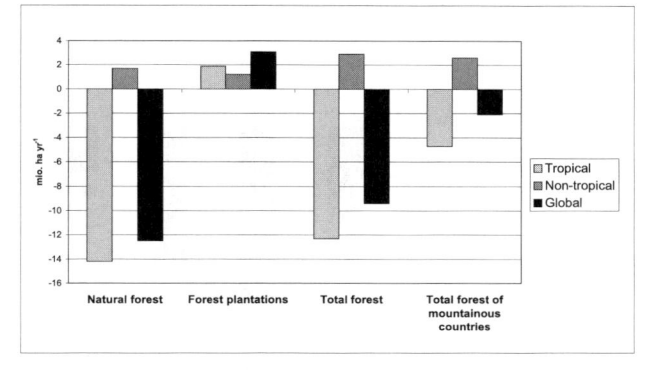

Im Rahmen einer globalen Betrachtung der Entwicklung von Waldflächen in Gebirgsländern lässt sich somit, in erster Annäherung und in Vereinfachung der regional differenzierten Verhältnisse in einzelnen Ländern[3], ein tropischer Typ von einem außertropischen Typ des Gebirgswald-Ressourcenflusses unterscheiden. Zur näheren Charakterisierung werden im folgenden beide Typen mit jeweils einem Fallbeispiel illustriert, wobei unter dem Blickwinkel der Hochland-Tiefland-Interaktionen historische Entwicklung, rezente Dynamik und Risiken von Ressourcen- und Stoffflüssen im Vordergrund stehen.

3 Tropischer Typ des Gebirgswald-Ressourcenflusses: Fallbeispiel Himalaja / Karakorum

Obwohl die Nationalstatistiken für die Himalaja-Staaten mit Ausnahme Indiens und Bhutans Waldverluste im Zeitraum 1990 bis 2000 ausweisen (Abb. 2), sind die Verhältnisse auf Distriktebene doch wesentlich differenzierter. So sind größere Verluste an Waldflächen vor allem in der Vorbergzone und im Terai (Übergang zur Gangesebene) zu verzeichnen, wo die Zuwanderungsraten hoch sind und Umwandlung von Wald in landwirtschaftliche Nutzflächen verbreitet ist. Insgesamt weisen 33% der 120 Himalaja-Distrikte Waldverluste in den letzten

Jahrzehnten auf, während andererseits etwa 25% aller Distrikte eine Zunahme der Waldflächen erfahren haben (vgl. ZURICK / KARAN 1999). Die noch vor einiger Zeit geäußerten Befürchtungen, der Himalaja würde bald komplett von Waldbedeckung entblößt sein (z. B. WORLD BANK 1979), haben sich zwar als reine Panikmache erwiesen, die Situation der Waldbestände ist dennoch in vielen Distrikten problematisch.

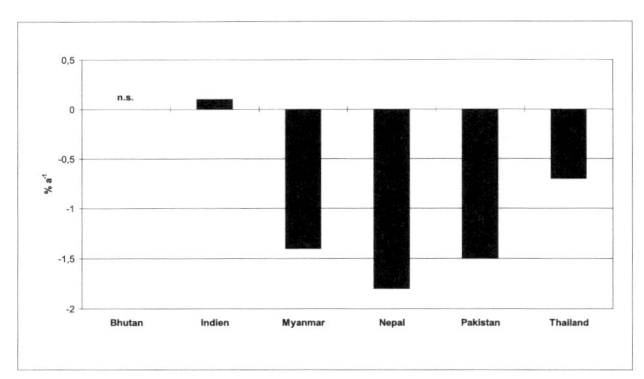

Abb. 2: Veränderungen der Waldflächen in den Himalajaländern 1990 bis 2000 (ohne China). (Quelle: nach Daten in FAO 2001; n.s. = nicht signifikant).

Die Übernutzung von Gebirgswald-Ressourcen im Himalaja ist kein rezentes Phänomen, sondern geht mindestens bis in die Anfänge der Kolonialzeit zurück. Seit der Besiedlung der Himalaja-Täler sind diese Ressourcen in die Lebens- und Wirtschaftsformen der Bevölkerung einbezogen. Mit der Landnahme und dem Aufkommen von Ackerbau und Viehzucht stellten die Erzeugnisse des Waldes eine wertvolle Ergänzung der Landbewirtschaftung dar. Die Gebirgswälder lieferten Brenn- und Nutzholz, und die Nebennutzungen des Waldes waren Bestandteil der Subsistenzwirtschaft. An erster Stelle ist hier die Waldweide zu nennen, darüber hinaus die Nutzung von Waldfrüchten, Pilzen, Knollen, Harz, Rinden, Streu und Heilpflanzen. Aufgrund der geringen Bevölkerungsdichte waren Rodungsinseln in der Waldstufe von geringer Ausdehnung und der Bedarf an Waldprodukten gering, so dass man von einer nachhaltigen Waldnutzung in der präkolonialen Ära ausgehen kann (vgl. SCHICKHOFF 1995a; 2002).

Ein Raubbau an den Gebirgswäldern setzte erst in der Kolonialzeit nach der Annektierung der Himalaja-Gebiete durch die Briten ein. Nach der Niederschlagung des indischen Aufstands 1857/58 und dem daraufhin forcierten Ausbau des Straßen- und Schienennetzes im Himalaja-Vorland wurden die Abholzungen im Gebirge entscheidend verstärkt (vgl. STEBBING 1922; HESKE 1944), wobei das Hauptaugenmerk auf Zedernbestände (*Cedrus deodara*) gerichtet war, deren dauerhaftes Holz zur Herstellung von Eisenbahnschwellen begehrt war (SCHICKHOFF 1993, 185). Bereits in der frühen Kolonialzeit gab es mithin sehr ausgeprägte Hochland-Tiefland-Interaktionen, die eine großräumige Dimension dadurch erhielten, dass ökonomisch wertvolle Gebirgswaldprodukte bis nach Großbritannien exportiert wurden (vgl. GADGIL 1991). Der Aufbau des britisch-indischen Forstdienstes 1864 war eine logische Konsequenz aus der unkontrollierten Ausbeutung der Wälder (TUCKER 1983). Mit der Einrichtung von *Reserved Forests*, die von den Forstbehörden nach waldbaulichen Prinzipien bewirtschaftet werden, und *Guzara Forests*, in denen traditionelle Nutzungen der lokalen Bevölkerung aufrechterhalten werden konnten, konnten der britisch-indische Forstdienst bzw. die Nachfolgebehörden in den einzelnen Staaten zwar die Degradierung und Dezimierung der Waldflächen verlangsamen. Es konnte aber nicht verhindert werden, dass die Differenz zwischen aktueller und potentieller Waldbedeckung heute in vielen Tälern mehr als 50% beträgt (vgl. SCHICKHOFF 1995a; BRAUN 1996). An dieser Stelle muss betont werden, dass Angaben zur Waldflächenentwicklung nichts über den qualitativen Zustand der Wälder aussagen. Da strukturelle Degradierung, d. h. Verluste an struktureller Komplexität in den Beständen, nicht in die Waldflächenstatistiken eingehen, darf nicht von der Waldflächenentwicklung auf die Qualität der Bestände rückgeschlossen werden, welche in vielen Himalaja-Tälern unter den anthropogenen Einflüssen sehr stark zurückgegangen sein dürfte.

In einigen Regionen des Himalaja/Karakorum, z. B. in Nordpakistan, setzt sich der Raubbau an den Gebirgswäldern rezent fort. Die Verkehrserschließung dieser früher schwer zugänglichen Hochgebirgsregion (Fertigstellung des Karakorum Highway 1978), der daraufhin verstärkte sozioökonomische Wandel und die Integration in überregionale Wirtschaftskreisläufe haben den marktorientierten Holzeinschlag in den letzten Jahrzehnten in vielen Tälern forciert, was zu einer teilweise weit fortgeschrittenen Walddegradierung sowie zu einem nicht unerheblichen Wertfluss ins Tiefland geführt hat (SCHICKHOFF 1995b; 1997; 2002). In bezug auf Hochland-Tiefland-Interaktionen muss hier konstatiert werden, dass gegenüber den externen politisch-ökonomischen Einflüssen aus dem Tiefland jene auf regionaler Ebene deutlich in den Hintergrund treten. Die zunehmende Holznachfrage überregionaler Märkte wirkt auf die begrenzte regionale Ressourcenbasis ein, was tendenziell einer nicht nachhaltigen Nutzung Vorschub leistet.

Welche Risiken sind mit Walddegradierung und Waldvernichtung verbunden? In der Regel wird zunächst der Abtrag von Humushorizonten verstärkt. Mit der Kappung intakter Humus- und Bodenprofile nimmt die Neigung zu Oberflächenabfluss und Bodenerosion zu, was zu Nährstoffverlusten und letztlich zur Minderung der Standortsproduktivität führt. Auf bestimmten Standorten, so z. B. auf trockeneren, stärker strahlungsexponierten Standorten im Karakorum, kann es bei fortgeschrittener Auflichtung der Bestände zu irreversiblen Veränderungen der Standortbedingungen kommen, was ein weitgehendes Scheitern der Naturverjüngung zur Folge hat und womit die Walderhaltung in Frage gestellt ist (SCHICKHOFF 2002). Unter dem Blickwinkel von Hochland-Tiefland-Interaktionen ist nun die Frage entscheidend, ob Abholzungen im Gebirge tatsächlich die Ursache von Überschwemmungen im Tiefland sind, wie innerhalb der ‚Theory of Himalayan Environmental Degradation' immer wieder behauptet wurde (z. B. ECKHOLM 1976; RIEGER 1977; MYERS 1986). Nachdem bereits IVES / MESSERLI (1989) diese Theorie als grobe Vereinfachung multidimensionaler Problemkomplexe herausgestellt hatten, konnten HOFER (1998) und HOFER / MESSERLI (2003) inzwischen eindeutig zeigen, dass die großen Überschwemmungen im Tiefland sehr viel stärker mit Niederschlägen in der Ebene selbst als mit solchen in der Vorbergzone oder gar im Hochgebirge zusammenhängen. Die Einschätzung der Auswirkungen von Landnutzungsänderungen auf Abfluss und Sedimentation ist vom Betrachtungsmaßstab abhängig: In kleinen Einzugsgebieten spielt die Waldbedeckung eine viel größere Rolle für das Abflussgeschehen. Hier führen anthropogene Einflüsse zu substanziellen Effekten. Auf dem Makro-Level werden sie dagegen von natürlichen klimatischen und geomorphologischen Prozessen vollständig überlagert (vgl. MESSERLI / HOFER 1995; siehe auch HAMILTON 1987; RIES 1995).

Die zeitliche Dynamik des Ressourcenflusses aus den Gebirgswäldern des Himalaja/Karakorum lässt sich wie folgt zusammenfassen: Mit dem Beginn der Kolonialzeit steigt der Ressourcenfluss stetig und dann sehr steil an, bevor er wieder zurückgeht, aber auf hohem Niveau verbleibt. Gegenwärtig ergeben sich große regionale Unterschiede. In Nordpakistan ist der Ressourcenfluss in den letzten Jahrzehnten erneut stark angestiegen. Je nach Region unterschiedlich starken Zunahmen in Indien, Nepal und Myanmar steht ein vergleichsweise sehr geringer Ressourcenfluss in Bhutan gegenüber.

4 Außertropischer Typ des Gebirgswald-Ressourcenflusses: Fallbeispiel Alpen

Die rezente Entwicklung in den Alpenländern ist geprägt von einer deutlichen Zunahme der Waldflächen, insbesondere in der Schweiz und in Frankreich (Abb. 3). Innerhalb der Schweiz hat die Waldfläche in allen Produktionsregionen zwischen 1983/85 und 1993/95 zugenommen, am deutlichsten in den Regionen Alpen (+7,6%) und Alpensüdseite (+5,6%) (AMSTUTZ 1999). Auch Italien, Österreich und Slowenien verzeichnen deutliche Zugewinne (vgl. KELLER / BRASSEL 2001).

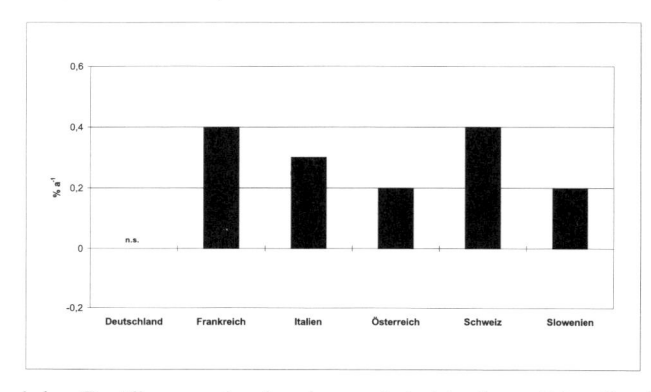

Abb. 3: Veränderungen der Waldflächen in den Alpenländern 1990 bis 2000. (Quelle: nach Daten in FAO 2001); n.s. = nicht signifikant)

Was die historische Dimension des Gebirgswald-Ressourcenflusses betrifft, zeichnen sich deutliche Parallelen zum ersten Fallbeispiel ab. Die verschiedensten Waldprodukte waren auch hier seit jeher in die Subsistenzwirtschaft der lokalen Bevölkerung eingebunden, wobei sich die traditionellen bäuerlichen Nutzungen von Wald und Bäumen erstaunlich ähnlich sind (vgl. KÜCHLI 1994). Nachdem im Mittelalter Wälder zur Anlage von Siedlungen und Nutzflächen gerodet worden waren, setzte auch in den Alpen frühzeitig ein Raubbau an den Gebirgswäldern ein. Dabei ging der Impuls zur Ausbeutung der Hochland-Ressourcen ebenfalls vom Tiefland aus. Zunächst waren es Erzbergbau und Salinen, die bis Ende des 18. Jahrhunderts gewaltige Mengen an Holz erforderten. Beispielsweise führte der Bedarf der Saline Hall in Tirol zu einem extremen Waldrückgang im innaufwärts gelegenen Paznaun-Tal, wo in einigen Gemeinden die Waldfläche um über 50%, zum Teil bis über 80% zurückging (FROMME 1957). Später war es der große Energie- und Rohstoffhunger der Städte, der zum weiteren Niedergang der Gebirgswälder führte (z. B. BILL 1992 für Bern und das Berner Oberland). Wie in Britisch-Indien rief der Raubbau Reglementierungen durch die sich entwickelnde Forstwirtschaft hervor, was hier wie dort zu Nutzungskonflikten zwischen ländlichen und städtischen Welten, zwischen Hochlands- und Tieflandsbewohnern führte.

Der großenteils vom Tiefland ausgehende Druck auf die Waldflächen ließ erst nach, nachdem mit der Kohle eine alternative Energiequelle zur Verfügung stand, die ab der zweiten Hälfte des 19. Jahrhunderts mit der Eisenbahn transportiert werden konnte (SDC 2000). Die Eisenbahn bot zugleich die technischen Voraussetzungen für das Aufkommen des modernen Tourismus um die Jahrhundertwende, womit die Perzeption und Wertschätzung des Gebirgswaldes in breiten Bevölkerungsschichten eine neue Dimension erfuhr. So erholten sich die ausgebeuteten Gebirgswälder wieder, und spätestens nachdem das Erdöl als billiger Rohstoff für die Industriegesellschaft zur Verfügung stand, nahmen die Waldflächen kontinuierlich zu. Beispielsweise führten umfangreiche Aufforstungen im Paznaun-Tal, Tirol, im Zeitraum 1952 bis 1992 zu einer Zunahme der Waldflächen in der Gemeinde Galtür um 131%, in der Gemeinde Ischgl um 75% (VOLLMER 1993).

Zusammenhänge zwischen Abholzungen im Gebirge und Überschwemmungen im Vorland wurden in den Alpen schon sehr früh thematisiert. Das „Abholzungsparadigma" (PFISTER / BRÄNDLI 1999) diente der sich entwickelnden Forstwirtschaft bereits im 18. Jahrhundert als Rechtfertigung für zu verordnende Schutzmaßnahmen für Gebirgswälder. Die erste graphische Darstellung dieses Denkmusters ist noch älter und stammt aus dem Jahr 1601, bezogen auf die Region nördlich von Venedig (in WILLIAMS 2003). Der Einfluss der Gebirgswälder auf den Wasserhaushalt wird immer noch kontrovers diskutiert. In der Mehrzahl der Fälle ist es offensichtlich so, dass unter naturnah strukturiertem Wald der Bodenabtrag vergleichsweise gering ist, die Infiltrationskapazität des Bodens sehr hoch ist, dass Hochwasserspitzen gedämpft werden (wenn die Niederschlagsmenge die Infiltrationskapazität nicht übersteigt) und dass Schmelzwasserabflüsse infolge der Schneeinterzeption geringer sind (vgl. z. B. HAMILTON 1992; BURCH et al. 1996; MOESCHKE 1998). Neuere forsthydrologische Untersuchungen können diese Befunde aber nicht generell bestätigen (vgl. GERMANN / WEINGARTNER 2003), und VEIT (2002, 206) betont, dass aufgrund der Heterogenität der Befunde große Vorsicht geboten ist bei der Aufstellung von Beziehungen zwischen Rodungen im Gebirge und Hochwässern im Vorland (vgl. Kap. 3).

Bei retrospektiver Betrachtung des Gebirgswald-Ressourcenflusses in den Alpen ergibt sich eine eingipfelige Intensitätskurve, welche im ausgehenden Mittelalter mit steigender Tendenz und auf höherem Niveau einsetzt als im Fallbeispiel Himalaja/Karakorum und bereits im 18. und frühen 19. Jahrhundert ihren Höhepunkt erreicht. Im 20. Jahrhundert geht die Intensität des Ressourcenflusses aus den Wäldern stark zurück. Dieser Rückgang setzt sich bis in die Gegenwart verlangsamt fort, d. h. die Schere zwischen tropischem und außertropischem Typ des Gebirgswald-Ressourcenflusses geht weiter auseinander.

5 Schlussfolgerungen

Die gegenwärtig divergierende Entwicklung des Gebirgswald-Ressourcenflusses in tropischen und außertropischen Gebirgsländern lässt unter dem Blickwinkel von Hochland-Tiefland-Interaktionen zwangsläufig die Frage aufkommen, inwieweit hier eine Steuerungsfunktion durch die unterschiedliche gesellschaftliche Entwicklung in den jeweiligen Vorländern vorliegt. Die Fallbeispiele haben gezeigt, dass der Impuls zur Ausbeutung von Hochland-Ressourcen in der Vergangenheit vom Tiefland ausging. In der Gegenwart setzt sich die einseitige Dominanz der Hochland-Tiefland-Interaktionen in der Regel fort, auch wenn es Beispiele für einen starken Einfluss autochthoner Faktoren des Hochlands gibt. Zukünftige Forschungsprogramme zu Hochland-Tiefland-Interaktionen müssen hier bestehende Forschungsdefizite angehen. Defizite bei der Umsetzung von Forschungsergebnissen bestehen darin, dass die regionale Sicht auf Hochland-Tiefland-Systeme zu kurz greift, was die sozioökonomischen Austauschbeziehungen zwischen Hochland und Tiefland, die subsequenten Landnutzungsveränderungen und deren Auswirkungen auf die Landschaftsökosysteme betrifft. Auf globaler Ebene ist ein Ausgleich von Hochlands- und Tieflands-Interessen erforderlich im Sinne eines globalen Gebirgswaldmanagements unter Berücksichtigung ökonomischer Bewertungen der protektiven, produktiven und kulturellen Leistungen der Wälder. Zum Beispiel wäre es gesamtökonomisch sinnvoller, das Holzdefizit in Pakistan durch subventionierte Importe aus Überschussländern auszugleichen, als die Restbestände der Gebirgswälder im Norden zu vernichten.

Die Etablierung eines globalen Gebirgswaldmanagements würde umso leichter fallen, desto klarer die Bedeutung der Gebirgswälder in Hochland-Tiefland-Systemen herausgestellt wird. Auch in diesem Punkt bestehen noch enorme Wissensdefizite, wie das Beispiel Wald und Wasserhaushalt zeigt. Widersprüchliche Aussagen von Wissenschaftlern unterschiedlicher Disziplinen verhelfen hier nicht zur Klarheit: Kaum haben IVES / MESSERLI (1989) und MESSERLI / HOFER (1995) eine gewisse Klärung in die Skalen- und Prozessgrößenproblematik des Abholzungsparadigmas gebracht, schreibt KÖRNER (2002, 3) die großen Überschwemmungen in China 1999 wiederum anthropogenen Einflüssen in weit entfernten Gebirgen zu. Dieses Beispiel lässt einmal mehr eine Bündelung von Forschungsprogrammen verschiedener Disziplinen ratsam erscheinen, um entstehende Synergieeffekte zu weiterführenden Erkenntnissen zu nutzen. In solchen Fächerverbünden zur Erforschung der Rolle der Gebirgswälder in Hochland-Tiefland-Systemen darf die Geographie nicht fehlen.

[1] Da es sich bei den FAO-Statistiken um Nationalstatistiken handelt, werden in die folgende Betrachtung nur Länder einbezogen, die einen nennenswerten Gebirgswaldanteil aufweisen. Prozentangaben sind aus FAO (2001) entnommen bzw. aus dort angegebenen Zahlen berechnet worden und beziehen sich auf den Zeitraum 1990 bis 2000.

[2] Die Qualität der von nationalen Forstbehörden eingereichten Daten kann hier teilweise nicht hinreichend genau beurteilt werden (vgl. FAO 2001, 165).

[3] Zur Zeit wird vom Autor eine globale Datenbank mit regionsspezifischen Statistiken zu Gebirgswäldern aufgebaut.

Literatur

AMSTUTZ, U. (1999): Gebirgsforstwirtschaft und Nachhaltigkeit. – In: Eidgenössische Forschungsanstalt für Wald, Schnee und Landschaft (WSL) (Hrsg.): Nachhaltige Nutzungen im Gebirgsraum. (= Forum für Wissen, 2). – Birmensdorf. 43-46.

BILL, R. (1992): Die Entwicklung der Wald- und Holznutzung in den Waldungen der Burgergemeinde Bern vom Mittelalter bis 1798. [Dissertation ETH Zürich Nr. 9626]

BRAUN, G. (1996): Vegetationsgeographische Untersuchungen im NW-Karakorum (Pakistan). Kartierung der aktuellen Vegetation und Rekonstruktion der potentiellen Waldverbreitung auf der Basis von Satellitendaten, Gelände- und Einstrahlungsmodellen. (= Bonner Geographische Abhandlungen, 93). – Bonn.

BURCH, H. et al. (1996): Einfluss des Waldes auf Hochwasser aus kleinen voralpinen Einzugsgebieten. – In: Interpraevent 1. – 159-169.

ECKHOLM, E. P. (1976): Losing Ground: Environmental Stress and World Food Prospects. – New York.

FAO (Food and Agriculture Organization of the United Nations) (1999): State of the World's Forests 1999. – Rom.

FAO (Food and Agriculture Organization of the United Nations) (2001): Global Forest Resources Assessment 2000. Main Report. (= FAO Forestry Paper 140). – Rom.

FROMME, G. (1957): Der Waldrückgang im Oberinntal (Tirol). – In: Mitteilungen der Forstlichen Bundesversuchsanstalt Mariabrunn 54. – 3-221.

GADGIL, M. (1991): Deforestation: problems and prospects. – In: RAWAT, A. S. (ed.): History of Fo-

restry in India. – New Delhi. 13-85.
GERMANN, P. / WEINGARTNER, R. (2003): Hochwasser und Wald – das forsthydrologische Paradigma. – In: JEANNERET, F. et al. (Hrsg.): Welt der Alpen – Gebirge der Welt. Ressourcen, Akteure, Perspektiven. – Bern, Stuttgart, Wien. 127-141.
HAMILTON, L. S. (1987): What are the impacts of Himalayan deforestation on the Ganges-Brahmaputra lowlands and delta? Assumptions and facts. – In: Mountain Research and Development 7. – 256-263.
HAMILTON, L. S. (1992): The protective role of mountain forests. – In: GeoJournal 27. – 13-22.
HAMILTON, L. S. / GILMOUR, D. A. / CASSELLS, D. S. (1997): Montane forests and forestry. – In: MESSERLI, B. / IVES, J. D. (eds.): Mountains of the World – A Global Priority. – New York, London. 281-311.
HESKE, F. (1944): Die Wälder Vorderindiens und ihre wirtschaftliche Bedeutung. – In: Mitteilungen der Geographischen Gesellschaft in Hamburg 48. – 313-400.
HOFER, T. (1998): Floods in Bangladesh – a Highland-Lowland Interaction? (= Geographica Bernensia G 48). – Bern.
HOFER, T. / MESSERLI, B. (2003): Überschwemmungen in Bangladesh: naturbedingt oder vom Menschen verursacht? – In: Geographische Rundschau 55. – 28-33.
IREMONGER, S. / RAVILIOUS, C. / QUINTON, T. (1997): A Global Overview of Forest Conservation. CD-Rom. CIFOR and WCMC. – Cambridge.
IVES, J. D. / MESSERLI, B. (1989): The Himalayan Dilemma: Reconciling Development and Conservation. – London, New York.
KAPOS, V. et al. (2000): Developing a map of the world's mountain forests. – In: PRICE, M. F. / BUTT, N. (eds.): Forests in Sustainable Mountain Development: a State of Knowledge Report for 2000. – New York. 4-9.
KELLER, M / BRASSEL, P. (2001): Daten zum Bergwald. – In: Internationale Alpenschutzkommission CIPRA (Hrsg.): Alpenreport 2. Daten, Fakten, Probleme, Lösungsansätze. – Bern. 216-235.
KÖRNER, C. (2002): Mountain biodiversity, its causes and function: an overview. – In: KÖRNER, C. / SPEHN, E. M. (eds.): Mountain Biodiversity. A Global Assessment. – London. 3-20.
KÜCHLI, C. (1994): Die forstliche Vergangenheit in den Schweizer Bergen: Erinnerungen an die aktuelle Situation in den Ländern des Südens. – In: Schweizerische Zeitschrift für Forstwesen 145. – 647-667.
LAL, R. / KIMBLE, J. / FOLLETT, R. (1998): Land use and soil C pools in terrestrial ecosystems. – In: LAL, R. et al. (eds.): Management of Carbon Sequestration in Soil. – Boca Raton. 1-10.
MESSERLI, B. / HOFER, T. (1995): Assessing the impact of anthropogenic land use change in the Himalayas. – In: CHAPMAN, G. P. / THOMPSON, M. (eds.): Water and the Quest for Sustainable Development in the Ganges Valley. – London, New York. 64-89.
MOESCHKE, H. (1998): Abflussgeschehen im Bergwald: Untersuchungen in drei bewaldeten Kleineinzugsgebieten im Flysch der Tegernseer Berge. (= Forstliche Forschungsberichte, 169). – München.
MOUNTAIN AGENDA (2000): Mountains of the World. Mountain Forests and Sustainable Development. – Bern.
MYERS, N. (1986): Environmental repercussions of deforestation in the Himalayas. – In: Journal of World Forest Resource Management 2. – 63-72.
PFISTER, C. / BRÄNDLI, D. (1999): Rodungen im Gebirge – Überschwemmungen im Vorland: Ein Deutungsmuster macht Karriere. – In: SIEFERLE, R. P. / BREUNINGER, H. (Hrsg.): Natur-Bilder – Wahrnehmungen von Natur und Umwelt in der Geschichte. – Frankfurt/Main, New York. 297-323.
PRICE, M. F. / BUTT, N. (eds.) (2000): Forests in Sustainable Mountain Development: a State of Knowledge Report for 2000. – New York.
RIEGER, H. C. (1977): Zur ökologischen Situation des Himalaya. – In: Internationales Asienforum 8. – 81-109.

RIES, J. B. (1995): Does soil erosion in the high mountain region of the eastern Nepalese Himalayas affect the plains? – In: Physics and Chemistry of the Earth 20. – 251-269.
SCHICKHOFF, U. (1993): Das Kaghan-Tal im Westhimalaya (Pakistan). Studien zur landschaftsökologischen Differenzierung und zum Landschaftswandel mit vegetationskundlichem Ansatz. (= Bonner Geographische Abhandlungen, 87). – Bonn.
SCHICKHOFF, U. (1995a): Himalayan forest-cover changes in historical perspective. A case study in the Kaghan Valley, Northern Pakistan. – In: Mountain Research and Development 15. – 3-18.
SCHICKHOFF, U. (1995b): Verbreitung, Nutzung und Zerstörung der Höhenwälder im Karakorum und angrenzenden Hochgebirgsräumen Nordpakistans. – In: Petermanns Geographische Mitteilungen 139. – 67-85.
SCHICKHOFF, U. (1997): Ecological change as a consequence of recent road building: the case of the high altitude forests of the Karakorum. – In: STELLRECHT, I. / WINIGER, M. (eds.): Perspectives on History and Change in the Karakorum, Hindukush and Himalaya. (= Culture Area Karakorum Scientific Studies, 3). – Köln. 277-286.
SCHICKHOFF, U. (2002): Die Degradierung der Gebirgswälder Nordpakistans. Faktoren, Prozesse und Wirkungszusammenhänge in einem regionalen Mensch-Umwelt-System. (= Erdwissenschaftliche Forschung, 41). – Stuttgart.
SDC (Swiss Agency for Development and Cooperation) (2000): Forest Development in the Swiss Alps: Exchanging Experience with Mountain Regions in the South. CD-Rom, SDC, Environment, Forests and Energy Division. – Bern.
SÈNE, El Hadji M. (2000): Mountain forests: the responses to UNCED. – In: PRICE, M. F. / BUTT, N. (eds.): Forests in Sustainable Mountain Development: a State of Knowledge Report for 2000. – New York. 133-140.
STEBBING, E. P. (1922): The Forests of India. Vol. I. – London.
TUCKER, R. P. (1983): The British colonial system and the forests of the Western Himalayas, 1815-1914. – In: TUCKER, R. P. / RICHARDS, J. F. (eds.): Global Deforestation and the Nineteenth-Century World Economy. – Durham/N.C. 146-166.
VEIT, H. (2002): Die Alpen – Geoökologie und Landschaftsentwicklung. – Stuttgart.
VOLLMER, S. (1993): Das Konfliktpotential raumwirksamer touristischer Prozesse im Hochgebirge – dargestellt an Fallbeispielen in der Gemeinde Kappl/Paznauntal. [Diplomarbeit, Institut für Geographie, Universität Hamburg]
WILLIAMS, M. (2003): Deforesting the Earth. From Prehistory to Global Crisis. – Chicago, London.
WORLD BANK (1979): Nepal: Development Performance and Prospects. – Washington, DC.
ZINGARI, P. C. (2000): Sustainably balancing downstream and upstream benefits in European mountain forest communities. – In: PRICE, M. F. / BUTT, N. (eds.): Forests in Sustainable Mountain Development: a State of Knowledge Report for 2000. – New York. 155-160.
ZURICK, D. / KARAN, P. P. (1999): Himalaya. Life on the Edge of the World. – Baltimore.

Peter BACCINI (Zürich)

Thesen zum urbanen Ressourcenhaushalt im Gebirge

1 Einleitung

Eine Anthroposphäre im Gebirge gibt es seit der Steinzeit. Gemäss archäologischen Befunden waren die Alpen mit neolithischen Siedlungen im 2. Jahrtausend v. Chr. vollständig erschlossen (OSTERWALDER 1977). Es war eine Agrargesellschaft, die aufgrund der klimatisch bedingten niedrigeren Primärproduktion eine geringere Bevölkerungsdichte hatte als im Tiefland. Die ökologische Frage nach der „Carrying Capacity" war wahrscheinlich immer von höchster Priorität. Für die Bevölkerungskontrolle wurden spezielle „soziale Techniken" entwickelt (BRIMBLECOMBE / PFISTER 1990). Archäologische Funde und historische Belege zeigen, dass die Alpen seit Jahrtausenden sowohl Einwanderungsland neuer Kulturgruppen als auch Auswanderungsland waren. Die alpine Bevölkerung war vermutlich schon ab der Bronzezeit Lieferantin von Sklaven und Söldnern, im Mittelalter Fleisch- und Käseproduzentin für die reichen Städte, noch später Exporteurin billiger Arbeitskräfte für die Industrialisierung des Tieflands. Das Gebirge ist auch Transitraum, in welchem schon sehr früh eine wirtschaftliche Diversifikation im großräumigen Handel zwischen unterschiedlichen Kulturen stimuliert wurde. Bau und Betrieb von Verbindungen für europäische Großmächte wurde zu einer Konstante in der alpinen Siedlungsentwicklung. Die gesellschaftliche Interaktion mit dem „Anderen" oder „Fremden" geschah im eigenen Raum nicht auf den Marktplätzen großer Städte, sondern auf den Rast-, Versorgungs- und Umladeplätzen der „Gebirgstransversalen".

Das Gebirge als Freizeit- und Erholungsraum (Tourismus, Medizin und Sport) für Menschen aus dem Tiefland gibt es erst seit rund 200 Jahren. Seit der zweiten Hälfte des 19. Jahrhunderts erfolgte ein exponentielles Wachstum alpiner Freizeitsiedlungen. Gebirgsklima und –landschaft werden verkäufliche Güter. Die Landwirtschaft, einst tragende Säule alpiner Subsistenzwirtschaft, beginnt zu schrumpfen und wird früh zur Subventionsempfängerin einer reich werdenden Dienstleistungsgesellschaft im benachbarten Tiefland. Die mit fossiler Energie betriebenen Siedlungen werden praktisch unabhängig von der eigenen gewichtigen Ressource Holz. Alpiner Wald bleibt noch wichtig in seiner Schutz- und Landschaftsfunktion. Im 20. Jahrhundert wird der Alpenraum, ein Wasserschloss, zum wichtigen Ressourcenlieferant in der Stromproduktion (Wasserkraftwerke) für das Mittelland.

Die so veränderte Anthroposphäre im Gebirge ist zu Beginn des 21. Jahrhunderts Teil des urbanen Netzes, das ganze Kontinente umspannt (OSWALD / BACCINI 2003). Im Kontext einer nachhaltigen Entwicklung können für den künftigen regionalen Ressourcenhaushalt im Gebirge folgende Prämissen postuliert werden (HUG / BACCINI 2002):

1. Es gibt globale Grenzen für physische Ressourcen (z. B. Energieträger, Wasser, Biomasse, Erze), die alle Regionen in ihren Entwicklungsszenarien zu beachten haben. (Der Ressourcenhaushalt bezieht sich hier eng auf die physischen Ressourcen, gemäß BACCINI / BADER 1996.)
2. Das Hochland als Siedlungsgebiet und Kulturlandschaft wird auch in den nächsten Generationen eine Schicksalsgemeinschaft mit den benachbarten Tiefländern bilden, und zwar als Teil eines urbanen Netzes.

Darauf gründet folgende Arbeitshypothese: Zwei benachbarte Regionen mit unterschiedlichen Ressourcenverfügbarkeiten könnten mit ihren Ressourcen komplementär derart haushalten, dass die Ressourcennutzungslimiten für beide Regionen eingehalten werden.

Zur Überprüfung dieser Hypothese sollen folgende zwei Fragen beantwortet werden:
1. Wie sieht der aktuelle Ressourcenhaushalt einer Hochland/Tiefland-Nachbarschaft am Beispiel der Alpen aus?
2. Welche bilateralen Ressourcenhaushaltsstrategien könnten aus physiologischer Sicht die Arbeitshypothese stützen?

2 Methode

2.1 Untersuchungsregion

Als Untersuchungsgebiet diente die Schweiz, weil sie erstens eine typische Hochland-/Tieflandnachbarschaft repräsentiert und zweitens die Grenzen Hochland (HL)/Tiefland (TL) durch Subventionsgesetze juristisch festgelegt sind. Politische und ökonomische Kriterien bestimmen den Verlauf dieser Grenze. Deshalb gehören auch westliche Teile des schweizerischen Juras, der geographisch nicht den Alpen zugeteilt wird, noch zum Hochland. Die detaillierten siedlungsgeographischen Informationen finden sich in HUG (2002).

2.2 Systemwahl für eine komparative Ressourcenhaushaltsstudie

Die Qualifizierung und Quantifizierung des Ressourcenhaushalts erfolgte mit der Stoffflussanalyse (BACCINI / BADER 1996). Das gewählte System, im Aufbau identisch für Hochland und Tiefland, ist schematisch in Abb. 1 dargestellt (HUG / BACCINI 2002). Als Indikatorgüter dienen Energieträger, Nahrungsmittel und Tierfutter sowie Baumaterialien.

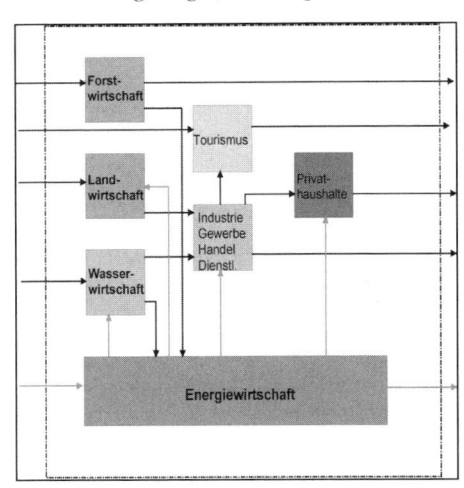

Abb. 1: Systemwahl für die komparative Ressourcenhaushaltsstudie: Hochland und Tiefland werden als System mit sieben Prozessen strukturiert. (Quelle: nach HUG 2002)

2.3 Datenerhebung

Die verwendeten Daten stammen aus publizierten statistischen Erhebungen aus den Jahren 1990 bis 1990. Die verwendeten Quellen sind in HUG / BACCINI (2002) sowie in HUG (2002) detailliert zusammengestellt, was die Energieträger, Nahrungsmittel und Tierfutter betrifft. Die Baumaterialdaten basieren auf publizierten Arealstatistiken einerseits (aufgearbeitet auf Volumengrößen nach HENSELER 2003) und mittleren Materialdichten von Bauwerken (nach BACCINI / BADER 1996).

Peter BACCINI

3 Resultate

3.1 Lagerbestände im Bauwerk

Verglichen werden spezifische Siedlungsflächen, Verkehrsflächen und Gebäudevolumina in unterschiedlichen Siedlungstypen (vgl. Tab. 1) in der Schweiz. Genutzt werden dabei kantonale Datensätze. Die höchsten Werte zeigt der „Hochlandkanton" Graubünden (Einwohnerdichte 24 Einwohner/km^2), die tiefsten der Stadtkanton Basel-Stadt (5.400 Einwohner/km^2). Der Kanton Aargau (370 Einwohner/km^2) repräsentiert eine typische Tieflandbesiedlung ohne dominante dichte urbane Knoten. Seine Siedlungskenngrößen liegen zwischen den beiden Erstgenannten und sind etwa gleich groß wie der Mittelwert für das ganze Land Schweiz. Die relativ größten Unterschiede zeigen sich in den Verkehrsflächen.

	Basel-Stadt	Graubünden (Hochland)	Aargau (Tiefland)	Schweiz
Siedlungsfläche (in m^2/Einwohner) [1]	130	650	420	390
davon Verkehrsflächen (Anteil in %)	34 (26)	280 (43)	120 (29)	120 (32)
Gebäudeflächen	96	370	300	270
Gebäudevolumen (in m^3/Einwohner) [2]	470	680	520	500

[1] Arealstatistik (BfS)
[2] BUWAL (2001) und HENSELER (2003)

Tab. 1: Regionale Differenzierung nach spezifischen Siedlungsflächen und Gebäudevolumina in der Schweiz (mittlere Werte für die 1990er Jahre)

Abb. 2: Materieflüsse und -lager nach Aktivitäten in urbanen Systemen am Beispiel der Schweiz (Ende 20. Jahrhundert). Lager- und Flussgrößen nur auf eine Stelle genau. Die Prozessbilanzen sind nicht vollständig.

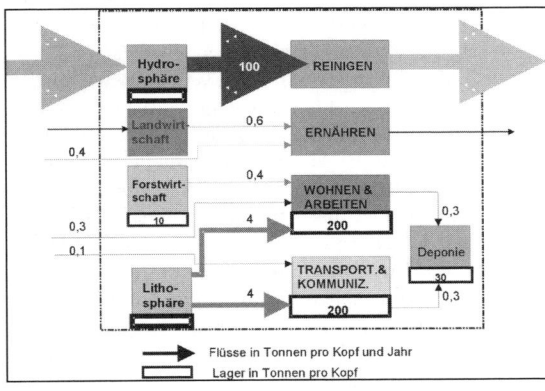

Eine konsequente Erschließung aller Regionen nach klassisch urbanem Muster führt im Falle von dünn besiedelten Gebieten zu relativ hohen spezifischen Verkehrsflächen, d. h. rund eine Verdoppelung gegenüber dem Tiefland. Das Hochland zeigt auch höhere spezifische Gebäudevolumina als das Tiefland (ca. +30%), hauptsächlich bedingt durch die größeren Anteile an Landwirtschaftsgebäuden und die dem Tourismus zuzuordnenden Zweitwohnungen. Zusammenfassend kann postuliert werden, dass das spezifische Bauwerk eines im urbanen Netz eingewobenen Hochlands mindestens gleich groß ist wie dasjenige des Tieflands. Wählt man eine mittlere Materialdichte von 400 kg/m^3 für die Gebäude und 1.200 kg/m^2 für die Verkehrsflächen, so hat das spezifische Materiallager des Tieflands am Beispiel Aargau eine Gesamtmasse von rund 350 Tonnen pro Einwohner (davon Gebäude 210 Tonnen, Verkehr 140 Tonnen), jenes des Hochlands am Beispiel Graubünden rund 600 Tonnen pro Einwohner (davon Gebäude 270 Tonnen, Verkehr 340 Tonnen). Für das urbane System Schweiz sind die wichtigsten Materieflüsse und -lager in Abb. 2 nach Aktivitäten (BACCINI / BADER 1996) zusammengestellt. Den größten Fluss löst die Aktivität „REINIGEN" mit dem Wasserbedarf aus. Die größten Lager werden durch die Aktivitäten „WOHNEN&ARBEITEN" und „TRANSPORTIEREN&KOMMUNIZIEREN" gebildet. Diese zeigen in den vergangenen Jahrzehnten ein Wachstum von ein bis drei Prozent pro Jahr.

3.2 Energiehaushalt

In Anlehnung an die Gliederung der Materieflüsse in Abb. 2 zeigt Abb. 3 den Energiehaushalt für die ganze Schweiz. Die beiden Aktivitäten mit den größten Materielager (Abb. 2) benötigen auch die größten Energieflüsse.

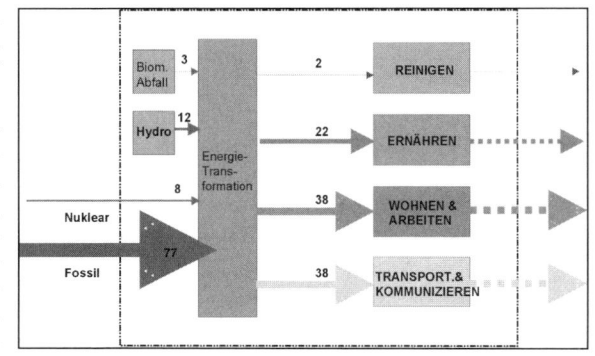

Abb. 3: Verteilung der Energieflüsse in Prozent nach Quellen und Aktivitäten in urbanen Systemen am Beispiel der Schweiz (Ende des 20. Jahrhunderts)

Eine detaillierte Energieflussstudie zwischen Hoch- und Tiefland (HUG 2002) am Beispiel der Schweiz erlaubt die in Abb. 4 dargestellte Zusammenfassung der wichtigsten Charakteristika. Dominant im Energiefluss sind in beiden Subregionen die Importe von fossilen Energieträgern (inkl. Kernbrennstoffen). Der Endenergiebedarf zeigt sich in den Abwärmeflüssen. In erster Näherung entspricht das Verhältnis der beiden Flüsse dem Verhältnis der Einwohnerzahlen, denn der spezifische Energiebedarf der beiden Regionen ist etwa gleich groß. Dieser Befund ist zu erwarten, weil das spezifische Bauwerk etwa gleich groß ist (vgl. Abschnitt 3.1). Die Stromproduktion des Hochlands mit Wasserkraft (33 TWh/a), bezeichnet als solare Energie, ist zwar ähnlich hoch wie sein Import an fossiler Energie (40 TWh/a). Sein Nettoexport ins Tiefland (14 TWh/a) deckt aber nur rund drei Prozent des Gesamtbedarfs. Das Hochland ist zwar, im Vergleich zum Tiefland, der landesweit dominante Transformator solarer Energie und mit rund 40% Anteil an der Gesamtproduktion beider Regionen so stark wie die im Tiefland produzierenden Kernkraftwerke. Der theoretische energetische Selbstversorgungsgrad des Hochlands beträgt 53%, jener des Tieflands nur sechs Prozent. Das Hochland müsste beim aktuellen Energiebedarf seine Energieproduktion mindestens verdreifachen, um zu einem gewichtigen Energielieferanten des Tieflands zu werden. Aufgrund klimatischer, ökonomischer und nicht zuletzt politischer Hindernisse ist ein solcher Ausbau nicht realisierbar.

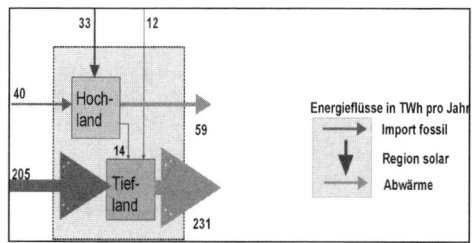

Abb. 4: Energiehaushalt am Beispiel der Schweiz zwischen dem Hochland und dem Tiefland Ende der 1990er Jahre (nach HUG 2002). Der mittlere spezifische Primärenergiebedarf beträgt rund 6.000 Watt pro Einwohner. Im „Import fossil" sind auch die Brennstoffe für die Kernkraftwerke eingeschlossen.

Peter BACCINI

3.3 Nahrungsmittelhaushalt

Diese Studie orientiert sich an der Aktivität „ERNÄHREN", wie sie methodisch im regionalen Stoffhaushalt nach BACCINI / BADER (1996) angegangen wird. Unterschieden wird zwischen der Herstellung, der Aufarbeitung und dem Konsum von pflanzlichen und tierischen Nahrungsmitteln. Als quantitativer Indikator dient der Energieinhalt. Die in den Konsum eingeführten Nahrungsmittel (alle vier Konsumprozesse der Abb. 3 und 4) entsprechen rund 14 MJ pro Einwohner und Tag.

3.3.1 Pflanzliche Nahrungsmittel

Die Selbstversorgung an pflanzlichen Nahrungsmitteln liegt im Hochland bei 20%, im Tiefland bei rund 50% (Abb. 5). Der Nettofluss zwischen den Regionen ist praktisch Null. Der Pflanzenbau gehört bereits zu den landwirtschaftlich intensiv geführten Kulturen. Eine erhöhte Inlandproduktion wäre auf mehr Fläche angewiesen, was die Flächenreduktion anderer Kulturen (Tierzucht, Waldbau) notwendig machen würde.

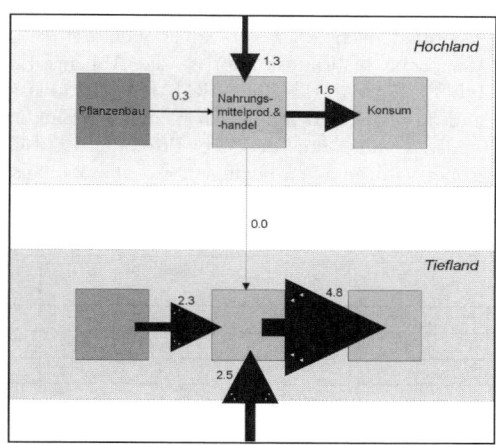

Abb. 5: Pflanzliche Nahrungsmittelflüsse (in Energieinhaltgrößen) in der Schweiz, differenziert nach den Subregionen Hochland und Tiefland (Ende des 20. Jahrhunderts). Die Einheiten sind TWh/Jahr und Region (nach HUG 2002).

3.3.2 Tierische Nahrungsmittel

Das Hochland zeigt einen theoretischen Selbstversorgungsgrad an tierischen Nahrungsmitteln von 170%, kann diese also exportieren (Abb. 6). Das dazu benötigte Tierfutter kann netto zu 100% aus eigener Produktion abgedeckt werden. Das Tiefland dagegen muss noch Futter einführen, weil hier der Selbstversorgungsgrad bei rund 80% liegt. Zusätzlich wird noch die dem Hochlandimport entsprechende Menge an tierischen Produkten aus dem Ausland importiert. Das Tiefland hat also einen theoretischen Selbstversorgungsgrad, indiziert mit Energieinhalten, von rund 50%.

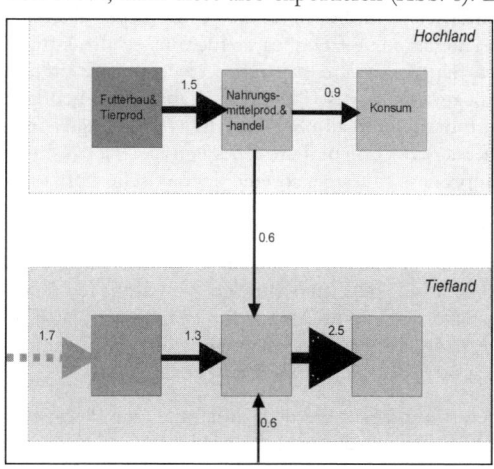

Abb. 6: Tierische Nahrungsmittelflüsse (in Energieinhaltgrößen) in der Schweiz, differenziert nach den Subregionen Hochland und Tiefland. Die Einheiten sind TWh/Jahr und Region (nach HUG 2002). Der gestrichelte Pfeil indiziert importiertes Tierfutter. Der Energieinput und die Transformation von Futter zu Tierprodukten in der Landwirtschaft werden nicht dargestellt.

4 Thesen für einen interregionalen Energiehaushalt unter Nachhaltigkeitsbedingungen

Die physiologische Analyse des interregionalen Ressourcenhaushalts, illustriert am Beispiel der Energieträger und der Aktivität „ERNÄHREN", zeigt einzig bei den tierischen Nahrungsmitteln eine signifikante Ergänzung. Das Hochland ist ein wichtiger Lieferant des Tieflands, basierend (rein physiologisch betrachtet) auf den eigenen Ressourcen (Flächen und Futter). Allerdings kann damit der theoretische Selbstversorgungsgrad der beiden Regionen gesamthaft nicht über 50% angehoben werden. In den anderen beiden Fällen (Energie und pflanzliche Nahrungsmittel) ist die Abhängigkeit vom Hinterland wesentlich größer (vgl. Tab. 2). Für die Aktivität „ERNÄHREN" müsste, um die Nachfrage nach globalem Hinterland zu reduzieren (bei gleich bleibender Einwohnerzahl), die landwirtschaftliche Fläche erhöht oder der Anteil tierischer Produkte drastisch gesenkt werden. Die erste Variante würde große Waldrodungen bedingen, was aus ökologischen und geologischen Gründen nur Nachteile mit sich brächte. Die zweite Variante würde eine große Veränderung des Essverhaltens bedingen, die anderen Ressourcen jedoch kaum verändern (FAIST 2000).

	Energie	Tierische Nahrungsmittel	Pflanzliche Nahrungsmittel
Hochland	53	170	20
Tiefland	6	53	48
Schweiz	16	83	41

Tab. 2: Theoretische Selbstversorgungsgrade (in %) essentieller Ressourcen in der Kombination Hochland/Tiefland am Beispiel der Schweiz (nach HUG 2002)

Den größten Bedarf an „globalem Hinterland" hat jedoch die aktuelle Energieversorgung. Eine Zielgröße im Katalog einer nachhaltigen Entwicklung ist der schrittweise Ausstieg aus der Nutzung nicht erneuerbarer Ressourcen (DALY 1991). Am Beispiel der Schweiz würde dies bedeuten, dass die erdöl- und erdgasbürtigen Energieträger und die Kernenergie durch erneuerbare Energieträger ersetzt würden. Ein solcher Prozess betrifft in erster Linie den Betrieb der Gebäude und den Transport von Menschen und Gütern auf der Basis der aktuellen Infrastruktur (vgl. Abb. 2 und 3). Die Anpassung an neue Energiesysteme müsste also kombiniert werden mit dem Umbau der heutigen urbanen Systeme, was mindestens einen Zeitraum von zwei bis drei Menschengenerationen beansprucht, also 50 bis 80 Jahre. Die heutigen technischen und ökonomischen Kenntnisse führen auch zum Schluss, dass der heutige spezifische Energieverbrauch (6.000 Watt/Einwohner) für erneuerbare Energieträger viel zu hoch ist (IMBODEN / BACCINI 1996). Der Umbauprozess müsste also eine energetische Effizienzsteigerung um den Faktor 3, d. h. eine Limite von 2.000 Watt pro Einwohner erreichen, damit eine regional und global verträgliche Energienutzung möglich wird (IMBODEN / BACCINI 1996). Der interregionale Energiehaushalt würde in der Hochland/Tiefland-Beziehung drastisch verändert (vgl. Abb. 7, nach HUG / BACCINI 2002). Im Vergleich zum aktuellen Energiehaushalt (die Einwohnerzahl bleibt konstant), wie sie in Abb. 4 für eine 6.000 Watt-Gesellschaft gezeigt wird, wird die Nachfrage nach fossilen Energieträgern um eine Zehnerpotenz reduziert, und das Hochland kann fast 40% des Tieflandbedarfs decken.

Der dafür notwendige Umbau müsste derart aufgebaut werden, dass in keiner Phase eine drastische Energieverknappung stattfindet. Der Aufbau der neuen Energiesysteme muss mit der Anpassung der Bauwerke an höhere Energieeffizienz abgestimmt werden. Mit Hilfe einer dynamischen Modellierung eines Systems, welches diese Rahmenbedingungen berücksichtigt, kann der zeitliche Verlauf der Energieflüsse abgeschätzt werden (vgl. Abb. 8).

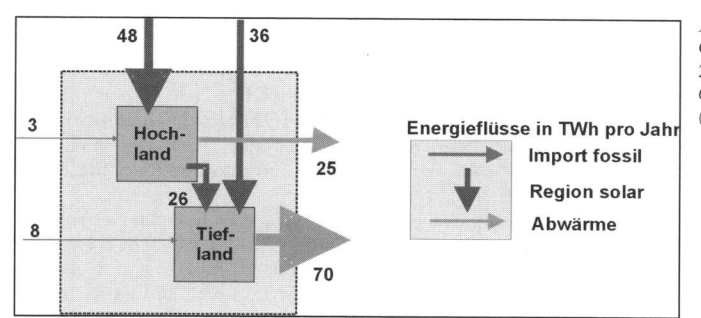

Abb. 7: Szenario 2.000 Watt-Gesellschaft (nach HUG 2002), im Vergleich zur 6.000 Watt-Gesellschaft (Abb. 4)

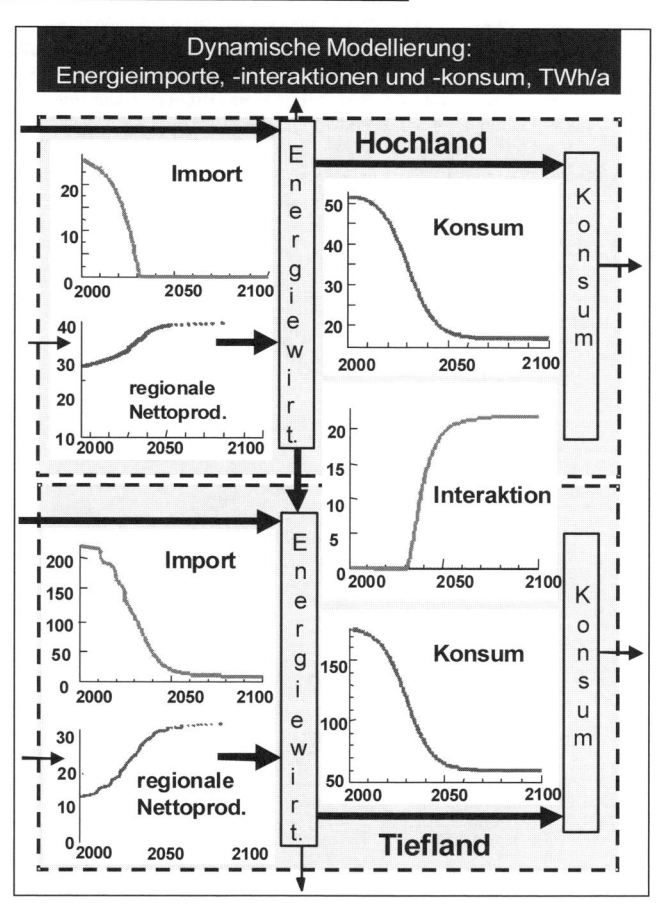

Abb. 8: Dynamisches Modell für den Energiehaushalt im Übergang von der 6.000 Watt-Gesellschaft zur 2.000 Watt-Gesellschaft im Kontext einer Hochland-Tiefland-Wechselwirkung, am Beispiel der Schweiz. (Quelle: HUG et al. 2003)

Aktuelle Dynamik und Langzeitsignale in Gebirgsräumen

Literatur

BACCINI, P. / BADER, H. P. (1996): Regionaler Stoffhaushalt. – Heidelberg.

BUWAL (2001): Bauabfälle Schweiz – Mengen, Pespektiven und Entsorgungswege. (= Umweltmaterialien, 131). – Bern.

BRIMBLECOMBE, P. / PFISTER, C. (eds.) (1990): The Silent Countdown. – Berlin.

DALY, H. (1991): Institutions for a Steady-State Economy. – Washington DC.

FAIST, M. (2000): Ressourceneffizienz in der Aktivität Ernähren. [Diss. ETH Nr. 13884, ETH Zürich]

HENSELER, G. (2003): „Gebäudepark Schweiz" – Die Entwicklung des Gebäudebestandes im 20. Jahrhundert. Zwischenbericht, Professur für Stoffhaushalt und Entsorgungstechnik, ETH Zürich. – Zürich.

HUG, F. (2002): Ressourcenhaushalt alpiner Regionen und deren physiologische Interaktionen mit den Tiefländern im Kontext einer nachhaltigen Entwicklung. [Diss. ETH Nr. 14540, ETH Zürich]

HUG, F. / BACCINI, P. (2002): Physiological Interactions between Highland and Lowland Regions in the context of long-term resource management. – In: Mountain Research and Development 22(2). – 168-176.

HUG, F. et al. (2003) (in Druck): A dynamic model to illustrate the development of an interregional energy household to a sustainable status. – In: Cleaner Technology and Environmental Policy.

IMBODEN, D / BACCINI, P. (1996): Nachhaltige Entwicklung oder hoher Lebensstandard? CASS-Symposium 96, Konferenz der schweizerischen wissenschaftlichen Akademien. Konzepte für eine nachhaltige Schweiz: Mit welchen Ressourcen in welchen Siedlungen auf wessen Land? – Bern.

OSTERWALDER, C. (1977): Die ersten Schweizer. Urzeit und Frühgeschichte Helvetiens von den Eiszeitjägern bis zum Ende der Römerherrschaft. Die archäologische Biographie eines Volkes. – Bern, München.

OSWALD, F. / BACCINI, P. (2003): Netzstadt – Einführung in das Stadtentwerfen. – Basel.

Hiltrud HERBERS (Erlangen)

Bergflucht aus dem tadschikischen Pamir:
Die Transformation der Gebirgs-Umland-Beziehungen

Im September 2000 wurden im tadschikischen Pamir gleichzeitig drei herausragende Jubiläen in einer großen Feier mit Paraden, Reden, einer Denkmalsenthüllung und anderen Festivitäten begangen. Gedacht wurde des Anschlusses der Region an Russland vor 105 Jahren, ihrer administrativen Aufwertung zu einem Autonomen Gebiet vor 75 Jahren und der Unabhängigkeit Tadschikistans vor damals fast zehn Jahren. In der wechselvollen Geschichte, die sich hinter diesen Zäsuren verbirgt, hat sich die Richtung und Intensität des Zuflusses und Abflusses von Gütern und Personen in und aus dem tadschikischen Pamir mehrfach verändert, wobei die jüngsten Entwicklungen mit einer massiven Abwanderung der Bevölkerung einhergehen.

Die aktuellen Geschehnisse im tadschikischen Pamir sind ein Paradebeispiel für die Dynamik und Langzeitwirkung von Veränderungsprozessen in Gebirgsräumen. Bereits kleine Ungleichgewichte in den Material- und Energieflüssen zwischen den Komponenten des Ökosystems können kurzfristig zu katastrophalen Ereignissen und langfristig zu grundlegenden Änderungen dieser Systeme führen. Ähnliches gilt für vergleichbare Störungen im Sozialsystem. Anhand der Transformation der Gebirgs-Umland-Beziehungen im tadschikischen Pamir wird diese Hochgebirgsdynamik im folgenden aus sozialgeographischer Perspektive beleuchtet. Dabei soll gezeigt werden, wie sich politische Ereignisse von internationaler Bedeutung bis hinunter auf die lokale Ebene einer peripheren Gebirgsregion auswirken und wie sie eine Gesellschaft verändern.

1 Annäherung an den tadschikischen Pamir

1.1 Der Pamir – ein Gebirgsmassiv in Tadschikistan

Wenn von der Republik Tadschikistan die Rede ist, wird sie meist als Hochgebirgsland charakterisiert, das in weiten Teilen Höhenlagen von über 2.000 bis 3.000 m erreicht. Innerhalb dieses montanen Territoriums lassen sich jedoch zwei unterschiedliche naturräumliche Einheiten ausmachen. Die weiten Flusstäler der Tieflandbecken im Nord- und Südwesten des Landes weisen ausgedehnte ebene Flächen auf, weshalb sie agrarische Gunsträume darstellen. Das hier vorherrschende trockenheiße Klima eignet sich für den Anbau subtropischer Pflanzen. Diese Gebiete wurden vor allem in sowjetischer Zeit einer ackerbaulichen Nutzung zugeführt. Durch Errichtung eines aufwendigen Bewässerungssystems wurden große Flächen erschlossen, die seither primär der Kultivierung von Baumwolle dienen. In diesen Vorzugsgebieten lebt die Mehrheit der tadschikischen Staatsbürger, und die größten Städte des Landes sind hier lokalisiert.

In die westtadschikischen Tieflandbecken ragen zum Teil niedrigere Gebirgszüge hinein, ausgeprägte Hochgebirgsareale existieren jedoch vornehmlich in den zentralen Teilen und im Osten des Landes. Westlich des Suchrob-Kyzylsu-Tals handelt es sich um Ausläufer des Tien Shan, östlich dieser Linie um den Pamir (REINDERS 2001, 5f). Eine am Relief ausgerichtete

Differenzierung des Gebirgskörpers ermöglicht eine Unterscheidung zwischen dem von tief eingeschnittenen Tälern geprägten Westpamir und dem Hochplateau des Ostpamir. Das Territorium dieses zweigeteilten Gebirgsmassivs okkupiert die gesamte Osthälfte Tadschikistans. Da es nahezu deckungsgleich mit einer der vier Landesprovinzen ist, namentlich mit der Autonomen Provinz Gorno-Badakhshan, werden die beiden Begriffe „Pamir" und „Gorno-Badakhshan" im folgenden synonym verwendet.

1.2 Die Pamiri – Bevölkerung des Gebirgsmassivs

Die Provinz Gorno-Badakhshan nimmt 44,5% des tadschikischen Staatsgebiets ein, ist aber äußerst spärlich besiedelt. Dem Zensus von 2000 zufolge leben hier nur 3,4% der 6,2 Mio. zählenden Einwohnerschaft, das sind 206.300 Menschen (StKo 2001b, 49). Ihren politischen Sonderstatus als Autonome Provinz verdanken sie dem Umstand, dass sie sich in sprachlicher und religiöser Hinsicht von der westtadschikischen Bevölkerung unterscheiden. Abgesehen von ethnischen Minderheiten (z. B. Usbeken, Russen) spricht letztere das westiranische Idiom Tadschikisch und gehört mehrheitlich zur sunnitischen Glaubensgemeinschaft. Das Gros der Pamiri verwendet dagegen ostiranische Sprachen, so genannte Pamir-Dialekte, und bekennt sich zur Ismailiya, einer liberalen Abspaltung der Schia. Dies gilt indes nicht für die Bevölkerung im östlichen Teil des Pamir. Die ca. 15.600 hier lebenden Kirgisen (StKo 2001b, 49) sprechen die Turksprache Kirgisisch und sind, wie ihre Glaubensbrüder in Westtadschikistan, Sunniten.

Die naturräumliche Grenze zwischen West- und Ostpamir ist somit auch eine Trennlinie zwischen verschiedenen ethnolinguistischen Gruppen. Sie bildet darüber hinaus einen Übergang zwischen divergierenden Siedlungs- und Wirtschaftsaktivitäten. Die Talschaften des Westpamir sind durch eine Vielzahl kleiner Hochgebirgsoasen gekennzeichnet, angelegt von einer sesshaften bäuerlichen Bevölkerung, die hier eine Kombination aus Ackerbau und Viehhaltung betreibt. Auf dem östlich gelegenen Hochplateau praktizieren dagegen halbnomadische Kirgisen ausschließlich Viehzucht in Form einer mobilen Weidewirtschaft, wobei sie primär Yaks und Schafe halten. Bis zur russischen Oktoberrevolution von 1917 erfolgte die landwirtschaftliche Produktion auf Subsistenzbasis. Durch die sowjetische Einflussnahme haben sich die Produktionsweisen und -ziele grundlegend geändert, was in den folgenden 70 Jahren erhebliche Konsequenzen auf die Stoffflüsse und Bevölkerungsströme in und aus dem Pamir hatte.

2 Die Gebirgs-Umland-Beziehungen des Pamir in sowjetischer Zeit

2.1 Sowjetische Eingriffe in das regionale Agrarsystem

Eines der ersten Vorhaben, das die Bolschewiken nach der Konsolidierung ihrer Macht in Angriff nahmen, war die Enteignung der bis dahin selbständigen Bauern. Fortan sollten alle Nutzflächen einer gemeinschaftlichen Bewirtschaftung unterliegen. Anfangs wurden vorwiegend genossenschaftlich organisierte Kolchose gegründet, in denen die kleinbäuerlichen Betriebe eines Dorfs oder mehrerer Orte zusammengefasst wurden. Seit Mitte der 1950er Jahre unterlagen die Kolchose einem Konzentrationsprozess, wobei mehrere – insbesondere unrentable – Kolchose zu Staatsbetrieben, so genannte Sowchose vereint wurden (GIESE 1973, 67ff, 147ff; IMF et al. 1991, 155ff). Dies diente der Rationalisierung und Intensivierung der Produktion sowie der besseren Kontrolle der Betriebe. In Gorno-Badakhshan existierten

1980 nach Abschluss des Fusionsprozesses nur noch 25 Betriebe und zwar ausnahmslos Sowchose (STKO 1987, 24).

Das zweite Element sowjetischer Agrarpolitik war die Festlegung neuer Produktionsziele. Innerhalb der innersowjetischen Arbeitsteilung fiel Tadschikistan die Aufgabe der Produktion landwirtschaftlicher Rohstoffe zu. In Westtadschikistan erfolgte dazu eine Spezialisierung auf die Kultivierung von Baumwolle, im Pamir auf Viehhaltung und Futteranbau sowie auf die Produktion der *cash crop* Tabak.

2.2 Sowjetisch induzierte Zuflüsse und Abflüsse

Diese Eingriffe in das Agrarsystem des Pamir bedeuteten das Ende der familiären Subsistenzwirtschaft. Nur noch 10 bis 20% der in der Region benötigten Getreidemenge wurde vor Ort produziert (MAMADSAIDOV / JAVHARIEVA / BLISS 1997, 9). Um den Bedarf der Bevölkerung sicherzustellen, forcierten die Sowjetbehörden die Errichtung eines Versorgungswesens, das auf Lieferungen von außen basierte. Zu diesem Zweck wurden die in zaristischer Zeit angelegten Wege so erweitert und befestigt, dass sie sich für den motorisierten Verkehr eigneten. Von diesen Hauptstraßen wurden Abzweigungen in die Täler geschaffen, so dass selbst entlegene Gebirgsdörfer an das Straßennetz angebunden waren. Hierüber konnten Nahrungsmittel sowie Verbrauchsgüter, Energieträger (u. a. Kohle, Benzin, Diesel) und Baustoffe mit LKW in die einzelnen Orte transportiert werden, wo sie in eigens dafür eingerichteten Dorfläden an die jeweilige Bewohnerschaft verkauft wurden. Die Belieferung musste in wenigen Sommermonaten abgeschlossen sein, denn der Pamir ist im Winter nahezu unzugänglich. Alle Straßen, die den Pamir mit der Außenwelt verbinden, führen über hohe Pässe, die im Winter geschlossen sind und jegliches Überqueren unmöglich machen. Da die Importe trotz des engen Zeitfensters gewöhnlich rechtzeitig und in ausreichenden Mengen im Pamir eintrafen, war die Bevölkerung fortan unabhängig von naturräumlichen Faktoren wie der Witterung oder Landverfügbarkeit.

Eine Minderung der Versorgungsengpässe im Pamir versprachen sich die Sowjetstrategen zudem von der Umsiedlung von Gebirgsbewohnern in die Tieflandbecken Westtadschikistans. Begründet wurde die Notwendigkeit dieser Maßnahme mit dem montanen Bevölkerungsdruck, dem Schutz der Bevölkerung vor geo-dynamischen Gefahren und der Möglichkeit, den Lebensstandard der Pamiri im Tiefland schneller anheben zu können (BADENKOV / MERZLIAKOVA 1996, 170f). Die Fürsorge des Staats für die Gebirgsbevölkerung war indes nicht der primäre Grund für deren unfreiwillige Umsiedlung. Tatsächlich diente sie vornehmlich der Rekrutierung von Arbeitskräften, die in der Baumwollproduktion dringend benötigt wurden. Insgesamt wurden aus allen Berggebieten Tadschikistans in sieben Jahrzehnten sowjetischer Vorherrschaft ca. 135.000 Haushalte umgesiedelt (BADENKOV 1998, 198; BUSHKOV 2000, 149ff).

Erzwungene Bevölkerungstransfers und staatliche Willkür waren im tadschikischen Pamir vor allem ein Phänomen der Stalin-Ära. Neben Maßnahmen, die den Unmut der Bevölkerung hervorriefen, brachten die sowjetischen Interventionen auch Vorteile und Verbesserungen für die Pamiri mit sich, etwa hinsichtlich der bereits erwähnten großzügigen Verkehrserschließung und stetigen Nahrungsversorgung. Des weiteren wurde ein für alle Teile der Bevölkerung zugängliches Schul- und Gesundheitswesen aufgebaut, ein Sozialversicherungssystem eingeführt, die Elektrifizierung der Siedlungen vorangetrieben etc. Diese Veränderungen

Aktuelle Dynamik und Langzeitsignale in Gebirgsräumen

hatten zudem zur Folge, dass zugleich neue, außeragrarische Beschäftigungsmöglichkeiten in der Region geschaffen wurden, die zuvor nicht existierten. Darüber hinaus wuchsen nun immer neue Generationen von Schulabgängern heran. Diejenigen unter ihnen, die eine höhere Ausbildung und einen entsprechenden Arbeitsplatz anvisierten, mussten bereit sein, nach Duschanbe oder in eine sowjetische Metropole außerhalb Tadschikistans zu migrieren.

Über die Entwicklungen im tadschikischen Pamir unter sowjetischer Einflussnahme gibt Abb. 1 einen abschließenden Überblick. Die Stoffflüsse haben sich in dieser Periode dahingehend verändert, dass durch die Neuausrichtung der Landwirtschaft die regionale Selbstversorgung drastisch reduziert wurde, die Defizite aber durch einen zuverlässigen Zufluss von Nahrung und Gütern aus anderen Teilen der Sowjetunion kompensiert werden konnten. Bevölkerungsströme treten in diesem Zeitabschnitt als Zwangsumsiedlungen und als freiwillige Arbeits- und Bildungsmigrationen in Erscheinung. Dies führt zu einer gewissen Entlastung der lokalen Ressourcen, hat aber auch zur Folge, dass nun viele Pamiri außerhalb des Pamir leben. Für die Pamiri bedeuteten die sowjetische Einflussnahme und die damit einhergehenden veränderten Gebirgs-Umland-Beziehungen letztlich eine Erhöhung ihres Lebensstandards durch die staatliche Vollversorgung, denn der Staat garantierte nicht nur die Deckung des Nahrungsbedarfs, sondern auch die Bereitstellung von Arbeitsplätzen, die Auszahlung der Löhne, die medizinische Behandlung im Krankheitsfall und andere Versorgungsleistungen. Dafür ist die Bevölkerung der sowjetischen Führung bis heute dankbar. Auf der anderen Seite entstanden hierdurch jedoch eine hohe Außenabhängigkeit und damit auch eine große Gefahr der Verwundbarkeit bei Veränderungen inner- und außerhalb der Region. Die gesamte Tragweite dieser Gefahr wurde der Bevölkerung erst durch den Zusammenbruch der Sowjetunion bewusst.

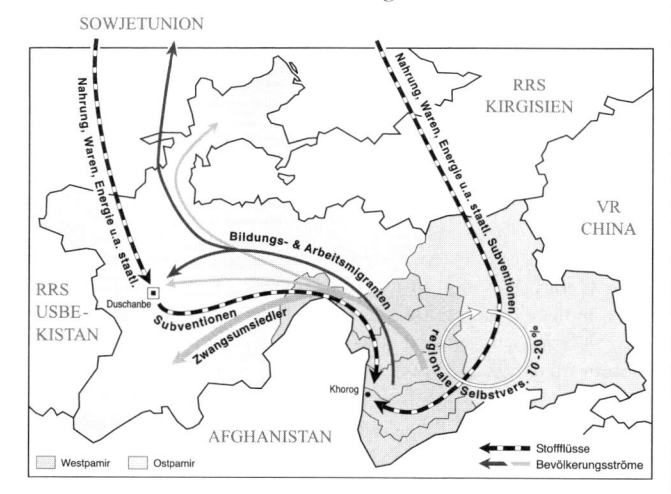

Abb. 1: Stoffflüsse und Bevölkerungsströme in sowjetischer Zeit

3 Postsowjetische Transformation der Gebirgs-Umland-Beziehungen

3.1 Der Einfluss politischer Umwälzungen auf Stoff- und Personenflüsse

Anfang der 1990er Jahre überschlugen sich die politischen Ereignisse in Tadschikistan. Auf den Putsch in Moskau im März 1991 folgte der Auflösung der UdSSR, im September desselben Jahres proklamierte Tadschikistan seine Unabhängigkeit. Kaum ein halbes Jahr später begann hier ein blutiger Bürgerkrieg, der das Land bis 1997 in Aufruhr hielt (AKINER / BARNES 2001, 16ff; BUSCHKOW 1995, 7ff; ROY 2000, 139ff). Hauptkriegsschauplätze waren der Südwesten Tadschikistans und die Hauptstadt Duschanbe, wo infolge von erzwungener und freiwilliger Migration in den vorangegangenen Jahrzehnten auch viele Pamiri lebten. Die Pro-Kommunisten gewannen in den Auseinandersetzungen schnell die Oberhand, was nicht nur die baldige Übernahme der Regierungsmacht, sondern auch eine Welle der Verfolgung gegen die Anhänger der Opposition, zu denen auch die Pamiri gehörten, nach sich zog. Insgesamt fielen 60.000 Menschen dem Bürgerkrieg zum Opfer und bis zu einer Million Personen begab sich diesseits und jenseits der tadschikischen Grenzen auf die Flucht (UNDP 1996, 11ff; UNHCR 1995/96, 87f). Die meisten Pamiri flohen in den tadschikischen Pamir, wo sie keineswegs in Flüchtlingslagern untergebracht, sondern von Verwandten aufgenommen wurden. Etwa 54.000 Pamiri verließen das tadschikische Tiefland und suchten Schutz in Gorno-Badakhshan, wodurch die dortige Bevölkerungszahl kurzfristig um ein Viertel stieg. Ein großer Teil der Flüchtlinge kehrte nach dem Bürgerkrieg jedoch wieder nach Westtadschikistan zurück.

Für die Bevölkerung im Pamir hatten die unerwartete staatliche Unabhängigkeit und der Bürgerkrieg vor allem nachteilige Konsequenzen. Schlagartig blieben die von Moskau angeordneten Importe und Subventionen aus. „Plötzlich waren die Geschäfte leer!" In dieser verzweifelten Bemerkung einer Gebirgsbewohnerin kommt die Dramatik der Situation zum Ausdruck. Es gab nichts mehr zu kaufen, Löhne wurden nicht mehr gezahlt, Krankenhäuser nicht mehr mit Medikamenten beliefert etc. Wie aber sollte die Bevölkerung ohne externe Zuwendungen überleben, waren doch die Möglichkeiten der regionalen Selbstversorgung durch die Spezialisierung der Landwirtschaft auf ein Minimum reduziert? Die Versorgungskrise verschärfte sich durch den massiven Zustrom von Bürgerkriegsflüchtlingen.

Da es dem tadschikischen Pamir an Ressourcen zur Versorgung der ansässigen Bevölkerung und der Flüchtlinge fehlte, bahnte sich eine Hungerkrise an. Aufmerksame Nichtregierungsorganisationen, allen voran die ismailitische *Aga Khan Foundation*, sahen diese Entwicklung voraus und griffen rechtzeitig ein, so dass eine schlimmere Katastrophe dank auswärtiger Hilfslieferungen im letzten Moment abgewendet werden konnte.

Die prekäre wirtschaftliche Abhängigkeit des Pamir, die durch die politischen Ereignisse der postsowjetischen Ära offenbar wurden, förderte die Einsicht in die Notwendigkeit einer größeren regionalen Versorgungsautonomie. Eine neuerliche Umstrukturierung der Landwirtschaft kam daher schnell in Gang. Sie sah vor allem eine Privatisierung der Anbauflächen und Viehbestände vor. Diese Ressourcen wurden ohne größere Konflikte und nach egalitären Prinzipien sukzessive an die Gebirgsbewohner verteilt (HERBERS 2001, 19f). Damit oblag fortan den selbständigen Bauern die Entscheidung über die Produktionsziele. Zwecks Erhöhung der Selbstversorgung entschlossen sie sich, den Anbau von Getreide und Kartoffeln auf Kosten der Futter- und Tabakerzeugung auszudehnen. Produktion und Produktivität stiegen durch die private Bewirtschaftung in einem Maße an, dass heute 60 bis 80% des Nahrungsbedarfs aus regionaler Subsistenzwirtschaft gedeckt werden kann (MSDSP 2000). Die Außenabhängigkeit konnte demnach erheblich reduziert werden.

Der Erfolg der Agrarreformen im Pamir ist bemerkenswert – und zugleich ist er unzureichend. Da die Erträge von Jahr zu Jahr und von Ort zu Ort stark schwanken, sind im Durchschnitt weiterhin 20 bis 40% des Bedarfs nicht gesichert, und dieser muss weiterhin aus externen Quellen ergänzt werden. Eine vollständige und langfristige Versorgung aus heimischer Produktion scheint zudem aufgrund der extrem limitierten Anbauflächen im tadschikischen

Pamir unrealistisch, denn im Durchschnitt stehen nicht mehr als 0,07 ha pro Person, das entspricht etwa 0,4 ha Ackerland pro Haushalt, zur Verfügung (STKO 2001b, 109). Die Privatisierung im Pamir hat somit primär Mikrobetriebe hervorgebracht.

Zusätzlich zu der defizitären Landwirtschaft besteht das Problem, dass alternative Beschäftigungsmöglichkeiten, die das landwirtschaftliche Auskommen arrondieren könnten, im Pamir lediglich in geringer Zahl existieren und vorhandene berufliche Anstellungen nur marginal entlohnt werden. So verdient ein Lehrer je nach Position etwa fünf bis zehn US-Dollar im Monat. Es hat sich inzwischen zwar ein bescheidenes Marktwesen entwickelt, vor allem im Provinzzentrum Khorog. Dort werden insbesondere Waren feilgeboten, die aus dem benachbarten Kyrgyzstan eingeführt werden. Das Preisniveau dieser Waren ist in Khorog sowie auf anderen kleineren Marktflecken, die es in Gorno-Badakhshan gibt, sehr hoch. Da die Löhne zugleich extrem niedrig sind, verfügt die Mehrheit der Bevölkerung letztlich über eine äußerst geringe Kaufkraft und kann sich die meisten angebotenen Waren nicht leisten (HERBERS 2002, 83f). Somit ist es ihr kaum möglich, aus den vor Ort vorhandenen agrarischen und außeragrarischen Potentialen ihren täglichen Lebensunterhalt angemessen zu decken, denn hierzu gehört nicht nur die Sicherung des Nahrungsbedarfs, sondern auch der Erwerb anderer Verbrauchsgüter.

3.2 Migration als Ausweg aus der Misere

Einen Ausweg aus dieser Misere sehen viele Haushalte oder einzelne ihrer Mitglieder in der Abwanderung, und zwar in Regionen, die bessere Verdienst- und Existenzbedingungen versprechen als der Pamir. Drei Ziele werden dabei von den Migranten favorisiert:

Das – räumlich wie psychologisch – naheliegendste Ziel ist die Hauptstadt Duschanbe, die aufgrund ihrer derzeit dynamischen wirtschaftlichen Entwicklung potentielle Beschäftigungsmöglichkeiten in Handel, Gastronomie, Transportwesen, Dienstleistungsbereich, internationalen Organisationen etc. bietet. Der Wechsel nach Duschanbe kann ohne große Kosten und hohen Aufwand bewerkstelligt werden, denn es gibt immer Verwandte oder Bekannte, die hier leben und mit deren Hilfe gerechnet werden kann. Ein etwaiger Umzug ist zudem mit wenigen Risiken verbunden, da die Rahmenbedingungen bekannt sind und eine Rückkehr in den Pamir jederzeit möglich ist.

Anders verhält es sich bei der Migration in die Flussoasen Südwest-Tadschikistans, dem zweiten Migrationsziel einiger Pamiri. Da hier im Vergleich zum Pamir viel Ackerland zur Verfügung steht und zwei Ernten im Jahr eingebracht werden können, erhoffen sich manche Haushalte durch die Umsiedlung eine Verbesserung ihrer kargen Lebensverhältnisse. Um dort aber eine neue Existenz aufzubauen, bedarf es eines Startkapitals. Daher verkaufen die Migranten vor der Abreise ihre gesamte Habe im Pamir, so dass der einmal gefasste Entschluss zur Umsiedlung nahezu unumkehrbar ist.

Das dritte Migrationsziel der Gebirgsbewohner liegt außerhalb Tadschikistans. Viele Pamiri verlassen das Land, um in den Nachbarstaaten, insbesondere in der Russischen Föderation, nach einer Anstellung zu suchen. Gute Chancen, eine solche zu finden, bestehen am ehesten in großen russischen Metropolen wie Moskau, Perm, Ivanovo, Swerdlowsk etc., wo auf Baustellen, auf Märkten und in Fabriken stets billige Arbeitskräfte gebraucht werden. Die Migration nach Russland ist jedoch sowohl mit hohen Kosten als auch mit großen Risiken verbunden. Ein Flugticket nach Moskau kostet beispielsweise ca. 200 US-$ – ein Vermögen für einen

Pamiri. Gefahren drohen den Gastarbeitern dagegen vor allem durch Arbeitgeber, die nicht gewillt sind, den Lohn auszuzahlen, und durch willkürliche Übergriffe der Polizei bei der Kontrolle der Arbeitspapiere, die ihr Tun mit der realen und vermeintlichen tschetschenischen Terrorgefahr legitimieren können.

Die genannten Migrationsziele werden von den Gebirgsbewohnern in unterschiedlichem Maße frequentiert. Nach Duschanbe sind vor allem jene orientiert, die bereits vor dem Bürgerkrieg hier gelebt haben, sowie junge, höher qualifizierte Personen (z. B. Universitätsabsolventen). Ein Wechsel nach Südwest-Tadschikistan kommt hauptsächlich für die primär in der Landwirtschaft tätige Bevölkerung in Frage. Laut Ergebnissen einer Erhebung der Provinzregierung aus dem Jahr 2000 sind mindestens 1.100 Haushalte an solchen einer Umsiedlung interessiert. Schätzungen über die Zahl der in Russland lebenden Migranten liegen nur für ganz Tadschikistan vor, die diesbezüglichen Entwicklungen im Pamir dürften aber – eigenen Beobachtungen zufolge – den gesamttadschikischen Verhältnissen entsprechen. Insgesamt sollen sich bis zu 800.000 Gastarbeiter aus Tadschikistan in Russland verdingen (EURASIA INSIGHT 08.05.2003). Somit lebt und arbeitet fast 13% der tadschikischen Bevölkerung außerhalb des Landes. Die Migranten rekrutieren sich hauptsächlich aus 20- bis 40jährigen Männern, eine Altersgruppe, die insgesamt 910.600 Personen umfasst (STKO 2001a, 44). Dieser Exodus hat zur Folge, dass ein großer Teil der ökonomisch aktivsten Bevölkerung dem Aufbau der russischen anstatt der tadschikischen Wirtschaft zur Verfügung steht.

Abb. 2: Stoffflüsse und Bevölkerungsströme nach der Unabhängigkeit 1991

Für die postsowjetische Zeit werden die nunmehr transformierten Gebirgs-Umland-Beziehungen des tadschikischen Pamir in Abb. 2 festgehalten. Was hat sich gegenüber der sowjetischen Zeit verändert? Insgesamt haben sich die Stoffzuflüsse in den tadschikischen Pamir deutlich verringert. An die Stelle staatlicher Lieferungen sind zwar Zuflüsse durch Entwicklungshilfe und Handel getreten, die aber deutlich geringer ausfallen als die staatlichen Importe der Sowjetzeit. Bei den Bevölkerungsströmen dominieren wie in sowjetischen Tagen die Abflüsse, also die Abwanderung aus dem Pamir, woran auch die zwischenzeitliche Aufnahme an Bürgerkriegsflüchtlingen wenig geändert hat. Waren die Stoffflüsse und Bevölkerungsströme vor 1991 ausschließlich staatlich angeordnet und kontrolliert, sind die Zu- und Abflüsse heute weniger reglementiert, darin sind aber zugleich mehr Akteure involviert. Früher bestand ein ausgewogenes Verhältnis zwischen Stoffzuflüssen und regionaler Selbstversorgung. Dieses Verhältnis – und hierin liegt das entscheidende Problem des tadschikischen Pamir – ist heute so sehr aus dem Lot geraten, dass es trotz erhöhter Selbstversorgung den meisten Haushalten nicht möglich ist, ihren Lebensunterhalt in angemessener Weise zu bestreiten. Es ist somit die existentielle Not, die die Menschen zur Bergflucht zwingt.

4 Vom Wohlstand zur Marginalisierung – ein Fazit

Immer wieder wird betont, dass gerade Gebirgsgesellschaften marginalisiert und benachteiligt sind. Bis 1991 traf dies für den tadschikischen Pamir nicht zu. Durch die Umgestaltung der vorrevolutionären Gebirgs-Umland-Beziehungen ist es der sowjetischen Führung gelungen, den Lebensstandard der Gebirgsbewohner innerhalb weniger Jahrzehnte weitgehend jenem der Bevölkerung in Tieflandregionen anzugleichen. Die nachteilige Hochgebirgslage hat demzufolge in der Sowjet-Ära eine untergeordnete Rolle gespielt. Sie ist erst durch den Zerfall der UdSSR wieder in den Vordergrund gerückt und stellt im tadschikischen Pamir seither ein Hauptproblem der Lebensunterhaltssicherung dar. Dies hat die tragische Konsequenz, dass eine Gebirgsgesellschaft von einer Situation relativen Wohlstands in eine Situation der Marginalisierung zurückgefallen ist. Dass der tadschikische Pamir nicht stärker von der neuen Regierung in Duschanbe gefördert wird, liegt nicht daran, dass ihr dazu der Wille fehlt, sondern dass sie es nicht kann. Subventionen im großen Stil können sich letztlich nur wohlhabende Staaten leisten, in armen Nationen ist dagegen jeder familiäre Haushalt auf sich selbst angewiesen.

Auf die jüngsten politischen Entwicklungen im fernen Moskau, die zur Auflösung der Sowjetunion führten, hatten die Pamiri wenig Einfluss, deren Auswirkungen spüren sie indes überdeutlich. Bei aller Tragik, die aus dem Unionszerfall resultiert, birgt die dadurch veränderte Hochgebirgsdynamik grundsätzlich die Chance für die Gebirgsbewohner, langfristig ein neues Gleichgewicht zwischen interner Ressourcennutzung und externem, aus der Migration gespeisten Supplement zu etablieren.

Literatur

AKINER, S. / BARNES, C. (2001): The Tajik civil war. Causes and dynamics. – In: ABDULLAEV, K. / BARNES, C. (eds.): Politics of compromise. The Tajikistan peace process. (= Accord, 10). – London. 16-21.

BADENKOV, Y. (1998): Mountain Tajikistan: A model of conflictory development. – In: STELLRECHT, I. (ed.): Karakorum–Hindukush–Himalaya: Dynamics of change. (= Cultural Areas Karakorum Scientific Studies 4, Teil 2). – Köln. 187-206.

BADENKOV, Y. P. / MERZLIAKOVA, I. A. (1996): Natural hazards in mountains: Their impact on the regional development trends. – In: HURNI, H. et al. (Hrsg.): Umwelt, Mensch, Gebirge. Beiträge zur Dynamik von Natur- und Lebensraum. Festschrift für Bruno Messerli. (= Jahrbuch der Geographischen Gesellschaft Bern, 59). – Bern. 165-174.

BUSCHKOW, W. (1995): Politische Entwicklung im nachsowjetischen Mittelasien: Der Machtkampf in Tadschikistan 1989-1994. (= Berichte des Bundesinstituts für ostwissenschaftliche Studien, 4). – Köln.

BUSHKOV, V. I. (2000): Population migration in Tajikistan: Past and present. – In: KOMATSU, H. / OBIYA, C. / SCHOEBEREIN, J. S. (eds.): Migration in Central Asia: Its history and current problems. (= Japan Center for Area Studies, JCAS Symposium Series 9). – Osaka. 147-156.

EURASIA INSIGHT 08.05.2003: *www.eurasianet.org/departments/insight/articles*

GIESE, E. (1973): Sovchoz, Kolchoz und persönliche Nebenerwerbswirtschaft in Sowjet-Mittelasien. Eine Analyse der räumlichen Verteilungs- und Verflechtungssysteme. (= Westfälische Geographische Studien, 27). – Münster.

HERBERS, H. (2001): Vom Proletariat zum Bauerntum: Transformation im tadshikischen Pamir. – In: Geographische Rundschau 53(12). – 16-22.

HERBERS, H. (2002): Ernährungs- und Existenzsicherung im Hochgebirge: der Haushalt und seine *livelihood strategies* – mit Beispielen aus Innerasien. – In: Petermanns Geographische Mitteilungen 146(4). – 78-87.

IMF (International Monetary Fund) et al. (eds.) 1991: A Study of the Soviet Economy (Bd. 3). – Paris.

MAMADSAIDOV, M. / JAVHARIEVA, R. / BLISS, F. (1997): Pamir relief and development programme. Socio-economic change in Gorno-Badakhshan. A monitoring report of the PRDP. – Khorog.

MSDSP (Mountain Societies Development Support Programme) (2000): Annual report 2000. – Khorog.

REINDERS, C. (2001): Numerische Modellierung von regionalen Deformationsprozessen im Pamir-Hindu-Kush, Zentralasien. – Berlin.

ROY, O. (2000): The new Central Asia: The creation of nations. – London.

STKO (Staatliches Komitee für Statistik der Regierung der Republik Tadschikistan) (1987): Autonome Provinz Gorno-Badakhshan. – Duschanbe.

STKO (Staatliches Komitee für Statistik der Regierung der Republik Tadschikistan (2001a): Jährliche Statistik der Republik Tadschikistan. – Duschanbe.

STKO (Staatliches Komitee für Statistik der Regierung der Republik Tadschikistan) (2001b): Die Regionen Tadschikistans. Zur zehnjährigen Unabhängigkeit der Republik Tadschikistan. – Duschanbe.

UNDP (United Nations Development Programme) (1996): Tajikistan – Human Development Report 1996. – Dushanbe.

UNHCR (United Nations High Commissioner for Refugees) (1995): Zur Lage der Flüchtlinge in der Welt. Die Suche nach Lösungen. (= UNHCR-Report 1995/96). - Bonn

Ingrid HEMMER (Eichstätt) und Hans-Rudolf VOLKART (Zürich)

Leitthema A5 – Gebirgsräume und Unterrichtskonzepte

Gebirgsräume werden in den Geographielehrplänen vergleichsweise wenig aufgegriffen. Angesichts der beträchtlichen Veränderungen in den letzten Jahrzehnten – Stichworte dazu wären Klimawandel, Massentourismus, Verkehr, Zersiedelung, Abwanderung – sind diese Gebiete zu einem wichtigen Forschungsfeld der Geographie geworden. Gerade in den letzten Jahren zeichnen sich, bedingt durch eine gesteigerte Dynamik dieser Veränderungsprozesse, sichtbare Landschaftsveränderungen ab. Gletscher schmelzen in noch nie dagewesenem Tempo ab. Einst landwirtschaftlich genutzte Gebiete liegen brach. An vielen Orten sind Bodenerosionen sichtbar. Murgänge bedrohen zunehmend die Siedlungen. Gebirgsräume als empfindliche Ökosysteme können als eine Art Frühwarnsysteme Veränderungen aufzeigen, denen sich eine der Umwelt verpflichtete Geographiedidaktik annehmen muss.

Karl-Heinz Otto (Münster) referiert einführend zur didaktischen Relevanz fragiler Natur- und Kulturräume in Hochgebirgen. Dabei wurde zunächst festgestellt, dass in Lehrplänen, Lehrmitteln und Atlanten häufig ein verengendes Bild des Hochgebirges wiedergegeben wird. Ziel des Geographieunterrichts ist, zu angemessenem Handeln im Sinne einer nachhaltigen Entwicklung zu befähigen. Um den zukünftigen Herausforderungen gerecht zu werden, braucht es neben der lokalen und regionalen auch die globale Perspektive. Allerdings genügt die Behandlung eines Exempels allein nicht, da gerade Hochgebirgsräume hochgradig komplexe Systeme mit je ihren eigenen Differenzierungen sind. Im Unterricht ist es notwendig, neue, aktuelle Themen aufzugreifen, aber auch traditionelle Themen mit ganz neuen Akzentsetzungen zu versehen. Möglichkeiten der didaktischen Umsetzung solcher Themen sollen im folgenden beispielhaft aufgezeigt werden.

Im anschließenden Referat stellte David Golay (Anwil) eine Unterrichtsreihe für eine Klasse der neunten Jahrgangsstufe im Umfang von acht Lektionen vor. Das Thema heißt „Sind Subventionen sinnvoll?". Der Referent baut die Unterrichtsreihe entlang folgender drei Fragestellungen auf: Warum wird das Schweizerische Berggebiet subventioniert? Wie werden Subventionen vergeben? Und was meinen betroffene Landwirte? Die Bearbeitung des Stoffs durch die Schüler erfolgt mit Zeitungsberichten, Statistiken, Kartenmaterial und Diskussionen. Ein Besuch eines Bauernhofs rundet die Unterrichtsreihe mit dem Ziel ab, dass durch das Gespräch mit einem betroffenen Bergbauer die affektive Dimension verstärkt wird.

Rolf Bürki (St. Gallen) war beteiligt am Nationalfondsprojekt Klimänderung und Tourismus in den Alpen (1995 bis 2000). Seit 1994 ist er auch als Gymnasiallehrer tätig. Sein Beitrag „Davos sieht grün" stellt nun, aufbauend auf der Basis beider Erfahrungshintergründe, ein Unterrichtsvorhaben vor, das die Thematik Klimaänderung und Tourismus und seine spezifischen Herausforderungen aufzeigt. Inhaltlich werden der Umgang mit hypothetischen Überlegungen, mit dem hochkomplexen, vernetzten Mensch-Umwelt-System und mit Unsicherheiten von Prognosen erläutert. Die methodische Umsetzung geschieht einerseits mithilfe eines interaktiven Modells (CD-Rom „Impacts"), das schülergerecht aufbereitet die wesentlichen Ergebnisse der Forschung zusammenfasst und eigenständiges Lernen ermöglicht. Andererseits wird im Rahmen eines Rollenspiels über die zukünftige Entwicklung eines Wintersportorts debattiert, was die politische Dimension der Problematik ins Zentrum rückt.

Aktuelle Dynamik und Langzeitsignale in Gebirgsräumen

Im abschließenden Referat von Markus Wemhoff (Münster) wird eine Schülerexkursion ins Hochgebirge vorgestellt. Die Besonderheit der Exkursion liegt darin, dass zwei benachbarte Täler (Grödnertal und Villnößtal) miteinander verglichen werden. Durch die originale Begegnung erfährt der Lernende, dass trotz nahezu gleicher naturräumlicher Voraussetzungen die beiden Täler ganz unterschiedliche touristische Entwicklungen durchgemacht haben. Dies stützt die eingangs von Otto postulierte These, dass kein Hochgebirgsraum exemplarisch (bzw. repräsentativ) für alle anderen steht. Im weiteren erläutert der Referent als besondere Variante der Ergebnissicherung ein Planspiel, dessen Inhalt der Bau einer Durchgangsstrasse im Villnößtal ist.

Die Teilnehmerinnen und Teilnehmer der Leitthemensitzung „Gebirgsräume und Unterrichtskonzepte" waren sich einig, dass Hochgebirgsräume sich hervorragend für den Geographieunterricht eignen. Es besteht die Möglichkeit der Sensibilisierung der Schülerinnen und Schüler für die Problematik der Gefährdung fragiler Räume. Daraus können die Schüler Einsichten für zukünftiges Handeln gewinnen. Ein Vorteil dabei ist, dass die jungen Menschen meist schon Erfahrungen mit diesen Räumen mitbringen. Schüler und Schülerinnen sind mental betroffen, da sie gleichzeitig „Opfer" und „Täter" sind. Es wurde auch festgehalten, dass die zeitlichen Spielräume, die für den Unterricht zur Verfügung stehen, eine wesentliche Rolle spielen. Besonders geeignet sind Studienwochen, Projekttage und Exkursionen. Damit ist auch gesagt, dass Veranschaulichung, Schüleraktivitäten, Beobachtungen vor Ort und personaler Bezug wichtige didaktische Prinzipien erfolgreichen Unterrichtens sind.

Karl-Heinz OTTO (Bochum)

Hochgebirge im Geographieunterricht – zur didaktischen Relevanz eines fragilen Natur- und Kulturraums

1 Einleitung

Die Hochgebirge der Erde stellen einzigartige und zugleich faszinierende Natur- und Kulturräume mit einer ungeheuren Vielfalt interessanter und spannender gegenwarts- und zukunftsrelevanter geographischer (und fächerübergreifender) Sachverhalte dar. Vor diesem Hintergrund sind sowohl die Richtlinien und Lehrpläne für Erdkunde für die Sekundarstufen I und II in Deutschland und die entsprechenden Lehrpläne in Österreich und der Schweiz als auch aktuelle Geographieschulbücher und Schulatlanten durch ein häufig verengtes Bild der Hochgebirge gekennzeichnet:

1) Die Hochgebirge der Erde werden bis heute in der Hauptsache am Beispiel der Alpen thematisiert. Andere völlig unterschiedlich geprägte Hochgebirgsräume, wie etwa die Anden, der Himalaja oder der Kilimandscharo, werden dagegen stark in den Hintergrund gerückt.

2) Die thematische Hitliste wird nach wie vor durch klassische Inhalte, wie „Gletscher", „Höhenstufen", „Bergbauern", „Tourismus" oder auch „Transitverkehr", angeführt.

3) Die Hochgebirge werden im Geographieunterricht fast immer als gegenüber den Nachbarräumen abgegrenzte, isolierte Räume betrachtet, die nur durch den Transitverkehr, der durch sie hindurchströmt, mit dem Umland in Verbindung stehen.

Für einen Geographieunterricht, der den gegenwärtigen und zukünftigen globalen ökologischen, ökonomischen und gesellschaftlichen Herausforderungen gerecht werden will, reicht die bisherige räumliche und inhaltliche Begrenzung der unterrichtlichen Behandlung nicht mehr aus. Vielmehr haben die Hochgebirge insbesondere unter dem Aspekt „nachhaltige Zukunftsfähigkeit" eine über die Intentionen der klassischen Themen hinausgehende Bedeutung, und zwar auf allen räumlichen Maßstabsebenen. Die lokale/regionale Ebene umfasst eine Hochgebirgsregion im engeren und kleinräumigeren Sinne, die darüber hinaus reichende überregionale Ebene schließt das Vorland mit ein, auf der globalen Ebene rücken weltweite Aspekte in den Mittelpunkt.

Der derzeitige fachwissenschaftliche Forschungsstand, die regional zwar unterschiedliche, dennoch aber hochgradige gesellschaftliche Bedeutung des Themenfelds für die Zukunft der Weltgesellschaft wie auch die Bedeutung für die Schüler erfordern didaktisch eine Überprüfung des derzeitigen Themenkanons. Im folgenden werde ich versuchen, auf der Grundlage der drei genannten Relevanzkriterien eine Antwort auf folgende Fragen zu geben:

- Worin liegt aus heutiger Sicht die Bedeutung des Themas „Hochgebirge", und wie lässt sie sich begründen?
- Welche Themen sollten nach den oben angeführten didaktischen Kriterien im Unterricht behandelt werden?

2 Die Bedeutung des Themas „Hochgebirge" aus heutiger Sicht

2.1 Aus der Perspektive von Fachwissenschaft und Gesellschaft

Aus der Sicht von Fachwissenschaft und Gesellschaft sind die Hochgebirge sowohl für die dort lebenden Menschen als auch für die Menschen ihrer nahen und fernen Vorländer lebensbedeutsam; und ökologisch haben sie insgesamt eine prägende globale Bedeutung. Obwohl die Hochgebirge nur insgesamt etwa 20% der Landfläche bzw. 6% der Erdoberfläche einnehmen, leben etwa 10% der Weltbevölkerung unmittelbar in und – bezieht man Wasser, Bodenschätze, Holz und Energie mit ein – rund 50% von den Ressourcen der Hochgebirge (RICHTER 2002, 58). Sie spielen damit für das gegenwärtige Dasein und auch das zukünftige Überleben der Menschheit eine tragende Rolle (IVES / MESSERLI / SPIESS 1997, 2; IVES / MESSERLI 2001, 4; MESSERLI / HOFER 2003, 9f).

1) Auf *globaler Ebene* gibt es nur *ein* markantes auf alle Hochgebirgsräume gleichermaßen zutreffendes Kriterium: ihre ausgeprägte Dreidimensionalität bzw. Vertikalität (Abb. 1). Aufgrund ihres markanten „dreidimensionalen Landschaftsbaus" (formuliert von C. Troll 1948) haben die Hochgebirge in ihrer Gesamtheit eine das globale Klimaregime steuernde Wirkung. Daraus leiten sich weitreichende Folgewirkungen ab, u. a.

- die Abnahme des Luftdrucks, des Sauerstoffpartialdrucks, der Lufttemperatur und der Vegetationszeit sowie die Zunahme der Strahlungsintensität mit zunehmender Höhe,
- die Ausbildung eines dreidimensionalen Klimafelds,
- der sogenannte Massenerhebungseffekt.

Auf *regionaler Ebene* erfolgt eine erste Differenzierung. Differenzierende Wirkung haben insbesondere folgende Faktoren (Abb. 1):

- die absolute Höhe und Gestalt der Hochgebirge: Zu unterscheiden sind kompakte Massenerhebungen, lang gezogene Gebirgsketten und Einzelberge.
- die Verlaufsrichtung der Hochgebirge: Ost-West-Erstreckung, Nord-Süd-Verlauf, Einzelberg. Hierdurch kommt es u. a. zur Ausprägung von Nord-Süd-, Ost-West- oder auch zentral-peripheren Differenzierungen beispielsweise hinsichtlich der Feuchtigkeitsverhältnisse, der Bodenbildung, der Vegetationsentwicklung.
- die geographische Lage der Hochgebirge: Daraus resultiert die Existenz z. B. polarer, subpolarer, gemäßigter, mediterraner, subtropischer und tropischer Hochgebirgsräume oder solcher in kontinentaler und maritimer Lage.

Beispiel: Die kettenförmige Anordnung der Anden in Nord-Süd-Richtung führt in Südamerika zu einer weitflächig markanten klimatischen/ökologischen Differenzierung der jeweiligen West- und Ostabdachungen. Allein in Chile erstrecken sich die Kordilleren in meridionaler Längserstreckung über 4.300 km. Aus diesem Grund sind hier allein sechs von weltweit neun Ökozonen vertreten: die subpolare-polare, antiboreale, temperierte, mediterrane sowie subtropisch und tropisch aride Zone. Die geschlossene Gebirgskette bietet in Chile darüber hinaus in jeder Ökozone eine ihr zugehörige lückenlose Höhenstufenabfolge.

Aus den angeführten formalen Unterschieden ergeben sich regional unterschiedliche physiogeographische/ökologische Phänomene wie beispielsweise:

Karl-Heinz OTTO

GLOBALE EBENE

mit zunehmender Höhe
u.a. Abnahme: Luftdruck, Sauerstoff
u.a. Zunahme: Strahlungsintensität

Vorland ← "Ausgeprägte Dreidimensionalität" → Vorland

Dreidimensionales Klimafeld — Massenerhebungseffekt

global denken

Vorland ← → Vorland

deduktiv / induktiv

Höhe / Gestalt — Verlaufsrichtung — Geogr. Lage

Regional unterschiedliche physiogeographische und ökologische Phänomene — Regional modifizierte anthropogeographische Ausprägungen

REGIONALE EBENE

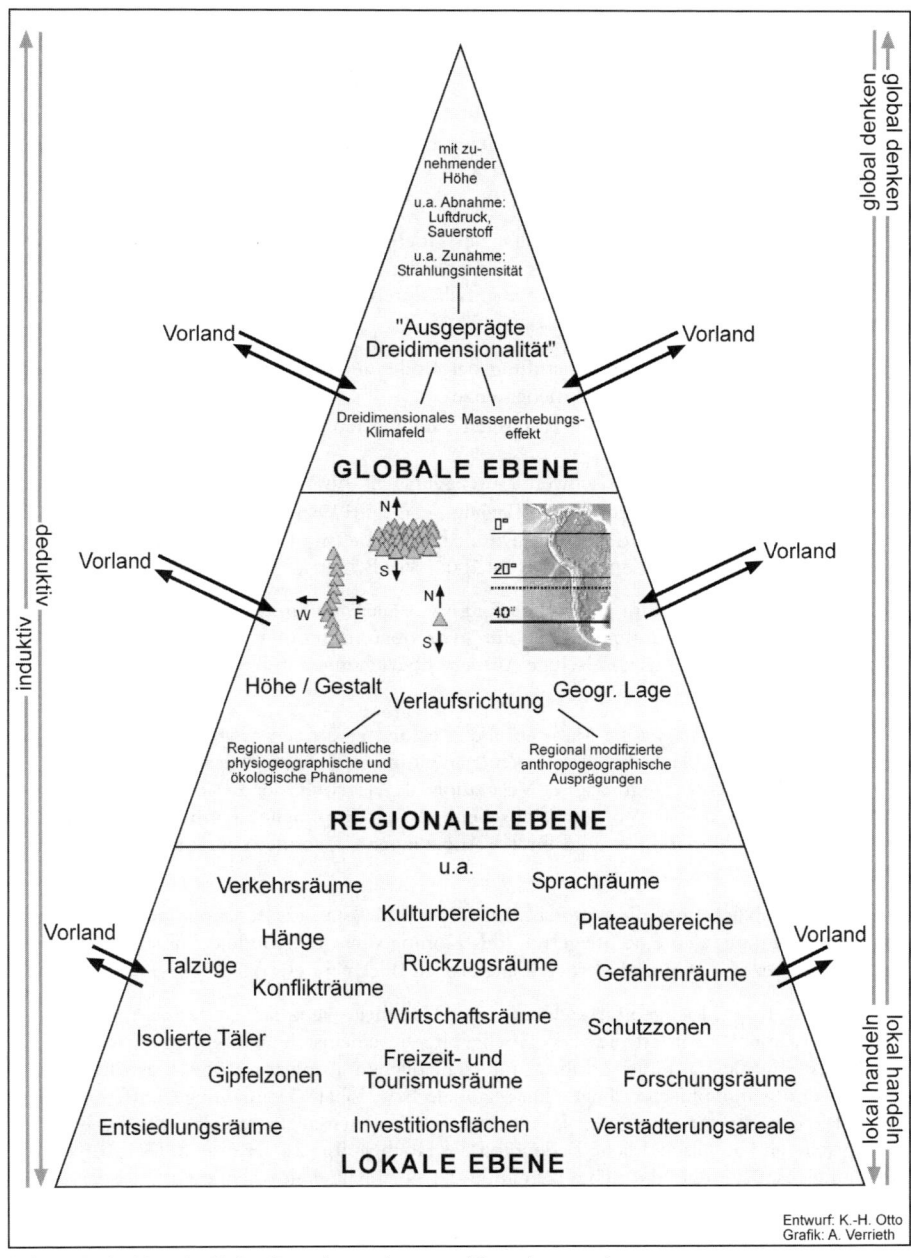

u.a.
Verkehrsräume Sprachräume
Kulturbereiche Plateaubereiche
Hänge
Vorland ← Talzüge Rückzugsräume Gefahrenräume → Vorland
Konflikträume
Wirtschaftsräume Schutzzonen
Isolierte Täler
Freizeit- und
Gipfelzonen Tourismusräume Forschungsräume
Entsiedlungsräume Investitionsflächen Verstädterungsareale

LOKALE EBENE

lokal handeln

Entwurf: K.-H. Otto
Grafik: A. Verrieth

Abb. 1: Hochgebirge der Erde – Betrachtungsebenen und Betrachtungsweisen

- *rasch* verlaufende Massenverlagerungen ohne und mit Transportagenz (u. a. Steinschlag, Lawinen, Muren und Hochwasserfluten),
- die vertikale Klimavarianz (thermische und hygrische Höhenstufung, Fallwinde, Föhnwetterlagen als Effekt von Luv und Lee),
- klimatische/ökologische Höhengrenzen (Wald- und Baumgrenze, Schneegrenze, Periglazial-/Permafrostbereiche) (u. a. RATHJENS 1982, 16; KLOTZ et al. 1990^2, 20f; STAHR / HARTMANN 1999, 12f).

Aus der ausgeprägten Dreidimensionalität der Hochgebirge resultieren aber auch Folgewirkungen für den Menschen bzw. für die menschlichen Gesellschaften, die zwar grundsätzlich für alle Hochgebirgsräume gelten, aber ebenfalls durch starke regionale Modifizierungen gekennzeichnet sind. Hierzu gehören z. B.:

- die unterschiedliche Höhenstufung der Bodennutzung und Besiedlung bzw. die Ackerbau-, Siedlungs-, Ökumenegrenze,
- die Ausbildung spezifischer ethnischer Siedlungsräume/-rückzugsräume und Kulturen,
- eine mehr oder weniger schwere Durchgängigkeit für Verkehr (Transiträume),
- und vor allem auch spezifische Beziehungen und Wechselwirkungen/Vernetzungen zwischen den Hochgebirgen und ihren nahen und fernen Vorländern (u. a. DIKAU / KREUTZMANN / WINIGER 2002, 86f; BÄTZING 2003^2, 348f).

Während die Beziehungen im physischen Raum vor allem von gravitativen Kräften bestimmt werden und in der Regel nur in eine Richtung von oben nach unten verlaufen, sind die soziokulturellen Bezüge durch wechselseitige Austauschbeziehungen in beiden Richtungen gekennzeichnet.

Auf der *lokalen/kleinräumigen* Maßstabsebene erfolgt eine nochmalige Differenzierung der regionalen Einheiten beispielsweise in je einzelne Talzüge, Hänge, Plateaubereiche, Gipfelzonen etwa hinsichtlich des Klimas, der Vegetation, der Tierwelt, der Besiedlung, der Nutzung und des Schutzes (Abb. 1). Von Maßstabsebene zu Maßstabsebene nimmt nicht nur die Zahl der zu betrachtenden Faktoren und ihrer Vernetzungen zu, sondern auch die räumliche Differenzierung.

Von der globalen über die regionale zur lokalen Maßstabsebene erfolgt schrittweise eine Ausdifferenzierung, also eine Steigerung des Komplexitätsgrads, indem immer mehr Faktoren, Wechselbeziehungen und Vernetzungen in den Blick geraten (Abb. 1).

Das Fazit: Kein Hochgebirge steht in seiner Ganzheit exemplarisch/repräsentativ für alle anderen. Vielmehr erfordert die allen Hochgebirgen gemeinsame ausgeprägte Dreidimensionalität bzw. Vertikalität aufgrund ihrer unterschiedlichen absoluten Höhe, Gestalt, Verlaufsrichtung und geographischen Lage eine regionale bzw. lokale/kleinräumige Differenzierung. Die didaktische Folgerung daraus: Exemplarisches Arbeiten allein genügt nicht, Schülern die ökologische und gesellschaftliche Bedeutung der Hochgebirge zu vermitteln. Der Aufbau von Handlungsdispositionen, die sich am Leitbild der Nachhaltigkeit orientieren, erfordert neben der Beachtung der regionalen Differenzierungskriterien die Einbeziehung der jeweiligen lokalen/kleinräumigen Bedingungsfaktoren, d. h. auch die Kenntnis räumlicher Individualitätsmerkmale. Die Devise lautet: „Allgemeine bzw. thematische Geographie *und* Regionale Geographie".

Methodisch lässt sich das Thema in den beiden – letztlich je nach dem Entwicklungsstand der Lernenden – komplementären Formen angehen: im deduktiven oder im induktiven Verfahren (Abb. 1). Die entwicklungspolitische Doppelmaxime: „Lokal handeln – Global denken" bzw. umgekehrt „Global denken – Lokal handeln" trifft auf Hochgebirgsregionen einmal mehr zu und kann den Schülern in diesem Kontext besonders deutlich gemacht werden.

Zurück zur Ausgangsfrage: Worin liegt aus heutiger Sicht die Bedeutung des Themas „Hochgebirge", und wie lässt sie sich begründen?

2) Als geologisch-tektonische Nahtstellen sind die Hochgebirge das einzige terrestrische Ökosystem, das weltweit verbreitet ist und zwar auf allen Kontinenten und in allen Klimazonen der Erde.

3) Aufgrund der ausgeprägten Vertikalerstreckung sind die Hochgebirge in besonderem Maße den Atmosphärilien ausgesetzt und infolge ihrer tektonischen Labilität stets Orte überwiegender Abtragung. Diese schwerkraftinduzierten Prozesse der Massenverlagerung beschränken sich aber nicht nur auf die Hochgebirgsräume selbst, sondern reichen als Fernwirkungen zumeist bis weit in die Vorländer hinein. Sie liefern aber nicht nur fruchtbare Sedimente für die Ebenen, sondern führen immer wieder auch zu katastrophalen Ereignissen (u. a. Überschwemmungen, Bergstürze, Erdbeben, Vulkanausbrüche). Hochgebirgsräume stellen insofern auch Gefahren- und gefahrenbringende Räume für den Menschen dar.

4) Hochgebirge sind Räume der Aufeinanderfolge verschiedener Merkmale auf kurzer Distanz (u. a. rasche Temperaturstufung, Höhenstufung der Vegetation, Stufung der Bodennutzung, Orte geballter Diversität). Damit sind die Hochgebirge ideale geowissenschaftliche Forschungsobjekte, die im Gefolge der Rio-Konferenz 1992, mit der Fokussierung auf die Zielsetzung „nachhaltige Entwicklung" und des *International Year of Mountains 2002* eine neue wissenschaftliche und gesellschaftliche Bedeutungssteigerung erfahren haben. Globale, auf die Zukunft unseres Planeten gerichtete Problemstellungen sind seitdem mehr und mehr in den Vordergrund gerückt und werden von einer immer breiteren Forschungsfront bearbeitet (u. a. IVES / MESSERLI 2001, 5; DIKAU / KREUTZMANN / WINIGER 2002, 85; GOTTFRIED et al. 2002, 69f; BURGA et al. 2003, 26f; HURNI / KLÄY / MASELLI. 2003, 95f; MESSERLI / HOFER 2003, 14f). Dafür seien einige aktuelle Aspekte und Fragestellungen angeführt:

- Hochgebirge sind *Hot Spots* der Phyto- und Biodiversität und aus diesem Grund auch und gerade für Geographen von hohem Interesse und besonderer Qualität. In diesem Zusammenhang muss insbesondere auf die Hochgebirge in den Tropen und Subtropen aufmerksam gemacht werden. So weist z. B. nicht der Regenwald Amazoniens die höchste biologische Diversität auf, sondern es sind die feuchten Anden, die Bergländer von Guayana und das atlantische Küstengebirge Brasiliens mit ihren Höhenstufen. Die eigentlichen Zentren mit den höchsten Artenzahlen sind die feucht-tropischen Anden Mittel- und Südamerikas, die Bergländer Kameruns, der östliche Himalaja und die Berggebiete Südostasiens mit Borneo und Neuguinea. Aber auch in der mediterranen und zum Teil ebenfalls in der gemäßigten Klimazone zeigen die Hochgebirge noch eine größere Vielfalt als die umliegenden Tieflandsbereiche. Erst in den höheren Breiten verlieren die Hochgebirge

aufgrund der Einschränkung der Lebensbedingungen infolge der zunehmend extremeren Klima- und Bodenbedingungen ihre Sonderstellung.
- Hochgebirge sind Lebens- und Rückzugsräume und letzte Wildnisräume für bestimmte Tier- und spezielle Pflanzenarten.
- Hochgebirge sind Schlüsselstellen bei der Untersuchung der globalen Klima- und Umweltveränderungen, deren Lösung und Überwindung einer zukunfts- und problemlösungsorientierten Mensch-Umweltforschung bedarf (Abb. 2). Aufgrund der weltweiten Verbreitung (siehe oben) sind die Hochgebirge ein einzigartiges Indikatorsystem für global und regional differenzierte Klima- und Umweltveränderungen.
- Um die lokale, regionale und globale Bedeutung der Hochgebirge für das zukünftige Überleben der Menschheit präziser als bisher erfassen und darstellen zu können, sind umfangreiche quantitative und qualitative Analysen notwendig und zwar sowohl hinsichtlich der Ausbeutung und Nutzung der ökologischen Potentiale als auch ihrer Funktion als Ressourcen-, Investitions- und Naturschutzraum.
- Hochgebirge sind Räume hochaktueller, aber unterschiedlicher Bevölkerungsdynamik und Mobilität (Wachstum der Bevölkerungszahlen im Süden, Schrumpfung hingegen im Norden).
- Unter politisch-geographischen Gesichtspunkten sind vor allem auch in Hochgebirgsräumen Fragen der Macht und ihrer Ausübung von Interesse; und zwar vor allem dort, wo es um Entrechtete und ausgegrenzte Minoritäten oder um militärstrategische Aspekte geht.
- Der Schutz der Hochgebirge ist eine globale Zukunftsaufgabe.

Abb. 2: Jamtalferner, Silvretta (Österreich), 1929 und 2001. (Quelle: SCHÖNWIESE 2002, 212f)

Karl-Heinz OTTO

5) Im Hochgebirge wechseln die Landschaften, Höhenstufen auf kurzer Distanz, und Gegensätze sind hier oft schon auf engem Raum besonders markant ausgebildet. Nirgends ist die Wahrnehmung einer räumlichen Differenzierung mehr erleichtert als im Hochgebirge und die gedankliche und erfahrbare Verknüpfung von Formenwandel und zunehmender Meereshöhe mit abnehmenden Temperaturen leichter als hier. Will man beispielsweise in der planaren Höhenstufe aus der Mitte Deutschlands die nächst südlichere Vegetationsstufe der submediterranen Wälder erreichen, ist man zu Fuß etwa 20 Tage unterwegs, in den Alpen, etwa vom Vierwaldstätter See (434 m) zum Pilatus (2.122 m), durchquert man in etwa fünf Stunden vier Vegetationszonen. Möchte man einen Temperaturbereich von einem Grad Celsius durchlaufen, ist man in Mitteleuropa etwa fünf Tage unterwegs, im Hochgebirge durchquert man den gleichen Temperaturbereich in rund 20 Minuten (MIEHE 2002, 115).

Die Hochgebirge sind also ein durch besondere „Deutlichkeit" gekennzeichneter, vielseitiger Gegenstand und damit auch Unterrichtsgegenstand mit einer herausragenden Erkenntnisstruktur für die Schüler:

- Sie stellen ideale „Freilandlaboratorien" für Direktbeobachtungen (und zwar sowohl für Wissenschaftler als auch für Schüler) dar. Hier vollziehen sich z. B. Umweltveränderungen und damit einhergehende Anpassungs- und Wandlungsprozesse sowohl hinsichtlich physiogeographischer/ökologischer als auch anthropogeographischer Strukturen, Entwicklungen und Prozesse räumlich komprimiert und sehr viel schneller und deutlicher als in anderen Regionen.
- Hochgebirge sind Räume, in denen sich die Auseinandersetzung des Menschen mit der Natur besonders intensiv vollzieht und sein Handeln besonders rasche und zugleich krasse Folgen für den fragilen Naturraum haben kann bzw. hat (Abb. 2). Damit ermöglichen sie in besonderer Weise und sehr prägnant, Wechselwirkungen und gegenseitige Beeinflussungen von Natur und Gesellschaft zu studieren, d. h. humanökologische Systeme integrativ zu betrachten.
- Die ausgeprägte Dreidimensionalität der Hochgebirge erfordert und fördert den Einsatz entsprechender geographischer Anschauungs- und Arbeitsmittel, insbesondere auch im Unterricht, z. B. die Anfertigung und Auswertung von Höhenprofilen und Blockbildern, digitalen Reliefmodellen, dreidimensionalen Karten, Graphiken, Modellen und Sandkastenlandschaften, die ebenfalls zur Vertiefung von gewonnenen Erkenntnissen dienen.

2.2 Die Bedeutung der Hochgebirge aus der Sicht der Schüler

Auch Schülerinnen und Schüler sind Teil der Gesellschaft, so dass auch für sie die angesprochenen gesellschaftlichen Relevanzkriterien gelten. Darüber hinaus:

1) Das Leben und Handeln der Schüler von heute und Bürger von morgen wird direkt und indirekt von den Hochgebirgsräumen beeinflusst, unmittelbar vor Ort – ob als Tourist, Transitteilnehmer oder Ortsansässiger – z. B. durch niedergehenden Steinschlag, Lawinen oder Hochwasserfluten, mittelbar z. B. durch die Nutzung von aus Hochgebirgsregionen stammenden Ressourcen wie Wasser, Holz oder Energie. Umgekehrt nehmen aber auch die Schüler selbst durch ihr eigenes Tun/Handeln direkt oder indirekt Einfluss auf die Hochgebirge, unmittelbar beispielsweise, wenn sie als Mountainbiker oder Snowboarder insbesondere auf sensiblen Hangbereichen zur Zerstörung und Beseitigung von Teilen der dichten und schüt-

zenden Vegetationsdecke beitragen und dadurch wiederum vermeidbare Bodenzerstörung und -erosion auslösen. Indirekt beeinflussen die Lernenden die Hochgebirgsräume, indem sie etwa durch unnötige CO_2-Produktion den anthropogenen Treibhauseffekt zusätzlich weiter verstärken und hierdurch den globalen Klimawandel mit seinen besonders intensiven Wirkungen auf die Hochgebirge forcieren. Häufig geschehen diese negativen Eingriffe und Handlungen unbewusst aus Unkenntnis, nicht zuletzt, weil diese in der Schule nicht oder nicht ausführlich genug thematisiert werden. Letztlich geht es darum, die Funktionsfähigkeit der Hochgebirgsökosysteme zu erhalten, den Störungen Einhalt zu gebieten, die Hochgebirgsökosysteme zu stabilisieren, damit die Lebensbedingungen der wachsenden Menschheit nicht geschmälert werden.

2) Vielen Schülern in Deutschland sind im Zeitalter des Massen- bzw. Ferntourismus Hochgebirgsräume als Freizeit- und Erholungsräume und damit aus eigener Anschauung bekannt. Eine Großzahl von ihnen verbringt dort den Sommerurlaub und/oder die Winterferien. Zahlreiche Schulen, vor allem in Nord- und Mitteldeutschland, steuern alljährlich die Alpen an, um hier mit den entsprechenden Altersgruppen den sogenannten großen Klassenausflug zu verbringen.

Die Schüler in der Schweiz, Österreich und Süddeutschland leben gar in einem Hochgebirge oder in seiner unmittelbaren Nähe; sie sind somit direkt oder indirekt als „Täter" und „Opfer" zugleich in das von rapiden Änderungen geprägten Geschehen einbezogen.

3) Viele Schüler treiben Sport und favorisieren insbesondere solche Sportarten und -geräte, die ihnen den entsprechenden Spaß, den gewünschten Kick garantieren. Eine Vielzahl dieser Sportarten lässt sich aber nur dann besonders exzessiv betreiben und erleben, wenn die dafür notwendigen Steilheitsgrade und Vertikaldistanzen vorhanden sind, so dass die Hochgebirge auch vor diesem Hintergrund für die junge Generation von besonderem Interesse sind.

4) In den Hochgebirgen der Erde als fragile und besonders gefährdete Räume ereignen sich immer wieder katastrophale Naturereignisse. In mehreren Studien zum Schülerinteresse an geographischen Themen zeigten die befragten Schüler bei Inhalten des Themenbereichs „Naturkatastrophen" ein herausragend hohes Interesse (HEMMER / HEMMER 2002, 3). Damit liegen die Hochgebirge als Zentren katastrophaler Naturereignisse auch in dieser Hinsicht im unmittelbaren Interessensbereich von Schülern.

Die Relevanz der Hochgebirge für den Schüler ist unbestritten. Sie bildet eine solide Grundlage für die Erörterung der herausgestellten Probleme und Fragestellungen im Geographieunterricht. Aus gesellschaftlicher und fachwissenschaftlicher Sicht ist ihre Aufnahme in den Inhaltskanon des Geographieunterrichts zwingend: Die Hochgebirge erfüllen neben ihren lokalen und regionalen insbesondere weltweite lebensbedeutsame Funktionen. Diese sind allerdings nur gewährleistet, wenn sich die Schüler als zukünftige Erwachsene in ihrem Verhalten und Handeln angemessen auf die Erhaltung der Voraussetzungen dafür einstellen können. Das setzt Einsicht in die entsprechenden ökologischen, wirtschaftlichen und gesellschaftlichen Zusammenhänge voraus.

3 Welche Themen genügen den oben angeführten didaktischen Kriterien?

Will man der Forderung gerecht werden, die Schüler im Geographieunterricht zu angemessenem Handeln im Sinne einer nachhaltigen Entwicklung zu befähigen und durch globales

Karl-Heinz OTTO

Lernen zu kompetenten und umsichtigen Weltbürgern zu erziehen, sollten bei der unterrichtlichen Behandlung der Hochgebirge zukünftig folgende Überlegungen und Anregungen Berücksichtigung finden:

1) Um eine angemessene Vorstellung von den Hochgebirgen der Erde und ihren lebensbedeutsamen Funktionen zu vermitteln, reicht die ausschließliche und oftmals exemplarisch angelegte Behandlung eines einzigen Hochgebirges bzw. eines ausgewählten Teilraums nicht aus. Notwendig ist vielmehr eine Bearbeitung möglichst unterschiedlicher, deutlich sich voneinander unterscheidender Hochgebirgsräume und -regionen. Dabei sollte die vergleichende Analyse höchste Priorität haben, weil gerade diese Form der (unterrichtlichen) Raumbetrachtung aus didaktisch-methodischer Sicht durch Pointierung der regionalen Unterschiede die Einsicht vermittelt, dass Hochgebirge insgesamt sehr differenzierte und durch geographische Vielfalt gekennzeichnete Landschaftsräume sind.

2) Der Aufbau und die Schaffung der notwendigen Wissensgrundlagen und eines breiten Bewusstseins bei den Lernenden für die Sensibilität und Qualität des fragilen Hochgebirgsökosystems bedarf einerseits der stärkeren Hinwendung zu aktuellen und zukunftsweisenden Forschungsfragen und andererseits veränderter Schwerpunktsetzungen innerhalb bereits etablierter Themenfelder und Fragestellungen. Die neuen Themen sollten insbesondere problemlösungsorientierte Mensch-Umweltbeziehungen in den Vordergrund rücken und die Hochgebirge nicht mehr nur als isolierte Räume in einer eingeschränkten Perspektive darstellen. Sie müssen 1. stärker als bisher aus einer globalen, auf Nachhaltigkeit ausgerichteten Perspektive angegangen werden und dazu müssen 2. Wechselwirkungen und Verflechtungen der Hochgebirgsräume mit dem nahen und fernen Umland bzw. global betrachtet, thematisiert und bearbeitet werden.

Vorschläge für neue Themen: „Die Bedeutung der Hochgebirge als Orte höchster Phyto- und Biodiversität", „Hochgebirge als Mitgestalter des globalen Klimaregimes", „Hochgebirge – fragile Ökosysteme mit globaler Bedeutung", „Wasser – die wichtigste Ressource der Hochgebirge im 21. Jahrhundert?", „Menschen im Hochgebirge – eine vergleichende Analyse", „Hochgebirge zwischen Verstädterung und Entsiedlung", „Hochgebirgswelten – Inseln, Brücken, Grenzen".

Beispiele für klassische Themen mit veränderter Schwerpunktsetzung: „Gletscher, ja, aber nicht nur im Rahmen der Glazialen Serie, sondern Gletscher als Indikatoren für den globalen Klimawandel", „Tourismus, ja, aber nicht nur Voraussetzungen und Auswirkungen, sondern unter dem Aspekt ‚nachhaltige Zukunftsfähigkeit'". Das klassische Thema Almwirtschaft könnte erweitert werden zu „Almwirtschaft und Phyto-/Biodiversität" oder „Almwirtschaft und Subventionen".

3) Hochgebirge sind – insbesondere für Schüler, die im Alpenraum bzw. den nahen Vorländern leben – ideale „Freilandlaboratorien" und eignen sich deshalb vorzüglich als außerschulische Lern- und Studienorte. Die Verflechtungen und Wechselwirkungen zwischen physiogeographischen und kulturgeographischen Gegebenheiten können hier besonders gut beobachtet und analysiert werden.

Aufgrund der Tatsache, dass sich Veränderungen in Hochgebirgen sehr rasch vollziehen, wären vor allem für räumlich nahe gelegene Schulen auch mittelfristig angelegte Raumanalysen und Langzeitbeobachtungen über Monate und Jahre denkbar. Zum Vorteil der Lernenden sollte diese Chance öfter und gezielter als bisher genutzt werden.

Literatur

BÄTZING, W. (2003²): Die Alpen. Geschichte und Zukunft einer europäischen Kulturlandschaft. – München.

BURGA, C. A. et al. (2003): Abiotische und biotische Dynamik in Gebirgsräumen – Status quo und Zukunftsperspektiven. Eine Einführung. – In: JEANNERET, F. et al. (Hrsg.) (2003): Welt der Alpen – Gebirge der Welt. – Bern, Stuttgart, Wien. 25-38.

DIKAU, R. / KREUTZMANN, H. / WINIGER, M. (2002): Zwischen Alpen, Anden und Himalaja. – In: EHLERS, E. / LESER, H. (Hrsg.): Geographie heute für die Welt von morgen. – Gotha. 82-89.

GOTTFRIED, M. et al. (2002): Gloria – The Global Observation Research Initiative in Alpine Environments: Wo stehen wir? – In: Petermanns Geographische Mitteilungen146(4). – 69-71.

HEMMER, I. / HEMMER, M. (2002): Mit Interesse lernen. – In: geographie heute 23(202). – 27.

HURNI, H. / KLÄY, A. / MASELLI, D. (2003): Nachhaltige Entwicklung und Risikomanagement in Gebirgsräumen. Eine Einführung. – In: JEANNERET, F. et al. (Hrsg.) (2003): Welt der Alpen – Gebirge der Welt. – Bern, Stuttgart, Wien. 95-102.

IVES, J. D. / MESSERLI, B. (2001): Perspektiven für die zukünftige Gebirgsforschung und Gebirgsentwicklung. – In: Geographische Rundschau 53(12). – 4-7.

IVES, J. D. / MESSERLI, B. / SPIESS, E. (1997): Mountains of the World – A Global Priority. – In: MESSERLI, B. / IVES, J. D. (eds.): Mountains of the World. A Global Priority. – New York. 1-15.

MESSERLI, B. / HOFER, T. (2003): Von der Welt der Berner Alpen zu den Gebirgen der Welt. Zum Einstieg. – In: JEANNERET, F. et al. (Hrsg.) (2003): Welt der Alpen – Gebirge der Welt. – Bern, Stuttgart, Wien. 9-21.

MIEHE, G. (2002): Hochgebirge. – In: BRUNOTTE, E. et al. (Hrsg.): Lexikon der Geographie. Zweiter Band. – Heidelberg, Berlin. 114-115.

KLOTZ, G. et al. (1990²): Hochgebirge der Erde. – Leipzig, Jena, Berlin.

RATHJENS, C. (1982): Geographie des Hochgebirges. Bd. 1. Der Naturraum. – Stuttgart.

RICHTER, M. (2002): Hypsometrie der Kontinente. – In: Petermanns Geographische Mitteilungen 146(4). – 58-59.

SCHÖNWIESE, C. D. (2002): Das Klima ändert sich: Die Fakten. – In: HAUSER, W. (Hrsg.): Klima. Das Experiment mit dem Planeten Erde. – Stuttgart. 186-217.

STAHR, A. / HARTMANN, T. (1999): Landschaftsformen und Landschaftselemente im Hochgebirge. – Berlin, Heidelberg.

David **GOLAY** (Anwil)

Sind Subventionen sinnvoll? Agrarpolitik im Berggebiet der Schweiz, eine Unterrichtsreihe auf der Sekundarstufe I

1   Einleitung

Die Frage, ob die Berglandwirtschaftsbetriebe der Schweiz noch lange bestehen bleiben, wird in den verschiedenen politischen Gremien immer wieder diskutiert. Der Kritik einer nicht konkurrenzfähigen, staatlich überfinanzierten und demzufolge äußerst luxuriösen Landwirtschaft der Berggebiete, die vornehmlich nur noch aufgrund von Nostalgievorstellungen definiert ist, stehen Argumente der Arbeitsplatzsicherung und intensiven, nachhaltigen Landschaftspflege ökologisch sensibler Hochgebirgsflächen gegenüber. Die politische Brisanz als auch die direkte Betroffenheit lassen die Thematik im Unterricht folglich aktuell und würdig erscheinen.

2   Sachanalytische Vorbemerkungen und didaktische Reduktion

Von den 4.128.453 ha Gesamtfläche der Schweiz nimmt das Berggebiet einen Anteil von etwa 70% ein. Davon entfallen rund ein Fünftel auf alpwirtschaftliche Nutzflächen (WACHTER 1995, 57), wobei ein Berglandwirtschaftsbetrieb durchschnittlich eine Fläche von zehn Hektar umfasst. Die Schweiz zählt mehr als 10.000 Alpweiden, deren regelmäßige Nutzung zunehmend in Frage gestellt ist. Dies äußert sich durch die Verminderung der Anzahl von rund 68.000 Berglandwirtschaftsbetrieben im Jahre 1955 auf inzwischen weniger als die Hälfte (DARBELLAY 1984, 409). Seit mehreren Jahrzehnten ist eine Abwanderung aus den Berggebieten bemerkbar, da die geringe Rentabilität der Landwirtschaft eine materielle Notlage bis hin zur existenziellen Bedrohung der Bergbevölkerung zur Folge hat. Es ist vor allem die junge erwerbstätige Bevölkerungsschicht, deren Flucht in die Tallandschaften nur schwer aufgehalten werden kann. Daraus entstand eine zunehmende Überalterung der Bevölkerung aus der Jura-, Voralpen- und Alpenregion (SCHULER 1984, 354). Ein sich nur schwach, teilweise sogar degressiv entwickelnder Wirtschaftsraum ist die Folge. Obwohl der Rückgang der Industrie in den Berggebieten verglichen mit dem schweizerischen Durchschnitt weniger deutlich ist, stellt diese keine echte Beschäftigungsalternative zur Landwirtschaft dar. Vor allem Mittel- und Kleinbetriebe sind schon seit langem in den Bergregionen sesshaft geworden, so z. B. die Uhrenindustrie im Jura. Ein industrielles Wachstum ist jedoch aus Gründen der Standortnachteile unwahrscheinlich (LEIBUNDGUT 1984, 445).

So ist es wenig verwunderlich, dass die verbliebenen Bergbauern heutzutage innovativer und flexibler als ihre Kollegen im flacheren Mittelland sein müssen. Verschiedenste Erwerbsmöglichkeiten werden neben dem Landwirtschaftsbetrieb ausgeübt, wobei der saisonale Tourismus eine wichtige Rolle spielt.

Dies alleine genügt jedoch nicht zur Erhaltung der Landwirtschaft in den Bergregionen. Die wachsende Konkurrenz aus dem Ausland und aus dem für den Ackerbau günstigeren Mittelland der Schweiz erschwert eine rentable Landwirtschaft der Bergbauern, obwohl oftmals Produkte von hoher Qualität erzeugt werden, die international sogar als Delikatessen gelten.

Die schweizerische Landwirtschaft wird mit bundesstaatlichen Subventionen in Form von Direktzahlungen unterstützt. Die Berglandwirtschaftsbetriebe genießen dabei eine besondere Behandlung, da sie aus oben genannten Gründen unter erschwerten Bedingungen produzieren müssen.

Bereits gegen Ende des 19. Jahrhunderts setzten als Folge der weltweiten Industrialisierung und Mechanisierung sowie der damit zusammenhängenden Einfuhr von landwirtschaftlichen Billigprodukten die ersten bundesstaatlich organisierten Agrarförderungsmaßnahmen ein (WACHTER 1995, 61).

Von den im Jahre 2000 vom Bund geleisteten Direktzahlungen in der Höhe von CHF 2.164.967.000 erhielten die Berg- und Hügelregionen CHF 1.388.010.000 (BLW 2002b, 187). Rund die Hälfte davon entfiel auf die eigentliche Bergregion, die Bergzonen II, III und IV des landwirtschaftlichen Produktionskatasters des Bundesamts für Landwirtschaft (BLW). Die Direktzahlungen werden nach Beitragsart in zwei Gruppen aufgeteilt: allgemeine und ökologische Direktzahlungen. Während bei den allgemeinen Direktzahlungen die Beiträge nach Art der Tierhaltung sowie nach Hanglage (zwischen CHF 370 und CHF 510 pro Hektar im Jahr, je nach Neigungswinkel) und Größe der bewirtschafteten Flächen (CHF 1.200 pro Hektar im Jahr) unterschieden werden, gliedert man die ökologischen Beiträge nach besonders umweltverträglichen Flächennutzungs-, Anbau- und Tierhaltungsmethoden (LANDWIRTSCHAFTLICHES ZENTRUM EBENRAIN 2003).

Aus der Fülle an Informationen etwa des umfangreichen Agrarberichts 2002 des BLW stellt sich für Lehrkräfte die bekannte Frage der unterrichtsrelevanten Stoffauswahl und deren didaktisch-methodischer Aufbereitung. Zu Gunsten der besseren Verständlichkeit einer für die Sekundarstufe I ohnehin schon komplexen Thematik muss der Mut zur Lücke aufgebracht werden, ohne die sachliche Komponente zu gefährden. Schwerpunkte müssen gesetzt werden. Berücksichtigt man weiterhin, dass es sich um eine wirtschaftsgeographische Thematik handelt, so lohnt sich eine intensive Auseinandersetzung mit der didaktisch-methodischen Konzeption, da die Schüler gemäss verschiedener empirischer Untersuchungen ein eher geringes Interesse an wirtschaftsgeographischen Fragestellungen zeigen (HEMMER / HEMMER 1996, 41ff; GOLAY 2000, 107ff).

Die Unterrichtsbausteine im Sinne eines didaktisch-methodischen Leitfadens lassen sich in drei folgerichtige Schritte gliedern:

- *Warum* wird die Landwirtschaft der Berggebiete im Vergleich zu derjenigen der Tallandschaften vom schweizerischen Bund besonders subventioniert? (Ursachen)
- *Wie*, d. h. nach welchen Beurteilungsmaßstäben werden die Subventionen in den Bergregionen durch den Bund vergeben? (Kriterien)
- *Was* meinen die betroffenen Landwirte zu den tatsächlich erreichten Zielen der Subventionsvergabe ? (Nutzen)

Durch die Lernziele der Unterrichtsreihe werden nach KÖCK (1993) verschiedenste raumbezogene Schlüsselqualifikationen, wie beispielsweise das „Denken und Handeln in Geoökosystemen" (KÖCK 1993, 18ff), tangiert. In diesem Zusammenhang bedenke man etwa die Erosionsschäden und Naturkatastrophen, die beim Ausfall der bergbäuerlichen Landschaftspflege im Hochgebirge ausgelöst werden können (vgl. Kap. 3.1.1).

Die Unterrichtsreihe ist für Schüler des 9. Schuljahrs vorgesehen und wurde vom Autor bisher zweimal durchgeführt. Nachdem einführend die „*Ursachen*" für die Vergabe von Subventionen (Direktzahlungen)" während vier Unterrichtsstunden behandelt werden, erfolgt aufbauend der Unterrichtsbaustein „*Kriterien*" für die Verteilung von Subventionen", der sich auch über eine Dauer von insgesamt vier Lektionen erstreckt. Letztlich erschließt eine halbtägige Exkursion das Unterthema „*Nutzen*" der Direktzahlungen in der Praxis", wobei ein betroffener Bergbauer aus der Region der Schule aufgesucht wird. Die Exkursion dient dabei einerseits einer verstärkten Handlungsorientierung, andererseits der Festigung und Sicherung des während des Unterrichts erworbenen theoretischen Wissens.

3 Die Unterrichtsreihe

Im folgenden werden die drei bereits in Kap. 2 erwähnten Unterrichtsbausteine „*Ursachen*", „*Kriterien*" und „*Nutzen*" der Subventionsvergabe näher vorgestellt. Einer einführenden kurzen Sachanalyse folgen jeweils die wichtigsten Lernziele und die damit einhergehende Unterrichtsmethodik.

3.1 Warum wird die Landwirtschaft der Berggebiete vom Bund besonders unterstützt?

3.1.1 Sachanalyse

In zahlreichen Gemeinden der Alpenkantone, aber auch teilweise im schweizerischen Jura betragen die jährlichen Direktzahlungen vom Bund der Eidgenossenschaft teilweise mehr als die Hälfte der Gesamteinnahmen eines Landwirts. Die Gründe für die unrentable Landwirtschaft der Bergregionen wurden bereits erwähnt (vgl. Kap. 2). Ohne die jährlich rund CHF 1,4 Mrd. vom Bund ausgeschütteten Direktzahlungen wäre die Existenzgrundlage der Berglandwirte massiv gefährdet.

Die Direktzahlungen werden den Landwirten nur erteilt, falls eine gewisse ökologische Norm beachtet wird, auch ökologischer Leistungsnachweis genannt (LANDWIRTSCHAFTLICHES ZENTRUM EBENRAIN 2003). Ökologische Überlegungen spielen die zentrale Rolle bei der Subventionsvergabe durch den Bund. In den Bergregionen versteht man darunter unter anderem die extensive Nutzung und Landschaftspflege erosionsgefährdeter Hangflächen. Die Bergbauern helfen durch ihre Bewirtschaftung und die damit zusammenhängenden Maßnahmen, wie beispielsweise die Wildwasserverbauungen, oder durch die regelmäßige Mahd von Bergwiesen, die Landschaft vor Naturkatastrophen, wie Hangrutschungen und Bränden, zu schützen. Manche Bergbauern fühlen sich dadurch zum zweitklassigen Landschaftsgärtner „degradiert" und betrachten ihre eigentliche Tätigkeit, die Produktion landwirtschaftlicher Güter, als aufgegeben.

3.1.2 Lernziele und Unterrichtsmethodik

Die oben gemachten Ausführungen ergeben zwei unabhängige Lernziele zur Erklärung der jährlichen Direktzahlungen des Bundes:

Aktuelle Dynamik und Langzeitsignale in Gebirgsräumen

Lernziel 1: Die Schüler müssen erkennen, dass die Berglandwirtschaftsbetriebe ohne zusätzliche finanzielle Unterstützungen im globalisierten und marktwirtschaftlich diktierten Produktionssystem der postmodernen Landwirtschaft nicht mehr weiter existieren können.

Lernziel 2: Ungenutzte Hänge bedeuten Hangrutschungen und erhöhen die Lawinengefahr. Ungemähtes, verdorrtes Gras ist feuergefährlich. Wassertechnisch nicht unterhaltene Bäche und Flüsse stören den empfindlichen Wasser- und Bodenhaushalt. Die Schüler müssen verstehen, dass die Bergbauern dem entgegen wirken und wichtige Akteure in der Landschaftspflege sind. Dies gilt insbesondere für die entlegenen, unwegsamen und schwierig zu bewirtschaftenden Hochgebirgsflächen; die Bergbauern leisten demzufolge einen wichtigen, geldmäßig kaum aufzuwertenden Dienst im Interesse von uns allen.

In der Auseinandersetzung mit thematischen Karten erarbeiten die Schüler das oben genannte Lernziel 1 unter der Voraussetzung, dass sie ihre Hypothesen auf einen tendenziellen Vergleich der drei Naturlandschaften Alpen, Mittelland und Jura begrenzen.

Die Schüler sollen erstens die stetige Abwanderung der erwerbstätigen Generation aus den Bergregionen wahrnehmen, was durch eine zunehmende Überalterung dieser Gebiete zum Ausdruck kommt (Abb. 1). Zweitens erkennen die Schüler mit Hilfe von Abb. 2, dass die Migrationsverluste in den Berggebieten unter anderem auf die unrentable Landwirtschaft zurückzuführen sind, da die Bergbauern meist nur im Nebenerwerb ihrer landwirtschaftlichen Beschäftigung nachgehen, während die Bauern im flachen, ackerbaulich günstigeren Mittelland ihre Existenz alleine durch den Landwirtschaftsbetrieb noch eher sichern können.

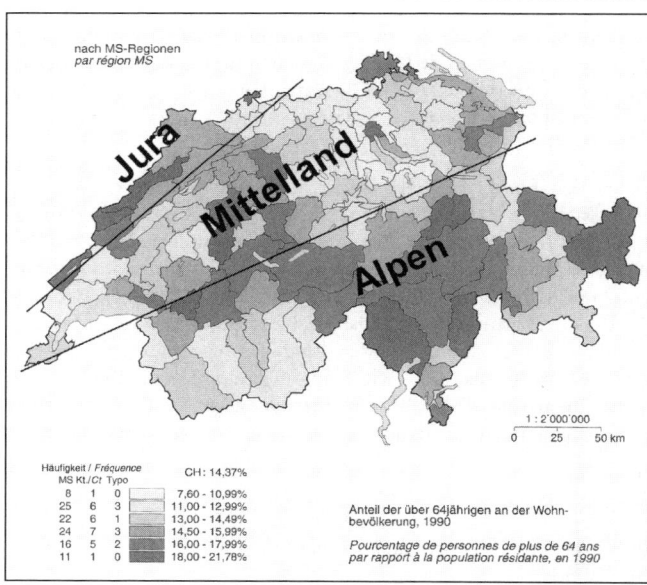

Mit Hilfe von Zeitungs- und Sachtexten, die hier aus Gründen einer möglichst kurzen Fassung nicht aufgeführt werden, erarbeiten die Schüler das Lernziel 2.

Abb. 1: Ältere Personen 1990. (Quelle: Strukturatlas der Schweiz 1997)

Abb. 2: Landwirtschaftliche Haupterwerbsbetriebe 1990. (Quelle: Strukturatlas der Schweiz 1997)

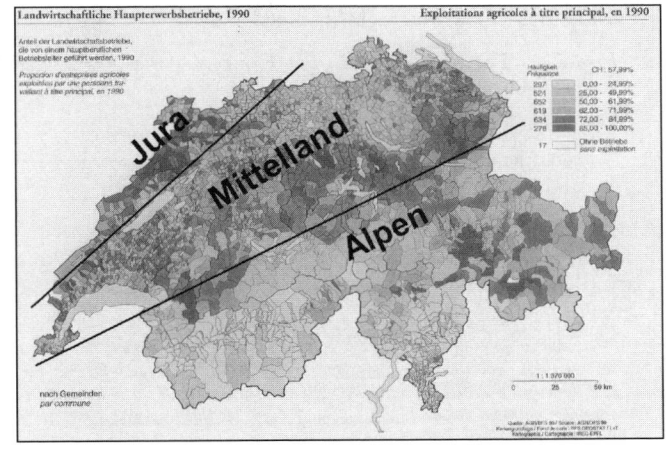

3.2 Wie werden die Subventionen vergeben?

3.2.1 Gebiete und Zonen des landwirtschaftlichen Produktionskatasters

Das Bundesamt für Landwirtschaft (BLW) hat für die Bewertung der unterschiedlichen Produktionsbedingungen den landwirtschaftlichen Produktionskataster erstellt (BLW 2002a). Dieser definiert die einzelnen landwirtschaftlichen Zonen nach dem Erschwernisgrad der Nutzung in neun verschiedene Kategorien (vgl. Tab. 1).

Gebiet	Zone	*Abkürzung*
Sömmerungsgebiet		
Berggebiet	Bergzone IV	BZ IV
	Bergzone III	BZ III
	Bergzone II	BZ II
	Bergzone I	BZ I
Talgebiet	Hügelzone	HZ
	Übergangszone	ÜZ
	Erweiterte Übergangszone	EÜZ
	Ackerbauzone	ABZ

Tab. 1: Gebiete und Zonen des landwirtschaftlichen Produktionskatasters. (Quelle: BLW 2002a, 6)

Mit folgenden drei Kriterien werden die einzelnen Zonen voneinander abgegrenzt:

- *Klimatische Lage:* Die klimatische Lage ergibt sich aus der Dauer der Vegetationsperiode, die mit der Meereshöhe zu tun hat, der Exposition und der Häufigkeit von Früh- und Spätfrost. Lokale Gegebenheiten, wie etwa der Schattenwurf, werden mitberücksichtigt.
- *Verkehrslage:* Für die Bewertung der Verkehrslage ist die Erschließung der Flächen zum nächstgelegenen Dorf und städtischen Zentrum ausschlaggebend.
- *Oberflächengestaltung:* Je nach Neigungswinkel werden verschiedene Hanglagen unterschieden.

Aktuelle Dynamik und Langzeitsignale in Gebirgsräumen

3.2.2. Lernziele und Unterrichtsmethodik

Lernziel 1: Die Schüler sollen das Konzept des landwirtschaftlichen Produktionskatasters kennen lernen.

Lernziel 2: Die Schüler sollen die drei Beurteilungskriterien des BLW zur landwirtschaftlichen Zonenabgrenzung verstehen und vorgegebene Beispiele auf Bildern und Karten der korrekten Zone zuordnen können.

Ulrich Bräker, ein armer Kleinbauer und Garnhausierer, schreibt in der 1789 erstmals veröffentlichten „Lebensgeschicht und natürliche Ebentheuer des armen Mannes im Tockenburg" (nach BLW 2002:4):

„BESCHREIBUNG UNSERS GUTS DREYSCHLATT
Dreyschlatt ist ein wildes einödes Ort, zuhinderst an den Alpen Schwämle, Creutzegg und Aueralp; vorzeiten war's eine Sennwaid. Hier gibt's immer kurzen Sommer und langen Winter; während letzterem meist ungeheuren Schnee, der oft noch im May ein Paar Klafter tief liegt. Einst mussten wir noch am Pfingstabend einer neuangelangten Kuh, mit der Schaufel zum Haus pfaden. In den kürzesten Tagen hatten wir die Sonn nur 5. Viertelstunden. [...] Wir hatten eine gute, nicht gähe Wiese, von 40-50 Klafter Heu, und eine grasreiche Waide. Auf der Sommerseite im Altischweil ist's schon früher, aber auch gäher und räucher."

Anhand dieses authentischen Textes können die Schüler zwei der oben erwähnten Abgrenzungskriterien zwischen dem Tal- und Berggebiet selbständig erkennen. Es sind dies die beiden Merkmale „klimatische Lage" und „Oberflächengestaltung". Die Schüler erhalten dabei den Arbeitsauftrag, die entsprechenden Textstellen bezüglich entscheidender Standortnachteile zu unterstreichen. Das dritte Beurteilungskriterium, die Verkehrslage, wird mit den Schülern im Unterrichtsgespräch erarbeitet.

3.2 Werden die Bergbauern durch die Subventionen zielgerecht und hinreichend unterstützt?

Auf einer halbtägigen Exkursion erhalten die Schüler einen Einblick in einen Landwirtschaftsbetrieb der Umgebung, dem mehrere Flächen der Hügel- und Bergzone I gehören. Es handelt sich hierbei nicht um einen typischen Bergbetrieb, trotzdem ist die Besichtigung für die Schüler hinreichend aufschlussreich. Außerdem besteht für die Schüler ein methodisch wichtiger affektiver Bezug, da sich der Betrieb im Einzugsgebiet der Schule befindet. Der vollzeitig beschäftigte Landwirt zeigt zu Beginn der nachmittäglichen Exkursion sein Hofgut, auf dem biologischer Landbau betrieben wird. Anschließend erfolgt eine Besichtigung von ausgewählten Flächen der Hügel- und Bergzone I, was den Schülern den Einblick in die Praxis bietet. Gegen Ende der Exkursion stellen die Schüler ihre im Schulzimmer vorbereiteten Fragen zum Thema „Direktzahlungen" dem Landwirt, wodurch sie nähere Informationen eines betroffenen Bauern ihrer Region erhalten.

Methodisch-didaktisch wird somit die eher theoretische Unterrichtsreihe praxisnah abgerundet. Hier sind in erster Linie affektive Lernziele von Bedeutung, wenn die Schüler beispielsweise erfahren, mit welcher Leidenschaft der Bauer von seiner Arbeit erzählt, die vom effektiven Aufwand her betrachtet (vgl. Kap. 3.1.1) durch die ausbezahlten Subventionen vom Bund nur ansatzweise abgegolten werden kann. Die Schüler erfahren auf pragmatische und eindrucksvolle Weise, dass viel Idealismus in der Tätigkeit eines Berglandwirts steckt und dass die Leistung im Sinne einer sorgfältigen und nachhaltigen Landschaftspflege zur Aufrechterhaltung eines sensiblen und komplexen Geoökosystems von unschätzbarem Wert für uns alle ist. Es wird allen leicht verständlich: Subventionen in der Berglandwirtschaft machen nicht nur Sinn, sondern sind notwendig, nicht nur wegen des Schweizer Käses!

3.3 Die Unterrichtsreihe unter dem Aspekt der drei Lernzielebenen einer umfassenden geographischen Erziehung

Abschließend wird die Unterrichtsreihe hinsichtlich ihrer zentralen Lernziele zusammenfassend betrachtet. Somit soll der methodisch-didaktische Leitfaden in der Behandlung der Thematik nochmals ersichtlich gemacht werden. Eine tabellarische Zusammenstellung der verschiedenen Lernziele nach den drei Ebenen von HAUBRICH et al. (1997) ergibt folgende Darstellung:

Lernzielebene	Lernziel
Kenntnisse	Die Schüler ... • wissen, dass in der schweizerischen Landwirtschaftspolitik Subventionen in Form von „Direktzahlungen" vom Bund jährlich ausgeschüttet werden. • haben die demographische Entwicklung (Abwanderung und Überalterung) der Berggebiete im Zusammenhang mit der im Verlauf der vergangenen Jahrzehnte zunehmend unrentablen Landwirtschaft erfahren. Erste Hinweise auf die Existenzfrage werden deutlich. • kennen die grundlegenden Ursachen, warum Subventionen nötig sind: „Existenznotlage der im globalisierten Zeitalter nicht konkurrenzfähigen Bergbauern" und „Landschaftspflege". • kennen das Konzept der Gebiets- und Zoneneinteilung nach dem landwirtschaftlichen Produktionskataster des BLW. • kennen die drei zonalen Abgrenzungskriterien „klimatische Lage", „Hangneigung" und „Verkehrserschließung". • wissen um die hohe Bedeutung der Berglandwirtschaftsbetriebe als zentrale Akteure der Landschaftspflege im Sinne einer ökologischen nachhaltigen Nutzung „verwahrloster" Gebirgsflächen (Schutz vor Naturkatastrophen).
Fähigkeiten	• lernen thematische Karten zu interpretieren und deren Informationen in einen folgerichtigen Zusammenhang zu setzen (siehe Kap. 3.1.2). • lernen anhand von authentischen Texten Sachinformationen zu bearbeiten (siehe Kap. 3.2.2).
Haltungen	• schätzen die große Bedeutung der Berglandwirtschaft im Sinne einer intensiven und notwendigen, wie auch ökologisch nachhaltigen Landschaftspflege zum Nutzen aller. • erkennen, dass die Bergbauern auch unter der Berücksichtigung der Subventionsmaßnahmen einen enormen Mehraufwand auf Grund ihrer ungünstigen Produktionsbedingungen leisten und folglich eine finanzielle Unterstützung verdienen. • sind sich letztlich ihrer Verantwortung als Stimmbürger bei zukünftigen nationalen Abstimmungen betreffend Fragen der Subventionierung und Aufrechterhaltung der Berglandwirtschaft bewusst und können sich diesbezüglich auch besser ein Urteil bilden.

Aktuelle Dynamik und Langzeitsignale in Gebirgsräumen

Literatur

BLW (Bundesamt für Landwirtschaft) (2002a): Die Abgrenzung der landwirtschaftlichen Erschwerniszonen in der Schweiz. – Bern.

BLW (Bundesamt für Landwirtschaft) (2002b): Agrarbericht 2002. – Bern.

DARBELLAY, C. (1984): L'agriculture de montagne en mutation. – In: BRUGGER, E. A. et al. (Hrsg.): Umbruch im Berggebiet. – Bern. 407-439.

GOLAY, D. (2000): Das Interesse der SchülerInnen am Schulfach Geographie auf der Sekundarstufe I in den Kantonen Basel-Stadt und Basel-Landschaft. – In: Regio Basiliensis 41(2). – 103-113.

HAUBRICH, H. et al. (1997): Didaktik der Geographie konkret. – München.

HEMMER, I. / HEMMER, M. (1996): Welche Themen interessieren Jungen und Mädchen? Ergebnisse einer empirischen Untersuchung. – In: Praxis Geographie 26(12). – 41-43.

KÖCK, H. (1993): Raumbezogene Schlüsselqualifikationen – der fachimmanente Beitrag des Geographieunterrichts zum Lebensalltag des Einzelnen und Funktionieren der Gesellschaft. – In: Geographie und Schule 84. – 14-22.

LEIBUNDGUT, H. (1984): Der Beitrag der Industrie zur Entwicklung der Berggebiete. – In: BRUGGER, E. A. et al. (Hrsg.): Umbruch im Berggebiet. – Bern 439-453.

SCHULER, M. (1984): Migrationsentwicklung im schweizerischen Berggebiet. – In: BRUGGER, E. A. et al. (Hrsg.): Umbruch im Berggebiet. – Bern 353-373.

LANDWIRTSCHAFTLICHES ZENTRUM EBENRAIN (2003): Landwirtschaftliche Bundesmassnahmen 2003 – eine Informationsbroschüre zu den Direktzahlungen des Landwirtschaftlichen Zentrums Ebenrain.

WACHTER, D. (1995): Schweiz – eine moderne Geographie. – Zürich.

Rolf BÜRKI (St. Gallen)

Davos sieht grün –
Beispiele zu Klimawandel und Tourismus auf der Sekundarstufe II

1 Einleitung und Datengrundlage

Das Matterhorn bröckelt, das Vrenelisgärtli verliert seinen ewigen Schnee, der Rhonegletscher schmilzt schneller als zuvor. Solche Meldungen beunruhigen gerade auch Schüler und Schülerinnen. Der Hitzesommer 2003 ist zwar kein Beweis, aber ein weiteres Indiz für eine globale Klimaänderung. Hitzewellen, Murgänge, Lawinenwinter, Schneearmut liefern einen Vorgeschmack dessen, was in den nächsten Dekaden die Regel sein könnte.

Die Alpen als Hochgebirge und die Klimaänderung als eines der wichtigsten globalen Umweltprobleme gehören unbestritten in den Unterricht. Auch der Tourismus als eine der bedeutendsten Wirtschaftsbranchen wird immer öfter Unterrichtsthema. Eine Verknüpfung der drei Bereiche im Unterricht drängt sich auf. Vor allem im Wintertourismus ist die Schnittstelle zwischen Alpen und Klima, beziehungsweise Klimawandel auf der einen Seite, sowie Wirtschaft und Gesellschaft auf der anderen Seite klar ersichtlich. Denn der Schnee ist die notwendige Grundlage des Wintertourismus und reagiert sehr sensibel auf Änderungen des Klimas.

Die Komplexität und Vielschichtigkeit der Klimaänderung, aber auch ihre Eigenschaften wie Unsicherheiten und Langfristigkeit zwingen jedoch den Lehrer, die Thematik didaktisch stark zu reduzieren, ungewohnte Ansätze anzuwenden und vor allem für den Schüler fassbare Beispiele zu wählen. Die naturwissenschaftlich-technische Klimafolgenforschung liefert vielfältige Inhalte (z. B. Gletscherschwund, Extremereignisse, Meeresspiegelanstieg). Leider fehlt in der Unterrichtspraxis nach der Behandlung der Klimaänderung und ihrer Folgen für die Natur oft die Zeit für die wirtschafts- und sozialwissenschaftliche Klimafolgenforschung.

2 Klimaänderung und Tourismus im Alpenraum

2.1 Auswirkungen der Klimaänderung auf den Tourismus

Die Klimaänderung stellt für die künftige Entwicklung des Tourismus in den Alpen und in anderen Hochgebirgen eine Herausforderung dar. Die Forschung aus wintertouristisch genutzten Berggebieten aus der ganzen Welt zeigt unmissverständlich auf, dass viele Skigebiete in Zukunft vermehrt mit schneearmen Wintern rechnen müssen. In der Schweiz werden bis im Zeitraum 2030 bis 2050 nur noch 44 bis 63% der Skigebiete beziehungsweise zwei bis neun Prozent der Einzelskilifte schneesicher sein (ELSASSER / BÜRKI 2003). Besonders betroffen sind tiefe und mittlere Höhenlagen im Jura, den Voralpen und dem Tessin, während die beiden Kantone Graubünden und Wallis auch in Zukunft zum Großteil schneesichere Skigebiete aufweisen werden. Ausreichend Schnee bedeutet zwar nicht notwendigerweise eine rentable Bergbahnunternehmung, aber ohne Schnee fehlt die Basis für einen wirtschaftlichen Erfolg. Die Klimaänderung forciert den Wettbewerb im Skitourismus, und eine Konzentration auf die am besten geeigneten Skigebiete hat bereits eingesetzt. Dieser Strukturwandel wird zusätzlich beschleunigt, da nur rund ein Drittel der schweizerischen Seilbahnunternehmen wirtschaftlich gesund ist (BIEGER et al. 2000).

Weniger Schnee in tiefen und mittleren Lagen ist eine, wenn auch sehr gewichtige Folge der Klimaänderung. Doch nicht nur der Wintertourismus, sondern auch der Sommertourismus ist betroffen. Allerdings sind die Folgen für den Sommer vielschichtiger und von unterschiedlichen Einflussfaktoren abhängig (z. B. Hitze im Mittelland bzw. angenehm warme Bergtemperaturen, Gletscherrückgang, Risiko von Klettertouren usw.).

2.2 Anpassungsprozesse

Die Klimaänderung ist ein langsamer Prozess. Der Tourismus verändert sich sehr viel schneller, und sein Wandel ist noch schwieriger zu prognostizieren als der Wandel des Klimas. Auf jeden Fall bleibt der Tourismusbranche Zeit für Anpassungen (vgl. Abb. 1). Sie sollte sich jedoch aus ureigenem Interesse zusätzlich für einen umfassenden Klimaschutz einsetzen.

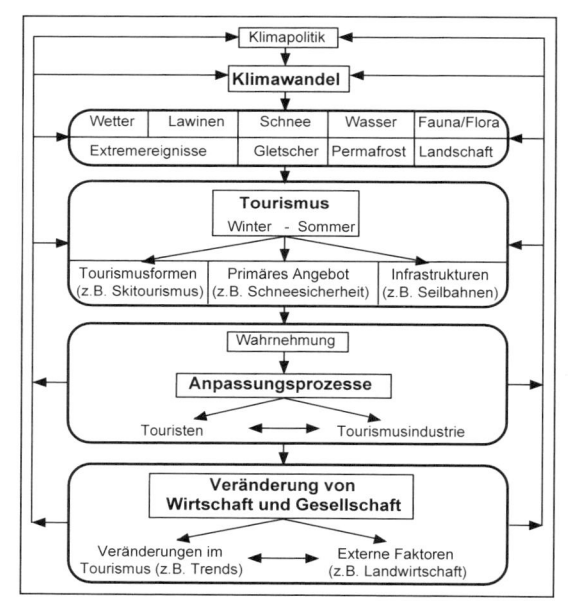

Abb. 1: Klima und Tourismus im Alpenraum. (Quelle: nach BÜRKI 2000, 30)

Anpassungsprozesse erfolgen einerseits auf der Nachfrageseite (Touristen ändern ihre Sport- und Destinationspräferenzen), andererseits auf der Angebotsseite (Tourismusverantwortliche passen ihr Angebot den veränderten Bedingungen an). Beides zusammen führt wiederum zu Anpassungsprozessen anderer Branchen (z. B. der Landwirtschaft), der einheimischen Bevölkerung in den Berggebieten und schließlich wieder zu Änderungen in der Kultur- und Naturlandschaft.

Im Wintertourismus steht die Sicherung des Skisports an erster Stelle der Anpassungsstrategien. Die notwendigen, oft teuren Investitionen (z. B. Kunstschnee) verstärken den Verschuldungsgrad, rentieren aber aufgrund des stagnierenden Markts nur in wenigen Fällen. Im Gegenteil, der Markt steuert in eine ruinöse Konkurrenz, die durch zum Teil großzügige Subventionen weiter verstärkt wird. Der notwendige Strukturwandel wird hinausgeschoben, die Probleme bleiben ungelöst. Für viele Wintersportorte drängen sich schneeunabhängige Alternativen zum Schneesport und eine Stärkung des Vierjahreszeiten-Tourismus auf. Allerdings liegt es auf der Hand, dass Alternativen schwierig zu finden sind und den Skitourismus kaum ersetzen können. Für viele Tourismusorte in mittleren Lagen, die stark vom Wintertourismus abhängig sind, bringt die Klimaänderung existentielle Probleme.

Rolf BÜRKI

3 Didaktische Überlegungen

Aus didaktischer Sicht sprechen folgende Gründe für die Behandlung der Thematik Klimaänderung und Tourismus im Alpenraum:

- Die Klimaänderung zählt zu den wichtigsten Umweltproblemen und wird über die Zukunft der Berggebiete mitentscheiden. Landschaft, Flora und Fauna reagieren im Alpenraum besonders sensibel auf Veränderungen des Klimas.
- Im Berggebiet manifestiert sich die Klimaänderung wegen des Schnees und der Gletscher unmittelbar. Sie wird konkret beobachtbar und erlebbar.
- Der Tourismus ist die Leitindustrie in den Alpen. Die Klimaänderung trifft den Wintertourismus besonders stark.
- Viele Schüler in der Schweiz und in Österreich fahren selbst Ski/Snowboard und haben einen direkten Bezug zum Wintersport. Viele leben in touristischen Räumen.

		Beispiele von Unsicherheiten
Klimaschwankungen	Rekonstruktion des Paläoklimas	Übertragbarkeit der Ergebnisse von Eisbohrkernen auf das globale Klima
	Zukünftige Entwicklung der klimarelevanten Faktoren	Veränderungen der zukünftigen Solarstrahlung
	Trennung von natürlichem und anthropogenem Einfluss	Überlagerung einer anthropogenen Erwärmung durch einen natürlichen Trend zur Abkühlung
Emissionsszenarien	Sozioökonomische Entwicklung	Bevölkerungswachstum in Entwicklungsländern
	Technischer Fortschritt	Verbesserung der Energieeffizienz
	Klimapolitik	Umsetzung der Klimakonvention
Klimamodellierung	Simulierung des hochkomplexen Systems Klima	Einbezug der sowohl kühlenden als auch wärmenden Wirkung von Wolken
	Wirkung von klimarelevanten Stoffen	Abschätzung des Einflusses von Aerosolen
	Veränderungen der Klimavariabilität	Veränderung der Häufigkeit von Extremereignissen
	Regionale Auflösung der Klimamodelle	Einbezug von Gebirgen in die Klimamodellierung
	Kumulierung von Klimamodellen	Konsensfindung bei unterschiedlichen Ergebnissen
Klimafolgenforschung	Wirkungen einer Klimaänderung auf natürliche Systeme	Anpassungsfähigkeit von Pflanzen
	Wirkungen einer Klimaänderung auf sozioökonomische Systeme	Abschätzung eines neuer Musters von Gunst- und Ungunsträumen
	Wahrnehmung und Anpassung	Anpassungen aufgrund subjektiver Vorstellungen über eine Klimaänderung
	Zeithorizont	Überfordertes Vorstellungsvermögen der Zeitskala einer Klimaänderung
	Projektionen einer zukünftigen Gesellschaft	Veränderungen von Wertvorstellungen

Tab. 1: Unsicherheiten in der Klimafolgenforschung. (Quelle: BÜRKI 2000, 17)

Das Thema Klimaänderung und Tourismus stellt spezifische Anforderungen, die im herkömmlichen Unterricht oft nur am Rande bewusst behandelt werden. An erster Stelle steht der Umgang mit Unsicherheiten. Sie bilden ein zentrales Problem der Klimafolgenforschung und müssen im Unterricht adäquat thematisiert werden. Die Gründe für Unsicherheiten in der Klimafolgenforschung liegen auf verschiedenen Ebenen, angefangen bei der ungewissen natürlichen Klimaentwicklung bis zu den Projektionen einer zukünftigen Gesellschaft (vgl.

Tab. 1). Da die sozialwissenschaftliche Klimafolgenforschung im Bereich des Tourismus am Ende der Wirkungskette liegt, kumulieren sich hier die Unsicherheiten. Die Schüler lernen z. B., zwischen naturwissenschaftlichen Ergebnissen und der Wahrnehmung der Klimaänderung zu unterscheiden. Das soziale Konstrukt wird zur Wirklichkeit, es entscheidet über Anpassungsreaktionen.

Nebst den wissenschaftlichen Unsicherheiten führt die mediale Aufbereitung des Themas zu Verunsicherung. Sei es aus Unwissenheit, Ignoranz, Überforderung, journalistischer Effekthascherei oder absichtlicher Irreführung sind Medienprodukte zur Klimaänderung oft ungenau, verzerrt oder sogar falsch. Ohne einer blinden Wissenschaftsgläubigkeit das Wort zu sprechen, muss im Unterricht klar zwischen wissenschaftlichen Unsicherheiten und falscher Darstellung in den Medien unterschieden werden. Grundsätzlich gilt es für den Schüler, die Unsicherheiten offen zu legen, kritisch zu werten und trotz Unsicherheiten die Entscheidungsfähigkeit nicht zu verlieren.

Eng verknüpft mit Unsicherheiten ist der Bereich der hypothetischen Überlegungen. Auf die oftmals ungeliebte, aber immer berechtigte Schülerfrage „Was wäre, wenn...?" genügt die beliebte Antwort nicht: „Wenn die Katze ein Pferd wäre, könnte man die Bäume hinauf reiten." Im Rahmen der Klimafolgenforschung sind hypothetische Überlegungen wissenschaftlich notwendig und sinnvoll. Das Thema schließt jedoch eine streng positivistische Beweisführung aus. Die Schüler werden im Denken mit Hypothesen, Wahrscheinlichkeiten und Alternativen gefördert. Sie lernen zudem, auf die abschließende, „einzig richtige" Lösung zu verzichten. Denn diese sind in hochkomplexen Mensch-Umwelt-Systemen wie dem Beispiel Tourismus und Klimaänderung weder möglich, noch sinnvoll. Jedes Eingreifen in das System führt zwangsläufig zu weiteren, oft nicht voraussehbaren Folgen.

Den spezifischen Anforderungen stehen eine Reihe Möglichkeiten gegenüber. Erstens ist die Thematik Klimaänderung und Tourismus im Alpenraum ganz einfach eine Anwendung von Fähigkeiten und Fertigkeiten der Grundlagen im Bereich der Klimaänderung, des Tourismus und des Alpenraums. Unabhängig davon, ob die Thematik im Rahmen der Klimatologie, der globalen Umweltprobleme, des Tourismus oder einer regionalgeographischen Behandlung des Alpenraums behandelt wird, bietet sie die Möglichkeit zur Reiseerziehung und –bildung. Denn Touristen sind selbst für einen nicht unbedeutenden Anteil am anthropogenen Treibhauseffekt verantwortlich. Im Sinne eines handlungsorientierten Unterrichts ergeben sich in diesem Themenfeld wichtige und sinnvolle Anknüpfungspunkte (vgl. HAVERSATH 2000).

Zweitens handelt es sich um ein aktuelles Thema. Vor allem (negative) Extremereignisse finden sehr stark den Weg in die Medien, und die Lehrmittelverlage bieten eine Fülle aktueller Unterlagen.

Drittens nimmt am Beispiel der Folgen einer Klimaänderung für den Tourismus die Geographie exemplarisch ihre Kernfunktion als Brücke zwischen den Natur- und Humanwissenschaften wahr. Dies schließt Beiträge anderer Disziplinen nicht aus. Im Gegenteil, aufgrund ihrer vielfältigen Aspekte eignet sich die Thematik vorzüglich für einen fächerübergreifenden Unterricht bis hin zu Projekttagen und Studienwochen.

Rolf BÜRKI

4 Unterrichtsbeispiele

4.1 *Impacts* – Internetbasierter Unterricht

Die wissenschaftlichen Erkenntnisse über die Klimaänderung und ihre Folgen sind selbst für Spezialisten fast unüberschaubar geworden. Zwar liefert das IPCC regelmäßig zusammenfassende Berichte, aber auch diese sind für Lehrer oft zu ausführlich und komplex; für Schüler sind sie unbrauchbar. Lehrmittel hingegen zeigen verständlicherweise Fallbeispiele von Folgen der Klimaänderung (z. B. Gletscherschwund), Zeitungsartikel entbehren oft einer wissenschaftlichen Grundlage. Die Internet-Plattform *Impacts* füllt die Lücke. Informationen aus verschiedenen wissenschaftlichen Projekten und Bereichen werden leicht verständlich, klar strukturiert, integrierend und übersichtlich dargestellt. Dank Internet ist *Impacts* leicht zugänglich und wird stets aktuell gehalten.

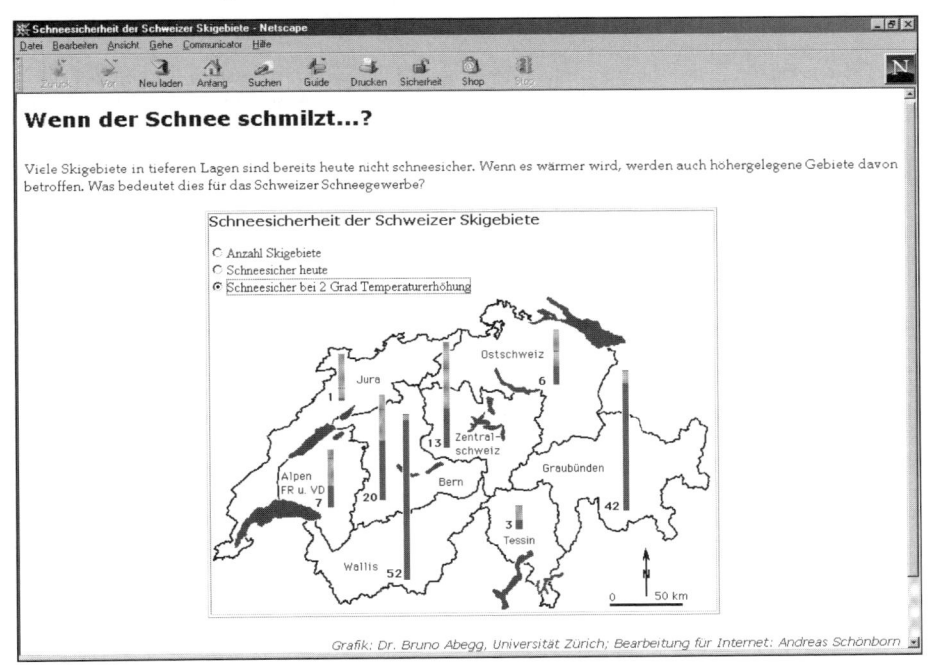

Abb. 2: Informationen aus *Impacts* am Beispiel der Schneesicherheit von Skigebieten. (Quelle: *http://proclimfm.unibe.ch/im/index.html*)

Internetbasierter Unterricht mit *Impacts* stellt nicht das Medium in das Zentrum, sondern die Beantwortung von Fragen. *Impacts* liefert lediglich die notwendigen Informationen und dient als Nachschlagewerk (vgl. Abb. 2). Das Grundprinzip ist einfach. Alleine, vorzugsweise zu zweit oder zu dritt arbeiten die Schüler an einer konkreten Fragestellung (z. B.: Welche Folgen hat die Klimaänderung für die Schneesicherheit von Skigebieten?). Sie suchen relevante Fakten aus *Impacts*, interpretieren diese und fügen sie neu zusammen. Die Resultate ihrer Arbeit stellen sie in geeigneter Form dar (z. B. Poster). Am Schluss werden die vielfältigen Er-

Aktuelle Dynamik und Langzeitsignale in Gebirgsräumen

gebnisse gemeinsam kritisch beleuchtet und die wesentlichen Erkenntnisse festgehalten. Steht der Tourismus im Zentrum, werden die vielfältigen Folgen der Klimaänderung in Bezug zum Tourismus gesetzt. Die integrierende und vernetzende Behandlung des Themas im Unterricht tritt in diesem Schritt besonders hervor. Indirekte Folgen werden gewichtiger als direkte, scheinbar Unvereinbares fließt ineinander.

Erfahrungen aus dem Unterricht zeigen, dass die Schüler bei klaren Fragestellungen und Aufträgen kaum unreflektiert „surfen". Sie arbeiten gerne und intensiv mit *Impacts*. Sie schätzen die Eigenständigkeit, freuen sich über ihr Verständnis für Zusammenhänge, werden in ihrer wissenschaftlichen Neugier geweckt und haben nicht zuletzt Spaß an der Arbeit. Trotzdem kann und darf dieser internetbasierte Unterricht immer nur Teil eines umfassenden Unterrichtskonzepts sein. Gerade im Tourismus braucht es neben der Beschäftigung mit wissenschaftlichen Fakten immer auch den persönlichen, oft auch emotionalen Bezug zum Thema.

4.2 Davos sieht grün – Rollenspiel zur Zukunft eines Wintersportorts

Im zweiten Beispiel wird die politische Dimension in das Zentrum gestellt. In einem Rollenspiel wird über die zukünftige Entwicklung des Tourismus im Alpenraum debattiert. Am Beispiel eines Wintersportorts wie Davos erfahren die Schüler konkret die komplexen Zusammenhänge zwischen wirtschaftlicher Entwicklung, individueller Gesinnung und politischer Ausrichtung sowie den Folgen einer Klimaänderung. Zwangsläufig zeigen sich nicht nur die direkten Folgen von schneearmen Wintern, sondern auch Anpassungsprozesse von Touristen und Tourismusanbietern. Meist werden auch indirekte Einflüsse und der Klimaschutz thematisiert.

Das folgende Konzept arbeitet in sechs Schritten. Je nach Rahmenbedingungen (z. B. Blockunterricht) muss es angepasst werden und kann in vielfältiger Weise verändert werden (vgl. BÜSSENSCHÜTT 2001). Das Rollenspiel erfordert im ersten Schritt klare Vorgaben und eine intensive Vorbereitung der jeweiligen Rolle, wobei immer zwei bis drei Schüler die Rolle als Gruppe vertreten. Je nach Konzept eignet sich *Impacts* als Informationsmedium (vgl. Abschnitt 4.1). In einem zweiten Schritt halten die Schüler schriftlich ihre Thesen und mögliche Diskussionsbeiträge fest. Im dritten Teil überlegen sie sich ihre Diskussionsstrategie und setzen sich mit möglichen Argumenten anderer Gruppen auseinander. Der vierte Teil, die Debatte selbst, wird sinnvollerweise in einen passenden Rahmen gesetzt (z. B. Expertenrunde zu einem Ausbauprojekt des Skigebiets) und mit einer klaren Zielsetzung verknüpft (z. B. gemeinsame Stellungnahme). Den fünften Teil bilden die Auswertung der Debatte und das Sichern wesentlicher Erkenntnisse. Im sechsten und letzten Teil wird die Metaebene thematisiert. Besonders in einem fachübergreifenden Unterricht mit entsprechenden Disziplinen (z. B. Psychologie, Staatskunde, Deutsch) bringt das Reflektieren der eigenen Rolle und des Diskussionsprozesses für die Schüler oft spannende Erkenntnisse.

Die Erfahrungen im Unterricht zeigen, dass der Erfolg des Rollenspiels stark von klaren Vorgaben unter Berücksichtigung der zeitlichen Restriktionen abhängt. Divergieren die Standpunkte zu stark und fehlt ein Anreiz für eine gemeinsame Lösung oder Entscheidung, diskutieren die Schüler aneinander vorbei und begeben sich schnell in eine Grauzone zwischen wissenschaftlichen Tatsachen und „passenden" Interpretationen. Der Moderator nimmt daher eine zentrale Rolle ein.

5 Schlussfolgerungen

Die Klimaänderung stellt den Alpenraum und insbesondere seinen Tourismus vor große Herausforderungen. Die einfache Argumentation wärmer ⇨ weniger Schnee ⇨ weniger Tourismus greift zu kurz und wird dem komplexen System nicht gerecht. Zu differenzierte Ansätze wiederum überfordern Schüler und zum Teil Lehrer. Gerade solche didaktischen Probleme erfordern sehr viel an Reflexion und Vorbereitung, damit die Thematik zu einem wertvollen Unterrichtsinhalt wird. Ein bloßes „Behandeln" aktueller klimatologischer Extremereignisse und ihrer Folgen für Mensch und Umwelt verharrt oft beim Schüler auf der Ebene des Staunens.

Andererseits eignet sich das Thema vorzüglich, um wesentliche Aspekte unserer modernen Welt aufzugreifen, wie zum Beispiel das „Entscheiden unter Unsicherheit". Damit wird bereits ersichtlich, dass es im Unterricht bei weitem nicht nur um die Klimaänderung und ihre Folgen auf den Tourismus geht, sondern um Lern- und Denkstrategien, Schlüsselqualifikationen und Sensibilisierung. Das ist keine neue, aber eine im Unterrichtsalltag oft vergessene Feststellung.

Die vielschichtigen Zusammenhänge zwischen Klimaänderung und Tourismus wurden lange Zeit in den Wissenschaften vernachlässigt. Seit wenigen Jahren lässt sich jedoch ein regelrechter Boom feststellen, und sogar die Welttourismusorganisation hat mit einer ersten Konferenz in Tunesien und der daraus entstandenen „Djerba-Declaration" gleichsam einen Startpunkt gesetzt (WTO 2003). Ob die hehren Ziele der Deklaration auch wirklich angepackt und umgesetzt werden, hängt nicht zuletzt von der Thematisierung im Unterricht auf den verschiedensten Stufen von der Sekundarstufe 1 bis zu den Tourismusschulen und Universitäten ab. Leider fehlt es bisher noch weitgehend an didaktischer Forschung im Bereich Klimaänderung und Tourismus. Im Rahmen des Forschungsnetzwerks éCLAT soll diese Lücke geschlossen werden.

Literatur

BIEGER, T. et al. (2000): Perspektiven der Schweizer Bergbahnbranche. – In: Zeitschrift für Fremdenverkehr 55(4). – 32-55.
BÜRKI, R. (2000): Klimaänderung und Anpassungsprozesse im Wintertourismus. – St. Gallen.
BÜSSENSCHÜTT, M. (2001): Klimaforschung geht zur Schule – Einsatz der Informationsplattform CLIMATE FACTS im Unterricht. – In: Praxis Geographie 11. – 29-34.
ELSASSER, H. / BÜRKI, R. (2003): Auswirkungen von Umweltveränderungen auf den Tourismus. – In: BECKER, C. et al. (Hrsg.): Geographie der Freizeit und des Tourismus. – München, Wien. 865-875.
HAVERSATH, J. (2000): Vom Reisebericht zur Reiseerziehung. Das Thema „Tourismus" im Erdkundeunterricht. – In: Geographische Rundschau 52(2). – 51-54.
WTO (2003): Djerba Declaration. *http://www.world-tourism.org/sustainable/climate/decdjerba-eng.pdf*

éCLAT. *http://www.e-clat.org*
Impacts – Klimawandel im Alpenraum. *http://proclimfm.unibe.ch/im/index.html*
IPCC (*Intergovernmental Panel on Climate Change*). *http://www.ipcc.ch*

Markus **WEMHOFF** (Münster)

Grödnertal und Villnößtal im Vergleich – Eine Schülerexkursion ins Hochgebirge

1 Einführung in Thematik und Methodik

„Wenn wir also den Schülern wahres und zuverlässiges Wissen von den Dingen einpflanzen wollen, so müssen wir alles durch eigene Anschauung und sinnliche Demonstration lehren." Diese Zielvorgabe für den Schulunterricht stammt nicht etwa aus einer aktuellen fachdidaktischen Literatur, sondern ist schon sehr alt. Sie wird dem tschechischen Theologen und Pädagogen Johann Amos Comenius zugeschrieben und entstammt zeitlich der ersten Hälfte des 17. Jahrhunderts. Sie ist aber auch heute noch aktuell und findet ihre Entsprechung wohl am direktesten in der unmittelbaren Begegnung vor Ort, wie sie auf Exkursionen anzutreffen ist. Wenn dann das Zielgebiet der Exkursion die sehr anschauliche Möglichkeit eines direkten Vergleichs bietet, sind die Rahmenbedingungen für einen erfolgreichen Verlauf optimal. Eine solche Grundlage bieten das Grödner- und Villnößtal in den westlichen Dolomiten. Thematisch wird dieser Raum auf die Wechselwirkungen zwischen Tourismus und Umwelt untersucht, ein Thema, das – wie bereits aus den Beiträgen von Karl-Heinz Otto und Rolf Bürki hervorgeht – gerade im Hochgebirge der Alpen besonders relevant ist.

Dieser Entwurf einer Exkursion zum Thema „Tourismus und Umwelt in den Alpen, aufgezeigt am Beispiel des Grödner- und Villnößtals, westliche Dolomiten" ist gedacht für Geographielehrer und -lehrerinnen und bietet Vorschläge für Standortbausteine zur Durchführung einer mehrtägigen Exkursion mit Schülern der Sekundarstufe II.

2 Zur Zielsetzung der Exkursion und zur Auswahl des Beispielraums

Die Exkursion umfasst den Vergleich zweier Nachbartäler, die bei gleicher natürlicher Ausstattung eine grundlegend gegensätzliche Entwicklung des Fremdenverkehrswesens durchgemacht haben. Die Ursachen und Wirkungen dieser unterschiedlichen Entwicklung (zum zweisaisonalen Massentourismus mit Ausrichtung auf den Wintersport im Grödnertal; zum einsaisonalen ‚sanften Tourismus' im Villnößtal) sollen im Zusammenhang mit dem Raum gesehen und einsichtig gemacht werden. Da Schüler als Touristen an möglichen Umweltbelastungen selbst beteiligt sind, müssen sie in diesem Bereich zu auf Erfahrung beruhenden Einsichten und angemessenem Verhalten geführt werden. Eine Erkundung vor Ort mit einem Vergleich zweier Täler mit unterschiedlicher touristischer Nutzung und deren Wirkungen ist die intensivste Art, Schüler für die Folgen ihres gegenwärtigen und zukünftigen Reiseverhaltens zu sensibilisieren. So bietet sich diese Region für die vergleichende Analyse geradezu an, da beide Täler in gleicher Ausrichtung nebeneinander liegen. Viele Gemeinsamkeiten können sowohl in der Vorbereitung als auch vor Ort von den Exkursionsteilnehmern festgestellt werden. Doch trotz ähnlicher naturräumlicher und klimatischer Ausstattung haben die Täler eine sehr unterschiedliche Genese der anthropogenen Umformung durchlaufen. Diese Unterschiede sind im Raum deutlich wahrzunehmen und führen zu der Kernfrage, warum zwei benachbarte Täler bei gleicher naturräumlicher Ausstattung eine verschiedenartige Entwicklung ihrer Nutzung durchlaufen. Diese Kernfrage steht im gesamten Exkursionsverlauf im Mittelpunkt und sorgt auch nach ihrer Auflösung für bewertende Diskussionen unter den Exkursionsteilnehmern.

Die Raum- und Tourismusentwicklung des Grödner- bzw. Villnößtals ist so exemplarisch, dass sie schon mehrmals bearbeitet wurde und somit die Informationsversorgung für die Vorinformation der Lehrenden gesichert ist. Sehr gründliche Analysen hat MEURER (1988; 1990) in verschiedenen Aufsätzen und Arbeiten dazu beigesteuert; die mit vielen Informationen zur Wirtschaft des Grödnertals versehene Arbeit SANONERs (1987) ist im Fremdenverkehrsamt Gröden erhältlich. Auch in der Schule hat dieses Thema Eingang gefunden. Im Diercke-Weltatlas gibt es eine auf Meurers Ergebnissen basierende Karte, die zusammenfassend diesen Themenbereich darstellt und sich für die Vor- bzw. Nachbereitung der Exkursion anbietet. Im Diercke-Handbuch (2003, 150f) gibt MEURER anhand seiner Untersuchungsergebnisse ausführliche Erläuterungen dazu. Informationen zur Entwicklung des Fremdenverkehrs, des Verkehrswesens und zum Ausbau des Wintersportangebots stehen dem Lehrenden und Lernenden hier als Vor- und Nachbereitungsmaterial zur Verfügung. Ein Transfer der Arbeitsergebnisse auf ähnliche Räume ist aufgrund der deutlichen Exemplarität des Themas gewährleistet.

3 Sachanalyse

Die Sachanalyse muss an dieser Stelle äußerst knapp ausfallen, da eine ausführliche Sachanalyse den zur Verfügung stehenden Platzrahmen sprengen würde. Grundinformationen und neuere Daten zur Entwicklung des Fremdenverkehrs sollen den Grundstock bilden. Für weitergehende Informationen sei nochmals auf MEURER (2003) und die Internetadressen im Literaturverzeichnis verwiesen.

3.1 Das Grödnertal

3.1.1 Räumliche Ausstattung Grödnertal

Das Grödnertal erstreckt sich nahezu in Ost-West-Richtung über 26 km Länge vom Sellamassiv bis Waidbruck im Eisacktal (417 m NN). Am Talschluss befinden sich der südlich gelegene Sella-Pass (2.213 m NN) und das nördlicher gelegene Grödner-Joch (2.121 m NN).

Die intakte Landschaft ist eine Grundvoraussetzung für den Fremdenverkehr. Das Grödnertal bietet ein abwechslungsreiches, zuweilen sogar kontrastreiches Landschaftsbild. So stehen die weiten, sanft zertalten Hochflächen der Seiser, der Aschgler und der Cisles Alm, des Raschötz, des Grödner- und des Sella-Jochs den hohen und gewaltigen Felswänden von Lang- und Plattkofel, von Cir-, Sella- und Geislerspitzen gegenüber. Die mächtigen Schuttkegel am Rande der Felswände und die größtenteils baumlosen, leicht abschüssigen Hochflächen bilden die Grundlage für ein ideales Skigelände.

3.1.2 Die Entwicklung des Fremdenverkehrs im Grödnertal

Eine wichtige Voraussetzung für den Tourismus war die Verkehrsentwicklung. Im Oktober 1856 wurde die erste Talstraße eröffnet. Ein weiteres Stück Verkehrsentwicklung brachte der I. Weltkrieg mit sich. Die österreichische Heeresverwaltung ließ in den Jahren 1916 und 1917 aus rein strategischen Gründen die heute gut ausgebauten Passstraßen von Plan auf das

Markus WEMHOFF

Grödner- und das Sellajoch bauen. Das Grödnertal erhielt dadurch direkten Anschluss zu den Nachbartälern Gader- und Fassatal. Im Sommer werden die Passstraßen von Touristen gerne für Ausflugsfahrten benutzt und stellen für den Durchgangsverkehr auch eine Verbindung von Bozen mit Bruneck dar. Mit der straßenmäßigen Erschließung kam auch der Verkehr ins Grödnertal. Auch heute noch ist das Auto das beliebteste Verkehrsmittel der Touristen.

Ein wichtiger Faktor für die Entwicklung des Tourismus ist die Anzahl der Übernachtungsmöglichkeiten. Heute ist ein sehr großes Angebot von Zimmern und Ferienwohnungen in den Orten des Grödnertals vorhanden. Insgesamt wurden im Grödnertal 2002 16.661 Betten in 946 Betrieben angeboten, wobei die Bettenzahl der privaten Anbieter mit 5.026 (= etwa 30%) auf das ganze Tal gesehen deutlich unter denen der gewerblichen Anbieter bleibt.

Einen besonders großen Anteil an den Einrichtungen zur Freizeitgestaltung haben die Einrichtungen und Angebote für den Wintersport. Vor allem im hinteren Teil des Tals ist der Wintersport ein Motor des Tourismus. Hier wurde schwerpunktmäßig in den 1960er und 1970er Jahren der Ausbau von Aufstiegsanlagen und Skiabfahrtspisten in hohem Maße vorangetrieben. Bei der räumlichen Verteilung der Lifte lassen sich deutliche Konzentrationsschwerpunkte im Bereich des Ciampinoi (Hausberg von Wolkenstein), im Bereich von Plan de Gralba am Fuße der Langkofel-Gruppe sowie am Grödner und Sella-Joch an relativ schneesicheren Hochlagenstandorten der subalpinen bis oberen alpinen Stufe ausmachen. Zusätzlich wurde das Skigebiet Gröden/Seiser Alm an benachbarte Skigebiete angeknüpft, um die Abwechslung und Attraktivität für die Wintersportler zu erhöhen. Dies geschah in Form des Dolomiten-Superski-Passes, der schon Anfang der 1970er Jahre von sechs Talschaften ins Leben gerufen wurde. In diesen Zonen können Skifahrer mit dem Dolomiti-Superski-Pass alle Lifte und Anlagen benutzen; das Gebiet umfasst daher den gesamten Dolomitenraum. Zusammenfassend lässt sich das Wirtschaftssystem Grödens als monostrukturell auf den Tourismus ausgerichtet beschreiben.

3.2 Das Villnößtal

3.2.1 Räumliche Ausstattung Villnößtal

Das nördliche Nachbartal des Grödnertals, das Villnößtal, erstreckt sich parallel zum Grödnertal in Ost-West-Richtung und hat eine Länge von 24 km. Drei Kilometer nördlich von Klausen mündet es in das Eisacktal. Im Gegensatz zum Grödnertal ist das Villnößtal relativ dünn besiedelt; vereinzelt liegende Höfe, Weiler, Wiesen und Wälder bestimmen hier das Landschaftsbild.

3.2.2 Die Entwicklung des Fremdenverkehrs in Villnöß

Wie für das Grödnertal war Mitte des 19. Jahrhunderts die verkehrsmäßige Anbindung an das Eisacktal zur Schaffung einer besseren Erreichbarkeit eine wichtige Voraussetzung für den aufkommenden Fremdenverkehr. 1860 erfolgte der Bau einer Talstraße. Eine weitere einspurige Straße führt vom Hauptort St. Peter über das Würzjoch zur Brixener Dolomitenstraße. Es ist also festzuhalten, dass es sich trotz einer formal vorhandenen Passstraße (Anbindung an das Aferer- und Gadertal) bei dem Villnößtal faktisch um ein Sacktal handelt.

Insgesamt verfügt das Villnößtal über 1.436 Betten in 104 Betrieben (2002). Viele Übernachtungsmöglichkeiten finden sich als ‚Urlaub auf dem Bauernhof' in den verstreut zwischen den Ortschaften liegenden Einzelhöfen. Obwohl die Urlauber im allgemeinen immer mehr Wert auf Abwechslung durch sportliche Möglichkeiten am Urlaubsort legen, hat sich das Angebot dieses Sektors im Villnößtal nur schwach entwickelt. Es gibt nur zwei kleine Lifte im Villnößtal. Durch den 1977 gegründeten Naturpark Puez-Geisler wurde der für den Wintertourismus geeignete hochgelegene Talschluss des Villnößtals für den Wintersport tabu. Im Villnößtal fällt mit dem Fehlen der Wintersportsaison ein wesentlicher Störfaktor für die Umwelt weg. Auch sind die Belastungen durch die erheblich niedrigere Zahl von Touristen pro Flächeneinheit deutlich geringer. Belastungen werden im Villnößtal durch den Verkehr und die Besiedlung in nur geringem Ausmaß erzeugt. Die indirekte Schutzfunktion des Tourismus durch die unterstützenden Wechselbeziehungen zur landschaftserhaltenden Landwirtschaft ist hier zu erwähnen.

4 Die Exkursion

4.1 Allgemeine Vorüberlegungen

Das Thema dieses Exkursionsentwurfs stammt direkt aus der Lebenswelt der Schüler. Nahezu jeder Oberstufenschüler hat heute eigene Reiseerfahrungen gesammelt. Doch der Tourismus stellt auch große Ansprüche an den Erholungsraum; gerade der in diesem Exkursionsentwurf thematisierte Skitourismus in den Alpen wirkt raumgreifend und raumbelastend. So muss innerhalb der Umwelterziehung im Geographieunterricht auch das Reisen gelehrt werden. Wo kann das besser geschehen als auf einer selbst durchgeführten thematischen Reise; einer Exkursion?

Vom Konzept her werden hier acht Standortbausteine angeboten (vgl. Abb. 2a und 2b), die von den Lehrenden selbst variiert und abgeändert werden können. Die Auswahl der Standortbausteine bleibt den Lehrenden überlassen. Dennoch wurde der Konzeption der Standortfolge eine chronologische Gliederung zugrunde gelegt (so werden erst die Ursachen und dann die Folgen für die jeweilige Tourismusentwicklung thematisiert). Deshalb sollte bei der Auswahl der Standortbausteine und deren Reihenfolge auf den Erhalt des thematisch-logischen Zusammenhangs geachtet werden.

Die hier vorgestellte Arbeitsexkursion setzt für die Teilnehmenden voraus, dass folgende Untersuchungsmethoden eingeführt sind: Geländebeobachtung, Verkehrszählung, Funktionskartierung, Interview, Planspiel. Die Exkursion wurde bereits dreimal mit sehr guter Resonanz durchgeführt. Jeweils einmal mit Studierenden der Universität Münster und der Universität Eichstätt, ein drittes Mal im Rahmen einer Fortbildung mit Lehrkräften. Von diesem Entwurf wurden auf der Münsteraner Exkursion vier Standortbausteine benutzt; sie wurde um eigene Standortbausteine zum Thema Alpenentstehung, Gletscherbildung oder Transit ergänzt. So ist auch dieser Entwurf zu verstehen: Er kann für sich thematisch begrenzt durchgeführt werden, aber auch Abwandlungen und eigene Schwerpunktsetzungen sind möglich.

4.2 Exkursionsdidaktische Grundlagen

Diese Exkursion basiert auf den Grundlagen der neueren Exkursionsdidaktik und strebt Selbsttätigkeit, ein ganzheitliches Lernen sowie die Förderung kooperativer Arbeitsformen durch eine weitgehende Teilnehmerorientierung an (vgl. BEYER 1989; HEMMER 1997). Informationen, die sowohl primär durch Beobachtung als auch sekundär durch ergänzende Materialien erlangt werden, werden produktiv umgesetzt und miteinander verknüpft. Zu Beginn

rialien erlangt werden, werden produktiv umgesetzt und miteinander verknüpft. Zu Beginn jeder Standortarbeit stehen räumliche Orientierung und Beobachtung (vgl. Abb. 1). Information, Beschreibung, Speicherung und Auswertung sind Arbeitsschritte der weiteren Arbeit am Standort.

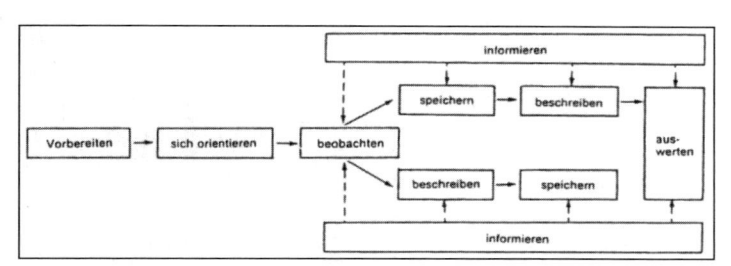

Abb. 1: Struktur- und Verlaufsmodell der Standortarbeit. (Quelle: BEYER 1989, 149)

4.3 Aufbau der Exkursion

Im folgenden soll auf zwei Teilbereiche der Exkursion genauer eingegangen werden: zum einen den Einstiegsstandort im Grödnertal, um aufzuzeigen, wie die einführende Standortarbeit funktionieren kann (vgl. Abb. 1); zum anderen die Sicherungsphase dieser Exkursion, das Planspiel.

Standort	Nr.	Inhalte	Methoden	Medien
Pufels	1	Ursachen für den Fremdenverkehr im Grödnertal Lage und Länge des Tales Landschaftsbild Raumnutzung Indizes für Fremdenverkehrsintensität Verkehrserschließung Zersiedlung Klima	Orientierung im Raum Anlegen eines Querprofils Beobachtungsaufgabe Kartierung	Wanderkarte Panoramakarte Arbeitsblatt Straßenkarte Arbeitsblatt Klimadiagramm
Fremdenverkehrsamt St. Ulrich, Gröden	2	Entwicklung des Fremdenverkehrs im Grödnertal Übernachtungszahlen und Bettenzahlen als Maßstäbe der quantitativen Erfassung Eruierung aktueller Daten	Partnerarbeit Interview	Arbeitsblatt, Diagramm
St. Ulrich Wolkenstein	3	Folgen des Fremdenverkehrs: Wirtschaft und Verkehr Gruppe A: Kartierung des Einzelhandels in St. Ulrich Gruppe B: Kartierung des Einzelhandels in Wolkenstein Gruppe C: Verkehrszählung an der Talstraße St. Ulrich Gruppe D: Verkehrszählung in Wolkenstein	Gruppenarbeit Kartierung Zählung	
Ciampinoi	4	Folgen des Fremdenverkehrs im Bezug auf Wintersport Orientierung: Skigebiete am Talende	Orientierung Beobachtung	Arbeitsblatt Arbeitsblatt

Überblick der Standortbausteine Grödnertal

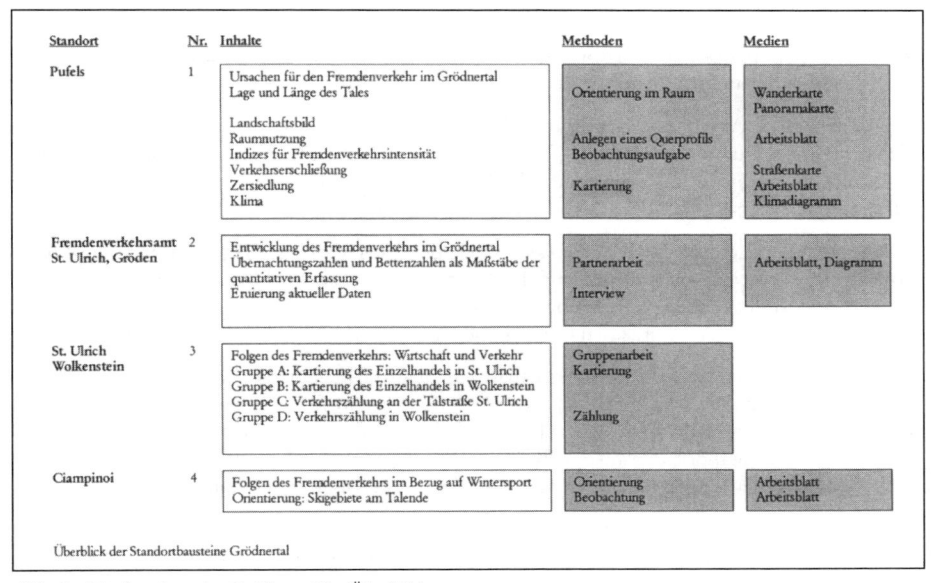

Abb. 2a: Die Standorte im Grödnertal im Überblick

Aktuelle Dynamik und Langzeitsignale in Gebirgsräumen

Standort	Nr.	Inhalte	Methoden	Medien
St. Jakob, Villnöß	5	Ursachen für den Fremdenverkehr im Villnößtal Lage und Länge des Tales Landschaftsbild Raumnutzung Indizes für Fremdenverkehrsintensität Verkehrserschließung Klima	Orientierung im Raum Beobachtungsaufgabe	Wanderkarte Panoramakarte Straßenkarte Klimadiagramm

St. Peter, Villnöß	6	Entwicklung des Fremdenverkehrs im Villnößtal
		Folgen des Fremdenverkehrs: Wirtschaft und Verkehr
		Gruppe A: Verkehrszählung Talstraße St. Peter
		  Verkehrsmäßige Erschließung
		Gruppe B: Entwicklung des Fremdenverkehrs:
		  Tourismusbüro St Ulrich
		Gruppe C: Einrichtungen für den Tourismus in St. Ulrich
			Zählung
			
			Interview
			
			Beobachtungsaufgabe
				Straßenkarte
				Diagramm

St. Magdalena	7	Der Fremdenverkehr im Villnößtal Cipra-Definition des Sanften Tourismus Naturpark Puez-Geisler als Verhinderer des Wintersportes	Diskussion	Arbeitsblatt, Karikatur Arbeitsblatt
Unterkunft	8	Sicherung/ Anwendung Planspiel Würzjochstraße	Planspiel	

Überblick der Standortbausteine Villnößtal

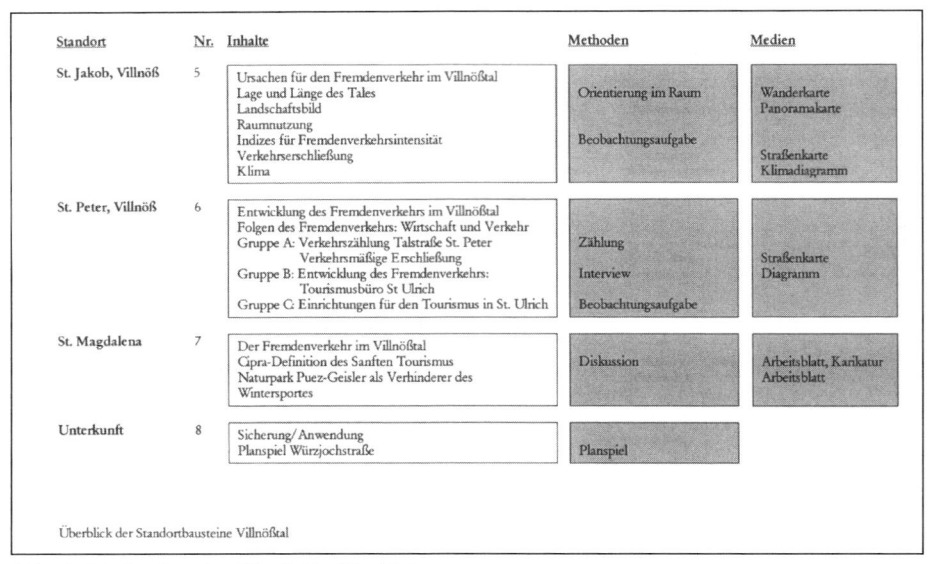

Abb. 2b: Die Standorte im Villnößtal im Überblick

4.4 Standortbaustein 1: Einführung in den Exkursionsraum; Ursachen des Tourismus im Grödnertal

Standort: Pufels: Am Rande der Straße von Strobl nach Pufels hat man oberhalb des Dorfkirchleins einen guten Blick auf St. Ulrich. Dieser Standort ist mit einem größeren Bus nicht zu erreichen. Entweder muss er also zu Fuß über Pufels erschlossen werden, oder man wählt alternativ den Standort auf dem Wanderweg P, der vom Panider Sattel aus erreichbar ist.

Wie im Unterricht ist auch auf Exkursionen der Einstieg eine didaktisch wichtige Phase, vor allem bei einer Exkursion, die auf der Grundstruktur der Problemorientierung und dem Prinzip des entdeckenden Lernens basiert. Deshalb liegt die Zielvorgabe dieses Standorts in der Hinführung zu den räumlichen Gegebenheiten und zum Thema der Exkursion.

An dieser Stelle werden von Standortbaustein 1 ausführlicher die Bereiche dargestellt, die den Einstieg betreffen und somit auf dem Anforderungsprofil an einen Einstieg im Rahmen von Schülerexkursionen (Abb. 3) beruhen. Die hier nicht genauer dargestellten Erarbeitungsphasen dieses Standortbausteins (Indizes für Fremdenverkehrsintensität, Verkehrserschließung, Zersiedlungserscheinungen; vgl. Abb. 2a) schließen sich daran an.

Ein erster Schritt der *Orientierung* (vgl. Abb. 1) leitet die Arbeit des Standorts ein. Nicht die Wanderkarte ist Vermittlungsmedium, sondern ein Panoramabild des Fremdenverkehrsamts Gröden. Die Schüler haben durch das Panoramabild die Möglichkeit, eine bildlich-räumliche Vorstellung des Exkursionsraums ‚Grödnertal' zu bekommen und können die Örtlichkeiten im Original leichter wiederfinden. Dabei ist es jedoch wichtig, einen genauen Vergleich des Panoramabilds mit dem originalen Vorbild zu ziehen, der durch die Zuordnung der Namen der sichtbaren Berggruppen und Orte erfolgt. So ist es möglich, die Verzerrung und Maß-

Markus WEMHOFF

Eine Phase der *Orientierung* sollte vor allem beim ersten Standort zu Beginn der Arbeit stehen, um eine Annäherung an den Untersuchungsgegenstand zu ermöglichen. Das so gewonnene räumliche Vorstellungs- und Orientierungsvermögen hilft im gesamten folgenden Exkursionsverlauf, die einzelnen Standorte einzuordnen und einen Gesamtzusammenhang herzustellen.

stabsungenauigkeiten des Panoramabilds zu erfassen und die Begrenztheit dieses Mediums für die geographische Arbeit vor Ort aufzudecken.

Anschließend ist es notwendig, zunächst das Landschaftsbild als einen primären Gunstfaktor für den Tourismus auf der Grundlage einer gezielten Beobachtung (zweiter Schritt) zu analysieren. Folgende Aufgaben sollen die Schüler in Einzelarbeit erarbeiten:

- Stellen Sie mit Hilfe der Wanderkarte Lage und Länge des Grödnertales fest.
- Beschreiben Sie die Ausgestaltung des Talbodens.
- Nennen Sie die Merkmale, die für das Landschaftsbild kennzeichnend sind.

Im Gespräch werden die Ergebnisse diskutiert und zusammengefasst (Schritte Beschreibung und Speicherung).

Eine weitere Erarbeitungsaufgabe soll ein geographisches Medium vorstellen und durch selbsttätige Erstellung den Umgang und Handhabung einüben. Den Arbeitsauftrag *Stellen Sie mit Hilfe der Wanderkarte ein* Querprofil *vom Gipfel des Außerraschötz zum Gipfel des Piz-Berges skizzenhaft dar* sollen die Schüler in Partnerarbeit erfüllen, um bei dem Schritt Auswertung die unterschiedliche Ausprägung der Nord- und Südbegrenzung des Grödnertals zu erkennen.

Das *Panoramabild* eignet sich zur Basisorientierung. Es ermöglicht eine dreidimensionale und damit räumlich-bildhafte Vorstellung des dargestellten Wirklichkeitsbereichs. Gerade für Räume mit unterschiedlicher Reliefierung ist es deshalb geeignet. Es muss jedoch auch auf die Unzulänglichkeiten dieses Mediums hingewiesen werden. Vor allem die Maßstabsungenauigkeit und die Verzerrung durch Vordergrund/Hintergrund-Aufteilung kann auch verwirrend wirken und zu falschen Vorstellungen führen. Vor Ort mit dem direkten Vergleich zur Realausstattung des Raums treten diese Defizite allerdings zurück.

Die sanftere und zertaltere Ausprägung der sonnenexponierten Nordseite ist ein wichtiges Kriterium für die Siedlungs- und Tourismusentwicklung. Je nach Größe der Schülergruppe kann diese Aufgabe erweitert werden, indem den Schülergruppen unterschiedliche Querprofile zugewiesen werden. In einer anschließenden Besprechung werden auf einem Arbeitsblatt die Ergebnisse gesichert. In einem weiteren Schritt (Information) kann hier durch ein Klimadiagramm auf das Klima als weiteren primären Gunstfaktor eingegangen werden.

Das *Quer- oder Kausalprofil* eignet sich besonders, um einen besseren Überblick über die Reliefgestaltung eines Raums zu erlangen. Hier können zudem Zusammenhang von Höhe und Vegetation und Nutzung sichtbar gemacht werden. Dabei ist die eigene Erarbeitung/Erstellung durch die Schüler wesentlich einprägsamer als die Präsentation fertiger Profile. Das Quer- oder Kausalprofil trägt zu einer sinnvollen räumlichen Strukturanalyse bei und hat sich aufgrund der für die Profilerstellung leicht zugänglichen Instrumentarien auf Exkursionen bewährt.

Die sekundären Gunstfaktoren für den Tourismus können durch zwei Komplexe aufgezeigt werden: Zum einen die Verkehrsinfrastruktur, zum anderen die Bebauung und Ortsstruktur von St. Ulrich.

Am Beispiel des Standorts Pufels werden die Aspekte deutlich, die auf einer Schülerexkursion für einen Einstieg relevant sind. Am Standort Nr. 5 (St. Jakob, Villnöß, vgl. Abb. 2b) befinden sich die Schüler in einem ihnen noch unbekannten Raum, darum ist auch hier der Aspekt der Orientierung (möglicherweise ebenfalls mit einem Panoramabild) von Bedeutung. Die Konzeption der Einstiegsstandorte basiert auf dem Anforderungsprofil nach Hemmer (Abb. 3).

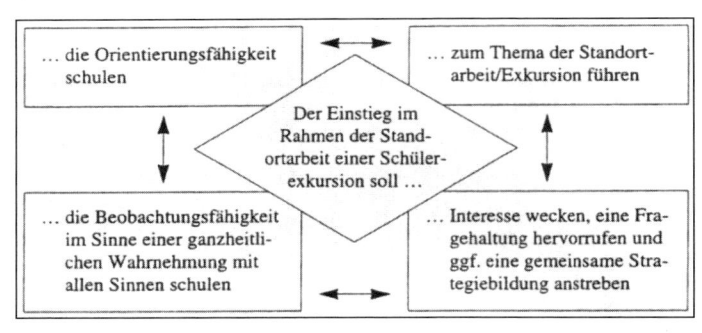

Abb. 3: Anforderungsprofil an einen Einstieg im Rahmen von Schülerexkursionen. (Quelle: HEMMER 1997, 39)

Da zum Thema der Exkursion in Gröden bereits gearbeitet wurde, steht bei der Standortarbeit des Standorts 5 jeweils der Vergleich im Vordergrund. Auch an diesem Standort können Hypothesen gebildet und Untersuchungsstrategien entwickelt werden.

4.5 Standortbaustein 8: Die Sicherung der Exkursionsergebnisse im Planspiel

Das Verlaufsschema der Exkursion (Abb. 2) zeigt deutlich die Fülle der Informationen, die auf der Exkursion gewonnen werden können. Eine Möglichkeit, diese Informationen zu verankern, bietet das schriftliche Planspiel. In dieser Methode werden um einen handfesten Konflikt herum in spielerischer Form die Erkenntnisse der Exkursion angewandt und dadurch miteinander verknüpft. Durch diese eigentätige Ausführung ist ein größtmöglicher Behaltwert vermittelter Informationen zu erreichen.

Das Planspiel beginnt nach einer Pause am Abend des letzten Tags in der Unterkunft. Zwar sind den Teilnehmern zeitlich begrenzte Konferenzen möglich, doch läuft das Planspiel im wesentlichen durch schriftliche Kommunikation. „Mit Hilfe der schriftlichen Kommunikation wird die Simulation des Falles perfektioniert" (FÜRSTENBERG 1993). Zudem lässt sich durch am Ende vorliegende Schriftstücke die notwendige Rekonstruktion des Ablaufs für die Auswertung genauer und objektiver durchführen. Das Planspiel greift eine fiktive, aber wirklichkeitsbezogene Situation als Thema auf. Das hier vorgestellte Planspiel „Würzjochstraße Villnößtal" beinhaltet den Konflikt um den Ausbau der Würzjochstraße zugunsten einer besseren Erreichbarkeit für einen Ausbau des Fremdenverkehrs. Bei der Konzeption eines Planspiels muss auf das Vorhandensein eines handfesten Konflikts geachtet werden, bei dessen Lösung nicht alle Gruppen ihre Interessen durchsetzen können. „Es geht nicht um das Finden von Alternativen, die niemandem wehtun, sondern um das Durchsetzen von Interessen. Nur so ist (auch) ein richtiges Verstehen von Politik möglich.!" (FÜRSTENBERG 1993). Den fachdidaktischen Gewinn von Planspielen kann man so zusammenfassen:

- Ungewöhnlich starke Motivation der Schüler und Schülerinnen
- Konfrontation mit wirklichkeitsnahen Konflikten des öffentlichen Lebens
- Einübung problemlösender Verhaltensweisen (im Bereich der angewandten Geographie)

Markus WEMHOFF

- Anwendung geographischer Fachkenntnisse im Zusammenhang am Ende von Exkursionen
- Starke Handlungsorientierung und Selbsttätigkeit

Der Verlauf des Planspiels teilt sich in drei Phasen:

- Einstieg und Rollenverteilung
- Aktions- und Entscheidungsphase
- Reflexionsphase

Der Einstieg ist wichtig, er dient zugleich der Motivation. Deshalb sollte sich die Spielleitung darauf besonders konzentrieren. Einer der Lehrenden schlüpft dabei in die Rolle eines Pressereporters und schildert die Situation, wobei er auch alle am Spiel beteiligten Personen nennt und deren Positionen vorstellt.

Folgende fiktive Personen nehmen am Spiel teil:

dafür	*egal*	*dagegen*
Georg Hopfinger als Baudezernent und stellvertretender Vorsitzender des Tourismusvereins Villnöß	Kalle Kanin als Haslwirt	Hans Marathoner als Vorsitzender des Tourismusvereins Villnöß und Hotelbesitzer
Josef Eichinger als Bürgermeister und Hotelbesitzer	Pastor Kirchner als Pfarrer von Sankt Anton in St. Peter	Frauke Fuchs als Vorsitzende des Umweltschutzvereins Villnöß

Nach der Einführung in die Sachlage verteilen sich die Teilnehmer auf die Rollen. Da ein Wechsel von der Person zur Rolle deutlich gemacht werden muss, werden die Teilnehmer nach der Aufteilung auf die Rollen nur noch mit ihrem Rollennamen (z. B. „Herr Pfarrer") angesprochen. Die Teilnehmer begeben sich dann in die jeweiligen Räume (ein Raum pro Rolle) und bekommen neben ihrem Positionspapier und den Spielregeln auch noch weiteres Informationsmaterial zur Sachlage. Neben den Arbeitsblättern und den aufgezeichneten Ergebnissen der Standortarbeit der Exkursion gehören dazu Fremdenverkehrsprospekte des Villnößtals sowie das Gemeindedatenblatt Villnöß, herausgegeben vom Landesinstitut für Statistik.

Der Kontakt untereinander erfolgt ausschließlich durch Briefe, die das Leitungsteam hin- und herbefördert, dabei allerdings immer eine Kopie einbehält. Konferenzen müssen schriftlich beantragt werden und dürfen eine Dauer von fünf Minuten nicht überschreiten. Weitere Spielregeln und nähere Arbeitsanweisungen finden die Schüler auf ihren Positionspapieren.

Das Spiel endet mit der Anbahnung einer Entscheidung. In den meisten Fällen beruft automatisch eine der Gruppen eine Konferenz zur Entscheidungsfindung durch Abstimmung ein. Falls das nicht der Fall sein sollte, kann ein Abschluss durch eine Mitteilung des Leitungsteams erfolgen. Das Leitungsteam hat die Aufgabe, den Spielverlauf zu kontrollieren und im Bedarfsfall einzugreifen. Der weitere Spielverlauf muss also offen bleiben und kann hier nicht vorgegeben werden. Mit einigen Ideen ist er jedoch vom Leiterteam einfach steuerbar, so dass auch ‚Planspielneulinge' nicht vor einer Ausführung dieses Planspiels zurückschrecken sollten.

Grundsätzlich darf beim Planspiel ein übergeordnetes Ziel nicht vernachlässigt werden: Spaß zu haben. Wenn das wie hier mit der Sicherung der auf der Exkursion gewonnenen Ergebnisse verbunden werden kann, umso besser.

Literatur

BEYER, L. (1989): Erdkundeunterricht im Gelände. – In: Arbeitskreis Südtiroler Mittelschullehrer (Hrsg.): Erdkundeunterricht im Gelände. – Bozen. 147-150.
FÜRSTENBERG, G. v. (1993): Planspiele. – Mainz.
HEMMER, M. (1997): Einstiege ins Gelände. – In: Geographie heute 157. – 39-41.
MEURER, M. (1988): Vergleichende Analysen touristisch bedingter Belastungen des Naturhaushaltes im Südtiroler Grödner- und Villnößtal. – In: Geographische Rundschau 10. – 28-38.
MEURER, M. (1990): Der Wintersport im Spannungsfeld zwischen Ökologie und Ökonomie – dargestellt am Beispiel der nordwestlichen Südtiroler Dolomiten. (= Eichstätter Hochschulreden). – Regensburg.
MEURER, M. (2003): St. Ulrich/Südtirol – Fremdenverkehr und Umweltbelastung. – In: Diercke Handbuch zum Weltatlas. – 150-151.
SANONER, A. (1987): Der Wirtschaftsraum Gröden. Eine wirtschafts- und sozialgeographische Prozessanalyse. – Wien.

www.altoadige-it.com/villnoess
www.groeden.de
www.provinz.bz.it/astat

Johann STÖTTER und Hannelore WECK-HANNEMANN (Innsbruck)

Leitthema B1 – Nutzung, Naturgefahren, integrales Risikomanagement

Der Alpenraum wurde im letzten Jahrzehnt von mehreren, große Schäden verursachenden Naturgefahrenprozessen betroffen. Ereignisse wie der Lawinenwinter 1999, der Wintersturm Lothar 1999 oder das Hochwasser im Sommer 2002 haben das Interesse einer über den betroffenen Raum weit hinaus gehenden Öffentlichkeit geweckt.

Diese Großereignisse haben klar die Grenzen des traditionell praktizierten monodisziplinären Umgangs mit diesen Naturprozessen und ihren gesellschaftlichen Auswirkungen aufgezeigt. Dabei wurde klar erkennbar, dass nur eine interdisziplinäre Auseinandersetzung der Komplexität des Ursachen-Wirkungsgefüges entspricht.

Diesem Anspruch wurde durch die Zusammensetzung der Referenten Rechnung getragen, die aus den Bereichen Geographie, Geologie, Ingenieur- und Wirtschaftswissenschaften kommen. Unverzichtbare Voraussetzung für den gemeinsamen Zugang zu der Fragestellung Naturgefahren ist eine einheitliche Terminologie und Sprachbasis. Gerade an einem so zentralen Begriff wie Risiko, für den es eine Vielzahl voneinander abweichender Definitionen gibt, lässt sich dies exemplarisch erkennen.

Kienholz zeigt anhand der Differenzierung zwischen Gefahren- und Risikoanalyse auf der einen sowie Gefahren- und Risikobewertung auf der anderen Seite, welche Rolle und Bedeutung die unterschiedlichen Disziplinen haben und wie sie ineinander greifen. Im Vordergrund stehen dabei die Fragen, was passieren kann und was passieren darf.

Die Entwicklung der von Naturgefahrenprozessen verursachten Schäden weist in den letzten Jahren eine exponentielle Zunahme auf. Ammann verdeutlicht, dass diese Entwicklungen zum einen zwar auf eine veränderte Prozessdynamik zurückzuführen sind, zum anderen aber in wesentlich stärkerem Maße durch die vielfältigen Prozesse sozioökonomischen Wandels bestimmt werden. Beispielhaft sind hier die zunehmende Mobilität sowie die Akkumulation von Menschen und Sachgütern in potenziell gefährdeten Bereichen zu nennen. Um diesen Entwicklungen einer Risikozunahme entgegenzuwirken, ist es erforderlich, Konzepte zu einem integralen Risikomanagement zu propagieren.

Einen wesentlichen Beitrag hierzu liefert die Versicherungswirtschaft. Wie Fischer anhand der Kantonalen Gebäudeversicherungen in der Schweiz aufzeigt, ist die Kombination von „Sichern und Versichern" wesentliche Grundlage einer erfolgreichen Strategie. Dieses System funktioniert aber nur, wenn Versicherungspflicht besteht und damit ein Risikoausgleich stattfindet. Ein elementares Instrument zur Schadensverminderung sind dabei Präventivmaßnahmen, wie z. B. Bauauflagen, deren Einhaltung durch die Versicherung gewährleistet wird.

Wesentliche Fortschritte im Umgang mit Naturgefahren hängen davon ab, dass alle Beteiligten gemeinsam an einem Strang ziehen. In diesem Sinne stellt Veulliet das Konzept von *alpS* – Zentrum für Naturgefahren-Management vor, in dem Vertreter von Wirtschaftsunternehmen, öffentlichen Dienststellen sowie unterschiedlichen wissenschaftlichen Einrichtungen zusammenarbeiten. Anhand von Projektbeispielen wird dargelegt, wie durch einen interdisziplinären Zugang zukunftsorientierte Lösungsansätze angegangen werden können.

In Zusammenschau zeigen die Autoren, dass es für eine nachhaltige Sicherung des alpinen Lebensraums neuer Wege bedarf und wie sie beschritten werden können.

Hans KIENHOLZ (Bern)

Alpine Naturgefahren und -risiken – Analyse und Bewertung

1 Alpine Naturgefahren

Aus der Bewegung von Wasser-, Schnee-, Eis-, Erd- und Felsmassen im Bereich der Erdoberfläche können sich Gefahren für Menschen und Güter ergeben. Im Rahmen der folgenden Betrachtungen geht es um die Beurteilung und Vorhersage von möglichen Prozessen, die Menschen und Güter direkt gefährden und oft innerhalb sehr kurzer Zeit zu Todesopfern, zu Verletzten, zur Zerstörung von Sachwerten, zu Unterbrüchen von Verkehrswegen und Transportlinien sowie zu ökologischen Schäden führen können. Solche Prozesse sind in Gebirgsräumen vor allem Lawinen, Murgänge, Hochwasser, Überschwemmungen sowie Rutsch- und Sturzbewegungen von Erd- und Felsmassen. Außerdem werden auch tiefgründige Sackungs- und Kriechbewegungen miteinbezogen, die zwar langsam ablaufen, jedoch erhebliche Schäden an Gebäuden und Infrastrukturanlagen verursachen können. Diese Prozesse werden oft unter dem Begriff „gravitative Naturgefahren" zusammengefasst; sie spielen sich zum größten Teil in geneigtem Gelände und, mit Ausnahme der Überschwemmungen, vorwiegend in Gebirgsräumen ab. In der englischen Sprache wurde daher der Begriff „Mountain Hazards" eingeführt, der hier mit „Alpine Naturgefahren" etwas einengend übersetzt wird. „Alpin" muss in diesem Zusammenhang als „Gebirgsräume betreffend" verstanden werden.

2 Naturgefahren – Naturrisiken

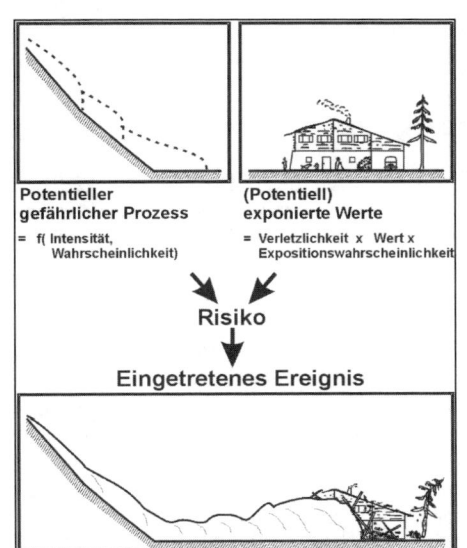

Bezogen auf ein betrachtetes Gebiet bzw. eine betrachtete Stelle im Gelände ist ein Naturrisiko definiert als Größe und Wahrscheinlichkeit eines möglichen Schadens durch einen gefährlichen Prozess (eine „Naturgefahr"), der abhängig ist

- einerseits von Ausmaß und (Eintretens-)Wahrscheinlichkeit dieses gefährlichen Prozesses und
- andererseits vom Wert, der (Präsenz-)Wahrscheinlichkeit (Expositionswahrscheinlichkeit) und der Verletzlichkeit von Objekten an derselben Gefahrenstelle.

Wenn sich der gefährliche Prozess dann effektiv abspielt *und* sich das „Schadenpotential" an der Gefahrenstelle befindet, entsteht ein Schaden.

Abb. 1: Gefahr (potentieller gefährlicher Prozess), Schadenpotential (potentiell exponierte Werte), Risiko und Schaden nach eingetretenem Ereignis

3 Analysen und Bewertung

Bei jeder Gefahren- und Risikoanalyse und -bewertung ist vorab eine klare Definition des betrachteten Systems (räumliche und zeitliche Abgrenzung, Festlegung der Skalen und der Betrachtungs- und Bearbeitungstiefe) erforderlich.

Ziel der Gefahren- oder der Risiko*analyse* ist die Beantwortung der Frage „Was *kann* passieren?". Dabei werden bei der Gefahrenanalyse nur die gefährlichen (quasi-)natürlichen Prozesse (etwa Lawine oder Murgang) mit ihren grundsätzlichen Wirkungsmöglichkeiten, bei der Analyse des Schadenpotentials zusätzlich die gefährdeten Objekte in ihrem Wirkungsbereich und bei der Risikoanalyse die Schadenwahrscheinlichkeiten und -höhen untersucht (vgl. Tab. 1). Die Analysen müssen mit wissenschaftlichen Methoden zu qualitativen und – soweit möglich und sinnvoll – quantitativen, objektiv richtigen Aussagen führen; sie sind dementsprechend klar die Aufgabe von Experten bzw. interdisziplinären Expertenteams. Auch wenn, wie später ausgeführt, die Analyseergebnisse in vielen Fällen mit Unsicherheiten behaftet sind, müssen sie doch so gut abgestützt sein, dass sie als Grundlage für die Gefahren- und Risikobewertung den Stellenwert von Fakten aufweisen.

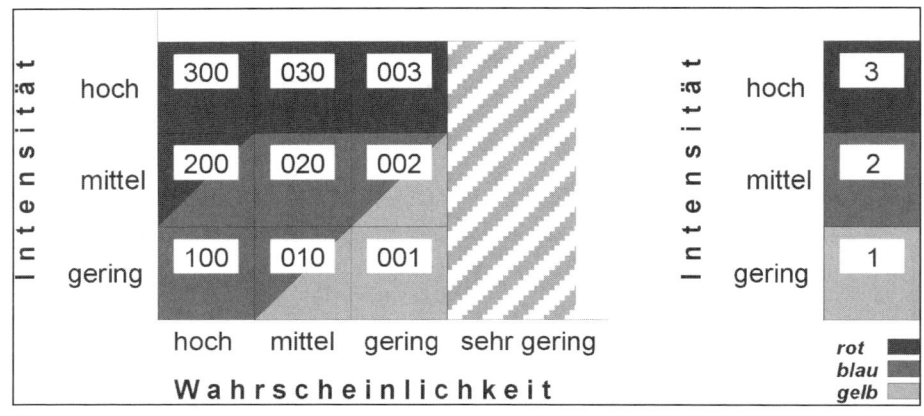

Abb. 2: Definition der Gefahrenstufen für Gefahrenkarten in der Schweiz. (links: Intensitäts-Wahrscheinlichkeits-Matrix für Naturgefahren allgemein, rechts: Intensitätsklassen für permanente Rutschungen, wo die Wahrscheinlichkeit per Definition = 1 ist)

Ziel der Risiko*bewertung* ist die Beantwortung der Frage „Was *darf* passieren?". Diese Frage lässt sich nur durch die interessierten bzw. betroffenen „Stakeholders" aufgrund ihrer Risikowahrnehmung und ihrer Abwägung zwischen den Nutzungsmöglichkeiten und den Risiken beantworten. Dabei spielen Lebensumstände, Lebenserfahrung und Wertesysteme eine entscheidende Rolle. Dementsprechend ist Risikobewertung primär Aufgabe jedes Einzelnen (Eigenverantwortung!), aber in vielen Fällen auch klar der Öffentlichkeit, allenfalls delegiert an die gewählten Behörden. Die Risikobewertungen erfolgen somit vor dem Hintergrund des kultur-spezifischen Risikoverständnisses unter Berücksichtigung von ökonomischen und politischen Erwägungen. Die Beantwortung der Frage „Was darf passieren?" definiert das akzeptierte Risiko. Dabei sind auch indirekte Risiken einzubeziehen, z. B. das Reputationsrisiko eines Touristenorts, in dem sich Unfälle im Zusammenhang mit Naturereignissen häufen.

	Analyse „Was *kann* passieren?"	Bewertung „Was *darf* passieren?"
Gefahr	Gefahrenanalyse: Naturwissenschaftlich-technische Untersuchung (Art, Wege, Intensitäten, Frequenzen, Angriffsweisen) der gefährlichen Prozesse und der Wirksamkeit allfälliger Schutzmaßnahmen Durchführung durch Expertenteams	Gefahrenbewertung: Einordnung der Analysenergebnisse in ein Gefahrenbewertungssystem (z. B. gemäß Abb. 2) Durchführung durch Expertenteams
Schadenpotential	Analyse des Schadenpotentials: Untersuchung (ökonomisch, gesellschaftlich, ökologisch, technisch) der möglicherweise exponierten Objekte (Art, materielle und immaterielle Werte, Verletzlichkeit, Expositionswahrscheinlichkeit) im möglichen Wirkungsbereich von Naturgefahren Durchführung durch Expertenteams	Bewertung des Schadenpotentials: „Welcher Wert und welche Bedeutung wird dem Schadenpotential zugemessen?" Einordnung der Analysenergebnisse in ein (von der Gesellschaft) explizit oder implizit definiertes Bewertungssystem, z. B. Schutzzieldefinitionen: - mit Angaben über die „Nicht-Zulässigkeit" bestimmter Ereignisgrößen und Eintretens-Häufigkeiten im Sinne von: „ein Ortskern muss besser geschützt werden als ein Weidegebiet", usw., oder - zulässige Schadenhöhe ausgedrückt in monetären Einheiten; besonders auch Bewertung von Menschenleben im Vergleich mit Sachwerten Durchführung durch Expertenteams unter Berücksichtigung der Wertesysteme der „Gesellschaft"
Risiko	Risikoanalyse: „Mit welcher Wahrscheinlichkeit können durch die Naturgefahren welche Schäden entstehen?" Analyse der aus der Koinzidenz von verletzlichen Objekten und gefährlichen Prozessen entstehenden Schäden unter Berücksichtigung der Koinzidenzwahrscheinlichkeit Durchführung durch Expertenteams	Risikobewertung: Bewertung der Risiken aufgrund der Risikowahrnehmung (gesteuert durch Lebenserfahrung, Wertesystem und Lebensstandard) unter Abwägung des Verhältnisses zwischen Risiken und Chancen (z. B. Nutzungs-Möglichkeiten des betrachteten Geländes) Durchführung primär individuell (Eigenverantwortung!), sekundär delegiert an Öffentlichkeit und Behörden (politische Entscheide)

Tab. 1: Gefahren- und Risikoanalyse / Gefahren- und Risikobewertung (mit Bezug auf ein räumlich und zeitlich definiertes System)

4 Zweck und Ausrichtung von Gefahren- und Risikobeurteilungen

4.1 Zeitlicher Horizont

Gefahren- und Risikobeurteilungen im Zusammenhang mit Naturgefahren erfolgen mit verschiedenen Zielsetzungen:

- mit langfristigem Horizont u.a.:
  - Raumplanung (Siedlung oder Anlage von Verkehrswegen)
  - Planung von Maßnahmen zum Schutz von (meist schon bestehenden) Siedlungen oder Verkehrswegen
  - Planung und Vorbereitung von Notfallmaßnahmen (inkl. Ausbildung und Training der Einsatzkräfte und regelmässiger Information der Bevölkerung)

- mit kurz- bis mittelfristigem Horizont, u.a.:
  - Evakuationen oder Sperrungen von Verkehrswegen zum Zeitpunkt akuter Gefahr
  - Regulierung von Gewässern (z. B. Seeabsenkungen bei sich abzeichnender Hochwassergefahr)
  - Beurteilung der Lawinengefahr im Hinblick auf Lawinenwarnungen (durch entsprechende Fachdienste) oder Gefahrenbeurteilung durch den Skitourenfahrer selbst

Die weiteren Ausführungen im Rahmen dieses Beitrags fokussieren auf Beurteilungen (Analysen und Bewertungen) mit langfristigem Horizont.

4.2 Gefahren- und Risikobeurteilung?

Wo genügen Gefahrenanalysen, wo sind Risikoanalysen und -bewertungen sinnvoll? Im Bereich technischer Risiken (in der Planungsphase z. B. eines Kernkraftwerks, eines chemischen Industriekomplexes usw.) sind umfassende Gefahren- und Risikoanalysen und -bewertungen unbestrittenermaßen notwendig und sinnvoll. Im Hinblick auf die Raumplanung wird diese Frage dagegen kontrovers diskutiert:

- Für siedlungsmäßig bislang ungenutzte Flächen genügt in der Regel eine Gefahrenkarte als Grundlage. Die Ergebnisse der naturwissenschaftlich-technischen Analyse zusammen mit einem Bewertungssystem (Tab. 1, Abb. 2) sind Aussagen über den Gefährdungsgrad der einzelnen Flächen und der Objekte, die allenfalls in diese Flächen zu stehen kommen sollen. Den Raumplanern genügen diese Aussagen in den meisten Fällen, da sie anhand der ausgewiesenen Gefahrenstufen entscheiden können, ob in einem Gebiet gebaut werden darf, ob das Bauen mit gewissen Auflagen möglich ist oder ob wegen der Naturgefahren ein Bauverbot auszusprechen ist (KIENHOLZ 1999).
- Bei der Planung von Schutzmaßnahmen für bestehende Siedlungen und Infrastrukturen, was gerade in den dichter besiedelten Tälern der Alpen, aber auch im Vorland sehr häufig der Fall ist, stellt sich immer wieder die Frage der Priorisierung von Maßnahmen. Denn nicht zuletzt die häufigen und teilweise verheeren-

den Ereignisse der letzten drei bis vier Dekaden haben deutlich gezeigt, dass nicht alle an sich notwendigen oder wünschbaren Maßnahmen technisch machbar sind oder dass sie am finanziellen Aufwand scheitern. Hier spielt es eine wesentliche Rolle, ob mit einer Erstinvestition von beispielsweise einer Million Franken nur eine einzelne landwirtschaftliche Scheune in der Gemeinde A oder ein dicht überbauter Ortsteil in der Gemeinde B zu schützen ist. Die Risikobeurteilung und darauf aufbauend eine Kosten-Nutzen-Analyse zeigen, dass das Geld im zweiten Fall viel effizienter eingesetzt ist. Aber hier ist zu bedenken, dass mit der Analyse und Bewertung des Schadenpotentials eigentlich nur nachvollzogen bzw. monetarisiert aufgelistet wird, was in den einzelnen Gemeinden an Entwicklung und Expansion in der Vergangenheit stattgefunden hat. Oder, anders ausgedrückt, im Prinzip werden bei striktem Vorgehen nach den Ergebnissen der Risikoanalyse die Gemeinde B bzw. die betreffenden Grundbesitzer belohnt, die in der Vergangenheit den Naturgefahren unwissentlich oder auch wissentlich zu wenig Beachtung geschenkt haben; ein entsprechendes Schutzmaßnahmenprojekt in der Gemeinde A, die bislang bezüglich Naturgefahren sehr vorsichtig agiert hat, wird nicht realisiert, die Gemeinde wird „bestraft" (vgl. dazu auch PETRASCHEK / KIENHOLZ 2003, 30).

Diese Überlegungen zeigen in geraffter Form, dass die Diskussion darüber berechtigt ist, wie weit *Gefahren*beurteilungen, wie weit *Risiko*beurteilungen für die einzelnen Fragestellungen sinnvoll sind. Weiter zeigen sie, dass auch bei klaren, in Zahlenwerten ausdrückbaren Ergebnissen der Risikoanalyse letztlich politische Entscheide zu fällen sind.

Im Folgenden werden nun einige Grundsatzfragen exemplarisch anhand des naturwissenschaftlich-technischen Teils der gesamten Risikobeurteilung, konkret mit Bezug auf die Gefahrenanalyse für die Erarbeitung von Gefahrenkarten erörtert.

5 Gefahrenanalyse für Gefahrenkarten – Anforderungen

Bei der Beurteilung von Naturgefahren geht es letztlich meist in irgendeiner Form um den Schutz von Menschenleben und Sachwerten vor gefährlichen Naturprozessen; Gefahrenkarten dienen dabei primär dazu, die Raumplanung bezüglich Naturgefahren in vernünftige Bahnen zu lenken und allenfalls Hinweise für notwendige ergänzende Schutzmaßnahmen zu geben. Unabhängig von entsprechenden Gesetzen und der Rechtsprechung versteht es sich von selbst, dass Gefahrenbeurteilungen hohen Qualitätsanforderungen genügen müssen. Im Wesentlichen sind

1. sachliche Richtigkeit und
2. gute Nachvollziehbarkeit (Transparenz bezüglich Ablauf der Beurteilung und der eingesetzten Methoden) gefordert.

In der Praxis muss die Beurteilung außerdem mit angemessenem Zeitaufwand,
3. möglichst wirtschaftlich erfolgen.

Risikomanagement und Nachhaltigkeit in Gebirgsräumen

5.1 Was heißt „sachlich richtig"?

So selbstverständlich es ist, mit allen Mitteln eine sachlich richtige Gefahrenbeurteilung anzustreben, so schwierig ist es, im Zusammenhang mit Naturgefahren dieses Ziel zu erreichen. Und so schwierig es ist, eine wirklich korrekte Gefahrenbeurteilung vorzunehmen, so schwierig ist es dementsprechend auch, die sachliche Richtigkeit von Gefahrenbeurteilungen zu überprüfen. Ob eine Gefahrenbeurteilung richtig (gewesen) ist, lässt sich nie absolut ermitteln. Im Prinzip lässt sich erst lange im Nachhinein feststellen, ob sich die gefährlichen Prozesse etwa im Rahmen des Vorhergesagten abgespielt haben oder nicht.

Größtmögliche sachliche Richtigkeit wird durch ein Vorgehen nach dem *„Stand der Fachkunde"* erreicht. Dieser Begriff ersetzt im Kontext des Umgangs mit Naturgefahren den Begriff „Regeln der Baukunst" aus dem Bauwesen. „Es handelt sich um Sachregeln, denen die Rechtsordnung Geltung und damit eine erhöhte Wirksamkeit verleiht. Der Begriff hat damit eine juristische Tragweite. Konkret sind dies die aktuellen und anerkannten Methoden und Verfahren, wie sie z. B. in der Schweiz von Bundesstellen oder Fachverbänden wie dem SIA empfohlen werden" (HERZOG 2000; KIENHOLZ et al. 2002).

Eine Gefahrenbeurteilung entsprechend dem „Stand der Fachkunde" verlangt die Feststellung und Untersuchung aller wesentlichen Aspekte, die zur Gefahr beitragen. Unter anderem gilt es, die verfügbaren Methoden und Prozeduren in sinnvoller Weise nicht nur komplementär, sondern auch bewusst redundant einzusetzen. Im weiteren müssen beispielsweise auch Summations- und Multiplikationseffekte beim Zusammenspiel verschiedener Naturprozesse oder auch Konflikte zwischen Naturprozessen und Schutzmassnahmen gegen andere Prozesse (z. B. Beeinträchtigung eines Steinschlagschutzwalds infolge Lawinenschneisen) beachtet werden. All dies setzt systematisches Vorgehen, aber vor allem auch Aufmerksamkeit in die Tiefe und die Breite, Phantasie (im guten Sinne) und Kreativität des Bearbeiters voraus.

5.2 Was heißt „nachvollziehbar"?

Das Vorgehen bei der Gefahrenbeurteilung muss transparent, überprüfbar und nachvollziehbar sein. Nicht zuletzt, weil die Erfüllung des Postulats nach sachlicher Richtigkeit nur beschränkt feststellbar ist, kommt einer hohen Transparenz und guten Nachvollziehbarkeit des Vorgehens große Bedeutung zu. Das Vorgehen, die eingesetzten Verfahren und Methoden, die Interpretation der erhobenen Daten lassen sich dadurch besser kontrollieren und überprüfen.

Gute Nachvollziehbarkeit des Verfahrens hilft zudem den Bearbeitern bei der Selbstkontrolle und verbessert die Argumentationsbasis bei der Umsetzung. Bei Gefahrenanalysen und -bewertungen sind deshalb in jedem Fall folgende Grundregeln zu beachten:

- Flächendeckende Dokumentation (kartographische Darstellung) des gesamten relevanten Perimeters (Gefahren-Entstehungsgebiet und Gefahren-Wirkungsgebiet, d. h. z. B. Wildbacheinzugsgebiet und Schwemmkegel)
- klare Methodenwahl und -kombination und deren Offenlegung
- klar umrissene Entscheidungskriterien bei der Bewertung
- Deklaration der Aussagen, u. a. mit Angabe der Evidenz (vgl. Tab. 2)

5.3 Was heißt „wirtschaftlich"?

Die Frage der Wirtschaftlichkeit tangiert im vorliegenden Kontext zwei Aspekte. Der erste und wichtigere ist der Aspekt der langfristigen Wirtschaftlichkeit des Umgangs mit Naturrisiken: Die Ergebnisse einer Gefahren- und Risikobeurteilung haben in jedem Fall wirtschaftliche Konsequenzen. Dabei hat eine unvorsichtige, zu optimistische Beurteilung im Ereignisfall neben menschlichem Leid meist auch einen größeren Schaden zur Folge als dies bei einer richtigen Beurteilung der Fall gewesen wäre. Umgekehrt löst eine übervorsichtige Gefahrenbeurteilung übermäßige Reaktionen aus: zu große Bauverbotszonen und Einschränkungen (nicht realisierte Nutzungsmöglichkeiten) und oft auch unnötige oder unnötig aufwendig konzipierte Maßnahmen.

erwiesener Prozess:	Prozess, der an der betreffenden Stelle „erwiesenermaßen" gewirkt und bleibende Spuren hinterlassen hat (stumme Zeugen) oder der sonst (z. B. Aufzeichnungen, Zeugenaussagen) dokumentiert ist	*Blick in die Vergangenheit: „lernen aus früheren Ereignissen"*
vermuteter Prozess:	Prozess, der an der betreffenden Stelle nicht „erwiesenermaßen" gewirkt hat; der jedoch beispielsweise aufgrund schwer interpretierbarer Hinweise im Gelände, aufgrund vager Aussagen, aufgrund allgemeiner Erfahrung oder aufgrund von Analogieschlüssen (Vergleich mit vergleichbaren anderen Gefahrengebieten) gewirkt haben dürfte	
potentieller Prozess:	Prozess, der an der betreffenden Stelle nicht gewirkt hat, der jedoch aufgrund der allgemeinen Konstellation (Topographie, Geologie, Hydrologie, Vegetation, Waldzustand, Bauten) eintreten könnte.	*Blick in die Zukunft: „Überlegungen und Hinweise auf mögliche Vorgänge infolge veränderter Randbedingungen"*

Tab. 2: Evidenz von Prozessen (gefährliche Prozesse und Teilprozesse)

Jede Gefahrenbeurteilung hat somit volkswirtschaftliche Konsequenzen. Ziel muss es daher sein, die Gefahren und Risiken möglichst „richtig" zu beurteilen.

Der zweite Aspekt – nicht unabhängig vom ersten – betrifft die Wirtschaftlichkeit von Projekten zur Erarbeitung von Gefahrenkarten und allenfalls von Maßnahmenkonzepten. Die Gefahrenbeurteilung, das Projekt „Gefahrenkarte" selbst, kostet Zeit und Geld. In der Logik der Wirtschaft, des heute so vehement geforderten Wettbewerbs, des Auftragswesens, der Rahmenbedingungen der staatlichen Auftraggeber und Treuhänder der Steuergelder besteht eine Tendenz zur Kostenminimierung. Ungeachtet der Tatsache, dass die Güte der Gefahrenbeurteilung langfristig über Millioneninvestitionen oder aber Millionenschäden entscheiden kann, besteht leider oft die Meinung, dass eine Gefahrenbeurteilung, die ja nur Papier und Unannehmlichkeiten verursacht, eigentlich immer zu teuer ist. Das kurzfristige Einsparen von Zeit und einigen Tausend Franken bei der Erstellung des Gefahrengutachtens kann längerfristig zu zusätzlichen Kosten in Millionenhöhe führen. Nicht zuletzt auch wegen dieser Problematik wurden in der Schweiz entsprechende Empfehlungen für das Qualitätsmanagement ausgearbeitet (PLANAT 1999), die sich an alle beteiligten Akteure richten.

6 Gefahrenanalyse für Gefahrenkarten – Wichtige Aspekte

Die Gefahrenanalyse erfordert, dass die verschiedenen Gefahrenprozesse nicht nur je einzeln, sondern auch in ihrer gegenseitigen Beeinflussung analysiert und beurteilt werden. Dies führt letztlich bis zu einer Analyse des Gesamtsystems aller Einflussfaktoren und Prozesse, die für die gegebene Örtlichkeit von Belang sind.

Risikomanagement und Nachhaltigkeit in Gebirgsräumen

Ein wichtiges Mittel dazu ist die Feststellung und Untersuchung der wesentlichen Aspekte, die zur Gefahr beitragen. Dazu gehören teilweise in Analogie zur Gefahrenerkennung im Bauwesen folgende Punkte (vgl. dazu SCHNEIDER / SCHLATTER 1994):

- Korrekte Abgrenzung des zu untersuchenden *Perimeters*; Berücksichtigung der Vorgänge in den benachbarten Perimetern;
- Erkennen und gedankliches Nachvollziehen und Nachrechnen früher abgelaufener Prozesse; ⇨ Abstützen auf *Erfahrungen*, dies auch durch Vergleich der vorliegenden Situation mit Gegebenheiten und Ereignissen in anderen Gebieten.
- *Systembeurteilung:*
  Wie funktioniert das Gesamtsystem der Gefahrenprozesse und seiner Einflussgrößen? Sind auch andere, „unerwartete" Entwicklungen möglich? Wie sind sie allenfalls zu behandeln? Welchen Einfluss können Umweltveränderungen (Klima, Landnutzung, Vegetation, menschliche Eingriffe) haben? Welche *Modellkonzepte*, welche Berechnungsmodelle stehen zur Verfügung? Welche Ergebnisse liefern sie?

Zur Systembeurteilung gehören im Einzelnen auch:

- *Materialanalyse*: Welche Materialien (Gesteine, Wasser, Schnee, Eis, Bäume) sind in welcher Kombination im Spiel?
- *Einflussanalyse*: Welche Größen beeinflussen die Gefahrenprozesse? Wie beeinflussen sich die Prozesse gegenseitig?
- *Energieanalyse*: Welche Energien sind im Spiel? Mit welchen Massen und welchen Geschwindigkeiten ist zu rechnen? Wo immer sinnvoll und möglich sind hier Modellrechnungen durchzuführen.
- *Chronologisches Vorausdenken*
- *Schwachstellenanalyse*
- kritische Analyse bestehender *Gegenmaßnahmen* (Verbauungen)
- Ableiten und Definieren der relevanten *Gefährdungsbilder*
- *Wirkungsanalyse*
- *Nachprüfung* all dieser Analysen nach erfolgten Ereignissen

6.1 Disposition und Auslösung

Im Zusammenleben mit unseren Mitmenschen (und uns selber!) unterschieden wir zwischen mehr oder weniger konstantem „Charakter", täglich oder stündlich schwankenden „Launen" und teilweise typischen Reaktionsmustern bei Störungen.

Dasselbe gilt im Prinzip auch für ein Gefahrensystem. Die Vorbereitungsphase eines gefährlichen Prozesses ist in der Regel gekennzeichnet durch eine bestimmte (eventuell zeitlich variable) Disposition für den gefährlichen Prozess und durch ein auslösendes Ereignis.

- ♦ Die *Disposition* zu gefährlichen gravitativen oder hydrologischen Prozessen in Gebirgsräumen ist die Anlage oder Bereitschaft von Wasser, Schnee, Eis, Erd- und Felsmassen, sich (in reiner Form oder vermischt) unter dem Einfluss der Schwerkraft so talwärts zu verlagern, dass dies zu Schäden führen kann. Zweckmässigerweise werden dabei eine „Grunddisposition" und die „variable Disposition" auseinandergehalten:

- Die *„Grunddisposition"* zu gefährlichen Prozessen (der „Charakter") ist die grundsätzliche, über längere Zeit gleichbleibende Anlage oder Bereitschaft zu solchen Prozessen. Die Grunddisposition wird bestimmt durch über längere Zeiträume konstant bleibende Parameter wie Relief, Geologie, Klima oder Pflanzenbestand. Zu beachten ist jedoch, dass einzelne Größen durchaus einen längerfristigen Entwicklungstrend in eine bestimmte Richtung aufweisen können. So bedeutet das rasche Abschmelzen der Gletscher oder die Hebung der Permafrost-Untergrenze für viele betroffene Gebiete eine Erhöhung der Grunddisposition gegenüber Erosion und Massenbewegungen.
- Die *„variable Disposition"* (die „Laune") ist die bei gegebener Grunddisposition zeitlich variable, in einem bestimmten Umfang schwankende oder sich entwickelnde effektive Disposition zu gefährlichen Prozessen. Die aktuelle Disposition wird somit bestimmt durch innerhalb eines gegebenen Systemzustands zeitlich variable, teilweise durch die Jahreszeit und Tageszeit gesteuerte Größen wie meteorologische Situation, Wasserhaushalt in einem potentiellen Rutschkörper oder Vegetationszustand.
- Das *auslösende Ereignis*, genau genommen jeweils nur das letzte Glied einer Reihe von Gründen (ERISMANN / ABELE 2001, 109), setzt bei gegebener Disposition den gefährlichen Prozess in Gang.

Abb. 3: Disposition und Auslösung von Gefahrenprozessen (beispielsweise Niederschlag als Auslöser der Wildbachaktivität bei gegebener Disposition)

Diese Unterscheidungen gilt es auch gegenüber gefahrenträchtigen Gesamtsystemen bzw. dem zu beurteilenden Gelände mit allen seinen Aspekten zu machen. Schließlich können Ausmaß und Wahrscheinlichkeit des gefährlichen Prozesses nur dann fundiert abgeschätzt werden, wenn sowohl die Voraussetzungen und Umstände der Vorbereitung als auch die Auslösungsmechanismen der Prozesse erkannt sind.

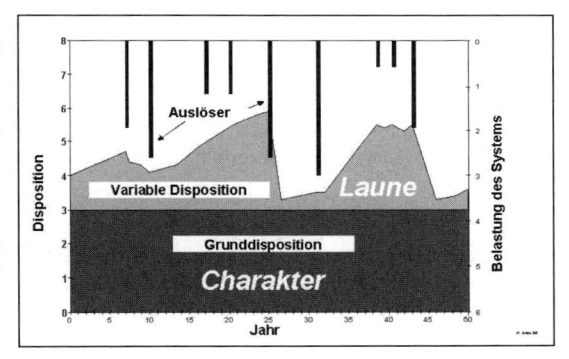

6.2 Grundansätze der Gefahrenanalyse

Eine korrekte Gefahrenbeurteilung erfordert den Einbezug aller verfügbaren Hinweise und Informationen über die gefährlichen Prozesse. Die Verwendung verschiedener methodischer Ansätze und der Vergleich mit abgelaufenen Ereignissen (auch in anderen Regionen) schafft die Voraussetzung für die Formulierung realistischer Szenarien.

Die Qualität der Gefahrenbeurteilung wird in hohem Maß durch die verfügbaren Ausgangsdaten bestimmt. Angesichts der oft ungenügenden Datenbasis (vor allem bezüglich quantitativer Daten) ist deshalb jeder Hinweis, jede Information über gefährliche Prozesse zu sammeln und zu interpretieren. Daten und deren Interpretation müssen anhand von Plausibilitäts- und Querkontrollen, Vergleich mit Erfahrungen in anderen Regionen (Analogien, Anomalien) und weiteren sich anbietenden Möglichkeiten überprüft werden. Zur Bearbeitung der meisten der oben aufgelisteten Punkte können und müssen verschiedene Ansätze und Verfahren eingesetzt werden.

Die *Auswertung früherer Ereignisse* an dem zu beurteilenden Ort (Ereignisanalyse) ist in jedem Fall sehr wichtig: Hier erhalten wir Hinweise darüber, was an dem zu beurteilenden Ort alles möglich (gewesen) ist und damit oft unwiderlegbare Argumente zur Untermauerung der Gefahrenbeurteilung. Im weiteren liefern sie Kalibrierungsmöglichkeiten von Berechnungsmodellen und nicht zuletzt auch Hinweise zur besseren Abschätzung der Eingangsparameter und deren möglichen Bandbreiten, die dann auch andernorts Anwendung finden können.

In jedem Fall, nicht nur, wenn am betreffenden Ort keine früheren Ereignisse bekannt sind, müssen *Gefahrenbeurteilungen prospektiv, vorausschauend* durchgeführt werden. Die Randbedingungen können sich inzwischen verändert haben oder neuen Entwicklungen unterliegen. Prospektive Gefahrenindikation erfordert sorgfältige Analysen des Geländes, der Geologie, der Hydrologie und des Gesamtsystems. Eine umfassende *Kenntnis der Verfahren, der Modelle*, ihrer Stärken, Schwächen, Grenzen, ihrer Empfindlichkeit gegenüber Ausgangsdaten, Annahmen von Randbedingungen ist eine unabdingbare Voraussetzung.

Ebenso große Bedeutung haben *Szenarienwahl* und die Definition der *Gefährdungsbilder*. Entscheidende Weichenstellungen für die Beurteilung erfolgen in der Szenarienwahl. „Werden in dieser Phase Fakten übersehen oder falsch interpretiert, überschatten die Folgen die Detailberechnungen unwiederbringlich" (HERZOG 2000).

Daraus ergibt sich klar, dass Gefahren- und Risiko-*Analysen* Aufgabe von speziell ausgebildeten und erfahrenen Fachleuten sind, die sich aus verschiedenen Fachdisziplinen rekrutieren können und idealerweise als interdisziplinäre Teams arbeiten.

Grundsätze der Gefahren-*Bewertung* und die Risiko-*Bewertungen* sind dagegen eindeutig Sache der Öffentlichkeit, was nicht ausschließt, dass sich Fachleute beratend beteiligen. Hier gilt es, Risikokultur bewusst zu leben, d. h. nicht totale Sicherheit um jeden Preis zu fordern, sondern das notwendige Sicherheitsniveau und die akzeptierten Risiken zu definieren und dann die entsprechenden Maßnahmen einzuleiten.

Literatur

HERZOG, B. (2000): Die Beurteilung von Wassergefahren aus Sicht der neuen Qualitätsempfehlungen. – In: Wasser – Energie – Luft 9-10. – 281-285.
KIENHOLZ, H. (1999): Anmerkungen zur Beurteilung von Naturgefahren in den Alpen. – In: Relief, Boden, Paläoklima 14. – 165-184.
KIENHOLZ, H. et al. (2002): Fragen der Qualitätssicherung bei der Gefahrenbeurteilung. – Chur.
PLANAT (1999): Empfehlungen zur Qualitätssicherung bei der Beurteilung von Naturgefahren. Bundesamt für Wasser und Geologie. – Biel.
PETRASCHEK, A. / KIENHOLZ, H. (2003): Hazard assessment and mapping of mountain risks – example of Switzerland. – In: RICKENMANN, D. / CHEN, C. (eds.): Debris Flow Hazard Mitigation. – Rotterdam. 25-38.
SCHNEIDER, J. / SCHLATTER, H. P. (1994): Sicherheit und Zuverlässigkeit im Bauwesen. – Stuttgart.

Walter J. AMMANN (Davos)

Die Entwicklung des Risikos infolge Naturgefahren und die Notwendigkeit eines integralen Risikomanagements

1 Einleitung

In den letzten Jahren ereigneten sich in verschiedenen europäischen Ländern zahlreiche, zum Teil sehr schwere Naturkatastrophen. Erinnert sei an die verheerenden Schäden in Westeuropa als Folge des Sturms Lothar am 26. Dezember 1999 oder an die verheerenden Überflutungen in Mitteleuropa im Jahr 2001. Weltweit betrachtet ereignen sich jährlich zwischen 500 und 700 katastrophale Schadenereignisse mit insgesamt bis zu 80.000 Toten und Schäden von rund € 100 Mrd. Von diesen Schadenereignissen sind jährlich bis gegen 200 Mio. Menschen betroffen (vgl. u. a. jährliche Statistiken der MÜNCHENER RÜCK, *www.munichre.com*). Die vielfältigen Bedürfnisse der Gesellschaft in Beruf und Freizeit führen zu einem immer größeren Risikopotential in Bezug auf Naturgefahren und zu immer größeren Folgeschäden bei einem Katastrophenereignis. Gleichzeitig steigt auch die Gefahr schwer einschätzbarer Risikoanhäufungen und die Unsicherheit im Umgang mit möglichen Auswirkungen einer globalen Klimaveränderung. Diese Risiken auf ein erträgliches Maß zu vermindern, stellt eine anspruchsvolle Aufgabe für jeden Staat dar. Sie kann nur mit einem ganzheitlichen Lösungsansatz, dem integralen Risikomanagement, gelöst werden.

2 Entwicklung direkter Schäden

Weltweit ist die Zahl der Toten in der letzten Dekade rückläufig, die Schadensumme hingegen stark steigend (ISDR 2003), immer größer werden die Folgeschäden bei einem Katastrophenereignis. Diese Entwicklung gilt auch für Europa, insbesondere für den Alpenraum mit seinen vielfältigen Nutzungen als Lebens-, Wirtschafts-, Erholungs- und Naturraum, verbunden mit einem stets größeren Risikopotential in Bezug auf Naturgefahren. Gründe im einzelnen sind: eine immer dichtere Besiedlung, insbesondere auch durch den Zweitwohnungsbau, die stetige Wertsteigerung von Gebäuden, Sachwerten und Infrastrukturanlagen, der zunehmende Verkehr, die steigenden Ansprüche der Gesellschaft an die Mobilität, die Energieversorgung und Kommunikation oder die Globalisierung mit ihrer immer stärkeren Vernetzung im Wirtschaftsleben ganz allgemein. Zur Verdeutlichung eines steigenden Risikopotentials am Beispiel der Schweiz gezeigt, hat sich der Fahrzeugbestand innerhalb der letzten 50 Jahre von 200.000 auf vier Millionen Autos vervielfacht, der versicherte Wert der Liegenschaften ist allein in den letzten 30 Jahren um rund einen Faktor drei angestiegen, die Energieein- und -ausfuhr um den Faktor 20 seit den 1960er Jahren (vgl. SLF 2000).

Naturgefahren schränken die Nutzung des Lebensraums ein. Dies führt zu volkswirtschaftlichen Einbußen. Solche Einschränkungen sind vor allem im Alpenraum bedeutsam, wo der Raum für Siedlungen und Verkehr, für gewerbliche und touristische Nutzungen und für den Lebensraum Alpen allgemein ohnehin begrenzt ist. Wo sich aber Siedlungen und andere Nutzungsgebiete mit Gefahrenzonen überschneiden, können Naturereignisse zu bedeutenden Schäden führen. Dies haben die großen Schadenereignisse in den letzten Jahren (Lawinenwinter 1999, vgl. SLF 2000; Wintersturm Lothar 1999, vgl. WSL / BUWAL 2001; Unwetter im Schweizer Mittelland 1999, vgl. BWG / WSL 2000; im Wallis und Tessin 2000, vgl. BWG / WSL 2002) eindrücklich gezeigt. Die letzten beiden Ereignisse allein führten zu einer Gesamtschadensumme von rund 1,5 Mrd. Franken. Die katastrophale Lawinensituation im Februar 1999 (SLF 2000) hat einmal mehr deutlich gemacht, dass auch heute, nach Jahrzehnten großer Schutzbemühungen, Lawinen im ganzen Alpenraum gegen 100 Tote fordern können und Schäden in Milliardenhöhe anrichten. Am 26. Dezember 1999 traf der außergewöhnlich starke Orkan Lothar auf Westeuropa und richtete vor allem in Frankreich, Deutschland und der Schweiz enorme Schäden an (WSL / BUWAL 2001). Sie beliefen sich auf fast 1,8 Mrd. Franken, wobei Wald (750 Mio. Franken) und Gebäude (600 Mio. Franken) am stärksten betroffen waren. 14 Menschen starben während des Orkans, 15 weitere während der Aufräumarbeiten. All diese Ereignisse haben vor Augen geführt, dass dem Schutz von Sachwerten klare Grenzen gesetzt sind.

3 Entwicklung indirekter Schäden

Katastrophale Naturereignisse führen neben umfangreichen direkten Schäden an Personen und Sachwerten in der Regel auch zu hohen indirekten Schäden. Indirekte Schäden können unterschiedlichste Ursachen haben, z. B. Produktionsausfälle in beschädigten Fabriken, Verlust an Marktanteilen wegen verspäteter Lieferung, Netzzusammenbrüche in der Kommunikation und der Energieversorgung oder Grundwasserverschmutzung durch auslaufendes Heizöl. Im Tourismussektor als einem der wichtigsten Wirtschaftszweige im Alpenraum ergeben sich indirekte Schäden als Mindereinnahmen bei nicht nutzbaren Wintersportanlagen oder dem Fernbleiben von Gästen wegen gesperrter Strassen. Die Mindereinnahmen werden dabei den möglichen Einnahmen bei Ausbleiben des Schadenereignisses gleichgesetzt. Damit ist die Basis zur Ermittlung der indirekten Kosten im Tourismussektor weitgehend hypothetisch, weil diese Abschätzungen auf einer wirtschaftlichen Situation basieren, wie sie vor dem Eintritt des Naturereignisses geherrscht hat (NÖTHIGER / BRÜNDL / AMMANN 2001).

Die Alpenregionen Europas sind sehr stark auf den Wintertourismus ausgerichtet und angewiesen. Lawinen haben deshalb eine außerordentlich große Bedeutung. Für die Tourismusbranche der Schweizer Bergkurorte kamen so im Ereignismonat Februar 1999 indirekte Schäden von über 300 Mio. Franken zustande (vgl. Tab. 1 und SLF 2000). Das entspricht einem gesamten Einnahmenrückgang von 22%. Die größten Einbußen erlitten dabei der Verpflegungssektor (-30%) und die Bergbahnen (-35%), die in vielen Skigebieten ihren Betrieb zeitweise vollständig einstellen mussten. Besonders auffällig ist bei dieser Übersicht der Einbruch bei den Übernachtungszahlen im Folgemonat.

In Bezug auf den alpinen Tourismus hatte der Orkan Lothar im Dezember 1999 keine mit der Lawinensituation im Februar 1999 vergleichbaren Auswirkungen. Die Zeit zwischen Weihnachten und Neujahr ist aber für den Wintertourismus die umsatzstärkste Periode des Jahres, weshalb vor allem Bergbahnen (-39,3 Mio. Franken) und Gastronomie (-48,1 Mio. Franken) große Einbußen hinnehmen mussten. Dies erklärt auch, warum die Summe der Mindereinnahmen trotz der nicht vergleichbaren Ereignisse mit 112 Mio. Franken einem guten Drittel der Mindereinnahmen aus dem Lawinenwinter entspricht (vgl. Tab. 2), obwohl der Übernachtungstourismus nicht betroffen war.

	Übernach-tung	Verpfle-gung	Detail-handel	Bergbah-nen	Übriges	Total
Februar 1999	-11,3	-93,5	-36,8	-74,6	-16,2	-232,5
März 1999	-20,1	-9,7	-5,8	-5,2	-3,6	-44,4
Februar 2000	-10,6	-5,7	-3,6	-3,2	-2,2	-25,4
Total	-42,1	-109,0	-46,2	-83,1	-22,0	-302,3

Tab. 1: Mindereinnahmen (in Mio. Franken) für die Tourismusbranche in den Schweizer Bergkurorten im Lawinenwinter 1999. (Quelle: NÖTHIGER 2003)

	Übernach-tung	Verpfle-gung	Detail-handel	Bergbah-nen	Übriges	Total
Dezember 1999	-	-48,1	-17,5	-39,3	-7,6	-112,5
Januar 2000	-	-	-	-	-	-
Dezember 2000	-	-	-	-	-	-
Total	-	-48,1	-17,5	-39,3	-7,6	-112,5

Tab. 2: Mindereinnahmen (in Mio. Franken) für die Tourismusbranche in den Schweizer Bergkurorten durch den Orkan Lothar vom 26. Dezember 1999. (Quelle: NÖTHIGER 2003)

4 Risiko und Sicherheit

Beim Umgang mit Risiken, die von Naturgefahren ausgehen, sind vielfältige und zum Teil gegensätzliche Ansprüche sicherheitstechnischer, gesellschaftlicher, wirtschaftlicher und ökologischer Art zu berücksichtigen. Neben den Risiken aus Naturgefahren existieren eine Reihe von technischen, ökologischen, wirtschaftlichen und gesellschaftlichen Risiken. Oftmals wirken diese Risiken auch zusammen. So können Hochwasser wegen auslaufender Heizöltanks und nachfolgender Verschmutzung des Grundwassers oder Unfälle beim Transport gefährlicher Güter infolge Lawinen oder Steinschlag zu großen und häufig schwierig zu beziffernden Folgeschäden führen. Die Sicherheit und der Schutz der Bevölkerung sind in diesem Gesamtkontext und im Sinne der Nachhaltigkeit zu beurteilen und zu gewährleisten. In der Schweiz hat eine Arbeitsgruppe der PLANAT in den letzten zwei Jahren eine Vision und eine Strategie zur Sicherheit vor Naturgefahren (PLANAT 2003) erarbeitet. Die neue Naturgefahrenpolitik in der Schweiz spricht in diesem Zusammenhang auch von einer „Abkehr von der reinen Gefahrenabwehr und einem Zuwenden zu einer modernen Risikokultur".

Risikomanagement und Nachhaltigkeit in Gebirgsräumen

Sicherheit gegenüber Naturgefahren ist in industrialisierten Ländern Bestandteil ihrer Wohlfahrt. Sie ist aber nur *ein* Aspekt. In den Ländern des Alpenraums mit einer ausgeprägten Wohlstandsgesellschaft ist Sicherheit kaum mehr ein primäres Ziel, sondern vielmehr eine – in der Regel einschränkende – Rahmenbedingung. Wichtig im Umgang mit Naturgefahren ist der risikoorientierte Ansatz. Das Risiko ist das (mathematische) Produkt aus der Häufigkeit bzw. Wahrscheinlichkeit eines gefährlichen Ereignisses und dem Schadenausmaß, das bestimmt wird durch die Anzahl der Personen und die Sachwerte, die einem gefährlichen Ereignis zum Zeitpunkt seines tatsächlichen Eintretens ausgesetzt sind, sowie durch die Verletzlichkeit der betroffenen Personen und Werte. Dabei haben diese Werte ökonomische, ökologische oder soziale Dimensionen.

Die Häufigkeit gefährlicher Ereignisse und die damit verknüpfte Intensität der Einwirkung sind somit nur Teilfaktoren des Risikos. Aus der mathematischen Definition des Risikos folgt auch, dass häufige, kleine Schadenereignisse an sich zum selben Risiko führen wie ein seltenes, dafür aber großes Ereignis. Bei letzterem kann es allerdings zu einer markanten Verschärfung in der öffentlichen Risikowahrnehmung kommen, insbesondere dann, wenn Todesopfer zu beklagen sind. Diese sogenannte Risikoaversion wird zukünftig umso wichtiger werden, wenn es darum geht, Risiken aus verschiedenen Naturgefahren untereinander oder gar mit technischen und weiteren Risiken zu vergleichen.

Abb. 1: Schlüsselfragen in der Risikoanalyse und –bewertung sowie in der integralen Maßnahmenplanung

Letztlich geht es um den Stellenwert, der den Naturgefahren insgesamt beigemessen wird sowie um die Grenzen der Sicherheit vor Naturgefahren. Damit sind insbesondere die nachfolgend erläuterten *Schutzziele* gemeint. Sie haben die Funktion, Grenzwerte für Schutzanstrengungen zu setzen. Ihr normativer Charakter verankert das akzeptierte Risikoniveau. Dadurch lassen sich Risikoszenarien an verschiedenen Orten und für verschiedene Naturgefahren vergleichen. Letztlich geht es um die Beantwortung der beiden folgenden Schlüsselfragen (vgl. Abb. 1): „Was kann passieren?" und „Was darf passieren?". Die in der Regel vorhandene Lücke zwischen den beiden Antworten ist mit geeigneten Maßnahmen zu überbrücken. Innerhalb der definierten Grenzen sind die gesetzten Ziele effektiv und effizient zu realisieren. Die einzelnen Schritte dieses Vorgehens werden mit dem Begriff des *integralen Risikomanagements* zusammengefasst. Eigentliches Ziel ist die Planung und Umsetzung von Maßnahmen. Die Evaluation der optimalen Schutzmaßnahmen muss primär nach den Kriterien der Kostenwirksamkeit erfolgen. Dabei ist die im Risikokreislauf (vgl. Abb. 2) gesamthaft zur Verfügung stehende Palette von Schutzmaßnahmen in der Prävention, Intervention und Wiederinstandstellung, aber auch die Versicherung von Risiken als grundsätzlich gleichwertige Maßnahme in Betracht zu ziehen.

5 Schutzziele und Schutzdefizite

Unter einem Schutzziel versteht man die Festlegung von Grenzwerten für die Sicherheitsanstrengungen. Soll gegenüber allen Naturgefahren ein vergleichbares Sicherheitsniveau gewährleistet werden, sind einheitliche Schutzziele eine unabdingbare Voraussetzung. Sie richten sich primär nach den anerkannten Schadengrößen „Leib und Leben von Menschen" (Todesopfer, Verletzte und allenfalls die sich daraus ergebenden finanziellen Folgen wie Heilungskosten, Rentenansprüche) und „wirtschaftliche Schäden" (Kosten der direkten und der indirekten Schäden). Schutzziele und damit die Antwort auf die Frage „Was darf passieren?" sind Wertesysteme und somit zeitvariabel. Die Gesellschaft, vertreten durch ihre politischen Gremien, handelt nach einem aktuell anerkannten Wertesystem, das dem Schutz der Bevölkerung vor Naturgefahren einen bestimmten Stellenwert in der Vorsorgeplanung eines Landes zuordnet. Es steht in Konkurrenz zu anderen Ansprüchen an die vorhandenen personellen, wirtschaftlichen und finanziellen Ressourcen. Ein bestehender Schutz wird als hinreichend oder nicht ausreichend empfunden, je nach den demographischen, wirtschaftlichen, finanziellen, technischen Möglichkeiten und den Ansprüchen einer Gesellschaft zu einer bestimmten Zeit. Was heute noch allen Menschen genügt, wird möglicherweise morgen in Frage gestellt; Schutzziele werden angepasst und erfordern neue oder ergänzende Schutzmaßnahmen. Anpassungen können auch nötig werden im Rahmen der laufenden Klimadebatte (mögliche Auswirkungen auf Häufigkeit und Intensität von Naturgefahren). Die Risikobewertung (Abb. 1) führt auch zur Feststellung der Schutzdefizite und damit zur eigentlichen Maßnahmenplanung im Sinne des integralen Risikomanagements.

6 Risikokreislauf und Integrales Risikomanagement

Integrales Risikomanagement umschreibt im Spannungsfeld von Risiko und Sicherheit ein operatives Konzept zur Handhabung von Risiken. Risiken müssen erkannt und beurteilt sowie mit geeigneten Maßnahmen reduziert werden, und schließlich müssen auch organisatorische Entscheidungen getroffen werden. Unter dem Begriff des „Integralen Risikomanagements" (IRM, vgl. AMMANN 2001) wird der gleichwertige Einsatz und das optimale aufeinander Abstimmen sämtlicher Maßnahmen und Handlungen im Risikokreislauf (vgl. Abb. 2) von Vorbeugung (im englischen Sprachgebrauch: „Prevention, Preparedness"), Krisenbewältigung (im englischen Sprachgebrauch: „Intervention, Emergency"), Wiederinstandstellung (inklusive Versicherung, im englischen Sprachgebrauch: „Recovery, Reconstruction") verstanden. Damit wird deutlich, dass auch in Zukunft trotz bester Vorbeugung Katastrophen zu erwarten sind und es deshalb wichtig ist, auch über effiziente Maßnahmen während und nach einer Krisensituation zu verfügen. Der wirtschaftlichen Bewältigung von Schäden mit Hilfe der Versicherungen kommt dabei eine zentrale Bedeutung zu.

Abb. 2: Risikokreislauf

Das Integrale Risikomanagement folgt einem strukturierten Ablaufprozess. Dieser gliedert sich in drei Hauptschritte (vgl. Abb. 1 und BUWAL 1999), nämlich in die Risikoanalyse (Beurteilung der Gefährdungssituation, Identifikation der potentiellen Gefährdungen, deren Intensität und Ausmaß, Analyse der Gefährdungs-Exposition und der Verletzbarkeit), in die Risikobewertung (Feststellung der Schutzdefizite anhand der Schutzziele unter Einbezug der Risikoaversion und von „zusätzlichen Restrisiken") sowie in die Integrale Maßnahmenplanung (Planung und Beurteilung der möglichen Maßnahmen). Die Sicherheit vor Naturgefahren steht dabei im Spannungsfeld der zum Teil gegenläufigen Ansprüche der Bereiche Umwelt, Wirtschaft und Gesellschaft. Die volkswirtschaftlichen und auch die ökologischen Grenzen treten bei den Schutzbemühungen immer deutlicher zu Tage. Der Schutz vor Naturgefahren weist daher ein vielfältiges Konfliktpotential auf.

7 Integrale Maßnahmenplanung

Hauptaufgabe der integralen Maßnahmenplanung ist es, die vorgesehene Sicherheit mit den kostenwirksamsten Maßnahmen (vgl. WILHELM 1999) zu gewährleisten, wobei die Schutzziele einzuhalten sind. Neben der Gleichwertigkeit von Maßnahmen im Risikokreislauf von Prävention, Intervention und Wiederinstandstellung geht es vor allem darum, die organisatorischen und raumplanerischen, technischen und biologischen Schutzmaßnahmen aufeinander abgestimmt zu planen, auf ihre Effizienz zu prüfen und einzusetzen. Als weitere Kriterien sind insbesondere die Grundsätze der Nachhaltigkeit, aber auch die Akzeptanz, die Realisierbarkeit oder die Zuverlässigkeit von Maßnahmen zu beachten.

Für den Umgang mit Risiken aus Naturgefahren bestehen grundsätzlich die vier Möglichkeiten Risikovermeidung (Raumplanung), Risikominderung (technische Schutzmaßnahmen), Risikoüberwälzung (Versicherung) oder das Selbst-Tragen von Risiken (Eigenverantwortung), (vgl. dazu auch AMMANN 2001). Folgende Maßnahmen sind in den drei Phasen des Risikokreislaufs möglich:

- Raumplanerische Maßnahmen (Risikovermeidung: Gefahrenkataster und –karten und deren Umsetzung in Nutzungspläne)
- Technische Maßnahmen (Risikominderung: Maßnahmen, die ein gefährliches Ereignis gar nicht erst entstehen lassen, Ablenkbauwerke, Schutzbauwerke, etc.)
- Organisatorische Maßnahmen (Risikominderung: Frühwarnung, Warnung, Krisenmanagement, Information, Kommunikation)
- Biologische Maßnahmen (Risikominderung: Schutzwald, Erosionsschutz, etc.)
- Versicherungen (Risikoüberwälzung mit der solidarischen Haftung einer Vielzahl von Versicherungsnehmern, finanzielle Folgen werden auf ein anderes System übertragen, vgl. FISCHER 2001).

Im Interesse der Kosten-Wirksamkeit ist es wichtig, dass diese verschiedenen Maßnahmenarten als gleichwertig betrachtet und allein oder in Kombination eingesetzt werden. Dabei liegt eine der wichtigsten zukünftigen Herausforderungen im Umgang mit Naturgefahren in der ganzheitlichen und einheitlichen Beurteilung über alle Phasen des Risikokreislaufs hinweg, was bei der Vielzahl beteiligter Stellen wie zum Beispiel Forstdiensten, Wasserbau-, Raumplanungs- und Bauämtern, Warndiensten, Polizei, Feuerwehr, Sanität, Technischen Betrieben,

Zivilschutz und Armee sowie der unterschiedlichen Verantwortlichkeiten und institutionellen Verankerungen äußerst anspruchsvoll ist.

Der Hauptteil der Maßnahmen fällt der Risikoverminderung zu. Hier stehen verschiedene Möglichkeiten zur Verfügung, die sich durch Ort, Art und Zeitpunkt der zu treffenden Maßnahme unterscheiden. Präventionsbemühungen (Abb. 2) haben zum Ziel, die Wahrscheinlichkeit zu verkleinern, dass ein Schaden eintreten (Schadenverhütung) oder zumindest in Grenzen gehalten werden kann. Die technischen und raumplanerischen Maßnahmen werden vor allem zur Vorbeugung eingesetzt. Die technischen Maßnahmen dienen entweder zur Begrenzung der Gefährdung, der Verletzlichkeit oder des Schadenausmaßes. Andererseits haben technische Maßnahmen aber häufig negative Implikationen auf Landschaft und Natur zur Folge. Die Natur ist auf Veränderungsprozesse als Folge von Naturereignissen angewiesen. Hier gilt es in Zukunft noch vermehrt, die Sicherheitsansprüche des Menschen und die Anliegen des Natur- und Landschaftsschutzes gegeneinander abzuwägen (vgl. STÖCKLI 2001).

Die organisatorischen Maßnahmen greifen im Übergangsbereich von Prävention zu Intervention. Frühwarnungs- und Warnmeldungen beispielsweise dienen dem vorbeugenden Schutz von Menschenleben, die Anordnung von Evakuationen und Strassensperrungen sind in der Regel bereits Interventionsmaßnahmen. Auch sie dienen in erster Linie dem Schutz von Menschenleben. Ein effizientes Krisenmanagement muss sich auf eine detaillierte Notfallplanung abstützen können, die schon im Vorfeld einer sich abzeichnenden Katastrophensituation wirksam zu werden beginnt. Die Katastrophensituationen der letzten beiden Jahre haben gezeigt, wie wichtig der rasche und stufengerechte Austausch von Informationen auf sämtlichen Ebenen der Betroffenen ist (SLF 2000).

8   Risikominderung als gemeinsame und solidarische Aufgabe

Der Schutz vor Naturgefahren ist eine gemeinsame Aufgabe der politischen Organisationseinheiten sämtlicher Ebenen (Bund, Kantone bzw. Länder und Gemeinden). Aber auch die Wirtschaft und jedes Individuum sind gleichermaßen gefordert. Eine derart vielschichtige, gesellschaftspolitische Aufgabe kann nur optimal gelöst werden, wenn alle Beteiligten ihre Verantwortung kennen und wahrnehmen, aber auch bereit sind, große Schäden solidarisch zu tragen. Der Beitrag aller Beteiligten, von den Behörden bis hin zum eigenverantwortlichen Individuum, ist dabei sehr wichtig. Solidarität ist insbesondere deshalb erforderlich, weil sich in der Regel Nutzen und Risiken ungleich über ein Land verteilen. Wo Risiken und vor allem Schäden räumlich und zeitlich verteilt auftreten, ist, wie am Beispiel des Sturms Lothar 1999 zu sehen (WSL / BUWAL 2001), oftmals zufällig. Eine wichtige Rolle bei dieser Solidarität übernehmen die Versicherungen. Alle Betroffenen verlassen sich auf ein breites Versicherungsangebot. Die im öffentlich-rechtlichen Rahmen funktionierenden Elementarschadenversicherungen formen dabei Solidargemeinschaften, die auf eine lange und bewährte Tradition zurückblicken können. Großrisiken wie schwere Erdbeben oder Jahrhundertüberschwemmungen, die über Generationen nicht auftreten, zeigen außerdem, dass Prävention teilweise über Generationen hinweg notwendig ist.

Sicherheit hat einen hohen Preis. Sicherheit um jeden Preis hingegen ist aus technischen, ökonomischen und ökologischen Gründen nicht sinnvoll. Es gilt also, Grenzen der Sicherheit und des Schutzes zu akzeptieren. Maßnahmen müssen mit einem Minimum an Kosten ein Optimum an Sicherheit erzielen (vgl. z. B. WILHELM 1999). Im Sinne der Nachhaltigkeit stellt sich aber bei Projekten mit mangelnder Wirtschaftlichkeit präventiver Maßnahmen dennoch im Sinne der Nachhaltigkeit die Frage, inwieweit die heutige Generation die Prävention vernachlässigen und die potentiellen Schadenskosten zukünftigen Generationen zuweisen darf.

9 Zusammenfassung

Weltweit haben sowohl die Anzahl der Katastrophen und Unglücksfälle als auch die Schäden durch Naturgefahren im letzten Jahrzehnt stark zugenommen. Zahlreiche Unsicherheiten können in Zukunft die Risiken erhöhen. Die wichtigsten Faktoren, die es künftig besonders zu beachten gilt, sind dabei die Ausbreitung der Siedlungsfläche, die Wertsteigerung und die gleichzeitige Verletzbarkeit der Infrastruktur, die Mobilität, die Versorgung, die Kommunikation, die immer stärkere Vernetzung im Wirtschaftsleben, die ständig steigenden Freizeitaktivitäten, die soziopolitischen Veränderungen und die möglichen Klima- bzw. Wetterveränderungen.

Die Erfolge in der Minderung von Naturgefahren dürfen nicht darüber hinwegtäuschen, dass wichtige Aufgaben anstehen. So müssen die Entwicklung des Gefährdungs- bzw. Risikoverlaufs kritisch verfolgt und Optimierungspotentiale konsequent ausgeschöpft werden. Große Beachtung muss auch dem Unterhalt der in der Vergangenheit aufgebauten, umfangreichen technischen Schutzbauten und –maßnahmen für die Sicherheit von Siedlungen und Verkehrswegen geschenkt werden. Deren Unterhaltskosten beanspruchen einen steigenden Anteil der verfügbaren Mittel und stehen damit in Konkurrenz zu den Mitteln für erforderliche neue Maßnahmen.

Weltweit ereignen sich über 95% der Naturkatastrophen mit Todesopfern in den sich entwickelnden Ländern. Naturkatastrophen können in diesen Ländern die wirtschaftliche Entwicklung und damit die Anstrengungen zur Bekämpfung von Armut und Hunger während Jahren beeinträchtigen. Internationale Solidarität und Kooperation im Umgang mit Risiken aus Naturgefahren stellen denn auch zukünftig für die Industrieländer wichtige Aufgaben dar.

Es gilt in Zukunft, sich laufend mit veränderten Gefährdungs- bzw. Risikoszenarien und neuen gesellschaftspolitischen Verhältnissen auseinander zu setzen. Strategien gegen Naturgefahren müssen deshalb periodisch angepasst werden. Basis dazu bildet eine regelmäßige, umfassende Gesamteinschätzung, die weit über die heutigen, nur sektoriell und gefahrenorientiert vorgenommenen Beurteilungen hinausgeht. Allein das heutige Sicherheitsniveau zu halten und die Tauglichkeit der bisher getroffenen Schutzmaßnahmen zu garantieren, ist eine schwierige und aufwendige Aufgabe.

Literatur

AMMANN, W. J. (2001): Integrales Risikomanagement von Naturgefahren. – In: Eidgenössische Forschungsanstalt WSL (Hrsg.): Tagungsband WSL Forum für Wissen: Risiko+Dialog Naturgefahren. – Birmensdorf. 29-34.
BUWAL (Bundesamt für Umwelt, Land und Landschaft) (1999): Risikoanalyse bei gravitativen Naturgefahren. – Bern.
BWG (Bundesamt für Wasser und Geologie) / WSL (Eidgenössische Forschungsanstalt WSL) (2000): Hochwasser 1999 – Analyse der Ereignisse. (= Studienbericht, 10). – Bern. *www.admin.ch/edmz*.

BWG (Bundesamt für Wasser und Geologie) / WSL (Eidgenössische Forschungsanstalt WSL) (2002): Hochwasser 2000 – Ereignisanalyse / Fallbeispiele. (= Berichte des BWG, Serie Wasser, 2). – Bern. *www.bbl.admin.ch/bundespublikationen*.

FISCHER, M. (2001): Integrales Risikomanagement: Sicht der Versicherungen. – In: Eidgenössische Forschungsanstalt WSL (Hrsg.): Tagungsband WSL Forum für Wissen: Risiko+Dialog Naturgefahren. – Birmensdorf. 51-53.

ISDR (2003): Living with Risk – A global review of disaster reduction initiatives. – Geneva.

NÖTHIGER, C. J. (2003): Naturgefahren und Tourismus in den Alpen – Untersucht am Lawinenwinter 1999 in der Schweiz. [Dissertation Universität Zürich].

NÖTHIGER, C. J. / BRÜNDL, M. / AMMANN, W. J. (2001): Die Auswirkungen der Naturereignisse 1999 auf die Bergbahn- und Skiliftunternehmen in der Schweiz. – In: AIEST Tourism Review 56/1/2). – 23-32.

PLANAT (2003): Strategie Sicherheit vor Naturgefahren. – Biel. *www.planat.ch*.

SLF (Eidgenössisches Institut für Schnee- und Lawinenforschung, Davos) (2000): Der Lawinenwinter 1999 – Ereignisanalyse. – Davos.

STÖCKLI, V. (2001): Naturgefahren aus der Sicht der Natur. – In: Eidgenössische Forschungsanstalt WSL (Hrsg.): Tagungsband WSL Forum für Wissen: Risiko+Dialog Naturgefahren. – Birmensdorf. 55-57.

WILHELM, C. (1999): Kosten-Wirksamkeit von Lawinenschutzmassnahmen an Verkehrsachsen. Vorgehen, Beispiele und Grundlagen der Projektevaluation. Eidgenössisches Institut für Schnee- und Lawinenforschung, SLF Davos. Vollzug Umwelt, Praxishilfe, Bundesamt für Umwelt, Wald und Landschaft BUWAL. – Davos, Bern.

WSL (Eidgenössische Forschungsanstalt WSL) / BUWAL (Bundesamt für Umwelt, Wald und Landschaft) (Hrsg.) (2001): Lothar. Der Orkan 1999. Ereignisanalyse. – Birmensdorf, Bern.

Markus FISCHER (Chur)

Sichern und Versichern im Rahmen des Risikomanagements

1   Einleitung

Integrales Risikomanagement im weiteren Sinne ist im soziopolitischen Umfeld angesiedelt. Es umfasst die Risikoanalyse und -bewertung als Voraussetzung des Risikomanagements im engeren Sinne, dies vor dem Hintergrund der Risikowahrnehmung und -kommunikation.

Der Mensch kann Risiken vermeiden („Flucht"), verhindern und vermindern („Kampf") oder diese akzeptieren („Totstellen"). Eine besondere Form der Risikoakzeptanz ist die grundsätzliche Inkaufnahme des Risikos unter Abfederung der wirtschaftlichen Folgen im Eintretensfall durch den Abschluss von Versicherungen. Integrales Risikomanagement beinhaltet alle Aspekte von Risikovermeidung, -bekämpfung und -akzeptanz mit dem Ziel eines optimalen Mitteleinsatzes. Durch die Zusammenbindung von vorbeugendem Brandschutz, Wehrdiensten und Neuwertversicherung ist diese Integration im Bereich Feuer unter einheitlicher Leitung der Gebäudeversicherungen in 19 Kantonen vollständig realisiert. Die Prävention gegen Naturgefahren ist eine öffentlich-rechtliche Aufgabe, die von raumplanerischen und technischen Aspekten bis zur Bildung von Zwangs-Solidargemeinschaften zur Versicherungsdeckung von Elementarrisiken führt. Nur im öffentlich-rechtlichen Rahmen ist wirkungsvolle Prävention und Risikosteuerung integral und kostengünstig durchsetzbar.

2   Von der Bedrohung durch Naturgefahren zum Risikomanagement

Naturgefahren werden seit einiger Zeit bewusster wahrgenommen, dies aufgrund steigender Schadenzahlen und einer Häufung schwerer Naturereignisse. Ohne in die Ursachendiskussion einzugreifen, ist hier anzumerken, dass die Empfindlichkeit durch Wertekonzentration auch in gefährdeten Gebieten, dichtere Besiedlung sowie intensivere Nutzung des Siedlungsraums und von Gebäuden zugenommen hat. Zudem trägt die umfassende, unmittelbare Information über Naturereignisse zu deren gesteigerter Wahrnehmung bei.

> **Risikowahrnehmung**
>
> Dass die Reaktion auf Risiken auch ein Wahrnehmungsphänomen darstellt, zeigt sich derzeit an der Reaktion auf Unfälle in Straßentunnels: einschneidende organisatorische Maßnahmen (z. B. die Verkehrsdosierung), große Investitionen und politische Forderungen (z. B. zweite Tunnelröhre am Gotthard) sind die Folge. Faktisch sind Tunnels die sichersten Straßenabschnitte: witterungsgeschützt, gut beleuchtet, ohne Verzweigungen. Durch die jüngsten Unfälle sind die Tunnels nicht unsicherer geworden – verändert hat sich die Risikowahrnehmung und -reaktion.

Im soziopolitischen Umfeld wird die Bedrohung durch Naturgefahren unterschiedlich wahrgenommen und kommuniziert. Die wirklichkeitsentsprechende Beurteilung der Risikoempfindlichkeit setzt eine wissenschaftliche *Risikoanalyse* und eine *Bewertung der Risiken* voraus. Neben der Empfindlichkeit von Raumnutzungen gegenüber gefährlichen Naturprozessen muss auch die Empfindlichkeit in ökonomischen, ökologischen und sozialen Bereichen analysiert werden. Zentral auf dieser

Risikomanagement und Nachhaltigkeit in Gebirgsräumen

Ebene sind Antworten auf die Frage, welche relevanten Auswirkungen für die Gesellschaft gefährliche Prozesse haben können (z. B. Gebäudeschäden oder Betriebsausfälle). Gleichzeitig ist die ökologische Empfindlichkeit zu erfassen, sofern die Umwelt nutzungsrelevant betroffen wird, so zum Beispiel ein Schutzwald in seiner Schutzfunktion. Die Risikobewertung soll vorhandene Gefährdungen in ihrer wirtschaftlichen Auswirkung darstellen, dies im Hinblick auf eine Optimierung von Gegenmaßnahmen.

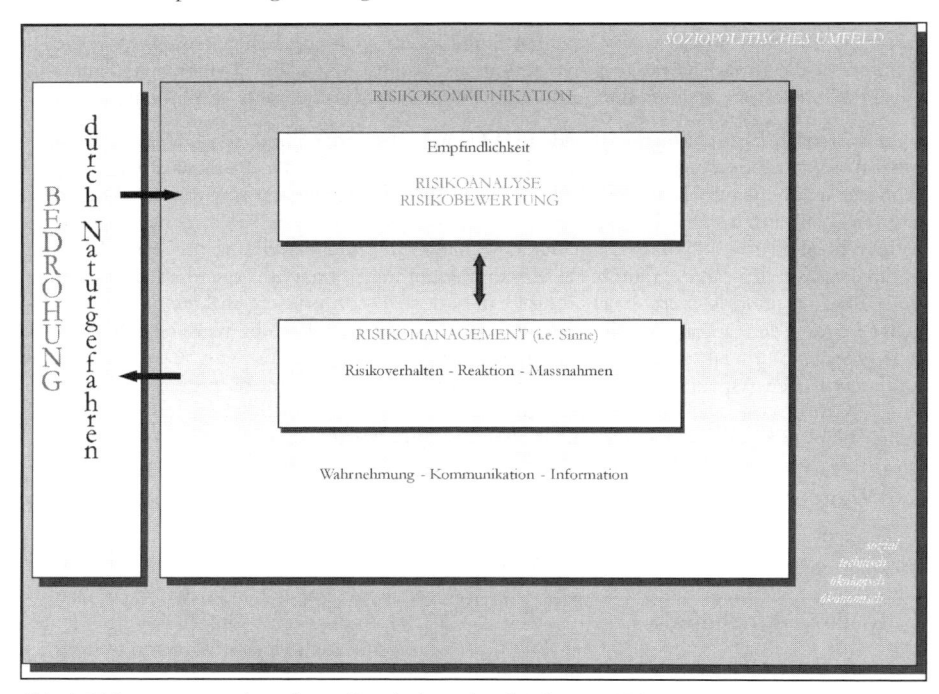

Abb. 1: Risikomanagement im weiteren Sinne ist im soziopolitischen Umfeld angesiedelt. Es umfasst die Risikoanalyse und -bewertung als Voraussetzung des Risikomanagements im engeren Sinne, dies vor dem Hintergrund der Risikowahrnehmung und -kommunikation.

Das gebäudebezogene *Risikomanagement im engeren Sinne* plant, bewertet und optimiert Maßnahmen zur Schadenvermeidung an Gebäuden und zum Schutz der sich darin aufhaltenden Menschen. Zur Verfügung stehen grundsätzlich *drei Verhaltensweisen*, nämlich

- „*Flucht*": Naturgefahren werden durch Freihaltung oder adäquate Bebauung von Gefahrenzonen *vermieden.*
- „*Kampf*": Naturgefahren bzw. deren Auswirkungen werden durch Schutzbauten im Gelände oder am Objekt *verhindert oder zumindest vermindert.*
- „*Totstellen*": Die Auswirkungen von Naturgefahren werden *akzeptiert*, dies z. B. aus Kosten-/Nutzenüberlegungen.

Markus FISCHER

„Versichern": Die physikalische Auswirkung der Naturgefahr wird zwar akzeptiert (Grund- oder Restrisiko), deren wirtschaftlichen Folgen werden jedoch durch den Abschluss von Versicherungen vermindert.

Risikomanagement im weiteren Sinne ist als Prozess zu sehen, der spiralenförmig im soziopolitischen Umfeld von Gesellschaft, Technik, Wirtschaft und Ökologie abläuft. Bedrohungen werden analysiert und bewertet, durch Maßnahmen vermieden, verhindert und vermindert, deren wirtschaftlichen Folgen versichert. Akzeptierte (Rest-)Risiken werden wiederum als Bedrohungen wahrgenommen oder analysiert.

3 Bruchstückhaftes Risikomanagement?

Zwischen Theorie und Praxis des integralen Risikomanagements klaffen große Lücken. Diese sind auf unterschiedliche Risikowahrnehmung, mangelndes Risikobewusstsein, die hohen potentiellen Kosten des Risikomanagements und unklare Verantwortlichkeiten zurückzuführen.

Ein Beispiel dafür ist das Erdbebenrisiko: Es ist zwar bekannt, dass Erdbeben auf lange Sicht auch in unserer Region ein erhebliches Risiko für Leib und Leben sowie für Sachwerte darstellen. Echte Vorsorge kann gegen diese Gefahr nur im baulichen Bereich getroffen werden. Die rechtliche Verbindlicherklärung von Normen für das erdbebensichere Bauen scheitert aber immer noch an föderalistisch-politischen Argumenten sowie undifferenzierter Angst vor wirtschaftlichen Konsequenzen, dies vor dem Hintergrund der Hoffnung, selbst nicht von großen Schadenbeben betroffen zu werden. Politisch sucht man das Heil in einer Erdbebenversicherung, die faktisch aufgrund der langen Eintretensintervalle und der unabsehbaren potentiellen Schäden nicht oder nur in Ansätzen möglich ist. Es gibt aber derzeit Strömungen, die von dieser Risikoakzeptanz zu einer zumindest teilweisen Risikoverminderung schreiten wollen. So halten z. B. die kantonalen Gebäudeversicherungen in ihrem Erdbebenpool eine Deckung von zwei Milliarden Franken bereit, welche die wirtschaftlichen Folgen eines Jahrhundertereignisses in der Schweiz zu wesentlichen Teilen abdecken könnten. Zudem sind die Gebäudeversicherungen bereit, bei der Durchsetzung von Erdbeben-Baunormen mit ihrem Know-how mitzuwirken: Sie kennen den gesamten Hochbaubestand in ihrem Gebiet und haben als Trägerinnen des Brandschutzes entsprechende Erfahrungen zur Umsetzung von Baunormen.

Der Schweizerische Erdbebenpool der Kantonalen Gebäudeversicherungen kann zwei Milliarden Franken leisten

Erdbebenschäden an Gebäuden sind *von der Gebäudeversicherung ausgeschlossen*, werden aber im Rahmen der Bestimmungen des Schweizerischen Pools für Erdbebendeckung teilweise gedeckt. Dieser Pool ist im Jahr 1978 als eine Organisation der Kantonalen Gebäudeversicherungen geschaffen worden. Der Pool bietet den Gebäudeeigentümern ohne Mehrprämie eine begrenzte Schadendeckung an, dies bei einem Selbstbehalt von 10%, mindestens jedoch CHF 50.000,--. Bis Ende 2000 deckte der Pool ein Risiko von CHF 500 Mio., zweimal pro Jahr. Seit dem 1. Januar 2001 können Gebäudeschäden bis CHF 2 Mrd. pro Ereignis vergütet werden. Voraussetzung für eine Vergütung ist ein Erdbeben mit einer Schadenintensität der Stärke VII auf der MSK-Skala.

www.gva.gr.ch/ «Warum sind Erdbeben von der Gebäudeversicherung ausgeschlossen»/ «Erdbebenrisiko und –gefährdung in Graubünden»
www.vkf.ch/pool

Im Gegensatz dazu weit fortgeschritten ist in der Schweiz der Hochwasserschutz. Dank einer seit langem bestehenden Verfassungsgrundlage auf Bundesebene kann der Rahmen für den Hochwasserschutz über Vorschriften, Schutzwaldpflege, Einrichtung von Schutzbauten und großräumige Planungen stetig verbessert werden. Trotzdem bleiben erhebliche Risiken, die teilweise akzeptiert oder aber über Versicherungsschutz zumindest teilweise vermindert werden (mehr dazu unter *www.bwg.admin.ch*).

4 Vorbeugung gegen Naturgefahren und Elementarschadenversicherung: eine öffentlich-rechtliche Aufgabe!

Privatversicherungen leben vom Schaden. Nur Risiken mit einer gewissen Eintretenshäufigkeit sind versicherungswürdig. Gelänge es beispielsweise, durch Präventionsmaßnahmen Diebstähle vollständig zu verhindern, würde damit die Diebstahlsversicherung obsolet. Steigen die Schäden jedoch in einer Versicherungssparte an, so werden die Prämien dem Schadengeschehen angepasst. Die Entwicklung der Krankenversicherungsprämien in der Schweiz dokumentiert diesen Mechanismus deutlich. Präventionsbemühungen von Privatversicherungen dienen daher im wesentlichen zur Risikosteuerung und Erzielung von Kostenvorteilen bei negativen Abweichungen im eigenen Versichertenbestand oder im Vergleich zur Konkurrenz. Sie bleiben dadurch Einzelmaßnahmen ohne integralen Risikomanagementcharakter.

Allein der Staat ist in der Lage, die zur Elementarschadenprävention und -versicherung notwendigen Kräfte zu bündeln und in integrales Risikomanagement umzusetzen. Der Einzelne handelt bei der Elementarschadenprävention aufgrund unterschiedlicher Bedrohungslagen, Wahrnehmung und Empfindlichkeit in der Vorbeugung und bei der Versicherung grundsätzlich individuell: Wäre z. B. die Elementarschadenversicherung jedermann freigestellt, so würde sich der Gebirgsbewohner tendenziell gegen Lawinen versichern, jedoch nicht gegen Überschwemmung, und der Talbewohner umgekehrt eher gegen Überschwemmungen, aber nicht gegen Lawinen. Es entstünde keine genügende Solidarität, dies auch, weil die privaten Versicherungen (wie die jüngsten Beispiele in Deutschland zeigen) in echt gefährdeten Gebieten keine Deckung anbieten oder diese nach Eintritt eines Ereignisses künden. Die Folge wären hohe Prämien und Selbstbehalte sowie fehlende Deckung bis hin zum Marktversagen. Gleicherweise würde ohne öffentlichen Zwang die Elementarschadenprävention bestenfalls zum individuellen Vorbeugeinstrument ohne gesellschaftlich-solidarische Bezüge verkommen.

Risikovermeidung, -verhinderung und -verminderung sowie die Versicherung im Elementarschadenbereich sind *öffentlich-rechtliche, kollektive Aufgaben*, weil

- zumeist Kollektive in weiteren Gebieten durch Naturgefahren bedroht sind;
- die Bedrohungen von Gebieten ausgehen, welche außerhalb des bedrohten Gebiets liegen und daher von den Betroffenen nicht direkt beeinflusst werden können;
- schadenverhütende Maßnahmen im Gelände technisch und finanziell die Möglichkeiten einzelner oder auch von Versicherungsgesellschaften übersteigen (z. B. Lawinenverbauungen);
- die Einsicht für schadenverhütende Maßnahmen am Einzelobjekt (z. B. verstärkte Bauweise) gering ist und diese daher verfügt werden müssen;
- Schadenvermeidung und solidarische Versicherungsvorsorge nur durch kollektive, bindende rechtliche Voraussetzungen organisiert werden können (z. B. Raumpla-

nung/Gefahrenzonenordnung; obligatorische Versicherung von Elementarrisiken bei öffentlich-rechtlichen Anstalten).

5   Ein Beispiel für integrales Risikomanagement

Durchgängig realisiert und bewährt ist die *Integration von vorbeugendem Brandschutz, Feuerbekämpfung und Neuwertversicherung im System der kantonalen Gebäudeversicherungen*. Durch ihre Verfügungsgewalt im Bereich des vorbeugenden Brandschutzes und die Förderung, Führung und Qualitätskontrolle bei den Wehrdiensten haben die Gebäudeversicherungen in ihren Wirkungsgebieten die Möglichkeit zur weitreichenden Risikosteuerung. Die Zusammenbindung von Sichern und Versichern unter einheitlicher Führung schlägt sich in Schadenquoten nieder, die mehr als 40% tiefer liegen als in Kantonen ohne öffentlich-rechtliche Gebäudeversicherung. Vorbeugen ist offensichtlich nicht nur besser, sondern auch billiger als heilen.

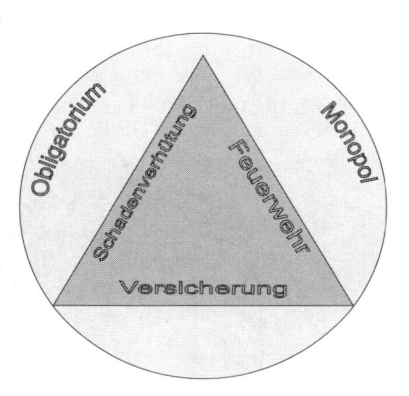

Im *Elementarschadenbereich* funktionieren ähnliche Mechanismen. So hat die Gebäudeversicherung Graubünden (GVA) im Raumplanungsverfahren die Aufgabe, Bauvorhaben in Gefahrenzonen einer besonderen Prüfung zu unterziehen. Sie kann für Bauten in Zonen geringer Gefährdung (blaue Zone) Versicherungsausschlüsse, allenfalls Zusatzprämien oder Auflagen verfügen (z. B. verstärkte Bauweise). Sie erlässt entsprechende technische Normen. Bauten in Zonen hoher Gefährdung sind faktisch unmöglich; standortgebundene neue Bauwerke oder wertvermehrende Investitionen an bestehenden Bauten in der roten Zone sind üblicherweise für die spezifischen Bedrohungen aus der Versicherung ausgeschlossen. Mit diesen Verfahren wird die Bebauung in Gefahrenzonen verhindert, bzw. Risiken werden durch adäquate Bauweise vermindert. Dadurch werden Menschen vor Naturgefahren und die Solidargemeinschaft der Versicherten vor überhöhten Risiken und damit hohen Prämien geschützt. In der Tat liegen die Kosten der Gebäudeversicherung im Kanton Graubünden unter dem schweizerischen Durchschnitt und tiefer als in 21 Kantonen. Günstiger sind nur die Kantone Zürich, Schaffhausen, Basel-Stadt und Aargau.

Kommt es trotz vorbeugender Maßnahmen zu Schadenereignissen, werden die von den Gebäudeversicherungen maßgeblich mitfinanzierten und geführten Wehrdienste rettend und schadenmindernd eingesetzt. So hat die GVA in Graubünden beispielsweise Sandsackabfüllanlagen zur Verfügung gestellt, die den Feuerwehren rasche und kostensenkende Abwehrmaßnahmen bei Überschwemmungen erlauben. Schließlich bezahlt die Gebäudeversicherung versicherte Schäden zum Neuwert.

Das gebäudebezogene Risikomanagement wird in diesem System von Sichern und Versichern von der Bedrohungsanalyse, der Schadenabwehr bis zur Wiederherstellung integral wahrgenommen. Nachweisbar tiefe Schadenintensitäten bestätigen die schadenmindernde Wirkung dieses hochentwickelten und durchgehend umgesetzten Systems im Kanton Graubünden auch im Elementarschadenbereich: Im Zehn-Jahresdurchschnitt (1992 bis 2001) belief sich die Elementarschadenintensität auf 7,3 Rappen je 1.000 Franken Versicherungssumme. Tiefer ist diese Verhältniszahl nur noch im Kanton Zürich (5,3 Rappen) und im Kanton Schaffhausen (6,7 Rappen). Der Durchschnitt aller 19 kantonalen Gebäudeversicherungskantone liegt bei 14,5 Rappen je 1.000 Franken Versicherungssumme.

6 Integral = interdisziplinär

Integrales Risikomanagement im weiteren Elementarschadenbereich ist nur *im Zusammenwirken vieler Interessensträger möglich*. Raumplanung, Forstwesen, Wasserbau, Wissenschaft, Gemeinden, öffentlich-rechtliche Versicherungen oder andere öffentlich-rechtliche Träger von Präventionsaufgaben, Wehrdienste und letztlich auch Gebäudeeigentümer.

Ein Beispiel für diese Interdisziplinarität ist ein Ereignis, das im wahrsten Sinne des Wortes nach wie vor „pendent" ist. Noch immer hängen gewaltige Gesteinsmassen über dem Dorf Felsberg bei Chur. Zwischen dem 10. Mai und dem 6. Juli 2001 sind in fünf Wellen zunächst 2.000, dann 6.000, 10.000, 50.000 und schliesslich 250.000 m^3 Felsmasse niedergegangen. Die im Hinblick auf diese Gefahr seit langem ausgeschiedene „rote Zone" hat sich als gefahrenkonform erwiesen: Die Felsmassen kamen innerhalb der Zonengrenzen zum Stillstand. Der Gemeindeführungsstab bewältigte das Ereignis von Versicherungsabklärungen über die Führung der Einsatz- und Absperrdienste und die vorzügliche Information von Bevölkerung und Medien bis zur Evakuation einzelner Gebiete einwandfrei.

Glücklicherweise ist das Naturereignis Felssturz Felsberg bislang ohne Beeinträchtigung von Menschen und mit vernachlässigbaren Sachschäden abgelaufen. Schon seit langem war die Bedrohung durch Naturgefahren bekannt. Risikoanalyse und Risikobewertung führten zur Ausscheidung einer roten Zone und damit zur rechtlichen Begründung eines Bauverbots im eigentlichen Gefährdungsgebiet.

Die „kollektive Naturgefahren-Erinnerung" im Dorf Felsberg, das drohende Ereignis an sich und eine hervorragende Kommunikation zwischen allen Beteiligten schufen Klarheit bei der Wahrnehmung der Gefahren und weitgehende Einigkeit in der Beurteilung der notwendigen Abwehrmaßnahmen: *ein positives Beispiel für Sichern und Versichern im Rahmen des Risikomanagements*, auch wenn zum Glück größere Interventionen der Wehrdienste und Schadendeckung durch Versicherungen nicht nötig wurden!

Markus FISCHER

7 Solidarität ermöglicht herausragende Leistungen

Der Einzelne ist nicht in der Lage, sich wirksam gegen Elementarkatastrophen zu schützen. So müssen z. B. raumplanerische Maßnahmen oder Flusslauf- und Lawinenverbauungen unter staatlicher Hoheit durchgeführt werden. Auch die Versicherung ist nur im Rahmen vollständiger Risikogemeinschaften kostengünstig organisierbar. Eine fragmentarische Elementarschadenversicherung ist einerseits wegen der mangelhaften Schadendeckung und kostensteigernder Risikoselektion problematisch. Andererseits bietet sie keine genügende Basis für wirkungsvolle Vorsorge, z. B. für die Durchsetzung von Gefahrenzonen und deren Freihaltung oder risikogerechte Bebauung.

Das Katastrophenjahr 1999 hat die Wirksamkeit der öffentlich-rechtlichen Gebäudeversicherung nachdrücklich bewiesen: Eine Milliarde Franken Elementarschäden wurden von den kantonalen Gebäudeversicherungen gedeckt. Eine Bewährungsprobe dieses Ausmaßes hatten die 19 öffentlich-rechtlichen Gebäudeversicherungen – die ersten werden nächstens 200 Jahre alt – noch nie zu bestehen. Die versicherten Elementarschäden im Gebiet der Gebäudeversicherungen wurden zum vollen Neuwert vergütet, d. h. ohne obere

In der Schweiz funktionieren zwei Versicherungssyteme[1]

Noch bis vor 70 Jahren waren Elementarschäden unversicherbar; versicherungsmathematisch nicht berechenbar, nahm man sie als gottgegeben hin. In der Schweiz ist die Elementarschadengefahr mittlerweile durchgehend versichert, in den *19 Gebäudeversicherungskantonen vollständig und unbegrenzt*, in den sieben Kantonen ohne öffentlich-rechtliche Gebäudeversicherung teilweise und im Rahmen einer eidgenössischen Verordnung mit einer Leistungsbegrenzung je Ereignis.

Die *Kantonalen Gebäudeversicherungen (KGV)* sind selbständige, öffentlich-rechtliche Anstalten kantonalen Rechts. Sie versichern über 80% der schweizerischen Hochbausubstanz, d. h. einen Wert von ca. 1,5 Billionen Franken. Sie verfügen über ein indirektes rechtliches Monopol in ihrem jeweiligen Kantonsgebiet. Außerdem besteht ein Versicherungsobligatorium zu amtlich festgelegten Neuwerten. Den KGV obliegt jedoch nicht nur das Versicherungsgeschäft, sie sind zugleich in der Schadenverhütung und Schadenbekämpfung tätig. In diesem Zusammenhang nehmen sie hoheitliche Aufgaben wahr. Der Deckungsbereich ist praktisch identisch mit demjenigen der Privatversicherungen. Allerdings garantieren *die KGV eine unbegrenzte Deckung* versicherter Schäden und unterliegen aufgrund ihrer Monopolstellung dem Zwang, alle Risiken zu versichern (Annahmezwang). Durch die amtliche Wertfestlegung ist eine durchgehende und vollständige Neuwertversicherung gewährleistet. Zudem decken die Gebäudeversicherungen ohne Zusatzprämie Erdbebenschäden bis zu zwei Milliarden Franken (Privatversicherungen 200 Millionen Franken).

In den *Kantonen Genf, Uri, Schwyz, Tessin, Appenzell IR, Wallis und Obwalden* (GUSTAVO-Kantone) wird die Elementarschadenversicherung von Gebäuden von den *Privatversicherungen* angeboten. In Art. 38 Abs. 1 des Versicherungsaufsichtsgesetzes ist festgelegt, dass private Versicherer als zwingende Deckungserweiterung auch die Elementarrisiken einschliessen müssen. Der Deckungsumfang ist von Gesetzes wegen vereinheitlicht und wird in Art. 2 und 3 der Bundesrätlichen Elementarschadenverordnung konkretisiert. Er umfasst Sturm, Hagel, Hochwasser, Überschwemmung, Lawinen, Schneedruck, Steinschlag, Felssturz und Erdrutsch. Ausgeschlossen sind Erdbeben und Vulkanausbrüche. Nur in den Kantonen Schwyz, Uri und Obwalden besteht ein Versicherungsobligatorium für Feuer- und damit auch für Elementarschäden. Die Versicherungssummen werden in unterschiedlichen Verfahren teilweise frei festgelegt. Faktisch bedeutet dies, dass Gebäude häufig nur bis zur hypothekarischen Belastungsgrenze versichert sind. Im Gegensatz zu den kantonalen Gebäudeversicherungen sind die Versicherungsleistungen in den GUSTAVO-Kantonen auf 25 Millionen Franken pro Versicherungsnehmer und Ereignis und auf 250 Millionen Franken pro Ereignis *begrenzt*.

Insgesamt erbringt die Ordnung der Elementarschadenversicherung in der Schweiz bedeutend bessere Ergebnisse als die sehr unterschiedlichen Regelungen in der Europäischen Union. Dabei ist die öffentlich-rechtliche Organisation der privatrechtlichen nicht nur wegen der deutlich tieferen Kosten klar überlegen, sondern auch durch die Möglichkeit der Risikosteuerung im System von Sichern und Versichern.

[1] Quinto, C. (2000): Staatliche Versicherung gegen Elementarschäden in der EU und der Schweiz. – Bern.

Limitierung je Ereignis. Keine Gebäudeversicherung ist dadurch in Not geraten – das System der öffentlich-rechtlichen Gebäudeversicherungen hat der Zerreißprobe standgehalten!

Die kantonalen Gebäudeversicherungen bilden in sich geschlossene, vollständige Risikogemeinschaften, innerhalb derer alle Risiken zu angemessenen Bedingungen Deckung finden. Rückversicherungsdeckung „nach Maß" beziehen die kantonalen Gebäudeversicherungen bei ihrem Interkantonalen Rückversicherungsverband (IRV). Zusätzlich haben sie mit der Interkantonalen Risikogemeinschaft Elementar (IRG) ein überkantonales Instrument zum Katastrophenschutz geschaffen, das in Europa einmalig ist. Die IRG ist ein System von gegenseitigen Eventualverpflichtungen, das bei Ereignissen über der Großschadensgrenze eine zusätzliche finanzielle Deckung von 750 Mio. Franken gewährleistet. Damit können auch eigentliche Katastrophen wirtschaftlich bewältigt werden.

Es gibt in Europa kein anderes Land, das die immer drängender werdenden Fragen der Elementarversicherung und -vorbeugung in einem derart wirkungsvollen Dreieck von Prävention, Förderung der Interventionskräfte und unbegrenzter Neuwertversicherung aufgehoben weiss. Die Lösung mit öffentlich-rechtlichen Gebäudeversicherungen ist einmalig, leistungsfähig und kostengünstig. Sie fördert durch die Eigenverantwortung jeder Gebäudeversicherung bis zu einer Großschadensgrenze die Vorbeugung und begründet die hohen Beiträge an die Feuerwehren. Sie beansprucht erst im Katastrophenbereich eine weitergehende Solidarität. Voraussetzung für das Funktionieren dieses Systems ist ein straff durchgeführtes Obligatorium, das die innerkantonale Solidarität sichert. Nur im öffentlich-rechtlichen Kontext ist diese vorausschauende, schadenmindernde Solidarität dauernd organisierbar. Die Grundlage der konsequenten Prävention ist die Zusammenfassung aller Risiken bei einem Versicherer, also eine Monopolstellung, die das Interesse an genügender Vorsorge bei einer Stelle bündelt. Unter diesen Voraussetzungen kann der Monopolversicherer den Mitteleinsatz zwischen Prävention und Schadenzahlungen risikosteuernd optimieren. Monopol und Obligatorium, ergänzt durch die Zusammenfassung des vorbeugenden Brand- und Elementarschadenschutzes, der Feuerwehrführung und -förderung und der Versicherung unter einheitlicher Leitung begründen die Stärke und Kostengünstigkeit der öffentlich-rechtlichen kantonalen Gebäudeversicherungen.

Rechtlich und politisch ist die heutige Organisation der öffentlich-rechtlichen Gebäudeversicherungen in der Schweiz anerkannt und abgesichert, dies insbesondere nach den großen Leistungen im Jahre 1999 und einem Bundesgerichtsurteil, das unter anderem auch die große Ergiebigkeit und die Wirksamkeit der Prävention hervorhebt. Ein neues Gutachten bestätigt zudem die europarechtliche Haltbarkeit des Gebäudeversicherungssystems, dies trotz des faktischen Monopolverbots in der EU. Dank der hoheitlichen Tätigkeit der KGV, vor allem im Bereich der Schadenverhütung und ihrer solidarischen Ausrichtung kollidierten Monopol und Obligatorium nicht mit der Dienstleistungsfreiheit und dem EU-Wettbewerbsrecht.

Eric VEULLIET (Innsbruck)

Naturgefahren-Management als Konzept für die dauerhafte Sicherung des alpinen Lebensraums

1 Anforderungen an das Konzept

Bereits 1998/1999 sah eine Gruppe von Naturgefahren-Fachleuten aus Österreich, Deutschland, Italien und der Schweiz rund um einen Innsbrucker Nukleus die Notwendigkeit, die Zusammenarbeit zwischen Wissenschaft und Praxis zu verbessern (MEISSL et al. 2000). Eine zentrale, unabhängige Plattform sollte dazu dienen, erkannte Defizite im Umgang mit Naturgefahren auszugleichen (STÖTTER et al. 1999). Ziel dieser Plattform sollte die Schaffung einer Grundlage zum ganzheitlichen Umgang mit Naturgefahren sein, der eine systematische Betrachtungsweise aller mit alpinen Naturgefahren verbundenen Aspekte und die Entwicklung von Handlungsstrategien auf der Basis von multidisziplinärer Zusammenarbeit beinhaltet.

Das K*plus*-Programm der österreichischen Regierung bot das geeignete Instrumentarium, um eine solche Plattform mit öffentlicher Förderung für dieses *Naturgefahren-Management* zu realisieren. Im Oktober 2002 nahm die *alpS* – Zentrum für Naturgefahren Management – GmbH ihre Forschungstätigkeit in Innsbruck auf. Die neu gegründete Gesellschaft ist Trägerin des gleichnamigen K*plus*-Kompetenzzentrums, das nach über zweijähriger Vorbereitungsphase im Januar 2002 genehmigt wurde.

Fachleute aus aller Welt sind sich einig, dass die heutigen Voraussetzungen, im starken Maße geprägt durch Globalisierungseffekte, Klimawandel und Verknappung finanzieller Ressourcen, ein Umdenken beim Umgang mit Naturgefahren erfordern. Zwar beeinflussen seit jeher Naturgefahren wie Muren, Hangrutschungen, Überschwemmungen, Felsstürze/Steinschlag oder auch Lawinen das Leben im Alpenraum maßgeblich, doch führen die zunehmende Ausdehnung des Siedlungsraums sowie der erhöhte Flächenbedarf durch Wirtschaft, Verkehr und Tourismus zu einer stetigen Verschärfung der Naturgefahrensituation.

Um die notwendige Zusammenarbeit zu institutionalisieren, wurde die Einrichtung eines Zentrums zur Förderung der Zusammenarbeit zwischen Wissenschaft, Ämtern/Behörden und Wirtschaft im Naturgefahren-Management angestrebt. Damit sollen folgende Teilziele erreicht werden:

- Bessere Nutzung und Koordination bestehenden Wissens
- Aufbau neuen Wissens / neuer Kompetenz
- Schaffung einer strategischen Vorreiterrolle auf dem Gebiet Naturgefahren-Management
- Entwicklung von Instrumentarien und Impulsgeber für Produktentwicklung

Aus den Zielvorstellungen ergeben sich folgende zentrale Aufgabenbereiche:

- Funktion als Informations- und Kommunikationsdrehscheibe (zwischen Universitätsinstituten, Ämtern/Behörden und Unternehmen)
- Bündelung und Nutzung multidisziplinärer Ressourcen

- Formulierung von Anforderungen der Wirtschaft an die Forschung
- Entwicklung von Standards und Normen
- Prüfung der Ergebnisse der Forschung
- Umsetzung aktueller wissenschaftlicher Erkenntnisse in der Praxis (Entwicklung eines Gütesiegels etc.)
- Koordination von Forschungs- und Entwicklungsmitteln sowie –kompetenzen

Als Ziel dieser Forschungs- und Entwicklungsplattform wurde die Erfassung und Einbeziehung der inhaltlichen Wechselwirkungen zwischen den Fachdisziplinen sowie die organisatorische Bündelung der Kompetenz aller beteiligten Institutionen definiert.

Die meisten der oben genannten Anforderungen gehen konform mit dem K*plus*-Grundgedanken. Das K*plus*-Programm der Regierung hat zum Ziel, die Kooperation zwischen Wirtschaft und Wissenschaft in Österreich zu verbessern und dadurch exzellente Forschung in international wettbewerbsfähiger Dimension zu fördern. Hierbei sollen langfristige Kooperationsbeziehungen zwischen öffentlicher und privater Forschung auf hohem Niveau aufgebaut werden. Im Falle des K*plus*-Zentrums *alpS* wird darüber hinaus auch die öffentliche Verwaltung auf Landes- und Bundesebene (Dienststellen, Behörden, Ämter, Ministerien) in die Forschungsprojekte einbezogen, da in nahezu allen Projekten öffentliches Interesse berührt wird.

2   *alpS* – Zentrum für Naturgefahren Management

alpS wurde als eine unabhängige, interdisziplinär agierende Forschungs- und Entwicklungsplattform gegründet und versteht sich als Bindeglied zwischen Wirtschaft, Forschung und öffentlicher Verwaltung. Dieser Ansatz ermöglicht eine übergreifende und integrative Betrachtung der Naturgefahren-Problematik, nicht nur in der Theorie, sondern in der täglichen Praxis.

Die Vision von *alpS* ist, dem Schutz der Menschen, des privaten und gesellschaftlichen Vermögens und der Erhaltung der Rahmenbedingungen in alpinen Lebensräumen zu dienen. *alpS* soll sich in den nächsten Jahren über die Grenzen Tirols als Markenzeichen im Naturgefahren-Bereich etablieren.

In vielen Fachrichtungen gibt es auf nationaler und internationaler Ebene ausgezeichnetes Wissen über Naturprozesse (Ursachen, Auslösung, Ablauf), ihre möglichen Folgen (volks- und betriebwirtschaftlicher Art) und geeignete Schutzmaßnahmen (Schutzbauten, Prognosen, Warnsysteme). Es gilt nicht, dieses bestehende Wissen, das oft über Jahrzehnte entstanden ist, wiederholt und erneut zu entwickeln. Vielmehr muss, im Sinne eines effizienten und ressourcenschonenden Umgangs mit (öffentlichen) Forschungsgeldern dieses Wissen durch eine Bündelung zugänglich und für die Praxis nutzbar gemacht werden.

Dieses „Management" erlaubt zudem die Erkennung etwaiger Forschungslücken und die zielgerichtete Ausrichtung der Forschungsaktivitäten im Hinblick auf die Entwicklung innovativer Produkte und Lösungen zum „besseren" Umgang mit Naturgefahren. Dieser Herausforderung stellt sich *alpS* in enger Kooperation mit seinen Unternehmens- und Forschungspartnern. Bereits im ersten Jahr seines Bestehens fließen Ergebnisse aus den Forschungsprojekten eins zu eins in die Praxis und setzen bereits heute neue Standards.

3 Multidisziplinäre Arbeitsgruppen

Die Forschungsgruppen im Zentrum *alpS* erarbeiten Methoden und Strategien für die nachhaltige Sicherung alpiner Lebensräume. Hierbei werden neben zahlreichen technischen, ingenieur- und naturwissenschaftlichen Fachrichtungen auch die Sozial-, Rechts- und Wirtschaftswissenschaften sowie die Psychologie mit einbezogen. Ein Jahr nach der Gründung von *alpS* sind bereits 30 Mitarbeiter am Zentrum als Festangestellte tätig. Hinzu kommen etwa ein Dutzend beauftragter externer Fachleute, assoziierter Forschungseinrichtungen (z. B. Institut für Geographie der Universität Innsbruck, Institut für Alpine Naturgefahren und Forstliches Ingenieurwesen [ANFI] der Universität für Bodenkultur, Eidgenössisches Institut für Schnee- und Lawinenforschung [SLF – Davos]).

Der multidisziplinäre Ansatz von *alpS* ist bereits auf Projektebene erkennbar. In manchen Projekten wirken bis zu sieben junge Forscher aus unterschiedlichen Disziplinen, wie Geographie (2), Ingenieurwesen, Meteorologie, Rechtswissenschaften, Mathematik und Geologie. Um eine effiziente Integration der beteiligten Projektpartner sowie einen intensiven *know how*-Transfer zu erreichen, wird in zahlreichen Fällen auf „Personal-Splitting" gesetzt. So stehen Mitarbeiter teilweise am Zentrum *und* an beteiligten Forschungsreinrichtungen oder bei Partnerunternehmen unter Vertrag. Um keine halbtags unbesetzten Arbeitsplätze vorhalten zu müssen, wurde bei *alpS* das „desk-sharing" umgesetzt.

Die durch die einzelnen Projektteams erarbeiteten Inhalte sowie das entwickelte *know how* werden über ein *alpS*-eigenes Informationssystem gesammelt, geordnet und gespeichert. Ein *know how*- und Transfermanager sorgt für einen regen Informationsaustausch zwischen den *alpS*-Projekten, allen Mitarbeitern und den Partnern aus Forschung, Industrie und öffentlicher Hand.

4 Finanzierung

Das Budget von *alpS* beträgt für die ersten vier Förderjahre ca. 9,5 Mio. €. Den Großteil der öffentlichen Finanzierung (insgesamt 60 %) trägt die mit der Programmabwicklung betraute TIG (Technologie Impulse Gesellschaft) in Wien (35%). Die verbleibenden öffentlichen Mittel teilen sich auf das Bundesland Tirol (20%, über die Tiroler Zukunftsstiftung) sowie auf die beteiligten Forschungseinrichtungen auf (vor allem Universität Innsbruck, Technische Universität Wien, Universität für Bodenkultur Wien, SLF – Institut für Schnee- und Lawinenforschung Davos, insgesamt mit fünf Prozent). Die nach den K*plus*-Richtlinien erforderlichen 40% an privaten Mitteln werden von Wirtschaftsunternehmen aus unterschiedlichen Branchen getragen (vgl. Abb. 1).

Darüber hinaus kann das Zentrum im sogenannten Non-K*plus*-Bereich Auftragsforschung in unbeschränkter Höhe übernehmen.

5 Partner

Zur Umsetzung des Konzepts „Naturgefahren Management" mussten geeignete Partner aus der Forschung, der Wirtschaft und der öffentlichen Verwaltung gewonnen werden, die willens waren, im Sinne einer langfristigen Investition sowohl finanzielle Mittel als auch *know how* in das Zentrum *alpS* einzubringen. Durch die intensiven und konsequenten Bemühungen des *alpS*-Gründungsausschusses gelang es, mehrere Dutzend Unternehmen und Forschungseinrichtungen als Partner zu gewinnen. Die politische Unterstützung, vor allem im Land Tirol, führte zudem zu einer regen Beteiligung der Landes- und Bundesämter, die eine Reduzierung bürokratischer Hürden erlaubte.

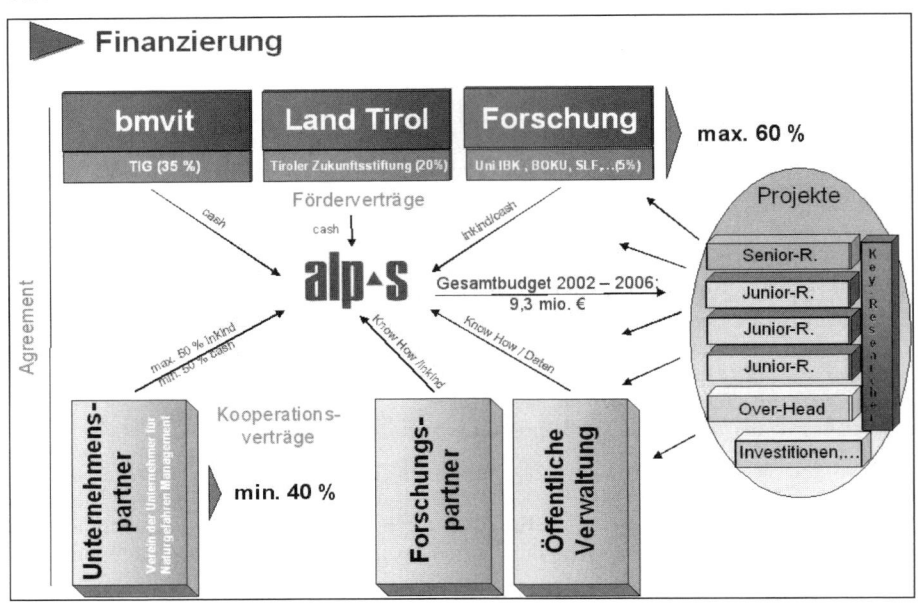

Abb. 1: Zusammenhänge bei der Finanzierung von *alps*-Projekten

Gerade bei heterogenen Partnerstrukturen ist, zur Vermeidung von Zielkonflikten, Überlappungen oder Missverständnissen, die rechtzeitige Formulierung verbindlicher „Spielregeln" erforderlich. Dies gelang im Falle *alpS* durch die partnerschaftliche und einvernehmliche Ausformulierung eines sogenannten „Agreements", dem sich mittlerweile durch Unterschrift über 60 Partner angeschlossen haben.

Die staatliche Förderung ermöglicht die Durchführung von Forschungsvorhaben, die für die beteiligten Partner aus finanziellen Gründen bisher nicht oder nicht in der geplanten Größe realisierbar waren, z. B. die Entwicklung eines Monitoring-Systems für instabile Hangflanken sowie die Kopplung eines hydraulischen mit einem hydrologischen Modell zur Verbesserung der Hochwasserprognosen. Damit können vorwettbewerbliche Produkt- und *know how*-Entwicklungen stattfinden, die ohne Förderung nicht in diesem Umfang durchgeführt werden können, den Unternehmen jedoch eine erhebliche Verbesserung ihrer Ausgangssituation im internationalen Wettbewerb bringen.

Die wirtschaftliche Einbettung des geplanten Kompetenzzentrums manifestiert sich durch die Beteiligung von Firmen aus Österreich, Deutschland und der Schweiz und die Plazierung von *know how* und Produkten am Exportmarkt. Die vorwettbewerbliche Entwicklung von Produkten und *know how* im Kompetenzzentrum „*alpS* – Zentrum für Naturgefahren Management" eröffnet den Partnerunternehmen zahlreiche Möglichkeiten für ihre zukünftige Entfaltung im Binnen- und Exportmarkt. Über die unmittelbare Nutzung der Projektergebnisse hinaus verfolgen die Partnerunternehmen mit ihrer Beteiligung am Kompetenzzentrum jedoch auch strategische Interessen.

Um die erforderliche Planungs- und Rechtssicherheit bei der Abwicklung der Projekte, mit zum Teil Projektbudgets von über einer Million Euro, zu gewährleisten, werden die inhaltlichen und wirtschaftlichen Eckpunkte der einzelnen Projekte in multilateralen Verträgen festgehalten (Kooperationsverträge). Wichtigster Beitrag bei der Einigung untereinander ist das gemeinsame Ziel, mit *alpS* einen Beitrag zur nachhaltigen Sicherung alpiner Lebens- und Wirtschaftsräume zu leisten. Derzeit sind über ein Dutzend Unternehmenspartner aktiv an *alpS*-Projekten beteiligt. Eine aktuelle Partnerliste ist unter *www.alps-gmbh.com* einzusehen.

6   Das *alpS*-Forschungsprogramm

Gerade in den letzten Jahren wurde die Komplexität der Zusammenhänge zwischen den Veränderungen im Naturraum und den Folgen für die Gesellschaft und Wirtschaft im Ansatz aufgezeigt. Die hiermit verbundenen Fragen müssen zunehmend transdisziplinär gestellt werden, d. h. sie müssen disziplinenunabhängig definiert werden. Allein die Betrachtungsweise durch ein Expertenteam, eingebunden in ein internationales, multidisziplinäres und dennoch funktionierendes Netzwerk, kann zu nachhaltigen Lösungsansätzen führen und zu Ergebnissen, die in die gesellschaftliche, politische und/oder wirtschaftliche Praxis einfließen.

Die Forschungsschwerpunkte des Zentrums sind derzeit in drei sich ergänzenden Arbeitsbereichen definiert:

- *A – Grunddaten und Modellierung*
  Effektivitätssteigerung in der Datenerhebung durch systematische Sichtung, Bewertung und Zusammenführung vorhandener Datengrundlagen sowie Entwicklung neuer Datenerhebungsmethoden und Modelle
  Erstellung von Szenarien zur Naturgefahrensituation unter sich stetig verändernden Rahmenbedingungen durch menschliche und natürliche Einflüsse

- *B – Gefahrenbewältigung – Schutzmaßnahmen*
  Neu- und Weiterentwicklung von prozess- und risikoorientierten Ansätzen für bau- und forsttechnische, raumplanerische und temporäre Maßnahmen

- *C – Sozioökonomische Risikoanalysen*
  Entwicklung von Strategien zur Risikokommunikation
  Vergleichende Bewertung alternativer Schutzmaßnahmen aus gesellschaftlicher Sicht
  Identifikation effizienter Entscheidungsfindungsprozesse
  Entwicklung psychologischer Verfahren zur Bewältigung von Großschadensereignissen

Nachfolgend wird aus jedem der oben genannten Arbeitsbereiche ein Projekt exemplarisch beschrieben, aus dem nicht nur die jeweilige Ausrichtung des Bereichs, sondern auch die Funktionsweise von *alpS* ersichtlich wird.

7 Umsetzung des Konzepts – Projektbeispiele

7.1 Projekt A 3.1 – Ermittlung der abflusssteuernden Parameter und Prozesse in alpinen Einzugsgebieten auf der Basis von Systemzuständen und Wahrscheinlichkeiten

Zur Abschätzung des Ausmaßes von Hochwasserereignissen in Wildbacheinzugsgebieten mit festgelegter Wiederkehrdauer kommen unterschiedliche Methoden zur Anwendung, u. a. die statistische Auswertung von Abflussmessreihen oder die Verwendung von Schätzformeln. Diese Methoden berücksichtigen allerdings weder den aktuellen Systemzustand im Einzugsgebiet zu Beginn des Niederschlagsereignisses noch mögliche Veränderungen der klimatischen Rahmenbedingungen.

Das Projekt soll eine neue Methode zur Bestimmung von Bemessungsereignissen in kleinen Wildbacheinzugsgebieten als Ergänzung zu den bisher durchgeführten Abschätzungen liefern. Zudem sollen die rechtlichen Aspekte des Naturgefahren-Managements mit besonderem Augenmerk auf die Festlegung von Bemessungsereignissen beleuchtet werden.

7.1.1 Ziele

Im Rahmen des Projekts soll daher ein neuer Weg zur Dimensionierung von Hochwasserereignissen eingeschlagen werden. Es soll der Prototyp eines Expertensystems entwickelt werden, das den zu Beginn eines Niederschlagsereignisses anzutreffenden abflusssteuernden Systemzustand des Bodens und der Vegetation im Einzugsgebiet bestimmt.

7.1.2 Arbeitsschritte

- Theoretische Konzeption: u. a. Definition möglicher Systemzustandsklassen (mit Hilfe von *Fuzzy Logic*-Konzepten), Kopplung der Systemzustandsklassen mit Abflussbeiwerten
- Datensammlung und -erhebung: u. a. Festlegung der Testeinzugsgebiete, Sammlung und Auswertung der vorhandenen Daten, ergänzende Geländearbeiten
- Operationalisierung: Programmierung des Expertensystems mit Hilfe von GIS- und *Fuzzy-Logic-Tools*
- Validierung und Verbesserung des Systems

7.1.3 Projektteil „Riskmanagement – Recht"

Ergänzend wird in einem Teilprojekt die rechtliche Situation im Naturgefahren-Management eingehender untersucht. Hierbei wird u. a. in einer Vorstudie die rechtswissenschaftliche Forschung für das Naturgefahren-Management unter besonderer Berücksichtigung der Rechtsanwendung im Hinblick auf die Darstellung eines Systems des Naturgefahrenrechts erschlossen. Aufbauend hierauf erfolgt eine systemvergleichende Untersuchung zu Begriffsfeldern wie z. B. Gefahr, Gefährdung, Risiko, Risikobewältigung oder Haftung und die Darstellung von vergleichbaren Rechtsbereichen (z. B. Verkehrsrecht, Umweltrecht).

Besonders bei diesem für *alpS* strategischen Projekt wird die interdisziplinäre und integrative Arbeitsweise von *alpS* verdeutlicht. Als wissenschaftliche Partner konnten das Institut für Alpine Naturgefahren und Forstliches Ingenieurwesen (ANFI) der Universität für Bodenkultur (BOKU, Wien) sowie das Institut für Geographie der Universität Innsbruck gewonnen werden. Der Bezug zur Anwenderseite ist durch drei beteiligte Ingenieurbüros, einem Energie- und Wasserversorger sowie einer Landesbank hergestellt. Darüber hinaus sind die Fachabteilungen des Landes Tirol, der Forsttechnische Dienst für Wildbach- und Lawinenverbauung (WLV), das Bundesamt und Forschungszentrum für Wald (BFW) sowie das Institut für Lawinen- und Wildbachforschung fachlich beratend eingebunden.

Die Integration der zuvor genannten Forschungseinrichtungen, Unternehmenspartner und öffentlichen Stellen drückt sich auch in der Zusammenstellung der Projektmitarbeiter aus. Derzeit sind zwei Geographen, eine Juristin, eine Meteorologin, ein Bauingenieur, ein Hydrogeologe sowie ein Mathematiker im Projekt tätig. Die übergeordnete wissenschaftliche Betreuung wurde durch die Einbindung von vier externen *Key-Researchern* verschiedener Fachrichtungen sichergestellt.

7.2 Projekt B 2.1 – Steinschlagschutzbauwerke unter statischer und dynamischer Belastung von Schnee, Schneerutschen und Kleinlawinen

Im vergangenen Jahrzehnt sind ausgedehnte Feldtests von Steinschlagschutzsystemen mit dem Ziel durchgeführt worden, bei maximaler Sicherheit die Unterhaltskosten zu minimieren. Das Ergebnis dieser 1:1-Feldversuche ist eine verbesserte und weiterentwickelte Generation von Ringnetzbarrieren, die in der Lage sind, kinetische Energien von Sturzblöcken von 40 kJ bis 3.000 kJ aufzufangen. Da der Einschlag eines Steins in ein Auffangsystem eine große dynamische Belastung und Kraft auf die Barriere auf einer Fläche von zwei bis drei Quadratmetern hervorruft, haben sich die F&E-Aktivitäten zu einem großen Teil auf die Bewältigung dieses kleinflächigen Einschlags konzentriert.

Die Belastung durch Schnee, Schneerutsche und Kleinlawinen bedingt demgegenüber allerdings eine große flächige Belastung.

Photo 1: Geobrugg-Steinschlagschutzsystem: Durch den abgelagerten Lawinenschnee ausgebauchtes Netz

Das Forschungsprojekt konzentriert sich auf die Wechselwirkungen von Steinschlagschutzsystemen mit statischer Schneelast, Schneegleiten und Kleinlawinen. Ziel ist es, diese Systeme so zu optimieren, dass sie statische Schneedruckbelastungen ohne Schäden aufnehmen können. Die Weiterentwicklung und Verbesserung der Steinschlagschutzsysteme erfolgt dabei unter Berücksichtigung der Unterhaltskosten und dem wachsenden Sicherheitsbedürfnis.

Eine weitere wichtige Frage in diesem Projekt ist es, festzulegen, bei welcher Hanggeometrie und bei welchem Niederschlagsangebot welche Dimensionierungskriterien zu berücksichtigen sind und wo die Grenzen solcher Systeme liegen.

Risikomanagement und Nachhaltigkeit in Gebirgsräumen

Photo 2: Ende März 2003 lag bis zu vier Meter Schnee bei einer Dichte von 450 kg/m³ in der Verbauung. Das Netz und die Rückhalteseile werden durch den statischen Schneedruck belastet. Leider wurde durch den schneearmen Winter 2002/03 das Geobrugg-Steinschlagschutznetz nicht bis an seine Grenze belastet.

7.3 Projekt C 1.1 – Sozioökonomische Bewertung

Die Abschätzung potentieller, durch Naturgefahrenereignisse verursachter Schäden ist eine wichtige Grundlage für zukünftige Entscheidungen ökonomischer, politischer und finanzieller Art. Zwar kann auf wissenschaftlich fundierte Methoden, wie z. B. die Nutzen-Kosten-Analyse, zurückgegriffen werden, diese Methoden wurden bislang jedoch kaum im Naturgefahrenbereich bzw. zur Abschätzung der Zahlungsbereitschaft für entsprechende Schutzmaßnahmen in den Alpen angewandt.

7.3.1 Ziel und Arbeitsprogramm

Ziel ist es, die derzeit verfügbaren Methoden zur sozioökonomischen Bewertung der von Naturgefahren ausgehenden Schäden und damit verbundener Risiken bzw. der gesellschaftlich relevanten Nutzen und Kosten für alternative Schutzmaßnahmen zusammenzustellen und auszuwerten. Auf dieser Grundlage soll eine integrierte Risikobewertung vorgenommen werden, die alle Arten an Schutzmaßnahmen einbezieht (einschließlich des *Status quo*, technischer und biologischer Maßnahmen sowie Vermeidungsstrategien auf der Grundlage von Information, Planung und Organisation). Partnerunternehmen sind hierbei die Hypo Tirol Bank und die ILF Beratende Ingenieure. Die wissenschaftliche Seite wird durch das Institut für Finanzwissenschaften der Universität Innsbruck abgedeckt.

Ein nachhaltiger Schutz vor Naturgefahren erfordert zudem eine längerfristige Perspektive. Die Möglichkeiten der Entwicklung einer Standardmethode zur Risikobewertung sollen überprüft werden.

7.3.2 Erwartete Ergebnisse

Die sozioökonomische Bewertung potentieller Schäden und entsprechender Schutzmaßnahmen ist eine wichtige Voraussetzung für fundierte Entscheidungen im politischen Prozess (u. a. Prioritätensetzung und Zuteilung knapper finanzieller Ressourcen im Naturgefahrenbereich). Diesbezügliche Informationen ermöglichen zudem fundierte Entscheidungen im privatwirtschaftlichen Bereich, d. h. insbesondere in der Tourismusbranche, im Verkehrsbereich und im Wohnungsbau. Durch die Entwicklung von Standards zur Risikobewertung können zudem Kosten der Entscheidungsfindung gesenkt werden, was für einzelne Unternehmen sowie gesamtgesellschaftlich von Vorteil ist.

8 Fazit

Dank der aktiven und engagierten Mitwirkung zahlreicher Vertreter aus der Wirtschaft, der Forschung und der öffentlichen Verwaltung ist es gelungen, *alpS* als eine unabhängige, interdisziplinär agierende Forschungs- und Entwicklungsplattform (die sich als Bindeglied zwischen Wirtschaft, Forschung und öffentlicher Verwaltung versteht) auf regionaler und nationaler Ebene (ansatzweise auch schon international) zu etablieren. Hierdurch wird bereits ein Jahr nach Gründung von *alpS* eine übergreifende und integrative Betrachtung der Naturgefahren-Problematik nicht nur in der Theorie, sondern auch in der täglichen Praxis ermöglicht.

Die Festigung dieser Position sowie die Internationalisierung der *alpS*-Tätigkeiten stehen neben der Gewinnung neuer Partner aus Forschung, öffentlicher Verwaltung und Wirtschaft im nächsten Jahr im Vordergrund.

Literatur

MEISSL, G. et al. (2000): Neue Wege im Naturgefahren-Management. Zusammenarbeit Praxis – Forschung als Grundlage für einen ganzheitlichen Umgang mit Naturgefahren. – In: Zeitschrift der Österreichischen Wasser- und Abfallwirtschaft 52(5/6). – 83-87.

STÖTTER, J. et al. (1999): Konzeptvorschlag zum Umgang mit Naturgefahren in der Gefahrenzonenplanung. Herausforderung an Praxis und Wissenschaft zur interdisziplinären Zusammenarbeit. – In: Jahresbericht 1997/1998 der Innsbrucker Geographischen Gesellschaft. – 30-59.

Frauke KRAAS (Köln) und Rita SCHNEIDER-SLIWA (Basel)

Leitthema B2 – Verkehrssysteme, Urbanisierung und Metropolisierung

Die intensivierte Durchdringung von Räumen durch Globalisierungsprozesse und ihre Einwirkungen auf Gesellschaft, Wirtschaft, Politik, Verkehr und Umwelt initiieren einen tiefgreifenden Wandel auch in den Gebirgsräumen der Erde: Auch in ihnen finden beschleunigte Urbanisierung, teils Metropolisierung sowie massive Infrastruktur- und Verkehrsentwicklung statt. Städte und Metropolen als Motoren wirtschaftlicher Aktivität, Innovationszentren und Steuerungszentralen übernehmen eine Schlüsselrolle in der Entwicklung montaner Milieus insofern, als das angebundene Umland von *spill-over*-Effekten profitiert, wodurch wirtschaftliche Alternativen zu traditionellen Nutzungen erzeugt und Abwanderung eingedämmt werden können. Die Zentrenentwicklung stellt ferner eine Chance zur Abmilderung regionaler und nationaler sozioökonomischer Disparitäten dar. Der Verkehrsinfrastruktur kommt besondere Bedeutung zu, weil sie räumliche Erschließung vielfach überhaupt erst ermöglicht sowie die Anbindung der Gebirgsräume an die wirtschaftlichen Aktivräume und Märkte in den Tiefländern durch gesteigerte Erreichbarkeit, wirtschaftliche Integration und Transitfunktion sichert. Dadurch beschleunigen sich sozioökonomischer Wandel und eine differenzierte Arbeits- und Funktionsteilung zwischen Teilräumen unterschiedlicher Potentiale. Zugleich unterliegen urbane Verdichtungsräume wie auch Verkehrssysteme in Gebirgen besonderer Anfälligkeit gegenüber naturräumlichen, politischen und wirtschaftlichen Risiken, weil die Prosperität urbaner Räume im Gebirge entscheidend von ihrer kontinuierlichen sozioökonomischen und politisch-administrativen Funktionsfähigkeit abhängt.

Vor diesem Hintergrund stellen sich für das vorliegende Leitthema folgende Ausgangsfragen: (1) In welchem Maße verändern montane Städte und Metropolen sowie neue Verkehrssysteme die Strukturen und Prozesse der Gebirgsregionen – und welche positiven und negativen Auswirkungen entstehen hieraus für die montanen Milieus? (2) Welchen Beitrag können Verkehrsentwicklung und Urbanisierung zu einer sinnvollen Integration von Gebirgsräumen in nationalen Ökonomien und globalen Systemen leisten – und in welcher Weise werden lokale Gesellschaften, Wirtschaft und Politik in den Gebirgen gestärkt oder geschwächt? (3) Welche Forschungsdesiderate bestehen im Themenfeld montaner Urbanisierung und Verkehrsentwicklung – und welchen Beitrag kann die Forschung hierin zu einer nachhaltigen Entwicklung im Lebensraum Gebirge leisten?

Die vier Beiträge der Leitthemensitzung greifen einzelne Teilaspekte des gespannten Rahmens auf: (1) Eckart Ehlers konzentriert sich in seinem Beitrag auf den durch den Bau des *Karakorum Highway* induzierten großregionalen Wandel der Siedlungs- und Verkehrsentwicklung sowie daraus erwachsende Potentiale und Probleme für die *Northern Areas* von Pakistan und arbeitet die Konsequenzen für die Risikoentwicklung, d. h. die Zunahme der sozioökonomischen Vulnerabilität in den einzelnen Tälern heraus. Deutlich werden der grundlegende Wandel der traditionellen Bedeutung einzelner Talschaften unter dem Einfluss endogener und exogener Dynamiken sowie die Bedeutungszunahme geopolitisch-geostrategischer Probleme, welche die Modernisierungseffekte wesentlich modifizieren. (2) Der Beitrag von Axel Borsdorf richtet sich auf die vergleichende Betrachtung der Städtenetz- und Verkehrsentwicklung zweier Gebirgsräume: Während die Bedeutung national orientierter Stadt- und Verkehrssysteme mit Binnenorientierung in den Anden dominiert, treten die Alpen als hochintegrierter Raum von transnationaler Bedeutung hervor, bei denen die Wirkung nationalstaatlicher Grenzen durch multinationale Verträge geregelt ist. Große Strukturunterschiede werden auch in der kartographischen Gegenüberstellung der beiden Ausgangssituationen deutlich. Schließlich spielen auch unterschiedliche Auffassungen mit Blick auf Wachstumsorientierung und Zeitressourcen eine wichtige Rolle. (3) Im Mittelpunkt der Analyse von Kay Axhausen et al. steht die Frage nach den Verbesserungen der Erreichbarkeit peripherer Räume in der Schweiz als einer raumordnungspolitischen Aufgabe der Eidgenossenschaft. Auf der Basis neu erhobener Umlegungsnetze lassen sich – methodisch aufwendig visualisiert – die Veränderungen der Verkehrsnetze in der Zeit zwischen 1950 und 2000 demonstrieren. Anhand der Untersuchungen lassen sich Korrelationen zwischen der Verkehrsnetz- und Bevölkerungsentwicklung herausarbeiten, die für eine kleinräumige Fortentwicklung raum- und regionalplanerischer Instrumente verwendet werden können. (4) Auch der Beitrag von Frithjof Voss richtet sich schwerpunktmäßig auf die Möglichkeiten einer Verbesserung methodischer Instrumente; hier geht es um die Optimierung zeitnaher Verkehrsdynamik in urbanen Räumen. Er zeigt auf, inwieweit moderne Verkehrstelematik mit Hilfe der Thermal-Infrarot-Detektion zur Erfassung raum-zeitlicher Verkehrsbelastung eingesetzt werden kann. Es würde sich anbieten, vergleichbare Analysen auch in anderen Räumen durchzuführen, etwa im Falle der Gebirge für die Steuerung der Verkehrsströme an typischen Staustrecken zu Spitzenzeiten der Belastung in Passregionen. Jenseits der technischen Machbarkeit stellt sich die Frage der Akzeptanz von Verkehrslenkungsinstrumenten in der Öffentlichkeit.

Über die vier Beiträge und Diskussionen zur Leitthemensitzung hinaus bestehen aus unserer Sicht dringende Forschungsdesiderate: Unzweifelhaft verdienen Urbanisierungsprozesse und Konsequenzen der Verkehrsnetzausweitung in Gebirgsräumen stärkere Aufmerksamkeit als bisher. Kaum erforscht sind über die eingangs genannten Leitfragen hinaus derzeit z. B. (1) Aspekte der spezifischen Vulnerabilität montaner urbaner Milieus (Anfälligkeit der Verkehrs- und Versorgungssysteme, sozial-ethnische Konflikte), (2) Folgen der politischen Konsequenzen von Zentrenaufwertung (Motorwirkung, politische Dominanz, steigende politische und wirtschaftliche Kontrolle bzw. Instrumentalisierung von Gebirgsräumen im Dienste nationaler Entscheidungsträger und Herrschaftssysteme, dadurch Gefahr des Verlusts von Unabhängigkeit im Falle geringer Partizipationsmöglichkeiten), (3) Probleme und Chancen wirtschaftlicher, sozialer und politischer Integration (Chancen der Kapitalerwirtschaftung, Arbeitsplatzschaffung, steigende sozioökonomische Unabhängigkeit, militärische Grenzsicherung), (4) Fragen des Verlusts ehemaliger Wettbewerbsvorteile durch Integration, Globalisierung und Formen möglicher Kompensation, (5) Notwendigkeit der Entwicklung spezifischer Planungs- und Steuerungsmodelle für die Einflussnahme urbaner Zentren auf die Regionalentwicklung in Gebirgsräumen (Verwaltungsstruktur, spezifische Dezentralisierungskonzepte, Partizipationsinstrumente heterogener montaner Gesellschaften, Eigenverwaltungsmodelle), (6) Sozialverträglichkeit von Entwicklungsmaßnahmen in peripheren Gesellschaften (ethnische Fragmentierung, Vulnerabilität, sensible Territorien).

Andreas D1TTMANN und Eckart EHLERS (Bonn)

Montane Milieus: Verkehrserschließung und Siedlungsentwicklung unter besonderer Berücksichtigung des Karakorum Highway/Pakistan[1]

Unter den großen transmontanen Fernstraßen des Automobilzeitalters dürfte dem Karakorum Highway (KKH) zwischen dem Industieflland Pakistans und dem chinesischen Hochasien in vielerlei Hinsicht eine besondere Rolle zukommen. Drei Aspekte seien genannt:

Der zeitliche Aspekt: Die Trasse des erst 1986 für den internationalen öffentlichen Verkehr freigegebenen KKH (vgl. dazu ALLAN 1989; KREUTZMANN 1991) folgt in weiten Strecken einer seit über 2.000 Jahren nachgewiesenen und vielleicht noch älteren Gebirgsquerung des Karakorum durch ein Netzwerk historischer Saum- und Trampelpfade. Felsbilder verschiedenen Alters belegen diese Verbindungen; seit dem ausgehenden 18. Jahrhundert berichten Reisebeschreibungen und archivarische Dokumente über Nutzung und Ausbau des überlieferten transmontanen Wegenetzes (JETTMAR / THEWALT 1985; STELLRECHT 1998). Der KKH stellt demgegenüber eine moderne Allwetterstraße dar, die im Prinzip ganzjährig für Motorfahrzeuge nutzbar ist.

Der räumliche Aspekt: Als strategisch wichtige Verbindungsachse zwischen Südasien und Zentral-/Hochasien ist der KKH eine von insgesamt vier Gebirgsquerungen. Bei einer Gesamtlänge von über 1.100 km und maximalen Passerhebungen von 4.594 m (Khunjerab-Pass) hat die Straße Talschaften erschlossen, die bislang nicht nur in losen Verbindungen untereinander standen, sondern auch durch Sprache, Religion und ethnische Zugehörigkeit differenziert waren und sind (KREUTZMANN 1995). Der KKH und die von ihm erschlossenen Räume sind zudem durch tektonische Labilität, extreme Topographie und schwankende Klimaeinflüsse (Monsun) geprägt; „hazards" und „risks" beeinträchtigen traditionelle Siedlung, Wirtschaft und Verkehr auf vielfältige Weise.

Der politisch-geostrategische Aspekt: Erst nach vertraglicher Regelung des Grenzverlaufs zwischen Pakistan und der VR China im Jahre 1963 konnte die Trassierung der Straße in Angriff genommen werden. Als pakistanisch-chinesisches Gemeinschaftsprojekt war sie ein Stachel im Fleische der politischen Allianz UdSSR-Indien. Die Fertigstellung des KKH im Jahre 1978 und ihre zunächst militärstrategische Nutzung lassen sie durchaus auch als Teil eines neuen „Great Game" (KREUTZMANN 1987) erscheinen.

Dieses Zusammenspiel von politischen, räumlichen und zeitlichen Aspekten und ihre gegenseitigen Vernetzungen standen am Ausgangspunkt eines interdisziplinären deutsch-pakistanischen Forschungsprojekts[2], das im Jahre 1990, d. h. nur wenige Jahre nach Fertigstellung und Eröffnung der Straße begonnen wurde. Sein primäres Ziel war, die Auswirkungen des KKH auf

- die ökologische Balance des von ihm erschlossenen Raums,
- die überlieferten sozioökonomischen Strukturen seiner Bevölkerung,
- deren traditionelle ethnische, sprachliche wie religiöse Differenzierung und
- die politisch-administrative Gliederung und Neuordnung

GAMERITH, W. / MESSERLI, P. / MEUSBURGER, P. / WANNER, H. (Hrsg.) (2004): Alpenwelt – Gebirgswelten. Inseln, Brücken, Grenzen. Tagungsbericht und wissenschaftliche Abhandlungen. 54. Deutscher Geographentag Bern 2003. 28. September bis 4. Oktober 2003. – Heidelberg, Bern. 289-297.

zu analysieren und die enge Wechselbeziehungen zwischen Mensch, Umwelt und Kultur sowie ihre durch den KKH ausgelösten Wandlungen zu untersuchen.

Die allen Teilprojekten zugrunde gelegte Arbeitshypothese war die, dass seit dem ausgehenden 19. Jahrhundert der Untersuchungsraum des Karakorum-Gebirges, seiner Talschaften und Vorländer einem tiefgreifenden und in drei Hauptphasen zu untergliedernden Wandel unterworfen war. War die Ausgangssituation durch enge Wechsel- und Abhängigkeitsverhältnisse im Beziehungsgefüge Mensch-Umwelt und durch lockere Formen räumlich-politischer Territorialität geprägt, so folgte in einer Übergangsphase im 19. und in der ersten Hälfte des 20. Jahrhunderts eine Intensivierung der Anbindung des Karakorum an seine Vorländer und die wachsende Bedeutung externer Einflüsse. Mit der Fertigstellung des KKH setzte eine dritte, die Gegenwart kennzeichnende Phase ein. Die Eröffnung des KKH bedeutete dabei nicht nur eine neue Straßenverbindung zwischen Zentral- und Südasien, sondern zugleich einen grundlegenden Bedeutungswandel des Karakorum im Raumgefüge Asiens. Fungierte der Karakorum bisher – ähnlich dem Hindukusch im Westen oder dem Himalaja-System im Osten – als Trennscheide zwischen dem chinesisch-zentralasiatischen Natur- und Kulturraum einerseits und dem pakistanisch-indischen Südasien andererseits, so kommt ihm nunmehr die Funktion einer Verbindungsachse zu, die – neben Waren und Gütern verschiedenster Art – auch Ideen, Informationen und Innovationen vermittelt und damit überlieferte Verhaltensweisen und Gedankenwelten der Gebirgsbevölkerung und die der beiden Vorländer transformiert. Damit führte sie zugleich – so die Arbeitshypothese – zu einer Veränderung tradierter Lebens- und Wirtschaftsformen in dem montanen Milieu des nördlichen Pakistan (Abb. 1).

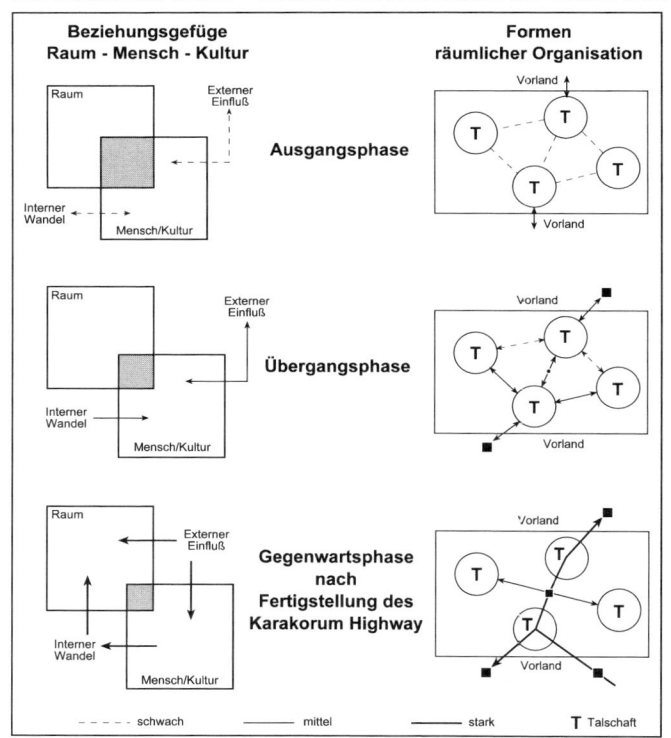

Abb. 1: Beziehungsgefüge Mensch und Umwelt im Karakorum. (Gemeinsamer Arbeitsentwurf 1989: Ehlers, Stellrecht, Winiger)

Ohne hier auf Einzelheiten der Teilprojekte einzugehen, lässt sich das Fazit der durch die Fertigstellung des KKH ausgelösten Wandlungen sowie der Interdependenzen von Verkehrs-

Andreas DITTMANN und Eckart EHLERS

erschließung und Siedlungsentwicklung im nördlichen Pakistan wie folgt zusammenfassen (vgl. dazu DITTMANN 2004):

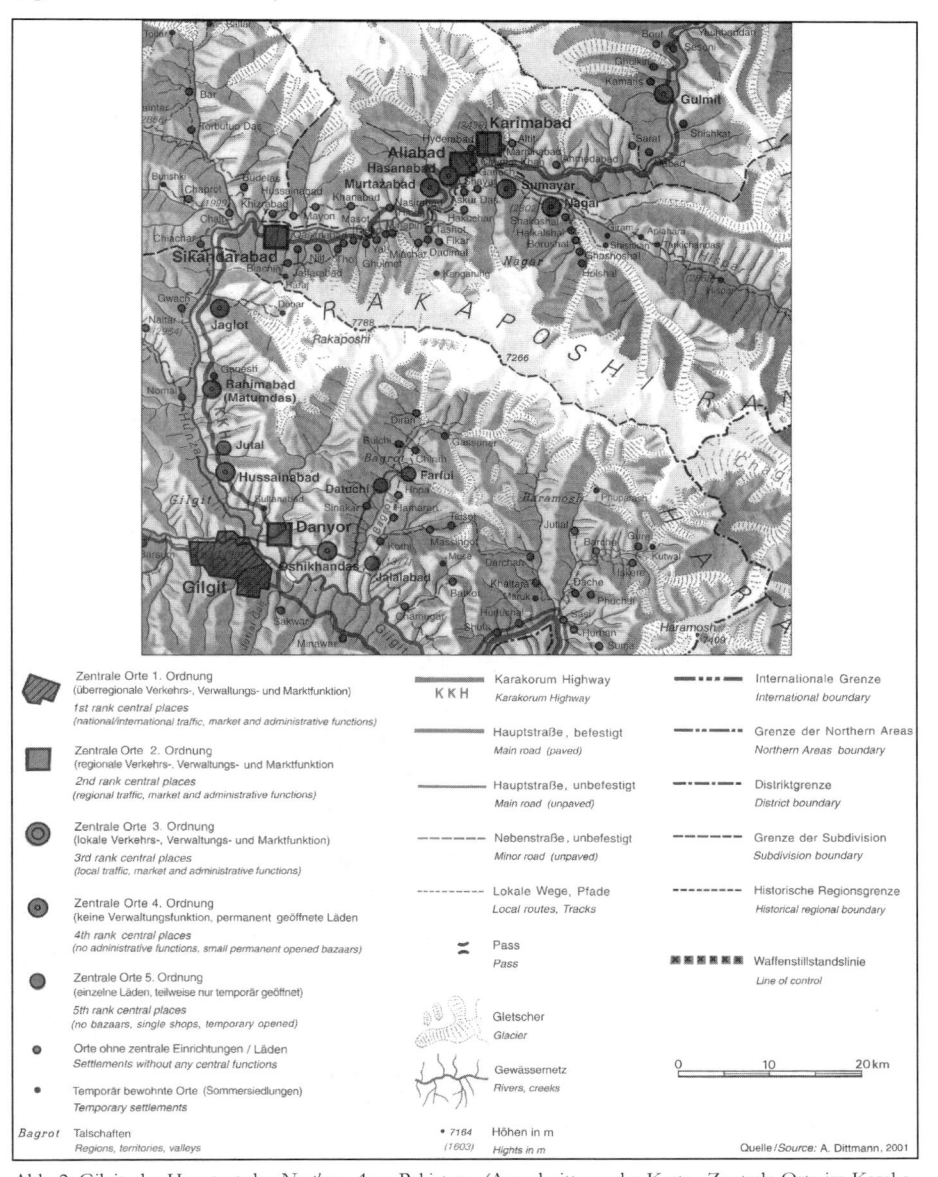

Abb. 2: Gilgit, der Hauptort der *Northern Areas* Pakistans. (Ausschnitt aus der Karte „Zentrale Orte im Karakorum", DITTMANN 2004)

Risikomanagement und Nachhaltigkeit in Gebirgsräumen

Die Fertigstellung des KKH und die mit ihr verbundene Ausweitung der verkehrstechnischen Infrastruktur haben in den *Northern Areas* Pakistans zu einer differenzierten Siedlungsentwicklung und zur Entstehung eines hierarchisch gegliederten Siedlungssystems geführt. Konkret heißt dies, dass der KKH und das ihm zugeordnete Straßen- und Wegenetz „naturgemäß" – im wahrsten Sinne des Wortes – die enge Vernetzung und einen verstärkten Austausch von Menschen und Waren zwischen den Talschaften befördert und gleichzeitig die An- und Einbindung des Gesamtraums in regionale wie globale Zusammenhänge beschleunigt haben. Das im Zusammenhang mit dem KKH sich herausbildende und in dynamischer Fortbildung befindliche Siedlungsnetz ist dabei „Knoten- und Angelpunkt" dieses Transformationsprozesses. So hat sich – nach Dittmann – ein siebenfach differenziertes Siedlungsnetz herausgebildet, auf dessen oberster Stufe mit *Gilgit*, *Chilas* und *Skardu* drei zentrale Orte mit „*überregionalen* Verkehrs-, Verwaltungs- und Marktfunktionen" stehen. Das Ende der Skala bilden land- und/oder weidewirtschaftlich genutzte Sommersiedlungen als „temporär bewohnte Siedlungen" ohne jegliche Infrastruktur. Bezogen auf die Rahmenthematik der Sitzung „Verkehrssysteme, Urbanisierung und Metropolisierung" heißt das Ergebnis also (vgl. dazu Abb. 2 und 3): Bau und Fertigstellung des KKH haben zu einem grundlegenden Wandel der Raumstrukturen des nördlichen Pakistan geführt. Die traditionelle Rolle und Bedeutung einzelner Talschaften als mehr oder weniger geschlossene Container sprachlicher, religiöser und auch ethnischer Identität wird abgelöst durch verstärkten Austausch (und Konflikt) von Menschen, Gütern und Ideen zwischen den Tälern als Träger kultureller Identität. An ihre Stelle treten ausgesprochene „Schmelztiegeleffekte" in den jeweils übergeordneten Siedlungszentren mit Gilgit als dem unbestrittenen Oberzentrum der gesamten *Northern Areas*. Die Verkehrserschließung des nördlichen Pakistan durch den KKH hat also die Urbanisierung des Raums befördert, eine Metropolisierung indes allenfalls in den Vorländern des KKH beschleunigt: Rawalpindi in Pakistan und – mit großen Abstrichen! – Kashgar in Sinkiang.

Abb. 3: Skardu als zentraler Ort der historischen Landschaft Baltistan. (Ausschnitt aus der Karte „Zentrale Orte im Karakorum", DITTMANN 2004; Legende vgl. Abb. 2)

Andreas DITTMANN und Eckart EHLERS

Verkehrserschließung und Siedlungsentwicklung können allerdings nur als äußerlich sichtbare und damit vordergründige Voraussetzung und Konsequenzen eines durch politisch-geostrategische Vorgaben ausgelösten und in Raum wie Zeit differenzierten Entwicklungsprozesses gesehen werden. Es erscheint deshalb angebracht, in Ergänzung zu der engen Themenvorgabe zumindest kurz auf die Konsequenzen von Verkehrserschließung und Siedlungsentwicklung für die Region des nördlichen Pakistan hinzuweisen. Als Leitfaden sollen dabei die im Programmheft des 54. Deutschen Geographentags zum Thema „Risikomanagement und Nachhaltigkeit in Gebirgsräumen" genannten Thesen dienen, wobei den Aspekten der „sustainability" besondere Bedeutung zukommt (vgl. dazu auch die Kästen 1 und 2):

1. *Nachhaltige Nutzung der Gebirge heißt konkret, ein ökonomisches Auskommen für Gebirgsbewohner zu ermöglichen.* Die ausführlichen Untersuchungen im Rahmen des CAK-Programms haben ergeben, dass im Hinblick auf die ökonomischen Konsequenzen für die Gebirgsbewohner zwei Trends festzustellen sind:

Zum einen handelt es sich um *endogene*, aus der Region und der sie tragenden Bevölkerung heraus entwickelte Strategien. Sie bedeuten für die Land- und Weidewirtschaft, dass sich von der vor dem Bau des KKH weithin dominierenden Subsistenzwirtschaft ein partieller Übergang zur Marktwirtschaft vollzogen hat. Dies heißt konkret, dass einer extensiven Ausweitung der landwirtschaftlichen Nutzflächen (LNF) an anderen Stellen intensive Konzentrationsprozesse der Landnutzung gegenüberstehen. Dies gilt insbesondere für vermarktungsfähige Produkte wie den Anbau und die Verarbeitung von Aprikosen, in ganz besonderer Weise aber für den Anbau von Kartoffeln, die als Speise- und Pflanzkartoffeln aus der Region heraus in den Süden des Landes exportiert werden. Daneben steht eine erhebliche Ausweitung des Nebenerwerbs, der insbesondere durch ökologisch fragwürdigen Holzeinschlag in den Seitentälern des Indus und seiner Tributäre, durch Tourismus, durch Straßenbau und damit verbundene Dienstleistungen ausgelöst wird. Aber auch Transferzahlungen der Regierung, Einflüsse von *Non-Governmental Organizations* oder aber Remissen aus Militärdienst und Gastarbeiterzahlungen gehören in diese Rubrik. Drittens schließlich hat der KKH eine episodische oder periodische Migration aus der Region heraus befördert (EHLERS 1995). Dies schließt nicht nur eine verstärkte Mobilität innerhalb der *Northern Areas* ein, sondern auch eine Abwanderung von Arbeitskräften in das südliche Pakistan bis hin in die Golfstaaten der Arabischen Halbinsel.

Zu den *exogenen* Entwicklungen, die die ökonomische Tragfähigkeit der Region erhöht haben, gehört zum einen die Einführung neuer Anbauprodukte bzw. neuer Varietäten, z. B. bei Kartoffeln und Mais. Auch die verstärkte Nutzung chemischer Düngemittel sowie die Anwendung mechanisierter Anbaumethoden mit Traktoren, Dreschmaschinen und Motorpflügen sind Konsequenzen, die in unmittelbarem Zusammenhang mit der Öffnung der *Northern Areas* durch den KKH zu sehen sind.

2. *Nachhaltige Nutzung der Gebirge heißt konkret, die Risiken der Naturgefahren zu minimieren.* Die unter dem Stichwort einer „ecological vulnerability" zu summierenden natürlichen Risiken und Hazards lassen sich in geologische, klimatische und topographische Verursachungskomplexe zusammenfassen. Abgesehen davon, dass es sich bei dem Gebiet der *Northern Areas* um ein extrem erdbebengefährdetes Gebiet handelt, sind auch durch klimatische Extremereignisse Beeinträchtigungen des KKH und der von ihm abhängigen Bevölkerungen in den Tal-

schaften verbreitet. Dazu zählt nicht nur die allenthalben bestehende Lawinengefahr, sondern auch die von monsunalen Starkregen und damit verbundenen Hochwasserkonsequenzen. Geologie und Klima sind Ursachen der durch das Relief noch besonders akzentuierten Naturgefahren wie Steinschlag, Hangrutschungen, Schlammströme und ähnliche Erscheinungen (vgl. dazu HEWITT 1988; KREUTZMANN 1994). Sie vermögen den auf dem KKH ablaufenden Verkehr für Tage – im Winter und während des Monsun: gelegentlich für Wochen – zu unterbrechen. Sie stellen dann potentielle Gefahren auch für die Bevölkerung dar, die auf Nahrungsmittel- und/oder Energielieferungen aus dem pakistanischen Tiefland angewiesen ist.

Kasten 1

Im Rahmen des Pakistan-German Research Project *sind unter dem Titel „Culture Area Karakorum/Scientific Studies" beim Köppe Verlag in Köln folgende Sammelbände und Monographien erschienen:*

Bd. 1: Stellrecht, I. (ed.) (1998): Bibliography – Northern Pakistan.

Bd. 2: Stellrecht, I. (ed.) (1997): The Past and the Present. Horizons of Remembering in the Pakistan Himalaya.

Bd. 3: Stellrecht, I. / Winiger, M. (eds.) (1997): Perspectives on History and Change in the Karakorum, Hindukush, and Himalaya.

Bd. 4: Stellrecht, I. (ed.) (1998): Karakorum – Hinduskush – Himalaya: Dynamics of Change. 2 Bde.

Bd. 5: Stellrecht, I. / Bohle, H.-G. (eds.) (1998): Transformation of Social and Economic Relationships in Northern Pakistan.

Bd. 6: Dittmann, A. (ed.) (2000): Mountain Societies in Transistion. Contributions to the Cultural Geography of the Karakorum.

Bd. 7: Winiger, M. (ed.): Karakorum – Status and Dynamics of its Environment (in Vorbereitung).

Bd. 8: Sökefeld, M. (1997): Ein Labyrinth von Identitäten in Nordpakistan. Zwischen Landbesitz, Religion und Kashmir-Konflikt.

Bd. 9: Lentz, S. (2000): Rechtspluralismus in den Northern Areas / Pakistan.

---

3. *Nachhaltige Nutzung der Gebirge heißt konkret, einen Schutz der natürlichen Ressourcen zu erreichen.* Wie bereits angedeutet, haben Intensivierung bzw. Extensivierung der Landnutzung, Ausweitung der Bewässerungsfläche oder aber auch deren Aufgabe sowie die Zerstörung intakter Waldbestände abseits des KKH durch einen unkontrollierten Holzeinschlag zu erheblichen Eingriffen in den Naturhaushalt geführt. Bodenabspülung und Erosion, insbesondere an Steilhängen, der Zusammenbruch historisch gewachsener Bewässerungs- und Terrassenkulturen oder Ausweitungen von LNF in ökologisch ungünstige Hanglagen sind Indikatoren dieser negativen Einflüsse, die zu einem guten Teil von der verbesserten Erreichbarkeit der Talschaften abseits des KKH bestimmt werden. Auch der weitgehende Zusammenbruch der Großtierfauna, insbesondere der Marco Polo-Schafe, der Steinböcke, des Markhor-Schafs sowie der Schneeleoparden, sind Ausdruck einer negativen Entwicklung des natürlichen Ressourcenreichtums des Karakorum.

4. *Nachhaltige Nutzung der Gebirge heißt konkret, das soziale und kulturelle Erbe zu bewahren.* Die verbesserte Erreichbarkeit der *Northern Areas* ebenso wie die verstärkte Durchlässigkeit des

Gebirgsmassivs haben zu grundlegenden Veränderungen des „montanen Milieus" im sozialen Sinne geführt. Waren, wie angedeutet, viele der Talschaften in der Vergangenheit wenig vernetzt, voneinander getrennt und religiös, sprachlich wie auch ethnisch differenziert, so haben die Fertigstellung des KKH und die von ihm abzweigenden Erschließungsachsen in die Talschaften hinein eine Auflösung der historisch gewachsenen territorialen Entitäten eingeleitet. Neue Verwaltungsstrukturen und Verwaltungszuschnitte haben zu einer auch politischen Verwundbarkeit dieses Raums beigetragen. Ausdruck dieser Veränderungen sind die seit den 1970er Jahren zunehmenden sogenannten „sectarian clashes" nicht nur zwischen einzelnen Talschaften, sondern vor allem und mehr noch auf religiöser Grundlage zwischen Sunniten, Shiiten und Ismailiten (DITTMANN 1998). Höhepunkt dieser Entwicklung war bislang der Überfall und die weitgehende Zerstörung des Orts Jalalabad am Ausgang des Bagrot-Tals.

Kasten 2

In der Reihe der „Bonner Geographischen Abhandlungen" sind erschienen:

Schickhoff, U. (1993): Das Kaghan-Tal im Westhimalaya (Pakistan). Heft 87.

Weiers, S. (1995): Zur Klimatologie des NW-Karakorum und angrenzender Gebiete. Statistische Analysen unter Einbeziehung von Wettersatellitenbildern und eines Geographischen Informationssystems (GIS). Heft 92.

Braun, G. (1996): Vegetationsgeographische Untersuchungen im NW-Karakorum (Pakistan). Heft 93.

Nüsser, M. (1998): Nanga Parbat (NW-Himalaya): Naturräumliche Ressourcenausstattung und humanökologische Gefügemuster der Landnutzung. Heft 97.

Stöber, G. (2001): Zur Transformation bäuerlicher Hauswirtschaft in Yasin (Northern Areas, Pakistan). Heft 105.

Clemens, J. (2001): Ländliche Energieversorgung in Astor: Aspekte des nachhaltigen Ressourcenmanagements im nordpakistanischen Hochgebirge. Heft 106.

Schmidt, M.: Wasser- und Bodenrecht in Shigar, Baltistan: Autochthone Institutionen des Ressourcenmanagement im zentralen Karakorum. (im Druck).

Dittmann, A.: Zentrum und Peripherie. Entwicklung und Dynamik zentralörtlicher Systeme in peripheren Hochgebirgen. Das Beispiel Karakorum/Pakistan. (im Druck).

In der Reihe „Freiburger Studien zur Geographischen Entwicklungsforschung" (Saarbrücken) sind folgende Bände erschienen (betreut durch Prof. Dr. H.-G. Bohle, Heidelberg):

Pilardeaux, B. (1995): Innovation und Entwicklung in Nordpakistan: Über die Rolle von exogenen Agrarinnovationen im Entwicklungsprozeß einer peripheren Hochgebirgsregion. Heft 7.

Dittrich, C. (1995): Ernährungssicherung und Entwicklung in Nordpakistan. Heft 11.

Außerdem sind erschienen:

Kreutzmann, H. (1996): Ethnizität im Entwicklungsprozeß: Die Wakhi in Hochasien. – Berlin.

Herbers, H. (1998): Arbeit und Ernährung in Yasin. Aspekte des Produktions-Reproduktions-Zusammenhangs in einem Hochgebirgstal Nordpakistans. (= Erdkundliches Wissen, 123). – Stuttgart.

5. *Nachhaltige Nutzung der Gebirge heißt konkret, eine Entwicklung zu unterstützen, die darauf hinwirkt, die Interessen der Bevölkerung in Gebirgen und im Umland gleichermaßen zu berücksichtigen.* Schon aus dem zuvor Gesagten geht eindeutig hervor, dass mit der Erschließung der *Northern Areas* durch den KKH nur bedingt eine Entwicklung unterstützt worden ist, die die Interessen der Bevölkerung in Gebirgen mit denen im Um- und Vorland des Karakorum in gleicher Weise in Einklang bringt. Katastrophal sind die genannten ökologischen Konsequenzen, die etwa durch die Vernichtung der über Jahrhunderte gewachsenen Waldbestände in den Nebentälern des Indus und seiner Tributäre entstehen. Nicht minder einflussreich sind die über den KKH transportierten Innovationen auf Siedlung und Wirtschaft der *Northern Areas* und auf die Mentalität ihrer Bewohner. Vor allem die rapide Einbeziehung dieses noch vor 30 Jahren von weltwirtschaftlichem Geschehen zwar nicht abgekoppelten, aber nur sehr bedingt beeinflussten Peripherraums in die Globalisierung von Wirtschaft und Gesellschaft lassen ein zwiespältiges Fazit bezüglich einer Kosten-Nutzenrechnung des KKH für die *Northern Areas* konstatieren.

Andererseits sind von der Öffnung des Raums und seiner Anbindung an den Kernraum Pakistans auch positive Entwicklungen ausgegangen. Dazu zählen die leichtere Erreichbarkeit des Punjab für Arbeitsmigranten ebenso wie der umgekehrt in die *Northern Areas* einströmende und bis zum September 2001 an Bedeutung zunehmende internationale Tourismus. Beide haben die „Tragfähigkeit" der *Northern Areas* erheblich ausgeweitet. Gleiches gilt für die agrarwirtschaftlichen Innovationen, die die Produktivität des Landes zumindest stellenweise erheblich erhöht haben. Diesen positiv zu bewertenden Modernisierungskonsequenzen stehen indes auch gravierende Defizite gegenüber. Zu ihnen zählt gerade angesichts der geopolitisch-geostrategischen Lage des Raums im Grenzbereich zwischen Afghanistan, der Uigurischen Region Sinkiang/China sowie zu dem zwischen Pakistan und Indien umkämpften Kaschmir die neuerdings extrem aufgeheizte religiöse Spannung zwischen verschiedenen Religionsgemeinschaften. So merkwürdig es klingt: Die weite Verbreitung der Elektrizität, die in den letzten Jahren Einzug in viele bis dahin nicht an das Stromnetz angeschlossene Gebirgstäler gehalten hat, und der damit verbundene Einfluss des staatlichen wie auch des ausländischen Fernsehens (CNN) haben tradierte Wertvorstellungen und Verhaltensnormen auf das Tiefste erschüttert. Politisierung und religiöse Fundamentalisierung bestimmter Teile der Bevölkerung der *Northern Areas* einerseits, Rückgang des internationalen Tourismus seit dem 11. September 2001 andererseits belegen eines der Dilemmata, die durch den KKH ausgelöst bzw. akzentuiert worden sind: Die Verwundbarkeit der Region und ihrer Bewohner haben zugenommen, wenngleich auf einem zweifellos höheren ökonomischen Stand als vor dem Bau der Karakorum-Querung.

Insbesondere in Bezug auf den zuletzt genannten Punkt, wonach „nachhaltige Nutzung der Gebirge konkret heißt, dass eine Entwicklung zu unterstützen sei, die darauf hinwirkt, die Interessen der Bevölkerung in Gebirgen und im Umland gleichermaßen zu berücksichtigen", kann man festhalten, dass die durch den KKH ausgelösten *Highland-Lowland-Interactions* sicherlich die Vorländer des Karakorum um Rawalpindi/Islamabad/Peshawar einerseits und Kashgar andererseits mehr und nachhaltiger geprägt haben als den Gebirgsraum selbst. Bei einem solchen Urteil gilt es allerdings, das Urteil der Bergbewohner mit zu berücksichtigen, wonach diese in ihrer Mehrheit die positiven Konsequenzen der Verkehrserschließung und Siedlungsentwicklung hervorheben. Selbst da, wo der KKH sie objektiv mit neuen und bisher nicht gekannten Problemen konfrontiert.

Andreas DITTMANN und Eckart EHLERS

[1] Der Vortrag war gedacht als Einführung in das Teilthema „Verkehrssysteme, Urbanisierung und Metropolisierung" im Rahmen des Leitthemas „Risikomanagement und Nachhaltigkeit in Gebirgsräumen". Die Fokussierung auf Verkehrserschließung und Siedlungsentwicklung wird allerdings nur Teilaspekten der komplexen Gesamtproblematik gerecht. Aus diesem Grunde ging der Vortrag und geht die nunmehr komprimierte Zusammenfassung des Themas – unter besonderer Berücksichtigung der aus dem von der Deutschen Forschungsgemeinschaft geförderten Projekt heraus entstandenen geographischen Dissertationen und Habilitationen – auf eine breiter angelegte Übersicht aus. Aus Platzmangel wird im Text auf die entsprechenden Arbeiten hingewiesen (Kasten 1 und Kasten 2).

[2] Koordinatoren des unter dem Namen „Culture Area Karakorum" (CAK) geführten Projekts waren Prof. Dr. Irmtraud Stellrecht (Ethnologie) als Sprecherin des von der DFG geförderten Schwerpunktprogramms sowie Prof. Dr. Matthias Winiger für die Physische Geographie und Prof. Dr. Eckart Ehlers für die Kulturgeographie.

Literatur

ALLAN, N. J. R. (1989): Kashgar to Islamabad: the impact of the Karakorum Highway on mountain society and habitat. – In: Scottish Geographical Magazine 105(3). – 130-141.

DITTMANN, A. (1998): Raum und Ethnizität: Konfliktfelder und Koalitionen in multiethnischen Bazaren Nordpakistans. – In: GRUGEL, A. / SCHRÖDER, I. W. (Hrsg.): Grenzziehungen. Zur Konstruktion ethnischer Identitäten in der Arena sozio-politischer Konflikte. – Frankfurt/Main. 45-78.

DITTMANN, A. (2004): Zentrum und Peripherie. Entwicklung und Dynamik zentralörtlicher Systeme in peripheren Hochgebirgen. Das Beispiel Karakorum / Pakistan. (= Bonner Geographische Abhandlungen). – Bonn. [im Druck].

EHLERS, E. (1995): Die Organisation von Raum und Zeit: Bevölkerungswachstum, Ressourcenmanagement und angepaßte Landnutzung im Bagrot/Karakorum. – In: Petermanns Geographische Mitteilungen 139(2). – 105-120.

HEWITT, K. (1988): Catastrophic Landslide Deposits in the Karakorum Himalaya. – In: Science 242. – 64-67.

JETTMAR, K. / THEWALT, V. (Hrsg.) (1985): Zwischen Gandhara und den Seidenstraßen. Felsbilder am Karakorum Highway. – Mainz.

KREUTZMANN, H. (1987): Die Talschaft Hunza (Northern Areas of Pakistan): Wandel der Austauschbeziehungen unter Einfluß des Karakoram Highway. – In: Die Erde 118. – 37-53.

KREUTZMANN, H. (1991): The Karakoram Highway: The Impact of Road Construction on Mountain Societies. – In: Modern Asian Studies 25(4). – 711-736.

KREUTZMANN, H. (1994): Habitat conditions and settlement processes in the Hindukush-Karakoram. – In: Petermanns Geographische Mitteilungen 138(6). – 337-356.

KREUTZMANN, H. (1995): Sprachenvielfalt und regionale Differenzierung von Glaubensgemeinschaften im Hindukusch-Karakorum. – In: Erdkunde 49. – 106-121.

STELLRECHT, I. (1998): Economical and Political Relationships between Northern Pakistan and Central as well as South Asia in the Nineteenth and Twentieth Centuries. – In: STELLRECHT, I. (ed.): Karakorum – Hinduskush – Himalaya: Dynamics of Change. (= Culture Area Karakorum, Scientific Studies, Bd. 4/II). – Köln. 3-20.

Axel BORSDORF (Wien / Innsbruck)

Verkehrs- und Städtenetze in Alpen und Anden.
Über die Problematik der Übertragbarkeit von Erfahrungen im internationalen Entwicklungsdialog

1 Problemstellung, Forschungsstand, Methode

„Pervers bis zum Irrsinn ist der Transit in den Alpen. Ex und Hopp: Belgien exportiert über 300.000 Schweine zur Schlachtung in die italienische Po-Ebene, wo sie mit Milch, die aus Deutschland in Tankwagen angeliefert wird, gefüttert und dann als Parmaschinken wiederum per LKW nach Norden exportiert werden. 1.800 Tonnen holländischer Tomaten werden jährlich nach Italien geliefert und im Gegengeschäft 12.500 Tonnen italienischer Tomaten nach Deutschland. 255.000 Tonnen Kartoffeln kommen aus den Beneluxländern und Deutschland nach Italien, über 235.000 Tonnen rollen ([...] von dort) nach Norden. Und das in erster Linie zum sogenannten Veredeln: Waschen, Schneiden, Verpacken...." (Heiner Geissler, MdB, in der Zeitschrift BERGE, Spezial zum Jahr der Berge, 2002).

Meinungen wie diese beherrschen in ähnlicher Weise die öffentlichen Medien wie die Diskussion über Verkehrsbeschränkungen, Ökopunkte, Nachtfahrverbote, Lärmterror oder gar Pass-Blockaden. Im österreichischen Printmedium „Die Presse" erschienen innerhalb von nur drei Sommerwochen 2003 z. B. folgende Schlagzeilen: „Transit: Weniger LKW- und PKW-Verkehr bei dicker Luft" (20.8.), „Transitgegner machen mit Blockaden im Herbst mobil" (16.8.), „Transit-Streit zwischen Innsbruck und Brüssel eskaliert" (31.7.), „Tiroler Helden gegen Brüssel (31.7.)". In den Alpen, so scheint es, ist der (Strassen-)Verkehr ein Feind von Natur und Mensch geworden.

Es ist aufschlussreich, die internationale Presse auf Nachrichten über den Verkehr in den Anden durchzusehen. Die Berichterstattung ist weit spärlicher und reduziert sich bei genauem Hinsehen auf Reportagen über Verkehrsunfälle und Busunglücke, in vielen Fälle bedingt durch Bergstürze, Rutschungen, Unwetter und andere Naturereignisse. In den Anden, so scheint es, ist die Natur der Feind des Verkehrs.

Genau genommen ist natürlich der Vergleich der Berichterstattung über den Verkehr in beiden Hochgebirgen nur sehr eingeschränkt zulässig, zu unterschiedlich sind die jeweilige Landesnatur, die Infrastruktur, die Verkehrsdichte, der technische Zustand der Fahrzeuge, aber auch die Stadt- und Marktnetze und die politischen Systeme und Strukturen.

Wenn also dennoch der Versuch eines Vergleichs gemacht werden soll, dann kann dies nur unter Berücksichtigung der genannten Relativierungen und unter einer spezifischen Problemstellung geschehen. Da konzidiert werden kann, dass die derzeitigen Verkehrsprobleme im Andenraum der alpinen Bevölkerung nicht unbekannt sind – auch sie ist Naturgefahren im Verkehr noch immer ausgesetzt, weiß aber auch aus früherer Zeit, dass diese einmal ähnlich im Vordergrund standen wie heute in den Anden –, ist die Frage, ob nicht die Andenländer aus den Erfahrungen der für die Verkehrsinfrastruktur Verantwortlichen in den Alpen lernen könnten. Die Frage der Übertragbarkeit von Erfahrungen im internationalen Entwicklungsdialog ist nicht neu – im gegebenen Zusammenhang jedoch wurde sie noch nicht gestellt.

Risikomanagement und Nachhaltigkeit in Gebirgsräumen

Dies überrascht, da die Literatur zur alpinen Verkehrsproblematik kaum noch überschaubar ist, und auch mit dem Verkehr in den Anden haben sich Wissenschaftler und Praktiker schon lange theoretisch und empirisch auseinandergesetzt. In der Literatur über den Alpenverkehr sind folgende thematischen Schwerpunkte zu erkennen: Verkehrsentwicklung und Alpentransit (ARE 2001), Prognosen und EU-Erweiterung (DEUSSNER 2003), Verkehrspolitik (HERRY 2003), dies alles auf gut dokumentierter statistischer Grundlage. Für die Andenländer liegen teilweise auch gute Daten vor, sie sind jedoch in der wissenschaftlichen Literatur noch kaum aufbereitet.

Erstaunlicherweise gibt es auch wenige Arbeiten, die Strukturen oder Probleme des Alpen- und Andenraums vergleichen (vgl. BORSDORF 2003). In den wenigen Versuchen wird der Verkehr ausgeklammert, selbst in allerjüngsten Publikationen (z. B. BUSSET / LORENZETTI / MATHIEU 2003).

Die aktuelle Forschungsfront zu Verkehrsproblemen im Alpenraum ist durch eine nahezu gleich starke perspektivische Fokussierung auf nationale Strukturen, Probleme und Lösungen (freilich durchaus im internationalen Kontext, d. h. unter Einbeziehung des Alpentransits) und auf den gesamten Alpenbogen und die außeralpinen Quellgebiete des Verkehrs gekennzeichnet. Dagegen fehlt im Andenraum bezüglich des Verkehrs die internationale Perspektive fast völlig. Die wenigen Untersuchungen zum Verkehr machen an den jeweiligen Landesgrenzen Halt. Dies erschwert Aussagen über den gesamten Andenraum oder gar den interkontinentalen Vergleich mit dem Alpenbogen, ist aber für die Nord- und Zentralanden nicht so gravierend, weil dort die Anden keine Staatsgrenze bilden. Für Chile und Argentinien, wo dies sehr wohl der Fall ist, erweist sich die Begrenzung auf das Staatsterritorium für die Beurteilung des Andentransitverkehrs als sehr ungünstig.

Mit dem folgenden Beitrag soll somit eine dreifache Erkenntnislücke geschlossen werden: Ein erster gesamtandiner Überblick über Verkehrsstrukturen und -ströme wird erarbeitet, dieser mit den alpinen Strukturen und -problemen verglichen und schließlich der Frage nachgegangen, ob und gegebenenfalls inwieweit die Andenländer von alpinen Erfahrungen lernen können.

Dies kann im gegebenen Rahmen nur kompilatorisch und einer induktiven Logik folgend geschehen. Es wird demnach versucht, aus vorhandenen Quellen ein möglichst zutreffendes Bild der (gebirgsquerenden) Verkehrsnetze und ihrer Frequentierung zu erhalten, wobei – was das induktive Vorgehen ja ermöglicht – durchaus zuweilen exemplarisch argumentiert wird. Am Ende sollen nicht nur die Ausgangsfragen beantwortet, sondern die Ergebnisse auch mit vorhandenen – deduktiv gewonnenen – Modellvorstellungen abgeglichen werden.

Wenn hier einleitend nur vom Verkehr die Rede war und somit scheinbar die Städtenetze als zweiter Teil des Themas unberücksichtigt blieben, so ist zu berücksichtigen, dass Verkehr immer Quelle und Ziel hat. Die wichtigsten Quell- und Zielgebiete des Verkehrs sind Städte, so dass die Struktur des Städtenetzes eine wichtige Funktion für die Erzeugung von Verkehrsspannungen und -strömen hat. In diesem Sinn werden daher im folgenden Hauptkapitel u. a. auch die Städtesysteme der Anden und Alpen verglichen.

Axel BORSDORF

2 Äpfel und Birnen: Gemeinsamkeiten und Unterschiede der Raumstruktur in Alpen und Anden[1]

In einem länderkundlichen Vergleich wurden zuvor bereits Hauptunterschiede der alpinen und andinen Raumstruktur herausgestellt (BORSDORF 2003). Da die Südanden den Alpen in vielen Merkmalen ähneln, werden auf dieser Basis im folgenden – wo sinnvoll – die Unterschiede zwischen Alpen und tropisch-subtropischen Anden aufgelistet. Es sind dies: die im Koordinatensystem andere Erstreckung (alpin: West-Ost, andin: Nord-Süd), die unterschiedliche Länge und Fläche, die endogen und exogen bedingten anderen Geländeformen und Großstrukturen, die meridionale Differenzierung des Klimas in den Anden und die dort viel stärkere Wirkung des Gebirges als Klimascheide, die unterschiedliche Anordnung der Gunsträume (Tallagen in den Alpen, Höhenstockwerke in den Anden), die unterschiedliche Art der Vertikalisierung der Agrarnutzung in beiden Hochgebirgen und schließlich die zeitlich verschobene Ausbildung von Hochkulturen (Hallstatt, Tiahuanaco, Inka, Chibcha) und die jeweils gebirgsbezogenen, dennoch im Detail sehr unterschiedlichen Regionalkulturen des „Alpinen" und des „Lo Andino" (STADEL 2001; BORSDORF 2003, vgl. auch STEGER 1991 zu Raum und Zeit im Andenraum). Im thematischen Bezug zum Verkehr müssten wohl noch weitere Unterpunkte genannt werden. Beim Relief sind dies in den Anden die durch die dort vorherrschende Denudation ausgedehnten Flächensysteme und die oft weit über 4.000 m Meereshöhe hohen Pässe, die überaus aktive Morphodynamik im übersteilten Relief (spontaner Massenversatz), bei den Naturgefahren das hohe Erdbebenrisiko, die daraus folgenden weiteren Risiken, die vom rezenten Vulkanismus ausgehenden Gefahren sowie jene Schadensereignisse, die aus dem tropisch-subtropischen Klima und klimatischen Sonderereignissen *(El Niño, La Niña)* herrühren (vgl. Tab. 1).

Im Bereich der Kulturlandschaft ist die im Vergleich zu den Alpen wesentlich schlechtere Infrastruktur, die oft mangelhafte bautechnische Ausführung der Trassen, der häufig mangelhafte technische Zustand der Verkehrsmittel und die viel stärkere Konzentration des Verkehrs auf die Strasse zu nennen.

Unter naturräumlichen Gesichtspunkten werden Hochgebirge heute als Hindernisse für den (modernen) Verkehr angesehen. Derartige Einschätzungen sind jedoch vom Wirtschaftssystem und dem Zivilisationsniveau abhängig. Während der Steinzeit führten wesentliche Handelsrouten oberhalb der Waldgrenzen über die Hochflächen der Alpen, wie nicht nur der spektakuläre „Ötzi"-Fund von 1991 beweist, sondern Artefaktfunde in 3.000 m Höhe oder auch das Vorhandensein neolithischer Stelen beiderseits der Alpen in Sion und im Aostatal. Bis heute unterhalten Südtiroler Bauern Hochweiden auf Nordtiroler Seite und treiben Klein- und teilweise auch Großvieh im Frühjahr über die noch schneebedeckten Joche. Auch in den Anden bildet der Hauptkamm kaum ein Hindernis für die Agrarbevölkerung, zumal die Schneegrenze in den tropischen und subtropischen Anden das Passniveau nicht erreicht.

In der Entwicklung des Verkehrssystems in Gebirgen lassen sich sieben Entwicklungsstufen unterscheiden (in Klammern: Beispiele aus den Alpen und Anden):

- die Epoche der Saumpfad-Transports über die Joche (Maultier, Llama)
- der Passausbau zu militärischen Zwecken (Napoleon: Simplon, Inkastrassen)
- der Eisenbahnbau mit Untertunnelung von Pässen, Graten und Gipfeln

Risikomanagement und Nachhaltigkeit in Gebirgsräumen

Geofaktor	Alpen*	(tropisch-subtropische) Anden
Größe und Ausrichtung	3.800 km West-Ost-, 300 km max. Nord-Süd-Erstreckung, 220.000 km² Fläche, Pässe < 1.500 m	8.300 km Nord-Süd-, 800 km max. West-Ost-Erstreckung, ca. 1,5 Mio. km² Fläche (gesamte Anden), Pässe > 3.500 m
Tektonik	Zusammenprall zweier Kontinentalplatten, Deckenverschiebungen, geringere rezente seismische Aktivität, kein rezenter Vulkanismus	Subduktion ozeanischer Platten unter kontinentale Platte, noch starke Hebung, starke Erdbeben, rezenter Vulkanismus
Geologie	Tiefengesteine im Kern, Sedimentgesteine am Rand	Sedimentgesteine nur in Teilen der Nord- und Südanden, Überwiegen von Erstarrungs- und Ergussgesteinen
Relief	glazial überprägtes Steilrelief, Grate und Steilgipfel, Trogtäler, Reliefgenerationen: Tertiär: Altflächen, Pleistozän: glaziale Exaration und periglaziale Denudation, Holozän: fluviative Erosion und Hangdenudation. Viele ganzjährig passierbare Pässe in großer Höhe	ausgedehnte Flächensysteme (Hochflächen, intramontane Becken, Gebirgsfußflächen), übersteilte Hänge zum Gebirgsrand, starke rezente Morphodynamik, insbesondere starke Hangdenudation und Flächenspülung. Wegen geringer Klimavarianz keine Reliefgenerationen. Wenige ganzjährig passierbare Pässe in relativ geringer Höhe
Klima	Nord-Süd-Sequenz im C-Klimaspektrum, Klimascheide Nord-Süd, geringere West-Ost-Gegensätze	Nord-Süd Sequenz der Klimagürtel (alle außerpolaren Klimate), gebrochen durch starken Gegensatz von Luv- und Leeseite: scharfe Klimascheide
Gletscher und Gewässer	volle Wirksamkeit glazigener Prozesse im gesamten Pleistozän, rezente Vergletscherung. Längstalsysteme. Nivale Abflusstypen, teilweise mit Retention durch Gebirgsrandseen	in vielen Teilen nur zwei Eiszeiten, relativ geringe Vergletscherung in großen Höhen. Längstalsysteme, teilweise mit Durchbrüchen zum Amazonas, in ariden Randbereichen Gebirgsfußoasen. Pluviale Abflusssysteme
Vegetation	collin-montan-alpin mit klarer Höhenabfolge	tropisch-subtropisch mit klarer Höhenabfolge
Naturgefahren	Muren, Bergrutsche, Lawinen, Überschwemmungen	Erdbeben, Vulkanausbrüche, Bergrutsche, Gletscherbrüche, Überschwemmungen, Klima„katastrophen" (El Niño)

* Merkmale gelten teilweise auch für die Südanden (Ausnahme: Tektonik)

Tab. 1: Unterschiede der Landesnatur in den Alpen und den (tropischen und subtropischen) Anden (stark generalisiert)

- der noch stark reliefgebundene Straßenbau zwischen Produktionsstätten und Märkten
- der Bau von Pipelines für den Transport flüssiger und/oder gasförmiger Massengüter
- der sich stärker vom Relief befreiende Schnellstrassenbau, oft mit langen Tunnelstrecken (Pyhrn-, Brenner-, Gotthardautobahn; Caracas-La Guaira, Santiago-Valparaíso)
- der Gebirgs-Basistunnelbau (Brennerbasistunnel, Gotthardbasistunnel)

Die Alpen treten soeben in die siebte Phase der Verkehrserschließung ein, die Anden verharren dagegen noch in den Phasen vier bis sechs.

Axel BORSDORF

Für den Verkehr ist das Städtesystem eine wichtige Determinante, da urbane Zentren als Märkte und Produktionsstätten sowohl Quell- als auch Zielräume des Verkehrs sind. Ein einfacher Vergleich von Alpen und Anden zeigt, dass das europäische Hochgebirge arm an Städten ist – die wenigen Zentren wie Grenoble, Innsbruck, Bozen erreichen nicht die 500.000 Einwohnermarke –, dagegen gruppieren sich die Metropolen um den Alpenbogen (PERLIK 2001). Verkehre zwischen den Metropolen im südlichen und nördlichen Alpenvorland bedingen daher notwendigerweise den Alpentransit.

Ganz anders die Anden: Ein erster Blick auf die Anden zeigt, dass mit wenigen Ausnahmen (Lima, Guayaquil, Barranquilla, Maracaibo) alle Haupt- und Millionenstädte Spanisch-Südamerikas in den Anden liegen, während sich östlich der Anden nördlich des Wendekreises keine einzige Millionenstadt oder gar Großstadt befindet. Die sämtlich mehr als eine Million Einwohner zählenden Agglomerationen benötigen für den Kontakt zum Weltmarkt leistungsfähige Verbindungen zur Küste. Dies sind die bestausgebauten Strassen der andinen Länder, der Quell-/Zielverkehr von Haupt- zur Hafenstadt erzeugt das größte Verkehrsvolumen.

An zweiter Stelle steht in den tropischen Anden der innerandine Verkehr zwischen den dort liegenden traditionellen Städten und Agglomerationen. Innerandin sind es daher vor allem Nord-Süd-Verbindungen, die den Hauptverkehr bewältigen. Dies freilich unter teilweise noch abenteuerlichen Bedingungen: Auf der Strecke Andahuaylas-Ayacucho quert die Strasse drei Pässe mit 4.150, 4.250 und 4.300 m Höhe und Talniveaus von 1.800 m. Auf der Erdpiste sind nur Durchschnittsgeschwindigkeiten von 20 km/h möglich, so dass die 180 km lange Strecke zehn Stunden beansprucht (Profil in: BORSDORF / STADEL 2001, 141).

Im Unterschied zum innerandinen Verkehr spielt die eigentliche Gebirgsquerung vom östlichen Tiefland an den Pazifik (noch) eine untergeordnete Rolle. TORRICELLI (2003) spricht daher von den tropischen Anden als „espace de parcourier", also von einem Binnenverkehrsraum, die Alpen dagegen charakterisiert er als „espace a traverser", als Transitraum.

Ganz anders als in den Tropen ist freilich das Städtenetz in der ektropischen Andenregion ausgebildet: Im östlichen Gebirgsvorland liegen dort so bedeutende Zentren wie Salta, Tucumán, Santiago del Estero, Córdoba, San Juan und Mendoza, sämtlich freilich nur von regionaler, allenfalls nationaler Bedeutung. Die jeweils nördlichste bzw. südlichste Agglomeration dieses Städtebands sind über Transitstrecken mit den Pazifikhäfen Antofagasta bzw. Valparaíso verbunden, die als Schienenwege ausgebaut und später mit Strassen ergänzt wurden, aber inzwischen die einstige Bedeutung des Bahnverkehrs verloren (Trasandino Los Andes-Mendoza) oder nur eingeschränkt erhalten konnten. Mit Ausnahme der chilenischen Hauptstadt Santiago liegen die nächstgrößeren chilenischen Agglomerationsräume an der Küste. Obwohl südlich des La-Cumbre-Passes (3.834 m) die Passhöhen stark sinken, haben die dortigen Erd- und Schotterstrassen nur touristische Bedeutung, da mangels bedeutender Städte auf der Ostseite die Verkehrsspannung fehlt. Dies gilt auch für die noch niedrigeren patagonischen Pässe.

Bei der Beurteilung der gebirgsquerenden Verkehrsströme und des internationalen Transits ist auch die transnationale Wirtschaftsstruktur zu berücksichtigen. Mit Ausnahme der Schweiz gehören sämtliche Alpenstaaten zur Europäischen Union oder sind mit ihr assoziiert (Slowenien wird 2004 beitreten). Die Nationalstaaten haben somit an Bedeutung verloren, Grenzstationen sind funktionslos geworden und der Transitverkehr wird durch europäische Regelungen gesteuert. Lediglich die Schweiz hat sich der Europäisierung bislang noch entzogen und

Risikomanagement und Nachhaltigkeit in Gebirgsräumen

fährt eine ganz konträre Transit- und Verkehrspolitik, was die Besonderheiten im transalpinen Transportwesen dieses Alpenlands erklärt.

Im Andenraum dagegen haben die Nationalstaaten trotz aller Integrationsbemühungen (ALADI, Andenpakt / Andengemeinschaft CAN und ANCOM, MERCOSUR) ein großes Gewicht. Grenzkontrollen werden penibel durchgeführt, umfassen teilweise Desinfektionsmaßnahmen, sind daher zeitraubend und stellen echte Barrieren dar.

In Anlehnung an TAAFFE / MORRILL / GOULD (1970) und BORSDORF / STADEL (1997, 244) wird versucht, die Verkehrssystementwicklung in den Alpen und Anden modellhaft darzustellen (vgl. Abb. 1).

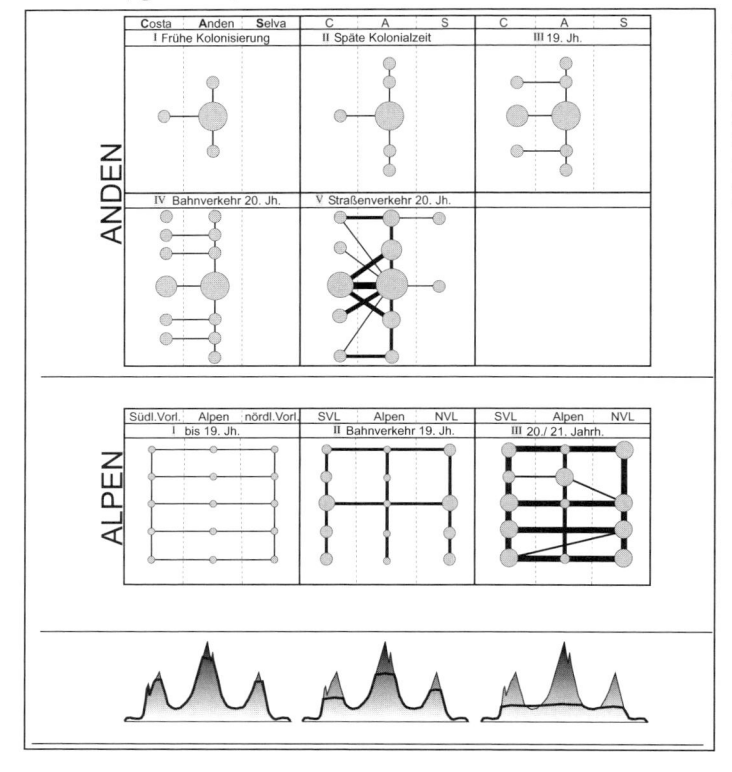

Abb. 1: Modell der Verkehrserschließung in Anden und Alpen (in Anlehnung an TAFFE / MORRILL / GOULD 1970 und BORSDORF / STADEL 1997, Entwurf: A. Borsdorf, Kartographie: C. Wachholz)

3 Der Alpentransit: Probleme und Erfahrungen mit Steuerungsmaßnahmen im nationalen und internationalen Rahmen zur Verkehrseindämmung

Das Verkehrs- und Transportvolumen und die vom Verkehr ausgehenden direkten (Schadstoffe, Lärm) und indirekten Belastungen (ökologische Folgen, Tourismusrückgang) sind in den Alpen gut dokumentiert und Gegenstand heftiger Diskussion in der internationalen Politik. Mit der Formulierung des Verkehrsprotokolls in der Alpenkonvention haben sich die Alpenstaaten auf eine gemeinsame Verkehrspolitik geeinigt, die jedoch starkem Druck der anderen EU-Staaten unterliegt. Die der EU nicht angehörende Schweiz verfolgt seit Jahren eine Politik, die den Bahnverkehr stärkt, dort steigt der Kfz-Verkehr zwar auch (auf niedrigem Niveau), mehr als doppelt soviel Güter werden jedoch auf der Schiene transportiert. In Frankreich und Österreich sind die Verhältnisse umgekehrt (DEUSSNER 2003, 40). Derzeit werden im sogenannten „Inneren Alpenbogen" (Fréjus-Brenner) 75% des Transittransports abgewickelt (ARE 2001, 14), mit dem Beitritt der ost- und südosteuropäischen Länder zur EU wird der Druck auf die österreichischen Pässe – der Brenner ist heute schon der am stärksten belastete Pass – zunehmen.

Alle Versuche, den alpenquerenden Verkehr einzudämmen (Alpenkonvention, Ökopunkte, Transitvertrag etc.) haben bislang nicht gegriffen, im Gegenteil: Das Verkehrsaufkommen steigt jährlich, und dies auch in der Schweiz. Dieses Land zeigt aber auch, dass es möglich ist, das Transportvolumen ökologisch verträglich umzuschichten.

Festzuhalten bleibt, dass die Hauptherausforderungen für den Alpenverkehr die Eindämmung des Volumens und der Versuch der Umschichtung des Gütertransports auf die Schiene (Container, Sattelauflieger, Rollende Landstrasse) sind. Technisch geht es auch darum, die Transportgeschwindigkeiten weiter zu erhöhen.

4   Der Andentransit: Probleme und Erfahrungen

Wesentlich schlechter sind heute die innerandinen Verbindungen, und noch schlechter ausgebaut, wenn auch immer stärker frequentiert, sind die Fernstrassen in den Oriente, die Selva und die Yungas. Die Meldungen über Landverkehrsunglücke, die Europa aus dem Andenraum erreichen, betreffen zu 90% diese abenteuerlichen Bergstrassen.

Ein Vergleich der Verkehrslinien im Alpenraum (mit Vorland) und im Andenraum zeigt Unterschiede, die nur teilweise aus Landesnatur und dem seit der Kolonialzeit gewachsenen Städtesystem zu erklären sind (vgl. Abb. 2 und 3). Der transalpine Verkehr konzentriert sich auf wenige Hauptachsen. Diese nehmen keine Rücksicht auf nationale Grenzen, ihre Zulauftrassen queren mindestens zwei, oft auch mehrere Staaten, der Einzugsbereich umfasst nahezu alle Länder West-, Mittel-, Ostmittel- und Südosteuropas.

Schon beim ersten Blick fällt auf, dass Transitstrecken in den Anden im Vergleich zu den Alpen ein geringeres Gewicht haben. Dies gilt auch, wenn man die internationale Komponente des Transitbegriffs (Transit als Querung eines anderen Staates) vernachlässigt und ihn ausschließlich auf die Querung des Gebirges bezieht. Und es gilt mit einer Ausnahme für alle erdgebundenen Verkehrsträger, also Strasse und Schiene, nicht aber für Pipelines, die in Europa und Südamerika eine annähernd gleiche Bedeutung für den Transport flüssiger oder gasförmiger Massengüter über die Gebirgsbarriere haben. Transitverkehr im Sinne der Durchfahrung eines anderen Staates findet nur in den Andenländern statt, die an den Binnenstaat Bolivien angrenzen (Chile, Peru), wobei bolivianische Güter an die Pazifikhäfen Ilo/Mollendo (Peru) und Antofagasta (Chile) transportiert werden. Chile hat darüber hinaus auch einen, wenn auch geringen Transit von Argentinien an den Pazifik. In Venezuela, Kolumbien und Ecuador gibt es keinen internationalen Andentransit. Passstrassen in diesen Ländern bedienen nur den nationalen, oft sogar nur den regionalen Verkehr. Die national weitaus wichtigeren

Risikomanagement und Nachhaltigkeit in Gebirgsräumen

Linien verlaufen an der Küste oder in den Längstälern, teilweise auch auf den Hochflächensystemen der Anden. In Venezuela erleichtern die ausgedehnten Terrassensysteme den Längsverkehr. Als eigentliche Passstrasse in die Llanos hat nur die Verbindung Mérida-Barinas eine gewisse regionale Bedeutung.

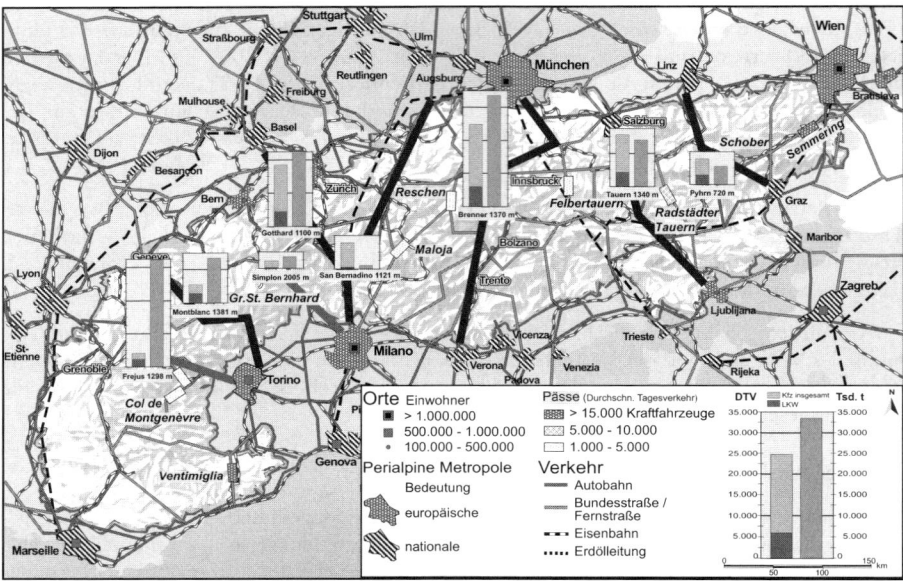

Abb. 2: Verkehrsnetz der Alpenländer und wichtigste Alpenpässe. (Entwurf: A. Borsdorf, Kartographie: C. Wachholz)

In Kolumbien quert die Verbindung von Bogotá (2.610 m, Ostkordillere) zum Pazifikhafen Buenaventura die Zentral- und Westkordillere auf Pässen bis über 4.000 m Meereshöhe, windet sich aber hinab in die tiefeingeschnittenen Grabenbrüche des Río Magdalena und Río Cauca, deren Niveau bei 300 bis 500 m Meereshöhe liegt. In Ecuador verläuft die *Carretera Panamericana* über die Cuencas der „Straße der Vulkane". Die Passhöhen über die West- und Ostkordillere sind von dort aus leicht zu erreichen. Umso dramatischer sind dann die Höhenunterschiede zur Costa bzw. zur Selva, wobei nur zwei Routen in das Erdöl- und Kolonisationsgebiet des Oriente von Bedeutung sind.

In Bezug auf die Transitproblematik ist kein größerer Gegensatz denkbar als der zwischen dem europäischen und dem südamerikanischen Hochgebirge. Anders als in den transitgeschädigten Alpen geht es in den Anden um den Ausbau der Verbindungen, die technische Absicherung der Trassen und die Ermöglichung eines größeren Transportvolumens. Und anders als in den Alpen, wo es durchaus noch um die Beschleunigung des Verkehrsflusses geht, spielt der Faktor Zeit in den (tropischen) Anden eine untergeordnete Rolle. „Espacio" und „tiempo" haben einen völlig anderen Gehalt als in Europa (STEGER 1991; STADEL 2001): Gilt in den europäischen Industriestaaten auf Basis der Formel „Leistung ist Arbeit durch Zeit" und somit das Primat der Beschleunigung von Prozessen, ist „Lo Andino" überzeugt, dass die Zeit für den Menschen arbeitet, Entschleunigung also dem Menschen nutze. Für den Verkehrsfluss, also den Gewinn von Kapazität und Zeit, letztlich quantitative Ziele, erfolgt, in den Anden dagegen im wesentlich für eine Sicherung der Trassen gearbeitet wird, also qualitative Ziele verfolgt werden, die in Bezug zu den regional-kulturellen Maßstäben stehen. Die Globalisierung und zunehmende wirtschaftliche Liberalisierung lässt jedoch auch in den tropischen Anden potentielle Veränderungen erwarten, aus denen ein gewisses Konfliktpotential – der Opposition gegen den Alpentransit im Prinzip verwandt, in den Formen jedoch sehr unterschiedlich – erwachsen könnte.

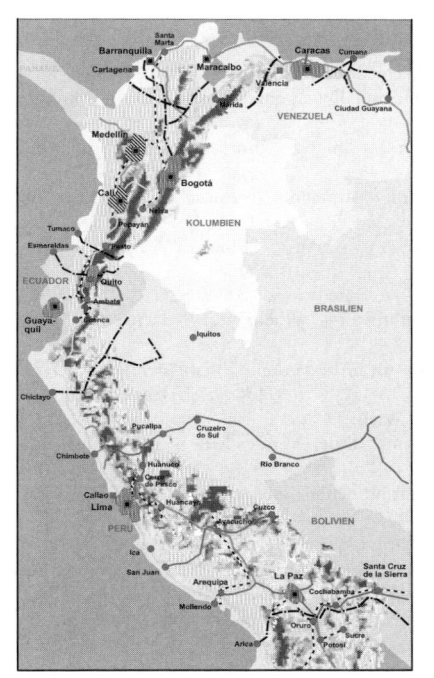

Abb. 3: Verkehrsnetze der Andenländer. (Entwurf: A. Borsdorf, Kartographie: C. Wachholz)

5 Conclusio: Lernen von Europa?

Politiker gehen oft davon aus, dass Länder des Südens von Europa lernen können. Nicht nur die wirtschaftliche und technische, sondern auch die gesellschaftliche Entwicklung seien durchaus nachahmenswert und schließlich erziele Europa auch in Bezug auf die ökologische Komponente der Nachhaltigkeit höhere Wertigkeiten als weniger entwickelte Staaten. Den Ideologiegehalt solcher Meinungen außer Acht lassend, muss für den Vergleich der Verkehrssysteme in Anden und Alpen festgestellt werden, dass die Ausgangssituation, die naturräumlichen Bedingungen, die wirtschaftlichen Strukturen und die gewachsenen Städtenetze so unterschiedlich sind, dass ein wie auch immer geartetes interkulturelles Lernen in diesem Fall nur in kleinen Teilbereichen der Gesamtproblematik denkbar wäre.

Im Gegenteil: Die Analyse der Raum-, Städtenetz- und Verkehrsstrukturen hat gezeigt, dass raumspezifische Vorgehensweisen differenzierte und valide Ergebnisse induziert. Die Methode des Vergleichs erweist sich dabei als heuristisch außerordentlich fruchtbar.

[1] Überschrift in Anlehnung an MÜLLER-BÖKER (2003)

Literatur

ARE (Bundesamt für Raumentwicklung) (Hrsg.) (2001): Wege durch die Alpen. – Bern.

BORSDORF, A. (2003): Alpen und Anden. Konvergenzen und Divergenzen. – In: Forum Alpinum 2002, Tagungsband.

BORSDORF, A. / STADEL, C. (1997): Ecuador in Profilen. (= Inngeo – Innsbrucker Materialien zur Geographie, 3). – Innsbruck.

BORSDORF, A. / STADEL, C. (Hrsg.) (2001): Peru im Profil. (= Inngeo – Innsbrucker Materialien zur Geographie, 10). – Innsbruck.

BUSSET, T./ LORENZETTI, L. / MATHIEU, J. (Hrsg.) (2003): Anden – Himalaya – Alpen. (= Geschichte der Alpen, 8). – Zürich.

DEUSSNER, R. (2003): Zukunft des Schwerverkehrs in Österreich. – In: SARRESCHTEHDARI-LEODOLTER, S. (Hrsg.): EU-Erweiterung und Alpentransit. (= Verkehr und Infrastruktur, 16). – Wien. 37-50.

HERRY, M. (2003): Transportpreise und Transportkosten im Güterverkehr: Bleibt der Schienenverkehr auf der Strecke? In: SARRESCHTEHDARI-LEODOLTER, S. (Hrsg.): EU-Erweiterung und Alpentransit. (= Verkehr und Infrastruktur, 16). – Wien. 51-76.

MÜLLER-BÖKER, U. (2003): Himalaya und Alpen: Äpfel mit Birnen vergleichen? – In: Forum Alpinum 2002, Tagungsband.

PERLIK, M. (2001): Alpenstädte: zwischen Metropolisation und neuer Eigenständigkeit. (= Geographica Bernensia, Reihe P, Geographie für die Praxis 38). – Bern.

STADEL, C. (2001): „Lo Andino": andine Umwelt, Philosophie und Weisheit. – In: BORSDORF, A. / KRÖMER, G. / PARNREITER, C. (Hrsg.): Lateinamerika im Umbruch. Geistige Strömungen im Globalisierungsstress. (= Innsbrucker Geographische Studien, 32). – Innsbruck. 143-154.

STEGER, H.-A. (Hrsg.) (1991): La concepción de tiempo y espacio en el mundo andino (= Lateinamerika-Studien, 18). – Frankfurt/Main.

TAAFFE, E. J. / MORRILL, R. L. / GOULD, P. R. (1970): Verkehrsausbau in unterentwickelten Ländern. Eine vergleichende Studie. – In: BARTELS, D. (Hrsg.): Wirtschafts- und Sozialgeographie. – Köln, Berlin. 341-366.

TORRICELLI, G. P. (2003): Le réseau et la frontière: approche comparative des mobilités des espaces montagnards dans Alpes occidentales et les Andes du sud. – In: Revue de Géographie Alpine 91(3).

Kay **AXHAUSEN**, Philipp **FRÖHLICH**, Martin **TSCHOPP** und Peter **KELLER** (Zürich)

Erreichbarkeitsveränderungen in der Schweiz und ihre Wechselwirkungen mit der Bevölkerungsveränderung 1950-2000

1 Henne und Ei: Erreichbarkeit und ihre Wirkungen

Die Verkehrspolitik der letzten hundert Jahre hat sich die Verbesserung der Erreichbarkeiten zur zentralen Aufgabe gemacht. Durch die Senkung der generalisierten Kosten der Verkehrsteilnahme sollte die wirtschaftliche Entwicklung der Regionen und Länder gefördert werden, aber auch die Kohärenz der Regionen untereinander erhöht werden. Die Transeuropäischen Netze der EU sind nur ein letztes und aktuelles Beispiel dieses Denkens. In der Schweiz werden ähnliche Ansätze seit langem verfolgt, indem der Bund Verkehrsinfrastrukturen in den Alpen und anderen peripheren Regionen überdurchschnittlich fördert. Hier, aber auch weltweit, stellt sich die Frage, ob sich nach dem massiven Ausbau der Verkehrsnetze und -angebote insbesondere während der letzten 50 Jahre ein weiterer Ausbau noch lohnt. Dieser Aufsatz stellt erste, überwiegend deskriptive Ergebnisse aus einer Studie vor, die es sich zur Aufgabe gemacht hat, diese Frage zu beantworten.

Diese Studie versucht in ihrem Ansatz die wesentlichen Probleme zu vermeiden, welche die Ergebnisse früherer Studien in Zweifel ziehen:

- Der Untersuchungszeitraum wird solange wie möglich gewählt, um die Netzentwicklung in ihrer ganzen Tiefe untersuchen zu können: 50 respektive 150 Jahre statt der meist üblichen ein oder zwei Jahrzehnte.
- Die Dienstleistung der Verkehrsnetze wird möglichst direkt als Erreichbarkeit gemessen (siehe unten) statt indirekt über den Kapitalstock in den Netzen.
- Straßennetze und das Angebot im öffentlichen Verkehr werden gleichberechtigt behandelt, statt sich – wie üblich – auf die Straßennetze zu konzentrieren.
- Die räumliche Gliederung wird so fein wie möglich gewählt: etwa 2.900 Gemeinden für den Zeitraum nach 1950 und 150 Bezirke für Untersuchungen über den gesamten Zeitraum 1850 bis 2000.

Erreichbarkeit wird als das zentrale Produkt der Verkehrsnetze verstanden. Leider fehlt eine einheitliche Definition, so dass dieser Begriff jeweils neu zu definieren ist. Für die hier geplanten komplexen Analysen der Wechselwirkung zwischen Erreichbarkeit und Raumsystem ist eine umfassende Definition der Erreichbarkeit notwendig, die sowohl die Veränderungen in den generalisierten Kosten berücksichtigt als auch die Verteilung der Ziele im Raum und die Wahrnehmung der Kosten.

Der Potentialansatz

$$E_i = \sum_{\forall j}^{c_{ij} \leq c_{max}} X_j^\alpha f(c_{ij})$$

mit
E_i Erreichbarkeit des Ortes i
X_j Gelegenheiten am Ort j, z. B. Bevölkerung, Arbeitsplätze, Kinos, Wertschöpfung, etc.

c_{ij}	Generalisierte Kosten der Raumüberwindung zwischen i und j
f()	Gewichtungsfunktion der Kosten, z. B. die Exponentialfunktion

$$f(c_{ij}) = e^{-\beta c_{ij}}$$

c_{max}	Maximal akzeptable generalisierte Kosten für die relevante Aktivität
α	Gewichtung der Anzahl der Gelegenheiten, in der Regel $\alpha = 1$

erfüllt diese Ansprüche, insbesondere wenn wir ihn als das Maß des erwarteten Nutzenmaximums der Angebote im Raum verstehen (BEN-AKIVA / LERMAN 1985). Diese theoretische Einbettung in die Modellierung der Zielwahl ermöglicht auch eine konsistente Modellierung der Konkurrenz respektive Komplementarität zwischen den Verkehrsmitteln.

Die Erfassung der Daten (TSCHOPP / KELLER 2003) und Netze (VRTIC / FRÖHLICH / AXHAUSEN 2003) hat fast zwei Jahre benötigt, da die einzelnen Elemente verstreut waren. Insbesondere die Informationen zu den Netzen und Verkehrsangeboten waren praktisch vollständig neu zu erfassen. Die eigentlichen vertieften Analysen stehen erst am Anfang. Dieser Aufsatz möchte aber erste Ergebnisse vorstellen, um einen Eindruck von dem Umfang der Veränderungen in der Erreichbarkeit zu geben (nächster Abschnitt) respektive um erste Erkundungen der Zusammenhänge zwischen Erreichbarkeit und Bevölkerungsveränderung vorzustellen. Ein Ausblick auf die weiteren Arbeiten schließt den Aufsatz ab.

2 Entwicklung der Erreichbarkeiten (ÖV und mIV)

2.1 Netzentwicklung und ihre Darstellung

Der Ausgangspunkt für das historische Straßennetz ist das heutige Straßenmodell, das aus rund 20.000 Strecken, 15.000 Knoten und 2.900 Bezirken besteht (VRTIC / FRÖHLICH / AXHAUSEN 2003). Darin wurde die Entwicklung der Autobahnen bzw. -strassen (ASTRA 2001) nachvollzogen. Da keine historischen Nachfragematrizen vorliegen, mussten sinnvolle Durchschnittsgeschwindigkeiten für verschiedene Streckentypen angenommen werden (vgl. FRÖHLICH / AXHAUSEN 2002; ERATH / FRÖHLICH 2003). Durch eine Bestwegumlegung wurde mit der Verkehrssoftware VISUM (PTV 2000) der zeitkürzeste Weg zwischen allen ca. 2.900 Gemeinden gesucht.

Für das Schienenmodell wurde die bauliche Entwicklung anhand von WÄGLI (1998[2]) nachvollzogen. Es umfasst rund 6.000 Strecken, 2.600 Knoten sowie 2.900 Bezirke. Das Schienennetzmodell für das Jahr 2000 wurde auf Grundlage des Fahrplans 99/00 der Schweizer Bundesbahn erstellt (VRTIC / FRÖHLICH / AXHAUSEN 2003). Das Modell 1950 wurde anhand des SBB-Fahrplans Sommer 1950 erzeugt. Beide Modelle sind fahrplanfein und berücksichtigen alle Züge, die werktags und ganzjährig verkehren.

In der Schweiz gibt es rund 1.100 Bahnhöfe und rund 2.900 Gemeinden, wobei natürlich in den Großstädten mehrere Bahnhöfe vorhanden sind. Deswegen wurden die Gemeinden ohne Bahnhöfe mit Anbindungen vom Siedlungsschwerpunkt an die nächstliegenden, sinnvollen Bahnhöfe angebunden. Die Gemeinden mit Bahnhöfen wurden mit Verknüpfungen vom Schwerpunkt mit dem bzw. den eigenen Bahnhöfen verbunden. Im ersten Fall wurde eine Anbindungsgeschwindigkeit gewählt, welche einer Postbuslinie entspricht. Im zweiten Fall wurde von städtischen Tram- und Buslinien ausgegangen. Um die gewaltige Veränderung fahrzeugseitig im betrachteten Zeitraum 1950 bis 2000 zu zeigen, ist in Abb. 1 die Entwicklung der Geschwindigkeit von Lkws in Steigungsstrecken für verschiedene Jahre dargestellt.

Kay AXHAUSEN, Philipp FRÖHLICH, Martin TSCHOPP und Peter KELLER

Durch die Steigerung und gleichzeitige Harmonisierung der Geschwindigkeitsniveaus wurde auch die Leistungsfähigkeit von Strassen gesteigert, da der Verkehrsablauf der Fahrzeugflotte (Pkws und Lkws) gleichmäßiger wurde.

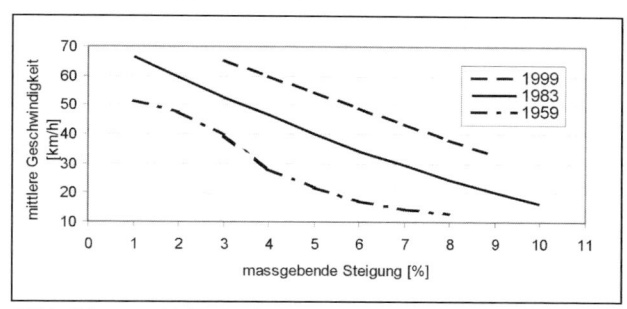

Abb. 1: Mittlere Geschwindigkeiten von Lkws auf Steigungsstrecken. (Datenquellen: ROTACH 1960, SPACEK / DÜGGELI 1984, KOY 2002)

2.2 Erreichbarkeiten

Eine Möglichkeit, die Erreichbarkeit zu berechnen, ist der sogenannte Potenzialansatz (RIETVELD / BRUINSMA 1998; GEURS / RITSEMA VAN ECK 2001; WILSON 1967). Dabei werden die Aktivitätspunkte (z. B. Bevölkerung, Arbeitsplätze, Einkaufsmöglichkeiten oder BIP) mit zunehmenden generalisierten Kosten, die notwendig sind, um diese Aktivitätspunkte zu erreichen, diskontiert. Der abnehmende Nutzen der Aktivitätspunkte mit zunehmendem Widerstand wird mit einer negativen Exponentialfunktion abgebildet, wobei der Exponent β hier mit 0,2 angenommen wurde (KWAN 1998; SCHILLING 1973). Als Aktivitätspunkte wurden in der vorliegenden Untersuchung die Bevölkerung je Gemeinde verwendet. Bei den generalisierten Kosten wurde nur die Reisezeit betrachtet, wobei für die intrazonale Reisezeit Annahmen aufgrund der Einwohnerzahl getroffen wurden (FRÖHLICH / AXHAUSEN 2002).

Abb. 2 zeigt die absolute Erreichbarkeit im Bahnverkehr, wobei die Großstädte als Gipfel deutlich zu erkennen sind; doch schon in den umgebenden Agglomerationsgemeinden fällt das Niveau deutlich ab, obwohl auch zwischen 1950 und 2000 die Umlandgemeinden deutlich aufgeholt haben.

In Abb. 3 sind die Erreichbarkeitswerte auf Strasse für 1950 und 2000 visualisiert. In den 1950er Jahren hatten die Großstädte einen deutlichen Erreichbarkeitsvorteil gegenüber der restlichen Schweiz. Bis ins Jahr 2000 haben die Verhältnisse sich angenähert, und nur der Alpenraum bleibt deutlich zurück.

Bei einem gemeindescharfen Vergleich der Erreichbarkeit Strasse für 1950 und 2000 zeigt sich, dass die Agglomerationen um Zürich, Genf und Lausanne im Verhältnis zum Durchschnitt besonders profitieren konnten. Die Großstädte haben sich durchwegs unterdurchschnittlich entwickelt (vgl. Abb. 4).

Die Verhältnisse der Erreichbarkeit 2000 auf Strasse zu Schiene sind in Abb. 5 dargestellt. Wenn der Quotient kleiner als eins ist, dann hat die Schiene gegenüber der Strasse einen Erreichbarkeitssprung. Nur in den Großstädten und den Agglomerationsgemeinden stellt die Schiene eine Konkurrenz zur Strasse dar.

Risikomanagement und Nachhaltigkeit in Gebirgsräumen

Abb. 2 (links) und 3 (rechts): Absolute Erreichbarkeiten im Bahnverkehr (links) bzw. im Straßenverkehr (rechts) in der Schweiz, 1950 (oben) und 2000 (unten)

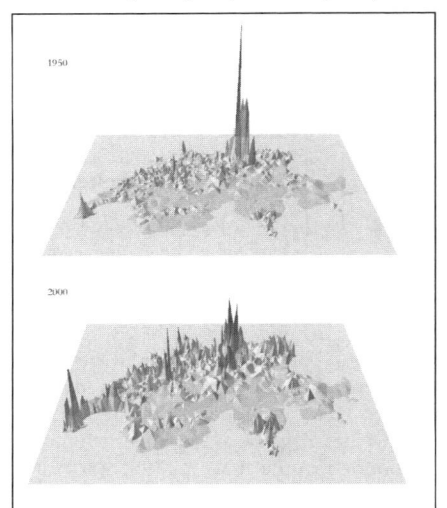

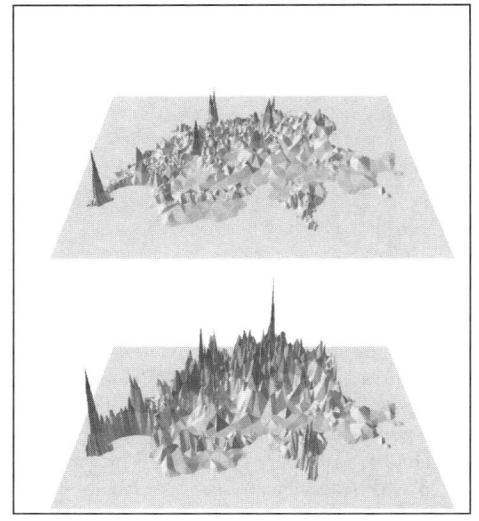

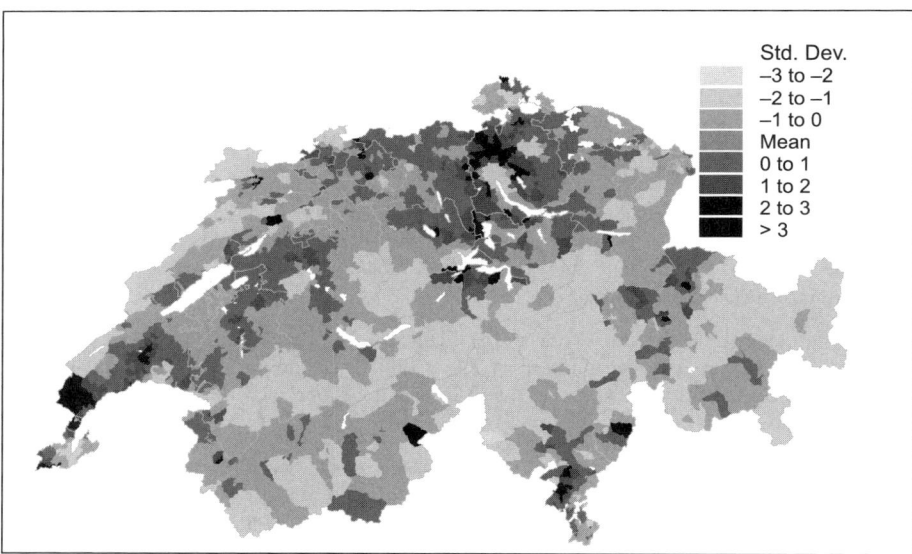

Abb. 4: Veränderungen der standardisierten Erreichbarkeiten im Strassenverkehr (Wachstum der standardisierten absoluten Differenzen) in der Schweiz von 1950 bis 2000

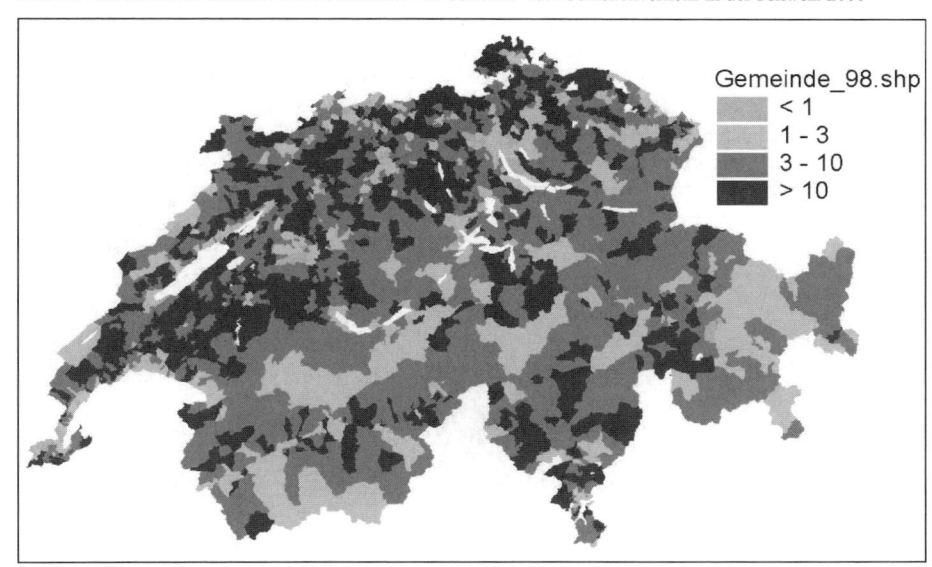

Abb. 5: Verhältnis der absoluten Erreichbarkeiten im Strassen- zum Schienenverkehr in der Schweiz 2000

3 Wechselwirkung mit der Raumstruktur

Wenn wir die Erreichbarkeit direkt mit der Bevölkerungsentwicklung verbinden, können wir offensichtliche Beziehungen feststellen. Abb. 6 zeigt diesen Zusammenhang in dem Wissen, dass Erreichbarkeit und Bevölkerungsveränderungen über den Ansatz der Messung direkt verknüpft sind und dass natürlich eine Vielzahl weiterer Faktoren eine Rolle spielen. Drei Kantone werden in der Folge genauer betrachtet: Zürich, urban und stark industrialisiert, Neuchâtel/Neuenburg, ein Kanton des peripheren Mittellands und des Jura, sowie Graubünden, ein ruraler und alpiner Kanton. Wir können eine verblüffend enge Beziehung zwischen Bevölkerungsentwicklung und Erreichbarkeit feststellen. Doch gibt es große Unterschiede, was die Kantone betrifft. In Graubünden z. B. hat eine höhere Erreichbarkeit kaum Einfluss auf die Bevölkerungsentwicklung (Tourismusorte ausgenommen). Anders ist die Situation in Neuchâtel und Zürich, wo ein klarer Zusammenhang feststellbar ist. Überraschenderweise ist die Elastizität zur Erreichbarkeitsentwicklung in bereits urbanisierten und dicht besiedelten Regionen wie dem Großraum Zürich am größten.

Die totale Erreichbarkeitszunahme in Graubünden war zu gering, um einen nachhaltigen Einfluss auf die Bevölkerungsentwicklung zu haben. Die alpinen Regionen liegen nach wie vor peripher, auch haben sie mit anderen wachstumshemmenden Faktoren (Strukturschwäche) zu kämpfen. Aber je mehr die Werte ansteigen (Neuchâtel und Zürich), desto mehr sehen wir eine Beziehung zur Entwicklung der Gemeinden. Die Erreichbarkeit scheint im Mittelland (insbesondere in den Agglomerationen) eine viel bedeutsamere Rolle zu spielen; wird eine Gemeinde im Einzugsgebiet eines Großraums nur wenig besser erreichbar, gewinnt sie für Wohnsitznahme an Attraktivität, speziell gilt dies für Pendler.

Wenn wir nun alle Regressionslinien der Kantone vergleichen (Abb. 7), können wir sie grob in zwei Gruppen unterteilen: eine erste Gruppe von eher urbanen Kantonen des Mittellands, wo eine Elastizität zur Erreichbarkeitsentwicklung (grau) groß ist (Kantone ZH, LU, ZG, SO, BS+BL, AR+AI, SG, AG, VD, NE, GE) und eine zweite Gruppe (schwarz) mit ruralen, alpinen Kantonen (BE, UR+NW+OW, GL, FR, SH, GR, TI, VS, JU), deren Regressionslinien weit flacher verlaufen, wobei sich die drei großen Bergkantone GR, TI und VS vor allem durch die Weite nochmals deutlich von den anderen abheben.

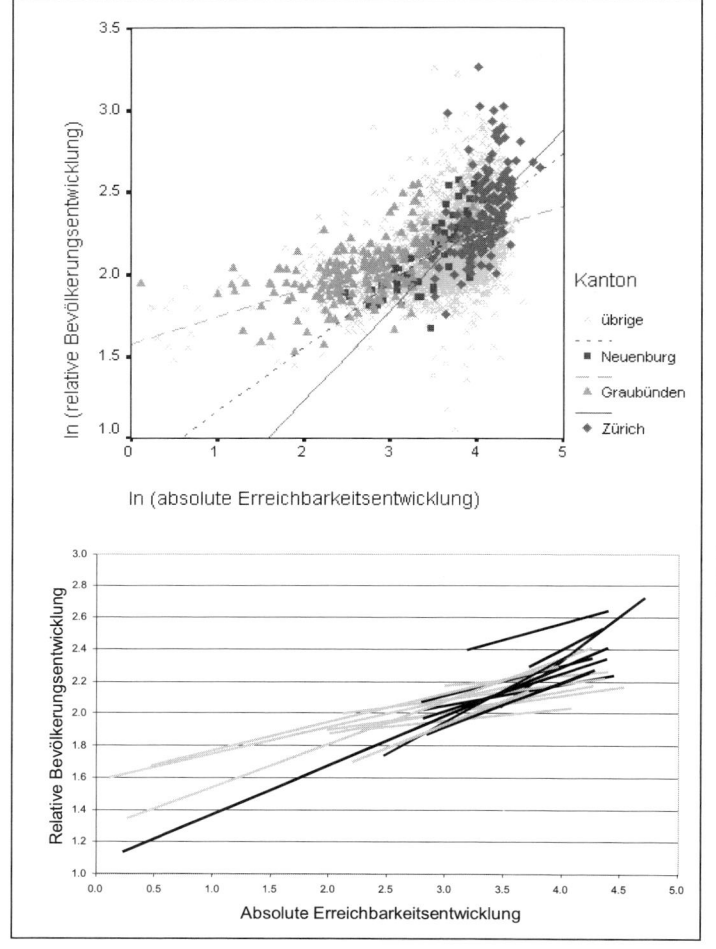

Abb. 6: Erreichbarkeitsveränderung und Bevölkerungswachstum, 1950 bis 2000

Abb. 7: Partieller Einfluss Erreichbarkeit (Strasse) auf Bevölkerung nach Kanton

4 Ausblick und weitere Arbeiten

Die Erreichbarkeitsverhältnisse haben sich in den letzten 50 Jahren gründlich geändert. Der große Abstand der Oberzentren hat sich deutlich verringert. Die Suburbanisierung war Folge, aber auch Grund für diese Veränderungen (TSCHOPP et al. 2003). Die ersten Analysen zeigen aber auch, dass die Reaktion auf diese Veränderungen in den verschiedenen Landesteilen sehr unterschiedlich war.

	R Square	Konstante		Ln (Erreichbarkeits-veränderung)	
		Parameter	t-Wert	Parameter	t-Wert
ZH	0,2502	0,1294	0,4323	0,5503	7,5097
NE	0,5510	0,7694	4,8139	0,3932	8,5803
ZG	0,0913	0,9034	0,5749	0,3734	0,9507
VD	0,2297	1,0667	10,0858	0,3059	10,6735
JU	0,4538	1,0546	9,2890	0,2913	8,1530
AI, AR, SG	0,2619	1,1871	6,7454	0,2570	5,5876
SO	0,1370	1,0958	4,5811	0,2744	4,4364
TI	0,5792	1,2751	25,8781	0,2677	18,2898
AG	0,0882	1,3069	6,4901	0,2360	4,7158
GE	0,0631	1,7675	4,0136	0,1987	1,7018
BL, BS	0,0389	1,5451	4,0130	0,1880	1,8776
VS	0,3380	1,5919	26,3352	0,1772	8,9540
GR	0,3491	1,5813	36,0407	0,1664	10,6136
BE	0,0643	1,6872	21,9371	0,1060	5,2157
LU	0,0498	1,6348	7,0458	0,1368	2,3469
FR	0,0282	1,6090	8,6339	0,1322	2,6274
SH	0,1736	1,6796	10,1098	0,1221	2,5929
TG	0,0032	2,5291	2,5825	0,1095	0,4337
SZ	0,1205	1,7982	11,5767	0,0968	2,1899
GL	0,0416	1,7295	7,4600	0,0740	1,0824
UR, NW, OW	0,0387	1,9828	8,6276	0,0644	1,0617

Tab. 1: Ergebnisse der (hierarchischen) Regression

Die vorliegenden Arbeiten sind aber erst der Beginn der notwendigen Analysen, da die kausalen Zusammenhänge zwischen Erreichbarkeit und Raumstruktur nicht trivial sind. Die entsprechenden Modelle müssen trennen können:

- Ob entweder die Erreichbarkeit der Raumentwicklung, insbesondere der wirtschaftlichen Entwicklung, folgt
- oder ob der kausale Zusammenhang umgekehrt ist, respektive beide Wirkungen auftreten können, aber auch, ob sie nicht gleichzeitig sind, sondern zeitlich versetzt auftreten.
- Zusätzlich müssen sie erkennen können, welchen Einfluss eine Vielzahl von anderen Größen haben (z. B. Startbedingungen der Regionen, Strukturwandel der Wirtschaft, Konkurrenzsituation der Schweizer Industrien am Weltmarkt, Steuerlast und Subventionen in den verschiedenen Gemeinden und Kantonen, Vorwissen um Investitionen in die Netze oder [öffentliches]Investitionsvolumen)
- Die Modelle müssen eine angemessene Berücksichtigung der räumlichen und zeitlichen Korrelationen zwischen den Messpunkten (Gemeinden * Jahre) ermöglichen, respektive gemeinsame Trends innerhalb von Kantonen erlauben.

Die bisherigen Arbeiten erfüllen diese Ansprüche nur zu Teilen (vgl. z. B. ASCHAUER 1989; BANISTER / BERECHMAN 2000; BOARNET / HAUGHWOUT 2000; BÖKEMANN / KRAMAR 2000; FUJITA / KRUGMAN / VENABLER 1999; GOMEZ-IBANEZ 1996; KESSELRING / HALBHERR / MAGGI 1982; LUTTER 1980; ROTACH 1986; SEIMETZ 1987; SEN / SÖÖT / THAKURIAH 1998; VICKERMAN 1991; WEGENER / BÖKEMANN 1998), so dass das Projekt vor einer großen Herausforderung steht. Eine Herausforderung, die angenommen werden muss, um die öffentlichen Entscheidungsträger, Souverän und Regierungen korrekt dazu zu beraten, ob und unter welchen Bedingungen weitere Investitionen in die Verkehrsnetze heute noch effektiv sind.

Danksagung

Die Autoren möchten sich bei ihren Projektpartnern von *ViaStoria*, Bern und dem *Institute d'Histoire* der Universität Neuenburg für ihre Anregungen und Ideen bedanken. Das Projekt „Entwicklung des Transitverkehrs-Systems und dessen Auswirkungen auf die Raumentwicklung in der Schweiz" wird vom Schweizer Nationalfonds und dem Bundesamt für Bildung und Wissenschaft im Rahmen der *COST Aktion 340* unterstützt.

Literatur

ASTRA (2001): Schweizerische Nationalstrassen: Info 2001. – Bern.
ASCHAUER, D. (1989): Is public expenditure productive? – In: Journal of monetary economics 23(2). – 177-200.
BANISTER, D. / BERECHMAN, J. (2000): Transport Investment and Economic Development. – London.
BEN-AKIVA, M. E./ LERMAN, S. R. (1985): Discrete Choice Analysis. – Cambridge/Mass.
BOARNET, M. / HAUGHWOUT, A. (2000): Do highways matter? Evidence and policy implications of highways' influence on metropolitan development, Departments of Urban and Regional Planning and Economics, University of California. – Irvine.
BÖKEMANN, D. / KRAMAR, H. (2000): Auswirkungen von Verkehrsinfrastrukturmassnahmen auf die regionale Standortqualität. (= Bundesministerium für Verkehr, Innovation und Technologie, Schriftenreihe, 109). – Wien.
ERATH, A. / FRÖHLICH, P. (2003): Geschwindigkeiten im PW-Verkehr und Leistungsfähigkeiten von Strassen über die Zeit. (= Institut für Verkehrsplanung und Transportsysteme, ETH Zürich, Arbeitsberichte Verkehrs- und Raumplanung, 183). – Zürich.
FRÖHLICH, P. / AXHAUSEN, K. W. (2002): Development of car-based accessibility in Switzerland from 1950 through 2000: First results. (= Institut für Verkehrsplanung und Transportsysteme, ETH Zürich, Arbeitsberichte Verkehrs- und Raumplanung, 111). – Zürich.
GEURS, K. T. / RITSEMA VAN ECK, J. R. (2001): Accessibility measures: review and applications. (= RIVM report, 408505006, National Institute of Public Health and the Environment). – Bilthoven.
GOMEZ-IBANEZ, J. A. (1996): Economic returns from transportation investment. – Lansdowne.
KESSELRING, H. / HALBHERR, P. / MAGGI, R. (1982): Strassennetzausbau und raumwirtschaftliche Entwicklung. – Bern.
KOY, T. (2002): Geschwindigkeiten in Steigungen und Gefällen. [Vortrag, IVT-Seminar, Zürich, November 2002]
KWAN, M. (1998): Space-time and integral measures of individual accessibility: A comparative analysis using a point-based framework. – In: Geographical Analysis 30(3). – 191-216.

Kay AXHAUSEN, Philipp FRÖHLICH, Martin TSCHOPP und Peter KELLER

LUTTER, H. (1980): Raumwirksamkeit von Fernstrassen. (= Forschungen zur Raumentwicklung, 8). – Bonn.
PTV (2000): Benutzhandbuch VISUM 7.5, Planung Transport Verkehr AG. – Karlsruhe.
RIETVELD, P. / BRUINSMA, F. (1998): Is Transport Infrastructure Effective? – Berlin.
ROTACH, M. (1960): Lastwagen auf Steigungen. (= Mitteilungen aus dem Institut für Strassenbau an der ETH, 9). – Zürich.
ROTACH, M. (1986): Siedlung – Verkehrsangebot – Verkehrsnachfrage. – Zürich.
SCHILLING, H. (1973): Kalibrierung von Widerstandsfunktionen. (= Studienunterlagen, 73/1, Lehrstuhl für Verkehrsingenieurwesen, ETH Zürich). – Zürich.
SEIMETZ, H.-J. (1987): Raumstrukturelle Aspekte des Fernstrassenbaus. – Mainz.
SEN, A. / SÖÖT, S. / THAKURIAH, V. (1998): Highways and urban decentralization. – Chicago.
SPACEK, P. / DÜGGELI, P. (1984): Geschwindigkeiten von Lastwagen in Steigungen und Gefällen,. Bericht im Auftrag des Eidgenössischen Verkehrs- und Energiewirtschaftsdepartments und Bundesamts für Strassenbau. – Bern.
TSCHOPP, M. / KELLER, P. (2003): Raumstruktur-Datenbank: Gemeinde-Zuordnungstabelle. (= Institut für Verkehrsplanung und Transportsysteme, ETH Zürich, Arbeitsberichte Verkehrs- und Raumplanung, 170). – Zürich.
TSCHOPP, M. et al. (2002): Demographie und Raum in der Schweiz: Ein historischer Abriss. (= Inátitut für Verkehrsplanung und Transportsysteme, ETH Zürich, Arbeitsberichte Verkehrs- und Raumplanung, 134). – Zürich.
VICKERMAN, R. W. (1991): Infrastructure and Regional Development. – London.
VRTIC, M. / FRÖHLICH, P. / AXHAUSEN, K. W. (2003): Schweizerische Netzmodelle für Strassen- und Schienenverkehr. – In: BIEGER, T. / LAESSER, C. / MAGGI, R. (Hrsg.): Jahrbuch 2002/2003 Schweizerische Verkehrswirtschaft. – St. Gallen. 119-140.
WÄGLI, H. (1998²): Schienennetz Schweiz: Ein technisch-historischer Atlas. – Zürich.
WEGENER, M. / BÖKEMANN, D. (1998): The SASI Model: Model Structure. (= Institut für Raumplanung, Universität Dortmund, Berichte aus dem Institut für Raumplanung, 40). – Dortmund.
WILSON, A. G. (1967): A statistical theory of spatial distribution models. – In: Transportation Research 1. – 253-269.

Frithjof **Voss** (Berlin)

Verkehrslageerfassung aus der Luft mit Hilfe einer automatisierten Auswertung von Thermal-IR-Luftbildern

1   Aufgabenstellung und Ausgangslage

Die konventionelle Erfassungstechnologie von Automobilen im Straßenverkehr beruht in den meisten Fällen auf automatischem Zählen von Fahrzeugen an Querschnitten. Je nach Technologie wird dabei auch die kollektive Geschwindigkeit am Zählquerschnitt ermittelt. Zur Verkehrslageerfassung auf Autobahnen ist dieses Verfahren geeignet, auf anderen Straßennetzen sowie in Ballungsräumen ist diese Vorgehensweise sehr aufwendig, da auch wichtige Nebenstraßen mit Detektoren ausgerüstet werden müssen. Paris und Tokyo haben beispielsweise ihre Innenstadt flächendeckend mit ortsgebundenen Detektoren ausgestattet. Eine solche flächendeckende Ausrüstung ist in Deutschland mittelfristig kaum zu erwarten. Abhilfe soll das *Floating-Car-Data*-Verfahren (FCD) bieten, bei dem durch Informationen zum Fahrtverlauf weniger Fahrzeuge auf einen Verkehrszustand im Umfeld dieser detektierten Fahrzeuge geschlossen wird. Dies setzt aber eine prozentual hohe Durchsetzung von Einzelfahrzeugen mit Erfassungsgeräten voraus sowie eine leistungsfähige Kommunikation und eine echtzeitfähige Dateninterpretation. Für linienhafte Verkehrsnetze ist dies aus heutiger Sicht leistbar, für flächige Netze gibt es zur Zeit noch keinen Datenauswertealgorithmus, es wird aber daran gearbeitet.

Ergänzung finden diese Erfassungstechnologien durch ein Meldewesen.

- hoheitlich: von Polizei, Landesmeldestellen, städtischen Verkehrszentralen
- private Provider: von ambitionierten Privatpersonen, aus Flottenzentralen, sowie Meldungen fliegender Reporter von Rundfunksendern

In jedem Fall wird auf absehbare Zeit die Verkehrssituation eines Ballungsraums nur rudimentär abgebildet.

Ein umfassender Überblick ist prinzipiell aus der Luft möglich: „Ein Bild sagt mehr als tausend Worte". Insbesondere bei wichtigen Ereignissen in untypischen Straßennetzbereichen infolge z. B. von Demonstrationen, Messen der Straßenfesten etc. werden Straßen belastet, die üblicherweise nicht konventionell mit ortsfesten Zählinfrastrukturen ausgerüstet sind. Die Beobachtung aus der Luft kann sowohl eine Alternative als auch eine Ergänzung zu den konventionellen Methoden darstellen. Vorteilhaft ist, dass sich eine Vielzahl von Detektoren und/oder Fahrzeugausrüstungen einsparen lassen, wenn man den Verkehr aus der Luft zählt. Ein weiterer Vorteil der Betrachtung von oben besteht darin, dass parkende Fahrzeuge ebenfalls erkannt werden, was bisher nur durch sehr aufwendiges Zählen vor Ort erreichbar war.

Jedoch gibt es bis heute keine automatischen Auswerteverfahren, so dass entweder Reporter life berichten oder Videoaufnahmen/Photos im Nachhinein manuell ausgewertet werden müssen. Im Rahmen dieser Möglichkeiten sind die fliegenden Plattformen in Relation zu den bisher erzielbaren Ergebnissen für ein flächendeckendes, dauerndes Monitoring zu teuer und nur bei spezifischen Aufgaben zu rechtfertigen.

Ein weiteres Bildmedium ist dabei, sich in Form von verkehrsbezogenen Webcams zu entwickeln, die Bilder ins Internet übermitteln, aus denen der Nutzer selbst Schlussfolgerungen ziehen muss (Beispiel Verkehrsmanagementzentrale Berlin [*www.vmzberlin.de*]) bzw. Bildverarbeitungsalgorithmen, die diese Inhalte für eine Verkehrslagekarte aufbereiten (Beispiel BMBF-Projekt Intermobil Dresden [*www.intermobil-dresden.de*]).

2 Verkehrslageerfassung aus der Luft

Im Rahmen der gegenwärtigen Möglichkeiten einer Verkehrsbeobachtung aus der Luft sind zunächst zwei prinzipiell verschiedene Aspekte zu betrachten:

- das Trägermedium und seine technische Eignung
- die Wahl einer geeigneten Erfassungssensorik

Beide Aspekte haben Abhängigkeiten untereinander, können jedoch getrennt analysiert werden. Aus verkehrstechnischer Sicht steht jedoch die geeignete Erfassungssensorik im Vordergrund.

Die prinzipielle und zugleich ideale Verfahrensweise einer modernen, luftgestützten Verkehrslageerfassung lässt sich wie folgt skizzieren:

- Befliegung des Analysegebiets mit Hilfe eines geeigneten Flugzeugs oder Helikopters
- digitale Bildaufnahmen bei gleichzeitiger Registrierung der Georeferenzierung (Koordinaten und Winkel des Bildmittelpunkts)
- Downlink der Daten zu einer Empfangsstation
- rechnergestützte Maskierung der georeferenzierten Bilder mit relevanten Abschnitten von Straßenkarten
- Detektion von Fahrzeugen innerhalb dieser Abschnitte
- Ermittlung einer Verkehrsdichte und gegebenenfalls einer mittleren Geschwindigkeit längs dieser Abschnitte
- verkehrstechnische Interpretation der Dichten längs dieser Abschnitte
- Einteilung der erkannten Verkehrszustände in Verkehrslageklassen
- Darstellung verschiedener Verkehrslageklassen (z. B. rot, gelb, grün) in Kartenausschnitten (Internet etc.)

Prinzipiell stehen gegenwärtig folgende Erfassungssensoren für luftgestützte Erkundungen von bewegtem Straßenverkehr zur Verfügung:

- Videotechnik (bevorzugt digitale Kamerasysteme, aber auch analoge Technik ist möglich)
- Thermal-Infrarot (Thermal-IR)
- Radar

Erfassungsmedium	Aufnahmehöhe		
	Niedrigfliegend 300 bis 600 m	Hochfliegend, Ultrahochfliegend > 15.000 m	Satellit *low earth* 100 bis 300 km
Video (sichtbarer Bereich)	geeignet nur tags, wolkenlos	geeignet nur tags, wolkenlos	geeignet nur tags, wolkenlos
Thermal-Infrarot	Schlechtwetter-Nachteignung	Nachteignung, aber Störung durch Wolken	Nachteignung, aber Störung durch Wolken
Radar	immer möglich	immer möglich	immer möglich

Tab. 1: Prinzipielle Eignung von Erfassungssensoren je nach Aufnahmehöhe

Digitale Kameras und preiswerte Videosysteme sind nicht nachts oder bei Schlechtwetter einsetzbar. Thermal-IR-Sensoren oder Radarsensoren erlauben Aufnahmen bei Nacht und bei Schlechtwetter, sind aber 10- bis 100-fach teurer als Videosensoren. Aus heutiger Sicht erscheint zumindest Thermal-IR mittelfristig auch für Verkehrserhebungsaufgaben technisch und wirtschaftlich vertretbar. Die teurere Radartechnik ist geeignet für die Erfassung aus hoch fliegenden Flugzeugen, dies ist gleichbedeutend mit hohen Aufwendungen bei dafür auch hohem Nutzen.

Erfassungsmedium	Nachteile	Vorteile
Video (sichtbarer Bereich)	geeignet nur: tags, wolkenlos	sehr preiswert, hohe Bildauflösung auch bei Aufnahmen aus großen Höhen
Thermal-Infrarot	nur unterhalb von Wolken einsetzbar	Tag-/Nacht-, Schlechtwettereignung
Radar	sehr teuer, aufwendige Sekundärtechnik, Erfassungsprobleme bei Häuserschluchten, unter Umständen keine parkenden Fahrzeuge detektierbar	immer einsetzbar, liefert auch Aussage zur Geschwindigkeit der erkannten Elemente

Tab. 2: Prinzipielle Vor- und Nachteile von Erfassungssensoren

Radarsensoren sind ideale Detektoren, weil sie neben der Erfassung von Fahrzeugen auch deren Geschwindigkeit direkt liefern und durch geschlossene Wolkendecken aus großen Höhen arbeiten können. BMW hat zusammen mit *Aerosensing* (Oberpfaffenhofen) diese grundsätzliche Eignung bzw. Funktionsfähigkeit anhand einer Befliegung des Stadtgebiets von München (Ergebnisdarstellung auf dem ITS Turin im Herbst 2000) nachgewiesen. Die Sensorik, das Datenprocessing sowie das dazugehörige Fluggerät ist wesentlich aufwendiger als bei Thermal-IR-Aufnahmen, dafür kann pro Flugstunde mehr Fläche erfasst werden. Allerdings gibt es gegenwärtig für diese Sensorik keine Downlink-Übertragbarkeit und noch keine automatisierten, echtzeitfähigen Auswerteverfahren.

Bei Thermal-IR scheinen aus heutiger Sicht – zumindest für Analysetätigkeiten – bezahlbare Aufwendungen je erfasstem Straßenabschnitt absehbar, so dass sich die Entwicklung eines Auswerteverfahrens kurz- und mittelfristig lohnen kann, das automatisch auf Thermal-IR-Luftbildern Fahrzeuge detektiert. Fertige Downlink-Techniken für die echtzeitfähigen Bildübertragungen stehen zur Verfügung. Thermal-IR hat den Vorteil, dass – solange unterhalb geschlossener Wolkendecken geflogen werden kann – tags, nachts, bei Regen, Schnee, leichtem Bodennebel – Fahrzeuge auf Straßen erfasst werden können (vgl. Abschnitte 3 bis 5). Zusammen mit bekannten Map-matching-Verfahren ist es auf diese Weise möglich, Fahrzeugdichten und auch Fahrzeuggeschwindigkeiten auf Straßenabschnitten zu erfassen und diese Dichteparameter für Verkehrssimulationen, -informationen bzw. -analysen heranzuziehen.

3 Verfahren heutiger Verkehrsbeobachtungstechnik und ihre Auswertungsmöglichkeiten

Ein kurzer, zusammenfassender Überblick verdeutlicht den heutigen Stand der Verkehrsbeobachtungstechnik bzw. der verfügbaren Auswerteverfahren hinsichtlich von Verkehrserfassungen.

3.1 Video (bodennah, fest installiert an Masten etc.)

- Rückstauüberwachungen an Lichtsignalanlagen (LSA), Zählungen auf Autobahnen und Überwachung von Mautstellen sind typische Beispiele weitverbreiteter Anwendungen von Bildauswertungsverfahren im Autoverkehr. Auch für die automatische Tunnelüberwachung (*incident detection*) werden Bildauswertesysteme angeboten, diese beurteilen die Polizeiverwaltungen jedoch noch recht unterschiedlich.
  - Die Verfahren beruhen in der Regel auf dem Prinzip virtueller Schleifen, d. h. ein von der Kamera erfasster Straßenbereich wird abmaskiert bis auf Ausschnitte an Stellen, wo üblicherweise Zählschleifen im Straßenraum angeordnet würden. Eine Zählung wird ausgelöst, wenn durch ein Fahrzeug der Hintergrund anders wird als im Standardzustand. [z. B. *www.traficon.be*]. In jedem Fall ist dafür eine ortsbezogene Kalibrierung und Maskierung erforderlich.
  - Eine Detektion von Einzelfahrzeugen ist in der Entwicklung: Das Verfahren von Prof. Dr. Nagel detektiert einzelne Fahrzeuge innerhalb eines klar definierten Straßenraums und kann diese Fahrzeuge innerhalb von Videosequenzen von Bild zu Bild verfolgen. Damit kann z. B. das Abstandverhalten an Knotenpunkten analysiert werden. Im kommerziellen Bereich wird eine verbesserte Detektion von Fahrzeugen angeboten in der Form, dass aufbauend auf dem Zählen innerhalb abmaskierter Bereiche zusätzlich die Muster von Pixelwolken in Bildfolgen verglichen werden.
- Im Rahmen von Spurführungsassistenzen erfolgt eine echtzeitfähige Erkennung des Straßenrands und mögliche Hindernisse innerhalb des Straßenraums, wobei der Straßenrand sowie die Hindernisarten in der Regel durch eindeutige Merkmale für den Rechner erkennbar sind.
- Materialprüfungssoftware, im Thermal-IR-Bereich auf Automobilerkennung hin ausgebaut, basierend auf *Optimas 6.5* [*Media Cybernetics*].
- Bildbearbeitungstechniken werden erfolgreich bei der Pflanzenbonitierung und -mustererkennung eingesetzt. Sie basieren auf der Bestimmung von Farbunterschieden und Variationen der Blattgeometrie. Die Verfahren sind soweit, dass diese automatisch Aufnahmen nach bestimmten Kriterien durchsuchen bzw.

analysieren und Aussagen in Form von Zahlen oder thematischen Karten liefern.

3.2 Video (Luftbilder)

- Teilautomatisierte Auswertungen sind Stand der Technik in der Form, dass ein Bearbeiter das Bild nach bestimmten Kriterien, wie z. B. bestimmte Größen, Formen, Farben durchsuchen lässt und die Auswertungsvorschläge manuell bewertet. Die Visualisierung erfolgt in der Regel per thematisierter Karten. Hierbei wird vielfach zur besseren Detektion Thermalinfrarot eingesetzt, weil die Wärmestrahlung und Reflexionseigenschaft bestimmter gesuchter Stoffe viel leichter zu erkennen ist als andere Indikatoren. Anwendungen z. B. für Gasleitungslecks, Stromleitungsschäden, Munition, Tierbestände.

- Auf Restlichtverstärkung basierend existieren eine Reihe von militärischen Anwendungen, so z. B. bei der Überwachung von „grünen Grenzen", um auch nachts oder bei Nebel noch etwas zu sehen. Weder die Sensoren noch die Auswertetools sind für zivile Anwendung verfügbar.

3.3 Thermal-IR (Luftbilder)

- Bei Thermal-Infrarot-Aufnahmetechniken ermöglichen Wärmestrahlung und Reflexionseigenschaften eine prägnante thermale Erkennbarkeit bestimmter Objekte. Für Verkehrsanwendungen sind jedoch nach Auskunft der IR-Sensorhersteller *Flir*, *Agema*, *Zeiss*, *Westcam* gegenwärtig keine Auswertetools verfügbar – im Gegensatz zu den Systemen für den sichtbaren Bereich (Video).

3.4 Radar („Luftbilder")

- Die Firma *Aerosensing* in Oberpfaffenhofen hat im Auftrag von BMW erste erfolg+reiche Versuche zur Detektion von Fahrzeugverkehr mittels Radar aus in 4.000 m Höhe fliegenden Flugzeugen unternommen. Entsprechend der Verschattungsproblematik durch Häuserschluchten infolge der seitlichen Aufnahme wurde das zu erfassende Gebiet kreuzweise überflogen. Die dabei erfasste Datenmenge ist riesig und erfordert noch erheblichen Rechenzeitaufwand. Wie hoch der Anteil tatsächlich erfasster Fahrzeuge ist, werden weitere Test zeigen. Die Aussagegenauigkeit der erfassten Fahrzeuge bezüglich Ort und Geschwindigkeit ist hoch, wie mittels Referenzfahrzeugen festgestellt werden konnte. Die bei den Versuchen von *Aerosensing* und BMW aus 4.000 m Flughöhe erzielte Auflösung betrug etwa 50 cm.

3.5 Satellit

- Eine andere Form der Erfassung von Verkehrszuständen aus der Luft ist die Detektion und kurzzeitige Verfolgung von Tag-bestückten Fahrzeugen per Satellit. Es handelt sich hierbei um eine Art *Floating-Car-Data*-Verfahren (FCD), d. h. mit den Informationen weniger Fahrzeuge wird auf einen Verkehrszustand im Umfeld dieser detektierten Fahrzeuge geschlossen. Die FCD-Verfahren werden im Rahmen verschiedener Forschungsprojekte validiert, neu ist hierbei die Erfassung aus der Luft und nicht per Funk oder GSM.

4 Entwicklungsschritte für ein automatisiertes Detektionsverfahren von Automobilen aus Thermal-IR-Luftbildern

Die Entwicklung eines automatisierten Erkennungsverfahrens erfolgte in der Kooperation zwischen der Forschung der BMW Group und dem Autor seit 1998 in sukzessiven Näherungslösungen. In Anbetracht der in den vorigen Abschnitten beschriebenen, gegenwärtigen technischen Möglichkeiten wurde die Thermal-Infrarot-Technik als Lösungsansatz der vorgegebenen Aufgabenstellung gewählt.

4.1 Auswahl und Testergebnisse verfügbarer Thermal-IR-Kamerasysteme

Aufgrund der geringen Zahl von Anbietern thermaler IR-Kamerasysteme für zivile Zwecke fiel die Entscheidung 1998 auf Kameras der Marke *Agema*, von denen drei verschiedene Typen auf ihre Eignung für die vorgesehenen Aufgaben getestet wurden. Im Rahmen der Anwendungsvergleiche erwies sich die Thermal-IR-Kamera *Agema 1000* mit einer Auflösung von 798 x 445 Pixeln bei einem Bildwinkel von 5° und 20° am besten für Aufnahmen des Automobilverkehrs über große Distanzen geeignet, sowohl terrestrisch als auch aus der Luft. Anhand von Sommeraufnahmen (tags, nachts, bei Regen, bei sonnigem Wetter, verschattet, orthogonal, schräg, bodennah, bodenfern, in unterschiedlichen Flughöhen) und in Kombination mit allen verfügbaren Einstellungsparametern der Thermal-IR-Kamera wurde die aufnahmeseitige Eignung getestet (Abb. 1). Bei Versuchsaufnahmen aus der Luft, mit bis zu sieben Bildern pro Sekunde, wurde eine ausgezeichnete Längsüberdeckung erzielt. Dabei hat sich gezeigt, dass optimale Voraussetzungen gegeben sind, wenn aus ca. 400 bis 500 m Höhe orthogonale Luftaufnahmen gemacht werden. Eine gewisse Anzahl von Fehlerfassungen (zu wenig oder zu viel erkannte Fahrzeuge) kann beim jetzigen Entwicklungsstand in Kauf genommen werden, da bei der Ermittlung einer Verkehrsdichte und deren verkehrstechnischer Interpretation nicht alle Fahrzeuge erkannt werden müssen. Verschattungen durch Hausfronten oder Abdeckungen durch belaubte Bäume sind die wesentlichen Ursachen für Fehlerfassungen. Eine Erkennungsquote von über 80% erscheint ausreichend. Eine solch hohe Erkennungsrate lassen die Thermal-IR-Aufnahmen prinzipiell zu.

Abb. 1: Thermal-IR-Aufnahme im Sommer (Berlin, 18.08.1998) tags, sonnig, Luftaufnahme aus einer Flughöhe von etwa 450 m. Die Fahrzeuge sind relativ kühler als die wärmeren Straßenbeläge.

5 Entwicklung des Auswertetools für die Automobilerkennung

Aufgrund der Erschließung eines neuen Anwendungsbereichs mit dem Ziel der Fahrzeugerkennung und der damit verbundenen Risiken stand zunächst die Suche nach einer bereits existierenden Software mit prinzipiellen Erkennungseignungen im Vordergrund. Ziel sollte nicht eine nur mit hohen Kosten zu entwickelnde neue Software sein, sondern die Übernahme einer bereits bestehenden Basis und deren anschließende Erweiterung durch zusätzliche Programmierungen mit dem Ziel einer automatisierten Fahrzeugerkennung. Im Rahmen dieser Recherchen fiel die Wahl auf eine überwiegend für Materialprüfung entwickelte und geeignete Software *Optimas 6.5* [*Media Cybernetics*], deren Filter und Algorithmen standardmäßig ein manuelles Auswerten mit hohen Erkennungsraten erlaubt. Aufbauend auf dieser Software wurden sodann spezifische, neue Filteralgorithmen programmiert, die zumindest für Sommeraufnahmen (d. h. die Fahrzeuge sind kälter als die Straße [Abb. 1] – auch nachts) hohe Erkennungsraten von über 80% ermöglichten. Darüber hinaus wurden Mustererkennungsgrößen für drei Fahrzeugklassen (PKW, Transporter, LKW/Bus) programmiert und in die Erkennungsprozesse eingebunden. Fehlerkennungen bei Verschattungen sowie prinzipielle Fragen des Umgangs mit der absoluten Temperatur oder nur mit den Temperaturdifferenzen bei den Filterprozessen machten „Winteraufnahmen" (d. h. Fahrzeuge sind wärmer als die Straße) erforderlich

5.1 Versuchsergebnisse mit Thermal-IR-Aufnahmen aus niedrigen Flughöhen

Ausgehend vom Wunsch, zur besseren Erkennung mehr Pixel (statt bisher 50 bis 60) je Pkw zu bekommen und den Straßenrand zur Vermeidung von Map-matching eindeutiger zu erfassen, wurden Flugaufnahmen versuchsweise aus niedriger Höhe und im Winter gemacht. Diese resultierten in 450 bis 480 Pixel pro PKW bei 250 m Flughöhe. Ergebnis waren Aufnahmen mit einer störend hohen Differenzierung von Wärmeanomalien (z. B. Heckscheibenheizung, Glasdach, Motorhaube etc.).

Ansätze, um die Detaillierung auf eine aggregierte Darstellung der Fahrzeugkonturen zurückzuführen, erforderten die Entwicklung eines automatisierten Filterungsprozesses. Dieser ist unabhängig von der Temperatur und basiert nicht nur auf ihren Differenzen, sondern auch auf Emissionsgradunterschieden und den daraus unterschiedlichen Reflexionen. Somit werden stets Fahrzeuge und Straßenoberflächen unterscheidbar gemacht und sämtliche Fahrzeuge auf einem Bild erkannt, ohne dass der Straßenraum besonders gekennzeichnet werden muss, wie es bei dem ersten Entwicklungsschritt Voraussetzung war. (Diese Voraussetzung hätte verfahrenstechnisch auch durch ein sowieso notwendiges Map-matching erfüllt werden können).

6 Beschreibung des Bildauswerteverfahrens

Aus der Summe der in den vorhergehenden Abschnitten aufgeführten Erfahrungen, sowohl auf der Aufnahmeseite der Thermal-IR-Bilder als auch auf Seiten des gegenwärtig automatisierten Bildauswerteverfahrens, lässt sich folgende Kurzfassung einer automatischen Bestimmung von drei Klassen von Fahrzeugen (PKW, Transporter, LKW/Bus) beschreiben. Die während der Bildflüge oder von festen Standorten aus gemachten Thermal-IR-Bilder können unmittelbar über Speicherung oder direktem Downlink rechnergestützt verarbeitet werden.

7 Stand der Verfahrensentwicklung

Der Erkennungsprozess vom Laden eines als BMP abgespeicherten Bilds bis zur Darstellung/Zählung (sortiert nach Größe und mit relativen Koordinatenangaben) erkannter Fahrzeuge (PKW, Transporter, LKW/Bus) läuft automatisch (Abb. 2). Die Erkennungsquote bei den geringauflösenden Aufnahmen aus 500 m Höhe beträgt ca. 85%. Mittels einer Thermal-IR-Kamera des Typs *Agema 1000* (*Flir Systems*) werden aus 500 m Flughöhe ca. 250 m breite Streifen aufgenommen. Ein kleinerer PKW (4 m x 1,4 m) wird dabei mit etwa 58 Pixeln erfasst, so dass auch 75% bis 80% der Pixel zu einer Erkennung dieser Fahrzeuggröße führen. Je hochwertiger ein Sensorsystem ist, desto höher bzw. weitwinkliger sollte das Geschehen erfasst werden.

Fehlerkennungen von Schatten und Bäumen lassen sich zukünftig durch Maskieren von Straßenflächen im Rahmen von Map-Matching-Prozessen reduzieren. Einschränkend muss vermerkt werden, dass Straßenverkehr auf Alleen zur Zeit der Vegetationsphase nur sehr bedingt aus der Luft mittels Thermal-IR erfasst werden kann. Eine Koppelung mit einem Map-Matching wurde aus Kostengründen zunächst zurückgestellt, da derartige Verfahren Stand der Technik sind. Alle bisherigen Aufnahmen sind ohne Erfassung der geographischen Koordinaten sowie Winkel des Bildmittelpunkts gemacht worden, so dass auch noch zu prüfen bleibt, wie hinreichend genau das normale GPS-Signal für ein Map-Matching ist.

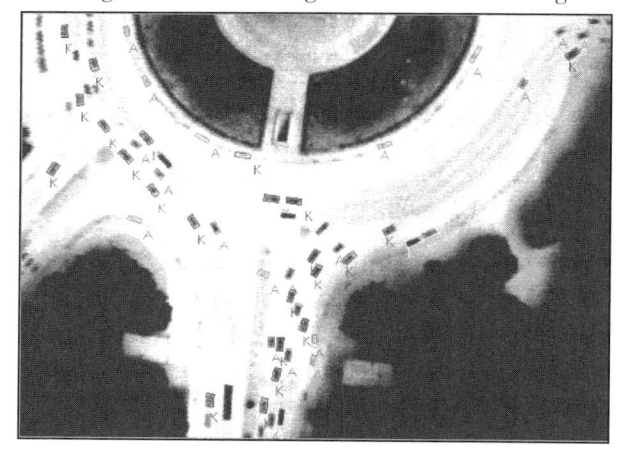

Abb. 2: Thermal-IR-Aufnahme im Sommer (Berlin, 18.08.1998) tags, sonnig, Luftaufnahme. Beispiel eines Endresultats der rechnergestützten automatisierten Fahrzeugidentifikation eines Bilds in drei Fahrzeugklassen: A = PKW, K = Transporter, L = LKW/Bus

Der rechnergestützte Auswerteprozess liefert beispielsweise mit einem Pentium II Prozessor (350 MHz) eine Gesamtauswertung pro Bild in deutlich weniger als einer Sekunde. Höherwertige Computer reduzieren diese Zeit um mehr als die Hälfte.

Mit dem jetzigen Entwicklungsstand besteht die Option, ein praktikables online-Processing zu realisieren – wobei die Wirtschaftlichkeit wesentlich von den Flugkosten bestimmt wird. Selbst bei Mietkosten der Sensorik (inklusive Plattform) in Höhe von rund € 500/Tag grenzen die Flugkosten dann von ca. € 200 bis 500/Stunde den Einsatzzweck ein. Trotzdem ergeben sich damit neue Dimensionen der Verkehrslageerfassung, z. B. bei Großereignissen (Messen, Demonstrationen, Meisterschaftsspiele), insbesondere unter dem Aspekt, dass sich anlässlich solcher Ereignisse sowohl Polizei- als auch Medien-Hubschrauber oder Reklamezeppeline in der Luft befinden. Auch Analysen des ruhenden Verkehrs lassen sich so großflächig preiswert erstellen bzw. Inputdaten für Verkehrssimulationen können leicht netzweit ermittelt werden.

8   Fazit

Neben dem Nachweis prinzipieller Funktionstüchtigkeit lässt sich die Treffergenauigkeit zukünftig verfahrenstechnisch noch verbessern. Langzeittests für alle möglichen Temperatur- und Feuchtigkeitsbedingungen wären sinnvoll (Aufnahmen von hohen Hochhäusern oder Fernsehtürmen), um die Erkennungsquote auch unter ungünstigen Thermalbedingungen zu verbessern.

Desgleichen müssten bei den neuerdings entwickelten, höher auflösenden Thermal-IR-Kamerasystemen ihre Eignung für Luftbilderkundung getestet werden.

Allein mit dem erreichten Stand können z. B. zur Auswertung des ruhenden Verkehrs Einzelbilder automatisch ausgewertet werden. Ein wirtschaftlicher Ansatz hierzu wäre z. B. die kombinierte Nutzung von Thermal-IR-Überwachungsbildern von Gas- und Stromversorgern in Ballungsräumen, so dass nicht eigens für Verkehrszwecke geflogen werden müsste.

Weitere, schon heute mögliche Anwendungsgebiete sind sämtliche offline-Analysen wie z. B.

- Einzelbefliegungen und Analysen von Belastungen ausgewählter Straßennetzbereiche (z. B. bei Sonderveranstaltungen)
- Sammeln von Datengrundlagen für Verkehrssimulationen
- in Kombination mit FCD: Erstbestückung einer Datenbank, deren weitere Aktualisierung durch FCD erfolgt
- Dokumentation von Verkehrsbelastungen des Berufsverkehrs zu lichtarmen Jahreszeiten

Wesentliche Fortschritte bei der Automatisierung bzw. Präzisierung der Analyse werden in Zukunft durch Kombination mit Map-Matching-Programmen erreicht, da so direkt die Straßennetzabschnitte betrachtet werden können, innerhalb derer die Verkehrsdichten für Aussagen zur Verkehrslage relevante Aussagen zulassen.

Ein flächiges Echtzeitmonitoring erfordert eine häufige Überfliegungsrate, ein Downlink der Daten und einen freien Luftraum. Alle drei Bedingungen müssen über großen Ballungsräumen wirtschaftlich und organisatorisch realisiert werden. Deshalb sollte sich die Fokussierung dieser Analysetechnik zunächst auf punktuelle Erhebungen bei wechselnden Gebieten konzentrieren.

Aus Sicht der Forschung bei BMW Group ist ein Stand erreicht, der es erlaubt, an eine pilothafte Umsetzung zu denken. Deshalb wird im Rahmen eines Kooperationsprojekts von BMW und dem FAV Berlin (Anwendungszentrum intermodale Verkehrstelematik) die Machbarkeit eines Pilotprojekts zur „Entwicklung und Erprobung eines luftgestützten Systems zum flächendeckenden Echtzeit-Verkehrsmonitorring" geprüft. Besonderer Schwerpunkt dieser Machbarkeitsuntersuchung ist neben der technischen Weiterentwicklung des bisher erreichten Stands auch die Ermittlung der Wirtschaftlichkeit sowie die Abgrenzung gegenüber den alternativen Erfassungsverfahren, wie beispielsweise boden-, luft- und weltraumgestützten Technologien. Der Autor dankt den Herren M. Schlingelhof, A. Schmidt und E. Weiss für ihre zeitweilige Mitarbeit bei der Durchführung des Projekts.

Literatur

HAAG, M. / NAGEL, H.-H. (1999): Combination of Edge Element and Optical Flow Estimates for 3-D-Model-Based Vehicle Tracking in Traffic Image Sequences. – In: International Journal of Computer Vision 35(3). – 205-219.

VOSS, F. / GRÜBER, B. (2003): Verkehrslageerfassung aus der Luft – Automatisierte Auswertung von Thermal-IR-Luftbildern. – In: Straßenverkehrstechnik 47. – 75-82.

Karl-Heinz ERDMANN (Bonn) und Hans-Rudolf BORK (Kiel)

Leitthema B3 – Biodiversität, Wildnis und Naturschutz

Das Thema „Naturschutz" wird in der Geographie bislang kaum wahrgenommen, obgleich der Raumbezug ebenso wie die Verknüpfung physisch-geographischer und humangeographischer Aspekte im Fokus stehen.

Einen systemaren und nachhaltigkeitsorientierten Naturschutz initiierte das 1970 gegründete UNESCO-Programm „Der Mensch und die Biosphäre" (MAB). Damit popularisierte das MAB-Programm ein Konzept, das erst 1992 mit der „Konferenz der Vereinten Nationen für Umwelt und Entwicklung" in Rio de Janeiro weltweit Aufnahme in die politische Arena fand. Es liegt auch dem in Rio verabschiedeten Übereinkommen über die Biologische Vielfalt zugrunde, das in einem integrativen Ansatz den Schutz der Natur, die nachhaltige Naturnutzung und die gerechte Verteilung der aus der Naturnutzung erwachsenden Vorteile und Lasten zusammenführt.

Naturschutz ist ein gesamträumliches, intermediäres und gesellschaftspolitisches Anliegen, das die Gesamtheit aller Ideen, Konzepte, Strategien, Instrumente und Maßnahmen umschließt, die zugleich dem Schutz, der Pflege, der Entwicklung und der Wiederherstellung von Natur und Landschaft und dem Wohl der Menschen dienen. Naturschutz beinhaltet damit die Etablierung naturverträglicher Nutzungsformen und die gerechte Verteilung der aus diesen Bestrebungen erwachsenden Vorteile und Lasten. Die Dominanz biologischer oder ökologischer Argumentationsmuster erwies sich als Schwäche des Naturschutzes. Naturwissenschaftliches Wissen über Strukturen, Funktionen und Prozesse ökosystemarer Gefüge sowie adäquate Fähigkeiten und Fertigkeiten, diese zu erkennen und zu gestalten, bilden eine zentrale Säule des Naturschutzes. Aus den Erkenntnissen der Biologie und Ökologie jedoch Antworten auf die Fragen „Welche Natur wollen wir warum schützen?" zu erwarten, ist nicht möglich. Vor Ort hatte das einseitige Pochen von Akteurinnen und Akteuren des Naturschutzes auf die höheren Weihen der (normativ überhöhten) Ökologie massive Bürgerproteste und Akzeptanzverlust zur Folge.

Der Naturschutz wird sich mit den Motiven, Interessen und politischen Rahmenbedingungen menschlichen Handelns auseinandersetzen müssen, um Möglichkeiten zu einem natur- und menschenverträglicheren Handeln zu eruieren.

Gestiegenes gesellschaftliches Naturbewusstsein und die Bereitschaft der politisch Verantwortlichen, den Schutz der natürlichen Ressourcen bei der Zukunftgestaltung künftig stärker zu berücksichtigen, lässt die Bedeutung des Naturschutzes wachsen. Zurückzuführen ist dieser Bedeutungswandel auf die ins politische Bewusstsein getretenen Erkenntnisse, dass die Natur eine existenzielle Grundlage menschlichen Lebens darstellt.

Dieser Bedeutungszuwachs des Naturschutzes war nur möglich, da neben biologischen bzw. ökologischen Herangehensweisen in gleicher Weise humanwissenschaftliche Kenntnisse, Fähigkeiten und Fertigkeiten Berücksichtigung fanden. Einerseits sind letztere zur Begründung der für notwendig erachteten Wertentscheidungen erforderlich, nach denen sich naturbezogenes Handeln ausrichten soll, andererseits zur Verwirklichung, Umsetzung und Erfüllung der gesetzten anzustrebenden Ziele. Hinzu kommt, dass die regionale Perspektive eine zentrale Funktion inne hat. Nur unter gleichwertiger Berücksichtigung der raumbezogenen Humanwissenschaften wird die Idee des Naturschutzes, der kulturelle Akt des Schutzes von Natur und Landschaft, langfristig erfolgreich zu verwirklichen sein.

Um den neuen gesellschaftlichen Anforderungen gerecht werden zu können, wird der Naturschutz seine Aufgaben, Ziele und Konzepte einer kritischen Prüfung unterziehen und sich weiter entwickeln müssen. Unerlässlich wird es sein, komplementär zu der Dynamik der Entwicklungsprozesse in Natur und Gesellschaft sowie in Abkehr vom statischen Naturbild des Naturschutzes, dynamische prozessorientierte Strategien für den Schutz der Natur zu entwickeln. Insbesondere die Geographie als disziplinenübergreifender Fachbereich ist angesprochen, mitzuwirken und das Aufgabenfeld „Welche Natur soll warum, wo, wie, wann, von wem geschützt werden?" auszugestalten.

Heute wird die Umsetzung regional differenzierter Naturschutzziele (freie Naturentwicklung; Erhalt gesellschaftlich attraktiv empfundener Landschaften; nachhaltige Naturnutzung) auf der gesamten Staatsfläche angestrebt. Mit diesem Anspruch tritt der Naturschutz mit anderen Flächennutzern in Konkurrenz. Ziel des Naturschutzes wird es hauptsächlich sein müssen, für den Gesamtraum wie auch einzelne Raumausschnitte einen fairen Interessensausgleich der verschiedenen Raumansprüche mittels kooperativer Instrumentarien auszuhandeln. Bislang ist der Naturschutz noch weit von der Realisierung eines derartigen Raumanspruchs entfernt. Insbesondere die Geographie könnte in diesem Kontext dazu beitragen, auf den verschiedenen Bezugsebenen komplexe Raumkonzepte zu erstellen und an der erfolgreichen Etablierung mitzuwirken. Neben physisch-geographischen Erkenntnissen müssen hierbei ebenso humangeographische Erkenntnisse zum Tragen kommen. Geographisches Wissen ist in gleicher Weise im wissenschaftlich-konzeptionellen Teil des Naturschutzes wie auch in der praktischen Naturschutzarbeit erforderlich.

In der Naturschutzpraxis zeichnen sich erste Anzeichen einer Veränderung ab. Zunehmend werden disziplinübergreifend ausgebildete Geographinnen und Geographen als große Bereicherung in Fachverwaltungen, Verbänden und Planungsbüros geschätzt. Die praktischen Betätigungsfelder im Naturschutz konnten insbesondere von jenen Geographinnen und Geographen erschlossen werden, die auf geographische Methodenvielfalt zurückgreifen und Kompetenzen im Umgang mit Komplexität nachweisen können sowie darüber hinaus über kommunikative Kompetenzen und thematisch ergänzende naturschutzbezogene Spezialisierungen verfügen. Sie sind insbesondere in den zuvor genannten Tätigkeitsfeldern gefragt, um die dort anfallenden komplexen raumbezogenen Aufgaben zu bewältigen.

Der Naturschutz kann von der Integration geographischer Erkenntnisse in Theorie und Praxis erheblich profitieren. Aufgrund der Komplexität von Naturschutz-Sachverhalten wäre die Geographie prädestiniert, die unterschiedlichen Perspektiven im interdisziplinären Kontext des Naturschutzes zu erschließen und zusammenzuführen. Dies setzt jedoch voraus, dass von der Geographie für den Naturschutz nutzbare Beiträge vorgelegt werden. Hier fachlich brachliegendes Terrain zu besetzen, kann für den Naturschutz wie für die Geographie von großer Bedeutung sein. Die nachfolgenden Beiträge der Fachsitzung B3 zeigen den Weg.

Peter A. SCHMIDT (Dresden / Tharandt)

Biodiversität und Naturschutz im Kaukasus

1 Einführung

Von der Notwendigkeit, sich mit Biodiversität und Naturschutz speziell in Hochgebirgen auseinander zu setzen, zeugt eine zunehmende Zahl von Publikationen (z. B. KÖRNER / SPEHN 2002) oder von Programmen und Aktivitäten internationaler Organisationen. Über den Kaukasus erschienen zusammenfassende Darstellungen unter anderem von IUCN (PRICE 2000), WWF (KREVER et al. 2001) und UNEP (GRID 2002). Vielfalt dieses Gebirgssystems und dessen natürlicher Reichtum, damit auch die Lebensgrundlagen von Natur- wie Kultursystemen, unterliegen derzeit erhöhten Gefährdungen durch unangepasste Landnutzung und unkontrollierte Ausbeutung natürlicher Ressourcen. Dazu tragen der von enormen Schwierigkeiten begleitete gesellschaftliche und wirtschaftliche Umbau in den Transformationsländern sowie politische und militärische Konflikte in der Kaukasus-Region bei. Trotz existierender gesetzlicher Regelungen tritt gerade in einer solchen Zeit ein verantwortungsvoller Umgang mit Natur und Landschaft in den Hintergrund. Es bedarf internationaler Unterstützung, um weitere Gefahren abzuwenden, denn Verlust endemischer Arten und unikaler Ökosysteme bedeutet Verlust von Natur- und Kulturerbe der Menschheit.

2 Lage, Gliederung und Abgrenzung Kaukasiens

Zwischen Schwarzem und Kaspischem Meer erstreckt sich über etwa 1.500 km in einer Breite von 30 bis 180 km ein alpidisches Hochgebirgssystem, das gemeinhin als Kaukasus bekannt ist. Dieser *Große Kaukasus*, der nördlichste Zug des vorderasiatischen Faltengebirgsgürtels, besteht aus mehreren parallel verlaufenden Gebirgsketten. Dem Hauptkamm sind nördlich ein zweiter Kamm (hier Elbrus mit 5.642 m, bei Zuordnung des Kaukasus zu Europa höchster europäischer Berg) und der aus einer Kette von Kalkmassiven bestehende Felsenkamm vorgelagert. Aber nicht nur der Große Kaukasus wird als Kaukasus („eigentlicher" Kaukasus) bezeichnet. Unter Kaukasus wird ebenso die gesamte Landenge zwischen den Binnenmeeren von der Kuma-Manytsch-Senke im Norden bis zur türkischen und iranischen Grenze im Süden verstanden. In Anbetracht der Mehrdeutigkeit des Namens wird deshalb von *Kaukasien* gesprochen, um die gesamte Kaukasus-Region eindeutig zu bezeichnen. Zu diesem „Großraum Kaukasus" (> 450.000km²) gehören neben Gebirgen (etwa 65%) auch Tiefebenen und Senken, deren Biodiversität und Funktionsfähigkeit von „Gebirgskaukasien" beeinflusst werden.

Im *Nördlichen Kaukasusvorland* („Ciskaukasien"), einer durch Vorberge (-28 bis 800 m, nur einzelne > 1.000 m) des Kaukasus unterbrochenen Ebene, reichen die Steppengebiete des südrussischen Tieflands, im Osten die kaspischen Halbwüsten, bis an den Großen Kaukasus heran. Die Vorkaukasus-Ebene und der Nordteil des Großen Kaukasus gehören zur Russischen Föderation (Kraj Krasnodar, Kraj Stawropol, die Republiken Adygeja, Karatschajewo-Tscherkessien, Kabardino-Balkarien, Nordossetien-Alanien, Inguschien, Tschetschenien und Dagestan).

Risikomanagement und Nachhaltigkeit in Gebirgsräumen

Der Südabfall und das Gebiet südlich des Großen Kaukasus werden als *Südkaukasien* bezeichnet, um den Namen Transkaukasien wegen des eurozentrischen bzw. aus Sicht der südkaukasischen Länder russischen Blickwinkels auf die Landschaften bzw. Völker „hinter dem Kaukasus" zu vermeiden (SCHMIDT 2002). Der Große Kaukasus fällt steil nach Süden in die südkaukasische Depressionszone ab:

- im niederschlagsreichen (Jahresmittel des Niederschlags bis über 2.000 mm), sommerwarmen und wintermilden Westen zur *Kolchischen Niederung* (Rioni-Tiefebene) und zum *Küstengebiet des Schwarzen Meeres*,
- östlich des eine Brücke zum Kleinen Kaukasus bildenden Surami-Gebirges zur *Kura-Niederung*, die sich zum Kaspischen Meer hin zur ariden *Kura-Arax-Tiefebene* (Jahresmittel des Niederschlags bis unter 200 mm) erweitert.

Südlich dieser Senke mit ihren höchst gegensätzlichen natürlichen Bedingungen bilden die steil aufragenden Randketten des *Kleinen Kaukasus* (von Adscharien bis Berg-Karabach; höchster Berg 3.724 m) die nördliche Begrenzung des *Armenischen Hochlands*, eines von Gebirgszügen und Einzelgipfeln (höchster mit 5.165 m Ararat, auf türkischem Gebiet) überragten Plateaus. Im äußersten Südosten, östlich der Arax-Niederung, erhebt sich am Kaspischen Meer das *Talysch-Gebirge* (höchster Berg 2.477 m), das sich ebenso wie das *Lenkoran-Tiefland* durch ein warmgemäßigt-humides Klima von den angrenzenden semiariden Landschaften abhebt.

Die Südgrenze Kaukasiens wird im Gegensatz zur Nordgrenze meist politisch gezogen, indem sie mit den südlichen Grenzen der Staaten Armenien, Aserbaidschan und Georgien gleichgesetzt wird (z. B. PRICE 2000; KREVER et al. 2001; KOVALEV 2002). Eine solche Abgrenzung ist künstlich, da sich entsprechende Naturräume und Biome bis in den Iran und die Türkei erstrecken, andererseits gehört das Talysch-Gebirge bereits zum iranischen Gebirgssystem des Elburs. Obwohl aus biogeographischer Sicht unbefriedigend, wird in Anbetracht aktueller Gegebenheiten (Datenlage, politische Situation) weitgehend der üblichen Grenzziehung gefolgt. Jedoch erfordern Erfassung und Bewertung der Biodiversität sowie Naturschutzkonzepte künftig die Einbeziehung aller naturräumlich der Kaukasus-Region zugehörenden Bereiche.

3 Biodiversität Kaukasiens unter besonderer Berücksichtigung der Phytodiversität

Kaukasien kann trotz seiner natürlichen Komplexität, seiner Vielfalt an Landschaften und Kulturen, seiner Vielzahl an Völkern und politisch-administrativen Einheiten (wobei sich deren Grenzen nicht mit dem Verbreitungsgebiet der Ethnien decken) als eine eigenständige Region innerhalb Eurasiens betrachtet werden. In PRICE (2000) wird Kaukasien als „geographic, historical and cultural phenomenon" bezeichnet. Es muss ergänzt werden „ökologisches Phänomen" bzw. „Phänomen der Biodiversität". Erdgeschichtliche Entwicklung sowie einmalige geologische, orographische und klimatische Situation bedingen eine derart vielfältige Naturausstattung, dass diese komplexe „Ökoregion" – obwohl hohe Biodiversität generell Hochgebirgssystemen eigen ist – zu den biologisch mannigfaltigsten Gebieten der Erde oder zumindest, falls Kaukasien Europa zugerechnet wird, Europas gehört (ZAZANASHVILI / SANADIRADZE / BUKHNIKASHVILI 1999; BEROUTCHASHVILI 2000; KREVER et al. 2001).

Peter A. SCHMIDT

3.1 Artenvielfalt

Der Anteil Kaukasiens an mehreren Florenregionen Eurasiens (GAGNIDZE 1999; SCHMIDT 2002) spiegelt die Phytodiversität wider:

- *Pontisch-Südsibirische Region* (hierzu nördliches Vorland des Großen Kaukasus)
- *Mediterrane Region* mit *Submediterraner Unterregion* (Kolchische oder Osteuxinische Provinz: Schwarzmeerküste und Kolchische Niederung mit angrenzendem Bergland) und *Kaukasischer Unterregion* (West-, Zentral-, Ost-, Südwest- und Südostkaukasische Provinzen: Großer und Kleiner Kaukasus)
- *Orientalisch-turanische Region* mit *Orientalischer Unterregion* (Armenisch-nordwestiranische Provinz: Armenisches Hochland; Araxische Provinz: Kura-Arax-Niederung; Hyrkanische Provinz: Lenkoran, Talysch) und *Turanischer Unterregion* (Aralokaspische Provinz: nordostkaukasisches Halbwüstengebiet)

Die Pflanzenarten Kaukasiens gehören Arealtypen an, die verschiedenste Florenelemente repräsentieren. Beispielhaft sei eine Auswahl (ohne Berücksichtigung orientalischer, hyrkanischer, irano-turanischer, litoraler etc.) aufgeführt:

- eurasisch boreale (z. B. Nadelwaldpflanzen der Gebirge)
- eurasisch und europäisch temperat (sub)ozeanische (z. B. nemorale Waldpflanzen) und meridional-submeridional(-temperat) kontinentale (z. B. Steppenpflanzen)
- (mediterran/montan)-submediterrane (z. B. *Castanea sativa*), hierzu auch Arten, die nur euxinisch, kolchisch oder kaukasisch (z. B. *Staphylea colchica, Ruscus colchicus, Dioscorea caucasica*) verbreitet sind (Provinz- oder Lokalendemiten)
- (mediterran)-submediterrane Orophyten, zu denen zahlreiche Endemiten gehören, die nur kaukasisch (z. B. *Rhododendron caucasicum, Lilium monadelphum*) oder westkaukasisch (z. B. *Erythronium caucasicum, Gentiana oschtenica*) verbreitet, im Extremfall nur von einem Fundort bekannt sind (z. B. *Campanula autraniana*)

Die Entstehung kaukasischer und lokaler Endemiten wurde durch die isolierte Lage der Gebirge und ihre orographische wie klimatische Differenzierung begünstigt. So zeichnen sich die oberen Hochgebirgslagen im Vergleich zu den Alpen durch einen besonderen Reichtum an endemischen Gattungen und Arten aus (NAKHUTSRISHVILI / GAGNIDZE 1999). Hervorzuheben sind ebenfalls die euxinischen, kolchischen und hyrkanischen Elemente der hygro-thermophilen Laubwälder. Im Westen und Südosten Südkaukasiens boten milde Winter und Sommerwärme während der pleistozänen Kaltzeiten in Euro-Westasien Bedingungen, unter denen Arten der arktotertiären Waldvegetation, darunter zahlreiche Immergrüne (z. B. *Ilex colchica* und *I. spinigera, Buxus colchica* und *B. hyrcana, Rhododendron ponticum, R. ungernii, Prunus laurocerasus*) überleben konnten. Diese Rückzugsgebiete am Schwarzen und Kaspischen Meer sind Zentren von Tertiärrelikten, darunter auch kaukasischer (Sub-)Endemiten (SAFAROV 1986; GAGNIDZE 1999). In Südkaukasien befinden sich bemerkenswerte Ursprungs- und Erhaltungsgebiete von Nutzpflanzen. Das Vorkommen endemischer Taxa, die nahe Verwandte und Ausgangssippen agrarisch genutzter Pflanzen darstellen (z. B. Wildsippen von Getreide wie *Secale vavilovii* oder *Triticum urartu*; BALOYAN / SHASHIKYAN 1998), und zahlreicher, während der kulturellen Entwicklung seit über 6.000 Jahren entstandener Landsorten kennzeichnet Zentren genetischer Diversität.

Die Vielzahl endemischer und als solcher benannter Arten ergibt enorme Artenzahlen, sei es für Pflanzen oder Tiere Kaukasiens (z. B. 6.350 Gefäßpflanzen, 152 Säugetiere, 76 Reptilien, 15 Amphibien, davon je 20 bis 28% endemisch), was sich in Publikationen in Superlativen wie höchster Grad des Endemismus in der temperaten Welt (KREVER et al. 2001) oder größtes Zentrum der Biodiversität und des Endemismus in Europa (KOVALEV 2002) widerspiegelt. Zweifelsohne ist die Artenvielfalt außerordentlich, aber bei Vergleichen, z. B. mit den Alpen als Gebirgssystem oder Anatolien als einer nicht minder komplexen Region, sind Bezugsraum und taxonomische Bezugsbasis zu klären. So werden nicht wenige der von russischen und südkaukasischen Botanikern taxonomisch sehr eng gefassten Arten (KOMAROV-Schule) in anderen Ländern nur als intraspezifische Sippen, Ökotypen oder Synonyme eingeordnet. Nach KREVER et al. (2001, 15) sollen z. B. von 17 Eichenarten der Kaukasus-Region 14 Arten endemisch sein. Andere Autoren akzeptieren für Kaukasien lediglich acht Arten (bei Berücksichtigung von Unterarten 10 bis 13 Taxa), und die Verbreitung der *Quercus*-Sippen reicht – mit wenigen Ausnahmen – über den als „Region" definierten Raum hinaus. Euxinische und kolchische Endemiten der Flora kommen auch in der Türkei, hyrkanische im Elburs-Gebirge Irans vor. Daraus wird offenkundig, dass ihre Erhaltung areal- und naturraumbezogene Ansätze und grenzüberschreitende Konzepte erfordert.

3.2 Vielfalt von Landschaften und Ökosystemtypen

Die Gliederung Kaukasiens (Abschnitt 2) deutet die Vielfalt der Naturräume an. Die kaum mehr überschaubare Zahl verschiedener Schulen folgender ökologischer Raumgliederungen (landschaftliche, physisch-geographische, naturhistorische, geobotanische etc.; vgl. GULISAŠVILI / MAHATADZE / PRILIPKO 1975; ZABELINA 1987; BEROUTCHASHVILI 2000 und in KREVER et al. 2001) vermittelt einen Eindruck von der außergewöhnlichen landschaftlichen Vielfalt. BEROUTCHASHVILI weist für Kaukasien nach natürlichen Kriterien (primär nach Höhen- und Klimastufen, weiter nach Merkmalen wie der Vegetation) 22 Landschaftstypen und 50 Subtypen aus. Die Palette reicht bei ihm von nordsubtropisch-humid bis temperat-arid, von submediterran bis glazial. Damit wird das natürliche Potential wiedergegeben. Das heutige Kaukasien ist jedoch von Kulturlandschaften (z. B. Weide- und Ackerlandschaften der Steppen- und Eichenwaldgebiete, Almlandschaften mit Sommerweiden in den Hochlagen) geprägt, nur etwa zehn Prozent Naturlandschaft blieben erhalten. Trotzdem ist die Vielfalt erhaltener natürlicher oder zumindest naturbetonter Ökosystemtypen enorm, sie reicht von Meeresküsten bis zu > 1.000 Gletschern der Hochgebirge, von nemoralen Wäldern bis zu kontinentalen Wüsten. Die folgende Übersicht der Biome (exklusive Gewässer- und Moorbiome) und natürlichen Vegetationstypen Kaukasiens (WALTER / BRECKLE 1994[2]; NAKHUTSRISHVILI 1999; BfN 2000 u. a.) lässt erkennen, dass in einmaliger Weise auf engem Raum unterschiedlichste Ökosystemtypen aufeinander treffen:

- *Küstenbiome und binnenländische Halobiome*
    - Pontische und westkaspische Dünen-, Strand- und Felsküstenvegetation
    - Nordkaspische und südostkaukasische binnenländische Salzvegetation auf Solontschak; Nordturanische halophytische Zwerghalbstrauchvegetation auf Solonetzböden und vegetationslose Salzpfannen

Peter A. SCHMIDT

- *Zwerghalbstrauch-Wüsten*
  - Kaspische planare Beifuß-, Gras- und Strauch-Beifuß-Wüsten auf Sand- und salzhaltigen Tonböden; Südostkaukasische planar-kolline Beifuß- und Salzkraut-Wüsten mit Ephemeroiden, halophytische auch mit Therophyten

- *Steppen und Wüstensteppen*
  - Nordwestkaspische psammophytische und schwach halophytische Wüstensteppen
  - Planar-kolline pontische, montane nord- und süd-, hochmontane südkaukasische Kraut- und Grassteppen

- *Oroxerophytische Dornpolsterformationen und Tomillaren (besonders Südkaukasien)*

- *Xerophytische Lichtwälder und Gebüsche*
  - Kollin-montane Wacholder-Lichtwälder; Brutiakiefern-Trockenwälder
  - Südkaukasische Pistazien- und Araxeichen-Lichtwälder, Trockengebüsche

- *Thermophile, hygrophile und mesophytische sommergrüne Laubmischwälder*
  - Nordkaukasische Waldsteppen-Stieleichenwälder
  - Kolchische Erlen-Bruch- und Sumpfwälder
  - Nord- und südkaukasische Hartholzauenwälder im Komplex mit Weichholzauen und feuchten Niederungswäldern der Strom- und großen Flusstäler
  - Westkaukasische und dagestanische Orienthainbuchen-Flaumeichenwälder
  - Kolchische und hyrkanische Eichen-, Kastanien- und Buchen-Mischwälder mit immergrünen Arten im Unterwuchs
  - Kolline bis montane Eichen-, Hainbuchen-Eichen- und -Kastanien-Buchenwälder
  - Montane bis hochmontane Hainbuchen-Buchen- und Buchenwälder
  - Hochmontane Eichen(*Quercus macranthera*-)wälder

- *Berg-Nadelwälder und -Mischwälder*
  - Montane Tannen-, Fichten-Tannen- und Buchen-Tannenwälder
  - Montane bis subalpine Kiefernwälder

- *Subalpine bis nivale Hochgebirgsbiome*
  - Subalpine Lichtwälder, Krummholz, Gebüsche, Hochstauden- und Grasfluren
  - Alpine Rasen, Spalier- und Zwergstrauchvegetation, Fels- und Schotterfluren
  - Subnival-nivale Flechten- und Moosvegetation mit einzelnen Phanerogamen

Unter den „waldökologischen Regionen" des europäischen Territoriums Russlands weist der Westkaukasus die größte Vielfalt an Waldformationen auf (IUCN 1996). Kolchische sommergrüne, lianenreiche Laubwälder mit immergrünen Arten in der Strauch- und zweiten Baumschicht, die warmtemperierten Regenwäldern, dem Unterwuchs nach sogar Lorbeerwäldern, vergleichbar sind, repräsentieren einen sonst in Euro-Westasien erloschenen Ökosystemtyp.

4 Bedrohte Vielfalt

4.1 Landnutzung und Biodiversität

Die heutige Biodiversität ist nicht nur Ausdruck natürlicher Bedingungen Kaukasiens, denn im Verlauf einer mehr als 6.000jährigen Kulturgeschichte entstanden aus natürlichen Wald-, Steppen-, Niederungs- oder Hochgebirgslandschaften Kulturlandschaften, teils traditionell genutzt und anthropogen nur abgewandelt (z. B. Gebirgs-Grasland, nach LOMAKINA 1995 aber > 40% der Fläche überweidet), teils großflächig umgewandelt wie in den nordkaukasischen Steppengebieten oder südkaukasischen Niederungen. Die fruchtbaren Böden vom Tief- bis in das untere Bergland unterliegen landwirtschaftlicher Nutzung (Ackerbau, Wein- und Obstbau, im Westen Südkaukasiens auch Tee-, im ariden Osten Baumwollanbau). Wälder wurden hier auf arme, nicht agrarisch nutzbare Standorte, steile Hänge oder Schluchten zurückgedrängt. Holznutzung, Schneitelei und Waldweide führten und führen aber auch zu Veränderungen der erhalten gebliebenen Wälder, zu Degradation der Standorte, ausbleibender Naturverjüngung oder auf Stockausschlag reduzierter Reproduktion (Niederwald). Durch Wandel in der Arten- und Raumstruktur der Bestände entstanden z. B. aus Eichenmischwäldern artenarme Hainbuchenwälder oder existiert von seltenen südkaukasischen Eichen wie *Quercus araxina* (zu *Q. infectoria* s.l.) oder *Q. dshorochensis* (*Q. petraea* s.l.) kein Hochwald mehr. Nach Auflichtung und Auflösung von Waldbeständen entstanden sekundäre Trockengehölze (Schibljak) und anthropo-zoogene Offenlandbiome (z. B. Versteppung ehemaliger Eichenwaldgebiete). In den südkaukasischen Ländern (selbst in Georgien mit Waldanteil > 40%) gehörten zur Sowjetzeit fast alle Wälder nach Forstgesetz zur Kategorie der Schutzwälder. Holzernte durch Forstbetriebe erfolgte nur auf etwa zwei Prozent der Waldfläche (im Nordkaukasus auf etwa 50%), extensive Nutzung (z. B. Waldweide) fand trotzdem statt. Da wegen des gegenwärtigen Energiemangels verstärkt Holz als Brennmaterial genutzt wird und illegaler Einschlag selbst für Holzexport zunimmt, erreicht die Waldzerstörung ein alarmierendes Ausmaß. Der abrupte Übergang zur Marktwirtschaft hat eine Ausdehnung und Intensivierung der Nutzung natürlicher Ressourcen zur Folge. Diese macht weder vor Schutzwäldern noch Schutzgebieten halt.

4.2 Dokumentation der Gefährdung

Kaukasien gehört zu den 25 „Global Biodiversity Hotspots", also Ökoregionen der Erde mit einem hohen Anteil endemischer Arten und zugleich starker Gefährdung (ZAZANASHVILI / SANADIRADZE / BUKHNIKASHVILI 1999; CONSERVATION INTERNATIONAL 2003). Eine Übersicht der in Rotbüchern der kaukasischen Länder als selten und gefährdet eingestuften Pflanzen- und Tierarten enthält KREVER et al. (2001). Die Arten sind ohne Differenzierung des Gefährdungsgrads aufgelistet. Neben solchen, die in allen Kaukasusländern gefährdet sind (z. B. *Diospyros lotus*), stehen Lokalendemiten (z. B. *Epigaea gaultheriodes*, Georgien) und in ihrem Gesamtareal ungefährdete Arten, selbst ein nordamerikanischer, sich weltweit ausbreitender Neophyt (*Juncus tenuis*). Arten und Anzahl gefährdeter Arten weichen teils beträchtlich von anderen Quellen ab. So ist die Zahl für Gefäßpflanzen bei LOMAKINA (1995) für die einzelnen Länder höher, für Kaukasien insgesamt gibt sie aber nur 340 Arten an, KREVER et al. (2001) dagegen 708. In Georgien gelten, je nach Autor, 130 bis 200 Gefäßpflanzenarten als gefährdet, eine am MISSOURI BOTANICAL GARDEN (2003) erstellte Übersicht enthält jedoch 1.200 „species at risk" (*extinct, endangered, rare, vulnerable*), damit 27% der Flora Georgiens (darunter 297 georgische und 517 kaukasische Endemiten). Die Rotbücher der ehemaligen

Peter A. SCHMIDT

UdSSR und der Kaukasusrepubliken erschienen in den 1980er Jahren. Gefährdungskategorien und Einstufungen in Roten Listen sind nur bedingt vergleichbar, da die Kriterien in einzelnen Ländern und zu verschiedenen Zeitpunkten abweichen können, selbst international in mehreren Versionen vorliegen (IUCN 2001). Außerdem unterlagen die Lebensräume der Arten oder der Zugriff auf sie seit der damaligen Zeit Veränderungen, teilweise dramatischer Art. Unter den Säugetieren sind infolge zunehmender Wilderei u. a. endemische kaukasische Unterarten wie der Kaukasische Leopard (IUCN-Kategorie *Critically Endangered*) und die Steinböcke Dagestan-Tur (*Endangered*) und Kuban-Tur (*Vulnerable*) besonders bedroht. Für die Sicherung von Arten und ihrer Lebensräume ist die Ermittlung prioritärer Arten (vgl. PLACHTER et al. 2003) eine wesentliche Voraussetzung. Dazu bedarf es aktueller Bestandsaufnahmen und Analysen der Gefährdungsursachen für Pflanzen- und Tierarten (insbesondere kaukasische, kolchische, euxinische und hyrkanische Endemiten), aber ebenso der repräsentativen wie seltenen oder unikalen Ökosystem- und Landschaftstypen Kaukasiens, auf länderübergreifender Basis. Der Rückgang der Populationen endemischer Sippen sowie die Veränderungen und Zerstörungen der Lebensräume, verschärft durch derzeitige Krisensituationen, bergen die Gefahr eines weltweiten Verlusts an natürlicher wie kultureller Diversität.

5 Schutzgebiete

Bei der außerordentlichen Bedeutung Kaukasiens als Hotspot der Biodiversität kommt den Schutzgebieten eine Schlüsselfunktion zu. Der Grundstock heutiger Schutzgebiete in den Kaukasusländern (zur Geschichte und Situation vgl. SOKOLOV / SYROEČKOVSKI 1990; NATIONAL ENVIRONMENTAL ACTION PLAN AZERBAIJAN 1998; BALOYAN / SHASHIKYAN 1999; ZAZANASHVILI / SANADIRADZE 2000; KREVER et al. 2001; KOVALEV 2002) geht auf die sowjetische Ära zurück. Die wichtigsten Kategorien waren Zapovednik, Nationalpark und Zakaznik. Sie sind es trotz getrennter Entwicklungen in den einzelnen Staaten seit dem politischen Umbruch und teilweise anderer Benennung bis heute, obwohl eine stärkere Orientierung an den IUCN-Managementkategorien für Schutzgebiete offensichtlich ist (z. B. in Georgien). Über 40 Staatliche Naturreservate (Zapovednik; IUCN-Kategorie I) und sieben Nationalparke (nur ausnahmsweise Kriterien IUCN-Kategorie II erfüllend) nehmen etwa drei Prozent der Landfläche Kaukasiens ein. Dazu kommen die weniger strengen, eine Bewirtschaftung nicht ausschließenden, bestimmten Arten oder Ressourcen und dem Wildschutz dienenden Schutzgebiete (Zakaznik, Sanctuary; IUCN-Kategorie IV-VI). Diese und die nach Waldgesetzen ausgewiesenen Schutzwälder oder Grünzonen ergeben für weitere zwölf Prozent Kaukasiens einen Schutzstatus. Allerdings ist die Erfüllung der Zielsetzung der Schutzgebiete gegenwärtig aus unterschiedlichsten Gründen in Frage gestellt. Die Beeinträchtigungen reichen von direkten Eingriffen wie Entnahmen zur Deckung von Nahrungs-, Futter- und Brennholzbedarf, kommerzielle Ausbeutung (z. B. illegaler Holzeinschlag) oder Bau von Trassen durch die Reservate bis zu Habitatveränderung oder -zerstörung durch Überweidung und andere nicht standortangepasste Landnutzungsformen. Effektiver Schutz und Management (inklusive Kontrolle rechtlicher Bestimmungen, Unterbindung von Wilderei), Forschung und Monitoring sind durch mangelhafte Ausstattung der Schutzgebietsverwaltungen und ausbleibende Finanzierung erschwert oder nicht mehr gewährleistet. Von besonderer Tragik ist die Gefährdung der strengen Naturreservate (Zapovedniks), die von entscheidender Bedeutung für die Bewahrung noch erhaltener Naturlandschaft und sich selbst regulierender, nicht durch Nutzung beeinflusster Ökosysteme sind. Die „Biosphären-Zapovedniks" erhielten zwar den UNESCO-Status Biosphärenreservat als Bausteine im weltweiten Monitoring, sind aber ebenso Totalreservate („Zapovedniks 1. Klasse", VOLKOV 1996). Der internationalen Entwicklung (Sevilla-Strategie) entsprechende Biosphärenreservate als Modellräume für nachhaltige und naturschonende Landnutzung gibt es zur Zeit nicht. Um dieses Defizit zu beheben, bemühen sich verschiedene Akteure, teils unter alternativen Begriffen wie „Biosphärenterritorium". Konkrete Vorstellungen liegen für den russischen Westkaukasus vor (KOVALEV 2002), wobei das bisher einzige in die Welterbeliste der UNESCO aufgenommene Naturerbegebiet Kaukasiens die Kernzone bilden könnte. Das Schutz und Nutzung kombinierende Biosphärenreservatskonzept war der von einer deutschen Arbeitsgruppe 1991 als tragfähig angesehene Ansatz für die vom WWF geförderte Entwicklung eines Nationalpark-Programms für Georgien (SUCCOW 1992). In „Nationalpark-Regionen" sollten Nationalparke nach IUCN-Kriterien die Kernzone bilden, umgeben von naturverträglich genutzten Kulturlandschaften. Die weitere Planung (WWF-Georgien) zielte jedoch auf einen Nationalparkstatus für die als Schutz- und Entwicklungsgebiete vorgeschlagenen „Regionen" ab (ZAZANASHVILI / SANADIRADZE 2000).

Die bisherigen Schutzgebiete in den Kaukasusländern umfassen nicht die gesamte Landschafts- und Ökosystemvielfalt, auch die Lebensräume prioritärer Arten sind nur teilweise abgedeckt. Lückenanalysen zur Aufdeckung von Defiziten hinsichtlich der Repräsentanz von Ökosystemtypen oder der Präsenz endemischer und gefährdeter Arten (z. B. ZABELINA 1987; KREVER et al. 2001; KOVALEV 2002; PLACHTER et al. 2003) sind eine wesentliche Grundlage für die Validisierung existierender Schutzgebiete und die Entwicklung eines Schutzgebietssystems für ganz Kaukasien. Dabei kommt neben streng geschützten Naturreservaten den Nationalparken und Biosphärenreservaten eine Schlüsselfunktion zu. Zur Kohärenz (vgl. „NATURA 2000" in EU) können andere Schutzgebietskategorien (nach Naturschutz- und Forstrecht) und Vernetzungen über Öko- und Grünkorridore (vgl. IUCN 1996; ZAZANASHVILI / SANADIRADZE 2000) ebenso beitragen. Der Schutz kaukasischer Ökosystemtypen und endemischer Arten erfordert eine Abstimmung mit den angrenzenden Staaten (Iran, Türkei).

6   Fazit

Schutz und nachhaltige Nutzung der Ökosysteme in den Kaukasusländern, die nach dem Zerfall der Sowjetunion vergleichbare Ausgangsbedingungen aufwiesen, sind im Prozess der Transformation erschwert durch politische und ökonomische Probleme. Rechtliche Voraussetzungen durch nationale Gesetzgebungen und Unterzeichnung internationaler Abkommen sind gegeben (vgl. KREVER et al. 2001; GRID 2002), werden jedoch nur mangelhaft umgesetzt. Sicherung der Lebenserhaltungssysteme und der Biodiversität erfordern nationale und gesamtkaukasische Strategien, die naturschonende Ressourcennutzung, Arten- und Ökosystemschutz integrieren. Kaukasien stellt ein ausgesprochenes Beispiel dafür dar, dass Naturschutzstrategien international und auf naturräumlicher Basis entwickelt werden müssen. Die einzigartige Biodiversität kaukasischer Natur- und Kulturlandschaften kann nur mit Unterstützung der Weltgemeinschaft über Ländergrenzen hinweg und unter Beachtung ökologischer wie sozioökonomischer Aspekte bewahrt werden. Dem trägt die Zuordnung Kaukasiens zu den *Global 200 Ecoregions* durch WWF (KREVER et al. 2001) bereits Rechnung. Den gleichen Ansatz verfolgen in den letzten Jahren weitere internationale Organisationen (z. B. UNESCO, INTERCAUCAS) oder das Bundesamt für Naturschutz bei der Unterstützung des Ausbaus von Schutzgebietssystemen (inklusive Biosphärenreservate, Welterbegebiete, grenzüberschreitende Schutzgebiete), ebenso Projekte in Georgien (z.B. PLACHTER et al. 2003) oder Aserbaidschan (SUCCOW-Stiftung, vgl. KOVALEV 2002). Die Entwicklung eines länderübergreifenden kaukasischen Schutzgebietssystems kann nur unter Berücksichtigung landesspezifischer Besonderheiten und internationaler Anforderungen zum Erfolg führen. Die Sicherung der Biodiversität der Kaukasusregion (*Biodiversity Hotspot, Global Ecoregion, Plant Diversity Center* etc.) bedarf internationaler Unterstützung, da die Vernichtung einmaliger Ökosysteme sowie das Aussterben endemischer Pflanzen und Tiere einen unwiederbringlichen Verlust an Natur- und Kulturerbe der Menschheit bedeuten.

Danksagung

Der Autor dankt den zuständigen Ministerien sowie Naturschutz- und Forstbehörden in Armenien, Aserbaidschan, Georgien und Russland (hier besonders Adygeja), dem UNESCO-Büro Moskau und WWF-Büro Tbilisi, dem Bundesamt für Naturschutz Bonn und der Stiftung für Bildung und Behindertenförderung Stuttgart für ihre Unterstützung. Stellvertretend für weitere Institutionen und zahlreiche Personen, denen Dank gebührt, seien Botanischer Garten Batumi und TH Majkop, Frau Amrachowa und die Herren V. Kovalev, Prof. Plachter, S. Shashikyan (†) und Prof. Urushadze genannt.

Literatur

BALOYAN, S. / SHASHIKYAN, S. (1998): Biodiversity Strategy and Action Plan of Armenia. – Yerevan.
BEROUTCHASHVILI, N. L. (2000): Diversity of Georgia's Landscapes and Geographical Analysis of Landscape Diversity of the World. – In: WWF Georgia (ed.): Biological and Landscape Diversity of Georgia. – Tbilisi. 221-250.
BfN (Bundesamt für Naturschutz) (Hrsg.) (2000): Karte der natürlichen Vegetation Europas. Map of the Natural Vegetation of Europe. – Bonn.
CONSERVATION INTERNATIONAL (2003): Biodiversity Hotspots: Caucasus. *www.Biodiversityhotspots.org*
GAGNIDZE, R. I. (1999): Arealogical review of Colchic evergreen broadleaved mesophyllous dendroflora species. – In: KLÖTZLI, F. / WALTHER, G.-R. (eds.): Recent shift in vegetation boundaries of deciduous forests, especially due to general global warming. – Basel. 199-216.
GRID (Global Resource Information Database) (ed.) (2002): Caucasus Environment Outlook. – Tbilisi.
GULISAŠVILI, V. Z. / MAHATADZE, L. B. / PRILIPKO, L. I. (1975): Rastitelnost Kavkaza. – Moskva.
IUCN (1996): Projekt sozdanija ekologičeskoj seti na Evropejskoj territorii Rossii: Lesnoj aspekt. – Gland, Cambridge, Moscow.
IUCN (2001): IUCN Red List Categories and Criteria. Version 3.1. IUCN Species Survival Commission. – Gland, Cambridge.
KÖRNER, C. / SPEHN, E. M. (eds.) (2002): Mountain Biodiversity. A Global Assessment. – Boca Raton et al.
KOVALEV, V. (2002): Die Naturschutzgebiete Kaukasiens und ihre Entwicklungsperspektiven. – In: ERDMANN, K.-H. / BORK, H.-R. (Hrsg.): Naturschutz. Neue Ansätze, Konzepte und Strategien. (= BfN-Skripten, 67). – Bonn. 135-172.
KREVER, V. et al. (2001): Biodiversity of the Caucasus Ecoregion. – Baku et al.
LOMAKINA, G. A. (1995): Caucasus. – In: DAVIS, S. D. et al. (eds.): Centres of Plant Diversity. – Cambridge.
MISSOURI BOTANICAL GARDEN (2003): Rare, Endangered and Vulnerable Plants of the Republic of Georgia. *http://www.mobot.org/MOBOT/research/georgia.shtml*
NAKHUTSRISHVILI, G. (1999): Vegetation of Georgia (Caucasus). (= Braun-Blanquetia, 15). – Camerino.

NAKHUTSRISHVILI, G. / GAGNIDZE, R. I. (1999): Die subnivale und nivale Hochgebirgsvegetation des Kaukasus. – In: Phytocoenosis 11 (N.S.). – 173-183.
NATIONAL ENVIRONMENTAL ACTION PLAN AZERBAIJAN (1998): State Committee on Ecology and Control of Natural Resources Utilization. – Baku.
PLACHTER, H. et al. (2003): The Contribution of Georgia (Caucasus) to a Global Nature Conservation Strategy. Universität Marburg, Technische Universität Dresden. – Marburg, Dresden.
PRICE, M. (ed.) (2000): Cooperation in the European Mountains 2: The Caucasus. – Gland, Cambridge.
SAFAROV, I. S. (1986): Redkie i isčezajuščie vidy dendroflory Vostočnogo Zakavkazja i ih ohrana. – In: Bot. Žurn. 71. – 102-107.
SCHMIDT, P. A. (2002): Bäume und Sträucher Kaukasiens. Teil 1: Einführung und Gymnospermae. – In: Mitteilungen der Deutschen Dendrologischen Gesellschaft 87. – 59-81.
SOKOLOV, V. E. / SYROEČKOVSKI, E. E. (1990): Zapovedniki Kavkaza. – Moskva.
SUCCOW, M. (1992): Hoffnung für Mensch und Natur, ein ehrgeiziges Nationalparkprogramm für Georgien. – In: Nationalpark 1992/2. – 24-32.
VOLKOV, A. E. (ed.) (1996): Strict Nature Reserves (Zapovedniki) of Russia. – Moscow.
WALTER, H. / BRECKLE, S.-W. (1994²): Spezielle Ökologie der Gemäßigten und Arktischen Zonen Euro-Nordasiens. Zonobiom VI-IX. – Stuttgart, Jena.
ZABELINA, A. M. (1987): Nacionalny park. – Moskva.
ZAZANASHVILI, N. / SANADIRADZE, G. (2000): The System of Protected Areas of Georgia at the Junction of the 20th-21st Centuries. – In: WWF Georgia (ed.): Biological and Landscape Diversity of Georgia. – Tbilisi. 251-276.
ZAZANASHVILI, N. / SANADIRADZE, G. / BUKHNIKASHVILI, A. (1999): Caucasus. – In: MITTERMEIER, R. A. et al. (eds.): Hotspots: Earth's Biologically Richest and Most Endangered Terrestrial Ecoregions. – Mexico. 268-277.

Werner D'OLEIRE-OLTMANNS und Jochen GRAB (Bischofswiesen)

Biodiversitätskonvention und Alpenkonvention vor dem Hintergrund eines sich wandelnden Nutzungsmusters

1 Einleitung

Der Lawinenwinter 1998/99 mit allein 38 Toten in Galtür/Tirol und dem anschließenden Jahrhunderthochwasser an Pfingsten in der Schweiz, die Orkane „Vivian", „Wibke" (jeweils 1990) und „Lothar" 1999 mit einem Sturmholzaufkommen, das dem normalen Holzeinschlag mehrerer Jahre entspricht und die Schäden in Millionenhöhe hinterließen, sowie nicht zu vergessen die Jahrhundertflut im August 2002 zeigten in eindrucksvoller – für manchen bedrohlicher – Weise, wie wenig beherrschbar die Natur trotz allen technischen Fortschritts nach wie vor ist. Zu bedenken ist jedoch, dass es Lawinen, Murenabgänge oder Felsstürze, Hochwasser und Orkanböen schon immer gegeben hat und diese daher keine plötzlich auftretende Erscheinung der Neuzeit sind[1]. Der Mensch hat hier allerdings durch sein Verhalten den – aus seiner Sicht – katastrophalen Auswirkungen dieser Ereignisse auf mehrere Weisen Vorschub geleistet: Erstens direkt, z. B. durch das Roden von Bergwäldern mit der Folge vermehrter Lawinenabgänge oder Erdrutsche sowie einer erhöhten Hochwassergefahr oder dem Begründen natur- und/oder standortfremder Wälder durch Reinbestände gleichen Alters, die sehr viel sturmanfälliger sind. Zweitens indirekt, durch das Ausdehnen der Bebauung und damit das Eindringen des Menschen in gefährdete Gebiete. Erst hierdurch werden immer wiederkehrende Naturereignisse zu Naturkatastrophen, denn wer interessiert sich schon für einen Windwurf in der sibirischen Taiga? Der zweite Ansatz impliziert darüber hinaus noch einen weiteren Gesichtspunkt: Der Glaube an die Überlegenheit des Menschen verbunden mit der angenommenen Seltenheit außergewöhnlicher Ereignisse und verstärkt durch das Interesse kurzfristiger Gewinnmaximierung lässt einen respektvollen Umgang mit der Natur in den Hintergrund treten. An dessen Stelle tritt eine Ignoranz der Tatsache, dass die chaotische Dynamik der Natur sich nur schwer vorhersagen oder berechnen und am allerwenigsten beherrschen lässt.

2 Der Gedanke der Nachhaltigkeit

Das übergeordnete Leitthema dieser Sitzung beinhaltet daher auch richtigerweise den Begriff „Risikomanagement". Es geht dabei eben nicht um den Versuch, vorhandenes Risiko in Gebirgsräumen zu vermeiden oder auszuschalten, sondern um die Erkenntnis, dass der alpine Lebensraum für den Menschen in vielerlei Hinsicht Gefahren birgt, denen man durch fortwährendes verantwortungsvolles Handeln unter Berücksichtigung der natürlichen Gegebenheiten begegnen kann. Dieser bewusste Umgang mit der Natur – auch als dauerhaft umweltgerechtes Handeln bekannt – ist eine Form der Nachhaltigkeit, die im Rahmen der Konferenz der Vereinten Nationen für Umwelt und Entwicklung im Jahre 1992 in Rio de Janeiro als neues Leitbild für die Herausforderungen des 21. Jahrhunderts erarbeitet wurde.

Bezeichnenderweise findet immer dann ein solcher geistiger Wandel statt, wenn die Einsicht erwächst, an einem Scheidepunkt der Lebensumstände zu stehen. So kann das Sichern der Ressourcen auch schon im Jahr 1713 nachgewiesen werden, als die Holznot einen Prozess des Umdenkens ins Rollen brachte, in dessen Folge nur noch so viel Holz eingeschlagen wurde, wie nachwachsen konnte und der Begriff der Nachhaltigkeit – zunächst im rein wirtschaftlichen Sinne – durch Carlowitz in seinem Buch „Sylvicultura Oeconomica" aus der Taufe gehoben wurde.

Im Zuge der Rückbesinnung im Jahre 1992 wird die Nachhaltigkeit nun in einem ganzheitlichen Kontext erfasst, in dem die dringlichsten Probleme der Weltgemeinschaft in der Agenda 21 thematisiert werden, um ökologische, ökonomische und soziale Belange in ein sinnvolles Gleichgewicht zu bringen. Dieser Aktionsplan liefert die Grundlage für zwei weitere Konventionen, die in spezifizierter Form die dort formulierten Ziele konkretisieren.

3 Biodiversitäts- und Alpenkonvention

Während bereits in der Agenda 21 das Kap. 15 der „Erhaltung der biologischen Vielfalt" gewidmet ist, wird im Rahmen dieses Umweltgipfels zusätzlich eine eigene Konvention zu dieser Thematik erarbeitet, die bis heute von 187 Staaten der Erde sowie der EU unterzeichnet wurde. Die sogenannte Biodiversitätskonvention verfolgt drei Hauptziele:

- Schutz und Erhalt der biologischen Vielfalt
- Nachhaltigkeit bei der Nutzung der biologischen Vielfalt
- gerechte Verteilung der Vorteile, die aus der Nutzung genetischer Ressourcen entstehen

Biologische Vielfalt wird dabei definiert als Artenvielfalt, als Vielfalt der Ökosysteme sowie als genetische Vielfalt innerhalb jeder Art.

Parallel dazu bzw. bereits kurz davor findet im Alpenraum ein ähnlicher Entwicklungsprozess statt. Auf Grundlage der ersten Alpenkonferenz 1989 in Berchtesgaden wird in der Folge die Alpenkonvention zwischen den Alpenstaaten (A, CH, D, F, FL, I, SLO, später auch MC) erarbeitet und im Zuge der zweiten Alpenkonferenz in Salzburg verabschiedet. Sie dient dem Schutz und einer dauerhaft umweltgerechten Entwicklung im Rahmen einer Vernetzung von Wirtschaft, Kultur und Umwelt und stellt damit weltweit ein Novum dar. Bis heute wurden in neun Ausführungsprotokollen (Berglandwirtschaft, Bergwald, Bodenschutz, Energie, Tourismus, Verkehr, Streitbeilegung) Umweltqualitäts- und Umwelthandlungsziele, Handlungs- und Entwicklungsmöglichkeiten, aber auch Umsetzungsmaßnahmen festgelegt. Tab. 1 stellt Biodiversitäts- und Alpenkonvention gegenüber.

Wie kam es nun dazu, dass sich zum einen die Staaten der Erde im Rahmen einer gemeinsamen Konferenz mit dem Thema der nachhaltigen Entwicklung allgemein beschäftigten und parallel dazu sehr spezifische, auf die konkreten Problemstellungen einer bestimmten Region zugeschnittene Vereinbarungen entstanden?

4 Geschichtliche Entwicklung

In der Geschichte der Menschheit sind zwei Einschnitte zu beobachten, welche die landschaftliche Nutzung tiefgreifend veränderten: einerseits der über einen langen Zeitraum ablaufende Wandel vom Jäger und Sammler zum sesshaften Bauern, andererseits der Übergang dieser Agrar- zur Industriegesellschaft, der allerdings in wenigen Jahrzehnten abgeschlossen war.

Werner D'OLEIRE-OLTMANNS und Jochen GRAB

Kriterium	Alpenkonvention	Biodiversitätskonvention
fertiggestellt	2. Alpenkonferenz 1991 in Salzburg	Konferenz der Vereinten Nationen für Umwelt und Entwicklung 1992 in Rio de Janeiro
in Deutschland in Kraft	Rahmenkonvention seit 06.03.1995, alle Protokolle seit 19.12.2002	seit 21.12.1993
in Österreich in Kraft	Rahmenkonvention seit 06.03.1995, alle Protokolle seit 19.12.2002	seit 18.08.1994
in der Schweiz in Kraft	Rahmenkonvention seit 28.04.1999	seit 21.11.1994
Anzahl der teilnehmenden Staaten	8 plus EU	187 plus EU
rechtlicher Status	Gesetzescharakter, durch das Ratifizierungsgesetz in deutsches Recht überführt	Gesetzescharakter, durch das Ratifizierungsgesetz in deutsches Recht überführt
Gültigkeit	alpenweit	weltweit
Spezielle finanzielle Fördertöpfe für die Umsetzung	nicht vorhanden	*Global Environmental Facility* (Bank): Industriestaaten zahlen hier Geld ein (für drei Jahre ca. drei Milliarden US-$), Entwicklungsländer dürfen dieses Geld für Projekte verwenden.
Überprüfung der Umsetzung durch die Mitgliedsstaaten	nur „interne" Überprüfung, keine Strafmaßnahmen bei Nichteinhaltung	nur „interne" Überprüfung, keine Strafmaßnahmen bei Nichteinhaltung
ständiges Sekretariat	Sitz in Innsbruck (politisch-administrative Aufgabenbereiche) mit Außenstelle in Bozen (technisch-operative Aufgabenbereiche)	Sitz in Montréal

Tab. 1: Biodiversitäts- und Alpenkonvention

Die fundamentalste Veränderung im 19. Jahrhundert war die rasant ansteigende Produktivität der menschlichen Arbeitskraft, in deren Folge sich die Wirtschaft auf gut erreichbare Industriestandorte konzentrieren konnte. Der Mensch war ab diesem Zeitpunkt sehr viel unabhängiger gegenüber den naturräumlichen Gegebenheiten seiner Umwelt als zuvor, wo sein Handeln und Wirtschaften insbesondere von der Abfolge der Jahreszeiten vorgegeben wurde. In dieser Entwicklung ist darüber hinaus auch eine emotionale Loslösung vom Wissen um natürliche Abläufe zu beobachten – die Natur wird aufgrund des immer stärker in den Vordergrund tretenden Gefühls technischer Überlegenheit mehr als Mittel zum Zweck der Produktivitätssteigerung (aus-)genutzt. Der „Partner" Natur, mit dem man sich zuvor arrangieren musste, wird zum ausbeutbaren Material degradiert.

5 Auswirkungen auf die Nutzungsstruktur

Die Auswirkungen auf die Nutzung der Landschaft sind enorm: Während günstig gelegene Gebiete sehr stark genutzt werden, zieht sich der Mensch aus weniger gut erreichbaren Flächen zurück. Oder anders ausgedrückt: Die bisher flächenhaft vorhandene Wirtschaftsstruktur konzentriert sich nun – insbesondere im Alpenraum – auf tief liegende Talbereiche mit guter Erreichbarkeit. Im Gegensatz zum Agrarstaat kann man es sich nun erstmals leisten, Grund und Boden brach liegen zu lassen.

6 Auswirkungen auf die biologische Vielfalt

Durch den Rückgang der traditionellen bäuerlichen Wirtschafts- und Kulturlandschaft mit ihrer in Nutzungsart und -dauer sowie der räumlichen Verteilung der bearbeiteten Flächen äußerst vielfältigen und kleinstrukturierten Ausprägung geht auch die damit einhergehende, vom Menschen geschaffene Biodiversität sehr stark zurück. Während sich in der Zeit der Verbuschung die Artenzahl drastisch reduziert, steigt sie im Laufe der Wiederbewaldung zwar wieder an, bleibt jedoch hinter der anthropogen geschaffenen Biodiversität zurück.

Auch im umgekehrten Fall ist ein Absinken der Artenvielfalt zu beobachten, da der Mensch durch die Anlage leicht bearbeitbarer Flächen gezielt nur wenige Arten (Nutzpflanzen) fördert und damit die Landschaft monoton gestaltet.

Neben dem beschriebenen Rückgang der Lebensraum- und Artenvielfalt gehen im Zuge der Rationalisierung auch viele regional und lokal verbreiteten Nutztierrassen und Pflanzen sowie deren spezifische Eigenschaften verloren, die den besonderen Nutzungsstrukturen der Alpenregionen am besten angepasst waren. Auch diese können den wachsenden Ansprüchen einer auf Gewinnmaximierung ausgerichteten Gesellschaft nicht mehr standhalten, womit auch eine genetische Verarmung einhergeht.

Am Beispiel der Nutztierrassen wird auch sehr gut veranschaulicht, wie stark alle drei Bereiche der biologischen Vielfalt miteinander verzahnt sind:

Weniger ursprüngliche Nutztierrassen
▼
Geringere Lebensraumvielfalt der Landschaft
▼
Verminderte Artenvielfalt (innerhalb der einzelnen Nutztierrasse, aber auch im gesamten Ökosystem)
▼
Verschwinden der genetischen Vielfalt

7 Biodiversitätskonvention und Alpenkonvention als Antwort auf ein geändertes Nutzungsmuster

Die biologische Vielfalt der Erde gehört zu den Grundvoraussetzungen menschlichen Lebens. Aus der Natur erhalten wir gesunde Nahrungsmittel und sauberes Trinkwasser, Pflanzen, die zu Heilzwecken genutzt werden, technische Lösungen nach dem Vorbild der Natur (Bionik), Rohstoffe und die Bereitstellung von Erholungsräumen, die eine zunehmend wichtigere Rolle spielen. Die Sorge um die dauerhafte Sicherung dieser für uns so wichtigen Funktionen und die Erkenntnis, dass sich die Sensibilität des Menschen gegenüber der Natur seit dem Einzug der Industrialisierung drastisch verringert hat, war der Ausgangspunkt für die Formulierung der Biodiversitätskonvention.

Die Alpenkonvention verinnerlicht in ihrer Rahmenkonvention bereits ein Jahr zuvor „die Kenntnis der Tatsache, dass die ständig wachsende Beanspruchung durch den Menschen den Alpenraum und seine ökologischen Funktionen in zunehmendem Masse gefährdet." Im Hinblick auf die langfristige Sicherung der Biodiversität weist sie bereits in der Präambel auf die „spezifische und vielfältige Natur, Kultur und Geschichte" der Alpen hin, die ein „unverzichtbarer Rückzugs- und Lebensraum vieler gefährdeter Pflanzen- und Tierarten sind." Die in den folgenden Jahren erarbeiteten Protokolle der Alpenkonvention zur Konkretisierung der in der Rahmenkonvention festgelegten Ziele definieren die Wahrung der biologischen Vielfalt im Zusammenhang des jeweiligen Protokollthemas[2]. Die Alpenkonvention integriert damit die Biodiversitätskonvention in den für die Alpen relevanten Handlungsfeldern und richtet diese somit an den naturräumlichen und ökologischen Besonderheiten, den Erschwernissen in der Bewirtschaftung und anderen spezifischen Anforderungen des Alpenraums aus. Die Tatsache, dass in den Alpen die Auswirkungen unangepassten menschlichen Handelns häufig sehr viel schneller zu Tage treten als im Flachland, macht deutlich, wie wichtig ein verbindliches staatenübergreifendes Vertragswerk ist, das diese Besonderheiten berücksichtigt und damit wieder ein Bewusstsein für natürliche Abläufe schafft, das durch die veränderten Nutzungsstrukturen verloren gegangen ist. Das zukünftige Ziel der Öffentlichkeitsarbeit muss es daher sein, herauszustellen, dass die Alpenkonvention gerade aufgrund dieser speziellen Anforderungen von den Alpenanrainerstaaten ausgearbeitet wurde und diese nur mit der Einsicht zur Notwendigkeit einer grenzüberschreitenden Zusammenarbeit bewältigt werden können. Vorrangiges Ziel ist es damit, die Wahrnehmung der Alpen als europäische Region von der nationalen Ebene auf die regionale Ebene herunter zu brechen. Dies eröffnet der alpinen Bevölkerung die Chance eines neuen Selbstbewusstseins, das aus der Erkenntnis resultiert, einen einzigartigen Natur- und Kulturraum, Lebens- und Wirtschaftsraum, aber auch ein äußerst sensibles Ökosystem zu bewohnen und vor allem *selbst* dafür Verantwortung zu tragen. Die Manifestierung dieses „alpinen Geistes" („alpine awareness") über den gesamten Alpenbogen bildet zusammen mit der Alpenkonvention als Planungsgrundlage die Basis für eine selbstbewusste Gestaltung des Alpenraums. Darüber hinaus ist dieser Prozess für von außen eingebrachte neue Erkenntnisse jederzeit offen. In dieser Bewusstseinsbildung liegt auch die beste langfristig angelegte Perspektive für die Regionen der Alpen.

Die Regionen der Alpen sind nun aufgefordert, diese Perspektive aufzugreifen. Es gilt deshalb, die Protokolle der Alpenkonvention zu einer Entwicklungsstrategie für die jeweilige Region zu konkretisieren und auszuformulieren. Dies ergibt sich aus dem für den Raum ermittelten Handlungsbedarf und stellt damit das Handlungsprogramm zur Umsetzung der regionalen Schwerpunktthemen dar.

Die Alpenkonvention eröffnet den Regionen letztendlich die Chance, grenzüberschreitend die Leitlinien einer nachhaltigen Entwicklung des Alpenraums an die jeweiligen lokalen Bedürfnisse anzupassen und dauerhaft im Bewusstsein des alpinen Verbunds umzusetzen.

8 Das Prinzip der kooperativen Regionalentwicklung

Vor dem Hintergrund des Dreiklangs aus Ökonomie, Ökologie und sozialen Anforderungen bestehen für die Umsetzung der zukünftig angestrebten Entwicklung grundsätzlich zwei Möglichkeiten:

- Der „Top-Down-Ansatz", d. h. auf übergeordneter Ebene formulierte Zielvorstellungen werden auf eine regionale Planungsebene übertragen und dort konkretisiert.
- Der „Bottom-Up-Ansatz", d. h. die Umsetzung von Zielen erfolgt an der Basis durch die Betroffenen selbst („Projekte statt Pläne").

Während der „Top-Down-Ansatz" von den Beteiligten auf regionaler und lokaler Ebene häufig als „von oben übergestülpt" empfunden und daher nicht immer rückhaltlos mitgetragen wird, fehlt dem „Bottom-Up-Ansatz" meist die Durchsetzungsfähigkeit, da die Verbindung zur ausführenden Behörde fehlt.

Erst die Kombination aus beiden Vorgehensweisen führt zu einem Handlungsmosaik, in das die vor Ort aktiven regionalen Akteure ihre Projekte und Ideen einbringen können, die durch das Mitwirken der Behörden, die durch ihre Planwerke die dafür nötigen Rahmenbedingungen schaffen, zur Umsetzungsreife gelangen.

Die Erarbeitung eines gemeinsamen Leitbilds als wünschenswerten, zukünftigen Sollzustand verstärkt das Zusammenarbeiten der beiden Ansätze weiter, da sich im Idealfall beide darin wiederfinden. Über Indikatoren lässt sich die Entwicklung des Prozesses kritisch hinterfragen und gegebenenfalls korrigieren.

Ein wichtiges Element des unten angeführten Schaubilds ist das regionale Netzwerk, das sich aus Mitgliedern des „Bottom-Up-Prozesses" rekrutiert. Die Vorteile für die regionalen Akteure liegen dabei auf der Hand:

- Das Netzwerk dient als Plattform eines Erfahrungs-, Wissens- und Informationsaustauschs zwischen den aktiven Gruppen.
- Es bietet in diesem Rahmen die Möglichkeit des Abstimmens von Projekten, wodurch unproduktive Doppelarbeiten vermieden werden.
- Die Eigenständigkeit der Gruppen bleibt dabei in vollem Umfang erhalten, d. h. alle arbeiten weiterhin in ihrem gewohnten Umfeld mit ihrem gewohnten Team.
- Der gemeinsame Auftritt der im Bereich nachhaltiger Entwicklung engagierten Organisationen durch das Netzwerk verleiht den einzelnen Gruppen mehr Gewicht bei der Durchsetzung ihrer Interessen.

Darüber hinaus wirkt dieses Netzwerk als kreative Schaltstelle im gesamten Prozess, da es sich im ständigen Austausch mit den Planungsbehörden befindet und damit koordinierend auf das Handlungsmosaik der beiden Ansätze einwirken kann.

Als letzter, aber unverzichtbarer Bestandteil eines regionalen Entwicklungsprozesses im Sinne der oben genannten Konventionen wird nun die Rolle des Regionalmanagements erläutert. Die Aufgaben liegen dabei u. a. im Ausarbeiten von Projektvorschlägen und -anträgen, in der Akquisition von Fördermitteln, der Organisation und Umsetzung von Vorhaben und ist ganz allgemein mit der professionellen Betreuung des Prozesses betraut. Dabei darf sich das

Prozessmanagement nicht auf die Verwaltung der Aktivitäten beschränken, sondern soll die Entwicklung aktiv vorantreiben. „Gestalten statt verwalten" muss ein Leitsatz der regionalen Entwicklungsagentur werden.

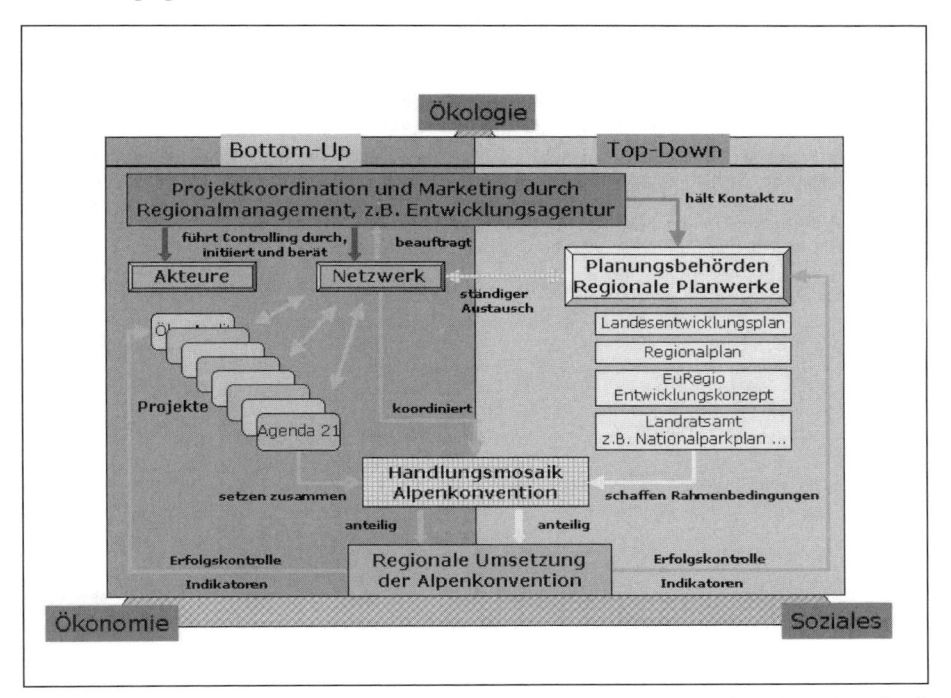

Abb. 1: Prozessschema für die regionale Umsetzung der Alpenkonvention am Beispiel Berchtesgadener Land. (Quelle: Zukunft Biosphäre GmbH)

9 Ausblick

Aufgrund der veränderten und sich auch in Zukunft weiter verändernden Lebens- und Nutzungsstrukturen in Gebirgsräumen sind integrative Ansätze erstrebenswert, in denen Wirtschaft, Gesellschaft und Umwelt gleichermaßen Berücksichtigung finden. Die Biodiversitätskonvention verfolgt dieses Ziel im Rahmen einer weltweiten Anwendung, da unangepasste Nutzungsweisen nicht nur in den Industrieländern unwiederbringliche Verluste der biologischen Vielfalt mit sich bringen, sondern die Entwicklungsländer darüber hinaus auch in ihren Zukunftschancen stark beeinträchtigen. Es ist also an der Zeit, dass sich insbesondere die besser situierten Industrienationen dieser herausragenden Verantwortung bewusst werden.

Die Alpenkonvention konkretisiert die Biodiversitätskonvention bezüglich der speziellen naturräumlichen Gegebenheiten der Alpen. Sie hebt sie dadurch als eigene Region aus Europa hervor und animiert die Mitgliederstaaten, gemeinsam und grenzüberschreitend das Leitbild der nachhaltigen Entwicklung zu verwirklichen. Dass dieses Prinzip einen zukunftsweisenden Weg beschreitet, zeigen die Anstrengungen der Karpatenstaaten für eine ähnliche Konvention in diesem Gebirgsraum.

Das Motto der Agenda 21 „Global denken – lokal handeln" beschreibt am besten die notwendigen Schritte der Menschheit im 21. Jahrhundert.

---

[1] Der Einfluss des Menschen auf die Häufigkeit dieser Ereignisse (z. B. durch eine anthropogen verursachte oder beschleunigte Klimaveränderung) soll hier nicht behandelt werden.

[2] So legt das Protokoll „Naturschutz und Landschaftspflege" Richtlinien zum Verhalten der Mitgliedsstaaten im Bereich ökologischer Vielfalt, Natur- und Landschaftsvielfalt, Arten- und Biotopschutz und zur Wiederansiedelung einheimischer Arten fest. Das Protokoll „Berglandwirtschaft" fordert Maßnahmen zur Erhaltung der genetischen Vielfalt der Nutztierrassen und Kultursorten und im Protokoll „Raumplanung und Nachhaltige Entwicklung" wird die biologische Vielfalt besonders hervorgestellt.

Michael **RICHTER** (Erlangen)

Störungen und Phytodiversität – ein zonaler Vergleich

Nur zaghaft wechselt das deutsche Blickfeld der Pflanzengeographie von einer vornehmlich raum-orientierten Perspektive hin zu prozess-orientierten Fragestellungen. Statische Sichtweisen, wie sie z. B. durch Karten zur Vegetationsdifferenzierung vorgestellt werden, vermitteln aber kaum die stetigen ökosystemaren Veränderungen, die sich im Laufe der Zeit in Lebensgemeinschaften ergeben. Wiederholte Bestandsaufnahmen natürlicher oder naturnaher Standorte bringen zumeist überraschende Strukturveränderungen zutage, die wenig offensichtlich und deren Ursachen im Nachhinein nur schwer nachvollziehbar sind. Ein Beispiel dafür liefert eine Kontrolle kartographisch und tabellarisch erfasster Pflanzengesellschaften, die vor fast 30 Jahren auf einer knapp einen Hektar großen Fläche in einem vermeintlich stabilen Ökotopkomplex in der alpinen Stufe im oberen Verzascatal im Tessin aufgenommen wurde (RICHTER 1979, dort Abb. 36 mit Beilage 9). Bei einer Überprüfung im Juli 2003 zeigte sich, dass die Zahlen der Gefäßpflanzen in allen sechs der wiederholten Aufnahmen zum Teil beträchtlich zugenommen und sich die Deckungswerte steter Arten teilweise deutlich verändert haben. Ähnlichkeitsanalysen für den Vergleich der beiden Aufnahmezeiten erbrachten in diesem konkreten Fall erhebliche Unterschiede von 20 bis 82%. – Es stellt sich nun die Frage nach den Veränderungsursachen:

- Sind sie ein Resultat der Klimaerwärmung, die sich im Tessin klar abzeichnet (vgl. z. B. WALTER 2000) und die in alpinen bis subnivalen Höhenstufen zu vertikalen Artenwanderungen führt (GRABHERR / GOTTFRIED / PAULI 1994)?
- Spielt die Rückführung der periodischen Beweidung des Gebiets von einer gemischten Sömmerung mit Ziegen und Milchkühen auf letztere eine Rolle?
- Sind Extremereignisse wie Dürren oder verspätete Ausaperung infolge außergewöhnlicher Schneedecken entscheidend?
- Oder kommen kleinere ökosystemspezifische Eingriffe wie Plagen an einem dominanten Pflanzenwirt oder Wühler in einem nahrungsreichen Wiesenstandort in Frage?

Sicherlich handelt es sich aber um das Resultat dynamischer Vorgänge, die stabile Endstadien in ökosystemaren Entwicklungen *ad absurdum* führen. Vielmehr sollten zyklische „Störfälle" bei Pflanzengeographen, Geoökologen und Geobotanikern eine Wiederbelebung der Heraklit'schen Ansicht fördern, dass nichts bleibt, wie es ist bzw. „alles fließt" (*panta rhei*). Da diese „Fließvorgänge" in verschiedenen Ökosystemen und Ökozonen vom Typus und Ausmaß variieren, ist von steigernden oder dezimierenden Wirkungen auf die Artenvielfalt und Ökotopkomplexität auszugehen.

1 Regenerationsprozesse

Unter den sogenannten „patch dynamics" spielen vier verschiedene Regenerationstypen bei den pflanzendynamischen Prozessen eine bedeutende Rolle (Abb. 1). Nur die „Autogenese", die der „Klimax-Theorie der Selbsterhaltung" entspricht, verläuft ungestört. Demgegenüber sind die anderen drei Regenerationstypen an Störfälle unterschiedlicher Ursprünge, Dimensionen und Frequenzen gekoppelt (Abb. 2). Hierbei zählen Vulkaneruptionen, Hurrikane oder Bergstürze zweifelsfrei zu verwüstenden Prozessen exogener Natur. Daneben kann ein Ökosystem durch Regenerationszyklen gesteuert werden, die sich als endogen oder „internal processes of change" (PICKETT / WHITE 1985), teilweise auch als „störungsähnliche Vorgänge" (REMMERT 1985) bezeichnen lassen. Remmert versteht den sogenannten „Mosaik-Zyklus" mit seinen oftmals unauffälligen Wirkungen als Teil eines übergreifenden Modells, das mosaikartige Veränderungen durch retrogressive und sukzessive Stadien eines veränderlichen Ökosystems beschreibt. In solchen Fällen ist die „Klimax" als ein reifes Sukzessionsstadium innerhalb einer „Klimax-Theorie fortlaufender Zyklen" zu verstehen.

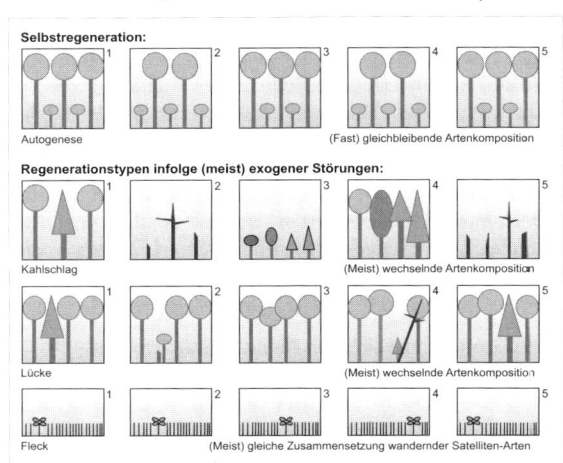

Abb. 1: Etappen verschiedener Regenerationstypen im Verlauf von fünf Entwicklungsstadien

HARPER (1977) verweist darauf, dass Störfälle Ökosysteme mit hoher Wahrscheinlichkeit innerhalb weniger Pflanzengenerationen treffen. Bei Wiesen kann dies mit kleinen Ereignissen in kurzen Zyklen, bei Wäldern hingegen mit großen Ereignissen in längeren Abständen erfolgen. Bei dieser Dimensionsbetrachtung schafft die kleinste Störung eine „Flecken-Dynamik", die zyklische Eingriffe mit angepassten Schlüssel-Organismen einbezieht. So können in Steppen oder Grastundren Erdhaufen durch Wühler zerstreute Satellitenarten inmitten der massenhaft auftretenden Kernarten im ungestörten Terrain fördern. Dagegen lässt sich ein kleinräumiges System eines zyklischen Mosaiks an Kern- und Satellitenarten ohne exogenen Störeinfluss als „Karussell" bezeichnen (MAAREL / SYKES 1993). Es beschreibt eine „Bäumchen wechsel dich"-Wanderung nahezu aller Arten, die eine hohe Wahrscheinlichkeit der Wiederbesiedlung durch jede beteiligte Art für jeden Mikrostandort beinhaltet. Solche Fälle unterschiedlicher Deckungen und Verteilungen an Schlüsselarten können durch jährliche Klimaschwankungen oder variablen Konsum durch Pflanzenfresser ausgelöst sein. Kleine kryoturbative Verletzungen in alpinen Rasen lassen sich ebenfalls störungsähnlichen Vorgängen zuordnen (BÖHMER 1999).

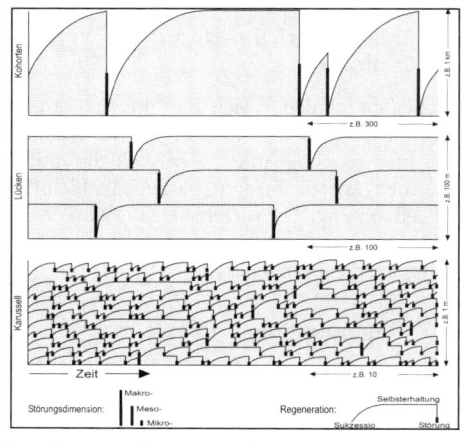

Abb. 2: Raumzeitliche Dimensionen von Störungen und Regenerationsprozessen

Zur mittleren Störungsdimension zählt das Lückenschlagen von Bäumen, das den exogenen Kräften zugeschrieben wird. Die „gap dynamics" stehen als bekanntestes Störphänomen seit langem im Blickfeld angelsächsischer Ökologen, werden allerdings stellenweise undifferenziert für kleinste bis größte Störfälle jeder Art verwendet. In Laubwäldern füllen normalerweise benachbarte Bäume infolge der Konkurrenz um den neu entstandenen Freiraum durch Kronenbrüche entstandene Lücken innerhalb weniger Monate auf. Derartige Fälle einer begrenzten Öffnung schaffen keine scharfen Wechsel im Mikroklima und bieten Licht liebenden, d. h. zusätzlichen Taxa kaum Raum. Lücken müssen demnach eine Mindestgröße in Relation zum saisonalen und zonalen Sonnenstand sowie zur Bestandshöhe aufweisen, um zum Artenanstieg zu führen. Der Einfluss auf die Artenvielfalt steigt, wenn ein entwurzelter Übersteher Schläge reißt bzw. ein Sturz anderer Bäume in einem Domino-Effekt größere Lichtungen schafft („trees kill trees-effect", MEER / BONGERS 1998). So gesehen sind tropische Regenwälder aufgrund ihrer vielfältigen Kronenstruktur verwundbarer als andere Baumbestände. Noch einschneidendere Folgen haben seltene Extremstörungen, wenn in an und für sich „sicheren" Regionen außerordentliche Stürme, hohe Schneeauflagen oder Eisfälle zu ungewöhnlichen Schäden führen („surprises" im Sinne von RICHTER 1992).

Zu den weitflächigen Verwüstungen zählen z. B. Großbrände in borealen und mediterranen Wäldern oder in Steppen bzw. Savannen ebenso wie Schneisen von Wirbelsturm-Zugbahnen in tropischen bis subtropischen Regenwäldern oder Umlagerungen durch Flächenspülungen in Wüsten (Abb. 3).

Abb. 3: Bedeutung von Störungsmerkmalen in verschiedenen Ökozonen

endogen / exogen	Störungstyp	Ökozonen: 1. Polare und subpolare Zone	2. Boreale Zone	3. Feuchttemperierte Zone	4. Trockentemperierte Zone (4.1 Grassteppen / 4.2 Wüsten / Halbwüsten)	5. Subtropische / tropische Trockenzone (5.1 Wüsten / Halbwüsten / 5.2 Dornsteppen / Dornsavannen)	6. Mediterrane Subtropen	7. Monsunale Subtropen	8. Wechselfeuchte Tropen	9. Immerfeuchte Tropen	10. Hochgebirgsstufe (oberhalb der Waldgrenze): a) außertropisch	b) altodesertisch	c) altotropisch
en	Solifluktion	●	◔	○	○ ○	○	○	○	○	○	◕	◑	◕
en	Eis- / Schneebruch	○	◑	◔	○	○	◔	○	○	○	◔	○	○
en	Wühler	◔	◔	◔	● ◑	◑ ◔	○	◔	◔	◔	◕	◕	◑
en	Bodenauslaugung	○	◔	◑	○	○ ◔	◔	○	◑	◔	○	○	○
en	Wildschäden	◔	◔	◑	○	○	◔	◔	◕	◔	◑	◔	◔
en	Phytophage	◔	◑	◑	◔	◔	◑	◔	◕	◔	◔	◔	○
(en)	Spüldenudation inkl. splash	◑	○	◔	◔ ◕	● ◕	◑	◑	◑	◑	◕	◕	◔
(en)	Versalzung	○	○	○	◕ ●	● ◑	◔	○	○	○	○	◔	○
(ex)	Feuer	◔	●	○	◑ ○	◔ ◑	●	○	●	○	◔	○	◕
ex	Dürre	○	◔	◔	◑ ○[2]	○[2] ○	◑	○	◕	○	◔	○[2]	◔
ex	Überflutung	○[2]	◔[2]	◔[2]	◑[3]	◑[3]	◔	◔[2]	◔[2]	◔[2]	○	○	○
ex	Fröste		◔[2]	◔[2]	○[2]	◑ ○	◑	○	○	○	◔[2]	○[2]	○[2]
ex	Orkane / Hurrikane	○	◔	◑[1]	○ ◔	◔ ◔	○	◑[1]	◔	◔[1]	◔	○	○
ex	rasche Massenbewegung	○	○	○	○	○	◔	○	○	○	●	◔	◑

1 = stellenweise verheerend : z.B. Hurrikane in der Karibik, Orkane in Westpatagonien
2 = häufig, aber (meist) wirkungslos 3 = selten, aber wirkungsvoll
Störeffekte fehlend, nie: ○ schwach, selten: ◔ mäßig, gelegentlich: ◑ deutlich, häufig: ◕ stark, oft: ●

	1.	2.	3.	4.	5.	6.	7.	8.	9.	10. a)	10. b)	10. c)
Kahlschlag-Anteil an Repro.	◔	◑	◔[1]	◔ ◔	◔ ◑	◕	○[1]	◕	○[1]	◔	◔	◔
Lücken-Anteil an Repro.	○	○	◔	○ ○	○ ○	○	◔	○	◔	○	○	○
Flecken-Anteil an Repro.	◑	○	○	◑ ○	○ ○	○	○	○	○	◔	◔	◔
Selbstreproduktionsanteil	◔	◑	◑	◔ ◕	◕ ◑	◔	◕	◔	◕	◑	◑	◑

In solchen Fällen können exogene Prozesse als „inhärente Störungen" den Fortbestand eines Systems sichern (BÖHMER / RICHTER 1997), bilden also einen Bestandteil („destructive system" KIMMINS 1987). Demgegenüber reagieren Kohortenalterung und -sterben als endogene Prozesse z. B. auf Nährstoff- und Produktivitätsverlust infolge von Bodenauslaugung. Die damit verknüpfte „chronosequential biomass hypothesis" (MUELLER-DOMBOIS / KITAMAYA 1996) betrifft vor allem monodominante Baumbestände fortgeschrittener Altersstruktur. Hierfür liefert Super-Niño 1982/83 ein beeindruckendes Beispiel, dessen Niederschläge auf den Galapagos-Inseln zum

Massensterben monotypischer *Scalesia pedunculata*-Bestände führte (ITOW / MUELLER-DOMBOIS 1988). In Trockengebieten verursachen extreme Regenfälle infolge von ENSO-Ereignissen hingegen progressive Zyklen. So sorgte Super-Niño 1997/98 in der Sechura-Wüste in Nordperu für dichte, kurzlebige Staudenrasen-Fluren sowie mittelfristig für eine zunehmende Verbuschung. Während aber auf leicht erhöhtem Gelände die Vegetation boomte, ertränkten Überflutungen die benachbarten tiefer liegenden Ökosysteme. Selbst die Boom-Fälle führten nicht zwangsläufig zu einer anhaltenden Progression, da nach zwischenzeitlich akkumuliertem Strohanfall stellenweise vernichtende Feuer ausbrachen (BLOCK / RICHTER 2000).

2   Diversitätsmuster und Störungseinflüsse

Das Ausmaß der Biodiversität eines Standorts ist im hohen Maße abhängig von der Zugehörigkeit zu einer Ökozone (Abb. 4), von der jeweiligen Formationsstruktur und von der topographischen Komplexität. Im folgenden werden „typische", d. h. vorherrschende Bestände eines Tiefland-Ökosystems bzw. Ökotop-Komplexes in drei ausgewählten Ökozonen vergleichend betrachtet (Abb. 5, 6 und 7). Den Phytodiversitätsmustern liegen Modelle zugrunde, welche die Artenzahlen sowie die Verteilung von Ökotopen idealtypisch auf gleich großen Testflächen mit vergleichbaren Topographien ähnlicher Ausstattung zueinander in Bezug setzen (weitere Informationen bei RICHTER 2001).

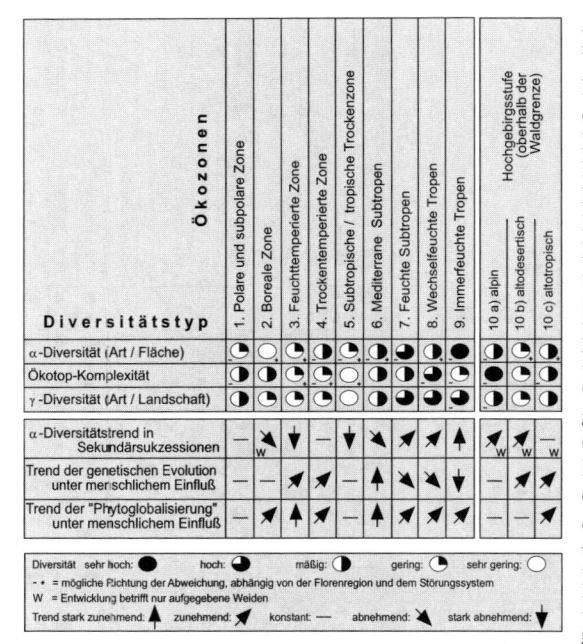

Abb. 4: Beurteilung von Phytodiversitätsmerkmalen in verschiedenen Ökozonen

Natürlich ergeben sich bei der modellhaften Darstellung der beiden Diversitätstypen Probleme aus den Fort- und Rückschritten in der Evolutionsgeschichte der verschiedenen Florenregionen (WHITTAKER 1975). Dies verdeutlicht die Karte des Artenreichtums von BARTHLOTT et al. (1999), die innerhalb jeder Zone erhebliche regionale Unterschiede belegt. Ebenso stimmt diese Karte in der Konfiguration der Abgrenzungen nur stellenweise mit einer solchen der Anzahl der Gefäßpflanzen-Familien von WOODWARD / ROCHEFORT (1991) überein. Es kommt dabei zum Ausdruck, dass die Diversität auf taxonomisch höherer Ebene Beziehungen zur langzeitigen Evolutionsgeschichte belegt. Dagegen gehen die Differenzen der Vielfalt auf Artenebene eher auf die orographische, edaphische und klimatische Homogenität bzw. Heterogenität der Regionen zurück. In der zonalen Übersicht (Abb. 4) bleibt dieses Problem nicht ganz unberücksichtigt, da mögliche Abweichungen vermerkt sind.

Michael RICHTER

Unterschiede bei den Diversitätsmerkmalen hängen auch vom Sukzessionsverhalten innerhalb der Vegetationszonen ab (Abb. 5). So verursachen im Mittelmeergebiet Grund- und Kronenfeuer Sukzessionsstadien mit Abfolgen von artenreichen Annuellenfluren über Macchien und Kiefernwäldern bis hin zu Hartlaub-Eichenwäldern mit einer vergleichsweise geringen Artenvielfalt (RICHTER / BLOCK 2000). Somit ist ein resultierendes enges Muster verschiedener Sukzessionsstadien für eine erhöhte Ökotop-Komplexität mit erheblichen Abweichungen der Artenzahlen in den verschiedenen Ökotopen verantwortlich. Ebenso sei erwähnt, dass Jahrtausende während menschlicher Einfluss durch Kahlschlag und Landnutzung die Artenneubildung vieler Annueller im Mittelmeergebiet enorm gefördert hat (Abb. 6; PIGNATTI / PIGNATTI 1984). Offene Bestände aus Zwergsträuchern über Karst können dabei wie in der griechischen Phrygana mit über 100 Arten auf 150 m^2 innerhalb Europas höchste alpha-Diversitäten aufweisen (BERGMEIER 1994). Dieser historische Faktor eines genetischen „pool" an Unkräutern fehlt den äquivalenten Zonen Südafrikas, Südwest-Australiens, Zentralchiles und Kaliforniens weitgehend, wo stattdessen Effekte einer aggressiven Migration durch vornehmlich europäische Neophyten Trends einer adaptiven Radiation abschwächen.

Abb. 5: Veränderung der Artenvielfalt pro Fläche während Sekundärsukzessionen in Waldökosystemen in der borealen und mediterranen Zone sowie in den Feuchttropen

Jedoch bedingen Feuer-Ökosysteme nicht zwangsläufig erhöhten Artenreichtum. Boreale Ökosysteme weisen oft weniger Gefäßpflanzenarten als z. B. viele Tundra-Ökosysteme auf, obwohl Brandstellen rasch von Weidenröschen-, Birken- und Weiden-Gemeinschaften sowie stellenweise sogar durch aquatische Formationen besetzt werden. Die erhöhte Ökotop-Komplexität und gamma-Diversität ist hier aber mitnichten an erhöhte Artenzahlen innerhalb der einzelnen Sukzessionsstadien gekoppelt (Abb. 6), sieht man von den zahlreichen Flechten und Moosen ab. Weitaus geringer ist dagegen die Ökotop-Komplexität in tropischen Tieflandregenwäldern. Das Beispiel vom Rio Solimões zeigt in Abb. 7 eine vergleichsweise vielfältige Situation, die an amazonischen Flussufern typisch ist und weniger durch Störungen als von rhythmischen Überschwemmungen bestimmt wird. Mit wachsender Entfernung vom Ufer nehmen aber die Waldtypen der sogenannten „terra firme" an Uniformität zu. Jedoch wird die relativ geringe Ökotop-Komplexität von hohen Artenzahlen pro Fläche begleitet. Sie kommen hier meistens durch sehr viele Baumarten zustande (z. B. GENTRY 1988), wobei der bisherige Höchstwert bei 473 Baumarten pro Hektar liegt (> 10 cm dbh bei Tarapoa, Ecuador, nach VALENCIA / BALSLEV / PAZ Y MIÑO 1994). In der Paläotropis tragen Lianen zur Vielfalt bei, während in der Neotropis Epiphyten eine viel größere Rolle spielen (WOLF 1991).

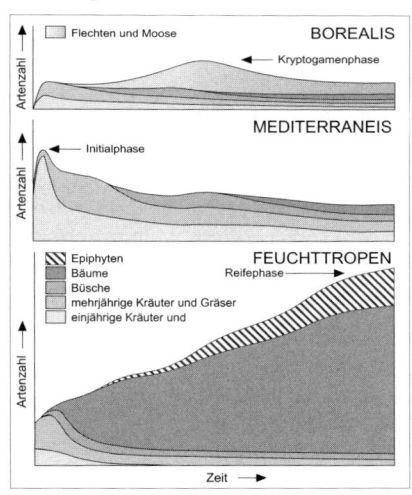

Allerdings sei betont, dass die oftmals erstaunlichen alpha-Diversitäten selten mit vermehrten Störfällen zu tun haben und dass weder das oftmals herausgestellte Lückenschlagen noch eine daraus resultierende Nischenvielfalt von überragender Bedeutung sind. WHITMORE (1989) verdeutlicht am Beispiel Südostasiens, dass sukzessionsbedingte Strukturmosaike auf Regionen wie Papua New Guinea beschränkt sind, wo katastrophale Ereignisse wie Zyklonen, Erdbeben oder episodische Feuer auftreten. Das störungsarme Borneo wird hingegen von fein strukturierten Mosaiken bzw. „non-gaps" geprägt. Auch das Umstürzen hoher Übersteher in tropischen Tiefländern ist ein eher seltenes Phänomen, da die meisten Bäume stehend sterben und die verrottenden Stämme im Laufe der Zeit ohne gravierende Schadensfolgen zerfallen. Dieser Tatbestand veranlasste LIEBERMAN / LIEBERMAN / PERALTA (1993) davon zu sprechen, dass „Wälder eben nicht nur Schweizer Käse sind" und WHITMORE (1990) dazu, Autogenese als wesentlichen Regenerationstyp tropischer Regenwälder zu erachten.

3 Wo und warum haben welche Störungen Einfluss auf welche Diversität?

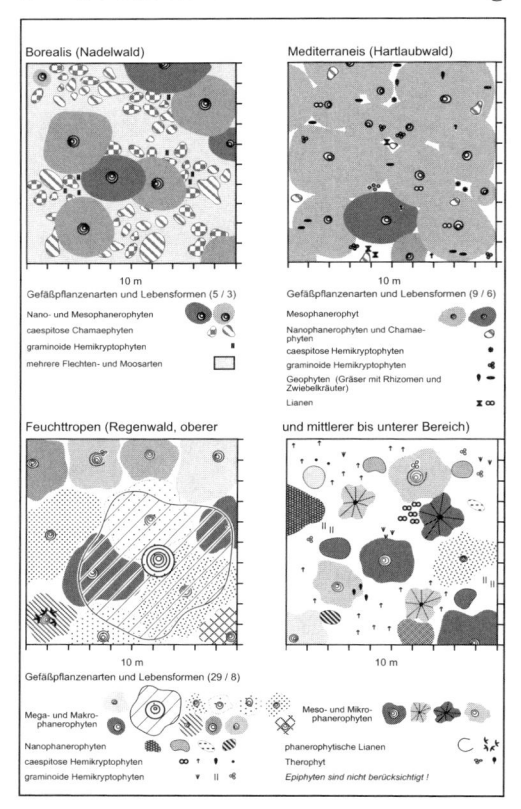

Die drei Beispiele sowie weitere Ableitungen aus Abb. 3 und 4 verdeutlichen, dass Störungsart, -dimension und -frequenz nur in bestimmten Fällen das Ausmaß der Phytodiversität bestimmen. So beschränken sich bei der alpha-Diversität die Einflüsse weitgehend auf offene Grasökosysteme, in denen eine kleiner dimensionierte Flecken- bzw. Karussell-Dynamik für erhöhte Artenzahlen pro Fläche sorgen, während hier größere und seltenere Brände über die sogenannte „patchiness" eine erhöhte Ökotopkomplexität bedingen. Letzteres gilt auch für boreale und mediterrane Waldsysteme, deren alpha-Diversität aber in beiden Fällen eher gering ist. Im letzten Beispiel werden jedoch florenhistorische und bestandstrukturelle Überlagerungen wichtig. So weisen selbst hochwüchsige mediterrane fijnbos-Bestände in der mediterranen Capensis eine große Zahl an Geophyten mit bunt blühenden Monokotylen oder an Thero- und Hemikryptophyten mit Asteraceen auf, und die dortigen Wälder bezeugen in ihrem Baumartenreichtum die Nachbarschaft zu den vielgestaltigen lauralen Waldtypen im Sommerregengebiet des südöstlichen Südafrika.

Abb. 6: Muster der Artenvielfalt in reifen Waldstadien in der borealen, mediterranen und feuchttropischen Zone (Flächen 10 x 10 m und 2 x 2 m)

Michael RICHTER

Nicht immer ist die gamma-Diversität als Vielfaltsmaß auf Landschaftsebene an eine erhöhte Ökotop-Komplexität angebunden. Die in Abb. 7 vorgestellten Teilgebiete weisen im borealen Fall trotz hoher „patchiness" eine vergleichsweise geringe Gesamtartenzahl auf, während im mediterranen Fall beide Vielfaltsparameter miteinander gekoppelt sind. Im tropischen Beispiel widerspricht hingegen die bescheidene Ökotop-Komplexität der enorm hohen gamma-Diversität. Und schließlich belegen jene Regionen sehr unterschiedliche Gesamtartenzahlen, in denen Autogenese bei der Regeneration eine größere Rolle spielt als Störungsimpulse (Teile der nemoralen, lauralen und feuchttropischen Zone).

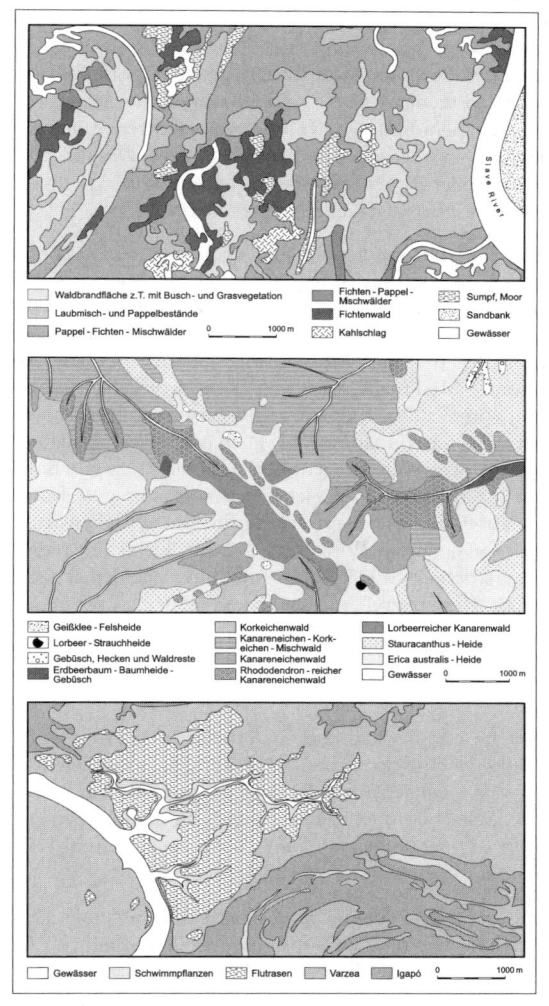

Abb. 7: Muster der Ökotop-Komplexität (jeweils ca. 8 x 4 km) in borealen (Northwest-Territories, nach TRETER 1993), mediterranen (Campo de Gibraltar, nach NEZADAL / DEIL / WELSS 1994) und feuchttropischen Tiefländern (Rio Solimões bei Tefe, abgeleitet aus Satelliten-Bildern, nach HENDERSON 2002)

Demnach müssen weitere Ursachen die ökozonalen Diversitätsunterschiede steuern. Neben dem heutigen Klima mit vor- bzw. nachteiligen Wirkungen auf Pflanzenwuchs und Speziation bietet die nicht ganz unumstrittene „Rapoport-Regel" hilfreiche Aspekte. Sie besagt, dass die meridionalen Verbreitungsareale von Tier- und Pflanzenarten vom Äquator zu den Polen hin an Ausdehnung zunehmen (Erläuterung und Kritik bei ROHDE 1996). Die Regel begründet sich wie folgt:

- Die effektive Evolutionszeit führt unter tropischen Temperaturen zu rascheren Entwicklungen und beinhaltet bei relativ konstanten Temperaturen zugleich längere Entwicklungsabschnitte, die eine primäre Ursache für den tropischen Artenreichtum bilden (ROHDE 1992). FRÄNZLE (1994) erachtet tropische Regenwälder als weit entwickelte Ökosysteme mit höchsteffizientem Entropiefluss, der eine maximale Stabilität in einer homogenen klimatischen und edaphischen Umwelt sichert.

- Arten der niederen Breiten weisen üblicherweise geringere Umwelttoleranzen als solche der hohen auf. Daneben treten in tropischen Gemeinschaften mehr Zufallsereignisse auf („accidentals", d. h. Spezialisten, die sich auf ein spezielles Habitat konzentrieren). Die stete Bildung solcher „Zufälligen" erhöht tropische Artenzahlen künstlich (STEVENS 1989).
- Die saisonale Variabilität zwischen den Breitenkreisen fördert das Rapoport-Phänomen insofern, als äquatoriale Arten weniger an saisonale Temperaturschwankungen angepasst sind als polare, die einem härteren evolutiven Konkurrenzdruck ausgesetzt sind („seasonal variability hypothesis" nach STEVENS 1996). Die phänologische Synchronisierung in den Außertropen beeinträchtigt sowohl die Artendifferenzierung als auch die Regenerationsmöglichkeiten (RUNKLE 1989).

Folglich liefert die Rapoport-Regel eine erste Erklärung für ein zonales Muster, das zwei Extreme der Diversität kennzeichnet, nämlich ein chemostat-artiges System mit monospezifischer Tendenz und eine museumsartige Arche Noah mit unendlich großer Artenzahl (MARGALEF 1994). Dieses Konzept liegt dem wachsenden Artenreichtum von den Polen zum Äquator zugrunde, das nur durch den hygrothermischen Stress in den ariden Übergangszonen unterbrochen wird. Jedoch folgen zonale Merkmale keineswegs kontinuierlichen Gradienten. Hier sorgt vor allem die Verteilung von Wald und Grasland für Abweichungen, wobei letzteres über Flecken-Dynamik und über die mikroklimatische wie auch edaphische Nischen-Heterogenität eine höhere alpha-Diversität aufweist. Demgegenüber verbinden sich geschlossene Kronendecken mit konstanten Selbsterhaltungsprozessen oder weiträumigen Kahlschlageffekten und folglich mit mikroklimatischer sowie edaphisch einförmiger Nischenstruktur, die eine geringere alpha-Diversität bedingt. Dieses Prinzip wird durch Diversitätsmerkmale in anthropogenen Ökosystemen unterstrichen: In jeder Ökozone unterscheidet sich der Grad der alpha-Diversiät in natürlichen Beständen von solchen menschlicher Ökosysteme, und zwar üblicherweise diametral (Abb. 5).

4 Diskussion

Es sei betont, dass von Biologen bevorzugte rein ökologische Erklärungen von Diversitätsmustern, die sich vornehmlich auf aktuelle dynamische Prozesse begründen, durch weitere Betrachtungsebenen ergänzt werden müssen. Zunächst ist der langzeitige und vorübergehende Entwicklungsstand (Evolution bzw. Sukzession) eines Ökosystems zu berücksichtigen. In Bezug auf die betroffenen Pflanzenformationen sind räumliche Ausdehnungen und Wirkungsunterschiede der verschiedenen Störungstypen ebenfalls ausschlaggebend.

Da verschiedene Ursachen zu Störungen verschiedener Dimensionen führen, lassen sich Makro-, Meso- und Mikrostörungen differenzieren. Zwar spiegeln die Zuordnungen in Abb. 3 und 4 nur im Ansatz die Realität wider, dennoch liefern sie einen Baustein zum besseren Verständnis der komplexen Vorgänge, die an Regenerationsprozessen und Diversitätsmustern beteiligt sind. Die dargelegten Gesichtspunkte können für jene hilfreich sein, die sich über den Sinn der „intermediate disturbance hypothesis" Gedanken machen. Das Argument, dass eine regionale Diversität dort am größten ist, wo eine mittlere Anzahl an Störungen herrscht (GRIME 1973; CONNELL 1978; HUSTON 1979; MAAREL 1988) „bildet einen Zirkelschluss und ist wenig hilfreich [...] solange die mittlere Störungsfrequenz nicht unabhängig von ihren Auswirkungen auf die Artenvielfalt definiert wird" (HUSTON 1994, 122). Tatsächlich könnten solche Definitionen auf physisch-geographischen Ansätzen aufbauen, in denen die Analyse von zeitlichen Abfolgen und räumlichen Strukturen von Vorfällen und den folgenden Reaktionen Tradition hat.

Literatur

BARTHLOTT, W. et al. (1999): Terminological and methodological aspects of the mapping and analysis of global biodiversity. – In: Acta Botanica Fennica 162. – 103-110.
BERGMEIER, E. (1995): Die Höhenstufung der Vegetation in Südwest-Kreta (Griechenland) entlang eines 2450 m-Transektes. – In: Phytocoenologia 25. – 317-361.
BLOCK, M. / RICHTER, M. (2000): Impacts of heavy rainfalls in El Niño 1997/98 on the vegetation of Sechura Desert in Northern Peru (a preliminary report). – In: Phytocoenologia 30. – 491-518.
BÖHMER, H. J. (1999): Vegetationsdynamik im Hochgebirge unter dem Einfluß natürlicher Störungen. (= Dissertationes Botanicae, 311). – Berlin, Stuttgart.
BÖHMER, H. J. / RICHTER, M. (1997): Regeneration – Versuch einer Typisierung und zonalen Ordnung. – In: Geographische Rundschau 48(11). – 626-632.
CONNELL, J. H. (1978): Diversity in tropical rainforests and coral reefs. – In: Science 199. – 1302-1309.
FRÄNZLE, O. (1994): Thermodynamic aspects of species diversity in tropical and ectropical plant communities. – In: Ecological modelling 75/76. – 63-70.
GENTRY, A. (1988): Changes in plant community diversity and floristic composition on environmental and geographical gradients. – In: Ann. Missouri Bot. Gard. 75. – 1-34.
GRABHERR, G. / GOTTFRIED, M. / PAULI, H. (1994): Climate effects on mountain plants. – In: Nature 369. – 448.
GRIME, J. P. (1973): Control of species density in herbaceous vegetation. – In: Journal of Environmental Management 1. – 151-167.
HARPER, J. L. (1977): Population biology of plants. – London.
HENDERSON, P. (2002): Amazonian fishs and habitat. *www.amazonian-fish.co.uk*.
HUSTON, M. A. (1979): A general hypothesis of species diversity. – In: American Naturalist 113. – 81-101.
HUSTON, M. A. (1994): Biological Diversity. The coexistence of species on changing landscapes. – Cambridge.
ITOW, S. / MUELLER-DOMBOIS, D. (1988): Population structure, stand-level dieback and recovery of *Scalesia pedunculata* forest in the Galápagos Islands. – In: Ecological Research 3. – 333-339.
KIMMINS, J. P. (1987): Forest ecology. – New York.
LIEBERMAN, M. / LIEBERMAN, D. / PERALTA, R. (1993): Forests are not just Swiss cheese: Canopy stereogeometry of non-gaps in tropical forests. – In: Ecology 70. – 550-552.
MAAREL, E. van der (1988): Species diversity in plant communities in relation to structure and dynamics. – In: DURING, H. J. / WERGER, M. J. A. / WILLEMS, J. H. (eds.): Diversity and pattern in plant communities. – The Hague. 1-14.
MAAREL, E. van der / SYKES, M. T. (1993): Small-scale species turnover in a limestone grassland: the carousel model and some comments on the niche concept. – In: Journal of Vegetation Science 4. – 179-188.
MARGALEF, R. (1994): Dynamic aspects of diversity. – In: Journal of Vegetation Science 5. – 451-456.
MEER, P. J. van der / BONGERS, F. (1996): Patterns of treefalls and branchfalls in a neotropical rain forest in French Guiana. – In: Journal of Ecology 84. – 19-29.

MUELLER-DOMBOIS, D. / KITAYAMA, K. (1996): Research hypotheses for DIWPA coopertaion. – In: TURNER, I. M. et al. (eds.): Biodiversity and the dynamics of ecosystems. (= Diversitas Western Pacific and Asia Series, 1). – Singapore. 33-37.
NEZADAL, W. / DEIL, U. / WELSS, W. (1994): Karte der aktuellen Vegetation des Campo de Gibraltar (Provinz Cádiz, Spanien). – In: Hoppea 95. – 717-756.
PICKETT, S. T. A. / WHITE, P. S. (eds) (1985): The ecology of natural disturbances and patch dynamics. – Orlando.
PIGNATTI, E. / PIGNATTI, S. (1984): Sekundäre Vegetation und floristische Vielfalt im Mittelmeerraum. – In: Phytocoenologia 12. – 351-358.
REMMERT, H. (1985): Was geschieht im Klimax-Stadium? Ökologisches Gleichgewicht durch Mosaik aus desynchronen Zyklen. – In: Naturwissenschaften 72. – 505-512.
RICHTER, M. (1979): Geoökologische Untersuchungen in einem Tessiner Hochgebirgstal. (= Bonner Geographische Abhandlungen, 63). – Bonn.
RICHTER, M. (1992): „Gaia" und „surprise" – Dimensionen zwischen globalem Klimawandel und klimabedingten Katastrophen. – In: Petermanns Geographische Mitteilungen 137. – 325-338.
RICHTER, M. (2001): Vegetationszonen der Erde. – Gotha.
RICHTER, M. / BLOCK, M. (2000): Vielfalt in den Cinque Terre. Über den Niedergang einer Kulturlandschaft und die Rückkehr der Natur. – In: Geographische Rundschau 53. – 40-47.
ROHDE, K. (1992): Latitudinal gradients in species diversity: the search for the primary cause. – In: Oikos 65. – 514-527.
ROHDE, K. (1996): Rapoport's Rule is a local phenomenon and can not explain latitudinal gradients in species diversity. – In: Biodiversity Letters 3. – 10-13.
RUNKLE, J. R. (1989): Synchrony of regeneration, gaps, and latitudinal differences in tree species diversity. – In: Ecology 70. – 546-547.
STEVENS, G. C. (1989): The latitudinal gradient in geographical range: how so many species coexist in the tropics. – In: American Naturalist 133. – 240-256.
STEVENS, G. C. (1996): Extending Rapoport's rule to Pacific marine fishes. – In: Journal of Biogeography 23. – 149-154.
TRETER, U. (1993): Die borealen Waldländer. – Braunschweig.
VALENCIA, R. / BALSLEV, H. / PAZ Y MIÑO, G. (1994): High tree alpha-diversity in Amazonian Ecuador. – In: Biodiversity and Conservation 3. – 21-28.
WALTER, G.-R. (2000): Climatic forcing on the dispersal of exotic species. – In: Phytocoenologia 30(3-4). – 409-430.
WHITMORE, T. C. (1989): Canopy gaps and the two major groups of forest trees. – In: Ecology 70. – 536-538.
WHITMORE, T. C. (1990): An introduction to tropical rain forests. – Oxford.
WHITTAKER, R. H. (1975): Communities and ecosystems. – New York, London.
WOLF, J. H. (1991): Las epífitas: Un sistema dentro del sistema. – In: URIBE HURTADO, C. (ed.): Bosques de niebla de Colombia. – Bogotá. 87-117.
WOODWARD, F. I. / ROCHEFORT, L. (1991): Sensivity analysis of vegetation diversity in environmental change. – In: Global Ecological and Biogeographical Letters 1. – 7-23.

Michaela BLOCK (Erlangen)

Pflanzenvielfalt in Städten

1 Einleitung

Pflanzenvielfalt in Städten wird im allgemeinen nicht wahrgenommen. Dies zeigen Äußerungen wie „Natur in der Stadt gibt's denn da überhaupt was?", „[...] ich nehme doch an, dass in der Stadt alle Arten aussterben" oder „Sie suchen hier Pflanzenvielfalt? – da sind Sie ja schnell fertig" (aus Passanteninterviews, August 2002). Sie sind alltäglicher Gesprächsbestandteil eines in der Stadt arbeitenden Vegetationskundlers.

Die Wissenschaft ist dieser allgemeinen Wahrnehmung allerdings schon etwas voraus. Die Fragen der Stadtökologie und Stadtvegetation sind in den vergangenen Jahrzehnten in ständig zunehmendem Maße bearbeitet worden. Das Besondere an städtischen Ökosystemen ist der dauernde Einfluss menschlicher Aktivitäten. Den Menschen mit all seinen sozialen und kulturellen Eigenschaften als ökologische Wirkungsgröße zu begreifen, ist hier unerlässlich. So fordern PICKETT et al. (1997): „[...] social, cultural and economic processes must be linked with biological and physical". Dass „Spuren" sozioökonomischer Strukturen in der Stadtvegetation lesbar sind, hat Hard an verschiedenen Stellen bewiesen (vgl. HARD 1998). In den folgenden Ausführungen sollen diese zur Interpretation von Vielfaltmustern herangezogen werden.

Unter Pflanzenvielfalt sei im folgenden immer die Artenzahl der Gefäßpflanzen gemeint. Probleme, die sich bei der Beantwortung dieses Fragekomplexes ergeben, beruhen auf verschiedenen Maßstabsebenen. So ist zunächst auf einer allgemeinen Ebene die Frage zu beleuchten, was die Charakteristika der Stadt an sich sind – inwiefern die menschliche Siedlungstätigkeit die Vielfalt beeinflusst. Zahlreiche Untersuchungen belegen ein Gefälle der Artenzahl vom Stadtzentrum zum Umland bzw. eine Zunahme der Artenzahlen mit der Siedlungsdichte (HAEUPLER 1975; KLOTZ 1999; KOWARIK 1995; BALMFORD et al. 2001; ARAUJO 2003). Anhand von verfügbaren Datensätzen wie z. B. dem FLORKART-Projekt des Bundesamts für Naturschutz (BfN) (*http://www.floraweb.de*) lässt sich diese Annahme weiter überprüfen. Neben diesem übergeordneten Aspekt zeigen sich aber auch Gradienten innerhalb der Städte, z. B. ein zentral-peripherer Wandel. Dieser muss an speziellen Erhebungen verifiziert werden. Dabei gibt es eine Vielzahl an Habitaten oder Biotoptypen, die kaum vergleichbar sind und sich teilweise sogar in ihrem Wandel gegenläufig verändern. Zuletzt ist ein Städtevergleich anzustreben, anhand dessen die Gültigkeit gefundener Muster überprüft werden kann.

Zur Erklärung der hohen Artenzahlen in Städten wird häufig die große Strukturvielfalt angeführt. Über die zahlreichen Makro- und Mikro-Habitate (WITTIG 1991) bieten Städte nicht nur Raum für die verschiedensten Ruderalgesellschaften von der Trittvegetation über die ein- und mehrjährigen Unkrautgesellschaften bis hin zu ruderalen Wäldern, sondern auch Standorte für Gesellschaften, die keineswegs typisch städtisch sind: Heckenränder, Ufer, Trockenrasen.

Risikomanagement und Nachhaltigkeit in Gebirgsräumen

Die Verbindung zu den sozioökonomischen Grundlagen als erklärendem Faktor von Vielfaltsmustern muss allerdings über die Vegetationsdynamik hergestellt werden, da sich der menschliche Einfluss vor allem durch Störungen äußert, nämlich Nutzung (gemeint ist die Benutzung des Standorts: begehen, befahren, bespielen) und Pflege städtischer Strukturen. Zwischen Nutzung, Pflege und Verbrachung, als Faktor, der auftritt, wenn die beiden Störungen ausbleiben, lassen sich die städtischen Habitate einordnen. Abb. 1 zeigt einige Beispiele und stellt darüber hinaus in Form einer Hypothese den Zusammenhang der Störungen mit der Artenzahl dar. Beides, Nutzung und Pflege hängen in starkem Maße von stadtgeographischen Strukturen wie Flächenversiegelung, Bebauungsdichte oder Bebauungstyp ab oder spiegeln das für die Pflege vorhandene Kapital, die repräsentative Bedeutung des öffentlichen Grüns (z. B. für den Tourismus) oder einfach ästhetische Werte und Moden wider: Aufgeregte Bürger telefonieren im Grünflächenamt die Drähte heiß, wenn vor ihrer Haustür einmal nicht gemäht wurde; Kurgäste glauben ihren Erholungswert geschmälert, wenn die Stadt anstatt mit Geranien und Petunien mit Mäusegerste und Beifuß grüßt; in den Grünflächenämtern streiten die Anhänger der „Cotoneastergesellschaft" mit den Verteidigern der „nährstoffarme Substrate und wassergebundene Decke"-Argumente der Kasseler Schule über die beste und billigste Pflegemethode, mit Argumenten, die von der Ästhetik bis hin zur ökologischen Wertigkeit reichen.

Abb. 1: Ausgewählte Mikrohabitate zwischen Nutzung, Pflege und Verbrachung und Zusammenhang dieser vegetationsdynamischen Faktoren mit der Artenvielfalt (hypothetisch). (Quelle: eigener Entwurf)

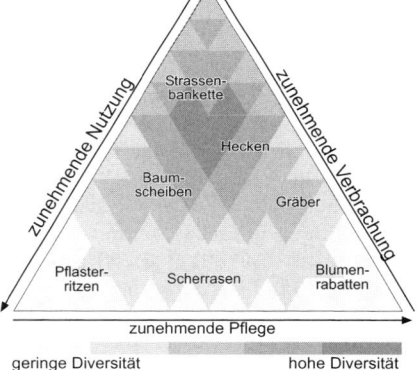

2 Material und Methoden

Aus diesen komplexen Perspektiven ergeben sich folgende Arbeitsschritte:

- Beleuchtung des Stadt-Umland-Gradienten
- Betrachtung innerstädtischer Muster auf der Ebene einzelner Habitate
- Städtevergleich
- Erklärung der Muster anhand von Prozessanalysen unter Einbeziehung sozioökonomischer Faktoren

Der Stadt-Umland-Vergleich beruht auf Auswertungen der Datenbank FLORKART des BfN. Diese enthält die Erhebungen aller Floristischen Kartierungen in Deutschland auf der Maßstabsebene der TK 25. Nach dem Anteil städtischer Siedlungsfläche werden für 13 Großstädte und deren Umland einzelne Kartenblätter ausgewählt und miteinander verglichen (Berlin, Bremen, Dresden, Chemnitz, Essen, Frankfurt/Main, Köln, Leipzig, München, Nürnberg, Hamburg, Hannover, Stuttgart). In einem weiteren Schritt wird über alle Kartenblätter die Artenzahl mit dem Stadtflächenanteil in Bezug gesetzt. Aufgrund der stark linksschiefen Verteilung des Stadtflächenanteils auf den Kartenblättern wird dafür die von KOENECKER / HALLOCK (2000) empfohlene Quantilsregression in 1%-Schritten verwendet.

Der Beschreibung der innerstädtischen Muster und des Städtevergleichs liegen eigene Untersuchungen an ausgewählten Habitaten, nämlich Baumscheiben und Gräbern, zugrunde.

Das Aufnahmedesign entspricht einem Splitplotdesign mit mehreren Subsamples auf der kleinsten Maßstabsebene: Es werden zwölf Städte verglichen (aus jedem Flächenbundesland eine kreisfreie Stadt zwischen 80.000 und 120.000 Einwohnern: Brandenburg, Bottrop, Dessau, Erlangen, Jena, Koblenz, Neumünster, Offenbach, Pforzheim, Schwerin, Wilhelmshaven, Zwickau). Diese sind zur Erfassung eines zentral-peripheren Gradienten weiter untergliedert: für die Baumscheiben werden innerhalb der gründerzeitlichen Blockrandbebauung drei Zonen berücksichtigt: Fußgängerzone, Bereiche überwiegend tertiärer Nutzung und Bereiche mit überwiegend Wohnnutzung; für die Gräber wird jeweils der innerstädtische Zentralfriedhof sowie je nach Größe ein bis drei Friedhöfe eingemeindeter Randbereiche einbezogen. In jeder Zone bzw. jedem Friedhof werden alle Baumscheiben und ein repräsentativer Anteil an Gräbern (mindestens 250) strukturell definierten Baumscheiben- bzw. Grabtypen zugeordnet. Die Typen beinhalten eine Schätzung der Nutzungs- und Pflegeintensität sowie die Art der Bepflanzung. Sie werden durch mehrere pflanzensoziologische Aufnahmen genauer charakterisiert.

Verwendete Faktoren zur Erklärung der Unterschiede im Städtevergleich sind verschiedene statistische Daten der Städte wie Siedlungsdichte, Bevölkerungswachstum, Flächenversiegelung, Bodenpreis, Flächenproduktivität (= Bruttowertschöpfung je Quadratmeter Stadtfläche), Arbeitslosenquote, Übernachtungszahlen, Haushalt der Grünflächenämter u. a. (nach ARLT et al. 2000 und Auskünften der städtischen Behörden) sowie ein Gesamtartenpotential nach der floristischen Kartierung von Deutschland, wobei zu berücksichtigen ist, dass dieses erheblich umfangreicher ist als das tatsächliche Arteninventar der Stadt, da die Städte deutlich weniger Fläche als ein Kartenblatt einnehmen.

Neben dem Versuch, auf statistischem Weg Zusammenhänge aufzuzeigen, dienen auch persönliche Beobachtungen und aus Interviews gewonnene Informationen zur Erklärung der Vielfaltmuster.

3 Vielfaltmuster

3.1 Stadt-Umland-Gradient

Städte sind artenreicher als ihr Umland. Bei dem vorgenommenen Vergleich schwankt die Artendifferenz (Abb 2) zwischen 94 Arten in Essen und 607 Arten in Leipzig. Die Quantilsregression (Abb. 3) zeigt, dass auch ein genereller positiver Zusammenhang zwischen Siedlungsdichte und Artenzahl besteht, der sich jedoch in den oberen Quantilen (hoher Artenzahlen) abschwächt.

Abb. 2: Median und Quartilen der Artenzahlenverteilung in 13 ausgewählten Großstädten und deren Umland sowie der Artenzahlendifferenz zwischen Stadt und Umland. (Quelle: Datenbank FLORKART, BfN)

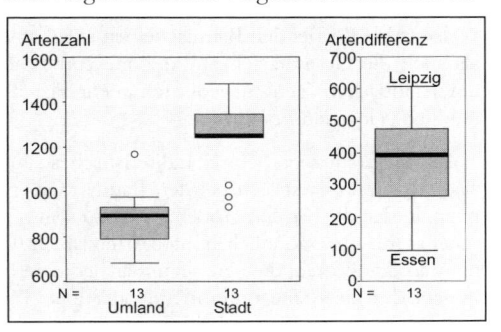

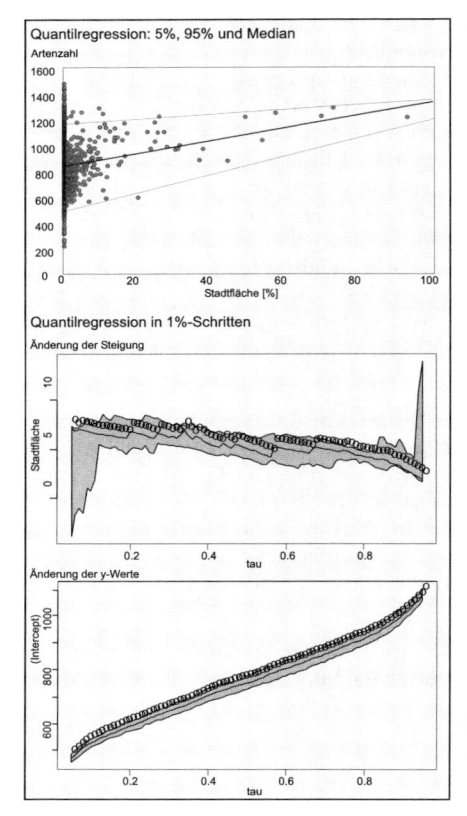

Abb. 3 (links): Quantilsregression zwschen Artenzahlen und Deckungsgrad städtischer Siedlungsfläche auf den Kartenblättern der TK 25. Oben: Regressionsgeraden für die 5%- und 95%-Quantilen und den Median. Unten: Änderung der Steigung und des y-Werts der Regressionsgeraden in 1%-Schritten. (Quelle: Datenbank FLOR-KART, BfN)

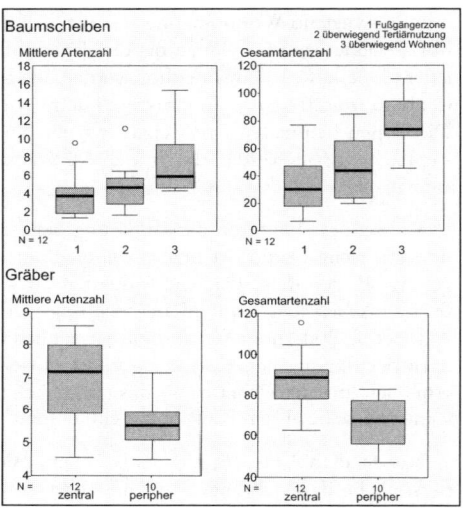

Abb. 4 (oben): Mittlere Artenzahl und Gesamtartenzahl auf Baumscheiben nach drei Stadtzonen sowie auf Gräbern nach zentralen und peripher gelegenen Friedhöfen. (Quelle: eigene Erhebungen)

3.2 Innerstädtische Muster auf Habitatebene

Der zentral-periphere Wandel äußert sich bei Baumscheiben und Gräbern in gegenläufiger Weise (Abb. 4): Bei den Baumscheiben steigt sowohl die mittlere Artenzahl pro Baumscheibe als auch die Gesamtartenzahl je Zone zum Stadtrand hin an. Dagegen finden sich auf den innerstädtischen Zentralfriedhöfen mehr Arten und mehr artenreiche Gräber als auf den randlich gelegenen Friedhöfen.

Ein kleinräumiges, sehr charakteristisches Muster, das man als „Rotzeckenphänomen" bezeichnen kann, lässt sich bei den Baumscheiben beobachten: Innerhalb einer langen Baumreihe, in der alle Einflussgrößen gleich zu sein scheinen, gibt es manchmal eine einzige Baumscheibe mit ungewöhnlich hohen Artenzahlen. Und diese steht auffällig oft an Straßenecken bzw. an Standorten, die eine sekundär bedingte Eckenlage einnehmen, z. B. durch einen Bauwagen, der die Reihe unterbricht, oder eine Telefonzelle. Die maximalen Artenzahlen von über 40 Arten pro Baumscheibe treten in derartigen Lagen auf.

Abb. 5 (rechts): Gesamtartenpotential (Quelle: Datenbank FLORKART, BfN) sowie Arteninventar der Baumscheiben und Gräber (Quelle: eigene Erhebungen) von zwölf Mittelstädten im Vergleich

Abb. 6 (unten): Differenz der mittleren Artenzahl und der Gesamtartenzahl auf Baumscheiben zwischen den unterschiedlichen Stadtzonen sowie auf Gräbern zwischen zentralen und peripher gelegenen Friedhöfen. (Quelle: eigene Erhebungen)

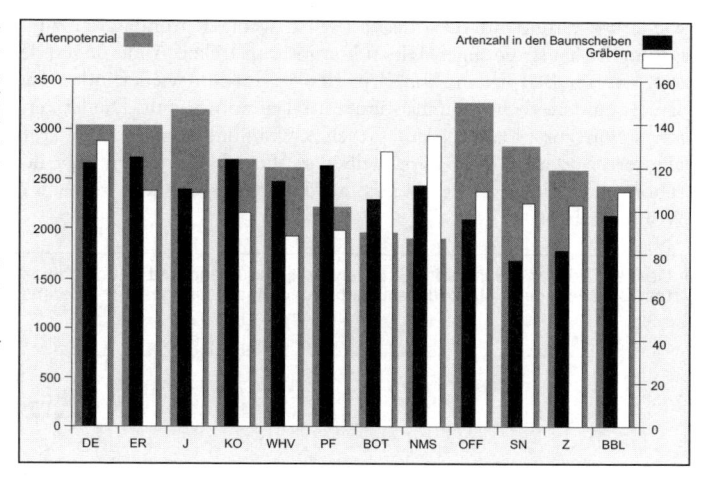

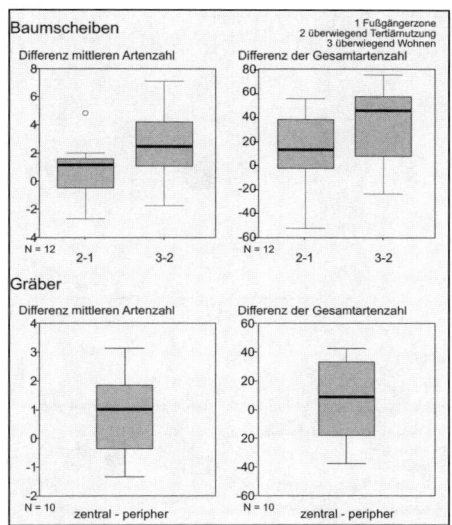

3.3 Städtevergleich

Auf der Ebene des Stadt-Umland-Vergleichs bestätigt sich die höhere Artenzahl von Städten gegenüber ihrem Umland in allen untersuchten Beispielen. Die kleinräumigeren Muster dagegen sind nicht in allen Städten in gleicher Weise zu finden. Aus Abb. 5 geht hervor, dass es Städte gibt, die sowohl von ihrem Gesamtarteninventar als auch von dem Arteninventar der Baumscheiben und Gräber eher als artenreich angesehen werden können (Erlangen, Dessau und Jena), daneben aber nicht nur solche, die eher artenarm sind (Zwickau und Brandenburg), sondern auch solche, die durch artenreiche Baumscheiben, aber eher artenarme Friedhöfe gekennzeichnet sind (Koblenz, Wilhelmshaven, Pforzheim), und solche, deren Artenpotential sich gegenläufig zu dem Artenreichtum in den untersuchten Habitaten verhält (Bottrop, Neumünster, Offenbach, Schwerin). Auch der zentral-periphere Gradient ist sowohl bei Baumscheiben als auch bei Gräbern in den verschiedenen Städten nicht in einheitlicher Weise zu finden, wie aus der Artendifferenz zwischen den Zonen (Abb. 6) hervorgeht.

3.4 Erklärungsansatz

Am „Rotzeckenphänomen" wird deutlich, in welcher Weise Nutzung und Pflege auf die Vegetation wirken und wie diese von strukturellen und sozialökonomischen Faktoren abhängen. Ränder und Ecken werden häufiger mit Müll bedacht und von Hunden bevorzugt, was wiederum Grund für die Pflegenden ist, weniger gründlich einzugreifen. Auch die Trittbelastung ist häufig geringer. Hinzu kommen an Ecken Änderungen der Bebauungsstruktur, die sich wie im Beispiel in Abb. 7 in der Vegetation wiederfindet: Einige Häuser sind bereits saniert, andere recht baufällig und zum Teil unbewohnt. Die letzten Häuser der Reihe gehören schon zur „Platte", dem Geschosswohnungsbau der 1960er Jahre. Vor den sanierten Häusern sind auch die Baumscheiben gepflegt und artenarm, vor den unsanierten findet sich schon mehr Unkraut. Besonders „wild" ist aber erst jene Ecke am Übergang zum sozialen Wohnungsbau.

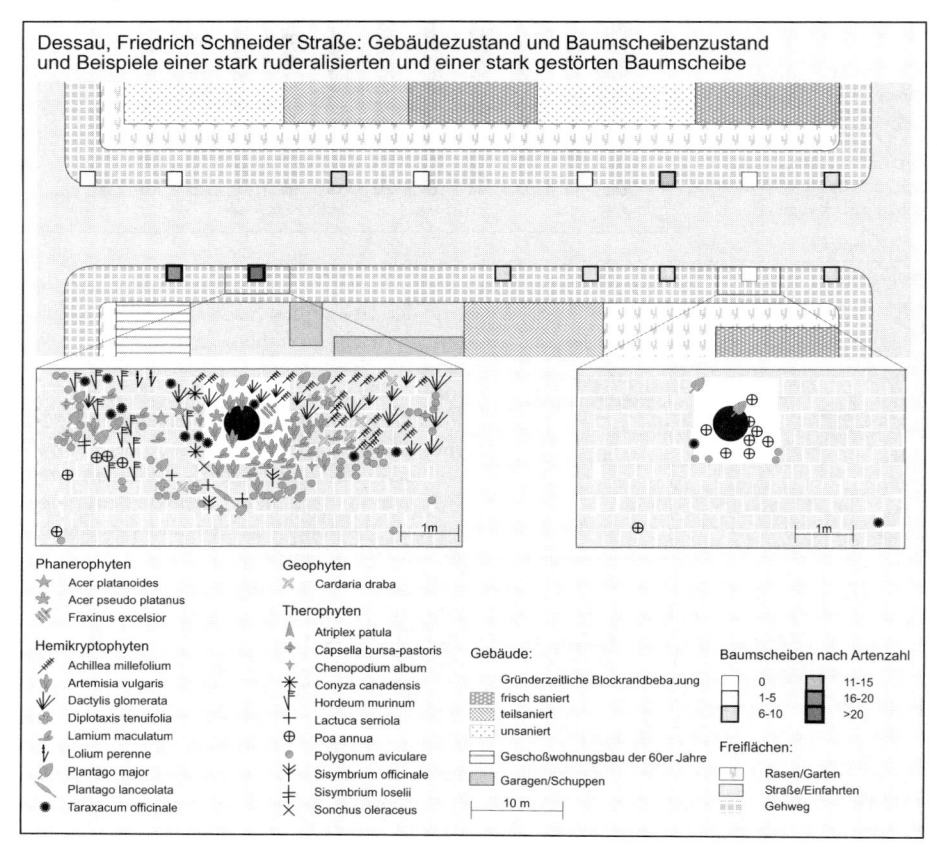

Abb. 7: Gebäudezustand und Artenzahlen der Baumscheiben in einer Straße am Rand der gründerzeitlichen Blockrandbebauung sowie Artenzusammensetzung und -verteilung auf einer stark ruderalisierten und einer stark gestörten Baumscheibe. (Quelle: eigene Erhebungen)

Die extrem hohe Artenzahl dieser „ungepflegten" Baumscheiben kommt durch ein gemeinsames Auftreten verschiedener Gesellschaftsfragmente zustande (Abb. 7). So können sich randlich durch Trittbelastung Arten der *Plantaginetea* einstellen, während sich zum Zentrum hin kurzlebige Ruderale der *Chenopodietea* und längerlebige der *Artemisietea* treffen, durchmischt von Wiesenarten der *Agropyretea* und *Arrhentheretea* und aufkeimenden Baumarten. Ein solches „Gemisch" spiegelt verschiedenste Sukzessionsstadien auf kleinstem Raum wider. Erklärungen hierfür finden sich in profanen Vorgängen, durch die ein Fleck in seiner Entwicklung einmalig oder beständig wieder zurückgeworfen oder auch nur randlich verletzt wird und sich neu entwickelt. Es entstehen dadurch unvorhersehbare, in der konventionellen Pflanzensoziologie missachtete „novel communities" aus heimischen und oftmals auch nicht-heimischen Elementen.

Die Palette an kleinen Pflegemaßnahmen (Hacken, Mähen, Verschneiden bzw. Auflichten) mit teilweise ungewollten Nutzungen (Tritt, Aufschüttung oder kynogene Stickstoffzufuhr) führt zu einem kaum vorhersehbaren und im Zusammenhang mit der spontanen Ansamung jeweils einzigartigen Artengemenge. Viele Teilhaber werden von profanen Massenvertretern gestellt, manche fallen aber auch aus dem Rahmen.

Die Pflegeintensität zeigt einen deutlichen Zusammenhang mit der Artenvielfalt, sowohl bei Baumscheiben als auch bei Gräbern (Abb. 8, oben). Sie ist des weiteren mit einigen Stadtstrukturdaten sehr gut korreliert: Eine abnehmende Pflegeintensität geht mit einer steigenden Arbeitslosenquote ($R = 0{,}9$; $p < 0{,}01$), eine zunehmende Pflegeintensität mit zunehmenden Übernachtungszahlen ($R = 0{,}7$; $p < 0{,}5$) einher. Über die Verteilung der Pflegeintensitäten innerhalb der Zonen (Abb. 8, unten) lassen sich somit die zentral-peripheren Gradienten erklären. Die abnehmende Pflegeintensität von Baumscheiben mit zunehmender Zentrumsferne spiegelt den abnehmenden Repräsentativitätsdruck wider, während bei den Friedhöfen die geringere soziale Kontrolle auf den großen Zentralfriedhöfen Ursache für die geringere Pflege sein dürfte.

Abb. 8: Median und Quartilen der Artenzahlenverteilung in unterschiedlich intensiv gepflegten Baumscheiben und Gräbern (oben) sowie Häufigkeit der Pflegetypen in unterschiedlichen Stadtzonen für Baumscheiben, in zentralen und peripher gelegenen Friedhöfen für Gräber (unten). (Quelle: eigene Erhebungen)

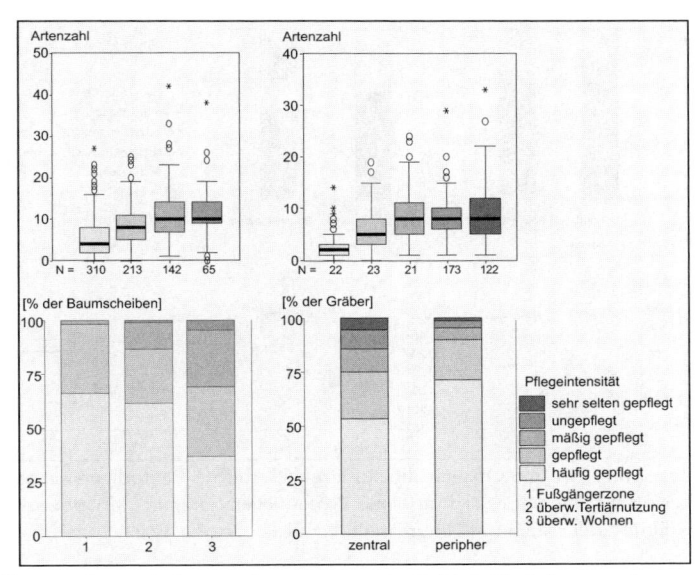

Genauso bezeichnend scheinen aber auch die Pflegestrategien der Grünflächenämter. Zwei Aussagen aus den selten gepflegten und artenreichen Städten Dessau und Erlangen mögen dies zeigen: „Baumscheibenpflege? Das machen wir immer dann, wenn wir Geld dafür haben, und momentan haben wir nichts, also machen wir nichts" (Herr Richter, Umweltamt Dessau). In der finanzkräftigeren Stadt Erlangen wird mit einer angeblichen ökologischen Wertigkeit argumentiert: „Natürlich machen wir da gar nichts auf den Baumscheiben, bei uns gibt es ja auch gar keine Unkräuter, das sind Wildkräuter [...]" (Herr Seufert, Stadtverwaltung Erlangen).

4 Ausblick: Städtische Vielfalt – Einfalt der Vielfalt?

Diese Argumentation lenkt das Augenmerk auf einen weiteren Aspekt der städtischen Vielfalt: Die bisherige Beschreibung der Vielfaltmuster ist wertneutral. Stellt man sich aber die Frage, was städtische Vielfalt eigentlich bedeutet, so müssen neben den reinen Artenzahlen immer auch qualitative Merkmale in Betracht gezogen werden. In diesem Zusammenhang ist die Diskussion um die Globalisierung der Arten zu sehen (KOWARIK 2003), die zwar auf lokaler Ebene zu einer Erhöhung der Vielfalt führt, wobei aber durch ein mögliches Verdrängen seltener heimischer Arten die Diversität auf regionaler bzw. globaler Ebene reduziert wird (MAYER / ABBS / FISCHER 2002). So wird z. B. von HAEUPLER (1997) angemerkt, dass die städtische Vielfalt vor allem durch das Vorhandensein von Neophyten zustande kommt.

Tatsächlich weisen die beiden städtischen Habitate Baumscheiben und Gräber sehr hohe Anteile an Neophyten auf. Betrachtet man jedoch die Gesamtstadt, so ist dieser Anteil schon geringer (Abb. 9). Kommen wir nun auf den Stadt-Umland-Vergleich zurück, so zeigt sich, dass in Städten absolut gesehen neben den Neophyten auch die Zahl der Indigenen und Archaeophyten größer ist als im Umland (Abb. 9). KÜHN et al. (2004) argumentieren in diesem Zusammenhang mit der größeren naturräumlichen Heterogenität der Standorte städtischer Siedlungen: Die größere Artenvielfalt wäre demnach nicht durch die menschliche Aktivität zu erklären, sondern durch die günstigeren Grundvoraussetzungen.

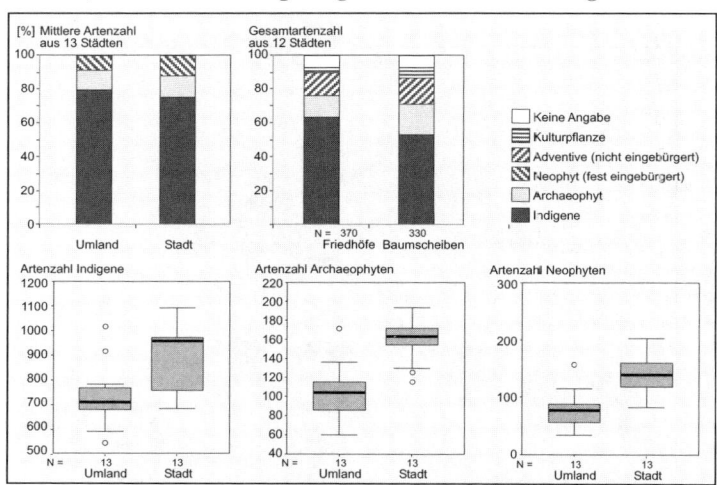

Abb. 9: Relative Verteilung der Arten nach floristischem Status in 13 Großstädten und deren Umland (oben links) (Quelle: Datenbank FLORKART, BfN) sowie in Baumscheiben und Gräbern in zwölf Mittelstädten (oben rechts) (Quelle: eigene Erhebungen). Median und Quartilen der Artenzahlenverteilung in 13 Großstädten und deren Umland nach floristischem Status (unten) (Quelle: Datenbank FLORKART, BfN)

Die Frage, welche Qualität die aufgezeigte erhöhte Phytodiversität in Städten hat, bleibt weiter offen: Handelt es sich um eine Profanvegetation aus „Müllpflanzen", also „nur" um „Unkräuter" oder auch um „interessante" Fälle?

Michaela BLOCK

In jedem Fall sollte uns bewusst sein, dass es sich bei der städtischen Vielfalt um eine „Natur der vierten Art" im Sinne KOWARIKs (1999) handelt. Jene Natur, die der anthropogenen Störung trotzt oder freie Standorte neubesiedelt, wenn der menschliche Einfluss nachlässt. Muster der Vielfalt entstehen als unbeabsichtigte Folgen des menschlichen Handelns (HARD 1996²), zwischen leeren Haushaltskassen und Repräsentationsdruck. Die städtische Artenvielfalt stellt sich ganz von selbst ein. Sie fordert weder stadtplanerisches noch naturschützerisches Eingreifen: Beste Voraussetzungen für Ökologen, um die ablaufenden Prozesse gespannt weiter zu beobachten.

Literatur

ARAUJO, M. (2003): The coincidence of people and biodiversity in Europe. – In: Global Ecology & Biogeography 12(1). – 5-12.
ARLT, G. et al. (2000): Auswirkungen städtischer Nutzungsstrukturen auf Bodenpreis und Bodenversiegelung. (= IÖR-Schriften, 34). – Dresden.
BALMFORD, A. et al. (2001): Conservation Conflicts Across Africa. – In: Science 291(5513). – 2616-2619.
HAEUPLER, H. (1975): Statistische Auswertungen von Punktrasterkarten der Gefäßpflanzenflora Süd-Niedersachsens. (= Scripta Geobotanica, 8). – Göttingen.
HAEUPLER, H. (1997): Zur Phytodiversität Deutschlands: Ein Baustein zur globalen Biodiversitätsbilanz. – In: Osnabrücker Naturwissenschaftliche Mitteilungen 23. – 123-133.
HARD, G. (1996²): Hard-Ware. (= Notizbuch 18 der Kasseler Schule). – Kassel.
HARD, G. (1998): Ruderalvegetation. Ökologie und Ethnoökologie – Ästhetik und „Schutz". (= Notizbuch 49 der Kassler Schule). – Kassel.
KLOTZ, S. (1999): Species/area and species/inhabitants relations in European cities. – In: SUKOPP, H. / HEJNÝ, S. (eds.): Urban Ecology: Plants and plant communities in urban environments. – The Hague. 99-103.
KOENEKER, R. / HALLOCK, K. (2001): Quantile Regression. An Introduction. *http://www.econ.uiuc.edu/~roger/research/intro/rq3.pdf*
KOWARIK, H. (1995): On the role of alien species in urban flora and vegetation. – In: PYŠEK, P. et al. (eds.): Plant invasions: general aspects and special problems. – Amsterdam. 85-103.
KOWARIK, I. (1999): Natürlichkeit, Naturnähe und Hemerobie als Bewertungskriterien. – In: KONOLD, W. / BÖCKER, R. / HAMPICKE, U. (Hrsg.): Handbuch für Naturschutz und Landschaftspflege. V-2.1. – Landsberg. 1-18.
KÜHN, I. et al. (2004): The flora of German cities is naturally species rich. – In: Evolutionary Ecology Research. [in press].
MAYER, P. / ABBS, C. / FISCHER, A. (2002): Biodiversität als Kriterium für Bewertungen im Naturschutz – eine Diskussionsanregung. – In: Natur und Landschaft 77(11). – 461-464.
PICKETT, S. et al. (1997): A conceptual framework for the study of human ecosystems in urban areas. – In: Urban Ecosystems 1(4). – 185-199.
WITTIG, R. (1991): Ökologie der Großstadtflora. – Stuttgart.

Thomas HAMMER (Bern) und Peter HASSLACHER (Innsbruck)

Leitthema B4 – Politische Umsetzung nachhaltiger Nutzungskonzepte

Die politische Umsetzung nachhaltiger Nutzungskonzepte ist an mindestens zwei Vorbedingungen geknüpft: erstens an das *Vorhandensein* nachhaltiger Nutzungskonzepte und zweitens an den *politischen Willen*, deren Umsetzung in die Wege zu leiten und zu unterstützen. Schon aus diesen beiden Vorbedingungen wird ersichtlich: Nachhaltige Nutzungskonzepte müssen politisch breit abgestützt und an die jeweiligen Bedingungen angepasst sein, falls sie die gewünschte Wirkung entfalten sollen. Allgemeingültige Konzepte kann es somit nicht geben, sondern höchstens allgemeingültige Kriterien, die erfüllt sein müssen, damit die politische Umsetzung als aussichtsreich und ein Nutzungskonzept als nachhaltig eingestuft werden kann.

Diese Überlegungen veranlassten uns, sowohl eine räumliche Eingrenzung – die Konzentration auf den Alpenraum – als auch eine thematische Spezifizierung – das Aufzeigen der Umsetzung nachhaltiger Nutzungskonzepte auf den verschiedenen politischen Ebenen anhand von Beispielen – vorzunehmen. Wir entschieden uns, vier Ebenen zu unterscheiden und dazu jeweils einen Referenten einzuwerben:

- internationale Ebene: Großraum Alpen – die Alpenkonvention (Ewald Galle)
- nationale Ebene: innovative Sektorpolitik – Primärproduktion im Alpenraum (Peter Rieder)
- regionale Ebene: Regionalinitiative mit Vorbild-Charakter (Theo Schnider)
- kommunale Ebene: Erfahrungen innovativer Gemeinden im gesamten Alpenbogen (Rainer Siegele)

Die Aufgliederung in vier politische Handlungsebenen soll eine weitere Grundannahme verdeutlichen. Damit das übergeordnete Ziel der nachhaltigen Entwicklung im Alpenraum erreicht werden kann, ist eine *hohe Kohärenz unter den Konzepten* – und zwar sowohl horizontal wie auch vertikal – von entscheidender Bedeutung. *Horizontale Kohärenz* meint dabei eine hohe Verträglichkeit und komplementäre Abstimmung der Konzepte auf derselben politischen Ebene, also beispielsweise der Sektorpolitiken auf nationaler Ebene, so dass die verschiedenen Projekte, Programme und Konzepte dieselben übergeordneten Zielsetzungen anstreben. *Vertikale Kohärenz* drückt dagegen eine hohe Verträglichkeit der Projekte, Programme, Konzepte und Politiken zwischen den unterschiedlichen politischen Ebenen aus.

In den Vorträgen und Diskussionen zeigte sich, dass die Alpenkonvention und ihre Protokolle (Beitrag Ewald Galle) zumindest das anzustrebende Zielsystem und Handlungsempfehlungen vorgeben, an denen sich Projekte, Programme, Konzepte und Sektorpolitiken aller Art und auf allen politischen Ebenen orientieren können. Ebenso können die jeweiligen Konzepte an der Alpenkonvention und den Protokollen „gemessen" werden. Die Schweizerische Agrarpolitik (Beitrag Peter Rieder et al.) oder das Gemeindenetzwerk „Allianz in den Alpen" (Beitrag Rainer Siegele) wurden denn auch als erfolgreiche Beiträge an die politische Umsetzung nachhaltiger Nutzungskonzepte im Sinne der Alpenkonvention gewürdigt.

Zum Ausdruck kam auch die Pionierrolle der Alpenkonvention und ihrer Protokolle im internationalen Kontext. Jedoch war die Bedeutung der Alpenkonvention und der Protokolle umstritten. Während die einen den internationalen Vertragswerken eine Pionierrolle mit internationaler Ausstrahlung beimaßen, unterstrichen andere deren relative Bedeutungslosigkeit in der internationalen und nationalen Politik. Eine pragmatische Sicht (sozusagen zwischen den beiden Extremen) zeigte dagegen, dass graduelle Erfolge – auch wenn die großen Würfe aufgrund der erst kurzen rechtlichen Implementierungsphase seit dem 18. Dezember 2002 in drei von insgesamt neun Vertragsparteien bisher ausblieben – durchaus vorhanden bzw. zumindest absehbar sind. Die eigentliche Gefahr besteht jedoch in folgender Gratwanderung: Die Ziele und Ansprüche der Alpenkonvention müssen hoch angesetzt werden, um überhaupt die politische Aufmerksamkeit gerade für die Umsetzung zu erhalten und etwas zu erreichen. Falls aber größere Erfolge ausbleiben, verlieren die Vertragswerke ihre Glaubwürdigkeit. Die Vorbildfunktion für andere Berggebiete, supra-nationale Regionen und großräumige Nachhaltigkeitskonzepte würde verloren gehen. Die hochgeschraubte Erwartungshaltung würde so der Diskussion um nachhaltige Entwicklung im Alpenraum einen Bärendienst erweisen. Allerdings ist der Weg von einem Patchwork der Einzelaktivitäten zu einem Gesamtkunstwerk der Nachhaltigkeit weit.

Für die Forschung ergeben sich vielfältige Fragestellungen, so u. a.: Wie charakterisieren sich nachhaltige Nutzungskonzepte? Welches sind Faktoren, die die politische Umsetzung begünstigen? Wie kann die erwartete Wirkung inklusive der Nebenwirkungen – und zwar in allen Dimensionen der Nachhaltigkeit – beurteilt bzw. gemessen werden? Solche übergeordnete Fragestellungen konnten nur am Rande angeschnitten werden. Doch zeigten die Referate und Diskussionen, dass vertiefende Forschungen – hauptsächlich zu den Erfolgsfaktoren und Wirkungen (also zu Bewertungsfragen und Wirkungsmechanismen) – dringend notwendig sind. Voraussetzung für den Erfolg politikrelevanter Nachhaltigkeitskonzepte ist die Beteiligung alpenspezifischer Forschungskooperationen. Das Internationale Wissenschaftliche Komitee Alpenforschung (WIKO), zusammengesetzt aus Vertretern der Akademie der Wissenschaften aus den Alpenstaaten, ist als akkreditierte Beobachterorganisation Partner der Gremien der Alpenkonvention.

Ewald GALLE (Wien)

Die Alpenkonvention und ihre Protokolle[1]

„Ein schrecklicher Urwald, starrend von ewigem Frost und Schnee. Eine wilde Einöde, die vor noch gar nicht langer Zeit ein Gehege der wilden Tiere und eine Brutstätte der Drachen gewesen ist", beschreibt in einer der ältesten Schilderungen ein reisender Mönch aus dem 12. Jahrhundert die Alpenlandschaft. Auch Johann Wolfgang von Goethe ließ auf seiner Reise nach Italien die Vorhänge der Kutschenfenster verschließen, um sich den Anblick der an ihm vorbeiziehenden, herben Landschaft zu ersparen. Friedrich Hölderlin pries wiederum die Alpen als weiten Bogen unterschiedlichster Berglandschaft, als eine „göttlich gebaute Burg der Himmlischen". Diese Äußerungen signalisieren schon die Vielfalt, aber auch die Widersprüchlichkeit in der Erfassung und Beurteilung des Alpenbogens.

Die Alpen sind der größte Natur- und Kulturraum Mitteleuropas, gleichzeitig aber auch eines der empfindlichsten Großökosysteme mit einem einzigartigen Reservoir an kontinentaler Biodiversität und ein immer wieder überraschendes Mosaik von Landschaften und Lebensräumen.

So war es keine Überraschung, dass das in der Nachkriegszeit immer deutlicher werdende Bedrohungspotential, hervorgerufen durch Abwanderungen der alpinen Bevölkerung, Niedergang der Berglandwirtschaft, durch Verkehrsströme ohne Ende, Massentourismus und Naturkatastrophen, zu Umweltproblemen, vermehrt auch zu einem Strukturwandel und damit zu einer existenziellen Gefährdung des gesamten Alpenbogens führte.

Angesichts der Ausmaße dieser Belastungen war keiner der Alpen- oder Alpenanrainerstaaten in der Lage, diese mannigfaltigen Problemstellungen im Alleingang zu bewältigen. Ausgehend von einer Initiative des Europäischen Parlaments in einer Entschließung vom Mai 1988 bemühten sich schließlich die Staaten im Alpenraum, nicht zuletzt auf intensives Betreiben der Internationalen Alpenschutzkommission – CIPRA, um eine gemeinsame Lösung.

Den ersten wichtigen Mosaikstein stellte in diesem Zusammenhang die im Herbst 1989 verabschiedete *Berchtesgadener Resolution* dar, die in einem zwar rechtlich unverbindlichen, aber sehr umfassenden und komplexen Text die Ausarbeitung einer Alpenkonvention in einer Arbeitsgruppe als oberstes Ziel bestimmte.

Nach sehr intensiven und ambitioniert geführten Verhandlungen konnte schließlich am 7. November 1991 im Rahmen der 2. Tagung der Minister der Alpenstaaten und der Europäischen Gemeinschaft in Salzburg das *„Übereinkommen zum Schutz der Alpen (Alpenkonvention)"* (Österreichisches BGBl. 1995/477) von Vertretern der Alpenstaaten Deutschland, Frankreich, Italien, Liechtenstein, der Schweiz und Österreich sowie von dem für Umweltfragen zuständigen Kommissar der Europäischen Gemeinschaft unterzeichnet werden. Das Fürstentum Monaco und die zwischenzeitlich neu entstandene Republik Slowenien wurden in den folgenden Jahren in den Kreis der Signatare aufgenommen. Seit 6. März 1995 ist die Alpenkonvention in Kraft.

Nur um den im Titel des 54. Deutschen Geographentags auftauchenden Gedanken der „Insel" zu unterstreichen, möchte ich an dieser Stelle darauf hinweisen, dass die Alpenkonvention kein durchgehendes Anwendungsgebiet besitzt. Auf Intervention Frankreichs wurde im Zuge der Aufnahme des Fürstentums Monacos nördlich des Staatsgebiets des Fürstentums ein bis dahin sehr wohl alpiner Teil als nicht alpin definiert und ein Korridor eingezogen, so dass das Fürstentum Monaco territorial als Exklave, d. h. Insel der Alpenkonvention, anzusehen ist.

Das Geltungsgebiet der Alpenkonvention erstreckt sich mittlerweile auf insgesamt fast 6.000 Gemeinden, und die Gesamtfläche dieses Gebiets beträgt 190.912 km^2, wobei Österreich mit 28,5% den größten Anteil am Territorium der Alpenkonvention hat. Insgesamt leben mehr als 13 Mio. Menschen innerhalb des Anwendungsgebiets der Alpenkonvention[2].

Wie wohl bei allen völkerrechtlichen Umweltverträgen kann ein Übereinkommen nur dort erfolgreich sein, wo gemeinsames Handeln der Staaten als Hauptakteure dazu geeignet ist, gemeinsame Probleme regionalen Charakters zu definieren und letztendlich auch zu lösen. In diesem Sinne ist wohl der zentrale Artikel 2 der Alpenkonvention und der darin enthaltene Katalog von insgesamt zwölf Zielsetzungen der Zusammenarbeit zu verstehen.

Zur näheren Ausgestaltung dieser Bereiche sind unter der Maßgabe einer ganzheitlichen Politik zur Erhaltung und zum Schutz der Alpen unter Beachtung des Vorsorge-, des Verursacher- und des Kooperationsprinzips sowie unter Berücksichtigung der Interessen aller Alpenstaaten und ihrer alpinen Regionen unter umsichtiger und nachhaltiger Nutzung der Ressourcen Durchführungsprotokolle zu verabschieden. Bislang sind das die Bereiche „Raumplanung und nachhaltige Entwicklung" (1994), „Berglandwirtschaft" (1994), „Naturschutz und Landschaftspflege" (1994), „Bergwald" (1996), „Tourismus" (1998), „Bodenschutz" (1998), „Energie" (1998) sowie „Verkehr" (2000). Darüber hinaus wurde auch noch ein Protokoll zur Beilegung von Streitigkeiten (2000) – wie völkerrechtlich durchaus üblich – abgeschlossen.

Nachdem Liechtenstein, Österreich und Deutschland ihre parlamentarischen Genehmigungsverfahren noch im Sommer 2002 beenden konnten, traten die genannten Protokolle schließlich am 18. Dezember 2002 – also noch innerhalb des Internationalen Jahrs der Berge – in Kraft[3].

1 Wie funktionieren nun diese Alpenkonvention und die mit ihr zusammen-hängenden Protokolle?

Die tragenden Elemente der Alpenkonvention sind ihr integrativer Ansatz und ihre ganzheitliche Politik, der vom Umweltschutz über die regionale Entwicklung bis hin zur Kultur einschließlich der sozialen Dimension reicht und damit ein umweltverträgliches Wirtschaften und Handeln aller Beteiligten in den Mittelpunkt stellt. Die Alpenkonvention, welche die Zusammenarbeit der Alpenstaaten und der Europäischen Gemeinschaft unter dem Dach der gemeinsamen Zielsetzung strukturiert, sieht dazu folgende drei Organe vor:

- *die Alpenkonferenz* – das in der Regel alle zwei Jahre tagende und üblicherweise aus den Umweltministern bestehende Beschlussorgan
- *den Ständigen Ausschuss* – das Exekutivorgan auf Beamtenebene
- und das seit 1. Januar 2003 mit Beschluss der Minister eingerichtete *Ständige Sekretariat* mit Sitz in Innsbruck und einer Außenstelle in Bozen.

Ewald GALLE

Darüber hinaus wurde im Rahmen der letzten Ministerkonferenz ein *Überprüfungsmechanismus* mit einem dazugehörigen Ausschuss etabliert, dessen Aufgabe es ist, die Einhaltung der Konvention und vor allem die Umsetzung im Wege ihrer Protokolle zu begleiten und zu überprüfen.

Zudem gibt es gegenwärtig drei aktuelle Arbeitsgruppen: die *Arbeitsgruppe „Verkehr"* unter französischem Vorsitz, die als technisch-politische Gruppe zur Umsetzung des Verkehrsprotokolls und dabei auftauchender, internationaler Fragestellungen vorgesehen ist, sowie die *Arbeitsgruppe „Umweltziele und Indikatoren"*, unter deutschem Vorsitz, die danach strebt, ein überschaubares und aussagestarkes Indikatorensystem für die Alpen zu entwickeln. Schließlich gibt es noch die unter italienischem Vorsitz arbeitende *Expertengruppe „Bevölkerung und Kultur"*, neben Wasserhaushalt, Luftreinhaltung und Abfallwirtschaft einer der vier noch ausständigen Bereiche im Rahmen der Alpenkonvention. Gerade diese letztgenannte Arbeitsgruppe stellt eine der großen Herausforderungen für den Wahrheitsgehalt und die Überlebensfähigkeit der Alpenkonvention und ihrer Durchführungsprotokolle dar. Es wäre wahrscheinlich vernünftiger und sinnvoller gewesen, diesen Bereich als ersten zu behandeln, um dann darauf aufbauend alle anderen Protokolle zu entwickeln; aber daran wird man jetzt nichts mehr ändern können.

Die Alpenkonvention legt zum Bereich „Bevölkerung und Kultur" als Ziel die Achtung, Erhaltung und Förderung der kulturellen und gesellschaftlichen Eigenständigkeit der ansässigen Bevölkerung unter Sicherstellung ihrer Lebensgrundlage, insbesondere der umweltverträglichen Besiedelung und wirtschaftlichen Entwicklung sowie der Förderung des gegenseitigen Verständnisses und partnerschaftlichen Verhaltens zwischen alpiner und außeralpiner Bevölkerung fest.

Das primäre Problem wird wohl sein, die besonderen Aufgabenstellungen der Alpenkonvention und vor allem ihrer Protokolle zu identifizieren und den konkreten Regelungsbereich eines künftigen Instruments – ich spreche bewusst nicht von einem verordnenden Protokoll – zu definieren, um ein modernes und umsetzbares Instrument zu erhalten, in dem die drei klassischen Komponenten der Nachhaltigkeit, Ökologie, Ökonomie und die soziale Dimension, gleichermaßen beachtet und bewertet werden. Gleichzeitig darf es aber ob seiner Universalität und seines Querschnittscharakters nicht dazu führen, vorhandene Kompromisse in Durchführungsprotokollen wieder in Frage zu stellen oder diese gar auszuhöhlen.

Für so ein umfassendes Instrument wird es darüber hinaus unabdingbar sein, neben der kommunalen Ebene und den städtischen Aspekten auch die regionale Ebene als Schlüssel für die Identifikation mit den Anliegen im Alpenraum mit einzubeziehen. Damit eröffnet sich die einmalige Chance, die Alpenkonvention als gesellschaftliches Instrument zu etablieren, das sich letztlich auch dem Problem des Kulturaustauschs und dem oft vermissten Verständnis zwischen alpiner und außeralpiner Gesellschaft stellt.

2 Besonderheiten der Alpenkonvention und ihrer Protokolle

Die schon mehrfach erwähnte bereichsübergreifende Zusammenarbeit von Staaten des Alpenbogens und das Bestreben, mittel- und langfristige Auswirkungen von Natureingriffen des Menschen zu erkennen und zu berücksichtigen, haben in den Protokollen – zugegebenermaßen in Formulierung und Verbindlichkeit recht unterschiedlich – ihren Niederschlag gefunden. Allen Protokollen gemeinsam ist es, dass wir danach streben, *mit vorhandenen Ressourcen vernünftig Haus zu halten, die Grenzen der Belastbarkeit anzuerkennen und einzuhalten und damit das Ökosystem gemeinsam zu schützen sowie bestehende Belastungen zu senken, um das Natur- und Kulturerbe in gemeinsamer Verantwortung zu erhalten.*

2.1 Mit Ressourcen vernünftig haushalten

Die Zahl der Betriebe der in der Berglandwirtschaft Beschäftigten, die wirtschaftliche Fläche und die bäuerlichen Einkommen sinken trotz aller Subventionen und Direktzahlungen weiter, und die hohe Qualität der landwirtschaftlichen Produkte wird andererseits kaum honoriert. Umweltbelastende Intensivierungen in flachen Gunstlagen stehen Extensivierungen bzw. Aufgabe der Bewirtschaftung in Steillagen gegenüber. Mag dieser Wandel auch regional unterschiedlich stark verlaufen, so fallen doch viele landwirtschaftliche Flächen brach, und zahlreiche Kulturlandschaften haben mittlerweile schon viel von ihrem ehemaligen Reiz verloren.

Dem versucht das *Berglandwirtschaftsprotokoll* zu begegnen und gegenzusteuern; selbstverständlich wird sich diese Politik innerhalb des europäischen Rahmens zu bewegen haben, wobei die Alpenkonvention, die auch von der Europäischen Gemeinschaft ratifiziert wurde, ein wesentliches Argumentationsmittel sein soll, um sich stärker Gehör zu verschaffen. So liegen die Schwerpunkte dieses Protokolls in der Erhaltung und Förderung einer standortgerechten und umweltverträglichen Landwirtschaft. Die Form des Förder- und Subventionswesens im Wege umweltschonender Produktionsweisen oder die Abgeltung von Leistungen für die Allgemeinheit über den allgemeinen Verpflichtungsrahmen hinaus auf Grundlage vertraglicher, projekt- und leistungsbezogener Vereinbarungen sind essentielle Weiterentwicklungen in Richtung eines nachhaltigen Instruments für den Alpenraum.

Oder das *Bodenschutzprotokoll*, das sich zur Aufgabe gemacht hat, Bodenversiegelungen zu begrenzen und für ein flächensparendes und bodenschonendes Bauen zu sorgen, wobei nicht mehr genutzte oder beeinträchtigte Böden zu renaturieren oder rekultivieren sind. Im Hinblick auf einen sparsamen Umgang mit den vorhandenen Ressourcen wird von den Vertragsparteien gefordert, Ersatzstoffe zu verwenden und im Zusammenhang mit Bodenschätzen Möglichkeiten der Wiederverwertung auszuschöpfen.

2.2 Gemeinsam schützen

Angesichts der wohl unbestreitbaren Tatsache, dass die Natur das Hauptkapital des Alpenbogens ist und demgemäss das *Naturschutzprotokoll* durchaus Querschnittscharakter innerhalb der Durchführungsprotokolle hat, versucht dieses Protokoll, in dieser Hinsicht wichtige Impulse zu setzen. So stehen die Schaffung neuer, grenzüberschreitender Schutzgebiete, die Einrichtung von Schon- und Ruhezonen sowie der Grundschutz ganz wesentlich im Vordergrund. Dieses Protokoll steht nicht zurück, auch die Aspekte der Landwirtschaft einzubeziehen, um natur- und landschaftsschutzgerechtes Wirtschaften zu gewährleisten. Nicht der konservierende Naturschutz allein, sondern zukunftsfähige und aktuelle Fragen, wie etwa die Freisetzung gentechnisch veränderter Organismen, werden genauso behandelt.

Aber auch das *Bergwaldprotokoll* trägt den Anforderungen, die naturnahe Bewirtschaftung als Weg zum dauerhaften Erhalt der Waldfunktion zu präzisieren und zu konkretisieren, umfassend Rechnung. Neben der nachhaltigen Bereitstellung von Holz wird die Einbringung von landeskulturellen Leistungen, im Wesentlichen als Schutz-, Erholungs-, Wohlfahrts- und ökologische Leistungen zu verstehen, einschließlich der damit zusammenhängenden und brisanten Abgeltungsproblematik miteinbezogen. Das Bergwaldprotokoll will keinen Einheitswald schaffen, sondern sieht sich als eine einmalige Chance, um unterschiedliche, sozioökonomische Entwicklungen in einzelnen Alpenstaaten auszugleichen bzw. zu kompensieren.

2.3 Belastungen reduzieren

150 bis 200 Mio. Menschen überqueren jährlich die Alpenpässe auf der Nord-Süd-Achse, und die Tendenz ist weiter steigend; der Großteil dieses Verkehrs erfolgt dabei auf der Straße. Die wirtschaftliche Liberalisierung im Rahmen des europäischen Binnenmarkts hat diese Entwicklung noch weiter verstärkt, und bis zum Jahr 2010 wird mit einer Zunahme von 50 bis 60% für den Personenverkehr und bis zu 100% für den Güterverkehr gerechnet. So überrascht es wohl niemanden, dass gerade das *Verkehrsprotokoll* der Prüfstein für die Alpenkonvention und der Gradmesser für die Ernsthaftigkeit der Bemühungen war, die Alpen als Lebens-, Wirtschafts- und Kulturraum zu erhalten und zu schützen. Ausgehend von der zentralen Forderung der Alpenkonvention nach Senkung der Belastungen und Risiken im inneralpinen und alpenquerenden Verkehr auf ein Maß, das für Menschen, Tiere und Pflanzen sowie für deren Lebensräume erträglich ist, haben sich die Vertragsparteien darauf geeinigt, keine neuen, alpenquerenden Transversalen zu errichten und auch den Ausbau des inneralpinen Verkehrs nur unter äußerst restriktiven Bedingungen zu ermöglichen.

Oder das *Tourismusprotokoll*, das versucht, touristische und Freizeitaktivitäten mit ökologischen und sozialen Erfordernissen in Einklang zu bringen und mit einem naturnahen Tourismus die Wettbewerbsfähigkeit des alpinen Raums zu stärken, wobei die Innovation und die qualitative Verbesserung des Angebots im Vordergrund stehen. In Gebieten mit starker touristischer Nutzung ist dabei auf ein ausgewogenes Verhältnis zwischen intensiven und extensiven Tourismusformen zu achten, und bestehende Strukturen und Einrichtungen sind an die ökologischen Erfordernisse anzupassen.

2.4 Das Natur- und Kulturerbe erhalten

Gerade das *Protokoll Raumplanung und nachhaltige Entwicklung*, das im Umsetzungsprozess der Alpenkonvention eine sehr wechselhafte Geschichte erlebt hat, trachtet danach, einer ganzheitlichen Entwicklung des Alpenraums unter Beachtung der ökonomischen, soziokulturellen und ökologischen Aspekte Rechnung zu tragen. So sind etwa zum ländlichen Raum die Erhaltung und Wiederherstellung von ökologisch besonders wertvollen Gebieten und für den Siedlungsraum eine weitere Ausrichtung und Konzentration der Siedlungen an den Achsen der Verkehrsinfrastrukturen sowie die Erhaltung der charakteristischen Siedlungsformen einschließlich der Wiederherstellung der typischen Bausubstanz vorgesehen. Das Raumplanungsprotokoll wird aber auch zu einer Intensivierung der überörtlichen Raumordnung, noch verstärkt durch die Komponente der internationalen Zusammenarbeit, führen müssen.

2.5 Implementierungsmechanismus

Bereits vor drei Jahren konnte ein gemeinsames Verständnis aller Delegationen festgestellt werden, einen Implementierungsmechanismus zu schaffen, der aufbauend auf vereinheitlichten und standardisierten Berichtspflichten eine Vergleichbarkeit und damit eine Überprüfbarkeit der ergriffenen Maßnahmen ermöglicht. Dieser Gedanke wurde weiterverfolgt und hat – nicht zuletzt unter einem mit viel Fingerspitzengefühl agierenden Schweizer Vorsitz – zu einem sehr komplexen Überprüfungsverfahren geführt, das sich dabei erfolgreich an vergleichbaren internationalen Konzepten dieser Art – sogenannten *Non-compliance*-Verfahren – orientiert.

Mit diesem Mechanismus steht nun ein wirksames und transparentes Instrumentarium zur Verfügung, das die Einhaltung der vertraglichen Verpflichtungen in den Durchführungsprotokollen der Alpenkonvention erleichtern bzw. unterstützen soll. Es ist ein Mittel zur Konfliktverhütung, das die Interessen aller an einer effizienten und harmonischen Umsetzung sicherstellt und jenen Parteien Hilfe bietet, die Schwierigkeiten bei der Erfüllung ihrer Verpflichtungen haben. Dieser Mechanismus ist nicht als Anklage- oder als Bestrafungsoption, sondern als eine Chance zu sehen, um die noch immer traditionell vorhandenen Unterschiede unter den Parteien der Alpenkonvention wirkungsvoll auszugleichen und schließlich zu einer auf die vielfältigen Bedürfnisse des Alpenraums abgestimmten Entwicklung beizutragen.

Das zentrale Organ dieses Verfahrens stellt ein neu geschaffener, auf Ebene des Ständigen Ausschusses eingerichteter *Überprüfungsausschuss* dar, der auf Basis von alle vier Jahre einzureichenden Länderberichten die Einhaltung der Konvention und ihrer Durchführungsprotokolle überprüft und gegebenenfalls Beschlüsse oder Empfehlungen über festgestellte Mängel und allenfalls deren Beseitigung der Alpenkonferenz zur Beschlussfassung vorschlägt. Inwieweit die sich abzeichnenden, unterschiedlichen Umsetzungsgeschwindigkeiten in den Alpenstaaten dabei noch zu weiteren Schwierigkeiten führen werden, bleibt abzuwarten; es birgt aber mit Sicherheit ein nicht unerhebliches Konfliktpotential.

3 Übertragbarkeit der Alpenkonvention auf andere Regionen

Nach Schätzungen sind 25% der Erdoberfläche als Bergregionen zu bezeichnen; rund 26% der Weltbevölkerung leben in Berggebieten oder deren Randbereichen, und etwa die Hälfte des Trinkwassers der Erde stammt aus solchen Gebieten. Diese Zahlen zeigen deutlich den besonderen Stellenwert der Berge für die Welt; und trotzdem entsteht der Eindruck, dass das Thema „Berg" in der internationalen Diskussion letztendlich nicht über jenen Wert verfügt, den es eigentlich verdienen würde.

Mittlerweile wird aber das Modell der Alpenkonvention als ein Anstoß gesehen, anderen Partnern und anderen Regionen mit ähnlich gelagerten Problemstellungen die gewonnenen Erfahrungen zur Verfügung zu stellen. Einer dieser Anstöße hat zu der im Mai 2003 im Rahmen der „*Environment for Europe*-Konferenz" in Kiew unterzeichneten „Karpaten-Konvention" geführt, die mit Unterstützung des UNEP-Regional Office for Europe erfolgreich finalisiert werden konnte. Vergleichbare Ideen und Bestrebungen gibt es mittlerweile auch im Kaukasus oder für die zentralasiatischen Gebirgszüge.

Es ist wohl unbestreitbar, dass in Berggebieten, vielleicht sogar stärker als in anderen Regionen, unterschiedliche ökonomische und soziokulturelle Rahmenbedingungen herrschen. Daraus resultieren klarerweise auch verschiedenartige Bedürfnisse, die sich von Region zu Region zum Teil gravierend unterscheiden. Viele der bekanntesten Bergregionen der Welt sind in Entwicklungsländern bzw. in Ländern mit Übergangswirtschaften gelegen. Aber nur dort, wo ein gemeinsames regionales Anliegen der Staaten vorhanden ist – in unserem Fall war es die Erhaltung und der Schutz der Alpenregion – wird eine Kooperation auch fruchtbar sein.

Und damit bin ich wieder beim eigentlichen Thema dieser Veranstaltung: „*Alpenwelt – Gebirgswelten. Inseln, Brücken, Grenzen*". Mit der Alpenkonvention wurde erstmalig ein bereichsübergreifender Schutz einer ganzen Region in Angriff genommen. Und ich möchte noch weiter gehen: Die Alpenkonvention soll nicht nur ein Beispiel für die regionale Zusammenarbeit in Gebirgsregionen werden, sie soll schlechthin als ein Modell für ein gegenseitiges Lernen und des Verstehenwollens von Staaten dienen und damit dazu beitragen, um über politische und kulturelle Grenzen hinweg umweltpolitische Mindeststandards und ein Leben und Wirtschaften mit der Natur zu sichern. Erst dann wird es diesen Regionen – und das müssen nicht ausschließlich Gebirgsregionen sein – gelingen, ihre Bedürfnisse zu identifizieren und in regionale, von allen betroffenen Staaten mitgetragene Instrumente zu gießen, um in internationalen und vielleicht sogar globalen Foren Gehör und Verständnis zu bekommen.

---

[1] Der Autor ist Mitarbeiter im Bundesministerium für Land- und Forstwirtschaft, Umwelt und Wasserwirtschaft. Die in diesem Artikel wiedergegebenen Ansichten sind die des Autors und müssen sich nicht mit denen der Institution decken.

[2] Daten aus EG, Demographische Indikatoren des Alpenraums und Beiträgen des UBA zum Alpenbeobachtungs- und -informationssystem ABIS (1999)

[3] Österreichische BGBl. III 2002/232 (Raumplanungsprotokoll), BGBl. III 2002/231 (Berglandwirtschaftsprotokoll), BGBl. III 2002/236 (Naturschutzprotokoll), BGBl. III 2002/233 (Bergwaldprotokoll), BGBl. III 2002/230 (Tourismusprotokoll), BGBl. III 2002/235 (Bodenschutzprotokoll), BGBl. III 2002/237 (Energieprotokoll), BGBl. III 2002/234 (Verkehrsprotokoll), BGBl. III 2002/238 (Streitbeilegungsprotokoll)

Peter RIEDER, Birgit KOPAINSKY, Simon BUCHLI und Benjamin BUSER (Zürich)

Nachhaltige Nutzungskonzepte in der Primärproduktion im schweizerischen Alpenraum, auf dem Hintergrund der nationalen Politik

1 Übersicht

Dieser Beitrag zeigt auf, wie nachhaltige Nutzungskonzepte in die Primärproduktion im schweizerischen Alpenraum integriert wurden, welchen Beitrag die nationale Politik dazu leistete und wie dieser Beitrag in Zukunft aussehen soll. Die wichtigsten Aussagen des Beitrags können in drei Punkten zusammengefasst werden:

- Das Wesentliche des Umbaus der Schweizer Agrarpolitik in den letzten zehn Jahren bestand in der Deregulierung für die Berglandwirtschaft mit entsprechender Diversifizierung der Produktionsformen und in der gezielten Abgeltung positiver Externalitäten mit öffentlichem Charakter (Landschaftspflege).
- Eine nachhaltige Agrarpolitik zur Förderung einer multifunktionalen Landwirtschaft im Alpenraum ist notwendig, aber zur Erhaltung der Besiedlung und Bewirtschaftung *nicht hinreichend*. Neue Konzepte sind notwendig.
- Eine Untersuchung der heutigen sozioökonomischen Dorftypen im Alpenraum zeigt, dass Lage und wirtschaftliche Kräfte zu einer sehr heterogenen Wirtschaftsstruktur im Alpenraum führten. Somit sind auch differenzierte Förderungsansätze erforderlich.

2 Von der alten zur neuen Agrarpolitik

2.1 Umbau der Agrarpolitik vor 1999 und Auswirkungen auf den Strukturwandel in der Berglandwirtschaft

Die Zeit von 1950 bis 1998 war geprägt von einem starken Schutz der schweizerischen Agrarmärkte vor ausländischer Konkurrenz und insbesondere auch von hohen Exportsubventionen für Käse und Zuchtvieh. Seit 1992 läuft eine Reform der Agrarpolitik (AP2002), die zu Beginn 1999 in Kraft trat. Zentraler Inhalt dieser Reform sind die Trennung der Preis- und Einkommenspolitik, die Förderung einer umweltverträglichen Produktion durch Direktzahlungen und die Liberalisierung der Agrarmärkte. Der heute geltende Agrarschutz, inklusive der im GATT eingegangenen Verpflichtungen, lässt sich folgendermaßen zusammenfassen:

- Der Importschutz für alle Agrarprodukte ist durch drei bis fünf Prozent Marktzutritt zu tiefen Zöllen und prohibitiven Zöllen darüber hinaus sichergestellt.
- Für die interne Marktstützung sind zurzeit 800 Mio. Franken budgetiert, die im Laufe von fünf Jahren auf 500 Mio. Franken abzubauen sind. Diese Mittel dienen insbesondere der Verbilligung von Exportkäse und Zuchtvieh.
- Für Direktzahlungen sind für die nächsten fünf Jahre rund 2,5 Mrd. Franken pro Jahr budgetiert, davon ein wesentlicher Teil zur Abgeltung erschwerter Produktionsbedingungen im Berggebiet. Ein anderer Teil ist für besonders naturnahe und tiergerechte Produktionsformen vorgesehen. So werden die Forderungen von

„mehr Markt und mehr Ökologie" anlässlich der Volksabstimmung über den neuen Agrarartikel in der Bundesverfassung vom 9. Juni 1996 in die Realität umgesetzt. Wir bezeichnen das neue Leitbild seit dieser Volksabstimmung als „Ökologische Wettbewerbslandwirtschaft". An diesem Leitbild werden die nachfolgenden Ausführungen zu den Strukturen in der Landwirtschaft zu bewerten sein. In Abb. 1 ist der Umbau Agrarstützung von 1960 bis 2000 aufgeführt, wobei die Verlagerung zu den Direktzahlungen ersichtlich wird.

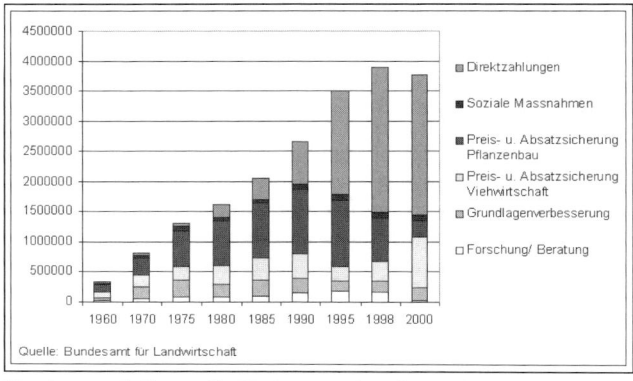

Abb. 1: Umbau der Agrarstützung seit 1960

Trotz der Unterstützungen durch die Agrarpolitik hat der Strukturwandel der Berglandwirtschaft einen davon beinahe unabhängigen Verlauf genommen. Die Zahl der Betriebe nahm stark ab, wobei aber die mechanisch bearbeitbare Fläche weiterhin durch die grösser gewordenen Betriebe bewirtschaftet wird. Kupierte und allzu steile Flächen werden als Weiden genutzt oder bewalden sich. Es entstanden also zwei Arten von Flächen: mechanisch bearbeitbare und mit beladenen Maschinen befahrbare Flächen einerseits und solche, wo dies nicht möglich ist. Dies hat Folgen, auf die wir abschliessend zurückkommen.

2.2 Eine agrarwirtschaftliche Bewertung der Agrarpolitik

2.2.1 Aspekte zur Angebotsseite der Primärproduktion im Alpenraum

Landwirtschaftsbetriebe sind Kleinunternehmen, die ein Angebot auf dem Markt bringen, von dessen Entschädigung sie ihr Einkommen erzielen. Wie in jedem Unternehmen sind die Faktoren Arbeitskraft, Boden und Realkapital im Einsatz. Die Faktorkombination verändern die Bauern aufgrund technischer Entwicklungen, neuer Preis- und Kostenverhältnisse oder aufgrund staatlicher Anreizsysteme. Um das Verhalten von Bergbauern zu charakterisieren, eignet sich folgendes lexikographisches Zielsystem besonders gut: Es wird ein genügendes *Einkommen* angestrebt, die *Arbeitsbelastung* muss normal sein, man will im *sozialen Dorfleben* integriert sein und letztlich einer *Sinnerfüllung* nachleben. Jeder Bauer verändert seine Faktorkombination nach dem am schlechtesten erfüllten Ziel; wenn die Arbeitsbelastung zu gross ist, wird stärker mechanisiert, selbst wenn dadurch die Einkommen (leicht) reduziert würden, oder aber man stellt um, um mehr Zeit für soziale Anliegen zu haben, selbst wenn dadurch andere Ziele negativ betroffen werden (RIEDER / ANWANDER PHAN-HUY 1994).

Die sichtbarsten Veränderungen erfolgen, wenn der Faktor Arbeit, d. h. der Landwirt oder sein potentieller Nachfolger aus dem Sektor aussteigt, was wir als Abwanderungen bezeichnen. Abwanderungen sind in Zeiträumen hoch, wenn der Sog der übrigen Wirtschaft, insbesondere an den Wohnorten, besonders gross ist. Bei solchen Betriebsaufgaben wandert die

Peter RIEDER, Birgit KOPAINSKY, Simon BUCHLI und Benjamin BUSER

Fläche in den Nebenerwerb oder über Pacht zu den verbleibenden Betrieben, die sich dadurch vergrößern. Die Summe dieser Veränderungen bezeichnen wir als *Strukturwandel*.

Dieser Vorspann zum Zielsystem war nötig, um zu zeigen, dass ein unternehmerisches Verhalten der Landwirte für das wirtschaftliche Überleben als Bergbauern existenziell ist. Die Ausführungen zu den Funktionen der Landwirtschaft in späteren Abschnitten sind auf dieser unternehmerischen Ausgangslage zu sehen.

Das *private Angebot* der Bergbauern wird durch die komparativen Kostenvorteile bestimmt, die dazu führen, dass heute im Alpenraum der Schweiz durch Nutzung der natürlichen Ressourcen vor allem tierische Produkte (Milch, Zuchtvieh, Mastrinder) produziert werden. Alpenregionen weisen bei allen Produkten absolute Kostennachteile gegenüber ihren Konkurrenten im Talgebiet oder im Ausland auf. Da auf den Märkten dieser Produkte tendenziell Überschüsse herrschen, sind die Preise relativ tief, so dass aus betriebswirtschaftlicher Sicht in unserer Zeit die Agrarproduktion ohne staatliche Eingriffe schon längst verschwunden wäre oder nur in einer extrem extensiven Form bestehen würde.

Die Bewirtschaftung der Fläche im Berggebiet weist sowohl *positive wie auch negative Externalitäten mit öffentlichem Charakter* auf, also Wirkungen über den Einzelbetrieb hinaus. Zu den positiven Externalitäten gehören die Landschaftspflege und der Beitrag der Landwirtschaft zur dezentralen Besiedlung; zu allfällig negativen Externalitäten gehören Biodiversitätsverluste, Gewässerbelastungen u. a.

2.2.2 Aspekte zur Nachfrageseite

Weil die Berglandwirtschaft bei keinem Produkt absolute Kostenvorteile hat, ihre *privaten Güter* – Milch, Fleisch, Spezialitäten – aber dennoch auf dem nationalen und den internationalen Märkten verfügbar sind, liegt die Rechtfertigung ihrer Förderung bei der Nachfrage nach öffentlichen Gütern. Nach den *positiven Externalitäten* bzw. dem Verhindern von negativen Externalitäten mit *öffentlichem Charakter* besteht eine mehrfach geäußerte öffentliche Zahlungsbereitschaft. In der politischen Sprache herrscht eine Nachfrage nach einer multifunktionalen Berglandwirtschaft.

2.2.3 Funktionen der Landwirtschaft, charakterisiert nach ihrem Charakter und den gewählten Maßnahmen

Multifunktionalität besteht also aus einer Anzahl einzelner Ziele bzw. Funktionen. In Tab. 1 sind diese in aggregierter Form nach drei Aspekten beurteilt, nämlich nach der physischen Dimension in Spalte (1), nach den ökonomischen Eigenschaften in den Spalten (2), (3), (4) und (5) und in Spalte (6) nach der relevanten geographischen Ebene.

Für eine Erläuterung der Tab. 1 werden nicht die physischen Dimensionen (Spalte 1) beschrieben. Unser besonderer Hinweis gilt vielmehr der Tatsache, dass sich die einzelnen Funktionen eindeutig in ihrem ökonomischen Charakter unterscheiden. Erst wenn die Funktionen ökonomisch analysiert werden, können politische Maßnahmen zur Unterstützung der Funktionserfüllung effizient und effektiv formuliert werden. So kann für jedes Ziel seine adäquate Maßnahme nach Art und Ausmaß gewählt werden.

Dies ist auch der ökonomische Hintergrund des relativen Erfolgs des Umbaus der schweizerischen Agrarpolitik in den 1990er Jahren: Die Versorgungssicherheit ist reduziert worden, die Kulturlandschaft ist mit Direktzahlungen angegangen worden, die dezentrale Besiedlung mit erhöhten Beiträgen für die Berglandwirtschaft, die ökologischen Anliegen mit speziellen Ökobeiträgen, für die Steigerung der Wettbewerbsfähigkeit hat man die Marktkräfte wirken lassen und die Einkommenssicherung der Landwirte ist über den noch praktizierten Agrarschutz, versteckt auch mit relativ hohen Flächenbeiträgen, annähernd erreicht worden. Viele Maßnahmen sind regional abgestuft; zudem gibt es kantonale Programme, die regionale Anliegen zu ihrer Aufgabe gemacht haben.

Funktionen (1)	Ökonomischer Charakter				Relevante Ebene (6)
	Privates Gut (2)	Öffentliches Gut (3)	Negative Externalitäten (4)	Positive Externalitäten (5)	
Versorgungssicherheit	x	x			national
Kulturlandschaft und Landschaftspflege		x		x	regional
Dezentrale Besiedlung	x	x		x	regional/Dorf
Ökologische Anliegen, Biodiversität und Tierschutzanliegen	x	x	x	x	national
Auf den Markt ausgerichtete Produktion bzw. vergleichbare Einkommen für die Landwirte	x				national

Tab. 1: Dimensionen der Multifunktionalität

3 Erreichtes und nicht Erreichtes der Agrarpolitik

In Abschnitt 2 stand die Sichtweise einer ökonomischen Zieldefinition und der effizienten und effektiven Maßnahmen im Vordergrund. Da im Titel dieses Beitrags auch die Frage nach der Nachhaltigkeit gestellt wird, soll der Umbau der Agrarpolitik für die Berglandwirtschaft auch danach beurteilt werden.

Das Konzept der Nachhaltigkeit nach der Rio-Konferenz 1992 enthält bekanntlich eine ökologische, eine ökonomische (volkswirtschaftliche) und eine soziale (einkommensbezogene) Dimension. Das Konzept verlangt, dass gleichzeitig alle drei Dimensionen minimale Standards aufzuweisen haben und dass Verbesserungen der einen Dimension nicht auf Kosten einer anderen erfolgen (sogenanntes Win-Win-Konzept). Die alte Agrarpolitik hat eindeutig die ökologische wie auch die volkswirtschaftliche Komponente vernachlässigt und ihr Schwergewicht auf eine sozial motivierte Erhaltungspolitik gelegt. Diese Politik hat zu Agrarstrukturen geführt, die zunehmend an Wettbewerbsfähigkeit einbüssten und zu einer zu intensiven Nutzung guter Böden und gleichzeitig zu einer bedrohlichen Ausdehnung von Brachflächen führten, zumindest bis die ersten Flächenbeiträge eingeführt wurden. Das alte Konzept war also nicht nachhaltig, was die wirtschaftliche und die ökologische Dimension betraf.

Der Umbau der Agrarpolitik hat bei allen drei Dimensionen Verbesserungen gebracht oder zumindest keine Komponente verschlechtert. Die ökologischen Verhältnisse wurden verbessert, indem durch Produktpreissenkungen die ökonomischen Anreize reduziert wurden, zu intensiv zu produzieren und die Biodiversität zu gefährden. Flächenbeiträge verhinderten weite-

Peter RIEDER, Birgit KOPAINSKY, Simon BUCHLI und Benjamin BUSER

re Verbrauchungen. Ökonomisch bzw. volkswirtschaftlich hat sich die Situation verbessert, indem nach und nach die Marktkräfte zu effizienteren und vielfältigeren Produktionsstrukturen führten. Lokale Absatzchancen von Spezialprodukten wurden wahrgenommen. Die soziale Dimension wird auf gezielte Weise über regional abgestufte Direktzahlungen aufgefangen.

Abb. 2: Determinanten des Strukturwandels. (Quelle: RIEDER 1998)

Abb. 2 soll zeigen, wie das Konzept zu einer nachhaltigen Politik auf der Maßnahmenseite aussieht. Die Abbildung bringt zum Ausdruck, dass der Strukturwandel von vier Determinanten abhängt, nämlich den Produktpreisen, den regionalen Arbeitsmarktverhältnissen, den Direktzahlungen und den Strukturmaßnahmen. Die Produktpreise sind heute nicht mehr im Kompetenzbereich des Bundes. Die regionalen Arbeitsmarktbedingungen liegen auch nicht im Einflussbereich der Agrarpolitik, allenfalls der regionalen Wirtschaftspolitik. Es bleiben die zwei Aktionsbereiche Direktzahlungen und Strukturmaßnahmen, mit denen der Staat (Kantone und Bund) die Möglichkeit hat, regional unterschiedlich einzugreifen, um so auf Besonderheiten der unterschiedlichen regionalen Agrarstrukturen Rücksicht zu nehmen. Durch die Kombination dieser zwei Maßnahmengruppen kann der Bund wesentlich dazu beitragen, dass sich die Forderung nach Nachhaltigkeit effizienter und auch effektiver als bisher erreichen lassen. Im Sinne eines solchen Leitbilds sprechen wir dann von einer ökologischen Wettbewerbslandwirtschaft, umschrieben als Erhaltung einer flächendeckenden, wettbewerbsfähigen und umweltverträglichen Berglandwirtschaft.

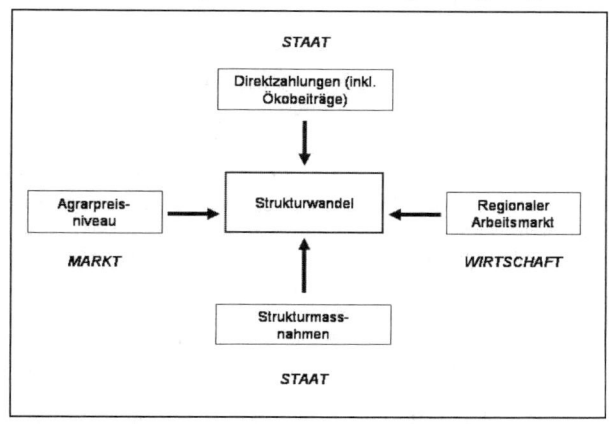

Eine weitere Förderung der ökologischen Wettbewerbslandwirtschaft wird aber dazu führen, dass die Zahl der landwirtschaftlichen Betriebe weiterhin zurückgeht und in der Folge der Beitrag der Landwirtschaft zur dezentralen Besiedlung sinkt (FLURY 2002). Die Förderung der dezentralen Besiedlung kann also nicht mehr ausschließlich durch die Agrarpolitik erfolgen.

4 Von der Agrarpolitik zu einer differenzierten regionalen Wirtschaftspolitik

4.1 Neue Herausforderungen

Die einleitenden Thesen dieses Beitrags hielten fest:

- Eine nachhaltige Agrarpolitik zur Förderung einer multifunktionalen Landwirtschaft im Alpenraum ist notwendig, aber zur Erhaltung der Besiedlung und Bewirtschaftung *nicht hinreichend*. Neue Konzepte sind notwendig.
- Eine Untersuchung der heutigen sozioökonomischen Dorftypen im Alpenraum zeigt, dass Lage und wirtschaftliche Kräfte zu einer sehr heterogenen Wirtschafts-

struktur im Alpenraum führten. Somit sind auch differenzierte Förderungsansätze erforderlich.

Die Entwicklung in den schweizerischen Alpen ist in jüngster Zeit stark durch die touristischen Angebote und Infrastrukturanlagen geprägt. Nicht alle Talschaften jedoch sind dazu geeignet. Im Gegenteil – ganze Talschaften entleeren sich weiterhin und kommen an den Rand der Existenzfähigkeit. Die wirtschaftliche und demographische Situation hat sich trotz einer bundesstaatlichen Regionalpolitik in den letzten 25 Jahren relativ verschlechtert.

In diesem Umfeld entstand *movingAlps* (Südalpenprojekt) als eine interdisziplinäre wissenschaftliche Entwicklungsinitiative, die neue Wege der regionalökonomischen Forschung und Förderung zu beschreiten versucht. Der Forschungsansatz von *movingAlps* verbindet neue Ansätze der Regionalökonomie mit sozialpädagogischer Entwicklungstätigkeit in den wirtschaftlich bedrohten Talschaften. Der regionalökonomische Teil wird vom Erstautor dieses Beitrags und seinen Mitarbeitern am Institut für Agrarwirtschaft der ETH Zürich bearbeitet; der sozialpädagogische Teil von Prof. Dieter Schürch und seinen Mitarbeitern vom Institut für Berufspädagogik in Verbindung mit der *Università de la Svizzera italiana* in Lugano. Der gesamtwirtschaftliche Ansatz von *movingAlps* soll Grundlagen für lokale Investitionen, aber auch Anregungen für eine neue öffentliche Förderungspolitik liefern.

4.2 Grundlagen für eine differenzierte regionale Wirtschaftspolitik

Der erste Arbeitsschritt im ökonomischen Teil des Projekts *movingAlps* bestand in einem statistischen Clustering der 620 Gemeinden des Südalpenraums. Dabei wurden 22 Indikatoren aus den vier Bereichen Bevölkerung und ihre Struktur und Entwicklung; Wirtschafts- und Erwerbsstruktur; Zentrums- und Peripherfunktionen; Standort, Lebensqualität und Infrastruktur einbezogen. Das Clustering ergab neun Dorftypen. Charakteristisch für jeden Dorftyp sind ein in der Vergangenheit ähnliches Entwicklungsmuster als auch ähnliche Entwicklungsperspektiven für die Zukunft. Auf dieser Basis konnten wir die ungünstigen bzw. die besonders gefährdeten Gemeinden identifizieren (periphere und agrarische Gemeinden; 329 Gemeinden).

In einem nächsten Schritt wurden Talschaften bestimmt, in denen einerseits vertiefte regionalwirtschaftliche Analysen und andererseits die ortsbezogene Aufbauarbeit erfolgte. Zu diesen Talschaften gehören bis heute das Val Bregaglia, das Münstertal und das Vallemaggia.

Mit Input-Output-Analysen werden die wirtschaftlichen Verflechtungen aller Unternehmungen einer Talschaft erfasst. Daraus wird ein regionales Kreislaufmodell der Wirtschaft inklusive Verflechtungen mit anderen Regionen erstellt. Mit dem Modell lässt sich prüfen, welche Investitionen die größten Effekte auf die regionale Wertschöpfung, aber auch auf Beschäftigung und Einkommen ergeben. Diese Ergebnisse können einerseits in die Regionalpolitik einfließen, andererseits dienen sie als Grundlage für die ortsbezogenen Aufbauaktivitäten.

Die sozialpädagogische Entwicklungstätigkeit baut auf neuren Erkenntnissen auf, dass die gezielte Bildung von Initiativgruppen, bestehend aus Fachleuten und örtlich tätigen Unternehmern und Angestellten, die Basis für Entwicklungsimpulse sein kann. Insbesondere wird durch diese Aktivitäten die Absicht verfolgt, in den Talschaften Arbeitsstellen für Lehrlinge entstehen zu lassen, mit einem besonders sichtbaren Erfolg im Val Bregaglia. Daneben werden auch Gruppen aufgebaut, die sich der Kenntnisse moderner Kommunikationsmittel an-

Peter RIEDER, Birgit KOPAINSKY, Simon BUCHLI und Benjamin BUSER

nehmen; ferner entstehen Gruppen mit kulturellen, sozialen und weiteren wirtschaftlichen Zielen. Dieses vorläufig über fünf Jahre angelegte Projekte *movingAlps* wird zu einem großen Teil durch die Jacobs Stiftung finanziert, verbunden mit der Mitfinanzierung durch Bund, Kantone und andere Träger der wirtschaftlichen Förderung der Berggebiete.

Am Beispiel des Val Müstair wollen wir einige Erkenntnisse aus einer Input-Output-Analyse zeigen und deren Relevanz für die Regionalpolitik erläutern. Eine regionale Input-Output-Tabelle erfasst alle Geldflüsse, die in Zusammenhang mit der Wertschöpfung einer Region zu beobachten sind, und aggregiert diese nach den vorhandenen Branchen. In der kreuztabellarischen Darstellung wird ersichtlich, wo, bei wem und in welchem Umfang eine Branche ihre Inputs bezieht beziehungsweise ihre Outputs absetzt. Zwischen Input- und Outputseite besteht immer Identität. Die Tabelle bildet somit das im Jahr der Datenerhebung vorgefundene regionalwirtschaftliche Gleichgewicht ab und weist die regionale Wertschöpfung als eigentliches Bruttoregionalprodukt sehr detailliert aus.

Abb. 3 enthält eine grobe graphische Darstellung der Geldflüsse für die Region Müstair. Beachtenswert ist bereits hier die große Verflechtung mit dem Rest der Welt, also über die direkt angrenzenden Regionen Vinschgau und Unterengadin hinaus.

Die analytische Bearbeitung der Input-Output-Tabelle erfolgt, indem die quadratische Matrix der regionalen Vorleistungsverflechtungen invertiert wird (Leontief-Inverse). Daraus lassen sich Multiplikatoren berechnen, die aufzeigen, welche relativen Effekte branchenspezifische Nachfrageänderungen auf andere Branchenumsätze, den Umsatz der Gesamtregion, die regionale Wertschöpfung oder die regionale Arbeitsnachfrage haben. Diese Werte sind zwischen den Branchen vergleichbar und erlauben das Erstellen von Prioritätenlisten, woraus regionalpolitisch motivierte Maßnahmen bezüglich Effizienz, Effektivität und Einkommenswirkung geprüft werden können. Daneben müssen aber auch die Abhängigkeiten der Branchen voneinander und von der allgemeinen regionalen Konjunktur berechnet werden, um Hinweise über Anfälligkeiten der Branchen zu erhalten.

Abb. 3: Bild der Geldflüsse. (Quelle: BUCHLI 2002)

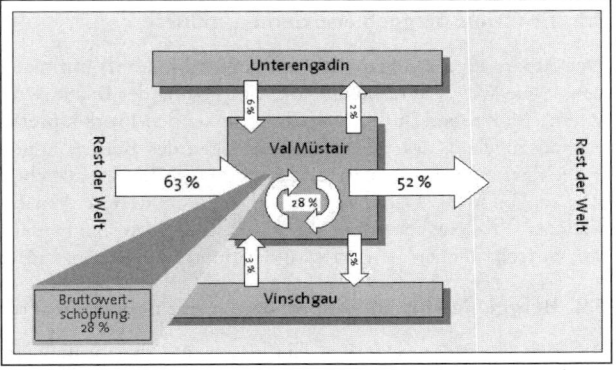

Tab. 2 bringt Einflussstärken und Abhängigkeiten der Branchen bezogen auf die regionale Beschäftigung mit einer Linkage-Analyse zusammen. Wird die Analyse anhand relativer Linkages ausgeführt, wird der Effizienz mehr Beachtung geschenkt. Werden hingegen, wie hier vorliegend, absolute Linkages verwendet, interessiert man sich für die Effektivität der Branchen zur Entwicklung von Arbeitsmärkten. Die Landwirtschaft belegt bezüglich Eignung als Beeinflusser zum Wachstum der regionalen Beschäftigung einen Spitzenrang, obwohl sie absolut nicht am meisten Beschäftigte aufweist. Diese Eigenschaft rührt daher, dass man auf stabile Absatzkanäle vertrauen kann, gleichzeitig aber auf der Bezugsseite zur Produktion regional stark verflochten ist und vorwiegend die Beschäftigung da beeinflusst, wo einheimische Arbeitskräfte eingestellt werden.

		Abhängigkeit (*Forward Linkage*)	
		Stark (>1)	Schwach (<1)
Einflussstärke (*Backward Linkage*)	Stark (>1)	**Knotenpunkte** • Dienstleistungen • Hoch- und Tiefbau	**Beeinflusser** • Landwirtschaft • Tourismus/Gastgewerbe • Öffentlicher Sektor
	Schwach (<1)	**Mitläufer** • Detailhandel/Nahrungsmittel • Gewerbe	**Autonome** • Energie • Handel

Tab. 2: Kombinierte „Linkage"-Analyse (Beschäftigung absolut). (Quelle: BUCHLI 2002)

Stabiles Entwicklungspotential weisen auch der Tourismus und der öffentliche Sektor auf, beide mit hohen regionalen Bezügen bei gleichzeitig von der Regionalwirtschaft losgelösten Absatzmärkten. Umgekehrt ist der Detailhandel sehr stark abhängig von der Nachfrage der übrigen Branchen bzw. von den dort ausbezahlten Einkommen an die einheimische Bevölkerung, währenddessen die Warenbezüge vorwiegend außerhalb des Müstair getätigt werden.

Stellt das Ziel einer regionalpolitischen Maßnahme ein Beschäftigungswachstum dar, bieten sich die Beeinflusser-Branchen als die effektivsten Empfänger für beispielsweise Investitionsbeihilfen mit nachfragesteigernden Wirkungen an.

5 Verbindung der Agrarpolitik mit einer neuen regionalen Förderungspolitik

5.1 Erwartete berggebietsexterne Einflüsse

Der Agrarsektor der Schweiz wird auch in Zukunft mit neuen Anpassungen zu rechnen haben. Neue WTO-Agrarbeschlüsse, Umsetzung der Bilateralen Verträge mit der EU, aber auch interne Marktüberschüsse werden zu sinkenden Produktpreisen führen. Innenpolitisch ist davon auszugehen, dass die Direktzahlungen des Bundes ungefähr gleich bleiben werden. Die Folge davon wird sein, dass der Agrarsektor über zusätzliche Strukturanpassungen seine Kosten senken muss. Damit verbunden sind eine weitere Abnahme der Anzahl Betriebe und ein weiteres Größenwachstum. Mit Strukturhilfen im landwirtschaftlichen, aber auch im nichtlandwirtschaftlichen Bereich wird der Bund solche Anpassungen unterstützen.

5.2 Berggebietsinterne Anpassungen mit neuen Förderungsmaßnahmen

Aus den erwarteten externen Einflüssen und den bisherigen Entwicklungen kann vermutet werden, dass die agrarische Funktion weiterhin stark rückläufig wird. Ebenso kann davon ausgegangen werden, dass die touristische Bedeutung eher abnimmt. Der Alpenraum wird, wenn er gut erschlossen ist, immer mehr zum Wohnraum. In schlecht erschlossenen Regionen hingegen verschärft sich die Situation.

Peter RIEDER, Birgit KOPAINSKY, Simon BUCHLI und Benjamin BUSER

Für den *Agrarsektor* bedeutet dies, dass unternehmerisch geführte Betriebe in ständig geringerer Anzahl pro Dorf durch großflächige Bewirtschaftung der Landschaft oder durch die Herstellung von Spezialitäten eine gesicherte Zukunft haben werden. Daraus ergeben sich nun Folgerungen zur Erhaltung der *dezentralen Besiedlung*. Diese ist an eine minimale Dorfgröße geknüpft, von der die Landwirte ihrerseits abhängig sind. Es werden „Neue Dörfer" mit einer funktionsfähigen Größe und mit wirtschaftlicher Diversität entstehen müssen. Aus den *movingAlps*-Ergebnissen wissen wir, dass darunter auch Exportbranchen sein müssen, um eine minimale wirtschaftliche Basis zu erreichen. Denn eine solche ist nötig für das Funktionieren des sozialen und kulturellen Lebens in den abgelegenen Dörfern. Je größer und funktionsfähiger Dörfer sind, umso mehr wird es auch möglich sein, dass Landwirte als Zuerwerb, einzeln oder genossenschaftlich, öffentliche Funktionen (Pflege gefährdeter Gebiete, Infrastrukturarbeiten oder spezialisiertes Gewerbe) auf Dorfebene übernehmen können. Es dürfte unumgänglich sein, manche Streusiedlungen und manchen Weiler aufzugeben, um dem Dorfleben im wirtschaftlichen, sozialen und kulturellen Sinne in größeren Siedlungen Auftrieb zu geben.

Literatur

ANDERHALDEN, S. / GIULIANI, G. / RIEDER, P. (2001): Gemeindetypisierung des Südalpenraums. – Zürich.
BUCHLI, S. (2002): Die wirtschaftliche Zukunft des Val Müstair. Regionalwirtschaftliche Analyse des Val Müstair anhand eines Input-Output-Ansatzes. [Diplomarbeit, Institut für Agrarwirtschaft, ETH Zürich]
FLURY, C. (2002): Zukunftsfähige Landwirtschaft im Alpenraum. Entwicklung von Nutzungsstrategien für den Kanton Graubünden auf der Basis eines Sektormodells. (= Schriftenreihe nachhaltige Land- und Forstwirtschaft im Alpenraum, 4). – Kiel.
RIEDER, P. (1998): Auswirkungen eines EU-Beitritts auf die schweizerische Agrarpolitik und Landwirtschaft. (= Schriftenreihe Institut für Agrarwirtschaft, 2/98, ETH Zürich). – Zürich.
RIEDER, P. / ANWANDER PHAN-HUY, S. (1994): Grundlagen der Agrarmarktpolitik. – Zürich.

Theo SCHNIDER (Schüpfheim)

UNESCO Biosphäre Entlebuch / Schweiz: Dialog- und Kooperationsbereitschaft als Schlüssel zu intelligentem Wachstum

„Erhalten, Entwickeln und Kooperieren" ist die langfristige Ausrichtung des Biosphärenreservats Entlebuch. Damit soll die einzigartige, geschützte Natur- und Kulturlandschaft, speziell die Moorlandschaften und Karstgebiete, erhalten und gleichzeitig eine nachhaltige Regionalentwicklung realisiert werden. Mit einem Kooperationsmodell wird ein nachhaltiges Wachstum und Wohlstand für das Entlebuch ermöglicht. Die Netzwerk-Methode, verknüpft mit den Erfahrungen aus dem Entlebuch-Prozess, macht das Modell für andere Regionen reproduzierbar.

1 Eine einzigartige Kultur- und Naturlandschaft

Bedingt durch Topographie, Boden, Klima und Erschließung weist das Entlebuch suboptimale Standorteigenschaften für Landwirtschaft, Industrie und Gewerbe auf. Was das Landschaftsbild sowie die Pflanzen- und Tierwelt betrifft, verfügt die Kulturlandschaft Entlebuch über Besonderheiten von (inter-)nationaler Bedeutung. Weite Teile des Entlebuchs werden von wertvollen und vielseitigen Lebensräumen geprägt. Dazu gehören insbesondere extensiv genutzte Grünland-Ökosysteme, Hoch- und Flachmoore, Auenwälder entlang der Kleinen Emme und der Grossen Entlen, Heckenlandschaften und naturnahe Wälder in großflächiger und abwechslungsreicher Ausdehnung.

Das Biosphärenreservat Entlebuch umfasst die acht Gemeinden des Planungsgebiets des Regionalplanungsverbands (Marbach, Escholzmatt, Flühli-Sörenberg, Schüpfheim, Hasle, Entlebuch, Romoos, Dopplschwand), ist 395 km^2 groß und zählt 17.000 Einwohner.

2 Das Biosphärenreservat Entlebuch

Das RegioPlus-Projekt (1998 bis 2001) des Regionalplanungsverbands Amt Entlebuch verfolgte das Ziel, im Entlebuch ein UNESCO Biosphärenreservat zu errichten. Auf der Grundlage der regionalen Besonderheiten und Ressourcen des Entlebuchs und der angrenzenden Gebiete soll eine dauerhafte wirtschaftliche Entwicklung mit einem nachhaltigen Wachstum angestrebt werden. Mit der Inkraftsetzung der kantonalen Moorschutzverordnung, den Pflegeverträgen und der Ausscheidung der Kern- und Pflegezonen einerseits, mit dem Aufbau einer Abteilung Regionalwirtschaft und den Arbeitsgruppen für Produktemarketing andererseits wurde die Basis für die Umsetzung dieses Modells geschaffen.

Der bisher bedeutendste Meilenstein auf dem Weg zum Biosphärenreservat Entlebuch wurde im Jahre 2000 gelegt. In allen acht betroffenen Gemeinden der Region haben die Bürgerinnen und Bürger an außerordentlichen Gemeindeversammlungen dem Vorhaben mit sensationellen 94% sehr deutlich zugestimmt. Die Perspektive für die Zukunft, Partizipation der Bevölkerung, außergewöhnliche Kommunikation sowie überzeugende Argumente waren wichtige Erfolgsfaktoren dieses Projekts.

Nach der Zustimmung durch die Regierung des Kantons Luzern und den Bundesrat erkannte die UNESCO das Biosphärenreservat Entlebuch in der Bürositzung vom 20. September 2001 an. Das beratende Komitee des Internationalen Koordinationsrats (ICC) des Programms „Man and Biosphere" stimmte dem Prozess im Biosphärenreservat Entlebuch zu. Es beglückwünschte die Verantwortlichen zum höchst demokratischen Prozess der Etablierung des Biosphärenreservats Entlebuch, zur umfassenden Vision, die für das Management angewandt wurde sowie zum Vorgehen, indem die Gemeinden gemeinsam dem Biosphärenreservat zustimmten und die finanzielle Unterstützung zusicherten. Die UNESCO schlägt vor, dass das Entlebucher Modell der Mitwirkung der Bevölkerung publiziert und den anderen Biosphärenreservaten weltweit zur Verfügung gestellt wird. Heute ist die Region einer der größten und kompetentesten Anbieter von naturkundlichen Exkursionen der Schweiz und hat in der Vermarktung von regionalen Produkten und Dienstleistungen eine große Erfahrung aufzuweisen.

3 Geschützte Herkunftsmarke als Botschafter einer besonderen Idee

Das Label „ECHT ENTLEBUCH" bietet nicht nur dem Tourismus, sondern sämtlichen Anbietern von ursprünglichen und innovativen Produkten und Dienstleistungen aus dem Entlebuch eine ideale Plattform für die Vermarktung und Imageförderung. Die Marke ist nichts anderes, als was man sich vorstellt, was sie ist. Man kauft Nivea-Creme mit der genauen Vorstellung davon, wie sie pflegt. Man besucht das Biosphärenreservat Entlebuch hoffentlich bald mit der klaren Vorstellung davon, wie gut der Aufenthalt in dieser besonderen Region tut. Eine Marke ist Vertrauen, aber auch Lebensstil, Innovation, Vitalität und Ausdruck von Ehrlichkeit und Authentizität. Heute werden unter dem Label „ECHT ENTLEBUCH" bereits 350 verschiedene Produkte aus der Region auf dem Markt angeboten: von Möbeldesign, Kunsthandwerk, Milch- und Fleischprodukten bis hin zu Gemüse, Eier, Gartenmöbel oder Komposterde.

4 Kooperationsmodell als Strategie für nachhaltiges Wachstum

Die Wertschöpfung des Entlebuchs soll langfristig verbessert und in ein nachhaltiges Wachstum münden. Durch ein nachhaltiges Wachstum, bei dem also weder Wirtschaft, Umwelt oder Gesellschaft auf Kosten der anderen wachsen oder profitieren, soll das Potential der Landschaft langfristig für die regionale Wertschöpfung erhalten und gesteigert werden.

Die nachhaltige Entwicklung im Entlebuch wird angestrebt, indem regionale Strukturen geschaffen und Kooperationen innerhalb der Branchen, zwischen den Branchen sowie mit anderen Regionen aufgebaut und vernetzt werden. Damit werden die regionalen Stoffkreisläufe verbessert und die Wertschöpfung erhöht. Das langfristige Wachstum soll demnach durch die Ressourceneffizienz und das Innovationspotential in den Netzwerken sichergestellt werden. Es muss möglich sein, die Identifikation der Bevölkerung mit „ihrem" Biosphärenreservat zu fördern und breite Kooperationen auszulösen. Bewusste, zielgerichtete Partnerschaften sind aufzubauen und zu pflegen. Es geht darum, gemeinsame Werte zu schaffen und nicht Werte zu vernichten. Diese Wertsteigerung ist notwendig, damit Räume wie das Entlebuch ihre Wettbewerbsfähigkeit über die Zukunft aufrechterhalten können.

Ein nachhaltiger und erfolgreicher Veränderungsprozess bedarf der ständigen Beobachtung und Steuerung. Der Dialog muss auf Kooperation aufgebaut sein. Dieser kontinuierliche Dialog verlangt viel Verständnis für regionale Anliegen und großes Feingefühl im Umgang mit den Betroffenen. Das Regionalmanagement ist als professionelle Drehscheibe für Moderation, Koordination, Controlling und Marketing zuständig. Nachhaltigkeit kann nicht vom Staat verordnet werden. Gefragt ist ein Dialog aller relevanten Akteure und der Wille, sich auf einen gemeinsamen Such-, Lern- und Erfahrungsprozess einzulassen. Die Kehrseite oder der Preis von Netzwerken sind die geringe Sicherheit, hochgradige Personenabhängigkeit und die Gefahr einer Überkomplexität. Netzwerke befinden sich also in einem Dauerdilemma zwischen Autonomie und Abhängigkeit, Kontrolle und Vertrauen, Kooperation und Wettbewerb, Vielfalt und Einheit, Stabilität und Fragilität, Formalität und Informalität.

Genau hierin – in diesem Dauerdilemma – liegt aber auch der Grund für die große Potenz. Netzwerkarbeit ist anspruchsvoll und bedingt eine Dauerbearbeitung. Sobald die Motivation abnimmt, beispielsweise an gemeinsamen Treffen teilzunehmen, ist das Netzwerk zum Scheitern verurteilt.

Das Modell Entlebuch wird reproduzierbar, weil methodisch vorgegangen wird. Das methodische Vorgehen macht durch stete Vereinfachung und Optimierung das Vorgehen für andere Regionen attraktiv und leicht umsetzbar. Dadurch kann ebenfalls die Eigendynamik entstehen, die erforderlich ist, um in einer globalen Perspektive Wirkung zu erzielen.

Es suchen viele innovative Unternehmer nach praktikablen Konzepten, um globales Denken mit lokalem Wirtschaften zu verbinden, das Entlebuch soll hier weitere Lösungen aufzeigen und zum eigentlichen Vorbild werden. Dazu muss ein viel breiteres gesellschaftliches Bewusstsein geschaffen werden. Der Weg in den neuen Fortschritt ist nicht die Aufgabe von einer Handvoll Propheten, sondern von Tausenden wirtschaftlich und kulturell aktiver Menschen.

5 Kernsätze

- Regionale Identität, gemeinsame Kultur, gemeinsame Erfahrungen stellen ein großes Entwicklungspotential dar.
- Wir können nicht so weitermachen und die Natur als Steinbruch betrachten, an dem wir uns nach Belieben bedienen, bis er aufgebraucht ist.
- Dialog- und Kooperationsbereitschaft sind der Schlüssel zu einem neuen Markt, zu neuem intelligenten Wachstum.
- Nachhaltigkeit ist keine konsensstiftende Leerformel. Nachhaltigkeit ist anspruchsvoll und anstrengend.
- Das Zauberwort des touristischen Marketings heißt Authentizität.

Rainer SIEGELE (Mäder)

Möglichkeiten und Grenzen des Gemeindenetzwerks „Allianz in den Alpen"

Beim Gemeindenetzwerk „Allianz in den Alpen" geht es darum, den Lebensraum Alpen für ihre Bewohner und deren Nachkommen zu sichern. „Allianz in den Alpen" will eine Aufbruchstimmung in Richtung nachhaltiger Alpennutzung erzeugen.

1   Entstehung des Gemeindenetzwerks „Allianz in den Alpen"

Am Anfang stand die Idee, die Alpenkonvention konkret werden zu lassen. Die Alpenkonvention ist ein internationales Übereinkommen zum Schutz des Naturraums und zur Förderung der nachhaltigen Entwicklung in den Alpen. Die Konvention legt ferner großes Augenmerk auf die Sicherung der wirtschaftlichen und kulturellen Interessen der einheimischen Bevölkerung in den Unterzeichnerstaaten. Die Rahmenvereinbarung wurde 1991 von den sieben Alpenstaaten (Deutschland, Frankreich, Italien, Slowenien, Fürstentum Liechtenstein, Österreich, Schweiz und Monaco) sowie der Europäischen Union unterzeichnet.

Von den 13 vorgesehenen Protokollen wurden bisher neun (Raumplanung und nachhaltige Entwicklung, Naturschutz und Landschaftspflege, Berglandwirtschaft, Bergwald, Bodenschutz, Tourismus und Freizeit, Energie, Verkehr und Streitbeilegung) unterzeichnet. Die Protokolle Bevölkerung und Kultur, Wasserhaushalt, Luftreinhaltung und Abfallwirtschaft sind noch nicht abgeschlossen. Seit 18. Dezember 2002 sind die unterzeichneten Protokolle in Deutschland, Liechtenstein und Österreich in Kraft. Die Alpenkonvention geht von oben, von der staatlichen Ebene aus.

Umsetzungen kamen von dort bisher aber kaum. Daher sollte mit dem Netzwerk „Allianz in den Alpen" der Versuch unternommen werden, die Alpenkonvention dort umzusetzen, wo der Einzelne mitgestalten kann – auf der Ebene der lokalen Gemeinde. Um diesem Versuch die erforderliche Stärke zu geben, sollte sich das Netzwerk über den gesamten Alpenbogen spannen (vgl. Abb. 1).

Das Alpenforschungsinstitut (AFI) in Garmisch-Partenkirchen und CIPRA International initiierten daraufhin ein Pilotprojekt, an dem sich eine Gemeinde aus Liechtenstein, je sechs deutsche und Schweizer Gemeinden, sieben Gemeinden aus Italien, vier österreichische, zwei slowenische und eine französische Gemeinde beteiligten. Die Pilotphase dauerte vom Frühjahr 1996 bis in den Herbst 1997 und wurde mit Mitteln des Europäischen Strukturfonds über das EFRE-Programm unterstützt. Dabei wurde gemeinsam von Betreuern und Gemeinden ein Öko-Audit-Verfahren entwickelt. Gleich von Anfang an wurde der internationale Austausch gepflegt. Im Oktober 1997 fand die Gründung eines Vereins, übrigens nach deutschem Recht mit Sitz in Bad Reichenhall, statt. Der Verein nahm sehr rasche eine positive Entwicklung (vgl. Tab. 1).

GAMERITH, W. / MESSERLI, P. / MEUSBURGER, P. / WANNER, H. (Hrsg.) (2004): Alpenwelt – Gebirgswelten. Inseln, Brücken, Grenzen. Tagungsbericht und wissenschaftliche Abhandlungen. 54. Deutscher Geographentag Bern 2003. 28. September bis 4. Oktober 2003. – Heidelberg, Bern. 393-396.

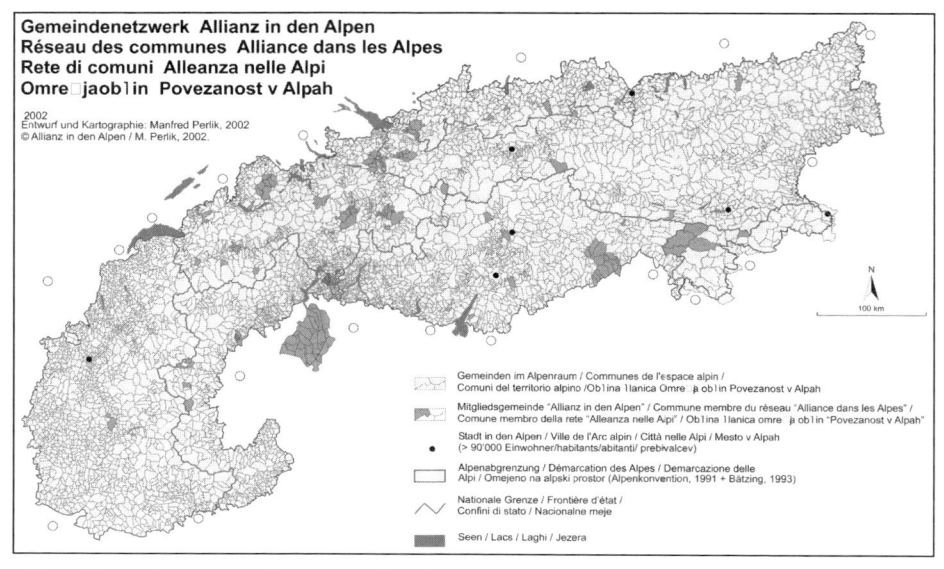

Risikomanagement und Nachhaltigkeit in Gebirgsräumen

Abb. 1: Gemeindenetzwerk „Allianz in den Alpen"

Jahr	Zahl der Mitglieder	Zahl der Gemeinden
1997	27	41
1998		46
1999		58
2000		105
2001		118
2002		138
2003	66	161

Tab. 1: Mitgliederentwicklung der „Allianz in den Alpen". Die Differenz zwischen Mitgliedern und beteiligten Gemeinden erklärt sich aus der Tatsache, dass es auch die Möglichkeit gibt, als Talschaft oder Region Mitglied zu werden.

2 Ziele und Elemente des Gemeindenetzwerks „Allianz in den Alpen"

Das Netzwerk will gemeinsam mit den Bürgern den alpinen Lebensraum zukunftsfähig entwickeln. Es sucht dabei einen Ausgleich zwischen wirtschaftlicher Entwicklung und Naturschutz. Im Prinzip entsprechen alle Projekte der „Allianz in den Alpen" der 1991 in Rio beschlossenen Agenda 21. Das Netzwerk forciert den Erfahrungs- und Informationsaustausch mit anderen Gemeinden aus dem Alpenbogen.

Im Erfahrungsaustausch mit diesen der Nachhaltigkeit verpflichteten Gemeinden erhält man nicht nur neue Denkanstöße, oft sind es komplette Problemlösungen. Durch die Vereinsmitgliedschaft gibt es auch kostengünstige fachliche Unterstützung durch Projektbetreuer und, wo diese nicht helfen können, die Vermittlung zu Fachleuten.

Rainer SIEGELE

Die Vertreter von gut 160 Gemeinden mit einer Fläche von über 5.400 km² können natürlich nicht ständig in persönlichen Kontakt miteinander treten, obwohl dieser überaus wichtig ist. Daher werden mindestens zweimal jährlich internationale Tagungen organisiert, auf denen mittels Simultanübersetzung für die Überwindung der Sprachbarrieren gesorgt wird. Damit dieser Erfahrungsaustausch über die Sprachgrenzen hinaus funktioniert, veranstaltet die „Allianz in den Alpen" Workshops, Tagungen und Exkursionen – selbstverständlich mit den dabei notwendigen Übersetzungsleistungen. So wurden in den letzten sieben Jahren zahlreiche Veranstaltungen durchgeführt (vgl. Tab. 2).

Jahr	Themen	Ort / Staat
2003	Qualitätstourismus – Wirtschaftlicher Erfolg	Allgäu (D)
2002	Nachhaltiger Tourismus	Saalgesch (CH)
2002	Vom Käse, der vernetzt, und vom Holz, das verbindet	Vorarlberg (A)
2001	Raumplanung und Verkehr	Schaan (FL)
2001	Schutzgebiete	Frankreich (F)
2001	Ländlicher Tourismus	Comeglians (I)
2000	Programm Interreg	Großraming (A)
2000	Wasser	Bad Reichenhall (D)
2000	Tourismus	Slowenien (SLO)
1999	Naturschutz	Naturns (I)
1999	Tourismus – Landwirtschaft	Italien (I)
1998	Wasser-Energie, Tourismus-Berglandwirtschaft-Verkehr	Oberstaufen (D)
1998	Bergwald, Energie	Schweiz (CH)
1997	Alpen – Gemeinde – Nachhaltigkeit	Bovec (SLO)
1996	Öko-Audit in Alpengemeinden	Vals (CH)
1996	Öko-Audit in Alpengemeinden	Innsbruck (A)

Tab. 2: Veranstaltungen der „Allianz in den Alpen", 1996 bis 2003

Die Logistik ist eine der Hauptaufgaben, die von der Vereinsführung zu bewältigen ist. Daher wurden zwei zusätzliche viersprachige (deutsch, französisch, italienisch und slowenisch) Informationsschienen aufgebaut.

Die traditionelle Schiene ist das Netzwerk-Info, die Mitgliederzeitung, die zweimal jährlich erscheint. Gleich von Anfang an wurde aber auch das elektronische Medium Internet eingesetzt. Hier gibt es nicht nur Zugang zu allen Mitgliedsgemeinden – auch eine Beispielsammlung von über 200 „das Überleben im Alpenraum sichernden" Projekten wurde angelegt. Ein Terminkalender ist ebenso Bestandteil wie allgemeine Alpeninformationen.

Im gesamten Projekt geht es vor allem um den Zugang zu Information. Der Verein hat derzeit ein Jahresbudget von rund € 90.000,--. Damit ist die Informationsarbeit auf der Ebene der Mitglieder gesichert. Eine darüber hinausgehende Unterstützung der Mitglieder bei der Öffentlichkeitsarbeit ist jedoch nicht möglich. Das hat auch eine Untersuchung des Schweizer Bundesamts für Raumentwicklung im Frühjahr 2003 über die Tätigkeit des Vereins in den letzten Jahren ergeben.

Derzeit startet das Gemeinde-Netzwerk „Allianz in den Alpen" mit der Gemeinde Mäder (Vorarlberg, Österreich) als Leadpartner und 53 weiteren Partnern (Gemeinden und Regionen) aus der Schweiz (17), Liechtenstein (1), Deutschland (8), Italien (11), Slowenien (2) und

Österreich (15) das Projekt *DYNALP* im Rahmen des EU-Programms *Interreg IIIB* „Alpenraum" mit einem Gesamtkostenrahmen von 2,1 Mio. €.

Mit dem Programm *Interreg IIIB* „Alpenraum" möchte die EU den Alpenraum als zentrale räumliche Einheit stärken und Anregung und Unterstützung einer nachhaltigen Entwicklung über Grenzen hinweg bieten – also genau denselben Zweck wie das Netzwerk verfolgen.

Die *DYNALP*-Partner möchten Projekte im Rahmen der oben genannten Ziele planen und über den Erfahrungsaustausch über sprachliche und kulturelle Grenzen hinweg umsetzen. Die Projekte befassen sich mit der Umsetzung eines oder mehrerer der vier Alpenkonventions-Protokolle Tourismus, Naturschutz und Landschaftspflege, Berglandwirtschaft sowie nachhaltige Entwicklung und Raumplanung.

Die Gemeinden wollen aber nicht nur selbst beispielhaft wirken. Sie wollen auch eine gemeinsame starke Stimme für ein nachhaltiges Bewohnen der Alpen erheben. Den ersten Erfolg erzielte das Netzwerk „Allianz in den Alpen" mit einer Resolution an das italienische Landwirtschaftsministerium, das daraufhin Gesetze und Verordnungen so abänderte, dass eine landwirtschaftliche Direktvermarktung nach wie vor möglich ist. Den größten Erfolg in der Vereinsgeschichte stellt sicher die in Großraming beschlossene Resolution zum Verkehrsprotokoll dar. In dieser Resolution wurden die Umweltminister aufgefordert, bei der Konferenz in Luzern im Herbst 2000 das Verkehrsprotokoll in der vorliegenden Form zu unterfertigen. Die Resolution wurde auf der Ministerkonferenz behandelt. Das Ergebnis der Ministerkonferenz entspricht voll umfänglich der Resolution.

Ein Ziel des Vereins Gemeindenetzwerk „Allianz in den Alpen" ist die weitere Stärkung. Von den 11,2 Mio. Bewohnern der Alpen leben ca. 385.000 in den Mitgliedsgemeinden, das sind knapp 3,5%. Wenn 10% aller im Alpenbogen wohnenden Menschen in einer Mitgliedsgemeinde des Netzwerkes leben, wird die Stimme für eine nachhaltige Nutzung der Alpen soviel Kraft haben, dass sie nicht mehr zu überhören sein wird.

Ein weiteres Ziel des Netzwerks ist vor allem die Verknüpfung mit anderen Netzwerken. Solche Verknüpfungen stellen Mitgliedsgemeinden dar, die in mehreren Netzwerken tätig sind. So ist z. B. Bad Reichenhall, die Alpenstadt des Jahres 2001, eines der Gründungsmitglieder des Netzwerks. Die kleine Gemeinde Mäder, ein weiteres Gründungsmitglied, ist eine der aktiven Klimabündnis-Gemeinden – ein Netzwerk, das zwar nicht den Schutz der Alpen als ursprüngliches Ziel hat, das aber diesen Schutz in seinen Zielen (Schutz des Weltklimas unter dem Motto „Global denken – lokal handeln") implementiert. Einen weiteren Knoten von Netzwerk zu Netzwerk stellen sicher die Gemeinden des Biosphärenparks Entlebuch (Schweiz), aber auch Großraming (Österreich), das eine Nationalpark-Gemeinde ist, dar. Damit wird auch eine Verbindung zu den Biosphären-Reservaten und Nationalparks geschaffen.

Zusammenfassend kann gesagt werden, dass bei der derzeitigen Ausstattung des Netzwerks in personeller und finanzieller Hinsicht hauptsächlich auf die Mitglieder beschränkt agiert werden kann. Auf dieser Ebene wird gute Arbeit geleistet. In der Öffentlichkeit ist das Netzwerk noch zu wenig bekannt. Die Einflussmöglichkeiten auf politischer Ebene sind noch sehr begrenzt.

Gerhard PFANDER (Bern) und Eberhard SCHALLHORN (Bretten)

Leitthema B5 – Ökologische Anliegen im Geographieunterricht

„Ökologie" ist ein schillernder Begriff. Im Alltag begegnet er uns nicht nur in der umweltpolitischen Diskussion allerorten, sondern ist auch in seiner Kurzform „Öko..." allgegenwärtig. Ursprünglich von Ernst Haeckel schon 1866 in die zoologische Begrifflichkeit eingeführt, ist er heute mit sehr unterschiedlichen Bedeutungen von zahlreichen Wissenschaftsdisziplinen adaptiert, insbesondere im Bereich der Bio- und Geowissenschaften. In die Geographie hat der Begriff durch Carl Trolls „Landschaftsökologie" und die geowissenschaftlich geprägte Dresdner Schule um Ernst Neef Eingang gefunden. Die „Ökologie" hat sich inzwischen innerhalb der Geographie zu einer eigenen Forschungsrichtung mit eigenen Lehrstühlen entwickelt.

Welches Fachgebiet aber auch immer den Begriff „Ökologie" benutzt: Im einzelnen wird darunter zwar jeweils Verschiedenes verstanden, im Grundsatz das Forschungsobjekt jedoch immer in einer Gesamtschau von vielen Einzelfaktoren aus Geo- und Biosphäre gesamtheitlich betrachtet. Die ökologische Betrachtungsweise ist eine vernetzende, synthetische, „holistische". Deshalb bezeichnet „Ökologie" nicht nur ein Fachgebiet, sondern kann auch eine Methode kennzeichnen, die in besonderem Maße fachübergreifendes und fächerverbindendes Arbeiten bezeichnet. Das aber ist das Wesen geographischer Arbeitsweise und auch die für die Schulgeographie kennzeichnende und zeitgemäße Methode.

In den Lehrplänen der Schulen erschien der Begriff „ökologisch" in Zusammenhang mit „Erziehung" oder „Bildung" recht zögerlich; im Lehrplan Baden-Württembergs aus dem Jahre 1984 wird beispielsweise im grundsätzlichen Teil noch nicht auf die Notwendigkeit zu ökologischer Betrachtung hingewiesen, wenngleich mit der Formulierung, der Erdkundeunterricht habe die „Aufgabe, dem Schüler das Zusammenwirken raumprägender Faktoren bewusst zu machen", wohl nichts anderes gemeint sein dürfte. Im speziellen Teil des gleichen Lehrplans wird dann aber doch z. B. gefordert, „ökologische Probleme" im Zusammenhang mit der Erschließung von Bodenschätzen in den Polargebieten zu behandeln (Klasse 7). Die naheliegende Formulierung, zumindest Landschaften oder Räume müssten den Schülern insbesondere durch die Methode der „landschaftsökologischen Betrachtungsweise" vermittelt und von ihnen so erarbeitet werden, findet sich nicht.

Die Erkenntnis, dass Ökologie immer auch in Zusammenhang mit Ökonomie und Gesellschaft gesehen werden muss (UN-Konferenz von Rio de Janeiro 1992), hat zu einer Einbeziehung des Ökologie-Begriffs in den Begriff der „Nachhaltigkeit" geführt. Dieser Begriff ist inzwischen in den Neufassungen von Geographielehrplänen „angekommen". Anstatt von „ökologischer" wird aber nun von „synthetischer" Betrachtungsweise gesprochen. Gemeint ist damit nach wie vor die Zusammenschau von vielfältigen Einzelfaktoren, aber nicht mehr nur aus Geo- und Biowissenschaften, sondern auch aus ökonomischen und sozialen Zusammenhängen. Insofern erscheint der Begriff der „nachhaltigen" Betrachtungsweise den der „ökologischen" zukünftig gleichermaßen zu ersetzen wie auszuweiten. Aus „ökologischer Erziehung" wird „nachhaltige Erziehung" – ein Auftrag, der nicht nur dem Schulfach Geographie, sondern der gesamten Erziehung in und außerhalb der Schule zukommt.

„Ökologische Anliegen" im Geographieunterricht bezeichnet also zweierlei: Sowohl das Anliegen, ökologische Inhalte im Geographieunterricht zu behandeln (hier also Inhalte insbesondere aus den Geowissenschaften), als auch die Erfordernis, Inhalte im Geographieunterricht „ökologisch", also fachübergreifend und fächerverbindend, synthetisch und holistisch zu betrachten. Martin Grosjean zeigt, dass sich für beides in besonderem Maße das Klima eignet; Ulli Vilsmaier und Martina Fromhold-Eisebith stellen dar, wie sie die ökologische Methode am Beispiel eines transdisziplinären Lehrprojekts verwirklicht haben. Joachim Vogt bekräftigt, dass die ökologische Betrachtungsweise und ökologische Inhalte gerade im Schulfach Geographie eine besondere fachlich-erzieherische Bedeutung haben, und Volker Wilhelmi weitet den Begriff der Umwelt- oder ökologischen Erziehung zur „Nachhaltigkeitserziehung" aus, die mit der Einbeziehung von Gesellschaft und Wirtschaft zwar schon über die Ökologie und die in engerem Sinne ökologische Methode hinausweist, aber die der Ökologie eigene vernetzende Betrachtungsweise auf einem höheren Schwierigkeitsniveau fortführt.

Martin GROSJEAN (Bern)

Heutige Trends in der Klima- und Klimafolgenforschung: eine neuartige Herausforderung – auch im Unterricht

1 Einleitung

Das Klima und die Klimafolgen sind in mancherlei Hinsicht ein einzigartiges Forschungsgebiet mit neuartigen Herausforderungen und neuen Möglichkeiten für die Wissenschaft, die Gesellschaft im weiten Sinne und somit auch für den Unterricht.

Das globale Klima mit seinen Wechselwirkungen mit terrestrischen und marinen Ökosystemen und den Klimafolgen ist ein hochkomplexes System. Darin gibt es mindestens vier verschiedene Welten mit diametral unterschiedlichen Betrachtungsweisen: In weiten Teilen funktioniert das System nach physikalischen Gesetzen in einer reproduzier- und prognostizierbaren Newton'schen Welt. Das System weist aber auch eine gewisse Portion Stochastik auf, wird durch biologische Prozesse und Evolution im Darwin'schen Sinn gestört, und in zunehmendem Maß durch den Menschen mit seinen rationalen und irrationalen Begleiterscheinungen sowie der nicht-reproduzierbaren historischen Entwicklung der Geschichte beeinflusst. Wie bringen wir diese vier Welten von völlig unterschiedlicher Wesensart in einem ganzheitlichen System mit integraler Betrachtungsweise zusammen?

Das Klimasystem ist eine globale Erscheinung, an der die Ozeane, die Kontinente, die Atmosphäre und der Weltraum beteiligt sind. Wie können wir der Vielfalt an Komponenten, die alle miteinander über verschiedene räumliche und zeitliche Skalen und verschiedene Prozesse in Wechselwirkung stehen, gerecht werden? Es gibt grundsätzlich zwei Betrachtungsweisen (HARTE 2002): 1. Die Newton'sche Betrachtungsweise, in der vermehrtes Wissen zu neuen Gesetzen, zur Vereinfachung und damit zu Kongruenz führt. 2. Die darwinistische Betrachtungsweise, welche die Nicht-Reproduzierbarkeit, die Sonderfälle, die Einmaligkeit von Beobachtungen und die Zufälligkeit betont, was letztlich zu einer Fragmentierung des Wissens führt. Obschon die Argumentation vom Blickwinkel der Physik, Biologie, Erd-, Sozial- und Wirtschaftswissenschaft ganz unterschiedlich ausfallen wird, sind diese Disziplinen durch den gemeinsamen Forschungsgegenstand „Das globale Klimasystem" unzertrennlich aufeinander angewiesen.

Klimawissenschaft ist eines der dynamischsten Forschungsfelder überhaupt. Das Wissen verdoppelt sich innerhalb weniger Jahre. Wie bewältigen wir den Wissenszuwachs, wie verwalten wir das Wissen? Was wollen oder sollen wir wissen? Und wie vermitteln wir das am besten?

Das Klima und die Klimafolgen sind global und generationenübergreifend, emotional belegt und relevant, täglich für jede Person, für ganze Wirtschaftszweige, für lokale bis internationale Gemeinschaften. Anders als andere Fachgebiete hat die Klimaforschung einen klaren Auftrag von der Gesellschaft: unter anderem Erkenntnisse zu liefern, wann „gefährliche anthropogene Störungen des Klimasystems" auftreten (IPCC 2001). Das heißt, die Klimaforschung muss zielorientiert arbeiten, sich an der realen Welt orientieren, klar und kompetent kommunizieren. Hier sind sowohl die Forschung wie auch Bildungsinstitutionen auf allen Ebenen gefordert.

Diese vier Besonderheiten geben den Rahmen für die folgenden Ausführungen. Ich werde zuerst kurz die moderne „Klima- und Klimafolgenforschung" thematisch umreißen und in einem kurzen Überblick einige der neuen Erkenntnisse, die Brennpunkte und Forschungsprioritäten streifen. Anhand von zwei unterschiedlichen Beispielen werde ich aufzeigen, wie Klima- und Klimafolgenforschung funktioniert, welche Werkzeuge zur Verfügung stehen und welche komplexen methodischen Schritte notwendig sind, um verständliche Aussagen für die zukünftige Klimaentwicklung machen zu können. Die klare Botschaft ist letztlich das, was interessiert. Zum Schluss leite ich einige Aspekte ab, die meiner Meinung nach für den Unterricht relevant sind.

2   Klima- und Klimafolgenforschung heute: Neue Erkenntnisse und Prioritäten

Es stellen sich drei Grundfragen:

1. Wie verhält sich das Klima natürlicherweise, d. h. ohne Mensch?
2. Wie verändert der Mensch das Klima?
3. Welches sind die Folgen für Umwelt und Mensch in der Zukunft?

Diese drei Fragen stehen in einer logischen Hierarchie, die Reihenfolge ihrer Beantwortung ist nicht austauschbar. Die Fragen 2 und 3 werden von der Gesellschaft an die Wissenschaft gestellt. Die erste Frage hat sich die Wissenschaft selbst gestellt, denn sie ist Voraussetzung zur Beantwortung der beiden anderen Fragen.

Die drei Fragen implizieren drei Dinge:

Erstens müssen wir uns mit der Vergangenheit auseinandersetzen, um herauszufinden, welches die natürliche Variabilität des Klimas auf verschiedenen Zeitskalen ist, wie, weshalb, in welcher Bandbreite und wie schnell sich das Klimasystem natürlicherweise ändert. Zweitens müssen wir die natürlichen Antriebsfaktoren für Klimaänderungen kennen und sie von den vom Menschen verursachten Antriebsfaktoren quantitativ trennen können. Drittens müssen wir verlässliche Kenntnisse über die Funktionen und Wechselwirkungen zwischen dem Klima und Ökosystemen (Mensch immer eingeschlossen!) haben und über leistungsfähige Modelle verfügen. Die Modelle müssen in der Lage sein, sowohl Beobachtungen und Entwicklungen in der Gegenwart und aus der Vergangenheit vertrauensvoll nachzubilden, wie auch auf Grund von Szenarien menschlicher Aktivitäten Projektionen bezüglich Klima und seinen Folgen für die Zukunft zu machen.

Damit sind inhaltlich vier Schwerpunkte gegeben, die sich in den meisten der heutigen nationalen und internationalen Programme widerspiegeln: zum Beispiel in Deutschland DEKLIM (2003), CICERO (2003) in Norwegen, TYNDALL CENTRE (2003) in England, NCCR CLIMATE (2003) in der Schweiz, das *US Climate Change Science Programme* (US CCSP 2003) und auf internationaler Ebene WCRP-CLIVAR (2003). Die Programme umfassen die vier Schwerpunkte „Klima der Vergangenheit", „Heutiges und zukünftiges Klima", „Klimafolgen auf natürliche und anthropogene Ökosysteme", sowie die „wirtschaftlichen und gesellschaftlichen Risiken".

Damit sind auch die Forschungsprioritäten gegeben:

1. *Zeitlich hochaufgelöste Rekonstruktionen des Klimas der Vergangenheit*: Natürliche Variabilität, natürliche Antriebsfaktoren (Sonne, Vulkane, Treibhausgase THG), extreme Ereignisse (Statistik, Folgen), nicht-lineare Prozesse (stochastische Resonanz, Hysterese) sowie rasche Klimaänderungen.
2. *Globales Klimasystem*: Sensitivität, Antriebsfaktoren (insbesondere die Wirkung der Aerosole ist kaum bekannt), Rückkoppelungen, Schwellenwerte und Bifurkationspunkte.
3. *Klima und Ökosysteme*: Globaler Wasserkreislauf, globaler Kohlenstoffkreislauf, N-, P- und Fe-Kreisläufe.
4. *Mensch und Klima*: Der Einfluss des Menschen auf das regionale und globale Klima, Anpassung und Verminderung (*adaptation and mitigation*).
5. *Zukunftsperspektiven*: Reduzierung der Unsicherheiten und Umgang mit Unsicherheiten.

Als kritische Gebiete des Planeten Erde zeigen sich die polaren Eisschilde, der tropische Regenwald, die boreale Zone, die thermohaline Zirkulation insbesondere im Nordatlantik, der zirkumpazifische Raum mit ENSO, das afrikanisch-asiatische Monsunsystem sowie der Wasserkreislauf auf den Kontinenten. Ausgezeichnete Zusammenfassungen der neuesten Erkenntnisse und weiterführende Literatur sind unter der *webpage* von ProClim vorhanden http://www.proclim.unibe.ch/IPCC2001.html.

3   Über den Bildungswert des „Globalen Klimasystems": zwei Beispiele

Anhand von zwei typischen Beispielen soll nun gezeigt werden, wie Klimawissenschaft heute funktioniert, welche methodischen Schritte in logischer Reihenfolge zusammengefügt werden müssen und welche Werkzeuge wir zur Verfügung haben, um die drei Grundfragen (vgl. Abschnitt 2) adäquat beantworten zu können. Im Wesentlichen sind fünf methodische Schritte notwendig, die in hierarchischer Abstufung und Reihenfolge durchschritten werden müssen:

1. Beobachten und Messen, Analysieren und Interpretieren in der Gegenwart.
2. Verallgemeinerung und Systematisierung von Einzelbeobachtungen, Ausarbeiten von Gesetzmässigkeiten, Bestimmen von Unsicherheiten und der Stochastik.
3. Modellbildung auf verschiedenen räumlichen und zeitlichen Skalen (mikro- bis globale Skala).
4. Verifizieren der Modelle an der Gegenwart und der Vergangenheit, Testen der Sensitivität mit Experimenten.
5. Szenarienbildung und Anwenden der Modelle für Projektionen in die Zukunft.

Die Beispiele sollen auch zeigen, wie die Klimawissenschaft Möglichkeiten zum Erlernen von Fähigkeiten und Fertigkeiten bietet, die weit über traditionelle „geographische Fähigkeiten" hinausgehen, ja sogar fundamentale Bausteine generellen wissenschaftlichen und intellektuellen Arbeitens darstellen. Insbesondere der letzte, fünfte Schritt setzt einen kompetenten und vertrauten Umgang mit komplexen Systemen voraus, ermöglicht einen Blick in die Zukunft und somit einen verantwortungsvollen Umgang mit „Handeln unter unsicheren Bedingungen". Dies sind Kompetenzen, die vom Fach Geographie vermittelt werden können und die in jeder Führungsposition dringend notwendig sind.

3.1 Beispiel 1: Die Wasserdampf-Rückkoppelung (Stufen 1 bis 4)

Zur Beantwortung der Frage, welchen Anteil der Mensch an der heutigen globalen Erwärmung verursacht, sind genaue quantitative Kenntnisse aller Antriebsfaktoren (Sonne, Vulkane, THG etc.) sowie über deren Wechselwirkungen notwendig. Wasserdampf ist das wichtigste Treibhausgas, und wir formulieren in unserem Beispiel die Hypothese, dass durch eine Erwärmung der Atmosphäre mehr Wasserdampf in der Luft vorhanden ist, somit die Treibhauswirkung verstärkt wird, was wiederum zu einer Temperaturzunahme und einem weiteren Anstieg von Wasserdampf in der Atmosphäre führt: ein klassisches Beispiel einer positiven Rückkoppelung und eines sich selbst verstärkenden Effekts.

Ausgehend vom Laborexperiment (Stufe 1) lässt sich zeigen, dass unter gewissen Bedingungen warme Luft bei gleichbleibender relativer Luftfeuchte mehr Wasserdampf besitzt als kalte Luft (Clausius-Clapeyron-Beziehung C-C, +6%/K). Mittels globaler Klimamodelle, einer mathematischen Darstellung physikalischer Prozesse im globalen Klimasystem lässt sich zeigen, dass sich die Clausius-Clapeyron-Beziehung nicht nur vom Laborexperiment auf den globalen Maßstab übertragen lässt, sondern auch dass die Modelle in der Lage sind, den Wasserdampfgehalt der Atmosphäre bei steigender globaler Temperatur „richtig" nach C-C abzubilden (Stufe 2). Mittels satelliten- oder bodengestützter Messungen lassen sich Modellberechnungen überprüfen (Stufe 3). Die Modelle sind ebenfalls in der Lage, natürliche globale „Freiland-Experimente" wie die Temperatur- und Feuchteänderungen der Atmosphäre nach dem Ausbruch des Vulkans Pinatubo 1991 richtig zu simulieren (SODEN et al. 2002). Aerosole haben nach dem Ausbruch zu einer Abkühlung der Atmosphäre von 0,5 K und einem Austrocknen (–3% der Wassersäule) der Troposphäre während einiger Jahre geführt. Ein Modellexperiment (mit und ohne Wasserdampf-Rückkoppelung) zeigt nun, dass die Temperaturdepression nach dem Vulkanausbruch ohne Rückkoppelung halbiert würde. Anders ausgedrückt: Die Wasserdampf-Rückkoppelung verstärkt die Temperaturänderungen der Atmosphäre um den Faktor 2.

Sind nun ähnliche Prozesse und Wechselwirkungen von all den anderen Treibhausgasen und Antriebsfaktoren ebenfalls quantitativ bekannt, lässt sich aus der Kombination und Auftrennung der natürlichen Anteile (insbesondere Sonne und Vulkane) von den anthropogenen Anteilen (insbesondere CO_2 und Methan) der menschliche Einfluss definieren. Aussagen wie „[...] show that human-induced changes in ozone and well-mixed greenhouse gases account for 80% of the simulated rise in tropopause height over 1979–1999" (SANTER et al. 2003, 479) werden plötzlich möglich. Die kritische wissenschaftliche Beurteilung dieser Aussage geht weit über das Ziel meines Artikels hinaus. Trotzdem gilt es festzuhalten, dass die Schärfe und die Sicherheit der wissenschaftlichen Aussagen in den letzten paar Jahren wesentlich zugenommen hat. Die Botschaften werden klarer formuliert, Unsicherheiten konnten wesentlich verkleinert werden. Die Signalwirkung der neuen Erkenntnisse in der Öffentlichkeit ist entsprechend groß.

Das Beispiel soll zeigen, welche methodischen Schritte unternommen und welche Bausteine zu einem komplexen System zusammengefügt und verifiziert werden müssen (Stufen 1 bis 4), um letztlich zu einer für die Gesellschaft relevanten Aussage zu kommen.

Martin GROSJEAN

3.2 Beispiel 2: Klimaprojektionen in die Zukunft

Dieses Beispiel orientiert sich an der Grundfrage (vgl. Abschnitt 2), welches die Folgen der Klimaänderungen für Mensch und Umwelt in der Zukunft sind. Der Zeithorizont sei 2100 AD. Das Beispiel soll zeigen, welche zusätzlichen Methoden und Werkzeuge notwendig sind, um die fünfte Stufe zu erreichen, nämlich die Anwendung der Modelle für Projektionen. Dies sind im wesentlichen Vorstellungen über möglich zukünftige Entwicklungen (Szenarien), die durch reproduzier- und prognostizierbare physikalische Gesetze (Newton'sche Welt) , durch biologische Prozesse und Evolution, durch Stochastik sowie durch normative, nicht-reproduzierbare menschliche Entscheidungen und Entwicklungen geprägt werden.

Wie kommen wir zur Aussage, dass die globalen Mitteltemperaturen bis ins Jahr 2100 um 1,4 bis 5,8° C ansteigen werden (IPCC 2001), und warum ist die Spannbreite (Hüllkurve) der möglichen Temperaturentwicklungen so groß?

Die möglichen Temperaturentwicklungen beruhen auf Szenarien der globalen Treibhausgasemissionen. Diese wiederum basieren auf der komplexen Wechselwirkung zwischen Klima/Umwelt, Ökonomie und Gesellschaft. Die Wirkungskette lässt sich zunächst anhand eines einfachen *Intergrierten Assessment*-Modells (IAM) darstellen: Das Klima (und die Umwelt generell) stellt ein Inventar von Opportunitäten (Kosten und Nutzen) zur Verfügung. Diese werden von der Gesellschaft und Wirtschaft getragen und genutzt, wobei unter anderem der Energieverbrauch und die verfügbaren Technologien die Emissionen an Treibhausgasen bestimmen, welche wiederum das globale Klimasystem beeinflussen. Man kann diese Wirkungskette auch in umgekehrter Richtung betrachten: Die Gesellschaft formuliert normativ ein Ziel (zum Beispiel die maximal tolerierbaren Klimaschäden). Das Resultat des Integrierten Ansatzes IAM sind nun Angaben über maximale Konzentrationen von Treibhausgasen in der Atmosphäre, über mögliche Emissionspfade (zeitliche Entwicklung der Emissionen), die von der Gesellschaft unter Einhaltung des selbst festgelegten tolerierbaren Fensters eingehalten werden müssen, und letzlich über die maximale Energie, die bei einem bestimmten Technologiemix verbraucht werden kann.

Die langfristigen Emissionsszenarien, die der globalen Temperaturentwicklung zugrunde liegen, sind ihrerseits durch Entwicklungen der Weltwirtschaft und der Technologie beeinflusst, die kaum voraussehbar sind und auf normativen Entscheidungen oder historischen Entwicklungen beruhen. Da ist zum Beispiel die Frage, unter welchen Bedingungen Innovation passiert, ob und wie rasch sich neue Technologien durchsetzen. Hängt das allein von den Mitteln an Forschung und Entwicklung ab, oder spielen zufällige Konstellationen bei der großskaligen Umsetzung von Innovationen eine Rolle? Was bestimmt den Grad der Globalisierung der Weltwirtschaft? Welche Faktoren bestimmen den Verlauf der Konjunktur? Wie entwickeln sich die Nord-Süd-Spannung, bewaffnete Konflikte, Bevölkerungswachstum, nationale und internationale Politik, Landreserven und Nahrungsmittelsicherheit, Wasser, Sicherheit des Lebens- und Wohnraums? Unvermittelt sind wir bei einer Reihe von globalen Problemkreisen oberster Priorität angelangt. Emissionsszenarien sind wahrlich Ausdruck der Komplexität des globalen Klimasystems und zeigen deutlich, welche wichtigen Elemente aus den verschiedenen Bereichen zusammengeführt werden müssen, um Abschätzungen für mögliche zukünftige Entwicklungen zu machen, die Unsicherheiten auszuweisen und nach Möglichkeit die Risiken zu verkleinern oder zu verteilen.

Risikomanagement und Nachhaltigkeit in Gebirgsräumen

Dieser fünfte Schritt (Stufe 5), das Bilden von Szenarien, der Einsatz von validierten Modellen mit einem integrativen Ansatz in einem ganzheitlichen System und der „fundierte" Blick in die Zukunft ist wohl eine der anspruchsvollsten wissenschaftlichen Herausforderungen, der nur wenige Disziplinen methodisch gewachsen sind. Die Geographie kann, ja muss einen wichtigen Beitrag dazu leisten.

4   Konsequenzen für den Unterricht (Schlußbemerkungen)

Das Klima und die Klimafolgen liegen mitten im Brennpunkt globaler Probleme und sind daher von höchstem Interesse. Es bieten sich ungewöhnliche Möglichkeiten. Das Gebiet ist emotional belegt, öffnet unzählige neuer Horizonte und mitunter Neugierde. Es bietet beste Möglichkeiten zum Erlernen von Fähigkeiten und Fertigkeiten von grundlegenden Methoden und Mechanismen wissenschaftlicher und intellektueller Arbeit. Es gibt kaum ein anderes Gebiet, wo interdisziplinäres Arbeiten so stark zur zwingenden Voraussetzung wird. Das Training zur kompetenten Analyse von Art und Funktion komplexer Systeme, das Erkennen von und der Umgang mit Unsicherheiten sind Qualifikationen und geographische Kompetenzen, die auf jeder Stufe insbesondere in der Führung gefragt sind. Es gilt, Probleme rechtzeitig zu erkennen und unter Berücksichtigung der wichtigsten Faktoren im komplexen System zeitgerecht adäquate und durchführbare Lösungen anzubieten.

Konsequenzen ergeben sich auch auf der didaktischen Ebene. Die zahlreichen neuen Möglichkeiten im IT-Bereich (*hardware* und *software*, interaktive Modelle mit eigenen Experimenten) müssen genutzt werden. Die Voraussetzung dazu ist aber eine konsequente Ausrichtung und ein logischer, didaktisch geschickter Aufbau hin zum „Großen Ziel", zum globalen System. Die Lerninhalte müssen sich dem Gesamtkonzept unterordnen, und es darf in der Auswahl der Beispiele wenig dem Zufall überlassen werden. Angesichts der raschen Entwicklung von Wissen ist es notwendig, die Informationskanäle zwischen Forschung und Unterricht auszubauen, Netzwerke mit Informationen und Materialien zur Verfügung zu stellen und den Unterrichtenden Hilfestellung anzubieten.

Anstrengungen auf der didaktischen Seite dürfen aber in keiner Weise darüber hinwegtäuschen, dass freie Kapazitäten geschaffen und inhaltlich sowie methodisch klare Prioritäten gesetzt werden müssen. Die Lernziele müssen konsequent daran abgeleitet werden. Dies macht eine rücksichtslose Überprüfung bisheriger Lerninhalte und Lehrpläne zwingend notwendig. Unter der Voraussetzung, dass neue Themen wie „Das globale Klimasystem" oder ähnliche Themen mit höchster Priorität für die Bildung eingestuft werden, wird die Hauptaufgabe der Überprüfung von Lehrplänen darin bestehen, durch Streichen bisheriger Inhalte genügend Freiräume zu schaffen, damit das neue Thema in seiner Gesamtheit implementiert und konsequent umgesetzt werden kann.

Ich denke, die Geographie und der Geographieunterricht haben hier eine einmalige Chance. Die Geographie soll selbstbewusst auftreten, sie hat Inhalte zu bieten, die kein anderes Fach bieten kann. Besetzen wir mutig aktive und innovative Felder und begegnen wir mit einem pragmatischen Ansatz einem Problem von großer gesellschaftlicher Relevanz.

Literatur

CICERO (2003): *http://www.cicero.uio.no/about/index_e.html*

DEKLIM (2003): *http://www.deklim.de/seiten/default.htm*
HARTE, J. (2002): Toward a systhesis of the Newtonian and Darvinian worldviews. – In: Physics Today 10. – 29-34.
IPCC (2001): Intergovernmental Panel on Climate Change. Third Assessment Report. *http://www.ipcc.ch/*
NCCR CLIMATE (2003): Schweizerischer Forschungsschwerpunkt Klima. *http://www.nccr-climate.unibe.ch*
SANTER, B. D. et al. (2003). Contributions of Anthropogenic and Natural Forcing to Recent Tropopause Height Changes. – In: Science 301. – 479-483.
SODEN, B. J. et al. (2002): Global Cooling After the Eruption of Mount Pinatubo: A Test of Climate Feedback by Water Vapor. – In: Science 296. – 727-730.
TYNDALL CENTRE (2003): *http://www.tyndall.ac.uk/*
US CCSP (2003): US Climate Change Science Programme. *http://www.climatescience.gov/*
WCRP-CLIVAR (2003): *http://www.clivar.org/*

Ulli VILSMAIER und Martina FROMHOLD-EISEBITH (Salzburg)

Das transdisziplinäre Lehrforschungsprojekt „Leben 2014" – Perspektiven der Regionalentwicklung in der Nationalparkregion „Hohe Tauern"

1 Einleitung

Vor dem Hintergrund eines breiteren Verständnisses von ‚Ökologie', das im Sinne von Nachhaltigkeit auch soziale und ökonomische Aspekte anspricht, bilden disziplinenübergreifende, integrierte und partizipative Projekte zur Regionalentwicklung ein wichtiges Tätigkeitsfeld für die (hoch)schulische Lehre. Hier kann die Geographie fruchtbar mit anderen Fächern interagieren, dabei Schüler/Studierende für relevante Zusammenhänge regionaler Entwicklungsprozesse sensibilisieren und an hoch praxis- bzw. zukunftsrelevante Themenstellungen und Arbeitsweisen heranführen. Das hier vorgestellte Vorhaben zeigt exemplarisch auf, welche konzeptionell-methodischen und organisatorischen Ansätze dabei anwendbar sind. Zwar ist es im Bereich der universitären Lehre angesiedelt, bietet aber auch für den Geographieunterricht in der Schule vielfältige Anknüpfungsmöglichkeiten.

Das inter- und transdisziplinäre Lehrforschungsprojekt ‚Leben 2014', gemeinsam von der Universität für Bodenkultur Wien und der Universität Salzburg durchgeführt, beschreitet in diesem Kontext neue Wege. Es wird unter der Beteiligung von neun Instituten der beiden Universitäten in Kooperation mit der Region Oberpinzgau des Bundeslands Salzburg durchgeführt, die in weiten Teilen vom Nationalpark Hohe Tauern geprägt ist. Studierende von sechs Studienrichtungen, Dozenten aller eingebundenen Institute sowie eine sehr heterogene, offene Gruppe von Personen aus dem Oberpinzgau nehmen daran teil.

Die inhaltliche Leitfrage des Projekts nach dem künftigen Bild von Landschaft, Landnutzung und Gesellschaft in der Studienregion ist als Einstieg in das „thematische Universum" (FREIRE 1973, 84) einer Region zu verstehen, das alles einschließt, was die dort lebenden Menschen im Hinblick auf ihr Lebensumfeld bewegt. Davon ausgehend wurden zu Beginn des Projekts von den Akteuren der Region gemeinsam mit den Dozenten wesentliche Teilfragestellungen zur Bearbeitung definiert.

Angesichts der Komplexität von Regionalentwicklung und ihrer alltagsweltlichen Fragestellungen ist das Projekt interdisziplinär konzipiert. Doch werden auch Themen aufgegriffen, die jeweils aus disziplinenspezifischer Perspektive in der Region relevant sind. Das Vorhaben versteht sich ebenso als transdisziplinär, indem es darauf abzielt, das lokale bzw. regionale, alltagsweltliche Wissen oder spezifische Praxiswissen mit universitärem Fachwissen zu verknüpfen (SCHOLZ / TIETJE 2002).

Folglich nehmen eine Vielzahl von Akteuren unterschiedlicher Gruppierungen am Projekt teil. Dazu zählen auch Schüler und Lehrer aus verschiedenen Schultypen der Region. Für Schüler ist das Mitwirken in unterschiedlichen Stadien der Projektbearbeitung eine Chance, anhand des bekannten, vertrauten Lebensumfelds zu lernen und ihr eigenes Wissen in einem neuen Bedeutungskontext zu erfahren.

Dieser Beitrag stellt die grundlegende Organisation, die Ziele sowie die am Szenarioansatz orientierte methodische Konzeption des Lehrforschungsprojekts vor. Gesondert wird auf

Möglichkeiten und Nutzen des Einbezugs von Schülern eingegangen. Aber auch die mit den anderen beteiligten Gruppierungen verbundenen Projektziele werden angesprochen. Besonders bedeutsam ist die Frage, wie eine konstruktive Zusammenarbeit zwischen den Studierenden und den Menschen aus der Region angeregt werden kann, mit dem Resultat einer echten Wissensintegration, die für eine erfolgreiche ökologisch, sozial wie ökonomisch nachhaltige Regionalentwicklung unabdingbar ist.

2 Projektrahmen

Das Lehrforschungsprojekt ‚Leben 2014' basiert wesentlich auf Kooperation und Interaktion (vgl. die Projekt-Website *http://ifl.boku.ac.at/pinzgau*). Dementsprechend werden schon durch die Grundstrukturen der Organisation gute Voraussetzungen für einen partizipativen, verschiedene Interessens- und Wissensbereiche integrierenden Ansatz geschaffen. Der Einbezug von Lehrenden und Lernenden verschiedener Fachgebiete, der regionsbezogene Projektcharakter des Vorhabens sowie die Zusammenarbeit mit regionalen Akteuren sind dabei Merkmale, die durchaus Möglichkeiten der Übertragung des vorgestellten Grundkonzepts auf den schulischen Bereich bieten.

Träger und Leitstellen des ‚Leben 2014'-Projekts, das vom österreichischen Ministerium für Bildung, Wissenschaft und Kultur im Rahmen des Programms ‚Kulturlandschaftsforschung' gefördert wird, sind das Institut für Freiraumgestaltung und Landschaftsplanung (A. Muhar) und das Institut für Ökologischen Landbau (B. Freyer) der Universität für Bodenkultur, Wien. Als universitäre Kooperationspartner fungieren das Institut für Geographie und Angewandte Geoinformatik, das Institut für Kultursoziologie, das Institut für Kommunikationswissenschaften sowie das Institut für Interdisziplinäre Tourismusforschung der Universität Salzburg sowie das Institut für Agrarökonomik, die Professur für nachhaltige Entwicklung und das Institut für Sozioökonomik der Forst- und Holzwirtschaft der Universität für Bodenkultur Wien. Impulsgeber war die Eidgenössische Technische Hochschule (ETH) Zürich, wo im Zuge des Studiengangs Umweltnaturwissenschaften bereits seit 1994 inter- und transdisziplinäre Lehrforschungsprojekte durchgeführt werden (vgl. z. B. SCHOLZ et al. 2002).

Eigentliche Auftraggeber, Ko-Finanzierer sowie operative Partner im Projekt sind die neun Gemeinden des Oberpinzgaus, die einem Planungsverband entsprechen. Außerdem arbeiten sechs weitere Institutionen mit, die in unterschiedlichen Bereichen der Regionalentwicklung in jenem Gebiet tätig sind. Auch mehrere Abteilungen der Salzburger Landesregierung unterstützen die Initiative durch die Bereitstellung von Daten und Informationen. Es handelt sich bei dem Projekt nicht um eine planungsbezogene Auftragsarbeit, sondern um ein Lehrforschungsprojekt. Dies ist insofern zu betonen, als regionale Akteure dazu neigen, Erwartungen zu stellen, die wegen der Lehrkomponente und des Pilotcharakters des Vorhabens nicht erfüllbar sind. Überhaupt löst sich in ‚echt' transdisziplinären Arbeitsprozessen die Dichotomie von Auftraggeber und -nehmer auf, geht es doch um die kollektive Übernahme von Aufgaben durch alle Beteiligten (SCHOLZ / TIETJE 2002).

Die Projektlaufzeit beträgt insgesamt drei Jahre (2002 bis 2005), wobei ein sechsköpfiges Projektteam die Aktivitäten koordiniert. Das vergangene erste Studienjahr diente zum Aufbau der Projektstrukturen innerhalb der Universitäten, zur Auswahl der beteiligten Studierenden sowie zur Themenfindung gemeinsam mit Akteuren der Untersuchungsregion. Das jetzt laufende zweite Jahr umfasst die Vorbereitung der Studierenden (projektbezogene Lehrveranstaltungen und Semesterarbeiten, Bildung von themenspezifischen Arbeitsgruppen) sowie die eigentliche Durchführung des Projekts vor Ort, gefolgt von einer ersten Ergebnisaufbereitung. Für das dritte Jahr ist die Ergebnisauswertung und Berichterstellung vorgesehen. In diesem Zeitraum sollen auch studentische Abschlussarbeiten entstehen, die in Form vertiefender Studien auf dem Lehrforschungsprojekt aufbauen. Die Hauptphase der Bearbeitung umfasst acht Wochen im Sommersemester 2004. Alle Studierenden verbringen dann zwei mal zwei Wochen bei Feldarbeiten in der Region und werden dabei durch Dozenten und Projektteam betreut. Der gesamte Zeitaufwand für Studierende beläuft sich auf ein Arbeitspensum im Ausmaß eines Studiensemesters.

3 Projektziele

Mit dem Projekt ‚Leben 2014' sind Zielsetzungen verschiedener Ebenen verbunden. Dabei rangieren die konzeptionell-methodischen Ziele und lern- und lehrbezogenen Ziele vor den inhaltlichen bzw. denen der Anwendung erarbeiteter Erkenntnisse für die regionale Entwicklungsplanung.

3.1 Konzeptionell-methodische Ziele

Mit dem Lehrforschungsprojekt wird anhand eines ‚Feldversuchs' geprüft,

- wie mittels einer konkreten inhaltlichen Leitfrage verschiedene Lehrangebote zu einem gemeinsamen lehrveranstaltungsübergreifenden Konzept zusammengebunden werden können,
- wie eine verschiedene Disziplinen integrierende Methode (hier die Szenariotechnik) angelegt und vermittelt werden sollte,
- wie die Methoden verschiedener Disziplinen dabei verknüpft werden können und
- wie Transdisziplinarität als Lernfeld in die universitäre und schulische Lehre eingebunden bzw. dort vermittelt werden kann.
- Andererseits wird geprüft, inwieweit die Verbindung zwischen Universität, Praxis und Schule intensiviert und als Basis weiterer Kooperationen in Forschung, Lehre und Weiterbildung etabliert werden kann.
- Und schließlich untersucht dieses Pilotvorhaben, ob partizipativ angelegte Lehrforschungsprojekte zu Themen der Regionalentwicklung regionale Kommunikationsprozesse und die Einbindung von Bürgern in regionale Vorhaben fördern können (z. B. Lokale Agenda 21 Prozesse, Gemeindeentwicklungs- und Leader-Projekte).

3.2 Lehr- und lernbezogene Ziele

Studierende wie Lehrende sollen durch das Projekt die Möglichkeit erhalten, in mehrerlei Hinsicht Wissens- und Kompetenzgewinne zu erzielen. Die Dozenten leiten die Studierenden sowohl im Zuge der Bereitstellung von Fachwissen an und strukturieren die Zusammenarbeit mit Menschen der Region, wobei spezielle Methoden der Wissensintegration angewendet werden. Der Informationsaustausch sowie die damit verbundenen Chancen zur Wissensgenerierung (BOOS / SASSENBERGER 2001, 201; GRÜTER / BREUER / WOLLENBERG 2001, 159; GIESECKE / RAPPE-GIESECKE 2001, 227ff), basierend auf unterschiedlichen Quellen und damit Qualitäten von Wissen (MEUSBURGER 1998), bilden eine besondere Herausforderung für alle Projektbeteiligten. Dem liegt die Annahme zugrunde, dass eine strukturierte, methodisch geleitete Integration von akademischem Wissen (das die Studierenden unter Anleitung der Dozenten einbringen) und Alltagswissen zu einer hohen Qualität von Entwürfen für künftige regionale Entwicklungen führen kann. Dies betrifft nicht nur die Genauigkeit der Erfassung regionaler Problemfelder und die Ermittlung entsprechender Lösungsvorschläge, sondern fördert – basierend auf der transparenten, partizipativen Projektkonzeption – auch deren Akzeptanz.

Allerdings haben die am Projekt Mitwirkenden eine Reihe spezifischer Anforderungen zu erfüllen, damit der angeregte Diskurs wirklich zu Lernerfolgen führen kann:

- Fähigkeit, die Expertise unterschiedlicher Akteure bzw. Qualitäten zu verstehen
- Bereitschaft zu Perspektivenwechsel bzw. -verschränkung (vgl. SIEBERT 2003, 23)
- achtsamer Umgang mit Wahrnehmungen, Meinungen, Wünschen, Bedürfnissen und Befindlichkeiten von Betroffenen bzw. mit subjektiven Interpretationen von Aufgaben oder Sachverhalten
- Bereitschaft zum Überschreiten disziplinärer Grenzen
- Bereitschaft zur Überwindung von Vorurteilen zwischen den beteiligten Gruppen (Studierende, regionale Akteure, Dozenten)
- Interesse an der Schaffung einer gemeinsamen Wissensbasis

Den Studierenden bietet das Lehrforschungsprojekt gemäß seiner inter- und transdisziplinären Natur zudem die Option einer praxisnahen Ausbildung. Der lebensweltliche Kontext liefert eine hervorragende Lerngrundlage. Denn Gegenstand des Lernprozesses ist nicht abstraktes Wissen, sondern es geht um Themen, die in dem gelebten Austausch mit den Betroffenen bei den Studierenden assoziativ wirken (VESTER 1991[7], 152) und folglich zur Identifikation mit dem Lerngegenstand führen (FREIRE 1973). Insbesondere die Kooperation – sei es zwischen Studierenden unterschiedlicher Fächer oder zwischen Studierenden und Menschen der Region – ermöglicht Lernprozesse, die auf die Persönlichkeit der Studierenden und ihre Schlüsselkompetenzen wirken.

Für die am Projekt ‚Leben 2014' beteiligten Studierenden aus Wien und Salzburg bedeutet zudem die Zusammenarbeit mit Kommilitonen anderer Studienrichtungen und -orte eine Herausforderung. Dies konfrontiert sie mit unterschiedlichen Perspektiven der Problemwahrnehmung und regt dazu an, Perspektivenwechsel zu vollziehen, um aus der Summe subjektiver, disziplinär geleiteter Interpretationen eines Sachverhalts heraus einen Gruppenarbeitsprozess zu initiieren (vgl. BOOS / SASSENBERGER 2001, 201). Die Studierenden lernen dabei, sich gegenseitig als ‚Experten' ihrer jeweiligen Disziplin zu begreifen. BOOS / SASSENBERGER (2001, 207, 210) zufolge steigert das Bewusstmachen der Expertenrolle anderer Gruppenmitglieder im Sinne spezifischen (disziplinären) Wissens das Einbringen ungeteilten eigenen Wissens, wodurch nicht nur der/die einzelne profitieren kann, sondern auch das Leistungspotential einer Gruppe erhöht wird (vgl. auch WITTE 2001, 222ff). Eine bewusste Auseinandersetzung der Studierenden mit diesen Lernzielen ist für den erfolgreichen Verlauf der Gruppenarbeit ebenso Voraussetzung wie das Vorhandensein klar definierter Ansprechpartner bei Problemen.

Nicht zuletzt bietet das vorgestellte Projekt auch den beteiligten Lehrenden Chancen zur Weiterentwicklung. Die gemeinsame Erarbeitung der Projektkonzeption fordert von Dozenten wie Studierenden eine intensive Auseinandersetzung mit den Perspektiven anderer Disziplinen. Über anregende Diskussionen hinaus kann die Zusammenarbeit zwischen verschiedenen Instituten weitere Kooperationen in Lehre und Forschung vorbereiten.

3.3 Inhaltliche Ziele

Verbunden mit dem oben genannten Zielbereich sollen die Studierenden in der regionalen Projekt-Fallstudie Zukunftsperspektiven für den Oberpinzgau erarbeiten, gestützt auf den Szenarioansatz. Die damit verbundenen inhaltlichen Ziele werden von der in der Region lebenden Bevölkerung formuliert, dann von den Dozenten hinsichtlich der Machbarkeit im gegebenen Rahmen sowie forschungsbezogener Überlegungen redigiert und gegebenenfalls ergänzt. Doch versprechen die Universitäten den regionalen Partnern keine fertigen Lösungen. Geliefert werden können gemäß der eingesetzten Methode allenfalls Erkenntnisse zu regionalen System- und Wirkungszusammenhängen im Sinne von „wenn sich das untersuchte Gebiet so entwickelt, werden diese und jene ökonomischen, ökologischen bzw. sozialen Konsequenzen folgen" (SCHOLZ / STAUFFACHER 2002, 20). Dies erschließt und analysiert komplexe prozessuale Interdependenzen innerhalb von sowie zwischen Themenfeldern wie z. B. Tourismus, Landwirtschaft, Naturschutz, Beschäftigung, Gewerbe- und Verkehrsentwicklung.

Somit helfen die Ergebnisse einer solchen Fallstudie der Betroffenen in der Region primär, sich zu orientieren bzw. von verschiedenen Entwicklungsoptionen zu erfahren. Besonders positive Szenarien können dann dazu veranlassen, die zur Erreichung dieser Zielsituation notwendigen Maßnahmen zu skizzieren. Im Hinblick auf die Erwartungshaltungen in der Region, speziell den Wunsch vieler Akteure nach ‚handfestem Anwendungswissen', kann eine Vertiefung einzelner Ergebnisse der Szenarienanalyse vorgenommen werden (z. B. im Rahmen studentischer Diplom- bzw. Magisterarbeiten).

3.4 Ziele aus Sicht regionaler Akteure

Jenseits des inhaltlich-planungsbezogenen Nutzens bietet das Projekt den Teilnehmern aus dem Oberpinzgau auf jeden Fall die Möglichkeit, durch den intensiven Austausch mit unterschiedlichsten Personen zu lernen und eigene Interessen in das Vorhaben einzubringen. Es kommt zu einer Förderung regionaler Kommunikation. Indem sich die Bürger an der Entwicklung von Szenarien aktiv beteiligen, werden sie vom Forschungsobjekt zum Forschungssubjekt: „Je aktiver die Menschen im Blick auf die Untersuchung ihrer Thematik eingestellt sind, umso mehr vertiefen sie ihre kritische Wahrnehmung der Wirklichkeit und nehmen sie von ihrer Wirklichkeit Besitz, während sie diese Thematik formulieren" (FREIRE 1973, 88). Die Beteiligung am Entwurf möglicher künftiger Entwicklungen wird für die regionalen Akteure zum echten Lernprozess, gestützt auf die aktive Auseinandersetzung mit ihrem Lebensumfeld und unterschiedlichen subjektiven Interpretationen sowie den Informationszuwachs durch die Zusammenarbeit mit Wissenschaftlern und Studierenden.

4 Methoden

Im Lehrforschungsprojekt ‚Leben 2014' ist der Dialog das zentrale Element der Problemdefinition, -analyse und Szenarien-Entwicklung. Die angewandte Methodik ermöglicht während

Risikomanagement und Nachhaltigkeit in Gebirgsräumen

des gesamten Forschungsprozesses die Integration unterschiedlicher Informationsquellen, Wissensqualitäten und Bewertungen. Die Projektarchitektur wird „vom Ziel her entworfen" (WALTER / WIEK 2002, 207). Dieses Ziel wird zum Projekteinstieg in Form einer übergeordneten Leitfrage formuliert, im vorliegenden Fall: ‚Wie sollen die Landschaft, die Landnutzung und die Gesellschaft in der Nationalparkregion Hohe Tauern/Oberpinzgau in zehn Jahren aussehen?'. Über verschiedene kollektive Prozesse erfolgen die Konkretisierung der Fragestellung und die Erarbeitung von Antworten in Form mehrerer Szenarien.

4.1 Themenfindungsprozess

Die Projekt-Leitfrage ist bewusst offen formuliert worden, da die eigentliche Definition relevanter Themen einem transdisziplinären Prozess unter Mitwirkung unterschiedlicher regionaler Akteure vorbehalten war. Mittels dieser Offenheit wird eine einengende Zielvorgabe durch die Projektleitung vermieden. Über einen breit angelegten Themenfindungsprozess sind gemeinsam mit Menschen aus der Region besonders brisante Fragenkreise identifiziert worden (vgl. Abb. 1). In mehreren Arbeitsschritten (u. a. Workshops und Interviews vor Ort) kam es zu einer Eingrenzung und Spezifizierung der Fragestellungen, wobei auch limitierende Faktoren wie Bearbeitungszeitraum und fachliche Expertise der beteiligten Hochschulinstitute berücksichtigt wurden. Schließlich wurden Teilfragen abgeleitet sowie Perspektiven definiert, unter denen die einzelnen Leitfragen zu betrachten sind (SCHOLZ / STAUFFACHER 2002, 19).

Der dabei aktiv mitwirkende Personenkreis wurde konstituiert, indem zum einen Bürgermeister und Projektpartner nach entscheidungsrelevanten Personen befragt wurden (aus den Bereichen Politik, Tourismus, Umwelt- und Naturschutz, Kultur, Wirtschaft etc.). Zum anderen wurde dieser Personenkreis nach den Kriterien ‚Geschlecht', ‚Alter', ‚Beruf' und ‚Herkunft' erweitert, mit dem Ziel, eine möglichst heterogene Gruppe von Personen am Projekt zu beteiligen. In diesem Rahmen konnten z. B. auch Schüler des Bundesoberstufenrealgymnasiums Mittersill in den Themenfindungsprozess einbezogen werden.

Abb. 1: Mehrstufiger Themenfindungsprozess

Für die Themenbearbeitung in ‚Leben 2014' wurde seitens der Projektleitung beschlossen, die Teilfragen anhand von ‚Polaritätsfeldern' abzuhandeln. Die Perspektive der Polaritäten stützt sich auf FREIRE (1973), dem zufolge jedem Thema, das den Ideen, Werten, Konzepten, Hoffnungen, Hindernissen, Konflikten von Personen entspringt, ein antithetisches Thema implizit ist. Das heißt, jene Ideen oder Werte gewinnen ihren Charakter nur im Zuge ihrer Gegenüberstellung zu, ergo Abgrenzung von, gegenteiligen Vorstellungen.

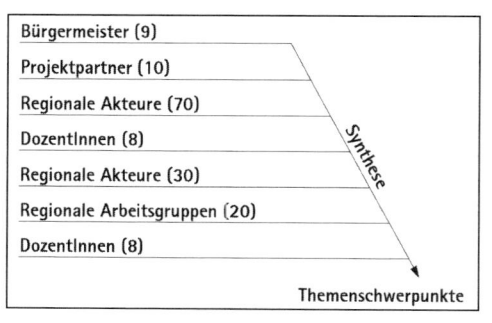

Für die konkrete Projektarbeit bedeutet dies, dass keine disziplinär ausgerichteten studentischen Arbeitsgruppen gebildet werden, die gemäß ihrer Fächerzugehörigkeit sektorale Themen zu bearbeiten hätten (z. B. nur Geographen; nur Frage der landwirtschaftlichen Entwicklung). Auch wird nicht die Kommunikation zwischen regionalen Akteuren des gleichen Themenbereichs (z. B. Tourismus) fortgeführt (jene treffen ohnehin bei verschiedenen Anlässen zusammen). Stattdessen sind interdisziplinäre, themenübergreifende Arbeitsgruppen nach Polaritätsfeldern entstanden, im einzelnen zu ‚Jung & Alt', ‚Wildnis & Kultur', ‚Schnell & Langsam', ‚Einzeln & Gemeinsam', ‚Innen & Außen' sowie ‚Tradition & Innovation' (vgl. Abb. 2). Diesen Polaritäten sind auch die zuvor als relevant identifizierten Fragestellungen zugeordnet worden. Folglich werden sämtliche Themen und Fragenkreise disziplinenübergreifend bearbeitet. Dieses anspruchsvolle methodische Konzept soll zur Erschließung neuer Ideen sowie zur Herstellung neuer Zusammenhänge, Verknüpfungen und Synergien führen. Es stellt sicher, dass das betrachtete „thematische Universum" (FREIRE 1973, 84) immer auch gegensätzliche Positionen beinhaltet, und bietet deshalb eine gute Basis zur Erarbeitung von Szenarien. Diese Entscheidung hat nicht nur auf die Ergebnisse, sondern insbesondere auf die Kooperation zwischen allen Beteiligten erhebliche Auswirkungen.

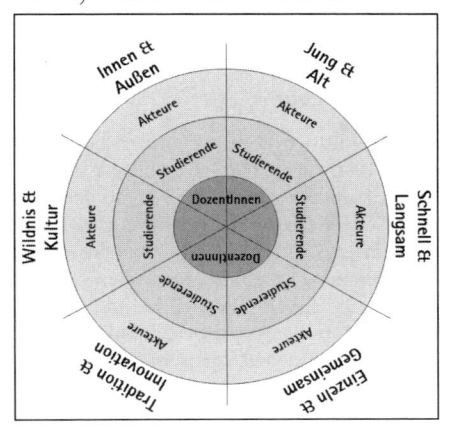

Abb. 2: Polaritätsfelder

4.2 Anwendung des Szenarioansatzes

Die Szenarienbildung bietet sich im vorliegenden Fall als methodischer Ansatz an, weil dies den disziplinen- und themenübergreifenden inhaltlichen Zielen des Projekts besonders gut Rechnung trägt. „Ein Szenario ist eine allgemein verständliche Beschreibung einer möglichen Situation in der Zukunft, die auf einem komplexen Netz von Einflussfaktoren beruht" (GAUSEMAIER / FINK / SCHALKE 1996, 90). Ohne an dieser Stelle ausführlicher auf diese Analysemethode einzugehen, seien kurz wesentliche Elemente genannt. Mithilfe eines Szenarios können mögliche, wünschenswerte und wahrscheinliche Zukünfte dargestellt werden, bezogen auf einen komplexen, als System zu begreifenden Betrachtungsgegenstand wie z. B. eine Region. Im Gegensatz zur Prognose werden auch Ereignisse einbezogen, die über eine Fortschreibung der Vergangenheit und Gegenwart hinausreichen. Um Szenarien erstellen zu können, bedarf es zunächst einer Analyse relevanter Wirkungsbereiche und Wechselwirkungen, damit abschätzbar wird, welche Folgen Veränderungen einzelner Aspekte für das gesamte System mit sich bringen könnten. Meist werden auf der Basis variierender Annahmen zu einem Betrachtungsgegenstand drei bis vier Szenarien entwickelt, die möglichst unterschiedliche Zukunftsentwürfe repräsentieren sollten. So lässt sich dieser Ansatz gut im Sinne eines Planspiels einsetzen, bei dem die Verknüpfung verschiedener Wissens- und Kompetenzbereiche interessante planungsrelevante Ergebnisse hervorbringen kann. Der kreativitätsfördernde, ‚spielerische' Charakter der Szenariotechnik regt auch zum Einsatz im Schulunterricht an.

5 Einbezug von Schülern und Lehrern

Das vorgestellte Projekt bietet in mehrerlei Hinsicht Bezugsmöglichkeiten zum schulischen Geographieunterricht bzw. zu dort behandelten Aspekten der ökologisch, ökonomisch und sozial nachhaltigen Regionalentwicklung. Bei ‚Leben 2014' arbeiten Schüler konkret – über die erwähnte Einbindung in den Themenfindungsprozess hinaus – in den regionalen Arbeitskreisen zu den Polaritätsfeldern mit. Ganze Klassenverbände werden an Teilschritten der Szenarioentwicklung sowie an der Bewertung und Diskussion von Szenarien beteiligt. Außerdem liefert das Projekt für Lehrer in methodischer Hinsicht nützliche Anregungen für den (nicht nur Geographie-)Unterricht, wo – in ähnlicher Form – eine disziplinenübergreifende regionale Studie wichtige Lernprozesse initiieren und unterstützen kann. Folgend werden einige wesentliche Aspekte gesondert herausgestellt.

5.1 Vernetztes Lernen am eigenen regionalen Lebensumfeld

Im Geographieunterricht nimmt die Auseinandersetzung mit dem Leben fremder Menschen in ihren Lebensräumen eine zentrale Stellung ein (vgl. VIELHABER 2000, 46). Dies ist mit kritischen Momenten im Lernprozess verbunden (z. B. Übermittlung subjektiver Weltbilder der Lehrenden, mangelnde Bezugspunkte im individuellen Wissensvorrat der Schüler). Das Lehrforschungsprojekt ‚Leben 2014' zeigt auf, wie die regionalen Dimensionen der Lebenswelten von Schülern zum Thema gemacht und dabei jene kritischen Aspekte überwunden werden können. Sowohl bei der Identifikation von Themen für das Projekt als auch bei der Bewertung und Diskussion von Szenarien wird von den Wahrnehmungen und bestehenden individuellen Wissensvorräten der Schüler ausgegangen. Dadurch können effizientere Lernprozesse ablaufen, zumal das Verstehen von komplexen Systemzusammenhängen an bestehenden Erfahrungen und Wissen anknüpft. Außerdem kann „der unentgeltliche Lehrer – die Realität – außerhalb der Schule für die automatische Verarbeitung und Festigung, für die ‚Konsolidierung' des behandelten Stoffes sorgen" (VESTER 1991[7], 152). Das „Be-greifen" wird erleichtert, liegt doch das Erkenntnisobjekt „greifbar" nahe.

5.2 Eigenes Wissen erleben

Durch den in einem Projekt wie ‚Leben 2014' geschaffenen, besonderen Lernkontext, der über den Klassenverband und das traditionelle Schüler-Lehrer-Verhältnis hinaus geht, können neue Dimensionen der Wissenserfahrung (im Sinne des Erfahrens des eigenen Wissens) erschlossen werden. Die Schüler wirken als Experten in einem auch außerschulischen Prozess mit, wodurch ihr bestehendes Wissen, ihre Erfahrungen und subjektiven Interpretationen ihres regionalen Lebensumfelds in einem neuen Bedeutungskontext gefragt sind. Sie bekommen nicht nur die Möglichkeit, ihre Wünsche und Vorstellungen zu äußern, worin allein schon ein wertvoller meinungsbildender Prozess liegt. Ihr Wissen findet unmittelbar Anwendung in der Entwicklung oder Bewertung von Zukunftsszenarien und fließt somit in regionale Entscheidungsprozesse ein. Dieses Erleben des eigenen Wissens und die Bedeutungssteigerung, die lokales Wissen bzw. Alltagswissen im Projektkontext erfahren, können bei allen beteiligten Akteuren zur Stärkung des Selbstbewusstseins und zu einem positiven Selbstverständnis beitragen.

5.3 Zukunft mitgestalten

Durch die Auseinandersetzung mit ihrer eigenen Lebenswelt werden Schüler zu einer kritischen Reflexion gesellschaftlicher Probleme angeleitet (vgl. VIELHABER 2000, 47). Der Projektrahmen bietet dazu gute Voraussetzungen, zumal die Auseinandersetzung mit der eigenen regionalen Lebenswelt durch die Schüler im Kontext einer breiten Diskussion über die Region in unterschiedlichen Problemfeldern stattfindet. Es kommt zu einer unmittelbaren Umsetzung der Ergebnisse der Schüler, indem Perspektiven für die Regionalentwicklung erarbeitet werden. Schüler greifen somit in „reale gesellschaftliche Entwicklungen ein" (DAUM 2002, 7). Diese Anwendungsorientierung kann auf Schüler stark motivierend wirken. Die Sensibilisierung für das aktive Mitgestalten des eigenen Lebensumfelds kann sich auch auf das künftige Engagement von Schülern auswirken. „Dort wo Schülerinnen und Schüler auf Dauer am Definieren der Wirklichkeit und am Finden der Wahrheit beteiligt sind, herrscht keine Fremdbestimmung vor; sie begreifen Lernen als Vollzug der eigenen menschlichen Existenz" (DAUM 2002, 7).

5.4 Die Rolle der Lehrer

Indem die eigene regionale Lebenswelt das Erkenntnisobjekt des Lernprozesses darstellt, ist es *per se* unumgänglich, dass das traditionelle Lehrer-Schüler-Verhältnis verlassen wird. Keine noch so intensive Vorbereitung würde es einem Lehrer ermöglichen, Schüler über ihre eigene regionale Lebenswelt zu belehren. Für diese Fragestellung ist es notwendig, dass sich der Lehrer als eine mit den Schülern in einem Erkenntnisprozess stehende Person begreift, die anleitet und moderiert, nicht aber im traditionellen Sinne lehrt. Paolo Freire hat diese Forderung nach einem neuen Rollenverständnis von Lehrer und Schüler schon zu Beginn der 1970er Jahre in die Konzeption der ‚befreienden oder problemformulierenden Bildungsarbeit' gefasst. Sie beruht auf ‚Aktionen der Erkenntnis' und nicht auf der Übermittlung von Informationen. Dabei nimmt das Erkenntnisobjekt eine Vermittlerrolle zwischen Lehrer und Schüler ein, wodurch der Lehrer-Schüler-Widerspruch aufgelöst wird. „Durch Dialog hört der Lehrer der Schüler und hören die Schüler der Lehrer auf zu existieren und es taucht ein neuer Begriff auf: der Lehrer-Schüler und der Schüler-Lehrer. Der Lehrer ist nicht mehr länger bloß der, der lehrt, sondern einer, der selbst im Dialog mit den Schülern belehrt wird, die ihrerseits, während sie belehrt werden, auch lehren" (FREIRE 1973, 64, vgl. auch ERHARD 1999, 21). Für Lehramtsstudenten, die während ihres Studiums an einem derartigen Lehrforschungsprojekt teilnehmen können, ist die Auseinandersetzung mit den lehr- und lernbezogenen Themen des Projekts eine gute Voraussetzung für die Unterrichtspraxis – sowohl im Hinblick auf interdisziplinäres Arbeiten in der Schule, als auch auf die bewusste Auseinandersetzung mit dem Lehrer-Schüler Verhältnis im Zuge der Expertisen-Diskussion.

6 Schlussbemerkungen

„Wie kann es in Schule und Unterricht gelingen, ein Bewusstsein von der Welt zu entwickeln, in dem die eigene Lebensform ihren Platz hat?", und „wie lassen sich veränderte Handlungsmöglichkeiten für den Umgang mit der Welt finden?" (DAUM 2002, 7). Zu diesen Fragen, die in einem ökologischen, mehr noch humanökologischen Kontext gesehen werden können, liefert das vorgestellte Lehrforschungsprojekt ‚Leben 2014' Lösungsvorschläge. Für die Geographie leiten sich daraus zwei wesentliche Forderungen ab: Erstens sollten Themen des regionalen Lebensumfelds der Lernenden stärker in die Lehre integriert werden, bei Anregung einer aktiven Auseinandersetzung mit den relevanten raumbezogenen Entwicklungsprozessen; und dies nicht nur aus dem Blickwinkel der Disziplin Geographie. Zweitens sind dabei Partner unterschiedlicher Wissensbereiche zu beteiligen, so dass aus einer vieldimensionalen Kooperation und Interaktion aller Teilnehmer ein besseres Verständnis dafür erwächst, wie eine ökologisch, ökonomisch und sozial nachhaltige Entwicklung jenes Umfelds *de facto* gestaltet werden kann. Der letztgenannte Aspekt der gleichberechtigten Partizipation verschiedener

Akteursgruppen, von uns als Grundprinzip eines transdisziplinären Prozesses verstanden, korrespondiert mit den Empfehlungen von FREIRE (1973) zum Lehrer-Schüler-Verhältnis.

Im Fazit meinen wir, mit dem hier vorgestellten Projektansatz der Forderung von DAUM (2002) nachzukommen, den Geographieunterricht (und nicht nur ihn) stärker von der individuellen Existenz der Lernenden und ihren jeweiligen geistigen Konstruktionen her zu begründen, statt von teils veralteten, häufig irrelevanten, unterdessen immer schon fertigen Strukturen und Deutungen der Welt.

Literatur

BOOS, M. / SASSENBERGER, K. (2001): Koordination in verteilten Arbeitsgruppen. – In: WITTE, E. H. (Hrsg.): Leistungsverbesserung in aufgabenorientierten Kleingruppen. (= Beiträge des 15. Hamburger Symposions zur Methodologie der Sozialpsychologie). – Lengerich. 198-216.
DAUM, E. (2002): Das eigene Leben und die Geographie. – In: GW-Unterricht 86. – 1-11.
ERHARD, A. (1999): Offenes Lernen – der Versuch einer Annäherung. – In: GW-Unterricht 74. – 7-22.
FREIRE, P. (1973): Pädagogik der Unterdrückten. – Reinbek.
GAUSEMAIER, J. / FINK, A. / SCHALKE, O. (1996): Szenario-Management. Planen und Führen mit Szenarien. – München, Wien.
GIESECKE, M. / RAPPE-GIESECKE, K. (2001): Zur Integration von Selbsterfahrung und distanzierter Betrachtung in der Wissenschaft. – In: HUG, T. (Hrsg.): Einführung in das wissenschaftliche Arbeiten. Wie kommt Wissenschaft zu Wissen? Bd. 1. – Hohengehren. 225-236.
GRÜTER, B. / BREUER, H. / WOLLENBERG, A. (2001): Genese von Wissen in aufgabenorientierten Gruppen – Eine Fallstudie zur Wissensarbeit in der kommerziellen Softwareentwicklung. – In: WITTE, E. H. (Hrsg.): Leistungsverbesserung in aufgabenorientierten Kleingruppen. (= Beiträge des 15. Hamburger Symposions zur Methodologie der Sozialpsychologie). – Lengerich. 150-180.
MEUSBURGER, P. (1998): Bildungsgeographie. Wissen und Ausbildung in der räumlichen Dimension. – Heidelberg.
SCHOLZ, R. W. et al. (Hrsg.) (2002): Der Fall Appenzell Ausserrhoden. ETH-UNS Fallstudie 2001. – Zürich.
SCHOLZ, R. W. / STAUFFACHER, M. (2002): Unsere Landschaft ist unser Kapital – Vergleichende Übersicht zur ETH-UNS Fallstudie Landschaftsnutzung für die Zukunft: Der Fall Appenzell Ausserrhoden. – In: SCHOLZ, R. W. et al. (Hrsg.): Der Fall Appenzell Ausserrhoden. ETH-UNS Fallstudie 2001. – Zürich. 13-47.
SCHOLZ, R. W. / TIETJE, O. (2002): Embedded Case Study Methods. Integrating Quantitative and Qualitative Knowledge. – Thousand Oaks, London, New Delhi.
SIEBERT, H. (2003): Systemisches Denken und vernetztes Lernen. Wie sich Bildung in komplexen Zusammenhängen vollzieht. – In: Erwachsenenbildung 49(1). – 22-26.
VESTER, F. (1991): Unsere Welt – ein vernetztes System. – München.
VILEHABER, C. (2000): Geschichten von Lebenswelten und Weltbildern – Tragfähige Erschließungsperspektiven für eine kritische Geographiedidaktik? – In: GW-Unterricht 77. – 44-51.
WALTER, A. / WIEK, A. (2002): Gesamtsynthese der einzelnen Fallstudienergebnisse Siedlung, Freizeit & Tourismus und Natur & Landschaft. – In: SCHOLZ, R. W. et al. (Hrsg.): Der Fall Appenzell Ausserrhoden. ETH-UNS Fallstudie 2001. – Zürich. 203-248.
WITTE, E. H. (2001): Die Entwicklung einer Gruppenmoderationstheorie für Projektgruppen und ihre empirische Überprüfung. – In: WITTE, E. H. (Hrsg.): Leistungsverbesserung in aufgabenorientierten Kleingruppen. (= Beiträge des 15. Hamburger Symposions zur Methodologie der Sozialpsychologie). – Lengerich. 217-235.

Joachim **Vogt** (Karlsruhe)

Der Wert der Ökologie für die Geographie

1 Begriffe und Modewörter

In jeder Wissenschaft und auch in der Geographie gibt es immer wieder Paradigmenwechsel, die ein Indiz für Veränderungen – häufig als „Fortschritte" qualifiziert – in der jeweiligen Wissenschaft sind. Meist, aber nicht zwingend, sind die Paradigmenwechsel mit einer neuen oder veränderten Terminologie verbunden. Auch das ist selbstverständlich, neue Begriffe sind meist dann sinnvoll, wenn neue Inhalte definiert werden. Problematischer ist es, wenn alte Begriffe vor allem im Zuge zunehmender öffentlicher Aufmerksamkeit mit neuen Wortfeldern belegt werden. Dann sind Missverständnisse vorprogrammiert.

Neue oder neu erscheinende, in ihrem Wortfeld veränderte Begriffe unterliegen öffentlicher Aufmerksamkeit und damit stets der Gefahr, Modewörter zu werden. Dies führt fast zwangsläufig dazu, dass sie auf andere Kontexte und Inhalte übertragen, damit ihrer ursprünglich eindeutigen Definition beraubt und wissenschaftlich zunehmend unbrauchbar werden. So sind die typischen Lebenszyklen von Modewörtern. Am Anfang steht ein gut definierter Begriff, am Ende ist der Begriff so umfassend, dass er nichtssagend wird. Er ist verbraucht, und in einer Konsumgesellschaft geht man spätestens dann auf die Suche nach einem neuen. Dieses Schicksal kann auch – bedauerlicherweise – dadurch nicht aufgehalten werden, dass einige Fachvertreter vehement die Beachtung einer exakten Begrifflichkeit anmahnen. Ein Beispiel dafür ist der Begriff der Ökologie. Leser (1991, vii) spricht, bezogen auf die allgemeine Verwendung des damals schon im beginnenden Abschwung begriffenen Modeworts „Ökologie" vom „wissenschaftlichen und öffentlichkeitswirksamen Etikettenschwindel", gegen den er sich wendet. Ökologie werde „zur inhaltlich pervertierten Bezeichnung vieler Sachen, die mit dem eigentlichen Gegenstand nicht mehr viel zu tun haben" (Leser 1991, 16). Lethmate (2000) hat jüngst die aktuellen sehr verschiedenartigen Ökologiebegriffe und -inhalte aus schuldidaktischer Sicht gegenübergestellt, von der „Indianer-Ökologie" bis zur „Mogelpackung-Ökologie" und damit eine eindrucksvolle Darstellung babylonischer Sprach- und Sachverwirrung durch Modewörter vorgelegt.

Solche Entwicklungen hat es in den Wissenschaften immer gegeben. Aktuell verstärkt ist wahrscheinlich das Streben nach öffentlicher Anerkennung der Wissenschaft, weil es den Geldfluss zu Institutionen der Wissenschaft zu einem erheblichen Teil steuert. Wissenschaften, die Modewörter besetzen, werden von der Öffentlichkeit gegenüber denjenigen, die das nicht tun, bevorzugt. Daher beschleunigen sich die Wechsel von Begriffen, wobei all diejenigen sich für fortschrittlich halten, welche die neuen Begriffe am schnellsten ihrem eigenen Wortschatz einverleiben, damit suggerieren, „en vogue" zu sein, auch wenn ihnen die dahinter stehenden Inhalte noch nicht vertraut sind.

Wir erleben zur Zeit in vielen Bereichen – auch in der Geographie und auch auf diesem Geographentag – das Chaos der sich in immer kürzeren Abständen abwechselnden Modebegriffe. Die Phase der „Ökologie" ging zu Ende, da schwappte die Welle der vielschichtigen „Agenda-21-Prozesse" über uns herein, zugleich das Modewort der „Nachhaltigkeit", das mit seinem umfassenden Ansatz – ökologische, soziale und ökonomische Nachhaltigkeit – Ansprüche formuliert, die an den Ansatz der Länderkunde erinnern. Und der Begriff wird immer umfassender, schon einige Gegenüberstellungen von Nachhaltigkeitsbegriffen offenbaren ein weitgehendes begriffliches Chaos (z. B. bezüglich der Entwicklungszusammenarbeit in: Entwicklung und Zusammenarbeit 42 [2000] H. 1, S. 16).

Die unscharfe Verwendung all dieser Begriffe behindert zunehmend die Analyse der jeweiligen Untersuchungsobjekte und erschwert die Kommunikation. Darüber hinaus machen sie auch öffentliche Tätigkeiten problematischer, denn sie sind auch handlungsbezogen, indem sie in öffentlich-rechtliche Normen als unbestimmte Rechtsbegriffe sowie in Pläne und Programme und vergleichbare Zielbestimmungen öffentlicher und privater Vorhabenträger eingehen.

Parallel zu den Modebegriffen haben auch die Modethemen, auch wenn es sich um langfristig wichtige Themen handelt, das effekthaschende Leben einer Eintagsfliege, wofür LESER (1991) zahlreiche Beispiele in Bezug auf die Ökologie anführt.

Geographen haben in diesen Diskussionen immer mitgeredet, sie haben als ein stets in seiner Existenz bedrohtes Fach, das daher auf öffentliche Aufmerksamkeit angewiesen ist, ein Gespür dafür, was im öffentlichen Raum gehört werden will. Dieses Verhalten hat jedoch auch eine darüber hinausgehende Berechtigung, denn es sind in den meisten Fällen Themen berührt, für die Geographen wohl zu recht eine Mitsprache reklamieren. Die Geographie lebt zudem auch von der Aktualität, doch das Streben danach ist zwingend mit Gefahren verbunden, die bewusst gemacht werden müssen.

2   Modewörter und Modethemen in der Schulerdkunde

Auch der der Schulerdkunde in den letzten Jahren unübersehbar anhaftende Rechtfertigungsdruck hat diese aktuellen gesellschaftspolitischen Themen und mit ihnen die Modewörter aufgenommen und in Lehrpläne, Rahmenrichtlinien und dergleichen integriert. Das ist zunächst Ausdruck eines auf Aktualität gerichteten Bemühens und als solches begrüßenswert. Nach der didaktisch begründeten „Verschlankung" der jeweiligen Inhalte wurden ihnen jeweils eigene Kapitel, neben den anderen, denen man weiterhin eine Existenzberechtigung zubilligte, zugewiesen.

Das kann zu dem Ergebnis führen, welches Rahmenrichtlinien begründen und Schulbücher als Sammelwerke umsetzen: Ein häufig nur sehr partiell theoriegeleitetes Sammelsurium von Inhalten, Methoden und Arbeitstechniken, das auf Leser konzeptionslos und verwirrend wirken muss. Hinzu kommt, dass die Verantwortlichen der Ministerialbürokratie oder die Lehrplankommissionen eher etwas Neues aufnehmen als etwas Altes streichen. Folge ist, dass der Stoff immer vielschichtiger wird, auch bei abnehmenden Stundenzahlen. Im Zuge der gegenwärtigen Revision der Lehrpläne erhalten nun – wie gleichfalls in der öffentlichen Diskussion – ökonomische Inhalte eine zunehmende Wertschätzung, und Fachvertreter drängen auf Aufnahme in die Lehrpläne. In Baden-Württemberg werden sie mit der Erdkunde in einem sogenannten Verbundfach „Geographie – Wirtschaft – Gemeinschaftskunde (GWG)" zusammengefasst, und sie werden dort, so eine Befürchtung, isoliert *neben* anderen Inhalten stehen. Es besteht die aktuelle Aufgabe, diese Inhalte nicht neben die Erdkunde zu stellen, sondern sie in die Erdkunde bzw. Geographie zu integrieren. Die Erdkunde läuft Gefahr, in derartigen „Verbundfächern" unterzugehen, wenn sie nicht auch konzeptionell eine Leitfunktion

Joachim VOGT

übernimmt. Das kann sie nur, wenn sie ein entsprechendes Konzept hat, unter das auch andere als klassisch-geographische Inhalte subsumierbar sind.

Eine Durchsicht einiger gängiger Schulbücher und Lehrpläne in der Schulerdkunde zeigt, dass sehr viele, sehr wichtige und sehr interessante Themen bearbeitet werden. Was hingegen zu wenig deutlich wird, ist der rote Faden. Das Bemühen darum ist durchaus vorhanden und in der fachdidaktischen Literatur ausreichend dokumentiert. Konzepte stringenter Curricula existieren, z. B. *Curriculum 2000+*, das im Auftrag der DGfG erarbeitet wurde, nur scheint es auf dem Weg der Umsetzung aus dem fachdidaktischen Diskurs in die Schulwelt nur schwer überwindbare Hindernisse zu geben.

3 Anforderungen an eine Leitfragestellung

Unter einem solchen roten Faden soll eine Leitfragestellung verstanden werden, der von verschiedenen Seiten mit verschiedenen Arbeitsweisen nachgegangen werden kann und muss. Die sehr unterschiedlichen Methoden und Arbeitstechniken der Physischen Geographie einerseits, der Kultur- oder Humangeographie andererseits müssen beibehalten werden, die große Methodenpluralität ist ein Spezifikum und eine Chance des Fachs, wobei die Divergenz durch die Anlehnung an relativ zueinander divergierende Nachbarfächer zunehmen wird. Die klassische Leitfragestellung der Länderkunde ist, darüber scheint weitgehend Einigkeit zu bestehen, nicht mehr in der Form verwendbar, in der sie vor den Umbrüchen des letzten Drittels des 20. Jahrhunderts bestand.

Für eine derartige Aufgabe müssen einige Ansprüche formuliert werden, um anschließend zu prüfen, aus welchen Bestandteilen man ein solches Gebäude errichten kann. Mit anderen Wissenschaften gemeinsam hat die Geographie die ungeheure Zahl und Komplexität gegenseitiger Abhängigkeiten innerhalb des von ihr untersuchten Systems, auch wenn jede Wissenschaft die ihrigen als herausragend und von der Behandlung her besonders problematisch ansieht (vgl. z. B. HOLUB / SCHNABL 1985[2] für die Wirtschaftswissenschaften).

Unverzichtbar für die Geographie ist – wie für andere Wissenschaften auch – der räumliche Aspekt. Wir haben es mit unterschiedlichen Räumen von der lokalen über die regionale bis zur globalen Ebene zu tun, wobei alle Ebenen intensiv miteinander vernetzt sind, und diese Vernetzung – wir können mit Bezug auf die oberste Ebene auch von Globalisierung sprechen – nimmt kontinuierlich zu. Die Beschränkung der Analyse auf eine Maßstabsebene war schon immer fragwürdig, aktuell ist sie unverantwortbar.

Unsere Leitfrage ist nun, wie ein solcher Raum funktioniert, d. h. wie die Prozesse, die in einem solchen Raum ablaufen, sich wechselseitig bedingen und wie sie erklärt werden können. Dies führt dann weiter zu der immens wichtigen Aufgabe der Anwendung, wie diese Prozesse beeinflusst oder sogar gesteuert werden können. Raumplanung ist eine Steuerungswissenschaft und die steuernde Tätigkeit, beides ist ohne ein umfassendes Verständnis des zu steuernden Objekts unsinnig und führt zu den häufigen Fehlplanungen. Es ist im Kern diejenige Fragestellung, mit der sich außer der Geographie z. B. die Regionalwissenschaft auseinandersetzt.

Das gesuchte Konzept muss geeignet sein, aktuelle Probleme zu analysieren, zu verstehen und das Instrumentarium der Steuerung zu entwickeln. Benötigt wird ein Verständnis für regionale Prozesse und zuverlässige messbare Indikatoren, um sie nach vorgegebenen Kriterien skalieren und bewerten zu können. Das Konzept muss die gängigen wissenschaftlichen Kriterien wie dasjenige der intersubjektiven Überprüfbarkeit und der Nachvollziehbarkeit erfüllen.

4 Das Ökologiemodell als Leitsystem

In Frage kommen hier nur systemorientierte Ansätze, die sozioökonomische und natürliche Prozesse gleichermaßen in Subsystemen berücksichtigen. Nicht originell, aber daher schon in vielen Bereichen bewährt ist der Versuch, den Ansatz der Ökologie so zu verwenden, dass er dieser Aufgabe gerecht wird. Es sind die Grundprinzipen der Ökologie, die „Message of Ecology" (KREBS 1988), auf die zunächst auf einem sehr abstrakten Niveau zu rekurrieren ist. Der Ansatz der Ökologie erscheint besonders geeignet, stark vernetzte Systemverflechtungen zu ordnen und auf verschiedene – auch technische und ökonomische – Inhalte anzuwenden, weil er zahlreiche Mechanismen der Selbstregulation beinhaltet, die auch für räumliche Systeme gelten. Dies ist bereits in verschiedenen kultur- und humanökologischen Ansätzen umgesetzt (vgl. GLAESER / TEHERANI-KRÖNNER 1992; SCHMID 1994; HAUSER 1994). Er könnte die gesuchte Klammer zur Koppelung von natürlichen und sozioökonomischen Subsystemen liefern. Doch muss zugleich gebremst werden. Ein solcher Ansatz ist nicht als Fertigprodukt zu liefern und bislang allenfalls in Ansätzen zu umreißen.

Zu verwenden ist ein holistischer ökologischer Ansatz, wie er etwa von Eugene P. Odum als „neue Ökologie" begründet und später umfassend verwendet und ausführlich wird (ODUM 1980). Odum fordert immer wieder vehement eine Verbindung von Ökologie und Ökonomie, womit er dem ursprünglichen Haeckel'schen Begriff sehr nahe kommt (Ökologie als Ökonomie der Organismen, vgl. NENNEN 1991, 83). Odum propagiert ein stark handlungsorientiertes Ökologieverständnis mit dem Postulat, „Denken und Handeln auf die Ebene des Ökosystems zu heben" (ODUM 1980, xxi), doch sind die Ansätze, dies konsequent zu realisieren, spärlich erfolgt. Nur vielstimmige Wiederholungen dieser Forderung lassen sich reichlich belegen. Denn damit ergibt sich die Aufgabe, auch wirtschaftliche Prozesse in den natürlichen Stoffkreislauf zu integrieren und ökonomische Kreisläufe zu schließen, wie sich das beispielsweise aus den Nachhaltigkeitspostulaten ergibt. Auch dazu gibt es schon frühe Versuche, ich erinnere an die Bemühungen in den USA vor dem Hintergrund der Weltwirtschaftskrise zu Beginn der 1930er Jahre. Zu den Verfechtern dieser Ansätze gehörten die Begründer der Kulturökologie wie STEWARD (1955/1972) und schließlich auch Howard W. Odum, der Vater von Eugene P. Odum, der dieses Konzept für eine regionalisierende Betrachtungsweise verwenden wollte, damals als *regionalism* bezeichnet (ODUM 1936). Dieser Ansatz wurde später nicht weiter verfolgt und es dominierte, insbesondere im deutschsprachigen Raum, ein naturwissenschaftliches Ökologieverständnis. Es liegt auch der umgangssprachlichen Verwendung zugrunde, in der – bedauerlicherweise – Ökologie und Umweltschutz häufig synonym gebraucht werden.

Die Nachhaltigkeitsdebatte seit dem Gipfel von Rio hat nun gezeigt, dass der sozioökonomische Komplex in ein hybrides Konzept mit einzubeziehen ist, wie anhand der Forderung nach sozialer und ökonomischer Nachhaltigkeit als zweiter und dritter Säule neben der ökologischen Nachhaltigkeit offenkundig ist. Verschiedene Sozialwissenschaften haben seit langem den hohen Erkenntniswert des Ökologiekonzepts genutzt und belegt, dass es fachübergreifend adaptiert werden kann (GÜNTHER et al. 1998).

Joachim VOGT

Aktuell gibt es verschiedene Ansätze und Versuche, ein solches umfassendes System zu konzipieren. HEYDEMANN (2001) hat versucht, die Leistungen der natürlichen Systeme auf die menschliche Gesellschaft zu übertragen und zu konkretisieren, welche Grundsätze gelten, wenn das Prinzip der Nachhaltigkeit konsequent umgesetzt wird. STRASSERT (2001) hat die lange Tradition dieser Versuche rekonstruiert. In dem konstruktivistischen Ansatz der Regionalwissenschaft, den er gemeinsam mit Heidemann und anderen seit den 1970er Jahren entwickelt hat, wird konsequent das ökonomische System als Subsystem des natürlichen Systems betrachtet, welches seinerseits aus verschieden abgegrenzten Teilsystemen besteht. Das klingt zunächst wie ein holistischer, nicht operationalisierbarer Ansatz. Sicher ist, dass ein Bemühen um Vollständigkeit dabei zum Scheitern verurteilt ist. Es geht zunächst darum, die Prinzipien zu verstehen, nach denen Subsysteme miteinander gekoppelt sind. Der erste Schritt ist eine „kognitive Integration" (SCHRAMM 2001), dass das Wissen sehr unterschiedlicher Disziplinen aufeinander bezogen wird und ökonomische, ökologische und soziale Terminologien zunächst aufeinander abgestimmt werden. Erst wenn eine gemeinsame sprachliche Ebene gefunden ist, kann der nächste Schritt erfolgen.

Dazu ist auf ein stark abstrahierendes Modell des natürlichen Ökosystems zurückzugreifen. Es besteht aus offenen Subsystemen, d. h. zwischen den Subsystemen findet ein Austausch von Energie und Masse über die Subsystemgrenzen hinaus statt. Diese Austauschprozesse müssen über eine ökonomische Input-Output-Bilanzierung erfassbar sein. Dies gilt auch für einen Organismus, etwa den menschlichen Körper, oder räumliche Systeme, etwa eine Gemeinde oder eine Region. Ein solches System erhält einen Input, dann laufen in ihm eine Reihe von Prozessen ab, wobei Energie und Stoffe umgewandelt werden, anschließend erfolgt ein Output in die Systemumgebung, die wir als Umwelt des Subsystems bezeichnen. Man kann dies auch im Sinne von Uexküll als Kern-Hülle-Verbund betrachten. Es ist der Zusammenhang zwischen einem System und seiner Umwelt (vgl. Abb. 1).

Abb. 1: Vereinfachtes Schema der Beziehungen zwischen einem Systemkern (= einem Subsystem) und seiner Umgebung. (Quelle: nach STRASSERT 2001)

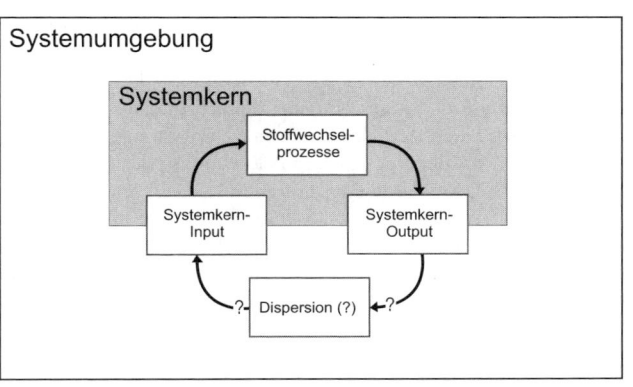

Eine Voraussetzung der Stabilität natürlicher und künstlicher Ökosysteme ist, dass die Kreisläufe geschlossen sind. Im allgemeinen wird der Kreis nun nicht geschlossen, indem der Fluss wieder vom Output zum Input gerichtet ist, dies wäre ein zu simples Modell. Er wird mit anderen Subsystemen des Gesamtsystems gekoppelt, ist dort wiederum Systeminput und kann erwünschte oder unerwünschte Folgewirkungen nach sich ziehen. Am besten kann dies durch die Siedlungsabfallproblematik verdeutlicht werden. Nur bei einem Teil des Abfalls kann der Kreislauf sofort geschlossen werden, indem der Output durch ein eigenes Subsystem zu einem Input recycelt wird. Beim überwiegenden Teil erfolgt eine Einbringung in andere Subsysteme, die für hinreichend träge gehalten werden, um ihre Folgen von der gegenwärtigen Generation auf die Nachkommen abschieben zu können, das ist die Deponierung. In diesem Fall ist der Kreislauf nicht geschlossen (vgl. Abb. 2).

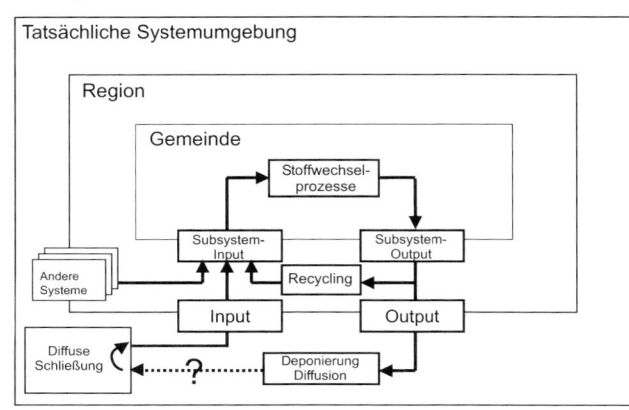

Abb. 2: Anwendung des Schemas in Abb. 1 auf die Feststoffdeponierung einer Gemeinde

Dieses sehr stark vereinfachte Beispiel vermag zu veranschaulichen, dass eine Kernaufgabe darin besteht, räumliche Prozesse als Elemente von Kreisläufen zu deuten und diese Kreisläufe zu schließen. Natürlich ist der Wirkungsbereich der Tätigkeiten im allgemeinen nicht so einfach wie im Beispiel der Feststoffdeponierung, auch überlagern sich zahlreiche Input-Output-Verflechtungen und schließlich ist die Umgebung, hier einfach als „Region" definiert, meist gerade nicht eindeutig abgrenzbar. Zu denken ist an die Emission in die Atmosphäre, dabei wird die Systemumgebung eines sehr kleinen Subsystems sehr groß bis hin zum globalen System der Atmosphäre. Daraus ergeben sich zahlreiche Probleme der Operationalisierung und der handlungsbezogenen Umsetzung. Jedoch ist das Grundprinzip stets das gleiche. Die Prozesse innerhalb eines Subsystems – die wir auch als Stoffwechsel bezeichnen können – sind durch im allgemeinen nicht geschlossene Regelkreise mit ihrer Umwelt und darüber mit anderen Subsystemen verbunden.

Was bislang dargestellt wurde, waren sehr einfache Systemzusammenhänge, die jedoch in dieser Abstraktion den Vorteil aufweisen, in gleicher Weise für natürliche und sozioökonomische Zusammenhänge zu gelten. Nicht nur in der Ökologie, auch den Wirtschaftswissenschaften liegt ein derartiges Kreislaufdenken und die Koppelung von Subsystem (der Volkswirtschaft bzw. dem Betrieb) und seiner Umwelt zugrunde. Quantifiziert werden die Bilanzen üblicherweise in der Input-Output-Rechnung des jeweiligen Subsystems (vgl. HOLUB / SCHNABL 1985), wie das auch – nur nicht kostenmäßig – in der quantifizierenden Ökosystemanalyse getan wird (z. B. ZOLLINGER 1998). Allerdings kann man auch hier den Schritt zur kostenmäßigen Quantifizierung vollziehen. Das Handbuch der Umweltkostenrechnung liefert nicht nur Beispiele dafür, wie Umweltwirkungen nach ökonomischen Regeln quantifiziert und bewertet werden (der Ansatz der Umweltökonomie), sondern auch, wie stark sich Energie- und Stoffflussvernetzungen von Ökologie und Ökonomie ähneln (BUNDESUMWELTMINISTERIUM, UMWELTBUNDESAMT 1996).

Diese Parallelitäten lassen sich weiter führen. Die Stoffwechselprozesse, die vom Input zum Output führen, sind einerseits die Tätigkeiten der Organismen in Biozönosen, in anthropogen geprägten Subsystemen sind es Produktionsprozesse von Wirtschaftsstandorten. Wir können daher auch gleichermaßen von gesellschaftlichem und natürlichem Stoffwechsel sprechen. In das Subsystem fließen energetische und stoffliche Inputs ein. Bei natürlichen Systemen die energetische und stoffliche Flüsse für die Photosynthese, bei anthropogenen Subsystemen sind es energetische und stoffliche Inputs für die ökonomischen Aktivitäten. Eine ähnliche Parallelität ist für den Output gegeben.

Die eingangs formulierte Aufgabe, ökonomische Prozesse mit ökologischen Prozessen kognitiv zu integrieren und in ein übergreifendes systemorientiertes Konzept einzubinden, ist mit einem solchen Ansatz, der am Ökosystem orientiert ist, aussichtsreich weiter zu verfolgen. Darum bemühen sich zahlreiche Arbeitsgruppen, in Deutschland u. a. die Vereinigung für Ökologische Ökonomie, und all diese Bemühungen verdienen meines Erachtens Beachtung von geographischer Seite.

Sie sollen dazu führen, ökonomische und ökologische Subsysteme und ihre Transformationen in hybriden Systemen zusammenzufassen und ökologische und ökonomische Input-Output-Bilanzen zu erstellen. Zu nennen sind die parallel entstandenen Ansätze von Daly und Strassert, auf die an dieser Stelle verwiesen werden muss (vgl. STRASSERT 2001).

Ein solcher Ansatz ist bei der Verwendung zumindest von Teilen des schillernden Nachhaltigkeitsbegriffs anzustreben. Er kann zumindest das Problem aufdecken, das einer Operationalisierung entgegensteht. Die Nachhaltigkeit setzt nämlich die Schließung von Kreisläufen innerhalb der verschiedenen miteinander verschachtelten Systeme voraus, wie das von natürlichen Kreisläufen bereits angesprochen wurde. Dass es dabei zahlreiche Probleme gibt, darf nicht verschwiegen werden. Ein wesentliches ist der räumliche Bezug der Untersuchung, also ein klassisches geographisches Abgrenzungsproblem.

Als Zwischenfazit ist festzustellen, dass es durchaus auch außerhalb der Geographie Arbeiten an holistischen Konzepten für ökologisch-ökonomische Systeme gibt. Sie beziehen sich überwiegend direkt oder indirekt auf das Systemkonzept der Ökologie und benutzen den ökosystemanalytischen Ansatz zum Verständnis von Organismen und von Ökosystemen als Vorbild oder Modell.

5 Didaktische Umsetzungen: Das Konzept des ökologischen Fußabdrucks und des ökologischen Rucksacks

Nun waren die bisherigen Ausführungen sehr abstrakt, wie es ein kurzer Werkstattbericht über theoretische Überlegungen nicht anders sein kann, und sie bedürfen einer Konkretisierung, insbesondere, wenn das Thema im Schulunterricht angesprochen wird. Dort stellt sich die Aufgabe, das Thema plastisch zu veranschaulichen, indem es im lokalen oder regionalen Kontext praktisch recherchierbar und nachvollziehbar gemacht wird (VOGT 2000). Dazu bietet sich der Ansatz des Ökologischen Fußabdrucks an, mit dem versucht wird, den Ressourcenverbrauch von ökonomischen Systemen zu bestimmen. Ressourcenverbrauch ist die Bilanzierung von Input und Output eines Subsystems bezüglich aller Stoff- und Masseflüsse. Diese werden in sehr unterschiedlichen Einheiten gemessen und sind daher prinzipiell nicht additiv bilanzierbar.

An dieser Stelle setzt das Modell des ökologischen Fußabdrucks an. Der ökologische Fußabdruck ist meines Erachtens die zur Zeit beste Approximation zur integrierenden Input-Output-Bilanzierung und damit auch zur Messung der Nachhaltigkeit sowohl im Bereich der privaten Lebensführung als auch für regionale und lokale Systeme. Der Ansatz stammt von WACKERNAGEL / REES (1996). Er ist inzwischen vielerorts angewandt worden und erfreut sich weiterhin zunehmender Beliebtheit. Die zentrale Idee ist, als Maßeinheit die Fläche zu wählen, da für die Herstellung von Inputs wie für den Output Flächen benötigt werden. Der ökologische Fußabdruck ist durch diejenige Fläche charakterisiert, die ein Subsystem – das kann eine Durchschnittsperson der betrachteten räumlichen Einheit oder eine Region sein – dadurch beansprucht, dass alle für den Konsum benötigten Ressourcen beschafft und dauerhaft entsorgt werden. Die Fläche dienst also als gemeinsames Maß. Mit ihr stellt der ökologische Fußabdruck das Verhältnis zwischen theoretisch bei nachhaltiger Nutzung langfristig verfügbaren und tatsächlich genutzten Ressourcen dar.

Natürlich sind bei der Berechnung viele vereinfachende Annahmen zu treffen, es sind Schätzungen und zuweilen gewagte Analogieschlüsse erforderlich. Daher verwundert es nicht, wenn gleiche Eingangswerte oder Verhaltensannahmen bei den verschiedenen vorliegenden Umsetzungen zu unterschiedlichen Ergebnissen führen. Schließlich handelt es sich auch nur um eine Momentaufnahme aus einem dynamischen System. Dennoch haben die bereits vorliegenden vielfältigen Anwendungen gezeigt, dass plausible Näherungen nicht nur auf der globalen Ebene und bei nationalen Vergleichen möglich sind, sondern auch auf regionaler und lokaler Ebene. So gibt es auf kommunaler Seite verschiedene sehr plausible Näherungsansätze, auf deren Daten entweder zurückgegriffen werden kann und die teilweise sogar einfache Kalkulationsvorlagen, etwa in Form von *Excel*-Tabellen, zur Verfügung stellen. So haben es viele Kommunen, z. B. Berlin, München und Hamburg, mit umfangreichen Dokumentationsteilen getan, auch NGOs wie der *WWF* haben sehr anschauliche Dokumentationen für einzelne Länder erstellt. Natürlich gibt es viele aus fachlicher Sicht zu grobe Kalkulationen, vor allem hinsichtlich der Berechnung des ökologischen Fußabdrucks auf dem Meer. In vielen Fällen helfen die Tabellen des *Living Planet Report 2000* weiter, den der *WWF* erarbeitet hat (WORLD WIDE FOUND FOR NATURE 2000). Dieser gestattet es auch, eigene Ergebnisse in supranationale Relationen einzustellen. Dort sind die aktuellen Schätzungen der ökologischen Fußabdrücke für alle Länder der Erde, für die Daten vorliegen, enthalten, sowie ihre wichtigsten Bestandteile.

Hier soll nun nicht in das übliche Rollenspiel zwischen Fachwissenschaft und Didaktik verfallen werden, indem an dem didaktisch hervorragenden Ansatz die fachlichen Mängel hervorgekehrt werden. Bei allen Schwächen des Ansatzes, an dem noch zu arbeiten ist, bietet er didaktisch meines Erachtens sehr gute Einstiegsmöglichkeit in die dargestellte Thematik. Er ermöglicht den Aufbau eines Systemverständnisses, das auf einem Ökologiemodell basiert. Er ist in unterschiedlichen fachlichen Kontexten anwendbar, und er bietet Möglichkeiten für lokale Recherchen, mit denen eigene Ergebnisse erarbeitet werden können. Dies fördert Betroffenheit und Engagement. Gleichzeitig ermöglichen die Daten die Einordnung in regionale und globale Kontexte. Dies ist nicht nur ein guter Ansatz für das Verständnis globaler Zusammenhänge, sondern auch für die entwicklungspolitische Verantwortung der reichen Länder, indem sehr deutlich wird, wer auf wessen Kosten lebt oder – exakter formuliert – konsumiert. Die inhaltliche Vertiefung des Ansatzes schließlich ist in Richtung auf einen orientierten Ansatz möglich, wie er im ersten Teil der Ausführungen skizziert wurde. Das Modell der Ökologie liefert dafür wesentliche Impulse.

Dies gilt gleichermaßen für das daraus abgeleitete Konzept des ökologischen Rucksacks. Er bewertet eine Maßnahme, deren ökologische Wirkungen, bezogen auf die Fläche, kalkuliert werden. Dabei sind ebenfalls Energie- und Stoffflüsse zu bestimmen. Gut möglich ist dies z. B. im Bausektor. Grundlegende Daten und Informationen hierzu sind in den Downloads des Instituts für Ökonomie und Ökologie des Wohnungsbaus an der Universität Karlsruhe zu finden *(http://housing.wiwi.uni-karlsruhe.de/lehre/bauoeko2_downloads.html)*.

Diese Kalkulationen – ökologischer Fußabdruck und ökologischer Rucksack sind nur eine Auswahl aus vergleichbaren Ansätzen – sind alles didaktisch wertvolle Approximationen an viel kompliziertere Zusammenhänge und haben entsprechend viele Schwächen. Im vorliegenden Zusammenhang zeigen sie jedoch auch, dass es sinnvoll ist, sich auf das Konzept der Ökologie zu beziehen, wenn man einen Einstieg in das Systemverständnis von Regionen erarbeiten möchte. Dies gilt gleichermaßen für die Regionalwissenschaft wie für die Geographie.

Es bestand die Aufgabe, den Wert der Ökologie, die sich als Modewort aktuell im Niedergang befindet, für die Geographie zu beleuchten. Als Schlagwort, der Geographie mehr öffentliche Aufmerksamkeit zu bescheren, eignet sie sich nicht oder nicht mehr. Als methodisches Konzept hingegen, sich räumlichen Gebilden analytisch zu nähern, besitzt sie ein hohes Potential. Es sollte nicht verloren gehen und es lohnt sich, weiter daran zu arbeiten.

Literatur

BUNDESUMWELTMINISTERIUM, UMWELTBUNDESAMT (Hrsg.) (1996): Handbuch Umweltkostenrechnung. – München.
GLAESER, B. / TEHERANI-KRÖNNER, P. (Hrsg.) (1992): Humanökologie und Kulturökologie. Grundlagen. Ansätze. Praxis. – Opladen.
GÜNTHER, A. et al. (1998): Sozialwissenschaftliche Ökologie. Eine Einführung. – Berlin et al.
HAUSER, J. A. (1994): Bevölkerung, Ökologie und „Neue Ökonomie". Rahmenbedingungen für eine Gesellschaft im Fließgleichgewicht. – In: SCHMID, J. (Hrsg.): Bevölkerung, Umwelt, Entwicklung. – Opladen. 43-72.
HEYDEMANN, B. (2001): Die Natur als System-Managerin und ihr Leistungs-Spektrum. – In: STRASSERT, G. / WITTENBERG, W. (Hrsg.): Ökologie und Ökonomie – eine vernetzte Welt. Auf dem Wege zu einem integrativen Ansatz. – Karlsruhe. 2-10.
HOLUB, H.-W. / SCHNABL, H. (1985^2): Input-Output-Rechnung: Input-Output-Tabellen. – München, Wien.
KREBS, C. J. (1988): The Message of Ecology. – New York et al.
LESER, H. (1991): Ökologie – wozu? Der graue Regenbogen oder Ökologie ohne Natur. – Berlin et al.
LETHMATE, J. (2000): Ökologie gehört zur Erdkunde – aber welche? Kritik ökologiedidaktischer Ökologien. – In: Die Erde 131. – 61-79.
NENNEN, H.-U. (1991): Ökologie im Diskurs. Zur Grundfragen der Anthropologie und Ökologie und zur Ethik der Wissenschaften. – Opladen.
ODUM, E. P. (1980): Grundlagen der Ökologie. 2 Bde. – Stuttgart, New York.
ODUM, H. W. (1936): Southern Regions of the United States. – Chapel Hill.
SCHMID, J. (1994): Bevölkerung – Umwelt – Entwicklung. Forschungsrichtungen und aktuelle Argumentation. – In: SCHMID, J. (Hrsg.): Bevölkerung, Umwelt, Entwicklung. – Opladen. 17-42.
SCHRAMM, E. (2001): Neue Wege der transdisziplinären Integration. – In: STRASSERT, G. / WITTENBERG, W. (Hrsg.): Ökologie und Ökonomie – eine vernetzte Welt. Auf dem Wege zu einem integrativen Ansatz. – Karlsruhe. 36-44.
STEWARD, J. H. (1955/1972): The Theory of Cultural Change. The Methodology of Multilinear Evolution. – Urbana.
STRASSERT, G. (2001): Das „Mühlrad des Lebens": Regimes der Biosphäre und übergreifende Zykluskonzepte seit Alfred J. Lotka. – In: STRASSERT, G. / WITTENBERG, W. (Hrsg.): Ökologie und Ökonomie – eine vernetzte Welt. Auf dem Wege zu einem integrativen Ansatz. – Karlsruhe. 11-35.

VOGT, J. (2000): Bedeutung der Physischen Geographie als konstitutiver Bestandteil des Erdkundeunterrichts. – In: ECKART, K. et al. (Hrsg.): Das vereinigte Deutschland auf dem Weg in das 21. Jahrhundert. Tagungsband zum 27. Deutschen Schulgeographentag. – Braunschweig. 95-99.

WACKERNAGEL, M. / REES, W. (1996): Our Ecological Footprint – Reducing Human Impact on the Earth. – Gabriola Island, Philadelphia.

WORLD WIDE FOUND FOR NATURE (ed.) (2000): Living Planet Report 2000. – Gland.

ZOLLINGER, G. (1998): Stoffumsätze in topischen Geoökosystemen und ihre Mikroklima- und Wasserhaushalts-Randbedingungen im Einzugsgebiet des Zunziger Muttbaches (Markgräfler Hügelland/Südbaden). (= Freiburger Geographische Hefte, 55). – Freiburg.

Volker **WILHELMI** (Mainz)

Umwelt- und Nachhaltigkeitserziehung in der Geographie
Schulische Anforderungen und ihre Umsetzung im Hochgebirge

1 Handlungsort Schule

Spätestens seit Rio, also Anfang der 1990er Jahre, werden Umweltfragen und die damit verbundenen Probleme nicht nur als regional begrenzte Phänomene angesprochen, sondern die Möglichkeit einer globalen Dimension wird wahrgenommen. Der Umweltschutzgedanke wurde erweitert bzw. ersetzt durch den viel weiter reichenden Ansatz des *sustainable development*, also des Gebots der Nachhaltigkeit.

Umweltschutz ist als Staatsaufgabe in den Verfassungen der deutschen Bundesländer verankert und damit ein naheliegendes Postulat: Die Schaffung von Verantwortungsbewusstsein für Natur und Umwelt ist ein unverzichtbarer Erziehungsauftrag. Eine Neuorientierung im Denken setzt natürlich am effektivsten in den Bildungseinrichtungen an, und hier ist wiederum die Schule wichtigster Wirkungsort. Viele Begriffe umschreiben die pädagogischen Bemühungen; im Grunde genommen kann man heute aber feststellen, dass der Aspekt der nachhaltigen Entwicklung große Bedeutung für die inhaltliche Modifizierung der Umwelterziehung hat. So ist – zumindest in meinem Heimatbundesland Rheinland-Pfalz – Umwelt- und Nachhaltigkeitserziehung als pädagogisches Leitprinzip übergeordneter Auftrag an die Schulpädagogik geworden (WILHELMI 2000). Zur Umsetzung dieser Zielvorstellung berät eine eigens eingesetzte Kommission für Umwelt- und Nachhaltigkeitserziehung den Minister in allen relevanten Fragestellungen. Dabei wird vor allem auf eine angemessene Modifizierung der Schullehrpläne aller Schularten geachtet, aber auch die Studienordnungen der Universitäten werden beeinflusst. Aktuell wird die gesamte Lehrerausbildung grundlegend verändert, Bachelor- und Masterstudiengänge sollen die traditionelle Lehramtsausbildung in der Universität ablösen; hier steht – neben der internationalen Vergleichbarkeit – besonders eine Erhöhung pädagogischer, praxisrelevanter Anteile des Studiums im Vordergrund, auch soll im Rahmen von der Erstellung von Kerncurricula die Umwelterziehung bereits von Beginn an integriert werden. Dabei geht es vor allem darum, den Fächern geeignete Methoden für die Umsetzung vorzustellen.

2 Forschendes Lernen und Nachhaltigkeit

Handlungsorientierung umschreibt wohl eine wichtige Schwerpunktausrichtung der anzustrebenden Methoden. Ein Aspekt erscheint dabei besonders beachtenswert – das forschende Lernen. Grundlage für das Entdecken und Forschen, für die Erkenntnisgewinnung des Menschen allgemein ist nach POPPER (1974) die Tatsache, dass Fragen, Erwartungen oder Hypothesen den praktischen Beobachtungen voranstehen. Die zentrale These lautet: „Wir lernen nicht aus blinden Erfahrungen, sondern indem wir über Probleme stolpern und Fragen stellen". Dabei ist der Lernprozess besonders hoch, wenn der Schüler einen möglichst hohen Eigenanteil an der Erkenntnisgewinnung hat, wenn er also selbst die Verifikation oder Falsifikation der aufgestellten Hypothese leistet. BRUNER (1970) bezeichnet in seiner Theorie des Entdeckungslernens den Wissenserwerb als Voraussetzung für die Initiierung selbständiger geistiger Fähigkeiten, ein Prozess, der nur mit motivierten Schülern ablaufen kann. Diese entdeckende Lerntätigkeit ist ein Ziel, für das die Eigentätigkeit des Schülers von ausschlaggebender Bedeutung ist. HAUBRICH (1997) beschreibt das „entdecken lassende Verfahren" als ersten Schritt für forschendes Lernen und stellt besonders die damit einhergehende Veränderung der Rollen von Lehrer und Schüler heraus: Die Abhängigkeit vom Lehrer nimmt in dem Maß ab, in dem die Selbständigkeit der Schüler gefordert wird.

Zu Recht wird immer wieder der hohe Wert einer „unmittelbaren und anschaulichen Darbietung des geographischen Gegenstandes" hervorgehoben (FRAEDRICH 1989). Idealtypisch kann dieses pädagogische Prinzip zum Beispiel in einem Unterrichtsgang, einer Exkursion oder Lehrwanderung mit Hilfe von Geländearbeit umgesetzt werden. Fraedrich hebt hier die Arbeit vor Ort besonders hervor, weil die Schüler über das bloße Beobachten hinaus forschend tätig werden.

In letzter Zeit bekommt der Aspekt der nachhaltigen Entwicklung große Bedeutung für unser Fach. HEMMER (1998) hebt hervor, dass nach den bisherigen Leitbildern Naturforscher, Naturfreund und Naturschützer nun der Umweltschützer im Vordergrund steht, der besonders individuelle und politische Verhaltensänderungen herbeiführen will. Damit erhalten gerade anthropogeographische Aspekte ein neues Gewicht in der Umwelterziehung. Nachhaltige Entwicklung wendet sich gegen die Umweltzerstörung vor dem Hintergrund der Dritte Welt-Problematik. Damit verschwimmen die Grenzen zwischen ökologischen und sozialen Problemen. Forschendes Lernen kann hier ansetzen, indem im Rahmen der Agenda 21 auf lokaler, nationaler und globaler Ebene z. B. Entwicklungskonzepte nachvollzogen bzw. erarbeitet werden. Das „Leitbild Nachhaltigkeit" wird als Suchprozess nach einem Ausgleich zwischen den menschlichen Bedürfnissen und der Kapazität der Erde verstanden.

Zentrales Anliegen geographischer Umwelterziehung sollte eine aktiv-entdeckende Lerntätigkeit sein, damit wird die Handlungsorientierung entscheidend. Ebenfalls sollten die Lerntypen einer Schulklasse Berücksichtigung finden: Alle „Eingangskanäle" müssen angesprochen werden, gerade die instrumentalen und haptischen Fähigkeiten werden immer noch in der Schule vernachlässigt. Die neueren Erkenntnisse der Hirnforschung belegen nachdrücklich den synergistischen Lerneffekt, vor allem auch die emotionale Ebene (vgl. SPITZER 2002).

Emotionales Lernen scheint eine Schlüsselfunktion innerhalb der Umwelt- und Nachhaltigkeitserziehung einzunehmen; parallel und aufbauend auf die Vermittlung wichtiger Kenntnisse über Ursachen, Zusammenhänge und Gefährdungen müssen gerade emotionsgeleitete Verhaltensweisen angebahnt und unterstützt werden: Schüler sollen aufmerksam werden, beachten, anteilnehmend reagieren und bewusst werten lernen. DRUTJONS (1988) unterteilt den Prozess der Sensibilisierung von Schülern für die Umwelt in Stufen, die in der Regel aufeinander folgen, jedoch keine strenge Reihenfolge darstellen sollen: Erfahren > Wissen > Gewissen > Ethik > Moral.

Aus der Begegnung mit einem Gegenstand oder Vorgang und der Auseinandersetzung mit ihm entsteht Umwelt-Wissen, gestützt von den erhaltenen Informationen. Aus der Sachinformation werden die Konsequenzen in Bezug auf einen selbst und die Gesellschaft gezogen – die Reflexion kann betroffen machen. Auf dieser Grundlage soll der Betroffene nun eine für ihn verbindliche ethische Norm selbst entwickeln oder aber eine vorhandene Norm festigen.

Hier erfolgt jetzt eine wichtige Veränderung, indem die Werteerziehung eine eigene, neue Gewichtung erfährt: Nachdem das bewusste kognitive Verständnis von Umwelt stattgefunden hat (bzw. spätestens dann!), erfolgt bei jedem von uns eine individuelle Abgleichung mit unseren Konsumgewohnheiten und uns bestimmenden gesellschaftlichen Forderungen. So würde es eher kontraproduktiv sein, Konsumverzicht zu predigen! SCHÄFER (2001) fordert in diesem Zusammenhang eine Bewusstmachung des Konsums als Voraussetzung für eigene Zurückhaltung und Bescheidung. Erst müssen die Zusammenhänge klar sein zwischen der Gesellschaft und ihrem umweltbelastenden Verhalten einerseits und der eigenen Rolle andererseits. Diese individuelle Klärung der Wertekonkurrenz ist entscheidend für das nachfolgende Handeln; eine eigene Wertehierarchie wird entwickelt als Grundlage für ein dann wirklich nachhaltiges – und eben nicht aktionistisches – Denken und Handeln. „Nicht undurchschaubares Schicksal, sondern eigene Werte-Entscheidungen sind letztlich für die Umweltzerstörung entscheidend" (SCHÄFER 2001, 79). Diese bewussten Werthaltungen stellen ein solides Fundament für reflektiertes Handeln, „Handlungsorientierung erhält somit eine neue umweltspezifische Funktion" (KÖCK 2003, 72). Im übrigen sollte man vom einzelnen Schüler nicht mehr verlangen, als man selbst oder die Gesellschaft zu leisten bereit ist.

Auch ergeben sich für den Lehrer nicht einfach zu bearbeitende Fragestellungen:

- Wie kann die freie Entscheidung des Schülers garantiert werden, auch wenn vom Lehrer mögliche Wege vorgegeben werden?
- Welche Werte sind überhaupt allgemein verbindlich (oder sind dies vielleicht bereits überkommene, nicht mehr zeitgemäße Werte, die für Kinder und Jugendliche kaum noch bedeutsam sind)?
- Wie kann die Alters- und Erfahrungsdiskrepanz zwischen Schüler und Lehrer überbrückt werden (Generationenkonflikt)?
- Was kann der Lehrer vom Schüler lernen?
- Ist es nicht viel wichtiger, statt *Werte* anzustreben, mit Schülern das *Werten* zu lernen und trainieren?

Natürlich ist dieser vorgestellte Ansatz nicht unumstritten. AEPKERS (1999) zeigt das augenblickliche Dilemma um das Umweltlernen auf: „Die geringe Korrelation von Wissensaneignung und persönlichem bzw. gesellschaftlichem (Nicht-)Handeln wird von den schulisch etablierten Ansätzen verdrängt"; oder kurz gesagt: Nicht das Umweltwissen, sondern der Geldbeutel entscheidet nach wie vor über das Handeln. Vielleicht ist dies aber auch allzu pessimistisch gesehen.

Fazit: Die bekannten Prozessebenen der angewandten Umwelterziehung werden um die gleichzeitig ablaufende individuelle Bewusstmachung und Austragung eines Wertekonflikts erweitert, um so dem Anspruch der Nachhaltigkeit gerechter werden zu können.

Wie kann entdeckend-forschendes Lernen unterstützt werden? Wichtig erscheint es in diesem Zusammenhang, offene, anregende und problemorientierte Situationen zu schaffen:

- bereits bei der Planung – für Entdeckungen z. B. während einer Exkursion muss Zeit sein
- bei der Auswahl der zu erforschenden Phänomene – alle Beobachtungen der Schüler sollten Berücksichtigung finden können

- Und: möglichst große Handlungsspielräume den Schülern lassen – das fördert ihre Phantasie und damit ihre Lernmotivation

3 Das Riederalp-Projekt

Das Naturschutzzentrum Aletsch des schweizerischen Bundes für Naturschutz in der Villa Cassel auf der Riederalp bietet optimale Voraussetzungen: Es liegt in 2.000 m Höhe auf dem Grat zwischen Riederalp und Aletschgletscher. Neben dem Haus liegt zum einen ein ca. 1 ha großer Alpengarten, zum anderen beginnt das Naturschutzgebiet Aletschwald.

Die UNESCO hat für die Aufnahme in die Welterbe-Liste strenge Kriterien erlassen, die bezeichnenderweise von unserem Standort erfüllt wurden und von ALBRECHT (2002) zusammengefasst werden:

- ein Gebiet von außergewöhnlicher Schönheit und ästhetischer Bedeutung
- ein herausragendes Zeugnis bedeutender Abschnitte der Erdgeschichte (alpine Gebirgsbildung, Eiszeiten)
- ein spannendes Beispiel für aktuelle biologische und ökologische Entwicklungen (Sukzessionen in den Gletschervorfeldern, walddynamische Prozesse)
- ein Ort, wo sich aufgrund sehr unterschiedlicher Bedingungen auf engstem Raum eine Vielfalt an Ökosystemen sowie von Tier- und Pflanzengemeinschaften ausbilden konnte
- ein bedeutender Lebensraum zur Erhaltung der Artenvielfalt einschließlich des Schutzes bedrohter Arten

Die Riederalp mit Aletschgletscher und Aletschwald bietet damit als hochsensibles Ökosystem einzigartige Voraussetzungen für nachhaltige Umwelterziehung. Sowohl mit Schülern als auch mit Lehramts-Referendaren werden hier über jeweils ein Woche Werkstattseminare veranstaltet, die – in idealer Ausrichtung – fächerübergreifend aufgebaut sind:

- *Erdkunde:* Entstehung/Geologie der Alpen, Glazialmorphologie, Bodenkundliches Praktikum
- *Biologie und Erdkunde:* Pflanzenstandort und Boden, Anpassungsformen der Vegetation
- *Biologie:* Natur-Rallye, Vegetationsstufen
- *Sozialkunde und Erdkunde:* Strukturwandel auf der Riederalp, Siedlungsgeographie, politischer Konflikt: UNESCO-Weltnaturerbe
- *Religion:* Umweltethik

Im Folgenden soll *ein* Beispiel der Erdkunde – ein bodenkundliches Praktikum – gewählt weden, das hohe Relevanz besitzt:

- *In Bezug auf das Fach:* Bodenkunde stellt ein wichtiges Fundament für viele Fragestellungen der physischen, aber auch der Anthropogeograhie dar.
- *In Bezug auf nachhaltige Umwelterziehung:* Belastung und Belastbarkeit eines Ökosystems lassen sich vorzüglich am Beispiel Boden aufzeigen, gerade im Hochgebirge. Die angewandten Methoden sind handlungsorientiert und erfüllen optimal die

oben geschilderten Anforderungen an schülermotivierendes und –zentrierendes Arbeiten.
- *In Bezug auf vernetztes Denken:* Gerade ökologische Fragestellungen scheinen hervorragend geeignet, Zusammenhänge zu klären, die bei isolierter Betrachtung der Einzelaspekte völlig unklar bleiben. Sie verfügen über ein hohes Vernetzungspotential.

Abb. 1: Simulation einer alten Wasserleitung am Aletschgletscher. (Aufnahme: V. Wilhelmi)

Unterschiedliche Methodenkonzepte sind vorstellbar, der Weg eines Werkstattseminars z. B. zeigte bislang großen Erfolg: Über mehrere Tage werden verschiedene Arbeitsphasen eingebaut, die einen Wechsel aus Theorie und Praxis herstellen. Dieses Konzept begünstigt sowohl das Entdeckungslernen als auch besonders die eingeforderten Schlüsselqualifikationen (WILHELMI 1999).

Nicht zuletzt soll der Schwächung der physischen Geographie im Erdkundeunterricht entgegengewirkt werden, indem hier der Schwerpunkt auf einen physisch-geographischen Problemkreis gelegt wird, der freilich eng mit anthropogeographischen Fragestellungen verbunden ist.

Prinzipiell sollten Beobachtungen, daraus folgende Untersuchungen, Ergebnisvorstellung und die Diskussion um ihr gegenseitiges Zusammenwirken parallel stattfinden und nicht (künstlich) voneinander getrennt sein.

3.1 Praktische Umsetzung am Beispiel Waldökosystem

Tragende Grundidee des vorgestellten Beispiels ist es, von Schülern Wirkungszusammenhänge erkennen, erfahren und aufdecken zu lassen, deren Einzelaspekte ineinander greifen und so erst ihre Dimension entwickeln. Dabei geht die Würdigung der perfekt aufeinander abgestimmten Einzelphänomene der Untersuchung ihrer möglichen Belastung voraus. Es wird zudem darauf geachtet, dass der Umwelt- und Nachhaltigkeitsgedanke bei der Bewertung und Formulierung von Lösungsstrategien wirksam ist.

Bei der Umsetzung werden folgende Ziele verfolgt:

- Motivationslernen soll stattfinden, dazu werden Probleme bzw. Fragestellungen aufgezeigt, die zu Nachforschungen und Entdeckungen der Schüler führen.
- Es sollen positive Lernergebnisse vermittelt werden, dabei wird auf (im Bereich der Ökologie durchaus mögliche) frustrierende Erfahrungen verzichtet.
- Das fachliche Niveau soll für die jeweilige Klassenstufe angemessen sein und zum interessierten „Nachhaken" auffordern.
- Verschiedene Lernkanäle sollen angebahnt und individuell genutzt werden können. Dabei können sogenannte Vielfach-Verankerungen des Stoffs geeignete Memorierungsmöglichkeiten geben.
- Typische geographische Methoden (Beobachten, Proben nehmen, Analysieren, graphisch umsetzen) sollen eingeübt werden.
- Komplexe Inhalte sollen anschaulich und im Zusammenhang verständlich gemacht werden.

3.2 Konkretes Beispiel: Die Belastungssituation des Aletschwaldes

Ein gymnasialer Leistungskurs der 12. Jahrgangsstufe war in der Villa Cassel untergebracht, um im Rahmen einer Projektwoche zu arbeiten. Besonders günstig erwies sich dabei, dass der Standort mit der Bahn gut erreichbar ist und die zentral gelegene Unterkunft ein sehr günstiger Ausgangspunkt für alle Exkursionen ist. Fachliche Unterstützung bieten zudem eine Dauerausstellung mit dem Schwerpunkt Umwelt, eine vorzügliche Bibliothek sowie – bei Bedarf – die Unterstützung durch geschulte Führer.

Bei vielen Aspekten wird deutlich: Der Mensch nimmt mit seinem Handeln Einfluss auf Vorgänge in der Natur. Der Wald ist damit ein ausgezeichnetes Beispiel für das Zusammenwirken anthropogen initiierter und natürlicher Prozesse, die kaum sauber voneinander zu trennen sind.

Als Projekt der Erdkunde sollen möglichst geographische Aspekte im Vordergrund stehen. Trotzdem wird deutlich, dass die Arbeit ohne Hilfen vor allem aus der Biologie schwer zu leisten ist. Diese Abhängigkeit ist aber kein Nachteil. Im Gegenteil, es sollten mit den Schülern Verknüpfungsmöglichkeiten gesucht und aufgezeigt werden. Als Schwerpunkt wird der Einfluss saurer Niederschläge auf den Humus eines Arvenwaldes gewählt. Dabei steht als Referenzfläche ein nahegelegener Kahlschlag zur Verfügung. Zur Ergänzung sollen Depositionsmessungen und Klimamessungen herangezogen werden.

Der Arbeitsablauf muss gut geplant sein: Einzelne Untersuchungen müssen zu Beginn vorbereitet werden, damit der Untersuchungstag selbst gut gelingen kann. Die Hauptphase ist an einem Tag mit Pausen gut zu schaffen, die sicher notwendige theoretische Untermauerung kann der Folgetag leisten.

Volker WILHELMI

Abb. 2: Bestimmung von Bodenorganismen. (Aufnahme: V. Wilhelmi)

Die Schüler sollen anfangs die Waldfläche durchstreifen, Auffälligkeiten sammeln und Fragen zusammentragen. So kann diese erste Begegnung bereits viele Aspekte (siehe oben) aufgreifen und im Gespräch einordnen. Daraufhin erfolgt eine nochmalige Beobachtungsrunde, die dann besonders den sichtbaren Teil des Bodens, den Humus, in den Vordergrund treten lassen. Zu der Frage „Wieso sehen die Bäume so schlecht aus?" werden Hypothesen formuliert, die dann in Gruppen mit ihren Untersuchungen überprüft werden. Die Vermutung von Zusammenhängen steht bereits hier im Vordergrund und sollte vom Lehrer nachdrücklich herausgestellt werden, ebenso die Gesamtfragestellung und der gemeinsame Lösungsweg.

3.3 Die Schüleruntersuchungen

Folgende Einzeluntersuchungen können sinnvoll parallel erfolgen und im Anschluss zusammengeführt werden (nähere Angaben vgl. WILHELMI 2001): Humusprofiluntersuchungen sollen klären, wie viel mehr oder weniger unzersetzte Biomasse im Bestand liegt. Es fallen nämlich teilweise mächtige Rohhumusauflagen auf, die bereits eine Hemmung der mikrobiellen Aktivität dokumentieren.

Humusuntersuchungen sollen Auskunft geben über die Zersetzung im Bestand, den Streuabbau sowie die Kohlenstoff-Stickstoff-Dynamik. Dazu werden vor Ort leicht durchführbare Schülerversuche durchgeführt. Bodenbiologische Untersuchungen mit der Lupe stehen am Anfang. Dazu legen die Schüler eine weiße Unterlage auf den Waldboden. Dann tragen sie den Humus einer definierten Fläche (z. B. 1 m^2) sorgsam ab und untersuchen mit Lupe und einfachem Bestimmungsschlüssel (vgl. BOCHTER 1995; BRUCKER / KALUSCHE 1990; WIL-

HELMI 1997) die Fauna. Damit wird eine positive Grundlage im Sinne einer Primärmotivation für die folgenden Untersuchungen gelegt; denn es macht den Schülern einfach Spaß, zu forschen und zu entdecken, vielleicht staunen sie auch über die Tiere. In diesem Zusammenhang ist auch der Cellulosetest zu nennen, der allerdings in der kurzen Zeit nur bei warmem, feuchten Wetter sinnvoll erscheint. Humusaktivitätsmessungen (CO_2-Abgabe) ergänzen diesen Test.

Streufallnetze (fünf Netze je Quadratmeter) aus Kunststoff sind für fünf Tage auf dem Humus verankert und sammeln die gleichmäßig abfallenden Nadeln, die dann auf ein Jahr hochzurechnen sind.. Der jährliche Streufall stellt ein wichtiges Glied im Biomassekreislauf dar, indem kurzzeitig entzogene Nährelemente wieder über den Humusabbau der Pflanze zur Verfügung gestellt werden.

Bei der Untersuchung des Kohlenstoffkreislaufs erfolgt die Zusammenstellung der einzelnen Untersuchungen, ihre Vernetzung. Die Humusaktivität kann in eine sinnvolle Beziehung gestellt werden: Der jährliche Streufall entspricht ungefähr der Biomasse C, die durch Atmungsprozesse in demselben Zeitraum freigesetzt wird, ein Humusabbau findet also kaum statt.

Untersuchungen der Humuschemie geben Auskunft über die wichtigen Parameter pH-Wert und Stickstoffvorkommen (Ammonium NH_4^+ und Nitrat NO_3^-). Beide Untersuchungen sind mit einfachen Teststäbchen vor Ort zu erledigen. Niederschlagsmessungen auf der Bestandes- und einer benachbarten Kahlfläche ermöglichen eine Erfassung der Immissionsbelastung sowie die Dokumentation der unterschiedlichen Filterleistung der Vegetation. Eine Mischprobe aus mehreren Auffangbehältern kann – wie die Humusproben – mit Teststäbchen einfach von Schülern auf die vorgegebenen Parameter untersucht werden. Gleichzeitig lassen sich zusammenführende Aussagen zur Stickstoffdynamik machen. Die hier ermittelten Werte schaffen einen Zusammenhang zwischen Eintrag, Fixierung bzw. Verarbeitung im Bestand und Austrag.

Abschließend zeigen parallel laufende Klimauntersuchungen mit Hilfe eines Thermohygrographen auf unterschiedlichen Flächen nicht nur Temperaturunterschiede auf, sondern verdeutlichen die verstärkte Schadstoffadsorption in Beständen. Die einzelnen Gruppen stellen ihre Ergebnisse möglichst noch am Standort vor, indem sie besonders Abhängigkeiten aufzeigen. Die Schüler können begründete individuelle Schwerpunktbildungen vornehmen und damit den Fortgang der Diskussion stark beeinflussen. Die Gruppenergebnisse können auf einem großen Papier aufgezeichnet werden und sollten am Originalobjekt erklärt werden.

Das Gesamtergebnis könnte aber auch in einem *Mind Map* von der Klasse oder individuell von jedem Schüler zusammengestellt werden, das besonders die Vernetzungen der Einzelaspekte unseres Themas hervorhebt. So wird gezeigt, dass die Stoffkreisläufe des Waldes ineinander greifen, dass durchaus auch unerwartete Abhängigkeiten auftreten können und ihre gegenseitige Beeinflussung Folgewirkungen zeigt, die man allein mit *einer* Untersuchung nie entdeckt hätte.

Wenn es nun darum geht, Zusammenhänge zu klären, müssen Fragen gestellt werden, die sich an die Sache selbst und natürlich an das abzuleitende Verhalten der Menschen richten:

- Wie ist die Belastung der Natur einzuschätzen?

- Welche Belastungsparameter gibt es? Gibt es eine Hierarchie?
- Wie kann die Belastungssituation entschärft werden?
- Welche Maßnahmen können sofort, welche mittel- und langfristig eingesetzt werden?
- Was habe ich selbst (obwohl ich doch ganz woanders wohne) damit zu tun?
- Bin ich bereit, auf etwas zu verzichten?
- In welchem Rahmen bin ich bereit, Verantwortung zu übernehmen?

Der oben beschriebene Wertekonflikt steht im Mittelpunkt der anzustrebenden Schülerdiskussion. Vor dem Hintergrund von eigenständig, nach wissenschaftlicher Methodik ermittelten Ergebnissen erfolgen nun die mittel- und langfristigen Konsequenzen, die sich zuerst für jeden einzelnen und erst dann für die anonyme Gesellschaft ergeben. So könnte eine individuell begründete, tragfähige Handlungskompetenz im Sinne der Nachhaltigkeit aufgebaut werden.

3.4 Zusammenfassung

Umwelterziehung ist im Verlauf der zehn Jahre nach Rio zur Nachhaltigkeitserziehung geworden. Die Lernwege werden nicht mehr allein über den Ablauf Erfahren – Wissen – Bewerten definiert, sondern Aspekte der Werteerziehung werden integriert, mit dem Ziel der individuellen Entwicklung einer nachhaltigen Umwelthandlungskompetenz. Geographische Themenstellungen sind prädestiniert, um Methoden der Umwelterziehung, des forschenden Lernens umzusetzen. Problemstellungen des Erdkundeunterrichts lassen sich kaum monokausal, sondern oft nur umfassend bearbeiten: Erst wenn viele Teilaspekte berücksichtigt werden, wenn ihre gegenseitigen Abhängigkeiten und Verknüpfungen aufgespürt werden, können wir ihnen gerecht werden. Am geoökologischen Beispiel „Belastung des Aletschwaldes" werden physisch-geographische Parameter untersucht. Dabei soll aufgezeigt werden, wie Schüler aktiv forschen, Hypothesen aufstellen, Zusammenhänge erkennen, vernetzende Strategien entwickeln und eigene Bewertungen vornehmen können.

Literatur

AEPKERS, M. (1999): Umweltlernen: Eine geoökologische Mogelpakung? – In: SCHMIDT-WULFFEN, W. / SCHRAMKE, W. (Hrsg.): Zukunftsfähiger Erdkundeunterricht. (= Perthes Pädagogische Reihe). – Gotha, Stuttgart. 192-222.

ALBRECHT, L. (2002): Erstes Weltnaturerbe in den Alpen – Jungfrau-Aletsch-Bietschhorn. (= Pro Natura Magazin, 1). – Basel.

BOCHTER, R. (1995): Boden und Bodenuntersuchungen. (= Praxis Chemie, 53). – Köln.

BRUCKER, D./ KALUSCHE, D. (1990): Boden und Umwelt – Bodenökologisches Praktikum. – Heidelberg, Wiesbaden.

BRUNER, J. S. (1970): Der Prozeß der Erziehung. – Berlin.

DRUTJONS, P. (1988): Plädoyer für eine andere Umwelterziehung. – In: Unterricht Biologie 134. – 4-12.

FRAEDRICH, W. (1989): Geländearbeit – ein wichtiges methodisches Verfahren im Geographieunterricht. – In: Geographie heute 76. – 2-4.

HAUBRICH, H. (1997): Das entdecken lassende Lernen. – In: HAUBRICH, H. et al. (Hrsg.): Didaktik der Geographie konkret. – München. 202.

HEMMER, I. (1998): Nachhaltige Entwicklung als neues Leitbild der Umwelterziehung und des Geographieunterrichts? – In: RINSCHEDE, G. / GAREIS, J. (Hrsg.): Global Denken – Lokal Handeln:

Geographieunterricht II. (= Regensburger Beiträge zur Didaktik der Geographie, 5). – Regensburg. 197-206.
KÖCK, H. (2003): Dilemmata der (geographischen) Umwelterziehung. – In: Geographie und ihre Didaktik 1/2. – 28-43, 61-79.
POPPER, K. R. (1974): Objektive Erkenntnis. – Hamburg.
SCHÄFER, K. (2001): Zukunftsorientierte Umweltbildung durch Verknüpfung von Nah- und Fernraumperspektiven. – In: Geographie und ihre Didaktik 2. – 74-88.
SPITZER, M. (2002): Lernen. Gehirnforschung und die Schule des Lebens. – Heidelberg, Berlin.
WILHELMI, V. (1997): Praxisorientierte Umwelterziehung: Geographie-Studenten machen Projektunterricht. – In: Geographie und ihre Didaktik 3. – 177-200.
WILHELMI, V. (1999): Der außerschulische Lernort im Geographieunterricht – ein Werkstattseminar als Kooperationsmodell. – In: Geographie und ihre Didaktik 2. – 71-86.
WILHELMI, V. (2000a): Umweltbildung – Umwelterziehung 2000. Theoretische Anforderungen und praktische Konsequenzen. (= UVP-Report 3). – Hamm.
WILHELMI, V. (2001): Vernetzungen auf der Spur: Erdkundeunterricht im Wald. – In: Geographie und Schule, 132. – 24-30.

Jürgen HASSE (Frankfurt/Main) und Gisbert RINSCHEDE (Regensburg)

Leitthema C1 – Ideologien, Mythen und Diskurse zum Leben im Gebirge

1 Zur Einordnung

Die verschiedenen Sitzungen zum Leitthema C „Mythen und Lebensalltag in Gebirgsräumen" stellen insgesamt das erweiterte Raumsystem der Geographie dar, denn es werden nicht nur die Indikatoren, d. h. die räumlichen Auswirkungen und die sozialgeographischen Aktivitäten (wie z. B. Migration) sowie die Wahrnehmungen der sozialen Gruppen (Bergsteiger / Touristen), sondern auch die Geisteshaltungen (wie z. B. Ideologien und Mythen) behandelt.

2 Zum thematischen Rahmen des Leitthemas

Die Welt der Berge ist ein Zwischen-Raum – Noch-Erde und Schon-Himmel. Am rätselhaften und mystifizierten Erscheinen der unerreichbaren Unorte in den Höhen quellen die Mythen. Bis ins Spätmittelalter regelten sie weitgehend konkurrenzlos unerklärte und unerklärliche Gegensätze, die aus dem Leben in den Bergen und mit den Naturgefahren der Berge verbunden waren. Diese Funktion haben die Mythen bis heute behalten.

„Gemacht" werden sie aber am Boden in den Tälern und später in den modernen Metropolen. Dort, wo sich ihre Funktion im Leben der Menschen erweisen muss. Hier nähren sie mannigfaltige Diskurse und verfugen als Denk- und Gefühlsmuster existentielle Gegensätze der Zivilisation. Es sind Diskurse über das Verhältnis von Natur und Kultur, Zentrum und Peripherie, Diesseits und Jenseits, Freiheit und Notwendigkeit. Die Mythen vom Gebirge sind samt ihrer Abkömmlinge in Gestalt von Märchen und Ideologien zu allen Zeiten kulturell überwölbt gewesen. Die Mythen der Berg-Bewohner waren stets andere als die der touristischen Berg-Erleber.

Im Foucault'schen Sinne sind auch diese Diskurse durch die Ausübung von Definitionsmächten geregelt und beherrscht. Das gilt für die archaischen Mythen mit metaphysischem Kern, ihre postmodernen Metamorphosen wie für die politischen Ideologien, in denen die Mythen in einem weltlich-politisierten Strang weiterleben. Ihre Aufgabe ist es, als narrative Elemente alltäglich erfahrbare Brüche zwischen lebensweltlichem und systemischen Leben zu überbrücken. Insbesondere die Diskurse der Wissenschaften haben diese Brüche hervorgebracht und vertieft. Die wissenschaftlichen Abstraktionssysteme leuchten das Unerklärliche nicht nur mit Erklärungen aus. Mehr noch: In der sozialwissenschaftlichen Entschleierung bestreiten sie erstens die Mythen und erhellen zweitens ihr Recycling zu politischen Ideologien. Die Geographie spielt in diesem Prozess ihre Rolle.

Wer in unserer Zeit tendenziell alles über seine „Umwelt" weiß, sucht Halt in der Wieder-Erfindung eines Unerklärlichen. Dies trifft in besonderer Weise das Subjekt selbst. Daher sind die Mythen in der alpinistischen Bergbesteigung besonders von jenem Verhältnis zur Natur gespeist, die man selber ist. So „will" die Besteigung auch weniger den Gipfel, als leibhaftig in jene Zwischenwelt eintauchen, in der das zusammengeht und sich als rares Erlebnis intensiviert, was Karlfried Graf Dürckheim „Welt-Raum" und „Selbst-Raum" nannte. In der

Mythen und Lebensalltag in Gebirgsräumen

Herausforderung der Natur, die man selber ist, wollen körperliche und psychische Belastungsgrenzen erlebt werden, will das körperliche, leibliche und geistige Subjekt an seinen eigenen Grenzen wachsen.

Die Mythen leben in der Gegenwart trotz High-Tech und Internet fort – als Relikte, Fragmente und in Collagen, in jedem Falle aber als Gegengift zu den Aushärtungen einer reflexiver werdenden Moderne. In mimetischen Metamorphosen finden die Mythen der Berge als regelndes Moment im Mensch-Natur-Verhältnis immer neue Funktionen in der Bewältigung eines Lebens mit existentiellen Widersprüchen, Spannungen und Entfremdungen – in Gestalt alter und neuer Märchen oder über den Weg kulturindustrieller Offerten der *praktischen* Erfüllung der Sehnsucht nach dem Erhabenen einer Grenz- und Zwischenwelt. In diesem zweiten Sinne ist der Mount Everest heute Freizeitpark und Spielgerät für Wenige. Eine technisch auf maximalem Niveau gesicherte Tour kostet rund 50.000 €. Im Mai 2001 ging eine 88-köpfige Gruppe auf den Berg. Und alle paar Jahre werden deshalb Aufräumaktionen nötig. Bei einem einzigen solchen Unternehmen wurden 1990 vier Tonnen Müll, ungezählte Alustangen, Leitern, Zeltreste und 632 leere Sauerstoffflaschen zu Tale gefördert. Die postmodern *gelebten* Mythen schlagen mit ihren materiellen Hinterlassenschaften am Boden einer doppelten Realität auf – einer sozialen und zugleich einer ökologischen.

3 Zu den Beiträgen

Die Beiträge der Leitthemensitzung C1 widmen sich drei verschiedenen Perspektiven. Helga Peskoller schlägt in ihrer Thematisierung der (extrem-)bergbesteigenden Berührung der Höhe eine Brücke zwischen Erziehungswissenschaft und Geographie. Der alle physischen Kräfte beanspruchende Weg der Bergbesteigung führt an eine Grenze der Elemente Himmel und Erde. Die Annäherung ent-deckt aber auch jene Grenze im Selbst-Raum, an der die Erfahrung herausgefordert ist. Zwischen Natur und Kultur gleichsam mäandrierend stoßen die Natur des Hochgebirges und die Natur, die man selber ist, aufeinander. Die Verarbeitung extremer Formen des Erlebens bedarf der kulturellen Arbeit einer widerständigen Annäherung an mehrdimensionale Fremdheit.

Der zweite Beitrag von Erwin Grötzbach ist religionsgeographisch verortet. Grötzbach liefert im Vergleich verschiedener Religionen ein differenziertes Bild „heiliger Berge", religiöser Bezüge zu einer Erscheinungsweise der Natur. Berge, aber auch kleinräumliche religiös codierte Naturdinge werden als Medien eines heiligen Raums annotiert und im Hinblick auf raumtheoretische Implikationen bewertet.

Der dritte Beitrag von Katharina Fleischmann, Anke Strüver und Britta Trostorff entziffert die Konstruktionsbedingungen des in den Südkarpaten Rumäniens angesiedelten Dracula- und Transsilvanien-Mythos. Die Autorinnen regen auf der Grundlage einer Pluralisierung perspektivischen Raumdenkens eine methodische Revision der Länderkunde an. Länderkunde nicht als (objektivistische) Beschreibung objektiver Sachverhalte, sondern als Rekonstruktion von Länderbildern, Ländervorstellungen, Länderklischees, Länderstereotypen etc. Damit aktualisieren sie eine insbesondere in den 1980er Jahren aufgekommene Fokussierung von Prozessen (kollektiv) subjektiver Welt-, Länder- und Umgebungskonzepte.

Helga **PESKOLLER** (Innsbruck)

Berge als Erfahrungs- und Experimentierraum –
bildungstheoretische und anthropologische Aspekte

Ein Bergsteiger stapft bei Nebel, Wind und Schneetreiben zum Wandfuß der Westlichen Zinnen-Nordwand mit dem Ziel einer Erstbegehung. Die Route *Bellavista* führt durch ein 50 m ausladendes Dach und gelingt nach fünf Tagen Schwerstarbeit. Ein halbes Jahr später wird Alexander Huber mit einem Freund wiederkommen und in 20 Tagen dieselbe Route im Schwierigkeitsgrad XI – frei, d. h. ohne Zuhilfenahme künstlicher Fortbewegungsmittel – durchsteigen. Die Frage, die sich mir stellt, lautet: *Wie lässt sich dieses Bergerlebnis denken?* Um darauf zu antworten, nehme ich vier Rahmungen vor: Fakten, Problembeschreibung und Konzept, Begriffe als Modi von Weltverhältnissen, Erkenntnismodell.

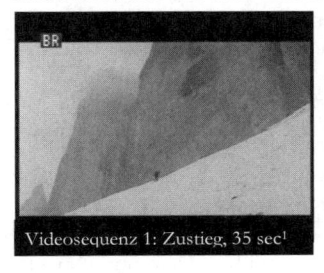

Videosequenz 1: Zustieg, 35 sec[1]

1 Fakten

Der Schauplatz befindet sich in den Sextener Dolomiten (Südtirol) und gehört zu den 16% Fläche des Alpenraums, welche die Alpen erst zu *den Alpen* macht. Diese Regionen aus Geröllhalden, Fels und Gletscher sind das Paradies für Hochalpinisten und Kletterer, und je steiler, höher und schwieriger sich das Gelände gestaltet, desto intensiver verspricht das Erleben zu werden.

Bei den 4,7 bis 6,6 Mio. Tourismusbetten und 350 Mio. Übernachtungen in den Alpen pro Jahr (BÄTZING 2003[2], 156) sind die Biwaks nicht mitgezählt. Alexander Huber hat am Wandfuß geschlafen, vier Nächte in der Wand verbracht und Erfahrungen gesammelt, die abweichen von denen, die ein Tourist durchschnittlich macht. Wobei sich die Anzahl der Extremen in Grenzen hält. In Österreich beispielsweise geben 68% der Gesamtbevölkerung an, gelegentlich zu wandern und bergzusteigen, für neun Prozent ist Klettern und

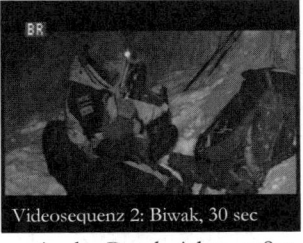

Videosequenz 2: Biwak, 30 sec

Bergsteigen die bevorzugte Freizeitbetätigung. Über sie hört man in der Regel nichts, außer, wie in diesem Fall, wenn Leistungen an der Grenze des Menschenmöglichen erbracht werden oder bei Unfällen. In Österreich verliefen 1999 bei einer Population von 108.000 Bergsteigern 14 von 8.000 Alpinunfällen tödlich. 120.000 Kletterer bewegen sich pro Saison durch die Wände der Dolomiten (vgl. WÜRTL 2002); diese Zahl steht den rund 120 Mio. Feriengästen gegenüber, die jährlich die Alpen heimsuchen, was elf bis zwölf Prozent des Welt- und 17% des Europatourismus entspricht (BÄTZING 2003[2], 156).

Heute bewohnen etwa elf Millionen Menschen – die Angaben schwanken je nach Definition der Alpen, die man wählt – eine Fläche von 192.753 km^2, die sich über sieben Staaten hinweg von Wien bis Nizza erstreckt (BÄTZING 2003[2], 23; 1997, 27).

2 Problem und Konzept

2.1 Kultur

Den Alpen wohnt ein Doppeltes inne, sie trennen und verbinden, sind Hindernis und Übergang. Wir kennen sie als Kriegsschauplatz, Ferienidylle, Lebens- und Wirtschaftsraum für die einheimische Bevölkerung, Ergänzungs- und ökologischen Ausgleichsraumraum der europäischen Ballungsgebiete, als Wasserspeicher, Erholungs-, Transit- und Wohnraum für die Städte am Alpenrand, aber auch als Modellregion, Erlebniszentrum, Forschungsgebiet und Sportarena (STREMLOW 1998). Sucht man hier nach einem gemeinsamen Nenner, stößt man auf den ältesten Begriff von Kultur. Ciceros Kulturbegriff beinhaltet bereits beides, die objektive und die subjektive Seite von Kultur, es geht um die *Bearbeitung der Lebensgrundlagen* und um die *Bearbeitung der Seele*. Angesichts des Alpinen müsste das Kleinräumige, sprich die Vielfalt, Abweichung und Differenz in die Definition verstärkt Eingang finden, aber auch die Dimension der *Tätigkeit*, in der die Wechselwirkungen von Innen und Außen hervortreten und die Dimension der *Verhaltensmodellierung*, die das Frühere vom Späteren unterscheidet, und nicht, wie in der Dimension der Güter und Produkte, das Höhere vom Niederen. Diese Überlegungen führen zu einem Begriff von Kultur, der auf *Responsivität* angelegt ist. Der Fokus richtet sich auf die *Wirkungen* und mithin auf das komplizierte Verhältnis von Subjektivem und Objektivem, in dem Unterschiede anerkannt und die Zeitlichkeit hervorgehoben werden. Ich schlage daher und weil es keine gemeinsame alpine Kultur gibt (BÄTZING 1997, 145), probeweise die Kurzformel vor: *Kultur entsteht im Antworten auf das Fremde*.

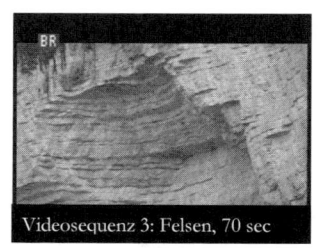

Diese Fassung schreibt dem *Gegenwärtigen* Bedeutung zu, wertet die Kategorie des *Prozesses* auf und verschiebt den Akzent vom Transfer zur *Transformation*. Anstelle des Tragens und Übertragens, sprich des Transports von Sachen, wird das Augenmerk auf die Umwandlung gelegt und mithin auf die *Information*, sprich auf die inwendige Formung und Ausgestaltung der Menschen. Dadurch rücken jene Bildungsprozesse in den Mittelpunkt, die ihren Ausgang in Fremdheitserfahrungen nehmen.

Videosequenz 3: Felsen, 70 sec

2.2 Fremdheit

Der Stein ist kalt, trocken und fest. Da ihm kein Wasser beigemengt ist, gilt er als tot und mithin als das dem Menschen Fremdeste (BÖHME 1989, 127f). Nähert sich ihm ein Mensch, wird dieser von einer merkwürdigen *Selbstfremdheit* ergriffen. Diese gesteigerte Form von Fremdheit unterwandert das Interpretieren (WALDENFELS 1997, 37, der sich hier auf Geertz bezieht), was für ein Denken, das nur erklären, verstehen und kritisieren will, schockierend ist. „Denn das Fremde ist nicht etwas, auf das unser Sagen und Tun abzielt, sondern etwas, von dem dieses ausgeht" (WALDENFELS 1997, 51). Fremdheitserfahrungen sind keine Handlungen, die wir uns zuschreiben können, sie verdanken sich dem Überschuss und Exzess, zeichnen sich durch eine innere Mehrdeutigkeit aus und erheben den Anspruch, dem Fremden seine Ferne zu belassen. Beim Klettern ist man dem Fremden nah, sehr nah. Man greift ins Steinerne und wird von ihm berührt. Klettern ist somit die *Kunst der Berührung*. In ihr trifft das Fremde außen auf das Fremde innen, was einer Aufforderung und Provokation von Sinn gleichkommt und zwar deshalb, weil diese Berührung die vorhandenen Sinnbezüge stört. Die Störung findet nicht im Durchzug, sondern im *Verweilen* und Bleiben statt. Der Kletterer bleibt, er hat sich auf die Wand und auf das, was ihr entspricht, eingelassen. Damit wird das Fremde zum methodischen Prinzip, das erlaubt, zwei Mal Distanz zu schaffen: Abstand zum Anderen und Abstand zum Eigenen. Das öffnet einen Zwischenraum, den der Kletterer zu seiner Fortbewegung nützt. Helmut Plessner hat das einmal so ausgedrückt: „Indem der Mensch sich im ‚Dort des Anderen' sieht, begegnet ihm ‚die Unheimlichkeit des Anderen in der unbegreiflichen Verschränkung des Eigenen mit dem Anderen'" (PLESSNER 1981, 193).

3 Modi von Weltverhältnissen

3.1 Erziehung

Damit Alexander Huber sich mehr als nur wenige Sekunden in der Wand halten kann, bedarf es einer langen Vorbereitung. Sie konzentriert sich auf die Bearbeitung des eigenen Körpers, indem sie ihn diszipliniert, zivilisiert und völlig unter Kontrolle bringt. Diese *Erziehung* modelliert ihrerseits das Verhalten und Empfinden in Richtung einer leidenschaftslosen *Selbstbeherrschung* (vgl. ELIAS 1976, insbesondere 327). Gefühle dürfen 400 m über dem Boden nicht einfach hervorbrechen oder heftig umspringen, der Kletterer darf weder die Nerven verlieren oder in Panik geraten, noch in Euphorie sich über den Abgrund schweben sehen. Er muss sich *mäßigen*. Erziehungsprozesse sind Zielübungen, in denen man lernt, Zwänge in Selbstzwänge zu verwandeln und so zu steuern, dass diese Umwandlungen aus freien Stücken vollzogen und überwiegend als Lust denn als Gewalt empfunden werden.

Wie kultiviere ich die Freiheit bei dem Zwange? – so lautet der Grundwiderspruch der Pädagogik, und aus ihm spricht neben Disziplin und Zivilisierung auch die Moral. Fasst man moralische Erziehung als das Spiel mit der menschlichen Freiheit auf, geht es zuvorderst um Selbstentwurf, Selbsttätigkeit und Selbsterschaffung. Man steigert – unter dem Motto der Freiwilligkeit – die eigenen Produktivkräfte, schöpft seine Möglichkeiten aus, bis man endlich in der Lage ist, sich zur Gänze zu verwenden (PESKOLLER 1988). Und genau das ist bei dem Kletterer der Fall. Kein Mensch der Welt hat ihn in diese Unwirtlichkeit gezwungen, aber jetzt, wo er dort ist, bleibt ihm gar nichts anderes übrig, als die äußerste Begrenzung als etwas zu nehmen, das existentiell dazu veranlasst, die eigenen Fähigkeiten spielerisch und mithin restlos zu entfalten.[2]

3.2 Bildung

Wie Erziehung ist auch *Bildung* ein Vorgang und Ergebnis zugleich. Im Unterschied zur Erziehung, die auf *Resultatismus* angelegt ist, geht es in der Bildung immer auch um *Autogenese* (vgl. BILSTEIN 2001). Im Mittelpunkt steht die Selbstkonstituierung als eigentätiger, kaum planbarer, unabschließbarer Prozess der Vervollkommnung seiner selbst (HERRMANN 1994). Bearbeitet wird primär nicht der Bezug zu den anderen, sondern der zu sich selbst, und vorstellen kann man sich das wie Bildhauerei. Man bricht, formt, gestaltet und verwandelt sich mehrfach nach einer vorgängigen Skizze bzw. einem zugrunde liegenden Bild. Das Bild wäre eine Art Abdruck, das aus der Berührung von Medium, Muster und Original hervorgegangen ist. Im Akt der Berührung wird man in ein Beziehungsereignis verwickelt, das einen so schnell nicht mehr loslässt.

Der Begriff Bildung entstammt vermutlich dem Eckhart-Wortschatz. Er hat in der Geschichte der deutschen Sprache eine außergewöhnliche Entwicklung und Vertiefung erfahren (WACKERNAGEL 1994, 186), wohl auch deshalb, weil er von Anfang an radikal angelegt war. Die Radikalität besteht darin, Bildung als *Entbildung* zu begreifen. Geht man dem Bild auf den Grund, werden Bilder bis zur Bildlosigkeit enträtselt. Auf unseren Kletterer in der Wand bezogen könnte das folgendes bedeuten: Während er sich dem Ausstieg nähert, nähert er sich auch seinem Beweggrund, das zu tun. Der Aufstieg außen korrespondiert mit dem Abstieg innen, was zur Folge hat, auf eine doppelte Weise mit der Grundlosigkeit konfrontiert zu sein. Unter den Fußsohlen breitet sich Luft aus und inwendig trifft er ungebremst auf jene Kraft, die Bilder erzeugt. Die Rede ist von der Kraft zur Einbildung. Sie gründet in der materialen Struktur des Körpers und bringt Menschen dazu, über sich hinauszuwachsen. Ihre Gegenspielerin ist die Schwerkraft, sie holt auf den Boden zurück. Der Kletterer hängt von beiden Kräften ab. Ob er oben ankommt oder vorher abstürzt, hat mit der Genauigkeit zu tun, mit der er Einbildung und Schwere in- und gegeneinander verschiebt.

3.3 Spiel

Im Unterschied zur Bildung ist die Theorie-Perspektive des *Spiels* nicht die Selbstentfaltung, sondern die *Verflüssigung*. Seine Definitionsgeschichte könnte man bei Platons Vermutung, das Spiel habe seinen Ursprung im Bedürfnis zum Springen, anheben lassen, einem Bedürfnis, das sich bei allen jungen Lebewesen findet und eine Fähigkeit, die der Erwachsene als erstes verliert (BILSTEIN 2001, 43). Sprünge sind kontrollierte Stürze, d. h. man spürt, wenn es losgeht, registriert, was in der Luft geschieht und kann in etwa abschätzen, wo und wie man landet.

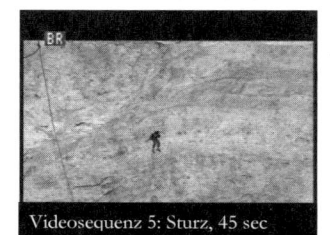

Videosequenz 5: Sturz, 45 sec

Angst beschleunigt und verlangsamt die Bewegungen, täuscht nicht und tritt dann auf, wenn man den Rhythmus verliert (PESKOLLER 2001, insbesondere 150). Den Rhythmus wieder zu finden, heißt, sich vom Ablauf tragen zu lassen (PESKOLLER 2003). Ist das der Fall, wird die Bewegung nicht mehr jäh unterbrochen, sondern verlangsamt und verzögert. Die Verzögerung führt bestenfalls dazu, die Gefahr zu achten, sprich wahrzunehmen, was eben geschieht, und genau zu empfinden, was man gerade tut. Mit der Empfindung wächst auch die Erinnerung und mit ihr wird ein Archiv von Bewegungen und Bewegungskombinationen zugänglich, das in Staunen versetzt. Man staunt über die eigene Bewegtheit und erkennt diese als innere Natur von Bewegung. Der Kletterer wird wieder locker, seine Körperschwere weicht einer ungeahnten Leichtigkeit, der man die Anstrengung nicht anmerkt, der Bewegungsfluss wirkt mühelos, spielerisch. Das Spiel vermittelt zwischen Sinnlichkeit und Vernunft (vgl. Schillers ästhetische Briefe von 1795 in BILSTEIN 2001, 43). Bei HUIZINGA (1960) ist nachzulesen, dass die Kultur ihren Ausgang im Spiel nimmt. Was aber das Spiel in Fahrt bringt und hält, das bleibt ihm selbst außerhalb. Auf eindrucksvolle Weise ist *Bellavista* hierfür ein Beleg. Je kleiner der Abstand zwischen dem wird, was wir Spiel nennen und dem, woraus es selbst hervorgeht, um so intensiver kann das Spiel betrieben werden. Fällt das Spiel mit seinem Ursprung jedoch in eins, dann ist ausgespielt. Haarscharf an dieser Grenze hat sich Alexander Huber bei der Durchsteigung der Großen Zinne-Nordwand im Sommer 2002 aufgehalten. Er ist die *Brandler-Hasse,* ohne auch nur die Möglichkeit zur Selbstsicherung, in vier Stunden allein durchgestiegen. Der Einsatz für dieses Spiel, das keinen Fehler erlaubt, war das Leben selbst. Ein Leben, das rückhaltlos aufs Spiel gesetzt wird, hat etwas *Obszönes*. Die Obszönität besteht darin, immer unausweichlicher und deutlicher das auftauchen zu sehen, was ein Leben beendet. Geprobt wird die Konfrontation mit dem Sterben, und sie nimmt, je glatter die Wand, desto härtere Züge an. Indem Leben und Sterben auf dramatische Weise sich nähern, legt sich unbemerkt die innere Struktur des Spiels als erste *Poesie* des Menschen frei (nach Jean Paul, Levana, 80 bzw. 75 in BILSTEIN 2001, 47).

3.4 Abenteuer

Erziehung, Bildung und Spiel sind unterschiedliche Modi, mit der Welt verbunden zu sein, sie tragen zur menschlichen *Verfleißigung* bei und sind Formen der *Erfahrung*. Erfahrung steht für das Konstituieren von Unterscheidungen und wird bei Aristoteles als das aus den einzelnen Erinnerungen „in der Seele zur Ruhe gekommene Allgemeine" beschrieben (zitiert nach KAMBARTEL 1968, 53f). Nehmen wir einmal an, dass nicht jede Erinnerung gleich rasch zur Ruhe kommt, Schneestapfen im Geröll, das Biwak beispielsweise oder der Sturz prägen sich so sehr ein, dass anstatt Ruhe sich Unruhe ausbreitet, das Allgemeine vertreibt und nur noch das Besondere zurück lässt. Ist das der Fall und gibt es nur noch Unterscheidendes, misslingt über kurz oder lang die Mitteilung. Im Alltag sagen wir zu Erfahrungen, die schwer oder nicht mitteilbar sind, *Erlebnisse* und meinen damit ein Geschehen oder Ereignis mit nachhaltiger Wirkung. Im Unterschied zur Erfahrung, die ursprünglich eine Durchwanderung im geographischen Sinn bedeutet hat, ist das Wort Erlebnis sehr viel jünger und taucht erst in der ersten Hälfte des 19. Jahrhunderts auf. Dieses Wort verweist auf subjektlose Vorgänge des Sammelns, Anreicherns und Sättigens der Seele, wodurch sich die Aufmerksamkeit vom Außen ins eigene Innere verlagert. Käme es zu dieser Verlagerung im Akt des Kletterns selbst und auch noch zu Bewusstsein, fände eine unnötige Selbstgefährdung statt. Klettern ist ein Erlebnis und es ist ein *Abenteuer*, d. h. eine planmäßig organisierte Erkundung und Aneignung von Unbekanntem. Alexander Huber widerfährt die Wand nicht nur, er betreibt in ihr ein *experimentales Handeln*. Ohne hier ins Detail seiner Logistik einzudringen – sie reicht von der Kühnheit der Idee über das körperliche und mentale Training bis hin zur Organisation der Filmaufnahmen – drückt sich diese spezifische Form des Handelns allein schon in seinen Bewegungen aus. Jemand geht ein Wagnis mit ungewissem Ausgang ein, weil er exakt die Linie austüftelt und konsequent verfolgt, die ihn mit einer gewissen Wahrscheinlichkeit zum Ziel führt. Was er aber trotz der peniblen Vorwegnahmen nicht wissen kann, ist, ob etwas dazwischen kommt, mit dem nicht zu rechnen war, als wer er am Ausstieg ankommt und wie ihn all das, was er zwischen Wandfuß und -ende erlebt, formt und nachträglich verändert. In diesen Unbekannten liegt die Herausforderung (vgl. PESKOLLER 1998[2]). Herausgefordert wird das Unwissen, das mit dem Wissen zunimmt, aber auch der *Zufall*. Im Abenteuer wird der Zufall freudig akzeptiert und dadurch schöpferisches Potential gewonnen. Gerade weil der Kletterer trainiert und perfekt vorbereitet ist, vertraut er sich der Ungewissheit einer unbekannten Zukunft an und erhebt das Kontingente zur *ästhetischen Form*. Klettern wird zur Kunst und ist nicht nur Sport.

Historisch gesehen hat die Aufwertung des Zufällig-Risikohaften eine Revolution bedeutet. Die erste Definition des Abenteuers findet sich um 1170 bei Chrétien de Troyes und sie hat, folgt man NERLICH (1997, insbesondere 18f), am entscheidendsten von allen Denkformen dazu beigetragen, die Welt irreversibel in die Moderne zu verwandeln. Auch wenn die Gründe für das Entstehen des *aventure*-Denkens in der sozialen Lage der Ritter zu suchen sind und diese ganz und gar nicht modern war, entkommt man nicht der *aventure*-Praxis, die sich in einer unaufhebbaren Experimental-Existenz des Menschen zum Ausdruck bringt. Nach Chrétien de Troyes ist nur, wer auf Abenteuer auszieht, auch wirklich ein Mensch.

Dieser Satz hallt lange, ja bis heute nach und zwar nicht nur in den Felswänden der Drei Zinnen, sondern auch in der Wissenschaftsgeschichte und Erkenntnistheorie. Als nämlich Francis Bacon zwischen zwei Arten von Erfahrung – einer *experientia vaga* und einer *experientia ordinata* – unterscheidet, bezieht er sich auf die Entgegensetzung von historischer Erkenntnisgewinnung und philosophischer Spekulation. Erstere sei ein bloßes Umherirren und Herumtappen, wohingegen die Philosophie den sicheren Gang beherrsche. Ihm gibt er den Vorzug, vorausgesetzt es handelt sich um Versuchsserien, die geordnet durchgeführt und ausgewertet werden, so dass von den experimentellen Ergebnissen zu allgemeinen Prinzipien und Axiomen fortzuschreiten ist, die ihrerseits Anlass zu neuer Erfahrungstätigkeit geben. Alexander Huber ist zweimal dieselbe Route geklettert, ein Selbstversuch, dem zig andere vorausgegangen sind und der strukturell zur *experientia ordinata* zählt, daher in philosophischen Kategorien zu denken ist. Es gab aber auch den Ablauf, eine Geschichte, die Abweichung und den Unterbruch. Der Kletterer musste sich mehr als einmal neu orientieren, Zweifel, Unsicherheit und Angst kamen auf, er suchte, ja tappte nach Griffen und dann der Sturz, hinterher erneutes Aufrichten, Hoffen und Weitermachen. Diese Momente waren – und das hat nichts mit Sensationslust zu tun – von besonderem Interesse, da sie Bedingungen für das Erkennen offen legen.

Videosequenz 6: Ausstieg, 20 sec

4 Erkenntnismodell

Die wohl entscheidendste Voraussetzung für die *Erkenntnis* ist, dass es *den* Menschen nicht gibt (vgl. KAMPER / WULF 1994). Statt dessen gibt es die je geschichtlich-konkrete menschliche Existenz, von der nicht ausgenommen ist, wer über sie nachdenkt. *Doppelte Historizität* und *(Selbst-)Reflexivität* sind die beiden ersten Prinzipien einer Pädagogischen Anthropologie, deren offenes Programm weder Allgemeingültigkeit noch normative Verbindlichkeit für sich in Anspruch nimmt. Ihre wissenschaftstheoretischen Überlegungen sind lediglich der Versuch, Grundtendenzen in Form einer rekonstruktiven Systematik festzuhalten. Sie korrespondiert mit dem in der Historischen Anthropologie entwickelten Epistemologischen Minimum, und dieser Vortrag ist hierfür ein angewandtes Beispiel. Um Erkenntnisse über das Äußerste menschlicher Erfahrung zu gewinnen, bin ich von einem aktuellen, materialisierten und medialisierten Ereignis ausgegangen. Zwischen harten Fakten und pädagogischen Grundbegriffen wurde eine erste Problembeschreibung vorgenommen, die, vierfach gerahmt, ein komplexes Konzept dafür abgibt, die besondere Tätigkeit des alpinen Kletterns als eine Kulturtechnik zu begreifen, die unterschiedliche Modi des Weltverhältnisses bündelt und dabei ein radikal ausgesetztes, sich selbst gefährdendes, weil *perfektioniertes Individuum* hervorbringt. Diese Beobachtung und Aussage ist wegen der Aufzeichnung möglich. Das Video erlaubt eine Art der Darstellung, Wahrnehmung und Wiederholung, durch die Unsichtbares unübersehbar wird. Im digitalisierten Umweg der Inszenierung wird auf eine Wirklichkeit verweisen, die wirklicher als wirklich ist. Diese *Hyperwirklichkeit* begründet und forciert extremes Tun. Von dort aus spannt es den Bogen zu einer Normalität, die immer unwirklicher zu werden droht. Da vom Extrem aus andere Lesarten des Normalen möglich sind und mithin der Wahn einer

Gesellschaft offenkundig wird, die selbst dort noch auf Sicherheit pocht, wo längst das Gegenteil evident und auch gewollt ist, verspricht eine Spurensuche nach dem oben skizzierten Erkenntnismodell einigermaßen Erfolg.

Den Vortrag beende ich mit einer klaren *Positionierung*. Alpenforschung hat dann Zukunft, wenn sie nicht nur Forschung am Beispiel der Alpen bleibt, sondern einen *eigenen Gegenstand* hervorbringt. Das gelingt in selbstkritischer Absicht, d. h. man muss wissen, wo, wofür, als wer und was man wie forscht (vgl. BOURDIEU / WACQUANT 1996, insbesondere 62ff). Die Antworten darauf sind in letzter Konsequenz Antworten auf die Frage nach der *conditio humana*, wobei die Zuverlässigkeit und Reichweite ihrer Aussagen nicht zuletzt von der Genauigkeit abhängt, mit der menschliche Grenzlagen erfasst worden sind.

Im Selbstversuch des Alexander Huber hatten wir einen Menschen vor uns, der sich dort aufgehalten hat, wo für den Kartographen ein *toter Raum* ist. Der tote Raum des Kartographen ist für den Kletterer ein Raum des Lebens geworden. Die Verkehrung der Bedeutung hat sich als fruchtbarer Bildungsmoment herausgestellt, in ihm geschah, was nicht zu erwarten war. Über das ernsthafte, arbeitsame und fleißige Gesicht des *homo sapiens* hat sich ein anderes gestülpt, das, je unerträglicher die Situation, um so verwegener und unkontrollierter wurde. Erst das zweite Gesicht im ersten hat schlagartig gezeigt, was Menschsein heißt. Menschen sind immer zwei, sie sind *weise* und *verrückt* (MORIN 1994, 135). Das zu leugnen, wäre nicht nur Irrtum und Illusion (vgl. MORIN 2001), es verspielt auch die Herausforderung zu denken, was tatsächlich vorliegt. *Bellavista* war nur als *homo sapiens demens* zu bemeistern und vieles spricht dafür, Ähnliches auch für diejenigen geltend zu machen, die seiner Erfahrung folgen – und sei es nur im Kopf.

Wie die Alpen selbst, so bleibt auch das Erleben in den Wänden, sprich am lebensfeindlichen Rand oder Abgrund nicht ein-, sondern immer mehrdeutig, zwiespältig und widersprüchlich. Diesen bildungstheoretisch relevanten und anthropologisch begründeten Tatbestand sollte eine *transdisziplinäre* Alpenforschung dann aufrufen, wenn sie nach einem Paradigma sucht, das *Kultur* und *Natur* nicht noch mehr trennt, sondern bis zum Zerreißen zueinander in Spannung hält – mit, trotz und wegen der Menschen.

---

[1] Dieses und die folgenden Videostills sind der TV-Dokumentation BELLAVISTA (2002) entnommen.

[2] vgl. VON DER GÖNNA (1997, insbesondere 7f). Diese Rede Pico della Mirandola von 1486/87, in der die Frage nach dem Wesen des Menschen, seinen Fähigkeiten und Möglichkeiten, seiner Stellung, Aufgabe und Würde in der Welt gestellt wird, zählt zu den berühmtesten Texten der Renaissance. In das Zentrum wird die Freiheit gestellt und dem Menschen die Aufgabe zugewiesen, sich selbst nach eigenem Belieben, aus eigener Macht und nach dem eigenen Willen und Entschluss zu bilden und auszubilden. Diese Aufgabe rührt daher, dass der Mensch im Unterschied zu den Tieren keine fest umrissene Natur hat und ein Gebilde ohne besondere Eigenart ist. Aus diesem Grund wäre seine Bestimmung die Teilhabe an allem anderen.

Literatur

BÄTZING, W. (1997): Kleines Alpen-Lexikon. Umwelt-Wirtschaft-Kultur. (= Beck'sche Reihe). – München.

BÄTZING, W. (2003²): Die Alpen. Geschichte und Zukunft einer europäischen Kulturlandschaft. – München.

BILSTEIN, J. (2001): Erziehung, Bildung, Spiel. – In: LIEBAU, E. (Hrsg.): Die Bildung des Subjekts. Beiträge zur Pädagogik der Teilhabe. (= Beiträge zur pädagogischen Grundlagenforschung). – Weinheim, München. 15-71.
BELLAVISTA (2002): Filmdokumentation mit Alexander Huber von Heinz Zak. Ausgestrahlt im Bayerischen Rundfunk in der Sendung *bergauf-bergab* vom 04.04.2002.
BÖHME, H. (1989): Das Steinerne. Anmerkungen zur Theorie des Erhabenen aus dem Blick des „Menschenfernsten". – In: PRIES, C. (Hrsg.): Das Erhabene: Zwischen Grenzerfahrung und Größenwahn. – Weinheim. 413-439.
BOURDIEU, P. / WACQUANT, L. J. D. (1996) : Reflexive Anthropologie. – Frankfurt/Main.
ELIAS, N. (1976): Über den Prozeß der Zivilisation. Soziogenetische und psychogenetische Untersuchungen. 2. Bd.: Wandlungen der Gesellschaft. Entwurf zu einer Theorie der Zivilisation. – Frankfurt/Main.
HERRMANN, U. (1994): Vervollkommnung des Unverbesserlichen? Über ein Paradox in der Anthropologie des 18. Jahrhunderts. – In: KAMPER, D. / WULF, C. (Hrsg.): Anthropologie nach dem Tode des Menschen. – Frankfurt/Main. 132-152.
HUIZINGA, J. (1960): Homo Ludens. Vom Ursprung der Kultur im Spiel. – Hamburg.
KAMBARTEL, F. (1968): Erfahrung und Struktur. Bausteine zu einer Kritik des Empirismus und Formalismus. – Frankfurt/Main.
KAMPER, D. / WULF, C. (1994) (Hrsg.): Anthropologie nach dem Tode des Menschen. – Frankfurt/Main.
MORIN, E. (1994): Das Rätsel des Humanen. Grundfragen einer neuen Anthropologie. – München, Zürich. [Original 1973]
MORIN, E. (2001): Die sieben Fundamente des Wissens für eine Erziehung der Zukunft. – Hamburg.
NERLICH, M. (1997): Abenteuer oder das verlorene Selbstverständnis der Moderne. – München.
PESKOLLER, H. (1988): Vom Klettern zum Schreiben – Ein Versuch, sich zur Gänze zu verwenden. 3 Bände. [Dissertation Universität Innsbruck]
PESKOLLER, H. (1998^2): BergDenken. Eine Kulturgeschichte der Höhe. – Wien.
PESKOLLER, H. (2001): extrem. – Wien, Köln, Weimar.
PESKOLLER, H. (2003): Wand-Bild. – In: FRÖHLICH, V. / STENGER, U. (Hrsg.): Das Unsichtbare sichtbar machen. – Weinheim, München. 141-155.
PLESSNER, H. (1981): Macht und menschliche Natur. (= Gesammelte Schriften, Bd. V). – Frankfurt/Main.
STREMLOW, M. (1998): Die Alpen aus der Untersicht. Von der Verheissung der nahen Fremde zur Sportarena. Kontinuität und Wandel von Alpenbildern seit 1700. – Bern, Stuttgart, Wien.
VON DER GÖNNA, G. (Hrsg. und Übersetzer) (1997): Oratio de Pico della Mirandola. „De hominis dignitate. Über die Würde des Menschen". – Stuttgart.
WACKERNAGEL, W. (1994): Subimaginale Versenkung. Meister Eckharts Ethik der Bild-ergründenden Entbildung. – In: BOEHM, G. (Hrsg.): Was ist ein Bild? – München. 184-208.
WALDENFELS, B. (1997): Topographie des Fremden. (= Studien zur Phänomenologie des Fremden 1). – Frankfurt/Main.
WÜRTL, W. (2002): Menschen im Hochgebirge. Die Entwicklung, Ausprägung und räumliche Verteilung menschlicher Betätigung im Hochgebirge am Beispiel der Ostalpen Österreichs. [Diplomarbeit Univ. Innsbruck].

Katharina **FLEISCHMANN** (Berlin), Anke **STRÜVER** (Nijmegen) und Britta **TROSTORFF** (Berlin)

„Jeder nur erdenkliche Aberglaube ist unter dem hufeisenförmigen Zuge der Karpaten zu Hause"[1] – zum Mythos Transsilvanien und Dracula

1 Einleitung

Transsilvanien – dieser Name ist seit Bram Stokers Roman „Dracula" (1897) und den unzähligen daraus hervorgegangenen Verfilmungen sehr eng mit den Mythen von Vampiren, blutsaugenden Untoten und anderen Schreckensfiguren verbunden. Gängige Assoziationen sind das Gruselige, Schaurige und Angsteinflößende; Transsilvanien hat sich als Heimat der Blutsauger etabliert.

Durch die Beleuchtung einiger Bilder Transsilvaniens, das dort liegt, „wo die Vorstellungswelt des Westbürgers aufhört über das, was zu Europa gehören könnte – und zwar sowohl geografisch als auch politisch und geistig" (RANFT 2003[6], 7), soll ein wenig Licht ins transsilvanische Dunkel gebracht werden. Die auf dem Draculamythos basierenden Konstruktionsprozesse des Transsilvanien- und Karpatenbilds sowie die damit zusammenhängenden Bedeutungskonstitutionen werden analysiert und mit anderen (Selbst-)Darstellungen dieser Region kontrastiert. Anschließend wird die Idee von Länder-Bildern und Vorstellungs-Welten mit Blick auf ihre Potentiale für eine geographische Länderkunde diskutiert. In diesem Sinne auf nach Transsilvanien ...

2 Der Mythos Dracula und Transsilvanien

... wohin in Stokers Roman „Dracula" der junge Londoner Rechtsanwalt Jonathan Harker Ende des 19. Jahrhunderts reist, um mit dem Grafen Dracula den Kauf eines Londoner Anwesens abzuschließen. Die Landschaft, die er während seiner Reise zur Burg von Dracula durchfährt, beschreibt er folgendermaßen: „Jenseits der grünen, schwellenden Hügel des Mittellandes erheben sich mächtige Waldhänge bis zu den himmelanstrebenden Schroffen der Karpaten [...]; endlose Perspektiven von gezacktem Gestein und spitzen Klippen bis dahin, wo die Schneehäupter majestätisch in die Lüfte ragten" (STOKER 2000, 15).

Aus den Reaktionen seiner Mitreisenden erahnt Harker bereits, dass sein Reiseziel recht unheimlich zu sein scheint. Auch er selbst macht eigenartige Erfahrungen: „Als der Abend hereinbrach [...] [schien] das Zwielicht [...] mit dem Widerschein von den Bäumen zu einem dunklen Nebel zu verschmelzen, in dem Eichen, Buchen und Kiefern sich zu einer dunklen Masse vereinten. [...] Die grauen Massen hatten einen ganz eigenartigen Effekt: Sie beflügelten Gedanken und Phantasie, die früh am Abend erzeugt worden waren, als die untergehende Sonne in einem fremdartigen Relief aus geisterhaft wirkenden Wolken versunken war" (STOKER 2000, 16).

Angekommen auf der Burg Dracula ist sein erster Eindruck folgender: „Die Burg steht direkt am Rande eines schwindelerregenden Abgrunds. [...] Nach Westen zu lag ein weites Tal, an das sich in der Ferne das Bergmassiv anschloss, wo sich Gipfel an Gipfel reiht, Felsen, die mit Eberesche und Dorngestrüpp überwuchert sind, deren Wurzeln sich in Risse und Spalten im Gestein krallten" (STOKER 2000, 40; 52).

Während seines Aufenthalts bei dem Grafen häufen sich mehr und mehr die Indizien, dass der auffallend blasse Hausherr mit den vital-roten Lippen ein Vampir ist, ein sogenannter Untoter, der nachts aus seinem Sarg steigt, um sich von frischem Menschenblut zu ernähren.

Nach angstvollen Wochen als Gefangener auf Burg Dracula gelingt Harker die Flucht aus Transsilvanien zurück ins viktorianische England und in die Arme seiner Verlobten. Jedoch auch der Graf hat sich bereits auf den Weg zu seinem neu erworbenen englischen Anwesen gemacht. Dort angekommen treibt er sein blutsaugendes Unwesen im unmittelbaren Bekanntenkreis des Jonathan Harker. Erst der niederländische Arzt Abraham van Helsing weiß um eine Möglichkeit, dem rastlosen Treiben Draculas ein Ende zu setzen. Bevor die Gruppe um Harker und van Helsing jedoch zur Tat schreiten kann, flieht Dracula zurück nach Transsilvanien. Eine abenteuerliche und gefährliche Verfolgungsjagd beginnt, die quasi erst in letzter Sekunde zu Füßen der Burg Dracula mit der endgültigen Tötung des Grafen endet. Auch diesmal zeigt sich Transsilvanien „so wild und felsig, als befänden wir uns am Ende der Welt" (STOKER 2000, 517). „Wir sahen die Burg in all ihrer Erhabenheit, tausend Fuß über uns am Rande eines Abgrunds und durch tiefe Schluchten von den angrenzenden steil aufragenden Bergen getrennt. Der Ort hatte etwas Wildes, Unheimliches an sich. In einiger Entfernung konnten wir das Heulen von Wölfen hören" (STOKER 2000, 529).

3 Der Mythos „lebt"

3.1 Stokers Transsilvanien in anderen Quellen

Dunkle Wälder, schroffe Felsen und steile Abgründe, Nebel, Wolfsgeheul und unheimliche Gestalten am Ende der Welt – so die Konstruktion Transsilvaniens bei Stoker. Diese im Roman zentralen landschaftlichen Elemente Transsilvaniens prägen meist auch die Landschaftsdarstellungen in Verfilmungen der Stoker'schen Vorlage. Im Gegensatz zu literarischen Landschaftsbeschreibungen, die vom „inneren Auge" der LeserInnen gesehen werden, sind Landschaftsdarstellungen und Raum-Bilder in Filmen bereits durch weitere Personen (RegisseurIn, BühnenbildnerInnen etc.) interpretiert, visualisiert und damit festgelegt. Sie verdrängen bzw. vereinheitlichen kraft des Visuellen und ihrer weiten medialen Verbreitung „individuell gelesene" Vorstellungen. Durch die Dracula-Filme werden die aufgegriffenen Zuschreibungen daher ungleich stärker als in der Romanvorlage festgelegt und transportiert.

Da Dracula eine der erfolgreichsten Horrorfiguren der Filmgeschichte ist, haben die mit ihm verbundenen Zuschreibungen und Vorstellungen von Transsilvanien eine (welt-)weite Verbreitung gefunden (PRÜSSMANN 1993, siehe auch für Filmographie). Entsprechend hat sich ein bestimmtes Bild von Transsilvanien und den Karpaten in anderen Formen der „Berichterstattung" etabliert. So schreibt beispielsweise *Der Spiegel*, Transsilvanien sei das „Revier von nächtlich heulenden Wölfen und angeblich Blut saugenden Vampiren im Zentrum Rumäniens" (PÜTZ 2002, o. S.). Auf ähnliche Weise wird Transsilvanien in einem Reiseführer beschrieben: „Transsilvanien ruft bei Fremden verwirrende Assoziationen hervor: Man denkt an einsame Bergtäler, in Eis und Schnee erstarrt, hört Wölfe heulen, und im bleichen Licht des Vollmonds schwingt sich ein riesiger Vampir von den Zinnen einer schroffen Felsenburg" (RANFT 2003[6], 27).

Katharina FLEISCHMANN, Anke STRÜVER und Britta TROSTORFF

3.2 Hintergründe der Stoker'schen Konstruktion

Die mit Transsilvanien verbundenen Bilder und Vorstellungen sind durch Stokers Roman und dessen Verfilmungen wesentlich beeinflusst. Dies ist zu einem gewissen Teil sicherlich bedingt durch die Schaffung einer sehr lebendigen und authentischen Atmosphäre im Roman „Dracula" durch die Verwendung des stilistischen Mittels von Tagebuch- und Journaleinträgen, Zeitungsberichten sowie Briefen der ProtagonistInnen. Insbesondere durch die detaillierten und sehr anschaulichen Landschafts- und Personenbeschreibungen des unbekannten Transsilvanien und seiner Bevölkerung entsteht der Eindruck einer realen Reise.

Abb. 1: Grundlagen von Stokers Transsilvanien-Konstruktion

Tatsächlich ist Stoker selbst jedoch nie in Transsilvanien oder Rumänien gewesen, und auch nur in sehr geringer Teil der Geschehnisse von Stokers „Dracula" spielt tatsächlich in Transsilvanien. Dennoch wird diese Region und ihre Landschaft – im Gegensatz zum Romanschauplatz England – recht ausgiebig und wiederholt beschrieben. Als Grundlage für den Roman studierte Stoker ihm zugängliche Quellen der Geographie, Ethnologie und Geschichte sowie zu übernatürlichen Phänomenen des osteuropäischen Raums. Seine detaillierten Landschaftsbeschreibungen basieren auf Landkarten des Königlich Ungarischen Geographischen Instituts und Reiseführern bzw. -beschreibungen (PENNINGER 1998; SCHLESAK 2003). Dabei hat er teilweise sehr konkrete Ortsangaben gemacht (Bistritz, Borgo-Pass etc.), die sich auch auf gegenwärtigen Landkarten wiederfinden lassen. Für die Beschreibung der Burg Dracula und seiner Umgebung wiederum orientierte sich Stoker am Schloss Slains, das ihm aus seinen wiederholten Urlauben in der wilden Landschaft an der Ostküste Schottlands vertraut war. Dem Vorwurf, er sei nie in der Heimat Draculas gewesen, soll Stoker entgegnet haben: „Berge sind überall Berge und Wälder überall Wälder" (Stoker, zit. nach PENNINGER 1998, 50).

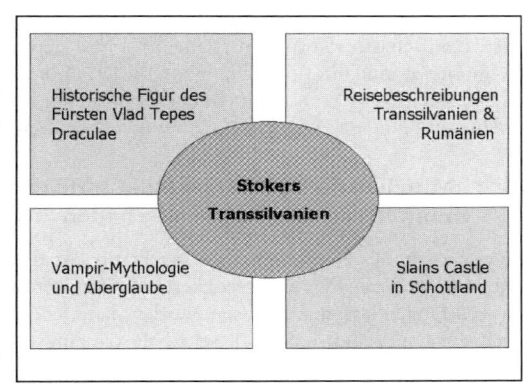

Ein weiterer (Hinter-)Grund für die Verortung des Romans in Transsilvanien ist das historische Vorbild für Graf Dracula: der berüchtigte Fürst Vlad Tepes Draculae, der zwischen 1431 und 1477 in der Walachei lebte und u. a. durch Grausamkeit und menschenverachtende Herrschaft gegenüber seinem Volk bekannt war (MILLER o.J.; PENNINGER 1998).

Der „Schauplatz" der Romanhandlungen und das dabei entworfene Transsilvanienbild wurde von Stoker also frei konstruiert und ergibt sich aus der Kombination von „realen" Figuren, „realen" Orten und zeitgenössischen Vampirmythen. Die Unbekanntheit der Region und das damit verbundene „Abenteuerliche" spielten für Stoker bei der Wahl der Orte ebenso eine Rolle wie einige Reiseberichte bzw. Quellen über den Volksglauben und Sagen in den Karpaten (JÄNSCH 1996).

Die Verwendung detaillierter Orts- und Landschaftsbeschreibungen nie besuchter Gegenden ist ein Phänomen, von dem bekanntermaßen auch Karl Mays Erzählungen geprägt sind (WAGNER 1997). May wie Stoker setzten die Beschreibung „fremder" (= exotischer) Landschaften als Teil des Thrills für ihre Abenteuer- bzw. Horrorgeschichten ein. May hatte (vor dem Schreiben) die Schauplätze seiner Erzählungen genauso wenig besucht wie Stoker Transsilvanien, sondern nutzte ebenfalls länderkundliche Quellen für ihre Konstruktion. In ähnlicher Weise wie Stoker sein jährliches Urlaubsziel Ostschottland als landschaftliches Vorbild für Transsilvanien wählte, nahm May für seine Landschaftsbeschreibungen neben den vorhandenen länderkundlichen Quellen seine persönlichen Erlebnisse der Landschaften im Erz- und Elbsandsteingebirge als Inspirationsquelle. Dass „Berge überall Berge und Wälder überall Wälder sind", formuliert May folgendermaßen: „Diesen Erzählungen wirkliche Reisen zugrunde zu legen, war nicht absolut notwendig" (May, zit. nach WAGNER 1997, 66). Beide Autoren haben somit anhand von zeitgenössischen Landschaftsbeschreibungen, ihren eigenen Landschaftserfahrungen „daheim" sowie deren phantasievollen Übertragungen auf reale Regionen dominante Vorstellungen von fernen und exotischen Landschaften produziert. Die so hervorgegangenen Raum-Bilder beinhalten „Zu-schreibungen" von Eigenschaften (im wahrsten Sinne des Wortes), die diese Landschaften nicht unbedingt besitzen.

4 „Mittelalterliche Städte, Heilkurorte und scheinbar unberührte Dörfer [...] inmitten sanfter Hügellandschaften"[2]: Transsilvanien jenseits von Dracula

Wer Stoker allein verantwortlich macht für das finstere, schroff-bergige Image, das seit dem Roman mit Transsilvanien assoziiert wird, hat sich wohl von den dunklen Gedanken des Grafen einfangen lassen. Überlesen wurden dann jedoch Passagen wie die folgende: „Die Schönheit der Landschaft ließ mich sehr bald die Angst vor Geistern und ihren Schrecken vergessen. [...] Vor uns lag ein grünes, hügeliges Land voller Forsten und Wälder, hier und da unterbrochen von steil ansteigenden Hügeln, die von kleinen Wäldchen oder Gehöften gekrönt wurden und zu denen jeweils schmale Seitenstraßen hinaufführten. Überall gab es eine verschwenderische Fülle von Blüten und Früchten – Äpfel, Pflaumen, Pfirsiche und Beeren aller Art" (STOKER 2000, 14).

Das Bild eines landschaftlich eindrucksvollen und fast überwältigenden schönen Transsilvanien, das hier in Stokers Roman anklingt, findet sich in ähnlicher Weise auch in einer Länderkunde zu Rumänien wieder: „Die rumänischen Bergweiden der Karpaten [...] sind von bezaubernder Schönheit. [...] Leuchtende, anziehende Farben, große Blüten und mächtige Bäume bieten dem Wanderer ein farbenprächtiges und unverdorbenes Bild wie sonst nirgends in Europa" (KLEIN / GÖRING 1995, 27).

Ein Reiseführer der Marco-Polo-Reihe greift kursierende Mythen auf, um diese dann zu vertiefen bzw. zu entzaubern: „Das Land der Bären und Draculas, wo die Menschen unter Knoblauchzöpfen schlafen, viel Speck und Schnaps verzehren und uralt werden – fern wie eine Filmkulisse. In Wahrheit sieht das Land aber völlig anders aus. Viel normaler und viel verrückter – je nach Sichtweise" (RANFT 2003[6], 27). Vor allem das „Natürliche" und Authentische scheint ein wesentliches Charakteristikum Transsilvaniens zu sein: „So können Reisende das normale Leben im Karpatenland in unverfälschter Form kennen lernen: beim Schlendern durch die verträumten mittelalterlichen Städte in Siebenbürgen" (RANFT 2003[6], 11). Und auch Schloss Bran – das „Touristen Schloss" Draculas – vermittelt keinen erschreckenden Eindruck – ganz im Gegenteil: „Die Burg thront auf einem Felsmassiv oberhalb eines idyllischen Tals. Ein hübscher Anblick, bei dem man eher ins Träumen denn ins Gruseln gerät" (RANFT 2003[6], 33).

Katharina FLEISCHMANN, Anke STRÜVER und Britta TROSTORFF

In der touristischen Selbstdarstellung Transsilvaniens überwiegt ebenfalls das Idyllische und Pittoreske: „Transsilvanien ist von Weitem [sic] die romantischste Provinz Rumäniens. Sein Name allein bringt die Bilder der Berggipfel über bewaldeten Tälern und kristallklaren Bächen, kleiner Holzkirchen mit hohem Dach, legendärer Burgen und Erinnerungen einer unruhigen Geschichte ins Gedächtnis" (*www.turism.ro/deutsch/transilvanien.php*). In dieser malerischen Landschaft wird ein beschaulicher Alltag verortet: „Überall in Siebenbürgen werden Sie volkstümliche Traditionen entdecken können, die im alltäglichen Leben erhalten geblieben sind. Die Hirten machen Schafskäse, den Sie auch am Wegrand kaufen können. Die Tore der Häuser sind mit komplizierten Holzschnitzereien geschmückt. Traditionelle Volkstrachten in bunten Farben werden an Sonntagen, zu Hochzeiten und während der Festivals getragen" (*www.turism.ro/deutsch/transilvanien.php*).

In der Ansammlung von Eigenschaften, die Transsilvanien in und durch verschiedene Medien zugeschrieben werden, wird deutlich, dass auch diese Bilder nur einen Teil transsilvanischer Realität repräsentieren. Es ist in der Tat eine Märchenwelt, die hier inszeniert und konstruiert wird: Transsilvanien als unverfälschte Natur-Idylle einer vorindustriellen Zeit, in der ein „natürliches", „unverdorbenes", traditionsbewusstes Leben im positivsten Sinne möglich ist. Sind es ambitionierte Gegenentwürfe zum dunklen Dracula-Image Transsilvaniens? Sind es romantisch verklärte Bilder naturentfremdeter GroßstadtbewohnerInnen? Wahrscheinlich von allem etwas – nur eines nicht: „die eine Wahrheit" über Transsilvanien. Keines der dargestellten Transsilvanien-Bilder ist „richtig" oder „falsch". Vielmehr werden Facetten Transsilvaniens – wahrgenommen durch die individuelle, jedoch sozio-kulturell geformte Brille der Betrachtenden – in ein bereits bestehendes Bild von Transsilvanien aufgenommen und in einem fortwährenden Kreislauf von Dekonstruktion und Konstruktion zu neuen Bildern „verarbeitet". Diese verschiedenen Raum-Bilder von Transsilvanien basieren auf Bedeutungs-Zuschreibungen, denen im folgenden Abschnitt theoretisch nachgegangen wird.

5 Räume mit Bedeutungen be-schreiben

Raum-Bilder wie das Transsilvaniens, die auch in populärkulturellen Zusammenhängen (ent-)stehen, sind von großer Bedeutung – nicht nur für „konkrete Räume", sondern auch für die Geographie. Der Stellenwert solcher populärkultureller Raumproduktionen bleibt in wissenschaftlichen Untersuchungen und Beschreibungen von Räumen allerdings oft unberücksichtigt. Raum-Bilder sind gedankliche Vorstellungen, die Teile komplexer Repräsentationssysteme ausmachen. Solche Systeme umfassen weitaus mehr als Abbildungen und Beschreibungen: Bedeutungen werden im Prozess der Kommunikation (re)produziert und sind dennoch veränderbar.

Der Literaturwissenschaftler Roland Barthes hat diese Repräsentations-Prinzipien anhand von Populärkultur und Alltagspraktiken dargestellt, um zu verdeutlichen, dass und wie sich vorherrschende Bedeutungsmuster als „natürlich" und „selbst-verständlich" präsentieren. Anhand der Analysen von zeitgenössischen Mythen als „Sinn-Bilder" (d. h. als „Bedeutungsweisen" innerhalb sozio-historischer Grenzen) hinterfragt Barthes die vermeintliche Natürlichkeit von Wirklichkeit. Mythen verwandeln Geschichtliches in Natürliches; sie werden von LeserInnen „unschuldig" konsumiert und es wird eine Kausalbeziehung zwischen materieller Form und begrifflicher Vorstellung suggeriert. Dadurch erhalten Mythen oft den Status von Fakten (BARTHES 2003).

Im Rahmen der hier zugrundeliegenden semiotischen Kulturdefinition sind populärkulturelle Mythen „Sinn-Bilder", d. h. Bedeutungspraktiken, die aufgrund ihrer massenmedialen Verbreitung als grundlegendes Element sozio-kultureller Vorstellungswelten und Wirklichkeits- bzw. Raumkonstruktionen fungieren.

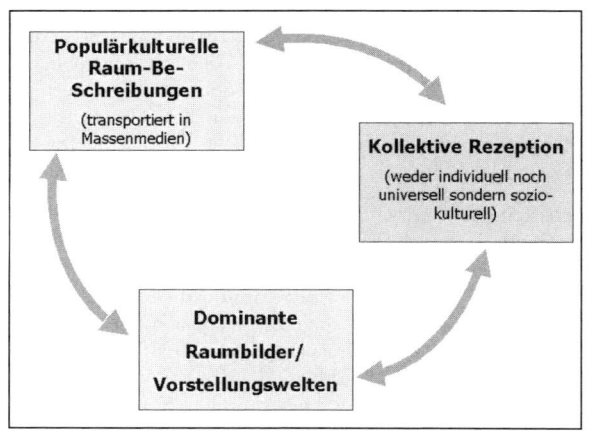

Abb. 2: Raum-Bildung

Durch den Mythos Dracula entsteht zusammen mit dem Begriff Transsilvanien die assoziative Gesamtheit eines „unheimlichen Transsilvanien": das Transsilvanien der schroffen und wilden Berge, der dunklen Wälder und des Wolfsgeheuls. Diese Assoziationen werden im allgemeinen nicht hinterfragt.

In Bram Stokers Roman „Dracula" wird die „reale" Region Transsilvanien als Rahmen für die „fiktive" Erzählung verwendet. Im „Gegenzug" werden im Prozess der Bildkonstruktion und -perzeption der „realen" Region Transsilvanien Bedeutungen zugeschrieben, die auf dem Roman und vor allem seinen Verfilmungen bzw. auf dem Dracula-Mythos basieren und dadurch „Wirklichkeit" konstruieren. Die Wirkungsmächtigkeit derartig konstruierter Wirklichkeiten wird nun anschließend anhand der Instrumentalisierung des Mythos Dracula deutlich gemacht.

6 „Transsilvanien, das klingt fremd, ein bisschen unheimlich und vor allem sehr nach Dracula"[3]: Zur Wirkungsmacht und Instrumentalisierung des Mythos Dracula

Trotz der Vielfalt der Bilder Transsilvaniens, die sich in verschiedenen Quellen finden, sind die Assoziationskette „Rumänien = Transsilvanien = Dracula" und die Zuschreibungen „gruselig, düster und wild" für diese Region noch immer weit verbreitet. Nicht unwesentlich dafür, dass sich dieses Raum-Bild großer Popularität erfreut, ist sicherlich die generelle Unkenntnis über diesen geographischen Teilraum und seine Wahrnehmung als „das Fremde". Die Produktion des Bilds eines „draculös-düsteren" und unheimlichen Transsilvanien erfolgt jedoch nicht (ausschließlich) durch die Zuschreibungen dieser Eigenschaften „von außen". Vielmehr greift auch die rumänische Tourismusindustrie diese Zuschreibungen gezielt auf und setzt sie ökonomisch ein. Diese Übernahme des Dracula-Images erfolgt häufig räumlich undifferenziert für ganz Rumänien, um besondere Reisen und Veranstaltungen anbieten zu können, die in einen räumlichen oder inhaltlichen Kontext mit dem Roman und den Filmen gestellt werden. Dabei wird von einem Konsens bezüglich des Sinn-Bilds Dracula ausgegangen und der Begriff „Dracula" quasi synonym zu Attributen wie abenteuerlich oder gruselig verwendet. Die ursprünglichen Zuschreibungen „von außen" werden in bestimmten ökonomischen Segmenten zu einer Selbstdarstellung, die damit die Wahrnehmung Transsilvaniens bzw. Rumäniens als das Land der Vampire verstärkt.

So können nach dem Willen der rumänischen Regierung beispielsweise ab 2004 Gäste in einem geplanten Vergnügungspark „in Draculas Fußstapfen treten". Zu den konkreten inhaltlichen Aspekten des Parks gibt es bislang keine detaillierten Informationen. Auch die Lage des Freizeitparks ist noch nicht geklärt, nachdem der anfänglich angedachte Standort nahe des historischen Stadtkerns von Sighişoara, der vermutlichen Geburtsstadt von Vlad Tepes, aufgrund internationalen Protests aufgegeben wurde. Befürchtet wurde eine Schädigung des Weltkulturerbes durch den erwarteten Massenansturm von Touristen (TOURISMUS MINISTERIUM RUMÄNIEN o. J.). Die Diskussion um den Standort macht deutlich, dass der Dracula-Park nahezu unabhängig von seiner Verortung und möglichen historischen Bezügen ist und einzig ökonomische Interessen ausschlaggebend sind. „Hauptsache Rumänien" scheint hier die Devise zu sein.

Stärker an „historischen Orten" orientieren sich dagegen zahlreiche Reisen, die unter Titeln wie „Dracula-Reisen", „Dracula-Tour" oder „Transsilvanien – mit Dracula unterwegs" angeboten werden. Dabei handelt es sich meist weniger um Touren mit hohem Gruselgehalt, sondern es steht vielmehr das Erleben tatsächlicher historischer und folkloristischer Elemente im Vordergrund. So gehören beispielsweise der vermutliche Geburtsort des Fürsten Vlad Tepes, das vermeintliche Dracula-Schloss in Bran oder das Grab von Vlad Tepes zu derartigen Reisen, nicht selten ist ein Abendessen oder eine Übernachtung im Hotel „Dracula" inbegriffen (TOURISMUS MINISTERIUM RUMÄNIEN 2002, o. S.).

Die ökonomische Inwertsetzung des Mythos Dracula beschränkt sich jedoch nicht auf rumänisches Territorium als „Heimat" der Vampire. So konkurrieren beispielsweise in Großbritannien die Orte Whitby und Slains Castle unter Bezug auf Burg Dracula bzw. Stoker um Touristen, in der Nähe Berlins versucht sich seit März 2002 ein Fürstentum Dracula zu etablieren, und ein niederländisches Mineralwasser wird mit Dracula beworben ...

Nach diesem Einblick in die „Verwertbarkeiten" des Mythos folgen abschließend einige theoretische Überlegungen.

7 Länder-Bilder und Vorstellungs-Welten: Neue Zugänge für die Geographie?

Die „klassische" Länderkunde „beschreibt Gebietseinheiten unterschiedlichster Maßstabsebenen als einmalig in Raum und Zeit vorkommend und behandelt in der Regel funktional zusammengeschlossene Gebiete, die verschiedene Landschaftsräume im Sinne von strukturellen Einheiten umfassen" (BRUNOTTE et al. 2002, 298).

Grundlagen für die Beschreibung von Ländern und Staaten unter physisch-geographischen und anthropogeographischen Gesichtspunkten sind vor allem Statistiken und „Fakten". Doch Räume und Regionen machen wesentlich mehr aus. Das „Problem" des gängigen Verständnisses von Länderkunde ist, dass es überwiegend von „Realitäten" ausgeht und versucht, diese „objektiv" darzustellen (vgl. POPP 1996). Länder-*Bilder* bleiben dabei meist unberücksichtigt, obwohl sie ebenfalls und mit teilweise erheblichen ökonomischen Einflüssen raumprägend sind, wie am Beispiel Dracula und Transsilvanien gezeigt wurde. Länder-Bilder oder auch Vorstellungs-Welten, wie sie einerseits durch Wissenschaft, Hoch- und Populärkultur „produziert" und andererseits von Subjekten „konsumiert" werden, sind ein Ansatzpunkt für ein erweitertes länderkundliches Verständnis.

Zentrale Frage dabei ist, was für Bilder, Vorstellungs-Welten, Klischees und auch Stereotype von bzw. über Länder und Regionen existieren. „Gegenstände" der Analyse sind nicht nur wissenschaftliche Werke wie (geographische und andere) Länderkunden, sondern – neben der sogenannten Hochkultur – auch und gerade populärkulturelle Medien wie Filme, Zeitungen, Werbung etc. Für diese „neue" Art von Länderkunde ist es nicht notwendig, den untersuchten „Realraum" konventionell geographisch abzugrenzen. Ebenso ist es nebensächlich, das „Zusammenspiel" von Physischer und Anthropogeographie – wie in der „klassischen" Länderkunde – zu klären: Denn es handelt sich um subjektive Bild-Interpretationen von Ländern und Regionen, die weniger individuell, denn sozio-kulturell bestimmt sind.

Allein schon die Eruierung und Darstellung dieser Vorstellungs-Welten bergen bedeutungsvolle Aussagen über Länder und Regionen in sich und könnten Gegenstand einer erweiterten Art von Länderkunde sein. Weitere Potentiale liegen in der Analyse der Wirkungsmacht von Länder-Bildern und Vorstellungs-Welten hinsichtlich der Beeinflussung und Prägung räumlichen und raumwirksamen Handelns. So ist beispielsweise der in Planung befindliche Dracula-Park in Rumänien direkter Ausdruck der ökonomischen Inwertsetzung eines Regionenbilds.

Einem solchen erweiterten länderkundlichen Ansatz liegt somit ein anderes als bisher übliches Raumkonzept zugrunde: Es ist wesentlich offener und vor allem nicht auf einen realen, sondern auf einen (zu-)gedachten, imaginären Raum bezogen. Gegenstand sind daher nicht Räume im herkömmlich geographischen Sinn – der sichtbare Realraum –, sondern Vorstellungs-Welten, die „reales" räumliches Handeln beeinflussen.

Dieser Ansatz steht im Kontext der *new cultural geographies*, die sich innerhalb der letzten 15 Jahre zunächst in der anglo-amerikanischen Geographie entwickelt haben, deren Konzepte nun aber – wenn auch recht zögerlich – in der deutschsprachigen Geographie aufgegriffen werden (siehe beispielsweise die Beiträge in GEBHARDT / REUBER / WOLKERSDORFER 2003 sowie die aktuellen Themenhefte 2003/1 der Berichte zur deutschen Landeskunde und 2003/2 von Petermanns Geographischen Mitteilungen). Kultur ist dabei als bedeutungsgenerierendes und als gesellschaftliche Praxis organisierendes System konzipiert, das Wahrnehmungen und Vorstellungen strukturiert. Die Bedeutungen von Räumen werden hierbei u. a. durch die mit ihnen assoziierten Personen(-gruppen) zugeschrieben, und gleichzeitig sind Räume konstitutiver Bestandteil von Identitäten und Identitätskonstruktionen.

Am Beispiel Dracula liest sich das folgendermaßen: In Zusammenhang mit Dracula erscheint Transsilvanien als schroffe und unheimliche Region. Dabei erfolgt ein Teil der Konstruktion dieses Raum-Bilds nicht direkt über Landschaftsbeschreibungen, sondern wird auch über die Person des Grafen Dracula zugeschrieben. Draculas Gesicht „erinnerte stark – sehr stark – an einen Adler mit dem scharfen Bogen seiner dünnen Nase und den markant gebogenen Nasenflügeln, der hohen gewölbten Stirn, dem um die Schläfen herum schütteren, ansonsten aber üppig sprießenden Haar. Die Augenbrauen waren sehr dicht und buschig und vereinten sich fast über der Nasenwurzel" (STOKER 2000, 28).

Auch durch Dracula „als Person" wird somit eine transsilvanische Kopfgeburt, eine „Kopflandschaft", konstruiert, die etwas Schroffes, Unheimliches assoziiert. Umgekehrt dient die literarische Landschaftsbeschreibung Transsilvaniens bei Stoker auch der Charakterisierung Draculas (zum Zusammenhang von Raum- und Menschenbildern siehe WUCHERPFENNIG / STRÜVER / BAURIEDL 2003; zu dem von Spielfilm und Landschaft siehe ESCHER /

ZIMMERMANN 2001). Populärkulturelle Landschaftsbeschreibungen können also als imaginäre Räume verstanden werden, die als imaginäre Geographien von „realen Räumen" wirksam sind und in Massenmedien wie Filmen, Werbung oder Reiseführern laufend reproduziert werden. Diese Imaginationen sind allerdings nicht auf (gedankliche) „Kopfgeburten" beschränkt, sondern beinhalten auch die Konstruktion von Gefühlen und Gefühlswelten. Im Roman „Dracula" wird literarisch ein Raumbild von Transsilvanien konstruiert, welches durch die (welt-)weite Verbreitung des Romans und vor allem seine Verfilmungen ein kollektives Raumbild, d. h. eine „allgemeine Vorstellung" und Gefühlswelt von Transsilvanien als gruselig manifestiert. In diesem Sinne wird der Raum also als Situation wahrgenommen und er-lebt (siehe dazu auch ESCHER 2001).

Die Geographie als Wissenschaft, die u. a. räumliches und raumwirksames Handeln erforschen und erklären will, darf Länder-Bilder und Vorstellungs-Welten nicht außen vor lassen, denn sie sind auf verschiedenen Ebenen wirkungsmächtig. Eine neue Art der Länderkunde – wie dargestellt – bietet die Chance, sich ein zwar nicht völlig neues, aber für die Geographie vielleicht „ungewohntes" Feld (da keine realen, sondern imaginäre Räume) zu entdecken und in Zusammenarbeit mit anderen Disziplinen „Raum" aufs neue für das Fach zu erschließen.

[1] STOKER (2000, 8)
[2] PÜTZ (2002, o. S.)
[3] WDR (2003, o. S.)

Literatur

BARTHES, R. (2003): Mythen des Alltags. – Frankfurt/Main. [Original 1957]
BRUNOTTE, E. et al. (Hrsg.) (2002): Lexikon der Geographie in vier Bänden. 2. Band. – Heidelberg.
ESCHER, A. / ZIMMERMANN, S. (2001): Geography meets Hollywood. Die Rolle der Landschaft im Spielfilm. – In: Geographische Zeitschrift 89(4). – 227-236.
ESCHER, G. (2001): „Berge heissen nicht". Geographische, soziale und ästhetische Räume im Heidi-Roman. – In: Halter, E. (Hrsg.): Heidi. Karrieren einer Figur. – Zürich. 277-289.
GEBHARDT, H. / REUBER, P. / WOLKERSDORFER, G. (Hrsg.) (2003): Kulturgeographie. Aktuelle Ansätze und Entwicklungen. – Heidelberg.
JÄNSCH, E. (1996): Vampir-Lexikon. – Augsburg.
KLEIN, H. G. / GÖRING, K. (1995): Rumänische Landeskunde. – Tübingen.
MILLER, Elisabeth (o. J.): Vlad the Impaler: A Brief History. *http://www.ucs.mun.ca/~emiller/VladT.htm* (Zugriff am 19.05.2003).
PENNINGER, J. (1998): Bram Stoker's Dracula. – In: Maske und Kothurn 41(1-2). – 47-83.
POPP, H. (1996): Ziele einer modernen geographischen Landeskunde als gesellschaftsbezogene Aufgabe. – In: HEINRITZ, G. / SANDNER, G. / WIESSNER, R. (Hrsg.): Der Weg der deutschen Geographie: Rückblick und Ausblick. (= Tagungsbericht und wissenschaftliche Abhandlungen des 50. Deutschen Geographentags Potsdam 1995, 4). – Stuttgart. 142-150.
PRÜSSMANN, K. (1993): Die Dracula-Filme: Von Friedrich Wilhelm Murnau bis Francis Ford Coppola. – München.
PÜTZ, H. (2002): Im Reich der Sachsen und Vampire. – In: Spiegel-online vom 02.10.2002. *http://www.spiegel.de/reise/kurztrip/0,1518,216444,00.html* (Zugriff am 20.08.2003).
RANFT, F. (Hrsg.) (2003⁶): Rumänien. Marco Polo-Reiseführer – Reisen mit Insider Tipps – Ostfildern.

SCHLESAK, D. (2003): Die Dracula-Legende. *http://www.sibiweb.de/dracula/legende/* (Zugriff am 24.07.2003).
STOKER, A. (2000): Dracula. – Bergisch Gladbach. [Original 1897]
TOURISMUS MINISTERIUM RUMÄNIEN (o. J.): In Draculas Fußstapfen treten. – Bukarest.
TOURISMUS MINISTERIUM RUMÄNIEN (o. J.): Transsilvanien. Ein legendäres Land. *http://www.turism.ro/deutsch/transilvanien.php* (Zugriff am 20.08.2003)
TOURISMUS MINISTERIUM RUMÄNIEN (2002): Rumänien. Einfach erstaunlich! Rumänien – Landtourismus und Gastronomie. Tradition und Würze. – Bukarest.
WAGNER, H. (Hrsg.) (1997): Traumreisen im Kopf. Über geographische Schauplätze bei imaginären Reisen in der Abenteuerliteratur Karl Mays. (= Urbs et regio, Kasseler Schriften zur Geographie und Planung, 66). – Kassel.
WUCHERPFENNIG, C. / STRÜVER, A. / BAURIEDL, S. (2003): Wesens- und Wissenswelten – Eine Exkursion in die Praxis der Repräsentation. – In: HASSE, J. / HELBRECHT, I. (Hrsg.): Menschenbilder in der Humangeographie. (= Wahrnehmungsgeographische Studien, 21). – Oldenburg. 55-87.
WDR (2003): Transsilvanien! Durch die rumänischen Karpaten 1 + 2. *http://www.rennkuckuck.de/php/events/0103.php* (Zugriff am 20.08.2003)

Erwin GRÖTZBACH (Tutzing)

Heilige Berge und Bergheiligtümer im Hochgebirge – ein Vergleich zwischen verschiedenen Religionen

1 Vorbemerkungen

Ehe ich mich meinem Thema zuwende, scheinen mir einige einschränkende Vorbemerkungen notwendig zu sein. *Erstens* beschränke ich mich hauptsächlich auf Hochgebirge, also zumeist hohe, schroffe Berge, wobei ich hier auf eine definitorische Klärung des Begriffs „Hochgebirge" verzichten muss. Dies gilt ebenso für den Terminus „Berg", der in der Literatur recht beliebig verwendet wird. Doch erscheint es mir wenig sinnvoll, z. B. den „Berg Zion" der Bibel und den Kanchenchanga, den dritthöchsten Berg der Erde, gleichrangig unter diesem Begriff zu subsumieren. Vielmehr sollen im folgenden solche heiligen Berge und Bergheiligtümer verglichen werden, die ähnlichen Umweltbedingungen unterliegen und denen allein schon die metrische Höhe Hochgebirgscharakter verleiht. Diese Örtlichkeiten liegen durchweg oberhalb des dauernd bewohnten Siedlungsraums und sind damit der Alltagswelt entrückt. Zu ihrer Besteigung (sofern dem Pilger überhaupt möglich) oder Erreichung ist ein erheblicher Aufwand an Zeit und Mühen notwendig. *Zweitens* kann ich hier lediglich versuchen, einen ersten, sozusagen propädeutischen Überblick über das Thema zu geben. Dabei geht es mir hauptsächlich um Begriffsbestimmungen, eine ansatzweise Typisierung und die Verbreitung sakraler Phänomene im Raum, weniger um die Interpretation ihrer religiösen Substanz. Denn hierfür erscheint mir nicht die Geographie, sondern die Religionswissenschaft zuständig. Doch wird in deren Literatur die Bergverehrung zwar häufig erwähnt, aber nicht systematisch behandelt.

Schon vor über hundert Jahren stellte der Ethnologe VON ANDRIAN (1891, xxxiii) fest, es gebe „kaum ein hervorragenderes Gebirge, welches nicht unter irgend einer Form Gegenstand einer religiösen Verehrung gewesen wäre" . Auch heute noch gibt es Religionen bzw. Kulturregionen, wo heilige Berge oder bestimmte Stätten im Gebirge als heilig verehrt werden und mitunter eine große Zahl von Besuchern anziehen, die sich als Pilger verstehen. Dies gilt vor allem für den Himalaja und Tibet, für Japan und China und für Teile der südamerikanischen Anden. Dieses Phänomen beruht auf einer Überzeugung, die sich quer durch Religionen und Kulturen zieht und die der Religionswissenschaftler ELIADE (1989, 137) folgendermaßen umschrieben hat: „Alles was dem Himmel näher ist, hat – in verschiedener Intensität – an der Transzendenz teil".

2 Zu den Begriffen heiliger Berg und Bergheiligtum

Einer begrifflichen Klärung bedürfen zunächst die Termini „heiliger Berg" und „Bergheiligtum", da sie im Mittelpunkt meines Themas stehen. Zwischen ihnen wird in der Literatur kaum unterschieden. Als *heilige Berge* seien hier solche Berge oder Gebirgsgruppen bezeichnet, denen eine wie auch immer geartete Sakralität zugeschrieben wird und die deshalb verehrt oder auch gefürchtet werden. Sie verdanken diese Bedeutung mythologischen Vorstellungen von der Heiligkeit der Höhe, deren verschiedene Aspekte ich noch aufzeigen werde. Heilige Berge in diesem Sinne sind stets sakralisierte Naturphänomene, wie aus Tab. 1 hervorgeht.

Sakralisierte Naturphänomene in „naturnahen" Religionen: sakralisierte Natur als Teil des religiösen Kosmos	*Geschaffene Erinnerungs- und Kultstätten* vor allem in monotheistischen, „naturfernen" Religionen: entsakralisierte Natur als Schöpfung Gottes
Heilige Berge *Der ganze Berg, besonders sein Gipfel, ist heilig als* • kosmische Brücke und Mitte • Sitz von Gottheiten • Aufenthaltsort von Verstorbenen, insbesondere Ahnen • Wächter, Spender von Wasser und Fruchtbarkeit	*(kein Äquivalent)*
Bergheiligtümer *als sakralisierte Naturphänomene:* Felsen, Steine, Höhlen, Quellen, Seen, Bäume	**Bergheiligtümer** *als geschaffene Erinnerungs- und Kultstätten:* Tempel, Kirchen, Kapellen, Klöster, Wohnstätten Heiliger
Bergheiligtümer und –kulte synkretistischen Charakters (Beispiele Peru: Christentum – Pakistan: Islam)	

Tab. 1: Heilige Berge und Bergheiligtümer in unterschiedlichen Religionen. (Entwurf: E. Grötzbach)

Von heiligen Bergen zu unterscheiden sind *Bergheiligtümer*, denen ein Berg oder Gebirge lediglich Standort ist. Sie können unterschiedliche Lagen im Gelände einnehmen: auf dem Gipfel, auf einer Bergschulter oder einem Kamm, am Hang, auf einem Hochtalboden. Solche Bergheiligtümer sind gewissermaßen topographisch untergeordnete Einzelphänomene, deren Sakralität sich nicht auf den Berg als solchen überträgt. Bei den Bergheiligtümern werden hier zwei Kategorien unterschieden, nämlich *„sakralisierte Naturphänomene"* und *„geschaffene Kultstätten"*. Zwischen ihnen lässt sich keine scharfe Grenze ziehen, da auch manche geschaffene Kultstätten an Naturerscheinungen anknüpfen. Zu ihrer Interpretation ist der jeweilige religiöse Kontext ins Auge zu fassen, aus dem sie entstanden sind. Dabei muss ich mich, da ich kein Religionswissenschaftler bin, auf einige sehr allgemeine Charakterisierungen beschränken.

3 Sakralisierte Naturphänomene

Die Heiligkeit *sakralisierter Naturphänomene* beruht durchweg auf mythischen Überlieferungen und ist charakteristisch für Religionen oder religiöse Vorstellungswelten, die ich im folgenden als *„naturnah"* bezeichne. Dies sind animistische, pantheistische oder polytheistische, meist kosmologisch orientierte Religionen, mit oder ohne Schriftlichkeit. Dazu zählen der Buddhismus, Hinduismus, Taoismus, Shintoismus und die alte tibetische Bön-Religion, allesamt in Zentral-, Süd- oder Ostasien beheimatet, aber auch Stammes- und Volksreligionen Afrikas und der Indianer Nord- und Südamerikas. Von den vorchristlichen Religionen Europas ist hier vor allem die griechische zu erwähnen. In ihnen allen bildet die Natur einen Teil des religiösen Kosmos. Sie ist beseelt, voller Symbolik und Manifestationen des Heiligen oder Göttlichen, das ihnen innewohnt. Dieses Numinose lässt sich unterschiedlich umschreiben als

Erwin GRÖTZBACH

Gott, Gottheit, guter Geist, Dämon oder Fee. Sakralisierte Naturphänomene sind außer Bergen auch viele Einzelobjekte der Bergnatur, wovon noch die Rede sein wird.

3.1 Heilige Berge und ihre sakralen Attribute

Heilige Berge beziehen ihre Sakralität aus unterschiedlichen Eigenschaften, die ihnen durch Mythen zugeschrieben werden:

(1) Wie schon erwähnt, bedeutet ihre *Höhe* die Nähe zum Himmel als metaphysischer, göttlicher oder reiner Sphäre, woraus sich ihre sakrale Bedeutung ableitet. Doch gelten oder galten nicht immer die höchsten Berge als heilig, sondern die auffallendsten, freistehenden, dominanten, weithin sichtbaren Gipfel, wie der viel genannte Kailas in Südtibet, der Ausangate in Südperu, der Kilimanjaro in Ostafrika. Dagegen ist z. B. den Sherpas von Khumbu nicht der eher verborgene Chomolungma oder Mt. Everest am heiligsten, sondern der über 3.000 m niedrigere Khumbila, der sich unmittelbar über ihren Hauptdörfern erhebt (BERNBAUM 1990, 7).

(2) Heilige Berge werden in einem kosmischen Weltbild als *Berührungspunkte von Himmel und Erde* gedeutet und damit als Erdachse, ja als kosmische Mitte. Dies kommt z. B. in der hinduistischen Konstruktion des Weltenberges Meru zum Ausdruck.

(3) Fast alle heiligen Berge gelten als *Sitze oder Wohnstätten von Gottheiten* oder anderen Geistwesen. Diese beeinflussen aus ihrer entrückten Höhe das Leben der Menschen in ihrem Bereich. Ein klassisches Beispiel ist der griechische Olymp, auf dem ein ganzes Pantheon residierte. In Tibet gab es bis vor kurzem kaum einen Gipfel, „der nicht als Sitz eines Berggottes oder einer Berggöttin betrachtet" wurde (NEBESKY-WOJKOWITZ 1956, 203). Auch im Himalaja sind zahlreiche Berge für Hindus bzw. Buddhisten Göttersitze. Dazu zählen der höchste Berg Indiens außerhalb Sikkims, die 7.816 m hohe Nanda Devi, wo die Göttin Nanda, eine Manifestation von Parbati, der Gemahlin Shivas, wohnt, aber auch Achttausender wie Kanchenchanga und Annapurna. Vereinzelt hat die Sakralität eines Berges zu Einschränkungen für Bergsteiger geführt, ja zu einem Verbot der Besteigung. Dies war am knapp 7.000 m hohen Machapuchhare im Annapurna-Gebiet Nepals der Fall, der den dort wohnenden Gurung als Sitz verschiedener Götter gilt. Er wurde nach einem Besteigungsversuch im Jahre 1957 von der Regierung gesperrt. Am höchsten in der Hierarchie der Heiligkeit steht der Kailas (tibetisch Ti-se) in Südtibet. Mit seinen 6.714 m Höhe bildet er eine weithin sichtbare Landmarke und zusammen mit dem See Manasarovar einen heiligen Bezirk. Er ist für die Hindus Sitz von Shiva und Parbati, der Tochter des Himalaja-Gottes Himavat, für Buddhisten und Bön-Anhänger ein riesiger Tschörten oder Stupa sowie Wohnstätte anderer Gottheiten und Geister. Beispiele aus Afrika waren Mt. Kenya und Kilimanjaro, in Südamerika sind es immer noch der Ausangate in Peru und der Illimani in Bolivien. Der einzige hohe Götterberg, dessen Gipfel durch Wege erschlossen ist und der mehr von Touristen als Pilgern bestiegen wird, ist der Fujisan in Japan.

(4) Heilige Berge werden auch als *Aufenthaltsorte von Verstorbenen und vor allem von Ahnen* verehrt, ja manche Gruppen der Lokalbevölkerung leiten ihre Herkunft von einem solchen Berg und dessen Gottheit ab. Ihrem Glauben zufolge kehren die Toten in den Berg als ihrem Ursprung zurück. Solche Ahnenkulte sind vor allem in Ostasien verbreitet, finden sich aber auch in Tibet und in den Anden.

(5) Schließlich gibt es zahlreiche Berge, deren Sakralität darauf beruht, dass ihre Gottheit über die *Wasserressourcen* des Umlands herrscht. Diese Macht kann sich sowohl positiv wie auch negativ äußern: positiv durch die Gewährung von Wasser für die Menschen, zur Bewässerung und die Tränkung der Viehherden, negativ durch Gewitter, Blitzschlag, Hagel, Überschwemmung, Dürre; manche Gottheiten gebieten auch über Vulkaneruptionen. Solchen oft gefürchteten Berggottheiten werden rituelle Opfer dargebracht, um sie gnädig zu stimmen. Sie werden teils durch bloße Anrufung, meist aber durch kultische Handlungen geehrt. In Mexiko und in den Anden Südamerikas wurden auf hohen Vulkanbergen in vorspanischer Zeit Menschenopfer dargebracht, die aber vermutlich auch anderen Zwecken dienten (REINHARD 1985; TICHY 1991). Oft umfasst die Funktion dieser Berggottheiten nicht nur die Lenkung des Wettergeschehens und die Wasserversorgung, sondern das Wohlergehen und die Fruchtbarkeit von Menschen, Vieh und Feldfrüchten allgemein.

In der Eigenschaft heiliger Berge und ihrer Gottheiten als Herr des Wassers äußert sich eine *ökologische Komponente*, die deutlich vom Klima abhängig ist. Die engste Verknüpfung von Bergverehrung mit Wetter und Wasser ist in Wüstengebirgen und in Gebieten mit wechselnden Niederschlagsjahreszeiten zu beobachten, also in vollariden bis semihumiden Gebirgsklimaten. Beispiele hierfür bieten Tibet und der nördliche, trockene Himalaja, der Westen Nordamerikas, Mexiko und die mittleren südamerikanischen Anden. Selbst in Japan werden Berge und ihre Gottheiten von der Landbevölkerung als Wasserspender verehrt, weil man viel Wasser für den Reisbau benötigt.

3.2 Bergheiligtümer als sakralisierte Naturphänomene

Noch zahlreicher als heilige Berge sind sakralisierte Einzelphänomene der Bergnatur, die gleichfalls verehrt werden. Dabei handelt es sich insofern um untergeordnete heilige Stätten, als die Verehrung nicht dem Berg als Ganzes oder seinem Gipfel gilt. Verehrt werden Felsen, Quellen, Seen, Flüsse, Gletscher, Höhlen, Bäume, insbesondere auffallende Erscheinungsformen wie heiße oder starke Quellen, isoliert aufragende oder phantastisch geformte Felsen, Eisgrotten und Bäume mit wohlriechendem Holz wie der Wacholder in großen Teilen des Himalaja. Besonders weite Verbreitung haben Steinkulte, also die Verehrung von Felsen und Steinblöcken, denen oft mythische Bedeutung zugeschrieben wird. Sie finden sich im Himalaja, in Tibet, in den südamerikanischen Anden; aber auch in den Alpen gibt es zahlreiche Überreste davon aus vorchristlicher Zeit (HAID 1990). Manche heiligen Berge, deren Gipfel für die Gläubigen unerreichbar sind, werden von Kultplätzen auf halber Höhe oder am Fuße aus verehrt oder umschritten. Solche Umschreitungen, die eine Woche und mehr in Anspruch nehmen können, wurden z. B. vom Kailas und vom Amnye Machen in Nordtibet berichtet (BERNBAUM 1990).

4 Bergheiligtümer als geschaffene sakrale Erinnerungs- und Kultstätten

Bei den geschaffenen Kultstätten handelt es sich, wie die Bezeichnung besagt, um Bergheiligtümer, die von Menschen errichtet worden sind, nämlich Tempel, Kirchen, Kapellen, mitunter Klöster, und im Gebiet des tibetischen Buddhismus auch um Tschörten (Stupas). Ihre Anlage geht zurück auf Geschehnisse in alten Mythen oder auf Erscheinungen des Göttlichen (Hierophanien, Theophanien), auf Offenbarungen (wie auf dem Sinai), auf Gelübde, auf Wohnstätten oder Reliquien Heiliger.

Erwin GRÖTZBACH

Bergheiligtümer vom Typ der geschaffenen Kultstätten haben besonders weite Verbreitung, räumlich wie nach Religionen Sie sind in erster Linie charakteristisch für die „naturfernen" monotheistischen Religionen, insbesondere das Christentum; denn nach deren übereinstimmender Auffassung kommt der Natur als Schöpfung Gottes keinerlei sakrale Qualität zu. Christliche und zwar durchweg katholische Kultstätten sind z. B. in den *Alpen* sehr zahlreich, wenn heute auch oft außer Funktion. Höchste und vermutlich älteste alpine Wallfahrtsstätte ist eine Marienkapelle auf der 3.538 m hohen Rocciamelone in den italienischen Westalpen hart an der Grenze zu Frankreich. Sie wurde schon im Jahre 1358 auf Grund eines Gelübdes errichtet und zieht bis heute am 5. August zum Fest „Maria im Schnee" viele Pilger aus der Umgebung an.

Geschaffene Kultstätten sind aber auch im Bereich „naturnaher" Religionen verbreitet, namentlich im indischen Himalaja. Dort gibt es eine Vielzahl hinduistischer Tempel, dazu einen Sikh-Tempel (Hemkund), bis in Höhen über 4.000 m, die zum Teil bedeutende Wallfahrtsorte sind. Manche dieser heutigen Heiligtümer knüpfen an ein Naturphänomen an, was als Hinweis auf eine naturreligiöse Wurzel des Kults gedeutet werden kann. Ein Beispiel hierfür ist Badrinath, der größte Wallfahrtsort im Himalaja, auf über 3.000 m Höhe an der Alakananda, einem Quellfluss des heiligen Flusses Ganges gelegen, der alljährlich 300.000 bis 400.000 Pilger empfängt. Hier erhebt sich der Tempel des Gottes Vishnu über einer heißen Quelle, die den rituellen Waschungen dient (GRÖTZBACH 1994).

5 Synkretistische Bergheiligtümer

Von synkretistischen Heiligtümern kann man erstens dort sprechen, wo es zur Durchdringung oder Überlagerung von Bevölkerungsgruppen unterschiedlicher Religionszugehörigkeit gekommen ist wie z. B. in Nepal, wo die Grenze zwischen Hindus und Buddhisten nicht nur räumlich, sondern auch inhaltlich oft fließend ist; und zweitens, wo eine traditionelle Religion durch eine andere, jüngere abgelöst wurde. Beispiele für den zweiten Fall bietet Lateinamerika, wo andine Religionen dem katholischen Christentum weichen mussten, oder der Karakorum Pakistans, wo Hinduismus und Buddhismus durch den streng monotheistischen Islam verdrängt wurden. Einen Sonderfall bildet Japan, wo synkretistische Religionspraxis – meist Shintoismus und Buddhismus – die Regel ist. Dies gilt auch für die japanische „Bergreligion" der Shugendo-Sekte, deren Mitglieder das Wandern als religiöse Askese praktizieren (EERHART 1989; ODA 1996).

In den Gebirgen Amerikas haben sich Vorstellungen, zum Teil sogar Kulte altamerikanischer Religionen bis heute erhalten, sei es, wie in den Anden, im Gewand katholischer Riten oder, wie im Westen der USA, in einer eher ursprünglichen Form. Das Paradebeispiel in den Anden, das in den letzten Jahrzehnten weltweite Publizität erlangt hat, ist die *Wallfahrt von Qoyllur Rit'i* (im Qechua der Indios: „Schneestern") ca. 80 km östlich der alten Inka-Hauptstadt Cuzco in Südperu. Zur Hauptwallfahrt am Sonntag und Montag vor dem Fest Fronleichnam im Mai oder Juni finden sich bei dem Heiligtum in über 4.500 m Höhe Tausende von Teilnehmern ein. Vordergründig hat die Wallfahrt einen christlich-katholischen Charakter, mit Prozessionen, Gottesdiensten, mit Gebeten, Musik und Tanz, aber auch mit Marktständen und Volksfesttrubel. Mittelpunkt der Verehrung ist ein Felsen mit einem darauf gemalten Jesusbild, Erinnerung an eine Christuserscheinung im Jahre 1783 und inzwischen überbaut durch eine Kirche. Der Ort wird als eine heilige Stätte aus vorspanischer Zeit gedeutet, der Felsen war vermutlich Objekt eines alten Steinkults (FLORES LIZANA 1997). Die lokale Bevölkerung hat ganz offensichtlich gewisse vorchristliche Vorstellungen auch in diesem Fest bewahrt: Die maskierten Tänzer, die Mitnahme von Eis oder Eiswasser als Devotionalien von den nahen Gletschern und insbesondere die Verehrung von Berggottheiten (*apus*) durch viele der teilnehmenden Indios tragen schwerlich christliche Züge. Mächtigste Berggottheit des ganzen Gebiets ist der *Apu* Ausangate, verkörpert durch den gleichnamigen 6.336 m hohen Berg, der alle anderen weithin überragt. Dieser *Apu* wird angerufen, ohne dass dies dem christlichen Glauben Abbruch tut, und zwar zur Gewährung einer guten Ernte, zum Schutze der Herden und zum Wohlergehen der Bewohner. Andere heilige Berge in der Umgebung von Cuzco stehen ihm bei weitem an Bedeutung nach (SALLNOW 1987).

Auch in den Tälern des Übergangsraums von Karakorum, Osthindukusch und Westhimalaja in Nordpakistan, deren islamische Bewohner teils der Sunna, teils der Shia, teils der Ismaelia angehören, haben sich vorislamische Relikte in der Volksreligion erhalten, insbesondere unter den Schiiten. Am deutlichsten zeigt sich dies im Glauben an *Perian* oder *Parian* (Singular *peri*, *pari*). Dies sind zauberkräftige weibliche Berggeister, die zumeist etwas verharmlosend, wie JETTMAR (1975, 220) kritisch anmerkt, als „Feen" umschrieben werden. *Perian* gelten als Beschützer der Menschen im Hochgebirge, residieren sie doch auf den höchsten Gipfeln, wie Nanga Parbat und Rakaposhi nahe Gilgit und Tirich Mir in Chitral. In diesem Weltbild bilden die früher für unerreichbar gehaltenen Gipfel mit ihren Eisflanken, auf denen die Paläste der *Perian* stehen, den Bereich des Reinen und damit Göttlichen. Sie werden mitunter auch an schiitischen Heiligtümern (*zyarat*) angerufen, wie im Tal von Haramosh bei Gilgit, wo solche *Zyarate* auf Randmoränen der großen Gletscher zum Schutze der Almregion vor Naturgewalten errichtet wurden.

6 Räumliche Implikationen

Als erstes ist hier die *Höhe* zu nennen, deren weit verbreitete sakrale Qualität durch die vorherigen Ausführungen deutlich geworden sein dürfte.

Reichweite: Heilige Berge wie auch Bergheiligtümer unterscheiden sich durch die Reichweite ihrer Anerkennung und zugeschriebenen Wirksamkeit. Sie äußert sich in erster Linie im Einzugsbereich der Pilger, die eine sakrale Stätte aufsuchen. Demnach lassen sich lokale, regionale und überregionale, ja sogar nationale und internationale heilige Stätten unterscheiden. Ein Beispiel für eine solche Hierarchisierung bietet BHARDWAJs (1973) Buch über Hindu-Wallfahrtsorte in Indien, das auch Stätten im Himalaja einschließt. Unter ihnen hat das bereits genannte Badrinath im Garhwal-Himalaja „Pan-Hindu"-Bedeutung. Besonders groß ist erwartungsgemäß die Zahl der Heiligtümer von nur lokaler Reichweite, die z. B. in den Alpen weitaus überwiegen.

Sakraler Raum: Als letzter Aspekt des Themas sei die Frage nach dem sakralen Raum im Gebirge aufgeworfen. Leider wird in der Literatur kaum zwischen dem heiligen Ort oder der heiligen Stätte einerseits und dem heiligen Raum andererseits unterschieden. Ich verstehe unter sakralen Orten oder Stätten einzelne Objekte oder Objektensembles, die in der Landschaft eher punkthaft erscheinen. Dagegen umfasst der heilige Raum mehrere oder eine Vielzahl sakraler Stätten, wobei es sich um natürliche wie auch um gebaute Objekte handeln kann, die in der Regel durch mythisches Geschehen miteinander verbunden sind. Der heilige Raum gewinnt damit eine flächen- oder linienhafte Gestalt. Diese räumliche Ausdehnung sakraler Räume wird z. B. markiert durch Prozessionswege oder die rituellen Stationen von Umschreitungen wie am Kailas oder die Shugendo-Wanderrouten auf heiligen Bergen Japans. Im Falle des Berges Sinai oder Horeb bestimmte Jahwe, dem Buch Exodus der Bibel (19; 12,23) zufolge, die Grenze des heiligen Bezirks durch den Bergfuß, der vom Volke nicht überschritten werden durfte. Im orthodoxen Christentum wird der „Berg" Athos als heiliger Raum betrachtet, bei dem es sich um eine gebirgige Halbinsel mit zahlreichen Klöstern und Einsiedeleien handelt. Für die Hindus ist das Quellgebiet des heiligen Flusses Ganges, die Landschaft Garhwal im indischen Himalaja, ein heiliger Raum, der von zahlreichen sakralen Stätten durchsetzt ist. Ja, viele Hindus glauben dies für den Himalaja insgesamt, wobei hier heilige Berge und heilige Orte mit zunehmender Entfernung vom Gebirge zu einem Ganzen, dem „heiligen Himalaja", verschmelzen.

7 Schlussbemerkung

Aus alledem wird deutlich, wie heilige Räume, Berge und Stätten in der Vorstellungswelt der Gläubigen naturnaher Religionen eine transzendentale Wirklichkeit voller Symbolik bilden, die sich von der naturwissenschaftlich bestimmten Realität des Hochgebirges im modernen Denken fundamental unterscheidet. Es ist eine Weltsicht, die das Hochgebirge nicht als eine Ansammlung von Gipfeln, Gletschern und Tälern wahrnimmt, sondern als Aufenthaltsort übernatürlicher Kräfte und Wesen. Eine Ausnahme von diesem Antagonismus findet sich allein in Japan, in dessen Gesellschaft nach GERLITZ (1994, 190) eine erstaunliche Synthese von mythischer Bergverehrung und naturwissenschaftlich-technischer Weltsicht weit verbreitet ist.

Literatur

ANDRIAN, F. von (1891): Der Höhencultus asiatischer und europäischer Völker. – Wien.
BERNBAUM, E. (1990): Sacred Mountains of the World. – San Francisco.
BHARDWAJ, S. M. (1973): Hindu Places of Pilgrimage in India. – Berkeley et al.
EERHART, H. B. (1989): Mount Fuji and Shugendo. – In: Japanese Journal of Religious Studies 16. – 205-226.
ELIADE, M. (1989²): Die Religionen und das Heilige. – Frankfurt/Main.
GERLITZ, P. (1994): Shintoismus. – In: TWORUSCHKA, U. (Hrsg.): Heilige Stätten. – Darmstadt. 184-206.
GRATZL, K. (Hrsg.) (1990): Die heiligsten Berge der Welt. – Graz.
GRÖTZBACH, E. (1994): Hindu-Heiligtümer als Pilgerziele im Hochhimalaya. – In: Erdkunde 48. – 181-193.
FLORES LIZANA, C. (1997): El Taytacha Qoyllur Rit'i. – Sicuani (Peru).
HAID, H. (1990): Mythos und Kult in den Alpen. – Rosenheim.
JETTMAR, K. (1975): Die Religionen des Hindukusch. – Stuttgart et al.
NEBESKY-WOJKOWITZ, R. de (1956): Oracles and Demons of Tibet. – Den Haag.
ODA, M. (1996): Bergreligion in Japan. – In: Journal of the Faculty of Letters, Komazawa University (Tokyo), 54. – 33-54.
REINHARD, J. (1985): Sacred Mountains. An Ethno-archaeological Study of High Andean Ruins. – In: Mountain Research and Development 5. – 299-317.
RINSCHEDE, G. (1999): Religionsgeographie. – Braunschweig.
SALLNOW, M. J. (1987): Pilgrims of the Andes. Regional Cults in Cusco. – Washington.
TICHY, F. (1991): Die geordnete Welt indianischer Völker (= Das Mexiko-Projekt der DFG, 21). – Stuttgart.

Ilse HELBRECHT (Bremen) und Friedrich M. ZIMMERMANN (Graz)

Leitthema C2 – Konvergenz und Divergenz der Lebensstile im Gebirge und in urbanen Welten

Was ist eine Stadt? Und was ist eine städtische Lebensweise? Was sind Gebirgswelten? Und was sind Lebensweisen des Gebirges? Und vor allem: Was würde eine Konvergenz oder Divergenz hier bedeuten, bei der Betrachtung der beiden Lebensräume und der unterschiedlichen oder auch gemeinsamen Lebensstile der Menschen in ihnen im Vergleich?

Der 54. Deutsche Geographentag in Bern steht unter dem Motto „Alpenwelt – Gebirgswelten. Inseln, Brücken, Grenzen". Und so sind auf dieser Tagung die Berge selbst zumeist in den Leitthemensitzungen im Mittelpunkt. Während in vielen Referaten der Blick allein auf das Gebirge gerichtet ist – sei es aus klimatologischer, wirtschaftsgeographischer oder auch diskurstheoretischer, mythenentzaubernder Perspektive –, versuchen die Referentinnen und Referenten in dieser Sitzung, die Lebensstile der Menschen in den Gebirgswelten dem Dialog gegenüber mit den sie umgebenden Welten zu öffnen. Gerade die Identität von Regionen entsteht zumeist erst im Vergleich, also im Gespräch und in Reibung, in Konfrontation, Kontrast und Auseinandersetzung mit einer äußeren, manchmal als fremd empfundenen, zu Teilen auch kontrapunktisch gesehenen Welt. Dieses spezielle Verhältnis von Innen und Außen, in dem das Andere das Eigene mitkonstituiert, wird auch als „constitutive outside" bezeichnet. Das bedeutet, das Fremde wird als das notwendig Andere gesehen zur Erfahrung und Bestimmung des Selbst. In diesem Sinne einer relationalen Betrachtung werden mögliche Lebensweisen im Gebirge in den folgenden Beiträgen in ein Verhältnis zu beobachtbaren Lebensstilen in Städten gesetzt. Es interessiert der Dialog. Die geographisch zu konstruierenden Dialoge zwischen Lebensstilen in Gebirgen und jenen in Städten können dabei aus mindestens drei Perspektiven heraus entwickelt werden und sich eröffnen.

- *1) Kontrast*: Erstens kann gefragt werden nach dem offensichtlichen Kontrast und damit auch der Konkurrenz unterschiedlicher Lebensweisen in den Städten und in Gebirgen. Im Lichte dieses Kontrasts, der auch ein Konkurrenzverhältnis beinhaltet, treten die Konturen von Prozessen der Divergenz oder Konvergenz der Lebensstile in beiden Räumen hervor. Was ist allein in Städten und nur dort möglich? Welche Lebensstile hingegen bleiben dem Gebirge vorbehalten? Und wo holt eine Region im Vergleich zur anderen vielleicht etwas ein, nach oder auf? Verena Meier Kruker weist beispielsweise auf wichtige Konvergenztendenzen am Beispiel der Schweizer Bergregion Graubünden hin, wo sie in den statistischen Entwicklungen der Haushalts- und Lebensformen eine zunehmende Urbanisierung der Lebensformen durch z. B. Individualisierung identifiziert.

- *2) Komplement*: Zweitens sind die Stadt und das Gebirge und die durch sie ermöglichten unterschiedlichen Lebensformen betrachtbar als Komplement. So wie der klassische Gegensatz von Stadt und Land nicht allein auf Unvereinbarkeiten beruht, sondern ebenso auf der wechselseitigen Ergänzung, so sind auch Gebirgsräume und Stadtwelten denkbar als Komplemente. Dies ist aus städtischer Sicht gerade im Bereich der Freizeit und des Tourismus offensichtlich, bieten doch die

Mythen und Lebensalltag in Gebirgsräumen

Alpen dem gestressten Europäer im Winter wie sommers ein erholsames Naturambiente. Aber auch hintergründiger noch ergänzen sich die beiden Raumformationen, indem sie sich gegenseitig durchdringen. So entstehen Hybride, und Momente der Verwendung des einen im anderen finden statt. Ulrike Gerhard und Ingo H. Warnke weisen in ihrem Text darauf hin, in welchem Wechselverhältnis Natur und Kultur stehen. Sie identifizieren am Beispiel einer amerikanischen Vorstadt die gezielte Verwendung von Naturelementen wie etwa Wasserfällen zur Produktion von Stadt.

- *3) Konkordanz*: Stadt und Berg sind nicht nur denkbar als Widersprüche (Kontrast) oder sich ergänzende Elemente (Komplement), sondern ebenso als Eines, als ein wirklich Gemeinsames im Verhältnis der Konkordanz. Eine solcherart Übereinstimmung ergibt sich zuvorderst aus politischer Sicht. „Wer die Stadt nicht ehrt, ist der Alp nicht wert" – mit diesen Worten hat der Schweizer Politiker und Bundesrat Moritz Leuenberger in der Eröffnungsveranstaltung des Geographentags dafür geworben, nicht nur die Unterschiede zwischen den Bergwelten und den Stadtwelten zu sehen, sondern – gerade in der topographisch spannungsreichen Schweiz – die herausfordernden Gemeinsamkeiten zu erkennen. Der Auftrag zu politischer Gestaltung ist aus seiner Sicht in den nur vermeintlich so unterschiedlichen Räumen stets gleich. Ob auf dem einsamen Gipfel, an Berges Hang oder im dicht besiedelten, lieblichen Tal, überall gehe es um den Ausgleich unterschiedlicher Interessen, nämlich die Koordination wirtschaftlicher, sozialer und ökologischer Belange im Sinne der Nachhaltigkeit. Die gemeinsamen politischen Herausforderungen in Stadt- und Bergregionen zu sehen, ist eine dritte mögliche Sichtweise des Verhältnisses der Lebensstile in beiden Welten. Sozialräumliche Untersuchungen in Großstädten haben also mit dem Leben im Gebirge mehr gemein, als auf den erste Blick erkennbar scheint. Klaus Zehners Beitrag zu dem Desiderat einer neuen, vielleicht auch ‚postmodernen' Sozialraumanalyse der Stadt lässt dies eindringlich erahnen.

Die folgenden Referate stellen einen thematischen Reigen dar. Er bietet Gelegenheiten des Nachdenkens zu allen drei Möglichkeiten (und mehr) der Betrachtung von Stadt und Gebirge – als Relationen der Gegensätzlichkeit, der Gegenseitigkeit wie auch der Gleichheit existentieller Grundlagen der Lebensstile in städtischer und gebirgiger Welt.

Verena MEIER KRUKER (Zürich)

Unterwegs in den Alpen: Wege (*routes*) und Wurzeln (*roots*)

1 Einleitung

Lebensstile verändern sich, auch im Alpenraum. Das Bild im Titel – Wurzeln und Wege – soll darauf hinweisen, dass in den Alpen manches Urtümliche konserviert oder zumindest als solches inszeniert wird und dass die Alpen auch ein Raum sind, in den Menschen kommen, die danach suchen, Wurzeln zu schlagen. Gleichzeitig sind die Alpen mit ihrer speziellen naturräumlichen Ausstattung, ihrer zentralen Lage in Europa und der doch global gesehen eher geringen Größe von alters her ein Auswanderungs-, Zuwanderungs- und Durchgangsraum. Letzteres gewinnt mit der allgemein zunehmenden Erschließung und Mobilität an Bedeutung. Der Titel „Wege und Wurzeln" wurde auch in Referenz zu einem Buch des Ethnologen James Clifford „Routes: travel and translation in the late twentieth century" (CLIFFORD 1997) gewählt, der darauf hinweist, dass zu Ende des 20. Jahrhunderts Kultur ebenso in der Bewegung wie in der Sesshaftigkeit zu suchen ist und Forschung nicht zuletzt die Geschichte der Begegnungen von Reisenden ist.

Im folgenden werde ich zuerst den Raum, in dessen Lebensstile ich Einblicke verschaffen möchte, kurz beschreiben, darauf folgt der Versuch der begrifflichen Einordnung von „Lebensstil" als Vorbereitung auf empirische Daten, die zeigen, wohin sich Lebensstile möglicherweise bewegen.

2 Der Raum

Die Alpen sind trotz ihrer geringen geographischen Ausdehnung unglaublich vielfältig. Die eingangs geschilderte Bewegung hat differenzierte Kulturlandschaften entstehen lassen, und unterschiedliche nationalstaatliche Politiken sind trotz EU und Globalisierung auch heute bis ins hinterste Bergdorf wirksam. So ist in diesem Rahmen kein Überblick, allenfalls ein kleiner Einblick möglich. Für meinen Streifzug zu den Lebensstilen im Gebirge konzentriere ich mich auf Dokumente aus dem schweizerischen Kanton Graubünden, einem Teil der Alpen, der mir überschaubar und doch vielfältig erscheint. Die ganze Fläche des Kantons liegt im Alpengebiet. Graubünden ist dreisprachig – deutsch, italienisch und rätoromanisch –, grenzt an Italien, Österreich und Liechtenstein und weist sowohl Kleinstädte (wie die Hauptstadt Chur mit ca. 30.000 Einwohnern), hochentwickelte Tourismusregionen (wie die Landschaft Davos und das Oberengadin mit St. Moritz) als auch abgelegene Talschaften wie zum Beispiel das Safien- oder das Calancatal auf.

Entsprechend dem „unterwegs sein" im Titel interessieren mich die verschiedensten Leute, die sich in diesem Raum für kürzer oder für länger aufhalten und somit einen Teil ihres Lebens im Gebirge inszenieren. Ich möchte von einem Raum ausgehen, der weniger durch Grenzen als durch Wege und Treffpunkte gekennzeichnet ist. Die meisten Daten, die zur Verfügung stehen, erschweren es jedoch, den Begegnungsraum zu erfassen. Sie basieren vielmehr auf einem Einheimischenprinzip. Gezählt wird, wer an einem Ort gemeldet ist. Pendler, temporäre Besucher und andere Zugvögel werden eher fragmentarisch dokumentiert. Von ihnen weiß man (zu) wenig. Vielleicht hat das auch damit zu tun, dass viele Forscher und Forscherinnen eher die „richtigen" Einheimischen suchen.

(Aufnahmen: V. MEIER KRUKER, R. KRUKER)

3   Lebensstile

Wie lassen sich Lebensstile konzeptualisieren? In seiner Arbeit über den Raumbezug von Lebensstilen in der Stadt definiert Andreas Klee Lebensstile nach Gluchowski als „eine typische unverwechselbare Struktur von im Alltagsleben sichtbaren Verhaltensweisen bei Individuen" (KLEE 2001, 25). Wenn wir das Individuum als aktives, gestaltendes betrachten, und das erscheint mir im Zusammenhang von Lebensstilen zentral, so möchten wir also verstehen, wie Menschen im Alltag ihr Leben inszenieren.

Verena MEIER KRUKER

Klee verortet Lebensstil in einen Zusammenhang von *Lebensweise*, welche die soziale Lage und deren subjektive Bewertung umfasst, und daraus abgeleitet die *Lebensform,* womit er die Einbettung in soziale Beziehungen meint, sowie *Lebensführung*, die ich als individuelle Strategie zur Erreichung längerfristiger Ziele verstehe. Lebensstile sind Ausdruck von sozialen Lagen einerseits und individuellen Lebensentwürfen andererseits. Sie werden in Orientierung an und im Austausch mit dem *Milieu* alltäglich (re-)produziert.

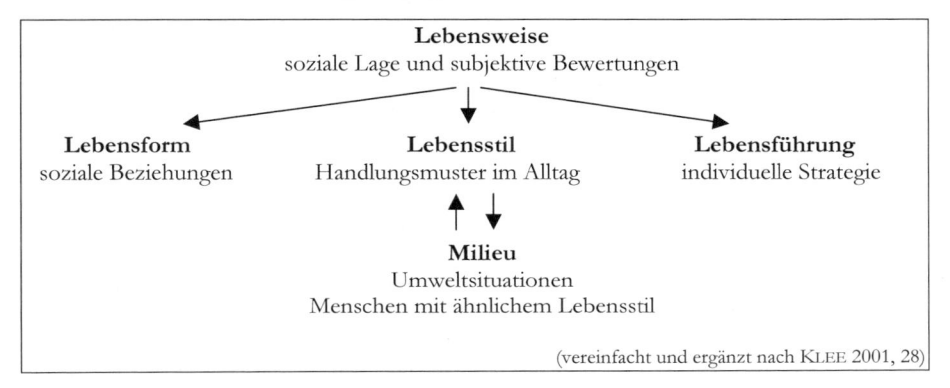

```
                          Lebensweise
              soziale Lage und subjektive Bewertungen
              ↙              ↓              ↘
    Lebensform          Lebensstil           Lebensführung
soziale Beziehungen  Handlungsmuster im Alltag  individuelle Strategie
                          ↑ ↓
                           Milieu
                       Umweltsituationen
                  Menschen mit ähnlichem Lebensstil
```

(vereinfacht und ergänzt nach KLEE 2001, 28)

Dies gibt uns Anhaltspunkte für eine nähere Betrachtung von spezifischen, in diesem Fall in den Alpen gelebten, Lebensstilen. Die eine Möglichkeit ist, Lebensformen und deren Wandel zu untersuchen, die andere, danach zu fragen, in welche Strategien der Lebensführung aktuelle Lebensstile eingebunden sein können.

4 Lebensformen – sozialer Wandel in den Alpen

Soziologen machen den sozialen Wandel an demographischen Trends, dem Wandel von Haushalts- und Familienstrukturen, wirtschaftlichen Veränderungen sowie gesellschaftlichem Wertewandel fest (vgl. KLEE 2001; SOMMER / HÖPFLIGER 1989). Eine Dimension, die kaum untersucht wird, ist der Wandel der geographischen Mobilität. Für die Geographie ist sie jedoch wichtig, und sie hat im Zusammenhang mit Lebensstilen in den Alpen eine doppelte Bedeutung. Mobilität ist nicht nur Teil von neuen Lebensstilen, es lässt sich auch eine zunehmende Durchmischung von städtischen und ländlichen Lebensstilen beobachten, die der zunehmenden Mobilität von Menschen und den über die Medien transportierten Lebensstilvorlagen folgt. Veränderungen der Mobilität sollen hier deshalb speziell beachtet werden.

Wenden wir uns zuerst einigen gängigen Indikatoren zu, um abzuschätzen, ob denn die Lebensformen in den Alpen anders sind (vgl. Tab. 1). In vielen Bereichen, etwa bei den Haushaltsstrukturen, haben sich die Verhältnisse den Durchschnittswerten der Schweiz beinahe angeglichen. Im zeitlichen Verlauf wird jedoch sichtbar, dass wesentliche Veränderungen stattgefunden haben, so z. B. bei den Scheidungen, von denen es vor 30 Jahren, 1971, in Graubünden erst 0,6 pro 1.000 Einwohner gab, d. h. dreimal weniger als 2000, oder im Bereich des Bildungswesens, wo 1972 im ganzen Kanton Graubünden gerade 20 Frauen die Matura (Abitur) abschlossen, was 13% aller ausgestellten Zeugnisse entsprach. Inzwischen ist in einigen Regionen des Kantons die Matura für 50 und mehr Prozent der Mädchen Bildungsziel (Statisches Jahrbuch 1973, 464; BÜHLER 2001, 103). Wir sehen also eine Entwicklung, die grundsätzlich nicht anders ist als anderswo in der Schweiz (vgl. SOMMER / HÖPFLIGER 1989), aber doch in kürzerer Zeit abgelaufen ist.

	Graubünden	Schweiz insgesamt
Single-Haushalte (1990)	31%	32%
Heiraten (2000) (pro 1.000 Einwohner)	4,5	5
Scheidungen (2000) (pro 1.000 Einwohner)	1,8	2,2
Ärztedichte (2001) (pro 100.000 Einwohner)	164	195
Motorfahrzeuge (pro 1.000 Einwohne)	462	500
Steigerung des Volkseinkommens (real) (1990-2000)	23,5%	28%

Tab. 1: Ausgewählte Strukturdaten in Graubünden und in der Schweiz insgesamt. (Datenquelle: STATISTISCHES JAHRBUCH 2003, 83, 100, 249, 473, 603)

Werden im Gebirgskanton einzelne Regionen unterschieden, wie z. B. im Frauen- und Gleichstellungsatlas der Schweiz (BÜHLER 2001), so zeigt sich, dass das Spektrum innerhalb des Kantons groß ist. Beim Indikator „kinderlose Haushalte" beispielsweise ist in Randregionen wie dem Münstertal der Anteil von Frauen im Alter von 35 bis 44 Jahren, die in kinderlosen Haushalten leben, mit weniger als 14% sehr gering, dagegen liegt dieser Anteil in stark touristischen Regionen wie dem Oberengadin zwischen 22% und 26% (BÜHLER 2001, 33). Das sind Werte, die noch unter denjenigen der städtischen Zentren liegen, aber durchaus denen von äußeren Agglomerationsgemeinden entsprechen. Betrachtet man die Verteilung des „bürgerlichen Familienmodells", bei dem die Frau nicht erwerbstätig, der Mann Vollzeit erwerbstätig ist und Kinder unter sieben Jahre im Haushalt leben, so ist diese Lebensform sowohl in der (zentralen) Region Chur als auch im (touristischen) Oberengadin, dem (peripheren) Münstertal, dem Misox und Calancatal mit mehr als 70% stark ausgebildet, während im Hinterrheintal die Werte unter 55% liegen. Letzteres sind Werte, die sonst in den Stadtzentren und in der französisch sprechenden Schweiz zu finden sind (BÜHLER 2001, 81). Hier zeigt sich, was wir andernorts beschrieben haben, dass bezüglich bevorzugter Familienformen und ebenso der Einstellungen zum Erwerbsleben kulturelle Unterschiede, wie sie sich in der Schweiz an Sprachgrenzen abzeichnen, eine Rolle spielen (vgl. BÜHLER / MEIER KRUKER 2002).

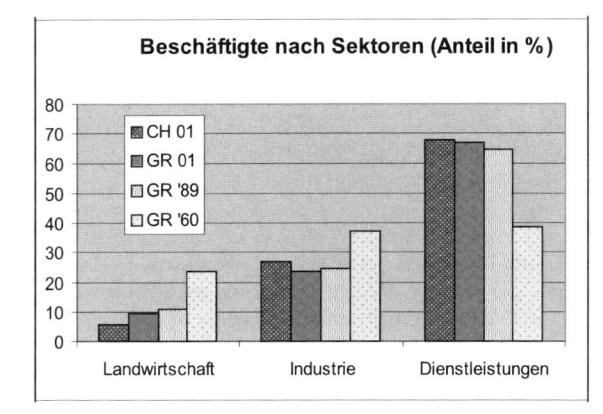

Abb. 1: Beschäftigte nach Sektoren, Schweiz und Graubünden. (Datenquellen: STATISTISCHES JAHRBUCH 2003, 197; STATISTISCHES JAHRBUCH 1973, 40)

Beim Blick auf die wirtschaftlichen Veränderungen (Abb. 1) zeigt sich, dass der Anteil der Beschäftigten im landwirtschaftlichen Bereich enorm zurückgegangen ist und weiter zurückgeht, aber mit 9,6% der erwerbstätigen Bevölkerung 2001 immer noch hoch ist. Dabei sind die statistischen Zahlen grobe Annäherungen und geben eher zu tiefe Werte an, weil die Deklaration von Frauenarbeit in der Landwirtschaft sehr unterschiedlich erfolgt (vgl. MEIER

1989). Die Landwirtschaft richtet sich immer stärker nach ökologischen Richtlinien aus, „Multifunktionalität", „Nischen" und „Direktverkauf" sind wichtige Strategien. Das heißt, landwirtschaftliche Arbeit wird immer mehr zur Dienstleistung. Auch in der Industrie geht die Anzahl der Beschäftigten im Vergleich mit 1960 zurück. Der Versuch, Industriearbeit in die Täler hinein zu bringen, um deren billige Arbeitskräfte zu nutzen, ist angesichts globaler Konkurrenz gescheitert. Es geht hin zu den Dienstleistungen, dominiert vom Tourismus. Das Pro-Kopf-Volkseinkommen liegt bei 75% des schweizerischen Durchschnitts (STATISTIK SCHWEIZ 2003).

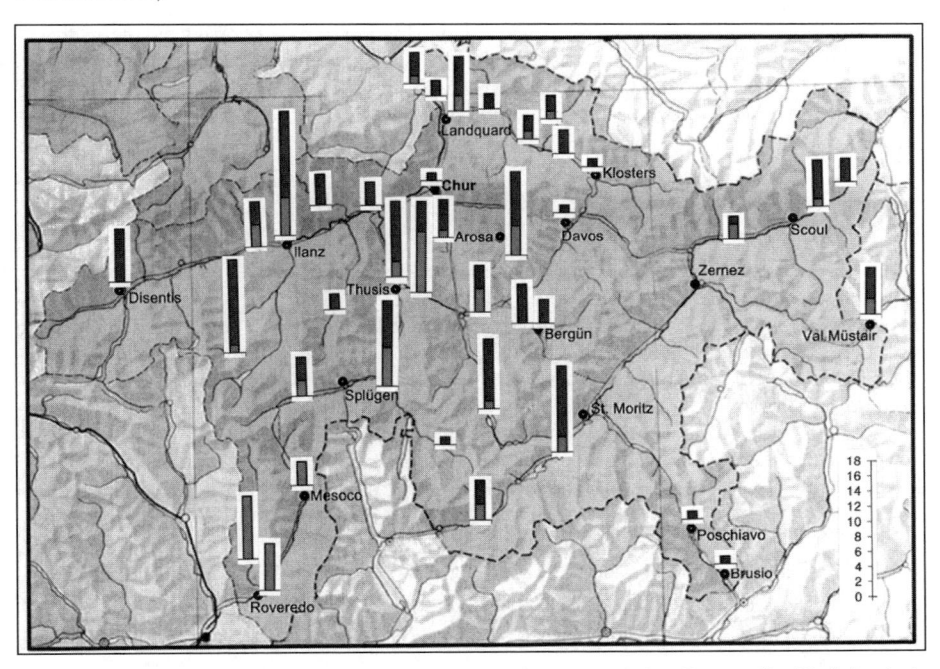

Abb. 2: Volksabstimmungsresultate in Graubünden. (Entwurf: V. Meier Kruker; Datenquelle: *Die Südostschweiz* vom 19.05.2003, 6f)

Oft wird im Zusammenhang mit Lebensstilen der allgemeine Wertewandel angesprochen. Gesellschaftspolitische Werte lassen sich in der Schweiz sehr schön anhand von Volksabstimmungsresultaten verorten, wobei anzumerken ist, dass 20% der Wohnbevölkerung wegen des Ausländerstatus kein Stimmrecht hat. Im Mai 2003 wurde über eine ganze Reihe von Vorlagen mit energie- und sozialpolitischen Inhalten abgestimmt (verstärkter Mieterschutz, Umverteilung der Gesundheitskosten, mehr Rechte für Behinderte, Schaffung von zusätzlichen Lehrstellen, autofreie Sonntage, beschleunigter Ausstieg aus der Atomstromproduktion), die alle von sozialdemokratischer und grüner Seite unterstützt und von den anderen Parteien zum Teil heftig bekämpft wurden. Alle Initiativen wurden landesweit mit zwischen 58% und 72% Neinstimmen abgelehnt, die Stimmbeteiligung lag bei 42%. Wie haben die Leute in Graubünden abgestimmt? Im Kantonsdurchschnitt folgte Graubünden der übrigen Eidgenossenschaft, interessant sind die Resultate auf Ebene der einzelnen Gemeinden und Kreise.

Die hellen, unteren Abschnitte der Säulen der Karte (Abb. 2) zeigen den Anteil von Gemeinden in einem Kreis, die bei mindestens einer der sechs Initiativen eine Ja-Mehrheit hatten, also für Soziales und Umwelt stimmten. Hier sind es nicht die Städte, die aufscheinen, sondern Täler im Süden des Kantons. Einmal mehr fällt der Einfluss von (Sprach-)kultur auf. Zudem sind es Gegenden mit eher kleinen Gemeinden und einem relativ hohen Anteil an zugezogenen Bewohnern, die diese Täler aufgesucht haben, um ein „alternatives", d. h. auch sozial- und umweltorientiertes Leben zu führen.

Ein Zwischenfazit: Die Daten zu Lebensformen in Graubünden zeigen folgendes: Erstens, die Verhältnisse sind nicht sehr anders als anderswo in der Schweiz. Zweitens, die Entwicklungen zu den aktuellen Trends haben aber in den Alpentälern vielerorts später eingesetzt, sind also schneller abgelaufen. Drittens, das Tempo und die Ausprägung dieser Entwicklungen ist kleinräumig sehr unterschiedlich, und, viertens, Randregionen sind Experimentierfelder im Umbruch.

5 Lebensstile im Zitat

Die Statistiken weisen auf veränderte Lebensformen hin. Um gelebte und inszenierte Lebensstile zu zeigen, greife ich auf qualitative Daten zurück. Sie stammen von einem Video-Projekt, für das Studierende der Universität Basel Jugendliche in Samedan im Oberengadin zu ihrem Lebensgefühl befragt haben, und aus Interviews, die ich 1997 zum Thema der Veränderung von Leben in einem Bergtal geführt habe. Die Zitate kommen aus zwei sehr unterschiedlichen Regionen. Im touristischen Oberengadin werden vor allem die Saisonalität der Aktivitäten und die unterschiedlichen (finanziellen, sozialen) Situationen der unterschiedlichen Menschen, die in diesem Tal ihre Lebensstile inszenieren, deutlich. Mit den Zitaten aus dem Calancatal, einer Randregion, sollen die Veränderungen im Lauf der Zeit deutlich werden. Fokussiert habe ich die Themen „peripherer Lebensraum" und „Mobilität".

So beschreiben Jugendliche das Leben im Oberengadin:

> „Ich sage nicht, dass da nichts läuft. Aber in der Stadt wäre viel mehr los. Secondhand, das gibt es hier nicht. Bei uns ist alles so teuer, Bonzenläden. Da oben kann man gar nichts recht kaufen, da muss man immer nach Chur, oder in eine Stadt anderswo. Es gibt schon Passagen zum Einkaufen, aber es ist einfach nicht für uns, ein Ring für 30.000,-- oder ein Pullover für 4.000,--, das ist für die Reichen, die in einem großen Hotel wohnen und viel Geld haben, aber für uns, wir haben ja auch gerne Markenklamotten, ist es einfach viel zu teuer. [...]

> Sobald die Läden zu sind, ist es eigentlich tot. Eine Kneipe, in der die Jugend drin sitzt. Wenn Saison ist, dann hat es immens viele Touristen. Die nächste Großstadt ist Chur und da können wir gar nicht hin mit dem Zug, weil es zu teuer ist und es dauert zwei Stunden. [...] Alle kennen sich, und wenn man jetzt einmal anders angezogen ist, dann heißt es gleich, dass die drogensüchtig ist, und das alles verbreitet sich ganz schnell. Auch wenn man Kollegen hat, die drogensüchtig sind. Das nervt [...]."

Für die Jugendlichen ist es eng und langweilig, sie wären gerne näher bei der „Großstadt" Chur. Eine Entschädigung bieten die guten Verhältnisse für sportliche Aktivitäten. Mit dem Lebensstil der reichen Besucher können sie nicht mithalten. Diese bewohnen während weniger Wochen luxuriöse Ferienhäuser, während ihre eigenen Familien in überteuerten kleinen Wohnungen leben. Die Saisonalität der Aktivitäten ist groß: Sind die Touristen da, dann ist alles offen und belebt, sind sie weg, dann sind diese Dörfer leer. Dass von den Einheimischen alle einander kennen, darin sehen die Jugendlichen Nach-, aber auch Vorteile. Einerseits beklagen sie sich darüber, dass jeder glaubt, alles über jeden zu wissen, andererseits finden sie es auch sehr praktisch, dass es einfach ist, in der Freizeit ihre Freunde anzutreffen.

Im Calancatal gibt es keine Einkaufspassagen und höchstens ein paar Kleinkinderschlepplifte. Lebensform, Lebensstil und Lebensführung dort beschreiben vier Frauen im Alter von ca. 25 bis 89 Jahren wie folgt:

Das Leben der 89jährigen Bäuerin G. Z. bestand aus „lavoro, casa, chiesa" (Arbeit, Haushalt, Kirche), wie sie selber sagt. Sie war nicht oft auf weiten Wegen unterwegs. Regelmäßig trug sie im Herbst Obst auf den Markt in Bellinzona (ca. 15 km Entfernung), dann war sie im Krankenhaus in Lugano und Bellinzona, einmal in der Deutschschweiz zur Heirat ihres Sohnes, einmal mit dem Pfarrer auf Wallfahrt zur Madonna di Caravaggio in der Nähe von Brescia und einmal mit ihrem Sohn im Locarnese bei der Kirche der Madonna di Ré.

R., (zurückgekommene) Einheimische, Bäuerin, Gemeindesekretärin erklärt:

> „Ich gehe, aber ich komme gerne zurück. Ich gehe gerne einmal auswärts essen, aber ich komme gerne zurück." *Binden dich die Ziegen nicht an?* „Die Tiere binden dich an. Mit Tieren musst du das Opfer bringen, am Morgen und am Abend. Gut wenn ich einmal weg will, kann auch mein Mann helfen und sie versorgen. Die Tiere binden dich an. Aber das stört mich nicht, weil es immer eine Lösung gibt. Im Grunde gefällt es mir, mit den Tieren angebunden zu sein und beschäftigt. Ich gehe zu einem Essen, zum Tanzen, was mir gefällt – auch Ferien. Jetzt hatte ich diese vier Tage, habe zwei Gämsen geschossen und bin zufrieden."

G., Wirtin, deren Eltern aus dem Puschlav, einem anderen Bündner Südtal stammen, die selbst jedoch in der Deutschschweiz aufgewachsen und dann im Calancatal wieder näher zu ihren Wurzeln gekommen ist, sagt bezüglich ihrer Wege:

> „Ich weiß gar nicht, ob ich immer da bleibe oder einmal weggehe. Mein Bruder hat einmal auf Mallorca einen Turn gemacht und hat einen Typen kennen gelernt, mit einem Restaurant, der jemanden suchte [...], und er fand, ‚hey, hättest du nicht Lust'? Und dann einen Moment lang, ja, und dann habe ich gemerkt, es stimmt noch nicht. Und vielleicht passiert das irgendwann, und vielleicht bleibe ich auch hier."

A., die ich als Älplerin treffe, erzählt zu ihrer Mobilität:

> „In einem Winter, da war ich in Westafrika, Leute besuchen, die ich dort vor 20 Jahren kennen gelernt habe, [...] zwei Winter habe ich gekocht in Bern in der Brasse, einer Genossenschaftsbeiz. Das was sehr gut als Ergänzung."

In einem solchen Tal finden sich also verschiedenste Lebensformen, bei denen unterschiedliche Mobilitäten – von ein paar wenig hundert Kilometern in einem ganzen Leben bis zu mehreren tausend in einem Winter – nur ein Charakteristikum sind. Über den Lauf der Zeit gesehen, vermischt sich dabei Städtisches und Ländliches immer stärker, findet jedoch im Bergdorf seine eigene Inszenierung, die nicht zuletzt mit der Nähe zur Natur als Aspekt von Lebensqualität zu tun hat.

6 Fazit

„We have to rethink some of our traditional foci and emphases as geographers, turning to new ways of studying people who are in transit, whose identities are unfixed, destabilised and in the process of changing" (MCDOWELL / SHARP 1999, 205).

Das Zitat von McDowell / Sharp passt auch für das Berggebiet. Wirklich abgelegen und schwer zu erreichen sind der Großteil der Orte im schweizerischen Berggebiet heute nicht mehr. Der Service Public zieht sich allerdings aus den Randregionen zurück, die kleine Poststelle wird geschlossen, das öffentliche Telefon wird abgebaut, die Mobilität wird also immer selektiver. Für die weniger Mobilen bleiben die Bergdörfer klein, eine Welt, die überschaubar ist. Für die einen bedeutet das Geborgenheit, für die anderen Enge, fehlendes Dienstleistungsangebot und Langeweile. Auch früher hatten Transit, Aus-, Ein- und Rückwanderung für die Herausbildung von Kultur und Lebensstilen Bedeutung. Was heute zu beobachten ist, ist eine Vielfalt von zum Teil archaisch anmutenden Lebensstilelementen, wie z. B. der herbstliche Kult um die Jagd, und vielem, was mit Städtischem zu vergleichen ist, wie die wechselnden Moden bei Musik und Markenklamotten.

Sozial-statistische Indikatoren weisen darauf hin, dass die Lebensverhältnisse sich angleichen, d. h. sich in den letzten 30 bis 40 Jahren relativ schnell angeglichen haben. Die wirtschaftliche Basis der Region ist eher prekär, die Landwirtschaft geht zurück, die Abhängigkeit vom Tourismus ist groß. Doch es ist immer leichter möglich und auch üblich, zwischen Orten zu pendeln und in wöchentlichem oder saisonalem Rhythmus städtisches Leben mit Arbeit auf der Alp, Jagen, Fischen, Snowboarden, Familie und dörflichem Freundeskreis zu kombinieren, so wie das viele Studenten und Studentinnen und andere Erwachsene, die eine Zeit lang in der Stadt gelebt haben, tun. Der Alpenraum wird so zu einem möglichen Ort der Inszenierung von naturbezogenen Lebensstilen, die ihre Inspiration (auch) in Städten und in der ganzen weiten Welt holen.

Literatur

BÜHLER, E. (2001): Frauen- und Gleichstellungsatlas der Schweiz. – Zürich.
BÜHLER, E. / MEIER KRUKER, V. (2002): Gendered labour arrangements in Switzerland: Structures, cultures, meanings: statistical evidence and biographical narratives. – In: Geojournal 56(4). – 243-251.
CLIFFORD, J. (1997): Routes: travel and translation in the late twentieth century. – Cambridge/Mass.
KLEE, A. (2001): Der Raumbezug von Lebensstilen in der Stadt. Ein Diskurs über eine schwierige Beziehung mit empirischen Befunden aus der Stadt Nürnberg. (= Münchner Geographische Hefte, 83). – München.
MCDOWELL, L. / SHARP, J. P. (eds.) (1999): Space, Gender, Knowledge. – London.
MEIER, V. (1989): Frauenleben im Calancatal. Eine sozialgeographische Studie. – Cauco.
SOMMER, J. H. / HÖPFLIGER, F. (1989): Wandel der Lebensformen und soziale Sicherheit in der Schweiz. Forschungsstand und Wissenslücken. (= NFPNR, 29). – Grüsch.
STATISTISCHES JAHRBUCH (2003): Statistisches Jahrbuch der Schweiz 2003. – Zürich.
STATISTISCHES JAHRBUCH (1973): Statistisches Jahrbuch der Schweiz 1973. – Basel.
STATISTIK SCHWEIZ (2003): *http://www.statistik.admin.ch/stat_ch/ber00/deck_m.htm* (Zugriff am 11.09.2003).

Ulrike GERHARD (Würzburg) und Ingo H. WARNKE (Bielefeld)

Zwischen *Wiesengrund* und *Rolling Fields*
Zur Repräsentation von Natur in Stadttexturen Nordamerikas

1   Einleitung

Natur stellt einen Mythos dar, der zunächst im prototypischen Bild von Landschaft, Wildnis und Unberührtheit erscheint, jedoch auch Städte prägt. Gerade in Zeiten des sogenannten *Cultural Turn*, der nicht zuletzt auch die Kulturgeographie erfasst hat, scheinen semiotische Analysen – also das Lesen von Zeichen in der Natur oder der gebauten Umwelt – geeignet zur wissenschaftlichen Reflexion solcher Stadtnaturen (vgl. SAHR 2003). Wenn jedoch die Aneihung von theoretischen Referenzen zur Semiotik in einigen geographischen Untersuchungen zum Selbstzweck wird, stellt sich die Frage der praktischen Relevanz. Im vorliegenden Beitrag erfolgt eine konkrete Analyse der Repräsentation von Natur in den Stadttexturen Nordamerikas, die poststrukturalistischen Texttheorien verpflichtet und im Rahmen eines interdisziplinären Projekts von Sprachwissenschaft und geographischer Stadtforschung verankert ist. Ziel ist es dabei, Aussagen zur Inszenierung von Natur im suburbanen Städtebau der Gegenwart zu treffen.

2   Textgeographische Positionen zu Stadt und Natur

In einer Vielzahl von Arbeiten spricht man von der Stadt als Text. In der Literaturwissenschaft versteht man darunter die Beschreibung des Stadtraums in literarischen Texten, in der Kulturgeographie die Lesbarkeit gesellschaftlicher Entwicklungen im Kontext gebauter urbaner Umwelten (vgl. WOOD 2003). Vielen Arbeiten ist dabei gemein, dass sie von einem vortheoretischen oder metaphorischen Textbegriff ausgehen. Auch kulturanthropologische Arbeiten sind davon nicht auszunehmen, wenn auch gerade kulturgeographische Herangehensweisen etwa im Rahmen einer *Neuen Kulturgeographie* Neuland betreten (LINDNER 2003).

Unser Forschungsprojekt *Texturen in Suburbia* reiht sich nicht in die vorliegenden Arbeiten zur Stadt als Text ein. Das Projekt ist interdisziplinär organisiert durch die Zusammenarbeit von Stadtgeographie und Sprachwissenschaft. Die Verbindung beider Disziplinen ist unseres Erachtens geeignet, einen konsistenten Textbegriff mit seinen vielfältigen theoretischen Bezügen zur Grundlage einer empirischen Stadtforschung zu machen. Daher sprechen wir in bewusster Abgrenzung von den Projekten zur Stadt als Text von der Analyse der Stadttextur. Was darunter zu verstehen ist und welche konzeptionellen Überlegungen diese Abgrenzung als notwendig erscheinen lassen, wird im Weiteren gezeigt.

2.1   Die Stadt als offene Textur – Methoden

In älteren linguistischen Theorien wird unter einem Text eine begrenzte Einheit sprachlicher Zeichen verstanden (DRESSLER 1972), der Text wird als geschlossenes System mit eindeutig identifizierbaren Grenzen bestimmt. Recht früh hat man erkannt, dass Texte auch teilhaben an übertextuellen Sprachwirklichkeiten. Texte sind keine Unikate, sondern besitzen Eigenschaften wie Musterspezifik oder inhaltliche Konstanten, die sich aus der Verbindung zu anderen Texten ergeben. Eine Infragestellung der alltagsweltlichen Vorstellung von Texten als begrenzten sprachlichen Gebilden erfolgt konsequent in Arbeiten des Poststrukturalismus,[1] insbesondere in den umfangreichen Diskursanalysen von FOUCAULT (1973). Unter einem Diskurs wird dabei der inhaltliche Zusammenhang von Texten verstanden, die über Gleiches oder Ähnliches sprechen.

Die Rezeption der poststrukturalistischen Diskurstheorie Foucaults in der linguistischen Texttheorie hat in den letzten Jahren zu einer massiven Infragestellung geschlossener Textbegriffe geführt (WARNKE 2000; 2002). Es ist kaum mehr denkbar, Texte als Ausdruck allein individueller Kommunikationsabsichten zu betrachten. Die herkömmliche abendländische Vorstellung vom Subjekt als Schöpfer der Dinge, der Texte, der Städte etc. löst sich auf in der Annahme, dass das subjektive Handeln in höchstem Maße durch je zeittypische diskursive Regeln determiniert ist. Diskurse sind damit die Bedingung der Möglichkeit subjektiver Äußerungen im Text. Dieser offene Textbegriff darf insbesondere in Verbindung mit der poststrukturalistischen Theorie KRISTEVAs (1969) als plausibel gelten. Die Vorstellung vom Text als geschlossenem System wird hinfällig, wenn jeder Text ein Mosaik von Zitaten ist und damit andere Texte absorbiert und transformiert.

Für die Übertragung des linguistischen Textbegriffs auf die Strukturierung von Städten besitzt dieser offene Textbegriff höchste Relevanz. Denn Diskurse etablieren sich nicht nur sprachlich, sondern auch in Texturen von Städten. Unter einer Stadttextur wird daher ein offenes textuelles Geflecht verstanden, das durch intertextuelle Verweise ein Mosaik von Zitaten darstellt, also eine Absorption und Transformation bereits existenter Stadtelemente. Welche Strukturierung eine Stadttextur aufweist, ist dabei von der Einbindung in jeweilige Diskurse abhängig. Diese offene, fließende Textur von Städten entzieht sich dem unmittelbaren Verstehen, so dass die Rekonstruktion der diskursiven Bezüge von Städten nur durch interdisziplinäre textgeographische Methoden möglich ist.

Um nicht bei einer allgemeinen semiotischen Beschreibung von Städten stehen zu bleiben, verwenden wir in der Analyse die von BEAUGRANDE / DRESSLER (1978) erstmals zusammengefassten und in der Linguistik als grundlegend geltenden sieben Kriterien der Textualität und übertragen sie auf die Kennzeichnung der Stadttextur. Dieses Analyseverfahren ermöglicht eine systematische Überprüfung der Art und Weise, wie Natur in der Stadt erscheint. In einem weiteren Analyseschritt wird über diese *intratextuelle* Ebene, also die internen Merkmale der Stadttextur, hinausgegangen. Es wird die *transtextuelle* Ebene untersucht, also die Einbettung von Naturmerkmalen in der Stadt in textübergreifende, gesellschaftliche Möglichkeitsbedingungen. Hier beziehen wir uns auf die Annahme, dass die textinternen Strukturen allein im Zusammenhang mit ihren diskursiven Vernetzungen, ihrer sogenannten *Diskursivität* (WARNKE 2000; 2002), erklärbar sind. Damit ist eine Bewertung und Einordnung der Symbolhaftigkeit von Natur im modernen suburbanen Städtebau möglich. Wir konzentrieren uns auf den Städtebau Nordamerikas, da hier aufgrund der stark privatisierten Stadtentwicklung viele Stadtteile auf dem Reißbrett entstanden sind; sie geben die Intentionen der Entwicklungsgesellschaften und soziale Wertvorstellungen in besonderem Maße wieder. Als Fallbeispiel wählen wir die *Master-Stadt* King Farm im Großraum Washington, DC, die als exemplarisch für zahlreiche neu entstehende Siedlungen in den USA gelten kann.

Ulrike GERHARD und Ingo H. WARNKE

2.2 Begriffsdimensionen

Eine interdisziplinäre Analyse der Natur im modernen Städtebau kommt nicht umhin, auf den begriffsgeschichtlichen Hintergrund von *Natur* einzugehen. *Natur* ist eine Bezeichnung, die mit vielfältigen normativen Konnotationen behaftet ist und somit auch nicht unumstritten Verwendung findet. Gerade wenn Natur in der Stadt als Symbol erscheint, sind damit unmittelbare Bezüge auf historisch bedingte Begriffsdimensionen verbunden. Sie lassen sich nicht allein aus den Positionen der Geographie ablesen, sondern beruhen auf gesellschaftlichen Bewertungen, auf die hier hinzuweisen ist.

Bei der Frage, was unter welchen Voraussetzungen als Natur bestimmt wird, erkennt man schnell, dass jeder Naturbegriff in Dichotomien realisiert wird (vgl. BRUNNER et al. 1978). Natur wird stets etwas gegenübergestellt, dem Nicht-Natürlichen, das zum Beispiel als Geist, Geschichte, Kunst, Sitte oder Gott formuliert ist. So kann Natur bei der Analyse von Stadttexturen als Gegenbegriff zur bebauten Fläche definiert werden, in der Nomenklatur der nordamerikanischen Städteplanung als *open space*, der seine Begrenzung im *closed space* der Bebauung findet. Damit ist jedoch noch nicht gesagt, welche Vorstellung von Natur und Natürlichkeit dieser *open space* repräsentiert. Die Differenzierung des Naturbegriffs, wie sie aus der Antike tradiert ist, unterscheidet zwischen *natura naturata* (geschaffene, existente Natur) und *natura naturans* (Natur als kreative Kraft). Beide Aspekte greifen bei der Analyse von Natur in Stadttexturen vielfach ineinander. Grünanlagen und Wasserläufe können zunächst als existente Natur verstanden werden, sofern jedoch der unbebaute Stadtraum intendiert und Ergebnis von Stadtplanungen ist, hat die erschaffene Natur die Funktion, gegenüber dem statischen bebauten Raum das Prinzip des Lebendigen zu symbolisieren. Natur erhält in der Stadttextur mithin einen symbolischen Mehrwert, sie ist nicht nur offener Raum gegenüber Architektur und Technik, sie ist auch und vor allem ein positiv bewerteter Assoziationsraum, zumindest in westlich geprägten Kulturen.

Dies ist zurückzuführen auf eine zunehmende Rationalisierung der Natur im Projekt einer *anatomia mundi,* bei der die natürliche Lebensumgebung im 18. Jahrhundert ihre Bedrohlichkeit verliert und zur Idylle stilisiert wird. Die Physis der konkreten Außenwelt wird zum Sinnbild der geordneten Lebenszusammenhänge. Dieser Assoziationsraum spielt auch in der Gegenwart noch eine große Rolle und wird in den *master-planned communities* in den USA weit ausgespielt. Gerade die Verdichtung der städtischen Strukturen in Nordamerika wird zur Voraussetzung einer konstruierten Idylle. Die landschaftsarchitektonisch kalkulierte Natur, die aus ökonomischen Interessen stets nur ein Minimum der Fläche einnimmt, soll ein Maximum an Wohlbefinden vermitteln. Damit schreibt die moderne nordamerikanische Stadt die bereits im 18. Jahrhundert formulierte Vorstellung von der Heilkraft der Natur fort.

2.3 Natur als geographisches Konzept

In der Geographie stellt Natur seit jeher ein zentrales Konzept dar. In der klassischen Geographie handelte es sich vornehmlich um Naturbeschreibungen, dabei aber sehr bald nicht mehr nur um wissenschaftlich-szientische Charakterisierungen der dinglich erfüllten Erdoberfläche, sondern um hermeneutisch-verstehende Herangehensweisen. HARD (2002, 71) bezeichnet diese als eine „Semiotik der Erdoberfläche". Bei der Weiterentwicklung des Forschungsparadigmas *Mensch-Natur* standen im Laufe des 20. Jahrhunderts regionale Aspekte zunehmend im Mittelpunkt der Untersuchungen, die erst durch das Aufkommen einer stärker raumwissenschaftlichen Perspektive sowie eines verhaltenswissenschaftliche Ansatzes wieder abgelöst wurden.

Das wichtigste Symbol der Erdnatur ist die Landschaft. Spätestens seit Ende des 19. Jahrhunderts ist *Landschaft* als zentrale Denk- und Sehfigur der deutschen Geographie präsent.[2] Allerdings ist auch dieser Begriff nicht unumstritten und eindeutig zu definieren, was sich in den 1960er Jahren in einem massiven Bedeutungsrückgang des Landschaftsbegriffs widerspiegelt, da hiermit eine romantisierende, verklärende Einstellung zur Umwelt verbunden sei. Erst in jüngerer Zeit wird wieder verstärkt von *Landschaft* gesprochen, indem sie neu formuliert und breiter gefasst wird (z. B. SCHENK 2002; SOYEZ 2003 sowie die Debatte in *Erdkunde* um den Aufsatz von FALTER / HASSE 2001).

Im Zusammenhang unserer Untersuchung ist von Bedeutung, dass die Naturlandschaft im Zuge der Industrialisierung und Urbanisierung immer stärker durch Kulturlandschaft ersetzt worden ist und dadurch ein besonderer Bereich von Natur in den Mittelpunkt des Interesses gerückt ist: die Natur in der Stadt bzw. die Stadtnatur. Allerdings ist auch hier der Begriff nicht eindeutig, da darunter verschiedene Formen von Natur verstanden werden können (z. B. Reste der Naturlandschaft oder urban-industrielle Natur). Somit können sehr unterschiedliche geographischen Herangehensweisen zum Gegenstand Stadt und Natur beobachtet werden.[3] Für die im Projekt angestrebte Identifizierung der Repräsentation von Natur in ihrer diskursiven Abhängigkeit konzentrieren wir uns auf die textgeographische Analyse einer exemplarischen Stadt.

3 Natur in der Zwischenstadt King Farm, Maryland

3.1 Setting

King Farm liegt entlang des stark expandierenden High Tech-Korridors I-270 im Großraum Washington, DC. Im Jahre 1997 wurde die bis dahin noch landwirtschaftlich genutzte Fläche des Farmers King von großen Entwicklungsgesellschaften aufgekauft und der Grundstein für die neue Stadt King Farm gelegt. Innerhalb von zehn Jahren soll sie komplett fertiggestellt sein und rund 3.200 Häuser und Wohnungen beherbergen. An die Vergangenheit erinnert dann nur noch die museal umgestaltete Farm, die als sogenannte *recreational farm* erhalten bleibt und den neuen Urbanisten die ländliche Vergangenheit in didaktisch ansprechender Weise vergegenwärtigen soll.

Die Vorstadt reiht sich ein in die Architekturbewegung des *New Urbanism*, der inzwischen bei vielen neuen Siedlungsprojekten in Nordamerika zu beobachten ist.[4] Allerdings sind dabei viele Kerngedanken der Idee verloren gegangen. Ein wesentlicher Bestandteil der Stadtgestaltung sind Grünanlagen, die – ähnlich wie die Häuser – bestimmte Stilelemente besitzen und einer Wertvorstellung von Natur entspringen, auf die nun anhand der Kriterien der Textualität nach BEAUGRANDE / DRESSLER (1978) eingegangen wird.

3.2 Textgeographische Analyse

Als erstes Kriterium der Textualität gilt die *Kohäsion*, die Anreihung verschiedener Komponenten des Textes, im Kontext der Stadttextur also die Kombination verschiedener Landschaftselemente. In King Farm ergeben sich auffällige Anreihungsrelationen. Die Straßen bilden ein kleinteiliges Muster mit kurzen Blöcken, aber unregelmäßigen Zügen, um eine gewisse Kleinstadtatmosphäre zu schaffen und die Geplantheit zu überspielen. Lediglich einige Zufahrtsstrassen, die mit Grünanlagen ausgestattet sind, durchbrechen diese Kleinteiligkeit, um eine autogerechte Nutzung zu ermöglichen. Auffällig ist, dass das sonst im suburbanen Raum übliche Straßenmuster von Sackgassen und Rundbögen hier nur in einem Bereich und dort auch nicht konsequent durchgeführt worden ist.

Naturelemente durchziehen die gesamte Siedlung. Bestimmte Elemente werden immer wieder aufgenommen, sind also rekurrent. Dazu gehören Parks, Gruppen von Bäumen, Wasser und Blumenrabatte. Größere Grünflächen befinden sich an den Rändern der Siedlung, an sie schließen meist die größeren Hausformen in lockerer Bebauung an, während die dichtere Bebauung mit Appartementhäusern in der Nähe des ‚Zentrums', also der Einzelhandelseinrichtungen sowie parallel zur stark befahrenen Frederick Road angesiedelt ist. Von diesen größeren Grünanlagen am Rand ziehen sich grüne Achsen in das Zentrum hinein. Sie lockern die Bebauung auf, stellen Sichtachsen und Verbindungs- aber auch Trennlinien dar. Auffällig sind mehrere kleinere Grünplätze mit Baumgruppen, die einen Platz oder Treffpunkt charakterisieren. Ein größerer Platz ist als Sportplatz ausgerichtet. Er ist von allen Straßenzügen des Viertels aus schnell erreichbar und auch einsehbar – ähnlich wie die Kirchplätze älterer Stadtgründungen in Europa. Das eigentliche Zentrum King Farms besteht aus einem großen Parkplatz, an den sich ein großer Supermarkt und ein paar kleinere Einzelhandels- und Dienstleistungseinrichtungen anreihen; hier gibt es – im Unterschied zur sonstigen Anlage – kaum Naturelemente. Die Siedlung hat somit kein hierarchisches Muster, sondern besteht aus einer kohäsiven Aneinanderreihung von Elementen der Stadttextur wie Einfamilienhäusern, Appartementgebäuden und Läden, durchzogen von Naturgrün; Natur ist dabei ein wichtiges Kohäsionsmittel.

Das Kriterium der *Kohärenz*, die Sinnkontinuität der Textkomponenten bzw. der semantische Zusammenhang der Stadttextur, stellt in der Master-Stadt King Farm das zentrale Element der Anlage dar. Um die Fülle der Bedeutungen zu lichten, greifen wir uns eine besondere Isotopie heraus, also eine Kette von Elementen mit partiell übereinstimmender Semantik. Eine solche stellt in King Farm der Zyklus *Wasser – Bach — Brücke – Wasserfall* dar. Zugrunde liegt hierbei das Leitmotiv des Wassers, das ein wichtiges Gestaltungsmittel der Gartenkunst ist und die Ikonographie der Landschaft King Farms wesentlich prägt. Es verkörpert die „lebendige Seele" (UERSCHELN / KALUSOK 2003, 264) des Gartens/der Stadt und übernimmt ein Motiv aus den Vorstellungen vom Paradies, in dem Wasser mit den vier Paradiesflüssen im Überfluss vorhanden war.

Die Bäche in King Farm vermitteln in erster Linie das Bild einer naturbelassenen, von Umweltverschmutzung und Trockenheit unberührten Landschaft, die ein angenehmes Wohnambiente schafft. Sie vermitteln Ruhe und Gelassenheit. Bedeutungstragend ist dabei auch das Bild der Brücke. In King Farm passt sich eine nahezu funktionslose Brücke in die kalkulierten Gefühle von Heimat, Begehbarkeit, Schönheit und Romantik nahtlos ein. Zwar überwindet sie einen Bach, dennoch wäre dies auch als Straße, wie an anderer Stelle auch, möglich. Wäre die Brücke rein funktional, wäre sie gerade und kurz. Hier aber ist sie ein gekrümmter hölzerner Steg, ein hübsches Bild, ein Blickfang in der Stadt.

Zur Komplettierung der Wasser-Kohärenz fehlt in King Farm nur noch der sonst obligatorische Wasserfall am Eingang der *master-planned community*. Gerade der Wasserfall nämlich greift das Thema von Naturbelassenheit auf. In seiner Art klein und beschaulich, deutet er ebenfalls Ruhe und Abgeschiedenheit von der Stadt an. Dabei ist er ein reines Simulacrum, er besitzt keinerlei Funktion, wie eine Brücke, die man zumindest überschreiten oder ein Baum, der Schatten spendet. Wasserfälle am Eingang von *master-planned communities* sind Attrappen, die jedoch von allen verstanden und mit nicht domestizierter Natur assoziiert werden, die Ausdruck der *natura naturans*, des Prinzips des Lebendigen ist.

Die *Intentionalität* eines Textes ist im Rahmen der textgeographischen Analyse mit den Absichten von Entwicklungsgesellschaften als Produzenten der Stadttextur identisch. Im Hinblick auf die Anlage von Naturelementen in King Farm steht die ökonomische Motivation außer Frage. Naturelemente werden eingeführt, um positive Assoziationen bei den potentiellen Käufern oder Bewohnern auszulösen. Dies muss nicht immer der Fall sein, wie das Konzept der Gartenstädte zeigt. Hier wird Natur mehr als nur symbolhaft verwendet, indem tatsächliche *open spaces* eröffnet werden, um Ausgleichsfunktionen zu schaffen.[5] Der Vergleich unterschiedlicher Stadttexturen zeigt, dass gerade das Merkmal der Intentionalität geeignet ist, den kalkulierten Wert, die inszenierte Bedeutung von städtischen Elementen, insbesondere auch der Natur, zu bestimmen. Mit Hilfe von Naturelementen verfolgen die *developers* in King Farm die Schaffung einer Kleinstadtatmosphäre im metropolitanen Raum Washington, DC. Jedoch wird dies nicht Ausdruck der Naturverbundenheit dieser Entwicklungsgesellschaften sein, sondern einzig die durch Marktforschung erhobenen Bedürfnisse zukünftiger Bewohner bedienen.

In der Linguistik bezeichnet man mit *Akzeptabilität* des Textes die Einstellung des Textrezipienten, einen kohärenten Text zu erwarten. Die oben angeführte ökonomische Intention der Produzenten von King Farm deckt sich jedoch nicht mit der Akzeptabilität der Bewohner, also ihren Einstellungen zur Stadt. Sie werden die Siedlung aufgrund der Naturelemente einfach nur schön finden. Die Natur beschert das Gefühl der Gepflegtheit und Geborgenheit – im Gegensatz zu den Gefahren der Großstadt. Es ist offensichtlich, wie die seit dem 18. Jahrhundert belegte Vorstellung von der Heilkraft der Natur hier perpetuiert wird. Dass die Bewohner keine *echte* Natur mehr erwarten, dass sie mit dem Simulacrum zufrieden sind, drückt hingegen eine neuere Einstellung aus. Die inszenierte Natur wird als Verbesserung des Originals akzeptiert, denn wilde Natur kann unangenehm und rau sein. Das Natursurrogat hingegen entspricht dem medial geprägten ästhetischen Empfinden der Bewohner.

Die *Informativität* eines Textes resultiert aus dem Verhältnis von bekannten und unbekannten Inhalten, in städtischen Gebilden also zum Beispiel die Tradiertheit der Landschaftsgestaltung. Für King Farm ist festzuhalten, dass die gesamte Anlage auf die Herstellung eines vertrauten Lebensumfelds durch ausgeprägte Kohärenz des bebauten und unbebauten Raums zielt. In dieses Konzept fügt sich die geringe Informativität der Naturelemente nahtlos ein. Sie sind zwar präsent, aber unauffällig und provozieren nicht zu verstärkter Aufmerksamkeit. Experimente mit ausgefallenen Formen der Landschaftsgestaltung werden vermieden. So wie der Baustil dem *Colonial Revival* verpflichtet ist, erfolgt die Gestaltung der Natur nach den Prinzipien des Englischen Landschaftsgartens des 18. Jahrhunderts. Der Grad an Informativität ist mithin nicht ausgeprägt, da unbekannte, exotische oder spektakuläre Natur vermieden wird.

Situationalität beschreibt die Faktoren, „welche einen Text für eine aktuelle oder rekonstruierbare Kommunikationssituation relevant machen" (BEAUGRANDE / DRESSLER 1978, 169). Sie besteht in King Farm vorrangig in der Abkehr von der modernen Welt. Natur und Land-

Ulrike GERHARD und Ingo H. WARNKE

schaft sind in King Farm eben Konstrukte, die insbesondere in der Abgrenzung zur Realität des städtischen Umfelds ihre Wirkung entfalten. Die aktuelle Landschaftssituation von King Farm ist geprägt durch den *commercial corridor*, mit seinen typischen Einrichtungen wie Schnellrestaurants, Autohäusern, Hotels etc. Insbesondere durch die Differenz zu diesen faktischen urbanen Texturen gewinnt das *Natürliche* von King Farm seine Bedeutung, es verweist auf die Rekonstruktion der ländlichen Situation vergangener Zeiten. Natur- und Gartengestaltung müssen aber nicht zwangsläufig retrospektiv und anheimelnd sein, wie etwa der postmoderne Garten in den Arbeiten von Martha Schwartz deutlich vorführt. Doch die Mittel der postmodernen Gartengestaltung würden in King Farm das gesamte Konzept sprengen. Während Schwartz „die virulente Künstlichkeit der gegenwärtigen Lebenswelt" (UERSCHELN / KALUSOK 2003, 229) durch Verwendung von Kunststoffen, farbigem Kies, künstlichen Blumen und grellen Skulpturen bewusst thematisiert, ist die Landschaftsgestaltung in King Farm bemüht, alle Anklänge an die gegenwärtige Situation des Lebensumfelds seiner Bewohner zu verdecken.

Die *Intertextualität* resultiert aus dem Verweis von Texten auf andere Texte, für King Farm interessiert insofern der Zitatcharakter der Stadt. Dass die Natur in King Farm vollkommen in der Rekonstruktion traditioneller Vorbilder aufgeht, wurde deutlich. Nun ist auch der postmoderne Garten durchaus zitathaft, er ist in höchstem Maße intertextuell durch die Adaption und Transformation bekannter Vorbilder aus verschiedensten Epochen und ihre willkürliche Mischung. Das Charakteristische der Naturgestaltung in King Farm ist jedoch die eindimensionale Erscheinung der Intertextualität, die im Vergleich zum postmodernen Garten geradezu monoton wirkt, für die Wirkung der Stadttextur jedoch funktioniert. Der Einklang von englischer Landschaftsgestaltung und *Colonial Revival* spielt gleichförmig auf ein Vorbild an: King Farm ist eine Absorption der frühen amerikanischen Kleinstadt des ausgehenden 18. Jahrhunderts in Verbindung mit der Landschaftsgestaltung von Herrensitzen wie Mt. Vernon u. a. Somit sind sowohl der postmoderne Garten als auch die Landschaftsgestaltung in King Farm intertextuell, der Unterschied besteht jedoch in der Funktion dieser Zitate: Die Summe von historisierenden Allusionen in der Postmoderne will eine ironische Distanz zu den Dingen provozieren, während der uniforme Rückgriff in King Farm eine unreflektierte Nähe zum Original beabsichtigt. Hier bewahrt die traditionelle Textualität nicht die Erinnerung an vergangene Zeiten der amerikanischen Geschichte, die historische Distanz zur Frühgeschichte des US-amerikanischen Staats wird geradezu aufgehoben. Die Zitate aus der Vergangenheit erinnern eben nicht an frühere Lebensformen, sondern bilden als intertextuelles Mosaik den Lebensraum des 21. Jahrhunderts; der Kontrast zum metropolitanen, urbanen Leben in Washington ist offensichtlich.

Die textgeographische Analyse von King Farm deckt in der Synthese zwei Topoi der Naturgestaltung auf. Auffällig ist die gefällige Integration von Naturelementen zur Herstellung einer ästhetischen Atmosphäre unter Verwendung etwa der Isotopiekette Wasser und der englischen Gartenarchitektur. Man kann hier von einem *Ländlichkeits-Topos* sprechen, also von einer Realisierung feststehender Bilder einer ländlichen Kulturlandschaft. Einen weiteren Topos erkennen wir im kleinteiligen Muster der Stadt, in der Infrastruktur King Farms, seiner nicht-hierarchischen Gesamtanlage und der deutlich markierten Abgrenzung zum *commercial ribbon* bzw. zu Washington, DC mit Hilfe von Naturelementen. Wir sprechen vom *Kleinstadt-Topos*, also der Umsetzung überlieferter Formen des kleinstädtischen Lebens in den metropolitanen Kontext.

3.3 Diskursbezug

Mit der intratextuellen Analyse werden bisher allein strukturelle Merkmale der Kleinstadt King Farm aufgedeckt. Kennzeichnend für die poststrukturalistische Untersuchung der Stadttextur ist die darüber hinausgehende Frage nach den Möglichkeitsbedingungen derartiger Stadtformationen, die sich auf ein achtes Kriterium der Textualität beziehen, auf die *Diskursivität*. Texte sind in poststrukturalistischer Perspektive keine Unikate, und so ist auch die Verwendung von Landschaft und Natur in King Farm nicht losgelöst von diskursiven Rahmenbedingungen zu sehen. Die für nordamerikanische Stadtentwicklungen typische Textur von King Farm ist unseres Erachtens im Zusammenhang zweier Diskurse zu sehen, die wir hier zur Diskussion stellen: *Antiurbanismus-Diskurs* und *Good Old America-Diskurs*.

Der *Antiurbanismus-Diskurs* ist alles andere als Ausdruck der Gegenwart oder Nordamerikas. In unterschiedlichen Lesarten erscheint er etwa als Agrarromantik, die bereits historisch verwurzelt ist, in jüngster Zeit in Europa auch in einer *neuen Lust auf ländliche Lebensart*, wie sie die deutsche Zeitschrift *Country* propagiert. Motiviert wird die Idealisierung des ländlichen Lebens in den USA durch die fraglos raue Realität der Großstädte, die durch soziale Segregation und steigende Armut gekennzeichnet ist. Dass diese Trends eine Begleiterscheinung nicht zuletzt der fortschreitenden Globalisierung sind, wird auch in der geographischen Diskussion um *Global Cities* aufgezeigt. Die Großstadt erscheint als Moloch, der diskursiv auch durch apokalyptische Darstellung in Filmen (z. B. *Blade Runner*) oder aber durch Meldungen in den Nachrichten wie etwa die Berichte von Straßenkämpfen in Los Angeles 1992 geprägt wird; die Stadt wird zu einer Festung, die durch eine *ecology of fear* genährt wird, wie Mike DAVIS (1998) in sehr drastischer Weise beschrieben hat. Der Wunsch nach Beständigkeit des antiurbanen Lebens wird dadurch umso größer, wobei die Lösung im Landleben zu liegen scheint.

Der *Good Old America-Diskurs* resultiert aus temporalen Faktoren, also der zeitlichen Bezugnahme eigener zu tradierten Lebensformen. Zahlreiche Beispiele ließen sich anführen für die Verklärung der Gründerjahre des US-amerikanischen Staates, für die Kommemoration des 18. Jahrhunderts; seien es die realen Bauwerke für Jefferson und Washington oder die Verehrung besonderer Dokumente wie der *Declaration of Independence* von 1776. Betont werden muss dabei das hohe Prestige materieller Symbole dieser Zeit, bei der das reale Objekt, die sinnlich wahrnehmbare Konkretisierung von Geschichte einen ungleich höheren Stellenwert als in der mitteleuropäischen Tradition genießt. Der Rückgriff auf traditionelle Formen der Naturgestaltung in King Farm, die kohärente Realisierung des *Colonial Revival* erklärt sich eben mit dieser materialisierten Fortwirkung des 18. Jahrhunderts. Es sind nicht nur Geschichten aus der Vergangenheit, es sind weniger Literatur und philosophische Ideen der Revolutionszeit als vielmehr die realen Objekte der Vergangenheit, die die kollektive Identität der amerikanischen Nation bestimmen. Der omnipräsente Rekurs auf das gute alte Amerika ist die Bedingung der Möglichkeit für eine massive Historisierung von Wohn- und Landschaftsformen in King Farm.

Somit liegen auch die begriffsgeschichtlichen Implikationen der beiden Diskurse zur Semantik der Natur auf der Hand. Natur und Urbanität werden eigentlich als Dichotomien, als Gegensätze empfunden, die aber in den künstlichen Naturwelten der neuen Städte ihre fiktive Versöhnung feiern.

Ulrike GERHARD und Ingo H. WARNKE

4 Natur als diskursives Zitat – Diskurslinguistik und Geographie

Mit der Übertragung von Textkriterien auf die Stadt und deren Einbindung in gesellschaftliche Diskurse haben wir Bedingungen und Formen der Bedeutungszuschreibung von Natur im gegenwärtigen Städtebau der USA gekennzeichnet. Dabei wird das vorgestellte dreistufige Verfahren auf intratextueller und transtextueller Ebene als geeignet angesehen, um über semiotische Analysen der *Stadt als Text* hinauszugehen. Bei der Fortführung der Forschungsarbeiten auf weitere Bereiche der Stadttextur, z. B. auf die Verwendung von naturverbundenen Begriffen, wird es notwendig sein, einzelne relevante Kriterien zu gewichten. Die dazu erforderlichen Methoden sind in Verbindung von Geographie und Sprachwissenschaft zu etablieren. Kategorien der Stadttextur erscheinen dabei nicht als statisch begrenzte Bedeutungsträger, sondern als Zeichen in Diskursen, die vielfältige Bedeutungen für den suburbanen Städtebau Nordamerikas besitzen.

[1] Siehe insbesondere die Publikationen von Jean-François Lyotard (1924-1998), Gilles Deleuze (*1925), Michel Foucault (1926-1984), Jacques Derrida (*1930) und Julia Kristeva (*1941).

[2] Damit sind beide Formen von Landschaft gemeint: Natur- und Kulturlandschaft (siehe z. B. SCHENK 2002).

[3] Zum einen wird ein *Nebeneinander* von Stadt und Natur vorausgesetzt und die Stadt als unnatürlicher Ort angesehen. Die *Human Ecology* der Chicagoer Schule überträgt biologische Grundregeln und Begriffe auf die Beziehungen zwischen den Menschen. Die *Urban Ecology* ist als ökologische Tradition zu verstehen, die auf die Restauration der *non-human nature* innerhalb von Städten abzielt (z. B. HINCHLIFFE 1999; BREUSTE 2001). Eine *neue Konzeption* der *Urban Ecology* versteht die städtische Ökologie als die Summe aller Beziehungen zwischen Mensch und Natur (Natur als soziales, aktives Gebilde, z. B. GANDY 2002; CRONON 1991; VASISHTH / SLOANE 2002). *Geographisch-semiotische* Analysen schließlich untersuchen die zeichenhafte Verwendung von Natur in der Stadt (z. B. HARD 1995).

[4] In unmittelbarer Nachbarschaft von King Farm liegt Kentlands, ein Vorzeigeprojekt des *New Urbanism*, das auch in Deutschland weithin bekannt ist.

[5] Nicht weit von King Farm entfernt existiert eine solche Gartenstadt, Greenbelt, die in den 1930er Jahren als Projekt des *New Deal* angelegt wurde und Resultat vollkommen anderer Intentionen ist als King Farm (GERHARD / WARNKE 2002).

Literatur

BEAUGRANDE, R. A. de / DRESSLER, W. (1978): Textlinguistik. – Darmstadt.
BREUSTE, J. (2001): Stadtlandschaft – ökologische Aspekte ihrer Entwicklung. – In: Berichte zur deutschen Landeskunde 75(2/3). – 283-292.
BRUNNER, O. et al. (Hrsg.): Historisches Lexikon zur politisch-sozialen Sprache in Deutschland, Bd. 4. Stichwort „Geschichtliche Grundbegriffe". – Stuttgart.
CRONON, W. (1991): Nature's Metropolis. – New York.
DAVIS, M. (1998): Ecology of Fear. Los Angeles and the Imagination of Disaster. – New York.
DRESSLER, W. (1972): Einführung in die Textlinguistik. – Tübingen.
FALTER, R. / HASSE, J. (2001): Landschaftshermeneutik und Naturhermeneutik – Zur Ästhetik erlebter und dargestellter Natur. – In: Erdkunde 55. – 121-137.
FOUCAULT, M. (1973): Archäologie des Wissens. – Frankfurt/Main.
GANDY, M. (2002): Concrete and Clay. Reworking Nature in New York City. – Cambridge/Mass.
GERHARD, U. / WARNKE, I. (2002): Semiotik des suburbanen Städtebaus in den USA. – In: Wolkenkuckucksheim 7(1). *http://www.theo.tu-cottbus.de/Wolke*
HARD, G. (1995): Spuren und Spurenleser. Zur Theorie und Ästhetik des Spurenlesens in der Vegetation und anderswo. (= Osnabrücker Studien zur Geographie, 16). – Osnabrück.

HARD, G. (1995): Spuren und Spurenleser. Zur Theorie und Ästhetik des Spurenlesens in der Vegetation und anderswo. (= Osnabrücker Studien zur Geographie, 16). – Osnabrück.
HARD, G. (2002): Die „Natur" der Geographen. – In: LUIG, U. / SCHULTZ, H.-D. (Hrsg.): Natur in der Moderne. Interdisziplinäre Ansichten. (= Berliner Geographische Arbeiten, 93). – Berlin. 67-86.
HINCHLIFFE, S. (1999): Cities and Natures: Intimate Strangers. – In: ALLEN, J. et al. (eds.): Unsettling Cities. – London. 137-174.
KRISTEVA, J. (1969): Sémeiotiké. Recherches pour une sémanalyse. – Paris.
LINDNER, R. (2003): Der Habitus der Stadt – ein kulturgeographischer Versuch. – In: Petermanns Geographische Mitteilungen 147(2). – 46-53.
SAHR, W.-D. (2003): Zeichen und RaumWELTEN – zur Geographie des Kulturellen. – In: Petermanns Geographische Mitteilungen 147(2). – 18-27.
SCHENK, W. (2002): „Landschaft" und „Kulturlandschaft" – „getönte" Leitbegriffe für aktuelle Konzepte geographischer Forschung und räumlicher Planung. – In: Petermanns Geographische Mitteilungen 146(6). – 6-13.
SOYEZ, D. (2003): Kulturlandschaftspflege: Wessen Kultur? Welche Landschaft? Was für eine Pflege? – In: Petermanns Geographische Mitteilungen 147(2). – 30-39.
UERSCHELN, G. / KALUSOK, M. (2003): Wörterbuch der europäischen Gartenkunst. – Stuttgart.
VASISHTH, A. / SLOANE, D. C. (2002): Returning to Ecology. An Ecosystem Approach to Understanding the City. – In: DEAR, M. J. (ed.): From Chicago to L.A. Making Sense of Urban Theory. – Thousand Oaks. 347-366.
WARNKE, I. (2000): Diskursivität und Intertextualität als Parameter sprachlichen Wandels. – In: WARNKE, I. (Hrsg.): Schnittstelle Text – Diskurs. Frankfurt/Main et al. 215-222.
WARNKE, I. (2002): Text adieu – Diskurs bienvenue? Über Sinn und Zweck einer poststrukturalistischen Entgrenzung des Textbegriffs. – In: FIX, U. et al. (Hrsg.): Brauchen wir einen neuen Textbegriff? Antworten auf eine Preisfrage. – Frankfurt/Main et al. 125-141.
WOOD, G. (2003): Die postmoderne Stadt: Neue Formen der Urbanität im Übergang vom zweiten ins dritte Jahrtausend. – In: GEBHARDT, H. / REUBER, P. / WOLKERSDORFER, G. (Hrsg.): Kulturgeographie. – Heidelberg. 131-148.

Klaus ZEHNER (Köln)

Zwischen Tradition und Innovation –
Die Sozialraumanalyse der Stadt in der Postmoderne

1 Einleitung

Soziale und sozialräumliche Polarisierungs- und Fragmentierungsprozesse zählen zweifellos zu den zentralen Gegenwartsproblemen unserer Großstädte. Unsichere Großwohnsiedlungen, in denen Jugendbanden ihr Unwesen treiben, Wohnheime für Asylbewerber, monotone Einfamilienhauswohngebiete am Stadtrand, Villengebiete, in denen bereits private Wachdienste patrouillieren und gentrifizierte gründerzeitliche Quartiere mit schicken Boutiquen, Bistros und Cafés spiegeln die fortgeschrittene soziale Zersplitterung der Städte deutlich wider. Erstaunlicherweise hat sich seit nahezu zwei Jahrzehnten die Sozialgeographie von quantitativen Untersuchungen der spannenden sozialräumlichen Entwicklung und Struktur von Großstädten weitgehend zurückgezogen, so dass die Einschätzung HELBRECHTs, die Sozialgeographie scheine nahezu paralysiert zu sein und harre „wie das Kaninchen vor der Schlange in nahezu unverrückbarer Bewegungslosigkeit" aus (1997, 3) in ganz besonderer Schärfe für die „social area analysis" zutrifft.

Somit stellt sich die Frage nach den Ursachen für das unübersehbare Auseinanderklaffen von notwendigem Forschungsbedarf auf der einen und mangelnden Forschungsaktivitäten auf der anderen Seite. Die Gliederung meines Vortrags ergibt sich aus einer Überprüfung der Elemente bzw. Komponenten, die für eine Sozialraumanalyse im Sinne der „social area analysis" erforderlich sind: Erstens den Variablen und den entsprechenden Daten, zweitens den Auswertungsmethoden und drittens den räumlichen Bezugssystemen. Anschließend wird am Beispiel von Köln die Relevanz der skizzierten Innovationen aus Sicht der angewandten Stadtforschung aufgezeigt und bewertet.

2 Variablen und Daten

Ein wesentlicher Grund für die nun schon zwei Jahrzehnte andauernde Krise der Sozialraumanalyse ist das Fehlen geeigneter Indikatoren zur Beschreibung sozialer Großgruppen. Längst reicht das traditionelle, zur Beschreibung der industriellen Schichtgesellschaft herangezogene Set von Variablen, das zumeist aus Volkszählungen abgeleitet wurde, für eine Analyse der Stadtgesellschaft im Zeitalter des Postfordismus nicht mehr aus (SCHIENER 2001, 67). Neben harten Variablen zur Beschreibung von Bildung, Beruf und Einkommen sind auch weiche Indikatoren gefragt, die Lebensbedingungen, Lebensweisen, Einstellungen, Wahrnehmungen und Verhaltensweisen widerspiegeln. Es sollte ein vorrangiges Ziel der sozialgeographischen Stadtforschung sein, die räumliche Verteilung mehrdimensional definierter sozialer Großgruppen im Stadtgebiet zu erfassen. Derartige Karten würden eine zentrale Grundlage für eine neue Sozialgeographie der Stadt bilden (HELBRECHT 1997, 4).

Die Forschungsrealität vermittelt jedoch ein anderes Bild. Variablen und Daten, die kulturell und sozial definierte Kategorien der Stadtbevölkerung valide beschreiben, wie etwa die

ALLBUS-Daten, liegen gegenwärtig nicht in hinreichender räumlicher Auflösung vor. Zudem ist unter den gegenwärtigen politischen und gesellschaftlichen Rahmenbedingungen keine neue Volkszählung zu erwarten, so dass mittelfristig keine Daten zur Beschreibung sogenannter Milieus bzw. Lebensstilgruppen zur Verfügung stehen werden (HERLYN 1998, 152).

Grund zur Resignation besteht trotz der skizzierten unbefriedigenden Ausgangssituation und scheinbar fehlenden Perspektive jedoch nicht, da sich mittlerweile das Spektrum nutzbarer Indikatoren keineswegs auf Fortschreibungen amtlicher Bevölkerungsdaten beschränkt. Vielmehr können durch neu definierte Bezüge zwischen Variablen signifikante Daten zur Beschreibung von Haushaltstypen rekonstruiert werden.

So sind die kommunalen Statistischen Ämter heute in der Lage, Daten über sogenannte Personenverbände, also Haushalte, Familien oder andere Lebensgemeinschaften aus Individualdaten abzuleiten. Beispielsweise lassen sich mit EDV-gestützten Aggregationsverfahren durch Abgleich von Adresse, Namen und Familienstand Familien nach Größe, Stellung im Lebenszyklus und Lebenslage typisieren und klassifizieren.

Mit dieser Methodik lassen sich etwa Mehrpersonenhaushalte ihrem Reifegrad entsprechend einer von folgenden fünf Gruppen zuordnen: In ihrer „Gründungsphase" befinden sich jüngere Haushalte ohne Kinder. Haushalte mit Kindern unter sechs Jahren werden in die „Expansionsphase" eingestuft, während Haushalte mit Kindern über sechs Jahren der „Konsolidierungsphase" zugerechnet werden. Familien mit erwachsenen Kindern dagegen befinden sich bereits in ihrer „Schrumpfungsphase". Haushalte, deren jüngstes Mitglied älter als 60 Jahre ist, werden als „Seniorenhaushalte" bezeichnet.

Ein anderer Ansatz besteht in der Einteilung von Haushalten nach Lebenslagen. Dieses Konzept sieht eine Gliederung in Einpersonenhaushalte, sogenannte „ganze Familien mit Kindern", Alleinerziehende und sonstige Haushaltsgemeinschaften vor. Zwar werden mit diesen Kategorisierungen keine Milieus in oben beschriebenem Sinne erfasst. Es werden jedoch Gruppen ausgegliedert, die durch spezifische Lebenssituationen geprägt werden.

Zudem können mittlerweile kleinräumig aufbereitete bzw. aufbereitbare Daten aus unterschiedlichen Quellen genutzt werden; das potentielle Indikatorenset zur Beschreibung städtischer Gesellschaft reicht heute weit über Fortschreibungen von Zensusdaten hinaus, da die Statistischen Ämter von einer Vielzahl städtischer und externer Behörden mit Daten versorgt werden. Sie sammeln, ordnen, standardisieren und verwalten personen- und raumbezogene Daten aus unterschiedlichen amtlichen, halbamtlichen und nicht-amtlichen Quellen.

Von besonderer Bedeutung sind Datenbanken, die von den Sozial- und Arbeitsämtern geliefert werden. Die adressscharf erfassten Daten über Personen, die Sozialhilfe beziehen oder arbeitslos gemeldet sind, lassen sich mit Hilfe Geographischer Informationssysteme für größere Raumeinheiten weiter zusammenfassen. Damit stehen etwa zum Thema „Armut" zeitlich und räumlich hochaufgelöste Daten zur Verfügung, die ab einem Aggregationsniveau oberhalb der Blockebene nicht mehr dem Datenschutz unterliegen.

Von großem Interesse sind auch Daten zum Thema „Pkw-Besitz". Sie können von den Kfz-Zulassungsstellen geliefert werden. Aus diesen Datenbeständen lassen sich kleinräumig Pkw-Neuzulassungen, die Verbreitung von Fahrzeugen bestimmter Marken, deren Ausstattungsmerkmale sowie das Fahrzeugalter aufbereiten. Mit Hilfe dieser Variablen können durchaus Schlüsse auf die Dominanz bzw. das Fehlen spezifischer Milieus in einem Stadtviertel gezogen werden.

Signifikante Daten kann auch die Polizei liefern. Die Kreispolizeibehörden halten raumbezogene Datenbanken nach Deliktarten vor, die sich prinzipiell für sozialräumliche Analysen nutzen lassen. Sie ermöglichen, dass das Thema „Sicherheit" in die Sozialraumanalyse der Großstadt einbezogen werden kann. Ein gutes Beispiel hierfür stellt eine am Max-Planck-Institut für ausländisches und internationales Strafrecht in Freiburg angefertigte kriminalgeographische Untersuchung zum Thema „Soziale Probleme und Jugenddelinquenz im sozialökologischen Kontext" dar. Im Rahmen dieser Untersuchung wurden auf der räumlichen Ebene von Stadtvierteln soziale und kulturelle Indikatoren mit dem Auftreten von Straftaten korreliert (vgl. OBERWITTLER 1998).

Eine immer größere Bedeutung kommt dem Markt derjenigen Geodaten zu, die von privaten Firmen aufbereitet und vertrieben werden. Zu den bekanntesten Anbietern zählen *Infas* und die *Gesellschaft für Konsumforschung* (GfK), die für kleinräumige Gebiete, zumeist fünfstellige Postleitzahlgebiete, beispielsweise Kaufkraftdaten liefern können. Für die Zwecke der Sozialraumanalyse sind derartige Daten jedoch nur bedingt geeignet, da sie in den meisten Fällen auf Schätzungen beruhen. Das größte Manko besteht jedoch darin, dass die Raumbezugssysteme der privaten Anbieter und der Behörden in der Regel voneinander abweichen und bei der parametrisierten Anpassung an das eine oder das andere Modell Unschärfen nicht zu vermeiden sind.

3 Auswertungsmethoden

Als zweite forschungshemmende Ursache lässt sich die *Auswertungsmethodik* identifizieren. Die Clusteranalyse als ein für Regionalisierungen und Raumtypisierungen zentrales Verfahren ist – um es in der Terminologie der Wirtschaftswissenschaftler auszudrücken – am Ende ihres „Lebenszyklus" angekommen. Das Ziel sozialräumlicher Analysen besteht heute nicht mehr darin, mittels multivariater Verfahren stark generalisierte Schemata oder Modelle der Stadtstruktur zu produzieren. Diese Arbeit wurde in der Tat längst geleistet und neue Erkenntnisse sind kaum zu erwarten. Viel wichtiger ist es dagegen, theoriegeleitet neue Dimensionen in die Sozialraumanalyse einzubringen. Hierzu zählen die Themen „Armut", „Reurbanisierung" und „Gentrifizifizierung". Zwar stehen gerade im Hinblick auf Gentrifizierung (noch) keine diesen Prozess präzise beschreibenden Variablen zur Verfügung. Doch lassen sich, wie im Rahmen dieses Beitrags noch gezeigt werden wird, durchaus durch Merkmalskombinationen Gebiete identifizieren, in denen mit hoher Wahrscheinlichkeit soziale Aufwertungsprozesse stattfinden bzw. stattgefunden haben. Allerdings erfordert die Identifizierung solcher Quartiere die Verwendung eines Raumbezugssystems, das enger geflochten ist als jenes der Stadtteile, das in der Vergangenheit üblicherweise die Grundlage sozialraumanalytischer Untersuchungen darstellte.

4 Raumbezugssysteme

Damit ist der dritte Aspekt sozialraumanalytischer Untersuchungen angesprochen. Die *Wahl des Raumbezugssystems* bestimmt maßgeblich das Ergebnis sozialräumlicher Analysen. Eine Durchsicht des diesbezüglichen Schrifttums verdeutlicht, dass in der Vergangenheit das Thema „Raumbezugssysteme" nur in den seltensten Fällen problematisiert wurde. Stattdessen wurden zur Gliederung des Stadtgebiets zumeist amtliche Stadtteile herangezogen, vermutlich weil für andere Raumeinheiten kaum Daten bereit gestellt werden konnten. Stadtteile jedoch sind zumeist Relikte historischer Einteilungen und Abgrenzungen städtischer Raumeinheiten. Insbesondere die außerhalb der Altstädte gelegenen Stadtteile haben sich jedoch in den letzten 150 Jahren erheblich weiterentwickelt und können heute sozial wie baulich durchaus unterschiedliche, mitunter sogar gegensätzliche Siedlungs- und Quartierstypen einschließen. Das klassische Fallbeispiel ist das einstige, am Stadtrand gelegene Dorf, das durch mehrere Suburbanisierungswellen überformt wurde und heute neben einem historischen Ortskern mehrere Ein- oder Zweifamilienhauswohngebiete und eine Großwohnsiedlung umfasst.

Ein weiteres Problem der Verwendung zu weitmaschiger Raumbezugssysteme besteht darin, dass Bearbeiter mitunter verleitet wurden, aus ihren lokalen Beispielen Analogmodelle, ja gelegentlich sogar taxonomische Modelle abzuleiten (vgl. REICHART 1999, 17f). Durch die flächenbezogene Kartierung von Hauptkomponenten- oder Leitvariablenwerten sowie die starke räumliche Aggregation entstanden Karten bzw. Kartogramme, die ein sektorartiges Muster unterschiedlicher Sozialräume widerspiegelten. Unbeachtet blieb dabei die Tatsache, dass vor allem die Siedlungsgebiete am Stadtrand in Wirklichkeit ein eher inselhaftes, denn flächenfüllendes Verteilungsmuster aufweisen und somit einige der von den Autoren als solche identifizierten Sektoren lediglich „Kunstprodukte" darstellen.

Aus diesen Defiziten ergibt sich die Forderung nach der Entwicklung eines kleinräumigeren Raumbezugssystems. Dieses sollte aus homogenen städtischen Teilräumen bestehen, die jeweils eine weitgehend einheitliche Architektur, Bevölkerungsstruktur und Entwicklungsdynamik aufweisen und sich möglichst klar von benachbarten Gebieten unterscheiden lassen. Wie aber lassen sich derartige Stadtviertel finden? In vielen Fällen scheint diese Frage leicht beantwortbar zu sein, da sich gründerzeitliche Werkskolonien, genossenschaftliche Siedlungen, Villengebiete und Großwohnsiedlungen in der Regel rasch als „Einheiten" identifizieren und auf einem Stadtplan abgrenzen lassen.

Nicht in allen Fällen jedoch lassen sich Grenzen von Stadtvierteln im Rahmen von Ortsbegehungen nachzeichnen oder als Ergebnis von Karteninterpretationen feststellen. Für komplexere Fälle sollte daher eine standardisierte, ubiquitär anwendbare Methode zur Verfügung stehen. Grundsätzlich bietet sich für derartige Aufgaben die Clusteranalyse an, die jedoch im Hinblick auf die Zielsetzung, Stadtviertel als Realobjekträume auszugliedern, modifiziert werden muss. Wie das geschehen könnte, wird im folgenden in Grundzügen skizziert.

Prinzipiell erfolgt die Rekonstruktion von Stadtvierteln, indem kleinere Einheiten, Baublöcke oder – dies ist allerdings mit einem erheblichen Mehraufwand verbunden – Baublockseiten sukzessive agglomeriert werden. Die übliche Vorgehensweise besteht darin, solche Baublöcke schrittweise zusammenzufassen, die ähnliche physische bzw. im Hinblick auf ihre Bewohner soziale, demographische und ethnische Merkmale aufweisen. Bei einer derartig schematischen Vorgehensweise bleibt jedoch die räumliche Struktur der Stadt völlig unberücksichtigt. Raumwiderstände, etwa baublocktrennende Verkehrsleitlinien (z. B. Strassen, Bahndämme) oder „sperrige" Infrastruktureinrichtungen (z. B. Kasernengelände, Güterbahnhöfe, Industriebetriebe, Konversionsflächen), die ja nicht nur physische Widerstände, sondern in vielen Fällen auch Wahrnehmungsbarrieren unterschiedlicher Durchlässigkeit bilden, finden keine Beachtung. Da sie jedoch in entscheidender Weise Wahrnehmungs-, Aktions- und

Klaus ZEHNER

Lebensräume von Stadtbewohnern determinieren, müssen sie bei der Rekonstruktion von Stadtvierteln mitberücksichtigt werden.

Die entscheidende Frage lautet nun, wie dieses Postulat operationalisiert, d. h. in ein standardisiertes Verfahren überführt werden kann. Da die inneren Widerstände zwischen den zu agglomerierenden Baublöcken in den Gruppierungsprozess einzuarbeiten sind, muss eine sogenannte *Distanzmatrix* entwickelt werden. Sie enthält die Widerstandsmaße, welche die Qualität der Raumbeziehungen zwischen Blöcken beschreiben.

Eine entscheidende, gleichwohl zunächst offene Frage ist die nach der Höhe der Widerstandswerte, die in Abhängigkeit von der Durchlässigkeit einer Barriere eingesetzt werden können. Eine Trennlinie der höchsten Widerstandskategorie stellt beispielsweise ein Bahndamm dar, der nicht nur als Sichtbarriere wirkt, sondern, mit Ausnahme von Unterführungen, unüberwindbar ist. Als Beispiel für ein Raumelement ohne Widerstand könnte man sich dagegen einen Marktplatz vorstellen, der sogar eher ein Ort der Bindung ist denn trennenden Charakter hat. Wie aber steht es um die Widerstandswerte der sonstigen Straßen? Eine Möglichkeit, sie zu messen, bestünde darin, Verkehrsaufkommen (Pkw/h), Verkehrsgeschwindigkeiten (Tempozonen), Straßenbreiten und Zahl der einer Strasse zuzuordnenden Verkehrsarten (Bürgersteige, Radfahrwege, Autospuren, Straßenbahngleise) heranzuziehen. Der Vorteil dieser Vorgehensweise wäre, dass auf entsprechende Daten, die in den Verkehrsämtern der Großstädte bereits vorliegen, vergleichsweise problemlos zurückgegriffen werden könnte.

Schließlich ist drittens die räumliche Entfernung der Baublöcke einzubeziehen. Angestrebt wird ja die Identifizierung von zusammenhängenden Einheiten. Vor dem Hintergrund dieser Zielsetzung ist es sinnvoll, dass bei der Clusterung jeweils zwei benachbarte Baublöcke vor zwei entfernter liegenden Blöcken zusammengefasst werden, selbst wenn ihre sonstige Ähnlichkeit geringer ausfällt als im Falle der zwei entfernteren Blöcke. Würde die räumliche Nähe unberücksichtigt bleiben, hätte dies zur Folge, dass räumlich disjunkte Cluster von Baublockgruppen entstehen könnten. Die räumlichen Entfernungen zwischen je zwei Blöcken, die approximativ über die Euklidische Distanz der Blockzentroide gemessen werden, können in einer *Abstandsmatrix* angeordnet und dargestellt werden.

Diese drei Matrizen, Eigenschafts-, Widerstands- und Abstandsmatrix, werden nun additiv zu einer neuen Distanzmatrix zusammengefasst. Durch den Matrizen jeweils vorgeschaltete Koeffizienten kann der Bearbeiter individuell festlegen, welche Bedeutung er den drei Aspekten „Eigenschaften", „Widerstände" und „Entfernung" beimisst. Formalisiert bedeutet dies, dass die Gleichung

$$D_{i,j} = \alpha_0 (a_{ij}) + \alpha_1 (b_{ij}) + \alpha_2 (c_{ij})$$

(1<...i,j...< n) (n: Zahl der Blöcke)
mit α_r (r=0,1,2) und
(a_{ij}): Eigenschaftsmatrix
(b_{ij}): Widerstandsmatrix
(c_{ij}): Abstandsmatrix

eine neue Distanzmatrix beschreibt, auf deren Grundlage eine um wesentliche Aspekte erweiterte Clusteranalyse durchgeführt werden kann. Auf diese Weise können Stadtteile, deren innere Gliederung nicht klar erkennbar ist, mit einem objektiven, standardisierten Verfahren in

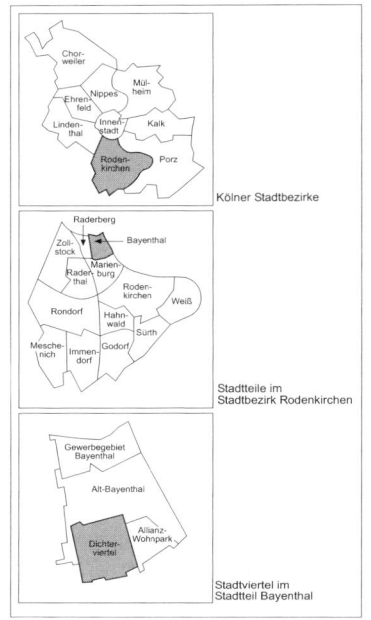

Abb. 1: Hierarchie administrativer Raumstrukturen in Köln

Kölner Stadtbezirke

Stadtteile im Stadtbezirk Rodenkirchen

Stadtviertel im Stadtteil Bayenthal

kleinere Einheiten, die fortan als *Stadtviertel* bezeichnet werden, weiter untergliedert werden (Abb. 1).

Die beiden folgenden Kölner Beispiele zeigen, in welcher Weise die dargestellten Innovationen zu einer Modernisierung der Sozialraumanalyse beitragen können. Dabei steht – im Gegensatz zu den älteren Arbeiten – nicht die Modellbildung im Vordergrund, sondern eine problemorientierte Aufdeckung von Stadträumen, die durch spezifische Entwicklungen wie Armut (Beispiel 1) oder Gentrification (Beispiel 2) gekennzeichnet sind. Als räumliche Grundlage der Untersuchungen wurde ein System von 360 Stadtvierteln gewählt, das unter Berücksichtigung der oben beschriebenen Methode vom Statistischen Amt der Stadt Köln in Zusammenarbeit mit dem Verfasser dieses Beitrags entwickelt wurde.

5 Was leisten kleinräumige Raumbezugssysteme in der Praxis?

Das erste Beispiel thematisiert eine Strategie zur Identifizierung sozialer Brennpunkte. Kenntnisse über die Lage sozial benachteiligter Quartiere bilden eine wesentliche Voraussetzung zur Steuerung der Wohnungsmarktpolitik. Weiß man, wo sich soziale Problemlagen räumlich konzentrieren, kann etwa eine weitere Zuweisung von Asylbewerbern und anderen sozial benachteiligten Bedarfsgemeinschaften gestoppt werden.

Als ein Indikator zur Beschreibung von Armut bietet sich die Zahl der Empfänger von Sozialhilfe an (ZIMMERMANN 2000, 40). Entsprechende Zahlen für die 360 Stadtviertel konnten von der Stadt Köln für den Zeitraum von 1995 bis 1999 in Halbjahresabständen zur Verfügung gestellt werden (vgl. Tab. 1).

Auf der Grundlage dieser Daten, die bis vor wenigen Jahren unterhalb der Ebene von Arbeitsamtsbezirken nicht verfügbar waren, konnte die räumliche Verbreitung von Armut für unterschiedliche Zeitpunkte beschrieben werden. Im nächsten Schritt wurden mit Hilfe einer standardisierten Abfrage in einem GIS solche Viertel selektiert, die zu Beginn des Untersuchungszeitraums 1995 schon eine über dem Mittel von 6,16% liegende Sozialhilfequote aufwiesen und seitdem eine Zunahme der Sozialhilfeempfänger hinnehmen mussten, die über der für die gesamte Stadt zu verzeichnenden Zunahme lag.

Zur Bestimmung der viertelsbezogenen Entwicklung von Armut wurde der *Lokalisationsquotient* berechnet, ein in der Regionalanalyse bewährter Indikator zur Beschreibung örtlicher Entwicklungsbesonderheiten. Er stellt die lokale Entwicklung der Zahl von Sozialhilfeempfängern der gesamtstädtischen Entwicklung gegenüber. Werte über 1 kennzeichnen bei einem allgemeinen Anstieg der Sozialhilfeempfänger eine über dem städtischen Durchschnitt liegende Zunahme, Werte unter 1 dagegen eine unter dem Mittel liegende Zunahme, eine Stagnation oder eine Abnahme.

Klaus ZEHNER

	1995	1999
Zahl der Viertel	306	305
Mittelwert	6,16	6,76
Standardabweichung	6,44	6,74
Minimalwert	0,10	0,12
Maximalwert	54,03	48,75
Viertel mit Sozialhilfequote über 10%	45	57

Tab. 1: Sozialhilfeindikatoren Kölner Stadtviertel: ein Vergleich zwischen 1995 und 1999. (Anmerkung: Stichtag war jeweils der 31.12. Berücksichtigt wurden jene Viertel, deren Bevölkerungszahl an beiden Stichtagen größer als 100 war; Berechnung: K. Zehner 2003; Datenquelle: Amt für Stadtentwicklung und Statistik der Stadt Köln [unveröff.])

Das Ergebnis ist eindeutig: In allen Fällen sind es die Stadtviertel und nicht die größeren Stadtteile, die sich als gefährdete und problematische Stadträume identifizieren lassen. Allerdings kann nicht ausgeschlossen werden, dass ein noch kleinräumigeres Raumbezugssystem soziale Brennpunkte noch trennschärfer isoliert hätte. Da jedoch das Raumbezugssystem der Viertel das genaueste ist, für das sensible Daten überhaupt zur Verfügung gestellt werden, liefert es die bestmöglichen Ergebnisse.

6 Welche Forschungsperspektiven eröffnen neue Variable? Das Beispiel „Gentrification"

Das zweite Beispiel greift den Prozess der bereits angesprochenen *Gentrification* auf. Unter „Gentrification" oder „Gentrifizierung" wird der Austausch einer statusniedrigeren Bevölkerung durch eine statushöhere Bevölkerung verstanden. Dieser Vorgang wurde auf gesamtstädtischer Ebene nur selten untersucht (FRIEDRICHS 1996, 14). Ein wesentlicher Grund hierfür war eben das Fehlen harter Daten, die notwendig sind, um Gentrification auf hinreichend großer Maßstabsebene valide zu beschreiben.

Durch die Konstruktion neuer haushaltbezogener Variablen lässt sich dieses Hemmnis beseitigen. Die entscheidende Innovation besteht darin, dass sich mit Hilfe kreativer Definitionen auf der räumlichen Ebene von Haushalten theoriegeleitet Personen zu Personengruppen, d. h. Haushalten in spezifischen Lebenslagen (siehe oben), zusammenfassen lassen. Diese auf der Individualebene erfolgte Typisierung, die selbstverständlich dem Datenschutz unterliegt und daher nur von den Mitarbeitern Statistischer Ämter durchgeführt werden kann, lässt sich wiederum auf höhere, stärker aggregierte Ebenen, etwa der Ebene der Stadtviertel projizieren, wo der Datenschutz nicht mehr greift.

Den theoretischen Ausgangspunkt für das Finden gentrifizierter Wohngebiete liefert das Modell des *Invasions-Sukzessionszyklus*, das von zwei nacheinander in ein Stadtviertel eindringenden Gruppen ausgeht, den *Pionieren* und den *Gentrifiern*.

Der Transformationsprozess wird von den Pionieren eingeleitet. Diese Gruppe setzt sich aus Personen alternativer Milieus, zum Beispiel aus Künstlern, Schriftstellern oder Musikern, zusammen. Sie beginnen unter hohem persönlichen Einsatz und mit großer Risikobereitschaft, ältere, mitunter heruntergekommene Gebäude zu modernisieren. Dieser zeitliche Abschnitt wird als Experimentierphase bezeichnet. In der darauf folgenden Expansionsphase kommt es verstärkt zum Zuzug einkommensstärkerer Haushalte. Die Mitglieder dieser Haushalte werden als Gentrifier bezeichnet. Hat ihr Anteil einen gewissen Schwellenwert überschritten, setzt ein verstärkter Fortzug hauptsächlich der alteingesessenen Bevölkerung, aber auch der Pioniere aus dem Viertel ein. Die Gruppe der Gentrifier wird in hohem Maße durch Segmente urbaner Eliten bestimmt. Ihnen kommt das Wohnen in Innenstadtnähe entgegen, da sie den städtischen Raum als Bühne zur Selbstdarstellung und als Ort demonstrativer Präsentation von Konsum schätzen (ZEHNER 2001, 146).

Gentrification spielt sich vor allem in gründerzeitlichen Quartieren ab, die in der Regel über einen hohen Altbaubestand verfügen. Zudem geht sie in der Regel mit der Umwandlung von Mietwohnungen in Eigentumswohnungen einher. Daher produziert eine Datenbankabfrage in einem GIS nach Gebieten mit überdurchschnittlich hohem Altbaubestand, einem geringen Anteil an Sozialhilfeempfängern, einer hohen Umwandlungsquote von Sozialwohnungen in frei finanzierte Wohnungen sowie einem hohen Anteil an jungen Einpersonenhaushalten sowie kinderlosen Zweipersonenhaushalten eine Selektion solcher Gebiete, in denen mit großer Wahrscheinlichkeit Gentrification stattgefunden hat.

7 Fazit

Die Ausgangsthese dieses Vortrags war, dass zwischen Forschungsbedarf und Forschungsaktivitäten im Hinblick auf sozialräumliche Untersuchungen von Großstädten eine beträchtliche Lücke klafft. Diese kann jedoch geschlossen werden. Obwohl derzeit eine am Konzept der Lebensstilgruppen orientierte Kulturraumanalyse noch in weiter Ferne zu liegen scheint, gibt es Ansätze, die eine inhaltliche wie methodische Weiterentwicklung der Sozialraumanalyse lohnend erscheinen lassen. Verbesserungen sind sowohl durch die Verfügbarkeit neuer Variable und Daten als auch durch kleinräumigere Raumbezugssysteme zu erwarten. Es wäre wünschenswert, wenn die sich hieraus ergebenden Chancen sowohl von Forschung als auch von Behörden in Zukunft erkannt und genutzt würden.

Literatur

FRIEDRICHS, J. (1996): Gentrification: Forschungsstand und methodologische Probleme. – In: FRIEDRICHS, J. / KESKES, R. (Hrsg.): Gentrification. Theorie und Forschungsergebnisse. – Opladen. 13-40.
HELBRECHT, I. (1997): Stadt und Lebensstil. Von der Sozialraumanalyse zur Kulturraumanalyse? – In: Die Erde 128. – 3-16.
HERLYN, U. (1998): Milieus. – In: HÄUSSERMANN, H. (Hrsg.): Großstadt. Soziologische Stichworte. – Opladen. 151-160.
OBERWITTLER, D. (1999): Sozialökologisch orientierte Analyse der Jugenddelinquenz und ihrer sozialstrukturellen Korrelate im urbanen Raum. (= Arbeitspapiere aus dem Projekt „Soziale Probleme und Jugenddelinquenz im sozialökologischen Kontext" des Max-Planck-Instituts für ausländisches und internationales Strafrecht Freiburg, Nr. 2). – Freiburg. http://iuscrim.mpg.de/de/info/adresse.html
REICHART, T. (1999): Bausteine der Wirtschaftsgeographie. Eine Einführung. – Berlin, Stuttgart, Wien.
SCHIENER, J. (2001): Sozialstruktureller Wandel, Armut und sozialräumliche Segregation. Eine Rekonstruktion aus der Perspektive der Sozialstrukturanalyse. – In: ROGGENTHIN, H. (Hrsg.): Stadt – der Lebensraum der Zukunft. Gegenwärtige raumbezogene Prozesse in Verdichtungsräumen der Erde. (= Mainzer Kontaktstudium Geographie, 7). – Mainz. 67-78.
ZEHNER, K. (2001): Stadtgeographie. – Gotha.
ZIMMERMANN, G. E. (2000): Armut. – In: SCHÄFERS, B. / ZAPF, W. (Hrsg.): Handwörterbuch zur Gesellschaft Deutschlands. – Opladen. 36-52.

Heinz FASSMANN (Wien) und Carmella PFAFFENBACH (München)

Leitthema C3 – Bevölkerungsdynamik, Migration und Segregationsprozesse

Die vier Referate der Leitthemensitzung C3 „Bevölkerungsdynamik, Migration und Segregationsprozesse" befassen sich in unterschiedlicher Intensität mit einem oder mehreren der im Titel angesprochenen Phänomenen. Sie führen in die grundsätzliche Problematik der demographischen Entwicklung in nicht urbane und manchmal auch periphere Räume ein und sie machen auf die notwendige Differenziertheit der Gebirgswelten dieser Erde aufmerksam. Gerade in Europa denkt man nach Zuruf des Stichworts „Gebirgswelt" sehr rasch und fast ausschließlich an die Alpen und übersieht dabei die Realitäten in anderen Kontinenten.

Die Beiträge präsentieren die Ergebnisse von empirischen Forschungsarbeiten, die die Referenten und Referentinnen selbst oder im Team mit anderen durchgeführt haben. Die Forschungsarbeiten beziehen sich sachlich auf Themen wie Gated Communities, innerstädtische Segregation und zentralörtliche Differenzierung, auf Arbeitsmarktsegmentierung und auf den Einfluss demographischer Analysen auf die nationale und internationale Regionalpolitik. Räumlich sind die Arbeiten auf den schweizerischen und österreichischen Alpenanteil, auf das Libanon-Gebirge im Hinterland von Beirut und auf den pakistanischen Teil des Karakorums bezogen. Gemeinsam ist den Vorträgen die Darstellung von Segregationsprozessen in räumlicher und sozialer Hinsicht als Folge selektiver Wanderungen, denn die Segmentierung des Arbeitsmarkts kann inhaltlich und begrifflich ebenso als Segregationsprozess verstanden werden wie die Herausbildung von Gated Communities.

Die vier Vorträge belegen eindrucksvoll die große Bandbreite demographischer und – damit zusammenhängend – sozialer Entwicklungsprozesse in den Bergwelten. Sie mahnen zur Differenzierung und zur Vorsicht bei Verallgemeinerungen. Bergwelten sind weder ausschließliche strukturschwache Abwanderungsgebiete noch Wachstumsregionen, weder ausschließlich Rückzugsräume ethnischer Minderheitengruppen noch Zuzugsregionen von sozial privilegierten Gruppen, sondern sie können alle diese Regionstypen zugleich darstellen. Unterschiedliche demographische Prozesse treten gleichzeitig und an Orten auf, die nur durch geringe Distanzen voneinander getrennt sind. Diese kleinteilige Kammerung ist kennzeichnend für die Differenzierung demographischer Prozesse in Bergwelten und bei geographisch gehaltvollen Analysen zu beachten.

Die Vorträge zeigen aber auch, dass die Migration aus den Gebirgen heraus nicht als eine Einbahnstraße zu verstehen ist, auf der die junge Generation die peripheren Regionen verlässt, in denen ihr das Leben und die möglichen Lebensstile nicht mehr zeitgemäß und akzeptabel erscheinen. Abwanderungstendenzen müssen nicht solange anhalten, bis das Gebirge nahezu menschenleer geworden ist und der Prozess etwas Endgültiges bekommen hat, sondern es kann unter anderen Kontexten zu einem späteren Zeitpunkt oder auch zeitlich parallel zu einer (Re-)Migration in die Gebirgsräume kommen. Da es strukturelle Unterschiede zwischen den Abwanderern und den Zuwanderern geben kann, werden demographische und soziale Strukturunterschiede neu produziert. Ebenso wie Konflikte die Ursache von Abwanderung sein können, können Konflikte auch in der Folge von Zuwanderung entstehen. All dies legt allerdings auch den Schluss nahe, dass es sich dabei keineswegs um Strukturen und Prozesse handelt, die exklusiv den Gebirgswelten zugeschrieben werden können, sondern diese Phänomene können in allen Peripherräumen angetroffen werden, ob sie nun montan sind oder nicht.

Die vier Referenten und Referentinnen behandeln folgende Fragestellungen:

- Georg Glasze referiert über Gated Communities im Libanon der Nachbürgerkriegszeit, wo Versorgungskrisen und Konflikte zu einer selektiven Abwanderung der sozialen Mittel- und Oberschichten aus Beirut führten und auch aktuell noch führen. Viele Abwanderer suchen die Geborgenheit und Versorgungssicherheit der Gated Communities in den Bergen des Stadtumlands und lassen die Unannehmlichkeiten des städtischen Lebens hinter sich. Georg Glasze geht den Motiven und damit der Frage nach, ob die Entstehung der bewachten Wohnkomplexe als Ausdruck des Rückzugs sozialer Eliten interpretiert werden kann oder als neues Phänomen einer zunehmend pluralen, liberalen und offenen libanesischen Gesellschaft. Beide Erklärungsansätze sind mit einem spezifischen ideologischen Bild ausgestattet (ideologies of the mountain versus ideologies of the city), die diskutiert werden.

- Katrin Schneeberger berichtet über die Zuwanderung und die Beschäftigung ausländischer Arbeitskräfte in Gstaad und Luzern als Folge der touristischen Inwertsetzung der Alpen. Der Tourismus in den Alpen bringt Kapital, führt aber auch zu einer verstärkten Nachfrage nach Arbeitskräften, die nur durch Zuwanderung von ausländischen Arbeitskräften oder durch Beschäftigung von Asylbewerbern gedeckt werden kann. Katrin Schneeberger analysiert in ihrem Vortrag neue Segregationsprozesse auf dem Arbeitsmarkt und entwirft ein neues Modell der ethnischen Differenzierung.

- Andreas Dittmann legt den Fokus seines Beitrags auf den Zusammenhang zwischen Migration auf der einen Seite und Stadt- und Zentrenentwicklung auf der anderen Seite. Im Mittelpunkt steht Gilgit, eine Stadt in Pakistan, die aufgrund der Fertigstellung des Karakorum-Highways ein ökonomisches und urbanes Wachstum durch Zuwanderung aus dem ländlichen Karakorum erfährt. Eine ethnisch heterogene Migration setzt ein, die die Stadtentwicklung und die Struktur des Geschäftszentrums oder Bazars der Stadt erheblich beeinflusst.

- Karin Vorauer stellt nicht Segregationsprozesse in den Vordergrund, sondern die grundsätzliche Frage nach dem Zusammenhang zwischen Demographie und Regionalpolitik. Am Beispiel der österreichischen Alpen belegt sie nicht nur die Differenziertheit der demographischen Prozesse, sondern sie zeigt auch, dass Probleme wie Entsiedelung, Abwanderung oder Alterung bei der Formulierung politischer Maßnahmen eine Rolle spielen, bei der konkreten politischen Umsetzung aber dann abhanden kommen.

Georg GLASZE (Mainz)

Die „ideologies of the mountain" im Libanon: gestern nationalistischer Gründungsmythos und heute Hintergrund neuer Segregationsformen?

1 „Leave the discomfort of the city": Bewachte Wohnkomplexe im Libanon als Ausdruck einer neuen „ideology of the mountains"?

„Leave the discomfort of the city" – mit diesem und vergleichbaren Slogans werden im Libanon neue, privat verwaltete und bewachte Siedlungen und Apartmentanlagen angepriesen. Der libanesische Politikwissenschaftler Michael YOUNG (1995) kritisierte die Entstehung dieser „gated communities" *à la libanaise* in einem kurzen Essay. Er bezog sich dabei auf den britischen Historiker libanesischer Herkunft Albert Hourani. Dieser hatte 1976 in einem viel beachteten Rückblick auf die Diskurse, die über Geschichtlichkeit und Geographie des Staates Libanon und damit letztlich über die nationale Identität geführt werden, ein Gegensatzpaar identifiziert: Als „ideologies of the mountain" bezeichnet er die Denkweisen, die den Libanon als Zufluchtsort und Heimat autonomer, geschlossener konfessioneller Gemeinschaften sehen und als „ideologies of the city" die Denkweisen, die den Libanon als Brücke und Kreuzungspunkt und damit als Ort einer pluralen, „multikulturellen" und offenen Gesellschaft beschreiben. Diese Unterscheidung griff Michael Young auf. Nach seiner Meinung werden die neuen bewachten Siedlungen und Apartmentanlagen als neue geschlossene Gemeinschafen außerhalb der Städte konzipiert. Er beurteilt die bewachten Wohnkomplexe daher als Ausdruck einer neuen Form der „ideologies of the mountain".

In meinem Beitrag werde ich der Frage nachgehen, wie tragfähig diese Erklärung ist. Zum besseren Verständnis der Unterscheidung von Hourani stelle ich zunächst die Rolle von Geschichtsschreibung und Geographie im Prozess des libanesischen „nation building" dar und identifiziere die „ideologies of the mountain" als Teil der Gründungsmythen des Staates Libanon. Im zweiten Abschnitt geht es dann um die zeitgenössische Entwicklung bewachter Wohnkomplexe im Libanon. Dabei zeigt sich, dass die Interpretation von Young verworfen werden muss und die bewachten Wohnkomplexe paradoxerweise als Folge der „ideologies of the city" beschrieben werden können.

2 Geographie und Geschichte im Prozeß des „nation building": die „ideologies of the mountain" als nationalistische Ideologien

Der Staat Libanon ist jung. Er wurde nach dem Zerfall des Osmanischen Reichs 1920 von der Mandatsmacht Frankreich als *„Grand Liban"* proklamiert. Die Frage der Geschichtlichkeit, der Identität und letztlich der Legitimation einer libanesischen Nation sowie ihres Territoriums ist seitdem umstritten. Das Spektrum reicht von Autoren, die dem Libanon eine Kontinuität von den phönizischen Städten in der Antike zusprechen, bis zu Autoren, die den Libanon als künstliches Konstrukt beurteilen – ohne jegliche historische Legitimation.

Mythen und Lebensalltag in Gebirgsräumen

Dieser Konflikt verdeutlicht, dass Geschichte (und Geographie) auf unterschiedliche Weise und immer wieder verschieden interpretiert und damit neu geschrieben wird. Der Versuch, die *eine* universell richtige Geschichte (und Geographie) des Libanon darzustellen, wäre daher vermessen. Festzuhalten ist allerdings, dass es weder in den 400 Jahren vor der Etablierung des „*Grand Liban*" im Jahr 1920 noch im Mittelalter oder in der Antike eine territoriale Einheit gegeben hat, die auch nur annähernd die Grenzen des heutigen Libanon vorgezeichnet hätte. Erst 1861, nach Auseinandersetzungen zwischen muslimischen Drusen und christlichen Maroniten im Libanongebirge, etablierte das Osmanische Reich auf Drängen einiger europäischer Mächte einen autonomen Distrikt mit einer maronitisch-christlichen Bevölkerungsmehrheit (vgl. PICARD 1996; HAVEMANN 2002). Einige Institutionen des Staates Libanon lassen sich auf die Verwaltung des Distrikts „Libanongebirge" zurückführen.

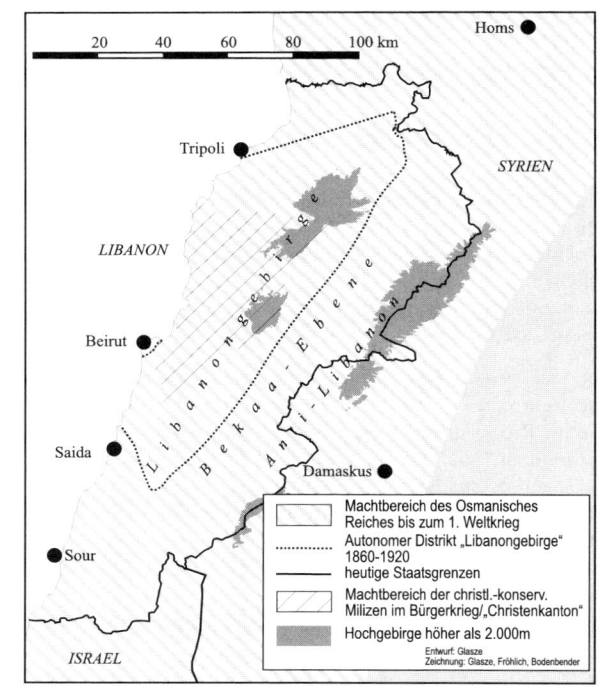

Abb. 1: Osmanisches Reich im Nahen Osten, autonomer Distrikt „Libanon-Gebirge" und heutige Grenzen des Staates Libanon

Im Nahen Osten stand die Herausbildung von Nationalstaaten nach dem I. Weltkrieg unter anderen Vorzeichen als in Europa. Im Zarenreich, in Österreich-Ungarn sowie im Osten des Deutschen Kaiserreichs hatten sich bereits im 19. Jahrhundert nationalistische Bewegungen gebildet, die nach dem I. Weltkrieg ihre Interessen artikulierten und die schließlich die Institutionen neuer Nationalstaaten wie der Tschechoslowakei oder der drei baltischen Staaten etablierten (GELLNER 1983). Im Nahen Osten scheiterte eine nationalistische, panarabische Bewegung hingegen an partikularistischen Interessen tribaler bzw. konfessioneller Gruppen sowie vor allem am Widerstand der Siegermächte Frankreich und Großbritannien, die ihre Interessen in der Region sichern wollten und daher einen großen arabischen Nationalstaat ablehnten. Die Bewohner der unter der Ägide der Mandatsmächte proklamierten Staaten im Nahen Osten wie Syrien oder Jordanien identifizierten sich daher zumindest zunächst kaum mit „ihrer" neuen Nationalität (SALIBI 1988). Eine Ausnahme stellt die Etablierung des Libanon dar. Hier gab es eine nationalistische Bewegung, den Libanismus, die den Libanon als Staat etablieren wollte.

Wie ANDERSON (1983) beschrieben hat, sind Nationen „imagined communities": Eine kollektive nationale Identität in den großen und heterogenen nationalen Gesellschaften kann sich nicht über persönliche Beziehungen herausbilden, sondern nur als imaginierte, vorgestellte

Georg GLASZE

Gemeinschaft. Nationale Identität ist daher auf Symbole und Embleme zur Selbstdarstellung angewiesen – man denke beispielsweise an die Nationalhymnen oder Nationalfarben. Darüber hinaus ist die Entstehung der Nationalstaaten eng mit der Herausbildung einer nationalistischen bzw. später eben nationalen Geschichtsschreibung und Geographie verbunden. Auf Basis der nationalistischen und nationalen Geschichtsschreibung erhalten die Individuen der neuen nationalen Gesellschaften die Gewissheit, dass sie nicht Teil einer modernen Konstruktion sind, sondern genau das Gegenteil: Sie sind Teil einer tief in der Geschichte verwurzelten, quasi natürlichen Gemeinschaft (HOBSBAWM 1983, 14). Mit der Herausbildung einer nationalen Geographie werden die enge – quasi natürliche – Beziehung einer spezifischen Gruppe mit ihrem spezifischen Stück Land hervorgehoben (GRUFFUD 1999, 201) und vielfach die „natürlichen Grenzen" des Territoriums definiert.

Die libanistische Nationalbewegung sah sich allerdings einer großen, sozusagen „inneren" Opposition gegenüber. Viele Jahrzehnte hinweg war die libanesische Gesellschaft gespalten zwischen Anhängern des Libanon als eigenständigem Staat und Anhängern arabistischer Positionen, die eine Integration des Gebiets in einen größeren arabischen Staat forderten. Das mag der Grund dafür sein, warum innerhalb der libanistischen Nationalbewegung besonders komplexe Ideologien etabliert wurden, welche den neuen Staat zu legitimieren suchen. Innerhalb dieser Denkgebäude differenziert Hourani die „ideologies of the mountain" und die „ideologies of the city".

Als „Bergideologien" beschreibt HOURANI (1976, 36) die Vorstellung einer geschlossenen, selbständigen und autarken Gemeinschaft, die sich in den Bergen des Libanon gegen Übergriffe der muslimischen Führer aus den Städten und Ebenen schützt. Eine Selbstbeschreibung, die sich bereits in der Geschichtsschreibung des maronitischen Patriarchen Istifan Duwaihi im 17. Jahrhundert und danach bei einer Vielzahl von Autoren findet. Seit Mitte des 19. Jahrhunderts versuchten verschiedene überwiegend französische und christlich-libanesische Autoren die „Bergideologien" wissenschaftlich zu untermauern. Dabei lassen sich eine ethnische und eine geodeterministische Argumentationsweise unterscheiden.

- Mehrere Autoren beschreiben die Maroniten Mitte des 19. Jahrhunderts beispielsweise nicht nur als eigenständige Konfessionsgruppe, sondern auch als ethnisch eigenständige Gruppe, die nicht arabisch sei, sondern von dem Volk der „Mardaiten" abstamme – einem mysteriösen kämpferischen Bergvolk, das in den ältesten islamischen Schriften der Region erwähnt wird (vgl. BEYDOUN 1984; HAVEMANN 2002).
- Der belgische Jesuit Henri Lammens, der als Orientalist an der frankophonen *Université St. Joseph* in Beirut arbeitete, leitet die besondere gesellschaftliche Situation und Eigenständigkeit des Libanon aus der physischen Geographie ab: Das Libanongebirge sei „schon immer" ein Refugium für die verfolgten Minderheiten der Region gewesen („*l'asile du Liban*") (1921, zitiert nach SALIBI 1988).[1]

In unterschiedlichen Kombinationen wurden diese Argumente Grundlage der Idee einer eigenständigen territorialen Einheit Libanon. Der Libanon wurde dabei als angestammte Heimat der Maroniten, als Heimstätte der Christen im Nahen Osten insgesamt oder als Zuflucht für verfolgte Minderheiten der Region konzipiert.

Nach dem I. Weltkrieg war es insbesondere die Führung der Maronitischen Kirche, welche die Schaffung eines eigenständigen Staates forderte. Der Patriarch der Maronitischen Kirche forderte auf der Friedenskonferenz in Paris, dass der Libanon wieder in seiner „historischen Größe" hergestellt würde (zitiert nach ZAMIR 1985, 269ff). Mit der Proklamation des „*Grand Liban*" kam die französische Führung dieser Forderung vollständig nach – wenn auch mit Bedenken (ZAMIR 1985, 38ff). Der 1920 geschaffene Libanon umfasste nicht nur das überwiegend von Maroniten und Drusen bewohnte Libanongebirge, sondern auch die großen Küstenstädte der Levante Beirut, Tripoli, Saida und Sour mit einer sunnitisch-muslimischen Bevölkerungsmehrheit, die Bekaa-Ebene mit einer schiitischen Bevölkerungsmehrheit sowie die Hügelländer im Süden und Norden des Libanongebirges – ebenfalls mit einer muslimischen Bevölkerungsmehrheit (vgl. Abb. 1). Fast die Hälfte der Bürger des neuen Staates waren Muslime und die sunnitischen Muslime die zweitgrößte Konfessionsgruppe im Staat. Die Idee des Libanon als Heimat der Maroniten oder der Christen im Nahen Osten war daher nicht geeignet, einen großen Teil der neuen Libanesen für die erhaltene Nationalität zu gewinnen. Insbesondere die sunnitischen Muslime in den Küstenstädten konnten die explizit anti-sunnitischen Bergideologien nicht als Legitimation des neuen Staates akzeptieren.

In den Küstenstädten, vor allem in Beirut, hatten sich allerdings zu Beginn des 20. Jahrhunderts politische Konzepte entwickelt, die Hourani als „ideology of the cities" bezeichnet und welche die politische Entwicklung im Libanon nach 1920 dominieren sollten. Beirut war seit dem Ende des 19. Jahrhunderts zu einem bedeutenden Handelsplatz an der Levante geworden und hatte seine Einwohnerzahl von 1850 bis 1900 mehr als verdreifacht (FAWAZ 1983). In Kreisen der wirtschaftlich erfolgreichen Beiruter Geschäftsleute entstanden die Ideen des Libanon als „Brücke" und „Kreuzungspunkt" zwischen den Kulturen: eines Orts, wo man sich trifft, um Geschäfte zu machen.

Wichtigste Theoretiker der „ideologies of the city" waren die sogenannten Neo-Phönizier, eine Gruppe von französisch ausgebildeten, überwiegend christlichen Intellektuellen, die dem neuen Staat Libanon historische und geografische Legitimation verleihen wollten, indem sie die nationale Identität und das Territorium als Erbe oder Wiedergeburt des antiken Phönizien beschrieben. Der einflussreichste „Neo-Phönizier" ist der aus einer griechisch-orthodoxen Familie stammende Beiruter Bankier Michel Chiha. Auch Chiha leitete seine Ideen von der physischen Geographie des Libanon ab: Am Kreuzungspunkt dreier Kontinente gelegen, sei der Libanon ein Schmelztiegel von Rassen, Ethnien und Konfessionen. Die Lage am Mittelmeer mache die Libanesen zu einem Volk von Händlern – genau wie ihre „Vorfahren", die Phönizier. Aus der geographischen Lage und dem Mangel an Rostoffen ergebe sich auch zwingend das passende Wirtschaftssystem: eine liberale Rentenökonomie, die in erster Linie vom internationalen Zwischenhandel und von eingeführten Devisen profitieren soll. Das Gebirge gibt in der Konzeption Chihas die soziopolitische Struktur vor: So wie der freie Handel seinen Ursprung in den Küstenstädten habe, so habe die Freiheit des Glaubens und der Weltanschauung ihren Ursprung im Gebirge (vgl. CHIHA 1949). Chiha begründete auf diese Weise den konfessionalistischen Staatsaufbau, wie ihn dann die libanesische Verfassung vorsieht und wie er bis heute Bestand hat: Politischer Einfluss, Posten in der Verwaltung und staatliche Ressourcen im Libanon werden entlang eines Proporzschlüssels zwischen den Konfessionsgruppen aufgeteilt. Die Rolle des Staates beschränkt sich in dieser Konzeption auf ein Minimum.

Die Ideen eines wirtschaftsliberalen Libanon als Kreuzungspunkt der Kulturen waren eher als die Bergideologien geeignet, eine Basis für die nationale Identität der Bewohner des neuen großen Libanon mit seiner multikonfessionellen Gesellschaft zu bieten. Die von Hourani als

Georg GLASZE

"Stadtideologien" bezeichneten Ideen konnten somit ab den 1920er Jahren zur Basis eines Kompromisses zwischen den sunnitischen und den maronitischen Eliten werden und 1943 mit dem ungeschriebenen nationalen Pakt, der die konfessionelle Machtbalance zwischen Muslimen und Christen regelt, zum Fundament der unabhängigen Republik Libanon.

Das auf den Ideen Chihas basierende Wirtschaftskonzept erwies sich als Erfolg: Beirut konnte nach dem II. Weltkrieg seine Stellung als wichtigster Handels- und Bankenplatz im arabischen Nahen Osten ausbauen und profitierte vom Zustrom von Fluchtkapital aus den dirigistisch regierten arabischen Nachbarländern sowie von den sogenannten Petrodollars aus den ölfördernden arabischen Staaten (OWEN 1976; TRABULSI 2000). Wie von den Neo-Phöniziern vorgesehen, etablierte sich der Libanon zudem zur wichtigsten Tourismusdestination im Nahen Osten – insbesondere wohlhabende Araber aus den Erdölförderstaaten trugen dazu bei, dass der Anteil des Tourismus am BIP in den 1970er Jahren mehr als 20% erreichte (GLASZE 1999).

Der wirtschaftliche Erfolg des Chiha'schen Modells stand allerdings auf einem brüchigen gesellschaftlich-politischen Fundament: Zum ersten sprach weiterhin eine großer Teil der muslimischen Bevölkerung dem Libanon die Legitimation ab und forderte die Integration des Landes in einen größeren oder gar panarabischen Staat. Zum zweiten wurden die sozialen Disparitäten zwischen Zentrum und Peripherie, zwischen Arm und Reich in dem wirtschaftsliberalen Laissez-faire-Regime nicht beseitigt, sondern eher vergrößert. Der 16jährige Bürgerkrieg von 1975 bis 1991, dessen verschiedene Auseinandersetzungen sich aus einer Gemengelage dieser beiden Konflikte mit den internationalen Spannungen im Nahen Ostens speisten, verdeutlichte die Unzulänglichkeiten des gesellschafts-politischen und ökonomischen Modells Libanon, wie es die Gruppe um Chiha konzipiert hatte (HANF 1990).

Die territoriale Einheit des Libanon zerbrach 1975 in die Einflusssphären verschiedener Milizen. Ein Teil der Führung der christlich-konservativ ausgerichteten *Forces Libanaises*, die über lange Jahre den sogenannten "Christenkanton" kontrollierten und dort parastaatliche Strukturen etablierten, betrachtete den Nationalpakt und das Modell des *"Grand Liban"* als gescheitert an und propagierte eine Neukonzeption des Landes als lose Föderation zwischen konfessionell dominierten Territorien – letztlich also eine Realisierung der alten Idee eines kleinen Libanon als Heimat der Maroniten. Zur Legitimation ihres Programms griffen sie in ihren Publikationen auf die Bergideologien zurück (vgl. Abb. 2). Letztlich konnte sich das Konzept eines kleinen, christlichen Libanon aber nicht durchsetzen.

Abb. 2: Werbematerial der christlich-konservativen Miliz "Forces Libanaises" im Bürgerkrieg: "Die Retter des wahren Libanon kommen aus den Bergen." (Quelle: *www.lebanese-forces.org*, Zugriff am 15.07.2003)

Basis der Nachkriegsordnung unter syrischer Ägide wurde ein nur wenig modifizierter Nationalpakt. Wichtigster Politiker der Nachkriegsjahre wurde Rafiq Hariri – er bekleidet seit 1992

mit nur einer kurzen Unterbrechung das Amt des Ministerpräsidenten. Die Politik des Bauunternehmers und Multimillionärs konzentriert sich auf die (Re-)Etablierung des Libanon als wirtschaftsliberalem Steuerparadies, den Zufluss ausländischen Kapitals und den Ausbau von Beirut zu einem globalen Finanz- und Handelszentrum. Sie ordnet sich damit nahtlos in die wirtschaftsliberale Agenda der Vorkriegszeit ein und könnte aus der Feder der Neo-Phönizier stammen.

3 Die Entstehung bewachter Wohnkomplexe seit den 1990er Jahren als Manifestation einer neuen „ideology of the mountain"?

Im ersten Jahrzehnt nach dem Krieg, von 1991 bis 2001, wurden alleine im Umland von Beirut mehr als 20 neue privat verwaltete und bewachte Wohnkomplexe errichtet – weitere Projekte entstanden im Umland der anderen größeren Städte. Dabei lassen sich bewachte Apartmentanlagen (vgl. Abb. 3) und bewachte Siedlungen mit überwiegend freistehenden Einfamilienhäusern unterscheiden.

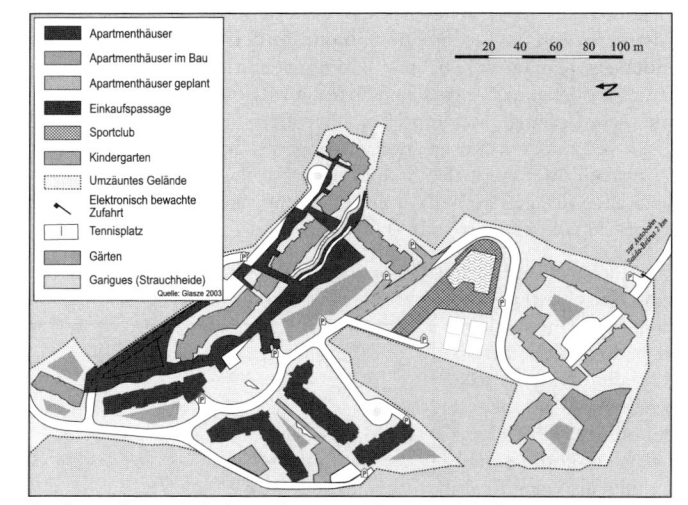

Abb. 3: Kondominium „Doha Hills" oberhalb von Beirut

Die Verbreitung privat verwalteter und bewachter Wohnanlagen ist seit den 1990er Jahren zunächst in den USA und seit wenigen Jahren fast weltweit in den Fokus von Stadtforschung und Medien geraten. In den bewachten Wohnkomplexen scheinen sich Prozesse einer als „postmodern" bezeichneten Stadtentwicklung zu kristallisieren (vgl. GLASZE 2003, 17ff): In den Toren und Zäunen der bewachten Wohnkomplexe manifestiere sich danach beispielsweise das Ende der „offenen Stadt". Zugleich wird befürchtet, dass diese Wohnform die Grundlagen des gesellschaftlichen Zusammenhalts untergrabe, da die Tore und Zäune soziale Beziehungen kappten.

Ähnliche Sorgen äußert der libanesische Politologe Michael Young, wenn er mit Blick auf die Verbreitung bewachter Wohnkomplexe feststellt, dass die Stadt für die Besserverdienenden zu etwas Unerwünschtem geworden sei – der Wunsch nach geschlossenen Gemeinschaften dominiere. In den bewachten Wohnanlagen sieht er die Manifestation einer neuen, „perverted ideology of the mountain".

Wenn man zunächst die Argumente und Bilder analysiert, mit denen für die bewachten Wohnanlagen geworben wird, so zeigt sich, dass anti-urbane Images tatsächlich ein zentrales Element des Marketings sind (GLASZE 2003, 167f): Fast durchweg beschreiben die Texte und Bilder die Umgebung der Wohnkomplexe als grün und unbesiedelt. Regelmäßig wird explizit auf die Höhenlage verwiesen: die Grundlage des „clear climate" und des „blue sky and blowing cool breeze". Die grüne Umgebung steht für ein „natürliches" und damit gesundes und erfülltes Leben: „Get healthy and benefit from a real paradise". Damit werden die bewachten Wohnkomplexe von der Stadt als Ort von „pollution", „noise" und „crowdedness" abgehoben. Gleichzeitig wird auf die eigenständige Energie- und Wasserversorgung hingewiesen und die Komplexe als „self-sufficient" und „self-sustained" beschrieben. In der Broschüre für eine große bewachte Siedlung wird grundsätzlich die Zukunft der Stadt in Frage gestellt, „the city has failed to meet our need for a clean, well organized environment", und die Leser werden aufgefordert, Konsequenzen zu ziehen: „Leave the discomfort of the city and create a new life for you and your family!"

Klar skizziert die Werbung das sozioökonomische Milieu der Wohnkomplexe: Photos der zukünftigen Bewohner zeigen zumeist westlich-europäisch anmutende, junge und fröhliche Menschen bei der Freizeitgestaltung. Eine Broschüre verspricht: „Sophisticated people will live together in a friendlier and safer environment", und ein Komplex will „homes for tomorrow's society, a more homogeneous society with a certain educational level" bieten.

Auch wenn man untersucht, wer tatsächlich in den bewachten Wohnkomplex wohnt, so findet man Young bestätigt: Es sind vor allem Haushalte der gut verdienenden Mittelschicht aus den Städten sowie international erfahrene und gut ausgebildete Libanesen, die nach dem Krieg aus dem Ausland in ihr Heimatland zurückkehrten.

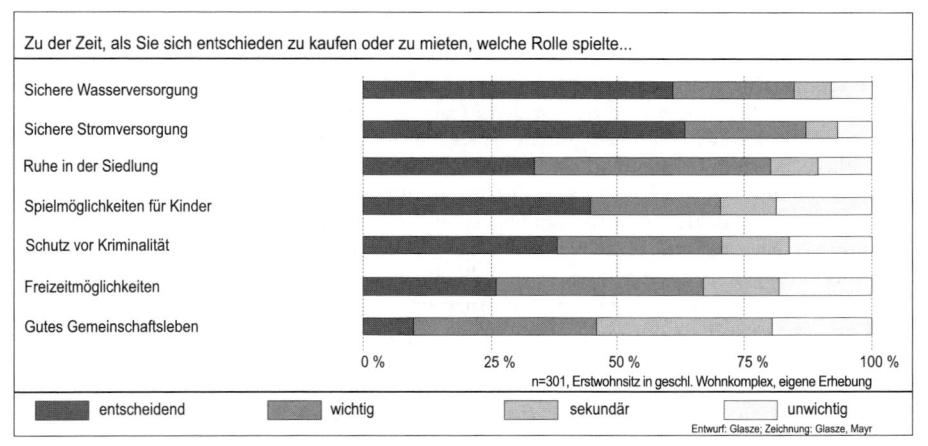

Abb. 4: Zuzugsmotivation

Die Auswertung der standardisiert erhobenen Zuzugsmotivationen (Abb. 4) zeigt, dass die Bewohner einen „ruhigen" und „sauberen" Ort gesucht haben, der eine sichere Versorgung mit Wasser und Strom sowie Spielmöglichkeiten für Kinder bietet – eine Enklave des Wohlbefindens. Ein libanesisches Paar, das nach seiner Rückkehr aus Frankreich in ein neues Kondominium oberhalb von Beirut gezogen ist, beschreibt seine Motivation folgendermaßen:

> „Hier haben wir ein bisschen Grün, wo die Kinder normal leben können, nicht in einem engen Viertel mit viel zu vielen Menschen [...], das mag ich nicht. Ich wollte Platz – für die Kinder. Also haben wir uns für einen Komplex entschieden, weil wir uns gesagt haben, das wird einen gewissen Status haben, und es wird viele Aktivitäten für unsere Kinder geben, einen *country club* usw."

Das heißt, die bewachten Wohnkomplexe im Libanon sind eine neue Form der Segregation für überdurchschnittlich gut verdienende und gut ausgebildete Haushalte. Tatsächlich werden sowohl die Vermarktung als auch die Zuzugsmotivation in hohem Maße von implizit oder explizit anti-urbanen Argumenten geprägt. Die Berge stehen dabei für ein grünes, unberührtes und gesundes Wohnumfeld.

Dennoch ist die von Young gewählte Metapher einer neuen Bergideologie erstens unhistorisch und greift zweitens zu kurz:

- Unhistorisch ist der von Young gewählte Vergleich, da sich die antiurbanen Images, welche die Vermarktung der bewachten Wohnkomplexe kennzeichnen, nicht von den nationalistischen Bergideologien im Sinne von Hourani herleiten lassen. Diese waren und sind ja in hohem Maße konfessionell konnotiert – beispielsweise „das Gebirge als Heimat der Maroniten". Der Zuzug in die bewachten Wohnkomplexe ist nicht in höherem Maße konfessionell konnotiert als andere Wohnortentscheidungen im Libanon – die Anteile der unterschiedlichen Konfessionsgruppen in den Komplexen entspricht jeweils dem Verhältnis in den benachbarten Siedlungen.
- Zu kurz greift das von Young gewählte Bild, weil es die Entstehung der Komplexe alleine mit der Nachfrage und der Vermarktung erklärt. Ein Erklärungsansatz, der sich auf die Vermarktung der Wohnkomplexe und die Präferenzen von Nachfragern stützt, begründet die Entstehung bewachter Wohnkomplexe banal und letztlich unzutreffend als Konsequenz des persönlichen Geschmacks.

Die rasche Verbreitung bewachter Wohnkomplexe im Libanon lässt sich meines Erachtens nur dann verstehen, wenn man das für den Libanon spezifische Muster der segmentär strukturierten Interaktionen zwischen Akteuren des Angebots, den Akteuren der Nachfrage und staatlichen Akteuren betrachtet. Das Ideal staatlicher Akteure, welche die Konstruktion von Gemeinwohlinteressen in öffentlichen Diskursen initiieren und moderieren sowie schließlich deren Umsetzung anstreben, wird vom libanesischen Staat nicht erfüllt. Staatliche Akteure im Libanon verfügen nicht über eine gewisse Autonomie gegenüber den partikularen Interessen einzelner Gruppen. Ministerposten, *de facto* alle Stellen in der Verwaltung, werden nach konfessionellem Proporz besetzt. Die meisten Angestellten im öffentlichen Dienst verdanken ihren Posten einer konfessionell bestimmten Bevorzugung durch einen Patron, dem sie folglich klientelistisch verbunden bleiben. Der Staat ist ein Werkzeug, mit dem Partikularinteressen durchgesetzt oder zumindest verteidigt werden. Staatliche Auflagen finden daher kaum Akzeptanz als legitime Implementierung von Gemeinwohlinteressen, werden als illegitime Ausnutzung der klientelistischen Strukturen durch Akteure eines anderen „Segments" interpretiert und beschränken sich letztlich aufs *Laissez-faire*. Ideen einer langfristig angelegten Sicherung und Schaffung öffentlicher Güter scheitern zwangsläufig. Das Konzept autarker, bewachter Wohnkomplexe stieß und stößt in einem solchen Umfeld auf „fruchtbaren Boden" – dazu zwei Beispiele:

- Der libanesische Staat sicherte (und sichert) auch nach dem Krieg keine zuverlässige Versorgung mit öffentlichen Gütern wie beispielsweise Naherholungsmöglichkeiten, eine gesicherte Ver- und Entsorgung oder gute Umweltbedingungen. Viele Familien misstrauen der Leistungsfähigkeit des Staates. Die Wahl einer

Wohnung in einem bewachten Wohnkomplex ist daher der Weg, um individuell eine gute Versorgung mit öffentlichen Gütern privatwirtschaftlich zu sichern.
- Die privaten Investitionen auf dem Immobilienmarkt werden kaum gesteuert. Die geltende Gesetzeslage und vor allem die Praxis der öffentlichen Stadtplanung ermöglichen *de facto* die Bebauung jedes Grundstücks und machen so die Etablierung autarker Wohnkomplexe in peripheren Lagen und damit auf vergleichsweise preiswerten Grundstücken für die Bauherren zu einer ökonomisch sinnvollen Option.

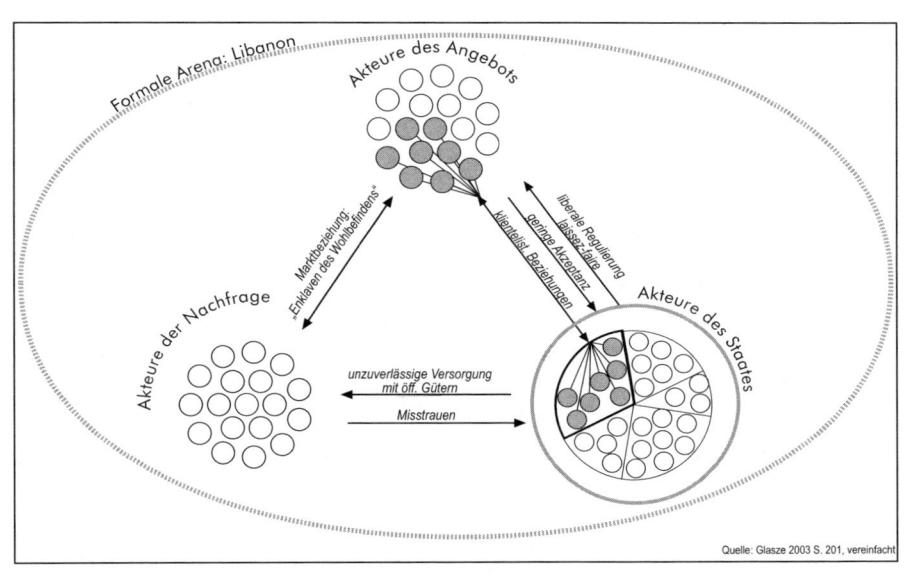

Abb. 5: Segmentäres *governance*-Muster im Libanon

4 Fazit: Segmentierter Staat und fragmentierte Stadt

Die Verbreitung bewachter Wohnkomplexe im Libanon, die Fragmentierung der Städte, ist Konsequenz der segmentären Organisation des Staates und der damit verbundenen wirtschaftsliberalen Ausrichtung der politischen Agenda – so wie das von den Neo-Phöniziern konzipiert worden war. Wenn Young daher etwas vereinfacht ausgedrückt für ein mehr an „Stadtideologie" plädiert, dann übersieht er, dass die Stadtideologien nicht nur die Grundlage des kulturell vielfältigen Libanon waren, sondern auch Grundlage des segmentären Staatsaufbaus und der ultraliberalen Wirtschaftspolitik. Nimmt man die Unterscheidung von Hourani als Grundlage, dann können die bewachten Wohnkomplexe im Libanon paradoxerweise als eine Konsequenz der „ideologies of the city" interpretiert werden.

[1] Durch historische und archäologische Untersuchungen im 20. Jahrhundert wurden sowohl die These einer Abstammung der Maroniten von den Mardaiten als auch die Refugiumsthese entkräftet (vgl. HAVEMANN 2002) – nichtsdestotrotz finden sich diese Argumente bis heute in politischen Auseinandersetzungen.

Literatur

ANDERSON, B. (1983): Imagined Communities. Reflections on the Origin and Spread of Nationalism. – London.
BEYDOUN, A. (1984): Identité confessionelle et temps social chez les historiens libanais contemporains. – Beirut.
CHIHA, M. (1949): Liban d'aujourd'hui (1942). – Beirut.
FAWAZ, L. (1983): Merchants and Migrants in Nineteenth Century Beirut. – Cambridge.
GELLNER, E. (1983): Nations and Nationalism. – Oxford.
GLASZE, G. (1999): Vom Touristenziel ersten Ranges ins Abseits? Entwicklung des Tourismus im Libanon. – In: Beiruter Blätter 6/7. – 84-95.
GLASZE, G. (2003): Die fragmentierte Stadt. Ursachen und Folgen bewachter Wohnkomplexe im Libanon. (= Stadtforschung aktuell, 89). – Opladen.
GRUFFUD, P. (1999): Nationalism. In: CLOKE, P. / CRANG, P. / GOODWIN, M. (eds.): Introducing Human Geographies. – London, Oxford. 199-206.
HANF, T. (1990): Koexistenz im Krieg. Staatszerfall und Entstehen einer Nation im Libanon. (= Schriften des Forschungsinstituts der Deutschen Gesellschaft für Auswärtige Politik). – Bonn.
HAVEMANN, A. (2002): Geschichte und Geschichtsschreibung im Libanon des 19. und 20. Jahrhunderts. Formen und Funktionen des historischen Selbstverständnisses. (= Beiruter Texte und Studien, 90). – Würzburg.
HOBSBAWM, E. J. (1983): Introduction: Inventing Traditions. – In: HOBSBAWM, E. J. / RANGER, T. (eds.): The Invention of Tradition. – Cambridge et al. 1-14.
HOURANI, A. (1976): Ideologies of the Mountain and City. – In: OWEN, R. (ed.): Essays on the crisis in Lebanon. – London. 33-42.
OWEN, R. (1976): The political economy of the Grand Libanon, 1920-1970. – In: OWEN, R. (ed.): Essays on the crisis in Lebanon. – London. 23-32.
PICARD, E. (1996): Lebanon – A Shattered Country. Myths and Realities of the Wars in Lebanon. – New York, London.
SALIBI, K. (1988): A House of many mansions. The history of Lebanon reconsidered. – London.
TRABULSI, F. (2000): Imagining Lebanon – a Critical Essay on the Thought of Michel Chiha. – Beirut.
YOUNG, M. D. (1995): Cities of Salt. Beirut. [Unveröffentlichtes Manuskript; eine leicht gekürzte Fassung ist publiziert in: L'Orient-Le Jour, Wochenbeilage N°46/1995. Beirut].
ZAMIR, M. (1985): The Formation of Modern Lebanon. – London.

Katrin SCHNEEBERGER (Bern)

MigrantInnen „zu Gast" in den Schweizer Alpen – Vom konfliktiven Verhältnis zwischen in- und ausländischen Arbeitskräften

1 Einleitung: Die Qualifizierungsthese

Die Schweizer Alpen gelten als Inbegriff des Schweizerischen schlechthin. Entsprechend wird Neuem und Fremdem eine ablehnende Haltung entgegengebracht. Trotzdem sind die Schweizer Alpen seit den frühen 1970er Jahren, der Einführung der Gastarbeiterpolitik, Ziel von MigrantInnen, die hier namentlich im Tourismus bzw. in der Hotellerie und Gastronomie ihren Lebensunterhalt verdienen kommen. Bei diesen MigrantInnen handelt es sich nicht um irgendwelche ausländischen Arbeitskräfte, sondern vielmehr um – nach der entsprechenden Politik benannte – Gastarbeiter. Wie für „Gäste" üblich, kommen sie auf Einladung eines Gastgebers, d. h. des zukünftigen Arbeitgebers. Die Zeit ihres Aufenthalts ist auf maximal neun Monate begrenzt. Danach müssen sie die Schweizer Alpen für mindestens drei Monate nach ihrem Heimatland verlassen bzw. für immer, sofern keine Erneuerung der Einladung durch den Hotelier oder den Gastwirt erfolgt. Mit dieser zeitlichen Begrenzung sind sie optimal auf die Bedürfnisse der alpenländischen saisonalen Hotellerie und Gastronomie abgestimmt. Eingeladen werden hauptsächlich junge Männer, die zwar über eine obligatorische Schulbildung, nicht aber eine branchenspezifische Ausbildung verfügen. In den weitgehend „standardisierten" Dienstleistungserstellungsprozessen führen sie Tätigkeiten aus, für die keine klaren Berufsausbildungen bestehen (SCHNEEBERGER 2000): Sie arbeiten als Pfannenreiniger, Zimmermädchen, Magaziner oder Küchenhilfen. Als Küchenhilfen helfen sie etwa beim „Putzen" des Fisches, d. h. beim Entfernen von Schuppen. Ihre Vorgesetzten sind Fachkräfte: Köche, Servicefachangestellte, Gouvernanten – schweizerischer Nationalität.

Mit der Aufteilung in inländische Fachkräfte und ausländische Gastarbeiter weist der touristische Arbeitsmarkt in den Schweizer Alpen die Charakteristika eines dualen, ethnisch segmentierten Arbeitsmarkts auf (SHAW / WILLIAMS 1994). Es sind die Charakteristika eines Arbeitsmarkts, der wesentlich durch die Gastarbeiterpolitik strukturiert und auf die Bedürfnisse des „standardisierten" Dienstleistungserstellungsprozesses abgestimmt ist. Und obwohl genau dieses Bild bis heute die Vorstellung über das Verhältnis zwischen den in- und ausländischen Arbeitskräften in den Schweizer Alpen dominiert, zeichnet sich Mitte der 1990er Jahre eine Veränderung ab, die den Übergang zu einem neuen Verhältnis zwischen in- und ausländischen Arbeitskräften markieren könnte (ÄPPLI 2001): Die Rede ist vom wachsenden Anteil jener Gastarbeiter, die nach mehrmaligem saisonalen Aufenthalt in den Schweizer Alpen ihre Aufenthaltsbewilligung in eine Jahres- oder Niederlassungsbewilligung umgewandelt haben und nun als sogenannte Jahresaufenthalter mindestens zu einem einjährigen Aufenthalt mit Möglichkeit zur Verlängerung oder als Niedergelassene zu einem unbegrenzten Aufenthalt berechtigt sind. Mit dem Verlust des „Gaststatus" geht ein Verlust an numerischer Flexibilität einher, mit anderen Worten jener Eigenschaft, die sie optimal auf die Bedürfnisse des hiesigen Tourismus abgestimmt hatte.

Genau mit der Möglichkeit der längeren Aufenthaltsdauer könnte nun, so lautet meine These, eine Voraussetzung für die Qualifizierung der ausländischen Arbeitskräfte und damit für eine Angleichung der Arbeitsverhältnisse der ausländischen- an die inländischen Arbeitskräfte bzw. für eine Verschiebung der Segregationslinie gegeben sein („Qualifizierungsthese"). Die Angleichung könnte durch die Integrationspolitik erzielt werden und auf die Bedürfnisse des Qualitätstourismus abgestimmt sein: Denn obwohl die Schweiz bisher nicht nur keine eigentliche Integrationspolitik entwickelt hat, sondern mit dem „Gastarbeitersystem" vielmehr auf das „Rotationsprinzip" setzte (TANNER 1998, 90), gilt Integration bereits seit 1970, dem Jahr der Gründung der Eidgenössischen Ausländerkommission (EKA), als Pfeiler der schweizerischen Ausländerpolitik (CACCIA 1997). Die Ausrichtung auf den Qualitätstourismus gilt namentlich für den „ländlichen" Raum als zukunftsweisende Strategie (SHAW / WILLIAMS 1994; CAVACO 1995), um im zunehmend internationalen Tourismusmarkt bestehen zu können.

Vor diesem Hintergrund werde ich im folgenden das Verhältnis zwischen in- und ausländischen Arbeitskräften im Tourismus der Schweizer Alpen zu Beginn des neuen Jahrtausends einer empirischen, die gesetzlichen Regelungen und das Produktions- und Konsumtionssystem umfassenden Analyse unterziehen:

Die empirische Analyse basiert auf Ergebnissen aus 25 qualitativen Experteninterviews, die mit Branchenvertretern, Arbeitgebern sowie in- und ausländischen Arbeitskräften in der alpenländischen Tourismusdestination „Gstaad-Saanenland" im Berner Oberland geführt (SCHNEEBERGER 2000; BOULIANNE 2003) und nach der Methode der strukturierenden Inhaltsanalyse ausgewertet wurden (MAYRING 1993). Gstaad-Saanenland steht stellvertretend für eine jener Destinationen in den Schweizer Alpen, die sich der Strategie des Qualitätstourismus verschrieben haben (TOURISMUSVERBAND GSTAAD-SAANENLAND 1991). Zudem beschränkt sich die Analyse mit der Hotellerie und Gastronomie auf den „touristischen Kernbereich" (KELLER / KOCH 1997, 13).

Theoretisch basiert die Analyse insofern auf dem (französischen) Regulationsansatz (AGLIETTA 1979; LIPIETZ 1985; BOYER 1986), als dieser nicht nur die „Instabilität" einer bestimmten Arbeitsmarktstruktur betont, sondern auch die Bedeutung, die gesetzlichen Regelungen einerseits (FASSMANN / MEUSBURGER 1997, 212) und dem Produktions- und Konsumtionssystem andererseits bei der Strukturierung des in- und ausländischen Arbeitsmarkts zukommen, unterstreicht.

Der Aufsatz ist wie folgt aufgebaut: Im Anschluss an die *Einleitung* werde ich im *zweiten Abschnitt* das der Qualifizierungsthese zugrunde liegende regulationstheoretische „Arbeitsmarktverständnis" ausführen. Danach wechsle ich zur empirischen Diskussion, und zwar im *dritten Abschnitt* zu den in- und ausländischen Arbeitsverhältnissen in der Hotellerie und Gastronomie Gstaad-Saanenlands zu Beginn des neuen Jahrtausends und im *vierten Abschnitt* zum Kontext der gesetzlichen Regelungen und des Produktions- und Konsumtionssystems. Der Aufsatz endet mit Schlussbetrachtungen im *fünften Abschnitt*.

2   Die Qualifizierungsthese im Spiegel der Theorie: Der Regulationsansatz

Im (französischen) Regulationsansatz (AGLIETTA 1979; LIPIETZ 1985; BOYER 1986) nehmen die Arbeitsverhältnisse eine zentrale Position ein. Sie werden als Lohnverhältnis (Abschnitt 2.1) im Kontext der gesetzlichen Regelungen, der Regulation und des Produktions- und Konsumtionssystems, der Akkumulation, thematisiert (Abschnitt 2.2).

Katrin SCHNEEBERGER

2.1 Das „erweiterte" Lohnverhältnis

Das *Lohnverhältnis* bezeichnet eines von fünf im Kern des Ansatzes stehenden „sozialen Verhältnisse" (LIPIETZ 1985) bzw. „institutionellen Formen" (BOYER 1986) zwischen gesellschaftlichen Akteuren (neben dem zwischenbetrieblichen Verhältnis, dem Geldverhältnis, dem Verhältnis zum Staat und der Eingliederung in die Weltwirtschaft). Im „klassischen" Regulationsansatz bezeichnet es das Verhältnis zwischen Kapital und Arbeit bzw. zwischen Arbeitgebern und Arbeitnehmern und setzt sich aus den Dimensionen direktes und indirektes Lohneinkommen, technische und soziale Arbeitsorganisation sowie der Mobilität bzw. der Anbindung der Arbeitskräfte an die Unternehmung zusammen (BOYER 1995). Im – um die ethnische Dimension – „erweiterten" Regulationsansatz bezeichnet das Lohnverhältnis zusätzlich das Verhältnis zwischen in- und ausländischen Arbeitnehmern (SCHNEEBERGER / MESSERLI 2001; 2002a). Die *Erweiterung des Lohnverhältnisses* um die ethnische Dimension nimmt die am Regulationsansatz geäußerte Kritik auf, wonach dieser durch die Vernachlässigung der sogenannten „race issues" einen „blinden Fleck" aufweise (BAKSHI et al. 1995).

Den sozialen Verhältnissen ist gemeinsam, dass sie einen widersprüchlichen, konfliktiven Charakter haben. In seiner „erweiterten" Form ist das Lohnverhältnis sogar doppelt konfliktgeladen (SCHNEEBERGER / MESSERLI 2002b). Dabei bezieht sich der Konflikt zwischen in- und ausländischen Arbeitskräften auf die Konkurrenz zwischen denselben.

2.2 Der Kontext der Regulation und der Akkumulation

Die dem Ansatz namengebende *Regulation* bezeichnet ein Set von Regeln und Normen. Ihm kommt die Funktion zu, den konfliktiven Charakter der sozialen Verhältnisse zu beseitigen, d. h. die sozialen Verhältnisse einem „gesellschaftlichen Kompromiss" zuzuführen. Weil das Lohnverhältnis doppelt konfliktgeladen ist, bedarf es einer doppelten Regulation (SCHNEEBERGER / MESSERLI 2001; 2002a).

Ein „gesellschaftlicher Kompromiss" kann nun aber immer nur vorübergehend erzielt werden. Tritt der konfliktive Charakter offen zu Tage, muss nach einer neuen Regulation gesucht werden, welche die sozialen Verhältnisse erneut einem „gesellschaftlichen Kompromiss" zuzuführen vermag.

Die ökonomische *Akkumulation* bezeichnet die (kapitalistische) Reproduktion. Ein im Zeitablauf stabiles Akkumulationsregime erfordert eine bestimmte Kohärenz im Sinne einer Entsprechung zwischen Produktionsbedingungen und Konsumbedingungen. Damit die ökonomische Akkumulation erfolgen kann, muss sie sich auf „stabile", d. h. einem gesellschaftlichen Kompromiss zugeführte Verhältnisse beziehen können.

3 Die Qualifizierungsthese im Spiegel der Empirie (I): Das „erweiterte" Lohnverhältnis

Mit Abschnitt 3 wechsle ich zur empirischen Diskussion des „erweiterten" Lohnverhältnisses. Es zeigt sich, dass sich sowohl empirische Befunde für (Abschnitt 3.1) als auch solche gegen die Qualifizierungsthese (Abschnitt 3.2) finden lassen.

3.1 Empirische Befunde *für* die Qualifizierungsthese: Der „Mitunternehmer"

Zu Beginn des neuen Jahrtausends arbeitet in der Hotellerie und Gastronomie Gstaad-Saanenlands der „Mitunternehmer":

Der „Mitunternehmer" verfügt über eine branchenspezifische Ausbildung und mehrere Jahre Berufserfahrung. Weil das technische *know how* allein nicht mehr ausreicht, hat er sich Zusatzqualifikationen insbesondere in Kommunikation und Fremdsprachen angeeignet. Sie ermöglichen den für Dienstleistungen entscheidenden Kundenkontakt. Der „Mitunternehmer" verfügt über demokratisches Mitbestimmungsrecht innerhalb des Betriebs. Damit kann von seinen Kompetenzen profitiert und seine Motivation gesteigert werden. Er ist ins Betriebsgeschehen integriert und hat beispielsweise Zugang zu den unternehmerischen Kennzahlen:

> „Vom Umsatz bis zu den Personalkosten. Wir wissen sehr viel. Man denkt viel bewusster mit. Seither weiß ich auch, warum ich einen Mitarbeiter sparen könnte, was mir das bringt." [1]

Der „Mitunternehmer" fühlt sich einem Team, ja sogar einer „Familie" zugehörig. Die funktionale Arbeitsteilung ist zugunsten einer funktionalen Flexibilität aufgehoben. Er wird nicht mehr nur für einen Aufgabenbereich, sondern mindestens für deren zwei angestellt.

Der „Mitunternehmer" ist entweder in- oder ausländischer Nationalität. Ist er ausländischer Nationalität, verfügt er über eine Niederlassungsbewilligung.

3.2 Empirische Befunde *gegen* die Qualifizierungsthese: Die „Aushilfe" und der „Asylbewerber"

Zu Beginn des neuen Jahrtausends sind in der Hotellerie und Gastronomie Gstaad-Saanenlands aber auch die „Aushilfe" und der „Asylbewerber" beschäftigt:

Die „Aushilfe" bezeichnet Arbeitskräfte, die keine berufsspezifische Qualifikation vorweisen können. Sie führt Tätigkeiten aus, die bisher einer spezifischen Branchenqualifikation bedurften, im Rahmen von Technisierung und Externalisierung von Dienstleistungen (*convenience food*, Systemgastronomie u. a.) aber entqualifiziert wurden. Als Studierende etwa verfügt sie jedoch über höhere schulische Qualifikationen, die eine rasche Auffassungsgabe garantieren. Das Einkommen variiert je nach geleisteter Arbeitszeit und wird täglich nach dem Arbeitseinsatz als fixer Stundenlohn abgerechnet. Sie arbeitet auf Abruf:

> „Du musst beginnen – ‚chemisch' gesprochen – den Personaleinsatz mit der Pipette zu machen. Früher hat man gesagt: ‚Abendservice vier [Personen, Anmerkung der Autorin]'. Heute sagt man: ‚Abendservice, 18 bis 20 Uhr, zwei, dann kommt einer von 21 bis 1 Uhr und geht dann, und der andere kommt um 23 Uhr und bleibt bis morgens um 3.'"

Nach getaner und ausbezahlter Arbeit ist man sich gegenseitig zu nichts Weiterem mehr verpflichtet. Als Gelegenheitsjob fehlt das Zugehörigkeitsgefühl zum Betrieb. Die „Aushilfe" hat weder eine berufliche Perspektive im Betrieb noch in der Branche.

Die „Aushilfe" ist entweder in- oder ausländischer Nationalität. Ist sie ausländischer Nationalität, hat sie eine Niederlassungsbewilligung.

Der „Asylbewerber" arbeitet als Pfannenreiniger oder Raumpfleger und übernimmt – wie der „Gastarbeiter" – Hilfsarbeiten, die aber in Folge der Technisierung noch monotoner geworden sind. Ein „Gastarbeiter" verweist auf seine relativ bessere Position, weil ihm jetzt ein „Asylbewerber" unterstellt ist:

> „Ich habe einen Tamilen".

Für den Arbeitgeber ist er eine vergleichsweise billige Arbeitskraft: Zwar hat der Arbeitgeber den Minimallohn nach dem Landesgesamtarbeitsvertrag (L-GAV) zu bezahlen, Hilfswerke kommen aber beispielsweise für Wohnung und Krankenkasse auf, wenn der Lohn für die mitgeflüchtete Familie nicht ausreicht. Im Falle eines Gastarbeiters konnte auf diese Unterstützung nicht gezählt werden. Der „Asylbewerber" ist ausschließlich ausländischer Nationalität.

4 Die Qualifizierungsthese im Spiegel der Empirie (II): Der Kontext der Regulation und der Akkumulation

Abschnitt 4 beschäftigt sich mit dem Kontext der Regulation und der Akkumulation. Erneut zeigt sich, dass sich sowohl empirische Befunde für (Abschnitt 4.1) als auch solche gegen die Qualifizierungsthese (Abschnitt 4.2) finden lassen.

4.1 Empirische Befunde *für* die Qualifizierungsthese: Die Integrationspolitik und der Qualitätstourismus

Zusammen mit dem „Mitunternehmer" (vgl. Abschnitt 3.1) ist auf der Ebene der gesetzlichen Regelungen ein Bedeutungsgewinn der Integrationspolitik und auf der Ebene des Produktions- und Konsumtionssystems ein Bedeutungsgewinn der Qualitätshotellerie und -gastronomie zu verzeichnen:

Der Bund stellt 2001 auf der Grundlage des Bundesgesetzes über den Aufenthalt und die Niederlassung von Ausländern (ANAG) erstmals finanzielle Mittel zur Umsetzung von integrationspolitischen, den Arbeitsmarkt umfassenden Maßnahmen zur Verfügung. Diese auf Freiwilligkeit basierende Integrationspolitik wird der kantonalen oder regionalen Ebene übertragen, wobei der Bund finanzielle Beiträge dann ausrichten kann, wenn sich die Kantone, die Gemeinden oder Dritte angemessen an den Kosten beteiligen. Die Integrationspolitik richtet sich vor allem an ausländische Arbeitskräfte mit Niederlassungsbewilligung. Sie unterstreicht die Integration auf betrieblicher Ebene. Dazu ein Arbeitgeber:

> „Wenn jetzt jemand schon zehn Jahre in der Schweiz ist und keinen Schweizer Pass hat, ich rechne den praktisch als Schweizer".

Die Qualitätshotellerie und -gastronomie orientiert sich an der Strategie der Qualitätsführerschaft (SCHNEEBERGER 2000): D. h. sie richtet sich auf ein qualitativ hochstehendes Dienstleistungsangebot aus:

> „Es geht nur über Qualität. [...] Qualität, die wir durch's Band noch zu steigern versuchen".

Für Qualität sind die Gäste bereit zu zahlen. Entsprechend gilt als größte Herausforderung, die Dienstleistungsqualität konstant zu halten oder gar zu verbessern. Dies erzielt man vor allem durch Verbesserung des Softwarebereichs, d. h. des Personals: Eine Verbesserung kann u. a. durch Vorleben der Vorgesetzten, Schulung, Teamgeist, „neue" Lohnsysteme (z. B. Umsatzbeteiligung) erzielt werden. Von besonderer Bedeutung ist der persönliche Kontakt zwischen Gastgeber und Gast: Dieser geht soweit, dass der Gastgeber den Hund des Gastes beim Namen nennen können muss. Neben dem Softwarebereich zeichnet sich Qualität zudem durch ein für verschiedene Gästebedürfnisse differenziertes Angebot aus (Gastorientiertheit). Um möglichst allen Gästen gerecht werden zu können, geht die Entwicklung Richtung Dienstleistungsausbau.

4.2 Empirische Befunde *gegen* die Qualifizierungsthese: Der Billigtourismus und die Asylpolitik

Auch die ausländische „Aushilfe" (vgl. Abschnitt 3.2) kann als Niedergelassene grundsätzlich von der Integrationspolitik (vgl. Abschnitt 4.1) profitieren. Sie ist aber vor allem im Kontext des Bedeutungsgewinns der Billighotellerie und -gastronomie zu verstehen:

Die Billighotellerie und -gastronomie verschreibt sich der Strategie der Preisführerschaft (SCHNEEBERGER 2000): Im Rahmen dieser Strategie gilt die Reduktion der Kosten als größte Herausforderung. Kosten lassen sich hauptsächlich durch den Abbau von Dienstleistungen und Personal reduzieren. Dienstleistungen, auf die nicht verzichtet werden kann, werden externalisiert, d. h. an Dritte vergeben (Massage, Coiffeur) oder „technisiert" (z. B. Einsatz einer Abwaschmaschine mit Osmosewasser) und damit rationalisiert. Dazu ein Hotelier:

> „Es gibt ja Hotels, wo Sie keine Rezeptionistin mehr sehen, wo Sie wie in einen ec-Banken-Automaten rein gehen, dann checken Sie selbst ein, geben Ihren Namen an, die Kreditkarte durch, und tack, kommt der Schlüssel runter".

Bei geschätztem Personalkostenanteil von 30 bis 40% an den Gesamtkosten liegt in der Personalreduktion ein beachtliches Sparpotential. Im „Billigtourismus" wird in Hardware, d. h. in materielle Infrastruktur, investiert. Die Software hingegen, die eigentliche personalintensive Dienstleistung, wird auf ein Minimum reduziert. Wo möglich, wird der direkte Kundenkontakt durch Technik ersetzt.

Schließlich gewinnt mit dem „Asylbewerber" (vgl. Abschnitt 3.2) auf der Ebene der gesetzlichen Regelungen die Asylpolitik an Bedeutung. Er ist zudem sowohl im Kontext der Qualitäts- (vgl. Abschnitt 4.1) als auch der Billighotellerie und -gastronomie (vgl. oben) zu verstehen: Das Asylgesetz definiert den Status des „Asylbewerbers" oder des sogenannten „Ausländer-Ausländers":

> „Wir haben vermehrt ‚Ausländer-Ausländer', solche die wirklich zum ersten Mal in die Schweiz kommen und kein Wort Deutsch können. Wenn Sie einen Spüler brauchen, haben sie ja hundert Bewerbungen, von Sri Lanka bis Bosnien, Serben oder Tamilen, und von wo kommen sie jetzt auch noch, Afrika, […] tonnenweise Leute, die sich bewerben und hier arbeiten kommen".

Per Sommer 1999 wurde das Asylgesetz total revidiert und befindet sich bereits wieder in Revision. Die Revision der Asylpolitik gewinnt gegenüber der Ausländerpolitik an Bedeutung, weil die Zuwanderung über das Asylwesen in der Schweiz von Teilen der Bevölkerung als schwerwiegendes, ja bedrohliches Problem wahrgenommen wird. Im Rahmen des neuen Asylgesetzes ist etwa vorgesehen, dass für Asylbewerber ein Arbeitsverbot erlassen werden kann, um „auf bestimmte Situationen und Krisen reagieren zu können". Es ist also gerade mit Bezug auf den Arbeitsmarkt restriktiv ausgerichtet.

Tab. 1 fasst die empirischen Befunde zum Verhältnis zwischen in- und ausländischen Arbeitskräften sowie zum Kontext der gesetzlichen Regelungen und des Produktions- und Konsumtionssystems zusammen.

Empirische Befunde Kategorien	Befunde *für* die Qualifizierungsthese	Befunde *gegen* die Qualifizierungsthese	
Gesetzliche Regelungen (Regulation)	Integrationspolitik	Integrationspolitik	Asylpolitik
Arbeitsverhältnisse („erweitertes" Lohnverhältnis)	„Mitunternehmer" (in-/ausländisch)	„Aushilfe" (in-/ausländisch)	„Asylbewerber" (ausländisch)
Produktions- und Konsumtionssystem (Akkumulation)	Qualitätshotellerie- und -gastronomie	Billighotellerie und -gastronomie	Qualitäts-/Billighotellerie und -gastronomie

Tab. 1: Das Verhältnis zwischen in- und ausländischen Arbeitskräften in den Schweizer Alpen zu Beginn des neuen Jahrtausends. (Quelle: eigene Darstellung)

5 Schlussbetrachtungen

In den vorangehenden Abschnitten habe ich die These, wonach das Bild des unqualifizierten Gastarbeiters als ausländische Arbeitskraft in den Schweizer Alpen heute überholt sei und von einer qualifizierten Arbeitskraft abgelöst werde, einer empirischen Überprüfung unterzogen. Die Ergebnisse lassen sich wie folgt zusammenfassen und interpretieren:

1) Zu Beginn des neuen Jahrtausends gewinnen in den Schweizer Alpen qualifizierte in- *und* ausländische Arbeitskräfte an Bedeutung. Sie werden als „Mitunternehmer" ins Betriebsgeschehen integriert. Der „Mitunternehmer" findet sein Abbild auf der Ebene der gesetzlichen Regelungen und des Produktions- und Konsumtionssystems: Er ist im Kontext von Integrationsbemühungen und der Ausrichtung auf die Qualitätshotellerie und -gastronomie zu verstehen.

2) Das Bild der Arbeitskraft in den Schweizer Alpen ist aber mit der „Aushilfe" und dem „Asylbewerber" vielfältiger. „Aushilfen" – auch sie in- *und* ausländischer Nationalität – verfügen über keine branchenspezifische Ausbildung und arbeiten stundenweise. Der „Asylbewerber" – seines Zeichens ausschließlich ausländischer Nationalität – führt Tätigkeiten aus, die im Zuge der Technisierung noch monotoner geworden sind. Auch diese Arbeitsverhältnisse finden mit dem Bedeutungsgewinn der asylrechtlichen Bestimmungen und dem Bedeutungsgewinn der Billighotellerie und -gastronomie ihr Abbild auf der Ebene der gesetzlichen Regelungen und des Produktions- und Konsumtionssystems.

3) Indem „Mitunternehmer" und „Aushilfen" gleichermaßen sowohl von in- als auch ausländischen Arbeitskräften besetzt werden, findet im Tourismus der Schweizer Alpen eine teilweise Angleichung der Arbeitsverhältnisse zwischen in- und ausländischen Arbeitskräften statt. Ausländische „Mitunternehmer" und „Aushilfen" machen deutlich, dass immer mehr Gastarbeitern nach mehrmaligem Aufenthalt in den Schweizer Alpen der „Gaststatus" abhanden gekommen ist. Diese Angleichung der Arbeitsverhältnisse stellt die Vorstellung vom ethnisch segmentierten Arbeitsmarkt und vom in- und ausländischen Teilarbeitsmarkt zunächst in Frage.

4) Gleichzeitig aber bildet sich mit dem „Asylbewerber" eine neue, den ausländischen Arbeitskräften vorbehaltene Kategorie heraus – die sogenannten ‚Ausländer-Ausländer'. Damit zeichnet sich nicht nur eine neue Segregationslinie zwischen in- und ausländischen Arbeits-

kräften ab, sondern ebenso eine Segregationslinie zwischen den Ausländern selbst. Insgesamt scheint sich die Vermutung zu bestätigen, wonach Asylbewerber die neue Gastarbeiterkategorie bilden (PIGUET / WIMMER 2000) und in dieser Rolle auch als Konjunkturpuffer dienen.

5) Diese widersprüchliche Entwicklung der Arbeitsverhältnisse findet ihr Abbild auf der Ebene der gesetzlichen Regelungen mit dem Nebeneinander von Integrations- und Asylpolitik und auf der Ebene des Produktions- und Konsumtionssystems mit dem Nebeneinander von Qualitäts- und Billigtourismus: Ersteres dürfte darauf hinweisen, dass die Integration eines Teils der ausländischen Arbeitskräfte nur auf Kosten anderweitiger Diskriminierungen zu haben ist. Dass mit dem „Billigtourismus" in den Schweizer Alpen jenes Produktionssystem Einzug hält, dem hauptsächlich für den „städtischen" Tourismus Erfolg nachgesagt wird (SHAW / WILLIAMS 1994), stellt die oftmals als Stereotyp verwendete Abgrenzung von Stadt und Land (z. B. „städtischer" und „ländlicher" Tourismus, „städtischer" und „ländlicher" Arbeitsmarkt als regionaler Teilarbeitsmarkt) in Frage.

6) stellt sich die Frage nach der quantitativen Bedeutung der einzelnen Arbeitsverhältnisse. Diese kann auf der Basis sekundärstatistischer Daten nur grob abgeschätzt werden: Der Anteil der ausländischen Arbeitskräfte hat im Gastgewerbe Gstaad-Saanenlands in den letzten Jahren kontinuierlich zugenommen und beträgt heute über 30% (Bundesamt für Statistik, Volkszählung). Gastarbeiter machen zu Beginn des neuen Jahrtausends mit gut 50% zwar noch den größten Anteil aus. Er ist aber seit 1980 mit einem Anteil von knapp 80% stark rückläufig. Umgekehrt ist die Entwicklung des Anteils der Niedergelassenen: Er ist von 1980 knapp zehn Prozent bis 2000 auf 25% gestiegen (Bundesamt für Ausländerfragen, Zentrales Ausländerregister). Die Erwerbstätigen aus dem Asylbereich bilden in der Schweiz mit einem Anteil von gut acht Prozent zwar noch eine Minderheit. Ihr Anteil ist aber steigend (KUSTER / CAVELTI 2000).

[1] Sämtliche kleingedruckten, eingerückten Textpassagen sind den Interviews entnommen.

Literatur

AGLIETTA, M. (1979): A Theory of Capitalist Regulation. The US Experience. – London.
ÄPPLI, R. (2001): Volkswirtschaftliche Analyse der Probleme des Arbeitsmarktes im schweizerischen Gastgewerbe. (= seco Publikationen, Standortförderung, 4). – Bern.
BAKSHI, P. et al. (1995): Gender, race and class in the local welfare state: moving beyond regulation theory in analysing the transition from Fordism. – In: Environment and Planning A 27(10). – 1539-1554.
BOULIANNE, L.-M. (2003): Internationalisierung des Dienstleistungssektors durch die berufliche Integration von Ausländern in der Schweiz. – In: WICKER, H. R. et al. (2003): Migration und die Schweiz. Ergebnisse des Nationalen Forschungsprogramms „Migration und interkulturelle Beziehungen". – Zürich. 320-334.
BOYER, R. (1986): La Théorie de la régulation. Une analyse critique. – Paris.
BOYER, R. (1995): Vingt ans de recherches sur le rapport salarial: un bilan succinct. – In: BOYER, R. / SAILLARD, Y. (Hrsg.): Théorie de la régulation. L'état des savoirs. – Paris. 106-114.
CACCIA, F. (1997): Die Integration unserer ausländischen Bevölkerung. Ein Plädoyer für sinnvolles Handeln. – In: Die Volkswirtschaft – Magazin für WirtschaftsPolitik 11. – 60-65.

CAVACO, C. (1995): Rural Tourism: the Creation of new Tourist Spaces. – In: MONTANARI, A. / WILLIAMS, A. M. (eds.): European Tourism. Regions, Spaces and Restructuring. – Chichester. 127-149.

FASSMANN, H. / MEUSBURGER, P. (1997): Arbeitsmarktgeographie. Erwerbstätigkeit und Arbeitslosigkeit im räumlichen Kontext. (= Teubner Studienbücher der Geographie). – Stuttgart.

KELLER, P. / KOCH, K. (1997): Neue Tourismuspolitik. Wettbewerb, Zusammenarbeit und Innovation. – In: Die Volkswirtschaft – Magazin für WirtschaftsPolitik 8. – 12-17.

KUSTER, J. / CAVELTI, G. (2000): Rekrutierung ausländischer Arbeitskräfte. Bedeutung ausländer- und asylrechtlicher Bestimmungen. (= seco Publikationen, Arbeitsmarktpolitik, 2). – Bern.

LIPIETZ, A.(1985): Réflexions autour d'une fable. Pour un statut marxiste des concepts de régulation et d'accumulation. CEPREMAP 8530. – Paris.

MAYRING, P. (1993): Qualitative Inhaltsanalyse, Grundlagen und Techniken. – Weinheim.

PIGUET, E. / WIMMER, A. (2000) : Les nouveaux ‚Gastarbeiter'? Les réfugiés sur le marché du travail suisse. – In: Journal of International Migration and Integration 1(2). – 233-257.

SCHNEEBERGER, K. (2000): Vom fordistisch-nationalstaatlichen Klassenkompromiss zu nachfordistisch-regionalen Kompromissen zwischen Nationalitäten? [Disseration Universität Bern]

SCHNEEBERGER, K. / MESSERLI, P. (2001): Das Lohnverhältnis und seine duale Regulation: Gewinner und Verlierer der Flexibilisierung auf dem Arbeitsmarkt der Schweizer Hotellerie und Gastronomie. – In: Geographische Zeitschrift 89(1). – 52-68.

SCHNEEBERGER, K. / MESSERLI, P. (2002a): Labour relations at the transition from Fordism to Postfordism, or: Why are an increasing number of ‚foreign foreigners' employed in the Swiss hotel and catering industry today? – In: Geographica Helvetica 57(3). – 214-224.

SCHNEEBERGER, K. / MESSERLI, P. (2002b): Mit gestärkten regionalen Destinationen die Krise im Schweizer Tourismus überwinden? Eine Antwort aus regulationstheoretischer Perspektive. – In: Tourismus Journal 6(4). – 429-449.

SHAW, G. / WILLIAMS, A. M. (1994): Critical Issues in Tourism. A Geographical Perspective. – Oxford.

TANNER, J. (1998): Nationalmythos, Überfremdungsängste und Minderheitenpolitik in der Schweiz. – In: PRODOLLIET, S. (Hrsg.): Blickwechsel. Die multikulturelle Schweiz an der Schwelle zum 21. Jahrhundert. – Luzern. 83-94.

TOURISMUSVERBAND GSTAAD-SAANENLAND (Hrsg.) (1991): Gstaad-Saanenland – touristische Standortbestimmung. – Gstaad.

Andreas **Dittmann** (Bonn)

Segregation und Migration in städtischen Zentren zwischen Hindukusch und Himalaja

1   Stadtentwicklung zwischen Hindukusch und Himalaja

Die Grundmuster der Stadtentwicklung zwischen Hindukusch und Himalaja orientieren sich nicht in erster Linie an rein ökonomischen Mechanismen, sondern vor allem auch an differenzierten Sozialbeziehungen zwischen unterschiedlichen religiösen bzw. ethno-linguistischen Gruppen. Dabei kommen sowohl dem Bedürfnis nach Abgrenzung gegenüber anderen Gruppen als auch dem Wunsch nach Konzentration in der Nachbarschaft von Mitgliedern der jeweils eigenen Gruppe steuernde Funktionen zu. Als Kristallisationspunkte von Integration und Segregation wirken vor allem die jungen städtischen Zentren des Gebirgsraums. Diese haben insbesondere während der letzten beiden Jahrzehnte ein explosionsartiges Wachstum erfahren. Die Dynamik der stetig wechselnden Segregations- und Koalitionsmuster der verschiedenen ethno-linguistischen Gruppen findet dort in der heterogenen Struktur der Bazare ihren augenfälligen Niederschlag. Das breitgefächerte Spektrum der ethno-linguistischen Differenzierung der Umländer prägt die größeren Zentren, deren Bazarbereiche vielfach wie eine Dokumentation der Migrationsgeschichte des Gebirgsraums wirken.

Auch wenn dies vordergründig die Zusammenstöße zwischen verschiedenen Religionsgruppen gerade in den letzten Jahren zu bestätigen scheinen, so werden insgesamt die Kunden-Händler-Beziehungen nicht zum überwiegenden Teil durch die Bestrebungen religiöser Segregation definiert. Ein wesentlicher Steuerungsfaktor ist vielmehr auch ein verantwortungsbewusstes Zusammengehörigkeitsgefühl, das in erster Linie durch ethno-linguistische Faktoren und regionale Identität bestimmt wird. Dieses ist als Prägemerkmal insbesondere für die Bazarentwicklung mit ihrer charakteristischen Aufteilung nach dem Prinzip der „Bazare im Bazar" historisch gewachsen und älter als die jüngsten aggressiven Abgrenzungsversuche verschiedener Religionsgruppen. Hervorgehoben werden muss jedoch, dass die Einflüsse, die zu Segregation gegenüber anderen Gruppen führen, traditionell dort besonders stark wirken, wo zu den Unterschieden der jeweiligen Sprachgebiete oder Herkunftsbereiche auch religiöse Differenzierungen zwischen Sunniten und Schiiten oder Ismaeliten hinzutreten.

2   Gilgit als junges Zentrum des Karakorum-Gebirges

Aspekte der charakteristischen Geschäftsstruktur größerer Bazarorte sollen im folgenden am Beispiel der Stadt Gilgit, dem Hauptort der *Northern Areas* von Pakistan im Karakorum-Gebirge zwischen Ost-Hindukusch und West-Himalaja, beleuchtet werden.[1] Hier haben die spezifischen Kunden-Händler-Beziehungen und die charakteristischen Bazarstrukturen der größeren städtischen Zentren gezeigt, dass eine Modifikation bzw. Erweiterung bislang geläufiger Theorienterminologien notwendig erscheint. Dies betrifft vor allem die im Zusammenhang mit dem Begriffsfeld der zentralen Orte bzw. der zentralen Güter und Dienstleistungen verbundenen Termini. Eine bloße Übertragung der am Beispiel anderer, wesentlich homogener strukturierter Räume entwickelten Begrifflichkeiten erscheint nicht hinreichend geeignet, um die Entwicklungsbedingungen der städtischen Zentren im Gebirgsraum zwischen Hindukusch und Himalaja zu erklären.

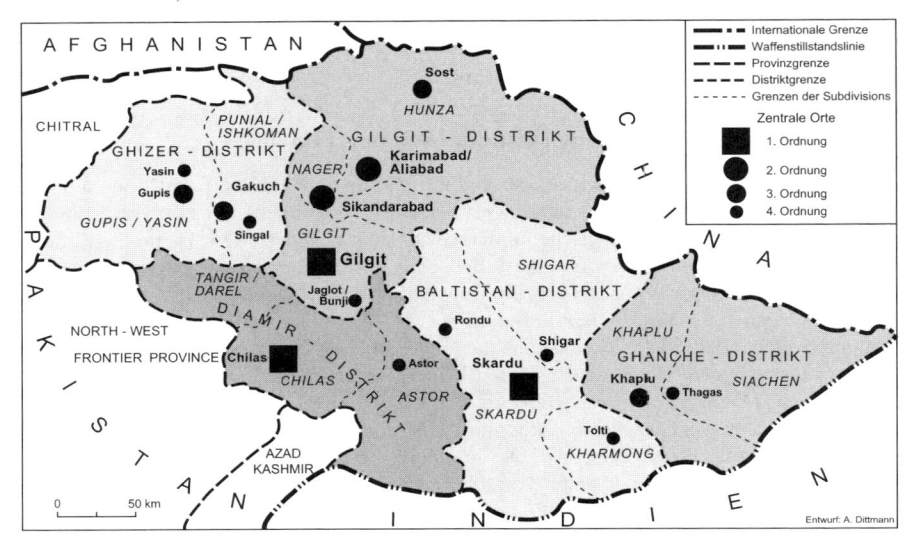

Abb. 1: Städtische Zentren in den *Northern Areas* Pakistans

Die Entwicklung städtischer Strukturen dokumentiert sich im Karakorum besonders auffällig im raschen Wachstum der größeren zentralen Orte und in der charakteristischen inneren Struktur ihrer Geschäftsbereiche. Die Mechanismen der diesen Prozess steuernden Stadt-Umland-Beziehungen sowie die verschiedenen historischen Stadien der Stadt- und – insbesondere – der Bazarentwicklung zeichnen das Migrations- und Segregationsverhalten im Gebiet der ehemaligen „Gilgit Agency" auf eindrucksvolle Weise nach. Dabei wirken die für diesen Raum wichtigsten Prägemerkmale vor allem am Beispiel von Gilgit als überregional wirksamem Zentrum modellhaft für einen allgemeinen weitergefassten Hochgebirgsraum.

Die besonderen Charakteristika der Stadt- und Bazarentwicklung im Bereich des Karakorum sind eine deutliche Trennung von Wohn- und Geschäftsfunktionen, das Nichtvorhandensein von Konzentrationen gleicher Waren- oder Dienstleistungsangebote in bestimmten Bazarabschnitten sowie eine in unterschiedlich starker Weise ausgeprägte, ethnisch definierte Segregation, die in der Aufgliederung in verschiedene Bazarabschnitte ihren räumlichen Niederschlag findet.

3 Das Prinzip der „Bazare im Bazar"

Am Beispiel von Gilgit mit dem größten Gesamtbazar der *Northern Areas* wird deutlich, dass die Impulse von Migration und Segregation im besonderen sowie zentralörtlicher Entwicklung im allgemeinen im Karakorum verstärkt von den Bazaren als den eigentlichen Geschäftszentren ausgehen. Deren Struktur orientiert sich jedoch nicht in erster Linie an rein ökonomischen Gesichtspunkten, sondern vielmehr an Kriterien regionaler, religiöser und ethnischer

Andreas DITTMANN

Identität. Die räumliche Aufteilung der Bazare, wie etwa des Bazars von Gilgit in mehrere kleinere Teilbazare wird wesentlich bestimmt durch die charakteristischen Kunden-Händler-Beziehungen. Die Entscheidung, wo im Bazar von wem bestimmte Güter gekauft oder Dienstleistungen nachgefragt werden, hängt nicht allein von Qualität oder Preisgestaltung der Waren ab, sondern direkt von Determinanten der religiösen und/oder ethno-linguistischen Gruppenzugehörigkeit.

Dieses Verhalten darf jedoch nicht als „un-ökonomisch" missdeutet werden, bietet es doch entscheidende Vorteile für die Kunden selbst: Kredite sind bei Angehörigen der gleichen ethnischen Gruppe wesentlich leichter zu erhalten oder zu verlängern und Preise günstiger zu beeinflussen als in den Läden fremder Händler. Außerdem müssen die Einkäufe im regionalspezifischen Teilbazar nicht durch den Käufer persönlich ausgeführt werden, sondern können auch auf Bestellung oder durch andere Reisende aus der eigenen Talschaft erfolgen.

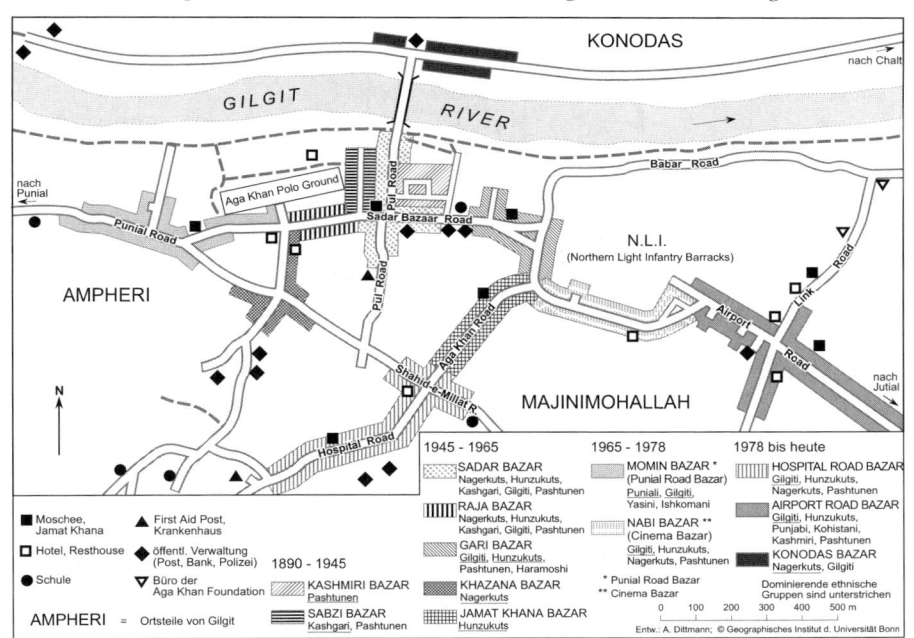

Abb. 2: Stadtentwicklung und Bazaraufteilung im Zentrum von Gilgit

Das Bazarwachstum von Gilgit war bis Anfang der 1990er Jahre vor allem in Längsrichtung orientiert. Dabei entwickelte sich die Zunahme von Läden und Werkstätten entlang der großen Ausfallstraßen nach Westen (Momin-Bazar) und Osten (Airport Road-Bazar) sowie entlang der neu entstandenen *link roads* (Abb. 2). Ein in die Tiefe gerichtetes Wachstum der Bazare hatte es bis dahin nicht gegeben. Erst zwischen 1993 und 1994 wurde ein solcher Trend mit dem Aufkommen der zahlreichen *Markets* – vor allem im Nabi-Bazar und Airport Road-Bazar – fassbar. Der Umbau eines Teils des zentral zwischen Gari-Bazar, Nabi-Bazar und Airport Road-Bazar gelegenen Militärgeländes kann daher als konsequente Fortsetzung dieser Entwicklung angesehen werden.

Die Mechanismen, die zur Herausbildung ethnisch definierter Teilbazare führen, werden jedoch nicht nur von Faktoren regionaler Identität bestimmt, sondern auch von bewusster Segregation gegenüber anderen Gruppen. Diese Einflüsse sind unterschiedlich stark, ändern sich jeweils nach aktuellen gesamtpolitischen Koalitions- und Konfrontationslagen und sind immer dort am stärksten ausgeprägt, wo religiöse Unterschiede hinzutreten.

Die innere Differenzierung der zentralen Bazarorte in unterschiedlichen Bazarabschnitten wird in Abb. 3 nach verschiedenen Phasen der Entstehung in einem Schaubild zusammengefasst. Dabei repräsentiert jeder Ring eine der vier wichtigen Wachstumsphasen, die nicht nur für den Bazar von Gilgit prägend sind, sondern für die Siedlungsentwicklung des gesamten Karakorum-Gebiets. Die Ringe umschließen jeweils Teilbazare gleichen Typs. Somit fasst das Modell des Prinzips der „Bazare im Bazar" gleichzeitig die historische Entwicklung des zentralen Orts Gilgit und die Typologie seiner inneren Bazar-Differenzierung sowie einen vereinfachten Überblick über die Migrationsgeschichte des Raums zusammen.

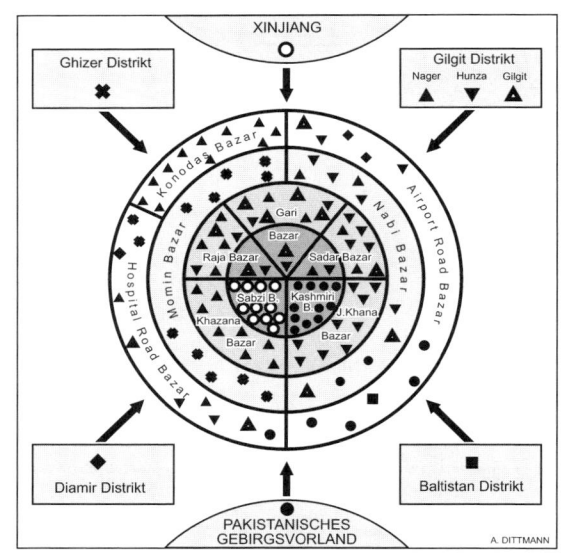

Abb. 3: Das Prinzip der „Bazare im Bazar"

Der innere Kreis umschließt die ältesten Teilbazare, die bereits während der kaschmirischen bzw. britischen Kolonialzeit zwischen 1890 und 1945 angelegt wurden. Zum Teil erreichten sie in dieser Phase bereits ihre endgültige spätere Ausdehnung (Kashmiri-Bazar, Sabzi-Bazar), oder aber es wurden zunächst nur ihre Kernbereiche angelegt, während das eigentliche Wachstum erst in der nach-kolonialen Expansionsphase einsetzte (Gari-Bazar, Raja-Bazar, Sadar-Bazar).

Das Modell stellt jedoch nicht nur die innere Differenzierung des zentralen Bazarorts Gilgit dar, sondern versucht auch Hinweise auf die verschiedenen Ergänzungsgebiete zu liefern. Diese werden im Schaubild randlich – getrennt nach Gebieten innerhalb und außerhalb des Karakorum – gezeigt.

Die jeweiligen Umland-Beziehungen der einzelnen Teilbazare im Gesamtbazar von Gilgit werden durch Symbole dargestellt, die auf die Herkunftsgebiete der in den Teilbazaren niedergelassenen Händler und Handwerker hinweisen. Dabei werden jedem Teilbazar insgesamt zehn Symbole zugeteilt, von denen jedes Symbol jeweils zehn Prozent der Laden- und Werkstättenbetreiber dieses Bazarabschnitts repräsentiert. Die Zusammensetzung der Symbole gibt somit direkt Aufschluss über die Herkunftsgebiete der Händler und indirekt damit auch über die Lage der Ergänzungsgebiete.[2]

Andreas DITTMANN

Da die Herkunftsgebiete der Händler, wie in den vorangegangenen Kapiteln aufgezeigt, unmittelbar mit den Herkunftsgebieten der Kunden funktional verbunden sind, lassen sich durch eine detaillierte Analyse der Bazarstrukturen nicht nur Hinweise auf das Umland des zentralen Orts als Ganzes erlangen, sondern darüber hinaus für jeden einzelnen Teilbazar die Vielfalt der verschiedenen Umländer ermitteln.

Religiöse und sprachliche Zugehörigkeiten der Händler in den Teilbazaren weisen zwar deutlich auf bestimmte Herkunftsgebiete der dort niedergelassenen Ladenbesitzer hin. Nicht immer erlaubt jedoch die Auswertung der Herkunftsgebiete der Händler Rückschlüsse auf Lage, Struktur oder Ausrichtung der zu diesen Teilbazaren gehörenden Ergänzungsgebiete. Dies gilt vor allem für die Teilbazare des inneren Rings, denn anders als bei allen anderen Teilbazar-Typen sind hier die Herkunftsgebiete der Händler nicht auch gleichzeitig die der diese Bazare aufsuchenden Kunden. Die Herkunftsgebiete der Händler in diesen Teilbazaren liegen in der Regel viel zu weit vom eigentlichen Hochgebirgsraum des Karakorum entfernt, als dass von dort tägliche Kundenströme möglich wären.

Das Verfahren, mit Hilfe der Ermittlung der Händlerherkunftsgebiete bestimmter Teilbazare Hinweise auf Lage und Ausrichtung der zu diesen Teilbazaren spezifischen Ergänzungsgebiete zu erlangen, greift erst ab der zweiten Generation von Teilbazaren, die im Modell der „Bazare im Bazar" den zweiten Wachstumsring bilden (Abb. 3). Dabei wird deutlich, dass sich die Händler und Ladenbesitzer in dieser Phase noch vornehmlich aus der unmittelbaren Umgebung von Gilgit bzw. den nicht allzu weit entfernt gelegenen Talschaften der ehemaligen *Gilgit Agency* rekrutieren. Insgesamt geben also die baumringartigen Wachstumsringe in der Modelldarstellung des Prinzips der „Bazare im Bazar" die unterschiedlichen historischen Entwicklungsphasen der Bazar-Entstehung wieder, sie lassen aber ab dem zweiten Ring Rückschlüsse auch darüber hinaus auf die Kunden-Einzugsgebiete anhand der Rekonstruktion der Händler-Herkunftsregionen zu.

So wie die zentralen Orte des Karakorum nicht aus jeweils einem homogenen Block mit in alle Richtungen gleichmäßig wirkender Zentralität bestehen, sondern sich aus verschiedenen Teilbereichen mit jeweils eigenen regionalspezifischen Zentralitäten zusammensetzen, so ist auch das Umland nicht einheitlich strukturiert, sondern besteht vielmehr aus mehreren einzelnen, getrennt voneinander liegenden Umländern.

Das Schaubild des Prinzips der „Bazare im Bazar" weist durch die regionalspezifisch definierten Symbole in den einzelnen Teilbazaren nicht nur auf die Heimat- und Herkunftsregionen der in den jeweiligen Bazaren niedergelassenen Händler hin, sondern erlaubt damit auch gleichzeitig Rückschlüsse auf ein Umland, das in mehrere einzelne, regionalspezifisch definierte Ergänzungsgebiete gegliedert ist. Es wird deutlich, dass die Teilbazare nicht auf die Gesamtheit des Umlands der zentralen Orte funktional zentral wirken, sondern jeweils nur auf bestimmte Ausschnitte dieses Umlands.

4 Bazare als Kristallisationspunkte inter-ethnischer Koalitionen und Konfrontationen

Als charakteristische Konflikt- und Koalitionsdeterminanten in den Bazarorten des Karakorum-Gebirges können die beiden traditionellen Gegensatzpaare „sunnitische und nicht-sunnitische Bevölkerungsteile" sowie *locals* und *non-locals*" identifiziert werden. Beide finden ihren räumlichen Niederschlag in den Bazaren der größeren Orte und dort vor allem in den zentralen Bazarabschnitten. Sowohl die dabei für jedermann sichtbaren als auch für die Nichtbetroffenen unsichtbaren Aktionsgrenzen inter-ethnischer Beziehungen prägen dabei die spezifischen Segregationsmuster (DITTMANN 1998).

Im Zentrum der verschiedenen Bazarabschnitte von Gilgit befindet sich der Gari-Bazar (Abb. 2). Dieser Teilbazar nimmt in mehrfacher Hinsicht eine Sonderstellung ein. Er gehört zu den älteren Bazarabschnitten, die ihre äußere Gestalt im wesentlichen bereits zwischen 1945 und 1965 erhielten. Während jedoch die meisten anderen älteren Teilbazare von Gilgit nach Herkunft der Händler und Kunden relativ homogen strukturiert sind und sich deren Läden jeweils linear zu beiden Seiten der jeweiligen Hauptdurchgangsstraße formieren, befindet sich der Gari-Bazar im Kreuzungsbereich mehrerer Straßen und weist eine heterogene Händlerstruktur auf. Die Ladenboxen der Händler unterschiedlicher religiöser und/oder ethno-linguistischer Gruppen liegen hier jedoch nicht in Gemengelage, sondern konzentrieren sich zu insgesamt drei homogenen Blöcken an den jeweiligen Zugangsbereichen zum Gari-Bazar. Vertreten sind hier Händler aller drei wichtigen ethno-linguistischen Gruppen (Sunniten, Schiiten, Ismaeliten).

Eingerahmt wurde der Gari-Bazar bis Mitte der 1990er Jahre im Osten durch das Militärgelände um das ehemalige *Gilgit Fort*. Hinter den Ladenzeilen im Süden des Gari-Bazars befinden sich bis heute die ausgedehnten Grundstücke des Postgebäudes, des *Directorate of Education* und einer Polizeistation. Im Westen geht der Gari-Bazar über in den Sadar-Bazar, der von der mehrstöckigen, sunnitischen Freitagsmosche (*Markazi Jama Masjid*) überragt wird. Im Norden des Gari-Bazars liegt das Gelände der *Government Boys School* und mit den Läden des Kashmiri-Bazars der historisch älteste Teil der Gilgiter Bazare (Abb. 2).

Unsichtbar für den flüchtigen Betrachter ziehen sich interne Konfrontations- und Kooperationslinien mitten durch diesen Teilbazar. An kaum einer anderen Stelle in Gilgit ist auf so engem Raum ethno-linguistische Polarität so stark ausgeprägt wie im Gari-Bazar; in keinem der anderen Teilbazare stehen sich die unterschiedlichen Gruppen so unmittelbar gegenüber: Im nördlichen Bereich gruppieren sich meist kleinere Läden schiitischer Ladenbesitzer. Angeordnet sind diese Geschäfte um eine vergleichsweise kleine schiitische Moschee (*Jangi Masjid*), hinter der sich Wohnbereiche von Ladenbesitzern anschließen. Die Mehrheit der hiesigen schiitischen Ladenbesitzer stammt aus Gilgit selbst oder aus Dörfern in Nager. Im Vergleich zur *Markazi Anjuman-e-Imamia*, der großen schiitischen Moschee im Momin-Bazar, wirkt die schiitische *Jangi Masjid* des Gari-Bazars verhältnismäßig bescheiden. Ihr Hauptzweck, so versichern die benachbarten Ladenbesitzer, ist es, Präsenz zu dokumentieren. Religiöses Zentrum der Schiiten von Gilgit ist zwar die Moschee im Momin-Bazar, dieser liegt jedoch an der westlichen Peripherie der Stadt. Ein zentraler Standort im „Herzen des Bazars" erscheint für Repräsentationszwecke und zum „Flaggezeigen" wesentlich besser geeignet.

Ihr politisch-religiöses Gegenüber findet die vergleichsweise kleine schiitische Jangi-Moschee des Gari-Bazars einerseits in der großen sunnitischen Freitagsmoschee westlich dieses Teilbazars im Kreuzungsbereich zur *Pul Road*, andererseits aber auch direkt im Gari-Bazar selbst. Hier waren von der Kreuzung zum Nabi-Bazar ausgehend bis 1994 staatliche Läden in direkter baulicher Verbindung mit der Abgrenzungsmauer zum Militärbereich errichtet worden. Dieses war auf Militärgelände nur deshalb möglich gewesen, weil ausgediente Armee-Offiziere ihren Einfluss geltend gemacht und aktiv in die Bazargestaltung eingegriffen hatten.

Bei der anschließenden Vermietung der Läden wurden nach Ansicht von Schiiten und Ismaeliten sunnitische Bewerber von der ebenfalls sunnitisch dominierten Militärverwaltung bevorzugt. Die Konzentration auf sunnitische Händler in diesem Teil des Gari-Bazars wirkt besonders auffallend, da selbst die den Straßenbereich vor den noch in Planung befindlichen Ladengeschäften nutzenden Straßenhändler ausschließlich Sunniten sind. Sie stammen ebenso wie die benachbarten Ladenbesitzer überwiegend aus Dir im südlichen Gebirgsvorland. Viele von ihnen sind untereinander oder mit den Ladenbesitzern verwandt.

Die dritte Gruppe von Ladenbesitzern im Gari-Bazar bilden ismaelitische Händler. Ihre Ladengeschäfte konzentrieren sich auf den dem von sunnitischen Händlern geprägten Teil gegenüber liegenden Abschnitt. In gewisser Weise bildet ihr Abschnitt eine Art Verlängerung des von Ismaeliten geprägten Jamat Khana-Bazars. Es wird deutlich, dass der Anteil ismaelitischer Händler in diesem Bereich des Gari-Bazars mit zunehmender Entfernung zum Eingangsbereich des Jamat Khana-Bazars abnimmt. Obwohl hier noch nicht von einer regelrechten Warenkonzentration gesprochen werden kann, so fällt doch auf, dass sich die Händler dieses Bereichs offensichtlich auf Textilien und Trockenobst spezialisiert haben.

Zusammenfassend ergibt sich für den Gari-Bazar das Bild eines zentralen Bereichs, in dem sich drei Gruppen polarisiert direkt gegenüber stehen: Im Norden die Schiiten im Bereich um ihre kleine, aber repräsentative Moschee, im Süden ismaelitische Händler in Verbindung zum benachbarten Jamat Khana-Bazar und im Osten in Anlehnung an den Militärbereich sunnitische Händler. Der Gari-Bazar ist damit nicht nur stadtgenetischer Mittelpunkt von Gilgit, sondern zugleich auch Kristallisationszentrum inter-ethnischer Spannungen. In keinem der übrigen Bazarabschnitte treffen Konflikt- und Konfrontationslinien so unmittelbar aufeinander. Die Besonderheit des Gari-Bazars besteht sowohl in der bewussten Polarisation als auch im direkten Gegenüber der politisch-sozialen Akteure.

Im Bereich der ehemaligen *Gilgit Agency* gehören Auseinandersetzungen zwischen Sunniten und verschiedenen schiitischen Gruppen seit Ende der 1980er Jahre vor allem zu den nahezu alljährlich wiederkehrenden Ereignissen (DITTMANN 1998; KREUTZMANN 1995; SÖKEFELD 1998). Seit 1983 werden diese Konflikte vermehrt auch gewaltsam ausgetragen. Besondere Brisanz erlangen sie durch den von schiitischen und ismaelitischen Gruppen immer wieder geäußerten Verdacht, die pakistanische Zentralregierung unterstütze, mehr oder weniger verdeckt, die Sache der Sunniten. Dieser Vorwurf ist immanent und wird insbesondere seit den blutigen Auseinandersetzungen von 1988 immer wieder vorgebracht. Neben ismaelitisch-schiitischen Verdächtigungen unterstützen zum Teil auch sunnitische Versionen diese These. Das breite Spektrum unterschiedlicher Interpretationen und gegenseitiger Vorwürfe beleuchtet SÖKEFELD (1998) ausführlich aus der Sicht der Betroffenen, ohne dabei der Gefahr der Parteinahme oder der Versuchung von Wahrscheinlichkeitsbewertungen verschiedener Erzählvarianten zu erliegen. Entscheidend ist in diesem Zusammenhang weniger, ob tatsächlich staatlich-sunnitische Koalitionen vorliegen und wie sie in konkreten Konfliktfällen gewirkt haben könnten, sondern vielmehr die Frage, wie der Einfluss solcher tatsächlicher oder vermeintlicher Koalitionen von den Betroffenen wahrgenommen bzw. bewertet wird und damit direkt Segregation und Stadtentwicklung steuert.

5 Schluss

Konkrete Einblicke in die Koalitions- und Konfliktstrukturen zwischen Hindukusch und Himalaja ermöglichen eine sozialgeographische Bazaranalyse der größeren zentralen Orte dieses Raums. Als Ausgangspunkt bieten sich die Bazare von Gilgit an. Hier existierte bis Mitte der 1990er Jahre ein sensibles Gleichgewicht gegenseitiger Kontrolle zwischen Sunniten einerseits sowie Zwölferschiiten und Ismaeliten andererseits.

Die Frage der Segregationsmuster im Bazar ist indes nicht nur eine Angelegenheit zwischen Religionsgruppen. In auffallender Weise findet darin auch der Gegensatz zwischen den traditionellen Bevölkerungsgruppen des Karakorum-Gebirges und den in den letzten Jahren aus dem pakistanischen Gebirgsvorland eingewanderten Gruppen seinen Ausdruck. Ismaelitische und schiitische Händler geben an, dass ihnen von Militärs eine Expansion in bestimmten Bazarabschnitten untersagt oder durch überhöhte finanzielle Auflagen unmöglich gemacht worden sei. Dabei richtet sich die Kritik nicht in erster Linie gegen eine Bevorzugung sunnitischer Händler, die man ohnehin für erwiesen hält, als vielmehr gegen eine allgemeine Bevormundung.

Zusammenfassend kann festgehalten werden, dass niemand in Gilgit oder aus dem unmittelbaren Umland das Angebot des übergroßen Bazars benötigt. Von rein wirtschaftlichen Gesichtspunkten aus betrachtet, ist der Bazar eindeutig zu groß. Nicht zu vernachlässigen ist jedoch der unübersehbare ethno-strategische Wert des „Flaggezeigens" durch die Bazargeschäftsgründungen in den wichtigsten Migrationszielpunkten.

Am Beispiel der Bazare von Gilgit wird – wie an kaum einer anderen Stelle zwischen Hindukusch und Himalaja – deutlich, wie vergleichsweise gering der Einfluss rein ökonomischer Steuerungsfaktoren auf die Entwicklung der jungen städtischen Zentren ist und wie stark demgegenüber Steuerungsmechanismen sind, die ihre Wirkungskraft aus den spezifischen Migrations- und Segregationsmustern eines ethno-religiösen ausgesprochen heterogenen Umlands ziehen.

[1] zur genauen Lage von Gilgit siehe auch den Beitrag Dittmann / Ehlers in diesem Band, Abb. 2

[2] Um eine größtmögliche Übersichtlichkeit zu gewährleisten, wird die tatsächliche Anzahl von Ladenbesitzern pro Teilbazar nicht berücksichtigt.

Literatur

DITTMANN, A. (1998): Raum und Ethnizität: Konfliktfelder und Koalitionen in multiethnischen Bazaren Nordpakistans. – In: GRUGEL, A. / SCHRÖDER, I. W. (Hrsg.): Grenzziehungen. Zur Konstruktion ethnischer Identitäten in der Arena sozio-politischer Konflikte. – Frankfurt/Main. 45-78.

KREUTZMANN, H. (1995): Sprachenvielfalt und regionale Differenzierung von Glaubensgemeinschaften im Hindukusch-Karakorum. – In: Erdkunde 49. – 106-121.

SÖKEFELD, M. (1998): „The People who really belong to Gilgit" – Theoretical and Ethnographical Perspectives on Identity and Conflict. – In: STELLRECHT, I. / BOHLE, H.-G. (eds.): Transformation of Social and Economic Relationships in Northern Pakistan. (= Culture Area Karakorum Scientific Studies, 5). – Köln. 93-224.

Karin VORAUER-MISCHER (Wien)

Regionalpolitik und demographische Entwicklung
Zum Stellenwert der Demographie in der österreichischen „Alpenpolitik"

1 Vorbemerkung

Welcher Stellenwert kommt der *Demographie in der österreichischen „Alpenpolitik"* zu? Dies ist eine notwendige Frage, denn demographische Prozesse wie Bevölkerungsrückgang, Abwanderung oder Depopulation nehmen explizit oder implizit einen zentralen Stellenwert in der Regionalpolitik ein. Die nachfolgenden Ausführungen beleuchten diesen Stellenwert näher und versuchen, eine Antwort auf die Ausgangsfrage zu geben.

2 Theoretischer Rahmen

BOESCH (1999) beantwortet die Frage nach der Bedeutung der Demographie für die Regionalpolitik unter Berufung auf GIDDENS (1984), indem er demographische Entwicklung als Teil eines rekursiven Strukturationsprozesses beschreibt. In anderen Worten: Demographische Entwicklung ist sowohl Abbild wie auch Basis regionaler Dynamik. FASSMANN (2003) fokussiert auf den Stellenwert der Demographie im Rahmen der Raumordnung und kommt zu einem ähnlichen Ergebnis: „Die Bevölkerungsentwicklung steht am Anfang und am Ende vieler raumordnungspolitischer Initiativen" (FASSMANN 2003, 62). Die Demographie gibt demzufolge die groben Leitlinien vor. Sie ortet Planungsnotwendigkeiten beispielsweise im Zusammenhang mit wachsender bzw. abnehmender Bevölkerung, Veränderung von Haushaltsgrößen oder zunehmender Überalterung. Normativer Entwurf und Implementierung entsprechender Regulative ist Aufgabe der Raumordnung. Die Demographie wird am Ende eines Planungsprozesses wieder aktiv, wenn es die Zielerreichung und die Effizienz des Mitteleinsatzes (unter anderem) anhand der tatsächlichen demographischen Entwicklung zu überprüfen gilt. Das Ausmaß der Zielerreichung entscheidet über die Anpassungsnotwendigkeiten der Planungsinstrumente (vgl. Abb. 1).

Abb. 1: Demographie und Raumordnung – Schnittstellen im Planungsprozess. (Quelle: FASSMANN 2003; eigener Entwurf)

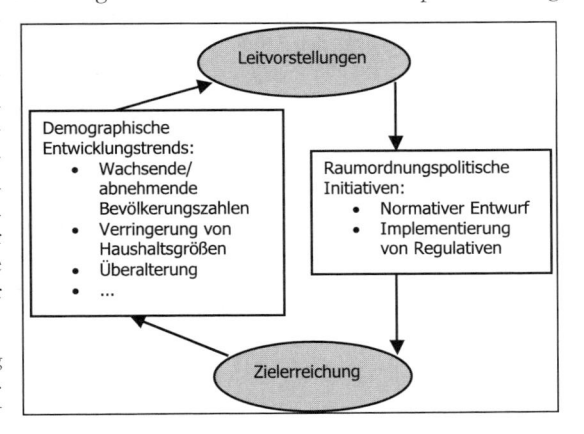

Damit ist die zentrale Fragestellung definiert. Die Frage lautet: Wie schlüssig ist dieses allgemeine Modell in seiner Anwendung auf das österreichische Beispiel?

3 Demographische Problemanalyse am Beispiel der österreichischen Alpen

Welches sind nun die planungsrelevanten demographischen Entwicklungstrends in den österreichischen Alpen? Die Antworten variieren in Abhängigkeit der Betrachtungsebene. Wird der österreichische Alpenraum in seiner Gesamtheit betrachtet, so fällt auf, dass tatsächlichen Entwicklungstrends Klischees gegenüberstehen, die sich hartnäckig halten, auch wenn sie schon lange und oft widerlegt wurden (vgl. BÄTZING 2002; BOESCH 1999). Hier seien ein paar Klarstellungen angeführt:

- Der Alpenraum ist keine Abwanderungsregion.
  Entgegen langläufiger Annahmen ist die Bevölkerungsentwicklung im österreichischen Alpenanteil insgesamt betrachtet eine dynamischere als in den außeralpinen Regionen. Dies gilt sowohl für einen Vergleichszeitraum von 100 Jahren als auch für die letzte Dekade. Während die Bevölkerungszunahme in den außeralpinen Regionen zwischen 1900 und 2001 44% und zwischen 1991 und 2001 3% betrug, lag diese in den Alpenregionen für denselben Zeitraum bei 84% bzw. 4%.

- Großfamilie und Kinderreichtum sind alpine Klischees, die als solche nicht mehr gelten.
  In den letzten Jahren ist die durchschnittliche Haushaltsgröße in den Alpen stark zurückgegangen und liegt nunmehr laut Volkszählung 2001 mit einem Wert von 2,5 nur mehr knapp über dem außeralpinen Wert von 2,3. Eindeutig ist ein Trend in Richtung Konvergenz erkennbar. Die Geburtenentwicklung, gemessen anhand der Totalen Fruchtbarkeitsrate, hat sich in der letzten Dekade ebenfalls angeglichen. Während diese 1991 in den alpinen Regionen noch 1,5 und in den außeralpinen Regionen 1,4 betrug, liegt diese mittlerweile in beiden Fällen auf dem niedrigen Niveau von 1,3. Auch der allgemeine Trend hin zu einer zunehmenden gesellschaftlichen Alterung lässt sich für die Alpen ablesen. Sowohl inner- als auch außeralpin liegt der Anteil der über 65jährigen an der Wohnbevölkerung im Jahr 2000 bei 15%.

- Die österreichischen Alpen sind nicht mehr das agrarisch geprägte Land der Bergbauern.
  Einer oft romantisierenden Vorstellung über ländlich/alpine Traditionen und Brauchtum steht eine zunehmende Verstädterung gegenüber. Der Anteil städtischer Regionen variiert in Abhängigkeit der zugrundegelegten Abgrenzungskriterien. Wird im Unterschied zum OECD-Indikator „Bevölkerungsdichte" (Verhältnis Einwohnerzahl/Fläche) die Abgrenzung von Stadtregionen anhand der Pendlerverflechtungen (Statistik Austria) vorgenommen, erhöht sich der Bevölkerungsanteil in Stadtregionen von 42% auf 58% (vgl. SCHINDEGGER et al. 1997, 45).

- Aber: Die österreichischen Alpen sind demographisch differenziert zu betrachten. Wachstum- und Stagnation treten gleichzeitig und räumlich gesehen nebeneinander auf.
  Die Betrachtung des österreichischen Alpenanteils in seiner Gesamtheit birgt natürlich auch Gefahren in sich. Das Problem der Generalisierung ist ihr inhärent, vor allem im Alpenraum, dessen Charakteristikum schlechthin eine kleinräumige

Strukturiertheit ist. Verstädterte Verdichtungsregionen mit hoher Wachstumsdynamik und Suburbanisierungsproblemen sind räumlich eng benachbart zu Regionen mit wirtschaftlicher Stagnation und Abwanderung.

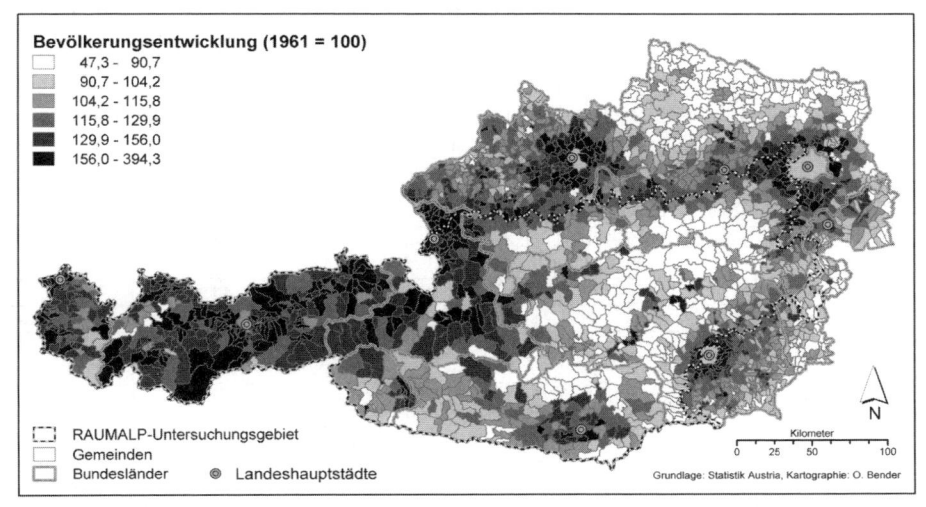

Abb. 2: Bevölkerungsentwicklung 1991 bis 2001

Diese kleinräumigen Disparitäten, denen in zahlreichen Studien eher eine Verschärfung als Abnahme prognostiziert wird (vgl. SCHINDEGGER 1997; BOESCH 1999), werden in den österreichischen Alpen durch ein ausgeprägtes West-Ost-Gefälle in der Entwicklungsdynamik überlagert (vgl. BRAUMANN 2003, 129). Die Ursachen sind vielschichtig. Vor allem die politischen Veränderungen im Zuge der beiden Weltkriege wirken bis heute in der österreichischen Raumstruktur nach. Zerfall der Monarchie (I. Weltkrieg) und die Zweiteilung Europas mit dem Ausbau des Eisernen Vorhangs an der Außengrenze Ostösterreichs (nach dem II. Weltkrieg) führten zu einer Verlagerung wirtschaftlicher Aktivitäten Richtung Westösterreich. Insbesondere seit den 1950er Jahren verstärkte der Ausbau des Tourismus (in zunehmendem Maße in Richtung Wintertourismus) die wirtschaftliche Dynamisierung Westösterreichs. Demgegenüber kämpft die sogenannte „Muhr-Mürz-Furche" als wirtschaftliches Zentrum der Ostalpen mit Konzentration auf die eisenverarbeitende Industrie spätestens seit den 1970er Jahren mit einer wirtschaftlichen Rezession, die sich unter anderem in einem stetigen Bevölkerungsrückgang (durch Abwanderung) und zunehmender Überalterung auswirkt. So hat beispielsweise die Gemeinde Eisenerz mit dem Erzberg als markantem Symbol der Rohstoffgewinnung zwischen 1950 und 2001 mit einem Rückgang der Bevölkerung von 12.900 auf 6.600 fast die Hälfte ihrer Einwohner verloren.

Das markante West-Ost-Gefälle wird überlagert durch den allgemeinen, d. h. nicht alpenspezifischen Trend der Urbanisierung– und Suburbanisierungsprozesse. Deutlich treten räumlich zusammenhängende Muster starker Bevölkerungszunahmen im Umland der Zentren, wie Innsbruck, Bregenz, Klagenfurt, Villach, Graz und Salzburg, hervor.

Auch auf der Betrachtungsebene der Bundesländer spiegelt sich das Ost-West-Gefälle deutlich wider (vgl. Tab. 1). Die Steiermark, das Burgenland, Kärnten und Niederösterreich verzeichnen deutliche Hinweise der Depopulation Vor allem jüngere Altersgruppen wandern ab, und der Fertilitätsrückgang ist teilweise drastisch. Die Totale Fertilitätsrate ist beispielsweise in der Steiermark 2001 auf den historischen Tiefstand von 1,1 gesunken. Als Konsequenz ist in den nächsten Jahren mit einer massiven Alterung zu rechnen. Anders stellt sich die Situation in Westösterreich dar: Geringe Abwanderung und eine immer noch höhere Fertilität sind der Grund für beachtliche Bevölkerungszuwächse von bis zu sieben Prozent (Tirol) zwischen 1991 und 2001. Die Altersstruktur ist damit deutlich jünger. So steht beispielsweise Vorarlberg mit einem Anteil von zwölf Prozent an über 65jährigen der Steiermark mit einem Wert von 17% für dieselbe Altersgruppe gegenüber.

	Bevölkerungsveränderung 1991 bis 2001 (in %)	TFR 1991	TFR 2001	> 65 Jahre 2001 (in %)
Steiermark	- 1,5	1,45	1,10	17
Burgenland	+ 1,2	1,40	1,20	18
Kärnten	+ 2,4	1,48	1,20	16
Niederösterreich	+ 2,4	1,65	1,42	16
Oberösterreich	+ 3,9	1,63	1,43	16
Salzburg	+ 6,6	1,46	1,34	14
Tirol	+ 6,9	1,56	1,39	13
Vorarlberg	+ 6,1	1,65	1,43	12

Tab. 1: Wichtige demographische Indikatoren auf Bundesländerebene. (Quelle: Statistik Austria; eigene Berechnungen)

4 Leitvorstellungen und regionalpolitische Ziele

Die differenzierten demographischen Entwicklungsverläufe in den österreichischen Alpen implizieren differenzierte Handlungsnotwendigkeiten. Um diese Handlungsnotwenigkeiten in konkrete Handlungsziele übersetzen zu können, bedarf es jedoch vorweg übergeordneter Leitvorstellungen gewünschter Entwicklungen. Allgemeine und spezifische Leitvorstellungen finden sich in vielen einschlägigen Dokumenten der Raumordnung und Regionalpolitik. Für den österreichischen Alpenraum ist das Europäische Raumentwicklungskonzept (EUREK), die Alpenkonvention und das Österreichischen Raumentwicklungskonzept (ÖREK) von besonderer Bedeutung. Erkennen diese die Bedeutung der Demographie?

4.1 Leitvorstellungen und Ziele des Europäischen Raumentwicklungskonzepts

Dem EUREK, das im Mai 1999 in Potsdam von den für Raumordnung zuständigen Ministern und der Europäischen Kommission unterzeichnet wurde, ging ein über zehn Jahre währender Diskussionsprozess voraus. Es ist das erste Dokument, das einen politischen Rahmen für eine bessere Zusammenarbeit zwischen den gemeinschaftlichen Fachpolitiken mit hoher Raumwirksamkeit untereinander sowie mit den Mitgliedstaaten, ihren Regionen und Städten vorsieht. Das EUREK ist als ein sehr allgemeines Konsenspapier zwischen den Mitgliedstaaten der EU und der Europäischen Kommission zu verstehen. Es ist für die Mitgliedstaaten rechtlich nicht bindend, sondern gibt nur einen groben Entwicklungsrahmen vor. Aus den drei übergeordneten raumentwicklungspolitischen Leitbildern – der Entwicklung eines ausgewogenen und polyzentrischen Städtesystems und einer neuen Beziehung zwischen Stadt und

Land, der Sicherung eines gleichwertigen Zugangs zu Infrastruktur und Wissen sowie einer nachhaltigen Entwicklung, einem intelligenten Management und Schutz von Natur und Kulturerbe – werden insgesamt 13 sehr allgemeine Ziele formuliert, wie beispielsweise die Verbesserung der Verkehrsanbindung, die Erhaltung bzw. Schaffung eigenständiger, vielfältiger und leistungsfähiger ländlicher Räume oder der kreative Umgang mit Kulturlandschaft und Kulturerbe (EUROPÄISCHE KOMMISSION 1999, 11ff). Die Bevölkerungsentwicklung wird dabei nicht explizit angesprochen.

Als Umsetzungsinstrumentarium wurde im Rahmen der Gemeinschaftsinitiative INTERREG III die Ausrichtung B eingerichtet, innerhalb der explizit Programme transnationaler Zusammenarbeit aufbauend auf die Leit- und Zielvorstellungen des EUREK gefördert werden. Zu diesem Zweck wurden ausgewählte staatenübergreifende Förderregionen abgegrenzt. Eine dieser Großregionen ist der sehr weit gefasste Alpenraum. Damit scheint der Alpenraum erstmals als eine förderwürdige Raumkategorie auf.

4.2 Leitvorstellungen und Ziele der Alpenkonvention

Die Alpenkonvention ist das erste Vertragswerk, das sich gezielt dem Alpenraum widmet. Im Jahr 1991 wurde diese von sechs der insgesamt acht Alpenanrainerstaaten und der EU unterschrieben, und nachdem sie in Deutschland, Liechtenstein und Österreich ratifiziert wurde, trat sie 1995 in Kraft. Als übergeordnete Ziele werden der langfristige Schutz der natürlichen Ökosysteme, die nachhaltige Entwicklung in den Alpen und der Schutz der wirtschaftlichen und kulturellen Interessen der ansässigen Bevölkerung formuliert (vgl. ÖSTERREICHISCHER ALPENVEREIN 2002, 12ff). Der Bevölkerung kommt damit eine zentrale Bedeutung zu.

Die Alpenkonvention stellt für sich jedoch nur eine Rahmenkonvention dar. Wichtiger in Bezug auf die Umsetzung sind die zwölf sogenannten Durchführungsprotokolle. Acht Protokolle liegen bereits vor – unter anderem zum Bereich „Raumplanung und nachhaltige Entwicklung", „Tourismus und Freizeit", „Verkehr" oder „Berglandwirtschaft". Vorgesehen ist unter anderem auch ein Protokoll zum Bereich „Bevölkerung und Kultur". Dieses ist jedoch immer noch ausständig. Interessanterweise gestaltet sich der Entstehungsprozess hier schwierig – zu unterschiedlich sind die Interessen und zu unklar die begrifflichen Abgrenzungen. Als zeitlicher Horizont wird eine Protokollausarbeitung bis zur nächsten Alpenkonferenz im Jahr 2004 in Aussicht gestellt. Die fehlende Umsetzung der inhaltlichen Vorgaben der Alpenkonvention und ihrer Protokolle über geeignete Projekte ist deshalb als grundsätzliches Manko herauszustellen.

4.3 Leitvorstellungen und Ziel des Österreichischen Raumentwicklungskonzepts

Das ÖREK bildet einen Rahmenplan auf gesamtstaatlicher Ebene mit Leitbildfunktion. Es stellt ein Konsensprodukt aller Bundesministerien, der Länder, des Städte- und Gemeindebunds dar, hat Empfehlungscharakter und ist nicht verbindlich. Das aktuelle ÖREK aus dem Jahre 2001 (1981 wurde das erste und 1991 des zweite Raumordnungskonzept fertiggestellt) bekennt sich zu den Leitvorstellungen des EUREK (vgl. oben) und ordnet die abgeleiteten Ziele und Strategien den sechs Themenfeldern „Standort Österreich in Europa", „Ressourcen nachhaltig nutzen", „Räumlicher Ausgleich und soziale Infrastruktur", „Mobilität und Verkehr", „Städtische Regionen" und „Ländliche Regionen" zu (vgl. ÖSTERREICHISCHE RAUMORDNUNGSKONFERENZ 2001, 34ff). Die Bevölkerung wird dabei nie direkt angesprochen, sondern nur indirekt im Rahmen der Schwerpunktthemen „Ressourcen nachhaltig nutzen" und „Mobilität und Verkehr", wo die Erhaltung bzw. Erreichung einer ausreichenden Bevölkerungsdichte innerhalb einer ressourcenschonenden Siedlungsentwicklung als wichtig erachtet wird. Dies vor allem deshalb, um in weiterer Folge eine Sicherstellung der Versorgung mit sozialer und technischer Infrastruktur zu gewährleisten.

Insgesamt kann in Bezug auf die drei Dokumente EUREK, Alpenkonvention und ÖREK festgehalten werden, dass explizite demographische Ziele verloren gehen. Ähnlich geht es der Adressierung der Alpen als regionalpolitischem Interventionsgegenstand. Wenn die Alpen als Raumkategorie angesprochen werden, dann entweder vollkommen undifferenziert (EUREK) oder ohne differenzierte Umsetzungsinstrumentarien (Alpenkonvention).

5 Zielerreichung – Rückwirkung auf die Bevölkerungsentwicklung

In ähnlicher Weise wie bei der Zielformulierung ist auch bei der Zielerreichung wieder die Frage zu stellen: Gibt es eine demographische Erfolgskontrolle? Und auch hier kann wieder die Antwort gegeben werden: Nicht direkt, sondern lediglich indirekt. So erwartet man im Zuge wirtschaftlicher Prosperität indirekt auch ein Bevölkerungswachstum oder erhofft sich von einer Verringerung der Arbeitslosigkeit indirekt auch einen Stopp der Abwanderung. Wesentliche Steuerungsfaktoren der demographischen Entwicklung in einem sehr komplexen Ursache-Wirkungsgefüge bleiben damit auf weiten Strecken vollkommen ausgeblendet. Es wird offensichtlich die schlichte Gleichsetzung von „mehr Arbeitsplätze ergibt mehr Wohnbevölkerung" unterstellt. Das mag auf den ersten Blick plausibel erscheinen, ist jedoch bei genauerer Betrachtung zu differenzieren.

Die Ergebnisse einer Untersuchung in insgesamt sechs österreichischen Alpengemeinden zum Thema „Demographische Entwicklung und lokale Handlungsstrategien"[1] zeigen sehr deutlich, dass die Bevölkerungsentwicklung auf der Ebene der Gemeinden nicht ausschließlich als Funktion der wirtschaftlichen Prosperität zu sehen ist. Der Zusammenhang ist komplexer.

Gefragt wurde im Rahmen von Experteninterviews mit lokalen Entscheidungsträgern nach den lokalen Handlungsstrategien in Abhängigkeit stagnierender, wachsender bzw. abnehmender Einwohnerzahlen. Das Ergebnis ist eindeutig: Aktive Bevölkerungspolitik ist auch auf der lokalen Ebene kein Thema. In keiner der sechs Auswahlgemeinden werden direkte bevölkerungspolitische Maßnahmen ergriffen. Zu verstehen wären darunter z. B. Geburtenprämien, der Ausbau von Kinderbetreuungsangeboten, aber auch wohnungspolitische Ansätze. Der Schwerpunkt liegt in allen Gemeinden auf dem Versuch der Schaffung von Arbeitsplätzen, d. h. dem Versuch, Gewerbe anzusiedeln oder den Tourismus auszubauen.

Das ist verwunderlich, denn gerade die Wohnungsmarktpolitik erweist sich in der Analyse als die zentrale Steuerungsgröße für die lokale Bevölkerungsentwicklung. Wenn eine Gemeinde günstige Wohnmöglichkeiten offeriert (z. B. Vergünstigungen bei der Schaffung von Eigentum, Startwohnungen für junge Familien oder zur Verfügungstellung günstiger Gemeindewohnungen) und soziale Infrastruktur, vor allem im Bereich der Kinderbetreuung, bereitstellt, dann nehmen Zuwanderer und Einheimische auch längere Pendelwege zu den Arbeitsplätzen in Kauf. Die Gemeinde Virgen in Osttirol konnte durch aktive Wohnungsmarktpolitik eine entsprechende Stimulierung ihrer Bevölkerungsentwicklung erreichen, obwohl Osttirol nicht zu den wirtschaftlichen Wachstumspolen Österreichs zählt. Andere Gemeinden, wie Eisenerz in der Obersteiermark – jahrzehntelang abhängig vom Erzbau –, könnten diese Politik vielleicht ebenso betreiben, wenn diese eine aktive Wohnungsmarktpolitik als Instrument der Bevölkerungspolitik erkennten und auch gestalten könnten. Aufgrund leerer Gemeindekassen kann Eisenerz auf die anhaltende Abwanderung – die Bevölkerung ist seit 1950 um die Hälfte zurückgegangen – nur mit Readjustierung sozialer Infrastruktur, wie Zusammenlegung bzw. Schließung von Volksschulen und Kindergärten, reagieren.

6 Schlussfolgerungen

Im vorliegenden Beitrag wurde der Frage nach den Schnittstellen zwischen Demographie und Raumordnung im Planungsprozess – von der Problemanalyse über die Formulierung von Leitvorstellungen und regionalpolitischen Zielen bis hin zur Zielerreichung – nachgegangen. Die Antwort fällt eindeutig aus: Während die Demographe bei der Problemanalyse noch einen zentralen Stellenwert einnimmt, verliert sie in den darauf folgenden Planungsphasen an Bedeutung bzw. wird überhaupt nur mehr indirekt wahrgenommen. Eine aktive Bevölkerungspolitik existiert weder auf nationaler, regionaler noch lokaler Ebene. Gleichzeitig zeigen die Ergebnisse der Untersuchung zu den lokalen Handlungsstrategien im Konnex mit der Bevölkerungsentwicklung, dass der lokale Wohnungsmarkt den entscheidenden Steuerungsfaktor in Bezug auf Verbleib bzw. Abwanderung in/aus der Gemeinde darstellt.

Damit können im wesentlichen zwei Schlussfolgerungen abgeleitet werden:

- Versteht sich die Regionalpolitik als ein Politikbereich, der die gegebene regionale Struktur erhält, entwickelt oder auch konserviert, dann sind demographische Ziele explizit zu machen und die ökonomisch orientierten Maßnahmen auch um bevölkerungspolitische (im weiteren Sinne) zu erweitern. Das Ziel muss dabei u. a. die Schaffung von wohnungsbezogener Attraktivität und der Ausbau der sozialen Infrastruktur, vor allem im Kinderbetreuungsbereich, sein. Der Versuch der Schaffung von Arbeitsplätzen kann nicht die alleinige Strategie darstellen. Die Möglichkeiten sind dabei vielfältig. Sie reichen von einer Staffelung der Förderung nach regionalen Problemsituationen in der Wohnbaupolitik bis hin zur Erhaltung von Schulen, Krankenhäusern oder Kindergärten – auch bei unterkritischer Auslastung – in der sozialen Infrastrukturpolitik. Ein wesentlicher Vorteil dieser Art der Förderung liegt darin, dass sie direkt wirksam werden kann und nicht – wie die Erfahrungen aus der Betriebsansiedelungspolitik zeigen – durch Marktmechanismen umgelenkt wird.
- Versteht sich die Regionalpolitik hingegen lediglich als Politikbereich der Krisenintervention, dann ist die Aufgabenstellung eine andere. Sie reduziert sich dann auf die Hilfestellung bei Naturkatastrophen, auf die Abfederung der Folgen von Depopulation und Alterung und auf die Erstellung von Konzepten des Rückbaus in Entleerungsgebieten. Dass damit der politische Stellenwert der Regionalpolitik sinkt und diese nur mehr die undankbare Aufgabe der Symptombehandlung und Schmerzlinderung wahrzunehmen hat, ist eine zwangsläufige Konsequenz.

[1] Die Ausführungen basieren auf den Ergebnissen des interdisziplinären Forschungsprojekts „RAUMALP – Raumstrukturelle Probleme im Alpenraum", das am Institut für Stadt- und Regionalforschung an der Österreichischen Akademie der Wissenschaften unter der Leitung von Prof. Dr. Axel Borsdorf koordiniert wird (*http://www.oeaw.ac.at/isr/raumalp/*).

Literatur

BÄTZING, W. (2002): Die aktuelle Veränderungen von Umwelt, Wirtschaft, Gesellschaft und Bevölkerung in den Alpen. – Berlin.
BOESCH, M. (1999): Demographische und sozioökonomische Transformation im Alpenraum. SLF-WSL-Symposium Alpenforschung 27./28. 10. 1999. *http://www.fwr.unisg.ch/org/fwr/web.nsf/SysWebRessources/wsl99/$FILE/wsl99.pdf*
EUROPÄISCHE KOMMISSION (Hrsg.) (1999): EUREK – Europäisches Raumentwicklungskonzept. Auf dem Wege zu einer ausgewogenen und nachhaltigen Entwicklung der Europäischen Union. – Luxemburg.
BRAUMANN, C. (2003): Raumplanung im österreichischen Alpenraum. Maßnahmen am Beispiel des Landes Salzburg. – In: AKADEMIE FÜR RAUMFORSCHUNG UND LANDESPLANUNG (ARL) (Hrsg.): Raumordnung im Alpenraum. – Hannover. 129-137.
FASSMANN, H. (2003): Demografie und Raumordnung – zum Verhältnis zweier benachbarter Disziplinen. – In: ÖSTERREICHISCHE RAUMORDNUNGSKONFERENZ (ÖROK) (Hrsg.): Raumordnung im Umbruch – Herausforderungen, Konflikte, Veränderungen. Festschrift für Eduard Kunze. (= Sonderserie Raum & Region, 1). – Wien. 60-65.
GIDDENS, A. (1984): Die Konstitution der Gesellschaft. Grundzüge einer Theorie der Strukturierung. – Frankfurt/Main.
ÖSTERREICHISCHER ALPENVEREIN (Hrsg.) (2002): Vademecum Alpenkonvention. – Innsbruck.
ÖSTERREICHISCHE RAUMORDNUNGSKONFERENZ (ÖROK) (Hrsg.) (2001): Österreichisches Raumentwicklungskonzept 2001. – Wien.
SCHINDEGGER, F. et al. (1997): Regionalentwicklung im Alpenraum. Vorschläge für die Behandlung des Alpenraumes im Rahmen der europäischen Raumentwicklungspolitik. (= Schriften zur Regionalpolitik und Raumordnung, 31). – Wien.

Peter JURCZEK (Chemnitz) und Perttu VARTIAINEN (Joensuu)

Leitthema C4 – Grenzen, Sprachen und Kulturen

Bei diesem Leitthema wird davon ausgegangen, dass Gebirge in der Regel Grenzräume von Staaten sind, deren Peripherie sie meistens darstellen. In der Regel dominieren kleinteilige, vielfältige Strukturen (Sprache, Kultur, Identität). Außerdem sind signifikante Unterschiede zwischen formellen und informellen Grenzen festzustellen. Schließlich gibt es jedoch auch Erfolg versprechende Chancen zur grenzüberschreitenden Entwicklung und Kooperation.

Auf diesem Hintergrund ist die Leitthemensitzung organisiert und durchgeführt worden. Zudem ist ein aktueller Bezugspunkt zu nennen, der bei der inhaltlichen Gestaltung ebenfalls eine gewisse Rolle gespielt hat: der Beitritt von zehn weiteren Staaten zur Europäischen Union am 1. Mai 2004. Dadurch werden eine zunehmende Integration innerhalb unseres Kontinents und erhebliche Veränderungen sowohl in den neuen als auch in den bisherigen EU-Mitgliedsländern erwartet. Insofern ist eine Thematik aufgegriffen worden, die gleichermaßen praxisbezogene Elemente enthält. Allerdings geht es in diesem Fall weniger um die Vorstellung von Ergebnissen funktionaler Analysen oder der handlungsorientierten Politikberatung. Vielmehr stehen Ausführungen zu den Vorstellungsbildern von Grenzräumen, zu den naturräumlichen und soziokulturellen Grenzen sowie deren Überwindung und nicht zuletzt zur kleinteiligen Vielfalt von Grenzregionen im Vordergrund des Interesses. Das heißt, es wird primär auf die natürliche, historische, kulturelle und soziale Dimension von Grenzgebieten eingegangen; wobei die Alpenregionen einen besonderen Stellenwert einnehmen.

In seinem Grundsatzreferat geht Henk van Houtum zunächst auf einige grundlegende Überlegungen zum Schwerpunktthema und dabei insbesondere auf die skizzierten inhaltlichen Eckpunkte ein. In diesem Zusammenhang versucht er, allgemein gültige Aussagen zu den Grenzen, Sprachen und Kulturen in den europäischen Grenzräumen zusammenzutragen, die daraus resultierenden Probleme darzustellen und einige Lösungsansätze aufzuzeigen. Eine grundlegende Erkenntnis ist die, dass Grenzen letztlich von den Menschen „gemacht" werden; sowohl die administrativen Grenzen auf rechtsverbindlicher Grundlage als auch die „weichen" Grenzen auf der Basis von kulturellen bzw. speziell sprachlichen Gegebenheiten.

Walter Leimgruber setzt sich mit der „Dynamik der grenzüberschreitenden Zusammenarbeit der Schweiz mit ihren Nachbarländern" auseinander, indem er die Entwicklung seit den 1950er Jahren nachzeichnet. Dabei beleuchtet er die Gemeinsamkeiten und Unterschiede der Grenzräume in den Gebirgen der Schweiz zu Italien, Frankreich, Deutschland und Österreich. Auch in diesem Fall stehen kulturelle, insbesondere sprachliche Aspekte im Vordergrund, die durch ökonomische, administrative und sonstige Bezüge ergänzt werden. Außerdem geht er auf die grenzüberschreitenden Aktivitäten im zeitlichen Kontext ein und arbeitet die sich dabei ergebenden Veränderungen heraus.

Andrea Kofler beschäftigt sich ausführlich mit dem Dreiländereck Italien, Österreich und Slowenien und diskutiert dabei das „Leben mit kultureller Vielfalt" im grenzüberschreitenden Kontext. Vor allem interessiert sie, wie Menschen mit immer wieder neu definierten Grenzverläufen und veränderten funktionalen Bestimmungen umzugehen gelernt haben. Abschließend wird die Frage zur Diskussion gestellt, inwiefern das Dreiländereck – ein Vermittlungsraum zwischen verschiedenen Kulturen – als Modell der europäischen Integration bewertet werden kann.

Schließlich referiert Jussi Jauhiainen über die „Baltic Sea Region", unter besonderer Berücksichtigung ihrer „Netzwerke und Innovationen". Insgesamt eignet sich dieser Beitrag für eine abschließende vergleichende Betrachtung der Grenzraumproblematik zwischen Nord- und Südeuropa. Diese beinhaltet sowohl Analogien als auch Gegensätze; das heißt, dass zum einen die Gemeinsamkeiten und zum anderen die jeweiligen Spezifika (z. B. die Herausbildung einer Euroregion auf der Mesoebene) im Vordergrund stehen.

Im Rahmen der Vorträge und anschließenden Diskussionen haben sich interessante Hinweise und Interpretationen ergeben. Zunächst einmal ist festzuhalten, dass sich die Beiträge sowohl nach ihrem räumlichen Maßstab als auch nach ihren Inhalten unterscheiden. Dabei reicht das Spektrum von der kleinräumigen Darstellung des Alltagslebens bis zur Vorstellung neuer geopolitischer Mesoregionen. Diese Vielfalt reflektiert das breite Interesse nicht nur von Fachwissenschaftlern, sondern auch von verschiedenen gesellschaftlichen Akteuren, die sich mit dieser Thematik auseinandersetzen. Außerdem ist festzustellen, dass „Border Studies" mittlerweile ein interdisziplinäres Forschungsgebiet mit eigenen theoretischen Ansätzen, Netzwerken und Fachveranstaltungen geworden sind.

Weiterhin können Grenzen, wie Walter Leimgruber formuliert, sowohl auf Trennung als auch auf Kontakt angelegt sein. In der heutigen Raumordnungspolitik dominiert der auf Kommunikation ausgerichtete Aspekt. Das „Europa der Regionen" ist schließlich in den 1980er Jahren an den Binnengrenzen der Europäischen Gemeinschaft (und der Schweiz) und – im darauf folgenden Jahrzehnt – auch in deren neuen Mitgliedsstaaten (wie Finnland) und an deren Außengrenzen zum Schlagwort geworden. Dabei stellt der Ostseeraum einen Zusammenschluss verschiedener Typen grenzüberschreitender Regionen innerhalb und außerhalb der Europäischen Union dar.

Dieser ist auch ein Projekt für neue transnationale Netzwerke und Innovationen, das seine Berechtigung einerseits aus der gemeinsamen Geschichte ableitet. Andererseits soll dieses Vorhaben in der Zukunft als „postmoderne Utopie" ausgebaut werden. Wie Jussi Jauhiainen zeigt, präsentiert sich der Ostseeraum derzeit als eine Region, die von spezifischen Interessensgruppen geprägt wird. Nicht nur Politiker und andere gesellschaftliche Gruppen, sondern auch zahlreiche Fachwissenschaftler sind von diesem Projekt – ebenso wie von vergleichbaren Maßnahmen dieser Art in anderen Teilen Europas – offensichtlich begeistert. Allerdings gibt es erst einige wenige empirische Studien in diesem Bereich, die methodisch fundiert erscheinen.

Der Beitrag von Andrea Kofler geht von einem etwas anderen Gesichtspunkt aus, der die kleinteilige Vielfalt an Kulturen, Sprachen und Identitäten in Grenzräumen auf empirische Weise reflektieren will. In ihrem Untersuchungsgebiet treffen wir auf einzigartige politische, kulturelle und ökonomische Kontinuitäten und Veränderungen. Nachhaltig haben sich auch die jeweiligen politischen Veränderungen und deren Folgen ausgewirkt; und das sowohl in räumlicher als auch in zeitlicher Hinsicht. Die Herausbildung grenzüberschreitender Mosaike und daraus resultierende Vernetzungen scheinen eine Gemeinsamkeit im Europa des 21. Jahrhunderts zu sein.

Henk van **HOUTUM** (Nijmegen)

Borders of Comfort:
Spatial Economic Bordering Processes in the European Union (EU)[1]

1 Introduction

The state governments of the EU have agreed to relax the internal borders between the member states in order to further economic growth for the Union as a whole. The integration process is meant to create a unified *economic* space across the member states. Here state borders are viewed as ‚breaking' and fragmenting economic space and thereby interrupting the potential network of market areas. Borders cause non-linear discontinuities in the cross-border flows of goods and services, and in the mobility of capital and labour by raising accessibility costs. In contrast, the making of a United European ‚place' is associated with concepts such as the ‚Single European Market', the ‚Internal Market', ‚Borderless Europe', a ‚Europe of the Regions', ‚Economic and Monetary Union', and so forth. Funding programmes are set up to make a reality of these imaginaries of spatial unification, focussing in particular on the enhancement of cross-border harmonization, cohesion and development, in initiatives like *Interreg*, for example, which funds cross-border networking between actors in border regions. Currently the key word in the policy documents is *solidarity* (EUROPEAN COMMISSION 2000). The success of European spatial policy is seen to depend on solid partnerships and solidarity among the richer and poorer member-states and regions of the EU. Economic and geographical studies of the EU integration process mostly argue that borders impede the free movement of information and activities, and hence should be seen as physical and institutional obstructions to smooth transfers which would result in higher levels of transnational integration and welfare (EUROPEAN COMMISSION 1988). Studies focusing on the obstructive effects of borders are often concerned with strategies for ‚overcoming' borders (HOUTUM 2000). In short, the words ‚border' and ‚barrier' have become interchangeable in most of the economic and geographical discourse on European integration.

However, the flipside of ‚border as barrier' is of course the border as a means of protection for a territorialized economy. Borders are also a means and symbol of place-making. Despite, or indeed perhaps because of, the EU integration discourse, the issue of the territorial demarcation of economic interests has in fact become more prominent. The integration discourse is not merely ‚led from above' by the EU's central institutions, it is also initiated and shaped by and in the member states. In a way, as MILWARD (1992) has argued, the integration process has certified the existence and influence of the nation-states involved. CASTELLS (1998, 267) has put it even more bluntly: „The formation of the European Union [...] was not a process of building the European federal state of the future, but the construction of a political cartel, the Brussels cartel, in which European nation-states can still carve out, collectively, some level of sovereignty from the new global disorder, and then distribute the benefits among its members, under endlessly negotiated rules."

Especially since the late 1980s and the launching of the Single Market programme, territorial units have been (re)emphasizing the relevance of their economic existence (re)claiming space, and stressing the need for funds to restructure their own economies. Discussions of territorial sovereignty over economic affairs, and of national and regional competitiveness, marketing and identity have come to the foreground of political attention and economic debate. Economics thereby has moved into an ‚interface' between integration and differentiation. Accounts of the integration of economic flows go hand in hand with the solidification and re-bordering of territorial economies.

Yet, within economics there is surprisingly little debate about the economic reasons for the persistence of borders. Almost none of the textbooks and articles on international economics mention the words ‚border', ‚boundary' or ‚frontier'. In order to understand how a society decides what is the economically ‚optimal' degree of border permeability, we need to understand the assumed normative principles of welfare maximization and self-interest, and extend the debate in economics to encompass the social construction of bounded economies as such. Rather than merely zooming in to analyse the most efficient trade-off between the marginal costs and marginal benefits of opening borders, as dominant thinking in economics would do, we need more insight into the social processes and implications of making and reproducing borders. In this essay I argue that borders are first and foremost social phenomena. A border is not merely a line in space, it is a social process, contingent on continuous re-imagination and re-interpretation (HOUTUM / NAERSSEN 2002).

2 The Continuous Desire for Economic Borders

2.1 Fencing Wealth

The protection of the economy is a form of self-interest of a group of human beings. The stronger that protection is felt to be needed, the stronger will be the bureaucratic control of cross-border mobility. No society is able and willing to share all its wealth with others. The wish to protect and keep hold of profitable assets in a certain place prevents a truly borderless mobility of economic flows. On the other hand, no society is able to close its borders completely either. The openness of social interaction that is needed to gain wealth is inversely related to the claimed need for closure to protect that wealth. What this means is that bordered spaces are always necessarily in a state of flux, they are never constant, never fully controlled, never finished.

As a consequence, the wealth of nations can never be completely controlled, modelled or predicted, which is precisely why in political debate there is so much anxiety about the influences from ‚outside', the fluid sources of mobility beyond the control of the hierarchically organized unit itself. BAUMAN (2000) contends that we are living in a time of ‚liquid modernity'. This fluidity, however, often leads to more, not less, management. In hierarchically organized structures an increase in the volatility of the environment often leads to attempts to enhance the solidity of the unit, to control the gates and focus on the protection of the ‚core'. Politicians in such contexts generally appeal rhetorically to the ‚natural' consistency and cohesion of the bounded area in which people live. On the one hand they address the need to try to attract the ‚right' assets from outside and, on the other hand, they persist in maintaining control over future movements that are 'threatening' to erode the present wealth in the territory. This reminds us of SACK's (1986) well-known account of territoriality, in which he argues that territoriality must be seen as a *spatial strategy* focused on regulating movements of information, resources and people where borders are actively used to control, classify and communicate. Territoriality is inherently conflictual and its claiming tends to generate rival territorialities in ‚a space-filling process' (ANDERSON 2001). In principle, political categorizations of information, resources and people are a result of being able to judge and claim which space is ours, not theirs, and which space is allowed to be (temporarily) theirs as well. In terms of solidarity such categorization is always a debatable choice.

The role of borders in solidarity is to a large extent a political governance issue, for the economics of borders cannot be seen apart from politics. Governments claim territories and control over mobility. The persistence of borders is to a certain extent a conscious act of those who have an interest in maintaining sovereignty and difference. The people engaged in political activities in the territory, as well as the owners and managers of the media, have an interest in promoting territorialization. Yet, the will to control, the governing power, is not (merely) above us, it is (also) within us (FOUCAULT 1982). Producing borders of solidarity is therefore also a question of how humans conceive and reproduce themselves.

2.2 The Production of Desire

We have then to ask ourselves where the lack of solidarity derives from. In creating economic borders in exchange between people and societies, order in the distribution of wealth is assumed, with wealth being generally understood as the ability to cope successfully with the scarcity of resources. Labelling resources as ‚scarce' in economic terms means that the price of obtaining one scarce resource is higher than for other resources. Which assets are defined as scarce depends on the preferences of the economic actors involved and what they see as relevant and capable of fulfilling their desires. What is scarce and relevant for some might be irrelevant for others, and hence scarcity is contingent and contextual, not absolute. What is bordered is not wealth alone, but also solidarity, that is, the readiness to share what we have defined as wealth. The possession of scarce assets, depending on how that scarcity is constructed, generates a way to distinguish oneself socially. In a capitalist society this need to identify oneself socially often leads to tendencies of compulsive buying behaviour, invoked by fierce marketing and the construction of ‚desires'.

In his famous work *Essay Concerning Human Understanding* John LOCKE (1690) saw desire as one of the determining powers of the will of people. The basis of desire was, in his view, the feeling of uneasiness induced by the absence of some good. In our contemporary era, this concept of desire as reducing uneasiness caused by the feeling that something is missing is most dominantly and outspokenly utilized by scholars like Lacan, Deleuze and Guattari. In his thought-provoking post-Freudian analysis on the psyche, LACAN (1994) uses the concept of desire in the sense of the wish to become a ‚unified I'. His argument is that ever since separation from the (m)other and the consequent entering into the symbolic order – the order of the Law and the Name-of-the-Father – the subject is constantly seeking re-unification with its origin. The subject is trying to fill the lack, the void, of the unbordered subject, which renders him/her uneasy and brings discomfort. Interpreted differently, the subject is constantly seeking to find the borders of the self, constantly in search of identification with something to fill their existential lack. They do this by a constant comparing and confronting with the symbolic Other: ‚Man's desire is the desire of the Other' (LACAN 1994, 38, 115). Desire in Lacan's terms is hence interpersonally embedded. Bordering the other is creating oneself, to paraphrase Lacan. The Other is constitutive of the imaginary identification of a whole self. We only come to know ourselves as a self through representing the Other as distinct from ourselves. In seeking this whole self, the role of fantasy is crucial according to Lacan's theory. For

Lacan, fantasy is the ‚screen masking the void' (ZIZEK 1989, 126). The belief in a fantasy of borders produces the necessary illusion that what is lacking in one's identity is filled, that one is unified and coherent. The self perpetuates itself by unremittingly reproducing and selling the fantasy of the enclosed, bordered self, while at the same time denying that this is a fantasy.

Believing in the truthfulness of a self-devised orderly scheme of reality, with or without dependence on a significant Other, means that some of the vulnerability and doubts one lives with can be reduced. The will to control, to reduce one's doubt and vulnerability, is an act of survival, not only in physical but also in socio-psychological terms – the survival of the subject in everyday struggles for the identification of selfhood and respect. Believing in a form of rationality helps to gain some control over the complexities of life. Borders must therefore be seen as a strategic effort of fixation, of gaining control in order to achieve *ease*. They create a home for, or in, one's self. Drawing up borders is a space-fixing process which gives the impression of a physical process *as if* it concerned a physically identifiable entity with objective borders.

Put differently, borders are simulacra, to use Baudrillard's (and Deleuze's) term, representing a reality copied from a model, where the model has become unknown or maybe was never known at all. This is not to be mistaken for Plato's simulacrum (idea) which is conceptualized as inferior to the ideal form from which it is derived. Both Baudrillard's and Plato's simulacra are negatives, but a simulacrum as Baudrillard conceptualized it, does not replace reality, rather it appropriates reality in the operation of despotic overcoding. Hence, the border as a simulacrum does not hide truth, or imagine reality, it is a truth and represents a reality. Yet, it remains an appropriation of truth and reality only in the eye of the beholder. For the easiness gained by bordering one's identity is never complete. Desire has no end, for imaginations of wholeness might give one an image of oneself as distinct from another, but they never align with us perfectly. The subject might attempt to close the ‚hole in the self' through an endless, metonymic chain of complements, like the perfect house, the ideal neighbourhood, fully predictable neighbours, or a fully gated community. But that will not stop the desire. The lack in mankind's quest for the fullness of selfhood can never be filled, since that is what defines the subjective being. The unfulfilment is perpetual. DELEUZE / GUATTARI (1983) made an explicit and elaborate analysis of the perpetual link between the social and desire. They use Lacan's notion of desire as a flux, a metonymy, to describe the evolution of order in society which is always in motion, continuously in the process of formation and deformation. However, they do not accept Lacan's psycho-analytical foundations of the concept of desire and, unlike Lacan, define desire positively, not as based on a lack, but as an autonomous, intrinsically social and productive force. In their view, desire is not a fact of human nature, as Freud argues (and hence Lacan's term Anti-Oedipus), or a lack because of a separation from the (m)Other (as Lacan argues), but is instead the result of a process of continuous social codification: society is a ‚desire-machine'.

2.3 Comforting Distantiation

In economic terms the perpetual quest for fullness and ease translates into a continuous striving for and upgrading of *comfort,* a word that is derived from the Latin word *confortare* (‚to strengthen', ‚to ease'). Economics is in fact the science that fulfils itself as a study of perpetual unfulfilment. Implicitly therefore, in the economy borders are constructed to produce and protect the *comfort* that we desire for ourselves. Gaining wealth is a way of experiencing more control over the things that are happening to us. In this sense, we are our own politicians of economic space. Appropriating assets and immobilizing flows, in other words producing and demarcating economic borders, is a way of creating social and individual ease and protection. Property marks the highest level of control and easiness; and conditional exchange is the next best means of reducing uncertainties and increasing peace of mind. What is outside the borders has a higher uncertainty and is beyond immediate and rightful control. Borders stabilize expectations concerning what is outside and thereby reduce doubts, uncertainty and vulnerability. Hence, as BAUMAN (1999, 64) argues, (b)ordering is a way of leaving things out of account when planning our actions. Things are orderly, if they behave as you have expected them to. More precisely, expectations are a way of (b)ordering and ‚fixing and boxing' the dynamic other and the outside, with the intent to (b)order and position one's self and one's doubts. Drawing up economic borders is another way of saying ‚keep your distance'.

Through this mechanism of distantiation, borders enable people to construct a social focal point, a selection of social priorities. A subject living in a bordered economic place is consequently involved in a compliant act of socialization, stimulated by the commercial or political pressure of the spatially delimited interest-group. However, the constitutive other, beyond the border of oneself or of the imagined community, is present and ‚needed' by definition, for a border without ‚a beyond' would not be a border. It is through the awareness and perception of otherness, of ‚different forms of being' (REICHERT 1996, 92), that borders are produced and reproduced. The other is hence actively involved by definition. This constitutive other is not fixed either, the other is not always the same but is contingent and dispersed (FOUCAULT 1972). Hence, the ideal (b)order is always a subject of perpetual desire, it can never be realized.

The embeddedness of economic bordering processes as rooted in everyday practice and representation which are emphasized here must be contrasted with the logic of some abstract order outside or above social life, as well as with an assumed political neutrality of the economy. For (b)ordering our own *Oikos*, distantiating the other, is, as argued above, socially produced and never neutral. Borders are metonymic beliefs and as such are implicitly relational and moral.

Despite having moral sympathy for attempts and appeals to liquify modernity even further (following, for example, the postmodernist BAUMAN 2000), it seems to me that the classical belief that the desire for comfort can be optimized through the practice of spatial bordering, ordering and othering is still modern practice (HOUTUM / NAERSSEN 2002). Borders of comfort provide a mental refuge in our late-modern or postmodern world that is seemingly more and more interwoven, liquid and uncertain. Although we ‚know' that full control is an illusion, a fantasy, we still ‚believe' in the relevance and power of protection and control. The easiness people (still) apparently believe they can attain from a dichotomization between chaos and order, between what is allowed ‚inside' and what should be left ‚outside', is a persistent force that cannot be left unstudied and unexplained. As long as desire is a metonymy, and value is attached to property as a way of ordering and easing the complexity of the world, as long as sameness is negotiated and difference produced, there will be desire for borders in our economic interactions. This implies that the practice of bordering is a perpetual social process.

3 Economic Border Productions in and by the EU

3.1 The Production of the EU

The desire for comfort takes many different territorial forms in the economy. For the economy in the EU as a whole, the argument can be made that together the member states of the EU have appropriated a great deal of space by territorializing the exclusive membership of their club (MAMADOUH 2001). This space is usually claimed by the word ‚Europe'. To speak of a *European integration* process, as is often done, is however a misleading and delusive notion. It is not *European* integration but *EU* integration. To speak of ‚European integration' suggests that unity in Europe is virtually a fact and an unquestioned good, which is a technocratic and drastic oversimplification of the complex nature of Europe's geography. Moreover, the division between what is ‚European' and what is not is highly arbitrary: It is still largely based on a mental map of land situated somewhere between, and contrasted with, the discursive abstractions of the Atlantic Ocean, Africa and Asia. Europe is an idea that has become rooted in our imaginations and practices. Maps play an important role in this mental rooting process. The relativeness of *land* boundaries may help to explain what is perceived as ‚European'. To the east, Europe's borders are generally perceived as highly problematic, whereas on the southern and western side there is far less debate, at least within the EU. Much more than zones of uninhabited land, water still remains a sharp mental divider.

Inside the EU club, citizens of the member states are encouraged to network and wander around freely in order to increase comfort for all, while at the same time the entrance gates to the club are strongly patrolled. A more lively academic debate is needed on what seems to be a paradoxical use of rhetorical arguments for defending the protection of the outer borders of the EU versus the emphasis on the opening of its internal borders. Neo-liberal arguments about the benefits of free trade underpin the economic rhetoric about the EU's internal borders, whereas classical protectionist arguments are applied at its external borders. The internal market programme implies an attempt at ‚freezing' the outer borders of the EU while at the same time ‚liquifying' the inner borders. The ambiguous policy regarding import-taxes for non-EU products is a case in point. After years of strict protection of the EU economy, it has recently been decided that the outer borders of the Union will be opened for products of (former) developing countries. But again there are limits. The traditionally strong EU farmers' lobby, which has received a substantial proportion of total EU subsidies over recent decades, has succeeded in arranging a long-term transition for agricultural products. These are precisely the kind of products that are the most important export goods of the poorer countries.

3.2 National Borders as Handmaidens of (In)difference

Despite the EU rhetoric of integration, national bordering of the economy is still a remarkably persistent way of demarcating, proposing and valorizing borders. The ‚status' of the ‚national' economy is still ‚breaking news'. Statistical economic accounts still refer mainly to the *national* economy, the *national* gross product and the *national* interest rate. It thereby takes an *a priori* spatial form for granted, but also sees it as something to be preserved. There is much academic concern over the policy possibilities and need to upgrade the ‚uniqueness' and ‚competitiveness' of the self-proclaimed economic entity. Studies of theories and strategies that elevate territorial differentiation and a claimed unavoidability of upgrading territorial 'competitiveness' are among the best-sellers (PORTER 1990). Borders between economic territories are thereby constantly being produced and acclaimed. „Competing in the global economy [...] has become the everyday slogan of multinational corporation advertisers, business school managers, trendy economists and political leaders." (GROUP OF LISBON 1995, xiii). Some scholars argue that nationalism (as well as regionalism and other performances of spatial ‚place-making') could be economically beneficial in the sense that it creates security and certainty within one's own domain, thereby enhancing the possibility of active socialization within and identification with a certain space, creating trust and solidarity among its inhabitants (LEVI-FAUR 1997). Members from other national communities, especially if they have strongly differing conventions or another language, are perceived and treated differently, leading to significantly more intra-community than inter-community linkages. This leads to a ‚mental distance', to an assumed difference between inter-community and intra-community attitudes and behaviour (HOUTUM 1998; 1999). Much more than a rational costs/benefits analysis, this mental distance effect is able to explain a great deal of the centripetal orientation of entrepreneurs, even in border regions. Crossing the border then becomes a question of willingness to break with the routine patterns of uneasiness-aversion. The relevance of nationalism in economic affairs makes clear that the maintenance of national borders is dependent on ourselves and our imaginations.

3.3 Bordering ‚Economic Refugees' in and by the EU

One of the most revealing illustrations of thinking in *we*-categorizations is the policy towards ‚economic refugees' within the EU. The issue of mobile, migrant people causes a great deal of intense, sometimes phobic, political discussion in national contexts. Across the EU the temptation to spatially fix the mobile ‚others' seems to be growing. Refugees are predominantly considered as people ‚out of place' everywhere, as the intruders, the strangers. For those who propagate belief in a spatially comforting order, the mobility of these detached and unordered people is distressing and agonizing.

By entering the imagined ‚homeland' and ‚our homes', strangers are particularly in a position to make clear how the 'right' to exclude is produced and maintained. It is strangers who bring to the surface different practices of social exclusion, indifference and intolerance, which otherwise often remain hidden. Illustrative of the present climate in the EU concerning the treatment of Others is the fact that in 2002 the government of the Netherlands chose to create a separate minister for ‚Policy on Strangers and Integration', as part of the Ministry of Justice, thereby implicitly making strangers *a priori* subject to governmental criminalization. Other EU governments like those of Denmark, Italy, Austria and Spain are equally explicit and strong-minded in their negative attitude towards strangers from non-EU countries. Paradoxically, the purity-believers are not much helped by the dominant economic theory on which the internal market was founded, because dominant thinking in economics suggests that free international movement of production factors (capital, products, services and labour) maximizes efficiency. An efficient economy does not include the protection of places – it is borderless (ROBINSON 1962). Yet there is no country that allows unrestricted entry. Almost every self-proclaimed national economy is using its sovereignty to control the flow of migrants.

In general, it is easier to ship goods across a border than for people to cross it. A major difference between goods and people lies in the transfer of property rights. In the case of immigration the owner of the production factor – that is, labour – travels along with the production factor itself, thereby maintaining ownership over this production factor. ‚Human capital' can be exploited, but not legally appropriated. The difference in property rights between goods and people has consequences for the perception of degrees of freedom and control. Some foreign goods might be interpreted as competitive with the domestically produced goods, and hence might be restricted in their admittance. People who maintain their ownership over their own production factor are perceived to directly influence the imagined (id)entity of society and the production and diffusion of wealth in society.

3.4 Openness for Foreign Capital

An important exception to this conservative stance on the permeability of borders is ‚alien' people who are tourists and businesspeople who wish to spend or invest in the country (HOUTUM / NAERSSEN 2002). Such incomes are used not to inculcate national solidarity but to display success. The door is wide open for those who add comfort. This holds for people and capital from countries within as well as from outside the EU. Attracting consumption, financial, and production flows into one's territory has become a highly competitive matter. In present-day European society, marketing territory – whether a city, region or state – and enhancing the permeability of the border by tax concessions and other financial instruments has become an important 'business'. Cities are particularly perceived as ‚entrepreneurial' spatial units that ‚compete' with each other in ‚selling' their ‚products' (HARVEY 1989). One result is the purification of places and the reinvention of local myths and traditions in an attempt to stress their uniqueness (KEARNS / PHILO 1993). This practice could be referred to as the *objectification of space*, and it facilitates its exploitation, commodification, performance and marketing. The careful orchestration of the city image for both tourists and investors is meant to boost civic pride and identification with one's own city. Glossy brochures and leaflets are used to exploit the image of openness and attractiveness, contributing to the objectification of bordered spaces and the local territorialization of assets in the EU.

For instance, in Nijmegen, as in many other cities in the Netherlands, large-scale inner-city regeneration is undertaken. ‚Old' and ‚ugly' elements of the city are broken down and replaced by new and ‚attractive' symbol-boosting and image-building constructions to reinforce the position of the city on the metaphorical ‚map'. In this era of the objectification of space, the inner-city is more and more perceived as the salon of the city, a place that needs to be cleaned, polished, and beautified regularly following the latest architectural fashion and consumer lifestyles. The city of Nijmegen accompanies its inner-city purification project with a telling slogan printed on postcards and billboards: ‚Nijmegen wordt zo mooi, kom maar eens kijken' (Nijmegen is becoming so beautiful, come and have a look yourself).

Sometimes the borders of territories themselves, as physical lines on the map or in the landscape, become the subject of intense economization. The Berlin Wall, for example, has become subject to what can be called ‚place-branding'. Its geopolitical symbolic character has changed drastically in the past 40 years. In the beginning it was interpreted as an icon of ‚protection' and later became a symbol of the ‚divide' between West and East in Europe. The Brandenburg Gate is now used to symbolize the re-integrated, future-oriented city of Berlin, as well as the unification of Germany. Since its opening in December 1989, the Berlin Wall and especially the Brandenburg Gate have become places of remembrance and imagination as well as brand products to be marketed.

4 Conclusion

EU integration invokes and induces a continuous breaking up and renewal of existing power structures, thereby continuously subverting existing spatial economic orderings of property and belonging. Hence the capitalist process of integration, flanked by a visionary EU policy, must not be seen as an undifferentiated system disembodied from time and space (ANDERSON 2001). Faced with the developments of integration and the fluidity of people and goods, spatial territories increasingly emphasize their uniqueness, their own identity and contrasting differences. Some forms of cross-border mobility are subject to heavy scrutiny, mistrust and lack of solidarity, whereas imports of foreign capital and tourist spending are increasingly subject to heavy competition. In this continuous (re)production and symbolic (re)shaping of national economic (id)entity and purity, borders are designated a vigorous instrumental role. They act as a strategic means to filter, immobilize and exclude the presumably discomforting flows of goods and especially people.

The rhetoric of a ‚borderless Europe' is seriously misleading for several reasons. First, what is being referred to is not ‚Europe' but the ‚European Union'. Second, economic bordering processes are still significant *within* the EU, leading to increasing opposition between spatial expressions of territoriality at various spatial scales. And third, the Union as whole is not at all borderless, since its *external* borders have been maintained and indeed strengthened. The power of the discourse on cross-border integration and free trade is hence not only fractured by the spatial bordering of property and by belonging to the various territorial communities within the EU, it is also weakened by the policies of the EU itself with respect to defending the outer borders of its territory. The ‚fortress' of the post-war and post-wall EU, most notable vis-à-vis economic immigration policy and trade policy, is built on rather shaky ground. Contradictory arguments are used to demarcate the bordering of the Union from ‚others'.

In sum, from a spatial economic point of view, the EU's integration process is, and will continue to be, a development of mutually influencing processes of integration *and* differentiation. Given the contextuality and contingency of any process of economic ‚place making' and the defining of discomforting others, we always need to be ready to elucidate and deconstruct the constitutive, often mystified, elements of spatialization (SIDAWAY 2001). This demands a sceptical attitude towards the desire for and claims to ‚uniqueness' and ‚purity' in economic places (SIBLEY 1995). This is precisely because there is no linear or predetermined route for the (bordered spaces in the) EU to take, crucially dependent as it is on our own fantasies, narratives and imaginaries. A task for researchers is therefore to examine critically the desired borders of comfort produced in and by the EU, both in the past and in the future.

[1] shortened version of a paper published in *Regional and Federal Studies* (2002, no. 4, vol. 12, 37-58), reprinted with permission from the publisher

References

ANDERSON, J. (2001): Theorizing State Borders: Politics/Economics and Democracy in Capitalism. (= CIBR Working Papers in Border Studies). – Belfast.
BAUMAN, Z. (1999): Local Orders, Global Chaos. – In: Geographische Revue 1(1). – 64-72.

BAUMAN, Z. (2000): Liquid Modernity. – Cambridge.
CASTELLS, M. (1998): The Power of Identity. – Oxford.
DELEUZE, G. / GUATTARI, F. (1983): Anti-Oedipus: Capitalism and Schizophrenia. – Minneapolis.
EUROPEAN COMMISSION (1988): The Costs of Non-Europe, Obstacles to Transborder Business Activity. – Brussels.
EUROPEAN COMMISSION (2000): In Service of the Regions, Regional Policy. – Brussels.
FOUCAULT, M. (1972): The Archaelogy of Knowledge. – London.
FOUCAULT, M. (1982): The Subject and Power. – In: DREYFUS, H. L. / RABINOW, P. (eds.): Michel Foucault: Beyond Structuralism and Hermeneutics. – Brighton. 208-226.
HARVEY, D. (1989): From Managerialism to Entrepreneurialism: The Transformation in Urban Governance in Late Capitalism. – In: Geografiska Annaler 71(1). – 3-17.
GROUP OF LISBON (1995): The Limits to Competition. – Cambridge/Mass.
HOUTUM, H. van (1998): The Development of Cross-Border Economic Relations: A theoretical and empirical study of the influence of the state border on the development of cross-border economic relations between firms in border regions of the Netherlands and Belgium. – Tilburg.
HOUTUM, H. van (1999): Internationalisation and Mental Borders. – In: Tijdschrift voor Economische en Sociale Geografie 90(3). – 329-335.
HOUTUM, H. van (2000): An Overview of European Geographical Research on Borders and Border Regions. – In: Journal of Borderlands Studies 15(1). – 57-83.
HOUTUM, H. van / NAERSSEN, T. van (2002): Bordering, Ordering and Othering. – In: Tijdschrift voor Economische en Sociale Geografie 93. – 125-136.
KEARNS, G. / PHILO, C. (eds.) (1993): Selling Places. – Oxford.
LACAN, J. (1994): The Four Fundamental Concepts of Psychoanalysis. – London.
LEVI-FAUR, D. (1997): Economic Nationalism: From Friedrich List to Robert Reich. – In: Review of International Relations 23. – 359-370.
LOCKE, J. (1690): An Essay Concerning Human Understanding. – Oxford. [edition 1975]
MAMADOUH, V. (2001): A Place Called Europe. National Political Cultures and the Making of a New Territorial Order Known as the European Union. – In: DIJKINK, G. J. / KNIPPENBERG, H. (eds.): The Territorial Factor: Political Geography in a Globalising World. – Amsterdam. 201-224.
MILWARD, A. (1992): The European Rescue of the Nation-State. – London.
PORTER, M. (1990): The Competitive Advantage of Nations. – New York.
REICHERT, D. (1996): Räumliches Denken als Ordnen der Dinge. – In: REICHERT, D. (Hrsg.): Räumliches Denken. – Zürich. 15-45.
ROBINSON, J. (1962): Economic Philosophy. – London.
SACK, R. (1986): Human Territoriality, Its Theory and History. – Cambridge.
SIBLEY, D. (1995): Geographies of Exclusion, Society and Difference in the West. – London.
SIDAWAY, J. (2001), 'Rebuilding Bridges: A Critical Geopolitics of Iberian Transfrontier Cooperation in a European Context. – In: Environment and Planning D: Society and Space 19(6). – 743-778.
ZIZEK, S. (1989): The Sublime Object of Ideology. – London.

Walter LEIMGRUBER (Fribourg)

Von der *Regio Basiliensis* zu *Interreg*

1 Einführung

Die Schweiz ist eine Insel in der Europäischen Union, umgeben von deren Außengrenzen. Zwei grundsätzliche verschiedene Systeme treffen hier aufeinander, doch ist diese Grenze, im Gegensatz zu den anderen Außengrenzen der EU, nicht auf Trennung und Ausschließung angelegt, sondern auf Kontakt. Zu alt sind die gutnachbarlichen Beziehungen zwischen der „Insel" und ihren Nachbarstaaten, als dass historisch gewachsene Interaktionsmuster einfach durch eine Schranke unterbrochen werden könnten.

Die grenzüberschreitende Zusammenarbeit in verschiedenen Regionen der Schweiz, die vor genau 40 Jahren mit der Gründung des Vereins ‚Regio Basiliensis' begonnen hat, steht damit auf einer guten Grundlage, und ihre Zukunft ist somit gesichert.

Die nachstehenden Ausführungen wollen, ausgehend vom Fall Basel, die Entwicklung dieser Zusammenarbeit nachzeichnen und aufzeigen, wie aus einer regional besonderen Situation und einer privaten Initiative heraus ein Netz grenzüberschreitender Regionen entstanden ist. Vor allem wird dabei deutlich, dass seit dem Ende des II. Weltkriegs sehr viele Vorurteile abgebaut worden sind, Vorurteile, welche die Verbindungen normalerweise erschweren. Dieser Prozess benötigt viel Zeit und Geduld, aber auf diese Weise kommen die Partner ans Ziel.

2 Rückblick

Die regionale Zusammenarbeit über Staatsgrenzen hinweg, wie sie sich seit den 1950er Jahren angebahnt hat, ist eine Folge der schmerzlichen Erfahrungen des II. Weltkriegs. Seit 1945 haben sich die Einstellungen vor allem der Bewohner in Grenznähe gewandelt, ist eine neue, grenzüberschreitende Kultur entstanden, die das Verbindende über das Trennende stellt.

Der Weg dazu wurde, mindestens was die Schweiz betrifft, von den Geographen vorgezeichnet. Ganz kurz seien die Stadien der Pionierphase aufgezeigt:

- 1952 publizierte Hans ANNAHEIM das Schulbuch ‚Basel und seine Nachbarlandschaften', ein Geographie-Lehrmittel, das zum ersten Mal aus der nationalistischen Perspektive ausbrach und nebst dem schweizerischen Teil auch die deutsche und die französische Nachbarschaft berücksichtigte (1963 zum dritten Mal in überarbeiteter und erweiterter Form aufgelegt).
- Annaheim war auch eine der treibenden Kräfte hinter der Gründung der Zeitschrift *Regio Basiliensis* im Jahre 1959, in den ersten Jahren mit dem Untertitel ‚Hefte für jurassische und oberrheinische Landeskunde'.
- 1963 erschien ANNAHEIMs Studie über die räumliche Struktur der Basler Region, ein erster wissenschaftlicher Überblick über die Dreiländeragglomeration.

Im gleichen Jahr 1963 wurde auf privater Basis der Verein *Arbeitsgruppe Regio Basiliensis* gegründet, der sich zum Ziel setzte, die grenzüberschreitende Lösung von Regionalproblemen anzustreben. Aus dieser bescheidenen Organisation heraus entwickelte sich ein Kompetenz-Zentrum für regionale grenzüberschreitende Zusammenarbeit, das sich im Laufe der Jahrzehnte einen internationalen Ruf erwarb. Ihre vorläufige Krönung erhielt die *Regio Basiliensis* 1994, als sich Präsident Mitterand, Bundeskanzler Kohl und Bundespräsident Delamuraz aus Anlass ihres 30jährigen Bestehens in Basel zu einem ‚Dreiländergipfel' trafen.

Vierzig Jahre nach der Gründung des Vereins (durch 15 Personen!) ist die Schweiz in ein breites Netz regionaler grenzüberschreitender Zusammenarbeit eingebettet, die von den Erfahrungen am Rheinknie profitieren konnten. Zahlreiche Anstrengungen profitieren seit den 1990er Jahren von den *Interreg*-Programmen (II und III) der EU.

3 Vorstellungsbilder als Voraussetzungen für grenzüberschreitende Kontakte

Grenzen wirken tendenziell als Barrieren, und sie haben diese Rolle auch im 21. Jahrhundert noch nicht verloren. Das Beispiel der Europäischen Union ist in dieser Hinsicht einzigartig, und die Schweiz, obwohl *de jure* nicht Mitglied der EU, gehört in Bezug auf die Möglichkeiten zu Kontakten über die Landesgrenzen hinweg *de facto* doch dazu. Trotz aller Verschiedenheit teilen wir mit unseren Nachbarn eine gemeinsame europäische Kultur, die, um mit Fernand BRAUDEL (1989, 151) zu sprechen, nicht in der Einheit, sondern in der Vielzahl, in der „grundlegenden Mannigfaltigkeit" begründet liegt. Darin liegt ein gewaltiges Entwicklungspotential für menschliches Zusammenleben jenseits erstarrter nationalistischer Strukturen. Damit ein friedliches Zusammenleben und regionale grenzüberschreitende Zusammenarbeit möglich sind, muss diese Verschiedenheit wahrgenommen und als Quelle für eine friedliche und aufbauende Koexistenz genutzt werden. Die Unterschiede an sich sind objektiv, es ist jedoch die subjektive Auslegung durch die einzelnen Akteure, die darin ein positives oder negatives Potential sehen.

Wichtig sind vor allem die Vorstellungen, die sich die Menschen von dem Land und den Bewohnern jenseits der Landesgrenzen machen. Für die Schweiz war die Öffnung der Grenzen nach 1945 eine neue Erfahrung. Nachdem sie in den Kriegsjahren von der faschistischen Macht umzingelt war, verlangte die neue politische Situation ein Umdenken. Die Stereotypen, die sich im Laufe der Zeit gebildet hatten, mussten wieder korrigiert werden, und diese Korrektur fiel begreiflicherweise den Menschen leichter, die an der Grenze lebten und zum Teil über Generationen hinweg verwandtschaftliche und freundschaftliche Beziehungen unterhalten hatten.

Der Zeitraum, der uns hier interessiert, ist eine Periode des Friedens, in der die alten Vorurteile innerhalb Europas allmählich abgebaut worden sind. Sicher bestehen immer noch gewisse Ressentiments, die ab und zu sicht- oder hörbar werden, doch die allgemeine Stimmung in Europa richtet sich gegen Exponenten, die sich zwischendurch vergessen. Im Falle der Schweiz lassen sich Vorurteile gegen die Nachbarländer mindestens teilweise aus der kulturellen Minderheitensituation erklären, aber grundsätzlich sind die Vorgaben für die Zusammenarbeit an allen Landesgrenzen positiv. Umfragen, die wir im Tessin und im Raum Basel durchgeführt haben (LEIMGRUBER 1980; 1981; 1989), weisen jedenfalls darauf hin, dass eine Art regionales Zusammengehörigkeitsgefühl existiert. Im Fall der *Regio Basiliensis* (bzw. der *Regio TriRhena*, um den heute gebräuchlichen Begriff zu verwenden) ist die Situation komplexer. Hier stoßen drei Länder aufeinander, deren Bewohner im Prinzip zwar Alemannen sind und an sich die gleiche Sprache sprechen, die jedoch seit 1648 eine getrennte Geschichte durchlaufen haben. Das Elsass geriet damals unter französische Herrschaft, und die Schweiz löste sich vom Deutschen Reich. Damit waren die Voraussetzungen für eine zentripetale Entwicklung innerhalb der drei Teilregionen geschaffen, wenn auch die menschlichen Beziehungen nicht eingeschränkt wurden. Das Gefälle in der Wahrnehmung belegte die erste Untersuchung der Vorstellungsbilder im Jahre 1964 (STOLZ / WISS 1965, 53ff). Demnach blicken die Basler bzw. Nordwestschweizer dank eines beträchtlichen Selbstbewusstseins auf ihre badensischen und elsässischen Nachbarn herunter. Sie sehen sie an sich aus einer positiven Perspektive, doch ist die Einstellung etwas herablassend. Die Badener sind „leider" Deutsche, während die Elsässer als „Waggis" nicht ganz ernst genommen werden. Umgekehrt wird der Basler bzw. Nordwestschweizer von den Badensern zwar als sympathisch, aber auch als hochmütig gesehen – ein Urteil, das auch von den Elsässern geteilt wird. Die in den 1960er Jahren einsetzende deutsch-französische Verbrüderung mag zu einem Teil die relativ verhaltenen Urteile, die Badenser und Elsässer übereinander gefällt haben, erklären: Man will die negativen Stereotypen nicht allzu sehr betonen.

In den 1980er Jahren scheint sich ein ausgeglicheneres Regionalgefühl herausgebildet zu haben. Das jedenfalls lässt sich aus zwei Untersuchungen herauslesen: unserer eigenen (LEIMGRUBER 1981), die nur einen kleinen Personenkreis umfasste, und der großangelegten Studie von FICHTNER (1988), für die über 3.000 Interviews durchgeführt wurden. Die intensiven Kontakte im grenzüberschreitenden Raum, die sowohl Arbeit wie Freizeit betreffen, sowie die administrativen Lockerungen beim Grenzübertritt haben dazu geführt, dass die Grenze auch in der Wahrnehmung der Bevölkerung viel von ihrem trennenden Charakter verloren hat. Die intensive Arbeit, die von den privaten Vereinigungen (*Regio Basiliensis*, *Régio du Haut-Rhin*, *Freiburger Regio-Gesellschaft*) geleistet wurde, hat dazu in entscheidendem Maße beigetragen.

Analoge Ergebnisse haben zwei Umfragen im schweizerisch-italienischen Grenzgebiet (Mendrisiotto, Como und Varese) ergeben (LEIMGRUBER 1980; 1987), in einem Gebiet, das erst seit jüngster Zeit über eine Organisation verfügt, die sich der grenzüberschreitenden Zusammenarbeit annimmt (siehe unten). Auch hier hat sich bei aller Verschiedenheit insgesamt eine positive Grundstimmung gezeigt, die den Kontakten und der Zusammenarbeit über die Staatsgrenze hinweg förderlich ist.

4   Besonderheiten der grenzüberschreitenden Zusammenarbeit der Schweiz

Was ist das Besondere an der grenzüberschreitenden Zusammenarbeit des Binnenlandes Schweiz? Unterscheidet sie sich von anderen grenzüberschreitenden Initiativen? Oder erscheint sie nur besonders, weil sich die Schweiz selbst gerne als Sonderfall darstellt? Wir werden versuchen, einige Elemente zur Antwort auf diese Fragen zu liefern.

Die Trennwirkung überwinden ist wohl in allen Fällen das wichtigste Ziel: Grenzen sollen zwar ordnende, strukturierende Linien, nicht aber hemmende Barrieren sein. Für jeden Binnenstaat bestehen aber die gleichen Probleme: Direkter Kontakt und Austausch ist nur mit den Nachbarstaaten möglich; für alle weitergehenden Beziehungen ist er auf deren guten Willen angewiesen, ihr Territorium dafür durch- oder überqueren zu dürfen. Das gilt innerhalb Europas, innerhalb der Europäischen Union für zahlreiche Staaten, die Schweiz ist in dieser Beziehung kein Sonderfall.

Mythen und Lebensalltag in Gebirgsräumen

Grenzen trennen verschiedene soziale und politische Systeme voneinander, haben einen Einfluss auf die Wirtschaft und das Verkehrswesen, und sie wirken sich auch auf das Kulturleben aus. In der Verschiedenheit liegt jedoch das Potential, das die Grenzsituation anziehend macht. Die politischen Systeme, die an die Schweiz stossen, sind gegensätzlich: Neben den deutschen und österreichischen Föderalismus gesellt sich der französische und italienische Zentralismus, der erstere mit wenig, der letztere mit etwas mehr dezentralen Kompetenzen, und beide mit gewissen zentrifugalen Tendenzen (Korsika, Lombardei). Trotz dieser Gegensätze ist es gelungen, auf unterer Hierarchieebene grenzüberschreitende Kontakte zu knüpfen und erste Schritte der Zusammenarbeit einzuleiten. Die *Regio TriRhena* ist in dieser Hinsicht schon sehr weit vorangekommen, in den anderen Grenzregionen müssen die Fortschritte noch erdauert werden. Die Bedeutung des Faktors Zeit beim Umdenken der Menschen darf nicht unterschätzt werden.

Wenn ich von Besonderheiten rede, muss es aber doch etwas geben, das einmalig ist. Ich glaube, dass wir das einerseits in der ererbten Multikulturalität unseres Landes, andererseits im politischen System sehen können. Das erste Argument steht vielleicht auf etwas wackligen Beinen, das zweite trifft wohl eher zu.

Wenn wir von der rätoromanischen Sprachminderheit absehen, ist die Schweiz ein Land von drei Kulturen, die jeweils jenseits der Grenze nationale oder gar internationale Bedeutung aufweisen. Ich beziehe mich dabei bewusst auf die Sprache als Träger von Kultur, selbst wenn Sprachen nur einen Teilaspekt darstellen, über den aber die Kultur im weiteren Sinne kommuniziert wird. In jedem der drei Fälle erleichtert die Sprache die Verbindung nach aussen, über die Grenzen hinweg, und das ist eine wesentliche Grundbedingung für gute Nachbarschaft. Drei Sprachkulturen in einem Land – das müsste eigentlich eine zentrifugale Wirkung entfalten und zu einem Auseinanderbrechen entlang der ‚Sprachgrenzen' führen. Das Gegenteil hat sich jedoch im Laufe der Geschichte ereignet: Die sprachlichen Trennlinien sind in der Schweiz nicht allein bestimmend, sondern sie werden von anderen Linien gekreuzt (z. B. den Konfessionsgrenzen oder der zwar unscharfen, aber immer noch existierenden Grenze zwischen Stadt und Land), was ausgleichend wirkt. Auf diese Weise ist eine interne Kohäsion entstanden, die auch die grenzüberschreitenden Kontakte der einzelnen Sprachgebiete mit den jeweiligen Nachbarstaaten problemlos verkraftet. Es besteht also keine Gefahr, dass über die Kontakte zu den Nachbarn der innere Zusammenhalt gefährdet ist.

Zweifellos spielt dafür auch das politische System eine wichtige Rolle. Als föderalistischer Staat ist die Schweiz nach einem dezentralen Muster aufgebaut, und die politische Macht ist über die drei Stufen Gemeinde, Kanton und Bund verteilt. Regionale Besonderheiten können auf diese Weise gepflegt und berücksichtigt werden, ohne dass daraus Schwierigkeiten entstünden: Zentripetale und zentrifugale Elemente sind im Staatswesen enthalten. Grenzüberschreitende Kontakte sind deshalb nicht auf die zentralstaatliche Ebene (den Bund) beschränkt, sondern können auch auf der Ebene der Kantone gepflegt werden, wenn es sich um konkrete Probleme handelt, die am zweckmässigsten grenzüberschreitend gelöst werden. Es handelt sich hier um eine *bottom-up*-Philosophie, welche die übliche *top-down*-Aussenpolitik in fruchtbarer Weise ergänzt. Die Rechtsgrundlage dafür findet sich in der Bundesverfassung von 1999, wo Art. 56 bestimmt, dass die Kantone in ihren Zuständigkeitsbereichen Verträge mit dem Ausland abschliessen und mit untergeordneten ausländischen Behörden direkt verkehren können. Dass die übergeordnete Stellung des Bundes nicht beeinträchtigt werden darf, versteht sich eigentlich von selbst. In der Bundesverfassung und im Bundesgesetz über die

Mitwirkung der Kantone an der Außenpolitik des Bundes (2000) ist aber auch festgehalten, dass die Kantone an der Außenpolitik mitwirken, wenn ihre Zuständigkeiten oder wesentlichen Interessen berührt sind. Der Bund nimmt diese Verpflichtung sehr ernst und nimmt bei Verträgen mit dem Ausland auch auf die Einstellung der Kantone Rücksicht (COTTI 1997, 20).

Die konkreten Bereiche kantonaler (und kommunaler) Initiativen betreffen vor allem Infrastruktur-Aufgaben (z. B. Wasser, Abwasser, Abfallentsorgung oder Verbindungsstrassen). Es ist wichtig, dass hier – nach dem Subsidiaritätsprinzip – diejenigen Instanzen zusammenarbeiten, in deren Kompetenzbereich das jeweilige Problem fällt. Für rechtsverbindliche Abmachungen, die den Charakter eines Staatsvertrags aufweisen, sind jedoch weiterhin die Außenministerien zuständig.

5 Grenzüberschreitende Regionen: Ansätze und Fortschritte

Die Gründung der *Regio Basiliensis* hat in einem Raum stattgefunden, der aus helvetischer Sicht peripher war. Basel war damals die zweitgrößte Stadt der Schweiz, das Phänomen der Entstädterung setzte erst ab 1970 ein. Diese grenzüberschreitende Region erregte deshalb relativ wenig Aufsehen, vor allem weil Basel als ‚Tor zur Schweiz' schon immer eine gewisse Sonderstellung in der Wahrnehmung der übrigen Schweizer genoss – eine Sonderstellung, die im Bundesbrief von 1501 verankert war, in dem festgehalten wurde, dass Basel bei innereidgenössischen Streitigkeiten neutral zu sein habe. Damit war eine gewisse Trennung vorprogrammiert, und diese äußerte sich auch in der Wahrnehmung der Schweiz durch die Basler: Die Schweiz beginnt jenseits des Jura, der Basler Blick geht nach Norden.

Der Raum Basel eignete sich aus verschiedenen Gründen für eine internationale Pionierregion. Dank der gemeinsamen Sprache (dem Alemannischen) verstehen sich die Menschen im vertrauten Dialekt – mit Ausnahme derjenigen Elsässer, die aus Frankreich zugewandert sind und in der Schule sowie im täglichen Leben keinen Kontakt mit dem Elsässischen hatten. Mit dem Elsass verbindet Basel aber die Geschichte des alten Bistums Basel (der Diözese), das vor der Französischen Revolution bis in den Raum von Schlettstadt reichte. Die Stadt Basel hat zudem dank ihrer Industrie eine mächtige Sogwirkung auf die Umgebung ausgeübt, und die ursprünglich isolierten Dörfer und Städte jenseits der Landesgrenze sind Richtung Basel gewachsen. Gleichzeitig suchte (und fand) die chemische Industrie für ihre Expansion Flächen jenseits der Landesgrenze. Daraus entstand schließlich eine grenzüberschreitende Agglomeration, eine grenzübergreifende „sozio-ökonomische Region" oder „»Europas letzte Sektorenstadt« (nachdem Berlin keine mehr ist)" (HAEFLIGER 1997, 28).

Das Vorbild der *Regio Basiliensis* hat zunächst nicht besonders Schule gemacht; die Intensität der Beziehungen in den Regionen wie Genf, Tessin oder Ostschweiz war zwar nicht unbedingt sehr viel geringer, aber die Voraussetzungen für eine institutionelle Zusammenarbeit waren während vieler Jahre nicht gegeben. Immerhin sind aber seit den 1980er Jahren in zunehmendem Maße grenzüberschreitende Initiativen ergriffen worden, die mittlerweile praktisch alle Grenzregionen der Schweiz abdecken:

- Region Bodensee (1994)
- Regio Insubrica (1995)
- Regione Sempione (1996)

- Espace Montblanc (1991)
- Bassin Lémanique (1973)
- Arc Jurassien (1985)

Seit 1991 kann die Schweiz für grenzüberschreitende Projekte auch an den *Interreg*-Programmen der Europäischen Union teilnehmen.

Es war der Raum Genf, in dem dieses Vorbild zuerst einen Nachahmer fand, wobei die Beziehungen zwischen den Basler und den Genfer Geographen auch eine kleine Rolle gespielt haben dürften. Nicht zu vergessen ist, dass Genf seit jeher seinen Blick nach Savoyen hin gerichtet hat und viel weniger ins Schweizerische Mittelland. Schließlich war der Bischof von Genf bis zur Reformation geistliches Oberhaupt einer Diözese, die bis nach Annecy und Chamonix reichte. Mit den Freihandelszonen seit 1815 entstanden auch enge wirtschaftliche Beziehungen zwischen der Stadt und ihrem unmittelbaren Umland. Die *Regio Genevensis* ist deshalb in erster Linie eine Art Identitäts-Projekt und keine Institution, die ähnlich wie das Gegenstück im Oberrheingraben funktioniert.

Die einzelnen *EuroRegionen* funktionieren auf ganz unterschiedliche Weise, und selten in der gleichen Intensität wie der Basler bzw. Oberrheinraum. Am schwierigsten gestaltet sich offenbar die Zusammenarbeit in der *Regio Insubrica*, wo der Prozess relativ schleppend verläuft, behindert vor allem durch „unterschiedliche Gesetzgebung, die Nichtmitgliedschaft der Schweiz bei der EU oder die schwache Autonomie der italienischen Provinzen" (LEZZI 2000, 36). Es sind vor allem institutionelle Hindernisse, die sich erschwerend auf die Kooperation auswirken, unterschiedliche politische Kulturen; erleichtert wird sie durch die verwandtschaftlichen Beziehungen der Bewohner zu beiden Seiten sowie die engen wirtschaftlichen Verflechtungen. Die 13.499 Grenzpendler im Bezirk Mendrisio (2002), der die intensivsten Pendlerbeziehungen mit der benachbarten Lombardei unterhält, besetzten 47% aller Arbeitsplätze im südlichsten Bezirk der Schweiz. Auch hier bestehen alte kirchliche Beziehungen, denn das Tessin war Teil der Diözesen Como und Mailand. Die Region *Arc Jurassien* hingegen glänzt nicht durch intensive grenzüberschreitende Kontakte, sondern stellt viel eher eine Interessengemeinschaft geometrisch marginaler Regionen dar. Der „Kooperationswille der Franche-Comté und der Kantone Vaud, Neuchâtel, Bern und Jura" wurzelt vielmehr in „der ‚bitteren' Erkenntnis, dass der teils in Frankreich, teils in der Schweiz gelegene Arc jurassien Gefahr läuft, von den europäischen Verkehrssträngen (Eisenbahn und Autobahnen) abgekoppelt und von den umliegenden Wirtschaftszentren, wie Basel, Lausanne, Genève, Dijon oder Besançon an den Rand gedrängt zu werden." (LEZZI 2000, 41f).

Wie im Falle des Genfersees hat auch im Bodenseeraum der See zunehmend eine verbindende Rolle eingenommen, haben sich die Anrainer einander zu- statt voneinander abgewandt. Die 1972 gegründete Bodenseekonferenz mit Sitz in Konstanz, die seit 1994 über ein Statut und ein Leitbild verfügt, ist der institutionelle Ausdruck davon. Der Bodensee wird von Deutschland, Österreich und der Schweiz als gemeinsamer Besitz betrachtet und entsprechend verwaltet – dies nur ein Beispiel für den Vorrang, den gemeinschaftliche Interessen heute vor nationaler Engstirnigkeit genießen. Die einheitlichen strengen Abgaswerte für Motorboote, die 1996 erlassen wurden (LEZZI 2000, 30), zeigen dies deutlich. Von Vorteil ist im Bodenseeraum zweifellos die ähnliche politische Kultur, die Kontakte auf Regierungsebene zwischen Bundesländern und Kantonen erleichtert.

Gemeinsame Probleme finden sich auch im Programm des Dreiländerraums im Montblanc-Gebiet (*Espace Mont-Blanc*): Berglandwirtschaft und Weidewirtschaft, Natur- und Landschaftsschutz, sanfter Tourismus und Verkehrsfragen. Gerade die Überwachung der Luftqualität, die gemeinsam vorgenommen wird, ist mit der steten Zunahme des transeuropäischen Transitverkehrs zu einem wichtigen Programm geworden. Die gemeinsame Vermarktung landwirtschaftlicher Produkte auf der Website (*www.espace-mont-blanc.com/actu/produits.pdf*) ist ein weiteres Zeichen dafür, dass die Zusammenarbeit Fortschritte macht. Allerdings fehlt bis heute ein klarer rechtlicher Rahmen, weshalb die Zusammenarbeit in erster Linie informeller Art ist.

In allen *EuroRegionen* sind mit Hilfe der europäischen *Interreg*-Programme (I bis III) zahlreiche Projekte verwirklicht worden, welche die enge Verbundenheit der Schweiz mit ihren Nachbarn und die Notwendigkeit grenzüberschreitender Zusammenarbeit belegen. Die Zusammenarbeit Schweiz-Italien im *Interreg*-Programm II wurde insgesamt positiv beurteilt, wobei die gemeinsame Sprache als zentrales Element herausgestellt wird (REGIONE LOMBARDIA et al. o.J.). Verschwiegen wird dabei nicht, dass der Prozess, der mit den *Interreg*-Geldern in Gang gesetzt wird, relativ viel Zeit benötigt, da „Partner mit einem unterschiedlichen Hintergrund" zusammenarbeiten müssen (REGIONE LOMBARDIA et al. o.J., 38).

Der Kanton Graubünden arbeitet punktuell mit Österreich und Italien (Lombardei und Region Bozen) zusammen, eine eigentliche *EuroRegio* besteht aber noch nicht. Wie im Falle der *Regio Insubrica* und der *Regio Sempione* erschwert die unterschiedliche institutionelle Lage der Gebietskörperschaften in der Schweiz und Italien die Gründung einer formellen Region (Mitt. W. Castelberg, Amt für Wirtschaft und Tourismus, Chur), doch bleibt sie ein Fernziel der Zusammenarbeit. Ein Beispiel für kleinräumige grenzüberschreitende Zusammenarbeit ist das *Magische Rätische Dreieck*, in dem sich zwölf Museen im Bezirk Landeck/Oberes Gericht, im Vinschgau und im Unterengadin/Val Müstair zu einem Verbund zusammengeschlossen haben, basierend auf der gemeinsamen rätischen Vergangenheit (MAGISCHES RÄTISCHES DREIECK, Homepage).

6 Pragmatische Lösungen für den grenzüberschreitenden Tourismus

Es braucht nicht in jedem Falle eine ausgefeilte Institution, um grenzüberschreitende Aktivitäten mit einer beträchtlichen Breitenwirkung zu entwickeln. Lokale und regionale Initiativen, zum Teil auf privater Basis, können ebenfalls Mittel aus den *Interreg*-Programmen der EU beanspruchen, sofern sie den Zielen entsprechen. Derartige Beispiele sind etwa die Wintersportgebiete an der Grenze (Samnaun-Ischgl oder Silvretta, Zermatt-Cervinia, Porte du Soleil) oder das Projekt *Léman sans frontière*. Bei den Skizirkussen handelt es sich darum, den Gästen das breite Angebot von Anlagen zu beiden Seiten der Grenze zugänglich zu machen, ohne dass Grenzkontrollen in jedem Fall notwendig sind. Gerade diese Initiativen stoßen bei den Gästen auf Interesse, wie die Zahlen von Samnaun zeigen (vgl. Tab. 1). Dabei müssen die Wintersportorte nicht unbedingt von den *Interreg*-Geldern Gebrauch machen, da sie dank des Zustroms an Touristen ihre Projekte selbst finanzieren können.

Die Situation ist etwas verschieden bei der seit 1995 bestehenden Vereinigung *Léman sans frontière*. In diesem Fall arbeiten Fremdenverkehrsbüros zusammen und sorgen für eine gemeinsame Vermarktung einer begrenzten Zahl von touristischen Attraktionen, die allein sonst recht unbekannt blieben (vgl. Abb. 1). Zur Zeit sind 28 Institutionen mit 37 Einrichtungen aller Art daran beteiligt, was vermutlich die obere Grenze darstellt (ursprünglich waren lediglich 30 vorgesehen; LEIMGRUBER 1998, 12). Der grenzüberschreitende Charakter hat der Vereinigung ermöglicht, mit Hilfe von *Interreg*-Geldern eine bessere finanzielle Basis für ihre Arbeit zu erhalten.

7 Ausblick

Die grenzüberschreitenden Initiativen seitens der Schweiz beruhen einerseits auf der Binnenlage des Landes, andererseits auf der kulturellen und wirtschaftlichen Verbundenheit der einzelnen Regionen. Die Kontakte über die Grenze hinweg haben Tradition, wenn auch die politischen Ereignisse zeitweise zu Unterbrüchen geführt haben, aber erst im 20. Jahrhundert sind die politischen und wirtschaftlichen Akteure dazu übergegangen, diese Beziehungen zu institutionalisieren und verbesserte Ausgangsbedingungen (offene Grenzen, weniger Bürokratie) zu

Jahr	Sommer	Winter
1994/1995	50.059	199.462
1995/1996	46.761	210.196
1996/1997	44.487	216.883
1997/1998	50.334	244.505
1998/1999	49.786	233.132
1999/2000	53.192	253.287
2000/2001	61.132	271.638
2001/2002	56.813	266.109
2002/2003	55.109	272.936

Tab. 1 Übernachtungen im Tourismusgebiet Samnaun-Ischgl, 1994 bis 2003 (Sommersaison: erster Sonntag im Mai bis letzter Sonntag im November). (Quelle: LEIMGRUBER 1998; Mitteilung Samnaun Tourismus)

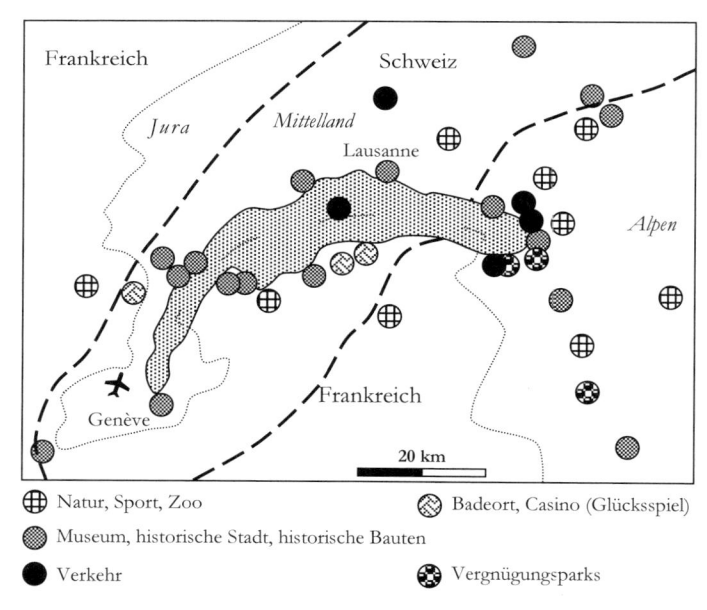

Abb. 1: Grenzüberschreitender Tourismus *Léman sans frontières*, 2003. (Quelle: LÉMAN SANS FRONTIÈRE 2003)

schaffen und dafür auch die kulturelle Seite einzusetzen. Die Schaffung von *EuroRegionen* entspricht einem Bedürfnis nach vermehrter Öffnung, nach einem Ersatz der zentripetalen durch eine zentrifugale Sicht. Wie dieser Prozess weitergehen wird, entzieht sich natürlich unserer Kenntnis. Wir müssen darauf gefasst sein, dass zu irgendeinem Zeitpunkt die Staatsgrenzen wieder an Bedeutung gewinnen könnten – LISSANDRELLO (2003, 3) spricht von *rebordering* – und die grenzüberschreitende Region tatsächlich eine Utopie ist (war). Die Zukunft dieser Zusammenarbeit beruht deshalb zu einem wesentlichen Teil auf einer humaneren Weltsicht, die Grenzen als räumliche Ordnungsfaktoren betrachtet, aber auch auf einem wachsenden Verständnis der Bevölkerungen zueinander.

Literatur

ANNAHEIM, H. (1952): Basel und seine Nachbarlandschaften. Eine geographische Heimatkunde. – Basel.
ANNAHEIM, H. (1963): Die Basler Region – Raumstruktur und Raumplanung. – In: Akademische Vorträge an der Universität Basel, H. 3. – 89-109.
BRAUDEL, F. (1989): Zivilisation und Kultur. Die Herrlichkeit Europas. – In: BRAUDEL, F. (Hrsg.): Europa: Bausteine seiner Geschichte. – Frankfurt/Main. 149-173.
COTTI, F. (1997): Die Teilnahme der Kantone an der schweizerischen Integrationspolitik. – In: KUX, S. / HAEFLIGER, C. J. / BOSSAERT, D. (Hrsg.): Aufbruch der Kantone nach Europa. (= Schriften der Regio, 16). – Basel. 18-26.
FICHTNER, U. (1988): Grenzüberschreitende Verflechtungen und regionales Bewusstsein in der Regio. (= Schriften der Regio, 10). – Basel, Frankfurt/Main.
HAEFLIGER, C. J. (1997): Sechs mal «Aussen-Schweiz»: Die Mikrointegration der Kantone. – In: KUX, S. / HAEFLIGER, C. J. / BOSSAERT, D. (Hrsg.): Aufbruch der Kantone nach Europa. (= Schriften der Regio, 16). – Basel. 27-31.
LEIMGRUBER, W. (1980): Percezione ambientale nella zona frontaliera del Canton Ticino. – In: GEIPEL, R. et al. (Hrsg.): Ricerca geografica e percezione dell'ambiente. – Milano. 169-181.
LEIMGRUBER, W. (1981): Political boundaries as a factor in regional integration, examples from Basle and Ticino. – In: Regio Basiliensis 22(2/3). – 192-201.
LEIMGRUBER, W. (1987): Il confine e la gente. Interrelazioni spaziali, sociali e politiche fra la Lombardia e il Canton Ticino. – Varese.
LEIMGRUBER, W. (1989): The perception of boundaries: barriers or invitation to interaction? – In: Regio Basiliensis 30(2). – 49-59.
LEIMGRUBER, W. (1998): Defying political boundaries: transborder tourism in a regional context. – In: Visions in Leisure and Business 17(3). – 8-29.
LÉMAN SANS FRONTIÈRE (2003): *http://www.leman-sans-frontiere.com/e/car tezoom.html* (Zugriff am 15.03.2003).
LEZZI, M. (2000): Porträts von Schweizer EuroRegionen – Transboundary cooperation in Switzerland. (= Schriften der Regio, 17). – Basel, Frankfurt/Main.
LISSANDRELLO, E. (2003): The utopia of cross-border-regions, AESOP – PhD workshop. *http://www2.fmg.uva.nl/ame/news/documents/aesop_lissandrello_utopia.pdf* (Zugriff am 19.08.2003).
MAGISCHES RÄTISCHES DREIECK. Ein Interreg II-Projekt. *http://www.interreg-mrd.org* (Magisches Rätisches Dreieck. Ein Interreg II-Projekt) (Zugriff am 14.10.2003).
REGIONE LOMBARDIA et al. (o.J.): Programma di Iniziative comunitaria INTERREG III A – Italia – Svizzera 2000-2006. *www.PIC_InterregIIIAIt-Sv2000-06.pdf* (Zugriff am 19.08.2003).
STOLZ, P. / WISS, E. (1965): Soziologische Regio Untersuchung. (= Schriften der Regio, 2). – Basel.

Andrea Ch. KOFLER (Bern)

Das Dreiländereck Italien, Österreich, Slowenien.
Leben mit kultureller Vielfalt?

1 Einleitung

Das Dreiländereck Italien, Österreich, Slowenien ist eine jener grenzüberschreitenden Regionen, in denen politische Grenzen über Jahrhunderte existierten, aber nur eine marginale Rolle gespielt haben. Mit Ende des I. Weltkriegs sollten jedoch Grenzmarkierungen aller Art die Menschen daran erinnern, dass sie sich auf unterschiedlichen Staatsgebieten und damit auch in verschiedenen Wert- und Sinnsystemen aufhalten. Henk van Houtum spricht in seinem Beitrag „Borders, (Id)entities and Strangers" vom „b/ordering space". Auch in diesem Dreiländereck haben politische Grenzen geholfen, Raum und Menschen zu organisieren, zu strukturieren und zu kontrollieren. Die Menschen haben politisch motiviert gelernt, sich vom *Dort* und den dort lebenden Menschen abzugrenzen und über Klassifizierungssysteme *dem Wir hier* und *den Anderen dort* Eigenschaften zuzusprechen. In den letzten Jahren hat sich jedoch auch für die Menschen hier vieles, wie andernorts in Europa, verändert. Die Grenzkontrollen zwischen Italien und Österreich sind gefallen, jene zwischen Slowenien und Österreich wieder erleichtert. Und dennoch scheint ein grenzüberschreitendes Wir-Bewusstsein im Dreiländereck noch nicht wirklich vorhanden zu sein. Wie ich zeigen werde, ist dies weniger auf die funktionale als auf die symbolische Bedeutung von politischen Grenzen zurückzuführen. Politische Grenzen müssen demnach immer als „symbols and institutions that simultaneously produce distinctions between social groups and are produced by them" (PAASI 1999, 80) verstanden werden; sie werden unter anderem konstruiert, um Identitäten zu stärken, wo es als notwendig erachtet wird, *wir* von den *anderen* zu trennen (vgl. VILA 2000; MEINHOF 2000). STEA (1996, 28) erinnert daran, „edges exist as much in the mind as in maps or on the ground". Zu sprechen ist dabei von den Grenzen in den Köpfen der Menschen, die grenzüberschreitende Interaktionen mitunter verunmöglichen. Dazu ein Gemeinderatsabgeordneter einer Kärntner Grenzgemeinde: „Die Verkehrsverbindungen nach Italien und Udine waren immer die besseren, sowohl die Strassen- wie auch die Eisenbahnverbindungen. Slowenien ist entweder über den Wurzen oder über Tarvis, der Tunnel *(der Karawankentunnel verbindet Kärnten und Slowenien und wurde 1991 eröffnet)*[1] ist zwar gut, aber da muss man zahlen, zu erreichen. [...] Wir fahren doch eher nach Italien, doch wenn man die Leute so befragt, wenn dann einmal jemand nach Slowenien fährt, schon toll, Bled, so ein schöner See mit einer Insel, das Sočatal ... oder Laibach (*Ljubljana*)[2], ich meine, dass man nach Udine fährt, ist noch immer eine Selbstverständlichkeit, dass man Autobahnmaut bezahlt, ist dabei ganz normal, darüber regt sich niemand auf. Aber die Leute regen sich darüber auf, dass sie im Karawankentunnel eine Maut bezahlen müssen. Aber dass sie in derselben Zeit von Villach aus in Udine und in Laibach (*Ljubljana*) sein können ... also gedanklich ist das für die Einheimischen noch immer sehr weit weg, Udine ist vor der Haustüre; Laibach (*Ljubljana*) nicht."

Im hier diskutierten Dreiländereck werden politische Grenzen heute über Geschichte legitimiert; keine der Grenzen ist „natürlich". Sie sind infolge bestimmter politischer Ereignisse und Entscheidungen entstanden. Raumwahrnehmung und -nutzung werden durch die Reproduktion neuer/alter Demarkationen nachhaltig beeinflusst. Mit dem vorliegenden Beitrag möchte ich daher aufzeigen, wie Geschichte, identitätsstiftend und angereichert mit Mythen, dabei auch hochgradig simplifiziert und zu Stereotypen verkommen, Integration und *community building* der Menschen trotz Aufheben und Funktionswandel von politischen Grenzen immer noch erschwert. MORITSCH (2001) erinnert daran, dass beispielsweise in den Geschichtsbüchern der Schulen in Arnoldstein (Österreich), Tarvisio (Italien) und Kranjska Gora (Slowenien) „völlig verschiedene Welten" zu finden sind, „und das, obwohl die genannten Orte jeweils kaum ein Dutzend Kilometer voneinander entfernt sind und durch viele Jahrhunderte hindurch eine gemeinsame Geschichte erlebt und erlitten haben" (MORITSCH 2001, 9). Geschichte, so seine Schlussfolgerung, hätte das Potential zu verbinden, doch hat sie, insbesondere in diesem Raum, über Jahrzehnte getrennt und Differenz betont. Hier haben politische, kulturelle und funktionale Grenzen nie übereingestimmt. Um politische Grenzen zu legitimieren, wurden daher immer auch entsprechende (passende) Geschichten und Diskurse (re)produziert, einzelne Ereignisse hervorgehoben und überbetont.

Wenn ich hier über das Dreiländereck spreche, meine ich im engeren Sinne die Grenzgemeinden Tarvisio in Italien, Arnoldstein in Österreich/Kärnten und Kranjska Gora in Slowenien. In die grenzüberschreitende Zusammenarbeit und den Austausch eingebunden sind jedoch auch andere, benachbarte Gemeinden aller drei Länder. Im weiteren Sinne eingebunden sind Gemeinden und Städte von Villach bis Ljubljana, Triest und Udine. Zudem möchte ich anmerken, dass dieser Beitrag über das Dreiländereck nur einen von mehreren möglichen Zugängen darstellt, das Zusammenleben und den Austausch über Grenzen hinweg zu thematisieren. Vieles bleibt unberücksichtigt oder ist nur fragmentarisch diskutiert. Die ganze Komplexität, wie sie für jeden Grenzkontext anzunehmen ist, kann im Rahmen dieses Beitrags nicht abgebildet werden. Ich glaube aber aufzeigen zu können, wie wichtig es ist, im Kontext der grenzüberschreitenden Zusammenarbeit und der Frage der europäischen Integration vor allem auf den Abbau der Grenzen in den Köpfen der Menschen zu achten und dabei die Komplexität der Rahmenbedingungen zu berücksichtigen.

2 Das Dreiländereck – Vielfalt und Differenz

2.1 Von Diskursen und Repräsentationen, die verbinden

Nachfolgend versuche ich kurz, das Dreiländereck vorzustellen. In „Servus. Srečno. Ciao: 100 Orte. Ausflugstipps in Kärnten, Friaul und Slowenien" (PFEIFFER 2002) wird u. a. bei Arnoldstein (Kärnten) festgestellt: „Zu den besonderen Attraktionen am Berg *(Dreiländereck)* zählt auch die Tour 3, jene Sternwanderung, bei der jedes Jahr bis zu 15.000 Menschen aus allen drei Ländern mitmachen und aus der ja auch die Idee zur gemeinsamen Olympiabewerbung ‚Senza confini – ohne Grenzen – brez meja' hervorgegangen ist" (PFEIFFER 2002, 11); Villach ist eine Stadt (Kärnten) „mit italienischem Flair und südlicher Lebensfreude", an den großen Brauchtumsveranstaltungen im Sommer nehmen Trachtengruppen aus Friaul und Slowenien teil und die „Lage am Schnittpunkt der drei Kulturen *(Germanen, Romanen und Slawen)*, mit dem Dobratsch als Symbol für einen nachhaltigen und sensiblen Umgang mit der Natur, hat Villach 1997 die Auszeichnung ‚Alpenstadt des Jahres' eingebracht" (PFEIFFER 2002, 71); Kranjska Gora (Slowenien) wird als wichtiger Wintersportort vorgestellt, und für Tourengeher bietet sich die Möglichkeit zu Abfahrten von den Karawankengipfeln oder zu Extremtouren in den Julischen Alpen (PFEIFFER 2002, 105); in Kobarid/Caporetto/Karfreit (Slowenien) erscheint der Turm der Maria-Himmelfahrts-Kirche auf den ersten Blick venezianisch und nur wenige, „die in Klagenfurt oder Graz durch die Karfreitstrasse spazieren, wissen, dass diese nach der Schlacht bei Karfreit/Kobarid benannt ist. [...] Mehr als 2 Jahre dauerten die erbitterten Gefechte am Ufer des Isonzo und in den Bergen. Über 1 Million Soldaten aus ganz Mitteleuropa ließen dabei ihr Leben" (PFEIFFER 2002, 99); Tarvisio (Italien) ist der größte Ort des Kanaltals, das bis 1919 Teil der österreichisch-ungarischen Monarchie war, doch schon „lange vorher haben hier Friulaner, Deutsche und Slowenen nebeneinander gelebt, und alle drei Sprachen sind bis heute im Kanaltal zu hören" (PFEIFFER 2002, 192), noch immer hat die Möglichkeit auf einen Einkaufsbummel mit anschließendem Essen in einem der unzähligen Restaurants in Tarvisio seine Reize.

100 Orte werden als mögliche Ausflugsziele vorgestellt, die Beschreibungstexte machen auf Besonderheiten und Gemeinsamkeiten aufmerksam. Geschichte, Kultur, Natur und Infrastruktur bringen Menschen zusammen, verbinden Menschen und stellen identifikationsstiftende Faktoren dar. Konstruiert und beworben wird eine Region des Handels und Verkehrs (Nord-Südverbindung, Knotenpunkt), eine Region der Arbeit (mit Parallelen in der Landwirtschaft, Almwirtschaft und mit dem Bergbau als ehemals wichtigstem Wirtschaftsbereich des gesamten Dreiländerecks), eine Region des Kriegs (gemeinsames Erleben und Erleiden von den Franzosenkriegen bis zum II. Weltkrieg), eine Region der ethnischen Vielfalt und willkürlichen Grenzziehung, eine Region religiöser Traditionen (Wallfahrten, Gemeinsamkeiten im Kirchenbau, wertvolle Kunstdenkmäler in Kirchen), eine Region der lebenden Volkstradition (vom Kufenstechen und Brauchtumswochen bis zu Parallelen in der Kulturlandschaftspflege), eine Region des Wanderns, Bergsteigens, der unzähligen Winter- und Sommersportaktivitäten (der Naturraum als Potential und die gemeinsame Olympiabewerbung) (MORITSCH / ZIMMERMANN 1997, 50ff). Diese Vielfalt wird von den Menschen wahrgenommen, gelebt und durchaus auch positiv bewertet. Dazu ein Gemeinderatsabgeordneter einer Kärntner Grenzgemeinde: „Deutsch gefrühstückt, italienisch zu Mittag und slowenisch zu Abend essen. Vormittag Schi gefahren, nachmittag in der Adria gebadet. Zeigen Sie mir eine Region, die das auch noch kann."

2.2 Von Geschichten und Ereignissen, die trennen

Es gibt aber im Dreiländereck auch Versuche, das Trennende und die Differenz zu betonen. Dazu möchte ich auf eine Kärntner Gruppierung verweisen, deren Argumentationen beispielsweise bei Fragen der grenzüberschreitenden Zusammenarbeit oder hinsichtlich der europäischen Integration historisierend einseitig sind. Es geht ihr insbesondere um die Bestätigung und Aufrechterhaltung der Grenze zwischen Kärnten und Slowenien. In der August-Ausgabe 2003 des Mitteilungsblatts des Kärntner Heimatdienstes[3] findet sich ein Aufruf, der die Leser und Leserinnen davor warnt, dass die Grenzen zwischen Kärnten und Slowenien fallen könnten und damit die beiden Länder nun doch noch zusammenwachsen würden. Schärfste Kritik wird dabei an den Befürworten einer Annäherung geübt, die wohl das historische Erbe zu vergessen scheinen (FELDNER 2003).[4]

In diesem Artikel wird ein sehr ausgewählter Wir-Diskurs bemüht, dieser homogenisiert die „Deutschkärntner" und Österreicher gegenüber Asphaltintellektuellen (die Wissenschaftler und Wissenschaftlerinnen der vom Autor als links[-radikal] eingestuften Universität Klagenfurt) sowie gegenüber historisch Naiven. Das „Horrorszenario" der endgültigen Slowenisierung Kärntens wird seit mehr als 50 Jahren immer wieder belebt. In diesem Diskurs bedeutet die Stabilisierung und der Erhalt der Grenzen – zwischen Kärnten und Slowenien –

Sicherheit und Garantie. In Erinnerung gerufen werden der Abwehrkampf der Jahre 1918/19, in dem Kärntner gegen die Truppen des SHS Königreichs gekämpft haben, sowie das Ergebnis der Volksabstimmung vom Jahre 1920, in der sich die slowenischsprechende Bevölkerung Kärntens für den Verbleib bei Österreich entschieden hat. Dieser Beitrag im Mitteilungsblatt des Kärntner Heimatdienstes ist ein narratives Produkt, das eine bestimmte Gruppe von Menschen auf eine bestimmte Art und Weise versteht, interpretiert und als handlungsrelevant ansieht. Wenn Henk van Houtum in seinem Vortrag die Frage stellt „How do we justify the borders we construct?", wäre eine mögliche Antwort, durch Belebung und Reproduktion einer oder mehrerer Geschichte/n über einzelne Ereignisse, durch die das Ziehen, das Erhalten oder das Wiedereinsetzen einer Grenze begründet und legitimiert werden kann.

3 Anmerkungen zur Geschichte des Dreiländerecks

3.1 Historischer Überblick

Geschichte spielt im Dreiländereck für die Identitätsfindung eine sehr wichtige Rolle. Sie beeinflusst die Einstellung, mit der heute Menschen aufeinander zugehen und den Austausch suchen beziehungsweise sie ist Referenz für die Strategien von Differenz und Abgrenzung. „Eine überaus bewegte Geschichte macht das Dreiländereck sowohl im positiven als auch im negativen Sinn zum Schaustück europäischer Vergangenheit. Positiv ist die hohe Dichte und Vielfalt an Kultur. Negativ zu bewerten sind die zahlreichen Konflikte, die die Bevölkerung in einem Gebiet sich überschneidender politischer Interessen erleiden musste. Vor allem aber sind die Folgen der nationalen Ära demonstrierbar: Krieg am Isonzo, Grenzkämpfe und mehrfache Grenzverschiebungen, nationalstaatliche Dreiteilung der Region, Zwangsnationalisierung der Bevölkerung, ethnische Säuberungen usw." (MORITSCH / ZIMMERMANN 1997, 4). Im skizzierten Bild der Vielfalt und jenem der Differenz wird Geschichte, werden Ereignisse unterschiedlich motiviert als Referenz verwendet. Dabei werden unter anderem zwei Aspekte betont: Zum einen wird daran erinnert, dass im Dreiländereck Grenzen über Jahrhunderte keine Rolle gespielt haben, dass eine differenzierte sprachliche Mischstruktur das Miteinander und das Zusammenleben bestimmte. Zum anderen wird daran erinnert, dass Grenzen umkämpft[5] waren und vor allem aber heute ihre Berechtigung haben; trennen sie doch, was nicht zusammengehört. Im nachfolgenden historischen Überblick werden diese beiden Aspekte, die kulturelle Vielfalt und die Problematik der Grenzziehung und Aus- bzw. Abgrenzung, diskutiert.

Bis 1918 waren weite Teile des heutigen Slowenien, Friaul-Venetien und Kärnten eingebunden in die Habsburgermonarchie. Die Binnenkommunikation war immer gegeben, der Raum wird als hoch kommunikativ bewertet. Jedoch bildete sich bis Mitte des 19. Jahrhunderts eine Sprachgrenze zwischen dem Slowenischen und dem Deutschen. Ungefähr zwei Drittel der damaligen Kärntner Bevölkerung sprachen Slowenisch. Als am Ende des 19. Jahrhunderts auch die Völker der Habsburgermonarchie ihre Unabhängigkeit beziehungsweise ihre Selbständigkeit forderten, stellte sich jedoch eine große Anzahl slowenischsprechender Kärntner gegen das politisch-slowenische Lager, das klerikal-konservativ ausgerichtet war und mit Nachdruck gegen die Habsburgermonarchie auftrat. Politische und soziale Identitätsmuster spielten eine größere Rolle als ethnisch-sprachliche (CILLIA 1998, 126ff). Die Märkte und zentralen Orte des heutigen Dreiländerecks waren deutschsprachig, die deutschsprachige Bevölkerung war sozial am stärksten differenziert. In den Industriestandorten war Zwei- und

Andrea Ch. KOFLER

Mehrsprachigkeit keine Ausnahme. Ende des 19. Jahrhunderts sprach die ländliche Bevölkerung mehrheitlich slowenisch. Im Kanaltal wechselten sich slowenischsprachige Dörfer (Saifnitz, Uggowitz/Uggovizza/Ukve, Leopoldskrichen) mit deutschsprachigen Dörfern (Wolfsbach, Malborghet – ursprünglich friulanisch) ab (VILFAN 2001, 40). Die Friulaner können im sprachlich-nationalen oder landesgeschichtlichen Sinne bzw. in altvenezianische und österreichische Friulaner (Gradisca) unterschieden werden. Im Versuch einer eigenen Geschichtsschreibung – losgelöst von der Italienischen – werden besonders die „vorrömischen (keltischkarnischen) Grundlagen des friulanischen Volkes, die schwache Einwirkung des Lateinischen auf die Volksmasse, die deutsche Komponente in der friulanischen Kultur, die autonomistische Funktion des Patriarchats von Aquileia, der spezifische Charakter des Kommunalwesens und des Parlaments" (VILFAN 2001, 48) hervorgehoben. Diese Geschichtsdeutung respektive –produktion wurde jedoch von anderen Historikern vehement in Frage gestellt. Das Friulanische und mit ihm eng verwandt das Ladinische wurden unter dem Italienischen subsumiert und zum Italienisch-Ladinischen gezählt, dies vor allem auch deshalb, weil das Friulanische als Schriftsprache wenig entwickelt war. Einzig der romanische Ursprung ist unbestritten (VILFAN 2001, 39).

Nach 1918 wurden drei unabhängige Staaten gegründet: Österreich, Italien und das Königreich SHS, das 1929 zum Königreich Jugoslawien umbenannt wurde. Nach dem I. Weltkrieg sind „scharfe politische und kulturelle Grenzen entstanden, wobei ehemals mehr oder weniger eng kommunizierende Regionen zerteilt und zu Peripherien der neuen Nationalstaaten geworden sind" (MORITSCH / ZIMMERMANN 1997, 11). Das Gail- und das Drautal wurden österreichisch, das slowenischsprachige Isonzotal und das deutsch-slowenischsprachige Kanaltal wurden italienisch. Südkärnten verblieb nach dem Abwehrkampf 1918/19 und der Volksabstimmung 1920 bei Kärnten, die Karawanken wurden als Grenze zwischen Österreich und dem SHS-Königreich bestimmt. Im November 1920 wurde mit dem Vertrag von Rapallo Görz-Gradisca, Istrien, Triest, ein Teil Krains und der kärntnerische Gerichtssprengel Tarvis mit der krainischen Gemeinde Weissenfels Italien zugesprochen. An die 300.000 Slowenen wurden so dem italienischen König untertan. Erstmals stellte sich damit im Alpen-Adria-Raum und im Dreiländereck das Problem der „nationalen Minderheit" (PIRJEVEC 2001, 437). Die Zwischenkriegszeit war für weite Bevölkerungsgruppen in Kärnten, Slowenien und Italien eine Zeit der Repression, Assimilierung und Homogenisierung. Die neugezogenen politischen Grenzen sollten kulturell und funktional Gültigkeit und Anerkennung finden.

Mit dem II. Weltkrieg kam es zu neuerlichen Grenzverschiebungen und Veränderungen der Machtverhältnisse. 1941 war der nördliche Teil des Königreichs Jugoslawien Teil des Dritten Reichs und hieß Süd-Steiermark. Kärnten wurde zur Ostmark. Auch die Grenze zu Italien wurde neuerlich Richtung Osten verschoben. Deutschland und Italien leiteten unmittelbar nach Kriegsbeginn Zwangsumsiedlungen und Vertreibungen ein. Das Dreiländereck mit dem Kanaltal war besonders davon betroffen. Die Bewohner des Kanaltals hatten die Option, für die deutsche Staatsbürgerschaft zu votieren, damit sollten sie aber das Kanaltal verlassen. Mit ihnen entschieden sich auch Hunderte von Slowenen (seitens Deutschland als Windische mit einer eigenen Mundart bezeichnet), das Kanaltal zu verlassen (BAHOVEC 2001, 454f). In Südkärnten mussten slowenischsprechende Kärntner ihre Höfe verlassen. Noch während des Kriegs und insbesondere 1945 zogen die radikalen Verfolgungsmaßnahmen gegenüber den slowenischsprechenden Kärntnern ihrerseits heftigen und blutigen Widerstand von Seiten der Partisanen nach sich.

Die Zahl der implementierten politischen Grenzen und Grenzvorschläge für Görz, Triest und Istrien (eine großräumigere Betrachtung des Dreiländerecks) für die Jahre 1919 bis 1947/54 (Zgodovina Slovencev 1979 in RUMPLER 2001, 564) war ebenso hoch wie willkürlich. Mit den politischen Grenzen wurden kulturelle und funktionale Räume getrennt, neue mussten politisch aufgebaut und durchgesetzt werden. Mit Ende des II. Weltkriegs wurde der heutige Grenzverlauf bestimmt. Bedingt durch die unterschiedlichen wirtschaftlichen und politischen Ausrichtungen (Jugoslawien wurde kommunistisch, Österreich nach 1955 neutral und Italien Mitglied der NATO) nach 1945 bewirkte der Gegensatz der politischen Systeme eine weitere und nachhaltige Distanzierung und Differenzierung der Menschen dieser Region. Die Grenzen hatten für Jahrzehnte eine klar trennende Funktion und förderten die Produktion unzähliger „Wir und die anderen"-Diskurse.

3.2 (Über)Betonung historischer Ereignisse – Schaffen von Wirklichkeiten

Am 10. Oktober 2003 jährte sich die Volksabstimmung vom 10. Oktober 1920 zum 83.mal. Nur wenige kritische Stimmen erinnerten daran, dass es wohl eher ein Feiertag der deutschsprechenden Kärntner sei und weniger ein gemeinsames Fest der Freundschaft. Es gab Trachtenumzüge, Festreden und Kranzniederlegungen an symbolischen Orten. Dadurch wird ein kollektives Vergessen verhindert, ein Neubewerten verneint, ein Vorwärtsgehen behindert. Michel de Certau (in CRANG 2000, 148ff) stellt fest, dass die Geschichten der Vergangenheit jene der Gegenwart bestimmen – und wie der historische Überblick gezeigt hat, gibt es viele Ereignisse, an die sich die Menschen erinnern bzw. an die wiederholt erinnert wird. So zählt auch der 10. Oktober zum universalen Erfahrungsschatz der Kärntner und Kärntnerinnen. Solche Archive individueller und gemeinschaftlicher Erfahrungen bzw. immer wieder belebter Erinnerungen sowie Bedeutungszuschreibungen bestimmen das Handeln der Menschen. An der österreichisch-ungarischen Grenze haben WASTL-WALTER / VÁRADI / VEIDER (2002) festgestellt, dass das Fehlen eines kollektiven Gedächtnisses und einer gemeinsamen Vergangenheit auch den Verlust gemeinsamer, voneinander abhängiger Narrative bedeutet. Im Dreiländereck wird über Narrative, über die Ereignisse identitätsstiftend reproduziert werden, zwar eine gemeinsame Vergangenheit aufgezeigt, aber gleichzeitig Differenz betont. Dazu kommen stereotype Zuschreibungen. Narrative und stereotype Zuschreibungen sind im kollektiven Gedächtnis festgeschrieben und werden ständig von bestimmten Gruppierungen reproduziert. Dazu stellt PAASI (1999, 75) fest: „Construction of the meanings of communities and their boundaries occurs through narratives: ‚stories' that provide people with common experiences, history and memories, and thereby bind these people together". Zuschreibungen wie „Jugos", für die Einwohner Sloweniens, oder „Slowener", für die slowenischsprechende Bevölkerung Kärntens, unterstreichen zehn Jahre nach der Unabhängigkeitserklärung Sloweniens noch immer die Unterschiedlichkeit, Distanz und Ignoranz. Beide Zuschreibungen sind klar negativ konnotiert, sie sind Stereotype, die wir in den Narrativen immer wieder finden. Stereotype sind dabei zu verstehen als das, was eine Gruppe von Menschen über eine andere denkt, was nur schwer verändert werden kann, was das Denken und Handeln bestimmt und insbesondere Eingang in politische Argumentationen findet (HALL 1997, 223ff). Und es sind nationale Stereotype, die historisch entstanden sind und sich nur sehr langsam verändern (GRUBER 1994, 366).

4 Schlussbetrachtung

Unter Berufung auf die „Natürlichkeit" der Karawankengrenze (wie im Mitteilungsblatt des Kärntner Heimatdienstes betont) und damit verbunden die Betonung der sozialen und kulturellen Differenz existieren politisch deaktivierte oder in ihrer Durchsetzung geschwächte Grenzen in den Köpfen der Menschen im Dreiländereck weiter. Das Aufheben der Grenzen als Barrieren stellt sich als schwieriger heraus als gedacht. Es ist ein langer und langsamer Prozess, das weiß auch Maria LEZZI (2000, 120), langjährige Mitarbeiterin der *Regio Basiliensis* im Dreiländereck Deutschland, Schweiz und Frankreich. Es würde Jahre, wenn nicht Jahrzehnte brauchen, um eine grenzüberschreitende Region aufzubauen und das Bewusstsein dafür zu entwickeln. Dabei sei das Abbauen mentaler Grenzen und Barrieren genauso wichtig wie das Aufheben von Grenzschranken und –kontrollen. Es muss das Ziel sein, ein gemeinsames, regionales *Mindset* aufzubauen – beispielsweise mit einem gemeinschaftlichen Ausbildungsprogramm oder mit einem Schulbuch in mehreren Sprachen (vgl. WASTL-WALTER / VEIDER / VÁRADI 2003).

Im Alltag werden die jeweiligen verschiedenen Kulturelemente des Dreiländerecks kombiniert und die Vielfalt gelebt. Dies umfasst das Brauchtum, den Tourismus, die Architektur, die Religion, den kulinarischen Bereich, die Kulturlandschaftspflege und sogar den Bereich der Infrastruktur. Doch explizit darauf aufmerksam gemacht und an die Besonderheit erinnert, zieht dies die Produktion eines entsprechenden, die Einmaligkeit betonenden Narrativs nach sich oder – wie ich mit dem Verweis auf die Geschichte und auf bestimmte Ereignisse gezeigt habe – die Betonung der Differenz und die Notwendigkeit der Abgrenzung, weil von einer „Natürlichkeit" von Grenzen ausgegangen wird. In einem Seminar zu „Alpen-Adria – die gemeinsame Erfahrung" im Rahmen von Friedenserziehung und Friedenskultur wurde festgestellt, dass in den Ergebnispräsentationen Unterschiede betont, jedoch Gleichheiten nicht hervorgehoben wurden (GRUBER 1994, 365). Zurückhaltung wird damit erklärt, dass man sich doch erst „kennen lernen" müsse – dabei liegt die Betonung auf „erst". Die Möglichkeiten zum Kennen lernen sind schon lange gegeben. Beispielsweise könnte die Bereitschaft größer sein, die Sprache des Nachbarlands zu erlernen. In Kärnten, so CILLIA (1998, 55), wird Deutsch als konstitutiv für die Identitätskonstruktion angesehen; Sprache und sprachliche Zugehörigkeit spielen eine zentrale Rolle in der diskursiven wie auch in der institutionellen Reproduktion kollektiver Identität. Zudem ist die deutsche Sprache für die Abgrenzung gegenüber den in Kärnten lebenden slowenischsprechenden Kärntnern wichtig. Es hat den Anschein, dass Zweisprachigkeit noch immer keine Option ist – außer vielleicht für das Erlernen des Italienischen. Diskussionen zum Thema Spracherlernen und -anwendung werden in Kärnten extrem emotional geführt und sind seit den 1950er Jahren politisch unzureichend bzw. unbefriedigend begleitet worden. Politische Entscheide exotisierten und ideologisierten die slowenische Sprache, sie wurde (und wird immer noch) als Gefahr für die deutschsprachige Gemeinschaft bewertet.

Was im Dreiländereck Italien, Österreich, Slowenien fehlt, sind grenzüberschreitende Lebens- und Arbeitswelten. Mehr als funktionale Koexistenz steht für viele (noch) nicht zur Diskussion. Im Zentrum des Austauschs stehen vorrangig das Nutzen der Infrastruktur in Slowenien oder Italien und umgekehrt. Es läuft vieles vor allem über touristische Inwertsetzung ab. Mit Werbetexten, Reportagen, Reiseführern oder Wanderkarten wird ein grenzüberschreitender Raum produziert und propagiert, um damit neue Erfahrungswelten zu schaffen. Je mehr und je intensiver die politischen Grenzen von solchen positiven Bildern oder Ereignissen „in Besitz genommen werden" (HIPFL et al. 2002) (wie beipielsweise mit der Tour 3) und sie damit funktional und emotional neu besetzt werden, desto eher können absolute Raumkonzeptionen mit politischen Grenzen als klare Demarkationen sowie dominante Wir-Diskurse herausgefordert werden. Desto eher ist es zudem möglich, historische Ereignisse neu zu bewerten und Veränderungen zu erlauben. Die Initiative „Servus. Srečno. Ciao"[6], die nun klar auf ein anderes Raumverständnis und Raumbewusstsein abzielt und neben der Vielfalt vor allem auch die Gemeinsamkeit betont, zeigt, dass man auch andere Geschichten erzählen bzw. Geschichte anders verstehen und damit aus einem ursprünglich zusammenhängenden, heute fragmentierten Raum wieder einen gemeinsamen Raum schaffen kann.

[1] Erklärungen/Ergänzungen meinerseits, hier und nachfolgend kursiv und in Klammer gesetzt

[2] Sehr oft wird für Ljubljana die deutsche Bezeichnung Laibach verwendet; ähnliches gilt für Zagreb und Agram.

[3] Im Handbuch des österreichischen Rechtsextremismus wird der KHD als sogenannte „rechtsextreme Vorfeldorganisation" eingestuft. Die Zeitschrift des KHD hieß bis vor wenigen Jahren „Ruf der Heimat". Zur NS-Zeit gab es eine Zeitschrift mit dem Titel „Die Heimat ruft".

[4] „In der von der Universität Klagenfurt herausgegebenen Publikation ‚Wirtschaftspolitik über die Grenzen Kärnten – Slowenien im 20. Jahrhundert' wird das ‚Niederreißen' der Karawankengrenze gefordert. Die Grenze würde die ‚gemeinsame (!) Zukunft Kärntens und Sloweniens' behindern.
Das heißt nichts anderes als JA zur allmählichen Abkoppelung Kärntens von Österreich, JA zum schrittweisen Zusammenschluss mit Slowenien und Revision der Kärntner Volksabstimmung vom 10. Oktober 1920. Es gibt *zwei Gruppen von* Zusammenschluss– oder besser gesagt *Anschlussbefürwortern* in Kärnten und Österreich:
Die einen sind die innerlich heimatlos gewordenen, überall anzutreffenden Asphaltintellektuellen, die der Forderung nach einem ‚Vereinten Slowenien' unter einem gemeinsamen EU-Dach bestenfalls gleichgültig, oft jedoch wohlwollend gegenüberstehen.
Die anderen sind die Traumtänzer, die glauben besonders ‚fortschrittlich' zu sein, wenn sie die *Beseitigung der Grenze* zu Slowenien auch ‚*aus den Köpfen*', somit auch aus der Erinnerung fordern, ohne dass sie die *nationalistischen Zielsetzungen Sloweniens* kennen, was sie als ‚nützliche Idioten' des großslowenischen Nationalismus ausweist.
Kärnten wird trotz eines Slowenenanteils von nur 2% als ‚Wiege des Slowenentums' bezeichnet und einem ‚gemeinsamen slowenischen Kulturraum' zugeordnet.
Kärnten soll mit *Slowenien stufenweise zusammenwachsen*.
Längst bereits scheint *Südkärnten* in slowenischen *Atlanten, Landkarten* und Schulbüchern als ‚*Slowenisches Territorium*' auf." (FELDNER 2003) (Die *Hervorhebungen* wurden dem Original entnommen.)

[5] Dem Kärntner Heimatlied – geschrieben 1822 von Johann Thaurer Ritter von Gallenstein – wurde 1930 eine vierte Strophe – geschrieben von Agnes Millonig – angehängt: „Wo Mannesmut und Frauentreu die Heimat sich erstritt auf's neu, wo man mit Blut die Grenze schrieb und frei in Not und Tod verblieb, hell jubelnd klingt's zur Bergeswand: das ist mein herrlich Heimatland." („Fast vergessen aber nie verklungen". – In: Kärntner Zeitung, 10. Oktober 2003, 13). Dabei wird auf den Abwehrkampf verwiesen.

[6] „Im emotional spannungsgeladenen Raum Kärnten-Slowenien-Friaul Julisch Venetien hat Radio Kärnten versucht, mit den Mitteln der Unterhaltung ein besseres Kennen lernen anzubieten" (PFEIFFER 2002, 6).

Literatur

BAHOVEC, T. (2001): Der Zweite Weltkrieg im Alpen-Adria-Raum. – In: MORITSCH, A. (Hrsg.): Alpen-Adria. Zur Geschichte einer Region. – Klagenfurt. 453-469.

CILLIA, R. de (1998): Burenwurscht bleibt Burenwurscht. Sprachpolitik und gesellschaftliche Mehrsprachigkeit in Österreich. (= Dissertationen und Abhandlungen, 42). – Klagenfurt.

CRANG, M. (2000): Relics, places and unwritten geographies in the work of Michel de Certau (1925-86). – In: CRANG, M. / THRIFT, N. (eds.): Thinking Space. – London, New York. 136-154.

FELDNER, J. (2003): Karawankengrenze muss auch nach EU-Beitritt Sloweniens bleiben. Keine Revision der Kärntner Volksabstimmung 1920. – In: Mitteilungsblatt des Kärntner Heimatdienstes 64. – 1.
GRUBER, B. (1994): Das Bild vom Nachbarn. In: WINTERSTEINER, W. (Hrsg.): Das neue Europa wächst von unten. – Klagenfurt. 352-381.
HALL, S. (1997): The Spectacle of the ‚other'. – In: HALL, S. (ed.): Representation. Cultural Representations and Signifying Practices. – London. 223-291.
HIPFL, B. et al. (2002): Shifting Borders: Spatial Constructions of Identity in an Austrian / Slovenian Border Region. – In: MEINHOF, U. (ed.): Living (with) Borders. Identity discourse on East-West borders in Europe. – Aldershot. 53-74.
LEZZI, M. (2000): Transboundary Cooperation in Switzerland: Training for Europe. – In: Journal of Borderlands Studies 15(1). – 57-84.
MEINHOF, U. (2002): Living (with) Borders. Identity discourse on East-West borders in Europe. – Aldershot.
MORITSCH, A. (2001): Einleitung. – In: MORITSCH, A. (Hrsg.): Alpen-Adria. Zur Geschichte einer Region. – Klagenfurt. 7-10.
MORITSCH, A. / ZIMMERMANN, F. (1997): Innovatives Tourismus-Baustein-Konzept im Dreiländereck Italien, Slowenien und Österreich. Als Pilotprojekt für nachhaltige grenzüberschreitende Tourismusentwicklung in peripheren Regionen. Projektbericht, Universität Klagenfurt und Universität Graz. – Klagenfurt, Graz.
PAASI, A. (1999): Boundaries as Social Processes: Territoriality in the World of Flows. – In: NEWMAN, D. (ed.): Boundaries, Territory and Postmodernity. – London. 69-88.
PFEIFFER, R. (Hrsg.) (2002): Servus. Srečno. Ciao: 100 Orte. Ausflugtipps in Kärnten, Friaul und Slowenien. – Klagenfurt.
PIRJEVEC, J. (2001): Die Alpen-Adria-Region 1918 bis 1939. – In: MORITSCH, A. (Hrsg.): Alpen-Adria. Zur Geschichte einer Region. – Klagenfurt. 431-452.
RUMPLER, H. (2001): Verlorene Geschichte. Der Kampf um die politische Gestaltung des Alpen-Adria Raums. – In: MORITSCH, A. (Hrsg.): Alpen-Adria. Zur Geschichte einer Region. – Klagenfurt. 517-571.
STEA, D. (1996): Romancing the Line: Edges and Seams in western and indigenous Mindscapes with special Reference to Bedouin. – In: GRADUS, Y. / LITHWICK, H. (eds.): Frontiers in regional development. – Boston. 23-43.
VILFAN, S. (2001): Historische Stereoptype in der Alpen-Adria-Region. – In: MORITSCH, A. (Hrsg.): Alpen-Adria. Zur Geschichte einer Region. – Klagenfurt. 37-49.
VILA, P. (2000): Crossing Borders. Reinforcing Borders. – Austin.
WASTL-WALTER, D. / VÁRADI, M. M. / VEIDER, F. (2002): Bordering Silence: Border Narratives from the Austro-Hungarian Border. – In: MEINHOF, U. (ed.): Living (with) Borders. Identity discourse on East-West borders in Europe. – Aldershot. 75-94.
WASTL-WALTER, D. / VEIDER, F. / VÁRADI, M. M. (2003): Eine Grenze verschwindet ... Neue Chancen durch die EU-Erweiterung? Das Beispiel der Mikroregion Moschendorf / Pinkamindszent. – In: Europäisches Zentrum für Föderalismusforschung Tübingen (Hrsg.): Föderalismus, Subsidiarität und Regionen in Europa. (= Jahrbuch des Föderalismus, 4). – Baden-Baden. 394-406.

Jussi S. JAUHIAINEN (Oulu)

Baltic Sea Region – Netzwerke und Innovationen

1 Einleitung

Innovation, Netzwerke und Technologie sind zu Schlüsselbegriffen gegenwärtiger regionaler Wirtschaftsentwicklung in der Europäischen Union (EU) geworden. Im Sommer 2003 wurden Nordfinnland und die Stockholm-Region als die innovativsten Regionen der EU zitiert. Aus europäischer Sichtweise wurden darüber hinaus sowohl die nationale Innovationspolitik in Finnland als auch ihre regionale Umsetzung durch Kompetenzzentren als vorbildlich bezüglich der Organisation regionaler Entwicklungspolitik bezeichnet.

Die *Baltic Sea Region* (BSR) umfasst im weiteren Sinne ein Gebiet von Norddeutschland bis zum nördlichsten Norwegen und von Nordwestrussland bis zur Atlantikküste Norwegens mit insgesamt 105 Mio. Einwohnern. Es handelt sich um ein Gebiet der früheren Konfrontation des Kalten Kriegs, das seit den 1990er Jahren zu einer Arena transnationaler ökonomischer Entwicklung und politischer Kooperation gemacht wurde. Aus dem Blickwinkel aktueller regionaler Entwicklungspolitik ist es interessant zu sehen, dass die steigende Kooperation innerhalb der BSR zur gleichen Zeit stattfindet, in der es eine Betonung von Innovationen, Netzwerken und Technologie als Eckpunkte von Wirtschaftsentwicklung gibt.

Es ist nicht nur die *Top-Down*-Politik, die die Transformation der BSR in eine Technologie-Region kennzeichnet. Beispielsweise kann die aktuelle Situation in der Bevölkerung mit einfachen Indikatoren von Technologie-Adaption veranschaulicht werden. Der nordwestliche Teil der BSR, die Nordischen Staaten, steht bei der privaten Nutzung moderner Kommunikationstechnologien wie Internet und Handys an der Spitze. Auch im östlichen Teil der BSR – und hier besonders in Estland – steigt die Nutzung dieser Technologien rapide und ist führend gegenüber vielen mittel- und osteuropäischen Staaten (KELLERMAN 2002).

Es gibt einen generellen Diskurs über erfolgreiche lokale und regionale Entwicklung in der BSR und über die Verwirklichung von Innovation und Netzwerken. Die BSR als mögliche Innovationsregion oder Netzwerk in der erweiterten EU wurde jedenfalls bislang nicht ausreichend diskutiert.

Ziel dieses Artikels ist es, die BSR und die Innovationsnetzwerke zu diskutieren. Zunächst werden die wichtigsten Konzepte präsentiert, die Innovation mit lokaler und regionaler Entwicklung verbinden. Danach wird zweitens die Thematik der BSR als einzelstehendes und als vereinigtes Gebilde aus verschiedenen geographischen Perspektiven betrachtet. Drittens werden unterschiedliche Netzwerke vorgestellt, in denen und durch welche sich Innovationen in der Ostseeregion entwickeln. Im Fazit werden die Rahmenbedingungen, unter denen die BSR existiert, dargelegt, die Frage behandelt, ob die BSR ein innovatives Netzwerk ist und letztendlich geklärt, wie die BSR als erfolgreiches Beispiel in den innovativen regionalen Entwicklungsstrategien der EU umgesetzt werden könnte.

2 Netzwerke, *Governance* und innovative Lokal- und Regionalentwicklung

Innovation und Netzwerke sind zu Schlüsselbegriffen gegenwärtiger Politikstrategien bezüglich erfolgreicher Lokal- und Regionalentwicklung geworden – Antrieb für langfristiges regionales Wachstum (ACS 2002; SIMMIE 2002). Netzwerke sind Verknüpfungen, die von der lokalen zur supra-lokalen territorialen Ebene reichen. Die Herstellung von Verknüpfungen ist äußerst wichtig für Innovationen (CHESBROUGH 2002). Um Netzwerke verstehen zu können, ist es notwendig, den Konzepten des Maßstabs und der *Governance* Beachtung zu schenken.

In der Vergangenheit wurden Netzwerke aus einer funktionalen Perspektive studiert und entwickelt. Das bekannteste Beispiel ist die Theorie der „Zentralen Orte" von Walter Christaller aus den 1930er Jahren (CHRISTALLER 1933). Diese Theorie wurde in vielen europäischen Ländern in den Nachkriegsjahren angewandt und bedingte den Aufstieg von normativen Entwicklungspolitiken durch eine zentralisierte Regierung. Ziel war es, ein dauerhaft stabiles regionales System mit fixierten Grenzen auf unterschiedlichen geographischen Maßstabsebenen zu erschaffen. Der geographische Maßstab wurde als mehrere einzeln stehende Ebenen verstanden – von der lokalen über die regionale, nationale, internationale bis hin zur globalen Ebene. Der zentralisierte Staat war Schlüsselregulator für alle Ebenen. Diese organisatorische Gesellschaftsform ist zudem verbunden mit der Förderung linearer Innovationen. Innovationen wurden produziert als Ergebnis von industrieller Aktivität großer Fabriken und Unternehmen. In der Entwicklung von Innovationen und technologischem Wechsel spielte das Territorium oder die Region keine Rolle, aber die Größe des Unternehmens (ACS 2002).

Gegenwärtig liegt das Interesse mehr auf Netzwerken einer sozialen akteursorientierten Perspektive. Die traditionelle Beschränkung des Raums auf eine hierarchische Schichtung wird durch eine „fibrious, thread-like, wiry, stringy, ropy, and capillary description" des relationalen Raums von Handlungsnetzwerken ersetzt (LATOUR 1996). Globales und Lokales sind in einem Netzwerk von urbanen Zentren unterschiedlicher Größe verflochten. Das Konzept des Maßstabs wurde hier neu definiert. In der neuesten geographischen Forschung wurde die Aufspaltung von geographischen Maßstäben in trennbare Ebenen kritisch betrachtet, da Maßstab als sozial geschaffen gesehen wird (SMITH 1992). Maßstab ist zunehmend verstanden als interpretativer Rahmen von glokaler Verbindung (GIBSON-GRAHAM 2002). Dieses Verständnis von Maßstab führt auch zu normativen Ergebnissen. Nach HARVEY (2000) ist es notwendig „to trespass the discursive regimes that separate the local from the global in our efforts to redefine in a more subtle way the terms and spaces of political struggle open to us in these extra-ordinary times".

Globales und Lokales ist in Netzwerken miteinander verflochten. Globales bezieht sich auf den wechselseitigen Austausch in einem polyzentrischen territorialen System, das z. B. das zeitgenössische Europa charakterisiert und darüber hinaus eine Zukunftsvision für Europa darstellt – die so genannte „dritte räumliche Entwicklungsperspektive Europas" (FALUDI / WATERHOUT 2002). Lokales meint den geographischen Maßstab von Nähe. Das Netzwerk von Wechselbeziehungen vollzieht sich zwischen Akteuren (individuell und im Verband, öffentlichen und privaten, lokalen und supra-lokalen). Darüber hinaus finden die Wechselbeziehungen in sich geschlossen in einem lokalen Territorium statt. Das bezieht sich auf das spezielle Zusammensetzen von wirtschaftlichen, sozialen und politischen Beziehungen, die in Regionen eingebettet sind. Lokale Netzwerke sind in sich geschlossene Beziehungen an einem bestimmten Ort.

Während der 1990er Jahre gab es eine Diskussion um den „space of flow", erweitert durch technologische Entwicklung, die die „power of place" ändern und vermindern würde (vgl. CASTELLS 1996). Gleichwohl unterstützt die empirische Forschung den Gedanken, dass geographische Nähe immer noch grundlegend für Übermittlung von *tacit knowledge* und Wissens-Spillover ist. In Anlehnung an ROMER (1998) bewirken Wissens-Spillover zunehmende Gewinne und gesteigertes wirtschaftliches Wachstum von Regionen (ACS 2002). Institutionelle Dichtheit und ein satter Arbeitsmarkt sind bedeutsam für die Kreation von Wissen und Innovationen (KRUGMAN 1998). Aus diesem Grund sind es nicht Fabriken und Unternehmen, die Innovationen hervorbringen, sondern Netzwerke innerhalb gewisser Territorien.

Die Veränderung von Netzwerken ist weniger ein natürlicher als ein politisch gesteuerter Prozess. In der Ökonomie vieler europäischer Staaten wurde der Wechsel von der fordistischen zur post-fordistischen Organisationsform vollzogen. Ebenso befindet sich die Politik in einem Wechsel. Der traditionelle „Government"-Ansatz basierte auf formalen, hierarchischen, sektoralen und zentralisierten Führungsformen von Gesellschaften. Hierbei wurden Regionen als funktionaler Teil und die Menschen als rationaler Teil gesehen. Der aktuelle „Governance"-Ansatz setzt bei Partnerschaften von regierungsbezogenen vernetzten Regionen und Personen mit verschiedenen Interessen an.

Die Ablösung von *Government* durch *Governance* ist ein ausgehandelter institutioneller Wechsel. Die neuen „dezentralisierten" Tätigkeiten und Handlungen haben ihren Schwerpunkt auf selbstorganisierten Netzwerken, die durch Unabhängigkeit, Ressourcenaustausch, feste Handlungsrahmen und signifikante Unabhängigkeit vom Staat gekennzeichnet sind (RHODES 1997). Besonders offensichtlich ist die gegenwärtige Situation in Europa, wo die wirtschaftlichen Aktivitäten in zunehmendem Maße innerhalb von Ballungsgebieten organisiert sind, deren administrative Struktur sich im Umbruch befindet (HERTSCHEL / NEWMAN 2002; SALET / THORNLEY / KREUKELS 2003). HEALEY et al. (2002) haben drei Hauptpunkte für den Übergang von *Government* zu *Governance* und dessen Bedeutung vorgelegt. Zum einen stellt *Governance*, die innerhalb von Netzwerken von Individuen und Gruppen stattfindet, eine vielversprechende Herausforderung an frühere repräsentative Demokratien dar. Diesen lag ein sektorales Verständnis der Gesellschaft zugrunde, sei es im Sinne der gesellschaftlichen Organisation in Bezug auf geographische Maßstabsebenen oder der politischen und wirtschaftlichen Aktivitäten. Zweitens stellt *Governance* einen neuen Fokus zur Integration von Handlungen, Ort („place") und Territorium dar, in denen die vernetzten Beziehungen genützt werden können, um die positiven Aspekte territorialer Einbettung, so z. B. soziales Kapital, Vertrauen und *tacit knowledge*, zu verbessern. Diese Perspektiven sind unerlässlich für erfolgreiche und innovative Lokal- und Regionalentwicklung. Drittens wird die Qualität von *Governance* als Förderung partnerschaftlicher Kollektivhandlungen unterschiedlichster Interessensgruppen im städtischen Maßstab gesehen. Dies ermöglicht eine positive Einbettung von Personen und Unternehmen in vernetzte Territorien.

3   Institutionalisierung der *Baltic Sea Region*

Um über die *Baltic Sea Region* (BSR) als ein mögliches Innovationsfeld für Regionalentwicklung und Netzwerke und darüber, welchen Einfluss bestimmte Handlungen, wie z. B. übernationale Kooperationen, und die *EU Northern Dimension* auf sie haben könnten, diskutieren zu können, muss beachtet werden, was für eine Institution die BSR überhaupt ist.

Mythen und Lebensalltag in Gebirgsräumen

Ein Gebiet in geographische Einheiten – wie zum Beispiel Regionen – zu unterteilen, ist niemals ein natürlicher Prozess, sondern eine hochkomplexe politische Aufgabe. Regionen können mittels politischer *Top-Down*-Verfahren offiziell gestaltet werden, spontan aus spezifischen neo-regionalen *Bottom-Up*-Interessensgruppen hervorgehen oder gewähltes Ergebnis des Wechsels früherer Territorialstrukturen zu einer bevorzugten räumlichen Zukunft sein (SMOUTS 1998, 33ff). Die Entstehung jüngster Regionen erfordert kollektives Handeln, Zusammenarbeit von Behörden und Zivilgesellschaft sowie selbstorganisierte Steuerung der Region durch Netzwerke (HEALEY et al. 2002, 10ff; vgl. GUALINI 2001).

Im folgenden grenze ich das Gebiet um die Ostsee auf Grund von vier Definitionen für Region ab: als naturräumliche, als soziokulturelle, als wirtschaftlich-funktionale und als politisch-administrative Einheit. Diese Definitionen werden von mir mit der Theorie der Institutionalisierung von Regionen (PAASI 1986) verwoben. Nach dieser Theorie entstehen Regionen durch verschiedene Phasen von frühem territorialen Bewusstsein über die symbolische Bedeutung und die ökonomische und politische Organisation bis hin zu einer möglichen De-Institutionalisierung und dem Entstehen einer neuen Region (JAUHIAINEN 2000).

3.1 Die *Baltic Sea Region* als naturräumliche Einheit

Eine materiell-natürliche Region ist das Ergebnis lang andauernder geologischer und geomorphologischer Prozesse. Diese Prozesse schaffen natürliche Landschaftsräume und Regionen – so kann zum Beispiel zwischen Flachland und einer hügeligen Region unterschieden werden. Es ist eine geographische und ökologische Einheit mit natürlichen Grenzen. Oftmals finden sich Zusammenhänge zwischen politischen, wirtschaftlichen und natürlichen Grenzen.

Wasser war und ist ein grundlegendes Element bei der Gründung der BSR und besonders von symbolischem Wert. Wasser verband, trennte jedoch auch die Menschen und Staaten um die Ostsee. Früher, vor rund 10.000 Jahren, lag das Gebiet unter einer enormen Vereisung, die bis zum heutigen Schottland reichte. Die eiszeitlichen Prozesse und das Schmelzen des Gletschers haben die Landschaft der BSR in besonderer Weise geformt.

Darüber hinaus sind kontinuierliche Hebungsvorgänge des Landes ein Ergebnis dieser Prozesse. Auch wenn sich das Land nur um einen Zentimeter pro Jahr hebt, verändert dies erheblich die Nordküste der Ostsee. Es wird erwartet, dass der Wasserspiegel innerhalb der nächsten Jahrzehnte derart absinkt, dass sich die Transportmöglichkeiten ändern und sogar in Jahrhunderten der Bottnische Meerbusen zwischen Finnland und Schweden zusammenwachsen wird. Diesbezüglich sind die natürlichen Prozesse noch immer bedeutsam für die gegenwärtige Regionalentwicklung der BSR.

Eine einfache Möglichkeit, die naturräumlichen Grenzen der BSR zu definieren ist, die Wasserscheide als Grenzlinie heranzuziehen. Dies bedeutet, dass das Gebiet, in dem die Flüsse in die Ostsee fließen, dadurch die „natürliche" Definition für die Grenzen schafft. Nach dieser Grenzdefinition gehört zur BSR der Bereich Nordfinnlands und Nordschwedens, Richtung Osten bis nach Südkarelien in Westrussland. Zudem teilt die Region weiter südlich Belarus in zwei Hälften und umfasst ein Gebiet bis zur Grenzregion zwischen Ukraine, der Slowakei, Polen und der Tschechischen Republik. Die westliche Grenze verläuft durch den nordwestlichen Teil Deutschlands sowie Westdänemark und weiter durch das Grenzgebiet zwischen Schweden und Norwegen. Alles in allem umfasst die Region ein Gebiet von 14 Staaten. Dennoch kann diese naturräumlich definierte Einheit in kleinere Einheiten unterteilt werden. So beeinflussen zum Beispiel klimatische Faktoren die Verteilung von Flora und Fauna.

Natürliche Regionen haben in der heutigen Gesellschaft an Bedeutung verloren. Deswegen gehen manche davon aus, dass natürliche Beschaffenheiten heutzutage für die Definition von Region bedeutungslos geworden sind. Jedoch haben materiell-natürliche Regionen eine wichtige Rolle, weil sie die Grundlage menschlicher Aktivität bilden und auf diese Art auch für die Entstehung des Zugehörigkeitsgefühls verantwortlich sind. Noch heute werden viele politische Grenzen der BSR durch Flüsse und Berge definiert. Die so umgrenzten Regionen sind Grundlage für die Entwicklung spezifischer territorialer Milieus und zur Formierung von regionalspezifischem Sozialkapital (MALMBERG / MASKELL 1997).

Die Bedeutung von Landschaftsplanung, Natur- und Umweltschutz für die Entstehung und Entwicklung der BSR sollte nicht unterschätzen werden. So begann zum Beispiel die politische und soziale Kooperation in der BSR in den frühen 1970er Jahren aufgrund von Umweltbelangen im gemeinsamen Meer. Darüber hinaus transportieren die Flüsse, die in die Ostsee fließen, nicht nur Wasser, sondern haben auch entscheidend zur Entstehung von Siedlungsstrukturen und vielen ökonomischen Aktivitäten, wie der Nutzung von Holz und dem Transport beigetragen. Flüsse verflechten physisch-geographische und sozioökonomische Bereiche miteinander und sind, zusammen mit dem Meer, Grundlage für spezifische „Akteursnetzwerke" in der BSR. Einige Wissenschaftler sind sogar der Meinung, dass die diskursiv konstruierte „Umwelt" ein Werkzeug sei, um verschiedene politische und wirtschaftliche Aktivitäten in diesem Gebiet zu legitimieren. In dieser Hinsicht sollte man nicht nur die Umwelt in ihrer materiellen Form betrachten, sondern auch ihre diskursiv entwickelten und konkurrierenden Geschichten. Die Institutionalisierung einer Region beginnt, wenn die Verbindung zwischen Menschen und dem Boden, auf dem sie leben, signifikant wird.

3.2 Die *Baltic Sea Region* als soziokulturelle Einheit

Letztendlich aber sind es die Menschen, die eine Region machen (ANDERSON 1991). Die Institutionalisierung einer Region geht von den Menschen aus, nämlich, sobald diese beginnen anzuerkennen, dass es genügend interne Gemeinsamkeiten und Unterschiede gegenüber anderen Regionen gibt, um sich von diesen abzusetzen (PAASI 1986). Um die Existenz einer Region als solcher einfordern zu können, muss eine physisch-natürliche Region symbolisch und diskursiv konstruiert und verteidigt werden, d. h. vom konkreten Boden muss abstrahiert werden durch anerkannte „große Erzählungen" über die Vergangenheit und Gegenwart der Region.

Um einen überzeugenden Diskurs über eine Region führen zu können, wird eine historische, symbolische und politische Dimension benötigt. Geschichte wird interpretiert oder sogar umgeschrieben, um eine geradlinige Erzählung der Einheit „von Anbeginn" bis zur heutigen Zeit zu schaffen. In dieser Erzählung kann es Brüche geben. Diese müssen jedoch als „Historische Ausnahmen" der Vergangenheit erklärt werden, und sie müssen genutzt werden, um die kollektive Vision von der Region sogar noch zu stärken. Beispielsweise kann beobachtet werden, wie die spezifischen historischen Ereignisse genutzt werden, um die Einheit der BSR zu illustrieren. Häufig wird auch die spezielle Mentalität der Menschen im Ostseeraum erwähnt, die seit Jahrtausenden über das Meer hinweg miteinander kommunizieren. Die Hanse im 13. und 14. Jahrhundert wird als eine neuere Verbindung einer gemeinsamen soziokulturellen Region aufgezeigt. Darüber hinaus wird über die „golden Swedish era" im späten 17. Jahrhundert geschrieben, in dem ein Großteil des Gebiets zu einem Königreich gehörte. Die Ausnahmen werden negativ dargestellt, wie etwa die Invasion durch Peter den Großen im 18. Jahrhundert und die Expansion des Sowjetreichs Ende des 20. Jahrhunderts. Die frühen Jahre nach Ende des Kalten Kriegs in den 1990er Jahren wurden als Rückkehr in die lineare BSR-Geschichte dargestellt.

Bei einer genaueren Untersuchung der BSR stellt man schnell ihre kulturelle und soziale Pluralität fest – in den Sprachen, den Religionen und den Traditionen. Schon immer hat es in der Region Minderheiten gegeben, von denen viele im Laufe der Jahrhunderte marginalisiert wurden – beispielsweise die Sami im Norden und die Juden während der 1930er und 1940er Jahre. Derzeit findet eine Versöhnung mit den Sami statt, nicht aber mit den jüngeren, „postkolonialisierten" Minderheiten – den verschiedenen slawischen Bevölkerungsgruppen im Osten und den politischen und wirtschaftlichen Flüchtlingen im Westen der Region. Religionen, Sprachen und Traditionen in der Region sind heutzutage sogar stärker vermischt als in der Vergangenheit, was eine Abgrenzung hinsichtlich einer gemeinsamen kulturellen Identität noch schwieriger macht. Die derzeitige Wirtschaftspolitik der Regierungen und die ökonomisch-politischen Zugehörigkeiten haben die BSR stärker vereinigt, und viele wirtschaftliche und politische Gruppen werben für die BSR.

3.3 Die *Baltic Sea Region* als funktionelle Wirtschaftseinheit

Ein funktioneller Wirtschaftsraum basiert auf der analytischen Definition einer Region gemäß der funktionalen ökonomischen Rolle eines gegebenen Territoriums. Beispielsweise handelt der Mensch in der Theorie der „Zentralen Orte" rational, was zu einer funktionalen wirtschaftlichen Definition von Regionen zwischen zentralen Orten und dem Hinterland führt. Eine Region wird produktionsorientiert, intern homogen und horizontal in den Aktivitäten gesehen.

Neuerdings wird der funktionelle Wirtschaftsraum als territorial eingebettetes Netzwerk von Wirtschaftsaktivitäten gesehen sowie als Resultat der Wechselwirkung zwischen globalem Kapitalismus und lokaler Identität innerhalb des Prozesses von ungleicher Entwicklung (vgl. CONTI / GIACCARIA 2001, 195ff). In gerade dieser Phase beginnen physisch-geographisch geteilte und symbolisch geschaffene Regionen eine Rolle in der modernen Wirtschaft zu spielen. Um dies zu erreichen, wird die Region von der Regierung überprüft und eine statistische Datenbank angelegt, um entsprechende Handlungsweisen und politische Maßnahmen ableiten zu können. Dazu werden ein effizientes Management und eine neue Verteilung von Ressourcen sowie klar definierbare Grenzen der Region benötigt. Die Institutionalisierung findet statt, wenn die Verwaltung verschiedene Aufgaben übernimmt, das Territorium als Region zu organisieren und es mit bürokratischen Methoden zu legitimieren.

Die Wiederbelebung der BSR in den 1990er Jahren hatte ihren Ursprung in der Idee der BSR als einheitlich-funktionalem Wirtschaftraum in Nordeuropa. Die breite Vermarktung der BSR als Kooperationsgebiet geschah durch die „zweite räumliche Entwicklungsperspektive Europas", welche die Region als ganze plante (EUROPEAN COMMISSION 1994; FALUDI / WATERHOUT 2002, 78; HERTSCHEL / NEWMAN 2003, 47). Die BSR bekam eine signifikante Rolle als „Gateway" in das Zentrum Europas („blue banana development corridor", „Deutschland") und Russlands („the East"). All dies unterstreicht, dass der BSR eine wirtschaftlich-funktionale Rolle in der wachsenden EU gegeben wurde.

Im August 1992, also direkt nach den einschneidenden politischen Veränderungen in Nordeuropa, haben die Raumplanungsministerien elf Ostseeanrainerstaaten (Finnland, Russland, Estland, Lettland, Litauen, Weißrussland, Polen, Deutschland, Dänemark, Schweden and Norwegen) VASAB (*Vision and Strategies around the Baltic Sea for the year 2010*) initiiert. Das wirtschaftspolitische Kooperationsnetzwerk umfasst im engeren Sinn das Wassereinzugsgebiet der Ostsee. Dies unterstreicht die ökonomische und politische Bedeutung der Region im europäischen Zusammenhang. Ziel von VASAB 2010 war es, eine gemeinsame Vision über das zukünftige Raumentwicklungskonzept zu schaffen, die Kooperation zu stärken und einen Handlungs- und Orientierungsrahmen zu entwickeln, der die Entscheidungsprozesse der Raumentwicklung in der Ostseeregion lenkt. Grundlegende Idee war, die Ressourcen und Potenziale effizient zu nutzen, um die Region in Richtung Europa und zum Rest der Welt voran zu bringen und eine nachhaltige Entwicklung in der Region zu gewährleisten (VASAB 1996).

Jedoch existieren in der ökonomisch-funktionalen BSR verschiedene interne ökonomische Kooperationsgemeinschaften, die miteinander konkurrieren. Die Trans-Europäischen Netzwerke (*Trans-European Networks*, TEN) verbinden das Zentrum der Europäischen Union, Deutschland und Berlin mit dem „Osten", Russland und St. Petersburg (FALUDI / WATERHOUT 2002, 9). In der BSR gibt es zwei von ihnen. Hinsichtlich regionaler Kooperation in der Region gibt es zahlreiche konkurrierende und vereinzelt auch kooperierende Netzwerke.

Das jüngst angestiegene Interesse an der BSR als funktionalem Wirtschaftsraum ist mit der Entwicklung der EU zu begründen. 2004 wird die EU-Osterweiterung die letzten Rückstände des Eisernen Vorhangs weggeschoben haben – zumindest weiter Richtung Osten. Alle aktuellen Beitrittsländer, Polen, Estland, Lettland und Litauen, haben in den 1990er Jahren Wirtschaftsumbrüche durchgemacht und mussten ihre Wirtschaftspolitik radikal reformieren, um die Anforderungen der EU und der Weltwirtschaft zu erfüllen.

Darüber hinaus macht ein erheblicher Binnenhandel innerhalb der BSR und die Bevölkerung von 105 Mio. die Region zu einem wichtigen Markt. Dennoch erscheint die BSR aufgrund der konkurrierenden Natur des heutigen Kapitalismus nicht als feste Einheit mit gemeinsamen Zielen und Praktiken in ökonomisch-funktionalem Sinn. Eine bedeutsame wirtschaftspolitische Initiative, das Konzept der „Nördlichen EU-Dimension" (*EU Northern Dimension*), wurde im Jahr 1999 vom finnischen Premierminister eingeführt. Ziel war es, ein Kooperationsgebiet zwischen der EU und Russland zu schaffen, in dem die BSR die *Gateway*-Funktion übernehmen sollte. Letztendlich ist jedoch außer politischen Diskussionen nicht viel geschehen.

Wie bereits erwähnt, werden ab 2004 die meisten Ostseestaaten zu einer politischen und ökonomischen Einheit – der EU – gehören. Daraus ergeben sich interessante Möglichkeiten für eine gemeinsame zukünftige politische Vision für den „Europäischen Norden". Die meisten Länder sind bevölkerungsarm und könnten einen interessanten Block für die Debatte über die zukünftige Entwicklung der EU bilden. Die BSR funktioniert nicht – zumindest noch nicht – als kollektive funktionale Wirtschaftseinheit, außer bei den Produktions- und Distributionsplänen globaler Unternehmen für Lebensmittel, Bier, Technologie, Güter des täglichen Bedarfs, Autos, etc. – und dann oftmals nur aufgrund des Zugangs vom russischen Markt.

3.4 Die *Baltic Sea Region* als politisch-administrative Einheit

Eine politisch-administrative Region ist ein normativ definiertes Gebiet mit vielfältigen sozio-politischen Interpretationen. In der Praxis moderner Gesellschaften hat die Signifikanz von politisch-administrativen Definitionen von Region zugenommen. Regionen sind eine wichtige Ebene der ökonomischen Intervention und politischen Regulation. Das staatliche Territorium ist unterteilt in kleinere Einheiten, und diese werden durch Repräsentanten des Staates regiert.

Der ökonomisch-politische Wandel in Europa seit den 1980er Jahren bedeutete eine Verringerung der initiativen Funktion von Regierung in Wirtschaft und Gesellschaft, die Diversifizierung von Willensbildung durch eine große Bandbreite von Organisationen und die Restrukturierung der Beziehungen zwischen den Regierungen (SALET / THORNLEY / KREUKELS 2003, 6). Eine Aufgabe ist die Gewohnheit, eine Region von unten zu regieren und eine kollektive Selbstverwaltung anstatt einer traditionellen *Top-Down*-Regierung zu schaffen. Sowohl in der EU als auch in der BSR wird die Aufteilung von Macht zwischen der supra-nationalen, der nationalen und der sub-nationalen Ebene diskutiert. *Governance* ist eine Form sozialer Selbstregulation anstatt einer hierarchischen Regierung, darüber hinaus Regierung und spezifische soziale und institutionelle Einbettung des wirtschaftlichen Systems. Regionale oder territoriale *Governance* ist das Kernthema der politischen Entwicklung in Europa im frühen 21. Jahrhundert. Das heißt, dass Formen des Managements von territorialen Ressourcen auf der regionalen Ebene zunehmend trans-skalare und inter-gerichtliche Dimensionen mit einbeziehen. Diese Dimensionen betonen die Grenzen der Effektivität der gegebenen geographischen Rationalitäten für Aktivitäten der traditionellen Regierungsform und der *Top-Down*-Verwaltung (GUALINI 2001).

Der Ostseeraum ist vielleicht das deutlichste Beispiel für die tiefgreifenden Veränderungen zwischen dem Zeitalter des Kalten Kriegs und dem Zeitalter danach. Die östliche Küste gehörte zum Warschauer Pakt und stand der NATO an der westlichen Küste feindlich gegenüber. Zwischen diesen Blöcken balancierten die beiden früher blockfreien Staaten Schweden und Finnland. Während der frühen 1990er Jahre wurde der Warschauer Pakt aufgelöst, und es folgte eine Periode, in der es möglich gewesen wäre, eine blockfreie BSR zu gründen. Diese hätte beispielsweise um den gemeinsamen Ostseerat organisiert werden können. Jedoch kamen die gemeinsamen sicherheitspolitischen Themen niemals auf die Tagesordnung der BSR, und die Blockfreiheit wurde von fast allen BSR-Staaten nicht mehr in Erwägung gezogen. Die NATO hat sich nach Osten erweitert: Polen wurde 1999 Mitglied, und 2004 werden Estland, Litauen und Lettland dazukommen. Auch in Schweden und Finnland wird eine Diskussion über eine NATO-Mitgliedschaft geführt. Eigentlich war nur der Schutz und die Verteidigung der Territorien ihrer Mitgliedsstaaten Aufgabe der NATO, aber der 11. September (siehe den Fall Afghanistan) hat die Ausgangssituation verändert. Bei den harten Sicherheitsthemen werden die Nichtmitglieder langsam in die Infrastruktur und die Programme der NATO integriert. Selbst der frühere Gegner der NATO, Russland, nimmt jetzt am NATO-Programm „Partnership for Peace" teil und ist somit Teil des Bündnisses gegen den „internationalen Terrorismus". Es ist interessant zu beobachten, ob diese formalen harten Sicherheitsveränderungen im frühen 21. Jahrhundert die weiche Sicherheit in der BSR ändern werden und, wenn ja, ob die „region of peace" wieder zu einer Region der Spannung wird.

Jussi S. JAUHIAINEN

Ob die Menschen an die politische Organisation und Funktion der BSR glauben, bleibt abzuwarten. Es gibt die Möglichkeit, dass die BSR eine politische Mesoregion Europas innerhalb von EU und NATO rund um die Ostsee werden könnte. Allerdings ist derzeit nicht sicher, was der Kernpunkt der Politik sein könnte. In der Zeit traditioneller Geopolitik im frühen 20. Jahrhundert bestand die Identität und Position der BSR aus einer Pufferzone zwischen zwei starken Mächten, Deutschland und Russland. Dies könnte auch die Vision für die Entwicklung im frühen 21. Jahrhundert sein – nicht gegen diese beiden europäischen Supermächte zu sein, sondern über alternative Politik zu debattieren. In diesem Fall hätte die ökonomische und strategische Unterlegenheit der „Puffer-Staaten" eine Bedeutung bezüglich der wirtschaftlichen und politischen Beziehungen zwischen der EU und Russland (Nördliche Dimension) oder bezüglich des wirtschaftlichen Gewichts oder den Belangen Deutschlands. Im Moment existiert die BSR mehr als eine Region, die von spezifischen Interessengruppen gefördert wird. Trotz der Bestrebungen, die BSR in wirtschaftlicher, politischer und sozialer Weise zu schaffen, bleibt es momentan bei einer imaginären Gemeinschaft (ANDERSON 1991). Jedoch scheint es so, als würde dieses Gemeinschaftsgefühl vom größten Teil der Bevölkerung noch nicht geteilt.

4 Fazit – Die *Baltic Sea Region*, innovatives Netzwerk?

Wir sind Zeugen mehrschichtiger Veränderungen innerhalb und jenseits geographischer Maßstäbe um den Ostseeraum geworden. Die Erweiterung von EU und NATO bringt neue Regierungseinheiten in die Region und formt die Handlungen und Aktivitäten derzeitiger Regierungen. Die aktuelle Art und Weise wirtschaftlicher Organisation verbindet Menschen und Unternehmen zusehends in verschiedene Schichten globaler Ökonomie. Derzeitige Kommunikationsmittel, wie Internet und Handys, verbinden die Menschen um die Ostseeregion ständig und unmittelbar untereinander und zu globalisierter Kulturindustrie, Modetrends und Massenmedienveranstaltungen.

Der Ostseeraum ist ein Netzwerk aus verschiedenen Netzwerken. Abgesehen von unzähligen informellen Beziehungen gibt es über 600 formelle Organisationen, Institutionen und Gruppen, deren Aktivität sich im Ostseeraum abspielt. Für eine erfolgreiche Entwicklung der BSR und der mit ihr verbundenen Aktivitäten spielt die Art und Weise der Verflochtenheit von Netzwerken, *Governance* und Innovationen eine Schlüsselrolle.

Im Moment stellt sich der Ostseeraum in unterschiedlichen Blickwinkeln anders dar. Aus strategischer Sicht multinationaler Unternehmen vertreibt er ihre Waren und Produkte in Nordeuropa, für manche existiert er nur in Raumentwicklungsplänen verschiedener zwischenstaatlicher Körperschaften. Nach politischen Visionen aktiver Förderer übernimmt er die Funktion einer speziellen nördlichen Allianz der erweiterten EU und NATO. Und nach Vorstellungen mancher Initiatoren kann der Ostseeraum für die Umgestaltung einer zerrütteten und fragmentierten Vergangenheit in eine alltägliche und gemeinsame Zukunft zuständig sein.

Die Institutionalisierung der BSR findet derzeit statt. Das territoriale Bewusstsein steigt bei Beachtung der typischen „nördlichen" Natur und der Umgebung in der EU und den Möglichkeiten, das soziale Kapital der Menschen und Institutionen zu nutzen. Die symbolische Entstehung der BSR ist manifestiert in verschiedenen Symbolen, Zeichen und Namen von Organisationen. Die umfassenden Entwicklungsvisionen, vor allem die VASAB 2010, versuchen das Gebiet, aus zehn Nationen und Sprachen und bis zu elf Ländern bestehend, zu verwalten. Die erweiterte EU kann eine Arena sein, in der das gemeinschaftliche Handeln der Instanzen der BSR möglich ist und auch von den verschiedenen Menschen im Ostseeraum verstanden wird. Ob dies ausreicht, um die BSR als eine Region zu etablieren, wird die Zukunft zeigen.

Literatur

ACS, Z. (2002): Innovation and the Growth of Cities. – Cheltenham.
ANDERSON, B. (1991): Imagined community. – London.
CASTELLS, M. (1996): The rise of the network society. – Oxford.
CHESBROUGH, H. (2003): Open Innovation. The New Imperative for Creating and Profiting from Technology. – Boston.
CHRISTALLER, W. (1933): Die zentralen Orte Süddeutschlands. – Jena.
CONTI, S. / GIACCARIA, P. (2001): Local Development and Competitiveness. – Dordrecht.
EUROPEAN COMMISSION (1994): Europe 2000+. Cooperation for European Territorial Development. – Luxemburg.
FALUDI, A. / WATERHOUT, B. (2002): The making of the European Spatial Development Perspective. No Masterplan. – London.
GIBSON-GRAHAM, J. K. (2002): Beyond global vs. local: Economic politics outside the binary frame. – In: HEROD, A. / WRIGHT, M. (eds.) Geographies of power. Placing scale. – London. 25-60.
GUALINI, E. (2001): Planning and the intelligence of institutions. – Aldershot.
HARVEY, D. (2000): Spaces of hope. – Edinburgh.
HEALEY, P. et al. (2002). Transforming governance, institutionalist analysis and institutional capacity. – In: CARS, G. et al. (eds.): Urban governance, institutional capacity and social milieux. – Aldershot. 6-28.
HERTSCHEL, T. / NEWMAN, P. (2002): Governance of Europe's city regions. Planning, policy and politics. – London.
JAUHIAINEN, J. (2000): Regional development and regional policy. European Union and Baltic Sea region. – Turku.
KELLERMAN, A. (2002): The Internet of the Earth. A Geography of Information. – New York.
KRUGMAN, P. (1998): Space: the final frontier. – In: The Journal of Economic Perspectives 12(2). – 161-174.
LATOUR, B. (1996): Aramis or the love of technology. – Cambridge/Mass.
MALMBERG, A. / MASKELL, P. (1997): Towards an explanation of regional specialization and industrial agglomeration. – In: European Planning Studies 5(1). – 24-41.
PAASI, A. (1986): Theory of institutionalisation of regions. – In: Fennia 164(1).
RHODES, R. (1997): Understanding governance – policy networks, governance, reflexivity and accountability. – Philadelphia.
ROMER, P. (1994): The origins of economic growth. – In: Journal of Economic Perspectives 8. – 3-22.
SALET, W. / THORNLEY, A. / KREUKELS, A. (2003): Metropolitan governance and spatial planning. Comparative case studies of European City-regions. – London.
SIMMIE, J. (2002) (ed.): Innovative cities. – London.
SMITH, N. (1992): Geography, difference and the politics of scale. – In: DOHERTY, J. / GRAHAM, E. / MALLEK, M. (eds.): Postmodernism and the social science. – Basingstoke. – 57-79.
SMOUTS, M. (1998): The region as the new imagined community. – In: LE GALÈS, P. / LEQUESNE, C. (eds.): Regions in Europe. – London. 30-38.
VASAB 2010 (1996): Visions and strategies around the Baltic Sea to 2010. – Helsingborg.

Dieter BÖHN (Würzburg) und Martin HASLER (Bern)

Leitthema C5 – Raumwahrnehmung und Raumrepräsentationen im Geographieunterricht

Die Sitzung zeigte die Spannbreite geographiedidaktischer Forschungen, denn beide Themenblöcke waren ihrerseits wiederum durch das Untersuchungsobjekt differenziert, so dass vier Forschungsbereiche vorgestellt wurden.

Der Beitrag von Detlef Kanwischer verdeutlichte, dass Computersimulationen zwar konstruierte Wirklichkeiten vorgeben, diese aber auf kognitive und emotional erfahrene Wirklichkeiten der Nutzer treffen. Am Beispiel eines Interviews mit einer Schülerin wurde aufgezeigt, dass diese ihre Erfahrungen als Verkehrsteilnehmerin und den begrenzten Willen zur Verhaltensänderung zu benennen weiß. Kanwischer kritisierte, dass die im Simulationsprogramm komplex vernetzten 150 Faktoren vor allem den technisch-administrativen Bereich umfassten, mögliche Reaktionen der Betroffenen dagegen kaum als alternative Handlungsmöglichkeiten eingesetzt werden konnten. So werde ein scheinbarer Sachzwang vorgegeben, der nicht der Wirklichkeit entspreche. Die Diskussion drehte sich u. a. um die Frage, in welchem Umfang die sehr zeitaufwendigen Computersimulationen überhaupt im Unterricht eingesetzt werden können. Hier, so die Anregung, sollten weitere Untersuchungen erfolgen.

Das Referat von Helmer Vogel stellte die Ergebnisse eines Projekts vor, das im Laufe von fünf Jahren untersuchte, wie geistig Behinderten ermöglicht werden kann, sich im Raum zu orientieren und diese Fähigkeit zur Bewältigung von Alltagssituationen zu nutzen. Wichtig war dabei der interdisziplinäre Ansatz, die Geographiedidaktik arbeitete mit der Geistigbehindertenpädagogik zusammen. Vogel zeigte zahlreiche Möglichkeiten auf, konkrete Vorgänge wie den Brückenbau, aber auch abstrakte Begriffe wie die Zeit der Entstehung einzelner Gebäude zu verdeutlichen. Hervorzuheben ist, dass das Projekt unter Einbeziehung der Studierenden erfolgte, die zu kreativer Auseinandersetzung mit dem Problem der Raumwahrnehmung und zu konstruktiven Lösungsansätzen befähigt wurden. In der Diskussion wurden weitere Hinweise auf medizinische Forschungen in diesem Bereich genannt. Forschungen, die geistig Behinderten ein Leben in der räumlichen Komplexität ermöglichten, sollten unbedingt fortgesetzt werden.

Der Beitrag von Max Maisch zeigte am Beispiel der Informations-Plattform „Gletscherland Schweiz", die seit Juni 2003 im „Gletschergarten Luzern" installiert ist, welche technischen Möglichkeiten heute zur Verfügung stehen, um sowohl die glaziale Situation während der Eiszeit darzustellen als auch Szenarien zu entwickeln, die von unterschiedlicher Erwärmung in der Zukunft ausgehen. Dabei gefiel besonders, dass es dem Besucher möglich ist, selbst differenzierte Szenarien zu entwerfen. Wichtig ist dabei, dass die jeweiligen Möglichkeiten der Entwicklung mathematisch berechnet sind und daher einen hohen Wahrscheinlichkeitsgrad haben, weil zahlreiche Faktoren einbezogen wurden. In der Diskussion wurde die Darstellung einhellig gelobt und angeregt, die medialen Möglichkeiten nicht nur den Besuchern des Museums zur Verfügung zu stellen, sondern z. B. als CD-Rom auch Schulen, ja überhaupt einem interessierten Publikum. Es sollte genutzt werden, dass physisch-geographische Entwicklungen so eindrucksvoll und einsichtig medial aufbereitet sind.

GAMERITH, W. / MESSERLI, P. / MEUSBURGER, P. / WANNER, H. (Hrsg.) (2004): Alpenwelt – Gebirgswelten. Inseln, Brücken, Grenzen. Tagungsbericht und wissenschaftliche Abhandlungen. 54. Deutscher Geographentag Bern 2003. 28. September bis 4. Oktober 2003. – Heidelberg, Bern. 573-574.

Mythen und Lebensalltag in Gebirgsräumen

Der Vortrag von Olivier Mentz befasste sich mit der Darstellung der Alpen in deutschen und französischen Schulbüchern. Es überraschte, wie dieses für die geistige Vorstellungswelt wie für die realen Erlebnismöglichkeiten vom Tourismus bis zu Wetterlagen so bedeutende Gebirge verhältnismäßig begrenzt und thematisch selektiv behandelt wird. An Themen wird vor allem der Fremdenverkehr aufgegriffen. Mentz wies nach, dass in deutschen Lehrwerken stärker eine kritische Sichtweise vorhanden ist (z. B. die Gefährdung der Alpen oder Vor- und Nachteile des Tourismus), während in französischen eher die positiven Aspekte der Freizeitnutzung betont werden. Seiner Kritik, in den Lehrbüchern der *Quatrième* (entspricht der achten Klasse in Deutschland) werde, wenn überhaupt, dann nur der französische Teil der Alpen behandelt, wurde entgegnet, dass der Gesamtraum in einer späteren Jahrgangsstufe nochmals aufgegriffen werde.

Detlef **KANWISCHER** (Jena)

Kopfräume und Wirklichkeitsvorstellungen – Virtuelle Welten im Geographieunterricht

1 Software für Kopfräume

„Software für Massaker" titelte die *Frankfurter Allgemeine Sonntagszeitung* am 28.April 2002, nachdem Robert Steinhäuser im Erfurter Gutenberg-Gymnasium 16 Lehrer, zwei Schüler und sich selbst erschossen hatte. Das Computerspiel *Counterstrike* wurde von den Medien aufgrund einiger Analogien als hauptverantwortlich für Steinhäusers Amoklauf gemacht. Zwischen Simulation und Alltagsleben lag bei Steinhäuser – im Computerspieler-Jargon ausgedrückt – womöglich nur ein „Level". Hatte Steinhäuser das Töten am Rechner gelernt? Hatte er das Töten als Spiel gesehen? Wenn dem so wäre, dann müssten schon längst – bei 250.000 regelmäßigen *Counterstrike*-Spielern in Deutschland – ganze Landstriche entvölkert sein. Die Kollision von virtuellen Welten und Alltagsleben ist so einfach nicht zu erklären. Jürgen Fritz, der als einer der profiliertesten Experten seit über zehn Jahren die Wirkungen von Computerspielen analysiert, hebt hervor: „Man muss ein Geflecht von verschiedenen Verstärkern und Ursachenfolgen betrachten. Und wenn auf diesem Feld dramatische Missverhältnisse entstehen, kommt es zum Amoklauf. Die Eindeutigkeit, das Computerspiel hätte ihn dazu gebracht, lehne ich ab" (KREMPL 2002).

Im Geographieunterricht wird seit einigen Jahren auf digitale virtuelle Welten zurückgegriffen. Computersimulationen, Lernsoftware in den unterschiedlichsten Ausprägungen, Geographische Informationssysteme, virtuelle Exkursionen und Museumsbesuche per Internet und Email-Projekte werden heutzutage in das Unterrichtsgeschehen integriert. Hierbei werden jedoch die Konstruktionen dieser virtuellen Welten und die damit einhergehenden Wirklichkeitsvorstellungen der Schüler nicht weiter hinterfragt.

Ich werde in diesem Beitrag anhand der Computersimulationen „Mobility" und des Medienwirkungsmodells von FRITZ (1997) den Fragen nachgehen, mit welchem geographischen Raumverständnis hier gelehrt wird und welchen denkbaren Einfluss dies auf die Wirklichkeitsvorstellungen bei den Schülern hat. Im folgenden wird zuerst aufgezeigt, wie Computersimulationen im Geographieunterricht angewendet werden und mit welchen Forschungsfragen der Unterrichtserfolg untersucht wird, bevor ich kurz die Computersimulation „Mobility" vorstelle und sie hinsichtlich ihres geographischen Raumverständnisses analysiere. Anschließend wird das Medienwirkungsmodell „Transfer und Transformation" von Jürgen Fritz vorgestellt, um darauf aufbauend beispielhaft das Verstrickungsverhältnis zwischen virtueller und realer Welt und die damit einhergehenden möglichen Wirklichkeitsvorstellungen einer Schülerin vorzustellen. Abschließend werde ich die Schwierigkeiten des Einsatzes von Computersimulationen im Geographieunterricht diskutieren.

2 Computersimulationen und Wirklichkeitsvorstellungen im Geographieunterricht

Schon seit Ende der 1980er Jahre liegen Computersimulationen für den Geographieunterricht vor. Ein Blick in die geographiedidaktischen Zeitschriften der letzten Jahre verdeutlicht, dass Computersimulationen von Seiten der Autoren zunehmend in das Unterrichtsgeschehen integriert werden. Hierbei werden nahezu alle Themenbereiche abgedeckt. Das Spektrum der vorliegenden Simulationsprogramme reicht von Landschafts- und Klimawandel über Mobilitätsmodelle bis hin zur Stadtplanung. Hinsichtlich der didaktischen Überlegungen zum Einsatz von Computersimulationen werden unterschiedliche Vorteile und Gefahren diskutiert (gekürzt nach HEMMER 1997[4], 218f):

Vorteile:
- Erleichterung des Denkens in vernetzten Systemen
- Verdeutlichung der Konsequenzen monokausalen Denkens
- Erwerb kybernetischen Wissens durch das Fahren dynamischer Systeme
- Zugriff auf komplexe Systeme und Kenntniserwerb über tatsächliche Ursachen, Verläufe und Folgen von Umweltproblemen
- Einsicht in die Wirkung bei der Veränderung eines Systemparameters, besonders in den Fällen, in denen die Wirkungen nicht von vornherein erfassbar sind.

Gefahren:
- zu starke Vereinfachung der Systeme und zu starke Reduzierung der Parameter mit der Gefahr, zu bloßem, oft utopischen Spiel zu werden, das den Blick auf die Wirklichkeit eher verstellt als dies zu erhellen
- zu große Komplexität der realen Systeme
- unkritische Übertragbarkeit der fiktiven Programmaussagen auf Wirklichkeitsbereiche
- Suggerierung der Mathematisierbarkeit von Problemen
- Ausklammerung von historischen, kulturellen und soziopolitischen Gegebenheiten
- Ausblendung der Bedürfnisstruktur und des Bewusstseinsstands des Lernenden

Die Auflistung der Vorteile und der Gefahren verdeutlicht, dass Computersimulationen nicht nur der Informations- und Wissensvermittlung dienen, sondern dass die Schüler im Rahmen einer Unterrichtsstunde, in der eine Computersimulation eingesetzt wird, auch eine virtuelle Welt betreten, darin handeln und sie wieder verlassen.

Die geographiedidaktische Forschung zum Thema Computersimulation und Geographieunterricht befasst sich bisher ausschließlich mit den Lerneffekten bei Schülern. Eine Medienwirkungsforschung, welche die durch das Medium Computersimulation konstruierten virtuellen Räume durch die Anbieter (z. B. die Autoren und Entwickler) und die Wirkungen dieser Räume auf Seiten der Nachfrager (die Schüler) in den Mittelpunkt rückt, hat sich bisher nicht etabliert. Auch Fragestellungen zu den komplexen Beziehungen zwischen den Schülern und der Computersimulation (wie z. B. „Welche Konstruktion von Raum und Wirklichkeit nehmen die Schüler mit hinein in die virtuelle Welt und welche wieder mit hinaus?" oder differenzierter: „Welche Eindrücke werden aus der Computersimulation in die reale Welt transformiert und welchen Prozessen sind sie ausgesetzt?") wurden bisher in der geographiedidaktischen Forschung nicht aufgegriffen.

3 Das Computersimulationsspiel „Mobility"

„Planen und bauen Sie Ihre eigene Stadt und managen Sie dort die Mobilität Ihrer Einwohner. Gestalten Sie für Ihre Bürgerinnen und Bürger ein attraktives und zugleich wirtschaftliches wie auch ökologisch lebensfähiges Umfeld. Das ist MOBIILITY – das Verkehrssimulationsspiel!" (www.mobility-online.de).

„Mobility" wurde im Auftrag der Daimler-Chrysler AG und der Verkehrsverbunde Rhein-Ruhr und Rhein-Main unter wissenschaftlicher Begleitung der Bauhaus-Universität Weimar sowie der Verkehrsforschung der Daimler-Chrysler AG entwickelt und vom Bundesministerium für Bildung und Forschung gefördert.

Die Maßnahmen zur Beeinflussung des Verkehrs, die Raumplanung und die Umwelteinwirkungen werden in der Computersimulation über Verfahren umgesetzt, die auf den professionellen Modellen von Raum- und Verkehrsplanern basieren.

Erste Erfahrungen im Schuleinsatz hat „Mobility" mit eigens für das Programm erstellten Unterrichtsmaterialien für Lehrerinnen und Lehrer gebracht. Die Unterrichtsmaterialien vertiefen Einzelaspekte des Themas Verkehr. Vier Themengruppen (Verkehrsmittelvergleich, Stadt und Verkehr, Stadtmodelle sowie Verkehrsplanung und Zukunftsszenarien) sind für die ausgehende Mittel- und die Oberstufe aufbereitet worden, berühren die natur-, technik- und sozialwissenschaftlichen Aufgabenfelder in der Schule und gliedern sich in viele kleine Einzelbausteine, die man flexibel kombinieren kann.

Nach Erklärung der Herausgeber sind ca. 150 Variablen von den Programmierern zu einem wechselwirkenden Netz gesponnen worden. Welche Variablen das im einzelnen sind und wie deren Wechselwirkungen genau modelliert wurden, ist jedoch nicht dokumentiert; die Sinnhaftigkeit bleibt offen. „Mobility" zeichnet sich durch eine sehr hohe Komplexität des zugrunde liegenden Modells aus, welches letztlich undurchschaubar bleibt.

4 Die Räumlichkeit in der Handlungswelt von „Mobility"

Die Arbeitsgruppe „Curriculum 2000+" der Deutschen Gesellschaft für Geographie hat in ihren Grundsätzen und Empfehlungen für die Lehrplanarbeit im Schulfach Geographie festgehalten, dass „Räumlichkeit über Lebens- und Handlungswelten existentiell erfahren wird. Unter dieser Voraussetzung werden ‚Räume' gezielt unter vier Perspektiven betrachtet:

- Erstens werden ‚Räume' im realistischen Sinne als ‚Container' aufgefasst, in denen bestimmte Sachverhalte der physisch-materiellen Welt enthalten sind.
- Zweitens werden ‚Räume' als Systeme von Lagebeziehungen materieller Objekte betrachtet.
- Drittens werden ‚Räume' als Kategorie der Sinneswahrnehmung und damit als ‚Anschauungsformen' gesehen, mit deren Hilfe Individuen und Institutionen ihre Wahrnehmung einordnen und so die Welt in ihren Handlungen ‚räumlich' differenzieren.
- Das bedingt, dass ‚Räume' viertens auch in der Perspektive ihrer sozialen, technischen und gesellschaftlichen Konstruiertheit aufgefasst werden müssen, indem da-

nach gefragt wird, wer unter welchen Bedingungen und aus welchem Interesse wie über bestimmte Räume kommuniziert und sie durch alltägliches Handeln fortlaufend produziert und reproduziert" (ARBEITSGRUPPE CURRICULUM 2000+ DER DEUTSCHEN GESELLSCHAFT FÜR GEOGRAPHIE 2002, 5).

Vor diesem Hintergrund stellt sich die Frage: Welche Perspektive von Raum wird in der Handlungswelt der Computersimulation „Mobility" den Schülern vermittelt?

„Mobility" findet auf einer inselartigen Konstruktion statt. Die zu bebauende Fläche ist als grünes Wiesenland dargestellt und nach außen von einem Blau begrenzt, über das man keine Verfügungsgewalt hat. Demnach ist der Raum hier klar abgegrenzt, innerhalb dessen die Spieler ihre Stadt errichten. Das mit der Stadt in Korrespondenz stehende Umland und die regionale, nationale und internationale Verflechtung der Stadt werden nicht berücksichtigt. Dieses Raumverständnis liegt dem Containermodell zugrunde. Dies verwundert auch nicht, denn auch virtuelle Welten müssen erbaut werden, und irgendwann wird der Raum knapp: in diesem Fall der Speicherplatz auf dem Datenträger. Aber schauen wir uns an, welche Perspektiven von Raum sich innerhalb des Containers realisieren lassen.

Innerhalb des Spielgeschehens können die Spieler Wegstrecken (Neben-, Haupt- und vierspurige Hauptstraßen und Stadtbahnen) bauen und Bebauungsflächen (Wohn-, Büro- und Industriegebiete) ausweisen, die mit verkehrsrelevanten Gebäuden (Einkaufszentrum, Schulen, Theater/Kino, Sportstätten und Parkanlagen) und verkehrstechnischen Gebäuden (Carsharing-Verwaltungsgebäude, Bereitstellungsflächen für Carsharing-Autos, Sendemasten, Mobilitätszentralen und Parkplätze) bebaut werden können. Hierbei liegt der Akzent besonders auf der Bedeutung von Standorten, Lage-Relationen und Distanzen. Neben einer Schule muss z. B eine Haltestelle des ÖPNV gebaut werden. Ein Einkaufszentrum und Bürogebiete erfordern die Ausweisung von Parkplätzen. Industriegebiete sollen, wegen der erhöhten Emissionswerte, wenigstens vier Felder von benachbarten Wohngebieten entfernt errichtet werden. Sportstätten dienen zwar dem Wohlbefinden der Bevölkerung, sie sollen aber wegen der Lärmbelästigung nicht in Wohngebieten liegen. Der Raum wird hierbei aus der Perspektive des Systems von Lagebeziehungen materieller Objekte betrachtet. An dieser Stelle wird jedoch keine Rücksicht darauf genommen, wie diese Lagebeziehungen von den in der Stadt lebenden Individuen, Gruppen oder Institutionen wahrgenommen werden. Räume als Kategorie der Sinneswahrnehmung werden nicht berücksichtigt.

Neben diesen bebauungstechnischen bzw. rechtlichen Aspekten gibt es noch eine Reihe von Funktionen, mit denen die Spieler ihre Stadt managen können. Die Verkehrsdienstleister sind unterteilt in alternative Verkehrskonzepte und ÖPNV. Die alternativen Verkehrskonzepte beinhalten einen Personal Travel Assistant, eine Mobilitätszentrale, eine passive und aktive Zielführung, Carsharing und Werbung. Der ÖPNV lässt sich durch die Funktionen Finanzen, Fuhrpark, Linienformation, Kundendienst, Personal, Werbung und Fahrpreise managen. Die Rubrik Parkraummanagement beinhaltet als wichtigste Steuerungsfunktion die Gebührenzuweisung. In der Stadtverwaltung können die Spieler über die Funktionen Finanzen, Forschung, Gesetze, Steuern und Zuschüsse die Stadtentwicklung beeinflussen.

Bei allen diesen Funktionen wird jedoch die Pluralisierung der Wirklichkeit außer acht gelassen. In der Funktion Stadtverwaltung kann der Spieler z. B. den Stadtbewohnern Zuschüsse für die Anschaffung eines Computers für Telearbeit zukommen lassen. Die Logik zielt darauf ab, dass mehr Heimarbeitsplätze entstehen und somit der Berufspendlerverkehr abnimmt.

Die Rolle der subjekt- und arbeitgeberspezifischen Einstellungen zur Telearbeit werden außer acht gelassen. Auch die Werbung für ÖPNV und alternative Verkehrskonzepte erfolgt pauschalisierend und nicht differenziert nach Nachfragergruppen. Das Handeln der unterschiedlichen Akteure, wie Investoren, Stadtbewohner oder Politiker, und ihre Eingebundenheit in standortgebundende, autoritative und symbolische Strukturen werden nicht thematisiert. Die Wechselwirkung zwischen Struktur und Handlung und die damit einhergehenden räumlichen Auswirkungen erfolgen nur monoperspektivisch aus der Sicht des Stadtplaners bzw. Programmierers.

Zusammenfassend lässt sich feststellen, dass die Computersimulation „Mobility" nur die Perspektive des Containerraums und die darin bestehenden Lagebeziehungen berücksichtigt, d. h. zwei von vier Perspektiven. Die gesellschaftliche Wirklichkeit und damit auch der Raum wird als real vorhandene Größe aufgefasst. Die Perspektiven, dass Raum als Kategorie der Wahrnehmung auch multiperspektivisch besteht oder dass Räume durch die Elemente Handlung und Kommunikation gemacht werden, werden nicht in Betracht gezogen. Der Raum, der sich im Alltagsleben immer als sozial und materiell konstruiert, wird in der Computersimulation zum Behälterraum, in dem für den Spieler fertige Strukturen und Weltdeutungen bestehen.

Für den Lehrer ergibt sich hieraus einerseits die Frage, ob mit solch einer Perspektive die aktuellen gesellschaftlichen Probleme aufgegriffen werden können. Andererseits muss er, wenn die Einbettung der Computersimulation in den Unterricht den aktuellen Standards entsprechen soll, aber auch wissen, welchen denkbaren Einfluss sie auf die Wirklichkeitsvorstellungen bei den Schülern hat.

5 Überlegungen zu einem Wirklichkeitsmodell der virtuellen Welt

Geht es um die Welt der Computerspiele – wie im eingangs beschriebenen Beispiel des Amoklaufs von Robert Steinhäuser in Erfurt –, dann verbreiten die Medien alarmierende Meldungen darüber, was die Nutzung mit dem Nutzer macht. Aber ebenso wie bei den Medien Film und Fernsehen wird die Forderung der Öffentlichkeit, klare Aussagen über die schädigende Wirkung von Medienangeboten zu machen, von den Medienwirkungsforschern mit einem „Es kommt darauf an" beantwortet; gesicherte Ergebnisse zur Wirkung von Film, Fernsehen und Computerspielen gibt es zur Zeit nicht.

Die Informationen der Medien werden nicht ungefiltert zum Anwender übertragen, sondern dieser konstruiert sich die für ihn relevanten Informationen vor dem Hintergrund seiner individuellen Lebenserfahrungen. Das Problem der kaum zu kontrollierenden individuellen Nutzereigenschaften betrifft auch Forschungen, welche die Wechselwirkungen von virtuellen Welten und dem realen Leben der Anwender untersuchen. Es gibt zwar eine Fülle von Einzeluntersuchungen, insbesondere zum Thema virtuelle Welt und reale Gewalt, aber ihnen fehlt ein modellorientiertes Forschungsparadigma, das die Austauschprozesse vor, während und nach dem Aufenthalt in einer virtuellen Welt angemessen wiedergibt. FRITZ (1997) hat ein solches Modell entwickelt, das ich im folgenden skizzieren werde.

Das Modell geht von der konstruktivistischen Annahme aus, dass sich unsere Wahrnehmung in unterschiedliche Lebenswelten unterteilt – die reale, mentale, mediale, virtuelle und die Traumwelt –, die wiederum in Beziehung zueinander existieren. FRITZ (1997) geht von Transferprozessen zwischen diesen Welten aus: „Transfer ist ferner die Übertragung des Gelernten auf eine andere Aufgabe oder eine andere Situation" (FRITZ 1997, 229). Bei diesen Transferprozessen werden Erfahrungen mit bereits bestehenden individuellen Strukturen und Schemata auf unterschiedlichen Ebenen des Bewusstseins verglichen. Fritz stellt heraus, dass „insofern das Paradigma von Ursache und Wirkung bei der Beurteilung intermondialer Transferprozesse unzulänglich und die Diskussion um die Wirkung der medialen und virtuellen Welten in der realen Welt vom Ansatz her problematisch ist. Es kommt vielmehr darauf an zu prüfen, auf welchen Ebenen der Transfer stattfindet und wie der Angleichungsprozess zwischen Reizeindruck und Schemata verläuft" (FRITZ 1997, 231). Er unterscheidet in seinem Modell „Transfer und Transformation" zwischen unterschiedlichen Transferebenen. Abb. 1 zeigt die verschiedenen Ebenen der Transferprozesse.

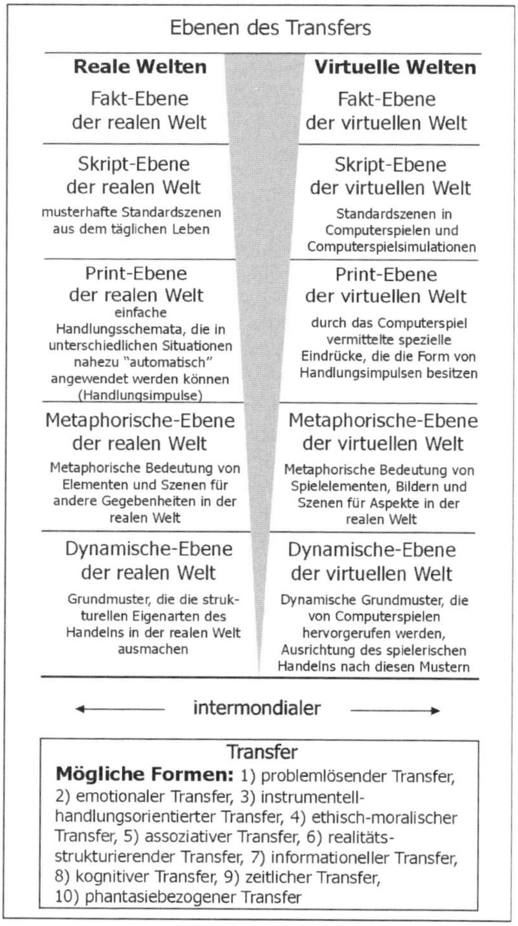

Ebenen des Transfers	
Reale Welten	**Virtuelle Welten**
Fakt-Ebene der realen Welt	Fakt-Ebene der virtuellen Welt
Skript-Ebene der realen Welt musterhafte Standardszenen aus dem täglichen Leben	Skript-Ebene der virtuellen Welt Standardszenen in Computerspielen und Computerspielsimulationen
Print-Ebene der realen Welt einfache Handlungsschemata, die in unterschiedlichen Situationen nahezu "automatisch" angewendet werden können (Handlungsimpulse)	Print-Ebene der virtuellen Welt durch das Computerspiel vermittelte spezielle Eindrücke, die die Form von Handlungsimpulsen besitzen
Metaphorische-Ebene der realen Welt Metaphorische Bedeutung von Elementen und Szenen für andere Gegebenheiten in der realen Welt	Metaphorische-Ebene der virtuellen Welt Metaphorische Bedeutung von Spielelementen, Bildern und Szenen für Aspekte in der realen Welt
Dynamische-Ebene der realen Welt Grundmuster, die die strukturellen Eigenarten des Handelns in der realen Welt ausmachen	Dynamische-Ebene der virtuellen Welt Dynamische Grundmuster, die von Computerspielen hervorgerufen werden, Ausrichtung des spielerischen Handelns nach diesen Mustern
← intermondialer →	
Transfer **Mögliche Formen:** 1) problemlösender Transfer, 2) emotionaler Transfer, 3) instrumentell-handlungsorientierter Transfer, 4) ethisch-moralischer Transfer, 5) assoziativer Transfer, 6) realitätsstrukturierender Transfer, 7) informationeller Transfer, 8) kognitiver Transfer, 9) zeitlicher Transfer, 10) phantasiebezogener Transfer	

Abb. 1: Wirkungsmodell „Transfer und Transformation". (Quelle: FRITZ 1997, 237)

Bei der *Fact-Ebene* geht es um konkrete Tatsachen, die für die reale Welt bedeutsam sein können. Bei „Mobility" werden z. B Sachinformationen zu alternativen Verkehrskonzepten und den Verwaltungsbereichen einer Stadt geliefert. *„Skripts"* sind Schemata für bestimmte Ereignisabläufe bzw. musterhafte Standardszenen, die einen inhaltlichen und sozialen Bezug haben. Diese mentalen Drehbücher helfen uns, bestimmte Handlungen auszuführen. Klassische Beispiele sind der Restaurantbesuch oder das Benutzen von öffentlichen Verkehrsmitteln. Unser Verhalten in diesen Situationen folgt bestimmten Regeln, Erwartungen und Standards. Einfache Handlungsmuster wie „in die Hände klatschen", „auf einem Bein hüpfen", „einen Ball wegwerfen", „eine Tür öffnen", die nur eine begrenzte Handlungstiefe und geringe kontextuelle Verankerung besitzen, werden *„Print"* genannt. Im Gegensatz zum *Skript* verfügt der *Print* nur über einfache Handlungsabfolgen und ist losgelöst von sozialen Bezügen und Kontexten. Der Transfer auf der *metaphorischen Ebene* erfolgt auf einer abstrakten Stufe. Transferiert werden keine Informationen oder Skripts. Es wird lediglich ein Bedeutungszusammenhang, z. B. „das ist ja wie bei Mobility", übertragen. Auf der *dynamischen Ebene* bezieht sich der Transfer nicht mehr auf einzelne Szenen, sondern ist losgelöst von allen inhaltlichen Bezügen. Hier geht es um die Frage der medialen „Botschaft" des Computerspiels. Bei „Mobility" wäre dies z. B. die intakte Umwelt, bei vielen *Ego-Shooter*-Spielen geht es um Macht und Kontrolle. Fritz geht davon aus, dass umso tiefer die Ebene ist, desto unbewusster die Transfers sind. Er stellt den Ebenen des Transfers zehn mögliche Formen des Transfers gegenüber (FRITZ 1997, 232ff).

Für den reflektierten Umgang mit Computersimulationen im Geographieunterricht stellt sich für den Lehrer die Frage nach dem Verstrickungsverhältnis zwischen realer und virtueller Welt. Auf welchen Ebenen kann es zu einem Transferprozess zwischen virtueller und realer Welt bei den Schülern kommen? Wie ich schon aufgezeigt habe, gibt es gegenwärtig keine gesicherten Ergebnisse zur Wirkung von Computerspielen. Dies ist darin begründet, dass von einem komplexen Wirkungsgeflecht ausgegangen wird, das wiederum eine Vielzahl von Lesarten bei der Auswertung von Datenmaterial impliziert. Im folgenden möchte ich am Beispiel der Schülerin Farina eine Lesart zu einer möglichen Transferleistung vorstellen.

6   „Das ist ja gar nicht so wie bei uns!"

Die Schülerin, mit der ich diesen kleinen Versuch durchgeführt habe, heißt Farina, wohnt in einer Großstadt, ist 15 Jahre alt, besucht das Gymnasium im Übergang zur 10. Klasse und ist eine besonders erfolgreiche Schülerin. In ihrer Familie gibt es einen Computer, der von der gesamten Familie genutzt wird. Sie nutzt den Computer alle zwei bis drei Tage für Emails, zur Internetrecherche, Textverarbeitung und zum Spielen. Farina spielt Denk- und Strategiespiele am Rechner. Beim Spielen achtet die Mutter darauf, dass Farina nicht länger als ein bis zwei Stunden am Tag spielt. In der Schule ist der Einsatz des Computers von den jeweiligen Lehrern abhängig. Bei manchen Lehrern wird der Computer häufig genutzt und bei anderen gar nicht. Simulationsspiele hat sie bisher in der Schule noch nicht gespielt.

Ich habe Farina das Spiel „Mobility" auf ihren Computer installiert. Anschließend haben wir uns gemeinsam das Tutorial angeschaut, und ich habe ihr noch ein paar wichtige Funktionen gezeigt. Da sie Ferien hatte, sind wir so verblieben, dass sie je nach Zeit und Lust „Mobility" spielen konnte. Nach zwei Tagen habe ich dann ein Gespräch mit ihr über das Spiel geführt. Insgesamt hat Farina sechs Stunden „Mobility" gespielt. In dieser Zeit hat sie unterschiedliche Städte gebaut und verschiedene Szenarien ausprobiert.

In dem Gespräch habe ich Farina eingangs um eine generelle Stellungnahme zu dem Spiel gebeten:

> Farina: *„Es ist auch wieder so ein Suchtspiel, das man immer weiter machen möchte, um die Stadt zu entwickeln. Aber ich finde es ein bisschen unübersichtlich, wie man die ganzen Sachen bedient, mit den Buslinien habe ich unheimlich viel Zeit gebraucht, bis ich das herausbekommen habe. Aber was ich gut finde ist, dass einem immer angezeigt wird, was man machen soll. Woher soll ich denn auch wissen, was eine Stadt braucht, kann ich ja nicht wissen. Viele Sachen habe ich aber noch nicht ausprobiert, z. B. das mit den Steuern, wie man die verändern kann."*

In dieser Aussage wird deutlich, dass der Motivationseffekt bei Farina sehr hoch war. Deutlich wird aber auch, wie abhängig Farina von den Programmgestaltern des Spiels ist. Da sie der Ansicht ist, dass sie nicht weiß, was eine Stadt alles braucht, vertraut sie den kleinen Textfeldern, die regelmäßig auf dem Bildschirm auftauchen, um ihr aufzuzeigen, was sie als nächstes machen soll. Ihre Handlungen wurden also mehr oder weniger fremdgesteuert.

Im weiteren Verlauf des Gesprächs haben wir uns dann über die im Spiel aufgetretenen Probleme und Zusammenhänge bei dem Thema Stadtplanung und Mobilität unterhalten:

> Detlef: „Welche Probleme bei dem Thema Mobilität bzw. Stadtplanung sind aufgetaucht?"
> Farina: „Meine Busse waren dauernd überlastet, ich sollte immer neue Linien einrichten, kürzere Taktzeiten, das war ein bisschen extrem."
> Detlef: „Wie hast Du dieses Problem gelöst?"
> Farina: „Das war einfach, da richtest du halt neue Linien ein oder verkürzt die Taktzeiten."
> Detlef: „Welche Zusammenhänge hast Du entdeckt bei dem Thema Mobilität und Stadtplanung?"
> Farina: „Die müssen halt von den Wohngebieten zu Schulen und zur Innenstadt kommen, da muss man immer Buslinien einrichten. Wenn man Buslinien im Industriegebiet hat, dann werden die kaum genutzt."
> Detlef: „Glaubst Du, dass sich die verwendeten Problemlösungsstrategien auch in die Realität übertragen lassen?"
> Farina: „Ja klar, das ist ja schon so, dass in der Wirklichkeit die Buslinien auch so gebaut werden, dass man vom Wohngebiet in die Innenstadt kommt."

Diese Gesprächssequenz zeigt auf, dass die Vorteile von Computersimulationen, wie z. B. Einsicht in die Wirkung bei der Veränderung eines Systemparameters und der Erwerb kybernetischen Wissens, auch bei „Mobility" zum Tragen kommen. In Bezug auf das Wirkungsmodell „Transfer und Transformation" von Jürgen Fritz wird deutlich, dass auf der Fakt-Ebene, zumindest bei der Tatsache Buslinien, bei Farina ein Transfer von der virtuellen Welt in die reale Welt stattgefunden hat. Bei dem Beispiel Buslinien kam es bei Farina auch auf der metaphorischen Ebene zu einem Transfer: „wenn eine Buslinie in meiner Stadt jetzt überlastet ist, dann denke ich bestimmt, ah, das ist ja genauso." Auf der dynamischen Ebene ist es bei Farina zu keinem Transfer gekommen, sie kann sich dies aber durchaus vorstellen:

> Detlef: „Glaubst Du, dass sich aufgrund des Spiels Deine Einstellungen zum Thema intakte Umwelt verändert haben?"
> Farina: „Glaube ich nicht, es war schon vorher so, für mich jetzt. Ich fahr' sowieso immer mit dem Bus, weil meine Mutter gegen Autofahren ist. Es ist ja klar, dass viel Autoverkehr schlecht ist und man besser Bahn oder Bus fährt. Wenn einem das vorher nicht klar war, dann vielleicht schon."

Da die Skript- und die Print-Ebene bei diesem Spiel nicht angesprochen wurden, kam es auch zu keinem Transfer auf diesen Ebenen. Auf den anderen drei Ebenen ist es zu einem Transfer gekommen, bzw. es ist für Farina vorstellbar, dass es zu einem Transfer kommt. Vor diesem Hintergrund muss sehr genau geprüft werden, insbesondere auf der Fakt-Ebene, ob und inwieweit Computersimulationsmodelle tatsächlich in der Lage sind, angemessene Informationen über die reale Welt zu liefern.

Dies leitet uns weiter zu dem Aspekt Räumlichkeit, den ich am Ende des Gesprächs angesprochen habe:

> Detlef: „Welche Rolle spielte für Dich der Raum bzw. die räumliche Distanz, wenn z. B. bei bestimmten Flächen Parkplätze ausgewiesen werden müssen?"
> Farina: „Ja, es ist ja schon so, dass man Industriegebiete vier Felder von Wohngebieten wegmachen muss. Es spielt schon eine Rolle, wie weit etwas voneinander weg ist. Dass ein Parkplatz nicht direkt im Wohngebiet liegt, sondern dass er neben einem Einkaufszentrum liegt, dort wird er ja auch genutzt."
> Detlef: „Was würdest Du generell zu der Übertragung zwischen Computerspiel und Wirklichkeit sagen?"
> Farina: „Das ist ja gar nicht so wie bei uns! Bei uns werden die Stadtbahnen auf der Straße gebaut und wenn ich da eine Stadtbahn bauen will, kann ich nicht im nachhinein eine Stadtbahn auf die Straße setzen, geht nicht. Teilweise sind die Sachen auch wie bei uns, andererseits denke ich aber auch, dass die Stadt so nicht funktioniert, dass dort jemand sitzt und einfach baut. Das geht ja auch von der Initiative der Bevölkerung aus, wo die was haben wollen. Und nicht einer alleine. Im Spiel ist der Spieler der Stadtplaner und der bestimmt, wo was passiert. Die Stadtbewohner teilen nur mit, ob sie es gut oder schlecht finden und nicht dass sie sagen, wir wollen es aber soundso."

Bei der Analyse der Räumlichkeit in der Handlungswelt von „Mobility" habe ich eingangs herausgearbeitet, dass „Mobility" nur zwei Perspektiven von Raum berücksichtigt. Dies spiegelt sich auch in diesem Gesprächsausschnitt wider. Bei „Mobility" werden nur die Perspektiven des Raums als Containerraum und als System von Lagebeziehungen materieller Orte angesprochen. Für Farina ist es jedoch erkennbar, dass so einfach „*die Stadt nicht funktioniert*". Sie stellt heraus, dass die realitätsnahe Behandlung der Thematik Mobilität und Stadtplanung nur unter der Berücksichtigung von Initiativen und Mitbestimmung der Bevölkerung möglich ist. Sie spricht hierbei indirekt die Berücksichtigung der Perspektiven Raum als Kategorie der Wahrnehmung und Raum als Resultat von Handlung und Kommunikation an. Diese werden jedoch von „Mobility" nicht berücksichtigt. Damit ein Unterricht die gesamte Wirklichkeit aufgreift, müssen unterschiedliche Aspekte berücksichtigt werden, die ich abschließend zur Diskussion stelle.

7   Trügerischer und didaktischer Schein

„Es gibt zweierlei Schein – und der Unterschied liegt in der Absicht. Der eine Schein will, dass ich mit ihm rechne, will, dass ich den Abstand zwischen ihm und der Wirklichkeit denke; der andere Schein will, dass ich ihn für die Wirklichkeit halte [...] Was auf dem Bildschirm erscheint, kann fast immer beides sein: einerseits ein Mittel zur besseren und schnelleren Wiedergabe, Veranschaulichung und Gestaltung potentieller Wirklichkeit, andererseits Wirklichkeitsersatz" (HENTIG 2000, 28f).

Mit diesem Zitat von Hentig wird die Problematik der digitalen virtuellen Welten im allgemeinen angesprochen. Für mein Beispiel der Computersimulation im Geographieunterricht bedeutet dies, dass die Probleme dann auftauchen, wenn vermeintlich falsche Aspekte der Computersimulation ihren Weg zurück in die Wirklichkeit finden. Dass es zu einem Transfer zwischen virtueller und realer Welt auf unterschiedlichen Ebenen kommen kann, habe ich an dem Beispiel der Schülerin Farina aufgezeigt. Aus diesem Grund ist es im Einzelfall zwingend erforderlich, zu prüfen, ob und inwieweit das verwendete Computersimulationsmodell tatsächlich in der Lage ist, angemessene Informationen über die Wirklichkeit zu liefern. Notfalls muss der Lehrer durch eine korrektive Reflexion eingreifen. Bei „Mobility" ist dies z. B. bei der funktionalen Entmischung der Fall. Durch die Entmischung der Funktionen Wohnen, Arbeiten, Sich versorgen und Freizeit, die in enger Verbindung mit der Charta von Athen stehen, werden im Spielgeschehen gerade die Probleme geschaffen, mit denen die Städte heutzutage zu kämpfen haben: Separierte und monostrukturierte Nutzungseinheiten, die nicht nur die Erlebnisvielfalt städtischer Räume reduzieren, sondern auch für eine Zunahme des motorisierten Individual- und Güterverkehrs sorgen.

Für einen Geographieunterricht, der sich den aktuellen Standards nicht verschließt und die Wirklichkeit nicht nur reduzierend, sondern den aktuellen gesellschaftlichen Problemen angemessen gegenübertritt, muss für das Beispiel „Mobility" aber auch gefragt werden, was passiert mit den Perspektiven „Raum als Kategorie der Sinneswahrnehmung" und „Raum als Resultat von Handlung und Kommunikation", die von der Computersimulation nicht erfasst werden? Wissen die Schüler dann nicht, dass es sie gibt oder können Sie anders in das Unterrichtsgeschehen eingebunden werden? Ich habe die Erfahrung gemacht, dass dies jederzeit über einen regionalen Zeitungsartikel zum Thema Stadtentwicklung oder Mobilität möglich ist. Hier werden in der Regel immer die Sichtweisen, Strategien und Handlungen unterschiedlicher Akteure sowie deren strukturelle Eingebundenheit thematisiert.

Die Fähigkeit, die virtuelle Welt nicht mit der realen Welt zu vermischen bzw. geleistete Transfers von der virtuellen Welt in die reale Welt richtig einzuordnen, bezeichnet FRITZ (1997, 245) als Rahmenkompetenz. Bei Schülern ist die Rahmenkompetenz eventuell noch nicht voll entfaltet, „daher ist es sinnvoll, Grenzen zwischen den Welten zu ziehen und den Transfer zwischen ihnen zu kontrollieren" (FRITZ 1997, 245). Für den Einsatz von Computersimulationen im Geographieunterricht bedeutet dies, dass ebenso, wie bei der Un-Tat von Steinhäuser Konkurrenzkampf und Karriere, Schützenverein und Schulverweis mitgedacht werden müssen, auch im Geographieunterricht das normale Leben im Blick behalten wird.

Literatur

ARBEITSGRUPPE CURRICULUM 2000+ DER DEUTSCHEN GESELLSCHAFT FÜR GEOGRAPHIE (2002): Curriculum 2000+. Grundsätze und Empfehlungen für die Lehrplanarbeit im Schulfach Geographie. – In: Geographie Heute 200. – 4-7.
FRITZ, J. (1997): Zwischen Transfer und Transformation. Überlegungen zu einem Wirkungsmodell der virtuellen Welt. – In: FRITZ, J. / FEHR, W. (Hrsg.): Handbuch Medien: Computerspiele. Theorie, Forschung, Praxis. . – Bonn. 229-246.
HEMMER, I. (1997[4]): Computersimulationen im Geographieunterricht. – In: SCHRETTENBRUNNER, H. (Hrsg.): Software für den Geographieunterricht. –Nürnberg. – 215-223.
HENTIG, H. von (2000): Kolumnen. – Stuttgart.
KREMPL, S. (2002): Mord ist Sport im Spiel. Interview mit dem Spieleforscher Jürgen Fritz, der eine alleinige Kausalität zwischen Ego-Shootern und Amokläufern als verfehlt betrachtet. – In: Telepolis. Magazin der Netzkultur. 30.04.2002. *www.telepolis.de*

www.mobility-online.de

Helmer VOGEL (Würzburg)

Stadterkundung – ein interdisziplinäres Projekt zur Förderung der Raumverhaltenskompetenz von Menschen mit geistiger Behinderung

1   Einleitende Bemerkungen

Als behindert gelten Personen, die infolge einer Schädigung ihrer körperlichen, geistigen oder seelischen Funktionen soweit beeinträchtigt sind, dass ihre unmittelbaren Lebensvorrichtungen oder ihre Teilhabe am Leben der Gesellschaft erschwert werden (BLEIDICK 1977).

„Behinderung kann nicht als naturwüchsig entstandenes Phänomen betrachtet werden. Sie wird sichtbar und damit als Behinderung erst existent, wenn Merkmale und Merkmalskomplexe eines Individuums aufgrund sozialer Interaktion und Kommunikation in Bezug gesetzt werden zu gesellschaftlichen Minimalvorstellungen über individuelle und soziale Fähigkeiten. Indem festgestellt wird, dass ein Individuum aufgrund seiner Merkmalsausprägung diesen Vorstellungen nicht entspricht, wird Behinderung offensichtlich, sie existiert als sozialer Gegenstand erst von diesem Augenblick an." (JANTZEN 1992, 18). Noch stärker formuliert HEIDEN (1997, 13): „Behindert ist man nicht – behindert wird man."

Die WHO unterscheidet in der „International Classification of Impairments, Disabilities and Handicaps" (ICIDH) von 1980 zwischen „impairment" (Schädigung) und „disability" (Behinderung im Sinne von individuellen und personalen Störungen) einerseits und „handicaps" (den sich im sozialen Raum realisierenden Behinderungen) andererseits. Dies kann auch nach der neuesten Fassung der WHO von 2002 prinzipiell gelten.

Behinderung entsteht also erst im sozialen Kontext, wenn Menschen von der Teilnahme am öffentlichen Leben ausgegrenzt werden.

2   Vorgeschichte

Das Projekt ist das Ergebnis einer Reihe von geographiedidaktischen Seminaren zu „Tourismus und Freizeitgestaltung für Menschen mit Behinderungen". In diesen Seminaren wurden sowohl allgemein Tourismus und seine ökonomische Bedeutung, seine Raumwirksamkeit und ökologischer *Impact* untersucht als auch die Nachfrage und besonders die Angebotsgestaltung für Menschen mit Behinderungen zum Schwerpunkt der Fragestellungen erhoben. Es interessierten dabei sowohl die didaktische Aufarbeitung für die Schule als auch für außerschulische Zielgruppen. So waren Förderschulen, Behindertenverbände (z. B. die Blindeninstitutsstiftung Würzburg sowie die Bezirksgruppe des Bayerischen Blindenbunds) Ansprechpartner und Zielgruppen zugleich, mit deren Hilfe Bausteine für Stadtführungen entwickelt wurden (vgl. VOGEL 1993; 2002). Im Rahmen dieser Kooperation entstanden nicht nur die Anleitungen für Stadtführungen, die in das „Würzburger Gästeführermodell" (VOGEL 1994) eingingen, sondern es entwickelte sich ebenfalls die Idee, derartige Angebote für Menschen mit geistiger Behinderung aufzustellen.

Da jedoch auf Seiten der Geographie unzureichende Kenntnisse über sonderpädagogische Ansätze vorhanden waren (und umgekehrt!), musste in den jeweiligen Projektseminaren eine gründliche theoretische Basis erst geschaffen werden, bevor die praktische Umsetzung folgen konnte. Daraus ergab sich ein zweisemestriger Zyklus, wobei jeweils im Wintersemester die theoretische Vorarbeit geleistet und im Sommersemester ein Baukasten (entspricht einem übergeordneten Thema wie z. B. „Geschichtliche Entwicklung einer Stadt") entwickelt, getestet und anschließend an einem Projekttag mit jeweils bis zu 200 Schülerinnen und Schülern angeboten wurde. Dazu wurden alle Förderschulen in einem Umkreis von 70 km eingeladen.

3 Theoretischer Ansatz

Wurde noch in den 1990er Jahren eine intensive Diskussion als Fortsetzung der Bemühungen der schulischen Reformgeographie der 1970er und 1980er Jahre geführt (SCHMITT-WULFEN 1994; KÖCK 1992; 1993), forderte man Ende der 1990er Jahre, „[...] Lernprozesse müssen an der Alltagswirklichkeit, den Erfahrungen, Handlungsmustern, Bedürfnissen und Problemen der Lernenden ansetzen und deren Verstehenshorizont und Handlungsmotive treffen." (ENGELHARD / HEMMER 1989, 27, zitiert in SCHMITT-WULFEN 1994, 13). Dieser leitete daraus sein Plädoyer für eine Neuorientierung in der Fachdidaktik ab, indem er mit Klafkis Schlüsselproblemen einen Weg sah, das bereits von S. B. Robinson postulierte Prinzip, „aktuelle und zukünftige Lebenssituationen, also Lebensbedeutsamkeit, zur ‚Meßlatte' von Ziel-Inhaltsentscheidungen zu machen [...]".

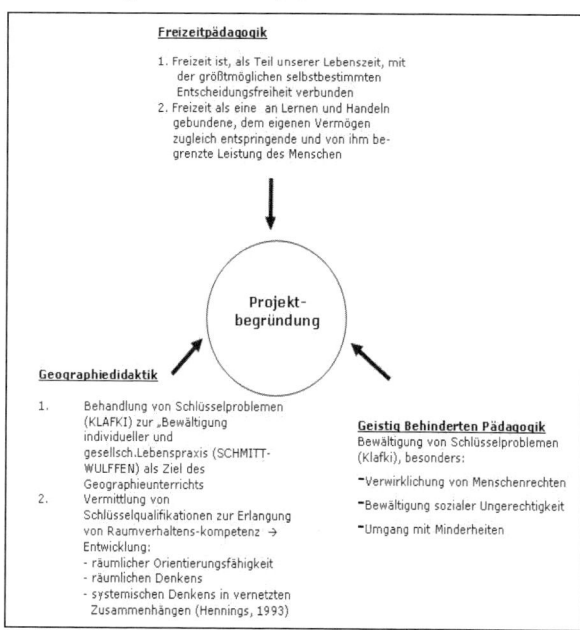

Abb. 1: Interdisziplinäre theoretische Herleitung des Projektgedankens. (Eigener Entwurf)

Die Schlüsselprobleme zielten auf Bewältigung „individueller und gesellschaftlicher Lebenspraxis" (SCHMITT-WULFFEN 1994, 14), und zwar in aktueller und vor allem zukünftiger Perspektive. Gleichwohl betont Schmitt-Wulffen, dass es sich dabei um allgemeine gesellschaftliche, nicht etwa um spezielle, die Geographie betreffende und von ihr (allein) zu lösende Probleme handle. Er sieht jedoch im Rückbezug auf diese Probleme eine Chance der Beschränkung geographischer Themen „in Hinblick auf die Zukunftsbewältigung der Schülerinnen und Schüler". Die Schlüsselprobleme bieten jedoch gleichzeitig die Chance der Erweiterung in Bereiche z. B. der Förderschulen, wie sich dies in unserem Fall als sehr hilfreich herausgestellt hat. Besonders „Verwirklichung von Menschenrechten", „soziale Ungerechtigkeit", auch „Umgang mit Minderheiten" kommen zum Tragen. In der „Methodendimension" werden von ihm besonders „Handlungsmöglichkeiten" und Handlungsprodukte" gefordert.

Helmer Vogel

Auch Köck geht u. a. von Klafkis Schlüsselproblemen und Robinsons Forderung nach „Ausstattung zum Verhalten in der Welt bzw. die Ausstattung zur Bewältigung von Lebenssituationen" (KÖCK 1993, 14) aus und leitet daraus raumbezogene Schlüsselqualifikationen als „didaktisch zwingenden Auftrag des Geographieunterrichts ab. Dieser habe die „zweckorientierte" Aufgabe zur „Befähigung und Erziehung [der Schüler] zu kompetentem raumbezogenen Verhalten in der Welt [...]" (KÖCK 1994, 15). Die Begründung dafür wird in der „Welt als Bühne allen menschlichen Verhaltens [...]" und in ihrer weiteren Eigenschaft als „Grundvariable des menschlichen Lebens" gesehen. Die „Schlüsselqualifikation höchster Ordnung" ist somit die „Raumverhaltenskompetenz".

Um selbstbestimmt am öffentlichen Leben (das Projekt fokussiert besonders auf den Bereich Freizeit und Freizeitgestaltung) teilnehmen zu können, müssen Menschen über bestimmte Schlüsselqualifikationen verfügen, Raumverhaltenskompetenz aufweisen können. Ohne derartige zumindest minimal ausgebildete Schlüsselqualifikationen ist selbstbestimmtes Leben, selbstbestimmte Freizeitgestaltung, schlicht Teilnahme am öffentlichen Leben unmöglich, weil dies bereits an der mangelhaften Fähigkeit räumlicher Orientierung und damit der Möglichkeit, sich eigenständig im Raum zu bewegen, scheitert.

Förderung der Raumverhaltenskompetenz wird in diesem sonderpädagogischen Kontext definiert als die Entwicklung der Fähigkeit, sich im Raum individuell weitestgehend zurecht finden zu können. Dazu muss die Fähigkeit zu Denken und Handeln in räumlichen Strukturen entwickelt sein. Ohne die Fähigkeit zur individuellen Orientierung im Raum werden Menschen mit geistiger Behinderung von der selbstbestimmten Teilnahme am öffentlichen Leben weitestgehend ausgeschlossen, da sie, selbst wenn ihnen die Gelegenheit zu individueller Freizeitgestaltung, Einkaufstätigkeit, Aufsuchen des Arbeitsplatzes etc. gegeben wird, diese Möglichkeiten aus Angst vor Verlust der Orientierung in der Regel nicht wahrnehmen.

Den hinreichend bekannten ausgewiesenen Einzelqualifikationen kommt in unserem Zusammenhang teilweise besondere Bedeutung zu. So bedeutet „räumliche Orientierungsfähigkeit" nicht nur „Gewusst wo", sondern vielmehr noch „Gewusst wie", nämlich sich orientieren, sich zurechtfinden, sich beim Bewegen im Raum nicht verlaufen, nicht die Orientierung verlieren! Es ist noch viel zu wenig bekannt über Orientierungsprozesse bzw. den dabei auftretenden Defiziten besonders bei Menschen mit geistiger Behinderung. Dabei ist Orientierungsfähigkeit im Raum für Menschen, das Verfügen über „[...] ‚Koordinatensysteme der räumlichen Orientierung', mittels derer sie sich in der räumlichen Vielfalt der Welt zurechtfinden können" (Fuchs 1983, zitiert in KÖCK 1993, 16) essentielle Voraussetzung für eigenbestimmtes Handeln. Dabei geht es um ganz einfache Orientierungsvorgänge beim Einkaufen in einem Kaufhaus, auf einem Markt, beim Spaziergang in einer Parkanlage, aber auch um wesentlich komplexere Orientierungsnotwendigkeiten, z. B. beim eigenständigen Benutzen von öffentlichen Verkehrsmitteln oder dem Sich-Bewegen in einem komplexeren Raum wie einem Stadtteil.

Hier muss also der Lern- und Vermittlungsprozess ansetzen, erst wenn diese Schlüsselqualifikation hinreichend ausgebildet ist, können Menschen eigenständig denken und handeln in räumlichen Strukturen, in räumlichen Prozessen, in Geoökosystemen.

Ziel des Projekts ist es, Menschen mit geistiger Behinderung die weitestgehend selbstbestimmte Teilnahme am öffentlichen Leben, hier im Bereich Freizeit und Freizeitgestaltung, zu ermöglichen. „Wenn Freizeit [...] konstitutiv an die individuelle Entscheidungs- und Handlungsfreiheit gebunden ist, dann gilt dies gerade auch für Menschen mit geistiger Behinderung." (EBERT 2000, 53). Zudem verhindert oder beeinträchtigt Ausgegrenztsein von der Teilnahme an Kultur, an sozialräumlichen Prozessen, an Auswahlmöglichkeiten die Entwicklung gewisser kognitiver, emotionaler, sozialer Kompetenzen.

EBERT (2000, 54) stellt jedoch auch fest, dass „Menschen mit geistiger Behinderung nichtsdestoweniger Angebote gemacht werden müssen, die diese auch wahrnehmen können." „Dagegen bleibt es eine freizeitpädagogische Aufgabe, Anregungen zu geben, die zu einer sinnerfüllten Freizeitgestaltung beitragen können." „Freizeit von Menschen mit geistiger Behinderung birgt die Chance zur ‚Freiheitserziehung' und trägt zu deren Selbstverwirklichung bei, wenn das Maß der ‚Stellvertretung' durch Begleiterinnen und Begleiter, Fachmänner und Fachfrauen von den wirklichen Bedürfnissen der Betroffenen nach Assistenz begrenzt und die höchstmögliche ‚Selbstbestimmung' für die Menschen mit Behinderungen zu erreichen gesucht wird". Die Forderung nach höchstmöglicher Selbstbestimmung für Menschen mit geistiger Behinderung leitet sich ab aus der Definition von „Zeit" bzw. „Freizeit": Zeit wird unterschieden in „Determinationszeit" „festgelegte, fremdbestimmte und abhängige Zeit", „Obligationszeit" („verpflichtende, bindende und verbindliche Zeit") und „Dispositionszeit" (frei verfügbare, einteilbare und selbstbestimmbare Zeit") (*www.sonderpaed-online.de*).

4 Didaktische Reduktion räumlich-geographischer Sachverhalte

4.1 Orientierung an fünf Grundfragen der didaktischen Analyse nach Klafki

Die didaktische Analyse wurde nach den von Klafki (vgl. SCHRÖDER 1996, 198) aufgestellten Kriterien vorgenommen da diese für sonderpädagogische Fragestellungen nach wie vor besonders geeignet erscheinen, nämlich Gegenwartsbezug, Zukunftsbedeutung, exemplarische Bedeutung, Zugänglichkeit und Darstellbarkeit sowie Struktur des Inhalts. Sämtliche Kriterien orientieren sich am Schüler bzw. an der Schülerin.

4.2 Definierung der Zielgruppen

Daraus ergibt sich auch die Festlegung der Zielgruppen, an die bzw. nach denen sich das Projekt richtet. Die Zielgruppen werden nicht anhand kognitiver Leistungsanforderungen definiert, sondern über die Methodik, die den Schülern am besten gerecht werden kann. Orientierungsmaßstab hierbei sind die vier „Ebenen der Erkenntnistätigkeit" nach LOMPSCHER (1975, 58). Es handelt sich dabei in hierarchischer Abfolge um die Ebene der praktisch-gegenständlichen Handlung, die Ebene der unmittelbaren Anschauung, die Ebene der mittelbaren Anschauung und die Ebene des sprachlich-begrifflichen Denkens.

Daraus ergibt sich bezüglich der Zielgruppen und bezüglich des Projektaufbaus ein großes Problem, da die Zielgruppen generell heterogen zusammengesetzt, d. h. in einer Klasse Schüler der Werkstufe sowie der Oberstufe der Förderschule bzw. Schule zur individuellen Lebensbewältigung vertreten sind. Damit sind automatisch mehrere Ebenen der Erkenntnistätigkeit angesprochen, die bei der Durchführung des Projekttags bei den einzelnen Teilnehmergruppen jeweils zu berücksichtigen sind. Es ergibt sich z. B. das Problem, dass ein Großteil der Bausteine bei einer Stadterkundung auf der Ebene der mittelbaren Anschauung vermittelt werden muss, weil der historische Aspekt bzw. die zeitliche Dimension kaum oder gar nicht vernachlässigt werden kann. Größere Zeitabläufe (z. B. die Entstehung einer Stadt über die Jahrhunderte hinweg) oder die zeitliche Einordnung einzelner Objekte in den Gesamtzusammenhang können jedoch nicht mittelbar, sondern müssen abstrakt dargestellt werden. Lediglich das reale (momentane) Erleben kann durch unmittelbare Anschauung vermittelt, weil direkt erlebt werden.

4.3 Lernziele

Richtziel für das Projekt ist die Erlangung von Raumverhaltenskompetenz nach Köck. Raumverhaltenskompetenz wird in diesem sonderpädagogischen Kontext definiert als die Fähigkeit, sich im Raum individuell weitestgehend zurechtfinden zu können. Dazu muss die Fähigkeit zu Denken und Handeln in räumlichen Strukturen entwickelt sein. Raumverhaltenskompetenz ist in diesem Zusammenhang auch Denken und Handeln in raumethischen Kategorien, d. h. es geht hier einerseits um die emotionale Komponente der Raumerfahrung (welche Plätze empfinde ich als besonders schön, angenehm, liebenswert oder auch problematisch, beängstigend etc.), jedoch auch um die Vermittlung kognitiver Erkenntnisse (Abfall verschandelt die Landschaft, Beschädigung von Objekten vernichtet Eigentum, viel befahrene Straßen sind gefährlich).

Für die einzelnen Themenbaukästen (Stadterkundung, Verkehr und Verkehrsinfrastruktur, Feuer – Erde – Wasser – Luft) ergeben sich konsequenterweise unterschiedliche Grobziele. Für den Baukasten „Stadterkundung" wurden dabei folgende Lernziele formuliert:

- Städte haben eine Geschichte, die (wenigstens zum Teil) aus dem Stadtbild erkennbar ist.
- Es dauert lange Zeit, bis eine Stadt entsteht.
- Unterschiedliche Gebäude können unterschiedliche Zeiten verkörpern.
- Verschiedene Gebäude einer Stadt können ganz unterschiedliche Funktionen haben.
- Einige Persönlichkeiten (z. B. in Würzburg Balthasar Neumann) sind für eine Stadt besonders bedeutsam; dies wird aus Straßennamen oder Gebäudebeschriftungen ersichtlich.
- Markante Geländemarken / Bauwerke sind in einer Stadt für die Orientierung besonders hilfreich.

4.4 Methodenwahl

Aus den theoretischen Zielsetzungen und den handlungsleitenden Prinzipien sowie aus der Zielgruppenproblematik ergibt sich die Methodenwahl:

- Handlungsorientierung als oberstes methodisches Prinzip (es gibt allerdings Schüler, die kaum zum Mitmachen zu bewegen sind!)
- konkrete Veranschaulichung durch ganzheitliches Erfassen, mehrkanaliges Lernen
- unmittelbare Begegnung, kombiniert mit Einsatz von Modellen und anderen Medien, wenn unmittelbare Begegnung an ihre Grenzen stößt
- Herbeiführen realer Situationen wie eigenständigem Einkaufen, Steinbearbeitung, Bedienen von Gerätschaften (z. B. Hebewerkzeugen) oder die Darstellung realitätsnaher Situationen (Rollenspiele, Experimente)

Mythen und Lebensalltag in Gebirgsräumen

- Orientierungshilfen (reale Abbildungen, Bildkarten, Piktogramme mit geringem Abstraktionsgrad etc.)
- konkrete Anleitungen

5 Projektaufbau

Das Projekt ist untergliedert in einen jeweils zweisemestrigen Zyklus, an dem Studierende idealerweise vollständig teilnehmen. Im Wintersemester werden jeweils die theoretischen sonderpädagogischen und geographiedidaktischen Grundlagen erarbeitet sowie Thema und Aufbau des für das folgende Sommersemester geplanten Baukastens festgelegt. In der semesterfreien Zeit gibt es für die einzelnen Arbeitsgruppen ausreichend Möglichkeit, sich die Inhalte ihrer jeweiligen Module zu erschließen, so dass mit Beginn des Sommersemesters nach kurzer Einführungszeit, in der die Planung und Konzeption der Bausteine konkretisiert wird, die praktische Erprobung erfolgen kann. Jeder einzelne Baustein wird vor Ort erprobt, anschließend diskutiert und bei Bedarf verändert. Gleichzeitig mit der Erprobung der Module wird der für das letzte Drittel des Semesters geplante Aktionstag angekündigt. Dazu werden alle in Frage kommenden sonderpädagogischen Schulen in einem Umkreis von bis zu 70 km angeschrieben, dabei ein Motivationsvideo und ein Informationsheft mit der Beschreibung der einzelnen Bausteine mitgeliefert. Anhand dieser Materialien dürfen sich die angesprochenen Schulklassen jeweils drei Bausteine nach ihren Wünschen und Bedürfnissen auswählen. Nach erfolgter Rückmeldung wird ein Ablaufplan erstellt, anhand dessen sich die Schulklassen am Projekttag im Stadtgebiet von einer zur anderen Station begeben können. Bei einer vorgesehenen Dauer von 30 Minuten pro Modul und einer Zeitspanne von ebenfalls 30 Minuten zum Stationenwechsel können die Schüler im Idealfall innerhalb von drei Stunden drei Bausteine besuchen. Dazwischen geschaltet sind allerdings zusätzlich zwei Pausen von 30 Minuten, da ein zu schneller Ablauf die Schüler überfordern würde. Im Anschluss an den Projekttag erfolgt jeweils eine Evaluierung, die zum einen durch einen einfachen Fragebogen (Vergleiche, Abbildung) an die Schüler, zum anderen an die Lehrer durchgeführt wird. Zusätzlich werden diese Befragungen durch Einzelinterviews der teilnehmenden Lehrkräfte ergänzt.

6 Baukastensystem

Es wurde ein Baukastensystem entwickelt, wobei jeder „Baukasten" einen bestimmten Themenkomplex beinhaltete, so z. B.

- Geographische Standortfaktoren und historische Entwicklung einer Stadt (Baukasten 1)
- Feuer, Erde, Wasser, Luft (Baukasten 2)
- Verkehr (Baukasten 13)

Jeder Baukasten besteht aus acht bis zwölf Bausteinen und versucht, den jeweiligen Themenkomplex interdisziplinär und ganzheitlich abzudecken. „Interdisziplinär" bedeutet, dass z. B. Faktoren wie Lage am Fluss (Nahrungsangebot, Transportmittel), Berglage bzw. isolierte Lage (strategischer Schutz), die die Genese einer Stadt bewirkten oder begünstigten auch unter den Aspekten der geschichtlichen Entwicklung oder der kunstgeschichtlichen Gestaltung gesehen und vermittelt werden können. „Ganzheitlich" bedeutet, dass neben didaktisch-reduktiven Elementen wie Veranschaulichung und Entflechtung vor allem handlungsorientierte Prinzipien wie Inszenierung und entdeckendes multisensorisches Lernen angewendet werden.

Abb. 2: Baustein „Zweck und Funktion einer Brücke": Eine Furt bot gute Möglichkeiten für die Überquerung eines Flusses und für den Bau einer Brücke und stellt somit einen wichtigen Standortfaktor dar. (Aufnahme: Vogel)

7 Exemplarische Darstellung eines Bausteins „Stadterkundung: Funktion einer Fußgängerzone"

Die Kenntnis über Bedeutung und Funktion des Innenbereichs einer Stadt und ihrer Fußgängerzone ermöglicht Menschen mit geistiger Behinderung, sich in einem in seinen Abgrenzungen relativ leicht erkennbaren und überschaubaren Raum weitgehend selbständig zu bewegen. Diese These konnte verifiziert werden, als parallel und in aufeinander folgenden Gruppen Schüler eigenständige Befragungen von Passanten durchführten und sich dabei ohne fremde Hilfe im Innenstadtbereich bewegten.

Vorausgegangen war eine Erkundung eines kurzes Abschnitts der Fußgängerzone unter Führung eines Studierenden, wobei die Bedingungen eines derartigen Innenstadtbereichs erarbeitet wurden (z. B. weitgehendes Fahrverbot, Konzentration von Geschäften, Lokale mit teilweise Straßenbetrieb). Dabei wurde die Frage nach deren Bedeutung für die Passanten aufgeworfen und „beschlossen", dies doch einmal bei den Nutzern der Fußgängerzone zu hinterfragen.

Da bei den Schülern (erwartungsgemäß!) keine Vorstellungen über das Vorgehen bei einer derartigen Befragung vorhanden waren, wurde in einem kurzen Rollenspiel ein solcher Befragungsvorgang simuliert. Großer Wert wurde auf eine höfliche Ansprache der Passanten gelegt, um mögliche Ablehnungen und damit eventuellen Frust bei den Befragenden zu minimieren. Die eigentliche Befragung wurde durch einen Piktogramm-Fragebogen erleichtert (vgl. Abb. 3), die Antworten konnten durch Ankreuzen oder durch Klebepunkte festgehalten werden. Dies erleichterte die nach der Befragung erfolgende Evaluierung durch die Schüler selbst, indem (unter Anleitung) lediglich die Punkte bzw. Kreuze ausgezählt werden mussten. Durch eine entsprechende Häufung von Punkten auf den Fragebögen konnte bereits visuell eine Abstufung erkannt werden. Die durch die Schüler erarbeiteten Ergebnisse waren von uns erwartet worden: „Einkaufen, Bummeln, Essen und Trinken" waren in der „Hitliste" die Favoriten. Nichtsdestoweniger waren sie für die Schüler ein großes Erfolgserlebnis, und der Erfahrungs- und Lerngewinn zeigte sich jeweils am Ende des Moduls: Den meisten wurde klar, dass man eine Fußgängerzone aufsucht, wenn man einkaufen, bummeln und genießen will.

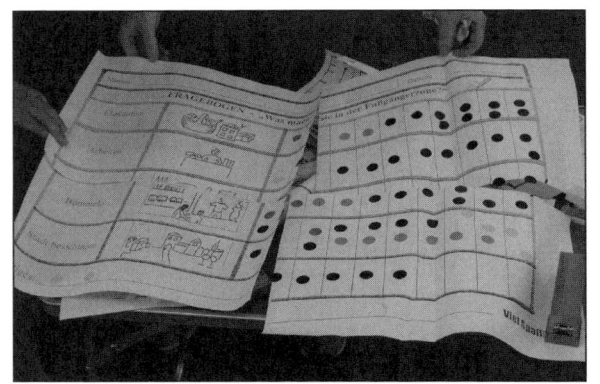

Abb. 3: Durch einen Piktogramm-Fragebogen, der eine Kombination zwischen verbaler und visueller Anleitung mit vier Fragen enthält und die Möglichkeit bietet, die Zahl der Antworten mehrerer Befragter auf einem Bogen festzuhalten, werden die Schüler in die Lage versetzt, eigenständig nicht nur die Befragung durchzuführen, sondern auch die Ergebnisse festzuhalten und auszuwerten. (Aufnahme: Vogel)

8 Ergebnisse

Die Auswertung der Befragungen der Schüler erbrachte folgende Ergebnisse:

- Die Begeisterung der Schüler war durchweg überragend – lediglich zwischen fünf und zehn Prozent waren „erschöpft", rund die Hälfte davon jedoch wiederum war dennoch begeistert (Mehrfachnennungen waren möglich!).
- Die einzelnen Bausteine wurden pro Aktionstag jeweils durchschnittlich von 25 Schülern besucht.
- Die beliebtesten Bausteine waren die mit dem größten Anteil (zeitlich!) an Schüleraktivität und dem geringsten Anteil an rein rezeptivem Lernen.
- Etwa 30 bis 40% der Schüler konnten sich nach einigen Tagen noch an alle drei besuchten Bausteine erinnern, immerhin noch „einige" (diese Angaben wurden qualitativ durch Interviews der beteiligten Lehrkräfte gewonnen und waren nicht zu quantifizieren!) nach einigen Wochen.
- Nach drei Tagen konnten sich einzelne Schüler noch an Namen und Gebäude erinnern.
- Die Orientierung in der Stadt gelingt nur unter Aufsicht bzw. Anleitung – hier gibt es große Defizite und entsprechend großen Handlungsbedarf.
- Wenn Bausteine nicht gefallen haben, lag der Grund meist in der emotionalen Wahrnehmung, d. h. etwas wurde als bedrohlich („böse Bauern" in einem Rollenspiel!) oder unangenehm empfunden (lauter Verkehrslärm, schnell vorbeifahrende Autos).
- Fast alle Schüler würden gerne wieder an einer solchen Aktion teilnehmen.

Die Auswertung der Befragungen von Lehrerinnen und Lehrer ergab:

- Die Bausteine waren größtenteils für die Schüler verständlich.
- Ein Problem war zum Teil die sprachliche Kommunikation zwischen Studierenden und Teilnehmern, d. h. das sprachliche Niveau der Studierenden war teilweise zu hoch und Erläuterungen deshalb für die Schüler schwer erfassbar.

- Die Zeitleiste wurde als zu abstrakt bezeichnet, d. h. die wenigsten Schüler konnten die Aussage erfassen.
- Besonders positiv wurde die Anschauung der Bausteine bewertet, vor allem die verwendeten, fast ausschließlich selbst erstellten Medien.
- Besonders positiv wurde auch jeweils das Engagement der Studierenden bewertet.
- Die Fragebögen waren teilweise zu abstrakt und sollten im *Multiple Choice*-Verfahren lediglich Ankreuzmöglichkeiten enthalten.
- Die Aktionstage werden als „nur mit schulischen Mitteln" nicht durchführbar empfunden, was durchweg sehr bedauert wurde.

9 Ausblick

Im Laufe des Projekts stellte sich heraus, dass räumliche Orientierung den Schülerinnen und Schülern erhebliche Probleme bereitet, dass hier jedoch vor allem die geographische und geographiedidaktische Forschung erhebliche Defizite aufweist. Schwerpunkt bei der Weiterführung des Projekts werden die Erforschung des *Mind Mapping*, der Bedeutung von *Mental Maps* bei der Orientierung und der Frage nach der Optimierung der Orientierungsfähigkeit bei Menschen mit geistiger Behinderung sein.

Literatur

BLEIDICK, U. (1977): Einführung in die Behindertenpädagogik. Band 1. – Stuttgart.
EBERT, H.: (2000): Menschen mit geistiger Behinderung in der Freizeit. Bad Heilbrunn.
HEIDEN, H. G. (1997): Behindert ist man nicht – behindert wird man. – In: STRICKSTROCK, F. (Hrsg.): Die Gesellschaft der Behinderer. – Hamburg. 13-18.
JANTZEN, W. (1992): Allgemeine Behindertenpädagogik: ein Lehrbuch. – Weinheim, Basel.
KÖCK, H. (1992): Der Geographieunterricht – ein Schlüsselfach. – In: Geographische Rundschau 44(3). – 183-185.
KÖCK, H. (1993): Raumbezogene Schlüsselqualifikationen. – In: Geographie und Schule, H. 84. – 12-22.
LOMPSCHER, J. (1975): Psychologie des Lernens in der Unterstufe. – Berlin.
SCHMITT-WULFFEN, W. (1994): „Schlüsselprobleme" als Grundlage zukünftigen Geographieunterrichts. – In: Praxis Geographie, H. 3. – 13-15.
SCHRÖDER, H. (1996): Studienbuch Allgemeine Didaktik. – München.
VOGEL, H. (1993): Stadtführung für Behinderte. Eine Konzeption. – In: Freizeitpädagogik 15(1). – 1-12.
VOGEL, H. (1994): Das Würzburger Stadt-/Gästeführermodell. – In: SCHENK, W. / SCHLIEPHAKE K. (Hrsg.): Mensch und Umwelt in Franken. Festschrift für Adolf Herold. (= Würzburger Geographische Arbeiten, 89). – Würzburg. 335-351.
VOGEL, H. (2002): Stadtführungen für Menschen mit Behinderungen – Situationsanalyse, konzeptionelle Überlegungen, Angebote. – In: WILKEN, U. (Hrsg.): Tourismus und Behinderung. Ein sozial-didaktisches Kursbuch zum Reisen von Menschen mit Handicaps. – Neuwied, Kriftel, Berlin. 216-230.

Max **MAISCH** (Zürich) und Peter **WICK** (Luzern)

„Eiszeitgletscher-Visionen" und „Gletscherschwund-Szenarien" – Interaktive Möglichkeiten zur Visualisierung und Erkundung glazialdynamischer Prozesse (am Beispiel der Museums-Installation „Gletscherland Schweiz" im Gletschergarten Luzern)

1 Gletscherströme im Brennpunkt des Klimawandels

> „De tous les phénomènes de la nature, je n'en connais aucun qui ne soit plus digne de fixer l'attention et la curiosité du naturaliste que les glaciers [...]" – „Es mag wenig Erscheinungen geben, welche so sehr wie die Gletscher, verdienten, der Gegenstand ausgebreiteter Untersuchungen zu werden [...]" (AGASSIZ 1840/41)

Die uralte Faszination, die den alpinen Gletscherströmen innewohnt, und die ungebrochene Neugierde zu deren Erforschung bilden auch heute noch aktuelle und gültige Triebfedern für die intensive Auseinandersetzung mit der eisigen Welt der Gletscher. Das zitierte Geleitwort wurde vom Naturforscher Louis Agassiz (1807 bis 1873), einem der Begründer und prominentesten Verfechter der Eiszeittheorie, in einer Periode eher kühlen Klimas und allgemein anwachsender Gletscherstände formuliert. Die Bergszenerie hat sich seit Mitte des 19. Jahrhunderts, dem Ende der Hochstandsphase von 1850, nun allerdings dramatisch gewandelt. Angesichts der stark geschrumpften Eismassen und unter dem Blickwinkel des gegenwärtigen Klimwandels hat sich der Mythos ewig währenden Eises und einer schneeweißen, heilen Bergwelt als vergängliche Illusion erwiesen.

Die „coolen" Themen wie Schnee, Eis, Gletscher, Permafrost sowie die oft damit in Zusammenhang gebrachten „Naturkatastrophen" erfreuen sich seit etlichen Jahren eines markanten Aufwärtstrends. Das „heiße" Interesse an diesen geowissenschaftlichen Phänomenen offenbart sich nicht nur im Schulalltag (z. B. Projektunterricht, Exkursionswochen, Maturaarbeiten) und im individuellen Erlebnisbereich ungezählter Bergwanderer und Alpintouristen. Die erwähnten Themenbereiche werden auch speziell von den Medien (TV, Tagespresse, Zeitschriften) in regelmäßiger Folge aufgegriffen und vor allem bei außergewöhnlich erscheinenden Naturereignissen (z. B. Felssturz am Matterhorn, 15. Juli 2003) an prominenter Stelle und in dicken Lettern bisweilen bewusst akzentuiert abgehandelt (vgl. z. B. BÜRKI 2003: „Das Drama um das Klima"). In Anbetracht des momentanen und vermutlich bald beschleunigten Gletscherschwunds und angesichts auftauender Permafrosthänge bildet oft eine echte und durchaus berechtigte Sorge um die vielzitierte Verletzlichkeit unserer Umwelt eine maßgebende Rolle für diese glaziale und periglaziale Hochkonjunktur. So erleben auch die mit dieser Materie berufsmässig beschäftigten Personen (Geographen, Glaziologen, Meteorologen, Museumsleiter, Touristiker) vor allem in Zeiten überdurchschnittlicher Hitzeperioden (wie z. B. im Sommer 2003) einen geradezu sprunghaften Anstieg von privaten oder medialen Anfragen nach kompetenter, aber leicht zugänglicher Fachinformation in verständlicher Form.

Die ungebrochene Brisanz der Klimawandel-Problematik mit all ihren möglichen Auswirkungen auf das Landschaftsbild (Geomorphologie, Hydrologie, Vegetation), die Kryosphäre (Schnee, Gletscher, Permafrost) und die damit eng verflochtenen sozioökonomischen Bereiche (z .B. Tourismus, Sport, Wasserwirtschaft, Schadenversicherungen) widerspiegelt sich in letzter Zeit regelmäßig auch in den Inhaltsverzeichnissen allgemein bildender und schulgeographisch ausgerichteter Publikationen. Die Klimafrage, letztlich eine Schuldfrage von großer Tragweite, ist allerdings nicht einfach zu beantworten. Die Ursachen des künstlichen (anthropogenen) Treibhauseffekts sind vielfältiger Natur und in wesentlichen Aspekten noch komplex verschlüsselt. Auch die konkreten Auswirkungen des prognostizierten Klimawandels auf das ökologische Gleichgewicht der Hochgebirgsregionen werden selbst unter Fachleuten immer noch engagiert und zuweilen konträr debattiert. Allerdings bleibt unbestritten, dass die Gletscher und deren Dimensionsänderungen (Vorstoß-, Schwundphasen) als eine der besten und zuverlässigsten Indikatoren zum Nachweis, ja sogar zur Früherkennung langfristiger Klimaschwankungen betrachtet werden können (IPCC 2001; OcCC 2002; HAEBERLI / HOELZLE / MAISCH 1998, HAEBERLI / MAISCH / PAUL 2002; HAEBERLI / ZUMBÜHL 2003).

2 Gletscher als Kernthema einer musealen Erlebniswelt

Seit 1872 beim Bau eines privaten Weinkellers im Luzerner Molassesandstein zufällig „Gletschertöpfe" entdeckt wurden, bilden Gletscher und damit die Epoche des Eiszeitalters (Quartär: letzte 2,4 Mio. Jahre bis zur Gegenwart) einen der zentralen Ausstellungsschwerpunkte im „Gletschergarten Luzern". Diese allseits bekannte, jährlich von 140.000 Besuchern frequentierte Museumsanlage präsentiert rund um das im Freien durch ein Zeltdach geschützte einzigartige Naturdenkmal („National Natural Monument") eine breit gefächerte Palette erdgeschichtlich und gletscherkundlich bedeutender Ausstellungsobjekte (vgl. KELLER / WICK 1990[2]). Zum Fundus des heute als „Geo-Park" ausgebauten Gletschergartens gehören neben anschaulichen Modellen (z. B. „Der drehende Irrtum", ein veraltetes, aber historisch interessantes Erklärungsmodell zur Entstehung der Gletschertöpfe) verschiedene Gebirgs- und Gletscherreliefs, Dioramen (Schaubilder), Präparate eiszeitlicher Tierfunde (Mammut, Moschusochse, Raubtiere), Findlingsblöcke unterschiedlichster Herkunft (sogenannte Erratiker) sowie lokal bedeutsame Geo-Spezialitäten (z. B. Fossilienplatten, Sandsteine mit Rippelmarken, Dropstone von Luzern). In die bestehende Museumslandschaft werden temporär auch immer wieder Spezialausstellungen eingebettet, wie z. B. im Frühjahr 2003 die von der Gesellschaft für ökologische Forschung (München) zusammengestellte Sonderschau „Gletscher im Treibhaus – Eine fotografische Zeitreise in die alpine Eiswelt".

Im Rahmen eines Umbau- und Erweiterungsprojekts wurde in den letzten Jahren auf der Eingangsetage im Museumsgebäude ein „Glacier Museum" eingerichtet (Photo 1). Tiefblaues Neonlicht mit hellweißen Spot-Akzenten taucht die intime Raumszenerie in ein kühles, dem Gletschereis nachempfundenes Lichterspiel. Über einem Gebirgsrelief der Berninagruppe (gestaltet vom Reliefbauer Toni Mair, Unterägeri) können per Knopfdruck verschiedene Videoprojektionssequenzen mit Experten-Interviews (Glaziologen, Bergführer) und gletscherkundlichen Zusatzinformationen eingespielt werden. Transparent durchschimmernde Plexiglastafeln orientieren über die allmähliche Bildung von Firn und Eis aus ursprünglich filigranen, sechseckigen Schneeflocken. Und in zwei mit echten Eiswürfeln gefüllten Behältern ist die Temperatur von „kaltem" (bei –20° C, z. B. Antarktis) und „warmem" bzw. temperierten Eis (bei 0° C, am Schmelzpunkt, z. B. Alpengletscher) per Hand direkt erfühlbar. Übergroße Modellzeichnungen der Kristallgitter veranschaulichen die unterschiedliche Struktur von H_2O-Molekülen in den Aggregatszuständen Dampf, Wasser und Eis.

Max MAISCH und Peter WICK

In dieser subglazialen Raumumgebung sind drei Nischen ausgespart, in denen Computer-Bildschirme angebracht und davor auf Konsolen die zu deren interaktiven Bedienung gehörenden „Kugel-Mäuse" fix installiert sind (Photo 2). Es entsprach einem zentralen Anliegen des Museumskonzepts, hier mit Hilfe einzelner Arbeitsstationen den Besuchern die Wunderwelt der Gletscher möglichst abwechslungsreich und erlebnisorientiert zu erschließen. Insbesondere sollte eine repräsentative Anzahl Schweizer Gletscher anhand deren typischen Merkmale und Eigenheiten (sogenannte „Gletscher-Geschichten") lebendig präsentiert und spielerisch zugänglich gemacht werden.

Photo 1: Eingangstor zum neu gestalteten „Glacier-Museum" im Gletschergarten Luzern. (Aufnahme: M. Maisch)

Aus der Zusammenarbeit zwischen der Museumsleitung (Idee, Planung und Realisation) und dem Geographischen Institut der Universität Zürich (Fachkompetenz, Bezug zur Forschung, Programmtechnik und Design) entstand ein erster Entwurf zu einem modularen Inhaltskonzept. Die Gestaltung der Plattform wurde offen ausgelegt und ist somit auch für künftige „updates" jederzeit veränderbar und ausbaufähig. Die Kernthemen wurden zunächst drehbuchartig vorskizziert und während der Umsetzung laufend weiter entwickelt und verfeinert. Für die Ausgestaltung der gletscherkundlichen Allgemeinkapitel und der Gletscherportraits wurden neben glaziologischen Fachbeiträgen auch Publikationen verschiedenster Art (Lehrbücher, Photobände, Prospekte, Unterlagen zu bestehenden Lehrpfaden) intensiv nach verwendbaren Informationen und Illustrationsideen abgesucht. Die vorerst als Einzelfiles isoliert wachsenden Modul-Bestandteile wurden nach einer Evaluation verschiedener Entwurfsvarianten (Schriftarten und -größen, Anordnung der Navigationsbuttons, Bildformate, Textstil, Farbdesign) in mehreren Durchgängen vereinheitlicht. Die Mehrzahl der für diese neue Informationsplattform verwendeten Zahlenangaben und Illustrationen stammt aus Datenbanken, Bildarchiven und Graphiksammlungen, die im Rahmen populärwissenschaftlicher Veranstaltungen (Museumsführungen, Vorträge, Exkursionsunterlagen), eigener Forschungsarbeiten (Fachartikel, populärwissenschaftliche Darstellungen) und für den universitären Vorlesungsunterricht (Folien, Skripten) von den Autoren selber angelegt wurden. Für zusätzliches Bildmaterial konnte in dankenswerter Weise auch auf private Photosammlungen verschiedener mit der Glazialwelt eng verbundener Einzelpersonen (z. B. aus den Bereichen Gletscherforschung, Segelfliegerei, Alpinismus) zurückgegriffen werden. Schließlich wurden sämtliche Informationsbestandteile (Module, Kapitel, Themenfelder und Einzelseiten, Textpassagen) engmaschig „verlinkt", um möglichst vielfältige, in alle Betrachtungsrichtungen weisende Zugriffsmöglichkeiten anzubieten.

Mythen und Lebensalltag in Gebirgsräumen

Photo 2: Blick ins Innere der Räumlichkeiten des „Glacier Museums" mit den Standorten der interaktiven Computer-Arbeitsstationen. (Aufnahme: M. Maisch)

3 „Gletscherland Schweiz" – eine neue interaktive Plattform

„Gletscherland Schweiz" präsentiert, erläutert und illustriert in mosaikartiger und komplex vernetzter Form eine breite Palette an gletscherkundlichen Daten, Phänomenen und Prozessen. Sie bietet innerhalb einer nuancierten Auswahl an spezifischen Themenfeldern vielfältige Anregungen zum selbständigen Herumstöbern, gezielten Nachforschen oder geruhsamen Betrachten. Mit Gesamtdarstellungen (z. B. zur Vergletscherung der Erde), Einzelübersichten speziell zu ausgewählten Eisströmen der Schweizer Alpen sowie mit der Behandlung der jüngeren Erdgeschichte (Tertiär und Quartär: Geologie, Formenschatz, Klima, Flora, Fauna, Mensch) werden aus globalen wie lokalen Sichtwinkeln wichtige Phänomene und Zeiträume beleuchtet. Diese haben das Landschaftsbild der Schweiz in den verschiedenen Zeitskalen der vergangenen Jahrmillionen (Molassezeit), Jahr(hundert)tausende (Eiszeiten, Zwischeneiszeiten, Holozän) bis zu Jahrhunderten (Hochstand 1850) und Jahrzehnten/Jahren (aktueller Gletscherschwund) ganz maßgeblich geprägt und umgestaltet.

Abb. 1: Start-Bildschirm zur interaktiven Informationsplattform „Gletscherland Schweiz" mit der Kurzpräsentation des Inhalts und den anklickbaren Navigationsfeldern

Die Programmstruktur dieser Info-Plattform basiert auf dem im Museumsnormalbetrieb selbständig ablaufenden Stammmodul, welches die Start/Home-Umgebung, Inhaltsübersichten, Bildervorschauen sowie ein illustriertes Portrait des Gletschergartens mit all seinen Attraktionen (z. B. auch das Spiegellabyrinth) enthält. Die aus diesem Hauptteil direkt anwählbaren, jeweils durch charakteristische Farbakzente gekennzeichneten Themenbereiche (Module A, B, C, D) sind sodann je in fünf bis sechs Kapitel gegliedert und bestehen ihrerseits aus fünf bis sieben, in einer Inhaltsliste wahlweise anklickbaren Themenfeldern.

Das optische Grunddesign der Bildschirmpräsentation ist in einem tiefblauen Farbton gehalten und wirkt damit optimal auf die Raumfarbe des „Glacier Museums" abgestimmt. Alle angewählten Bildschirmseiten bauen sich zunächst nach einem individuell programmierten

Zeitschema auf und laufen im Grundmodus linear, d. h. in der vorgegebenen Reihenfolge ab. Überall ist per Mausklick und in gewohnter Internet-Manier (Navigationsbuttons) ein Eingreifen, d. h. ein Vor-, Zurück- oder Querspringen innerhalb der Einzelseiten und Themenfelder möglich. Jederzeit gelangt man direkt oder via Kapitel-Hauptseite auf die hierarchisch höheren Inhalts- und Auswahlebenen (z. B. zur Indexseite). Innerhalb der Datenbank und in der Umgebung der Gletscher-Portraits kann man über anklickbare Karten und Namenslisten direkt einzelne Gletscher ansteuern und von dort wieder zum Ausgangspunkt zurück navigieren. An einigen Stellen des Programms ist zudem eine Spielecke eingebaut (Gletscher-Memory).

Großer Wert wurde auf die Ausgestaltung möglichst anschaulicher Animationen gelegt. Damit werden komplexe Themen, wie z. B. der Massenhaushalt eines Gletschers oder der Ablauf von Gletscherkatastrophen (z. B. Eissturz Altels 1895, Eisabbruch Mattmark 1965) dynamisch erlebbar und lebendig begreifbar. Beim „timing" der beweglichen Einzelelemente wurde darauf geachtet, ein für die Erfassung der Textpassagen und das Verständnis der Abläufe bequemes und regelmäßig wirkendes Lese- und Wahrnehmungstempo aufzubauen.

Aus der Info-Plattform „Gletscherland Schweiz" ist schließlich ein interaktives Bilderbuch mit rund 1.000 Einzelseiten, über 1.200 Photos und Graphiken, rund 100 Zahlentabellen, 70 Gletscherkurzsteckbriefen, 25 detaillierten Gletscherportraits sowie mehreren Tausend Links (grobe Schätzung) mit nahezu 600 MB Umfang geworden. Nach einer Testphase mit einem Prototyp wurde im Mai 2003 das gesamte Programmpaket auf den drei im Museum verfügbaren Apple Macintosh-Computern (Modell G3) implementiert. Die Installation wird bei der Öffnung der Museumsanlage für die Besucher am Vormittag automatisch aufgestartet und läuft seither wartungs- und störungsfrei.

4 Übersicht zur Themenvielfalt

Haben Sie gewusst, ...

- ... dass es in den Gebirgsregionen der Schweizer Alpen heute (noch) rund 2.000 Gletscher gibt?
- ... dass diese 2.000 Gletscher in den letzten 150 Jahren rund 500 km^2 an Fläche (knapp 30%) verloren haben und dass das Ausmaß dieses Schwunds etwa der Fläche des Kantons Obwalden entspricht?
- ... dass gemäß den Szenarien zur bevorstehenden „Klima-Erwärmung" bis Mitte des 21. Jahrhunderts rund drei Viertel aller Gletscher der Schweizer Alpen verschwinden werden?

So beginnt eine der frei anwählbaren Einstiegssequenzen, mit denen die Besucher empfangen und motiviert werden sollen, sich aktiv in die Show „einzuklicken" und nach den persönlichen Interessen oder ganz beliebig die Umgebung nach Antworten und erklärenden Zusatzinformationen abzusuchen. Mit der nachfolgenden Übersicht soll anhand der spezifischen Modulbeschreibungen und der Kapitelüberschriften die angebotene Themenvielfalt stichwortartig umrissen werden.

Mythen und Lebensalltag in Gebirgsräumen

- Modul A: „Gletscher der Schweiz – Coole Typen auf einen Klick …"

Enthält eine Datenbank mit über 400 Schweizer Gletschern. Von den bekanntesten Gletschern werden Kurzsteckbriefe präsentiert und von ausgewählten Gletschern gibt es detaillierte Portraits mit zahlreichen Bildern und spannenden Gletschergeschichten.
A.1 Gletscherabfrage nach Kantonen – Die 400 wichtigsten Gletscher der Schweiz
A.2 Gletscherabfrage nach Namensliste – Die 400 größten Gletscher der Schweiz
A.3 Gletscherkurzsteckbriefe – Die zentralen Kenndaten von 70 Auswahlgletschern
A.4 Schweizer Rekordgletscher – Die 30 größten, längsten und dicksten …
A.5 Gletscherportraits – Fakten, Bilder und Gletschergeschichten

- Modul B: „Klirrende Erlebniswelt – Von Luzern bis zum Matterhorn …"

Bietet einen Rundgang durch den Luzerner Gletschergarten, präsentiert eine Übersicht zur Eiszeit- und Gletscherforschung und veranschaulicht Daten und Fakten zur weltweiten und alpinen Vergletscherung.
B.1 Besuch im Gletschergarten – Ein Gletscher mitten in der Stadt?
B.2 Das Naturdenkmal – Gletschertöpfe und das Geheimnis ihrer Entstehung
B.3 Von Sintflut- und Eiszeittheorien – Die Schweiz als Wiege der Gletscherforschung
B.4 Bizarre Mythen und eisklare Fakten – Von der Eiswüste bis zu exakten Inventardaten
B.5 Weltweite Vergletscherung – Wie viel Eis und Gletscher hat es auf der Erde?

- Modul C: „Gletscher in Bewegung – Aus Schnee wird langsam Eis …"

Illustriert Grundzüge und Stichworte zur Gletscherkunde und Glazialmorphologie und präsentiert in leicht verständlicher Form Daten und Ergebnisse zur Erforschung und Beobachtung der Schweizer Gletscher.
C.1 Stichwörter / Glossar – Von A wie Ablation bis Z wie Zwischeneiszeit
C.2 Vom Nähr- zum Zehrgebiet – Wie funktioniert ein Gletscher?
C.3 Gletscher als Bildhauer der Landschaft – Von glatten Rundungen und scharfgratigen Moränenwällen
C.4 Gletscher unter der Lupe – Schweizerische Gletscherbeobachtung
C.5 Gletscher als Naturgewalten – Wenn es plötzlich donnert und kracht
C.6 Der Schwund des ewigen Eises – Wenn es wärmer wird auf der Erde

- Modul D: „Spuren des Klimawandels – Von der Eiszeit in die Heißzeit …"

Enthält globale Darstellungen zur Erd- und Klimageschichte sowie zur Entwicklung des Menschen und illustriert Beispiele von eiszeitlichen und virtuellen Gletscherlandschaften in Vergangenheit und Zukunft.
D.1 Vom Palmenstrand zum Gletschersee – Erdgeschichtliches Auf und Ab
D.2 Fussabdrücke der Eiszeitriesen – Auf den Spuren der eiskalten Giganten
D.3 Der Mensch im Eiszeitalter – Vom Neandertaler bis zum „Ötzi"
D.4 Fauna und Flora der Eiszeit – Kälteliebende Vielfalt
D.5 Eiszeitliche Landschaftsvisionen – Der Reussgletscher vor 20.000 Jahren
D.6 Im Treibhausklima des 21. Jahrhunderts – Wie schnell verschwinden die Alpengletscher?

Anhand dieser Auflistung wird sichtbar, dass das Informationsangebot von „Gletscherland Schweiz" nicht nur auf den Gletschern der Schweizer Alpen beruht, sondern dass auch

Max MAISCH und Peter WICK

Grundwissen in Geomorphologie, Klima- und Erdgeschichte vermittelt wird. Es umfasst damit ein wesentlich breiteres, in die engsten Nachbardisziplinen übergreifendes Themenspektrum.

Das mit Abstand umfangreichste Modul A („Gletscher der Schweiz") bildet das Kernstück des ganzen Infosystems. In dieser Umgebung kann die nach verschiedenen Suchkriterien zugängliche Datenbank zu den 400 größten und wichtigsten Schweizer Gletschern abgefragt werden. Die darin eingebauten Glazialparameter (z. B. Lage, Größe, Länge, Volumen) stammen aus einer im Rahmen des Nationalen Forschungsprogramms NFP31 entwickelten Gletscherdatenbank (MAISCH et al. 2000[2]). Es werden neben den heutigen Ausmaßen systematisch auch die absoluten und prozentualen Veränderungen seit 1850, dem Zeitraum des letzten alpinen Gletscherhochstands, aufgeführt. Die berücksichtigten Zahlenangaben belegen damit in eindrucksvoller Weise die Größenordnung des „Jahrhundertschwunds".

Abb. 2: Einstiegsseite und Titelbild zum Gletscherportrait des Glacier du Tsanfleuron mit der Liste der verschiedenen, durch Mausklick direkt anwählbaren Themenfelder (links im Bild)

In den Zahlentabellen ist jedem Gletscher sowohl nach Flächen- wie auch nach Längenwert ein Rangplatz zugeordnet. Diese Charakterisierung bietet eine bei den Benutzern willkommene und oft nachgefragte Bereicherung des Basiswissens über „ihren" spezifischen Gletscher. So belegt z. B. der größte Gletscher des Bündnerlands, der Vadret da Morteratsch im Berninagebiet, gesamtschweizerisch lediglich den 14. Rangplatz. Bei der Frage nach dem größten Schweizer Gletscher schwingt bekanntermaßen der Große Aletschgletscher weit oben aus. Er ist mit seiner Gesamtfläche von rund 95 km^2 und mit seiner Länge von 23 km nach wie vor (und wohl auch in Zukunft) der Rekordgletscher des gesamten Alpenraums. Bei den im Beobachtungsnetz der Schweizerischen Glaziologischen Kommission figurierenden Gletschern werden neben den Grunddaten zusätzlich die aktuellen Jahreswerte zu den Zungenlängenänderungen eingespielt. Diese dokumentieren und bestätigen die momentane Beschleunigungstendenz des Eiszerfalls. So verzeichnete die Zunge des Morteratschgletschers im außergewöhnlich heißen Sommer 2003 mit einem Schwundbetrag von 75 m einen geradezu sprunghaften Rückgang. Der langjährige Mittelwert (1878 bis 2002) beträgt nämlich 17 m, der bisherige Maximalwert von 48 m wurde im Jahre 1947 registriert. Angesichts des breiten öffentlichen Interesses und der klimapolitischen Brisanz dieser Schwunddaten ist es vorgesehen, die in „Gletscherland Schweiz" präsentierten Einzel- und Summenwerte der Längenänderungen im Jahresrhythmus der offiziellen Messungen laufend zu aktualisieren.

In den ausführlichen Gletscherportraits werden die bekanntesten Eisströme der Schweizer Alpen mit zusätzlichen Bildserien und Fakten vorgestellt sowie mit ihren individuellen Gletschergeschichten ausgeschmückt. So steht z. B. der Tsanfleurongletscher unter dem Aspekt seiner typischen Karsterscheinungen („Tsanfleuron – Gletschervorfeld auf löslichem Kalkgestein", vgl. Abb. 2), während beim Allalingletscher seine in früheren Jahrhunderten bis heute stets wiederkehrende Gefährlichkeit durch Seeausbrüche oder Eisstürze (z. B. Mattmark-Ereignis 1965) ins Zentrum gestellt und anhand historischer Bildquellen dynamisch visualisiert wird („Allalin – Der schrecklichste Katastrophengletscher der Alpen").

5 Eiszeitliche und „heißzeitliche" Landschaftsvisualisierungen

Mit den vielfältigen Überblendfunktionen des verwendeten Präsentationsprogramms können am Bildschirm animierte Zeitreisen in die gletschergeschichtliche Vergangenheit unternommen werden. Zu diesem Zweck wurden spezielle Bildkompositionen entwickelt, die das einstige Gletschergeschehen in den längst eisfreien und heute dicht besiedelten Landschaftsausschnitten des Mittellands auf anschauliche und photorealistische Art illustrieren (z. B. Reussgletscher bei Bremgarten).

Eine derartige Abfolge ist in den Abbildungen 3a bis 3e dargestellt. Hierzu wurde das berühmte, im Gletschergarten Luzern als Original ausgestellte Wandgemälde „Luzern am Ende der letzten Eiszeit" (von E. Hodel, 1926/27) als Vorlage für eine zeitlich weiter ins jüngere Spätglazial reichende und bis in die Gegenwart des 21. Jahrhunderts vorgreifende Bildsequenz verwendet und mit Hilfe einfacher digitaler Bildbearbeitungstechnik schrittweise modifiziert. In Ergänzung zum „eingefrorenen" Standbildcharakter des Originals lassen sich so zusätzliche und für die Entwicklung des Lebensraums wichtige Aspekte des Landschaftswandels am Ende der Würmeiszeit visualisieren. Es sind dies z. B. die Bildung von Schotterfluren, die Entstehung und Verlandung randglazialer Seen, die Einwanderung und Ausbreitung der Vegetation, das Kalben (Abbrechen) der Eisfront in den noch jungen Vierwaldstättersee und die Verfrachtung von Moränenblöcken auf dem Rücken abdriftender Eisschollen (Erklärungsmodell des Luzerner Dropstones, vgl. KELLER et al. 1995).

Einen optischen und inhaltlichen Schwerpunkt bilden sodann auch die für gesamtschweizerische Übersichten sowie für ausgewählte Einzelgletscher abgeleiteten Zukunftsszenarien (z. B. für die Gletscher Morteratsch, Rhone, Tsanfleuron, Tschierva, vgl. Abb. 4). Über anklickbare Jahresbuttons steuerbar (z. B. Zeiträume 2000, 2020, 2050 bis 2100), vermögen diese virtuell komponierten Zukunftsbilder in naturechter Weise vorzuskizzieren, wie sich die Hochgebirgsregionen der Schweizer Alpen durch den verstärkten Eisschwund in den kommenden Jahren und Jahrzehnten verändern könnten. Durch diese plakativen und spekulativen Bildentwürfe soll der Betrachter bewusst zum Nachdenken über die Treibhausproblematik angeregt und mit seinem persönlichen Verhalten in Klimaschutz- und Umweltfragen konfrontiert werden.

6 Fazit und Ausblick

„Gletscherland Schweiz" nimmt für sich in Anspruch, eine wissenschaftlich fundierte, glazialdidaktisch klar strukturierte und mit neuesten Ergebnissen von der Forschungsfront aktuell bereicherte Informationsplattform zu bieten. Auf besuchergerechte Art bildet sie zweifellos eine visuell attraktive Ergänzung im neuen Informationsangebot des Luzerner Gletschergartens in seinem ureigenen Kernthema, den Gletschern und ihren Schwankungen in Vergangenheit, Gegenwart und Zukunft. Damit stellt sie sich den Ansprüchen und Erwartungen verschiedener naturkundlich interessierter Besucherkreise. Für Schulklassen stehen vor Ort (oder

Max MAISCH und Peter WICK

Abb. 3: Bildsequenz zur Veranschaulichung des spätwürmzeitlichen Eisrückgangs im Gebiet der Stadt Luzern. Das übergroße Wandgemälde „Luzern zur Eiszeit" von E. Hodel (1926/27, Original im Gletschergarten Luzern) bildet die Basis für alle nachfolgenden Schwundsequenzen. (Graphik und digitale Bildkompositionen: M. Maisch)

vorgängig via Internet herunterladbar) spezielle Arbeitsblätter mit Abfrage-Aufträgen und Erkundungs-Aufgaben zur Verfügung (und für Lehrpersonen zusätzlich die Lösungen). Der rege Zuspruch und die bisher erfreulichen Rückmeldungen seitens der Anwender dürfte auch eine spätere Veröffentlichung des Programms auf CD-Rom (und die Suche nach Sponsoren) sicherlich begünstigen. Durch Beobachtung und Analyse des Benutzerverhaltens an den drei Arbeitsstationen sollen spätere Modifikationen und Ergänzungen des Systems und eine Aufdatierung der Inhalte gezielt vorbereitet und sinnvoll umgesetzt werden.

Abb. 4: Beispiel zur Visualisierung des prognostizierten Gletscherschwunds. Virtuelle Ansicht des Tschiervagletschers (Berninagebiet) mit einzeln anwählbaren Szenario-Zeiträumen (abgebildet ist das Szenario +0,6° C, Zeitraum 2020)

Mit „Gletscherland Schweiz" und den darin enthaltenen Kernbotschaften werden aus museums-didaktischer und erzieherischer Sicht nicht zuletzt auch wesentliche Bildungsziele verfolgt. Für einen in Zukunft bewusst sorgsameren Umgang mit der Umwelt oder – etwas pathetischer formuliert – mit dem „heimatlichen Landschaftserbe" stellt das Bemühen um ein vertieftes Verständnis der erdgeschichtlichen Formungsvergangenheit eine wichtige und notwendige Voraussetzung dar. In „Gletscherland Schweiz" wird diesen übergeordneten Leitideen und Grundhaltungen auf direkte und indirekte Weise immer wieder nachgelebt. Die Besucher sind eingeladen, die in der Natur vorkommenden erdgeschichtlichen Objekte per Mausklick selbständig zu entdecken, als stumme „Zeitzeugen" (inter)aktiv anzusprechen und auch in ihren weltumspannenden Zusammenhängen und übergeordneten Wertbezügen („global change") als Teile unserer dynamischen Lebenswelt zu begreifen. Hoffentlich erwächst daraus bei allen Besuchern vermehrt auch die Einsicht, dass die Spuren des Eiszeitalters – von den Findlingsblöcken und Drumlins des Mittellands bis hinauf zu den kargen Pionierlandschaften im Vorfeld der schrumpfenden Alpengletscher – in ihrer Originalität und Einzigartigkeit besser geschützt und für zukünftige Generationen nachhaltig bewahrt werden müssen.

Literatur

AGASSIZ, L. (1840): Études sur les glaciers. [deutsch 1841: Untersuchungen über die Gletscher.] – Solothurn.
BÜRKI, H.-M. (2003): Das Drama um das Klima. – In: Schweizer Familie 43. – 22-27.
HAEBERLI, W. / HOELZLE, M. / MAISCH, M. (1998): Gletscher – Schlüsselindikatoren der globalen Klimaänderung. – In: LOZÁN, J. L. / GRASSL, H. / HUPFER, P. (Hrsg.): Warnsignal Klima – Wissenschaftliche Fakten. Wissenschaftliche Auswertungen. – Hamburg. 213-221.
HAEBERLI, W. / MAISCH, M. / PAUL, F. (2002): Mountain glaciers in global climate-related observation networks. – In: Bulletin WMO 51(1). – 18-25.
HAEBERLI, W. / ZUMBÜHL, H. J. (2003): Schwankungen der Alpengletscher im Wandel von Klima und Perzeption. – In: JEANNERET, F. et al. (Hrsg.): Welt der Alpen – Gebirge der Welt. Ressourcen, Akteure, Perspektiven. (= Jahrbuch der Geogr. Ges. Bern, 61, Buch zum 54. Deutschen Geographentag in Bern 2003). – Bern, Stuttgart, Wien. 77-92.
IPCC (Intergovernmental Panel on Climate Change) (2001): Climate Change 2001: The Scientific Basis. Contribution of Working Group I to the third Assessment Report of the Intergovernmental Panel on Climate Change. – Cambridge.
KELLER, B. et al. (1995): Der Dropstone von Luzern. – In: Mitteilungen der Naturforschenden Gesellschaft Luzern 34. – 11-29.
KELLER, B. / WICK, P. (1990^2): Gletschergarten Luzern. Illustrierter Museumsführer. – Luzern.
MAISCH, M. et al. (2000^2): Die Gletscher der Schweizer Alpen. Gletscherhochstand 1850, Aktuelle Vergletscherung, Gletscherschwund-Szenarien 21. Jahrhundert. NFP 31-Schlussbericht Teilprojekt 4031-033412. – Zürich.
OCCC (Organ consultatif sur les changements climatiques) (2002): Das Klima ändert – auch in der Schweiz. Die wichtigsten Ergebnisse des dritten Wissensstandberichtes des IPCC aus der Sicht der Schweiz. – Bern.

Olivier MENTZ (Karlsruhe)

Die Darstellung des Alpenraums in deutschen und französischen Geographielehrwerken

„Großartig ist die Bergwelt der Alpen in der Schweiz. Wenn auch der höchste Alpenberg, der 4810 m hohe Mont Blanc, etwas außerhalb ihrer Grenze liegt, so ragen doch in der Schweiz so viele Gipfel über 4000 m hoch auf wie in keinem anderen Land Europas. Jungfrau, Mönch, Eiger und Finsteraarhorn in den Berner Alpen, Matterhorn und Monte Rosa in den Walliser Alpen und die Eisgipfel der Bernina sind weltbekannt und werden von weither besucht.

Viele Bergbahnen fahren bis in die schimmernden Schneegefilde der Gipfel empor. [...]

Bergsteiger und Sommergäste besuchen viel das obere, rebenreiche Rhônetal, das man Wallis nennt, die Quellgebiete des Rheins, die in Graubünden liegen, oder das tiefeingeschnittene Inntal, das Engadin heißt, und steigen von hier zu den Gipfeln auf. [...]

Im Süden reicht die Schweiz bis an die Alpenrandseen Italiens und in das italienische Sprachgebiet hinein. Während im Frühjahr überall in den Alpen noch Schnee liegt, beginnen bei Locarno am Lago Maggiore [...] früh die Blumen zu blühen, und die warme Sonne bringt hier mit Palmen, Olivenbäumen und Zypressen schon südländische Pracht.

Der Fremdenverkehr ist eine wichtige Einnahmequelle der Schweiz. Aber auch die Erzeugnisse der Alpenbewohner bringen guten Verdienst. Die Bergbauern und Sennen liefern aus ihrer Almwirtschaft Milch, Butter und Käse nicht nur für die Schweiz, sondern zur Ausfuhr in andere Länder." (KNÜBEL 1973[8], 154f)

Genug! Wir sind schließlich nicht auf einer Touristikmesse oder auf einer Werbeveranstaltung für die Schweiz! Und doch sind wir ganz nah am Thema Raumwahrnehmung / Raumrepräsentationen. Denn dies war ein Auszug aus einem Kapitel zum Thema Alpen aus einem erdkundlichen Lehrwerk der 1970er Jahre.

So lernte ich die Alpen im Geographieunterricht kennen. Aber welches Bild hatte ich von ihnen nach diesem Unterricht? Am Ende wusste ich:

- Die Alpen sind ein Hochgebirge.
- Mehrere Staaten Europas haben Anteil an ihnen (wobei damals der Schwerpunkt auf den Staaten westlich des Eisernen Vorhangs lag).
- Ich kannte zahlreiche Alpenpässe und war topographisch nahezu perfekt geschult.

Anders ausgedrückt: Ich besaß ein recht abstraktes und losgelöstes Faktenwissen, basierend auf topographischen Erkenntnissen. Der Alpenraum *war* ein Thema – wenn auch nicht so, wie wir ihn heute behandeln. Da dieser Ansatz heute offensichtlich nicht mehr aktuell ist, steht die Frage im Raum, wie heutzutage die Alpen in Geographielehrwerken thematisiert werden.

Dies soll am Beispiel von Deutschland und Frankreich geschehen; letzteres weil im deutschsprachigen Raum in der Regel nur sehr wenig über die Geographie an französischen Schulen bekannt ist und weil in Frankreich die Grundbedingungen bezüglich der Alpen identisch sind wie in Deutschland: Sie liegen am Rand des Territoriums und bilden einen Grenzsaum zu einem Nachbarland der Europäischen Union.

Die Auswahl der Lehrwerke ist willkürlich. Die folgende Analyse besitzt daher keinesfalls den Anspruch, repräsentativ zu sein, sondern hat eindeutig nur exemplarischen Charakter.

Mythen und Lebensalltag in Gebirgsräumen

1   Die Behandlung des Alpenraums in Deutschland

In Deutschland besteht ein grundsätzliches Problem darin, dass alle Bundesländer aufgrund ihrer Kulturhoheit eigene Bildungspläne, Lehrpläne oder Rahmenrichtlinien haben – und die sind meist nicht deckungsgleich.

In einigen Bundesländern wird der Alpenraum in den ministeriellen Vorgaben explizit thematisiert. *Wenn* dem so ist, geschieht dies in der Regel in der Anfangsphase der Sekundarstufe I. So sehen z. B. die derzeit noch gültigen Bildungspläne von Baden-Württemberg aus dem Jahre 1994 folgende Zeiträume für die Behandlung der Alpen vor (vgl. MINISTERIUM FÜR KULTUS, JUGEND UND SPORT BADEN-WÜRTTEMBERG 1994a, 1994b, 1994c):

In allen drei Schularten – Hauptschule, Realschule und Gymnasium – wird in Klasse 5 ein Überblick über die Erde gegeben, in dessen Rahmen auch die Alpen – zumindest topographisch – eingeordnet werden. Ebenfalls alle drei Schularten weisen die Alpen explizit als Lehrplaneinheit in Klasse 6 aus (im achtjährigen Gymnasium bereits in Klasse 5). Eine ähnliche Zusammenstellung findet sich auch in den Vorgaben anderer Bundesländer.

Die Alpen *sind* demnach auch heute ein Thema. Werfen wir daher einen Blick auf die „heimlichen Lehrpläne" – die Lehrwerke. Wie werden in ihnen die Alpen dargestellt?

1.1   Hauptschule Baden-Württemberg

Zunächst ein Beispiel aus Baden-Württemberg, ein Lehrwerk für die sechste Klasse der Hauptschule: „grenzenlos" (MÜHLBERGER et al. 2000). Der Alpenraum wird hier auf 26 Seiten behandelt; dies entspricht fast einem Viertel des gesamten Lehrwerks.

Den Einstieg in das Thema bildet eine Doppelseite mit drei verschieden großen Photos (MÜHLBERGER et al. 2000, 28f): Im Hintergrund, das größte, zeigt ein Alpental, auf der linken Seite ein Photo mit einem Skigebiet, rechts ein Photo mit einer Autobahn mit recht dichtem Verkehr, zumindest in eine Richtung. Damit werden die Hauptgedanken der Einheit vorgestellt: die Alpen als Verkehrsraum, die Alpen als Erholungsraum, die Alpen als Landschaftsraum (wobei hier auch touristische Elemente vorhanden sein können). Auch die nächste Doppelseite hat diese drei Aspekte zum Inhalt, allerdings kommen nun die Menschen zu Wort: ein Skifahrer, ein Wanderer, ein Arbeitnehmer, die allesamt den Tourismus verkörpern; ein Fernfahrer als Sinnbild für den Verkehr; und ein Bauer als Vertreter der Land(wirt)schaft (MÜHLBERGER et al. 2000, 30f). Die vier Einstiegsseiten dienen dazu, das Interesse der Schüler für das Thema zu wecken und deren eigenen Erfahrungen abzurufen. Nun sind die Lernenden mitten in der Thematik „Alpen".

Tab. 1 zeigt einen Auszug des Inhaltsverzeichnisses. Zur besseren Übersicht sind einige Teilkapitel besonders gekennzeichnet: Die hellgrau markierten Titel beinhalten im weitesten Sinne die Alpen als ein zu überquerendes Verkehrshindernis, die dunkelgrau unterlegten betreffen allesamt den Tourismus. Die weiteren Kapitel beschäftigen sich mit Lawinengefahr, Formung der Alpen sowie ihrer energetischen Nutzung. Eine Analyse des Bildmaterials der Einheit ergibt, dass von den insgesamt 36 dort abgedruckten Photos mehr als die Hälfte touristische Aspekte zeigen.

Es ist also hier ein recht eindeutiger Fokus erkennbar: der Alpenraum als ein wichtiges europäisches Erholungsgebiet. Der Tourismus verbindet Nord- und Südalpen, bringt erheb-

Olivier MENTZ

liche Vorteile mit sich, birgt aber auch eine ganze Reihe gewichtiger Gefahren, die es für das Verhalten des Menschen zu berücksichtigen gilt.

Die Alpen	28
Menschen in den Alpen	30
Ein Hochgebirge in Europa	32
Unsere Alpenkarte	33
Menschen überqueren die Alpen	34
In fünf Minuten vom Sommer in den Winter	36
Gletscher formen die Landschaft	38
Gespeicherte Energie aus den Bergen	40
Willkommen im Stubaital	42
Ein Alpental im Wandel der Zeit	44
Ein gefährdeter Lebensraum	46
Falsches Verhalten in den Alpen	48
Tourismus ja – aber mit Zukunft	49
Rollenspiel: Ein neues Skigebiet im Stubaital	50

Tab. 1: Auszug aus dem Inhaltsverzeichnis des Lehrwerks „grenzenlos". (Quelle: MÜHLBERGER et al. 2000, 3)

1.2 Realschule Bayern

Geradezu spartanisch wirkt dagegen das Lehrwerk „Diercke Erdkunde 6" für bayerische Realschulen (VOSSEN 2002). Hier sind den Alpen ganze drei Doppelseiten gewidmet. Dabei wird zunächst das Hochgebirge als ein Erholungsraum am Beispiel Garmisch-Partenkirchens behandelt. Nur marginal wird hier von Problemen gesprochen, da dies auf den nächsten Doppelseiten erfolgt: einmal unter dem Titel „Gefährdeter Lebensraum", einmal unter dem Verkehrsaspekt.

Besonders originell ist meines Erachtens der Teil des Themas, in dem die Alpenbewohner eine Krisensitzung durchführen. Krisensitzungen oder Rollenspiele kommen zwar in allen Lehrwerken meist genau zu diesem Thema vor! Doch lesen Sie selbst:

> „Hoch droben liegen sie auf der Lauer: die gefürchteten Lawinen. Sie warten auf Zuwachs durch Schnee und Wind und bauen sich zu drohenden Schneebrettern auf.
>
> ,Sicher wird uns bald einer der unzähligen Skifahrer lostreten oder durch Lärm den Startschuss geben. Die Situation ist günstig. Es ist fast kein Wald mehr da, der uns aufhalten könnte.'
>
> Der Wald jammert: ,Im Sommer schlagen die Menschen breite Schneisen in mein Kleid. An manchen Stellen rammen sie dann Betonstämme in den Boden, errichten Lifte und Seilbahnen. Im Winter fahren sie mit den scharfen Kanten ihrer Skier und Snowboards über unsere Kinder und schneiden vielen die Köpfe ab.'" (VOSSEN 2002, 58)

Nicht die Menschen sind die Alpenbewohner. Die Lawinen, der Wald, der Boden, die Gräser und Blumen, die Waldtiere – allesamt stellen sie ihre Lebensbedingungen und die damit verbundenen Probleme dar. Dies, im Zusammenhang mit der Alpenkonvention betrachtet, die auf der nächsten Seite erarbeitet wird, soll zur Erkenntnis führen, dass ein Schutz der Alpen nur in einem Miteinander aller Alpenländer gemeinsam mit ihren Touristen erreicht werden kann.

Mythen und Lebensalltag in Gebirgsräumen

Auch wenn den Alpen in diesem Lehrwerk nur sechs Seiten gewidmet sind, so ist der Fokus ähnlich wie beim vorhergehenden – der Tourismus mit all seinen Vor- und Nachteilen.

1.3 Gymnasium Hessen

Ein drittes Beispiel ist der Gymnasialband des Lehrwerks „Terra" für das Bundesland Hessen (BIERWIRTH et al. 2003), der sich auf insgesamt 24 Seiten mit dem Alpenraum beschäftigt. Ein Blick auf das Inhaltsverzeichnis (Tab. 2) zeigt einen eher allgemein orientierten Einstiegsteil: Die drei Gesichter der Alpen / Höhenstufen / Gletscher – Eis in Strömen / Spitzenstrom aus den Alpen. Es folgt ein Aspekt zum gefährdeten Lebensraum bei der Thematik der Gefahr durch Schneelawinen. Die nächsten Seiten thematisieren allesamt den Tourismus in den Alpen: Verkehr durch die Alpen / Vom Bergdorf zum Ferienzentrum / Alp(en)traum – ein Rollenspiel. Und die letzten vier Seiten beschäftigen sich mit der Natur und der Landwirtschaft.

Abb. 1: Einstieg in die Einheit „Alpen" im Schulbuch „Terra". (Quelle: Auszug aus Butz-Graphik, S. 119, „Terra" Erdkunde 5/6 GYM Hessen, Justus Perthes Verlag Gotha GmbH, Gotha 2003-11-01)

Die Alpen	118
Die drei Gesichter der Alpen	120
Höhenstufen	122
Gletscher – Eis in Strömen	124
Spitzenstrom in den Alpen	126
Die weiße Gefahr	128
Verkehr durch die Alpen	130
Vom Bergdorf zum Ferienzentrum	134
Alp(en)traum – ein Rollenspiel	136
Vom Nutzen des Bergwaldes	138
Berglandwirtschaft – ein mühsames Geschäft	140

Tab. 2: Auszug aus dem Inhaltsverzeichnis des Lehrwerks „Terra". (Quelle: BIERWIRTH et al. 2003, 4)

Einige dieser vier Unterbereiche des Alpenthemas finden sich karikiert auf der Einstiegsseite wieder (vgl. Abb. 1): Tourismus neben unberührter Natur, Verkehr durch die Alpen. Der Einführungstext zur Einheit sagt folgendes aus: „Sie sind das größte und höchste Gebirge Europas. Mehr als 10 Millionen Menschen leben in diesem einzigartigen Hochgebirgsraum. Über 40 Millionen Menschen verbringen hier jedes Jahr ihren Urlaub und noch mehr durchqueren die Alpen auf dem Weg nach Süden und nach Norden" (BIERWIRTH et al. 2003, 118).

Das also ist der eigentliche Inhalt des Schulbuchthemas: Tourismus und Verkehr. Wir finden auch hier den gleichen Fokus vor wie in den anderen beiden Lehrwerken.

1.4 Fazit

Was also lernen Schülerinnen und Schüler in Deutschland über die Alpen? Unabhängig vom Bundesland, in dem sie leben, sind die Alpen explizit ein Thema, wobei der Fokus deutlich auf dem Tourismus liegt: der Alpenraum – ein Erholungsraum. Dabei geht es in erster Linie darum, dass den Lernenden bewusst wird, welche positiven und negativen Entwicklungen durch den Tourismus gefördert wurden und werden. Hierzu werden diverse Facetten aufgezeigt, vom Landschaftsbild über Verkehrsaspekte bis hin zu potentiellen Gefahrenquellen. Die Auswahl des Materials gibt ein vielseitiges und vielschichtiges Bild eines Gebiets ab, dessen Entwicklung auf diversen Ebenen durchaus auch kritisch zu beleuchten ist. Die Lernenden können dabei gegebenenfalls ihr eigenes Verhalten in Frage stellen.

Es herrscht heute ein eher problemorientierter Ansatz vor, dessen Schwerpunkt auf der Schulung eines faktisch begründeten mündigen Raumverhaltens liegt, in dem auch grenzüberschreitende und Grenzen überwindende Aspekte ihren Platz haben.

2 Die französische Sichtweise in den Lehrwerken

Kommen wir nun zu Frankreich. Im Gegensatz zu Deutschland gibt es dort national gültige Bildungspläne. Eine Durchsicht der neuesten Lehrplangeneration von 1996 bis 1998 führt zu der Feststellung, dass in ihnen die Alpen mit keinem Wort erwähnt werden. Allerdings könnten sie aus inhaltlicher Sicht in vier Klassenstufen vorkommen (vgl. MINISTÈRE DE L'ÉDUCATION NATIONALE, DE LA RECHERCHE ET DE LA TECHNOLOGIE 1997; 1998a; 1998b):

- In der *Sixième* im Rahmen der Lehrplaneinheit „*Les grands ensembles de relief*". Hier geht es allerdings lediglich um eine topographische Einordnung.
- In der *Quatrième* in der Lehrplaneinheit I.1 *(Diversité de l'Europe)*, wo es um einen topographischen Überblick zu Europa geht, sowie im großen Themenblock Frankreich (II) unter diesen Rubriken: *Unité et diversité; L'aménagement du territoire; Les grands ensembles régionaux*. Eventuell ist auf dieser Klassenstufe auch denkbar, dass die Alpen im Kapitel zu Italien thematisiert werden.
- In der *Seconde* unter der Fragestellung der Veränderung der Landschaft durch den Menschen *(II.3: La transformation des milieux par les hommes)*.
- Und schließlich in der *Première* unter dem Gesichtspunkt der Organisation des französischen Territoriums *(II.: Le territoire français et son organisation)*.

Eine vertiefte Behandlung der Alpen ist am ehesten in der *Quatrième*, also gegen Ende der Sekundarstufe I, zu erwarten. Es erscheint daher spannend, zu untersuchen, wie die französischen Lehrwerke die Vorgaben umsetzen und ob sie dabei die Alpen als einen behandelnswerten geographischen Raum erachten.

Grundsätzlich muss man sich darüber im Klaren sein, dass die französischen Lehrwerke der neuesten Generation reine Arbeitsbücher sind. Das bedeutet, sie halten unterschiedliches Material bereit, welches den Lernenden eine Vielzahl an Arbeitsaspekten eröffnet. In allen Lehrwerken findet sich daher eine große Anzahl Karten und Abbildungen zu diversen The-

Mythen und Lebensalltag in Gebirgsräumen

men (Demographie, wirtschaftliche Entwicklung), die bei entsprechendem Unterricht auch eine intensivere Bearbeitung der Alpen erlauben.

Eine erste Durchsicht der Lehrwerke zeigt, dass – lehrplankonform – kein explizites Thema „Alpen" auftaucht. Auf den zweiten Blick stellt man fest, dass darüber hinaus die Alpen räumlich nicht als Einheit dargestellt werden. Vielmehr wird der nördliche Teil dem Großraum Lyon zugerechnet, der südliche dem *Midi* – und die Behandlung der zwei Teilregionen erfolgt unabhängig voneinander. Exemplarisch sei an zwei Lehrwerken aufgezeigt, unter welchen Gesichtspunkten die Alpen innerhalb dieser Regionen in der *Quatrième* thematisiert werden können.

2.1 Magnard *Quatriéme*

In dem Lehrwerk von *Magnard* (Casta / Doublet 1998) wird bei der Thematik des *Midi* der Alpenraum nicht behandelt.

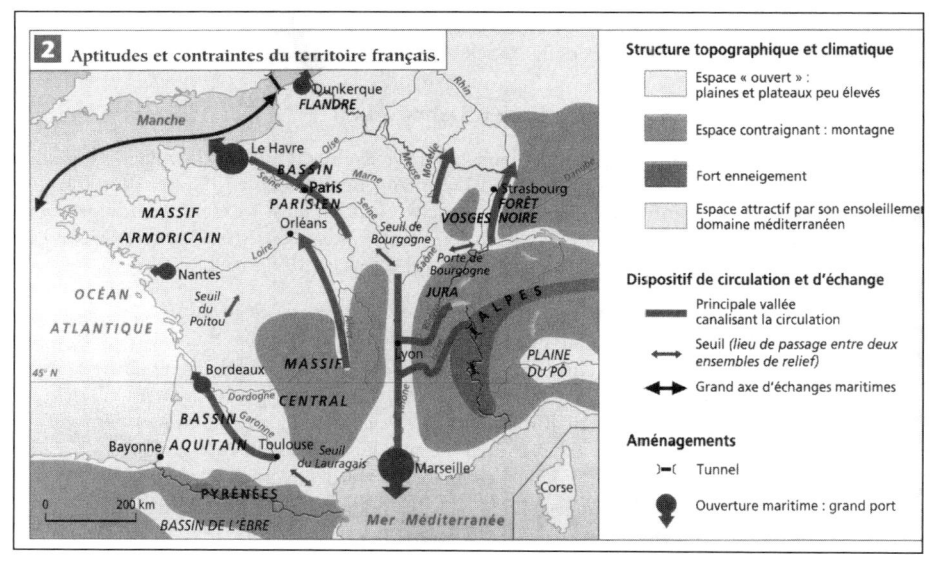

Abb. 2: Aptitudes et contraintes du territoire français. (Quelle: Casta / Doublet 1998, 246)

Eine genauere Betrachtung einzelner vorhandener Karten zeigt aber, dass es prinzipiell möglich ist, die Alpen unter zahlreichen Aspekten zu thematisieren: als Verkehrshindernis (z. B. S. 261), als Raum ohne Industrie-Subventionen (z. B. S. 262), als Gegend mit geringer Arbeitsmarktentwicklung (z. B. S. 263), als dünn besiedeltes Gebiet (z. B. S. 266), aber auch als reichste Gegend Frankreichs, neben Paris und dem Elsass, was wohl eher daran liegt, dass hier die gesamte Côte d'Azur einbezogen wird (z. B. S. 267). Es wird für die Lernenden allerdings schwierig sein, ohne weitere Materialien oder Hilfestellung zu diesen Bereichen fundierte Aussagen zu machen.

Olivier MENTZ

Unter dem Titel „*Aptitudes et contraintes du territoire français*" wird erstmals deutlich, worauf es den Lehrwerkautoren wirklich ankommt (vgl. Abb. 2): Die entsprechende Karte stellt die Alpen als einen stark einschränkenden Raum dar, während der dazugehörige Text erläutert, dass gut erschlossene Schwellen und Täler die Verbindungen erleichtern und die Entwicklung der Wintersportarten, also der Tourismus, das Hindernis – und damit den Nachteil – „Alpen" zu einem Vorteil verändert hat. Die touristische Entwicklung wird nirgends in Frage gestellt. Auffällig ist, dass der Verkehr – trotz vorhandener Tunnels – an der Staatsgrenze endet!

Was die Raumplanung angeht, so findet sich auch auf dieser Karte ein ähnliches Bild wieder wie bereits bei der räumlichen Beschränkung. Grenzüberschreitende Verbindungen sind Fehlanzeige. Hier wird auch die touristische Anziehungskraft der Alpen deutlich (z. B. CASTA / DOUBLET 1998, 258): große Erschließungsmaßnahmen im Bereich des Gebirgstourismus sowie starke Investitionen in Naturparks.

2.2 Hachette *Quatriéme*

Im Lehrwerk von *Hachette* (BOUVET / LAMBIN 1998) wird der Alpenraum wie auch schon bei *Magnard* zwar nicht als explizites Thema erarbeitet, aber immer wieder berührt. Zwei Beispiele sollen das belegen:

Abb. 3: Die Autobahn „La Maurienne".
(Quelle: BOUVET / LAMBIN 1998, 263)

Im Zusammenhang mit der nationalen Raumplanung in Frankreich wird den Alpen eine herausragende Stellung eingeräumt, denn hier wird viel in die ländlichen Strukturreformen und in zahlreiche touristische Erschliessungsmaßnahmen investiert. Dabei wird auch auf grenzüberschreitende Verbindungen hingewiesen (vgl. z. B. Abb. 3: die Autobahn *La Maurienne*). Interessant ist dabei die Aussage, dass der Bau der Autobahn es ermöglicht hat, „d'améliorer le paysage de la vallée, défigurée par des usines abandonnées et des décharges industrielles. Torrents et ruisseaux ont été endigués ou déviés. […] Les animaux bénéficient de passages aménagés sous l'autoroute" (BOUVET / LAMBIN 1998, 263). Die vorher durch Industrieruinen verschandelte Landschaft wurde also verbessert und verschönert – durch eingedeichte oder umgeleitete Bäche und Flüsse oder durch Autobahnunterführungen für Tiere... Wenn auch hier – ausnahmsweise – die Verkehrsführung ins Nachbarland sichtbar wird, ein Blick über die Staatsgrenze hinweg bleibt den Lernenden trotzdem verwehrt. Die Thematik ist einzig und allein auf die nationalen Probleme und die nationale Bedeutung hin ausgerichtet.

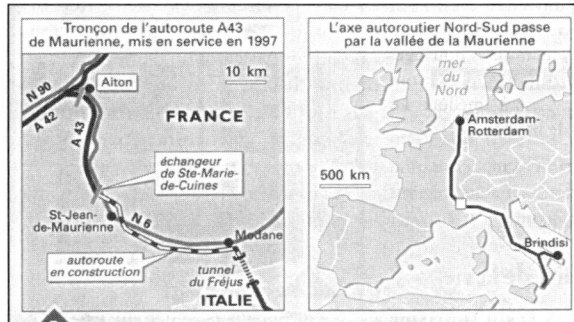

> **Les Alpes, aux Arcs 2 000 (Savoie).**
> Sur ce versant quasi désert autrefois en raison des contraintes (pente, neige), les loisirs connaissent un essor spectaculaire aujourd'hui lié à l'exploitation de « l'or blanc ».
>
> ● *1. Que propose, en général, une station de ski aux touristes et aux sportifs ?*
> ● *2. Décrire ce paysage.*

Abb. 4: Skitourismus. (Quelle: BOUVET / LAMBIN 1998, 293)

Im Themenbereich „*Le Centre-Est*" wird erneut auf die Alpen eingegangen. Schwerpunkt ist die Veränderung der Landschaft durch den Skitourismus (vgl. Abb. 4), wobei dies in keiner Weise kritisch gesehen wird. Vielmehr wird z. B. hervorgehoben, dass die ursprünglich aufgrund der Hangneigung und des Schnees nicht nutzbaren und daher quasi verwaisten Gebiete Savoyens einen spektakulären Aufschwung erlebt haben und noch immer erleben, der unabdingbar mit der Nutzung des „weißen Golds" verbunden ist. Die Arbeitsaufträge widmen sich schlicht der Ausstattung von Wintersportorten und der Beschreibung des Bilds und beschäftigen sich keineswegs mit möglichen negativen Auswirkungen! Paradoxerweise wird einige Seiten zuvor in einem Kapitel zur Vorbereitung der Abschlussprüfung der Sekundarstufe I die Notwendigkeit des Naturschutzes, des Bewahrens der Natur am Beispiel des nur wenige Kilometer entfernt gelegenen *Parc de la Vanoise* analysiert...

2.3 Fazit

Auch in Frankreich liegt, wenn der Alpenraum thematisiert wird, der Fokus stark auf dem Tourismusaspekt. Allerdings wird jede Entwicklung, jede Veränderung des Alpenraums eher unkritisch und positiv dargestellt. Es scheint keine negativen Auswirkungen der Entwicklung zu geben. Grenzüberschreitende Themen und Probleme werden überhaupt nicht angesprochen. Dabei geht es also weniger um Bewusstseinsbildung als vielmehr um den reinen Erholungsfaktor Alpen.

Die Alpen werden zwar räumlich als Hindernis, als ein „*obstacle de relief*", angesehen, die Täler auf französischer Seite aber schmälern diesen Nachteil insofern, als die wichtigsten touristischen Gebiete gut erschlossen sind. Dieses Hindernis allerdings macht den Blick über die Landesgrenze hinweg nicht bzw. kaum möglich.

Olivier MENTZ

3 Deutschland versus Frankreich – mögliche Begründungen für die Darstellungsweisen

Im vorliegenden Beitrag wurde versucht, exemplarisch an – zugegeben nur wenigen – Beispielen einige Unterschiede in Bezug auf die Darstellung des Alpenraums in deutschen und französischen Geographielehrwerken aufzuzeigen. Worin liegt dieser Unterschied begründet?

In Bezug auf Deutschland könnte die Lösung sein, dass die Alpen ein geeignetes Beispiel sind, die Frage nach einer nachhaltigen Entwicklung kritisch zu beleuchten. Da Nachhaltigkeit eine wichtige Zielsetzung des heutigen Geographieunterrichts an deutschen Schulen ist, scheint eine intensive, bewusste Behandlung des Alpenraums naheliegend und erforderlich.

In Frankreich lassen sich meines Erachtens drei Argumentationsebenen für die nur marginale Betrachtung der Alpen herausfiltern:

- eine eher physisch-geographische Komponente

Traditionell wird in Frankreich ein Gebirge angesehen als ein Hindernis, d. h. als eine Beschränkung der Mobilität und als eine Begrenzung des Territoriums. Das *Bollwerk Gebirge* ist daher zunächst dazu da, den Raum des französischen Territoriums zu begrenzen und eigentlich auch die Überwindung des Hindernisses nicht unbedingt zu unterstützen. Zwar existieren Wege über und durch die Alpen, aber sie werden nicht als ein verbindendes Element wahrgenommen.

- eine touristische und wirtschaftliche Komponente

Die Alpen als Hochgebirge können touristisch erschlossen und genutzt werden. Dazu muss eine gewisse Infrastruktur vorhanden sein. Für den Wintersport ist es z. B. nötig, dass möglichst breite Straßen einen schnellen Zugang zu den Wintersportgebieten ermöglichen, dass in den Wintersportorten alle Bedürfnisse gestillt werden können, dass das Pistennetz zu einem vertretbaren Preis ein Maximum an Skispaß bietet.

Um aber auch diejenigen Urlauber anzuziehen, die im Gebirge eher die Ruhe suchen, ist es ebenfalls wichtig, Naturräume unter Schutz zu stellen und Naturparks zu errichten.

Eine optimale Erschließung bewirkt eine hohe Frequentierung der Region und damit in erster Linie geldwerte Einnahmen. Diese wirken sich wiederum auf den regionalen Arbeitsmarkt und auf weitere Ebenen aus. Eine solche Entwicklung liegt im nationalen Interesse, weshalb in der Regel auch nur die positiven Aspekte Eingang in die Lehrwerke finden.

- eine geopolitische Komponente (vgl. Abb. 5)

Wenn es auch eine oder mehrere Verbindungen nach Italien gibt, so ist der südöstliche Nachbar für den französischen Staat politisch wie wirtschaftlich gesehen nicht sonderlich interessant. Fern von Paris, sprich: an der Peripherie des Landes, besteht und entsteht dadurch ein echtes Hindernis und trotz Schengen eine echte Grenze. Die Anziehungskraft der Anrainerstaaten rund um den nördlichen Teil Frankreichs ist viel stärker, was damit erklärt werden kann, dass sich in dieser Richtung mit Deutschland und Großbritannien aus französischer Sicht die (ge)wichtigsten europäischen Partner befinden.

Dies kann aber auch darin begründet liegen – und damit würde die erstgenannte Komponente nochmals verstärkt –, dass hier die Oberflächenformen von Natur aus einen freieren Zugang zu den Nachbarn erlauben.

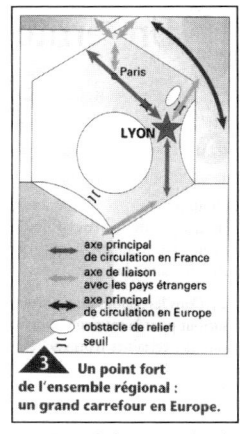

Abb. 5: Ein „europäisches" Drehkreuz... (Quelle: BOUVET / LAMBIN 1998, 291)

Bewusstseinsbildung und Suche nach Nachhaltigkeit in deutschen Schulbüchern versus Quasi-Nichtbeachtung bzw. eher unkritische Darstellung diverser Nutzungsebenen auf französischer Seite – zwei sehr unterschiedliche Ansätze zur Darstellung des Alpenraums, die zu völlig verschiedenen Grundeinstellungen führen dürften.

Im bereits erwähnten Lehrwerk „Diercke Erdkunde 6" soll ein Gedicht die Lernenden anregen, über den Einfluss des Menschen auf die Natur des Hochgebirges nachzudenken. In den ersten Zeilen des Gedichts, die nicht abgedruckt sind, geht es um eine muntere Schar Hotelgäste, die sich des Abends noch auf die Skipiste begeben und dort ein ziemliches Durcheinander verursachen. Auf Frankreich übertragen könnte es die Aussagekraft der Lehrwerke zum Thema Alpenraum karikieren:

„Das Gebirge machte böse Miene.
Und mit einer mittleren Lawine
Dieser Vorgang ist ganz leicht erklärlich.
And're Gründe gibt es hierfür schwerlich.

Das Gebirge wollte seine Ruh.
deckte es die blöde Bande zu.
Der Natur riss einfach die Geduld.
Den Verkehrsverein trifft keine Schuld."

(Auszug aus dem „Maskenball im Hochgebirge" von Erich Kästner, zitiert in VOSSEN 2002, 58)

Literatur

BIERWIRTH, J. et al. (2003): Terra. Erdkunde 5/6. Gymnasium Hessen. – Gotha, Stuttgart.
BOUVET, C. / LAMBIN, J.-M. (Hrsg.) (1998): Histoire Géographie 4e. – Paris.
CASTA, M. / DOUBLET, F. (Hrsg.) (1998): Histoire Géographie 4e. – Paris.
KNÜBEL, H. (Bearb.) (1973^8): Deutsche Landschaften. – Stuttgart.
MINISTÈRE DE L'ÉDUCATION NATIONALE, DE LA RECHERCHE ET DE LA TECHNOLOGIE (Hrsg.) (1997): Histoire Géographie. Classes de seconde, première et terminale. Horaires / objectifs / programmes / instructions. – Paris.
MINISTÈRE DE L'ÉDUCATION NATIONALE, DE LA RECHERCHE ET DE LA TECHNOLOGIE (Hrsg.) (1998a): Enseigner au Collège. Histoire Géographie Éducation civique. Programmes et Accompagnement. – Paris.
MINISTÈRE DE L'ÉDUCATION NATIONALE, DE LA RECHERCHE ET DE LA TECHNOLOGIE (Hrsg.) (1998b): Histoire et géographie. – In: Le B.O. Bulletin Officielle de l'Éducation Nationale N° 10 hors-série: Programmes des Classes de Troisième des Collèges. – Paris. 8-12.
MINISTERIUM FÜR KULTUS, JUGEND UND SPORT BADEN-WÜRTTEMBERG (Hrsg.) (1994a): Bildungsplan für das Gymnasium. – Villingen-Schwenningen.
MINISTERIUM FÜR KULTUS, JUGEND UND SPORT BADEN-WÜRTTEMBERG (Hrsg.) (1994b): Bildungsplan für die Hauptschule. – Villingen-Schwenningen.
MINISTERIUM FÜR KULTUS, JUGEND UND SPORT BADEN-WÜRTTEMBERG (Hrsg.) (1994c): Bildungsplan für die Realschule. – Villingen-Schwenningen.
MÜHLBERGER, W. et al. (2000): grenzenlos. Erdkunde 6. Hauptschule Baden-Württemberg. – Hannover.
VOSSEN, J. (Mod.) (2002): Diercke Erdkunde 6. Realschule Bayern. – Braunschweig.

Hermann KREUTZMANN (Erlangen) und Ulrike MÜLLER-BÖKER (Zürich)

Leitthema D1 – Gebirge als Kriegs- und Krisenräume

Entwicklungsstrategien unterliegen Moden und sind Antworten auf bestimmte weltpolitische Konstellationen. Nachdem über lange Zeit ländliche Entwicklungspolitik auf technische Beratung und die nachhaltige Nutzung von Ressourcen gerichtet war, drängen in jüngster Zeit Ansätze in den Vordergrund, die ‚good governance' und die Bedeutung der Zivilgesellschaft stärken möchten (GEISER / MÜLLER-BÖKER 2003). Zentrales Thema ist dabei – angesichts der wachsenden Anzahl von Konflikten – die Friedenssicherung. Die Erkenntnis, dass Armut als zentrale Ursache von Destabilisierung zu betrachten sei, verknüpft Diskurse über Entwicklung und Sicherheit (vgl. FAHRENHORST 2000; KREUTZMANN 2002; WIECZOREK-ZEUL 1999; ZITELMANN 2001). Die Renaissance des Politischen in der Entwicklungsdebatte greift Konzepte aus früheren Phasen auf, wenn über geeignete politische Rahmenbedingungen als Voraussetzung für die Entfaltung von vorhandenen Entwicklungspotentialen nachgedacht wurde. Friedvolle Bedingungen, Rechtssicherheit und Partizipationschancen als Rahmen für die Überwindung von Ungleichheit, Ungerechtigkeit und Destabilisierung sind die Schlüsselbegriffe, die in moderne global strukturierte Kontexte eingebettet werden.

Der Fokus dieser Sitzung liegt auf Kriegs- und Krisenräumen in Berggebieten, die häufig als Peripherie verstanden werden und vom ‚mainstream' der Entwicklung ausgeschlossene Gebiete sind. Dennoch sind die Wirkungen weltpolitischer Strömungen allenthalben auch auf regionaler und lokaler Ebene nachweisbar. Als das Jahr der Berge 2002 durch den federführenden FAO-Generaldirektor eingeläutet wurde, waren Erklärungen nötig, warum gerade Bergregionen und nicht andere Einheiten der Erdoberfläche besondere Aufmerksamkeit erfahren sollten. U. a. wurde eine Begründung bemüht, die jedermann sofort eingängig schien. Jaques Diouf behauptete, dass 80% aller Konflikte und Kriege der letzten Jahre in den Bergen stattgefunden hätten. Allein im Jahre 1999 hätten 23 von 27 bewaffnet ausgetragenen Konflikten zu Kämpfen in Bergregionen geführt. Wenn also erhärtet werden sollte, dass die Mehrzahl aller bewaffneten Konflikte in Berggebieten stattfinden, dann müssten darunter vorwiegend militärische Konfrontationen um die Abwehr zentralstaatlicher Dominanz und um Eigenständigkeit mit dem Ziel der Eigenstaatlichkeit fallen. Bergregionen sind sehr prominent in Auseinandersetzungen über Grenzverläufe involviert. Eine Relation zwischen Orographie und Konfliktträchtigkeit ist kaum belegbar, auch wenn sie vermeintlich die Aufmerksamkeit auf Gebirgsregionen zu lenken hilft. Kriege haben heute erneut eine alltagsrelevante Rolle eingenommen. Nach dem kurzen Intermezzo im Anschluss an das unmittelbare Ende des „Kalten Kriegs", als die Hoffnung auf eine „Friedensdividende" unter Entwicklungsakteuren aufkeimte, wurde die Öffentlichkeit durch die Ereignisse um die sogenannten „Schurkenstaaten" und die „Achse des Bösen" auf das eingestimmt, was seit ‚9/11' und den Folgekriegen in Afghanistan und Irak auch mit deutschen Soldaten im Auslandseinsatz Normalität geworden ist.

Im Rahmen moderner sozialwissenschaftlich orientierter geographischer Untersuchungen haben wir uns daran gewöhnt, die Verknüpfung unterschiedlicher Betrachtungsebenen ernsthaft und erkenntnisleitend zu verfolgen. Die Auswirkungen globaler Ereignisse bis in die Peripherie sind nicht erst seit ‚9/11' augenfällig geworden. Gerade hier liegt der Anreiz für ein intensiveres theoretisches und methodisches Nachdenken über die Wirkungen von Kriegen und Konfliktkonstellationen.

Jedenfalls ist es notwendig und unseres Erachtens sinnvoll, sich im Rahmen dieses Leitthemas mit Konflikten in Bergregionen zu befassen. Dabei bieten sich zwei Wege an: Ein Inventar von Konfliktregionen mit kursorischen Angaben zu Ursachen, Verlauf und Perspektiven oder die exemplarische Behandlung eines Konfliktfelds, an dem allgemein wichtige Zusammenhänge aufgezeigt werden können. Beide Wege sollen ansatzweise aufgezeigt werden.

Eva Ludi von ‚swisspeace' beschäftigt sich mit der Frage: Sind Gebirge wirklich Kriegs- und Krisenregionen? Dabei konzentriert sie sich auf die Konfliktaustragung in Berggebieten aus der Perspektive der Umweltkonfliktforschung und zeigt den Zusammenhang zwischen Umweltdegradation und verschiedenen Konfliktkonstellationen auf.

Die Perspektive der GTZ erläutert Ingrid Prem. Ihr Beitrag mit dem Thema „Krisen und Naturkatastrophen in Bergregionen" fokussiert auf die Interventionen der GTZ zur Katastrophenvorsorge und Armutsminderung am Beispiel der Anden.

Markus Nüsser wendet sich einer Fallstudie im südlichen Afrika zu. „Krisen und Konflikte in Lesotho" stehen im Vordergrund seiner Ausführungen aus politisch-ökologischer Sicht..

Der vierte Beitrag von Hermann Kreutzmann liefert eine aktuelle Analyse über die Auswirkungen der Afghanistan-Krise auf die Hochgebirgsbevölkerung in der Peripherie des Pamir und Hindukusch und zeigt die gravierenden indirekten Wirkungen von Kriegen und Konflikten auf.

Wir versuchen hier Erfahrungen aus Wissenschaft und Forschung mit denen der Entwicklungspraxis zu verknüpfen, zumal beide Bereiche die politische Dimension wieder entdeckt zu haben scheinen und beide auf einen konstruktiven Dialog angewiesen sind. Entwicklungsakteure benötigen vermehrt die Ergebnisse aus akademischen Langzeituntersuchungen, Grundlagenforschung und Hintergrunddarstellungen. Ebenso hat die Forschung die verstärkte Rolle von Nichtregierungsorganisationen neben staatlichen Institutionen in lokalen und regionalen Entscheidungsprozessen zu berücksichtigen und als eigenständige Kraft zu verstehen.

Literatur

FAHRENHORST, B. (Hrsg.) (2000): Die Rolle der Entwicklungszusammenarbeit in gewalttätigen Konflikten. – Berlin.
GEISER, U. / MÜLLER-BÖKER, U. (2003): Gemeinschaft, Zivilgesellschaft und Staat als sozialer Kontext des Lebensalltags in den Bergen Nepals und Pakistans. – In: JEANNERET, F. et al. (Hrsg.): Welt der Alpen – Gebirge der Welt. Ressourcen, Akteure, Perspektiven. – Bern, Stuttgart, Wien. 171-183.
KREUTZMANN, H. (2002): Zehn Jahre nach Rio – (Wieder-)Entdeckung der Armut oder Entwicklungsfortschritte im Zeichen der Globalisierung? – In: Geographische Rundschau 54(10). – 58-63.
WIECZOREK-ZEUL, H. (1999): Entwicklungspolitik als Friedenspolitik. Interview mit Ministerin Heidemarie Wieczorek-Zeul. – In: E+Z – Entwicklung und Zusammenarbeit 1. – 8-10.
ZITELMANN, T. (2001): Krisenprävention und Entwicklungspolitik. Denkstil und Diskursgeschichten. – In: Peripherie 21(84). – 10-25.

Eva LUDI (Bern)

Sind Gebirge wirklich Kriegs- und Krisenregionen?

1 Einleitung

Die Bedeutung der Gebirge für die Menschheit ist unbestritten. So wird z. B. darauf hingewiesen, dass Gebirge eine ganz entscheidende Rolle im globalen Klimasystem spielen, dass etwa zwölf Prozent der Menschheit in Gebirgsregionen leben und dass letztlich rund drei Milliarden Menschen auf Wasser aus den Gebirgen angewiesen sind. Die zentrale Rolle von Gebirgen bezüglich Biodiversität und in Bezug auf die Bewahrung von kultureller Vielfalt wird ebenso oft hervorgehoben. Im gleichen Atemzug wird aber auch erwähnt, dass die Bevölkerung in vielen Gebirgsregionen, insbesondere in Entwicklungsländern, politisch und ökonomisch marginalisiert sei. Ebenso wird betont, dass die natürlichen Ressourcen in den Gebirgen unter einem enormen Druck stünden und dass eine Vielzahl der gegenwärtigen Kriege in Gebirgsregionen ausgetragen würden.[1] Implizit wird so auf eine Kausalität von Gebirgen mit einer ganz spezifischen Ausstattung an Ressourcen, einer gebirgsspezifischen Wirtschaftsweise und einer spezifischen Zentrum-Peripherie-Beziehung und kriegerischen Auseinandersetzungen hingewiesen.

Mit der folgenden explorativen Analyse, basierend auf einer kurzen Zeitreihe von nur fünf Jahren, soll der Frage nachgegangen werden, ob Gebirgsregionen tatsächlich häufiger von bewaffneten Konflikten betroffen sind als Nicht-Gebirgsregionen (Abschnitt 2). Diese Analyse wird durch Erkenntnisse aus der Umweltkonfliktforschung (Abschnitt 3) und der Umweltkonfliktforschung in Gebirgsräumen (Abschnitt 4) ergänzt. Die dritte Generation der Umweltkonfliktforschung bezieht Interaktionen zwischen unterschiedlichen Akteuren stärker in die Analyse ein. Auf die Frage der konfliktiven Beziehungen und Interaktionen zwischen Gebirgsregionen und dem sie umgebenden Tiefland wird im Abschnitt 5 näher eingegangen.

2 Gebirgsregionen als konfliktive Brennpunkte

Während der Jahre 1997 bis 2001 wurden weltweit jährlich zwischen 34 und 37 bewaffnete Konflikte registriert, in die mindestens zwei staatliche Akteure oder ein staatlicher Akteur und eine weitere organisierte und bewaffnete Gruppe involviert waren. Kriegsgegenstand aller in der folgenden Analyse berücksichtigten Konflikte war entweder das Bestreben, das nationalstaatliche Territorium zu verändern oder die Regierung zu stürzen (SIPRI 1998; WALLENSTEEN / SOLLENBERG 2001).

In Abb. 1 sind die Länder gemäß ihres Gebirgsanteils sowie die bewaffneten Konflikte der Jahre 1997 bis 2001 dargestellt. Gebirge sind definiert als Gebiete über 2.500 m ü. M. oder Gebiete unter 2.500 m ü.M., in denen Höhendifferenzen von 300 m innerhalb einer Horizontaldistanz von fünf Kilometern auftreten (MOUNTAIN AGENDA 2002). Die Zusammenstellung der bewaffneten Konflikte entstammt den Datenbanken, die das Stockholmer „International Peace Research Institute" (SIPRI) und das „International Peace Research Institute" in Oslo (PRIO) seit Jahren zusammenstellen (SIPRI 1998; 1999; 2000; 2001; 2002; GLEDITSCH et al. 2002).

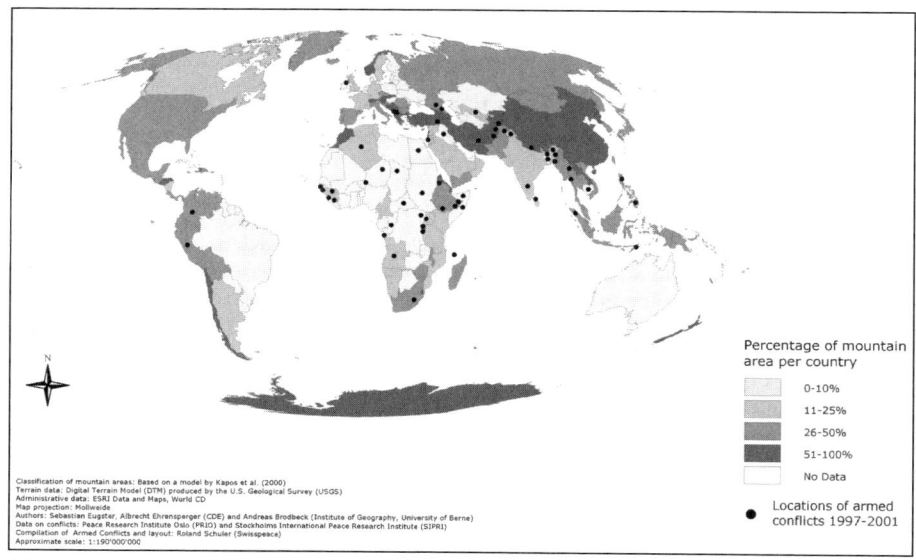

Abb. 1: Bewaffnete Konflikte 1997 bis 2001 und deren globale Verteilung. (Quellen: SIPRI 1998; 1999; 2000; 2001; 2002; GLEDITSCH et al. 2002; MOUNTAIN AGENDA 2002)

Gebirgsregionen in Prozent des jeweiligen Territoriums	Anzahl Länder	Bewaffnete Konflikte				
		1997	1998	1999	2000	2001
0 bis 10	70	11	9,5	7	8	9
11 bis 25	30	9,5	10	10	11,5	9,5
26 bis 50	46	8,5	9	14	10	9,5
51 bis 100	53	5	8,5	6	6,5	8
Total	199	34	37	37	36	36

Tab. 1: Anzahl bewaffneter Konflikte 1997 bis 2001 und deren Verteilung auf Länderkategorien mit unterschiedlichem Gebirgsanteil. (Quellen: SIPRI 1998; 1999; 2000; 2001; 2002; GLEDITSCH et al. 2002; MOUNTAIN AGENDA 2002)

Insgesamt fällt auf, dass über die Jahre 1997 bis 2001 keine eindeutige Tendenz feststellbar ist, dass in Ländern mit einem höheren Gebirgsanteil mehr bewaffnete Konflikte ausgetragen werden als in Ländern mit einem tiefen Gebirgsanteil. Prozentual finden am meisten Konflikte (33%) in der Kategorie derjenigen Länder mit einem Gebirgsanteil von 11 bis 25% statt, gefolgt von der Kategorie jener Länder mit einem Gebirgsanteil von 26 bis 50% (21%). In Gebirgsländern mit einem Gebirgsanteil von über 51% fanden zwischen 1997 und 2001 mit nur zwölf Prozent am wenigsten der berücksichtigten bewaffneten Konflikte statt. Betrachtet man hingegen die genauere Lokalisierung der Konflikte innerhalb eines Landes, fällt auf, dass im Jahr 2001 die Mehrzahl der bewaffneten Konflikte in Gebirgsregionen ausgetragen wurde – auch wenn das jeweilige Land selbst nur einen geringen Gebirgsanteil aufweist (Abb. 2). Insgesamt fanden 2001 von den 36 bewaffneten Konflikten 26 oder annähernd drei Viertel aller bewaffneten Konflikte in Gebirgsregionen statt. Aufgrund dieser Analyse darf also durchaus postuliert werden, dass Gebirgsregionen krisen- und konfliktanfälliger sind als das sie umgebende Tiefland.

Abb. 2: Lokalisierung bewaffneter Konflikte 2001 nach Länderkategorie. (Quellen: SIPRI 1998; 1999; 2000; 2001; 2002; GLEDITSCH et al. 2002; MOUNTAIN AGENDA 2002)

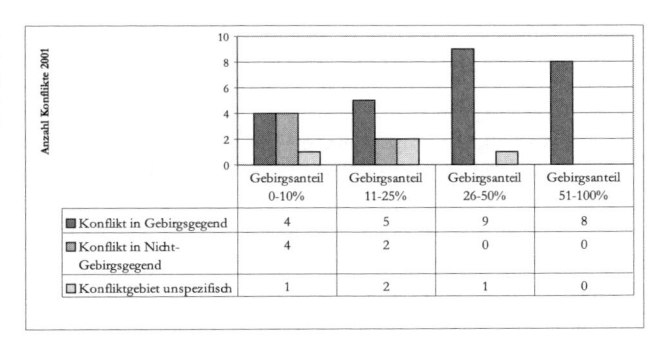

	Gebirgsanteil 0-10%	Gebirgsanteil 11-25%	Gebirgsanteil 26-50%	Gebirgsanteil 51-100%
Konflikt in Gebirgsgegend	4	5	9	8
Konflikt in Nicht-Gebirgsgegend	4	2	0	0
Konfliktgebiet unspezifisch	1	2	1	0

3 Umweltkonflikte

In der Konfliktforschung findet seit einigen Jahrzehnten eine breite Debatte über die Rolle von Umwelt als Kriegsursache statt. Sie hat sich teilweise verselbständigt, indem apokalyptische Prognosen über potentielle Ressourcenkriege gemacht wurden, wie beispielsweise Boutros Boutros-Ghalis berühmtes Zitat zeigt: „The next war in our region will be over the waters of the Nile, not over politics.[...]"[2]. Solche Prognosen haben natürlich auch in breiten Bevölkerungs- und Politikerschichten das Bewusstsein um die Zusammenhänge nicht-nachhaltiger Nutzung natürlicher Ressourcen, gesellschaftlicher Fehlentwicklungen und potentiell gewalttätiger Konflikte geschärft.

Nach einer ersten Phase der Umweltkonfliktforschung, in der vor allem der Sicherheitsbegriff erweitert wurde, um der steigenden Anzahl nicht-militärischer Bedrohungen wie Wirtschaftskrisen oder Umweltzerstörung entgegenzutreten, folgte eine zweite Phase, in der empirische Umweltkonfliktforschung im Vordergrund stand. Eine der Grundhypothesen dieser Umweltkonfliktforschung war, dass ein kausaler Zusammenhang zwischen Umwelttransformation – in erster Linie Verknappung an Umweltgütern wie fruchtbarem Ackerland, Frischwasser, Wäldern und Fischbeständen – und gewalttätigen Konflikten vor allem in Entwicklungsländern besteht. Es wurde jedoch nicht postuliert, dass die Verknappung an Umweltgütern direkt eine Konfliktursache sei, sondern dass diese bewaffnete Konflikte in Kombination mit anderen gesellschaftlichen und politischen Faktoren auslösen oder entscheidend zum Verlauf beitragen können (CARIUS et al. 1999). Basierend auf 40 Fallstudien erstellen BAECHLER et al. (1996) im Rahmen des ENCOP (*Environment and Conflict Project*)-Forschungsprojekts die folgende Typologie von Umweltkonflikten:

- Zentrum-Peripherie-Konflikte (z. B. [agro-]industrielle Großprojekte in kaum in die globalisierte Marktwirtschaft integrierten Gebieten)
- Ethno-politisierte Konflikte (z. B. Instrumentalisierung ethnischer Unterschiede als Identifikations- oder Mobilisierungselement)
- interne und grenzüberschreitende Migrationskonflikte (z. B. freiwillige oder erzwungene Migration bzw. Umsiedlung von einer öko-geographischen Region in eine andere)
- internationale Wasserkonflikte (z. B. zwischen Ober- und Unteranrainern) und
- globale Umweltkonflikte (z. B. als Folge der Klimaerwärmung)

Negative Umweltveränderungen wurden ganz besonders in Gebirgsregionen identifiziert. Es wurde postuliert, dass Gebirge wegen ihrer besonderen ökologischen und sozioökonomischen Vulnerabilität und politischen Marginalisierung und der oftmals fast vollständigen Abhängigkeit der lokalen Bevölkerung von den sie umgebenden natürlichen Ressourcen für die Subsistenzproduktion auf der einen Seite und aufgrund der oftmals noch verbleibenden Reserven an natürlichen Ressourcen auf der anderen Seite besonders kriegs- und konfliktanfällig seien (LIBISZEWSKI / BAECHLER 1997).

4 Vier Konfliktmuster in Gebirgsregionen

Konflikte in Gebirgsräumen können als spezifische Formen der oben erwähnten Umweltkonflikte betrachtet werden. Im Zusammenhang mit Gebirgen wurden vier für das Konfliktgeschehen in Gebirgsräumen typische Muster identifiziert (LIBISZEWSKI / BAECHLER 1997).

4.1 Gebirge als internationale Wasserschlösser

Auch wenn die Gebirgsregionen in den großen Flusseinzugsgebieten flächenmäßig nur einen kleinen Anteil ausmachen, so sind Gebirge doch von entscheidender Bedeutung für das Wasserangebot im Unterland. Zwischen 60 und 95% des verfügbaren Frischwassers wird in Gebirgsregionen generiert (MOUNTAIN AGENDA 1998). Weltweit gibt es 260 Flusseinzugsgebiete, die von mehr als zwei Ländern beansprucht werden (MASON / SPILLMANN 2002). Sehr oft sind Beziehungen zwischen den Ländern am Ober- und am Unterlauf angespannt, wie dies beispielsweise am Nil, am Syr Darya oder im Euphrat-Tigris-Becken der Fall ist. Zwischenstaatliche Spannungen zwischen Ländern am Unterlauf und am Oberlauf treten insbesondere dann auf, wenn geographische, wirtschaftliche und politisch-militärische Faktoren ungleich verteilt sind. Im Nilbecken ist dies weniger der Fall, verfügt doch Ägypten über ein viel größeres wirtschaftliches und politisch-militärisches Gewicht als Äthiopien und kann dadurch die geographischen Nachteile teilweise wettmachen. Ähnlich sieht es auch entlang des Syr Darya aus – Usbekistan ist wirtschaftlich und militärisch in der stärkeren Position und verfügt zudem über entscheidende Vorkommen an Erdgas, auf die das schwächere Kirgistan am Oberlauf angewiesen ist (MASON / BICHSEL / HAGMANN 2003). Im Euphrat-Tigris-Becken ist die Situation hingegen etwas anders: Hier ist die Türkei um einiges stärker als die Länder am Unterlauf und kann es sich deshalb leisten, große Wasserbauprojekte in Südostanatolien, die ganz gravierend in die Wasserverfügbarkeit der Staaten am Unterlauf eingreifen, voranzutreiben, ohne größere negative Konsequenzen seiner Nachbarländer befürchten zu müssen (BARANDAT 1999).

4.2 Ethnische und kulturelle Heterogenität in Gebirgsregionen

Gebirgsregionen sind sehr oft kulturell und ethnisch sehr heterogen oder unterscheiden sich deutlich von ökonomisch und politisch dominanten Gruppen im Tiefland. Ethnische und kulturelle Diversität *per se* ist klar keine Konfliktursache, wird jedoch oft beim Auftreten ökonomischer Stressfaktoren für politische Ziele instrumentalisiert. Als Folge von Umweltveränderungen haben sich vormals funktionierende Interaktionsmuster zwischen verschiedenen Gruppen – beispielsweise zwischen sesshaften Bauern und mobilen Viehzüchtern – aufgelöst und anstelle des bisherigen positiven Austauschs entsteht vermehrt Konkurrenz um die vorhandenen natürlichen Ressourcen.

4.3 Politische und ökonomische Marginalisierung

Als Folge der politischen und vor allem ökonomischen Marginalisierung sind in vielen Ländern Gebirgsregionen deutlich ärmer als das sie umgebende Tiefland mit seinen politischen und ökonomischen Zentren (KREUTZMANN 2001). Diese ökonomischen Disparitäten, die sich unter anderem auch in fehlendem Zugang zu modernen Produktionsmitteln, ungenügender Erschließung und damit ungenügendem Marktzugang und fehlender sozialer Infrastruktur und Dienstleistungen äußert, können zu gewalttätigen Konflikten führen. Dies wird zusätzlich verstärkt, wenn die Gebirgsbevölkerung als Folge fehlender Alternativen zu Ressourcendegradation gezwungen ist und so ihre eigene Lebensgrundlage weiter verschmälert.

Gebirgsregionen sind in der Regel weder völlig von der globalen Wirtschaft isoliert noch vollständig integriert. Ein häufiger Grund für Konflikte in Gebirgsregionen sind staatliche Großprojekte wie Minen oder Staudämme. Sehr oft wird in (weit entfernten) Hauptstädten entschieden, wie und von wem Ressourcen genutzt werden sollen – die lokale Bevölkerung wird dabei bewusst ausgeschlossen. Die Kontrolle über und die Profite von solchen Projekten verbleiben kaum je in den Gebirgsregionen, oftmals nicht einmal in den Ländern selbst. Ökonomische und politische Marginalisierung von Gebirgsregionen stellen eine explosive Mischung an Unzufriedenheit dar, die oft in gewalttätigen Protesten endet, und Regierungen versuchen, diese Proteste ebenso oft mit militärischer Gewalt zu unterdrücken – gemäß der Maxime „zuerst Friede, dann erst wirtschaftliche und soziale Entwicklung". Damit aber wird die Gewalteskalation und die weitere Marginalisierung und Verarmung der Gebirgsbevölkerung – auch als Folge des Konflikts – weiter vorangetrieben. Zur Rechfertigung militärischer Eingriffe werden legitime Ansprüche als terroristisches Verhalten gebrandmarkt. Sezessionsbemühungen oder Bestrebungen, Regierungen gewaltsam zu stürzen, sind oftmals Folgen dieses Teufelskreises und heizen ihn gleichzeitig weiter an.

Als eine Folge der politischen Marginalisierung und Verarmung vieler Gebirgsregionen auf der einen Seite und der spezifischen ökologischen Gegebenheiten auf der anderen Seite haben sich verschiedene Gebirgsregionen auf den Anbau spezifischer Nischenprodukte spezialisiert, darunter auch Koka und Opium. Dadurch wurden diese Berggebiete einerseits in Konflikte zwischen die den Drogenanbau und –handel kontrollierenden verschiedenen Fraktionen involviert und sind andererseits von nationalen oder gar internationalen Bemühungen, den Drogenanbau zu bekämpfen, betroffen – Afghanistan oder Kolumbien seien hier nur als Beispiele erwähnt. Drogenanbau hat zudem dazu geführt, dass genügend finanzielle Mittel zur Verfügung stehen, um sowohl die Sicherheitsdienste der Drogenkartelle als auch die Armee aufzurüsten, was auch hier die Gewaltspirale weiter anheizt und die lokale Bevölkerung immer mehr in das Konfliktgeschehen hineinzieht (SMITH 2003[4]).

4.4 Gebirge als ökologische Gunsträume in tropischen Ländern

Viele Gebirgsregionen, insbesondere diejenigen in den Tropen, sind im Vergleich zum Tiefland ökologisch nicht etwa marginalisiert, sonder sehr oft klar die günstigeren Lebens- und Wirtschaftsräume. Dies kann zu Migration in solche Gebiete führen und dadurch die Konkurrenz um die vorhandenen natürlichen Ressourcen verstärken. Als Beispiel seien hier die Gebirgsregionen in Äthiopien oder dem Sudan genannt, die für die umliegenden mobilen Viehzüchter zu den letzten Zufluchtsorten geworden sind, da deren Weidegründe als Folge von Klimaveränderungen, staatlich geförderter großflächiger Bewässerungsfarmen oder der Einrichtung von Nationalparks an Fläche oder an Produktivität abgenommen haben. Anstelle der über die Jahrhunderte entwickelten Austauschbeziehungen entstanden vermehrt Konkurrenzsituationen um natürliche Ressourcen, in erster Linie um Land und Wasser, die nicht selten gewaltsam ausgetragen werden.

5 Die dritte Phase der Umweltkonfliktforschung – Interaktionen zwischen Gebirge und Umland

Von verschiedener Seite wurde Kritik am Ansatz der Umweltkonfliktforschung, wie sie in dieser zweiten Phase betrieben wurde, laut. Die Kritik bezog sich in erster Linie auf die postulierte Kausalität zwischen Umweltdegradation und Konflikt bzw. auf die ungenügend berücksichtigte Multikausalität der Konfliktursachen (KAMERI-MBOTE / LIND 2001). Es wird ebenfalls kritisiert, dass durch die Fokussierung auf Gewaltkonflikte andere negative Konsequenzen von Umweltdegradation, beispielsweise Migration oder Verarmung, zu wenig Beachtung finden (GLEDITSCH 1998). In den letzten Jahren fokussierte deshalb die Umweltkonfliktforschung vermehrt auf Interaktionen und ungleiche Austauschbeziehungen. Geographische Faktoren (BUHAUG / GATES 2002) wie Gebirge oder das Vorhandensein bzw. Fehlen von Umweltgütern und deren Degradation werden nicht mehr *per se* als Konfliktursache angesehen, sondern vielmehr werden die Beziehungen zwischen verschiedenen Gebieten, also beispielsweise die Hochland-Tiefland- oder die Zentrum-Peripherie Beziehungen, in den Vordergrund gerückt.

Sowohl im Horn von Afrika als auch in Zentralasien, die im Rahmen des Teilprojekts „Environmental Change and Conflict Transformation" des Nationalen Forschungsschwerpunkts Nord-Süd einen großen Stellenwert einnehmen, können diese Hochland-Tiefland-Beziehungen gut am Beispiel des Wassers veranschaulicht werden. In beiden Regionen spielt Wasser für die Ausgestaltung der zwischenstaatlichen Beziehungen eine zentrale Rolle und ist oft auch ein Grund für Konflikte auf lokaler Ebene. Unterschiedliche Ansichten wie, wann, wo und durch wen das Wasser genutzt werden soll, führen zu gegenseitigem Misstrauen, politischen Spannungen, gegenseitiger Schuldzuweisung und militärischen Drohgebärden. Auch wenn immer wieder von potentiellen kriegerischen Auseinandersetzungen gewarnt wird, wurden Wasserkonflikte auf zwischenstaatlicher Ebene bis jetzt nicht militärisch ausgetragen. Für das Konfliktgeschehen sind nicht nur die Gebirgsregionen mit ihren beträchtlichen Wasserreservoirs oder günstigeren klimatischen Bedingungen oder die Länder am Oberlauf, die bezichtigt werden, die Wasserverfügbarkeit für die Länder am Unterlauf zu beeinflussen, verantwortlich. Genauso problematisch und für das Konfliktgeschehen mitbestimmend ist die Nachfrage nach Wasser in tiefergelegenen, oftmals deutlich arideren Zonen, die nicht nur landwirtschaftliche Kernzonen, sondern auch Standort von größeren urbanen Ballungszentren und Industrieansiedlungen sind. Nicht das Gebirge an sich, sondern die jeweiligen Wirtschaftssysteme, die Nachfragestrukturen nach bestimmten natürlichen Ressourcen – Wasser für Energieproduktion am Oberlauf im Winter oder Wasser für die Bewässerung am Unterlauf im Frühjahr und Sommer – und die Verteilung der politischen, ökonomischen und militärischen Macht sind Faktoren, welche die Beziehungen zwischen dem Hoch- und dem Tiefland mitprägen und zu Konflikten beitragen können.

Eva LUDI

6 Schlussfolgerungen

Im Rahmen des Nationalen Forschungsschwerpunkts „NCCR North-South" versuchen wir denn auch nicht nur, Kausalitäten zwischen Umweltdegradation oder spezifischen ökologischen Gegebenheiten, wie sie sich in Gebirgsregionen manifestieren, und Gewaltkonflikten herzustellen. Unsere Forschung ist vielmehr auch darauf ausgerichtet, Möglichkeiten der Konflikttransformation aufzuzeigen. Wir konzentrieren uns deshalb nicht nur auf die Beziehungen zwischen den Konfliktparteien, sondern integrieren bewusst institutionelle Regelung von Ressourcen- und Konfliktmanagement, Austauschbeziehungen zwischen verschiedenen Gruppen oder Regelungen bezüglich Ressourcenbesitz und –zugang auf lokaler bis internationaler Ebene und den Ressourcen selbst in die Analyse.

Erste Resultate zeigen, dass bei Wasserkonflikten ein deutlicher Zusammenhang zwischen der nationalen Wasserpolitik der jeweiligen Länder bzw. deren Nutzungsstrategien und dem internationalen Konfliktgeschehen besteht. Mit anderen Worten: Internationale Spannungen können durch geeignete nationale Wassernutzungsstrategien, die vermehrt auch auf der Nachfrageseite ansetzen statt wie bisher meistens auf der Angebotsseite und regionale Kooperation deutlich vermindert werden. Auch wird deutlich, dass das parallele Vorhandensein ‚traditioneller' und ‚moderner' Ressourcennutzungsstrategien und institutioneller Regelungen eine Konfliktursache sein kann. Es wird in Zukunft nicht darum gehen, das eine zugunsten des anderen zu bevorzugen, sondern auf eine der Situation angepasste Integration hinzuarbeiten.

Auch wenn aufgrund der explorativen Analyse, wie sie im Abschnitt 2 dargestellt wurde, der Anschein entstehen könnte, dass bewaffnete Gewaltkonflikte vor allem in Gebirgsregionen auftreten, ist es zwingend angebracht, nach den Hintergründen dieser Konflikte zu fragen. Nicht das Gebirge an sich, sondern die Ausgestaltung der Beziehungen zwischen Gebirge und Tiefland und zwischen zentralen und peripheren oder marginalisierten Räumen muss in das Zentrum zukünftiger Analysen rücken, wenn es darum geht, nach Lösungen dieser Konflikte zu suchen. Für eine weiterführende und vertiefte Diskussion der Frage, ob Gebirgsregionen häufiger unter gewaltsamen Konflikten zu leiden haben als Nicht-Gebirgsregionen, wird es sicherlich der Berücksichtigung längerer Zeitreihen bedürfen sowie der genauen Verortung und räumlichen Ausdehnung der Konflikte mittels Geographischer Informationssysteme. Ebenfalls wird es nötig sein, Konflikte zusätzlich nach anderen Kriterien zu typisieren, beispielsweise Eskalationsstufe oder politische Variablen (Regimetyp oder Abhängigkeit der nationalen Volkswirtschaften oder des Exportsektors von der Primärproduktion).

[1] DIOUF, J. (2002): Mountain people suffer more malnutrition and disease. [Speech at the International Conference on „Sustainable agriculture and rural development in mountain areas", Adelboden, 16-20 June 2002]
[2] International Fresh Water Resources. In: Mountain Agenda (1998).

Danksagung

Diese Arbeit wurde durch das Individuelle Projekt IP7 „Environmental Change and Conflict Transformation" des NCCR North-South „Research Partnership for Mitigating Syndromes of Global

Change", finanziert durch den Schweizerischen Nationalfonds zur Förderung der Wissenschaftlichen Forschung (SNF) und die Direktion für Entwicklung und Zusammenarbeit (DEZA), unterstützt.

Literatur

BAECHLER, G. et al. (1996): Kriegsursache Umweltzerstörung. Ökologische Konflikt in der Dritten Welt und Wege ihrer friedlichen Bearbeitung. Band I. – Chur.

BARANDAT, J. (1999): Kooperation statt Krieg um Wasser. Stabilität und Frieden durch nachhaltiges Wassermanagement. – In: Eine Welt Presse 1. – 4-5.

BUHAUG, H. / GATES, S. (2002): The Geography of Civil War. – In: Journal of Peace Research 39(4). – 417-433.

CARIUS, A. et al. (1999): Umwelt und Sicherheit: Forschungserfordernisse und Forschungsprioritäten. – Berlin.

GLEDITSCH, N. P. (1998): Armed Conflict and the Environment: A critique of the Literature. – In: Journal of Peace Research 35(3). – 381-400.

GLEDITSCH, N. P. et al. (2002): Armed Conflict 1946 – 2001: A New Dataset. – In: Journal of Peace Research 39(5). – 615-637.

KAMERI-MBOTE, P. / LIND, J. (2001): Improving Tools and Techniques for Crisis Management: The Ecological sources of conflict: Experiences from Eastern Africa. [Paper presented at the Inter-regional Forum on Coping with Crisis and Conflicts, April 2002, Bucharest, Romania]

KREUTZMANN, H. (2001): Development Indicators for Mountain Regions. – In: Mountain Research and Development 21(2). – 132-139.

LIBISZEWSKI, S. / BAECHLER, G. (1997): Conflicts in mountain areas – a predicament for sustainable development. – In: MESSERLI, B. / IVES, J. (eds.): Mountains of the World: A global priority. – New York. 103-130.

MASON, S. A. / SPILLMANN, K. R. (2002): Environmental Conflicts and Regional Conflict Management. – In: COGOY, M. / STEININGER, K. W. (eds.): Economics of Sustainable Development, International Perspectives. The Encyclopaedia of Life Support Systems. – Paris.

MASON, S. / BICHSEL, C. / HAGMANN, T. (2003): Trickling down or spilling over? Exploring the links between international and sub-national water conflicts in the Eastern Nile and Syr Daria Basin. [Paper presented at the ECPR Joint Sessions of Workshops, Edinburgh, 2003]

MOUNTAIN AGENDA (1998): Mountains of the World. Water Towers for the 21st Century. – Bern.

MOUNTAIN AGENDA (2002): Sustainable Development in Mountain Areas – The Need for Adequate Policies and Instruments. – Bern.

SIPRI (1998): SIPRI Yearbook 1998 – Armaments, Disarmament and International Security. – New York.

SIPRI (1999): SIPRI Yearbook 1999 – Armaments, Disarmament and International Security. – New York.

SIPRI (2000): SIPRI Yearbook 2000 – Armaments, Disarmament and International Security. – New York.

SIPRI (2001): SIPRI Yearbook 2001 – Armaments, Disarmament and International Security. – New York.

SIPRI (2002): SIPRI Yearbook 2002 – Armaments, Disarmament and International Security. – New York.

SMITH, D. (2003[4]): The Atlas of War and Peace. – London.

WALLENSTEEN, P. / SOLLENBERG, M. (2001): Armed conflicts 1989 – 2001. – In: Journal of Peace Research 38(5). – 629-644.

Ingrid PREM (Eschborn)

Krisen und Naturkatastrophen in Bergregionen: Beiträge der GTZ zur Katastrophenvorsorge und Armutsminderung am Beispiel der Anden

1 Armut und Degradation der natürlichen Ressourcen in den Anden

Die Andenstaaten sind – wie die meisten lateinamerikanischen Länder – von zum Teil extremer Armut gekennzeichnet. In ländlichen Regionen ist diese teilweise fast doppelt so hoch wie in städtischen.[1] Besonders stark ausgeprägt ist sie im andinen Hochland, indigene Gruppen und Frauen leiden darunter oft am meisten (vgl. CEPAL 2003).

Ein Großteil der Menschen in ländlichen Gebieten sichert ihr Überleben durch Ackerbau und Viehzucht, oft auf Subsistenzniveau. Der begrenzte Zugang zu landwirtschaftlich nutzbaren Ressourcen, hauptsächlich Wasser und Boden, schafft eine prekäre wirtschaftliche Ausgangssituation. Mit Ausnahme weniger fruchtbarer Täler und Hochebenen sind die Hochgebirgslandschaften der Anden durch steiles Relief geprägt. Entwaldung, Überweidung und die Anlage von Feldern an steilen Hängen führen zu Bodenerosion. Die Böden verlieren dadurch rasch ihre Fruchtbarkeit, die Regenerationsfähigkeit der natürlichen Vegetation ist gefährdet. Zumeist aus Mangel an Alternativen werden neue Nutzflächen in Lagen erschlossen werden, die für eine nachhaltige Bewirtschaftung ungeeignet sind. Auch die auf wenige Monate im Jahr begrenzten Niederschläge, die dann aber meist sintflutartig niedergehen können, überdurchschnittlich lange Dürreperioden und die Gefährdung der Ernten ab einer Höhe von 3.000 m durch Frost und Hagel tragen dazu bei, dass vielerorts die Bauern nicht über eine Subsistenzlandwirtschaft hinauskommen. Durch den Einfluss des wirtschaftenden Menschen ändert sich auch die Wasserführung der Flüsse: In regenreichen Zeiten fließt das Wasser schneller ab und es kommt zu Überschwemmungen und Ernteausfällen in den fruchtbaren Becken und Tälern. In regenarmen Zeiten stellt sich dagegen schnell Wassermangel ein, der die steilen Gebirgszonen ebenso wie die fruchtbaren Agrarregionen und die Wasserversorgung der Städte betrifft.

Abgesehen von den ungünstigen natürlichen Produktionsvoraussetzungen leidet die Landwirtschaft in den andinen Hochlagen unter Schwierigkeiten bei der Einführung technologischer Innovationen, der Erschließung neuer Märkte oder der Vernetzung der Landwirtschaft mit anderen Wirtschaftssektoren. Ähnliches gilt für die meisten übrigen Wirtschaftsbereiche im ländlichen Raum. Ein wesentlicher Grund dafür ist der Mangel an staatlichen und privaten Dienstleistungen jeder Art. Behörden sind meist ineffizient und oft auch diskriminierend, Erziehungs- und Ausbildungseinrichtungen werden den Entwicklungsanforderungen nicht gerecht, Beratungs- und Informationsangebote sind unzureichend und schwer zugänglich, Transportmittel oft teuer und knapp, Finanzdienstleister weitgehend inexistent, um nur einige zu nennen.

Insgesamt entsteht ein doppelter volkswirtschaftlicher Schaden: Auf der einen Seite verarmt die in den Bergregionen lebende Bevölkerung zusehends, auf der anderen Seite können die Städte und fruchtbaren Agrarzonen nicht ihre volle wirtschaftliche Leistungsfähigkeit entfalten.

Diese Problemlage bedingt an sich strukturelle Konfliktursachen, mit denen diese Länder konfrontiert sind: Konkurrenz um immer knapper werdende natürliche Lebensgrundlagen, Verlust an landwirtschaftlich nutzbarem Land und die damit verbundenen verschärften Landnutzungskonflikte, aber auch die Verdrängung von indigenen Völkern durch Rodungen und Migrationen sowie Wasserverschmutzung und –verknappung. Mechanismen zur Herstellung von Interessenausgleich z. B. im Fall von konfliktiven Nutzungsansprüchen sind bisher kaum entwickelt (vgl. GTZ 2002b). Die gesamtgesellschaftlichen Folgekosten sind enorm.

2 Naturkatastrophen und Vulnerabilität in den Anden

Darüber hinaus ist der Andenraum immer wieder von Naturereignissen betroffen, welche die Reaktionsfähigkeit großer Teile der Bevölkerung bei weitem übersteigen und damit zur Katastrophe werden. Nach Zentralamerika und Südostasien gehört der Andenraum zu den am häufigsten durch Naturkatastrophen betroffenen Regionen der Erde. Armut, eine zunehmende Degradierung der natürlichen Ressourcen, fehlende oder schwache Institutionen sind wesentliche Faktoren, welche die Vulnerabilität der Bevölkerung erhöhen.

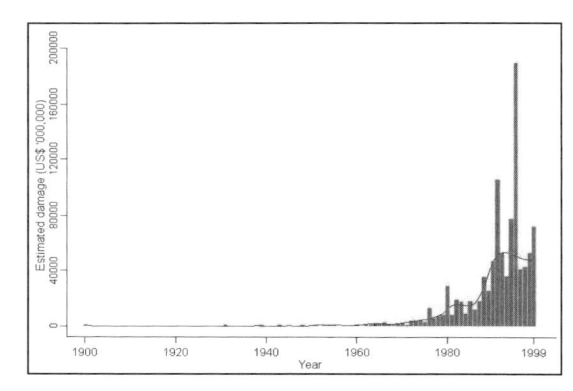

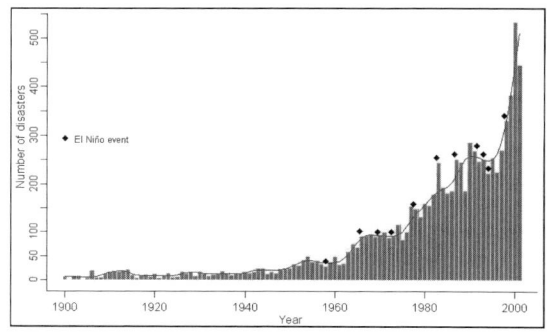

Abb. 1: Zunahme der Naturkatastrophen weltweit von 1900 bis 2000 und der damit verbundene Schaden. (Quelle: EM-DAT: The OFDA/CRED Internationale Disaster Database – *http://www.cred.be*)

Katastrophe wird in diesem Kontext verstanden als das Zusammenwirken von *Bedrohung*, also dem eigentlichen natürlichen Ereignis (Erdbeben, Starkregen oder Dürre) sowie der gegenüber dieser Bedrohung bestehenden *Anfälligkeiten* von Personen, der Region oder eines bestimmten Sektors. Die Anfälligkeit ist dabei Produkt einer Reihe von ökonomischen, ökologischen und politisch-sozialen Faktoren (vgl. LAVELL 1997).

Die meist auf kurzfristige Vorteile ausgerichtete Bewirtschaftung natürlicher Ressourcen führt dazu, dass dem ohnehin hohen Katastrophenrisiko in den Andenländern weiter Vorschub geleistet wird. Naturkatastrophen wie Erdbeben, Erdrutsche, Überschwemmungen, aber auch sogenannte „slow-onset disasters" wie z.B. anhaltende Dürreperioden, führen jedes Jahr zu erheblichen materiellen Schäden sowie zum Verlust von Menschenleben. Allein das „El Niño Southern Oscillation" (ENSO)-Ereignis von 1997/98 führte in Ecuador, Peru und Argentinien zu geschätzten Gesamtkosten von ca. 6,6 Mrd. US-$ (vgl. CHAVERIAT 2000). Weitere Ursachen einer erhöhten Gefährdung der Menschen gegen-

Ingrid PREM

über Naturkatastrophen sind die Ausdehnung der Siedlungen und der Landwirtschaft in traditionelle Überschwemmungsgebiete, ein unzureichend ausgestatteter und koordinierter Katastrophenschutz, fehlende oder ungenaue Risikoanalysen und fehlende Strategien und Instrumente zu einer nachhaltigen ländlichen Entwicklung.

Mit großer Häufigkeit trifft also die Vulnerabilität der ärmsten Bevölkerungsgruppen auf die Fragilität des von ihnen bewirtschafteten Landes. Naturereignisse treffen denn grundsätzlich auch die Ärmsten am stärksten, und geringe Erholungs- und Wiederaufbaumöglichkeiten können zu einem Teufelskreis von Armut und Landdegradation führen, der von Naturkatastrophen beschleunigt wird.

3 Katastrophenrisikomanagement in der Entwicklungszusammenarbeit: Konzepte und Herausforderungen

In der Entwicklungszusammenarbeit fielen Katastrophen bis Ende des letztes Jahrhunderts vollständig in den Bereich der Nothilfe, die sich mit großem finanziellen und technischen Einsatz um die Notversorgung der Bevölkerung und den Wiederaufbau nach Katastrophenbemühte. Katastrophen wurden meist als naturgegeben und damit unabwendbar hingenommen (vgl. MASKREY 1993). Die Katastrophenhilfe charakterisierte sich meist durch ihre Kurzfristigkeit, der Projekthorizont endete spätestens nach der Instandstellung. So überlebenswichtig die Katastrophenhilfe für die betroffene Bevölkerung sein kann, so wichtig ist es, der Kurzfristhilfe Projekte zur Seite zu stellen, die zu einer nachhaltigen Verringerung der Vulnerabilität und der Armut führen und die Vorsorge gegenüber zukünftigen Naturereignissen fördern. Durch eine adäquate Raumplanung, d. h. die an Nachhaltigkeit, Sicherheit, Interessenausgleich und Entwicklung orientierten Ordnungsvorgaben für die Nutzung und Bewirtschaftung von naturräumlichen Gegebenheiten und natürlichen Ressourcen, ließe sich vielen Katastrophen vorbeugen. Raumplanung stellt also auch ein wichtiges Instrument für das Management von Katastrophenrisiken dar, das in einem weiteren Sinne auf eine langfristig ausgerichtete Katastrophenvorsorge, eine wirksame Schadensbegrenzung sowie eine schnelle und effiziente Antwort auf eingetretene Katastrophen abzielt. Doch auch in den Ländern der Andenregion hat die langfristige Vorbeugung von Katastrophen gegenüber der Reaktion auf katastrophale Ereignisse bisher kaum Bedeutung, obwohl darin die besten Chancen zur Schadenbegrenzung liegen.

Die Vielzahl der Ursachen und ihre Interdependenzen macht deutlich, dass für eine Verbesserung der Vorsorge und eine Erhöhung der Reaktionsfähigkeit (engl. „Resilience") der Bevölkerung Ansätze vonnöten sind, die weit über die herkömmliche, kurzfristige Nothilfe hinausgehen. Der Begriff „Katastrophenrisikomanagement" steht für einen Umgang mit Naturgefahren, der durch Vorsorge, Frühwarnung, den Aufbau von lokal handlungsfähigen Katastrophenschutzinstitutionen sowie die Koordination mit Armutsminderung und verbesserter Nutzung der Naturressourcen eine nachhaltige Verringerung der Vulnerabilität der Bevölkerung anstrebt. Dies setzt neben naturwissenschaftlichem Wissen vor allem den Einbezug der betroffenen Bevölkerung und der Akteure und Institutionen voraus, deren Interessen, Befugnisse und Kompetenzen für den Umgang mit Naturereignissen maßgeblich sind (vgl. GTZ 2002a).

In der Praxis der Anwendung tritt dabei oft ein Grundproblem auf, das auch in Mitteleuropa keineswegs unbekannt ist: Investitionen in Katastrophenrisikomanagement, ohne die eine nachhaltige ländliche Entwicklung in gefährdeten Regionen nicht möglich ist, erfordern langfristige Investitionen. So machen sich Katastrophenvorsorgemaßnahmen erst beim Eintreffen des nächsten Naturereignisses bezahlt. Zudem ist die Verhinderung von Schäden weit weniger öffentlichkeitswirksam als z. B. der Wiederaufbau. Für die politischen Entscheidungsträger sind daher präventive Maßnahmen des Katastrophenrisikomanagements oft „unattraktiv" und stehen somit nicht auf der politischen Prioritätenliste (vgl. ISDR 2002).

4 Beispiel Peru: Handlungsansätze der GTZ im Bereich Katastrophenrisikomanagement

4.1 Ausgangslage und Problemsituation

Peru ist durch seine geographische Lage eines der gefährdetsten Länder. Neben Erdbeben sind es vor allem die durch starke Regenfälle ausgelösten Erdrutsche und Überschwemmungen, die in den steilen Andenlagen zu den gravierendsten Schäden führen. So ist vor allem der Norden Perus in wiederkehrenden Abständen von ENSO, der "El Niño Southern Oscillation", betroffen, die durch starke Regenfälle an den ansonsten durch Trockenheit geprägten Westabhängen der Anden zu verheerenden Erosionsschäden an den Berghängen und Überschwemmungen im Küstenflachland führt. Neben den großen Ereignissen sind es aber auch die zahlreichen kleinen und mittleren Ereignisse, die zu erheblichen wirtschaftlichen Schäden führen. So hat allein das letzte „El Niño"-Ereignis 1997/98 in Peru zu Schäden von insgesamt 3,5 Mrd. US-$ geführt. Die Zerstörung der landwirtschaftlichen Infrastruktur wie Bewässerungskanäle oder Wege sowie der Ernteverlust durch Überschwemmungen betreffen vor allem den ländlichen Raum. Durch die Kosten der Wiederaufbaumaßnahmen werden Investitionen des Landes in Entwicklungsaktivitäten über Jahre reduziert.

Photo 1: Flutkatastrophe am Unterlauf des Rio Piura (Chato Grande y Chato Chico) – ENSO 1997/98. (Quelle: SCHAEF / STEURER 2001)

4.2 Ansätze und Lernerfahrungen aus der bisherigen Projektarbeit

Seit Dezember 1997 unterstützt die GTZ im Auftrag des Bundesministeriums für wirtschaftliche Zusammenarbeit und Entwicklung (BMZ) die Menschen und die Verwaltung im Departement Piura dabei, ihr Katastrophenrisiko gegenüber dem regelmäßig wiederkehrenden Naturereignis El Niño zu reduzieren (vgl. GTZ 1997-2003).

Die Projektregion Piura im Norden des Landes gehört zu den ärmsten Gegenden in Peru, das in regelmäßigen Abständen wiederkehrende „El Niño"-Klimaphänomen bedroht die wirtschaftlichen Grundlagen der Region und gefährdet vulnerable Gruppen der Bevölkerung unmittelbar. Das Projekt reagierte auf dieses Risikoprofil mit einer doppelten Strategie (vgl. SCHAEF / STEURER 2001):

- Maßnahmen zum Wassereinzugsgebietsmanagement und Hochwasserschutz:
  In zwei ausgewählten Wassereinzugsgebieten, die insgesamt sieben Munizipien mit ca. 90.000 ha umfassen, wurde eine partizipative Problemanalyse und Zonierung des Wassereinzugsgebiets mit den lokalen Akteuren durchgeführt, die anschließend durch eine detailliertere Analyse und Planung auf Dorfebene sowie durch hydrologische und bodenkundliche Untersuchungen ergänzt wurde. Auf dieser Grundlage wurde gemeinsam mit den relevanten lokalen Akteuren, den Kommunen, Basisorganisationen und NROs eine Priorisierung von Maßnahmen zur Anpassung der agro-silvo-pastoralen Betriebssysteme vorgenommen. Alle durchgeführten Maßnahmen verknüpfen dabei zwei Zielebenen: die Erhöhung der Einkommen bzw. der Produktion für die Familien und die Verbesserung der Wasserspeicherung in Böden oder Vegetation.
- Verbesserung der institutionellen Kapazitäten zur Katastrophenvorsorge:
  Die in diesem Bereich durchgeführten Maßnahmen zielen auf die Anwendung von Instrumenten des Katastrophenrisikomanagements bei den relevanten regionalen Akteuren ab. Hierzu zählen insbesondere der Agrarsektor, der Gesundheitsbereich, der Erziehungssektor sowie die für Vorbeugung, Vorbereitung und Nothilfe zuständigen Behörden der Regionalverwaltung und der Zivilverteidigung. Darüber hinaus werden die Kommunen bei der verbesserten Wahrnehmung ihrer Risikomanagementfunktionen unterstützt.

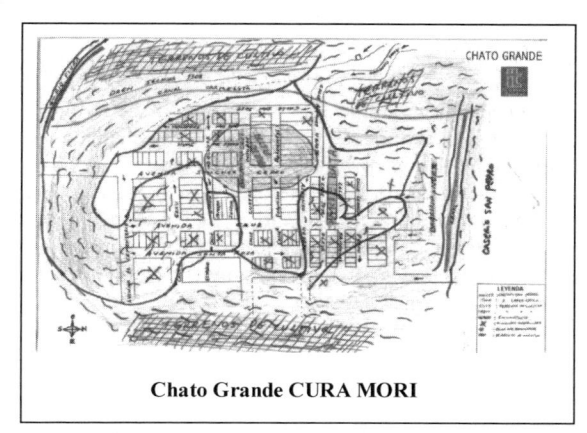

Von den Zuständigen vor Ort und auch in den relevanten Strukturen auf nationaler Ebene werden mittlerweile die erfolgreich erprobten Produkte und Beratungsangebote des peruanisch-deutschen Projekts nachgefragt: partizipative Risikoanalysen, Präventionspläne für Gemeinden sowie den Gesundheits- und Landwirtschaftssektor, ein GIS-gestütztes Frühwarnsystem, partizipative Methoden der Landnutzungsplanung und Module im Bereich Sensibilisierung, Ausbildung und Organisationsberatung.

Chato Grande CURA MORI

Abb. 2: Gemeinsam mit der Bevölkerung erstellte Risikokarte zur Abklärung von lokalspezifischen Gefährdungen in Piura im Norden Perus. (Quelle: SCHAEF / STEURER 2001; GTZ-Projektdaten)

5 Katastrophenrisikomanagement im Kontext von ländlicher Entwicklung

Um die Lernerfahrungen und entwickelten Produkte aus den Maßnahmen im Norden Perus über die lokale Ebene hinaus in den Entwicklungsstrategien des Landes zu verankern und damit breitenwirksamer umzusetzen („mainstreaming"), ist es nötig, diese für die Politikgestaltung des Landes nutzbar zu machen. Dazu müssen die Erfahrungen auf lokaler und regionaler Ebene in die Sektorpolitikberatung auf nationaler Ebene einfließen, um handlungsleitende Empfehlungen für die Reduzierung der Katastrophenanfälligkeit und Armutsminderung im Rahmen der ländlichen Entwicklung zu geben (vgl. BUSS et al. 2001).

Um diesem Anspruch gerecht zu werden und mehr Wirksamkeit zu erreichen, wurde eine programmorientierte Umsetzungsstruktur erarbeitet, die das Vorgehen im Bereich Katastrophenrisikomanagement eng verzahnt mit Strategien zur Überwindung weiterer Engpassbereiche für eine nachhaltige ländliche Entwicklung Perus.

Entsprechend der Prioritätensetzung der peruanischen Partner wurde das Beratungsangebot der deutschen technischen Zusammenarbeit auf die zukünftige Nachfrage im Sektor fokussiert. Das Programm „Nachhaltige Ländliche Entwicklung" definiert dabei vier Handlungsfelder (vgl. GTZ 1997-2003):

- Policyberatung und Institutionenentwicklung auf lokaler, regionaler und nationaler Ebene im Bereich ländliche Entwicklung
- Räumliche Planungsinstrumente und Katastrophenrisikomanagement
- Dienstleistungsangebote für den ländlichen Raum
- Management natürlicher Ressourcen einschließlich Schutzgebiete und ihre Pufferzonen

Der Programmansatz soll dazu führen, vor allem auf der Meso- und Makroebene durch Policyberatung und Institutionenförderung zu verbesserten Rahmenbedingungen für eine nachhaltige ländliche Entwicklung zu gelangen. Nur wenn es gelingt, auf diesen Ebenen strukturwirksam zu werden, können Entwicklungsprozesse auf lokaler und regionaler Ebene besser konzertiert und umgesetzt werden.

Auch in Peru arbeiten die in der Entwicklungszusammenarbeit tätigen Organisationen – seien es bi- oder multilaterale Geber – an einer verbesserten Abstimmung ihrer Maßnahmen, um die komparativen Vorteile jeder Institution unter eine gemeinsame Vorgehensweise zu stellen. So sollen Komplementaritäten mit anderen Organisationen, insbesondere zwischen technischer und finanzieller Kooperation, genutzt und vertieft werden. Dies beinhaltet auch zunehmend die Integration privater Partner aus der Wirtschaft (Stichwort *Public Private Partnership* – PPP), die z. B. beim Aufbau von Wertschöpfungsketten und zum Ausbau von neuen Absatzmärkten im Agrarsektor eine wichtige Rolle spielen müssen.

6 Ausblick

Eine ökologische sowie ökonomische Zonierung der Anden lässt klar erkennen, dass sowohl Potentiale als auch Probleme grenzüberschreitend sind. Bisher gibt es aber in den wenigsten Fällen einen flächenorientierten Ansatz, der klare regionale Entwicklungsstrategien und Praktiken für diese zusammenhängende Ökoregion entwirft.

Punktuelle Ansätze zur Lösung der beschriebenen Probleme sind inzwischen an vielen Orten in den Anden, oft mit internationaler Unterstützung, entwickelt worden. Dabei geht es sowohl um produktionstechnische (Formen nachhaltiger Landbewirtschaftung) wie auch um organisatorische (Landnutzungsplanung, Verhandlungs- und Abstimmungsmechanismen) Maßnahmen. Geeignete Interventionsräume sind im steilen Hochgebirgsrelief vor allem die Wassereinzugsgebiete, die in der Regel mehrere administrative Einheiten (Gemeinden) umfassen.

Nationale Projekte und Programme sind aber damit überfordert, diese Aufgaben allein im erforderlichen Umfang zu bewältigen. Vielmehr bedarf es einer länderübergreifenden Zusammenarbeit und Netzwerkbildung im andinen Raum. An bereits vorhandene Netzwerke kann angeknüpft werden, die beispielsweise den Austausch zwischen den Ländern zu bisherigen Lernerfahrungen oder guten Praktiken fördern. Allerdings ist man noch weit davon entfernt, unter dem Dach einer gemeinsamen Agenda zu mehr Kohärenz im Handeln der unterschiedlichen Interessengruppen zu gelangen.

[1] Bolivien Stadt: 44%, Land 87% (PNUD 2002a) – Peru: Lima 25%, restliche Küste 39%, Andenhochland 64% (PNUD 2002b)

Literatur

BUSS, P. et al. (2001): Nachhaltige Bewirtschaftung marginaler Ökosysteme. – In: Entwicklung und ländlicher Raum 6. – 29-32.
CEPAL (Comisión Económica para América Latina y el Caribe) (2003): Panorama social de América Latina 2002-2003. – Santiago de Chile.
CHARVERIAT, C. (2000): Natural disaster risk in Latin America and the Caribbean. – Washington DC.
GTZ (Deutsche Gesellschaft für technische Zusammenarbeit) (1997-2003) (im Auftrag des BMZ – Bundesministerium für wirtschaftliche Zusammenarbeit und Entwicklung): Verschiedene Projektunterlagen und –daten aus den Jahren 1997 bis 2003. – Eschborn, Piura, Lima.
GTZ (Deutsche Gesellschaft für technische Zusammenarbeit) (Hrsg.) (2002a): Disaster Risk Management, Working Concept. – Eschborn.
GTZ (Deutsche Gesellschaft für technische Zusammenarbeit) (Hrsg.) (2002b): Friedensentwicklung, Krisenprävention und Konfliktbearbeitung. Technische Zusammenarbeit im Kontext von Krisen, Konflikten und Katastrophen. – Eschborn.
ISDR (International Strategy for Disaster Reduction) (2002): Disaster Risk and Sustainable Development: understanding the links between development, environment and natural hazards leading to disasters. United Nations World Disaster Reduction Campaign. – Geneva.
LAVELL, A. (Hrsg.) (1997): Viviendo en Riesgo, Comunidades Vulnerables y Prevención de Disastres en América Latina. – Bogotá.
MASKREY, A. (Hrsg.) (1993): Los Desastres no son Naturales. – Bogotá.
PNUD (Programa de las Naciones Unidas para el Desarrollo) (2002a): Informe de Desarollo Humanono para Bolivia. – Genf.
PNUD (Programa de las Naciones Unidas para el Desarrollo) (2002b): Informe de Desarollo Humanono para Peru. – Genf.
SCHAEF, T. / STEURER, R. (2001): Reduzierung von Katastrophenrisiken im Rahmen technischer Zusammenarbeit. Katastrophenvorsorge „El Niño". – Piura/Peru.

Marcus NÜSSER (Bonn)

Krisen und Konflikte in Lesotho: Entwicklungsprobleme eines peripheren Hochlands aus politisch-ökologischer Perspektive

1 Einführung: Lesotho als Modellfall für Entwicklungsprobleme im subsaharischen Afrika

Die Ausfälle in der Agrarproduktion durch häufig wiederkehrende Dürren und die fortschreitende Degradation der Anbau- und Weideflächen bilden fundamentale Probleme der Landnutzung in Lesotho. Dabei kann die Ausprägung der Land- und Weidewirtschaft nur bedingt auf Strategien zur Nutzung agrarischer Ressourcen unter den risikoreichen Bedingungen hoher klimatischer Variabilität zurückgeführt werden. Vielmehr tragen auch die spezifischen Herrschafts- und Machtverhältnisse, einschließlich externer Einflüsse, zur Komplexität der Umwelt- und Entwicklungskrise im Hochland des südlichen Afrika bei. Entsprechend sind die Verfügungsrechte über die natürlichen Ressourcen und die (Um-)Bewertung der Ressourcenpotentiale von entscheidender Bedeutung für die ländliche Entwicklung. Da das Nutzungssystem in Lesotho seit der Kolonialzeit durch rechtliche Konflikte und externe Interventionen geprägt wird, müssen die Mensch-Umwelt-Interaktionen in historischer Tiefenschärfe analysiert werden (QUINLAN 1995; NÜSSER 2001; 2003a).

In der seit Jahren geführten Diskussion um die Entstehung und Verursachung von Bodenerosion und Ressourcendegradation im subsaharischen Afrika kommt den Landrechtskonflikten eine Schlüsselrolle zu (vgl. BEINART 1984; BLAIKIE 1985; 1989; SHOWERS 1989; 1996; TIFFEN / MORTIMER / GIKUCHI 1994; BATTERBURY / BEBBINGTON 1999). Politische Entscheidungsträger und Entwicklungsorganisationen machen vielfach die unzureichenden indigenen Praktiken der Bodenbearbeitung und Tierhaltung für die starke Degradation der agrarischen Wirtschafts- und Existenzgrundlagen verantwortlich. Im Fall gemeinschaftlich genutzter Weideflächen (*Common Pool Resources*) wird das destruktive Potential pastoraler Ressourcennutzung herausgestellt und eine schärfere Kontrolle von Tierzahlen und Herdenbewegungen zur Sicherung einer ökologisch nachhaltigen Weidewirtschaft gefordert. Durch den Zweifel an der Effizienz lokaler und regionaler Nutzungsmuster wird gleichzeitig auch deren Legitimität in Frage gestellt. Die typische Gleichsetzung von gemeinschaftlich organisierten Nutzungssystemen mit Missmanagement basiert auf dem Paradigma der ‚Tragedy of the Commons' (HARDIN 1968). Danach ist die Degradation gemeinschaftlich genutzter und knapper Ressourcen zwangsläufiges Ergebnis eines unlösbaren Konflikts zwischen den Eigeninteressen individueller Nutzer und den kooperativen Bedürfnissen der Nutzergruppe. In der aktuellen Debatte wird dagegen vor allem die Bedeutung institutioneller Regelungen für das Management von *Common Property Regimes* herausgestellt (OSTROM 1990; BROMLEY 1992; HANNA / FOLKE / MÄLER 1995; LEACH / MEARNS / SCOONES 1999; NATIONAL RESEARCH COUNCIL 2002). Bei der Beurteilung pastoraler Nutzungssysteme in Afrika wird daher ein Paradigmenwechsel gefordert und die Grundannahme zwangsläufiger Übernutzung der *Common Pool Resources* generell hinterfragt (SCOONES 1995; LEACH / MEARNS 1996; NIAMIR-FULLER 1999). Aufgrund hoher interannueller Variabilität der Niederschläge und anderer unvorhersehbarer Ereignisse ist das Produktionspotential dieser Areale durch eine Ungleichgewichtssituation (*Non-Equilibrium Dynamic Pattern*) gekennzeichnet (BEHNKE / SCOONES 1993). Dementsprechend bleiben prognostische Szenarien und Problemanalysen, die primär auf statischen Konzepten ökologischer Tragfähigkeit basieren unzureichend. Die entwicklungsrelevante Bedeutung und Umsetzbarkeit der am Tragfähigkeitstheorem orientierten Analysen von Übernutzung und Umweltdegradation ist zudem beschränkt, da wesentliche Aspekte der Problemverursachung, insbesondere die strukturellen Machtbeziehungen zwischen lokalen und externen Akteuren weitgehend ausgeblendet bleiben. Ebenso wird der Bereich des indigenen Wissens über Weidemanagement in den meisten Fällen nur ungenügend behandelt und die Perspektive der Existenzsicherung unter krisenhaften Bedingungen nicht ausreichend berücksichtigt (SCOONES 1995; 1996).

Ressourcenmanagement und -schutz stellen klassische Konfliktfelder dar, auf denen gesellschaftspolitische Auseinandersetzungen zwischen lokalen Bevölkerungsgruppen, staatlichen Institutionen und externen Akteuren stattfinden. Der Vorstellung von Bewahrung und Schutz von Naturräumen unter möglichst weitgehendem Ausschluss lokaler Nutzergruppen stehen Konzepte einer Erhaltung oder behutsamen Umgestaltung traditioneller Nutzungsformen gegenüber. Entsprechend dieser prinzipiell unterschiedlichen Vorstellungen und Bewertungen der Begriffe „Natur", „Umwelt" und „Nutzung" konkurrieren Pläne zur Ausweisung von Naturschutzgebieten mit Entwürfen, in denen die Zielvorstellungen stärker von partizipatorischen Ansätzen geleitet und auf die Sicherung der Grundbedürfnisse lokaler Akteure sowie die Förderung bestehender Nutzungsmuster ausgerichtet sind. Im Zuge der Umsetzung extern konzipierter Ressourcenschutzmassnahmen sind indigene Landnutzungsmuster in vielen Fällen durch territoriale Eingriffe modifiziert und reguliert worden. Neben der Einflusssicherung kolonialer und staatlicher Verwaltungen haben diese externen Interventionen in unterschiedlichen Phasen auf agrarische Produktionssteigerung und/oder die Reduzierung der Ressourcendegradation abgezielt.

Seit einigen Jahren haben Arbeiten aus der Politischen Ökologie (BLAIKIE 1985; 1995, BLAIKIE / BROOKFIELD 1987; BRYANT / BAILEY 1997) einen neuen Stimulus für integrative Untersuchungen der Zusammenhänge und Wechselwirkungen zwischen politisch-ökonomischen Rahmenbedingungen, Umweltproblemen und Existenzsicherungsstrategien lokaler Bevölkerungsgruppen geliefert. Vor dem Hintergrund zunehmender Ressourcendegradation und anwachsender Nutzungskonflikte interpretieren BRYANT / BAILEY (1997) Umweltkrisen als Ergebnis von Interaktionen zwischen Akteuren, deren Beziehungen zueinander durch ungleiche Machtpositionen gekennzeichnet sind. Im Spannungsfeld unterschiedlicher Managementstrategien bilden sich die Interessen(-gegensätze) und Nutzungskonflikte zwischen den beteiligten ortsansässigen (*Place-Based Actors*) und nicht-ortsansässigen (*Non-Place-Based Actors*) Akteuren ab. Zur Veranschaulichung dieser Zusammenhänge liefert die Entwicklung der Ressourcennutzung in Lesotho ein geeignetes Fallbeispiel.

2 Ressourcenmanagement und Schutzkonzepte: historische Dimension eines Konfliktfelds

Generell erfahren einzelne Elemente der naturräumlichen Ausstattung erst durch spezifische anthropogene Ansprüche eine ökonomische Einordnung als natürliche Ressource (HAASE / BARSCH / SCHMIDT 1991, 20). Da die Frage, ob eine biotische oder abiotische Ressource von Interesse ist, sowohl von ihrer Nützlichkeit in Produktions- und Konsumtionsprozessen als auch von ihrer Verfügbarkeit abhängt, erfolgen Management und Bewertung natürlicher Ressourcen in einem sozioökonomischen, politischen und historischen Kontext. In struktura-

Marcus NÜSSER

tionstheoretischer Sicht werden allokative und autoritative Ressourcen voneinander abgegrenzt (GIDDENS 1988, 86; WERLEN 1997, 188f). Während allokative Ressourcen die sozialen Verhältnisse der Kontrolle zur Aneignung, Nutzung und Transformation der natürlichen Produktionsgrundlagen bezeichnen, umfassen autoritative Ressourcen das Erlangen und die Aufrechterhaltung von Kontrolle über andere Akteure. Die Territorialisierung stellt einen zentralen Aspekt der Durchsetzung autoritativer Ressourcen dar.

Abb. 1: Historische Entwicklung der Nutzungskonflikte im Bereich der Hochweiden von Lesotho

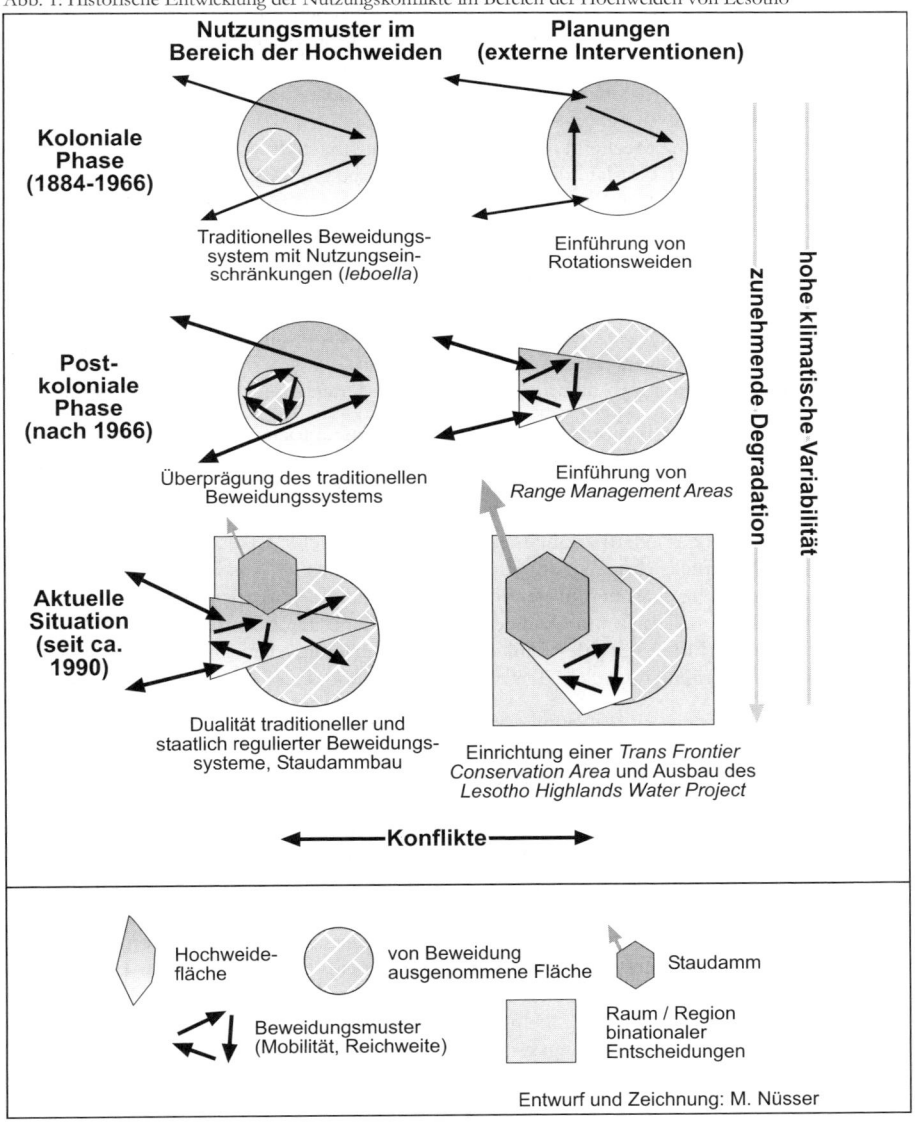

Entwicklungsstrategien im Spannungsfeld von Geopolitik und lokalen Agenden

Für das periphere Gebirgsland Lesotho lässt sich die Entwicklung der Konflikte um die Nutzung natürlicher Ressourcen schematisiert in drei Zeitfenstern darstellen (vgl. Abb. 1). Dabei kommt den externen Interventionsmechanismen im Rahmen der Territorialisierung von Nutzungsrechten und bei der Bewertung von Ressourcenpotentialen eine entscheidende Rolle zu. Mit dem weitflächigen Verlust der agrarischen Gunsträume an vordringende burische Siedler entwickelte sich das Gebirge seit Mitte des 19. Jahrhunderts zum Rückzugsraum und Siedlungsgebiet für die Basotho. Im Zuge der Gebirgsbesiedlung und der Ausbildung agro-pastoraler Nutzungsmuster erfolgte die Vergabe von Anbauflächen und Weiderechten durch die Häuptlinge (*Chiefs*). Mit dem Status als britisches Protektorat Basutoland setzte ab 1884 eine territoriale Gliederung und Demarkation der Einflussbereiche der Häuptlinge ein, die sich aber im wesentlichen auf das Kulturland im Bereich der Dauersiedlungen konzentrierte und die Gebirgsweiden nicht einbezog (QUINLAN 1995; NÜSSER 2001). Mit der fortschreitenden Besiedlung und einer entsprechend intensivierten weidewirtschaftlichen Nutzung stellten sich erste Erscheinungen der Graslanddegradation im Gebirge ein. Als Reaktion auf den zunehmend wahrgenommenen Nutzungsdruck auf die agrarischen Ressourcen entwickelten sich indigene Schutzkonzepte. Im Bereich der Hochweiden wurden übernutzte Areale für unterschiedlich lange Zeiträume aus der Nutzung herausgenommen (*leboella*). Verbunden mit allgemein akzeptierten Formen der Konfliktregulierung bildet diese auf Erfahrung und Wissen gestützte Institution ein zentrales Motiv der Gruppenzusammengehörigkeit der Basotho. Im Jahr 1903 wurde der *Basutoland Council* gegründet, der ein auf traditionellen Gewohnheitsrechten basierendes Gesetzeswerk verfasste (*Laws of Lerotholi*), in dem insbesondere der Umgang mit gemeinschaftlich genutzten natürlichen Ressourcen geregelt wurde (WITZSCH 1992).

Aus Sicht der Kolonialbehörden hingegen bildete das autochthone Nutzungssystem die Ursache für das hohe Ausmaß an Bodenerosion und die massive Degradation der Weideflächen. Entsprechend zielten deren regulierende Maßnahmen auf einen umfangreichen Erosionsschutz im Kulturlandbereich (SHOWERS 1989), die Abstockung der Herden und die Einführung kontrollierter Weiderotationen ab (PIM 1935; STAPLES / HUDSON 1938). Dabei ist die ungenügende Berücksichtigung autochthoner Institutionen als Ausdruck kolonialer Dominanz zur Durchsetzung einer marktorientierten Ausrichtung der Agrarproduktion zu interpretieren. Im Bereich der Tierhaltung wurde diese Entwicklung durch Einführung und Züchtung bestimmter Rassen (Merino-Schafe) flankiert. Zur Reduzierung der Erosion auf den Anbauflächen wurden höhenlinienparallele Bewirtschaftungsmethoden eingeführt (*contour ploughing*).

Nach der Unabhängigkeit des Binnenstaates Lesotho im Jahr 1966 verlagert sich das vorherrschende Konfliktmuster auf die Interessengegensätze zwischen dem traditionellen Häuptlingswesen (*Chieftainship*) und den modernen staatlichen *Development Councils* auf Dorf- und Distriktebene. Durch die Vergabe von Besitztiteln unterscheidet sich das moderne Landrecht von den traditionellen Formen der Landzuweisung durch die *Chiefs*. In der Praxis führt diese Dualität der Verfügungsrechte über Kultur- und Weideland zu ungelösten Kompetenzproblemen. Der Verlust allgemein akzeptierter Institutionen zur Konfliktregulierung im Rahmen eines *Common Property Regime* zieht einen weitreichenden Normenverfall nach sich. Dieser Prozess zeigt sich in zunehmend gewaltsamen Auseinandersetzungen um Weiderechte und in Form häufiger Viehdiebstähle zwischen Nutzergruppen aus unterschiedlichen Dörfern und Distrikten. In dieser Situation lässt sich die Gültigkeit der nicht auf das Beispiel Lesotho bezogenen These von ELWERT (2001, 2546) erkennen, nach der die modernen staatlichen Institutionen dem traditionellen Nutzungssystem eine ungenügende Berücksichtigung kollektiver Nutzungsinteressen unterstellen, um dadurch autoritative Ressourcen zu erlangen. In Lesotho versuchen internationale Organisationen der Entwicklungszusammenarbeit (vor allem USAID) seit den frühen 1980er Jahren, eine Verbesserung der Weidenutzung durch Aufbau und Unterstützung staatlicher Institutionen (vor allem *Range Management Division*) zu erreichen. Dabei besteht die wichtigste strategische Maßnahme in der Einrichtung kontrollierter Beweidungsmuster in demarkierten Gebieten (*Range Management Areas*), deren Nutzung gegen Erhebung von Weidesteuern ausschließlich registrierten Nutzergruppen (*Grazing Associations*) gewährt werden soll. Mit der Neuverteilung von Weiderechten und einer Inventarisierung der Weideflächen wird das nationale Ziel einer Konzentration der Tierhaltung im Gebirge durch Unterbindung der saisonalen Transhumanz zwischen Hochland und Tiefland verfolgt (PHORORO / SIBOLLA 1999). Aufgrund der nur geringen Partizipation betroffener Tierhalter und mangelnder Berücksichtigung lokaler Gegebenheiten zeitigt dieses Konzept bisher allerdings nur geringe Erfolge (NÜSSER 2001).

Aktuelle Bestrebungen zielen auf die Einrichtung eines grenzüberschreitenden Schutzgebiets ab (*Transfrontier Conservation Area*), durch den die seit Anfang des 20. Jahrhunderts bestehenden südafrikanischen Wild- und Naturschutzgebiete in der Fußzone der Drakensberge auf das östliche Bergland von Lesotho ausgedehnt werden sollen. Dieses Vorhaben wird vor allem durch die auf südafrikanischer Seite zuständige Parkverwaltung *KwaZulu-Natal Nature Conservation Service* vorangetrieben und von internationalen Naturschutzorganisationen unterstützt. Auf lesothischer Seite wird die Implementierung der *Transfrontier Conservation Area* durch das 1994 gegründete *National Environment Secretariat* unterstützt. Im Rahmen der geplanten Nutzungsregulierungen und -einschränkungen werden die mobilen Tierhalter des Hochlands von gravierenden Einschnitten in das regionale Landnutzungsgefüge massiv betroffen sein. Wegen fehlender ökonomischer Alternativen wird die vorgesehene Einschränkung der Weidenutzung im östlichen Hochland voraussichtlich zur weiteren Degradation der bereits stark übernutzten siedlungsnahen Winterweiden führen (NÜSSER 2001). Insgesamt lässt sich eine zunehmende Fragmentierung des Höhengraslands feststellen (Abb. 1), die sich aufgrund der Dualität traditioneller und staatlich regulierter Beweidungssysteme sowie entsprechender Demarkationen und Nutzungseinschränkungen ergibt. Durch den modernen Straßenbau im Hochland wird diese Entwicklung begünstigt.

3 Vom Weideland zum Wasserturm: Umbewertung von Ressourcenpotentialen

Nach einer mehrjährigen Folge widriger Witterungsbedingungen ist die aktuelle agrarische Produktion Lesothos sehr problematisch. Für die Jahre 2002 und 2003 wird ein prekäres Defizit in der Getreideproduktion des Landes festgestellt, dem mit umfangreichen Nahrungsmittelhilfen begegnet wird (FAO/WFP 2003). Zwischen 1930 und 2002 lassen sich insgesamt sieben ausgedehnte Dürreperioden und sechs Ereignisse mit starken Schneefällen in den Hochlagen ausweisen, die jeweils zu ökonomischen Krisen geführt haben. Im Bereich der Tierhaltung zeigt sich über den Betrachtungszeitraum der letzten 72 Jahre immer wieder eine schnelle Wiederaufstockung nach entsprechenden Verlusten durch klimatische Extremereignisse (NÜSSER 2003a, 121). Tierhaltung und Weidewirtschaft leisten bis heute einen entscheidenden Beitrag für die Existenzsicherung der ländlichen Bevölkerung. Nach jüngsten Erhebungen der FAO verfügen etwa 80% der ländlichen Haushalte über Tierbestände, durch deren Verkaufserlös im Bedarfsfall auch Getreidezukäufe finanziert werden (FAO/WFP 2003). Insbesondere die aus den südafrikanischen Goldminen zurückkehrenden Arbeitsmigranten investieren ihre Ersparnisse vielfach in ihre eigenen Tierherden.

Seit den 1990er Jahren hat sich der Fokus und die Bewertung der Ressourcennutzung im peripheren Gebirgsland Lesotho im Zusammenhang mit den Baumaßnahmen des *Lesotho Highlands Water Project* (LHWP), einem der größten technischen Infrastrukturprojekte im subsaharischen Afrika, deutlich verlagert. Mit dem Bau der Staudämme und Transfertunnel wird ein wasserscheidenüberschreitendes Verbundsystem gebildet, das den Abfluss des Senqu (in Südafrika: Orange) und seiner Haupttributäre in den Quellgebieten fasst und nach Norden umleitet, um im ökonomischen Kernland von Südafrika, der Großregion um Johannesburg und Pretoria, genutzt zu werden. Nach über 30jährigen Erwägungen unterzeichneten die damalige Apartheid-Regierung Südafrikas und eine Militärregierung in Lesotho den Vertrag über das *Lesotho Highlands Water Project* im Jahr 1986. Die heutigen demokratischen Regierungen beider Länder haben das Abkommen von ihren Vorgängerregierungen nahezu unverändert übernommen. Für Lesotho bringt das Großprojekt Einnahmen aus dem Wasserverkauf, eine eigene Elektrizitätserzeugung und einen massiven Ausbau des Straßennetzes im Gebirge. Nach offiziellen Verlautbarungen dürfen die von Umsiedlungsmaßnahmen betroffenen Hochlandbewohner durch das Projekt keine Verschlechterung ihrer Existenzbedingungen erleiden. Doch Kritiker, vor allem auf Seiten von Nichtregierungsorganisationen, verweisen auf die unzureichenden und häufig verzögerten Ausgleichsmaßnahmen an die von Landverlust betroffenen Haushalte.

Aus der zunehmenden Bedeutung des Wassers resultiert auch eine veränderte Beurteilung der Weidenutzung, da die Reduzierung der Erosionsraten und damit der Nutzungsintensität in den oberen Einzugsgebieten eine wesentliche Voraussetzung für den Erfolg des Wasserbauprojekts bildet. Die Umbewertung der natürlichen Ressource Weideland in Lesotho wird maßgeblich durch politisch-ökonomische Abhängigkeiten vom umgebenden Südafrika beeinflusst und steht in einem indirekten Zusammenhang mit den oben angeführten Naturschutzstrategien und Nutzungseinschränkungen.

Große Staudammvorhaben mit ihren weitreichenden ökologischen Wirkungen und sozioökonomischen Konsequenzen bilden generell ein häufig diskutiertes Beispiel für Konflikte um Landnutzungs- und Entwicklungsperspektiven. Insbesondere in Entwicklungsländern sind Bau und Betrieb dieser Großprojekte mit grundlegenden Nutzungskonflikten und Fragen nach regionalen und nationalen Entwicklungsleitbildern verknüpft. Fehlende ökonomische Perspektiven und ungenügende materielle Kompensation für die von Umsiedlungsmaßnahmen betroffenen Bevölkerungsgruppen sowie mangelnde Umweltverträglichkeit stellen die wichtigsten Kritikpunkte an diesen Vorhaben dar. Dagegen kennzeichnen ökonomische und technologische Entwicklungsperspektiven im Sinne einer nachholenden Entwicklung die Argumentation der Befürworter von Staudammbauten (NÜSSER 2003b).

4   Fazit: Entwicklung und Abhängigkeit

Die Ressourcennutzung in Lesotho wird seit der Kolonialzeit von überregionalen Interessen beeinflusst und durch externe Eingriffe geprägt. Dabei konnten die vielfältigen Bestrebungen zur Produktionssteigerung und nachhaltigen Nutzung der natürlichen Ressourcen im Bereich der Weidewirtschaft nur geringe Erfolge verzeichnen. Das Beispiel der über lange Zeiträume erkennbaren externen Intervention in lokale Nutzungsmuster verdeutlicht die Notwendigkeit eines politisch-ökologischen Ansatzes zur Analyse der Problemkonstellation und möglicher Entwicklungsperspektiven. In diesem Spannungsfeld gegensätzlicher Interessen ist die Umsetzung partizipatorischer Ansätze in der Regionalplanung und im Umweltmanagement eine häufig postulierte und nicht eingelöste, gleichzeitig aber eine unabdingbare Voraussetzung zur langfristigen Sicherung natürlicher Ressourcen. Bis in die Gegenwart werden die Perspektiven der von überregionalen Entwicklungen unmittelbar betroffenen und gleichzeitig ökonomisch marginalisierten Bevölkerung im Hochland von Lesotho nur unzureichend in die Planung einbezogen. Daher wird die zukünftige Entwicklung der Ressourcennutzung im peripheren Gebirgsland Lesotho von der Lösung dieses weitreichenden Grundproblems abhängen. Aus der wachsenden Komplexität von Konflikten und Einschränkungen im Zuge der Umbewertung von Ressourcenpotentialen resultiert eine weitreichende Multifunktionalität der Ressourcennutzung und eine zunehmende Landschaftsfragmentierung. Darin spiegeln sich die konkurrierenden Nutzungsansprüche der unterschiedlichen Akteure im östlichen Lesotho wider.

Literatur

BATTERBURY, S. / BEBBINGTON, A. (1999): Environmental histories, access to resources, and landscape change. – In: Land Degradation and Development 10. – 279-288.
BEHNKE, R. H. / SCOONES, I. (1993): Rethinking range ecology: implications for rangeland management in Africa. – In: BEHNKE, R. H. / SCOONES, I. / KERVEN, C. (eds.): Range ecology atdisequilibrium. New models of natural variability and pastoral adaptation in African savannas. – London. 1-30.
BEINART, W. (1984): Soil erosion, conservationism and ideas about development: a Southern African exploration. – In: Journal of Southern African Studies 11. – 52-83.
BLAIKIE, P. (1985): The political economy of soil erosion in developing countries. – London.
BLAIKIE, P. (1989): Environment and access to resources in Africa. – In: Africa 59. – 18-40.
BLAIKIE, P. (1995): Changing environments or changing views? A political ecology for developing countries. – In: Geography 80. – 203-214.
BLAIKIE, P. / BROOKFIELD, H. (1987): Land degradation and society. – London, New York.
BROMLEY, D. W. (1992): Making the commons work. – San Francisco.
BRYANT, R. L. / BAILEY, S. (1997): Third world political ecology. – London.
ELWERT, G. (2001): Conflict: anthropological aspects. – In: SMELSER, N. / BALTES, P. (eds.): International Encyclopedia of the Social and Behavioural Sciences. – Amsterdam. 2542-2547.
FAO/WFP (2003): Crop and food supply assessment mission to Lesotho. – Rom.
GIDDENS, A. (1988): Die Konstitution der Gesellschaft. Grundzüge einer Theorie der Strukturierung. – Frankfurt/Main.
HAASE, G. / BARSCH, H. / SCHMIDT, R. (1991): Zur Einleitung: Landschaft, Naturraum und Landnutzung. – In: HAASE, G. (Hrsg.): Naturraumerkundung und Landnutzung. (= Beiträge zur Geographie, 34). – Berlin. 19-25.
HANNA, S. / FOLKE, C. / MÄLER, K. G. (1995): Property rights and environmental resources. – In: HANNA, S. / MUNASINGHE, M. (eds.): Property rights and the environment. – Washington. 15-28.
HARDIN, G. (1968): The tragedy of the commons. – In: Science 162. – 1243-1248.
LEACH, M. / MEARNS, R. (1996): Challenging received wisdom in Africa. – In: LEACH, M. / MEARNS, R. (eds.): The lie of the land. Challenging received wisdom on the African environment. – London. 1-33.
LEACH, M. / MEARNS, R. / SCOONES, I. (1999): Environmental entitlements: dynamics and institutions in community-based natural-resource management. – In: World Development 27. – 225-247.

NIAMIR-FULLER, M. (1999): Toward a synthesis of guidelines for legitimizing transhumance. – In: NIAMIR-FULLER, M. (ed.): Managing mobility in African rangelands. The legitimization of transhumance. – London. 266-290.
NATIONAL RESEARCH COUNCIL (2002): The drama of the commons. – Washington, DC.
NÜSSER, M. (2001): Ressourcennutzung und externe Eingriffe im peripheren Gebirgsland Lesotho. – In: Geographische Rundschau 53(12). – 30-36.
NÜSSER, M. (2003a): Landnutzung, Ressourcendegradation und Entwicklungsprobleme im Gebirgsland Lesotho. – In: JEANNERET, F. et al. (Hrsg.): Welt der Alpen – Gebirge der Welt: Ressourcen, Akteure, Perspektiven. Festschrift zum 54. Deutschen Geographentag in Bern. (= Jahrbuch der Geographischen Gesellschaft Bern, 61). – Bern, Stuttgart, Wien. 117-125.
NÜSSER, M. (2003b): Political ecology of large dams: a critical review. – In: Petermanns Geographische Mitteilungen 147(1). – 20-27.
OSTROM, E. (1990): Governing the commons. The evolution of institutions for collective action. – Cambridge.
PHORORO, R. / SIBOLLA, B. G. (1999): Rangeland and livestock. – In: CHAKELA, Q. K. (ed.): State of the environment in Lesotho 1997. – Maseru. 57-75.
PIM, A. W. (1935): Financial and economic position of Basutoland. – London.
QUINLAN, T. (1995): Grassland degradation and livestock rearing in Lesotho. – In: Journal of Southern African Studies 21(3). – 491-507.
SCOONES, I. (1995): New directions in pastoral development in Africa. – In: SCOONES, I. (ed.): Living with uncertainty. New directions in pastoral development in Africa. – London. 1-36.
SCOONES, I. (1996): Politics, polemics and pasture in southern Africa. – In: LEACH, M. / MEARNS, R. (eds.): The lie of the land. Challenging received wisdom on the African environment. – London. 34-53.
SHOWERS, K. (1989): Soil erosion in the Kingdom of Lesotho: origins and colonial response, 1830s-1950s. – In: Journal of Southern African Studies 15(2). – 263-286.
SHOWERS, K. (1996): Soil erosion in the Kingdom of Lesotho and development of historical environmental impact assessment. – In: Ecological Applications 6. – 653-664.
STAPLES, R. R. / HUDSON, W. K. (1938): An ecological survey of the mountain area of Basutoland. – London.
TIFFEN, M. / MORTIMER, M. / GIKUCHI, F. (1994): More People, less erosion. Environmental recovery in Kenya. – Chichester.
WERLEN, B. (1997): Sozialgeographie alltäglicher Regionalisierungen. Bd. 2: Globalisierung, Region und Regionalisierung. (= Erdkundliches Wissen, 119). – Stuttgart.
WITZSCH, G. (1992): Lesotho Environment and Environmental Law. – Roma (Lesotho).

Hermann **KREUTZMANN** (Erlangen)

Auswirkungen der Afghanistan-Krise auf die pamirische Bevölkerung des Wakhan

1 Einführung

Wenn wir uns mit der Frage der Auswirkungen der Afghanistan-Krise beschäftigen, dann kommen uns aktuelle Ereignisse ebenso in den Sinn wie die Wahrnehmung eines dauerhaften endogen und exogen stimulierten Konflikts. Wenn historische Tiefe erwünscht wird, reicht sie meist bis in die Zeit der Taliban-Herrschaft zurück. In meinen Ausführungen möchte ich jedoch den Tiefgang weitertreiben, denn das Hauptargument meiner Überlegungen ist, dass die Wirkungen globaler, nationaler und regionaler Ereignisse und Machtverschiebungen weitgehend unabhängig von den Bedingungen erschwerter Kommunikation auch in der Peripherie spürbar wurden und nachhaltige Verwerfungen hinterlassen haben.

Bezogen auf das Fallbeispiel Nordost-Afghanistans reichen die belegbaren Wirkungen deutlich zurück und erleben einen Höhepunkt im ausgehenden 19. Jahrhundert. Die Ergebnisse der historisch angelegten Untersuchungen habe ich bereits in einer Buchpublikation vorgelegt (KREUTZMANN 1996). Konflikttheoretische Betrachtungen können auf verschiedenen Ebenen ansetzen:

- Diachrone Betrachtungen der Entwicklung von Herrschaftsstrukturen erfordern eine Rückbesinnung auf das 19. Jahrhundert, in dem bis heute gültige Grenzen nachhaltig geprägt worden sind.
- Verwaltungsstrukturen, wie wir sie heute wahrnehmen, sind das Ergebnis kolonialer Interventionen, imperialer Territorialität und der großen Revolutionen und Systemwechsel, wie sie in der ersten Hälfte des 20. Jahrhunderts weltweit erfolgten und in Afghanistan mit der Saur-Revolution im April 1978 einen verspäteten, aber um so nachhaltigeren Bruch einläuteten.
- Neue Territorialbildungen erlebten wir alle hautnah am Ausgang des 20. Jahrhunderts mit dem Ende des Kalten Kriegs, mit der Auflösung der Sowjetunion, mit der Emanzipation von früheren Teilrepubliken und mit den neugewonnenen Spielräumen für unabhängige Staatlichkeit. Mehr Grenzen erzeugen mehr Konflikte über Grenzverläufe. Im speziellen Fall Afghanistan wurde das benachbarte Tadschikistan zur Hauptversorgungsbasis der Nord-Allianz und im Verbund mit Kyrgyzstan zu einem bedeutenden Drogen-Umschlagplatz.
- Gleichzeitig erleben wir im Zuge der Globalisierung eine Diskussion über Entgrenzung und die Auflösung von Nationalstaaten: eine suggestive Debatte, die zum Wohle des von interessierten Kreisen propagierten neoliberalen Freihandels eine konfliktfreie Welt apostrophiert. Meine These, dass diese Grenzenlosigkeit nur eingeschränkt für die OECD-Welt und einige wenige Aufsteiger-Staaten gilt, lässt sich am anderen Ende der Skala in den zentralasiatischen Nationalstaaten deutlich und dramatisch belegen (KREUTZMANN 2001a). Grenzen spielen dort eine überragende Rolle mit archaischen Kontroll- und Abgabemechanismen, die auf bewaffnete Straßensperren und die Erhebung von Wegezöllen zurückgreifen

(vgl. KREUTZMANN 2002a; 2002b; 2003). Alle Konfliktparteien Afghanistans haben niemals den Nationalstaat an sich in Frage gestellt und immer um die Kontrolle der Kapitale gekämpft.[1] Dennoch ist das streng bewachte Kabuler Hauptstadtzentrum isoliert von den Herrschaftsterritorien außerhalb, die als eigenständige Gebilde einem regionalistischen Prinzip gehorchend segmentäre Strukturen höchster Konfliktträchtigkeit repräsentieren.

- Nicht erst seit den Ereignissen von 9/11, des einseitig deklarierten Kriegs gegen den Terror und der militärisch-hegemonialen Intervention im Irak ohne UN-Mandat nehmen wir wahr, dass Grenzen überschritten werden und Konfrontationen zunehmen. Bezogen auf Afghanistan wird das deutlich durch die Präsenz von Bundeswehr und Soldaten anderer Streitkräfte in Kabul. Gleichzeitig verlagert sich die Weltaufmerksamkeit bereits wieder und eine Abnahme bzw. ein Einfrieren bereits zugesagter Aufbaugelder wird spürbar.

Was hat das alles zu tun mit Abgrenzungsproblematiken in den afghanischen Hochgebirgsregionen? Berggebiete sind von Grenzziehungen und Ausgrenzungen besonders betroffen, weil in diesen vergleichsweise spärlich besiedelten bzw. von Machtzentren peripher gelegenen Räumen häufig Grenzen gezogen wurden, die zu Konflikten Anlass gaben und geben. Die betroffenen Bevölkerungen in diesen Grenzregionen sind aber häufig nicht die Akteure, deren Machtinteressen auf dem Spiel stehen, sondern die Bergbewohner sind fast immer die Leidtragenden.

2 Randbedingungen politischer und ökonomischer Kontrolle in der afghanischen Gegenwart

Zwei Aspekte sind für ein Verständnis der gegenwärtigen Situation in Afghanistan herauszugreifen. Erstens beschränkt sich die Nationalstaatlichkeit auf die Kontrolle der Hauptstadt Kabul. Außerhalb ist die Wirkung der als Ergebnis der Petersberg- und der Tokyo-Konferenzen etablierten und mit erheblichen Finanzmitteln gestützten Regierung Karzai äußerst gering bzw. nicht vorhanden. Die Zersplitterung des Landes manifestiert sich deutlich im Gegensatz von militärischer Kontrolle, die von ausländischen Soldaten der ISAF-Truppe gewährleistet werden soll, und in Kabul konzentrierten NGO-Aktivitäten (mehr als 200 internationale und ungefähr 900 nationale Nichtregierungsorganisationen sind hier versammelt) einerseits und der weitgehenden Abwesenheit von Entwicklungsbemühungen in paschtunischen Siedlungsgebieten sowie der starken Machtposition lokaler und regionaler „warlords" und Kommandanten andererseits (vgl. ICG 2003). Markiert werden die Kriegslinien und Herrschaftsterritorien auch heute durch die hohe Zahl an Landminen (Schätzungen gehen bis in die Größenordnung von zehn Millionen Landminen), die wesentliche Bereiche des Landes auf lange Sicht ausgrenzen (Abb. 1). Monatlich verlieren 150 bis 300 Personen ihr Leben, bislang sind Flächen von 788 km^2 in 31 Provinzen des Landes als kontaminiert bekannt (MAPA 2003). Bis zum Jahre 2002 konnten 15 km^2 von Landminen befreit werden, dabei wurden 29.706 Anti-Personen-Minen, 1.851 Anti-Panzer-Minen und 633.733 Stück UXO (= ungezündete Munition) geborgen. Die Karte verdeutlicht die Verbreitung entlang der Frontlinien, jüngste Verminungen in der nach-sowjetischen Ära wurden von den Taliban, der Nord-Allianz und Al-Qaeda vorgenommen (MAPA 2003).

Hermann KREUTZMANN

Abb. 1: Landminen in Afghanistan

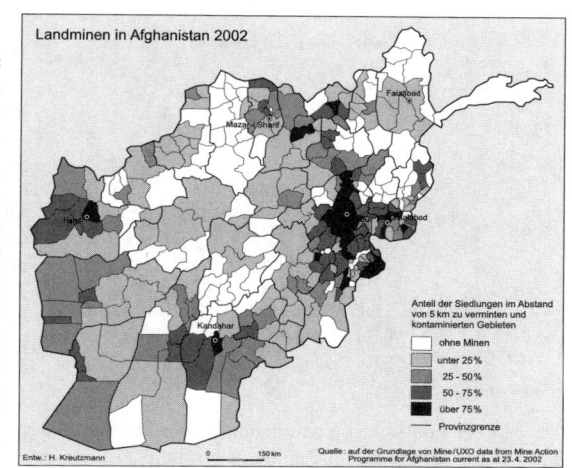

Zweitens spielt die Drogenökonomie eine herausragende Rolle zur Aufrechterhaltung regionaler Ökonomien. Ein Blick auf die Hauptanbaugebiete reflektiert die frühere Aufteilung Afghanistans in das Talibankontrollierte Kernland und den Rückhalt der Nord-Allianz. Beide Regime finanzierten ihren bewaffneten Kampf aus Drogenerlösen. Im Jahre 1999 produzierte Afghanistan allein 4.581 t (Trockenmasse) Opium (Abb. 2), was ungefähr 70% der Weltproduktion entsprach. Hauptanbaugebiete waren die Provinzen Helmand (49% auf 44.500 ha) und Nangarhar (25% auf 23.000 ha), im Vergleich dazu produzierte Badakhshan als Gebirgsprovinz lediglich drei Prozent auf 1.700 ha Ackerland (UNDCP 1999; UNODC 2003).[2] Zehn Distrikte in Helmand und Nangarhar sind in der Anbaustatistik unter den führenden. Sie waren Zielregionen bilateraler Entwicklungszusammenarbeit in den 1950er Jahren, in diesen Provinzen entstanden mit hohen Aufwendungen aus dem afghanischen Staatshaushalt (zwischen 1952 und 1956 fast 20% allein in Helmand) und US-amerikanischer bzw. sowjetischer Hilfe Großbewässerungsgebiete (vgl. WALLER 1967), die heute die weltweite Führungsrolle im Opiumanbau innehaben.

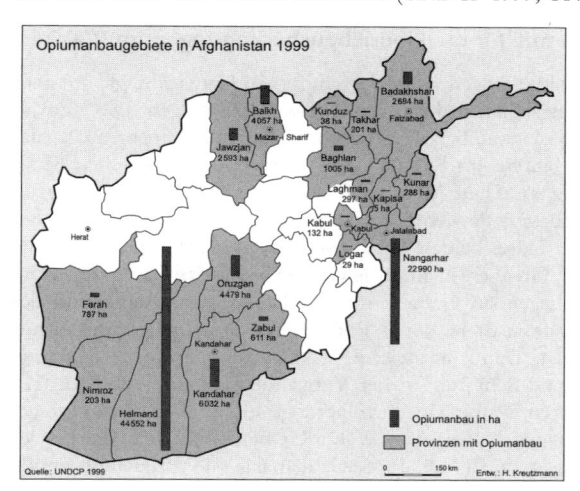

Abb. 2: Opiumanbau in Afghanistan

Trotz eines von der Regierung Karzai im Januar 2002 verhängten Opiumanbauverbots werden 2003 erstmals wieder die Spitzenerträge des Jahres 1999 annähernd erreicht. Der Ertrag der gegenwärtig einzubringenden Ernte soll Schätzungen zufolge über 4.000 t ausmachen (Abb. 3). Interviewpartner versicherten uns, dass gerade in Qunduz, Takhar und Badakhshan der Anbau signifikant zugenommen habe, in bislang opiumfreien Regionen sei in diesem Jahr der Anbau forciert worden: Die Anbaufläche allein in Badakhshan soll sich seit 1999 verdreifacht haben, im Durchschnitt waren 15% der Weizen-Erntefläche für Opium genutzt, entsprechend zwei Prozent des Ackerlands (UNODCP 2003, 40; 45). Durch die Konzentration des Opiumanbaus in einigen Dörfern und Teilregionen bleiben die Durchschnittswerte wenig aussagekräftig. Das deckt sich mit eigenen Beobachtungen in den

Opium-Produktion in Afghanistan

Abb. 3: Entwicklung des Opiumanbaus in Afghanistan 1980-2003

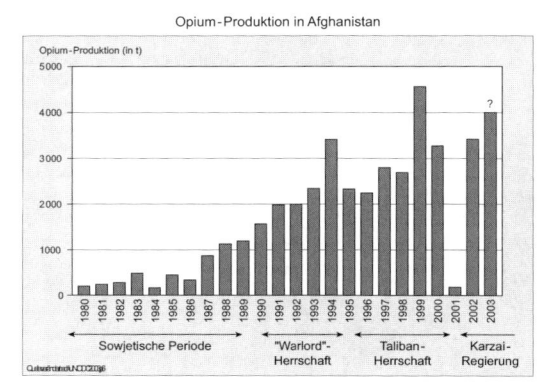

Bergregionen Badakhshans, in manchen Dörfern war im Juli 2003 bis zur Hälfte der Anbaufläche mit Mohnpflanzen bestellt.

Die Ausführungen zu Landminen und Opium mögen verdeutlichen, dass der afghanische Nationalstaat außerhalb der Stadtgrenzen Kabuls in seiner Präsenz vernachlässigbar wirksam scheint. Daraus könnte geschlossen werden, dass die peripheren Bergregionen von den Entwicklungen unberührt blieben bzw. Wirkungen der politischen Veränderungen der jüngsten Vergangenheit kaum spürbar würden. Am Fallbeispiel der Wakhan-Region seien diese Thesen überprüft. Die im folgenden präsentierten Überlegungen sind als vorläufig zu betrachten, da sie erst jüngst durchgeführten und noch nicht abgeschlossenen Feldarbeiten entstammen.[3]

3 Wirkungen der Kriegsökonomie für die Überlebensbedingungen im Wakhan

Für die Analyse der gegenwärtigen Bedingungen und des zukünftigen Entwicklungspotentials ist es erforderlich, einige Entwicklungslinien in historischer Tiefe aufzuzeigen. Die Verwaltungseinheit, die heute als Wakhan Woluswali bezeichnet wird, umfasst das Ergebnis kolonialer Grenzziehungsprozesse vor 110 Jahren. Im Rahmen des „Great Game" zwischen Russland und Großbritannien fiel dem afghanischen Amir der Wakhan-Streifen zu. Die Grenzziehungs- und Teilungsphilosophie schuf mit Persien, Transkaspien, Afghanistan, Xinjiang und Tibet eine Pufferzone, die zum Ziel hatte, beiden Supermächten des 19. Jahrhunderts eine Konfrontation entlang gemeinsamer Grenzen in ihren jeweiligen Einflusssphären zu ersparen. Damit wurden die dazwischenliegenden Gebiete machtpolitisch neutralisiert, und der Wakhan-Korridor repräsentiert die engste Stelle dieses Puffers, der an manchen Stellen nur wenige Kilometer (< 15 km) breit ist. Damit avancierte Wakhan zum territorial fassbaren Symbol imperialer Oktroyierungen und Schaffung neuer Verwaltungsgebilde (vgl. KREUTZMANN 1996). Spürbare Konsequenzen waren ein Bevölkerungsverlust und großangelegte Fluchtbewegungen, die dazu beigetragen haben, dass Wakhi-Gemeinschaften heute in vier verschiedenen Nationalstaaten ansässig sind (Abb. 4). Nach damaliger Grenzziehungsmode wurde der Stromstrich des Amu Darya (Oxus, Pjandsh) als Trennungslinie vereinbart, was zur Teilung der früheren Fürstentümer (Roshan, Shughnan, Gharan, Ishkashim, Wakhan) in einen afghanisch-dominierten, am linken Ufer des Amu Darya liegenden Bereich und Rumpfgebilden am rechten Ufer führte, die dem zaristischen Imperium zugeschlagen wurden. Letztere gehören heute zu Tadschikistan und erfuhren vor allem in der sowjetischen Periode einen grundlegenden Wandel der sozialen und wirtschaftlichen Verhältnisse (vgl. KREUTZMANN 1996; 2002a), der zwischen dem tadschikischen Rajon Ishkashim und Wakhan Woluswali zu einem markanten Entwicklungsgefälle führte. Die weltpolitisch bedeutende Grenze markierte die Konfrontationslinien des „Kalten Kriegs" und war weitgehend hermetisch abgeriegelt.

Hermann KREUTZMANN

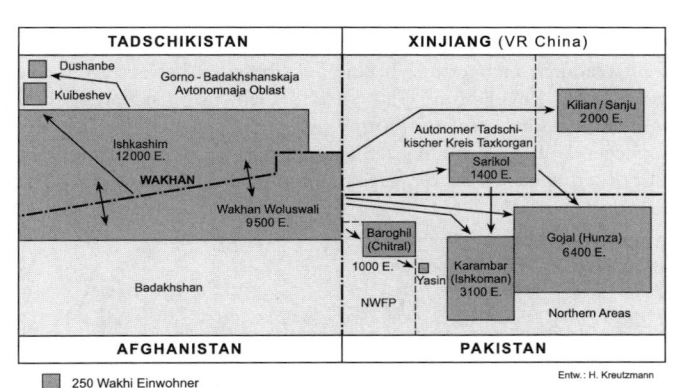

Abb. 4: Heutige Siedlungsgebiete von Wakhi-Gemeinschaften

Der hier betrachtete afghanische Wakhan Woluswali (Abb. 5) führte fortan ein Schattendasein an der Peripherie des afghanischen Königreichs. Staatliche Präsenz manifestierte sich durch den Posten eines ortsfremden „woluswal" (Verwaltungsbeamten), durch Steuerabgaben, die Aushebung von Soldaten und einige zaghaft durchgeführte, rudimentäre Infrastrukturmaßnahmen. Die Grenzziehungen zeigten in der Folgezeit Wirkung. Mit der Oktoberrevolution in Russland und der Chinesischen Revolution etablierte sich ein Grenzkontroll-Regime, das die Grenze undurchlässig machte. Dadurch wurden die Wakhi-Bergbauern ihrer Handels- und Tauschpartner jenseits der Grenzen beraubt und auf eine Subsistenzwirtschaft eingeschränkt, die Verarmungstendenzen förderte.[4] Den kirgisischen Nomaden des Kleinen und Großen Pamir blieb eine Weidenutzungsstrategie, die SHAHRANI (1979) als „closed frontier nomadism" bezeichnet hat. Die ökonomische Orientierung beider Gruppen richtete sich auf das afghanische Zentrum in Kabul. Der dortige Viehmarkt sowie die Vielzahl von ambulanten Händlern aus den afghanischen Oasenstädten und vornehmlich aus Badakhshan waren die Vermittler von Marktbeziehungen. Die alljährlich im Herbst und Winter durchgeführten Viehabtriebe ermöglichten den Tausch dringend benötigter Güter.

Nach der afghanischen Saur-Revolution im April 1978 verließ ein Großteil der Kirgisen den Wakhan und suchte Zuflucht im pakistanischen Exil und später in der Türkei (vgl. KREUTZMANN 2001b). Nur eine kleine Gruppe kehrte zurück und erlebte unter sowjetischer Besatzung nach eigenen Angaben eine Zeit relativen Wohlstands. Auch unter den Wakhi wird die Zeit der Najibullah-Regierung (1986 bis 1992) in der Erinnerung als eine vorteilhafte angesehen. Beide Einschätzungen heben die Verbesserung von Infrastruktur (Schulen, Gesundheitswesen) und eine adäquate Versorgungslage aufgrund günstiger Tauschbeziehungen hervor. Letztmalig bis dato wurden regelmäßig Gehälter an Staatsbedienstete wie beispielsweise Lehrer gezahlt.

Gravierende Einschnitte erfolgten mit der Übernahme der Macht durch die Nord-Allianz unter der Führung von Ahmed Shah Masud. Das damit einziehende Regime einer hierarchischen Struktur von Kommandanten besteht bis in die Gegenwart. Unter dem Kommandanten von Ost-Badakhshan (bis 1999 der dann ermordete Najmuddin Khan, seither Sardor) wurden auf lokaler Ebene und im Grenzsicherungsbereich nachgeordnete Kommandanten eingesetzt, die mit wenigen Ausnahmen alle ortsfremd waren und sind. Sie rekrutierten sich aus den sunnitischen Kerngebieten Badakhshans (Baharak, Warduj, Zardeu) und kontrollierten das überwiegend von ismailitischen Wakhi und sunnitischen Kirgisen besiedelte Gebiet Wakhans (Abb. 5). Gegenwärtig ist lediglich ein lokaler Kommandant aus Qala-e Panja im Grenzsicherungsdienst von Sarhad-e Wakhan eingesetzt. Dieses Regime sicherte seine Macht-

Entwicklungsstrategien im Spannungsfeld von Geopolitik und lokalen Agenden

basis durch die vollständige Entwaffnung der Lokalbevölkerung und damit durch eine Monopolisierung der Waffengewalt. Dadurch etablierte sich eine Schicht von Waffenträgern, die der bergbäuerlichen und nomadischen Bevölkerung Getreide und Vieh zur Finanzierung ihrer Präsenz abpresste. Steuern und Wegezölle werden in Form von Naturalabgaben eingetrieben, da Bargeld ein knappes, vorwiegend zur Berechnung der Tauschpreise verwendetes Gut darstellt. Gerade die Wegezoll-Forderungen haben die geringe grenzüberschreitende Mobilität weiter eingeschränkt.

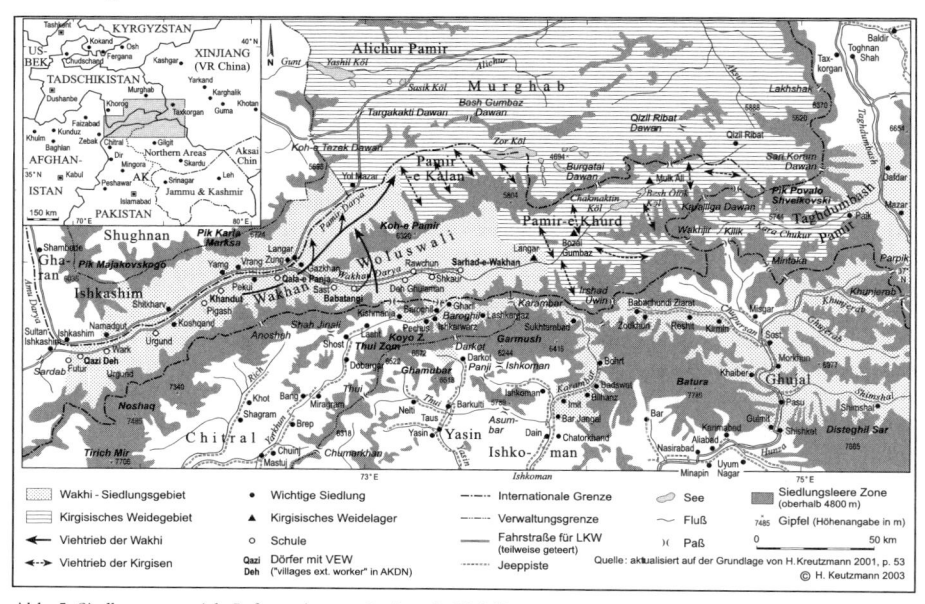

Abb. 5: Siedlungen, soziale Infrastruktur und saisonale Mobilitätsmuster in Wakhan Woluswali, Afghanistan

Die Kommandanten entstammen fast ausschließlich den Hauptanbaugebieten von Opium in Badakhshan. Sie kontrollierten nicht nur den Opiumexport, der sowohl bei der Nordallianz als auch bei den Taliban zur Aufrechterhaltung ihrer Macht diente, sondern tauschten im Wakhan Opium gegen Vieh. In der Konsequenz hat der traditionell vorhandene, aber kontrollierte Opiumkonsum im Wakhan gravierende Zuwächse erfahren, am stärksten unter den Kirgisen. Neben den Kommandanten sind ambulante Viehaufkäufer und Warenhändler am Opiumhandel beteiligt.

Auch unter der Regierung Karzai hat sich an der grundsätzlichen Struktur wenig verändert. Im ersten Jahr ihrer Amtsübernahme wurden Verwaltungsbeamte, Rekruten und Lehrer noch sparsam besoldet, seit Dezember 2002 wurden keine Gehälter mehr ausgezahlt. Daher wächst die Unzufriedenheit mit dieser Regierung rapide, da in sie große Hoffnungen bezüglich einer Verbesserung der alltäglichen Lebensbedingungen und einer staatlichen Infrastruktur jenseits des ausbeuterischen Kommandantenwesens gelegt wurde. Das Vertrauen schwindet mehr und mehr.

Hermann KREUTZMANN

Der politische und spirituelle Führer Wakhans, Pir Shah Ismail, hatte an der Loya Jirga auf Betreiben der UN teilgenommen, war erst wieder kürzlich bei den zuständigen Provinzbehörden und Kabuler Ministerien vorstellig geworden, um auf die gravierende Verwaltungs- und Versorgungssituation aufmerksam zu machen. Alle seine Bemühungen waren ohne Wirkung. Er fasste seine Sorgen zusammen: „Zu welchem Land gehört Wakhan eigentlich? Wir wissen nicht, ob zu Afghanistan, Tadschikistan oder China, denn wir sehen kein Interesse und auch keine Verantwortung irgendeiner Regierung hinsichtlich eines Infrastrukturausbaus und dauerhafter Entwicklungsmaßnahmen. Daher waren meine Besuche in Kabul umsonst" (Interview am 21. Juli 2003 in Qala-e Panja). Seine Aussage ist von nachhaltiger Enttäuschung getrübt, da er eigentlich Hoffnung und Vertrauen in den Aufbau von neuen Institutionen gesetzt hatte.

4 Veränderungen in der Sozialstruktur und Verarmungstendenzen

Wie lässt sich die Verschlechterung der Überlebensbedingungen in Wakhan fassen? Die beiden ethno-linguistischen Gruppen – Wakhi und Kirgisen – sind dabei hinsichtlich sozialer Organisationsformen und Wirtschaftspraktiken zu unterscheiden.

Abb. 6: Sozialstrukturmodell der Wakhi in Wakhan Woluswali

Der Einfluss der lokalen Herrscherfamilie schwand mit der Flucht des Mir Ali Mardan Shah 1883 ins benachbarte Chitral bzw. Ishkoman (heute Pakistan) im Rahmen der Auseinandersetzungen im „Great Game". Trotz der Rückkehr seiner Brüder endete deren Führungsrolle spätestens in den 1930er Jahren. Dennoch gehören die mit der Herrschaft assoziierten Haushalte weiterhin zur lokalen Oberschicht, die zudem aus den ismailitischen *saiyid*-Familien gebildet wird.
Als Shahrani Mitte der 1970er Jahre Untersuchungen dort durchführte, erhob er unter den damals 700 Haushalten eine Sozialstratifikation, die 25 bis 30 wohlhabende Haushalte (*miri, shana, saiyid, khaibere*) auswies. In ihr war die tradierte und spirituelle Elite Wakhans versammelt. Dazu ermittelte er 600 durchschnittlich ausgestattete und 70 pauperisierte Haushalte (SHAHRANI 1979, 62ff). Insgesamt waren zehn Prozent der Bevölkerung verarmt. In unserer Untersuchung (FELMY / KREUTZMANN 2003) war die Haushaltsanzahl auf 1.100 angewachsen (Abb. 6). Die Oberschicht setzte sich aus ungefähr 110 Haushalten zusammen, das mittlere Segment war auf 200 Haushalte geschrumpft. Die überwiegende Zahl der verbleibenden 800 *khik*-Haushalte konnte nur als verarmt eingestuft werden. Um ein plastisches Bild zu geben: In der Wakhi-Gesellschaft besteht die Hauptnahrung aus salzigem Milchtee und Brot. Wir haben eine Vielzahl von Personen befragt, die glaubhaft versicherten, sie hätten seit zwei Monaten kein Brot mehr gegessen. Zum Zeitpunkt der Erhebungen war die nächste Getreideernte noch mehr als einen Monat entfernt. Zur Kompensation des Nahrungsmitteldefizits werden in den Bergen wildwachsende Pflanzen gesammelt, aus denen eine wässrige Suppe zubereitet wird. Die erste ausreifende Frucht wird *krosh* (*Lathyrus sativus*) sein, die ebenfalls

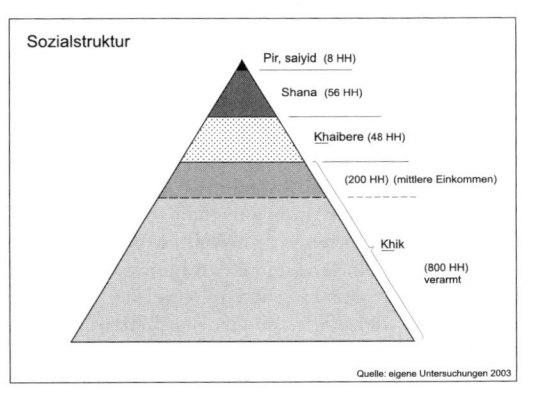

zu Brotgetreide vermahlen wird. Übermäßiger Konsum dieses Mehls führt zu einer Nervenkrankheit, Lathyrismus oder Platterbsenkrankheit, lokal als „*polio*" bezeichnet, die Gliedmaßen anschwellen lässt und zu einer eingeschränkten Kontrolle des körperlichen Bewegungsapparats führt. Hunger treibt die ärmsten Schichten dazu, dieses Risiko einzugehen und eine bleibende Behinderung bzw. den frühzeitigen Tod in Kauf zu nehmen. Aus dieser kurzen Schilderung mag deutlich werden, wie prekär die Lebensverhältnisse zur Zeit sind und dass die bis vor kurzem gewährte humanitäre Hilfe dringend weiterhin benötigt wird.[5]

Die kirgisische Sozialstruktur unterscheidet sich weitgehend von der der Wakhi. Unter der Herrschaft von Haji Rahman Qul gehörten die 330 kirgisischen Jurtengemeinschaften des Kleinen und Großen Pamir zu den wohlhabenden Gruppen in Badakhshan (vgl. DOR / NAUMANN 1978; SHAHRANI 1979). Rahman Qul war vielleicht einer der reichsten Männer der pamirischen Hochgebirgsregion mit mehr als 17.000 Yaks, Schafen und Ziegen. Abgeschiedenheit und Wohlstand waren hier kein Hindernis. Weitere sechs wohlhabende Haushalte besaßen zwischen 1.310 und 3.640 Schafe und Ziegen, sieben zwischen 500 und 940. Aber es gab auch 228 Haushalte, die überhaupt keine Schafe und Ziegen besaßen und zusammen nur über 577 Yaks verfügten. Dazwischen lagen 91 Haushalte mit variierendem Viehbestand zwischen 1 und 430 Stück Kleinvieh (SHAHRANI 1979, 177). Die Sozialstratifikation ist durch Ungleichheit und Extreme gekennzeichnet. Die wohlhabenden Haushalte waren auf die wohlfeilen Dienstleistungen verarmter Haushalte angewiesen. Im Vergleich zu den Wakhi standen die kirgisischen Nomaden vergleichsweise gut da, so dass auch verarmte Wakhi-Bergbauern sich bei ihnen als Viehhirten verdingten. Nach der afghanischen Saur-Revolution und vor der sowjetischen Invasion führte Rahman Qul seine Gruppe ins pakistanische Exil. Damit begann ein Verarmungsprozess, der sowohl für die ins türkische Exil weiterwandernde Gruppe gilt als auch für die in den Pamir zurückkehrende. Unter Abdurrashid Khan kehrten zwischen 1979 und 1982 ungefähr 50 Haushalte zurück. Heute ist die kirgisische Gemeinschaft auf 110 Jurtengemeinschaften im Großen und 140 im Kleinen Pamir angewachsen. Der Clan von Abdurrashid Khan besitzt ungefähr 250 Schafe und Ziegen sowie 62 Yaks. Damit hätte er früher im oberen Drittel der Sozialhierarchie gelegen. Insgesamt liegt der Herdenbestand aller 250 Jurtengemeinschaften heute unter dem, was Haji Rahman Qul einst allein besaß (vgl. KREUTZMANN 2001b). Als weiterer Ausdruck der Pauperisierung der Kirgisen ist zu erwähnen, dass hier unter dem Regime der Kommandanten nicht nur eine Erpressung von Abgaben eingeführt wurde, die den unbesteuerten bzw. steuerfrei Viehzucht betreibenden Nomaden zur Zeit der Monarchie unbekannt war, sondern auch der Tauschhandel von Vieh gegen Opium den lokalen Konsum und die Abhängigkeiten vervielfacht hat. Das Opiumproblem ist heute im Pamir ein größeres als je zuvor und trägt zur Abnahme der wichtigen Viehressource weiterhin bei.

5 Entwicklung der Austauschbeziehungen

Bergbauern aus Wakhan befinden sich in einer gravierenden Entwicklungskrise, die nach den Ereignissen zu Ende des „Kalten Kriegs" Hoffnung aufkeimen ließ, dass frühere grenzüberschreitende Austauschbeziehungen (Abb. 7) wieder revitalisiert werden könnten. Versuche wurden gestartet, gemeinsame Grenzmärkte mit Tadschikistan zu eröffnen. Nach zaghaften Versuchen in Ishkashim (am Ausgang des Wakhan) und Ghundibhoi (an der afghanisch-tadschikischen Grenze im Kleinen Pamir) wurden diese Aktivitäten spätestens seit 9/11 und den verstärkten Kontrollen seitens der russischen Grenztruppen weitgehend unterbunden. In die-

Hermann KREUTZMANN

sem Jahr fand nach schwierigen Verhandlungen ein verspäteter kirgisischer Markt am 24. September 2003 in Ghundjibhoi statt, an dem jeweils 70 Kirgisen aus Tadschikistan und dem kleinen Pamir partizipierten.[6]

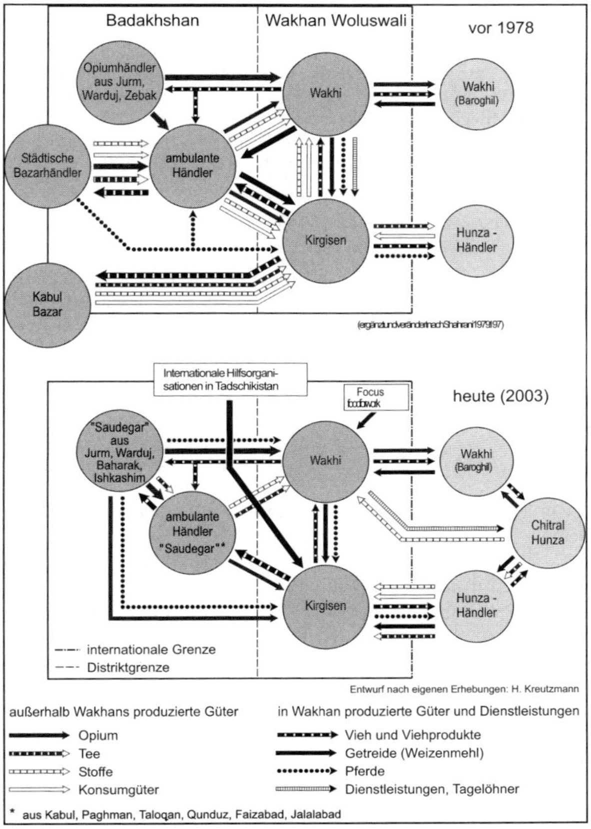

Abb. 7: Austauschbeziehungen Wakhans heute

Migration nach Pakistan war eine Lösungsstrategie, auch sie verpuffte in den vergangenen zwei Jahren aufgrund erneuter Grenzschließungen im Gefolge sich verschlechternder afghanisch-pakistanischer diplomatischer Beziehungen und vermehrter Kontrollen im Norden Pakistans, die Infiltrationen aus Afghanistan verhindern sollten. Dennoch existiert weiterhin ein kleiner Grenzverkehr von Migranten und Warenaustausch.

Gegenwärtig zeichnet sich ab, dass Wakhan wieder verstärkt an alten Austauschbeziehungen innerhalb Afghanistans partizipieren wird. Für Kommandanten und ambulante Händler (*saudegar*) eröffnen sich doppelte Verdienstmöglichkeiten durch den Tausch überpreister Waren gegen wohlfeiles Vieh. So hielten sich Händler in Wakhan auf, die vornehmlich aus Badakhshan, Panjshir und Paghman kamen, um für den lukrativen „Dollar-Markt" Vieh zu erwerben, das dann über den Anjuman-Pass in bis zu sechs Wochen langen Viehtrieben nach Kabul gebracht wird.

Lediglich ein kurzfristig aufgelegtes „food-for-work"-Programm von *Focus* (Teil des *Aga Khan Development Network*) bot den Ansässigen Beschäftigung im Straßenbau für zwei Monate. Fast alle Haushalte der Wakhi partizipierten daran, in den kirgisischen Weidegebieten fehlt bislang jeglicher Infrastrukturausbau und die Abgabe humanitärer Hilfsgüter an Kirgisen wird verlängert.

Die „neue Zeit", die in Kabul angebrochen zu sein scheint, hat im Wakhan eher zu einer Verschärfung der Überlebensbedingungen denn zu einer Linderung geführt. Konflikträchtigkeit im afghanischen Krisengebiet und die fehlende Ausstrahlung ziviler Strukturen bleiben nicht ohne Wirkung in der Peripherie, seien es die Entfernung von Landminen, die Effekte des Schlafmohnanbaus und -handels oder die von geringem Erfolg gekrönten Bemühungen um nationalstaatliche „governance" und Infrastrukturausbau.

[1] Ganz im Gegenteil wird eher eine Ausweitung der Kontrolle angestrebt, um irredentistischen Forderungen nach einem Territorium Pashtunistan (heutige NWFP und Baluchistan in Pakistan) neuen Auftrieb zu verleihen.

[2] Mit dem Verbot des Opiumanbaus durch das Taliban-Regime im Jahre 2001 nahm Badakhshan kurzzeitig eine Spitzenstellung des Anbaus ein: 83% einer wesentlich geringeren Gesamtmenge wurden 2001 in Badakhshan unter dem Regime der dortigen Nord-Allianz erzeugt. Das änderte sich nach Absetzung der Taliban im Jahre 2002: Helmand (40%) und Nangarhar (27%) produzieren erneut die Hauptmengen, während der Anteil Badakhshans mit 11% signifikant gestiegen ist (UNODC 2003, 40).

[3] Die Untersuchungen wurden in den Jahren 1999, 2000 und im Juli/August 2003 durchgeführt.

[4] Seit 1935 wurde jeglicher Handel über die Grenzen der sowjetisch kontrollierten Gebiete systematisch durch künstliche Preisgradienten und hermetische Grenzsicherung unterbunden (vgl. KREUTZMANN 1996).

[5] Paradoxerweise war die Taliban-Herrschaft in Kabul vorteilhafter für den Wakhan. Aufgrund der klaren Frontlinien, der Unterstützung des Westens für Ahmed Shah Masud, der zu einem neuen Helden als „Löwe von Panjshir" stilisiert wurde, erhielt die Nord-Allianz substantielle Nahrungsmittelhilfe, die auch über die Nichtregierungsorganisation *Focus* den Wakhan erreichte. Die „Normalisierung" in Kabul hat zu einem Aussetzen der Hilfslieferungen geführt.

[6] freundliche briefliche Mitteilung von Erik Engel, Murghab, vom 29. September 2003

Literatur

DOR, R. / NAUMANN, C. (1978): Die Kirghisen des afghanischen Pamir. – Graz.
FELMY, S. / KREUTZMANN, H. (2003): Wakhan mission report. Survey of livelihood conditions and the governance framework among Wakhi and Kirghiz communities in Wakhan Woluswali, Afghanistan. – Kabul.
ICG (International Crisis Group) (2003): Afghanistan. The problem of Pashtun alienation. (= ICG Asia Report, 62). – Kabul, Brussels.
KREUTZMANN, H. (1996): Ethnizität im Entwicklungsprozeß. Die Wakhi in Hochasien. – Berlin.
KREUTZMANN, H. (2001a): Development Indicators for Mountain Regions. – In: Mountain Research and Development 21(2). – 34-41.
KREUTZMANN, H. (2001b): Nomaden auf dem Dach der Welt. Überlebensstrategien der Kirgisen Afghanistans. – In: Geographische Rundschau 53(9). – 52-56.
KREUTZMANN, H. (2002a): Gorno-Badakhshan: Experimente mit der Autonomie – Sowjetisches Erbe und Transformation im Pamir. – In: Internationales Asienforum 33(1-2). – 31-46.
KREUTZMANN, H. (2002b): Streit um Kaschmir. – In: Geographische Rundschau 54(3). – 56-61.
KREUTZMANN, H. (2003): Ethnic minorities and marginality in the Pamirian knot. Survival of Wakhi and Kirghiz in a harsh environment and global contexts. – In: The Geographical Journal 169(3). – 215-235.
MAPA (Mine Action Programme for Afghanistan) (2003): Strategic plan 2003-2012. *www.mineaction.org/countries/_refdocs.cfm* (Zugriff am 06.08.2003)
SHAHRANI, M. N. (1979): The Kirghiz and Wakhi of Afghanistan. Adaptation to Closed Frontiers. – Seattle, London.
UNDCP (United Nations International Drug Control Programme) (1999): Afghanistan. Annual Opium Poppy Survey 1999. – Islamabad.
UNODC (United Nations Office on Drugs and Crime) (2003): The opium economy in Afghanistan. An international problem. – New York.
WALLER, P. P. (1967): Vorläufiger Bericht über eine Reise nach Afghanistan (Hilmend- und Nangahar-Bewässerungsprojekte). – In: Die Erde 98(1). – 61-70.

Hans ELSASSER (Zürich) und Martin BOESCH (St. Gallen)

Leitthema D2 – Leistungen und Gegenleistungen von Gebirge und Umland

Die bisherigen Berggebietspolitiken der Alpenstaaten waren in der zweiten Hälfte des 20. Jahrhunderts sehr stark von klassischen Zentrum-Peripherie-Modellen geprägt, .d. h., die Wirtschafts- und Lebensräume in den Alpen wurden – abgesehen von einigen wenigen touristischen und städtischen Zentren – als Peripherien betrachtet, die durch die zentrenorientierten Entwicklungen in verschiedener Hinsicht benachteiligt werden. Die Berggebietsregionen wurden als Problemregionen identifiziert. Es war relativ unbestritten, dass das Umland Leistungen zur Förderung der Entwicklung dieser Problemregionen erbringen muss.

Die vier Aufsätze diskutieren an Beispielen aus Österreich und der Schweiz, zwei Staaten mit einem flächenmässig bedeutenden Anteil von Gebirgsräumen an den Landesflächen, aktuelle Fragen von Leistungen und Gegenleistungen von Gebirge und Umland.

In seinem Aufsatz „Endogene Entwicklung unter exogenen Einflüssen: Trends und Prognosen für das österreichische Berggebiet" stellt Martin Seger die Wechselwirkungen zwischen Gebirge und Vorländern am Beispiel der Entwicklungen im Ostalpenraum dar. Er zeigt die Abhängigkeit des Gebirgslands von den Entwicklungen im Vorland auf, wobei nicht nur die sozioökonomische Entwicklung, sondern auch die Gestaltung und Veränderung der alpinen Kulturlandschaft angesprochen wird. Die Vorländer hatten und haben Interessen an den Gebirgsräumen, z. B. Nutzung alpiner Ressourcen, Ausdehnung des Lebensraums oder zumindest der politischen Einflussbereiche (unter anderem zur Sicherung von Verkehrswegen), wobei sich diese Interessenlage natürlich im Laufe der Geschichte wandelte, je nach der Bedeutung der Ressourcen im weitesten Sinne. Die wirtschaftlichen und politischen Verflechtungen zwischen Berggebiet und Vorländern hatten bereits in der Vergangenheit oft maßgebliche und zum Teil gravierende Auswirkungen auf das Berggebiet.

Franz Dollinger geht in seinem Aufsatz „Die Rolle des Alpenraums im Österreichischen Raumentwicklungskonzept 2001 – Ein unbekannter Ballungsraum als Erholungsgebiet für die alpennahen Agglomerationen?" von folgenden Hypothesen aus: Im Österreichischen Raumentwicklungskonzept 2001 (ÖREK) fehlt der Alpenraum weitgehend, d. h. ein potentieller Konflikt wird verdrängt und man meidet den Begriff „Alpenraum" als eigenständige Raumkategorie, um zu dokumentieren, dass bezüglich zentraler Herausforderungen der Raumentwicklung kaum Unterschiede zwischen Alpengebiet und Nicht-Alpengebiet bestehen. Eine Analyse des Österreichischen Raumentwicklungskonzepts stützt sowohl die Verdrängungs- als auch die Vermeidungshypothese.

Der Alpenraum ist gleichzeitig dicht und dünn besiedelt, ist Stadt und Land gleichermassen. Wenn von Leistungen und Gegenleistungen von Alpenraum und Umland gesprochen wird, muss geklärt werden, was unter dem Alpenraum gemeint ist. Eine definierte Abgrenzung in raumordnungspolitischen Instrumenten Österreichs fehlt – offensichtlich aus der Überlegung heraus, dass wegen der klaren völkerrechtlich abgesicherten Abgrenzung in der Alpenkonvention jene stillschweigend übernommen werden kann.

GAMERITH, W. / MESSERLI, P. / MEUSBURGER, P. / WANNER, H. (Hrsg.) (2004): Alpenwelt – Gebirgswelten. Inseln, Brücken, Grenzen. Tagungsbericht und wissenschaftliche Abhandlungen. 54. Deutscher Geographentag Bern 2003. 28. September bis 4. Oktober 2003. – Heidelberg, Bern. 651-652.

Schutzbestrebungen zur Bewahrung der alpinen Kulturlandschaften mussten oft gegen die einheimische Bevölkerung durchgesetzt werden. Heute besteht jedoch eine unheilige Allianz zwischen der auf Erlebnis orientierten Bevölkerung des Umlands mit Interessenträgern in den Alpentälern. Die Hauptaufgabe des ÖREK besteht darin, einen Bewusstseinsprozess in die Wege zu leiten, um die Bevölkerung in den Alpen und im Umland – mit Hilfe von Visualisierungen und Szenarien – über die Auswirkungen des weiteren Flächenverbrauchs zu sensibilisieren.

Im Aufsatz „Zahlen die Agglomerationen für die Alpen?" stellen Michael Marti, Stephan Osterwald, Helen Simmen und Felix Walter erste Resultate aus dem Forschungsprojekt „ALPAYS – Alpine Landscape: Payments and Spillovers" des Nationalen Forschungsprogramms 48 „Landschaften und Lebensräume der Alpen" vor. Im Alpenraum lebt ein Fünftel der Bevölkerung der Schweiz und gut ein Sechstel des Volkseinkommens wird dort erarbeitet.

Zwischen dem Alpenraum und der übrigen Schweiz bestehen unterschiedliche Finanzströme, die nicht saldiert werden dürfen. Der Alpenraum erarbeitet den Großteil seiner Finanzen in der Marktwirtschaft, insbesondere im Tourismus. Über nicht-marktwirtschaftliche Prozesse wird er von der übrigen Schweiz finanziell mitgetragen. Aufgrund seiner geringeren wirtschaftlichen Leistungsfähigkeit vermag er pro Kopf weniger Steuervolumen zu erwirtschaften. Da der Finanzausgleich wesentlich auf der Steuerkraft der Kantone beruht, wird der Alpenraum zum Nettoempfänger im Finanzausgleich. Die höheren Subventionen pro Kopf im Alpenraum weisen auf die topographischen Merkmale (Lasten) des Alpenraums hin. Subventionen und Finanzausgleich stellen einen Lastenausgleich dar, zu dem die übrige Schweiz einen Beitrag leistet. Insgesamt sind die Bewohner des Alpenraums Nettoempfänger, diejenigen der übrigen Schweiz Nettozahler.

In ihrem Aufsatz „Internalisierungsorientierte Regionalpolitik: Blick aus der Praxis auf ein theoretisches Konzept (Fallbeispiel Schweiz)" zeigen die beiden Autoren Daniel Wachter und Peter Schmid die Chancen und Grenzen einer solchen Politik auf. Die Grundidee der umweltbezogenen internalisierungsorientierten Regionalpolitik besteht darin, positive Umweltexternalitäten durch die Nutznießer abgelten zu lassen und negative externe Effekte den Verursachern anzulasten. Wenn die Abgeltung positiver Umweltexternalitäten vor allem ländliche Räume begünstigt, die Anlastung negativer Umweltexternalitäten dagegen besonders städtische Gebiete belastet, führt dies zu einem regionalen Ausgleich zwischen ländlichen Gebirgsregionen und städtischem Umland.

Die Maßnahmen einer internalisierungsorientierten Regionalpolitik für die Berggebiete umfassten 2002 rund 1.700 Mio. Franken; der größte Teil, nämlich 1.511 Mio. Franken, entfiel auf die durch den Bund ausgerichteten Direktzahlungen an die Landwirtschaft. Im gleichen Jahr stellte der Bund im Rahmen der Investitionshilfe für Berggebiete 176 Mio. Franken zur Verfügung. Aus diesem Vergleich ist die große – und tendenziell zunehmende – Bedeutung der Internalisierungsmaßnahmen insbesondere für die agrarischen Räume innerhalb des schweizerischen Berggebiets leicht zu erkennen.

Reformvorschläge für eine neue Regionalpolitik und die Gesetzesvorlage für die Schaffung von Nationalparks deuten darauf hin, dass für peripher-agrarische Gebiete der Schweiz, die zu einem bedeutenden Teil im Gebirge liegen, vermehrt auf die nachhaltige Inwertsetzung von Naturraumpotentialen gesetzt wird. Dies erfordert entsprechende Förder- und Abgeltungsmaßnahmen.

Martin SEGER (Klagenfurt)

Endogene Entwicklung, externe Einflüsse: Prozesse im österreichischen Berggebiet

1 Intentionen der Vorländer bestimmen die Geschicke im Alpenraum

Der folgende Text ordnet sich dem Leitthema „Leistungen und Gegenleistungen zwischen Gebirgen und Vorländern" zu, und er kann als Ergänzung zu den Ausführungen von MESSERLI / EGLI (2003) gesehen werden. Anstelle von „Leistungen" soll zunächst von Wechselbeziehungen gesprochen werden, die zumeist auch als Angebot-Nachfrage-Relationen aufgefasst werden können. Grundlage dieser Beziehungen sind Potentiale und Attraktionen, die im Laufe der historischen Entwicklung in unterschiedlicher Form zutage treten. Ebenso im historischen Kontext entwickelt hat sich die Distanzüberwindung zwischen Vorland und Gebirge, und dies nicht nur für den Gütertransport, sondern auch für die Diffusion von Innovationen und für den Personenverkehr. In diesem Zusammenhang wird auf die Brüche der Entwicklung der Beziehungen verwiesen, die durch technische Revolutionen (Eisenbahn, Motorisierung) ebenso verursacht wurden wie durch gravierende sozioökonomische Veränderungen (Freizeitverhalten). Was die Initiative der Beziehungen zwischen dem Bergland und den Vorländern anlangt, so liegt diese aufgrund von machtpolitischen Fakten, aber auch wegen des Bevölkerungspotentials zumeist bei den Vorländern. „Vorländer" sind in diesen Relationen zunächst dimensionslos zu sehen. Sowohl der Alpenrand als auch der EU-Raum als Ganzes, und in gewissem Sinne globale Effekte tangieren das Berggebiet.

1.1 Interessen der Vorländer

Was aber sind die Interessen der Vorländer am Gebirge? Die Ballungsräume im Umfeld der Alpen, zugleich Schaltstellen der Macht, hatten aus einer historischen Perspektive, die sich in Variationen bis heute erhalten hat, stets die folgenden handlungsleitenden Interessen am Bergland:

- Die Barriere des Gebirgsraums zu überwinden, um jenseits davon ihren Interessen nachzukommen,
- die Ressourcen der Alpen zu nutzen, wobei das, was als „Ressource" gilt, sich im Zeitverlauf verändert hat, und schließlich
- das Bergland wie jede andere Peripherie in den eigenen Einflussbereich zu integrieren und damit den Lebensraum des Vorlands zu erweitern. Das gilt gleichermaßen für die frühe Kolonisation der Alpen wie für rezente Fremdenverkehrsströme und Zweitwohnsitze.

Im Gegensatz zum Flachland stellt aber das Bergland einen in mehrerer Hinsicht anderen Lebensraum dar, was in unterschiedlicher und vielfältiger Form mit der Reliefsituation des Gebirges zusammenhängt. Ein eingeschränkter Dauersiedlungsraum sei beispielsweise erwähnt und ein dreidimensionales Landschaftsbild mit Silhouetten, Kulissen und Ausblicken, was zur Vielschichtigkeit visueller Eindrücke führt. Sowohl dieser Landschaftscharakter als auch die ökologischen Verhältnisse des Gebirgsraums führen dazu, dass Umwelteingriffe im Bergland vielfach wesentlich gravierender zutage treten als in den Vorländern.

Ein gänzlich anderer Aspekt steht am Ende der Vorbemerkungen zum Wechselspiel zwischen Gebirge und Vorland. Er befasst sich mit den territorialen Machtstrukturen, denn hinter dem Spektrum des Beziehungsgefüges zwischen Vorland und Bergland stehen handfeste Interessen der politischen Macht. Was dabei Österreich und den Ostalpenraum anlangt (aber ebenso die Eidgenossenschaft und Savoyen), so haben sich die Berggebiete im Verlaufe der historischen Entwicklung von den Vorländern emanzipiert, und die endogene Entwicklung im Gebirge hat die Grundlage dafür geschaffen.

2 Territorialentwicklung in Alpenösterreich – vom Vorland her initiiert

„Der Rest ist Österreich" gesagt zu haben wird dem französischen Ministerpräsidenten Clemenceau zugeschrieben, im Zusammenhang mit dem Tranchieren der Habsburgermonarchie im Pariser Vorort St. Germain 1919, nach dem Ende des I. Weltkriegs. Dieser Rest ist der im wesentlichen deutschsprachige Siedlungsboden jener Kronländer der Monarchie, die heute Bundesländer des Staates darstellen, vermindert um die Italien zugesagte Kriegsbeute Südtirol und um andere Abtrennungen. Die territoriale Konfiguration des Staates heute hängt somit weitgehend von jenen Entwicklungen ab, die das Deutsche nach Österreich brachten (alle anderen Ethnien der Monarchie formierten sich in eigenen Nationalstaaten). Ein Rückblick in die Zeit um die Jahrtausendwende und in das Hochmittelalter gibt Aufschluss über jene politischen Entwicklungen und Entscheidungen, welche die politische Landkarte bis heute prägen. Die Keimzelle des Staates (die Gegend Ostarrichi, 996 erstmals genannt) liegt im niederösterreichischen Alpenvorland, in einem vom fränkischen Adelsgeschlecht der Babenberger beherrschten Landstrich. Diese erwählten erstmals Wien als Hauptstadt, ihr Herrschaftsbereich deckt sich weitgehend mit dem Gebiet des heutigen Landes Niederösterreich. Zwischen den Grenzflüssen Enns (im Westen) und March (im Osten) gelegen, zählt dazu auch das Ostende der Ostalpen (so z. B. auch der Wienerwald). Der Beginn der bis heute nachwirkenden Territorialentwicklung im österreichischen Alpenraum geht somit vom nördlichen Vorland aus und auf die fränkische Kolonisationsperiode zurück. Die Kolonisation wurde von regionalen Herrschern ebenso getragen wie von der geistlichen Macht. Für die Urbarmachung wurden süddeutsche Siedler ebenso angeworben wie freien Bauern (nach bairischem Recht), sie überlagerten eine ältere Schicht endogener Bevölkerung. Von Interesse ist, dass nicht die Alpen alleine Ziel dieser raumgreifenden Kolonisationsperiode waren, sondern auch die Gebiete jenseits des Gebirges, im illyrischen südöstlichen Alpenvorland (vgl. Abb. 1). Das Erzstift Salzburg hat sich an der Landnahme und an der Inwertsetzung der Gunstlagen des Alpenraums ebenso beteiligt wie die Stifte von Augsburg, Freising und Passau – allesamt in den Vorländern gelegen. Von Steyr in Oberösterreich aus wurde die Kolonisation in die nachmalige Steiermark vorangetragen, bis südlich der Mur und in das Gebiet des heutigen Nordslowenien (Stajerska, vormals Untersteiermark). Weitere Details zeigt Abb. 1. Ein Glücksfall für die Entwicklung der Alpenländer im heutigen Österreich war der Aargauer Adelige Rudolf von Habsburg. Dies nicht nur, weil er den Kampf um den Donauraum für sich entschied, sondern weil die von ihm begründete Dynastie zwischen dem Ende des 12. Jahrhunderts und der Zeit um 1500 (Maximilian I.) in wechselvollem Geschick die Einheit der österreichischen Länder schuf, und damit ein dauerhaftes „Land im Gebirge" (weit über Tirol hinaus, dem diese Charakterisierung gerne zugeschrieben wird). Eine eigenständige Territorialentwicklung kennzeichnet so das Bergland, wenngleich Orte des Geschehens wie Steyr, Wien oder Graz an dessen Rand liegen (Innsbruck ausgenommen) und Salzburg erst zu Beginn des 19. Jahrhunderts, nach den Napoleonischen Neuerungen, die auch Österreich betrafen, der Monarchie zugeschlagen wurde.

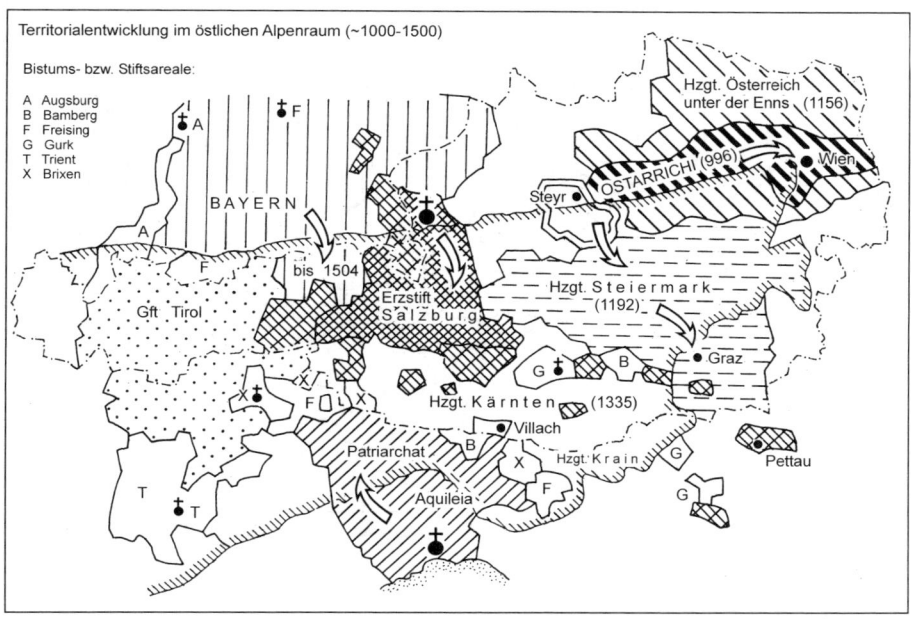

Abb. 1: Territorialentwicklung im österreichischen Berggebiet – Initiative aus dem und Abgrenzung gegen das Vorland. (Quelle: PUTZGER / LENDL / WAGNER 1975)

3 „Barriere" Alpen überwinden, ein zeitloses Interesse der Vorländer

Eine Leitidee dieses Beitrags ist es, dass die in der Regel dominanten Vorländer nur zwei Interessen am Bergland haben: die Barriere des Gebirges zu überwinden und gegebenenfalls Ressourcen, welche die Alpen bieten, zu nutzen. Zur Bewältigung der Alpen als Verkehrshindernis werden zwei eindrucksvolle Beispiele geboten, und die zweitausend Jahre, die zwischen diesen Beispielen liegen, zeigen die Persistenz der Problematik.

Wenn es sich auszahlt, das Gebirge durchquerbar zu machen, dann muss dahinter ein lohnendes Ziel liegen. Im ersten Beispiel sind es die germanischen Provinzen des römischen Reichs, und natürlich auch Noricum und die Städte an der Donau. Eine Skizze der Römerstrassen (Abb. 2) ist leicht mit dem heutigen Hauptstrassennetz in Verbindung zu bringen, wenn auch das System der Zentralen Orte nur zum Teil mit jenem von heute übereinstimmt. Hingewiesen sei aber auf die Möglichkeit, die Alpen ostwärts zu umgehen, ein Sachverhalt, der heute in Bezug auf die ökonomischen Auswirkungen für Österreich kontroversiell diskutiert wird.

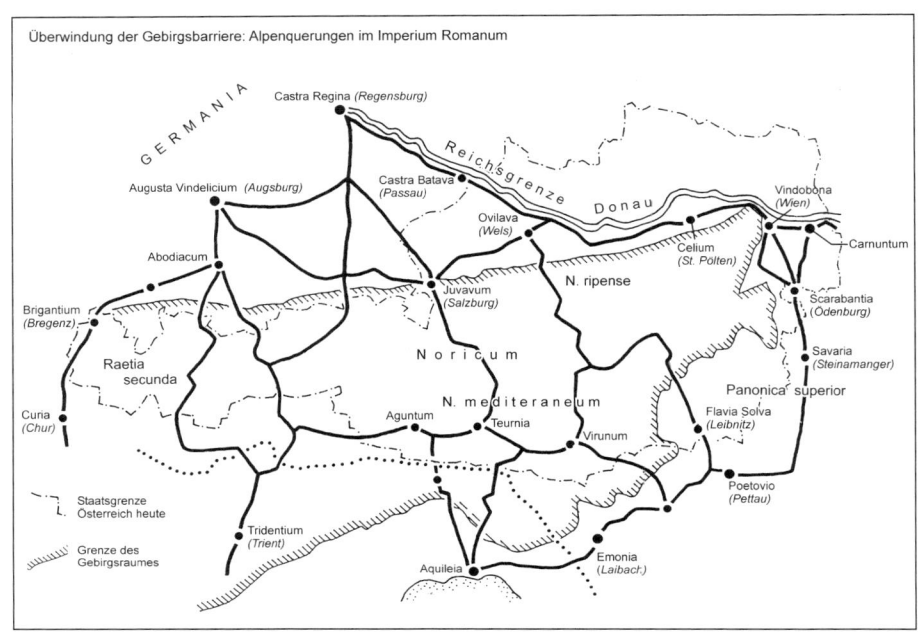

Entwicklungsstrategien im Spannungsfeld von Geopolitik und lokalen Agenden

Abb. 2: Barriere überwinden: Roms Straßennetz zu den germanischen Reichsgebieten (1. Jahrhundert n. Chr.). (Quelle: PUTZGER / LENDL / WAGNER 1975)

Zweitausend Jahre später, also zur Zeit des EU-Europa, stellt sich das Problem „Barriere Alpen überwinden" ähnlich wie zuvor, verändert haben sich die Dimensionen der mit dem Verkehrswesen verknüpften Parameter. Die Alpen liegen recht ungünstig in Europa, sie behindern die freie Fahrt zwischen Zentraleuropa und Oberitalien, wie dies Abb. 3, absichtlich anders gestaltet als Abb. 2, zeigt. Zwei kräftige West-Ost-Transversalen kanalisieren den Verkehr in den Alpenvorländern, und eine Reihe von Metropolen und Großstädten befinden sich im Bereich dieser Routen. Nur logisch ist es, dass es zwischen diesen Zentren eine Verkehrsnachfrage gibt, die auch die Alpen quert. Markant dabei sind die „schrägen Durchgänge" im östlichen Alpenraum, den Zielsetzungen (von Zentraleuropa zum Balkan, Nordwest-Südost) ebenso folgend wie inneralpinen Leitlinien (Wien-Venedig, Nordost-Südwest); dominant in der Bedeutung ist daneben die Brennerachse, von Rosenheim in das Inn- und Wipptal führend.

An dieser Stelle erscheint es angebracht, auf das besondere Problem der Umweltbelastung durch den Verkehr in den Alpentälern hinzuweisen. Schlimmer wahrscheinlich als die Belastung durch Luftschadstoffe (die sich reduzieren lassen) ist die Belastung durch den Lärm, den der Autoverkehr durch Motoren- und Rollgeräusche Tag und Nacht verursacht. Im Gegensatz zur Schallausbreitung in der Ebene erreicht der Verkehrslärm im Gebirge die Talflanken vollflächig und ungehemmt, die Lebensqualität in Autobahn-Tälern ist zerstört. Die Bergbevölkerung ist zu schwach, um sich dagegen wirkungsvoll durchzusetzen, erneut wird die Dominanz der Vorländer, wo die Entscheidungen fallen, deutlich. Der Kampf Österreichs um Sonderregelungen innerhalb der EU, den Schwerverkehr betreffend, ist ebenso aussichtslos wie dessen mehrheitliche Verlagerung auf die „Rollende Landstrasse". Dafür sorgen bairische und oberitalienische Frächterlobbies nachhaltig, um diesen Begriff zu verwenden. Der Anteil der Schiene am Transportaufkommen sinkt nach wie vor. Was die Strassen-Schwerverkehrs-Politik anlangt, ist der Schweiz vollstes Lob zu zollen. Seit 2001 besteht eine Schwerverkehrs-Abgabe von 0,4 €/km, was mehr als das Doppelte der Lkw-Maut in der EU ausmacht. Die Folge liegt auf der Hand: Die Brennerroute wird durch den derart hervorgerufenen Umweg-Transit zusätzlich belastet.

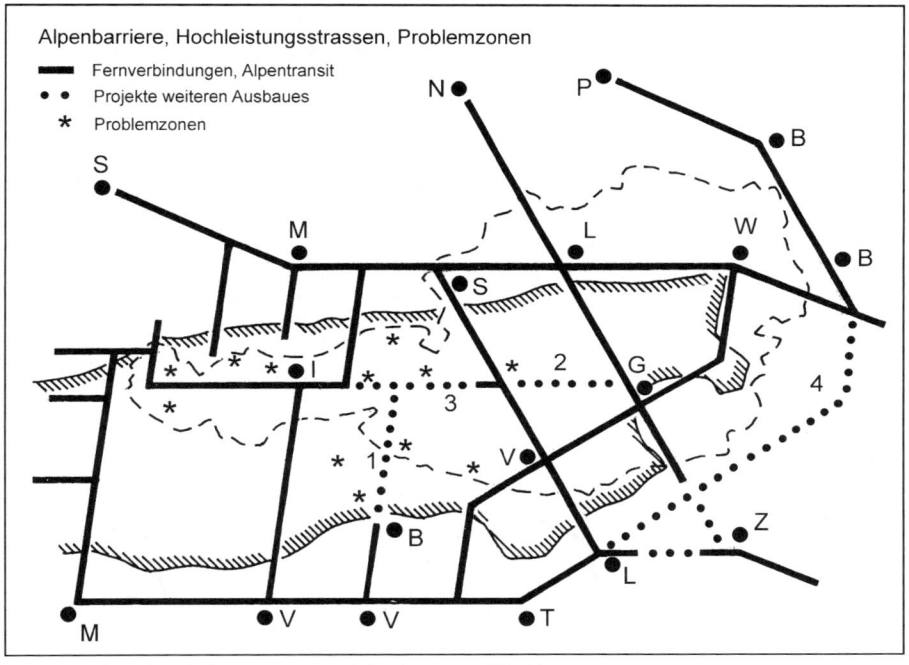

Abb. 3: Barriere überwinden: rezente transalpine Routen und Problemzonen

Die transalpine Verkehrsnachfrage bezieht sich nicht nur auf die unmittelbaren Vorländer, sondern auch auf die jeweils dahinter liegenden Gebiete. Das betrifft den transalpinen Güterverkehr ebenso wie die Urlaubs-Reisewellen, „auf in den Süden" war gerade 2003 der Hit der Saison. Neue Transitrouten sind seit Jahrzehnten geplant, gebaut wird zur Zeit nicht: Man muss den Verkehr durch sich selbst beschränken lassen, dann werden Alternativen unterschiedlicher Art auch wahrgenommen. Eine Verkehrsstruktur übrigens, die auch stärksten Spitzenbelastungen standhält, gibt es nicht. Die Pläne zur Autobahn von Belluno (Nr. 1 in Abb. 3) durch Südtirol und das Zillertal nach Bayern bleiben in der Schublade, und der Lückenschluss München-Garmisch-Brenner wird derzeit nicht diskutiert. Eine leistungsfähige inneralpine West-Ost-Route (Nr. 2, 3 in Abb. 3) fehlt in Österreich, und eine Umfahrung der Alpen und des Staates im Osten (Nr. 4 in Abb. 3) ist nur eine Frage der Zeit. Zur Nutzung alpiner Ressourcen überleitend ist das Massenphänomen der Tagesreisen im Individualverkehr, von den Zentren der Vorländer zu den Zentren des alpinen Wintersports. Sterne in

Abb. 3 kennzeichnen die diesbezüglich wichtigen Problemzonen des Winterfremdenverkehrs-Verkehrs.

4 Ressourcen: Vorland-Nachfrage, Entwicklungsansätze im Berggebiet

4.1 Bergbau, die Kraft vergangener Tage

Was das Gebirge für die Vorländer an Ressouren zu bieten hat, hängt von deren Nachfrage ab, und diese Nachfrage wieder ist eine Funktion der Wirtschafts- und Gesellschaftsentwicklung. Durch Jahrtausende und erst im 20. Jahrhundert erlöschend, waren die Ostalpen diesbezüglich ein Gebiet intensiven Bergbaus. Eben dieser Bergbau hat zur endogenen Entwicklung im Gebirgsraum ganz wesentlich beigetragen (wie an sich der transalpine Warenhandel auch), einschließlich der nachgelagerten Verarbeitungsindustrie. Es ist ein unbestrittener Vorteil des Gebirges, dass in Festgesteinen Mineralien und Erze in abbauwürdiger Konzentration auftreten können, im Gegensatz zu den Eigenschaften der Lockersedimente in den Vorländern. Was letztere für diese Bodenschätze zu bezahlen bereit sind, geht zum Teil weit über die Förderkosten hinaus und hat geistliche (Salzburg!) wie weltliche Herrscher reich gemacht, von den Hammerherren und Großhändlern bis zu den Habsburgern. Ganze Epochen und Landstriche zeugen von der Bedeutung des alpenländischen Bergbaus: Hallstatt-Kultur und Norisches Eisen, Salzkammergut und Tauerngold, Erzberg und Eisenwurzen. Wichtige Bergbaue sind in Abb. 4 verzeichnet. Sie florierten im Alpenraum bis zur Erschöpfung der Vorkommen

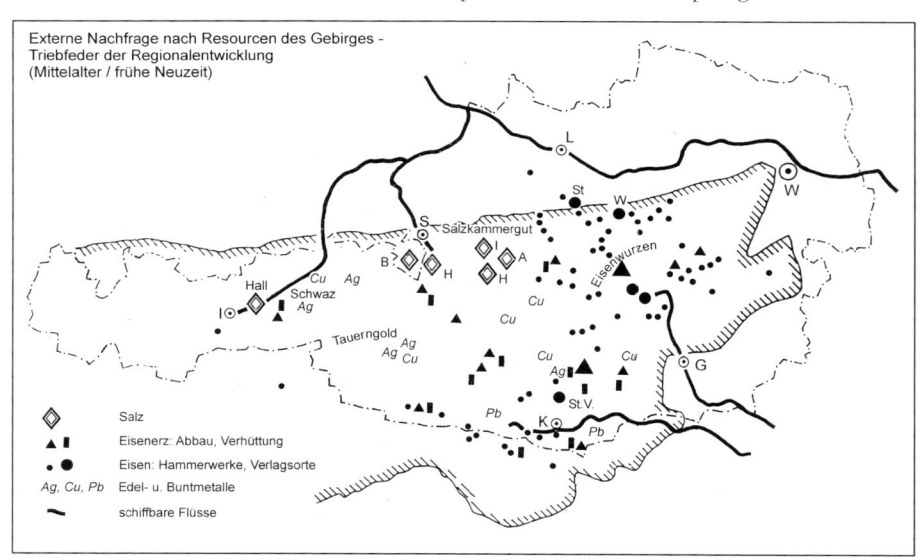

Abb. 4: Vorlandinteresse Ressourcennutzung: Die Nutzung von Mineralien und Erzen im Alpenraum

bzw. bis zum Ende der Rentabilität des Abbaus. Dieses Schicksal ereilte die Edelmetalle bereits knapp nach der Entdeckung der Neuen Welt, und die Buntmetalle mit der Globalisierung des Transports von Erzen. Ein ähnliches Schicksal erlitt der Bergbau auf Eisenerz. Salz ist zu einer chemischen Handelsware abgesunken, und die Flussschifffahrt ist längst ebenso obsolet wie die durch Maschinen substituierte Nutzung der Wasserkraft. Was geblieben ist, sind zahlreiche inneralpine Industriestandorte, die sich mit unterschiedlichem Geschick den neuen Zeiten angepasst haben. So verfügt das Berggebiet über eine Industriekultur, die vielfach fortschrittlicher ist als jene der agrarischen Vorland-Gebiete.

4.2 Ressource Landschaftsbild, kein zwingender Zusammenhang zum Tourismus?

Wenn es in den Alpen um den Schutz der Natur geht, oder um das Recht der freien Bewegung im Gelände, oder um das Weiterführen tradierter Bauweisen: Bei all diesen Themen werden die positiven Effekte solcher Maßnahmen auf den Tourismus ins Treffen geführt. Und wenn irgendwo in der Peripherie die Wirtschaft angekurbelt werden soll, dann muss immer auch der Tourismus als Motor der alpenländischen Entwicklung herhalten – ein Versuch, der sich auf eine Erfahrung von zumeist hundert Jahren stützen kann. Wenn das landschaftliche Ambiente nicht sonderlich ist, und die Tourismus-Infrastruktur auch nicht, dann propagiert man den sogenannten sanften Tourismus – von dem allerdings auch nur sanfte Gewinne zu erwarten sind.

Grundsätzlich stimmt es ja: Die alpenländische Kulturlandschaft ist in Verbindung mit den Panoramen, Kulissen und Fernblicken, die das Gebirgsrelief bietet, eine *Gratisressource* erster Ordnung, die der Alpenraum für seine Tourismusindustrie bereithält. Keine Wechselbeziehung zwischen Vorland und Gebirge ist so intensiv wie jene des Tourismusgeschehens, und in keiner tritt der Gegensatz zwischen den Gesellschaften dieser beiden Räume in gleichem Maße zutage. Der Urlauber konsumiert Freizeit, das Bergland ist sein Freizeitraum, das Logis komfortabel. Die Landschaft wird sowohl distanziert wie überhöht wahrgenommen, verklärt quasi – der *Alpenraum, eine scheinbare Idylle*. Das macht den Gast zufrieden, und die Touristiker auch. Zufriedene Gäste kommen wieder.

Braucht der Tourismus die Landschaft wirklich? Angefangen hat es in den Alpen doch mit britischen Extremsportlern, die an den Schwierigkeiten der Kletterei interessiert waren, und nicht an der Landschaft. Auch die elitären Kurorte im Gebirge waren eher Exklaven des Urbanen, die Distanz zu „Land und Leuten" blieb enorm. Die Landschaftsmalerei der Romantik hat sich des ländlichen Raums als Idylle angenommen, und des Berggebiets als wilder bzw. heroischer Natur. Daraus ist durchaus eine Wertschätzung der Alpenlandschaft entstanden, auch im Sinne einer Gegenwelt zum Städtischen der Vorländer. Der boomende Eventtourismus von heute aber bedarf des Landschaftsbilds nicht, und ebenso ist für den alpinen Skilauf nicht die Landschaft wichtig, sondern Schneelage, Hangneigung und Aufstiegshilfe. Das alpine Ambiente hat dann scheinbar nur mehr eine Restfunktion zu erfüllen, es ist quasi der Hintergrund, eine „Landschaftstapete" im Tourismusgeschehen. Lebt dieser aber nicht gerade auch vom Bedürfnis des „Tapetenwechsels"? Das *Landschaftsbild* ist der nachhaltigste Sinneseindruck, im Zusammenhang mit einem solchen *Tapetenwechsel*. Davon profitiert das Bergland ebenso wie seine touristische Konkurrenz, die global gestreuten Landschafts-Highlights. Bei allem Eventtourismus bleiben der alpine Kultur- und Naturraum daher eine tragfähige Attraktion für den Fremdenverkehr.

4.3 Attraktivitäts- und Entwicklungsunterschiede im österreichischen Alpenraum

Das gilt unzweifelhaft für jenes Gebiet, in dem der Auslandstourismus dominiert. Nach dem Anteil diesbezüglicher Nächtigungszahlen trennt eine scharfe Grenzlinie den österreichischen Alpenanteil in zwei Bereiche. Einen *Ausländeranteil von 60% und mehr* kennzeichnet das Gebiet westlich einer nordwest-südost-verlaufenden Linie, die sich vom Salzkammergut über das mittlere Ennstal in den Lungau bewegt und von dort in den Oberkärntner Raum und in das Kärntner Seengebiet. Einige Vorposten externen Interesses sind ostwärts vorgeschoben, das Übrige ist Inlandstourismus. Eine abnehmende Attraktivität des Naturraums (Mittelgebirgswelten wie z. B. vielerorts in Deutschland auch) sind dafür ebenso verantwortlich wie Distanz- und Vermarktungsfragen. Es liegt auf der Hand, dass der Auslandstourismus höhere Erträge erwirtschaftet als der Inlandstourismus, die westlichen Bundesländer mit ihrem imposanten Hochgebirge sind hier im Vorteil.

Warum nur im Urlaub kommen, und in fremden Betten schlafen? Bei entsprechendem Interesse und Kapital ist es naheliegend, sich in attraktiven Gegenden auch ansässig zu machen. Die Zahl der *Nebenwohnsitzfälle* ist im Tiroler Unterland und im Raum Kitzbühel, ebenso wie im Salzkammergut besonders hoch, bezogen auf die Relation zur endogenen Bevölkerung. Heute schon und besonders in der Zukunft ist das nicht nur den Superreichen möglich: Die Alpen werden zugebaut, und ein entsprechender Immobilienmarkt bedroht die alpinen Kulturlandschaften. Eine eigenartige Form der Urbanisierung zwischen falscher Tradition und postmoderner Beliebigkeit kennzeichnet fortan das Siedlungsbild in den entagrarisierten (und deshalb aber noch nicht städtischen) Talzonen der Alpen. Die Siedlungsflächen haben in einigen Bezirken der österreichischen Alpenregion alleine zwischen 1971 und 1999 um 50% und mehr zugenommen, speziell in Tirol, an der *„Vorderseite"* der Alpen, der Nachfrage aus den Nachbarstaaten zugewandt.

Auch hinsichtlich der *Bevölkerungsentwicklung* ist der österreichische Alpenraum äußerst heterogen. Zu den Gebieten, die zwischen 1900 und 2001 ihre Bevölkerungszahl mehr als verdoppelt haben, zählen nicht nur die Ballungsräume der einzelnen Bundesländer, sondern auch weite Teile der westlichen Bundesländer Salzburg, Tirol und Vorarlberg. Diese Westverschiebung der Bevölkerung in Österreich – die sich übrigens auch politisch, nämlich über die in den Nationalrat zu entsendenden Mandatare, auswirkt – ist eine Folge der Industrialisierung und Tertiärisierung Westösterreichs. Diese Entwicklung beginnt im ersten Nachkriegsjahrzehnt, in dem die westlichen Bundesländer von den Westalliierten besetzt waren und die Entwicklungsförderungen des Marshall-Plans hier ansetzten. Das untere Inntal und der Salzburger Pongau sind heute inneralpine Industrieregionen, verzahnt mit einer sowohl landwirtschaftlich als auch touristisch geprägten Umgebung. Der Zuzug nach Westösterreich erfolgte nicht nur von den Vorländern aus, sondern ganz wesentlich auch von den wirtschaftlich benachteiligten Alpengebieten, etwa aus Kärnten und der Steiermark.

4.4 Ressource „Ökoinsel Alpenraum"

Meliorierungs- und Intensivierungsmaßnahmen in der Landwirtschaft haben in den vergangenen Jahrzehnten die Biodiversität vielerorts deutlich verringert, und durch das Siedlungswachstum und andere bauliche Maßnahmen (z. B. Speicherseen) sind Flächen natürlicher Ausstattung verloren gegangen (GREIF / PFUSTERSCHMID / WAGNER 2003; DÖRR 2003). Gravierender als dieser Flächenverlust selbst ist dabei zumeist die *Veränderung des Landschaftsbilds*, die ganze Talschaften betrifft. Dennoch ist der Alpenraum im Vergleich zu den Vorländern ein *Gebiet ausgedehnter naturnaher oder natürlicher Biotope*, und der Begriff „Dachgarten Europas" (LICHTENBERGER 1965; MÜLLER 1990) bezieht sich nicht nur auf das Tourismusgeschehen. Über 1.200 m Höhe ist der Fichtenwald die natürliche Klimaxgesellschaft, und auch den Wäldern darunter wird erstaunliche Naturnähe attestiert (GRABHERR et al. 1998). Aus dem Datensatz „Rauminformationssystem Österreich" (SEGER 2000) stammen die Werte in Tab. 1, die den Umfang einzelner Landnutzungseinheiten im österreichischen Alpengebiet angeben. Man beachte den geringen Anteil der Siedlungsflächen und jenes Agrargebiets, das nicht als reines Grünland anzusprechen ist.

Landnutzungseinheiten	in km²	in %	Landnutzungseinheiten	in km²	in %
Siedlungflächen	2.200	4,07	Alpine Rasen, dichte Vegetationsdecke	3.600	6,67
Agrarraum, > 90% Grünland	6.500	12,04			
Agrarraum, 40-60% Grünland	1.000	1,85	Alpine Rasen, lückig und felsdurchsetzt	3.200	5,93
Agrarraum, > 60% Ackerland	1.000	1,85			
Nadelwald	18.000	33,33	Fels- u. Schuttgelände	4.300	7,96
Nadel-Laub-Mischwald	9.000	16,67	Gletscher	500	0,93
Laubwald	1.500	2,78	Wintersportgelände	300	0,56
Krummholz, z. T. gemengt mit alpinen Rasen	2.200	4,07	Sonstiges	700	1,30

Tab. 1: Landnutzungs- bzw. Landoberflächenklassen im österreichischen Alpenraum. Flächenbilanzierung nach dem „Landinformationssystem Österreich" (SEGER 2000) (CIPRA-Abgrenzung des Alpengebiets)

Barrieren überwinden und Ressouren nutzen – das sind die wesentlichen Intentionen der Vorländer in ihren Beziehungen zum Gebirge. Die Gebirgsländer können davon profitieren, und eine positive Regionalentwicklung kann aus der Nachfrage durch die Vorländer resultieren. Ab einer gewissen Grenze des Drucks von den Vorländern her haben die Länder im Gebirge gleichsam das Recht zur Gegenwehr. Das hat Andreas Hofer in Tirol demonstriert, und die Transit-Gegner verhalten sich ähnlich. Werden beide gescheitert sein? Die Marschrichtung von EU-Europa deutet darauf hin.

Die Talzonen der Vorderseite der österreichischen Alpen jedenfalls, des Nordrands, werden sich einem fortgesetzten Struktur- und Landschaftswandel nicht entziehen können. Zwei Gradienten beschreiben eine Entwicklung, die sich davon abhebt. Der erste, ein nach Südosten weisender Vektor, bezieht sich auf die wirtschaftliche Heterogenität des Alpengebiets, jenseits des Alpenhauptkamms befindet sich die entwicklungsschwache Rückseite des österreichischen Berggebiets. Der zweite Gradient entspricht dem Z-Wert der dritten Dimension, mit zunehmender Höhe steigt der Natürlichkeitsgrad der Landschaft, eine Leistung des Berggebiets, die von einer aktiven Landbewirtschaftung erbracht wird (BUCHGRABER / RESCH / BLASCHKA 2003; PENTZ 1998; 2003) und im gegenwärtigen Umfang durch nichts substituiert werden kann.

Literatur

BUCHGRABER, K. / RESCH, R. / BLASCHKA, A. (2003): Entwicklung, Produktivität und Perspektiven der österreichischen Grünlandwirtschaft. – In: BAL Bericht über das 9. Alpenländische Expertenforum „Das österreichische Berggrünland – ein aktueller Situationsbericht mit Blick in die Zukunft", Gumpenstein, 27. und 28.03.2003. – 9-17.
DÖRR, H. (2003): Die Zukunft der Landwirtschaft. – In: Agrarische Rundschau 3. – 38-44.
GRABHERR, G. et al. (1998): Hemerobie österreichischer Waldökosysteme. (= Veröffentlichungen des Österreichischen MAB-Programms, Österreichische Akademie der Wissenschaften, 17). – Innsbruck.
GREIF, F. / PFUSTERSCHMID, S. / WAGNER, K. (2003): Die Planung ländlicher Kulturlandschaften – eine Zukunftsaufgabe. – In: Ländlicher Raum 3. – 1-12.

LICHTENBERGER, E. (1965): Das Bergbauernproblem in den österreichischen Alpen. Perioden und Typen der Entsiedlung. – In: Erdkunde 19. – 39-57.
MESSERLI, P. / EGLI, H.-R. (2003): Zur geopolitischen und geoökologischen Interpretation der Alpen als Brücke, Grenze und Insel. – In: JEANNERET, F. et al. (Hrsg.): Welt der Alpen – Gebirge der Welt. (= Jahrbuch der Geographischen Gesellschaft Bern, 61). – Bern, Stuttgart, Wien. 267-280.
MÜLLER, A. (1990): Der Dachgarten Europas. Die Berggebiete – Agrarraum oder Freizeitlandschaft? – In: geographie heute 86. – 22-30.
PENZ, H. (1998): Die Landwirtschaft im Alpenraum. – In: Praxis Geographie 2. – 14-17.
PENZ, H. (2003): Veränderungen von Umwelt, Wirtschaft und Gesellschaft im Alpenraum. – In: BAL Bericht über das 9. Alpenländische Expertenforum „Das österreichische Berggrünland – ein aktueller Situationsbericht mit Blick in die Zukunft", Gumpenstein, 27. und 28.03.2003. – 1-7.
PUTZGER, F. W. / LENDL, E. / WAGNER, W. (1975): Historischer Weltatlas. – Wien.
SEGER, M. (2000): Digitales Rauminformationssystem Österreich – Landnutzung und Landoberflächen im mittleren Maßstab. – In: Mitteilungen der Österreichischen Geographischen Gesellschaft 142. – 13-38.

Franz **DOLLINGER** (Salzburg)

Die Rolle des Alpenraums im Österreichischen Raumentwicklungskonzept – Ein unbekannter Ballungsraum als Erholungsgebiet für die alpennahen Agglomerationen?

1 Einleitung

Ich möchte einleitend bemerken, dass eine Analyse der Rolle des Alpenraums im österreichischen Raumentwicklungskonzept (ÖREK) eine Herausforderung ist. Man könnte den Vortrag nämlich hier mit der Bemerkung abbrechen, dass diese Thematik im ÖREK nicht behandelt wird und daher meine Aufgabenstellung einer Themenverfehlung nahe kommt. Die Untersuchung kann sich daher nur auf die Ursache dieses weitgehenden Verschweigens beziehen.

Wie SCHINDEGGER (2003, 24) kürzlich feststellte, ist es nämlich ein Charakteristikum der österreichischen Raumordnungspolitik, sich der zentralen Herausforderung zur Erarbeitung konkreter gesamtösterreichischer Planungsgrundlagen nicht zu stellen. Das weitgehende Fehlen des Alpenraums im Raumentwicklungskonzept eines Alpenstaats könnte also bedeuten, dass ein potentieller Konflikt unbewusst verdrängt wird. Wenn diese Interpretation zutrifft, dann fiele ein ungünstiger Schatten auf die Verantwortlichen der österreichischen Raumordnung, denn Österreich hätte als der Staat mit dem flächenmäßig größten Alpenanteil hier besondere Verantwortung zu übernehmen. Dieses Erklärungsmodell möchte ich daher als die Verdrängungshypothese bezeichnen.

Ich wählte für diesen Beitrag jedoch einen Untertitel, der mir ein zweites Erklärungsmodell ermöglicht: Die Alpenbegeisterung der vermögenden Oberschicht des 19. Jahrhunderts und die damit verbundene Sommerfrische als Vorform des modernen Tourismus hinterließen uns nicht nur einige bedeutende Landschaftsgemälde, sondern auch das Klischeebild der traditionellen alpinen Kulturlandschaft als „schrecklich-schöne" Landschaft, als Idylle und heile Natur (vgl. BÄTZING 1999, 3). Letztere wird genau von denen zerstört, die aus urbanen Gebieten kommend das Erholungsgebiet suchen und zu einem gesellschaftlichen Wandel beitragen, der den in der Wahrnehmung noch weitgehend unbekannten Ballungsraum „Innergebirg" zur Folge hat. Genau dieses Klischeebild der Alpen als naturnahe Erholungslandschaft können wir als Ursache für eine bemerkenswerte Wandlung in der österreichischen Raumentwicklungspolitik interpretieren: Man meidet, wo immer es nur geht, den Alpenraumbegriff als eigenständige Raumkategorie, um zu dokumentieren, dass der Alpenraum in Bezug auf die zentralen Herausforderungen wie Flächenverbrauch, gesellschaftlicher Wandel und ungebremste Mobilität sich in nichts vom Vorland unterscheidet oder wie es SCHINDEGGER et al (1997, 16) ausdrücken: „Zwischen Alpengebiet und ‚Nicht-Alpengebiet' sind *kaum Unterschiede* festzustellen" (Hervorhebung im Original). Diese Vermeidungsstrategie ist der zweite Erklärungsansatz, der als Vermeidungshypothese bezeichnet sei.

Es ist nun Aufgabe meines Beitrags zu klären, welche Interpretation zutrifft. Oder, um es etwas pointierter auszudrücken: Ist das ÖREK das Papier wert, auf dem es gedruckt ist?

2   Das Österreichische Raumentwicklungskonzept – eine unverbindliche Rahmenplanung auf der gesamtstaatlichen Ebene

Raumplanung könnten wir als die Kunst beschreiben, die spektakulären Misserfolge der Raumordnungspolitik wie die ungebremste Ausdehnung des *Urban Sprawl* mit unspektakulären Erfolgen der Verabschiedung gegensteuernder Pläne und Programme zu kaschieren. Einer dieser unspektakulären und in der medialen Öffentlichkeit kaum beachteten Erfolge ist die Fertigstellung des neuen Raumentwicklungskonzepts 2001, das nach einem fast dreijährigen Erarbeitungsprozess im Frühjahr 2002 von der politischen Ebene der Österreichischen Raumordnungskonferenz im Umlaufweg angenommen worden ist. Gerade diese eher unprominente Beschlussfassungsphase könnten wir aber auch als Signal für die Unbedeutsamkeit und damit als wesentliche Schwäche des Konzepts verstehen, womit es – in Anwendung einer Formulierung des Leiters der Tiroler Landesplanung – de facto zu einem Arbeitsdokument degradiert wurde, dem ein unmittelbares politisches Gewicht nicht zukommt (RAUTER 2003, 66).

Dennoch hat das ÖREK trotz seines Zuschliffs im Fertigstellungsprozess und seiner Unverbindlichkeit das Potential als Richtschnur, wenn die Umsetzung durch die verantwortlichen Dienststellen von Bund, Ländern und Gemeinden eigenverantwortlich betrieben wird. Dies wird jedoch nur dann stattfinden, wenn die handelnden Akteure die empfohlenen Ziele und Maßnahmen nicht als raumordnungspolitischen Imperativ missverstehen, sondern wenn der kommunikative Charakter als Konsequenz des erfolgten Paradigmenwechsels begriffen wird: KUNZE (2003, 63) drückte es in einem Beitrag über den Stellenwert des ÖREK 2001 so aus: „*Planung als Prozess* hat das Bild einer ‚Planung als Ergebnis' abgelöst" (Hervorhebung im Original). Dabei sieht jedoch auch er die Gefahr, dass das Prozesshafte als Begründung dafür dient, die Planungsziele möglichst offen zu formulieren, um breite Zustimmung zu erhalten. Genau diese offenen Formulierungen sind jedoch in der fachlichen Analyse über die Inhalte des beschlossenen Konzepts Kern der Kritik und werden auf Grund der unverbindlichen Darstellung als unwirksam und damit inhaltsleer betrachtet.

FASSMANN (2003, S. 64) sieht genau darin das zentrale Defizit des ÖREK: „[...] (es) rollt [...] dahin, ohne nennenswerte Spuren im Flussbett zu hinterlassen", und die zwar vorhandenen politischen Botschaften hätten klarer, präziser und griffiger hervorgearbeitet werden müssen.

Dies würde wohl zur Verdrängungshypothese passen, genauso wie die Interpretation SCHINDEGGERs (2003, 24), dass das ÖREK eher die Funktion einer konsensfähigen Zusammenfassung des jeweils aktuellen raumordnungspolitischen Bewusstseinsstands ist als ein richtungsweisendes Programm für den praktischen Vollzug von Raumordnungs- und Raumentwicklungspolitik.

Diese Argumentation stützt daher die Verdrängungshypothese.

3   Politische Aussagen des ÖREK zum Alpenraum

Als das neue EU-Mitglied Österreich im Jahre 1996 das damalige Raumordnungskonzept 1991 durch ein Positionspapier über die Situation im Rahmen der europäischen Raumentwicklungspolitik ergänzte, war die Rolle des Alpenraums neben der Funktion als Grenzland und als Binnen- und Transitland eine der drei wesentlichen Charakteristiken zur Beschreibung des Standorts in Europa. Gerade deshalb mag es für Außenstehende etwas befremdlich wirken, wenn sich unter den sechs Leitthemen des ÖREK keines unmittelbar im Zusammenhang mit dem die Staatsfläche dominierenden Gebirge findet: Der Begriff Alpen kommt im gesamten Konzept auf 188 Seiten neunmal vor und davon fünfmal nur im Zusammenhang mit der Alpenkonvention.

Anbetracht der schwerwiegenden Konflikte – dabei sei auf Themen wie den Alpentransit und den Erschließungsdruck auf schneesichere Höhenlagen als Beispiele verwiesen – könnte dies daher als weiteres Indiz für die Verdrängung unangenehmer und kontroverser Themen gesehen werden, die nach SCHINDEGGER (2003, 24) in Wahrheit eine Verweigerung der politischen Ebene ist.

Als pragmatische Position könnten wir jedoch auch annehmen, dass sich eine eigene Gebietskategorie nicht rechtfertigen lässt, da der Alpenraum jedenfalls in den Ostalpen nicht der periphere Gegensatz zu außeralpinen Ballungsräumen ist. Dabei ist als weiteres wesentliches Lagecharakteristikum Österreichs zu sehen, dass sogar die staatliche Einheit in Gefahr gerät: Während die Ostregion um Wien sich gemeinsam mit Westungarn und der Westslowakei zu einer mitteleuropäischen Metropolregion wandelt, kooperieren die im europäischen Maßstab eher kleinen Landeshauptstädte der westlichen Länder mit Nachbarregionen. Ursache dafür ist eine eigenartige Topographie: Zentrum und Peripherie sind vertauscht, wie ein Blick auf eine entsprechende Karte zeigt: Die Peripherie liegt in der Mitte des Staats und die Ballungsräume liegen in Grenznähe und haben daher oft auch grenzüberschreitende Verflechtungen und bilden grenzübergreifende Standorträume (ÖROK 2002, 47f).

Die dadurch bewirkte Fragmentierung des Staatsgebiets im großen führt auch zu einer Fragmentierung im kleinen: Ballungsräume und Peripherie können unmittelbar nebeneinander liegen und führen gestärkt durch die ausgeprägte Gemeindeautonomie zu einer weiteren Verschärfung der Gegensätze. Dies kann man sowohl bei einer Analyse von Verstädterungsindikatoren als auch bei der Analyse der Entwicklung der Übernachtungszahlen erkennen: Starke und schwache Gemeinden liegen unmittelbar nebeneinander, und die Gegensätze werden durch die raumordnungspolitischen Rahmenbedingungen verstärkt.

Das ÖREK konnte daher nach meiner Ansicht aufgrund dieser Situation nicht anders konstruiert werden. Da der Alpenraum sowohl urbanisierte Gebiete (z. B. das Inntal) als auch ländliche Gebiete mit landwirtschaftlichem Schwerpunkt und ländliche Gebiete mit touristischem Schwerpunkt enthält, wäre eine klare Positionierung als eigenes Schwerpunktthema nicht möglich, wie ein Blick auf die sechs vorrangigen Themen der österreichischen Raumentwicklungspolitik zeigt (ÖROK 2002, Kap. 2).

Diese Argumentation stützt somit die Vermeidungshypothese.

4 Der Alpenraum – die verkannte Peripherie in der Mitte Europas

Da unsere bisherige Diskussion keine Klärung herbeiführen konnte, müssen wir eine widerlegbare Aussage ableiten: Aufgrund der Veröffentlichung von Materialien zum Thema „Raumordnung im Alpenraum" ist naheliegend, dass die Notwendigkeit zur Festlegung spezieller Ziele und Maßnahmen der Raumordnung für den Alpenraum besteht. Wenn sich signifikante Unterschiede zwischen dem österreichischen Alpenraum und Nicht-Alpenraum bezüglich der Problemlagen nachweisen lassen, die nur dort vorkommen und die spezielle Regelungen erfordern, gilt die Vermeidungshypothese als widerlegt.

SCHINDEGGER (1996) bezeichnete in einem Vortrag den Alpenraum als die verkannte Peripherie in der Mitte Europas. Seine Argumentation stützt sich auf folgende Hauptargumente:

- Der Alpenraum ist keine Einheit und ist daher durch eine kleinräumige Struktur gekennzeichnet, die nicht zufällig mit einem starken Föderalismus korrespondiert. Dies hat Konsequenzen in der politischen Durchsetzbarkeit, da regionale Gruppen sich auf der europäischen Ebene nicht bemerkbar machen können.
- Der Alpenraum ist kein Naturreservat, sondern ein Lebens- und Wirtschaftsraum mit besonderen Bedingungen. In Österreich weist der Alpenraum die gleiche Verstädterung und die gleiche Wirtschaftsstruktur auf wie andere Räume auch, und er hat hier sogar eine geringere Agrarquote, verfügt über einen sehr beschränkten Siedlungsraum mit hohem Siedlungsdruck und auch hoher wirtschaftlicher Dynamik.

Abb. 1: Der urbanisierte Talboden des Salzachtals zwischen Schwarzach im Pongau, St. Johann und Bischofshofen im politischen Bezirk St. Johann im Pongau, Land Salzburg. (© Land Salzburg, Fachreferent 7/02)

Wenn man sich die im Rahmen des Projekts RAUMALP erarbeitete Karte des Urbanisierungsindex ansieht (BENDER / BORSDORF / PINDUR 2002, 56), so kann man erkennen, dass die Urbanisierung der Ostalpen schon Realität geworden ist. Der wachsende Flächenverbrauch betrifft daher nicht nur die eigentlichen Ballungsräume im Bereich der Landeshauptstädte, sondern zeigt sich auch massiv in den kleinen Verdichtungsbereichen der Alpentäler. Die Urbanisierung der Tallandschaften ist beinahe abgeschlossen und führt dabei zu einer Intensivierung der Nutzungskonflikte, da sich hier Wohn- und Verkehrsfunktion überlagern (Beispiele: Inntal, Pinzgauer und Pongauer Zentralräume, Gasteinertal, etc.).

Allerdings zeigt sich ein fragmentiertes Bild, das als kleinmaßstäbiges Abbild des *Urban Sprawl* verstanden werden kann. Der gesellschaftliche Wandel, der Verlust an Identifikation mit dem unmittelbaren Lebensraum und die Entwicklung der Freizeit- und Informationsgesellschaft verursachen in Zusammenarbeit mit der sehr ausgeprägten Gemeindeautonomie offensichtlich einen Fleckerlteppich mehr oder weniger urbanisierter Inseln und Talschaften, die das ursprünglich homogene Bild der alpinen Kulturlandschaft auflösen.

Dies erkennen wir am besten bei einem Wechsel zur regionalen Ebene. Im Rahmen der Gesamtüberarbeitung des Salzburger Landesentwicklungsprogramms wurde durch Urbanisierungsindikatoren ein aktuelles Bild dieser Situation belegt (vgl. MAIR 2003, 173ff und 201ff sowie Karten 7 und 14). Abb. 1 zeigt am Beispiel des Pongauer Zentralraums diese fragmentierte Verstädterung der Talböden, bei der sich Zentrum und Peripherie unmittelbar begegnen.

Wir können daher festhalten, dass der Alpenraum gleichzeitig dicht und dünn besiedelt ist, so dass trotz der hohen Siedlungsdichte in den Talräumen die kritische Masse der Bevölkerung bei der Durchsetzung politischer Ziele fehlt, wie die Diskussion um den Alpentransit zur Genüge zeigt.

Der Alpenraum war daher schon immer eine Peripherie in der Mitte Europas, am deutlichsten wurde dies beim Noordwijk-Entwurf für das EUREK im Jahre 1997, als die Alpen auf ihre verkehrspolitische Funktion der Barriere in Europa reduziert wurden (EUROPÄISCHE KOMMISSION 1997, 12). Außerdem sind die Alpen aus der Sicht der Bewohner der Metropolregionen zwar ein peripheres Gebiet, das man jedoch von der Durchreise kennt und von dem man auch die Sünden sieht. Die intensive Erschließung mit Liftanlagen und das flächendeckende ländliche Wegenetz zur Erschließung der Berg- und Almhütten tragen auch nicht dazu bei, den Kampf gegen die europäische LKW-Lobby besonders ernst zu nehmen, insbesondere wenn man ganz Österreich zur sensiblen Zone erklären und die eigenen Frächter von Fahrverboten ausnehmen will.

Schon aus diesem Grunde lassen sich jedenfalls keine speziellen alpenspezifischen Ziele und Maßnahmen ableiten. Vielleicht lassen sich diese jedoch rechtfertigen, wenn eine klare und sachlich nachvollziehbare Abgrenzung des Alpenraums gefunden werden kann.

5 Die Abgrenzung des Alpenraums und dessen Darstellung in raumordnungspolitischen Instrumenten

Die Notwendigkeit zur Abgrenzung des Alpenraums ergibt sich bereits aus pragmatischen Gründen: Wenn wir von Leistung und Gegenleistung von Gebirge und Umland sprechen, so ist dies im Sinne der im EUREK angesprochenen Partnerschaft zwischen Stadt und Land zu verstehen. Wie wir aber vorhin gesehen haben, lässt sich daraus keine eindeutige Abgrenzung ableiten: Der Alpenraum ist Stadt und Land gleichermaßen. Was ist also konkret unter dem Alpenraum gemeint? Jedenfalls nicht gemeint sein kann der Bereich des Alpenbogens im Sinne der transnationalen Studien der Europäischen Kommission, der auf der einen Seite zwar ganz Süddeutschland und Norditalien einschließt (vgl. EUROPÄISCHE KOMMISSION 1994, 185), auf der anderen Seite jedoch die tatsächlichen Alpengebiete in Slowenien nicht dazuzählt. KELLER (1998, 122) meint dazu mit Recht, dass „mit dieser Gebietsabgrenzung [...] die Europäische Kommission im Grund die Identität des eigentlichen Alpenraums als eines eigenständigen Raums mit eigenen, berechtigten Interessen (leugnet)." Nach der Perspektive der europäischen Raumentwicklungspolitik wären daher die bedeutenden Fragen keine für die Leistung und Gegenleistung zwischen Gebirge und Umland, sondern sind inneralpin zu regeln: Der Alpentransit, der Alpentourismus und der Export natürlicher Ressourcen aus den Alpen sind aus dieser Sicht innere Angelegenheit des Alpenbogens und daher auf europäischer Ebene nur ein Randthema. Vielleicht ist dies auch die Ursache für die Verweigerung der Unterzeichnung der Protokolle der Alpenkonvention durch die europäische Kommission.

Diese Betrachtung ist aus Sicht des Verfassers problematisch: Wie RITTER (2002, 193) in einem Beitrag über die europäische Raumentwicklungspolitik feststellte, bleibt das EUREK-Zieldreieck zur Nachhaltigkeit so lange eine Leerformel, bis es gelingt, akzeptable Indikatoren für die Messung der Nachhaltigkeit aufzustellen und sie in handhabbarer Form für die Praxis zur Verfügung zu stellen. Genau hier treffen wir den Kern des Problems: Es geht um sachlich geeignete Indikatoren und dann auch um die regionale Abgrenzung. Wenn wir die Alpenbogenstudie selbst heranziehen, entdecken wir sehr rasch, dass hier unzutreffend regionalisiert wurde. Die Autoren verwenden nämlich sogar selbst die Darstellung der Bevölkerungsdichte bezogen auf den Dauersiedlungsraum und belegen damit, dass diese – wie auch in anderen Arbeiten zu lesen ist – ein Kernindikator ist, der in den Alpentälern entscheidend für die Belastungsgrenze im Flächenverbrauch ist. Diese Problematik ist umfassend in einer vom österreichischen Bundeskanzleramt beauftragten Studie des ÖIR (SCHINDEGGER et al. 1997) dargelegt: SCHINDEGGER et al. stellen darin fest, dass die bisher vorliegenden Grundlagen über den Alpenraum mangelhaft sind und dass anbetracht dieser Situation nun zu erwarten wäre, dass diese Botschaften in nach außen adressierten Grundsatzkonzepten eine zentrale Position einnehmen. Dem ist jedoch nicht so.

Wenn wir nun untersuchen, wie der eigentliche Alpenraum in raumordnungspolitischen Instrumenten Österreichs behandelt wird, müssen wir erkennen, dass eine definierte Abgrenzung ähnlich wie im Landesentwicklungsprogramm Bayern nicht erfolgt. Im Lichte der vorhin angesprochenen Problematik der Nichtanerkennung als eigenständiger Lebensraum müsste diese Verweigerungshaltung als bedenklich interpretiert werden, wenn nicht eine alternative Möglichkeit als Erklärung zur Verfügung stünde: GOPPEL (2003, 125) erklärt nämlich die engere Abgrenzung des Alpenraums im LEP Bayern damit, dass „im LEP [...] nur Gebiete abgegrenzt werden, soweit sie einen räumlichen Bezugsrahmen für Ziele darstellen" und die Ziele des LEP Bayern beziehen sich sinnvollerweise auf das topographisch abgegrenzte Alpengebiet oder auf ganz Bayern, nicht aber auf den Geltungsbereich der Alpenkonvention. Für Österreich ist aber festzustellen, dass eine Trennung zwischen Zielen für das gesamte Staatsgebiet und solchen für einen topographisch abgegrenzten Alpenraum nicht erforderlich ist, da keine wesentlichen Unterschiede bezüglich der Lösungsansätze ausgemacht werden können (vgl. dazu auch SCHINDEGGER et al. 1997, 15; RUPPERT 2003, 25). Da in Österreich jedoch ausschließlich die Länder für die Ausarbeitung von überörtlichen Raumordnungsplänen (mit Ausnahme der Fachplanungen des Bundes) zuständig sind und eine österreichweite Abgrenzung somit nur kooperativ möglich wäre, bietet sich aus pragmatischen Gründen nur die Abgrenzung nach der seit 1995 in Geltung stehenden Alpenkonvention an.

6 Die Alpenkonvention und das ÖREK

Die Alpenkonvention mit ihren Durchführungsprotokollen ist völkerrechtlich verbindlich und nach Rechtsmeinung der zuständigen Behörden in Österreich seit dem Inkrafttreten der Protokolle am 18. Dezember 2002 ohne Gesetzesvorbehalt direkt anwendbar. Dies bedeutet, dass die Ziele und Maßnahmen im Vollzug zu berücksichtigen sind und unmittelbar gelten. Wenn nun zum Beispiel das Verkehrsprotokoll den Verzicht auf den Bau neuer Transitrouten und das Tourismusprotokoll den Verzicht auf weitere harte Erschließungen enthält, ist dies durchaus als revolutionär anzusehen.

Im Gegensatz dazu enthält das ÖREK 2001 Vorschläge zur Umsetzung, die erst einer Konkretisierung im Rahmen gesetzlicher Regelungen oder in anderen Instrumenten bedürfen (vgl. ÖROK 2002, Kap. 3 Umsetzung) und daher direkt keine Wirkung entfalten.

Dennoch sei nun behauptet, dass sich langfristig gesehen diese „weichen Regelungen" besser umsetzen lassen: Auch „weiche Regelungen" können durchgesetzt werden und notwendige Trendänderungen herbeiführen, wenn man zu akzeptieren lernt, dass nicht jeder Einzelfall gewonnen werden kann. Die unscheinbaren Erfolge und spektakulären Misserfolge der österreichischen Raumplanung sind dafür beinahe ein empirischer Beweis: Als Beispiel sei auf die Misserfolge bei der Bekämpfung der Suburbanisierung des Einzelhandels und auf die Erfolge der Baulandmobilisierung durch die Vertragsraumordnung im Land Salzburg verwiesen: Bei der auf Einzelentscheidungen reduzierten Variante der Genehmigung von Großformen des Einzelhandels wechseln sich Anlassgesetzgebung und Umgehungshandlungen ab und können letztlich nichts bewirken, während durch das Modell der Baulandverträge zwar keine 100%igen Erfolge, aber eine bemerkenswerte Trendänderung in der Baulandmobilisierung erreicht werden konnte.

7 Politische Konsequenzen für die österreichische Raumordnungspolitik

Die Alpen werden gerne als Modell für eine nachhaltige Raumentwicklungspolitik vorgeschlagen (z. B. BÄTZING 2000a). Dies hängt damit zusammen, dass viele Probleme der Knappheit, des Klimawandels und auch der Auswirkungen gesellschaftlicher Veränderungen hier rascher wirksam werden als in anderen Gebieten Europas.

Wenn wir nun davon ausgehen können, dass sich die Vermeidung der graphischen Kennzeichnung des Alpenraums im ÖREK 2001 nachvollziehen und begründen lässt und wegen der klaren völkerrechtlich abgesicherten Abgrenzung in der Alpenkonvention auch nicht notwendig ist, können wir unsere Diskussion folgendermaßen abschließen:

Als sich das urbane Bürgertum zur Speerspitze einer Schutzbewegung zur Bewahrung der Ursprünglichkeit der alpinen Kulturlandschaft entwickelte, mussten diese Schutzbestrebungen oft gegen die einheimische Bevölkerung durchgesetzt werden, für die das Gebirge Lebens- und Wirtschaftsraum war (vgl. BÄTZING 2000b, 197). Dieser Gegensatz kommt zwar auch heute noch vor, ist jedoch einem viel gefährlicheren Phänomen gewichen: Die auf Erleben orientierte urbane Bevölkerung verbündet sich mit Interessensträgern in den Alpentälern und betreiben damit gemeinsam die weitere technische Erschießung und die Inszenierung von Natur, bei der die alpine Kulturlandschaft zur Kulisse verkommt (vgl. BÄTZING 2000b, 198).

Die Überwindung dieser fatalen Kooperation ist aus Sicht des Verfassers nicht über Belehrungen und über Unterschriftensammlungen in der urbanen Bevölkerung möglich, sondern nur über die direkte Auseinandersetzung mit der die jeweilige Kulturlandschaft gestaltenden Bevölkerung. Nur diese kann durch eine Sensibilisierung über die Auswirkungen des weiteren Flächenverbrauchs, mit dessen Visualisierung über geeignete und verständliche Darstellungen im Form von Panoramadarstellungen oder anderen Zukunftsbildern die entscheidenden Rahmenbedingungen verändern. Diesen Bewusstseinsprozess in die Wege zu leiten, ist die Hauptaufgabe politischer Konzepte wie des ÖREK. Das Fach Geographie hingegen könnte seine Aufgabe darin sehen, nachvollziehbare Szenarien zukünftiger Entwicklungsmöglichkeiten auszuarbeiten, die im Diskussions- und Entscheidungsprozess benutzbar sind.

Literatur

BÄTZING, W. (1999): Die Alpen im Spannungsfeld der europäischen Raumordnungspolitik. – In: Raumforschung und Raumordnung 57(1). – 3-13.

BÄTZING, W. (2000a): Erfahrungen und Probleme transdisziplinärer Nachhaltigkeitsforschung am Beispiel der Alpenforschung. – In: BRAND, K.-W. (Hrsg.): Nachhaltige Entwicklung und Transdisziplinarität. Besonderheiten, Probleme und Erfordernisse der Nachhaltigkeitsforschung. (= Reihe: Angewandte Umweltforschung, 16). Berlin. 85-107.

BÄTZING, W. (2000b): Postmoderne Ästhetisierung von Natur versus „Schöne Landschaft" als Ganzheitserfahrung – von der Kompensation der „Einheit der Natur" zur Inszenierung von Natur als „Erlebnis". – In: ARNDT, A. et al. (Hrsg.): Hegels Ästhetik Die Kunst der Politik – die Politik der Kunst. (= Hegel-Jahrbuch 2000, 2. Teil). – Berlin. 196-201.

BENDER, O. / BORSDORF, A. / PINDUR, P. (2002): Räumlicher Strukturwandel in den Alpen. Zur Problematik von alpinen Raumbeobachtungs- und -informationssystemen. – In: Mitteilungen der Österreichischen Geographischen Gesellschaft, 144. Jg.. – 37-58.

EUROPÄISCHE KOMMISSION (Hrsg.) (1994): Europa 2000+ – Europäische Zusammenarbeit bei der Raumentwicklung. – Luxemburg.

EUROPÄISCHE KOMMISSION (Hrsg.) (1997): European spatial development perspective. First official draft. Presented at the informal meeting of Ministers responsible for spatial planning of the member states of the European Union. Noordwijk, 9 and 10 June 1997. – Luxemburg.

FASSMANN, H. (2003): Herausforderungen für das Raumentwicklungskonzept. – In: Forum Raumplanung 1. – 63-65.

GOPPEL, K. (2003): Raumordnungspläne im Alpenraum. – In: Akademie für Raumforschung und Landesplanung (Hrsg.): Raumordnung im Alpenraum. Tagung der LAG Bayern zum Jahr der Berge. (= ARL Arbeitsmaterial). – Hannover. 119-128.

KELLER, L. (1998): Die Alpen im politischen Spiel. (= Wissenschaftliche Alpenvereinshefte, 32). – München.

KUNZE, E. (2003): Zum Stellenwert des Österreichischen Raumentwicklungskonzeptes 2001. – In: Forum Raumplanung 1. – 62-63.

MAIR, F. (Hrsg.) (2003): Salzburger Landesentwicklungsprogramm Gesamtüberarbeitung 2003. (= Entwicklungsprogramme und Konzepte, H. 3). – Salzburg.ÖROK (Österreichische Raumordnungskonferenz) (Hrsg.) (2002): Österreichisches Raumentwicklungskonzept (ÖREK) 2001. (= ÖROK-Schriftenreihe, 163). – Wien.

RITTER, E. H. (2002): Europäische Raumentwicklungspolitik – Schimäre oder Chance? Betrachtung aus der Perspektive der deutschen Raumwissenschaften. – In: Europa Regional 10(4). – 190-195.

RUPPERT, K. (2003): Flächennutzung im Alpenraum – Scharnier zwischen Umwelt und Gesellschaft. – In: Akademie für Raumforschung und Landesplanung (Hrsg.): Raumordnung im Alpenraum. Tagung der LAG Bayern zum Jahr der Berge. (= ARL Arbeitsmaterial). – Hannover. – 16-33.

SCHINDEGGER, F. (1996): Der Alpenraum – die verkannte Peripherie in der Mitte Europas. [Unveröff. Manuskript]

SCHINDEGGER, F. (2003): Europäische Raumentwicklung – Die neue Herausforderung. – In: Österreichische Raumordnungskonferenz (Hrsg.): Raumordnung im Umbruch – Herausforderungen, Konflikte, Veränderungen. Festschrift für Eduard Kunze. (= ÖROK-Schriftenreihe, Sonderserie Raum & Region, H. 1). – Wien. 24-33.

SCHINDEGGER, F. et al. (1997): Regionalentwicklung im Alpenraum. Vorschläge für die Behandlung des Alpenraumes im Rahmen der europäischen Raumentwicklungspolitik. (= Schriften zur Regionalpolitik und Raumordnung, 31). – Wien.

Michael MARTI, Stephan OSTERWALD, Helen SIMMEN und Felix WALTER (Bern / Altdorf)

Zahlen die Agglomerationen für die Alpen?

1 Einleitung

Das vorliegende Papier des Projekts „ALPAYS – Alpine Landscapes: Payments and Spillovers" im Rahmen des Nationalen Forschungsprogramms 48 „Landschaften und Lebensräume der Alpen" gibt einen Überblick über die wichtigsten Finanzströme zwischen dem Alpenraum und der übrigen Schweiz.[1]

Ziel dieses Projekts ist es, die hauptsächlichen Finanzflüsse zwischen dem Alpenraum und der übrigen Schweiz zu erfassen. Dabei werden auch die indirekten Finanzströme dieser beiden Gebiete berücksichtigt, die über den Bund erfolgen, und die Nutzen- und Schadenströme aus positiven bzw. negativen Spillovers, die nicht zu monetären Flüssen führen. Das Papier bietet eine pragmatische Analyse der Finanzflüsse zwischen dem Alpenraum und der übrigen Schweiz, wobei bei einzelnen Finanzströmen weiterer Forschungsbedarf besteht. Das Papier ist wie folgt aufgebaut:

- Abschnitt 2 greift die theoretische Grundlage dieses Projekts kurz auf und beschreibt die Ströme, die nachfolgend untersucht werden.
- Abschnitt 3 erläutert die Abgrenzung des Alpenraums zur übrigen Schweiz.
- In den Abschnitten 4 bis 8 werden die einzelnen Finanzflüsse zwischen dem Alpenraum und der übrigen Schweiz tabellarisch dargestellt und erläutert.
- Im abschließenden Abschnitt 9 werden die Ergebnisse graphisch zusammengefasst und diskutiert.

2 Übersicht über die verschiedenen Finanzströme

In einem ersten Schritt wurde die theoretische Basis für das Projekt ALPAYS gelegt, indem die Finanzströme zwischen dem Alpenraum und der übrigen Schweiz theoretisch analysiert wurden, eine Typologie entwickelt und dargelegt wurde, welche Finanzströme im empirischen Teil genauer untersucht werden sollen (ECOPLAN 2002). Ausgehend von einer breiten Übersicht über Theorien (Handelstheorien, Regionalökonomie, räumliche Ökonomie, Finanzwissenschaften) und Methoden (Inzidenzanalyse, Zentrumslasten-Analyse) wurde für die verschiedenen Arten von monetären und nicht-monetären Strömen zwischen dem Alpenraum und der übrigen Schweiz eine Typologisierung der Finanzströme nach deren ökonomischen Funktionen hergeleitet (vgl. Tab. 1).

Aus der Vielzahl von Finanzströmen wurden danach anhand der folgenden Kriterienliste diejenigen ausgewählt, die empirisch untersucht werden sollen, bzw. es wird deren angestrebter Untersuchungsumfang festgelegt:

- Der Schwerpunkt liegt in der Analyse der Finanzströme zwischen der öffentlichen Hand und dem Alpenraum bzw. der übrigen Schweiz.
- Es wird unterschieden, ob ein Marktversagen vorliegt oder nicht. Finanzströme, denen ein Marktversagen – in der Regel in Form eines Spillovers (vgl. Definition

in Anmerkung 9) – zugrunde liegt, werden nach Möglichkeit in die Analyse integriert. Auswirkungen reiner Marktprozesse stehen nicht im Zentrum der Analyse und werden nur selektiv betrachtet.
- Der Betrachtungszeitraum ist kurzfristig: Es wird die primäre Inzidenz ermittelt, Zweitrundeneffekte werden nicht berücksichtigt.
- In erster Linie wird die Zahlungsinzidenz ermittelt. Die den Geldströmen korrespondierenden Nutzenströme werden jedoch zumindest qualitativ thematisiert.
- Ausgehend von der formellen Inzidenz wird angestrebt, mit Hilfe von empirischen Indizien Thesen zur effektiven Inzidenz aufzustellen.

	Inhaltliche Kategorien	Untersuchungspriorität
1	*Marktwirtschaftliche Finanzströme*	
1a	Entlohnung von Arbeit und Kapital	III
1b	Konsum- und Investitionsausgaben	III
2	*Finanzströme mit Privatsektor mit direkter Gegenleistung*	
2a	Leistungsentgelte und öffentliche Investitionen	II
2b	Entgelte besonderer Güter (Wasserzins)	II
2c	Quersubventionen	II
3	*Finanzströme mit Privatsektor ohne direkte Gegenleistung*	
3a	Subventionen	II
3b	Steuern	II
4	*Finanzströme im Finanzausgleich*	I
5	*Nicht-monetäre Ströme*	
5a	Nutzenströme aus positiven Spillovers	II
5b	Schadenströme aus negativen Spillovers	II

Erläuterung Untersuchungsprioritäten: I = Kernbereich, II = partielle Berücksichtigung, vor allem wenn regionale Inzidenz vermutet wird, III = keine Berücksichtigung oder rein illustrative Hochrechnungen.

Tab. 1: Kategorisierung monetärer und nicht-monetärer Finanzströme

Die untersuchten Finanzströme sind qualitativ sehr unterschiedlich. So entscheidet je nach Finanzstrom eher der Markt oder die Politik über deren Umfang und Richtung.[2] Entsprechend dieser Unterschiede und dem Umstand, dass je nach Kategorie nur eine Auswahl aller existierenden Finanzströme untersucht werden, kann *keine generelle Saldierung* vorgenommen werden. Die Ströme der einzelnen Kategorien können aber qualitativ miteinander verglichen werden. Für einige wenige Finanzströme können die Ergebnisse mit der nötigen Vorsicht gar quantitativ in Beziehung gesetzt werden.

3 Alpenraum versus übrige Schweiz: Abgrenzung

In dieser Studie definieren wir den Alpenraum weitgehend nach IHG-Regionen (Investitionshilfegesetz). Allerdings berücksichtigen wir nur diejenigen Regionen, die zum Alpenraum zählen, der Jurabogen gehört somit nicht dazu (vgl. Abb. 1).

Vergleicht man die IHG-Regionen mit den Kantonsgrenzen, so ergibt sich folgendes Bild:
- Acht Kantone liegen vollständig im Alpenraum: Uri, Obwalden, Nidwalden, Appenzell Ausserrhoden, Appenzell Innerrhoden, Wallis, Graubünden und Glarus.
- Elf Kantone liegen vollständig außerhalb des definierten Alpenraums: Genf, Neuenburg, Jura, Solothurn, Basel-Land, Basel-Stadt, Aargau, Zug, Schaffhausen, Thurgau und Zürich.

- Es verbleiben sieben „gemischte" Kantone[3]: Waadt, Fribourg, Bern, Luzern, Schwyz, St. Gallen und Tessin. Die Abgrenzung der Finanzströme in diesen Kantonen geschieht mit Hilfe von Amts- oder Gemeindestatistiken, ansonsten werden die Finanzströme mit Hilfe der Bevölkerungsanteile zugeordnet.

Die beiden Räume weisen für das Jahr 2001 folgende Kennzahlen auf:

- Bevölkerung: Ein Fünftel der mittleren Wohnbevölkerung der Schweiz lebt im Alpenraum (20,1%), vier Fünftel leben in der übrigen Schweiz (79,9%).
- Volkseinkommen: Gut ein Sechstel des Volkseinkommens wird im Alpenraum (17,2%) erwirtschaftet, die übrigen fünf Sechstel in der übrigen Schweiz (82,7%). Der Alpenraum hat – gemessen am Bevölkerungsanteil – ein unterproportionales Volkseinkommen (pro Kopf rund 17,3% weniger).
- Beschäftigte: Knapp ein Fünftel (18,7%) der Arbeitsplätze (Vollzeitäquivalent) liegen im Alpenraum. Die übrigen vier Fünftel (81,3%) sind in der übrigen Schweiz.
- Fläche: Knapp zwei Drittel (64,3%) der Fläche der Schweiz liegt im Alpenraum. Die übrige Schweiz macht lediglich gut ein Drittel (35.7%) der Gesamtfläche aus.

Abb. 1: Das schweizerische Berggebiet gemäß ALPAYS, basierend auf dem Investitionshilfegesetz

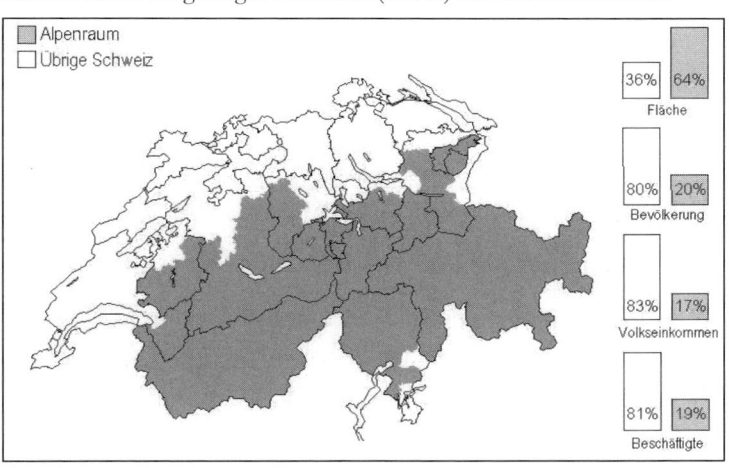

4 Marktwirtschaftliche Finanzströme

Da der Tourismus im Alpenraum eine Schlüsselbranche darstellt, wurden im Rahmen der marktwirtschaftlichen Ströme nur die touristischen Ausgaben erfasst. In der Folge haben wir nur jene Wirtschaftszweige betrachtet, die zu den touristischen Leistungsträgern zählen. Zudem haben wir nur den in den Alpenraum fließenden Finanzstrom erhoben.[4] Die Datenbasis bildeten Statistiken im Beherbergungsbereich aus dem Jahr 2001, Daten aus der Betriebszählung 2001 (beide vom Bundesamt für Statistik, BFS) sowie zusätzliche Daten wie Statistiken zu Seilbahnen, zur Gastronomie und zu Sportkursen. Wo keine Daten gefunden werden konnten, wurde mit Hochrechnungen auf der Basis einer Wertschöpfungsstudie für den Kanton Bern gearbeitet (RÜTTER et al. 1995). Wenn in den Mischkantonen keine zusätzlichen dem haben wir nur den in den Alpenraum fließenden Finanzstrom erhoben.[4] Die Datenbasis

Daten beschafft werden konnten, wurden die Beträge im Verhältnis zur mittleren Wohnbevölkerung zugeordnet. Tab. 2 fasst die Ergebnisse zusammen:

- Die touristischen Leistungsträger erwirtschafteten 2001 im Alpenraum rund 9,4 Mrd. Franken Umsatz. Rund 60% dieses Umsatzes (vgl. Spalte 2 in Tab. 2) wurde durch Touristen aus der übrigen Schweiz und dem Ausland induziert.[5] Daraus resultiert ein tourismusinduzierter Umsatz von rund 5,6 Mrd. bzw. 3.838 Franken pro Kopf.
- Wird der Vorleistungsanteil vom Umsatz abgezogen, so resultiert eine tourismusinduzierte Wertschöpfung von rund 3,2 Mrd. bzw. 2.186 Franken pro Kopf.
- Der mit Abstand größte Anteil der Pro-Kopf-Wertschöpfung (rund 40%) entfällt auf den Gastronomiebereich.

Finanzstrom	Umsatz in Tsd. Fr.	Tourismusanteil in %	Tourismusinduzierter Umsatz in Tsd. Fr.	Umsatz pro AlpenbewohnerIn in Fr.	Vorleistungsanteil in %	Tourismusinduzierte Wertschöpfung in Tsd. Fr.	Wertschöpfung pro AlpenbewohnerIn in Fr.
Hotellerie	1.335.129	84,5	1.128.184	774	41,5	659.988	453
Parahotellerie	661.555	84,5	559.014	383	41,5	327.023	224
Gastronomie	4.555.017	50,5	2.300.284	1.578	46,0	1.242.153	852
Transport:	1.647.854	56,6	932.701	640	35,6	600.269	412
Eisenbahnen	*855.854*	*40,5*	*346.621*	*238*	*32,5*	*233.969*	*160*
Spezialbahnen	*792.000*	*74,0*	*586.080*	*402*	*37,5*	*366.300*	*251*
Kultur, Sport, Erholung	1.166.611	57,9	674.894	463	47,0	357.694	245
Total	9.366.167	59,7	5.595.077	3.838	43,1	3.187.127	2.186

Tab. 2: Marktwirtschaftliche Finanzströme in den Alpenraum, 2001

5 Finanzströme mit Privatsektor mit direkter Gegenleistung

5.1 Leistungsentgelte und öffentliche Investitionen

Unter Leistungsentgelten bzw. öffentlichen Investitionen werden die Personalausgaben bzw. die Beschaffungen des Bundes und der Regiebetriebe[6] (Post, ETH, Eidg. Alkoholverwaltung) verstanden. Bei der Zuordnung der Ausgaben für Leistungsentgelte und öffentliche Investitionen kann aufgrund der Datenlage lediglich auf die formelle Inzidenz abgestellt werden, d. h. es kann nur ermittelt werden, wohin die Finanzströme fließen (z. B. Firma im Alpenraum), nicht jedoch, wer letztlich davon profitiert (eventuell auch Arbeitnehmer, die nicht im Alpenraum wohnen). Die Datengrundlage bilden die Beschaffungsstatistik 2001 sowie eine kantonale Aufteilung der Personalausgaben des Bundes, beide von der Eidgenössischen Finanzverwaltung (EFV). Bei der Post wurde mangels exakter Daten eine Approximation mit Hilfe der Beschäftigtenzahlen aus der Betriebszählung vorgenommen. Die Abgrenzung in den Mischkantonen erfolgte jeweils mit Hilfe der Bevölkerungszahlen.

Tab. 3 gibt Aufschluss über die Ergebnisse: Bei den Beschaffungen wie auch bei den Personalausgaben besteht eine leichte Ungleichverteilung zugunsten der übrigen Schweiz. Insgesamt geben der Bund und die Regiebetriebe im Alpenraum pro Kopf rund sieben Prozent weniger aus für Leistungsentgelte und öffentliche Investitionen. Setzt man den Anteil der Beschaffungen des Bundes im Alpenraum in Relation zu den Beschäftigten im Alpenraum, so lässt sich feststellen, dass die Ausgaben für Beschaffungen im Alpenraum unterproportional

Michael MARTI, Stephan OSTERWALD, Helen SIMMEN und Felix WALTER

zur Produktionskapazität sind (Quotient von 0,88). Dies könnte darauf hindeuten, dass sich die Ungleichheit bei der Vergabe der Beschaffungen nicht allein durch die Marktkräfte erklären lässt (vgl. JEANRENAUD / LAUTENSCHLÄGER 2002).

Finanzstrom (Jahr)	Fluss in den Alpenraum in Tsd. Fr.	Pro Kopf in Fr.	Fluss in die übrige Schweiz in Tsd. Fr.	Pro Kopf in Fr.	Relativ zum Total in %	Verhältnis (pro Kopf) Alpenraum / übrige CH
Beschaffungen (2001)	593.384	407	2.825.075	487	6,7	0,84
Personalausgaben (1999 bzw. 2001)	9.078.295	6.227	38.480.575	6.632	93,3	0,94
Total	9.671.679	6.634	41.305.650	7.119	100	0,93

Bemerkungen: Die Personalausgaben der Bundesverwaltung stammen aus dem Jahr 1999, jene der Post aus dem Jahr 2001. Das ausgewiesene Total ist somit eine Summe aus verschiedenen Jahren. Die Berechnung der Pro-Kopf-Werte und des Verhältnisses zwischen dem Alpenraum und der übrigen Schweiz war problemlos möglich, da die Bevölkerungsanteile im Alpenraum und im Rest der Schweiz in den Jahren 1999 und 2001 praktisch konstant geblieben sind.

Tab. 3: Leistungsentgelte und öffentliche Investitionen (ohne SBB)

5.2 Entgelte besonderer Güter: Wasserzins

Der Wasserzins hängt von der mittleren Bruttoleistung der Wasserkraft ab. Der Bund hat ein Wasserzinsmaximum festgelegt (80 Franken/Kilowatt). Diese Obergrenze wird von der überwiegenden Mehrheit der Kantone, darunter insbesondere die wichtigen Wasserkraftkantone, ausgeschöpft. Die Berechnung der kantonalen Wasserzinseinnahmen erfolgte anhand der wasserzinspflichtigen Bruttoleistung im Jahr 2001 pro Kanton (Bruttostrom von 328 Mio. Franken in den Alpenraum). Diese Daten stammen vom Bundesamt für Wasser und Geologie (BWG). Die Wasserzinsen werden auf den Strompreis überwälzt. Es kann angenommen werden, dass jede Kilowattstunde den gleichen Wasserzinsanteil mitträgt. Zur Vereinfachung wird unterstellt, dass der Pro-Kopf-Verbrauch in den beiden Gebieten gleich gross ist. Damit können die Wasserzinsen den beiden Gebieten im Verhältnis der mittleren Bevölkerung zugerechnet werden. Es resultiert ein Netto-Finanzstrom in der Höhe von rund 248 Mio. Franken in den Alpenraum. Dies entspricht einem Betrag von 170 Franken pro AlpenbewohnerIn.

5.3 Quersubventionen

Aus Datengründen beschränkte sich die Analyse auf die Infrastrukturbereiche Elektrizität (Datenquelle: Elektrizitätsunternehmen) und Strassenwesen (Daten aus der offiziellen Strassenrechnung sowie weitere Daten vom Bundesamt für Statistik für das Jahr 2000). Die Resultate sind in Tab. 4 aufgeführt.

- *Elektrizität*: Um das Ausmass der Quersubventionierung zwischen den beiden Regionen Alpenraum bzw. übrige Schweiz auf den Ebenen Nieder- und Mittelspannung zu bestimmen, haben wir die Kosten derjenigen Elektrizitätsversorgungsunternehmen geschätzt, die in beiden Regionen tätig sind.[7] Die Quersubventionierung entsteht dadurch, dass einheitliche Preise verrechnet werden, obwohl die Kosten unterschiedlich sind. Basierend auf einem Kostenmodell für Durchleitungskosten beträgt die Quersubventionierung von der übrigen Schweiz in den Alpenraum im Jahr 2001 rund 29 Mio. Franken. Betrachtet man die Quersubventionen pro Kopf, zeigt sich, dass die Bewohner des Alpenraums 59 Franken erhalten.

- *Strassenwesen:* Im Strassenwesen gibt es Spillovers, da die heutige Strassenrechnung das Verursacherprinzip nicht voll berücksichtigt. So stellt sich die Frage, wie eine Strassenrechnung ohne Spillovers aussehen würde. Die Strassenbenutzer müssten für die gefahrenen Kilometer bezahlen, und zwar einen höheren Betrag für teurere Strassen und einen geringeren für billigere Strassen. Die Strassenbenutzer entrichten heute über Mineralölsteuern einen verursacherorientierten Beitrag, allerdings wird nicht nach „teuren" und „billigen" Strassen unterschieden.

Wir haben eine solche fiktive Strassenfinanzierung für das Jahr 2000 durchgerechnet und stellen fest, dass die Bevölkerung der übrigen Schweiz insgesamt mit ihren effektiven heutigen Strassenbenutzungsabgaben rund 1,15 Mrd. Franken mehr zahlt als sie bei voller Kostendeckung müsste. Die Kantone und Gemeinden der übrigen Schweiz erzielen aber heute (inklusive Anteil am Bundesüberschuss) rund 1,38 Mrd. Franken Überschüsse aus dem Strassenwesen. Die heutige Regelung führt also dazu, dass die Bevölkerung in der übrigen Schweiz mehr profitiert als ihr nach Verursacherprinzip zustünde, also „quersubventioniert" wird (im Ausmaß von 238 Mio. Franken). Auf der anderen Seite müsste die Alpen-Bevölkerung für ihre Mobilität rund 75 Mio. mehr zahlen, als sie es heute über ihre Strassenbenutzungsabgaben tut, um Kostendeckung zu erreichen. Die Alpenkantone und -gemeinden tragen aber heute hohe Defizite im Strassenwesen, nämlich 225 Mio. Franken im Jahr 2000. Die Alpen leisten also Quersubventionen von 150 Mio. Franken. Pro Kopf zahlt jeder Alpenbewohner 101 Franken an die übrige Schweiz. Externe Unfall- und Umweltkosten wurden nicht berücksichtigt.

Bereich (Jahr)	Subventionierung in den Alpenraum in Tsd. Fr.	Pro Kopf in Fr.	Subventionierung in die übrige Schweiz in Tsd. Fr.	Pro Kopf in Fr.
Elektrizität (2001)	28.688	59	-28.688	-30
Strassenwesen (2000)	-149.795	-101	238.801	42

Bemerkungen: Bei der Elektrizität wurde bei den Pro-Kopf-Angaben nur die Bevölkerung in den untersuchten Netzgebieten berücksichtigt. Die fehlenden 89 Mio. Franken im Strassenwesen sind auf die Quersubventionierung durch das Ausland zurückzuführen.

Tab. 4: Quersubventionen in den Bereichen Elektrizität und Strassenwesen

6 Finanzströme mit Privatsektor ohne direkte Gegenleistung

Zu den Finanzströmen mit Privatsektor ohne direkte Gegenleistung zählen Subventionen und Steuern. Analog zu den Leistungsentgelten und öffentlichen Investitionen kann auch bei den Subventionen und Steuern auf Grund der Datenlage lediglich auf die formelle Inzidenz abgestellt werden. Die Datenbasis bei den Bundessubventionen bildete die kantonale Aufteilung der Eidgenössischen Finanzverwaltung (EFV) aus dem Jahr 1999.[8] Bei der direkten Bundessteuer wie auch bei der Mehrwertsteuer konnten die Statistiker der Eidgenössischen Steuerverwaltung (ESTV) aus den Jahren 1997 bzw. 2001 auf Gemeindeebene verwendet werden. Insgesamt konnten rund 90% der gesamten Bundessubventionen (inklusive Bundessubventionen, die im Rahmen der Quersubventionierung Strasse sowie im Finanzausgleich eingeflossen sind) im Jahr 1999 und ungefähr 66% der Fiskaleinnahmen (inklusive Mineralölsteuereinnahmen) im Jahr 2001 dem Alpenraum und der übrigen Schweiz zugeteilt werden. Die Mineralölsteuer erscheint in Tab. 5 nicht, da sie im Bereich der Quersubventionen Strassenwesen vollständig in die Berechnungen eingeflossen ist.

Michael MARTI, Stephan OSTERWALD, Helen SIMMEN und Felix WALTER

Finanzstrom in... (Jahr)	Alpenraum in Tsd. Fr.	Pro Kopf in Fr.	Übrige Schweiz in Tsd. Fr.	Pro Kopf in Fr.	Relativ zum Total in %	Verhältnis (pro Kopf) Alpenraum / übrige CH
Total Subventionen (1999)	4.698.860	3.239	15.510.333	2.714	100	1,19
Finanzstrom aus... (Jahr)						
Direkte Bundessteuer (1997)	1.165.474	809	8.725.522	1.538	36,7	0,53
Mehrwertsteuer (2001)	1.802.558	1.236	15.230.442	2.625	63,3	0,47
Total Steuern	2.968.032	2.045	23.955.964	4.163	100	0,49

Bemerkungen: Die Daten zu den Steuern stammen aus den Jahren 1997 und 2001. Das ausgewiesene Total ist somit eine Summe aus verschiedenen Jahren. Wiederum stellt die Berechnung der Pro-Kopf-Werte kein Problem dar.

Tab. 5: Subventionen und Steuern

Die Ergebnisse sind in Tab. 5 zusammengefasst. Bei den Subventionen (Finanzfluss in die Gebiete) besteht eine Ungleichverteilung zu Gunsten des Alpenraums: Relativ zur mittleren Wohnbevölkerung fließen rund 19% mehr Bundessubventionen in den Alpenraum. Bei den Steuern (Finanzflüsse aus den Gebieten) besteht ein deutliches Ungleichgewicht: In der übrigen Schweiz werden pro Kopf rund doppelt so viel Steuern bezahlt wie im Alpenraum.

7 Finanzströme im Finanzausgleich

Der heute gültige Finanzausgleich basiert auf der sogenannten Finanzkraft der Kantone, die jeweils für zwei Jahre berechnet wird. Die hier vorliegenden Zahlen des Jahres 2001 basieren auf der Finanzkraft der Jahre 2000 und 2001. Die finanzkraftabhängigen Zahlungen werden einerseits vertikal gewährt, d. h. der Bund unterstützt die Kantone in gewissen Bereichen. Die Ausgleichszahlungen des Bundes betragen im Jahr 2001 rund 1,04 Mrd Franken. Andererseits gibt es neben dem vertikalen Ausgleich auch einen horizontalen Ausgleich, der zwischen den Kantonen stattfindet. Diese Ausgleichszahlungen betrugen im Jahr 2001 rund 1,33 Mrd. Franken. Der horizontale Finanzausgleich ist somit größer als der vertikale (vgl. Tab. 6).

Finanzkraftabhängige Zahlungen in	Alpenraum in Tsd. Fr.	Pro Kopf in Fr.	übrige Schweiz in Tsd. Fr.	Pro Kopf in Fr.	Bundesanteil in Tsd. Fr.
Bund-Kantone (vertikaler Ausgleich)	439.007	300	601.538	105	1.040.545
Kantone-Kantone (horizontaler Ausgleich)	604.091	412	-604.091	-105	
Total Nettozahlungen	1.043.099	712	-2.554	0	1.040.545

Bemerkung: Die Werte in den „gemischten" Kantonen wurden mit Hilfe der Bevölkerungsanteile berechnet.

Tab. 6: Finanzausgleich, 2001

Bei der Auswertung der *vertikalen Ausgleichszahlungen* nach den beiden Regionen zeigt sich, dass die Zahlungen in die übrige Schweiz mit 602 Mio. Franken absolut gesehen höher sind als die Zahlungen in den Alpenraum (439 Mio Franken). Analysiert man die Pro-Kopf-Werte, so wird ersichtlich, dass ein Bewohner im Alpenraum einen rund dreimal höheren Betrag (300 Franken) erhält als ein Bewohner der übrigen Schweiz (105 Franken). Beim *horizontalen Ausgleich* unterstützt erwartungsgemäß die übrige Schweiz den Alpenraum mit 604 Mio. Franken. Pro Einwohner bedeutet dies, dass jeder Bewohner der übrigen Schweiz durchschnittlich rund 105 Franken in den Alpenraum bezahlt und dass jeder Bewohner im Alpenraum im Durchschnitt einen Betrag von 412 Franken erhält. Fasst man den vertikalen und den horizontalen Finanzausgleich zusammen, zeigt sich, dass der vertikale Ausgleich, den die übrige Schweiz erhält (602 Mio. Franken), gerade von den horizontalen Ausgleichszahlungen neutralisiert wird (604 Mio. Franken, Saldo −2,5 Mio. Franken). Der Alpenraum erhält im Gegenzug rund 1,04 Mrd. Franken durch den Finanzausgleich.

8 Nicht-monetäre Ströme

Nicht-monetäre Ströme werden durch positive oder negative Spillovers[9] verursacht. Diesen Strömen liegt definitionsgemäß ein Marktversagen zugrunde. Positive Spillovers werden als Nutzenströme, negative als Schadenströme bezeichnet. In der vorliegenden Fassung des Berichts wird ausschließlich auf Nutzenströme aus positiven Spillovers eingegangen. Zudem werden nur jene Nutzenströme aus positiven Spillovers erfasst, die vom Alpenraum in die übrige Schweiz fließen. Im Bereich der Schadenströme aus negative Spillovers besteht noch weiterer Forschungsbedarf.

Der Nutzen aus einem positiven Spillover wird gemäß dem Wohnortsprinzip den einzelnen Regionen zugeordnet: Erfreut sich beispielsweise eine Baslerin in Grindelwald am Felsmassiv von Eiger, Mönch und Jungfrau, so handelt es sich um einen Nutzenstrom aus dem Alpenraum in die übrige Schweiz. Basis für die Monetarisierung des Nutzens bildet die Zahlungsbereitschaft für Natur- und Landschaftsschutz in der Schweiz von geschätzten 30 Franken pro Person und Monat (INFRACONSULT 1999, 66ff). Die Bezugsfläche hierzu bildet die Nicht-Siedlungsfläche der Schweiz aus der Arealstatistik 1995. Daraus lässt sich der Nutzen der Bewahrung von Landschaft und Biodiversität im Alpenraum berechnen. Er beträgt 1,4 Mrd. Franken bzw. 236 Franken pro Bewohner der übrigen Schweiz. Dieses Ergebnis stellt lediglich einen Bestandteil des Gesamtnutzens aus positiven Spillovers der Alpen dar, dessen Umfang nicht bekannt ist.[10] Bei dessen Interpretation ist folgendes zu beachten:

- Die dem Nutzenstrom aus positiven Spillovers zugrunde gelegte Zahlungsbereitschaft ist ein mittlerer Wert für die ganze Schweiz, basierend auf mehreren Untersuchungen. Die „wahre" Zahlungsbereitschaft kann von diesem Wert abweichen. Der ausgewiesene Betrag ist somit mit großen Unsicherheiten behaftet.
- Der Existenznutzen der Alpen für Ausländer wird nicht berücksichtigt. Wenn sich Ausländer als Touristen in der Schweiz aufhalten, so steht der Gebrauchsnutzen im Vordergrund, der sich hauptsächlich in Tourismusausgaben niederschlägt.[11]
- Dieser Nutzen entspricht nicht dem Preis für die Landschaft und Biodiversität des Alpenraums, da Preise von den jeweiligen Knappheitsverhältnissen abhängen.

9 Interpretation der Resultate und Fazit

In den vorangehenden Abschnitten 4 bis 8 wurden eine Vielzahl von Finanzströmen in und aus dem Alpenraum ausgewiesen. Doch was bedeuten diese Zahlen? Profitiert der Alpenraum wirklich auf Kosten der übrigen Schweiz? Oder verhält sich alles ganz anders? Wir werden nachfolgend die einzelnen Ergebnisse kurz zusammenfassen und interpretieren. Abb. 2 stellt die Resultate graphisch dar. Am Ende wird eine partielle Saldierung vorgenommen.

- *Marktwirtschaftliche Finanzströme:* Durch den Tourismus sind im Jahr 2001 5,6 Mrd. Franken in den Alpenraum gelangt. Für diesen Geldstrom erhalten die Touristen im Gegenzug einen Nutzen, der mindestens gleich hoch ist (plus Konsumentenrente). Die Höhe dieses Finanzstroms zeigt, dass bedeutende Geldflüsse in den Alpenraum marktwirtschaftlicher Natur sind.

Michael MARTI, Stephan OSTERWALD, Helen SIMMEN und Felix WALTER

- *Finanzströme mit Privatsektor mit direkter Gegenleistung:*

  - Leistungsentgelte und öffentliche Investitionen: Bei den Beschaffungen des Bundes und der Regiebetriebe ist die übrige Schweiz etwas besser gestellt als der Alpenraum. Pro Kopf fliesst rund 16% weniger Geld in den Alpenraum als in die übrige Schweiz. Ähnliches lässt sich für die Personalausgaben des Bundes und seiner Regiebetriebe sagen: Hier beträgt der Unterschied zugunsten der übrigen Schweiz sechs Prozent. Der Bund und die Regiebetriebe sind gesetzlich verpflichtet, die Beschaffungen nach Wettbewerb zu vergeben. Setzt man jedoch den Anteil der Beschaffungen des Bundes im Alpenraum in Relation zu den Beschäftigten im Alpenraum, so erkennt man, dass die Ausgaben für Beschaffungen im Alpenraum unterproportional zu dessen Produktionskapazität sind (Quotient von 0,88). Dies könnte darauf hindeuten, dass sich die Ungleichheit bei der Vergabe der Beschaffungen nicht allein durch die Marktkräfte erklären lässt. Insgesamt kann man sagen, dass der Alpenraum bei den Beschaffungen und Personalausgaben mit Rücksicht auf natürliche Standortnachteile und die eher geringere Wirtschaftskraft eher geringfügig benachteiligt ist.
  - Entgelte besonderer Güter: Wasserzins. Der Alpenraum erhält eine Abgeltung auf die Nutzung der Wasserkraft von netto 250 Mio. Franken. Ob dies „zu viel" oder „zu wenig" ist, hängt von den Verhältnissen im Strommarkt ab.
  - Quersubventionen: Die beiden untersuchten Bereiche Elektrizität und Strassenwesen zeigen unterschiedliche Ergebnisse. Während in der Elektrizität die übrige Schweiz den Alpenraum subventioniert (mit 59 Franken je Alpenbewohner), läuft der Subventionsfluss im Strassenwesen überraschenderweise in die andere Richtung: Weil die von den Alpengemeinden und -kantonen bezahlten defizitären Strassen im Alpenraum auch von Bewohnern der übrigen Schweiz häufig befahren werden, ohne dass die Benutzer voll dafür aufkommen, zahlen die Bewohner des Alpenraums rund 101 Franken an Quersubventionen je Bewohner der übrigen Schweiz. Grundsätzlich wird mit diesen Quersubventionen das Verursacherprinzip verletzt, d. h. es werden nicht kostengerechte Preisanreize gesetzt.

- *Finanzströme mit Privatsektor ohne direkte Gegenleistung:* Bei den Finanzströmen ohne direkte Gegenleistung profitiert der Alpenraum von der übrigen Schweiz, denn er weist pro Kopf höhere Subventionen und tiefere Steuererträge aus:

  - Subventionen: Mittels Bundessubventionen flossen 1999 in etwa 4,7 Mrd. Franken in den Alpenraum, das sind pro Kopf 19% mehr als in die übrige Schweiz. Die höheren Subventionen in den Alpenraum sind vor allem auf die Sachbereiche Verkehr und Landwirtschaft zurückzuführen. Diese Zahlungen spiegeln teilweise die höheren Kosten, die in diesen Bereichen aufgrund der Topographie entstehen (Lastenausgleich).
  - Steuern: Natürliche und juristische Personen im Alpenraum lieferten insgesamt rund 3 Mrd. Franken an direkter Bundessteuer und Mehrwertsteuer ab. Dies entspricht pro Kopf der Hälfte des Betrags, den die übrige Schweiz beisteuert. Sollten alle Bewohner der Schweiz gleich viel Steuern pro Kopf zahlen, da grundsätzlich alle gleich vom Bund profitieren? Die Antwort lautet „Nein", wenn man vom Konsens ausgeht, dass die Steuerlast nach wirtschaftlicher Leistungsfähigkeit und nicht pro Kopf verteilt wird.

- *Finanzströme im Finanzausgleich:* Sowohl der vertikale wie der horizontale Finanzausgleich sind regionalpolitische Instrumente, die deutlich zugunsten des Alpenraums fließen, obwohl es auch innerhalb dieser beiden Regionen Nettozahler und Nettoempfänger gibt:

    - *Vertikaler Ausgleich:* Analysiert man die Pro-Kopf-Werte der Bundesbeiträge im Finanzausgleich, zeigt sich, dass ein Bewohner im Alpenraum einen rund dreimal höheren Betrag (300 Franken) erhält als ein Bewohner der übrigen Schweiz (105 Franken).
    - *Horizontaler Ausgleich:* Die übrige Schweiz unterstützt den Alpenraum im Jahr 2001 mit 604 Mio. Franken. Pro Einwohner bedeutet dies, dass jeder Bewohner der übrigen Schweiz durchschnittlich rund 105 Franken in den Alpenraum bezahlt und dass jeder Bewohner im Alpenraum im Durchschnitt einen Betrag von 412 Franken erhält.

- *Nicht-monetäre Ströme:* Der Nutzenstrom vom Alpenraum in die übrige Schweiz, der sich aus der Bewahrung von Landschaft und Biodiversität im Alpenraum ergibt, beträgt insgesamt rund 1,4 Mrd. Franken bzw. 236 Franken pro Kopf. Dieser Finanzstrom ist jedoch nicht als Preis der Landschaft und Biodiversität im Alpenraum zu verstehen, sondern als Wertschätzung des Zusatznutzens, der aus der Bewahrung von Landschaft und Biodiversität erwächst.

Abschließend kann das *folgende Fazit* gezogen werden: Obwohl der *Alpenraum* über den Tourismus (und andere in dieser Studie nicht berücksichtigte Branchen) den Großteil seiner Finanzen in der Marktwirtschaft erarbeitet, wird er erwartungsgemäß von der übrigen Schweiz über nicht-marktwirtschaftliche Prozesse *finanziell mitgetragen*. Dies zeigt sich insbesondere bei den Steuern, den Subventionen und beim Finanzausgleich. Dass die wirtschaftliche Leistungsfähigkeit im Alpenraum geringer ist als in der übrigen Schweiz, zeigt sich auch daran, dass die Bewohner des Alpenraums (ein Fünftel) trotz der Berücksichtigung der Subventionen und Transferzahlungen einen unterproportionalen Anteil am Volkseinkommen (ein Sechstel) erhalten. Obwohl Instrumente zum Lastenausgleich wie der Finanzausgleich oder Subventionen (sofern sie Güter- und Faktorpreise sowie die Standortgunst verändern) aus ökonomischer Sicht eine Verzerrung darstellen und zu Ineffizienz und falschen Anreizen führen, werden sie politisch in Kauf genommen.

Wie eingangs erwähnt, wäre eine Gesamtsaldierung aller Ströme irreführend. Hingegen kann man die drei Kategorien Steuern, Subventionen und Finanzausgleich saldieren (vgl. Tab. 7). Dann erkennen wir, dass die Bewohner des Alpenraums insgesamt Nettoempfänger und jene der übrigen Schweiz Nettozahler sind.

Pro-Kopf-Größen (Jahr)	Alpenraum	Übrige Schweiz
Steuern (1997, 2001)	-2.045	-4.163
Subventionen (1999)	3.239	2.714
Finanzausgleich (2001)	712	0
Total	1.906	-1.449

Bemerkung: Wir verzichten darauf, die Zahlen der Jahre 1997 und 1999 der Teuerung anzupassen, da die veränderte Gewichtung bei einzelnen Subventionen eventuell stärkere Auswirkungen hat als die Anpassung der Teuerung.

Tab. 7: Saldierung der Steuern, Subventionen und des Finanzausgleichs

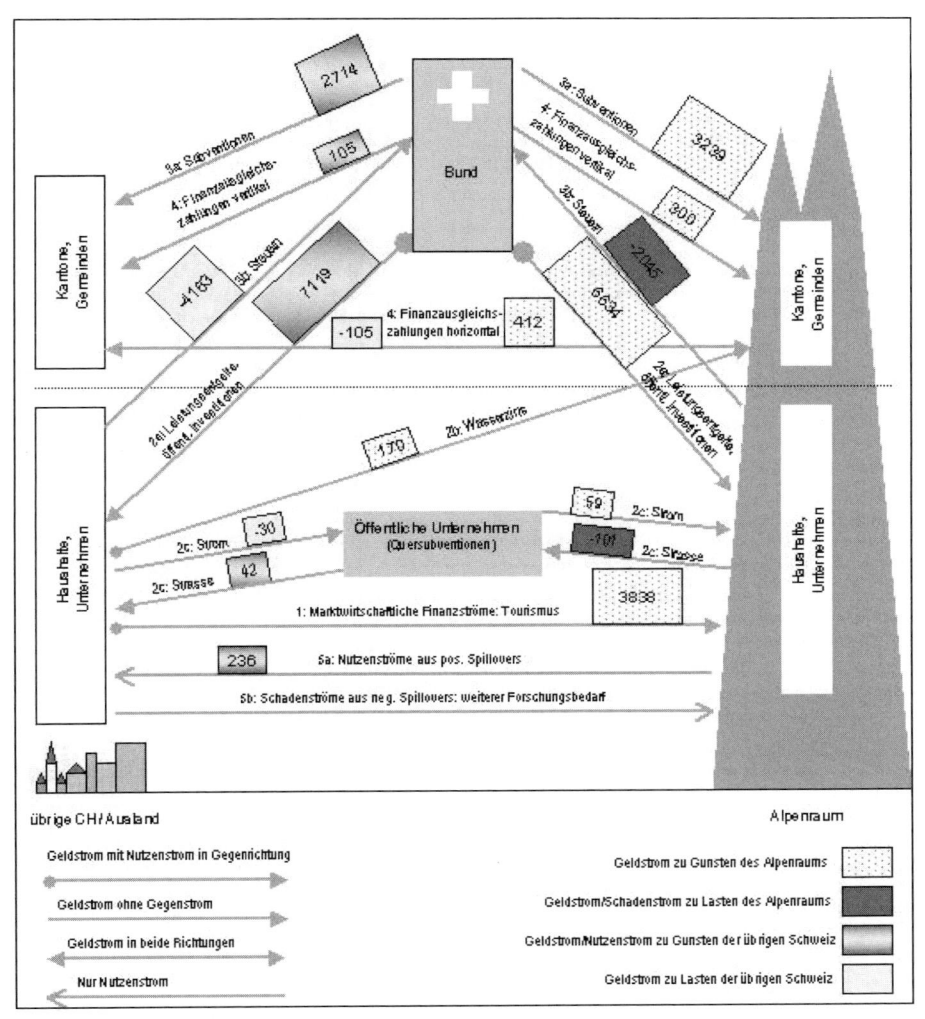

Michael MARTI, Stephan OSTERWALD, Helen SIMMEN und Felix WALTER

Abb. 2: Zusammenfassende Darstellung der Finanzströme, in Franken pro Kopf und Jahr

Der Saldo in Tab. 7 bedeutet jedoch keineswegs, dass dem Alpenraum in Zukunft die finanzielle Unterstützung verwehrt werden soll. Vielmehr können die Beträge als Zahlungsbereitschaft bzw. als Lastenausgleichsbereitschaft der gesamten Schweiz für den Alpenraum aufgefasst werden. Dies sind verteilungspolitische Entscheide, die aus volkswirtschaftlicher Sicht grundsätzlich weder „gut" noch „schlecht" sind, allerdings gilt es, die daraus resultierenden Verzerrungen und Fehlallokationen zu minimieren. Dies geschieht durch die Wahl des Lastenausgleichs- und Umverteilungsinstrumentariums und ist Thema des noch folgenden Arbeitspakets.

[1] Das vorliegende Papier ist eine Zusammenfassung des Arbeitspapiers 4 von Ecoplan im Projekt ALPAYS. Die Berechnungen sind dort ausführlich dargestellt. Das Papier ist auf *www.ecoplan.ch* verfügbar.

[2] Im Allgemeinen nimmt mit zunehmendem Marktversagen auch der Politikeinfluss zu.

[3] Die Kantone GR und GL bzw. ZH und TG wurden zur Vereinfachung der empirischen Arbeit ganz dem Alpen- bzw. ganz der übrigen Schweiz zugeteilt, obwohl sie genaugenommen ebenfalls zu den gemischten Kantonen gehören würden. Der verzerrende Effekt dürfte sich per Saldo ausgleichen.

[4] Nicht ausgegrenzt wurden die im Alpenraum getätigten touristischen Ausgaben ausländischer Gäste.

[5] Die in der Spalte 2 der Tab. 2 ausgewiesenen Tourismusanteile entsprechen den um einige Prozentpunkte (je nach Kategorie unterschiedlich) reduzierten Tourismusanteilen aus RÜTTER et al. (1995 und 2001). Diese Anpassungen tragen dem Umstand Rechnung, dass die Bewohner des Alpenraums auch touristische Ausgaben im Alpenraum tätigen können (z. B.: eine Bündner Familie verbringt ihren Skiurlaub im Wallis). Sie beruht mangels Daten auf Schätzungen und konnte nur teilweise mit Hilfe von zusätzlich erhobenen Daten, wie z. B. dem Umsatzanteil der Einheimischenbillete bei Sportbahnen, erhärtet werden. Insgesamt ergibt sich dadurch eine Reduktion der Ergebnisse um rund 14%.

[6] Ein weiterer wichtiger Regiebetrieb des Bundes ist die SBB, hier liegen jedoch keine Zahlen vor.

[7] Es handelt sich dabei um die *Azienda Industriali di Lugano SA* (AIL), die *BKW FMB Energie AG*, die *Centralschweizerischen Kraftwerke AG* (CKW), die *Freiburger Elektrizitätswerke* (FEW), die *Onyx Energie AG* und die *St. Gallisch-Appenzellischen Kraftwerke AG* (SAK).

[8] Dabei mussten im Bereich des Verkehrs jene Bundessubventionen (rund 2,8 Mrd. Franken) ausgegrenzt werden, die bereits im Rahmen des Zusatzmoduls „Quersubventionen im Bereich Strasse" eingeflossen sind. Zudem mussten die Finanzkraftzuschläge (rund 800 Mio. Franken) ausgegrenzt werden, da diese bei den Finanzströmen im Rahmen des Finanzausgleichs berücksichtigt wurden.

[9] Spillovers sind räumliche externe Effekte. Eine Externalität liegt dann vor, wenn durch die Produktion oder durch den Konsum anderen Unternehmen oder Haushalten Vor- oder Nachteile entstehen, die nicht über den Marktmechanismus (Marktpreis) abgegolten werden.

[10] Angenommen, dass Landschaft und Biodiversität im Alpenraum nicht in der heutigen Form durch Natur- und Landschaftsschutz bewahrt würden, so gehen wir davon aus, dass die Alpenregion den Bewohnern der übrigen Schweiz dennoch einen gewissen Nutzen stiften würde. Dieser zusätzliche Nutzen bleibt aber unbekannt.

[11] Der Existenznutzen (*non-use value*) bezieht sich auf die Wertschätzung bezüglich der Existenz/Bewahrung eines Gutes, der Gebrauchsnutzen (*use value*) ergibt sich aus der direkten Nutzung eines nicht am Markt gehandelten Gutes, z. B. Schnee.

Literatur

ECOPLAN (2002): ALPAYS – Alpine Landscapes: Payments and Spillovers. Arbeitspapier 1: Theoretische Grundlagen. – Bern.

INFRACONSULT (1999): Kosten und Nutzen im Natur- und Landschaftsschutz. NFP 41, Bericht C1. – Bern.

JEANRENAUD, C. / LAUTENSCHLAGER, M. (2002): Répartition des commandes fédérales dans le domaine des arts graphiques. – Neuchâtel.

RÜTTER, H. et al. (1995): Tourismus im Kanton Bern, Wertschöpfungsstudie. – Bern.

RÜTTER, H. et al. (2001): Der Tourismus im Wallis, Wertschöpfungsstudie. – Sitten.

Daniel WACHTER und Peter SCHMID (Bern)

Internalisierungsorientierte Regionalpolitik: Blick aus der Praxis auf ein theoretisches Konzept (Fallbeispiel Schweiz)

1 Einleitung

Die Debatte in der Schweiz um die Ratifizierung der Durchführungsprotokolle der Alpenkonvention zeigt mit aller Deutlichkeit das Spannungsverhältnis zwischen Regionalpolitik und Umweltschutz. Die Alpenkonvention, noch in den 1980er Jahren als Umweltschutzvorhaben lanciert, in der Zwischenzeit allerdings in wirtschaftlicher und gesellschaftlicher Hinsicht in Richtung dreidimensionaler Nachhaltigkeit komplettiert, kämpft im schweizerischen Parlament noch immer mit dem Image der einseitigen Umweltlastigkeit. Nach der Ratifikation der Rahmenkonvention im Jahr 1999 ist die Ratifikation der Durchführungsprotokolle 2003 noch immer hängig und politisch heftig umstritten.

Viele Umweltschutzmaßnahmen, insbesondere aus dem Bereich Natur- und Landschaftsschutz, treffen die in der Schweizer Regionalpolitik heute immer noch generell als förderungswürdig eingestuften alpinen Regionen, weil in der Schweiz ein Großteil der Natur- und Landschaftsgüter (Biotope, schützenswerte Landschaften usw.) in den Berggebieten lokalisiert ist. Berechtigte regionale Entwicklungsanliegen treten somit in Konflikt mit ökologischen Funktionen des ländlichen Raums (ökologische Ausgleichs- und Stabilitätsfunktion, Schutzfunktionen, Erholungsfunktion). Diese Interessenkonstellation, eingebettet in einen föderalistischen politischen Rahmen, der den Berggebieten stärkeren Einfluss auf die nationale Politik gibt als in den meisten anderen Alpenstaaten, erklärt zu einem rechten Teil die Mühen des Ratifikationsprozesses der Alpenkonventionsprotokolle.

Vor diesem strukturell keineswegs neuen Problemhintergrund befasste sich einer der beiden Autoren dieses Beitrags vor einigen Jahren mit dem Konzept einer „internalisierungsorientierten Regionalpolitik" (WACHTER 1990), das darauf abzielt, Umwelt- und regionale Ausgleichsanliegen zu verknüpfen. Kernelemente sind die finanzielle Abgeltung für Nutzungsverzichte im Interesse des Natur- und Landschaftsschutzes sowie eine regionalisierte, räumliche Dezentralisationen auslösende Umweltpolitik. Der Zweck des vorliegenden Beitrags liegt in einer rückblickenden Beurteilung, inwieweit sich in der schweizerischen Politik das in der Arbeit von WACHTER (1990) dargelegte Gedankengut umsetzen ließ.

2 Internalisierungsorientierte Regionalpolitik

Die Strategie beruht auf der Internalisierung von externen Effekten im Umweltbereich. Positive Umweltexternalitäten sind Umweltgüter und -dienstleistungen, die von den Nutznießern gratis oder unter dem Wert bezogen werden. Dabei ist konkret etwa an die Schutzwirkungen des Walds (Lawinen-, Wasserschutz usw.) oder die Erholungswirkung einer schönen Landschaft zu denken. Negative Umweltexternalitäten sind Umweltbelastungen (z. B. Luftverschmutzung), deren Kosten (Schadens-, Vermeidungs-, Reparaturkosten) nicht von den Akteuren selbst getragen, sondern auf Dritte abgewälzt werden. Internalisierung bedeutet die Anlastung von negativen externen Effekten bei den Verursachern und die Abgeltung von positiven externen Effekten bei den Urhebern.

Die Existenz von positiven und negativen Umweltexternalitäten ist ein wichtiger Grund für das Entstehen von Umweltproblemen. Wenn ein Landwirt den Nutzen, den positive Umweltexternalitäten, wie z. B. ökologischer Ausgleich, für die Gesellschaft stiften, nicht abschöpfen kann, bleibt ihm, um auf ein gutes Einkommen zu kommen, kaum eine andere Wahl, als die Landnutzung zu intensivieren. Wer anderseits ungestraft negative externe Effekte verursachen kann (z. B. Luftverschmutzung), also nicht sämtliche Kosten seiner Handlungen selber trägt, wird diese Handlungen in zu großem Ausmaß ausführen.

Die *Grundidee* der umweltbezogenen *internalisierungsorientierten Regionalpolitik* besteht darin, einerseits positive Umweltexternalitäten durch die Nutznießer abgelten zu lassen und andererseits negative externe Effekte den Verursachern anzulasten. Dies führt gleichzeitig zu einem regionalen Ausgleich zwischen *ländlichen* und *städtischen* Regionen, wenn die Abgeltung positiver Umweltexternalitäten vor allem ländliche Räume begünstigt, die Anlastung der negativen Umweltexternalitäten dagegen besonders die städtischen Gebiete belastet.

Dies wäre der Fall, wenn im ländlichen Raum überwiegend nur positive Umweltexternalitäten, in den städtischen Verdichtungsräumen überwiegend nur negative Umweltexternalitäten zu lokalisieren wären. Bei der Begründung einer umweltbezogenen internalisierungsorientierten Regionalpolitik stellt sich allerdings das Problem, dass *positive und negative Umweltexternalitäten eng miteinander verknüpft* sind. Wenn beispielsweise ein Landwirt eine ökologisch wertvolle, aber wenig ertragreiche Magerwiese intensiv zu nutzen beginnt, verursacht er dadurch einerseits negative externe Effekte. Die Handlung kann aber auch als Folge davon interpretiert werden, dass er den Nutzen, den eine Magerwiese für die Gesellschaft stiftet, nicht abschöpfen kann (fehlende Internalisierung eines positiven externen Effekts). Es wird somit die grundsätzliche Frage aufgeworfen, ob Verursacher von Umweltbelastungen oder Nutznießer intakter Umwelt für Umweltschutzkosten aufkommen sollen *(Verursacherprinzip vs.* Nutznießer- oder *Äquivalenzprinzip).*

Zur Klärung dieses für die Begründung einer umweltbezogenen internalisierungsorientierten Regionalpolitik zentralen Problemfelds kann das in der *Umweltökonomie* breit diskutierte *Coase-Theorem* aufgegriffen werden (COASE 1960). Danach liegt ein wesentlicher Grund für die heutigen Umweltprobleme in der Knappheit des Guts Umwelt. Knappheit bedeutet, dass verschiedene konkurrierende Verwendungsmöglichkeiten für das Gut Umwelt vorhanden sind. Entscheidend ist dabei, dass sämtliche an der Nutzungskonkurrenz Beteiligten für die Knappheit der Umwelt verantwortlich sind – sowohl Umweltbelaster als auch Nutznießer einer intakten Umwelt. Aus ökonomischer Sicht kann nicht *a priori* entschieden werden, welche Partei als Verursacherin der Umweltkosten zu betrachten ist und für die Umweltschutzkosten aufzukommen hat.

Gemäß dem Coase-Theorem kann dies nur aufgrund institutioneller Regelungen, d. h. der *Eigentumsrechtsordnung,* entschieden werden. Verfügt die von der Umweltbelastung betroffene Partei über das Nutzungsrecht der Umwelt, so hat die umweltbelastende Partei für die Umweltschutzkosten aufzukommen. Verfügt dagegen die umweltbelastende Partei über das Nutzungsrecht der Umwelt, so ist sie durch die von der Umweltbelastung betroffene Partei für die Unterlassung der Umweltbelastung zu entschädigen. Ein zentrales Problem besteht nun darin, dass in der Regel keine Nutzungsrechte bezüglich der Umwelt bestehen, so dass wegen der Notwendigkeit der Bezeichnung eines Verursachers zur Zuweisung der Umweltschutzkosten die Frage aufgeworfen wird, wem die Eigentumsrechte nachträglich zuzuordnen sind. Um in dieser Frage zu entscheiden, sind verschiedene Argumente in Betracht zu ziehen, z. B. *ethische* (in vielen Fällen würde es z. B. als stoßend empfunden, wenn die Betroffenen die Urheber einer Umweltbelastung entschädigen müssten), *verteilungspolitische* (sind mit einer bestimmten Eigentumsrechtsordnung unakzeptable soziale und regionale Verteilungswirkungen verbunden?), *juristische* (bestehen traditionelle Eigentumsrechte, die unbedingt auch gegen umweltpolitisch motivierte Eingriffe zu schützen sind?) oder die Zweckmäßigkeit der *Anreizwirkungen* (eine Entschädigung für die Unterlassung einer Umweltbelastung kann problematisch sein, wenn dadurch eher ein Interesse an Subventionen als ein immanenter Anreiz für umweltfreundliches Handeln vermittelt wird).

2.1 Stoßrichtung I: Äquivalenzprinzip

Aufgrund der oben aufgeführten Kriterien können für beide Umweltschutzprinzipien respektable Argumente angeführt werden. Es gibt keine generelle, allgemeingültige Regel. Es ist weitgehend ein politisches und Wertungsproblem, wie die genannten Argumente zu gewichten sind. Dennoch lassen sich unseres Erachtens einige generelle Thesen formulieren:

- Das Verursacher- ist grundsätzlich dem Nutznießerprinzip vorzuziehen. Insbesondere die durch das Verursacherprinzip ausgelösten Anreizwirkungen in der Richtung umweltverträglichen Handelns und ethische Argumente sprechen dafür, es soweit wie möglich anzuwenden.
- Das Äquivalenzprinzip sollte restriktiv und nur bei wenigen Sachverhalten Anwendung finden, namentlich wenn durch die Anwendung des Verursacherprinzips untolerierbare (regionale) Verteilungsprobleme entstehen oder wenn traditionelle Eigentumsrechte von hohem Stellenwert beeinträchtigt werden.
- Ein traditionelles Eigentumsrecht von hohem Stellenwert ist das Grundeigentum. Deshalb ist bei boden- oder landschaftsbezogenen Umweltproblemen das Äquivalenzprinzip dort in Betracht zu ziehen, wo dem Grundeigentümer das Verfügungsrecht über den Boden aus Umweltschutzgründen beträchtlich – einer materiellen Enteignung gleich – eingeschränkt wird.

Es kann also die These vertreten werden, dass bei *boden- und landschaftsbezogenen Umweltproblemen* (Natur- und Landschaftsschutz) das *Äquivalenzprinzip* angewendet werden sollte, bei allen übrigen Umweltproblemen (Umweltschutz im engeren Sinn, also z. B. Luftreinhaltung, Abfallpolitik usw.) hingegen das Verursacherprinzip. Da Natur- und Landschaftsgüter überwiegend im ländlichen Raum angesiedelt sind, wirkt die Anwendung des Äquivalenzprinzips im Natur- und Landschaftsschutz auf den ländlichen Raum begünstigend.

2.2 Stoßrichtung II: Regionalisierte Umweltpolitik nach dem Verursacherprinzip

Im Bereich der Umweltschutzaufgaben, die nach dem Verursacherprinzip ausgestaltet sein sollten, empfiehlt sich aus Effizienzgründen eine regionale Differenzierung (SIEBERT / WALTER / ZIMMERMANN 1980, 3). Angezeigt ist insbesondere eine *restriktivere Umweltpolitik in Ballungsräumen,* weil die externen Kosten in Verdichtungsräumen besonders hoch sind. Denn es wird allgemein als gesicherte Erkenntnis angesehen, dass gerade in großen Verdichtungsgebieten die insgesamt anfallenden sozialen Kosten der Produktion die von den einzelnen zu tragenden privaten Kosten erheblich übersteigen und daher die sozialen Zusatzkosten, die Differenz zwischen privaten und sozialen Kosten, mit zunehmender Dichte wahrscheinlich überproportional ansteigen. Die These, dass die sozialen Zusatzkosten bzw. negativen externen Effekte mit zunehmendem Verdichtungsgrad überproportional ansteigen, geht u. a. auf Überlegungen von BAUMOL (1967, 415ff) zurück, der postulierte, dass die externen Kosten der Agglomeration wegen der exponentiellen Zunahme der möglichen Interaktionen zwischen Individuen bei einer Zunahme der Bevölkerung n eines Verdichtungsgebiets nicht proportional, sondern eher mit der Rate n^2 wachsen.

Eine solche regionalisierte Umweltpolitik nach dem Verursacherprinzip kann wie folgt konkretisiert werden:

- Festlegung gesamtstaatlicher Immissionsstandards, welche die Bevölkerung sämtlicher Regionen vor umweltbelastungsbedingten Gesundheitsschädigungen bewahren und Schädigungen des Ökosystems verhindern.
- Zur Gewährleistung dieser Immissionsnormen ist in den Verdichtungsräumen eine mit zunehmender Dichte und Größe des Ballungsraums verstärkte Umweltpolitik notwendig.
- Zur Verhinderung der Verstärkung von Zersiedlungstendenzen müssen Wege und Maßnahmen gefunden werden, mit denen das durch die ballungsraumbezogene Umweltpolitik bedingte Dezentralisationspotential räumlich in Richtung konzentrierter Dezentralisation gelenkt werden kann.

Die umweltbezogene internalisierungsorientierte Regionalpolitik lässt somit den Umweltschutz für den ländlichen Raum zum regionalen Entwicklungspotential werden durch:

- die Abgeltung der positiven Umweltexternalitäten (Stoßrichtung „Äquivalenzprinzip") und durch
- die Dezentralisationswirkungen der Stoßrichtung „regionalisierte Umweltpolitik nach dem Verursacherprinzip" auf mobile Produktionsfaktoren (Arbeit, Kapital) des städtischen Raums.

3 Stand der Realisierung 1987

Die internalisierungsorientierte Regionalpolitik als „akademisches" Konzept hat nie den Status einer offiziellen Strategie der Schweizer Regionalpolitik erlangt. Gleichwohl kann davon ausgegangen werden, dass sich das Gedankengut zumindest partiell realisieren würde. Denn eine Vernetzung von Umwelt- und Regionalpolitik entspricht einer Notwendigkeit, da ohne die Berücksichtigung regionalpolitischer Anliegen in der Umweltpolitik viele Umweltschutzaufgaben mit regionalpolitischen Argumenten abgewehrt werden können. Andererseits ist es für ländliche Regionen, insbesondere Berg- und Randregionen, plausibel, Umwelt-, Natur- und Landschaftsschutz vermehrt auch als Chance zu betrachten und diese im Sinne einer Vorwärtsstrategie aktiv zu nutzen. WACHTER (1990) nahm eine Bestandeaufnahme der gegen Ende der 1980er Jahre in der Schweiz bereits bestehenden Maßnahmen im Sinne der internalisierungsorientierten Regionalpolitik vor.

Daniel WACHTER und Peter SCHMID

3.1 Äquivalenzprinzip

Für die Stoßrichtung „Äquivalenzprinzip" waren im Wesentlichen folgende Maßnahmen als bereits existierend festgestellt worden:

- *Landwirtschaft*: Direktzahlung an Betriebe unter erschwerten Produktionsbedingungen in den Berg- und Hügelzonen (Bundesbeitrag 1987: 438 Mio. Franken)
- *Forstwirtschaft*: Beiträge an Aufforstungen, Verbauungen, Bekämpfung von Waldschäden, Waldbauprojekte usw. (Bundesbeitrag 1987: 117 Mio. Franken)
- *Natur- und Landschaftsschutz*: Ausgleichszahlungen des Bundes für den Biotopschutz (Bundesbeitrag 1987: 2 Mio. Franken; tiefer Wert u. a. bedingt durch die erst gerade 1987 erfolgte Einführung der Maßnahme)
- *Natur- und Landschaftsschutz*: Entschädigung an die Anrainergemeinden des Schweizer Nationalparks im Engadin (Bundesbeitrag 1987: 0,163 Mio. Franken)
- *Raumplanung*: Beiträge des Bundes an die raumplanerische Ausscheidung von Schutzzonen (kumulierter Bundesbeitrag 1980 bis 1987: 5 Mio. Franken)

Insgesamt umfassten diese Maßnahmen, für das Jahr 1987 berechnet, einen finanziellen Gesamtumfang von rund 560 Mio. Franken (Leistungen des Bundes; hinzukommen teilweise noch kantonale Kofinanzierungen). Wie viel davon in die Berggebiete floss, lässt sich aufgrund der Datenlage nicht genau eruieren, es ist aber augenfällig, dass es der überwiegende Teil war.

Der nicht geringe Stellenwert dieser Internalisierungsmaßnahmen lässt sich beurteilen, wenn man einen Vergleich mit der im Jahre 1987 im Rahmen des Bundesgesetzes über die Investitionshilfe für Berggebiete, des Hauptinstruments der schweizerischen Regionalpolitik, getätigten Investitionssumme von „nur" 94,3 Mio. Franken (Bundesleistungen) anstellt.

3.2 Regionalisierte Umweltpolitik nach dem Verursachenprinzip

Für die Stoßrichtung „regionalisierte Umweltpolitik nach dem Verursacherprinzip" war im wesentlichen folgende Maßnahme als bereits existierend festgestellt worden (Maßnahme nicht monetarisierbar):

- *Luftreinhaltung*: Maßnahmenpläne gegen übermäßige Luftbelastung in stark belasteten Gebieten

4 Entwicklung bis 2003

Im vorliegenden Beitrag soll untersucht werden, in welchem Ausmaß sich das Konzept der internalisierungsorientierten Regionalpolitik gegenüber dem Zustand Ende der 1980er Jahre weiter durchgesetzt hat. Es ist zu untersuchen, wie sich Inhalt und Umfang der schon 1987 bestehenden Maßnahmen entwickelten und welche zusätzlichen Elemente in der Zwischenzeit hingekommen sind.

4.1 Äquivalenzprinzip

Für die Stoßrichtung „Äquivalenzprinzip" gilt mit Blick auf die schon zum Referenzzeitpunkt bestehenden Maßnahmen Folgendes:

Landwirtschaft

Ab 1992 wurde eine Agrarreform durchgeführt, die eine schrittweise Abkehr von der Preisstützung und den Übergang zu einem System der direkten Abgeltung der Landwirte für gemeinwirtschaftliche Leistungen mittels Direktzahlungen vorsah. Rechtlich maßgebend ist dafür heute das Bundesgesetz über die Landwirtschaft vom 29. April 1998 mit den Artikeln 72 bis 77 zu den Direktzahlungen. Heute bestehen folgende Typen von Direktzahlungen (BLW 2002):

- Allgemeine Direktzahlungen (Flächenbeiträge; Beiträge für die Haltung Raufutter verzehrender Nutztiere; Beiträge für die Tierhaltung unter erschwerenden Produktionsbedingungen; allgemeine Hangbeiträge; Hangbeiträge für Rebflächen in Steil- und Terrassenlagen)
- Ökologische Direktzahlungen (Ökobeiträge; Beiträge für den ökologischen Ausgleich; Beiträge für die extensive Produktion von Getreide und Raps [Extenso-Produktion]; Beiträge für extensiv genutzte Wiesen auf stillgelegtem Ackerland; Beiträge für den biologischen Landbau; Beiträge für die besonders tierfreundliche Haltung landwirtschaftlicher Nutztiere; Sömmerungsbeiträge; Gewässerschutzbeiträge).

Einzelne dieser Direktzahlungen kommen ausschließlich im Berggebiet zum Einsatz, wie z. B. die Beiträge für die Tierhaltung unter erschwerenden Produktionsbedingungen, andere in der ganzen Schweiz. Von den im Jahr 2001 durch den Bund insgesamt ausgerichteten Direktzahlungen im Umfang von 2.325 Mio. Franken flossen 65% oder 1.511 Mio. Franken in die Berg- und Hügelzonen (49% oder 1.146 Mio. Franken in die reinen Bergzonen).

Forstwirtschaft

Gegenüber dem Referenzjahr 1987 wurde die schweizerische Forstpolitik mit dem Bundesgesetz vom 4. Oktober 1991 über den Wald rechtlich neu gefasst. Darauf abgestützt fördert der Bund heute Walderhaltung, Waldnutzung, Wildtiere und Naturgefahrenabwehr mittels elf verschiedener Rubriken: Waldpflege und Bewirtschaftungsmaßnahmen; Schutz vor Naturereignissen; Strukturverbesserungen und Erschließungsanlagen; Fachausbildung Umwelt; forstliche Erhebungen/Landesforstinventar; Vollzug Waldgesetz; Wald- und Holzforschungsfonds; Vereinigungen zur Walderhaltung; Wildhut und Tierschäden; Vollzug Artenschutz; Investitionskredite an die Forstwirtschaft.

Die Höhe der ausbezahlten Beträge schwankte in den 1990er Jahre recht stark zwischen 175 Mio. Franken (1998) und 330 Mio. Franken (2000). Die Schwankungen sind auf Sonderereignisse wie die Stürme Lothar (2000) oder Vivian (1990) zurückzuführen. In der mittelfristigen Finanzplanung bis 2006 sind Beträge in der Größenordnung von 200 Mio. Franken vorgesehen. Von den Bundessubventionen im Forstbereich fließen ca. 70 bis 80% in die Berggebiete. Dabei wird Berggebiet als Wald oberhalb 1.000 m NN definiert. Auf das Berggebiet entfallen somit ca. 150 Mio. Franken.

Natur- und Landschaftsschutz

Im Referenzjahr 1987 waren gerade erst die heute gültigen rechtlichen Grundlagen für Ausgleichszahlungen des Bundes für den Biotopschutz geschaffen worden. Es handelt sich um die Art. 18a-d im Bundesgesetz über den Natur- und Heimatschutz. Danach bezeichnet der

Bundesrat nach Anhören der Kantone die Biotope von nationaler Bedeutung. Er bestimmt die Lage dieser Biotope und legt die Schutzziele fest. Der Bund finanziert die Bezeichnung der Biotope von nationaler Bedeutung und beteiligt sich mit einer Abgeltung von 60 bis 90% an den Kosten der Schutz- und Unterhaltsmaßnahmen. Die Kosten für Schutz und Unterhalt der Biotope von regionaler und lokaler Bedeutung sowie für den ökologischen Ausgleich tragen die Kantone. Der Bund beteiligt sich daran mit Abgeltungen bis 50%.

Die ausbezahlten Beträge betrugen 2001 31,5 Mio. Franken. Der Anteil der Berggebiete lässt sich – da die Daten nur kantonalisiert vorliegen – nicht präzise ermitteln. Die Gelder fließen aber vorwiegend in die Mittelandkantone; der Anteil der Berggebiete liegt schätzungsweise bei ca. 20% oder etwa 6 Mio. Franken.

Natur- und Landschaftsschutz

Die Entschädigungen an die Nationalparkgemeinden, gestützt auf das Bundesgesetz über den Schweizerischen Nationalpark im Kanton Graubünden (Nationalparkgesetz) vom 19. Dezember 1980 bestehen weiterhin. Der Bundesbeitrag beträgt 2003 0,425 Mio. Franken.

Raumplanung

Beiträge des Bundes an die raumplanerische Ausscheidung von Schutzzonen gemäß Art. 29 des Bundesgesetzes über die Raumplanung vom 22. Juni 1979 werden seit Jahren keine mehr ausgerichtet. Diese Kann-Bestimmung hatte kurz nach der Einführung des Raumplanungsgesetzes insbesondere im Zusammenhang mit den Schutzmaßnahmen für die Oberengadiner Seenlandschaft eine gewisse Bedeutung, welche sie in der Zwischenzeit aber praktisch eingebüßt hat. Es sind auch keine Budgetmittel mehr dafür eingestellt. Sollte es wieder einmal zu einem Anwendungsfall kommen, müssten die notwendigen finanziellen Mittel vom Parlament speziell bewilligt werden.

In Ergänzung zu den beschriebenen Maßnahmen brachten die 1990er Jahre folgende Neuerungen:

Natur- und Landschaftsschutz

Eine bedeutende Neuerung bildete die Schaffung des „Fonds Landschaft Schweiz". Der FLS wurde 1991 anlässlich der 700-Jahr-Feier der Eidgenossenschaft ins Leben gerufen und mit 50 Mio. Franken oder im Jahresdurchschnitt 5 Mio. Franken dotiert. Er war vorerst bis zum 31. Juli 2001 befristet. Am 23. September 1999 bewilligte das Parlament eine Verlängerung bis zum 31. Juli 2011 (Dotation: erneut 50 Mio. Franken). Der Fonds wirkt subsidiär zu den regulären Maßnahmen der Landschaftsschutzpolitik. Im einzelnen unterstützt der FLS Projekte, die folgende Maßnahmen zur Erhaltung der biologischen und strukturellen Vielfalt der Landschaft beinhalten: angepasste Bewirtschaftung bzw. Pflege naturnaher Kulturlandschaften; Rückgewinnung von naturnahen Lebensräumen; sanfte Erneuerung und Wiederherstellung von landschaftsprägenden Elementen wie z. B. Trockenmauern oder Schindeldächern; Revitalisierung von Obstgärten, Hecken und Waldrändern; Renaturierung von kanalisierten oder eingedolten Fließgewässern; Dorf- und Siedlungserneuerung nach ökologischen Grundsätzen.

Der Anteil der Berggebiete lässt sich – da die Daten nur kantonalisiert vorliegen – nicht präzise ermitteln. Aufgrund einer Hochrechnung der unterstützen Projekte liegt der Anteil der Berggebiete aber schätzungsweise bei ca. 50% oder etwa 2,5 Mio. Franken pro Jahr.

Gewässerschutz

Als Folge der politischen Diskussionen um das Wasserkraftprojekt auf der Greina-Hochebene im Kanton Graubünden und den durch den Widerstand aus Umweltschutzkreisen bewirkten Investitionsverzicht der Kraftwerke wurde im Bundesgesetz über die Nutzbarmachung der Wasserkräfte 1991 in Art. 22 (Wahrung der Schönheit der Landschaft) eine Rechtsgrundlage für Entschädigungen für Nutzungsverzichte geschaffen. 2003 setzt der Bund bei verschiedenen Objekten in den Kantonen Wallis und Graubünden – also ausschließlich im Berggebiet – 3 Mio. Franken ein (davon 1,3 Mio. zugunsten der Greina-Gemeinden).

Der finanzielle Gesamtumfang aller oben beschriebenen Abgeltungen zu Gunsten der Berggebiete (wobei der Berggebietsperimeter nicht immer klar definiert und auch nicht immer identisch ist) beträgt zur Zeit somit rund 1.673 Mio. Franken. Unter Berücksichtigung der von 1987 bis 2001 aufgelaufenen Teuerung von rund 40% ergab sich real gegenüber dem Betrag von 560 Mio. Franken im Jahr 1987 eine Steigerung um etwa 80%. Zum größten Posten, den Direktzahlungen in der Landwirtschaft, ist aber beizufügen, dass in der gleichen Periode die Preisstützung abgebaut wurde, von der allerdings die Berglandwirtschaft weit weniger profitiert hatte als die intensiver und unter günstigeren natürlichen Randbedingungen produzierende Tallandwirtschaft.

4.2 Regionalisierte Umweltpolitik nach dem Verursacherprinzip

In der Stoßrichtung „regionalisierte Umweltpolitik nach dem Verursacherprinzip" ist das schon 1987 bestehende Instrument „Maßnahmenpläne gegen übermäßige Luftbelastungen" weiterhin relevant, das sich auf Art. 44a des Bundesgesetzes über den Umweltschutz vom 7. Oktober 1993 abstützt. Wie sich in der Vollzugspraxis der letzten Jahre zeigte, steht diese Maßnahme in einem Spannungsverhältnis zur Raumordnung. Wie schon in Abschnitt 2 festgehalten, müssten zur Verhinderung der Verstärkung von Zersiedlungstendenzen Wege und Maßnahmen gefunden werden, mit denen das durch die ballungsraumbezogene Umweltpolitik bedingte Dezentralisationspotential räumlich in Richtung konzentrierter Dezentralisation gelenkt werden kann. Die Koordination zwischen Umweltschutz und Raumplanung in den Ballungsräumen erwies sich in der Praxis jedoch als äußerst schwierig. So förderte der restriktive Umweltschutz an belasteten Standorten den Bau von publikums- und verkehrsintensiven Anlagen an der Peripherie der Agglomerationen anstatt an zentralen Lagen innerhalb der Agglomerationen oder an zentralen Entlastungsstandorten, was den motorisierten Individualverkehr letztlich eher förderte und die Gesamtbelastungen im Raum erhöhte. Zur Zeit finden intensive Arbeiten zur verbesserten Abstimmungen zwischen Umweltschutz und Raumplanung statt.

5 Beurteilung und Ausblick

Die im Abschnitt 4 dargelegten Maßnahmen im Sinne einer internalisierungsorientierten Regionalpolitik umfassen knapp 1.700 Mio. Franken. Wenn man dies – wie schon für den Referenzzeitpunkt 1987 – mit der im Rahmen des Bundesgesetzes über die Investitionshilfe für Berggebiete, dem Kernelement der expliziten Regionalpolitik, im Jahr 2002 getätigten Investitionssumme von 176 Mio. Franken (Bundesleistungen) vergleicht, erkennt man den bedeutenden Stellenwert dieser Maßnahmen. Das relative finanzielle Gewicht der Internalisierungsmaßnahmen gegenüber der expliziten Regionalpolitik hat sich seit 1987 sogar von einem Verhältnis von etwa 6:1 auf ein solches von beinahe 10:1 erhöht. Internalisierungsmaßnahmen sind also von erheblicher, tendenziell zunehmender Bedeutung insbesondere für die agrarischen Räume innerhalb der Berggebiete.

Die künftige Entwicklung wird allerdings durch gegenläufige Tendenzen und Entwicklungen bestimmt werden. Zu einer eher gedämpften Erwartung führen Argumente wie:

- Einschränkend wirken die Budgetprobleme des Bundes, welche einer Zunahme der Bundesausgaben im hier interessierenden Bereich enge Grenzen setzen werden.
- Angesichts der quantitativ großen Bedeutung der landwirtschaftlichen Internalisierungsmaßnahmen stellt sich die Frage nach den Auswirkungen der zukünftigen Agrarhandelsliberalisierungen im Rahmen der WTO auf das schweizerische Direktzahlungsregime sowohl in inhaltlicher Hinsicht als auch bezüglich der finanziellen Dotierung. Generell ist eher eine nach unten zeigende Richtung zu erwarten.
- Eine große Chance für die internalisierungsorientierte Regionalpolitik wurde im Jahr 2000 verpasst, als Schweizervolk und Kantone in einer Volksabstimmung eine ökologische Steuerreform ablehnten. In jenem Paket war auch eine „Förderabgabe" vorgeschlagen worden, mit der u. a. erneuerbare Energien (vor allem Sonnenenergie, Holz, Wärmepumpen) und die Erhaltung und Erneuerung der einheimischen Wasserkraft unterstützt werden sollten, was als Abgeltung für Umweltleistungen interpretiert werden kann. Weil dies Vorteile für die Berggebiete gebracht hätte, war die ökologische Steuerreform und die Förderabgabe von den Bergkantonen und -vertretern tatkräftig unterstützt worden.
- Im Bereich der regionalisierten Umweltpolitik nach dem Verursacherprinzip wäre die Ergänzung der regulativen Ansätze durch marktwirtschaftliche notwendig, insbesondere die Einführung eines (möglichst flächendeckenden) *Road Pricings* mit regional differenzierten Abgabesätzen und Rückerstattungen. Die politische Realisierbarkeit einer solchen Maßnahme liegt allerdings in weiter Ferne (GÜLLER et al. 2000).

Mittelfristig positiv stimmen allerdings neue Vorschläge für die Reform der Regionalpolitik und der Politik des ländlichen Raums. Die Gesetzesvorlage für die Schaffung von Landschaftsparks (Teilrevision des Natur- und Heimatschutzgesetzes) und die Einsicht in den Reformvorschlägen für eine neue Regionalpolitik (BHP 2003), dass für peripher-agrarische Gebiete der Schweiz angesichts des wirtschaftlichen Strukturwandels vermehrt auf die nachhaltige Inwertsetzung von Naturraumpotentialen gesetzt werden muss, was entsprechende Förder- und Abgeltungsmaßnahmen erfordert, deuten in diese Richtung.

Literatur

BAUMOL, W. J. (1967): Macroeconomics of un-balanced growth: the anatomy of urban crisis. – In: American Economic Review 57. – 415-426.
BHP (Brugger und Partner AG) (2003): Neue Regionalpolitik, Schlussbericht der Expertenkommission „Überprüfung und Neukonzeption der Regionalpolitik". – Zürich, Bern.
BLW (Bundesamt für Landwirtschaft) (2002): Agrarbericht 2002. – Bern.

COASE, R. H. (1960): The problem of social cost. – In: Journal of Law and Economics 3. – 1-44.
GÜLLER, P. et al. (2000): Road Pricing in der Schweiz: Akzeptanz und Machbarkeit möglicher Ansätze im Spiegel von Umfragen und internationaler Erfahrung. Bericht D11 des Nationalen Forschungsprogramms „Verkehr und Umwelt". – Bern.
SIEBERT, H. / WALTER, L. / ZIMMERMANN, K. (eds.) (1980): Regional environmental policy. – New York.
WACHTER, D. (1990): Externe Effekte, Umweltschutz und regionale Disparitäten – Begründung und Ausgestaltungsmöglichkeiten einer internalisierungsorientierten Regionalpolitik. (= Reihe Wirtschaftsgeographie und Raumplanung, 9). – Zürich.

Jürgen **ARING** (Meckenheim) und Peter **WEICHHART** (Wien)

Leitthema D3 – Gestaltung der Entwicklung durch politische Raum- und Entscheidungsstrukturen

Es gibt immer wieder gesellschaftliche Probleme, die von der Forschung sehr treffsicher diagnostiziert werden und für die aus fachlicher Sicht auch durchaus erfolgversprechende Therapiekonzepte vorgelegt werden können. Dennoch lassen sich derartige Vorschläge zur Problemlösung trotz größter Bemühungen einfach nicht umsetzen. Eine dieser extrem lösungsresistenten Problemlagen in der Raumordnung scheint die Verwirklichung einer effizienten und funktionsfähigen interkommunalen Kooperation in Stadt-Umland-Regionen zu sein.

Sowohl die Diagnose des Problems als auch das Spektrum der Lösungsvorschläge sind eindeutig, und es besteht dazu auch ein weitgehender fachlicher Konsens: Durch die Entwicklung der letzten Jahrzehnte, die sich als Übergang vom Fordismus zum Postfordismus oder als Regionsbildung im Kontext der Globalisierungsdynamik beschreiben lässt, haben sich Wirtschaft und Lebenswelt in zunehmendem Maße *regional* strukturiert. Nicht mehr die Gemeinden sind die zentralen räumlichen Bezugseinheiten sozioökonomischer Prozesse und der Daseinsvorsorge, sondern großräumige Regionen, die gleichermaßen durch komplementäre Bindungen zur Globalökonomie gekennzeichnet sind. Die staatlichen Steuerungsinstrumente der Wirtschaftsentwicklung und die Instrumentarien des Raumordnungssystems folgen hingegen weiterhin den überkommenen territorialen Strukturen der Verwaltungsgliederung und des politischen Systems.

Seit vielen Jahren gilt es aber als ausgesprochene Binsenweisheit der Raumordnungspraxis, dass aufgrund der oben angesprochenen massiven Veränderungsdynamik unserer Standortsysteme die Institutionen und Instrumentarien der Wirtschaftsförderung, Entwicklungspolitik und Raumplanung neu strukturiert und auf die Handlungsebene der Region ausgerichtet werden müssen. Anders formuliert: Unsere Planungsregionen („politische Handlungsräume") müssen an die aktuellen Verflechtungsbereiche (Funktionalregionen oder „Problemräume") angepasst werden. Als Begründung für derartige Forderungen werden sehr plausible Argumente angeführt (vgl. dazu z. B. ARING 1999 oder WEICHHART 2000): Die Kommunen seien durch die neuen Aufgabenstellungen hoffnungslos überfordert und müssten von den sekundärkommunalen Agenden entlastet werden. Der Zuschnitt der Steuerungsinstrumente müsse an die funktionalen Gegebenheiten der Standortsysteme und damit an die neuen Regionalökonomien angepasst werden. Dies sei vor allem vor dem Hintergrund des immer bedeutsamer werdenden Wettbewerbs der Regionen erforderlich, denn als Schlüsselkriterium für eine erfolgreiche Positionierung in diesem Wettbewerb müsse die Steuerungs*fähigkeit* der Regionalökonomien angesehen werden. Nur durch regional organisierte Institutionen und Instrumente der Steuerung könne auch ein gerechter Ausgleich von Lasten und Vorteilen zwischen den Kommunen und insbesondere zwischen Kernstädten und Umlandgemeinden erreicht werden.

Trotz der evidenten Plausibilität derartiger Forderungen finden sich in ganz Europa kaum eine Handvoll positiver Umsetzungsbeispiele. Die Zahl gescheiterter Realisierungsversuche ist hingegen Legion. (Als besonders eindrückliches Beispiel für ein Misslingen kann etwa der

Entwicklungsstrategien im Spannungsfeld von Geopolitik und lokalen Agenden

Versuch angesehen werden, den Großraum Frankfurt neu zu ordnen.) Sucht man nach den Ursachen für dieses Scheitern, dann zeigt sich, dass hier gerade jene Akteure, in deren Handlungskompetenz die erforderlichen Maßnahmen liegen, eine Umsetzung der Therapievorschläge verweigern. Das politisch-administrative System will offensichtlich die Erfordernisse und Handlungsbedarfe für eine Umstrukturierung und Regionalisierung der Lenkungsinstrumentarien nicht zur Kenntnis nehmen. Es scheut zumindest seine Folgen. Die Ursachen für diese Verweigerungshaltung sind klar. Die relevanten Akteure des politisch-administrativen Systems müssten bei entsprechenden Adaptierungen mit erheblichen Macht- und Kompetenzverlusten rechnen. Man beruft sich in den Diskursen auf Gott und die Verfassungen, um den *Status quo* (und die eigenen Machtbefugnisse) aufrecht zu erhalten, und operiert mit wechselseitigen Schuldzuweisungen. Somit kann die erforderliche Sachlogik nicht wirksam werden. Schlagend wird hingegen eine Institutionenlogik, die in der Intentionalität der Repräsentanten von Institutionen des politisch-administrativen Systems greifbar wird.

Ziel unserer Leitthemensitzung D3 war es, das oben angesprochene Dilemma aufzuzeigen und Möglichkeiten einer Änderung der Bewusstseinslage bei den einschlägigen Schlüsselakteuren auszuloten. Uns war von vorneherein klar, dass eine Beschränkung auf rein fachliche Erörterungen, ausschließlich mit Vortragenden aus dem Bereich der einschlägigen Wissenschaften, kaum zu einer signifikanten Bereicherung des aktuellen Diskursstands hätte führen können. Wir haben uns deshalb bemüht, nach einer einführenden fachlichen Darstellung der Problemlage im Rahmen einer Podiumsdiskussion Vertreter des politisch-administrativen Systems zu Wort kommen zu lassen und deren Einschätzung der Situation zu erfragen.

Im ersten Teil der Sitzung referierten Axel Priebs (Hannover) und Manfred Perlik (Bern). Herr Priebs ist als engagierter Regionalplaner und als Honorarprofessor für Geographie gleichermaßen in der regionalen Planungspraxis wie an der Hochschule zuhause. In den letzten Jahren hat er intensiv an der Schaffung der neuen Region Hannover mitgearbeitet (PRIEBS 2002), wo er nach der Gründung der Region zum Ersten Regionalrat mit Zuständigkeit für das Dezernat Ökologie und Planung gewählt wurde. Herr Priebs zeigte in seinem Referat verschiedene Möglichkeiten einer Operationalisierung und Institutionalisierung interkommunaler Kooperation in Funktionalregionen auf.

Manfred Perlik ist Wissenschaftlicher Mitarbeiter an der ETH Lausanne, wo er sich mit der Untersuchung der Raumentwicklung der Schweiz und der Nachbarländer befasst. Gleichzeitig leitet er an der Forschungsanstalt für Wald, Schnee und Landschaft der ETH Zürich das Projekt „Metropole Schweiz oder neues polyzentrisches Agglomerationsmodell". In seinem Referat erläuterte Herr Perlik die regionalen Koordinationserfordernisse im Alpenraum und die Handlungsoptionen. Dabei ging er zunächst auf die alpenspezifischen Besonderheiten und deren durch unterschiedliche nationale Rahmenkontexte begrenzten Optionen unserer Problemstellung ein, um dann konkrete Beispiele für Kooperationsmodelle vorzustellen.

Der zweite Teil der Sitzung wurde in Form einer Podiumsdiskussion durchgeführt. Als Teilnehmer haben wir Repräsentanten des politisch-administrativen Systems eingeladen, die nicht nur eine Funktion als politisch legitimierte Interessenvertreter innehaben, sondern auch gewohnt sind, ihre politischen Positionen inhaltlich zu begründen und in differenzierter Form fachlich zu artikulieren.

Dieter Deuschle ist von Beruf Fachanwalt für Verwaltungsrecht und seit vielen Jahren in der Kommunalpolitik tätig. Er war Bürgermeister von Esslingen und ist zur Zeit Mitglied der

Jürgen ARING und Peter WEICHHART

Regionalversammlung Stuttgart. Damit ist er einer jener Akteure, die das Geschick des Regionalverbands Stuttgart steuern, und hat somit eine für unser Thema sehr spannende Doppelfunktion als Kommunal- *und* Regionalpolitiker. In seinen Statements betonte er u. a. die Notwendigkeit, regionale Steuerungsinstrumente und Lenkungsstrukturen so auszugestalten, dass sie möglichst deckungsgleich mit den aktuellen Verflechtungsbereichen ausfallen. Für den Bereich des Regionalverbands Stuttgart sei diese Kongruenz nur unzulänglich verwirklicht. Das in Regionalverbänden zur Finanzierung häufig eingesetzte Umlagesystem verführt seiner Erfahrung nach zu unreflektierten Ausgaben. Der Verband Region Stuttgart sei eine „handgestrickte" Lösung zur Bewältigung interkommunaler Kooperation, die auf die in der Region vorfindbare Situation zugeschnitten ist. Wegen der Vagheit und Unbestimmtheit einer Reihe von Begriffen in den wirksamen rechtlichen Grundlagen müsse die Durchsetzung der auf Regionalplanung bezogenen Kooperation häufig noch gerichtlich geklärt werden.

Folkert Kiepe ist ebenfalls Jurist. Nach einigen Jahren bei der Stadtverwaltung Köln wechselte er 1985 zum Deutschen Städtetag, wo er seit 1991 als Beigeordneter und Leiter des Dezernats Stadtentwicklung, Bauen und Verkehr tätig ist. Basierend auf dieser doppelten Erfahrung kommunaler Selbstverwaltung aus Stadt- und Verbandssicht, ist er im Laufe der Jahre zu einem engagierten Fürsprecher kommunaler Selbstverwaltung geworden. Dieses leistungsfähige Prinzip – so sein Credo – müsse jedoch reformiert werden, um in einer sich verändernden Welt weiterhin funktionsfähig zu bleiben (KIEPE 2003). Die Verfasstheit kommunaler Selbstverwaltung müsse in seiner konkreten Gestaltung den tatsächlichen Entwicklungen angepasst werden. Deshalb sei die Aufgabenverteilung zwischen einer örtlichen und einer kommunal verfassten regionalen Ebene zu diskutieren, um so zu neuen Organisationsformen zu finden. Herr Kiepe unterstrich, dass im Gefolge der sozioökonomischen Entwicklung und durch den Einfluss der EU ein ausdrücklicher Zwang zur interkommunalen Kooperation entstanden sei. Die Verlagerung von Steuerungsstrukturen auf die regionale Ebene müsse deshalb als kommunale Überlebensstrategie angesehen werden.

Stefan Pfäffli (von der Ausbildung Ökonom) ist Geschäftsführer der Vereinigung der Gemeinden des Kantons Luzern und als Mandatträger im laufenden Gebietsreformprojekt des Kantons sowie bei der Projektorganisation für die Stadt- und Agglomerationsentwicklung Luzern engagiert. Er verwies auf einige wichtige Veränderungen regionalpolitischer Doktrinen in der Schweiz. Während früher periphere Gebiete und Passivräume im Zentrum regionalpolitischer Überlegungen standen, habe sich das Interesse nun auf Agglomerationen verlagert. Man habe erkannt, dass die Stadt-Umland-Regionen die entscheidenden Faktoren der wirtschaftlichen Entwicklung seien, und versuche deshalb, Kooperationsmodelle und Strategien für die Agglomerationen zu erarbeiten. Dabei werden sowohl *Bottom-Up-* als auch *Top-Down-*Ansätze vertreten.

Axel Priebs berichtete über seine Erfahrungen als Regionalrat und Dezernent der Region Hannover. Er wies darauf hin, dass auch dieses Modell der stadtregionalen Steuerung ein Unikat sei, das nur aufgrund ganz spezifischer historischer, politischer und personaler Konstellationen verwirklicht werden konnte. Eine direkte Übertragbarkeit auf andere Stadt-Umland-Regionen sei deshalb auszuschließen. Ähnlich wie Kiepe betonte auch er die Notwendigkeit einer Aufgabendiskussion in den Stadtregionen, um so die lokale und die regionale Verantwortlichkeit kommunaler Selbstverwaltung deutlich zu machen und daraus eine primär- und sekundärkommunale Selbstverwaltungsstruktur entwickeln zu können.

In der sehr angeregt geführten Diskussion war man sich schnell einig, dass Regionen nicht gebildet würden, indem man Einwohner aufsummiert oder Grenzen definiert. Vielmehr gehe es um eine adäquate Abschichtung der Aufgaben zwischen der lokalen und regionalen Ebene und der Sicherung von Finanzierungen. Es gehe nicht darum, zusätzliche Verwaltungsebenen und Zuständigkeiten zu schaffen, sondern die bestehende Gemengelage neu zu strukturieren. Eingriffe in die Besitzstände des bestehenden Politik- und Verwaltungsapparats sind damit unumgänglich. Damit ist auch klar, wo sich der Widerstand gegen Reformen mobilisiert. In der Diskussion wurde mehrfach und übereinstimmend darauf hingewiesen, dass die Realisierung von Kooperationsmodellen in Stadtregionen vor allem deshalb so schwierig sei, weil die Vertreter der bestehenden Verwaltungs- und Politiksysteme nicht bereit sind, Macht und Handlungskompetenzen abzutreten. Ausführlich wurde dabei die Funktion der Kreise und Landtage und deren Verweigerungshaltung gegenüber eigenständigen regionalen Kooperationsstrukturen erörtert.

Zusammenfassend lassen sich einige Ergebnisse herausstellen, über die bei allen Diskutanten offensichtlich Konsens besteht. Völlige Einigkeit war hinsichtlich der Erfordernisse regionalpolitischer und regionalplanerischer Innovationen festzustellen. Auch die Vertreter des politischen Systems und der kommunalpolitischen Ebene plädierten nachdrücklich für die Etablierung effizienter regionaler Entscheidungsstrukturen, denen erhebliche Eingriffsrechte in die bestehenden Kompetenzen der Kommunen, Kreise und Landtage zugestanden werden müssten. Als entscheidendes Hemmnis für die Verwirklichung dieser Forderung wurde die Persistenzwirkung bestehender Machtstrukturen angesehen. Als unabdingbare Voraussetzungen für die Schaffung einer funktionsfähigen regionalpolitischen Steuerungsebene wurden vor allem zwei Punkte betont: eine demokratiepolitische Legitimation der Entscheidungsträger und die Schaffung einer eigenständigen regionalen Politikebene sowie ein (vom Volumen erwähnenswerter) eigenständiger Haushalt. Einigkeit bestand auch darüber, dass eine Implementierung der regionalen Steuerungsebene nur durch ein koordiniertes Zusammenspiel zwischen *Top-Down-* und *Bottom-Up-*Ansätzen gelingen kann.

Literatur

ARING, J. (1999): Suburbia – Postsuburbia – Zwischenstadt. Die jüngere Wohnsiedlungsentwicklung im Umland der großen Städte Westdeutschlands und Folgerungen für die Regionale Planung und Steuerung. (= Arbeitsmaterial ARL, 262). – Hannover.

KIEPE, F. (2003): Grundsatzfragen der Stadt-Umland-Probleme – die Verdichtungsräume brauchen Stadtregionen. – In: KÜPPER, U. et al. (Hrsg.): Die Zukunft unserer Städte gestalten – Chancen aus Krisen. (= Neue Schriften des Deutschen Städtetages, 85). – Berlin, Köln. 242-253.

PRIEBS, A. (2002): Die Bildung der Region Hannover und ihre Bedeutung für die Zukunft stadtregionaler Organisationsstrukturen. – In: Die Öffentliche Verwaltung, Feb. 2002, Heft 4. – 144-151.

WEICHHART, P. (2000): Designerregionen – Antworten auf die Herausforderungen des globalen Standortwettbewerbs? – In: Informationen zur Raumentwicklung, Heft 9/10.2000. – 549-566.

Axel PRIEBS (Hannover)

Funktionalräume versus Territorien – Möglichkeiten einer Anpassung politischer Entscheidungsstrukturen an den Regionalisierungsprozess

1 Einführung

Die räumliche Kongruenz von Funktionalräumen und politisch-administrativen Territorien ist eher die Ausnahme als die Regel. Während die politisch-administrativen Territorien nicht selten ihren Gebietszuschnitt historischen Besonderheiten oder politischen Kompromissen verdanken, sind Funktionalräume durch die Wahrnehmung der Daseinsgrundfunktionen der Menschen und ökonomische Verflechtungen geprägt. Von Bedeutung können auch naturräumliche Gegebenheiten und spezifische technische bzw. fachplanerische Anforderungen sein, wie die quer zu den üblichen sozioökonomischen Verflechtungen und den allgemeinen Verwaltungsgliederungen liegenden Wassereinzugsgebiete und Tourismusregionen zeigen.

Die Optimierung von Regionsabgrenzungen ist ein klassisches Thema der Geographie, die im Zuge der Gebietsreformdiskussion der 1960er und 1970er Jahre mit wesentlichen Beiträgen zur Versachlichung der Diskussionen beigetragen hat (vgl. DEITERS 1973). Seitdem hat die Komplexität der regionalen Verflechtungen weiter zugenommen, was sich aus der funktionalen Spezialisierung der Teilräume und der Ausdifferenzierung der Lebensstile gleichermaßen ergibt. Gleichzeitig ist die politische Akzeptanz für „optimale" Regionalisierungen erheblich gesunken. Aber auch die Wissenschaft selbst zeigt sich heute deutlich zurückhaltender mit konkreten Abgrenzungsvorschlägen und argumentiert, dass Regionen nicht mehr durchweg als scharf abgegrenzte Ausschnitte der Erdoberfläche, sondern zunehmend als „offene Netzwerke" verstanden werden (so z. B. WIECHMANN 2000). Nach BLOTEVOGEL (1996, 56) könnte es gerade ein Charakteristikum spät- oder postmoderner Regionalisierungen sein, dass „die entstehenden Gebilde eher diskontinuierlich, heterogen und unscharf abgrenzbar sind". Trotz dieser Erkenntnisse sind Politik und Verwaltung auf räumlich konkrete Territorien bzw. Zuständigkeitsbereiche für ihr Handeln angewiesen. Obwohl natürlich für unterschiedliche Aufgaben abweichende Abgrenzungen und Organisationsformen möglich sind, kann in einem konkreten Raumausschnitt für eine bestimmte öffentliche Aufgabe – z. B. Abfallentsorgung, Rettungsdienst, Winterdienst auf den öffentlichen Straßen, Sozialhilfe – nur eine einzige politische Verantwortlichkeit gegeben sein, weil sonst chaotische Zustände drohen würden. Denkbar sind Überlappungen der räumlichen Zuständigkeitsbereiche bestenfalls in einzelnen öffentlichen Aufgabenbereichen außerhalb der hoheitlichen Verwaltung, so etwa im Fremdenverkehrsmarketing. Hinzuweisen ist auch darauf, dass die „Einräumigkeit der Verwaltung", d. h. die Projektion möglichst vieler öffentlicher Verwaltungsaufgaben auf ein identisches Territorium, stets ein Ziel der Verwaltungsorganisation in Deutschland gewesen ist, das allerdings, insbesondere wegen der sich im Laufe der Zeit immer weiter ausdifferenzierenden Fachverwaltungen, nur sehr begrenzt erreicht worden ist.

Besonderer Handlungsbedarf ist in jüngerer Zeit bei der territorialen Neuordnung der regionalen Politik- und Verwaltungsebene in den Stadtregionen konstatiert worden (vgl. SIEVERTS 1997; ARING 1999), die im Mittelpunkt der folgenden Betrachtungen steht. Gerade in den Stadtregionen zeigt sich nämlich immer deutlicher, dass der räumliche Zuschnitt vorhandener politischer Raum- und Entscheidungsstrukturen nicht mehr den veränderten raumfunktionalen Verflechtungen und den daraus resultierenden Handlungsanforderungen entspricht. Außerdem kommen SCHIMANKE (1983, 704) und BOESLER (1985, 80) in ihren Bewertungen der Gebietsreformen der 1970er Jahre zu dem ernüchternden Ergebnis, dass damals trotz einer intensiven Diskussion die Stadt-Umland-Probleme nur sehr verhalten angegangen bzw. kaum gelöst wurden. Bei vielfältigen Reformansätzen in der Vergangenheit hat sich nämlich immer wieder gezeigt, dass die Macht und Persistenz des Faktischen, d. h. überkommener Raumgliederungen (Gemeinden, Kreise, Kantone/Bundesländer) extrem hoch ist. Daraus resultiert die Kernfrage des vorliegenden Beitrags, wie es gelingen kann, raumfunktionale Verflechtungen einerseits und politische Verantwortlichkeit andererseits auf regionaler Ebene zu akzeptablen politischen Kosten (d. h. mit einer überschaubaren Zahl von „Verlierern" und einer grundsätzlichen Akzeptanz in der öffentlichen Meinung) in einem einzigen Territorium möglichst optimal zur Deckung zu bringen.

2 Regionalisierung der Lebenswelten und der Daseinsvorsorge

Die Menschen in den Stadtregionen denken und verhalten sich zunehmend regional. Ganz selbstverständlich werden die unterschiedlichsten Daseinsfunktionen (Arbeit, Wohnen, Versorgung, Erholung, Bildung) an unterschiedlichen und wechselnden Standorten je nach individuellen Präferenzen wahrgenommen. Veränderungen des Arbeitslebens und Ausdifferenzierung der Lebensstile fordern und fördern individuelle Flexibilität und Mobilität, bewirken jedoch auch die Auflösung kollektiver Handlungsmuster und erschweren entsprechend die Bereitstellung öffentlicher Infrastruktur und Dienstleistungen (Daseinsvorsorge). Die zumindest für monozentrische Verdichtungsräume lange dominierenden eindimensionalen, stark hierarchisch geprägten Kernstadt-Umland-Beziehungen wurden abgelöst durch ein differenziertes System von unterschiedlich begabten und sich tendenziell spezialisierenden Teilräumen und Standorten mit einer Vielzahl unterschiedlicher Verflechtungsbeziehungen. Durch die räumliche Mehrfachausrichtung individueller Aktivitäten ist zwar eindeutig die regionale Dimension der Aktionsräume bzw. Lebenswelten erheblich gewachsen, es entstehen aber tendenziell auch diffuse Aktions- und Kommunikationsmuster. Durch die Ergänzung der physischen Netzwerke können diese zumindest teilweise aufgefangen werden, wie im Verkehrsbereich der verstärkte Ausbau von Tangentialverbindungen in einigen Stadtregionen zeigt.

Ein Blick auf die bislang praktizierten stadtregionalen Kooperationen zeigt, dass die Planung der Siedlungsstruktur, die Verkehrsentwicklung, die Sicherung von Freiräumen für Zwecke der Naherholung sowie die Schaffung von wirtschaftsnaher Infrastruktur einschließlich der Entwicklung von Gewerbeflächen im Vordergrund stehen. Aber auch in vielen anderen Bereichen der öffentlichen Daseinsvorsorge haben sich so enge Abhängigkeiten herausgebildet, dass sie nur noch im stadtregionalen Kontext bearbeitet werden können:

- Raumbeanspruchende und emittierende Infrastrukturobjekte, die für das Funktionieren der Gesamtregion erforderlich sind – genannt seien Güterverkehrszentren, Deponien, Kläranlagen und Flugplätze –, können nur noch auf dieser Ebene abgestimmt und politisch umgesetzt werden.
- Die Zahl der Fachpolitiken, die ursprünglich Aufgaben der Ortsebene waren, heute aber ebenfalls wegen der funktionalen Verflechtungen, zunehmender Spezialisierung der Einrichtungen und nicht zuletzt betrieblicher Effizienz regional zu or-

ganisieren sind, hat stark zugenommen – genannt seien die Wasserver- und –entsorgung, Berufsschulen, Krankenhäuser, Volkshochschulen und Abfallbetriebe.
- Ein wirksames Standortmarketing kann angesichts des internationalen Wettbewerbs nur noch auf regionaler Ebene betrieben und finanziert werden – nicht mehr einzelne Kommunen, sondern Wirtschaftsräume stehen im Wettbewerb und müssen sich entsprechend profilieren und darstellen.
- Eine zunehmende Rolle spielt der Aspekt der solidarischen Stadtregion. Dies bedeutet vor allem, dass Kosten von Einrichtungen mit gesamtregionaler Bedeutung auch regional finanziert werden sollten (z. B. Zoos, Kultureinrichtungen, Messe), aber auch, dass die für die Kernstädte und bestimmte Stadtrandgemeinden besonders drückenden Ausgaben der Sozial- und Jugendhilfe regional finanziert werden sollten. Ein solcher interkommunaler Vorteils- und Lastenausgleich kann nur auf stadtregionaler Ebene organisiert werden.

Künftig muss der Differenzierung zwischen kommunalen Aufgaben der örtlichen und der regionalen Ebene dadurch Rechnung getragen werden, dass diese konsequent auf zwei Selbstverwaltungsebenen wahrgenommen werden. Neben die weiterhin wegen der Ortsnähe und der besonderen Verbundenheit der Bürgerinnen und Bürger mit ihrem unmittelbaren Umfeld erforderliche lokale Selbstverwaltung tritt eine Selbstverwaltung auf der Ebene der Stadtregion. Die Funktionsfähigkeit des regionalen Gesamtsystems, d. h. des „Funktionalraums", rückt nicht zuletzt deswegen stärker in den Vordergrund, weil die Individuen als Konsumenten und Nachfrager von Dienstleistungen, Arbeitsplätzen und Freizeitangeboten zunehmend im regionalen Kontext auftreten. Entsprechend gilt es, den Systemcharakter der Stadtregion stärker zu betonen. Dabei ist gerade auf der stadtregionalen Ebene eine Verschärfung der Konflikte und Verteilungskämpfe zu beobachten, wobei sich diese nicht auf „belastende" Infrastruktur (Verkehr, Abfall) beschränken, sondern auch grundsätzlich „positive" Themen (Wohnen, Erholung, Einkauf) erfassen. „Positive" Effekte für einzelne Bevölkerungsgruppen (z. B. sportliche Erholung) werden von anderen als Belastung (Sportlärm, Verkehrsaufkommen) empfunden; preiswerte Einkaufsmöglichkeiten für mobile Bevölkerungsgruppen verringern die Lebensqualität (Nahversorgung) der immobilen Gruppen. Problematisch ist, dass sowohl in der Bevölkerung als auch bei Entscheidungsträgern ein schwindendes Interesse für größere Zusammenhänge, d. h. die regionalen Folgen lokaler und individueller Entscheidungen für das Gesamtsystem, zu konstatieren ist. Deswegen ist stärker herauszuarbeiten, dass die Summe lokaler Optimierungen nicht zwangsläufig eine regionale bzw. gesamtgesellschaftliche Optimierung darstellt und nur eine stadtregionale Politikebene verbindliche, für alle Teilräume bindende Entscheidungen treffen kann. „All winners games" sind dabei natürlich anzustreben, können aber nicht immer erreicht werden.

Das Systemverständnis der Stadtregion verbietet es, bei den Entscheidungsstrukturen auf isolierte fachliche Lösungen zu setzen, weil diese den Koordinationsaufwand erhöhen, die Transparenz politischer Verantwortlichkeit zerstören und Ansätze für einen „gerechten" Vorteils- und Lastenausgleich (z. B. durch Kopplungsgeschäfte) erschweren. Allerdings ist auf regionaler Ebene in der Regel keine Feinsteuerung für alle öffentlichen Aufgaben gefragt, sondern primär eine regionale Bündelung, Koordination und strategische Gesamtverantwortung. Die Aufgabenwahrnehmung vor Ort kann (und muss vielfach) dezentral erfolgen. So ist die im Jahr 2001 gebildete Region Hannover zwar Trägerin der Sozialhilfe im Sinne der „solidarischen Region", konkrete Leistungsgewährung erfolgt jedoch durch die Städte und Gemeinden, die für diese operative Aufgabe herangezogen werden.

3 Die Stadtregion als politisch-administratives Territorium?

Bei der funktionalräumlichen Abgrenzung von Regionen wird immer wieder kritisch die Frage gestellt, ob die Einzugsbereiche bzw. räumlichen Verflechtungen unterschiedlicher Einrichtungen der regionalen Daseinsvorsorge überhaupt zur Deckung zu bringen oder ob die jeweiligen fachlichen Erfordernisse nicht so unterschiedlich sind, dass sie gar nicht auf ein einheitliches Territorium zu projizieren sind. Einzuräumen ist, dass unterschiedliche öffentliche Aufgaben stets auch unterschiedliche Optima der räumlichen Abgrenzung haben. Unbestritten ist auch, dass das „System Stadtregion" Unschärfen bei der äußeren Abgrenzung besitzt und funktionale Überlagerungen mit benachbarten Verflechtungsbereichen bestehen. Diesen bekannten Phänomenen kann jedoch durch Pragmatik Rechnung getragen werden. So ist es künftig eher noch stärker erforderlich, räumliche Abgrenzungsprobleme bei der Bildung regionaler Territorien durch Kompromisse zu überwinden. Deswegen empfiehlt es sich beim Aufbau stadtregionaler Territorien, auf den gewachsenen Bausteinen der territorialen Gesamtstruktur – in Deutschland also in erster Linie den Gemeinden und Landkreisen – aufzubauen, um die Akzeptanz der Akteure zu erhöhen. Zur Beurteilung der Sinnhaftigkeit einer so ermittelten stadtregionalen Abgrenzung lassen sich – trotz tendenziell diffuser werdender Verkehrsbeziehungen – als immer noch recht zuverlässige Indikatoren die Pendelverflechtungen heranziehen.

These ist also, dass ein großer Teil regionaler Aufgaben ohne Qualitätsverluste auf ein einheitliches Territorium projiziert werden kann. Bestätigt wird dies beispielsweise durch die Erfahrungen bei der Bildung der Region Hannover, die für die gesamte Stadtregion mit gut 1,1 Mio. Einwohnern, d. h. die Landeshauptstadt Hannover und ihren Verflechtungsraum, umfassende politische und administrative Handlungsmöglichkeiten eröffnet. So unterschiedliche Aufgaben wie Sozial- und Jugendhilfe, Berufsschulwesen, Krankenhäuser, Regionalplanung, Naherholung einschließlich Zoo, Umweltschutz, Abfallwirtschaft, ÖPNV und Wirtschaftsförderung werden seit dem 01.11.2001 für den gesamten Großraum von der Region Hannover wahrgenommen (vgl. PRIEBS 2001). Für einzelne Aufgaben kann es sich dann immer noch anbieten, abweichende Abgrenzungen zu finden – in der Region Hannover wurde beispielsweise der Kooperationsraum für den Tourismus im Rahmen des Tourismusverbands Hannover Region e.V. deutlich größer geschnitten, um auch die Kooperation mit benachbarten Territorien zu ermöglichen.

Die Erfolgsaussicht bei der Schaffung regionaler Territorien, d. h. deren politische Durchsetzbarkeit, ist in hohem Maße abhängig von der Höhe der politischen Kosten. Dies wird deutlich beim Vergleich der unterschiedlichen Diskussionsverläufe in den Regionen Rhein-Main und Hannover, die beide Mitte der 1990er Jahre ihren Anfang nahmen. Während für den Rhein-Main-Raum unter Federführung des früheren Ministers Jordan ein optimales Verwaltungsmodell entwickelt wurde, das den gesamten funktionalen Rhein-Main-Raum abdecken sollte, wurde in Hannover an dem räumlichen Zuschnitt eines über fast vier Jahrzehnte weitgehend unverändert bestehenden Kommunalverbands angeknüpft. Damit wurde in Hannover zwar nicht die inzwischen erheblich erweiterte Wirtschafts- und Pendlerregion Hannover abgedeckt, wozu die Einbeziehung benachbarter Landkreise erforderlich gewesen wäre, doch ist es hier immerhin gelungen, eine regionale Gebietskörperschaft zu etablieren.

Im Rhein-Main-Raum hingegen scheiterte das ambitionierte Modell an den Konkurrenz- und Verlustängsten zahlreicher Akteure der bestehenden politisch-administrativen Institutionen – stattdessen wurde eine sehr unbefriedigende regionale Kooperationsstruktur realisiert, die einen deutlichen Rückschritt bedeutete (vgl. SCHELLER 2002).

Bei der Schaffung regionaler Territorien sind weitere Hürden zu überwinden. So ist eines der grundsätzlichen Probleme, dass die Regionalebene *de facto* noch nicht etabliert ist, weswegen sich „starke Politikerinnen und Politiker" bislang lediglich auf Gemeinde- und Staatsebene konzentrieren. Die zunehmende Bedeutung der Region ist zwar stets wiederkehrende Leerformel in politischen Reden, sie ist aber noch kein „politischer Faktor". Schwer einzuschätzen ist auch die Einstellung der Öffentlichkeit zu neuen stadtregionalen Organisationsmodellen. Während die unten vorgestellte Neuordnung im Großraum London auf immerhin 75% Zustimmung stieß, wurde die Einführung stadtregionaler Territorien in den Niederlanden in Volksbefragungen abgelehnt. Ein sehr grundsätzliches, gleichzeitig sehr komplexes Problem, das in der bisherigen Diskussion um Organisationsmodelle eine zu geringe Rolle gespielt hat, ist die Finanzierung der Region – Umlagelösungen sind gerade bei knappen öffentlichen Haushalten kein Zukunftsmodell. Trotz dieser Probleme ist eine Alternative zur Angleichung von Territorien und Funktionalräumen nicht erkennbar, wenn die dauerhafte Leistungsfähigkeit der Stadtregionen sichergestellt werden soll.

4 Politische Entscheidungsstrukturen für die Stadtregion

In den folgenden Ausführungen wird davon ausgegangen, dass auch bei fortschreitender Deregulierung des öffentlichen Sektors stabile und effiziente politisch-administrative Entscheidungsstrukturen erforderlich sind. Nur Staat und Kommunen können nämlich stabile Rahmenbedingungen für eine funktionierende Wirtschaft, eine lebenswerte Umwelt sowie soziale Gerechtigkeit garantieren. Außerdem hat die Qualität der Verwaltung zunehmende Relevanz als Standortfaktor im Sinne eines komparativen Vorteils. Wie im folgenden zu zeigen ist, steht für die Organisation öffentlicher Aufgaben in der Stadtregion ein breites Spektrum von Modellen zur Verfügung, die jeweils spezifische Vor- und Nachteile aufweisen.

Am Beginn stadtregionaler Kooperation stehen häufig „weiche" organisatorische Ansätze, die nicht zum Regelungsbereich des Öffentlichen Rechts gehören und damit auch keine planungsrechtlich verbindlichen Festlegungen treffen können. Diese Formen haben im Kontext des sozioökonomischen Strukturwandels und eines veränderten Staatsverständnisses in den letzten Jahren erheblich an Bedeutung gewonnen und sind inzwischen weit verbreitet (vgl. FÜRST 1999). Beispiele einer sehr weit entwickelten regionalen Kooperation sind der Raum Bonn/Rhein-Sieg/Ahrweiler sowie die Städtenetze im Kieler Raum („K.E.R.N.-Region") und im Umfeld der Region Hannover (vgl. PRIEBS 2001).

Sollen verbindliche Kooperationen mit den Instrumenten des Öffentlichen Rechts umgesetzt werden, muss als niedrigschwellige Organisationsform an erster Stelle der Zweckverband genannt werden. Dieser ist ein erprobtes Instrument interkommunaler Kooperation, bietet rechtsverbindliche Entscheidungen sowie eine gesicherte Finanzierung und wird traditionell bei der interkommunalen Trägerschaft von einzelnen Einrichtungen der Daseinsvorsorge (z. B. Ver- und Entsorgung, Öffentlicher Personennahverkehr, Schulen) praktiziert. Gesondert ist in diesem Zusammenhang auf die regionalen Planungsverbände einzugehen, die mehrere benachbarte kommunale Gebietskörperschaften umfassen und Kompetenzen im Bereich der integrativen räumlichen Gesamtplanung haben. In Deutschland ist zu unterscheiden zwischen Verbänden, denen die gemeinsame Flächennutzungsplanung übertragen wird, und solchen, die für die Regionalplanung zuständig sind. Im Rhein-Main-Raum wird derzeit außerdem das neue Instrument des Regionalen Flächennutzungsplans erprobt.

Während eine Vielzahl in einem Raum mit unterschiedlichen Aufgabenstellungen operierender Zweckverbände die Transparenz erschwert und nur sehr begrenzt im Sinne der Regionalentwicklung koordiniert werden kann, stellt sich als besonders zukunftsfähiges Modell der stadtregionalen Organisation unterhalb der gebietskörperschaftlichen Ebene der regionale Mehrzweckverband dar. Beim stadtregionalen Mehrzweckverband wird für einen bestimmten Katalog überörtlicher öffentlicher Aufgaben ein gemeinsames „institutionelles Dach" über die bestehenden administrativen Strukturen gezogen. So werden in einigen Ländern den Regionalen Planungsverbänden weitere Aufgaben der Fachplanung oder der Umsetzung übertragen. Welche Aufgaben ein solcher Verband erfüllen soll, hängt von der jeweiligen regionalen Problemlage ab. Heute gilt der Verband Region Stuttgart als der am weitesten entwickelte Mehrzweckverband, der neben der Regionalplanung und der Landschaftsrahmenplanung auch zuständig ist für die Wirtschaftsförderung, den ÖPNV sowie die Messe (STEINACHER 1999). Der Verband Region Stuttgart ist ein gutes Beispiel dafür, dass regionale Mehrzweckverbände eine besondere Flexibilität und Kreativität bei der Bewältigung der ihnen übertragenen regionalen Planungs- und Verwaltungsfunktionen entwickeln. Die Hürden für die Errichtung eines solchen Verbands sind relativ niedrig, da keine grundsätzliche Veränderung traditioneller Verwaltungsstrukturen (kreisfreie Städte, Landkreise, kreisangehörige Gemeinden) erforderlich ist. Besondere Erwähnung verdient, dass ein regionaler Mehrzweckverband grundsätzlich auch über Landesgrenzen hinweg gebildet werden kann. Diesen Vorteilen stehen einige Nachteile gegenüber. So bestehen durch das Mit- bzw. Nebeneinander des Mehrzweckverbands und der Landkreise zwei Ebenen regionaler Verwaltung, zwischen denen es häufig zu Reibungsverlusten kommt. Die erwähnte Umlagefinanzierung erhöht die Reibungen, da der Verband stets in der Pflicht ist, seinen Finanzbedarf gegenüber den Zahlern, die naturgemäß die finanziellen Prioritäten bei ihren eigenen Aufgaben sehen, besonders zu rechtfertigen. Da ein Mehrzweckverband mehrere regionale Aufgaben wahrnimmt, sind bereits gewisse Möglichkeiten des Vorteils- und Lastenausgleichs vorhanden, allerdings wurden bislang die „harten" Problembereiche, d. h. die Kosten für Sozial- und Jugendhilfe, ausgeklammert. Obwohl der regionale Mehrzweckverband über eine direkt oder indirekt legitimierte politische Ebene verfügt, ist das politische Gewicht eines solchen Verbands im Vergleich zu den verbandsangehörigen Städten und Kreisen häufig begrenzt.

Die Regionalstadt ist eine der beiden Möglichkeiten, die gesamte Stadtregion durch eine Gebietskörperschaft zu organisieren. Unter einer Regionalstadt wird eine „Einheitsgemeinde" bezeichnet, die von Fläche und Einwohnerzahl her deutlich größer ist als die meisten der heutigen Großstädte. Ihre Untergliederungen („Stadtbezirke") sind allerdings selbst nicht autonome Gebietskörperschaften mit Selbstverwaltung im Sinne der Kommunalverfassung. Die einzige „echte" Regionalstadt wurde in Deutschland im Jahr 1920 mit der Einheitsgemeinde Groß-Berlin gebildet. Gerade dieses Beispiel zeigt aber auch, dass ein grundsätzlicher Konflikt zwischen den Steuerungsmöglichkeiten der Gesamtstadt und dem Selbstverwaltungsanspruch der kommunalrechtlich unselbständigen Stadtbezirke besteht. Eine Alternative zu diesem Typus der Regionalstadt wäre grundsätzlich eine zweistufige Regionalstadt mit kommunalrechtlich eigenständigen Stadtbezirken. Damit würden die genannten Nachteile vermieden, weil neben die gesamtstädtische Politik- und Verwaltungsebene eine nachgeordnete, aber eigenständige Ebene selbständiger Gemeinden mit einer Reihe von Selbstverwaltungsrechten treten würde. Neben den vormaligen Umlandgemeinden würden auch die zuvor kommunalrechtlich unselbständigen Stadtbezirke der Kernstadt diesen Status bekommen. Dieses Modell einer zweistufigen Regionalstadt ist zwar in den 1970er Jahren diskutiert, bislang jedoch nicht realisiert worden. Es wäre zu prüfen, ob rechtliche Bedenken gegenüber einem solchen Modell durch entsprechende Änderung des Kommunalrechts (in Analogie zur zweistufigen Gemeindeverfassung in ländlichen Räumen, z. B. in Niedersachsen und Rheinland-Pfalz) zu überwinden wären.

Beim Regionalkreis handelt es sich ebenfalls um eine kommunal verfasste regionale Gebietskörperschaft. Im Gegensatz zur Regionalstadt besteht der Regionalkreis aus selbständigen, regionsangehörigen Städten und Gemeinden. Aus kommunalverfassungsrechtlicher Sicht ist der Regionalkreis der Kreisebene zuzuordnen, obwohl er nach Einwohnerzahl und Fläche in der Regel größer ist als die existierenden Landkreise. Der Regionalkreis als kreisähnliche Gebietskörperschaft nimmt für die gesamte Stadtregion sämtliche Aufgaben der Kreisebene, zum Teil auch der oberen Verwaltungsbehörde (Bezirksregierung) wahr. Bisherige Landkreise und regionale Verbände gehen in dieser Institution auf, und die Kernstadt gibt ihre Kreisfreiheit auf. Praktiziert wird dieses Modell seit 1974 im Stadtverband Saarbrücken sowie, wie erwähnt, seit 2001 in der Region Hannover. Letztere zeichnet sich durch ein breites Spektrum regionaler Aufgabenwahrnehmung ab, das vom Krankenhaus- und Berufsschulwesen über die Sozialhilfe, die Regionalplanung, den gesamten Umweltbereich einschließlich der Abfallwirtschaft bis zur Wirtschaftsförderung und zum ÖPNV reicht (PRIEBS 2002). Der wesentliche Vorteil dieses Organisationsmodells besteht darin, dass alle regionalen Aufgaben bei einer einzigen Institution gebündelt werden können. In den politischen Organen sind sowohl Repräsentanten der Kernstadt als auch der Nachbarkommunen vertreten. Dadurch besteht der Zwang zur politischen Einigung bzw. zur Schaffung von Mehrheiten bei der Lösung stadtregionaler Aufgaben und Probleme. Insbesondere entsteht damit eine attraktive Arena für eine starke regionale Politik, die regionale vor gemeindliche und staatliche Interessen stellt. Weil der Regionalkreis nach deutschem Bundesrecht auch örtlicher Träger der Sozialhilfe ist und somit das Sozialhilfebudget solidarisch von allen Gemeinden der Stadtregion – je nach Leistungsfähigkeit – mitfinanziert wird, entsteht ein recht weitgehender Vorteils- und Lastenausgleich zwischen den unterschiedlich leistungsfähigen Teilräumen der Stadtregion. Durch die gemeinsame Wahrnehmung bestimmter Aufgaben entstehen aber auch Synergieeffekte, weil vor Bildung eines Regionalkreises mehrere Verwaltungsträger vergleichbare Aufgaben parallel erledigt haben. Als Nachteil des Regionalkreises ist zu sehen, dass in der Regel eine sehr große Organisationseinheit geschaffen wird, was zu Schwerfälligkeit und Inflexibilität führen kann. Die Bildung eines Regionalkreises kann mit hohen politischen Kosten verbunden sein, wie das erwähnte „Jordan-Modell" für den Rhein-Main-Raum zeigt, das nicht zuletzt wegen der hohen Zahl potentieller Verlierer gescheitert ist. Nicht unproblematisch kann sich auch das Verhältnis zwischen Regionalkreis und Kernstadt bzw. Kernstädten gestalten, sofern es nicht gelingt, protokollarische Fragen niedrig aufzuhängen und pragmatisch zu lösen. Insgesamt stellt der Regionalkreis eine sehr weitgehende Form der stadtregionalen Integration dar, die einen klaren zweistufigen Aufbau des politisch-administrativen Systems bewirkt. Sofern es gelingt, den Kreis der „Verlierer" zu begrenzen, stellt dieses Modell eine konsequente und weitgehende Form der stadtregionalen Verwaltung dar.

5 Die stadtregionale Holding als Zukunftsmodell?

Als Alternative zu den aufgezeigten, rechtlich weitgehend unproblematischen Organisationsmodellen für die Stadtregion soll im folgenden das Modell der stadtregionalen Holding diskutiert werden. Darunter soll ein Organisationsmodell verstanden werden, bei dem sich die stadtregionale Ebene weitestgehend auf die strategische Steuerung sowie die Außenrepräsentation konzentriert. Wesentlicher Vorteil wäre eine sehr schlanke Organisation der stadtregionalen Regieebene. Kennzeichnend ist die Trennung dieser Regieebene vom operativen Geschäft, wodurch organisatorisch (und prinzipiell auch räumlich) maßgeschneiderte öffentlich-rechtliche und privatrechtliche Organisationsformen für bestimmte operative Geschäftsfelder möglich sind. Denkbar wäre bei den operativen Einheiten das gesamte privatrechtliche und öffentlich-rechtliche Spektrum, so z. B. die GmbH, der eingetragene Verein, die Anstalt, der Eigenbetrieb oder der Zweckverband. Die notwendige Einflussnahme auf das operative Geschäft im Sinne eines gesamtregionalen Optimums könnte über die jeweiligen Budgets und den Abschluss von Zielvereinbarungen erreicht werden. Sofern es die jeweilige Organisationsform zulässt, sind auch Anweisungsbeschlüsse z. B. gegenüber den stadtregionalen Vertretern in den Gesellschafterversammlungen der operativen Einheiten möglich.

Die stadtregionale Holding wird in besonderer Weise dem Zeitgeist gerecht, da sie im wesentlichen auf Netzwerkstrukturen aufbaut. In dem schon erwähnten Beitrag von WIECHMANN (2000, 182) hält dieser es für erforderlich, sich von dem „traditionellen, auf territorialen Abgrenzungen basierenden Verständnis von ‚Region'" zu lösen und stattdessen als ‚Region' einen sozioökonomischen Verflechtungsraum zu betrachten, „der sich als lose verbundenes Netzwerk durch die gegenseitige Wahrnehmung der in ihm agierenden Akteure definiert". Auch wenn dieser Einschätzung hier aus den oben genannten praktischen politischen und administrativen Gründen nicht zugestimmt werden kann, könnte die stadtregionale Holding ein vermittelndes Modell darstellen, das sowohl das Funktionieren des Gesamtraums mit einer räumlich-konkreten Zuständigkeit sicherstellt, gleichzeitig aber den veränderten soziostrukturellen Gegebenheiten Rechnung trägt. Auch weitere Aspekte eines regionalen *Governance*-Prinzips könnten aufgegriffen werden, da ohne Probleme private Akteure und Initiativen in das stadtregionale Netzwerk einbezogen werden können. Ein praktischer Vorteil wäre zudem, dass die Gemeinden in diesem Netzwerk selbständig bleiben und teilweise sogar ihre Eigenverantwortung, gegebenenfalls im Rahmen von Zielvereinbarungen, vergrößern könnten.

Ein Nachteil der regionalen Holding liegt darin, dass die Steuerungsmöglichkeiten seitens der Regieebene dadurch begrenzt sind, dass sie nach geltendem Recht gegenüber ihren operativen Einheiten, etwa den von ihr beherrschten Kapitalgesellschaften, nur begrenzte Weisungsmöglichkeiten hat. Durch die Vielzahl der selbständigen operativen Einheiten entsteht ferner ein hoher Koordinierungsaufwand, während gleichzeitig die Transparenz des Gesamtsystems leidet. Nicht unproblematisch dürften die zahlreichen Schattenhaushalte sein, die sich bei den operativen Einheiten bilden. Auch die Etablierung eines Vorteils- und Lastenausgleichs dürfte schwieriger sein als bei den gebietskörperschaftlichen Modellen, da die rechtliche Eigenständigkeit der operativen Einheiten recht weitgehend ist. Insgesamt dürfte die Umsetzung dieses Modells deutlich höhere Hürden bei der Umsetzung als die im vorigen Kapitel vorgestellten Alternativen aufweisen, weil seine kommunalrechtliche Ausformung im deutschen Recht bislang noch nicht erfolgt ist. Allerdings dürfte es außerordentlich interessant sein, diesen Ansatz rechtlich und politisch weiter zu entwickeln, weil dadurch eine zeitgemäße Erweiterung der traditionellen Organisationsformen in den Stadtregionen ermöglicht würde.

Als Beispiel einer bereits funktionierenden regionalen Holding wäre *Greater London* heranzuziehen, wo mit der *Greater London Assembly* und der *Greater London Authority* (die über nur 490 Beschäftigte verfügt) eine außerordentlich schlanke stadtregionale Regieebene gebildet wurde. An der Spitze der Organisation steht der mit weitgehenden Kompetenzen ausgestattete, direkt gewählte *Mayor*, der als „Stadtoberhaupt" der eigentlich in 33 Einzelgemeinden zersplitterten Stadtregion London anerkannt wird. Operative Einheiten sind die Polizei, die Feuerwehr, eine Entwicklungsagentur und der ÖPNV. In ganz bescheidenen Ansätzen wurde ein stadtregionales Holdingmodell auch schon in Deutschland, nämlich im Rhein-Main-Raum, angedacht. Allerdings muss die dort gefundene Lösung, wie oben erwähnt, als missglückt gelten, da der „Rat der Region" über keinerlei Kompetenzen verfügt und entsprechend nicht in der Lage ist, die unterschiedlichen Fachpolitiken zu koordinieren oder gar zu bündeln (vgl. SCHELLER 2002). Angedacht war ein Holding-Modell auch bei der Entwicklungsagentur Ruhr, die Ende der 1990er Jahre in Nordrhein-Westfalen diskutiert, schließlich aber nicht realisiert wurde. Vom Grundsatz her findet sich der Holding-Gedanke auch bei denjenigen Mehrzweckverbänden wieder, die über eigene organisatorische Einheiten in gesonderter Rechtsform verfügen. Als Beispiel sei hier der Vorläufer der erwähnten Region Hannover, der Kommunalverband Großraum Hannover, genannt, der über zahlreiche Beteiligungsgesellschaften im Bereich des ÖPNV, der Wirtschaftsförderung und der Naherholung verfügte (TEGTMEYER-DETTE 2001).

6 Bilanz und Ausblick

Der Handlungsbedarf bei der Schaffung zukunftsfähiger Territorien in den Stadtregionen im Sinne integraler Politik- und Verwaltungssysteme ist weitgehend unbestritten. Für die Konstituierung der Stadtregion als Territorium steht, wie die vorangegangenen Ausführungen zeigen sollten, ein umfangreicher Katalog maßgeschneiderter Möglichkeiten zur Verfügung. Die als besonders zukunftsfähig herausgestellten Lösungsmöglichkeiten sind überwiegend im Rahmen des geltenden Rechts bzw. moderater Weiterentwicklungen realisierbar. Die Chancen zur Etablierung der Region als eigenständige Ebene zwischen Gemeinde und staatlicher Ebene sind heute günstiger denn je. Da in den Regionen regionale Lösungen erarbeitet werden müssen, dürften die folgenden Qualitätskriterien hilfreich sein:

- Lokale und regionale Selbstverwaltungsaufgaben, die gleichermaßen von Bedeutung für das Funktionieren der Stadtregionen sind, müssen gegeneinander abgeschichtet werden und bedürfen überzeugender Organisationsstrukturen mit klaren Kompetenzen. Dies kommt auch dem Wunsch der Bürgerinnen und Bürger entgegen, die Transparenz und klare politische Verantwortlichkeiten erwarten.
- Das politische Steuerungsorgan auf stadtregionaler Ebene bedarf einer demokratischen Legitimation und muss in der Lage sein, die operativen Prozesse wirksam zu beeinflussen. Angesichts der zunehmenden teilräumlichen Spezialisierung und sozialen Segregation muss die stadtregionale Organisationsstruktur einen Vorteils- und Lastenausgleich ermöglichen.
- Schließlich braucht die stadtregionale Ebene eine eigenständige Finanzausstattung und -verantwortung zur Erfüllung ihrer Aufgaben.

Es muss künftig von „unabhängigen" Akteuren noch konsequenter auf dieses Ziel hingearbeitet werden, um die wesentliche Hürde, die wegen der unkalkulierbaren Bedeutungsverschiebungen im öffentlichen System in der Regel eher retardierende Haltung der etablierten örtlichen und staatlichen Entscheidungsträger, zu überwinden. Hier könnte eine wichtige Rolle der Wissenschaft liegen – diese ist nicht mehr wie früher primär gefragt, um eine ideale Abgrenzung von Regionen herauszufinden, sondern in der argumentativen Unterstützung bei der Etablierung regionaler Territorien.

Literatur

ARING, J. (1999): Suburbia – Postsuburbia – Zwischenstadt. (= Arbeitsmaterial 262, Akademie für Raumforschung und Landesplanung). – Hannover.

BLOTEVOGEL, H. H. (1996): Auf dem Wege zu einer „Theorie der Regionalität": Die Region als Forschungsobjekt der Geographie. – In: BRUNN, G. (Hrsg.): Region und Regionsbildung in Europa. – Baden-Baden. 44-68.

BOESLER, A. (1985): Politische Geographie. (= Teubner Studienbücher der Geographie). – Stuttgart.

DEITERS, J. (1973): Der Beitrag der Geographie zur politisch-administrativen Regionalisierung. – In: Berichte zur deutschen Landeskunde 47. – 131-147.

FÜRST, D. (1999): „Weiche Kooperationsstrukturen" – eine ausreichende Antwort auf den Kooperationsbedarf in Stadtregionen? – In: Informationen zur Raumentwicklung. 609-615.

PRIEBS, A. (2001): Städtenetze als Motoren der interkommunalen Kooperation in den Agglomerationen. – In: FLÜCKIGER, H. / FREY, R. L. (Hrsg.): Eine neue Raumordnungspolitik für neue Räume. – Zürich. 119-129.

PRIEBS, A. (2002): Die Bildung der Region Hannover und ihre Bedeutung für die Zukunft stadtregionaler Organisationsstrukturen. – In: Die Öffentliche Verwaltung 55. – 144-151.

SCHELLER, J. P. (2002): Kooperations- und Organisationsformen für Stadtregionen – Modelle und ihre Umsetzungsmöglichkeiten. – In: MAYR, A. / MEURER, M. / VOGT, J. (Hrsg.): Stadt und Region – Dynamik von Lebenswelten. Tagungsbericht und wissenschaftliche Abhandlungen, 53. Deutscher Geographentag Leipzig. – Leipzig. 692-700.

SIEVERTS, T. (1997): Zwischenstadt: zwischen Ort und Welt, Raum und Zeit, Stadt und Land. – Braunschweig, Wiesbaden.

SCHIMANKE, D. (1983): Die Verwaltung von Verdichtungsräumen in der Bundesrepublik Deutschland. – In: Die Öffentliche Verwaltung 36. – 704-716.

STEINACHER, B. (1999): Regionales Management für regionale Probleme. – In: WOLF, K. / THARUN, E. (Hrsg.): Auf dem Weg zu einer neuen regionalen Organisation? (= Rhein-Mainische Forschungen, 116). – Frankfurt/Main. 35-63.

TEGTMEYER-DETTE, S. (2001): Die Beteiligungsgesellschaften des Kommunalverbandes Großraum Hannover. – In: Kommunalverband Großraum Hannover (Hrsg.): Großraum Hannover – Eine Region mit Vergangenheit und Zukunft. (= Beiträge zur regionalen Entwicklung, 96). – Hannover. 93-102.

WIECHMANN, T. (2000): „Die Region ist tot – es lebe die Region!". – In: Raumforschung und Raumordnung 58. – 173-184.

Manfred PERLIK (Birmensdorf / Lausanne)

Regionalpolitische Koordinationserfordernisse im Alpenraum – Bestandsaufnahme und Handlungsoptionen

1   Besonderheiten der Urbanisierung in den Alpen

Bereits 1990 lebten mehr als die Hälfte der Bevölkerung der Alpen in Städten oder Agglomerationen. Allerdings gibt es nur wenige größere Städte, und der hohe Verstädterungsgrad kommt hauptsächlich über die Agglomerationsgemeinden zustande.

	Urbanisationszonen	Nicht-Urbanisationszonen
Bevölkerung 1990/91	59	41
Arbeitsplätze 1987/1990/1991*	66	34
Gemeinden 1990/91	36	64
Fläche 1990/91	26	74

Quelle: Nationale Volks- und Betriebsstättenzählungen - * ohne Slowenien

Tab. 1: Anteil (in %) der Kernstädte und Agglomerationsgemeinden im Alpenraum (Urbanisationszonen) anhand von Pendlereinzugsgebieten. (Quelle: PERLIK / MESSERLI / BÄTZING 2001)

Es gibt prinzipielle Unterschiede, welche die Spezifität der Alpenstädte ausmachen und Ergebnis der drei Faktoren Einwohnerzahl, Relief und historischer Entwicklungspfad sind:

- *Einwohnerzahl:* Geringere Siedlungsdichte im Hinterland und geringere Marktgröße begrenzen den Urbanisierungsprozess. Die Phase der suburbanen Ausdehnung der 1960er/70er Jahre ist gering entwickelt. In den Prozess der Periurbanisierung sind die Alpen dagegen seit den 1980er Jahren voll einbezogen.
- *Relief:* Es gibt reliefbedingte Erschwernisse wie Flächenmangel, Naturgefahren und erhöhte Erschließungskosten. Bevölkerungswachstum ist oft nur im weiteren Umland möglich, was stärkere Periurbanisierung, höheres Verkehrsvolumen und größeren Flächenverbrauch bedeutet.
- *Entwicklungspfad:* Es gibt keine historische Metropole mit entsprechender Ausstrahlung auf das Umland. Im Verhältnis zwischen innenorientierter Versorgungsfunktion und der überregionalen Einbindung der Städte in funktionale Netzwerke (Netzwerkfunktion) dominiert lange Zeit die Versorgungsfunktion. Weil sich seit dem Mittelalter die Urbanisierung vor allem außerhalb der Alpen entwickelt hat und weil sich dort sowohl die politischen wie die wirtschaftlichen Entscheidungszentren ausgebildet haben, stehen den Alpenstädten bestimmte Entwicklungsmöglichkeiten nicht mehr offen. Der historische Entwicklungspfad lässt heute nur noch für die fünf bis sieben Großstädte eine Entwicklung zu Agglomerationen von europäischer Dimension zu.

2 Unterschiede zwischen den einzelnen Alpenländern in der Gemeindeautonomie

Die Stadt-Umland-Problematik ist in den einzelnen Alpenländern unterschiedlich. Mit ein Grund dafür ist die unterschiedliche Stellung der Gemeinde. Überall gilt das Prinzip der Gemeindeautonomie, aber in jedem Land wird etwas anderes darunter verstanden. Ein Vergleich zwischen den Ländern ist fast nicht möglich, weil Gemeindegröße, Aufgaben und Selbstverständnis unterschiedlich sind. Als Indikator dafür können die Finanzsysteme angesehen werden.

Einnahmen der Kommunen	Österreich	Deutschland	Frankreich (Rhône-Alpes) < 10.000 Einw.	Schweiz (Kt. Basel-Land) „Wohnkanton"
Übergeordnete Körperschaften (Bund, Kanton)	52,1	47	23,7	4,1
Steuern (natürliche und juristische Personen)	24,5	24	48,0	51,1*
Andere Einkommen (Entgelte, Kredite, Vermögen)	23,5	29	28,3	44,8
	100,0	100,0	100,0	100,0

* davon 87,1% durch Besteuerung natürlicher Personen
Quellen: Österreich: Statistik Austria; Deutschland: FH Potsdam; Frankreich: INSEE; Schweiz: Stat. Amt BL
Tab. 2: Anteile (in %) von Staatsbeiträgen und eigenen Einnahmen am Gemeindehaushalt, 2000

Tab. 2 zeigt die von Land zu Land unterschiedlichen Anteile, die von den übergeordneten Körperschaften garantiert werden und die Anteile, die über Steuern und Gebühreneinnahmen von den Gemeinden selbst generiert werden. Die Schweizer Gemeinden finanzieren sich fast vollständig aus eigenen Steuern und Leistungsabgeltungen. Der Steuersatz liegt weitgehend im Ermessen der Gemeinde und erzeugt, weil er für einen Großteil der Gemeindeeinnahmen gilt, hohe Unterschiede. Dadurch bekommt der Begriff Gemeindeautonomie eine vollständig andere Bedeutung als z. B. in Deutschland. Die dargestellten Anteile sind Durchschnittswerte. Die konkrete Situation vor allem in Österreich und Deutschland kann wegen der Finanzausgleiche ganz anders aussehen: entweder durch ein besonders hohes Steueraufkommen oder durch eine besonders starke Abhängigkeit von Finanzausgleichen.

Es wird aber eine Zweiteilung sichtbar: Einerseits ein Steuersystem, das traditionell sehr stark auf Eigenfinanzierung setzt – in der Schweiz und etwas schwächer in Frankreich – und andererseits ein System mit traditionell starker Absicherung über Finanzausgleiche – in Deutschland und Österreich.

In Frankreich forciert das Steuersystem den Wettbewerb um Gewerbeansiedlungen, in der Schweiz entsteht dagegen Konkurrenz um finanzkräftige Einwohner.

In Deutschland und Österreich sollte diese Konkurrenz über die gesetzlich gesicherten Steueranteile und über das zentralörtliche Planungsziel zurückgebunden werden. Der mit der Aufgabe des zentralörtlichen Planungsparadigmas verbundene Wettbewerb unter den Kommunen scheint nun teilweise größere Ungleichheiten zwischen den Gemeinden zu bewirken als in den Ländern mit traditionell stärkerer Eigenfinanzierung. Offenbar bestehen beim Wandel der Gemeinden von Behörden zu kollektiven Unternehmungen erhebliche Anpassungsschwierigkeiten: Man hat von den Gemeinden verlangt, sich dem Wettbewerb der Regionen zu stellen. Agglomerationsgemeinden nehmen die Aufforderung, sich unternehmerisch zu verhalten, ernst. Dies belastet die Beziehungen zwischen Kernstädten und periurbanem Umland und gefährdet die regionale Handlungsfähigkeit.

3 Unterschiede zwischen den einzelnen Alpenländern

Die Qualität von Stadt-Umland-Beziehungen lässt sich nicht allein durch das Steuersystem erklären. Es ist deshalb notwendig, auf die Situation in den einzelnen Ländern detaillierter einzugehen.

3.1 Deutschland: Alpenrandproblematik als Folge der Metropolisierung

Das kommunale System ist nicht ein alpenspezifisches, sondern durch die Zugehörigkeit zum Bundesland Bayern gekennzeichnet. Die von der Seite der Bundesländer und der Raumplanung durchgesetzten Gemeindefusionen haben kleinräumige Gemeindekonkurrenzen kanalisiert und begrenzt. Die Kreisstädte waren über das Planungsleitbild des zentralörtlichen Systems lange Zeit als natürliche Zentren geschützt. Die Stadt-Umland-Problematik wird heute vor allem da relevant, wo die kleinen Städte in den Einflussbereich expandierender Großagglomerationen kommen. Dies betrifft vor allem die Kleinstädte südlich von München oder Bad Reichenhall, das inzwischen Teil der Agglomeration Salzburg ist (WEICHHART 1996). Diese Gemeinden wachsen besonders stark, weil sie für hochqualifizierte Bevölkerungsgruppen die beste Kombination zwischen Arbeitsplatznähe, attraktiver Erholungslandschaft und urbaner Mindestausstattung darstellen.

3.2 Frankreich: Allgemeine Agglomerationsprobleme und allgemeine gesetzliche Lösungsansätze

Die großen Agglomerationen in den französischen Alpen sind mit außeralpinen Agglomerationen in Frankreich vergleichbar. Die Agglomeration Annecy gehörte in den 1990er Jahren zu den am stärksten wachsenden Frankreichs. Im Unterschied zu den anderen Ländern sind Agglomerationsgemeinden in Frankreich häufig Problemzonen mit segregierter Bevölkerung..

Die Möglichkeiten, mit Hebesätzen die Steuereinnahmen und damit auch die Bevölkerungszusammensetzung zu beeinflussen, sind schwächer als in der Schweiz, aber stärker als in Deutschland. Mit dem Agglomerationsgesetz von 1995/99 (*loi Chevènement*) werden Agglomerationsgemeinden zum Beitritt zu einer *communauté urbaine* und damit zu einheitlichen Steuersätzen verpflichtet, wenn sie in den Genuss von staatlichen Schlüsselzuweisungen kommen wollen.

3.3 Italien: Entsiedlungsregionen und Wachstumsgebiete

In Italien wurden 1971 für die über 4.000 Gemeinden des Berggebiets 337 überkommunale Körperschaften gegründet und diese mit professionellen Verwaltungsstrukturen versehen. In diese *comunità montane* sind auch die Städte einbezogen, z. B. umfasst die *Comunità Montana Valle Ossola* zehn Gemeinden und die Stadt Domodossola. Im Prinzip können dadurch Stadt-Umland-Probleme gering gehalten werden. Allerdings betrifft das nur sehr kleine Städte. Die wichtigen Städte des Alpenrands sind davon ausgeschlossen, weil sie nicht im klassifizierten Berggebiet liegen, z. B. Como oder Cuneo. Die Beziehung zwischen alpinem Hinterland und der Kernstadt geht hier tendenziell zu Lasten der Alpentäler, weil diese demographisch schwach sind. Da, wo die ökonomische Entwicklung ins Berggebiet hineinreicht, z. B. in das Hinterland von Verona (TURRI 1999), erzeugt sie problematische Zersiedelungseffekte.

Südtirol ist ein Sonderfall und beruht auf den politischen und sozio-kulturellen Konstellationen in der autonomen Region Trentino-Alto Adige. Das Wachstum der Stadt Bozen ist bei der Ausbalancierung der Sprachgruppenkonflikte begrenzt worden. Sowohl in Größe und Funktion als auch bezüglich der Widersprüche zwischen gesamtregionaler Entwicklung der Provinz und dem eigenständigen internationalen Auftritt der Stadt sind Bozen und Südtirol mit Innsbruck und Tirol vergleichbar.

3.4 Österreich: Großagglomerationen mit europäischen Ambitionen und Kleinstädte

Für den Alpenrand gilt die für Deutschland beschriebene Alpenrandproblematik. Die Mehrzahl der Städte sind jedoch kleine Bezirksstädte, und das Gefälle zwischen den Landes- und den Bezirkshauptstädten ist in Österreich besonders groß. Die Stadt-Umland-Problematik ist hier allein aufgrund der Größenverhältnisse, der Dominanz der Versorgungsfunktion und der geringeren Entwicklungsdynamik anders als in den großen Alpenrandagglomerationen.

Mit Innsbruck und Klagenfurt-Villach liegen jedoch auch größere Agglomerationen vollständig im Alpenbogen. Die Kernstädte dieser Agglomerationen entwickeln einen eigenständigen internationalen Auftritt über die Qualität ihrer hochzentralen Dienstleistungen oder Leitindustrien. Das Gewicht der Agglomeration wird hierfür bisher jedoch zumeist nicht angemessen genutzt. In Tirol z. B. ist für maßgebliche regionale Angelegenheiten nicht Innsbruck der Hauptakteur, sondern das Bundesland ist als Handlungsebene stark und tritt auf nationaler und internationaler Bühne auf, wie in der Transitpolitik. Hier besteht auch ein latenter Interessengegensatz, weil die Mobilitätszunahme prinzipiell Städten von der Größenordnung Innsbrucks nützt, während das Bundesland die Interessen des Umlands möglichst gut vertreten soll.

3.5 Schweiz: Gemeindeautonomie schließt Finanzautonomie ein

Die Leistungsfähigkeit der schweizerischen Gemeinden bemisst sich über die Steuereinnahmen. Beide Aspekte zusammen erzeugen eine soziale Selektion bei der Zusammensetzung der Bevölkerung. Dadurch sind die Berggebietsgemeinden gegenüber den dicht besiedelten Mittellandgemeinden grundsätzlich im Nachteil. Ebenfalls benachteiligt sind die großen Städte mit Zentrumslasten und einem Gürtel von Agglomerationsgemeinden, die sich nicht oder nur unzureichend an Zentrumsleistungen beteiligen und mit niedrigen Steuersätzen die „guten" Steuerzahler aus den Kernstädten abwerben. In diesem Fall sind es Berggebietsgemeinden am Alpenrand, die zu den Profiteuren gehören.

Seit 1996 sind Grundzüge für Agglomerationspolitiken entwickelt worden, die jetzt auch mit Umsetzungsmaßnahmen ausgefüllt werden. Der Kanton Fribourg hat als einziger Kanton mit einem Gesetz die Agglomeration als juristische Struktur eingeführt (DAFFLON / RUEGG 2001). Anders als in Frankreich handelt es sich hierbei um einen *bottom-up*-Ansatz auf freiwilliger Basis. Bisher funktioniert der interkommunale Zusammenschluss aber erst in der Form eines Verkehrsverbunds in der Region Fribourg. Planungshoheit und Budgetfragen sind nicht tangiert.

Manfred PERLIK

4 Die Kernstadt-Umland-Problematik in den Alpen

Die klassischen Interessenkonflikte um Flächennutzung, Kaufkraftentzug und Zentrumslasten existieren auch in den Alpen. Aber es macht einen prinzipiellen Unterschied, ob innerhalb der Alpen oder am Alpenrand.

4.1 Metropolisierung des Alpenrands

Der Alpenrand wird von der Dynamik der perialpinen Metropolitanregionen erfasst. Bereits 1990 lebten ca. 18% der Bevölkerung des Alpenraums (nach Alpenkonvention und BÄTZING 1993) in Agglomerationen mit einer Kernstadt außerhalb der Alpenabgrenzung (PERLIK 2001). Diese Zentralräume sind im Wachsen begriffen, wie die letzten Volkszählungen, vor allem der Schweiz und in Österreich, gezeigt haben. Allerdings ist dieses Wachstum räumlich beschränkt und nicht konstant: In der zweiten Hälfte der 1990er Jahre ist in der Schweiz eine Trendwende zu beobachten. Waren bis dahin die Alpenanteile der ruralen Hinterländer der Metropolitanregionen und Agglomerationen in Bezug auf Bevölkerung und Arbeitsplätze stärker gewachsen als die vergleichbaren Gebiete im Schweizer Mittelland, so kehrt sich dieser Trend ab 1995 ins Negative und verstärkt sich zusätzlich ab 1998 (Abb. 1). In der Metropolitanregion Zürich z. B. kann das Wachstum im Kanton Schwyz nicht den Rückgang im Kanton Glarus ausgleichen. Die Auswertungen zeigen, dass auch am wachstumsstarken Alpenrand eine Ausdifferenzierung in Wachstums- und Rückgangsregionen erfolgt. Indirekt, so lässt sich daraus folgern, trägt der Bevölkerungsrückgang am Alpenrand zu einer potentiellen Vergrößerung der Agglomerationsprobleme außerhalb der Alpen bei und wird so Teil des Stadt-Umland-Problems der perialpinen Städte.

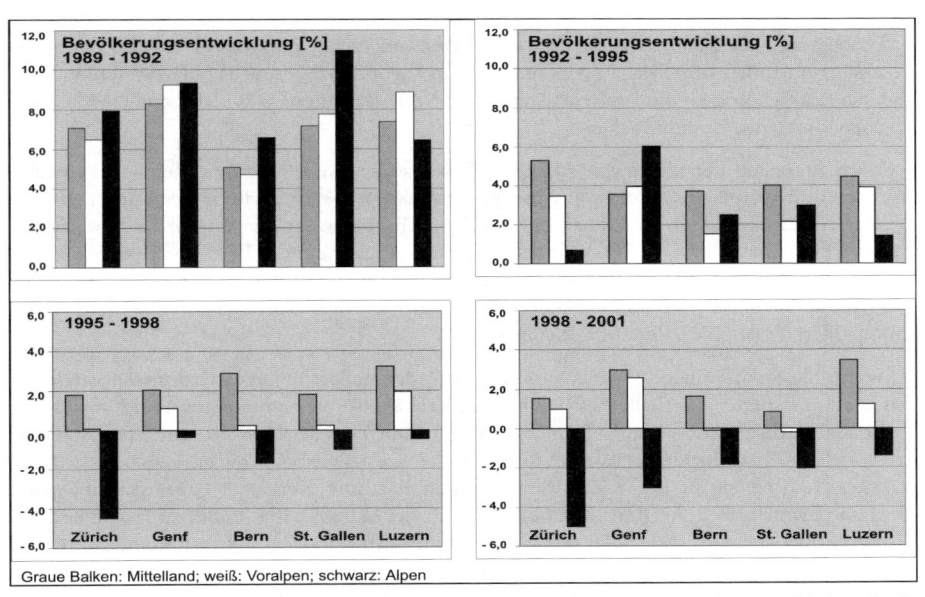

Abb. 1: Bevölkerungsentwicklung im ruralen Umland Schweizer Agglomerationen nach geographischen Großräumen, 1989 bis 2001. (Quelle: SCHULER / PERLIK / PASCHE 2003)[1]

4.2 Regionale Bedeutung der kleinen Alpenagglomerationen

Innerhalb der Alpen haben wir es vor allem mit kleinen Städten und einem dünn besiedelten Umland zu tun, die sich nicht in einem dynamischen Wachstumsprozess befinden. Die Stadt-Umland-Problematik ist bereits größenmässig nicht mit den außeralpinen Verhältnissen vergleichbar. Sie besitzt jedoch gerade wegen der vergleichsweise dünnen Bevölkerungsdichte eine besondere Qualität für die zukünftige Entwicklung der Berggebiete. Dies soll am Beispiel der Agglomeration Brig-Visp im Oberwallis verdeutlicht werden.

Mit dem Bau des Lötschberg-Basistunnels wird der Anschlussbahnhof für die gesamte Region von Brig nach Visp verlegt und die gesamte Agglomeration wird ab 2007 in weniger als 60 Minuten von Bern aus – unter einem der beiden Alpenhauptkämme hindurch – erreichbar sein, d. h. in Pendlerdistanz. Visp erfährt dadurch eine Aufwertung, der traditionelle Eisenbahnknoten Brig (11.590 Einwohner) fürchtet eine Abwertung, obwohl die maßgeblichen betrieblichen Einrichtungen der Bahn in Brig verbleiben. Ein Teil der Bevölkerung sieht die Chancen der verbesserten Erreichbarkeit und des wirtschaftlichen Aufschwungs, ein anderer Teil befürchtet, zum Satelliten von Bern zu werden.

Visp mit 6.550 Einwohnern ist seit 1897 ein wichtiger Industriestandort innerhalb der Alpen. Die ursprünglich zur energieintensiven Karbidproduktion angesiedelte Chemieindustrie hat mehrere Technologiesprünge bewältigt und sich 2002 konzernintern als Standort für die neuen Fermentationsanlagen zur Feinchemikalienproduktion auf biotechnologischer Basis durchgesetzt. Mit dem Übergang von der Massenproduktion zur Spezialitätenchemie wird der Anteil der mit Forschungs- und Entwicklungsaufgaben betrauten Angestellten gegenüber den Beschäftigten in der Produktion markant wachsen.

Es bestehen Gespräche und Initiativen zu einer engeren Kooperation zwischen den drei Nachbargemeinden Brig-Glis, Naters und Visp, die jedoch bisher nicht über das Anfangsstadium hinausgekommen sind und von der Angst um Bedeutungs- und Identitätsverlust der eigenen Gemeinde bestimmt sind.

Vom Verhalten der regionalen Akteure wird es abhängen, ob sich die Region Oberwallis mit einem diversifizierten nicht-touristischen Produktionssystem weiterentwickeln kann oder ob sich allein die Resort-Funktion (als Verkehrsdrehscheibe für den internationalen Tourismus nach Zermatt) bzw. die Wohnfunktion (für die Agglomeration Bern) durchsetzen. Allerdings verlieren seit Mitte der 1990er Jahre die ruralen Gebiete auch bei den Privaten Dienstleistungen, für die sie prädestiniert schienen, an Arbeitsplatzanteilen zugunsten der Metropolitanregionen (SCHULER / PERLIK / PASCHE 2003).

Wenn die Stadt-Umland-Problematik nicht mit den außeralpinen Verhältnissen vergleichbar ist, so existiert sie deshalb gleichwohl. Das Verhältnis von Kooperation und Konkurrenz zwischen Kernstadt und Umland entscheidet in dünn besiedelten Regionen langfristig darüber, welche Zukunftsperspektive der Region von der eigenen Bevölkerung gegeben wird und welche Chancen sie in der Außenwahrnehmung hat. Die Kernstadt-Umland-Problematik wird zu einem Indikator dafür, ob eine Region in der Lage ist, ihre internen Probleme konstruktiv so zu lösen, dass sie auch von außen als innovative Region wahrgenommen wird und ob ihr wirtschaftliche und sozio-kulturelle Entwicklungsfähigkeit zugetraut wird. In diesem Fall kann sie sowohl von staatlichen Förderpolitiken als auch von privaten Investoren profitieren. Funktioniert diese Zusammenarbeit nicht, so gefährdet dies die Entwicklungsfähigkeit der gesamten Region:

- Wenn Stadt und Umland bei strategischen Entscheidungen nicht an einem Strang ziehen, so blockieren sich die Akteure gegenseitig und können ihre Fähigkeiten weder nach innen noch nach außen wirksam einsetzen.
- Strategische Fehlentscheidungen lassen sich schwer rückgängig machen und führen zu einem finanziellen Desaster. Dies ist dann der Fall, wenn die Wissensbasis klein ist (z. B. in Bezug auf Leitbildentwicklung, Geschmacksmuster der gebauten Umwelt, Marktauftritt) und die Abhängigkeit vom Investor groß.
- Regionen, die sich nicht einig sind, bieten kein geeignetes Umfeld, wenn sie Fachleute für hochqualifizierte Tätigkeiten anwerben wollen.
- Dieser Prozess ist selbstverstärkend: Weil Kreditvergaben der Banken inzwischen einem Standort-Rating unterliegen, verschlechtern sich in Problemregionen die Kreditbedingungen und leisten Spekulationsprojekten Vorschub, die von den regionalen Akteuren nicht mehr kontrolliert werden können.

Die Zusammenarbeit zwischen Stadt und Umland ist zwar überall wichtig für die Regionalentwicklung. Fehlentscheidungen gibt es in großen Agglomerationen auch, stellen deren Funktionsfähigkeit aber in der Regel nicht grundsätzlich in Frage. In kleineren Agglomerationen mit dünn besiedeltem Umland blockieren Fehlinvestitionen mögliche Handlungsalternativen doppelt, weil außer den direkten negativen Folgen auch die Ressourcen, die für eine Korrektur nötig wären, ausgegeben sind.

4.3 Internationalisierung der großen Alpenagglomerationen

Die großen inneralpinen Agglomerationen – Grenoble, Bozen, Trento, Klagenfurt-Villach, Innsbruck – machen derzeit einen Wandlungsprozess durch, in dessen Verlauf sich das Verhältnis zwischen binnenorientierter Versorgungsfunktion zugunsten einer extern orientierten Netzwerkfunktion verschiebt. Sichtbar wird dies vor allem

- am Wachstum der kommerziellen Dienstleistungen, die für überregionale Märkte produzieren,
- am Bedeutungsverlust traditioneller Stärken, wie sie sich z. B. in der Ablehnung der Olympiakandidaturen in den Städten Innsbruck und Villach ausdrückt oder
- an der Positionierung im Stadtmarketing, mit der eine Imageveränderung versucht wird.

Die Bedeutung dieser großen Kernstädte innerhalb des Alpenbogens wird durch die neuen schienengebundenen transeuropäischen Netze verstärkt werden.

Diese Prozesse sind tendenziell mit einer Zunahme der Nutzungskonflikte innerhalb der Agglomeration (aufgrund der räumlich beschränkten Nutzungsmöglichkeiten im Talboden) und mit einer territorialen Entkopplung der Agglomeration von ihrem ruralen Umland (aufgrund divergierender Akteurinteressen) verbunden. Andererseits sind auch die großen Alpenagglomerationen auf europäischer Ebene klein, und für sie gilt prinzipiell auch die Notwendigkeit einer gemeinsamen Perspektive von Stadt und Umland wie für die kleinen Agglomerationen. Es ist daher auch im Interesse der großen Agglomerationen, die Interessensgegensätze zum Umland gering zu halten.

5 Handlungsoptionen

Auch wenn sich der mit dem zentralörtlichen Verständnis von Regionalplanung verbundene Gedanke einer Planbarkeit von Bedürfnissen, Infrastruktur und Einrichtungen gesellschaftlicher Wohlfahrt als Illusion herausgestellt hat, bestehen Bedarf und Gestaltungsmöglichkeiten der regionalen Entwicklung. Dies betrifft sowohl die übergeordnete Ebene regionaler Spezialisierung und Zukunftsfähigkeit als auch das Stadt-Umland-Verhältnis in Agglomerationen.

5.1 Gesellschaftlicher Diskurs: Städtehierarchie und regionale Spezialisierung

Das Stadt-Umland-Verhältnis entscheidet nicht nur über die Entwicklung einer konkreten Region, sondern auch über die zukünftige Konstellation der Städtehierarchie. Auf der strategischen Ebene ist als gesellschaftliche Frage zu entscheiden, welches Hierarchiegefälle das Städtesystem haben soll und ob eine Aufgabenteilung in Entscheidungs- und Ausführungsregionen tatsächlich mit den Nachhaltigkeitszielen vereinbar ist. Das Modell einer „Metropole Schweiz" mit einer hochfunktionalen Differenzierung in hochproduktive Agglomerationen einerseits und stark subventionsabhängige Regionen geringer Wertschöpfung andererseits nach dem Prinzip „Stadt und Stadtpark" ist ein Teil dieser Debatte (vgl. MVRDV 2003). In Frage steht damit, ob sich künftig auf nationaler Ebene ein polyzentrisches Städtesystem mit flachen Hierarchien aufrechterhalten lässt. Wenn die Berggebiete diese Diskussion mitführen wollen, dann müssen sich in den kleinen Alpenagglomerationen die Kernstädte und Agglomerationsgemeinden darauf verständigen, gemeinsam die notwendige kritische Größe urbaner Strukturen zu erhalten bzw. aufzubauen, um nicht in den Sog der entfernten übergeordneten Agglomerationen zu geraten und so Teil einer Stadt-Umland-Problematik auf höherem Niveau zu werden. In diesem Sinne sind Verweigerungshaltungen weniger in Bezug auf direkte Effizienzverluste von Bedeutung als im Hinblick auf langfristige regionale Blockierung.

5.2 Agglomerationspolitiken zur Beeinflussung des Stadt-Umland-Verhältnisses

In den verschiedenen Ländern ist die Agglomerationsproblematik zu verschiedenen Zeiten aktuell und darauf reagiert worden. In Frankreich sind Fragen der Agglomerationsentwicklung seit langem ein Thema. Das Agglomerationsgesetz von 1995 versucht die Verfassungsziele der gleichen Lebensverhältnisse mit einem *top-down*-Ansatz in Form einer Steuerharmonisierung im Tausch gegen staatliche Schlüsselzuweisungen durchzusetzen.

In der Schweiz ist das Thema der Agglomerationsproblematik relativ spät über die Debatte der ungleichen Verteilung von Zentrumsnutzen und Zentrumslasten lanciert worden und kam einer Emanzipation der Städte gleich. Mit der „Agglomerationspolitik des Bundes" (AMT FÜR RAUMENTWICKLUNG 2001) werden konkrete Schritte zur Umsetzung über die Förderung von interkommunalen Agglomerationsprojekten in Angriff genommen. Hierzu stellt der Bund 300 Mio. Franken zur Verfügung, mit denen vor allem Infrastrukturausbauten des Öffentlichen Verkehrs in finanziert werden.

Manfred PERLIK

In Deutschland haben Strukturwandel und Deindustrialisierung das Hierarchiegefälle zwischen Metropolitanregionen und Kreisstädten zutage treten lassen. Die raumordnungspolitischen Institutionen haben hier unter anderem mit der Initiierung von Städtenetzen zur Kooperation benachbarter mittelgroßer Städte in dünn besiedelten Regionen reagiert (PRIEBS 1996).

Aus den unterschiedlichen Ansätzen wird deutlich, dass es unterschiedliche nationale und zum Teil regionale Lösungsansätze gibt, die sich auf unterschiedliche Erfahrungen stützen. So sind die *top-down*-orientierten Lösungen in Frankreich als Antwort auf Segregationsprozesse in den Agglomerationen und als Reaktion auf gewisse negative Auswirkungen der Dezentralisierungsgesetze von 1982 zu verstehen. Es wird daraus ersichtlich, dass Lösungsansätze nur länder- und regionsdifferenziert zu realisieren sein dürften.

Es lassen sich daher nur allgemeine Aussagen dahingehend treffen, dass die regionalen Akteure von einer vertieften Zusammenarbeit überzeugt sein müssen, wenn sie diese kreativ praktizieren sollen. Als Ansatzpunkt einer Stadt-Umland-Politik wird es demnach immer wichtiger, von neutraler Seite die Risiken einer gegenseitigen Blockade zu kommunizieren und gleichzeitig Vorkehrungen gegen eine Übervorteilung der schwächeren Partner zu treffen.

6 Zusammenfassung

Es bestehen länderspezifische Unterschiede im Umfang der kommunalen Eigenverantwortung. Dies erklärt aber nicht allein die unterschiedlichen Stadt-Umland-Verhältnisse. Entscheidend sind zusätzlich:

- Lage, Größe und internationale Funktion der Agglomerationen,
- Wachstums- oder Rückgangsentwicklung einer Region,
- Unterschiede im historischen Verlauf und im aktuellen Internationalisierungsprozess,
- Verhalten der regionalen Akteure auf der Ebene Kernstadt, Umland und Bundesland/Kanton

Die Stadt-Umland-Problematik, so wie wir sie kennen, ist in ihren direkten Auswirkungen vor allem ein Phänomen des Alpenrands. Ein Teil der Alpengemeinden gehört dabei zu den Profiteuren. Jedenfalls kurzfristig. Langfristig mag diese Sicht nicht zu überzeugen, weil

- die Agglomerationsproblematik verschärft wird (was soziale Nachhaltigkeitsziele tangiert),
- die Mobilitätsspirale weiter gedreht wird (Beeinträchtigung ökologischer Nachhaltigkeit) und
- die Regionalentwicklung in den inneralpinen Teilen der Alpen durch das Herausbrechen der stärksten Kräfte geschwächt wird. Damit werden auch die Kräfte behindert, welche die Berggebiete als innovative Regionen und nicht als Subventionsempfänger weiterentwickeln wollen (was konträr zu sozio-kulturellen Nachhaltigkeitszielen wirkt).

Für die kleinen inneralpinen Agglomerationen sind die indirekten Auswirkungen bedeutsamer. Die Städte sind die potentiellen Entwicklungspole der gesamten Region. Wenn hier Pro bleme im Verhältnis zwischen Kernstadt und Umland bestehen, dann hat die gesamte Region eine ungünstige Prognose. Für die inneralpinen Großagglomerationen geht es darum, die Metropolisierung mit den Interessen der ruralen Regionsteile kompatibel zu gestalten. Lösungsansätze sollten darin bestehen, mit expliziten Agglomerationspolitiken eine praktische Zusammenarbeit der regionalen Akteure einzuleiten. Die gewählten Handlungsstrategien müssen regional angepasst sein und auf Akzeptanz treffen. Kommunikations- und Moderationsprozessen kommt dabei eine erhöhte Bedeutung zu.

[1] Die Berechnungen basieren auf einer Regionalisierung nach geographisch-funktionalen Kriterien, bei der die ruralen Gebiete (Definition: zu keiner Agglomeration gehörig, keine Stadt) den Schweizer Metropolitanregionen oder Agglomerationen zugeordnet wurden. Die Berechnungen berücksichtigen nur die Metropolitanregionen oder Agglomerationen, deren rurales Umland zu mindestens drei der fünf geographischen Schweizer Großräume gehört, so dass sich die Entwicklung zwischen Mittelland, Voralpen und Alpen vergleichen lässt.

Literatur

AMT FÜR RAUMENTWICKLUNG (2001): Agglomerationspolitik des Bundes. – Bern.
BÄTZING, W. und Mitarbeiter (1993): Der sozio-ökonomische Strukturwandel des Alpenraumes im 20. Jahrhundert. (= Geographica Bernensia P 26). – Bern.
DAFFLON, B. / RUEGG, J. (2001): Réorganiser les communes, créer l'agglomération. – Fribourg.
MVRDV (2003): What could Switzerland become? – In: EISINGER, A. / SCHNEIDER, M. (Hrsg.): Stadtland Schweiz – Basel. 325-379.
PERLIK, M. (2001): Alpenstädte – Zwischen Metropolisation und neuer Eigenständigkeit. (= Geographica Bernensia P38). – Bern.
PERLIK, M. / MESSERLI, P. / BÄTZING, W. (2001): Towns in the Alps. Urbanization Processes, Economic Structure, and Demarcation of European Functional Urban Areas (EFUAs) in the Alps. – In: Mountain Research and Development 1(3). – 243-252.
PRIEBS, A. (1996): Städtenetze als raumordnungspolitischer Handlungsansatz – Gefährdung oder Stütze des Zentrale-Orte-Systems? – In: Erdkunde 50. – 35-45.
SCHULER, M. / PERLIK, M. / PASCHE, N. (2003): Nicht-städtisch, rural oder peripher – wo steht der ländliche Raum heute? Analyse der Siedlungs- und Wirtschaftsentwicklung in den ruralen Gebieten der Schweiz. Studie im Auftrag des Bundesamtes für Raumentwicklung (ARE). – Bern.
TURRI, E. (1999): Vérone: une ville à la conquête de la montagne. – In: Revue de Géographie Alpine 4. – 65-79.
WEICHHART, P. (1996): Die EuRegio Salzburg – Berchtesgadener Land – Traunstein. Gestaltungsmodelle einer grenzüberschreitenden Zusammenarbeit. – In: SCHWARZ, W. (Hrsg.): Festschrift für Gerhard Silberbauer. Teil 1: Perspektiven der Raumforschung, Raumplanung und Regionalpolitik. Teil 2: Raumordnung, Landes- und Regionalpolitik in Niederösterreich. – Wien. 113-131.

Dominik SIEGRIST (Rapperswil) und Norbert WEIXLBAUMER (Wien)

Leitthema D4 – Von der gestaltenden Kraft lokaler Agenden

Gestaltende Kraftfelder lokaler Agenden zeichnen sich grundsätzlich dadurch aus, dass gesamtgesellschaftliche Wohlfahrtsziele im Handlungsmittelpunkt liegen. Im inter- und transdisziplinär geführten theoretischen und methodischen Diskurs liegen lokale Agenden über folgende Konzepte – die zum Teil bereits über eine lange Tradition verfügen und jeweils in verschiedenen neuen Gewändern auftreten – hoch im Kurs: Partizipation, Soziales Kapital, Neue Wege der Regionalentwicklung, Netzwerke, Lernende Regionen und Schutzgebiete als Modellregionen. Schnell ist man als ein mit der ubiquitären Worthülse ‚Nachhaltigkeit' gebranntes Kind dazu verleitet, diese Konzepte als Schlagworte abzutun, wäre da nicht der auch tatsächlich gelebte aktuelle Trend lokaler Aktionsgruppen, über ebendiese Konzepte einen handfesten Beitrag zu effektiver Nachhaltigkeit zu liefern. Freilich handelt es sich dabei um den beschwerlichen Weg, die durch die Konferenz von Johannesburg 2002 im Anschluss an Rio 1992 prolongierte Richtung Nachhaltigkeit – via Lokaler Agenden – beizubehalten und schlussendlich tatsächlich zu beleben. Jedoch die Hoffnung lebt – selbst wenn sie nur daher rührt, dass die klassischen *Top-down*-Ansätze der Regionalentwicklung einer immer größer werdenden kritischen Masse zuwiderlaufen und sich theoretisch längst die Einsicht durchgesetzt hat, dass ein gangbarer Weg wohl im *Policy-Mixing* liegt, das einer großflächigen Umsetzung harrt.

Vor diesem Hintergrund wurden in der Leitthemensitzung zum Geographentag „Von der gestaltenden Kraft lokaler Agenden" empirische Belege wie auch theoretische Überlegungen für diesen gelebten aktuellen Trend hin zu effektiver Nachhaltigkeit vorgestellt. Die gestaltende Kraft lokaler Agenden wurde hinsichtlich folgender konkreter Gesichtspunkte – gemäß dem Motto des 54. Deutschen Geographentags bezüglich verschiedener Gebirgswelten Europas – auf den Prüfstand gestellt:

- *Die Rolle von sozialem Kapital im kampanischen Apennin* (Mirella Loda)
- *Die Wege Neuer Regionalentwicklung in den schottischen Highlands and Islands* (Ingo Mose)
- *Die Bedeutung von Netzwerken im Alpenraum* (Jeannette Behringer)
- *Die Möglichkeiten von Schutzgebieten, gestaltende Kräfte im alpinen und außeralpinen Raum zu sein* (Thomas Hammer)

Hinsichtlich dieser vier Gesichtspunkte wird die gesellschaftliche Bedeutung, der gegenwärtige Stellenwert und das Potential beispielgebender gestaltender Kräfte Lokaler Agenden in verschiedenen Gebirgswelten beleuchtet, mit dem Anspruch, Steuerungsmöglichkeiten für eine effektiv nachhaltige Entwicklung ausfindig zu machen und auch vorzuzeigen, dass größere Verbindlichkeiten in der Nachhaltigkeitsdebatte allergrößte Wichtigkeit besitzen. In diesem Zusammenhang stand auch die gemeinsame Suche nach neuen rahmengebenden Konzepten für nachhaltige Gebirgspolitiken im Interesse der Tagungsdiskussion, deren Ergebnisse in die Beiträge eingeflossen sind. So ist doch beispielsweise an der völkerrechtlich verbindlichen Alpenkonvention ersichtlich, dass ohne solche – vom eindimensionalen ökonomischen Wachstumsparadigma abgehenden – Konzepte eine effektive Nachhaltigkeitsdebatte nicht stattfinden kann. Denn, vor dem Hintergrund der abgelaufenen Emanzipation der Ökonomik von der Ethik haben völkerrechtlich verbindliche nachhaltige Entwicklungsbestrebungen wie die Alpenkonvention einen schweren Stand. Müssen sich diese doch innerhalb eines Bezugsrahmens entfalten, der viel zu eng bemessen ist.

Ausgehend von der Klärung der Bedeutung, des Stellenwerts und der Potentiale von Lokalen Agenden stellt sich uns als zentrale Frage, welche Rahmenbedingungen (von Politik und Gesellschaft) geschaffen werden müssen, damit Lokale Agenden auch tatsächlich gestaltend sein können – damit sie nicht, wie aus allen Beiträgen in unterschiedlicher Weise hervorgeht, Gefahr laufen, an den zu hohen Ansprüchen und am mangelnden Kontext (Ethik, Bewusstsein etc.) zu scheitern.

Ist die Lokale Agenda somit nur ein Zwischenschritt auf dem Weg zu einer effektiv nachhaltig gestalteten Entwicklung von Bergregionen? Sollte darüber hinaus nicht die gemeinsame Suche nach zukunftsweisenden rahmengebenden Konzepten ein hauptsächliches Anliegen darstellen, um nachhaltige Entwicklung tatsächlich und möglichst flächendeckend zu ermöglichen?

Folgendes Fazit der Sitzung lässt sich vorweg festhalten. Jede und jeder der Referentinnen und Referenten hat für sich einen individuellen Zugang zur Ausgangsfragestellung gewählt und diese anhand unterschiedlicher Fallbeispiele aus verschiedenen Regionen Europas vertieft. Worin liegt nun aufgrund der angestellten Erhebungen die Bedeutung, der Stellenwert und die Rolle lokaler Agenden für die Regionalentwicklung? Welche Erkenntnisse ergeben sich daraus für Forschung und Praxis hinsichtlich einer künftigen, neuen Generation der Regionalentwicklung im Alpenraum? Fünf Thesen sollen eine vorläufige Antwort auf diese Fragen liefern:

- Die Erfahrungen mit Lokalen Agenda-Prozessen aus unterschiedlichen Gebirgsgegenden Europas sind durchaus übertragbar. Für die Alpen können sich aus diesen europäischen Erfahrungen essentielle Erkenntnisse ergeben, insbesondere wenn diese an spezifisch alpine Voraussetzungen adaptiert werden.
- Akteurnetzwerke und Lokale Agenden bilden zwei Seiten derselben Medaille und fördern sich gegenseitig. Beide Ansätze gehören zu einer neueren Generation der Regionalentwicklung und sind strategisch und methodisch stark aufeinander bezogen (Akteurkongruenz).
- Als ein grundsätzliches Problem jeglicher Formen von lokalen Initiativen erweist sich die Sicherstellung adäquater und ausreichender regionalpolitischer Ressourcen, insbesondere zur Weiterentwicklung der „weichen" Aspekte der Regionalentwicklung.
- Lokale Agenden sind nur ein Zwischenschritt auf dem Weg zu einer effektiv nachhaltig gestalteten Entwicklung von Bergregionen. Sie müssen darüber hinaus eingebunden werden in überlokale, überregionale und übernationale *Policies*. Deshalb bedarf es der gemeinsamen Suche nach zukunftsweisenden rahmengebenden Konzepten, um nachhaltige Entwicklung tatsächlich und möglichst flächendeckend zu ermöglichen.
- Ohne geeignete Rahmenbedingungen von Politik und Gesellschaft laufen Lokale Agenden Gefahr, an den zu hohen Ansprüchen und am mangelnden Kontext (Ethik, Bewusstsein) zu scheitern und ihre gestaltende Kraft zu verlieren. Im Alpenraum kommt hierbei der Alpenkonvention ein zentraler Stellenwert zu.

Mirella LODA (Florenz)

Lokale Agendaprozesse im südlichen Apennin – vertikale Beziehungen, soziales Kapital und lokale Entwicklung im Gerbereidistrikt Solofra

Ich möchte an dieser Stelle die Ergebnisse einer Untersuchung vorstellen, die ich im Rahmen eines nationalen Forschungsprojekts über Lokale Systeme unter der Leitung von Prof. G. Dematteis (Turin) durchgeführt habe. Auf der Grundlage der inzwischen kaum noch überblickbaren Literatur zum „Dritten Italien", über lokale Wirtschaftsentwicklung und Industriedistrikte steckte sich diese Forschungsgruppe (SLoT, *gruppo di ricerca sui Sistemi Locali Territoriali*) das Ziel, ein Raster der für die Entwicklung lokaler Systeme ausschlaggebenden Faktoren aufzustellen. Damit sollte ein operatives Instrument sowohl zur *ex ante-* wie zur *ex post-*Bewertung von strategischen Entwicklungsprojekten und zur Beratung lokaler Politik geschaffen werden. In diesem Rahmen habe ich mich auf die Untersuchung der Rolle des sozialen Kapitals im Gerbereidistrikt von Solofra (im Apennin südlich von Avellino) konzentriert.[1]

In der Nachfolge J. Colemans läßt sich „soziales Kapital" folgendermaßen definieren:[2] Es besteht „aus (schwachen oder starken, unterschiedlich ausgedehnten und in verschiedenen Graden verknüpften) Vertrauensverhältnissen, die geeignet sind, die gegenseitige Anerkennung, das Verständnis und den Informationsaustausch zwischen den Partnern zu fördern. […] Das Netz dieser Verhältnisse ist das Resultat von willentlichen oder nicht-willentlichen sozialen Investitionen, die auf die Herstellung und Erhaltung von künftig nutzbaren sozialen Beziehungen abzielen, von dauerhaften Beziehungen also, die symbolische oder materielle Profite abwerfen" (MUTTI 1998, 13)[3].

Das soziale Kapital ist einer der zentralen Begriffe, mit denen in den letzten Jahren versucht wird, die sogenannten weichen Faktoren der lokalen Entwicklung zu konzeptualisieren. Dieser Begriff spielt übrigens eine zunehmend wichtige Rolle auch in der Debatte über die Entwicklungspolitik der strukturschwachen Gebieten des Mezzogiorno.

Es ging mir um die Beantwortung von zwei Leitfragen:

- Auf theoretischer Ebene war die Brauchbarkeit des Begriffs vom sozialen Kapital zur Erklärung von lokaler Entwicklung zu untersuchen.
- Auf operativer Ebene stand die Möglichkeit in Frage, diese Variable empirisch zu erheben, ihre Bedeutung für die Entwicklungsdynamik in einem spezifischen Kontext ausreichend präzise zu bestimmen, um daraus Hinweise für die lokale Politik ableiten zu können.

Ich möchte hier in drei Schritten vorgehen. Zunächst sind Untersuchungsgegenstand und -methode kurz zu präsentieren. Anschießend möchte ich die theoretische Debatte zum Begriff des sozialen Kapitals in der gebotenen Kürze resümieren. Schließlich werde ich die Ergebnisse der empirischen Untersuchung knapp vorlegen.

1 Soziales Kapital im Kontext von Solofra

Im Distrikt von Solofra, der auf die Gerberei und Verarbeitung von Schaf- und Ziegenleder spezialisiert ist, sind insgesamt 570 Betriebe der verarbeitenden Industrie, davon ca. 300 Gerbereien, tätig. Es handelt sich dabei ganz überwiegend um Klein- und Mittelbetriebe mit durchschnittlich 12,6 Beschäftigten, die untereinander eine hochgradige Arbeitsteilung aufweisen, die auch vom Produktionszyklus der Gerberei gefördert wird. Zwischen den Betrieben bestehen daher intensive Zulieferbeziehungen. Der Gesamtdistrikt hat 2001 einen Umsatz von rund 1,5 Milliarden Euro erzielt, wovon ca. 1,25 Milliarden auf den Export entfielen. Die rasante Entwicklung der Nachkriegszeit wurde jedoch durch einen gewissen Raubbau an den natürlichen Ressourcen, vor allem im Wasserhaushalt, erkauft.

Abb. 1: Solofra

Nachdem Gerbereien in Italien über eine lange Zeit in einer Art legislativem Vakuum gearbeitet hatten, wurde der Sektor endlich 1976 durch das Gesetz *Merli* Abwassernormen unterworfen. In einer vergleichenden Untersuchung über die Anwendungsmodalitäten dieses Gesetzes zwischen 1976 und 1998 in einigen Industriedistrikten konnte nachgewiesen werden (LODA 2001b), dass seine Umsetzung in Solofra zeitlich und inhaltlich weniger strikt erfolgte als im Konkurrenzdistrikt in Mittelitalien in Santa Croce sull'Arno (Pisa). Diese Situation scheint auf opake und schwer definierbare Faktoren rückführbar: In der Literatur werden immer wieder der ausgeprägte „Individualismus" der süditalienischen Unternehmerschaft, die konsortialen Zusammenschlüssen wenig zugeneigt ist, oder die „partikularistische" Verwaltungskultur Süditaliens genannt, die in unserem Fall die Gerbereiunternehmern Solofras ohne Rücksicht auf Umweltprobleme gefördert hat. In dieser Untersu-

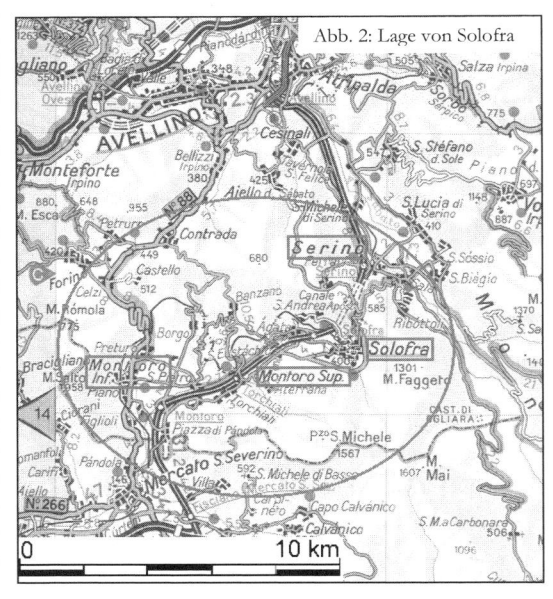

Abb. 2: Lage von Solofra

chung wurde auch die Problematik dieser Erklärungskategorien thematisiert[4] und vor allem die Schwierigkeit, mit ihrer Hilfe die Veränderungen zu beschreiben, die in den letzten Jahren in Solofra eingetreten waren. Dazu gehören z. B. die Stabilisierung von Exzellenzprofilen im Verwaltungsapparat oder die wachsende Nachfrage der lokalen Unternehmerschaft nach qualifizierten Ansprechpartnern in der Bürokratie.

Als grundsätzlich unbrauchbar erschien in dieser Untersuchung nicht zuletzt der Begriff des sozialen Kapitals zumindest in der Version, die von Robert Putnam vertreten wird. Putnam hat bekanntlich eine sozio-politische Interpretation der süditalienischen Realität vorgelegt, die von einem Überschuss an Individualismus und einem entsprechenden Mangel an *civicness* als spezifischer Form des sozialen Kapitals ausgeht. Beide Faktoren werden wiederum auf die Tradition autokratischer Herrschaften in Süditalien seit der Epoche der Normannen im Hochmittelalter zurückgeführt. Ein solches Interpretationsschema führt unweigerlich in „kulturelle" Erklärungskategorien, deren unentwirrbare Wurzeln bis in weit zurückliegende Epochen reichen. In seinem Versuch, den Lauf der Geschichte zurückzuverfolgen, lässt ein solches Interpretationsschema aber die Kausalitätsgeflechte des gegenwärtigen Zeitpunkts außer Acht, entwertet die Einflussmöglichkeiten der Akteure und erlaubt es letztlich nicht, in der Gegenwart wirksame Veränderungsprozesse und deren Faktoren zu begreifen.

Im Rahmen des Forschungsprojekts zur lokalen Entwicklung (SLoT) haben wir uns daher die folgenden beiden Fragen gestellt:

- Welche theoretische Definition von sozialem Kapital wäre geeignet, Entwicklungsprozesse zu begreifen wie die, die sich in Solofra beobachten lassen?
- Ist der Begriff des sozialen Kapitals überhaupt eine brauchbare Analysekategorie in der lokalen Entwicklung? Hilft uns dieser Begriff, mit anderen Worten, in der lokalen Realität diejenigen Faktoren zu begreifen, die mit Entwicklungsdynamiken signifikant korreliert sind?

2 Der Begriff des sozialen Kapitals

Die Debatte, die in Italien durch die Publikation des Buches von Robert Putnam über die institutionelle *performance* der italienischen Regionen ausgelöst wurde, hat zu einer substantiellen Kritik an Putnams Begriff des sozialen Kapitals und zur teilweisen Rückgewinnung der ursprünglichen Version von COLEMAN (1988; 1994) geführt. Um den Begriff des sozialen Kapitals in einen nützlichen Operator zu verwandeln, mit dessen Hilfe sich die heutige „Selbstorganisation der Gesellschaft" (BAGNASCO 1999, 361) im Hinblick auf die Probleme der lokalen Entwicklung beschreiben lässt, sind die folgenden Punkte zu bedenken:

- Das soziale Kapital ist als *kollektive Ressource* und nicht als individuelle Ressource zu betrachten (BAGNASCO 1999; PISELLI 1999). Im Gegensatz zu einem individualistischen Ansatz konzentriert sich ein soziozentrischer Ansatz „auf rationale Akteure (in der *political economy* normalerweise Kollektive), die ihre Handlungsstrategien in spezifischen Situationen und Konjunkturen an den dadurch eröffneten Möglichkeiten orientieren, mit emergenten Aggregationseffekten" (BAGNASCO 1999, 366).
- Das soziale Kapital muss *situationistisch* auf einen spezifischen Kontext bezogen begriffen werden, und nicht abstrakt (PISELLI 1999). Dieser Ansatz kann das

Wechselspiel zwischen der politisch-sozialen Regulation und der ökonomischen Entwicklungsdynamik besser fassen als eine abstrakt dualistische Logik nach dem Schema Entwicklung/keine Entwicklung[5].

- Das soziale Kapital muss als ein *dynamisches* Element gesehen werden und nicht als eine für allemal gegebene positive Einstellung zu Kooperation und Vertrauen. Es geht um die Analyse der Netzwerke zwischen Akteuren, die den Raum für die Selbstorganisation sozialer Interaktion und folglich die Grundlage für die Akkumulation von sozialem Kapital bilden (BAGNASCO 1999; TRIGILIA 1999). Das soziale Kapital ist damit eine Struktur, die das individuelle Verhalten (im Netzwerk) reguliert, die aber zugleich von ihm geformt und modifiziert wird[6].
- Die Untersuchung der Beziehungsnetze darf nicht mit dem leeren Strukturalismus der Netzwerkanalyse verwechselt werden. Die Analyse von Beziehungsgeflechten wird erst relevant im Hinblick auf „die Kreativität der Akteure bei der Realisierung eines *spezifischen Vorhabens*" (PISELLI 1999, 309).

Auf dieser Grundlage kann ich meine Leitfragen folgendermaßen zusammenfassen:

I. In welchem Maß lassen sich die *jüngsten* Entwicklungen im Distrikt von Solofra als Sedimentierung von sozialem Kapitel beschreiben?
II. In welchem Maß bildet das Management lokaler Ressourcen (Handhabung der Industrieabfälle, Kontrolle des Wasserkreislaufs u. a.) eine ausschlaggebende kollektive Erfahrung in einem solchen Sedimentationsprozeß[7]?
III. In welchem Maß stellt die eventuelle Konsolidierung von sozialem Kapital eine strategische Variable für die künftige ökonomische Entwicklung des Distrikts bereit[8]?

Zu Zwecken der empirischen Operationalisierung habe ich ein Analyseschema der Maßnahmen und Initiativen *der letzten 20 Jahre* in Solofra zur Lösung des Problems der Abwasserbelastung durch die Ledergerberei entworfen. Durch dieses Schema sollte ermittelt werden, ob die angewandten Lösungsstrategien einen kollektiven Erfahrungsprozess ermöglicht haben, der geeignet ist:

- die Fähigkeit der lokalen Akteure zur Netzwerkbildung oder allgemeiner ihre Kooperationsfähigkeit und -bereitschaft zu stärken (Leitfrage I: *jüngste* Entwicklung von sozialem Kapital),
- die Sensibilität gegenüber einem verantwortlichen Umgang mit den Wasserressourcen zu fördern (Leitfrage II: Tendenz zum *nachhaltigen* Umgang mit vertikalen Ressourcen als Erfahrungsprozess, der die Sedimentierung von sozialem Kapital fördert) und
- die Fähigkeit des lokalen Systems zu stärken, als autonomes Subjekt zwischen unterschiedlichen Entwicklungshypothesen zu entscheiden (Leitfrage III: das soziale Kapital als strategische Ressource zur Steigerung der Fähigkeit zur Selbstorganisation des lokalen Systems).

Als Indikator der Tendenz der lokalen Akteure zur Netzwerkbildung habe ich die Fähigkeit des lokalen Systems zur Entwicklung strategischer Projekte gewählt[9]. Solche Projekte setzen in der Tat voraus, dass sich die Beteiligten über gemeinsame Ziele verständigen und ihr Handeln in diesem Sinne aufeinander abstimmen. Im Fall von Solofra habe ich mich auf die Untersuchung des Netzwerks konzentriert, das bei der Aufstellung des sogenannten „Progetto integrato di distretto"[10], das auf alle Gemeinden des Industriedistrikts ausgedehnt wurde[11], federführend war (*Comitato di distretto*).

Die Untersuchung wurde durch eine Serie von Interviews (ca. 20) mit den Mitgliedern des Komitees und mit anderen am Projekt Beteiligten durchgeführt. Dabei wurden sowohl die strukturellen Aspekte des Komitee-Netzwerks (Dichte, Intensität, Dauer der Netzwerkbeziehungen) als auch die Geschichte seiner Entstehung berücksichtigt[12], also die Bedeutung der vorausgegangenen Erfahrung mit dem Netz, das die Entsorgung der Industrieabwässer übernommen hatte. Beide Netzwerke sind sowohl direkt, durch an beiden beteiligte Akteure, als auch indirekt, durch die Sensibilisierung für Umweltfragen und den Aufbau von Vertrauensbeziehungen, miteinander verbunden.

3 Ergebnisse der Untersuchung

Die empirische Untersuchung hat die Arbeitshypothesen insgesamt bestätigt. Ein wichtiges Indiz der Festigung von Kooperationsbereitschaft in Solofra liegt schon in der Tatsache, dass es dem Industriedistrikt gelungen ist, weit vor anderen Distrikten der Region Kampanien ein *Integriertes Entwicklungspojekt* (A.R.P.A. 2000) vorzulegen.

Die darin festgelegten Investitionsvorhaben weisen im Gegensatz zu früher dem schonenden Umgang mit vertikalen Ressourcen eine strategische Bedeutung zu. So ist geplant:

- Einführung eines geschlossenen Wasserkreislaufs für die Gerbereien
- Errichtung einer Kläranlage mit gleichzeitiger Energiegewinnung aus den Industrieabfällen[13]
- Investitionen zur Ausbildung von Humankapital
- Maßnahmen zur Internationalisierung des Industriedistrikts und Digitalisierung der Informationswege

Die Region Kampanien hat beschlossen, die Entscheidung über Geldzuweisungen bis zur Vorlage aller Entwicklungsprojekte aller Industriedistrikte der Region aufzuschieben. Dadurch ist nicht nur der zeitliche Rahmen unsicher geworden, sondern auch die Höhe der zu erwartenden Finanzierungshilfen hat sich deutlich reduziert. Im Rahmen meiner Fragestellung aber muss festgehalten werden, dass sich das Engagement des Komitees von Solofra nicht verringert hat, obgleich *die Erwartung unmittelbarer ökonomischer Vorteile* geschwunden ist. Unsere Interviews haben gezeigt, dass die lokalen Akteure dieses Komitee nunmehr als unentbehrliche Plattform betrachten, auf der Interessenskonflikte mit Blick auf eine Gesamtentwicklung des territorialen Systems ausgetragen und ausgeglichen werden können.

Das Komitee von Solofra entwickelt sich folglich zu einem Koagulationspunkt und wichtigen Medium in der Selbstorganisation des lokalen Systems, auch jenseits der beschränkten finanziellen Spielräume, welche die nationale und regionale Gesetzgebung den Industriedistrikten bereitstellt. In diesem Medium besitzen die Akteure die Möglichkeit, Vorstellungen von der wirtschaftlichen und territorialen Entwicklung zu entwerfen, welche die traditionellen Grenzen des Wartens auf Staatshilfe, Individualismus und Klientelismus, wie sie gewöhnlich mit Süditalien in Verbindung gebracht werden, weit hinter sich lassen. Es werden vielmehr neue und unerprobte Wege eingeschlagen, die aber langfristig vielversprechender sind und auf die vor allem die Erfahrung mit den *territorial pacts* viele lokale Systeme Süditaliens vorbereitet hat (SALONE 1999; LODA 2001a).

Die Interviews haben weiterhin ergeben, dass vor allem die Erfahrung mit dem Konsortium zum Bau und Management der Kläranlage (CODISO) nach Verabschiedung der *legge Merli*, also die gemeinsame Lösung des Abwasser- und Umweltproblems, eine bedeutsame Rolle in dieser Selbstorganisation gespielt hat. Insoweit wird die Hypothese, dass der Umgang mit vertikalen Ressourcen in Solofra die Sedimentierung von sozialem Kapital *in jüngster Zeit* gefördert hat, bestätigt. Dieses Konsortium ist ein gutes Beispiel für eine Zwangsvereinigung, deren Funktionieren zunächst durch den ausgeprägten Individualismus der lokalen Unternehmerschaft und das mangelnde Vertrauensverhältnis in die lokalen Verwaltungsorgane stark beeinträchtigt war[14]. Trotz dieser schwierigen Ausgangsbedingungen ist das CODISO jedoch inzwischen eine seit 17 Jahren funktionierende Vereinigung, mit deren Hilfe es dem Gerbereidistrikt gelungen ist, die Abwassernormen des Gesetzes *Merli* zu erfüllen. Darüber hinaus jedoch wurde auf dieser Grundlage eine allgemeinere Debatte über die Umweltbelastung der Lederverarbeitung und über die Zukunft des Distrikts angestoßen, welche die gesamte Gemeinschaft einbezieht.

Die Ergebnisse unterstützen also insgesamt sowohl eine *dynamische* und *situationistische* Fassung des sozialen Kapitals als auch deren Relevanz im lokalen Entwicklungsprozess. Die Erfahrungen der letzten 20 Jahre bei der Umsetzung des Gesetzes *Merli* hinsichtlich der Abwassernormen haben ganz offenbar eine Dialogbereitschaft und -fähigkeit bei den lokalen Akteuren verstärkt und konsolidiert und damit den auch kurzfristig *dynamischen* Charakter des sozialen Kapitals empirisch bestätigt. Gleichzeitig haben unsere Ergebnisse die strategische Bedeutung des sozialen Kapitals bei der Selbstorganisation des lokalen Systems zeigen können.

Aus der Untersuchung ergeben sich jedoch auch Denkanstöße hinsichtlich des *situationistischen* Charakters des sozialen Kapitals, dessen Interessenrichtung nicht notwendig mit dem Gemeinwohl übereinstimmt (vgl. u. a. SCIARRONE 2000). Auch diese Problematik wird vom Konsortium CODISO illustriert. Dieses Konsortium hat sich inzwischen in eine Aktiengesellschaft verwandelt und ist somit sowohl ein profitables Unternehmen als auch eine zentrale Koordinierungsstruktur, an welche die Unternehmer nicht gern die Kontrolle abtreten. Ein integriertes Wassermanagement von den Wasserleitungen bis zur Klärung durch ein einziges Organ, wie es vom neuesten Recht vorgeschrieben wird, ist aus diesem Grund bisher nicht realisiert worden. Der Widerstand gegenüber einem solchen integrierten Management aus einer Hand wird von der Vereinigung der Gerbereiindustrien damit begründet, dass man fürchtet, einen technisch effektiven und wirtschaftlich profitablen Kläranlagenbetrieb zugunsten einer bürokratischen Lösung zu verlieren, die nicht nach betriebswirtschaftlichen Gesichtspunkten arbeitet. Ein solches Gesamtmanagement würde jedoch nicht nur die schon jetzt verfügbaren Daten über Gas- und Energieverbrauch kontrollieren, sondern den gesamten Produktionsablauf und damit die Spielräume für illegales Verhalten und für Steuerhinterziehung ganz erheblich einschränken. Die Sedimentierung von sozialem Kapital in der Unternehmerschaft von Solofra im Sinne der gewachsenen Fähigkeit der kollektiven Organisation eigener Interessen kann somit auch als eine neo-korporative Versteifung gesehen werden, welche die Umsetzung von Maßnahmen im Interesse der Gesamtgemeinschaft aufzuschieben sucht.

Mirella LODA

Weitere Überlegungen sind hinsichtlich der Bedeutung des Umgangs mit den vertikalen Ressourcen bei der Akkumulation von sozialem Kapital im Distrikt Solofra angebracht. Nach Putnams Schema war zu vermuten, dass aufgrund des niedrigen Grads an *civicness* in Kampanien im Vergleich zur Toskana der Umgang mit den Wasservorräten in Solofra weniger effizient oder weniger nachhaltig ausfallen würde als im Konkurrenzdistrikt S. Croce sull'Arno. Putnams Ansatz verurteilt den Kontext von Kampanien jedoch dauerhaft zu einem unverantwortlichen Umgang mit den Umweltressourcen und kann nicht die in den letzten 20 Jahren eingetretenen Veränderungen erklären.

Ähnlich unfruchtbar erscheinen mir normative Auffassungen des sozialen Kapitals, als handle es sich um eine ein für allemal gegebene (oder fehlende) Kooperations- und Vertrauensbereitschaft, um eine individuelle Eigenschaft oder Tugend, die letztlich in die Kategorie des Glaubens gehört. Genau diesen Weg hat eine jüngste Untersuchung des Gerbereidistrikts Solofra eingeschlagen (PENDENZA 2000). Sie kommt zu dem Resultat, Solofra sei in hohem Maß mit sozialem Kapital ausgestattet im Hinblick auf die informellen Unternehmerkontakte und *ad hoc*-Zusammenarbeit, geringes soziales Kapital bestehe im Hinblick auf organisierte Kooperation, während gegenüber den Behörden und Verwaltungsorganen jegliches Vertrauensverhältnis fehle. Letzteren Aspekt bezeichnet der Autor als mangelndes „ziviles Kapital", um es vom „sozialen Kapital" der beiden erstgenannten Aspekte zu unterscheiden (PENDENZA 2000, 17).

In dieser Perspektive wären Akkumulation von sozialem Kapital und nachhaltiger Umgang mit den natürlichen Ressourcen nicht notwendig verknüpft, denn die gute Versorgung mit sozialem Kapital im Sinne von informellen Unternehmerkontakten hat in den vergangenen Jahrzehnten die Vergeudung der Wasservorräte nicht beeinflussen können. In Wahrheit bleiben in dieser Ich-zentrierten und letztlich betriebswirtschaftlichen Logik die Faktoren des sozialen Kapitals und der Nachhaltigkeit im Umgang mit natürlichen Ressourcen ohne jegliche Verknüpfung. Verlässt man jedoch eine kulturalistische Perspektive à la Putnam einerseits wie eine normative Perspektive andererseits und betrachtet die grundlegende Dynamik, die der Distrikt von Solofra in den letzten Jahren durchlaufen hat, so erscheinen beide Faktoren *objektiv* eng korreliert. In einer situationistischen Auffassung des sozialen Kapitals, also in Bezug auf die heutige Realität von Solofra, können wir feststellen, dass die Akkumulation von sozialem Kapital *de facto* durch die Umsetzung von Entwicklungsprojekten vermittelt worden ist, die sich an Nachhaltigkeitsprinzipien orientieren. In einem Rückkopplungseffekt wird die Beachtung ökologischer Faktoren als kollektiver Entwicklungsressource ihrerseits zu einem Stimulus bei der Selbstorganisation des lokalen Systems.

Diese *objektive* Verbindung zwischen nachhaltigem Umgang mit lokalen Ressourcen und Akkumulation sozialen Kapitals muss allerdings gesehen werden mit Blick auf die Bedeutung, die Umweltfaktoren in Solofra für die wirtschaftlichen Zukunftsaussichten des lokalen Produktionssystems gespielt haben. Dabei geht es einerseits um die definitive Umsetzung der Abwassernormen und -kontrollen des Gesetzes *Merli* und damit um die rechtliche Sicherstellung des Produktionssystems, andererseits um die Erschließung neuer, ökologisch sensibler Märkte.

Damit möchte ich nicht die bekannte Debatte über den Vorrang ökonomischer vor ökologischen Zielen wieder aufwärmen, sondern die Rolle der Politik unterstreichen. Von der Politik hängt letztlich die Bestimmung der (juristischen) Rahmenbedingungen ab, innerhalb derer sich ökonomische Ziele legitim verfolgen lassen. Von ihr hängt es ab, ob ein lokales System den Raubbau an Ressourcen dulden (oder gar prämiieren) kann, in welchem Fall sich soziales Kapital und nachhaltiger Umgang mit der Umwelt zumindest teilweise auseinander entwickeln würden. Die Politik kann aber auch Entwicklungswege fördern, die durch die Verbindung beider Faktoren ihr gemeinsames Charakteristikum als Gemeinwohl unterstreichen. In dieser Perspektive erscheint die jüngste Entscheidung der italienischen Regierung als höchst problematisch, in das Gesetzesdekret zur steuerlichen Regulierung zuvor schwarz arbeitender Betriebe auch einen Artikel zur „Tilgung von Umweltvergehen" (vgl. 383/2001, *legge Tremonti*, art. 2) einzufügen.

[1] Die Ergebnisse sind detailliert in LODA (2003) zu lesen.

[2] Coleman insistiert vor allem auf den komplexen, schwer definierbaren und kaum einer einzigen Disziplin zuzuordnenden Aspekten dieses Begriffs. „Social capital is a more general term. As a concept in social science, it falls neither within the main body of economics nor within the main body of sociology. It contains components from each that are foreign to the other. The term ‚capital' as a part of the concept implies a resource or factor input that facilitates production [...] The other half of the concept, ‚social' , refers in this context to aspects of social organization, ordinarily informal relationships, established for noneconomic purposes, yet with economic consequences" (COLEMAN 1994, 175; vgl. auch COLEMAN 1988). Das Wort „social capital" scheint erstmals von Lyda Judson Hanifan in ihrer Untersuchung der Gründe für die Rückständigkeit Virginias zu Beginn des 20. Jahrhunderts verwendet worden zu sein. PUTNAM (2001, 17) führt eine Quelle von 1916 als Erstbeleg an.

[3] Analog die Definition von Trigilia: „Das soziale Kapital bezieht sich auf die Gesamtheit der sozialen Beziehungen eines individuellen (z. B. eines Arbeiters oder Unternehmers) oder eines kollektiven Subjekts (privat oder öffentlich) zu einem gegebenen Zeitpunkt. Durch das soziale Kapital werden kognitive oder normative Ressourcen (Informationen oder Vertrauen) verfügbar, die den Akteuren Ziele erreichbar machen, die anders gar nicht oder nur zu höheren Kosten erreichbar wären" (TRIGILIA 1999, 423).

[4] Der Begriff „Partikularismus" stößt auf die Schwierigkeit der Definition eines Referenzrahmens, innerhalb dessen Verhaltensweisen sich als partikularistisch bezeichnen lassen. Ohne einen solchen Bezugsrahmen läuft man Gefahr, in eine dualistische und bewertende Kategorisierung (partikularistisch/universalistisch) zurückzufallen (MUTTI 1996, 503ff). Welches wäre z. B. der Rahmen, innerhalb dessen sich die Umsetzungsmodalitäten von Abwassernormen des Gesetzes *Merli* der öffentlichen Verwaltungen Solofras als „partikularistisch" beschreiben ließen? Der Distrikt Solofra im engen Sinne? Oder ein erweitertes Gebiet, das auch Gemeinden flussabwärts einbezieht, die von der im Distrikt produzierten Wasserverschmutzung mit betroffen werden? Oder die Gesamtheit der Gerbereiindustrie?

[5] Vor einem solchen dualistischen Schema warnt vor allem MUTTI (1996; 1998).

[6] Das theoretische Modell hierfür liegt in der Strukturationstheorie von GIDDENS (1984). Dabei bleibt die heikle Frage unberührt, wie sich eine solche dynamische Konzeption von sozialem Kapital empirisch umsetzen ließe, denn die Empirie, wie sich später noch zeigen wird, muss sich auf die Feststellung von sozialem Kapital als Ergebnis von Handlungen beschränken.

[7] An dieser Stelle verbindet sich der Begriff des sozialen Kapitals mit dem der *Nachhaltigkeit*, einem der Schlüsselfaktoren für lokale Entwicklung im Forschungsprojekt SLoT. Der Begriff der Nachhaltigkeit wurde von anderen Teilnehmern am Forschungsprojekt genauer untersucht.

[8] Hier wird die Verbindung zur *Selbstorganisation* hergestellt, also zur Fähigkeit eines lokalen Systems, sich als kollektives Subjekt zu konstituieren.

[9] In methodischer Hinsicht hat folglich das Netzwerk, das den Entwicklungsplan für den Distrikt erarbeitet hat, als Indikator für die Zu- oder Abnahme von sozialem Kapital im Vergleich zur ersten Umsetzungsphase des Gesetzes *Merli* gedient. Wir haben also einen „sichtbaren" und dem politisch-administrativen System „inhärenten" Indikator bevorzugt. Für die lokale Entwicklung relevante Formen von Kooperation und Selbstorganisation können jedoch auch außerhalb dieses Systems gedacht werden (vgl. die Beiträge von Marina Marengo und Giulia De Spuches zum SLoT-Seminar, Turin, Oktober 2001).

Mirella LODA

[10] Die Aufstellung eines *Progetto integrato* wird bekanntlich von den Strukturfonds der EU verlangt. Solche Projekte können sich sowohl auf ein Gebiet wie auf einen inhaltlichen Schwerpunkt beziehen. Ein *Progetto integrato* für einen Industriedistrikt besitzt zunächst einen inhaltlichen Schwerpunkt (industrielle Entwicklung) und sodann auch einen territorialen.

[11] Die Grenzen des Distrikts sind von der Region Kampanien auf der Grundlage des regionalen Gesetzes 1.317/1991 festgelegt worden.

[12] Die Notwendigkeit der Rekonstruktion der Entstehungsphasen eines Netzwerks zum Verständnis der Motivation der Beteiligten wird vor allem von STÖRMER (2002, 38) unterstrichen. Er konstruiert ein komplexes „Würfelmodell" der Netzwerkanalyse und untersucht die Motivationen aus dem Gesichtswinkel der Unternehmer innerhalb und außerhalb des Netzes. Sie werden wiederum dekliniert durch die Meta-Ebenen der natürlichen Umwelt, der Politik und der Gesellschaft bzw. öffentlichen Meinung.

[13] Einer solchen Anlage, die aus Industrieabfällen elektrische Energie gewinnt, könnte die Finanzierung aus EU-Strukturfonds verweigert werden, denn sie fällt nicht unter alternative Energiequellen.

[14] Die Vorbehalte gegenüber den lokalen Verwaltungsorganen beziehen sich vor allem auf die Befürchtung, sie würden aus klientelaren Rücksichten ein bürokratisches, ineffizientes und folglich unwirtschaftliches Management des CODISO verwirklichen.

Literatur

A.R.P.A. (2000): Progetto Integrato P.I. Distretto Industriale di Solofra.
BAGNASCO, A. (1999): Tracce di comunità. – Bologna.
COLEMAN, J. (1988): Social Capital in the Creation of Human Capital. – In: American Journal of Sociology 94. – 52-120.
COLEMAN, J. (1994): A Rational Choice Perspective on Economic Sociology. – In: SMELSER, N. J. / SWEDBERG, R. (eds.): The Handbook of Economic Sociology. – Princeton, New York. 166-180.
GIDDENS, A. (1984): The Constitution of Society. Outline of the Theory of Structuration. – Cambridge.
LODA, M. (2001a): Nuove strategie di intervento pubblico nel Mezzogiorno. Alcune riflessioni sui patti territoriali. – In: STANZIONE, L. (a cura): Le vie interne allo sviluppo del Mezzogiorno. – Napoli. 89-99.
LODA, M. (2001b): Politica ambientale e innovazione territoriale. Il caso della normativa sulle acque nei sistemi produttivi locali. – Milano.
LODA, M. (2003): Relazioni verticali, capitale sociale e sviluppo locale nel Mezzogiorno. Il distretto conciario di Solofra. – In: SOMMELLA, R. / VIGANONI, L. (a cura): Territori e progetti nel Mezzogiorno. Casi di studio per lo sviluppo locale. – Bologna. 112-142.
MUTTI, A. (1996): Particolarismo. – In: Rivista Italiana di Sociologia 37(3). – 501-511.
MUTTI, A. (1998): Capitale sociale e sviluppo. La fiducia come risorsa. – Bologna.
PENDENZA, M. (2001): Cooperazione, fiducia e capitale sociale. Elementi per una teoria del mutamento sociale. – Napoli.
PISELLI, F. (1999): Capitale sociale: un concetto situazionale e dinamico. – In: Stato e Mercato 57. – 395-417.
PUTNAM, R. (Hrsg.) (2001): Gesellschaft und Gemeinsinn. – Gütersloh.
SALONE, C. (1999): Il territorio negoziato Strategie, coalizioni e „patti" nelle nuove politiche territoriali. – Campi Bisenzio.
SCIARRONE, R. (2000): I sentieri dello sviluppo all'incrocio delle reti mafiose. – In: Stato e mercato 59. – 271-301.
STÖRMER, E. (2002): Unternehmensnetzwerke und Nachhaltigkeit. Plattformen für strukturpolitisches Handeln von Unternehmen. – In: SOYEZ, D. / SCHULZ, C. (Hrsg.): Wirtschaftsgeographie und Umweltproblematik. – Köln. 29-43.
TRIGILIA, C. (1999): Capitale sociale e sviluppo locale. – In: Stato e mercato 57. – 419-440.

Ingo MOSE (Vechta)

„Initiatives at the Edge" – Lokale Agenden als Schlüssel der Regionalentwicklung in den schottischen Highlands and Islands?

1   Einleitung: Die Highlands and Islands – eine Peripherie im Umbruch

Die schottischen Highlands and Islands gelten seit langem als einer der klassischen Peripherräume Europas.[1] Diese Bezeichnung bezieht sich zunächst auf die extreme geographische Randlage der Region innerhalb Schottlands, Großbritanniens und Europas. Hinzu kommen die naturgeographische Ungunst des Raums (Gebirge, Inseln, Niederschlagsreichtum) sowie die extrem geringe Bevölkerungsdichte (10,7 Einwohner/km^2), die zu den niedrigsten Europas zählt. Entscheidender ist jedoch die sozioökonomische Entwicklung der Region, mit der allgemeine Stagnation der Wirtschaft, fehlende Erwerbs- und Einkommensmöglichkeiten, kontinuierliche Abwanderung der Bevölkerung sowie soziale und kulturelle Erstarrung assoziiert wurden. Nicht von ungefähr war deshalb auch in der Literatur von den Highlands and Islands häufig als einem *der* „Problemräume Europas" die Rede (vgl. z. B. TURNOCK 1974; WEHLING 1987; HEINEBERG 1997[2]) (vgl. Abb. 1).

Spätestens zu Mitte der 1960er Jahre wurde die Region zum Zielgebiet einer umfassenden und koordinierten regionalpolitischen Förderung mit dem Ziel ihrer wirtschaftlichen und sozialen Reaktivierung. Hierzu wurde das *Highlands and Islands Development Board* (HIDB) installiert, eine Behörde, der weitreichende Kompetenzen und entsprechende finanzielle Mittel für diese Aufgabe übertragen wurden. Vorrangiges Ziel des HIDB sollte dabei sein, die ökonomische Entwicklung der Hochlandgebiete systematisch auf eine breitere Basis zu stellen. Die Ansiedlung von exportorientierten Industrien (vor allem Öl- und Gasindustrie), die Belebung traditioneller ländlicher Produktionszweige (z. B. Fischerei, Textil, Whisky) und die Entwicklung des Tourismus (historische Baudenkmäler, Highland Games etc.) bildeten Eckpfeiler dieser Förderpolitik, die der einheimischen Bevölkerung neue Einkommens- und Existenzmöglichkeiten außerhalb der traditionellen Kleinpächter-Landwirtschaft (*crofting*) eröffnen sollte. Nicht zuletzt regionalpolitische Hilfen der EU trugen maßgeblich zur Wirksamkeit entsprechender Maßnahmen bei. Vielfach wurde der Einrichtung des HIDB und dessen Tätigkeit auch eine hohe symbolische Bedeutung beigemessen: als Versuch einer „Wiedergutmachung" für die jahrhundertelange Ausplünderung der Highlands and Islands durch den schottischen bzw. den britischen Staat (vgl. hierzu ausführlich HUNTER 2000, 355ff; ebenso TURNOCK 1974, 39ff).

Ausrichtung und Ergebnisse der skizzierten Förderpolitik waren gleichwohl frühzeitig Gegenstand einer kontroversen Diskussion. Wurde die Tätigkeit des HIDB einerseits als überzeugender Ansatz zur Reaktivierung eines besonders benachteiligten Raums gewürdigt, wurde andererseits in Zweifel gezogen, ob die primär wirtschaftsorientierte Förderpolitik des HIDB eine angemessene Antwort auf die Probleme einer so anfälligen, peripheren Region wie dem schottischen Hochland sein könne (vgl. SHUCKSMITH 1999, 5). Tatsächlich hat die Tätigkeit des HIDB nicht verhindern können, dass die Entwicklung in den Highlands and Islands teilräumlich sehr unterschiedlich verlief. Insbesondere das nordwestliche Hochland und viele Inseln galten als „Verlierer" dieser Politik, während die Erfolge der Wirtschaftsförderung vorrangig für die Ostküste reklamiert wurden. Dies spiegelt sich auch im Muster der Bevölkerungsentwicklung wider. Während diese seit Mitte der 1960er Jahre insgesamt eine anhaltende Zunahme erfährt, verlief die Entwicklung teilräumlich jedoch sehr unterschiedlich. Die größten Zuwächse verzeichneten danach Gebiete an der Nordostküste, deutlich niedriger waren diese dagegen im Westen. Auf dem Lande verlief die Entwicklung generell zugunsten der größeren Hauptorte, während viele kleine, entlegene Siedlungen Bevölkerung verloren. Dies trifft insbesondere auf die Western Isles zu, die bis heute anhaltende Bevölkerungsverluste zu verzeichnen haben (vgl. TURNOCK 1974, 29ff; HUNTER 2000, 365ff).

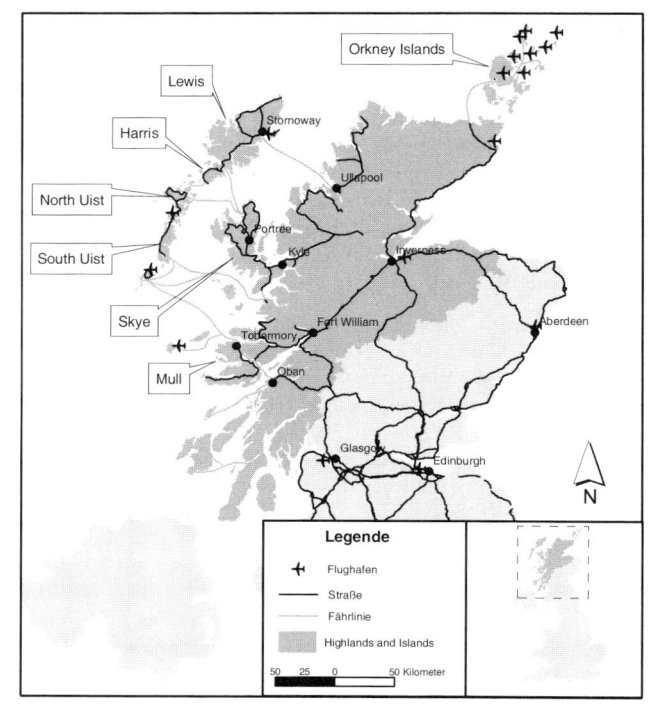

Abb. 1: Die schottischen Highlands and Islands

Ein fundamentaler Wandel hinsichtlich der Rolle des HIDB vollzog sich im Zuge der 1980er Jahre. Den Hintergrund dieser Entwicklung bildeten die Vorbehalte der konservativen britischen Regierung Thatcher (später Major) gegenüber jeglicher Form der interventionistischen Politik. Diese wurden schon bald auch gegenüber dem HIDB geltend gemacht (vgl. HUNTER 2000, 370f). Die Folge war, dass das HIDB eine Neuorientierung in Richtung einer noch stärker unternehmensorientierten Politik erfuhr, als deren vorrangiges Ziel die Aktivierung privaten unternehmerischen Kapitals verstanden wurde (vgl. SHUCKSMITH 1999, 5). Diese Hinwendung zu einer dezidiert marktorientierten Regionalpolitik stellte jedoch nur den letzten Schritt vor der Auflösung der Behörde und deren völliger Neuorganisation im Jahr 1991 dar (vgl. Abschnitt 3.1).

2 Integrated Rural Development – Lokale Agenden als Schlüssel der Regionalentwicklung in Schottland?

Für die gegenwärtige Diskussion um die Ausgestaltung der schottischen Regionalpolitik, insbesondere der Förderpolitik für die Highlands and Islands, kann in mehrfacher Hinsicht von einer Neuausrichtung gesprochen werden. Vielfach ist sogar von einer Phase des Experimentierens die Rede, die sich einerseits als Ausdruck der Innovationskraft, andererseits der Unübersichtlichkeit des gegenwärtigen Status der regionalpolitischen Debatte interpretieren lässt.

Ingo MOSE

Im Hinblick auf die zukünftige programmatische Ausrichtung der Förderpolitik für die Highlands and Islands ist dabei ein Baustein von besonderem Interesse: das Konzept eines *integrated rural development*, dessen Fokus auf die Bedeutung lokaler Agenden für eine nachhaltige Regionalentwicklung gerichtet ist. Mehr als zuvor werden damit die Interessen der Bevölkerung vor Ort und deren Beteiligung an Entscheidungs- und Handlungsprozessen zu einem Maßstab des regionalpolitischen Handelns. Zugleich wird dabei versucht, im Rahmen von Modellvorhaben ganz gezielt bisher vernachlässigte, besonders peripher gelegene Teile des Hochlands zu adressieren und diesen neue Entwicklungsperspektiven zu eröffnen.

Diese Neuorientierung bleibt nicht unbeeinflusst vom fortschreitenden Prozess der formalen Erneuerung verschiedener regional wirksamer Politikbereiche, vorrangig der Entstehung neuer Institutionen und Organisationen im Übergangsbereich von privaten und öffentlichen Akteuren (*public-private partnerships*), deren Anfänge bereits in die frühen 1990er Jahre datieren. Eine zusätzliche Akzentuierung hat diese durch den Prozess der *devolution,* der Deregulierung des zentralistischen Staatssystems Großbritanniens, erfahren. Von besonderer Bedeutung ist hierbei das Referendum von 1997, in dessen Folge Schottland mit einem deutlich höheren Maß an Selbstverwaltung ausgestattet worden ist.

Das Leitbild eines *integrated rural development* hängt eng zusammen mit wachsenden Zweifeln an der Wirksamkeit der Regionalpolitik und ihrer Instrumente, wie sie erstmals Ende der 1970er Jahre diskutiert wurden. Im Vordergrund steht dabei die Ergänzung des etablierten Förderinstrumentariums durch eine Reihe neuartiger Programme, die auch und gerade auf eine gezielte Förderung (peripherer) ländlicher Räume zielen.

In Anlehnung an SHORTALL / SHUCKSMITH (1998), SHUCKSMITH (1999) und MARSDEN / BRISTOW (2000) werden unter *integrated rural development* Konzepte verstanden, die

- auf die Entwicklung sektor- bzw. ressortübergreifender Handlungsansätze ausgelegt sind,
- mit einer Verlagerung von vormals zentral angelegten politischen Entscheidungsstrukturen auf die regionale und lokale Ebene verbunden sind,
- eine gezielte und durchgängige Partizipation der betroffenen Bevölkerung „vor Ort" vorsehen,
- auf den konsequenten Aufbau und die Nutzung von Netzwerken (*partnerships*) privater, öffentlicher und ehrenamtlicher Akteure bauen und
- mit einer Implementierung geeigneter Formen der regionalen Aktivierung, Regionalberatung und des Regionalmanagements verbunden sind.

Wichtige Impulse für die Verankerung dieser Vorstellungen gingen von der europäischen Ebene aus. Zu nennen ist hier u. a. die sogenannte „Erklärung von Cork" aus dem Jahre 1996 zur zukünftigen Ausrichtung der Politik für die ländlichen Räume, die sich ausdrücklich zu einer integrierten ländlichen Entwicklungspolitik bekennt. In Schottland waren es vor allem mehrere sogenannte *Rural White Papers* des *Scottish Office* in den 1990er Jahren, in denen die Forderung nach einer veränderten ländlichen Entwicklungspolitik ihren Ausdruck fand. Besonderes Gewicht wird in diesen Dokumenten auf die Forderung nach einem partizipativen, netzwerkorientierten lokalen Ansatz ländlicher Entwicklung gelegt, dessen Ziel es sein soll, „for individuals and groups to take more responsibility for their own development, overcoming the corrosive psychological effect of decades of lack of control and the promotion of negative self-images. A grass-roots, bottom-up approach to sustainable rural development is likely to be a relatively slow process – there are no instant solutions – but it is a more durable approach because it has its roots firmly planted in rural communities themselves" (*Scottish Office*, nach SHUCKSMITH 1999).

Zeitgleich wurden auch entsprechende Schritte zur praktischen Implementierung eines solchen Entwicklungsansatzes unternommen. Eine gewisse Initialwirkung hatte diesbezüglich der 1996 eingerichtete *Scottish Rural Partnership Fund* mit mehreren spezifischen Fördertöpfen (2001 bestätigt und erweitert). Danach sollen Behörden, Verbände, Wirtschaft und Bürger in *Local Rural Partnerships* zusammengeführt werden mit dem Ziel, die lokale bzw. regionale Beteiligung bei Planungen zu gewährleisten („gain community-level representation") und darüber hinaus lokale Akteure dazu animieren, eigene Projekte und Initiativen ins Leben zu rufen („facilitate community capacity building") (BROWN 2000, 1).

Zentraler Einfluß auf die praktische Implementierung und Ausgestaltung eines *integrated rural development* wird zudem den europäischen Strukturfonds zugeschrieben. Mit diesen ist die Finanzierung vieler Projekte überhaupt erst möglich geworden (vgl. Abschnitt 4). Spezielle Bedeutung erlangte die EU-Gemeinschaftsinitiative LEADER für Schottland (seit 1991) (vgl. BLACK / CONWAY 1996). Wenn die Praxis auch eine Reihe von Defiziten erkennen lassen hat, so kann gerade in Schottland der Wert von LEADER als Katalysator für die Implementierung neuer Handlungsansätze in der ländlichen Entwicklung nicht hoch genug angesiedelt werden. Zu nennen ist hier vor allem die Vorbildwirkung der sogenannten *Local Action Groups* als Träger von LEADER, deren Konstruktion auf verschiedene andere Programme übertragen wurde (siehe unten).

Ebenso korrespondiert die Hinwendung zu Ansätzen eines *integrated rural development* mit dem Prozess der formalen Erneuerung und Umgestaltung im Bereich verschiedener regional ausgerichteter Politikbereiche, der sich seit Beginn der 1990er Jahre kontinuierlich weiter fortgesetzt hat (vgl. Abschnitt 3.1). Weiterhin ist die jüngere Neustrukturierung der ministeriellen Zuständigkeiten im Umfeld der Regionalentwicklung von Bedeutung. So kam es nach der Einrichtung der neuen *Scottish Executive* 1999 zu einer Reihe von veränderten Ressortzuschnitten. Hierzu gehört z. B. das neu geschaffene *Scottish Executive Environment and Rural Affairs Department* (SEERAD), das zumindest in seinem Titel bereits den ablaufenden Paradigmenwechsel in Richtung stärker querschnittsorientierter, sektorübergreifender Politikansätze zum Ausdruck bringt.

Die neuen Ansätze kommen schließlich auch in mehreren räumlich begrenzten, vor allem in den „most fragile areas" erprobten Modellvorhaben einer integrierten ländlichen Entwicklung zum Tragen. Diese unterscheiden sich von früheren Förderprogrammen nicht nur durch ihren dezidiert territorialen Ansatz, sondern auch durch die Fokussierung auf die lokale Maßstabsebene, die mehr und mehr als die adäquate Handlungsebene regionalpolitischer Fördermaßnahmen erachtet wird.

3 Ausgewählte Fallstudien

Im folgenden sollen zentrale Akteure und Programme der „neuen" schottischen Regionalpolitik anhand ausgewählter Fallstudien beispielhaft skizziert werden. Dabei finden solche Beispiele Berücksichtigung, mit deren Hilfe ein Überblick über die Spannbreite unterschiedlicher Formen der Implementierung bzw. Nutzung lokaler Agenden für die Regionalentwicklung vermittelt werden kann. Der Fokus liegt dabei auf den originär schottischen Handlungsansätzen, während Erfahrungen mit der Umsetzung der europäischen Programme, z. B. LEADER, unberücksichtigt bleiben.[2]

3.1 Highlands and Islands Enterprise (HIE) – Regionalpolitik im „Quango-Staat"

Highlands and Islands Enterprise (HIE) wurde 1991 als Nachfolgeorganisation des ehemaligen HIDB ins Leben gerufen. Es handelt sich dabei um eine sogenannte *Quango*, eine *quasi-autonomous non-governmental organization*, wie sie im Verlauf der 1990er Jahre für die unterschiedlichsten Aufgabenbereiche überall in Großbritannien entstanden. Der Begriff *Quango* ist nicht eindeutig definiert und subsumiert mittlerweile „anything and everything that occupies the terrain between the public and private sectors and thereby includes a wide range of bodies that have widely different powers, responsibilities and relations with central government" (GREENWOOD / PYPER / WILSON 2002[3], 152).

HIE ist die zentrale Anlaufstelle für alle Fragen der regionalen Wirtschaftsförderung in den Highlands and Islands. Ihre Aufgabe ist die politische und strategische Ausrichtung der Wirtschaftsförderung sowie die Koordination eines Netzwerks von zehn dezentralen *Local Enterprise Companies* (LEC). Diese sind als private Gesellschaften organisiert und nehmen im Auftrag von HIE Aufgaben der Wirtschaftsförderung auf einer kleinräumigeren Maßstabsebene wahr (vgl. SHUCKSMITH 1999, S5). Die Leitung von HIE sowie der LECs obliegt sogenannten *Boards*, deren Mitglieder auf Empfehlung eingesetzt werden. Die geographische Abgrenzung der LECs orientiert sich teils an früheren District Councils (1996 aufgelöst), teils an heute existierenden Councils.

HIE verfolgt explizit eine Strategie der endogenen Regionalentwicklung unter Nutzung und Ausbau der vorhandenen regionalen Potenziale sowie Einbeziehung der regionalen bzw. lokalen Akteure (vgl. HIE 2001; 2002). Dies wird bereits an der dezentral angelegten Organisationsstruktur der LECs deutlich, die mit einer großen Nähe zu den konkreten Problemen und Aufgabenstellungen einerseits und den relevanten Akteuren „vor Ort" andererseits korrespondiert. Weiterhin setzen sich die *Boards* aus Vertretern lokaler Unternehmen und Behörden zusammen. Zu den Aufgaben des Netzwerks gehören Investitionshilfen, die Entwicklung und Implementierung von Aus- und Weiterbildungsmaßnahmen, die Unterstützung von gemeinschaftsbildenden und kulturellen Projekten sowie die Durchführung von Maßnahmen zur Verbesserung der Umweltqualität. Von der Förderung sollen vor allem die Wachstumsbranchen der ländlichen Ökonomie profitieren. Je nach Projektanforderung arbeiten HIE bzw. die LECs mit verschiedenen Partnern (Kommunen, Unternehmen etc.) zusammen. Dabei handelt es sich häufig zunächst um informelle, projektgebundene Partnerschaften. Erklärtes Ziel ist es, diese in Zukunft stärker zu formalisieren, einerseits über die Installierung von *Local Economic Forums* zur Abstimmung der Wirtschaftsförderung, andererseits über die zukünftige Implementierung des sogenannten *Community Planning* (vgl. Abschnitte 3.2 und 4).

Wie die Auflistung deutlich macht, ist der Auftrag von HIE – zumindest theoretisch – auf eine Integration von ökonomischer und sozialer Entwicklung fokussiert. Zentraler Gedanke ist, dass wirtschaftliche Entwicklung, namentlich die Diversifizierung der Wirtschaftsstruktur durch Firmengründungen und -ansiedlungen, nur möglich ist, wenn die lokalen Gemeinschaften zum eigenverantwortlichen Handeln ermächtigt bzw. angeleitet werden. Dafür sind in erster Linie Qualifizierungsmaßnahmen und Aufbau von Selbstvertrauen in die eigenen Fähigkeiten notwendig. Die LECs verstehen sich in dieser Hinsicht als Anlaufpunkte für Akteure und Bürger mit Projektideen, die Beratung und Unterstützung suchen.

Sowohl HIE als auch das Netzwerk der LECs sind Gegenstand unterschiedlicher Kritik. Ein grundsätzliches Problem betrifft die demokratische Legitimierung, an der es im Prinzip allen *Quangos* fehlt. Entsprechend unterliegt deren Arbeit nur bedingt der öffentlichen Kontrolle, obgleich die Beteiligten weitreichende Kompetenzen und Befugnisse haben und über große Mengen öffentlicher Finanzen verfügen (vgl. PARRY 1999, 10). Nicht unkritisch wird auch die Tatsache gesehen, dass die LECs (noch) durchweg parallel zu den Institutionen des *Local Government*, d. h. den Councils bzw. deren Abteilungen für Wirtschaftsförderung, arbeiten, so dass es immer wieder zu einer Reihe von Überschneidungen kommt. Gegenwärtig wird versucht, durch die Einrichtung der *Local Economic Forums* diesbezüglich zu einer besseren Abstimmung zu kommen. Ein Problem stellt schließlich die primär re-aktive Ausrichtung der Aktivitäten von HIE und LECs dar, die häufig gerade die besonders benachteiligten Gebiete nicht erreicht.

3.2 *Dúthchas* und *Initiative at the Edge* – Modellvorhaben an der „äußersten Peripherie"

Sowohl *Initiative at the Edge* als auch *Dúthchas* sind zeitlich beschränkte, überregional initiierte Modellvorhaben zur Förderung der Regionalentwicklung in einigen besonders strukturschwachen Teilgebieten der Highlands and Islands. Trotz inhaltlich ähnlicher Zielrichtungen sind diese unterschiedlich motiviert und haben unterschiedliche Entwicklungen genommen.

Die Idee von *Dúthchas* geht ursprünglich auf eine Initiative von *Scottish Natural Heritage* (SNH) Anfang der 1990er Jahre zurück, einer *Quango* mit zentraler Zuständigkeit für den Naturschutz in Schottland. Diese wurde vom *Planning Department* des Highland Council aufgegriffen und zu einer Strategie weiterentwickelt mit dem Ziel, in ausgewählten Modellgebieten beispielhaft Formen einer nachhaltigen Nutzung zu entwickeln. Neu an diesem Projekt war einerseits die räumlich orientierte, integrierte Herangehensweise, andererseits die ausdrückliche Beteiligung der lokalen Bevölkerung an der Entwicklung entsprechender Zielsetzungen. Nach einem einjährigen Auswahlprozess wurden drei Modellgebiete ausgewählt: die Insel North Uist, die Halbinsel Trotternish auf der Insel Skye sowie die Region North Sutherland im Nordwesten des Hochlands (vgl. DÚTHCHAS 2002).

Zusätzliche Unterstützung fand die Idee von *Dúthchas* durch Vorstellungen, die sich mit der Installierung eines sogenannten *Community Planning* in Schottland verbinden. Hierunter sind Pläne zu subsumieren, die auf eine stärkere Dezentralisierung des Verwaltungshandelns zugunsten der Gemeinden, die Kooperation von öffentlichen und privaten Akteuren und eine breite Partizipation der einheimischen Bevölkerung zielen. Vor diesem Hintergrund wurden 2000 seitens des Highland Council die beiden *Dúthchas*-Gebiete North Sutherland und Trotternish als prioritäre Modellgebiete genannt, die der Entwicklung erster *local community plans* dienen sollten (vgl. HALHEAD 2001; STEVENSON 2002).

Hauptergebnisse des 1998 bis 2001 durchgeführten *Dúthchas*-Projekts sind einerseits detaillierte, mit der lokalen Bevölkerung und den Partnerinstitutionen entwickelte Strategien für die Modellgebiete, andererseits eine umfangreiche Dokumentation des gesamten *Dúthchas*-Prozesses, die die konkreten Erfahrungen zu verallgemeinern und für das zukünftige *Community Planning* nutzbar zu machen versucht. Diese Ergebnisse offenbaren zugleich ein Dilemma: Primär

Ingo MOSE

als Modellprojekt einer nachhaltigen ländlichen Entwicklung gedacht, sind die Ergebnisse letztlich tatsächlich weitgehend „theoretischer" Natur. Bei den lokalen Akteuren herrscht angesichts dessen überwiegend Enttäuschung vor; sie hätten die in langwierigen Entscheidungsprozessen entwickelte Projektideen lieber konkret verwirklicht gesehen – was aber innerhalb der dreijährigen Laufzeit nicht realisierbar war. So wird sich der praktische Wert von *Dúthchas* erst in den nächsten Jahren herauskristallisieren, wenn ersichtlich ist, was die Modellgebiete mit ihrer Strategie konkret anfangen können.

Im gleichen Jahr wie *Dúthchas* wurde die *Initiative at the Edge* durch Minister des damaligen *Scottish Office* initiiert, um den extrem peripheren und strukturschwachen Regionen der Highlands and Islands besondere Aufmerksamkeit und Unterstützung zukommen zu lassen. Insgesamt acht Gebiete wurden ausgewählt, u. a. Uig & Bernera, Bays of Harris sowie Lochboisdale und Eriskay (alle auf den Western Isles). Die Initiative gründete sich auf der Erkenntnis, dass eine Lösung der gravierenden Probleme in diesen Gebieten ohne eine dauerhafte Aktivierung der lokalen Bevölkerung nicht zu leisten sei. Zwei Prinzipien bringen dies entsprechend zum Ausdruck: die Partizipation aller wichtigen lokalen Akteure *und* die Wahrung der Nachhaltigkeit. Insofern ist *Initiative at the Edge* als ein Programm gedacht, das in Form eines Partnerschaftsansatzes „Hilfe zur Selbsthilfe" ermöglichen soll und in dessen Verlauf Ideen entwickelt, gebündelt und gewichtet werden sollen. Eine zentrale Rolle fällt dabei dem *Local Development Officer* zu, der die Gruppen betreut und anleitet sowie Unterstützung bei Antragstellungen und Durchführung von Projekten leistet (vgl. EKOS 2001).

Nach der ersten Förderperiode 1998 bis 2001 erfuhr das Programm unter Federführung des *Scottish Executive Lifelong Learning Department* (SELLD) eine Verlängerung um zwei weitere Jahre, wobei kein Gebiet länger als bis Ende 2003 gefördert werden soll. Inzwischen sind bereits mehrere neue Fördergebiete designiert worden, die ab 2004 an die Stelle der bisherigen Zielgebiete treten sollen. Diese Entscheidung hat eine kontroverse Diskussion provoziert (vgl. RUSSELL 2003).

Ganz im Gegensatz zu *Dúthchas* verfügte die *Initiative at the Edge* beim Projektstart weder über fachlich begründete Kriterien für die Auswahl der Zielgebiete noch über eine übergeordnete, langfristige Strategie, was sich damit erklären lässt, dass die Initiative auf das persönliche Engagement einzelner Politiker zurückzuführen ist. Dennoch ist es größtenteils gelungen, lokale Gruppen zu bilden und Projekte verschiedenster Art anzuschieben. Die Spannweite geplanter bzw. durchgeführter Projekte reicht von der Aufwertung lokaler Hafenanlagen, der Unterstützung von Fischereiprojekten, Maßnahmen der Tourismusförderung bis zur Schaffung von Veranstaltungsräumen für die lokale Bevölkerung (vgl. u. a. INITIATIVE AT THE EDGE 2001).

Nach der Zwischenevaluation Ende 2000 wurden einige grundsätzliche Nachbesserungen vorgenommen: Für die Durchführung eines Projekts sind nun die Entwicklung eines *Local Development Plan* und eines *Action Programme* obligatorisch, außerdem sollen die *Local Development Officers* zukünftig Schulungen erhalten. Dennoch ist auch für die *Initiative at the Edge* zum jetzigen Zeitpunkt nicht absehbar, wie erfolgreich sie letztlich bei der praktischen Umsetzung sein wird. Eine häufig geäußerte Kritik der beteiligten Akteure richtet sich – wie auch bei *Dúthchas* – auf das immanente Enttäuschungspotential: In aufwendigen Verfahren wird unter Betreuung und Anleitung von *Local Development Officers* von und für die lokalen Gemeinschaften eine „Wunschliste" entwickelt, die jedoch nur schrittweise, langfristig und auf der Grundlage entsprechender Finanzmittel verwirklicht werden kann. Die aktuelle Entscheidung zur Auflösung der bisherigen Modellgebiete stellt dies ohne Zweifel in Frage (vgl. RUSSELL 2003).

4 Resumé: Regionalentwicklung als „Experiment"?

Seit mindestens vier Jahrzehnten stehen die schottischen Highlands and Islands im Fokus regionalpolitischer wie regionalwissenschaftlicher Aufmerksamkeit. Die gegenwärtige Phase wird dabei durch einen erkennbaren paradigmatischen Wandel bestimmt, der sich am Leitbild eines *integrated rural development* orientiert. Darunter lassen sich verschiedene Vorstellungen subsumieren, die auf die Initiierung, Entwicklung und Nutzung lokaler Agenden als „Motoren" einer nachhaltigen Regionalentwicklung zielen. Partizipation der lokalen Bevölkerung einerseits und der Aufbau von Netzwerken relevanter öffentlicher, privater und ehrenamtlicher Akteure andererseits bilden den methodisch-instrumentellen Kern dieser Vorstellungen. Der Umbau wichtiger regionalpolitischer Institutionen Schottlands, die Implementierung mehrerer modellhafter Förderprogramme wie auch eine Reihe lokaler Initiativen „von unten" illustrierten auf anschauliche Weise, welche Richtung bei der praktischen Umsetzung entsprechender Handlungsansätze eingeschlagen wurde.

Anhand der hier exemplarisch vorgestellten Fallstudien ergibt sich ein ausgesprochen heterogenes Bild der „neuen" schottischen Regionalpolitik. Dies gilt insbesondere auch im Hinblick auf die hier im Vordergrund stehende Frage nach der gestaltenden Kraft lokaler Agenden. Einige wesentliche Befunde können wie folgt zusammengefasst werden:

Mit der Einsetzung von HIE und ihrem Netz von dezentralen LECs wurde ein institutioneller Rahmen geschaffen, der für die Regionalentwicklung von zentraler Bedeutung ist. Dies gilt zunächst für die mit der Einrichtung von HIE zum Ausdruck kommende Designierung der Highlands and Islands als einem speziellen Programmgebiet der Regionalpolitik, wodurch ein hohes Maß an Aufmerksamkeit für die besonderen Probleme dieses Raums sichergestellt ist. Zugleich erlaubt die dezentrale Struktur der LECs die Formulierung und Ausgestaltung von Förderpolitiken, die den spezifischen Erfordernissen der jeweiligen Regionen so weit als möglich angepasst werden können. Bestandteil dieser Politiken ist auch und gerade die Funktion der LECs als Mittler zwischen nationalen, regionalen und lokalen Agenden einerseits und zwischen öffentlichen, privaten und ehrenamtlichen Akteuren andererseits.

Zugleich fällt HIE damit die Rolle eines Katalysators für die weitere Implementierung von Handlungsansätzen eines *integrated rural development* zu. Mit ihrer starken Präsenz in der Region sind HIE und die LECs in besonderer Weise berufen, die Vorstellungen integrierter Entwicklungsansätze in die Ausgestaltung der verschiedenen Agenden einzubringen bzw. dort zu unterstützen.

Die Defizite demokratischer Legitimierung und Kontrolle einer *Quango* stehen diesem Anspruch nur bedingt im Wege. Wie die jüngere Entwicklung zeigt, wurde insbesondere mit der Einrichtung der *Local Economic Forums* eine Möglichkeit geschaffen, die Arbeit von HIE und kommunaler Wirtschaftsförderung sowie weiteren Akteuren besser abzustimmen als bisher.

Die vorgestellten Modellvorhaben in den „most fragile areas" sind Ausdruck der Dynamik des ablaufenden Umgestaltungsprozesses, der u. a. in einer Reihe „von oben" gesteuerter experimenteller Handlungsansätze zum Ausdruck kommt. Deren Wert liegt in der Initiierung mehrheitlich kleinräumig, teilweise lokal ausgerichteter Handlungsansätze, in deren Zentrum

Ingo MOSE

die Aktivierung und Partizipation der Bevölkerung steht. Einige dieser Gebiete sind mit den genannten Programmen erstmals überhaupt in den Fokus regionalpolitischer Aktivitäten gerückt.

Die Erfahrungen insbesondere mit der *Initiative at the Edge* haben gleichwohl gezeigt, dass es problematisch ist, die lokale Ebene ohne Einbindung in ein übergeordnetes Konzept und ohne konkrete Zielvorstellungen zur Selbstinitiative anzuregen. Wenn es darum gehen soll, periphere Regionen nachhaltig zu stärken, muss es sowohl eine übergeordnete Zielsetzung als auch Strategie geben, die einerseits den lokalen Akteuren klar macht, welche Erwartungen an sie gestellt werden und andererseits erlaubt, die involvierten Institutionen und Behörden „auf Linie zu bringen" und zur Unterstützung der lokalen Initiativen und Netzwerke zu verpflichten. Zudem zeigt sich, dass es für die Motivation der Betroffenen Erfolgserlebnisse und, vor allem, greifbarer Ergebnisse bedarf.

Insofern ist zu konstatieren, dass der „neuen" schottischen Regionalpolitik eine abgestimmte Strategie (noch) fehlt. Ein *streamlining* von Programmen, nationaler Prioritätensetzung sowie systematischer Beteiligung von lokalen und regionalen Akteuren ist bislang nur in Ansätzen vorhanden. Ebenso ist die konzeptionelle Grundlegung der Förderpolitik nach wie vor defizitär. So lassen zahlreiche Projekte und modellhafte Programme auf lokaler und regionaler Ebene die Handschrift eines *integrated rural development* zwar bereits erkennen, gleichwohl klafft auf nationaler Ebene nach wie vor eine große Lücke zwischen Theorie und Praxis. So macht z. B. der Anteil für die *Local Rural Partnerships* beispielsweise nur etwa zwei bis drei Prozent der Gesamtausgaben für ländliche Entwicklung aus – der Löwenanteil geht nach wie vor in die Landwirtschaft.

Ein Versuch, die verschiedenartigen Ansätze miteinander in Beziehung zu setzen und zu integrieren, ist das oben bereits genannte *Community Planning*, das zum 1. April 2003 gesetzlich in Kraft getreten ist. Zum gegenwärtigen Zeitpunkt können noch keine Aussagen zu dessen Umsetzung getroffen werden. Gemäß der Absichtserklärungen soll das Instrument des *Community Planning* Koordinierungsbasis für alle *Partnerships* sein und für ein strategisches *streamlining* sorgen. Es bleibt abzuwarten, inwieweit diese Erwartungen eingelöst werden können und damit auch eine nachhaltige Stärkung lokaler Agenden und ihres Beitrags zur Entwicklung der Highlands and Islands verbunden sein wird.

---

[1] Die Bezeichnung *Highlands and Islands* ist nicht eindeutig definiert. Gelegentlich wird darunter der geomorphologische Großraum des festländischen Berglands nördlich der mittelschottischen Senke zwischen Glasgow und Edinburgh verstanden. Ebenso findet der Begriff für die Gebiete Verwendung, die 1886 als sogenannte *crofting counties* definiert wurden. Ferner wird mit dem Begriff das Gebiet der 1975 geschaffenen administrativen Einheit des *Highland Council* bezeichnet, das neben den festländischen Teilen Nordschottlands auch die Insel Skye umfasst. Hier soll unter Highlands and Islands das spezifische Arbeitsgebiet der regionalen Wirtschaftsförderung verstanden werden, das neben den Highlands auch die Inselgruppen der Shetlands, Orkneys und Western Isles umfasst.

[2] Die Darstellungen basieren auf Ergebnissen empirischer Untersuchungen, die im Rahmen eines von der DFG geförderten Forschungsvorhabens am Institut für Umweltwissenschaften an der Hochschule Vechta zur vergleichenden Untersuchung neuer regionalpolitischer Förderkonzepte in Schottland, Schweden und Österreich durchgeführt wurden. Die empirischen Erhebungen in Schottland konzentrieren sich räumlich auf das Gebiet des Western Isles Council sowie des ehemaligen Skye and Lochalsh District (vgl. BRODDA / MOSE 2002).

Literatur

BLACK, S. / CONWAY, E. (1996): The European Community's LEADER Programme in the Highlands and Islands. – In: Scottish Geographical Magazine 112(2). – 101-106.

BRODDA, Y. / MOSE, I. (2002): Zwischen Regionalisierung und Nachhaltigkeit. Neue regionale Entwicklungskonzepte für periphere ländliche Räume in der EU. – In: Raumforschung und Raumordnung 60(3-4). – 272-276.

BROWN (2000): Evaluation of the Local Rural Partnership Scheme. Executive Summary. – Edinburgh.

DÙTHCHAS (2002): Our Place in the Future. – Inverness.

EKOS Ltd. (2001): Interim Evaluation of Initiative at the Edge / Iomairt aig an oir. Final Report. – Inverness.

GREENWOOD, J. / PYPER, R. / WILSON, D. (2002³): New Public Administration in Britain. – London.

HALHEAD, V. (2001): Community Planning Scotland. Summary. (= Rural Lessons from the North. Scotland. How can policies and programmes be integrated at local level?). – Aberdeen.

HEINEBERG, H. (1997²): Großbritannien. Raumstrukturen, Entwicklungsprozesse, Raumplanung. (= Perthes Länderprofile). – Gotha.

HIE (Highlands & Islands Enterprise) (2001): Tenth Report. – Inverness.

HIE (Highlands & Islands Enterprise) (2002): A Smart, Successful Scotland – the Highlands and Islands dimension. – Inverness.

HUNTER, J. (2000). Last of the Free. A Millennial History of the Highlands and Islands of Scotland. – Edinburgh.

INITIATIVE AT THE EDGE (2001): Strategy Statement 2001-2003. – Glasgow.

MARSDEN, T / BRISTOW, G. (2000): Progressing Integrated Rural Development: A Framework for Assessing the Integrative Potential of Sectoral Policies. – In: Regional Studies 34(5). – 455-469.

PARRY, R. (1999): Quangos and the Structure of the Public Sector in Scotland. – In: Scottish Affairs 29. – 1-16.

RUSSELL, M. (2003): Has Iomairt aig an Oir planted the seeds of hope? – In: West Highland Free Press No. 1.643 vom 24.10.2003. – 12.

SHORTALL, S. / SHUCKSMITH, M. (1998): Integrated rural devlopment: Issues arising from the Scottish experience. – In: European Planning Studies 6(1). – 73-88.

SHUCKSMITH, M. (1999): Rural and regional policy implementation: Issues arising from the Scottish Experience. [Unveröff. Manuskr. am Arkleton Research Center, Aberdeen]

STEVENSON, R. (2002): Getting "under the skin" of Community Planning. Understanding Community Planning at the Community Planning Partnership Level. A Report to the Community Planning Task Force. – Edinburgh.

TURNOCK, D. (1974): Scotland's Highlands and Islands. (= Problem Regions of Europe). – Oxford.

WEHLING, H.-W. (1987): Das schottische Hochland. (= Problemräume Europas 2). – Köln.

Jeannette BEHRINGER (Zürich)

Policy-Netzwerke für eine nachhaltige Entwicklung am Beispiel Gemeindenetzwerke und lokale Agenden

1 Nachhaltige Entwicklung im Alpenraum

Der Alpenbogen, 800 km lang und bis zu 200 km breit, ist ein einzigartiger kultureller, wirtschaftlicher und geographischer Natur- und Lebensraum in Europa. Acht Nationalstaaten und ihre Regionen, die einen Alpenanteil besitzen, beeinflussen und gestalten eine Vielfalt an politischen, wirtschaftlichen und ökologischen Formen und Strukturen; umgekehrt beeinflusst das Bewusstsein in Bezug auf einen ‚gemeinsamen Alpenraum' wiederum – in unterschiedlichem Ausmaß – die Gestaltung einer ‚Alpenpolitik'.

In Europa ist die Alpenregion aufgrund ihrer geographischen Besonderheiten und der damit einhergehenden sozialen und wirtschaftlichen Merkmale Brennpunkt und Spannungsfeld von Problemen moderner Dienstleistungs- und Industriegesellschaften im angehenden 21. Jahrhundert. Wirtschaftlicher Strukturwandel (Rückzug der alpinen Landwirtschaft; nichtnachhaltige Entwicklung des Tourismus, geringe Potentiale des sekundären Sektors) und der damit einhergehende Abwanderungsprozess, die Verkehrsbelastung, insbesondere des alpenquerenden Güterverkehrs und des Freizeitverkehrs, die Zerstörung der Landschaft, die Schädigung des Bergwalds sowie die abnehmende Identität der Bewohner mit dem Lebensraum Alpen sind hier zu nennen (BÄTZING 2003[2]; JAHR DER BERGE 2003).

Eine gesellschaftliche Entwicklung, die auf eine nachhaltige Entwicklung dieses Raums abzielt, muss an der Erhaltung alpiner Natur und Landschaft ansetzen, indem die Gestaltung wirtschaftlicher und sozialer Prozesse auf dieses Ziel ausgerichtet wird. Sie muss – neben der ‚integrativen Perspektive' der nachhaltigen Entwicklung – gleichzeitig die besonderen politischen, kulturellen und geographischen Gegebenheiten einbeziehen und auf ihnen aufbauen. Lösungen müssen an den spezifischen, bereits genannten Problemlagen des Alpenraums ausgerichtet sein.

Das normative Leitbild der nachhaltigen Entwicklung, für diesen geographischen Raum im politischen Bereich insbesondere (mit)initiiert durch die Alpenkonvention und die Agenda 21, bietet Ansatzpunkte für die Lösung einiger der bereits genannten alpenspezifischen Problembereiche. Das Aktionsprogramm der Vereinten Nationen, die Agenda 21, thematisiert in ihrer umfangreichen Aufstellung der Probleme des 21. Jahrhunderts Themen, Prozesse und Zielgruppen für eine nachhaltige Entwicklung, und in Kapitel 13 wird explizit die nachhaltige Bewirtschaftung von Berggebieten thematisiert. Das Jahr 2002 wurde als eine direkte Folge des Agenda 21-Prozesses durch die Vereinten Nationen zum Internationalen Jahr der Berge erklärt.

Die Alpenkonvention ist das wichtigste politische Dokument, das die nachhaltige Entwicklung für die Alpenregion fordert und fördert. Es handelt sich um einen völkerrechtlich verbindlichen Vertrag der Europäischen Union mit den Alpenstaaten, der seit dem 7. März 1995 in Kraft ist. Inzwischen sind Österreich, Schweiz, Deutschland, Frankreich, Liechtenstein,

Italien, Monaco und Slowenien Mitglied der Alpenkonvention (vgl. zum aktuellen Stand der Ratifizierung der Durchführungsprotokolle *http://www.cipra.org*).

Die Umsetzung der Rahmenkonvention ist in Durchführungsprotokollen festgelegt. Diese thematische Festlegung konkretisiert gleichzeitig auf das Verständnis dessen, worin eine nachhaltige Entwicklung im Alpenraum bestehen soll. Die Protokolle beinhalten die Themen Naturschutz und Landschaftspflege, Berglandwirtschaft, Raumplanung und nachhaltige Entwicklung, Bergwald, Tourismus, Energie, Bodenschutz, Monacoprotokoll, Verkehr und Streitbeilegung. Jahrelang wurde um die Unterzeichnung der Protokolle durch die Mitgliedstaaten gerungen; mit der Unterzeichnung der Durchführungsprotokolle durch Deutschland, Liechtenstein und Österreich sind diese am 18. Dezember 2002 in Kraft getreten. Damit sind wichtige Voraussetzungen für die Implementation der Alpenkonvention geschaffen.

2 *Policy*-Netzwerke als Instrumente für eine nachhaltige Entwicklung

Als zentrale Mittel der Umsetzung einer nachhaltigen Entwicklung lassen sich zwei besondere Formen der Politik ausmachen, die in beiden Dokumenten, Agenda 21 und Alpenkonvention, niedergelegt sind. Zum einen spielt Kooperation in Form von Netzwerkansätzen eine große Rolle, zum zweiten wird Partizipation im Sinne einer erweiterten Beteiligung von Akteuren an der politischen Entscheidungsfindung hervorgehoben. Insbesondere die Lancierung von Lokalen Agenden auf kommunaler Ebene ist zu einer zwar nicht zentralen, aber doch sichtbaren Form der politischen Entscheidungsfindung herangewachsen. Mit partizipativen Ansätzen im Bereich der nachhaltigen Entwicklung geht ein hoher Erfolg bei der Durchsetzung der vereinbarten Politiken dann einher, sofern der durchgeführte Prozess bestimmte demokratische Mindestanforderungen erfüllt (BEHRINGER 2001).

Der *International Council for Local Environmental Initiatives* (ICLEI) stellte in einer Untersuchung aus dem Jahr 1997 fest, dass weltweit in 933 Kommunen Lokale Agenda 21-Prozesse stattfanden; im Jahr 2000 schätzte ICLEI diese Zahl auf bereits mehr als 5.000 Kommunen, wovon allein etwa 75% in Europa durchgeführt wurden (ICLEI 2000). Die Autorinnen und Autoren evaluieren ebenso die Auswirkungen von Lokale Agenda 21-Prozessen in den Bereichen Wasser, Desertifikation und Klimaschutz. Für die ‚alpenrelevanten' Themenfelder Klima und Wasser lässt sich anhand der Ergebnisse materiell nur ein begrenzter Einfluss feststellen, dies auch aufgrund der Nicht-Übereinstimmung politischer Organisation und thematischer Dimension des Themenfelds.

Neben Lokale Agenda 21-Prozessen spielen nationale und transnationale Netzwerke von Städten und Gemeinden in Politikprozessen für eine nachhaltige Entwicklung eine zunehmend wichtige Rolle (KERN 2001); damit kann entweder die Bildung neuer oder die ‚Umwidmung' bereits bestehender Netzwerke gemeint sein. Im Alpenraum ist insbesondere die Ausprägung grenzüberschreitender Netzwerke im Bereich nachhaltiger Entwicklung festzustellen: Mit der *Allianz in den Alpen*, Verein *Alpenstadt des Jahres*, Arbeitsgemeinschaft Alpenstädte, Arbeitsgemeinschaft Alpenländer ARGE ALP und dem Verein *Pro Vita Alpina* seien nur einige hier genannt (BEHRINGER 2003).

Beide Formen des Politischen – partizipative Ansätze im Lokale Agenda 21-Bereich und Netzwerke von Städten und Gemeinden – sind keine Erscheinungen, die nur im Bereich der nachhaltigen Entwicklung existieren bzw. eine direkte Folge dieses Themenkomplexes sind.

Partizipative Ansätze und Netzwerkstrukturen besitzen jedoch aufgrund ihrer Charakteristika das Potential, einen materiellen Beitrag zu einer nachhaltigen Entwicklung zu leisten.[1]

3 Das Potential von *Policy*-Netzwerken für eine nachhaltige Entwicklung

Das Potential von Netzwerken liegt, kurz gesagt, in der längerfristig ausgerichteten dezentralen, vertikalen Kooperation institutionell verschiedener und unabhängiger Akteure. Damit trifft diese Politikform eine zentrale Anforderung nachhaltiger Entwicklung, indem entsprechende Lösungen auf der Integration von Wissen und Erfahrungen aus unterschiedlichen Themenbereichen und auf der Integration unterschiedlicher Wissensformen beruhen (BRAND 1997; 2002, 43f).

3.1 Netzwerke und *Policy*-Netzwerke?

REINHOLD bezeichnet Netzwerke als „ein Geflecht sozialer Beziehungen zwischen Personen, Personen und Institutionen sowie zwischen Institutionen und Institutionen" (1997, 576). Netzwerke bestehen aus vernetzenden Instanzen, die Austauschprozesse lancieren. Diese Instanzen können Individuen, Institutionen oder Projekte sein. Ausgetauscht werden soziales Kapital, Wissen oder auch materielle Güter.

Netzwerke in politischen Subsystemen sind kein neues Phänomen; die Bedeutung von Netzwerken als Orte politischer Entscheidungsfindung hat jedoch gegenüber hierarchischen Systemen eindeutig zugenommen. Dies wird hauptsächlich auf zwei Ursachen zurückgeführt: Erstens hat sich der Druck zur außerstaatlichen Legitimierung von Politikergebnissen deutlich verstärkt (SCHARPF 1992). Zweitens findet eine zunehmende Ausdifferenzierung des gesellschaftlichen Systems statt, die zu einer Zunahme von Konfliktpotential führt und neue Steuerungsmechanismen erfordert. Einer dieser Steuermechanismen sind Politiknetzwerke, „Verhandlungssysteme[n], [...], deren Ergebnisse von der Zustimmung mehrerer selbständiger Partner abhängen" (SCHARPF 1992, 95). Mitglieder von Politiknetzwerken können private wie öffentliche Akteure sein oder auch zivilgesellschaftliche Assoziationen. Materiell beinhalten Netzwerke nicht nur die Produktion kollektiver Outputs im Sinne gemeinsamer Entscheidungen, sondern fördern ebenso individuelles und kollektives Lernen. Der Output von Netzwerken ist für ihre Mitglieder nicht bindend.

KENIS / SCHNEIDER beschreiben die wichtigsten Charakteristika von *Policy*-Netzwerken wie folgt: „A policy network is described by its actors, their linkages and by its boundary. It includes a relatively stable set of mainly public and private corporate actors. The linkages between the actors serve as communication channels and for the exchange of information, expertise, trust and other policy resources. The boundary of a given policy network is not primarily determined by formal institutions but results from a process of mutual recognition dependent on functional relevance and structural embeddedness" (1991, 41f). Ein zentrales Element von Politiknetzwerken ist darüber hinaus die Partizipation aller Mitglieder an Abstimmungsmechanismen und Entscheidungen (KERN 2002).

3.2 Die Entstehung von Netzwerken

Politiknetzwerke können als eine Reaktion auf Chancen gesehen werden, die aufgrund einer erhöhten Glaubwürdigkeit für zivilgesellschaftliche Akteure und einer abnehmenden Glaubwürdigkeit für staatliche Entscheidungen entstehen (MAYNTZ 1993, 40f; KERN 2001).

Ein zweiter wichtiger Entstehungsgrund liegt in der Existenz vorhandener Problemlagen bzw. in einer gemeinsam geteilten Wahrnehmung dieser Problemlagen. Des weiteren ist eine aktuell günstige Gelegenheit entscheidend; begünstigende Strukturen für die Entstehung von *Policy*-Netzwerken können z. B. in einem hohen Grad kommunaler Selbstverwaltung liegen. Diese vorteilhaften Bedingungen können durch einen Auslöser genützt werden, wie z. B. durch ein inhaltlich passendes Ereignis (KNOEPFEL / KISSLING-NÄF / MAREK 1997).

Ein weiterer Vorteil, der zur Entstehung von Netzwerken beiträgt, sind antizipierte Kostenvorteile, die eine Problemlösung im Vergleich zu markt- oder hierarchischen Lösungen birgt (RICHTER / FURUBOTH 1994). Dabei scheint ein besonderer Vorteil von Politiknetzwerken zu sein, dass die Kosten der Durchsetzung von Entscheidungen niedrig sind, da partizipative Entscheidungen deren Legitimität erhöhen. Hingegen sind die Kosten zur Formulierung von Politik relativ hoch (KENIS / SCHNEIDER 1991), was das Kostenargument aus meiner Sicht relativiert. Diese basieren auf der Anforderung, minimale Rahmenbedingungen für die Produktion des Outputs zu installieren, die bestimmte Hindernisse überwinden müssen. Zu nennen sind hier insbesondere Unterschiede zwischen den Akteuren (Personen und Institutionen), geographisch dezentrale Orte sowie eine noch zu bestimmende genaue Verteilung von Rechten und Pflichten (GENOSKO 1999).

3.3 Die Stabilität von Netzwerken

In Bezug auf die Sicherung der Stabilität von Netzwerken lassen sich interne und externe Faktoren unterscheiden. Die bereits beschriebene gemeinsame Problemwahrnehmung als wichtige Entstehungsbedingung ist ebenso wichtig für dessen langfristige Existenz. Dies geschieht, indem diese Wahrnehmungen permanent wechselseitig kommuniziert und bestätigt werden müssen, um identitätsstiftend zu wirken.

Es ist weiterhin wichtig, dass zwischen den Akteuren eine gewisse Ähnlichkeit in Bezug auf Werthaltung, Problemwahrnehmung und auch in Bezug auf den sozialen Status besteht. Gleichzeitig ist eine Unabhängigkeit der Akteure in Bezug auf ihre Zugehörigkeit zu Institutionen wichtig; GENOSKO nennt diese Art der Bindung „strength of weak ties" (1999, 33f). Zentrale Akteure sind diejenigen Personen, die als „Übersetzer" zwischen verschiedenen Netzwerken fungieren können.

Die bereits beschriebenen Kosten, insbesondere in Form von Transaktionskosten, sollten sich im längeren Verlauf des Netzwerks amortisieren oder durch andere Vorteile kompensiert werden. Mittelfristig müssen die Anfangsschwierigkeiten überwunden oder aber durch frühe materielle Anfangserfolge aufgewogen werden.

Mittel- und längerfristig ist für die Stabilität eine begrenzte Offenheit des Netzwerks nach außen entscheidend: Offenheit für neue Mitglieder, neue Ideen oder Problemlösungen oder auch zu anderen Institutionen und Netzwerken. Dies fördert den Erfolg und die Innovationsfähigkeit, setzt aber ein Netzwerk auch einer Konkurrenzsituation aus und erfordert kluges Ausbalancieren. Eine völlige Abschottung hingegen kann zu einer Erstarrung der inneren Strukturen führen, da die Innovationsfähigkeit so zum Erliegen kommen kann.

3.4 Die Funktionsweise von Netzwerken

Eines der Hauptziele von Netzwerken ist es, für gemeinsam wahrgenommene Probleme Lösungen zu erarbeiten. Dies legt den Schluss nahe, dass sich Netzwerke insbesondere in der frühen Phase der Politikformulierung, der Ideengenerierung, engagieren.

Die Generierung von Lösungsansätzen geschieht durch eine freiwillige und nicht-hierarchische Kooperation zwischen formal unabhängigen Akteuren. Eine Entscheidungsfindung findet demnach dezentral statt. Ausgetauscht werden Ressourcen in Form von Ideen, Informationen und auch materiellen Gütern. Zwei Arten kooperativer Beziehungen lassen sich vornehmlich unterscheiden: Tausch und Verhandlung. Während der generalisierte politische Tausch von Ressourcen auf eine Wahrnehmung des gegenseitigen „Gebens und Nehmens" zielt, ist die Verhandlung auf die Erarbeitung gemeinsamer Ergebnisse gerichtet (MAYNTZ 1993). Eine begrenzte Anzahl von Akteuren kommt freiwillig zusammen, um Ergebnisse, meist in Form von Kompromissen, zu erarbeiten. Die Voraussetzung für die Erarbeitung von Kompromissen ist, dass die Anliegen der anderen Mitglieder als legitim angesehen werden. Dies zieht mindestens die Bereitschaft nach sich, sich mit Anliegen und Argumenten der anderen auseinander zu setzen. Dies wird durch das Bestehen einer gemeinsamen oder zumindest ähnlichen Problemwahrnehmung unterstützt oder gewährleistet. Ein weiterer entscheidender Faktor ist, dass die Akteure, die Kompromisse erarbeiten, auch direkt von diesen profitieren und so die eingebrachten Leistungen in anderer Form wieder erhalten. Neben neuen Programmen oder Projekten, die entstehen, sind neue Kontaktnetze ein weiterer Output. Dies erhöht die Problemlösungsfähigkeit der Mitglieder.

Netzwerke sind nach KNOEPFEL / KISSLING-NÄF / MAREK (1997) besonders geeignet, sich mit Themen auseinander zu setzen, die individuell vorhanden sind, die sich zunächst nur unvollkommen beschreiben lassen und deshalb nur schlecht oder gar nicht aufgearbeitet oder dokumentiert sind. Dieses „implizite Wissen" (POLANYI 1983) muss durch Verschriftlichung erst sichtbar gemacht werden. Dies ist meist aufgrund von Erfahrungen vorhanden und an Einzelpersonen gebunden. Dieses Wissen von ihren Mitgliedern abzurufen und zu nutzen, ist ein zentraler Motor von Netzwerken. Der Erfolg dieses Prozesses für das Netzwerk insgesamt kann nicht hoch genug eingeschätzt werden.

4 Transnationale Netze im Alpenraum: Das Beispiel „Allianz in den Alpen"

Auf lokaler Ebene bilden sich im Alpenraum zunehmend transnationale Netzwerke von Gemeinden und Städten. KERN (2001; 2002) bezeichnet sie als neuartige lokal-europäische Form von *Governance*. Diese Netzwerke sind das Ergebnis sich wandelnder Städtekooperationen, z. B. von Städtepartnerschaften. Als zweiter wichtiger Entstehungsgrund lässt sich die problemorientierte Gründung feststellen, indem mit diesem politischen Instrument auf neue Problemlagen reagiert wird. Dabei sind die Mitgliedsgemeinden und Städte die vernetzenden Instanzen, die formal unabhängig gemeinsame Entscheidungen treffen. Insbesondere im Bereich der nachhaltigen Entwicklung und im Alpenraum lässt sich eine vermehrte Bildung von Netzwerken feststellen. Am Beispiel des Netzwerks *Allianz in den Alpen* soll exemplarisch das Potential von *Policy*-Netzwerken zu einer politischen Entwicklung dargestellt werden.

Entwicklungsstrategien im Spannungsfeld von Geopolitik und lokalen Agenden

4.1 Die Entstehung des Netzwerks

Die *Allianz in den Alpen* wurde 1997 in Bovec (Slowenien) gegründet mit dem Ziel, auf kommunaler Ebene zu einer Umsetzung der Alpenkonvention und damit der nachhaltigen Entwicklung beizutragen (ALLIANZ IN DEN ALPEN 2002) und gründet daher auf einer gemeinsam wahrgenommenen Problemlage der transnationalen Entwicklung im Alpenraum. Die Gemeinden repräsentieren sieben Alpenstaaten (Deutschland, Frankreich, Italien, Liechtenstein, Österreich, Schweiz und Slowenien); im Jahr 2002 besitzt die *Allianz in den Alpen* 138 Mitglieder.

Die bereits genannte problemorientierte Wahrnehmung wurde durch Akteure im Bereich der nachhaltigen Entwicklung auf kommunaler Ebene im Alpenraum konkret durch zwei Institutionen beeinflusst: das *Alpenforschungsinstitut* (AFI) in Garmisch-Partenkirchen und die *Commission Internationale pour la Protection des Alpes* (CIPRA). 1996 wurde ein Projekt der EU lanciert, das modellhaft Projekte umsetzen sollte, welche die Ziele der Alpenkonvention unterstützen. Das Ergebnis des Projekts ist die Entstehung des Netzwerks, das zu Beginn von 27 Gemeinden getragen wurde.

4.2 Ziele des Netzwerks

Zentral für das Netzwerk *Allianz in den Alpen* ist eine Problemwahrnehmung, die bestimmte lokale Erscheinungen im Alpenraum als gemeinsame Problemlagen erkennt und im Leitbild einer nachhaltigen Entwicklung eine sinnvolle Lösungsstrategie sieht. Besondere Problemlagen des Alpenraums sind die Knappheit des zur Verfügung stehenden und nutzbaren Raums, der Umgang mit den besonderen natürlichen Bedingungen, die besondere ökologische Sensibilität von Flora und Fauna, die Zersiedelung der Landschaft, die massentouristische Entwicklung, das Problem des Transitverkehrs und der Klimaveränderung sowie die Abwanderung der Bevölkerung aufgrund fehlender Erwerbsperspektiven (BÄTZING 2003, 314f). Diese *Policy*-Felder werden in der Alpenkonvention aufgegriffen, eine Voraussetzung dafür, dass ‚der Alpenraum' als politische Einheit überhaupt wahrgenommen werden kann. Die Thematik der nachhaltigen Entwicklung wird durch die Mitglieder der Allianz aufgegriffen, allerdings in unterschiedlicher Priorität. Gemäß einer im Jahr 2001 durchgeführten Umfrage sind die favorisierten Themen vor allem: Inwertsetzung von Landschaft und kulturellem Erbe für den Tourismus, Förderung der erneuerbaren Energien und Energiesparen, Bindung der Jugend an die Regionen, neue Technologien (ALLIANZ IN DEN ALPEN 2002, 7f).

4.3 Struktur und Funktionsweise des Netzwerks

Die *Allianz in den Alpen* ist ein Zusammenschluss nach deutschem Vereinsrecht. Die Gemeinden – ordentliche Mitglieder – können sowohl als Einzelgemeinden wie auch als Zusammenschluss beitreten. So treten kleinere Gemeinden, z. B. Talschaften, oft als Verbund und damit als ein Mitglied in das Netzwerk ein. Darüber hinaus wurde der Status des kooperierenden Mitglieds geschaffen; diese Art der Mitgliedschaft wird von Fachinstitutionen (z. B. Europäische Akademie Bozen) oder von interessierten Gemeinden wahrgenommen, die (noch) nicht beitreten wollen. Als dritte Möglichkeit, vor allem für Privatpersonen, wurde der Status des unterstützenden Mitglieds eingerichtet.

Die wichtigsten Organe sind Vorstand, Netzwerkrat und Gemeindebetreuung, die sich intern und übergreifend in regelmäßigem Austausch befinden. Der Vorstand repräsentiert die

Gemeinden aus je einem Mitgliedsland und umfasst entsprechend sieben Mitglieder. Auch die Gemeindebetreuer sind national organisiert, d. h. für jedes Mitgliedsland sollte eine Gemeindebetreuung existieren. Der Netzwerkrat besitzt die Funktion, die fachliche Kompetenz zu überprüfen und zu sichern. Dies geschieht z. B. durch die Auswahl einer zu prämierenden Gemeinde für den Wettbewerb „Gemeinde der Zukunft". Die verschiedenen Organe treffen sich regelmäßig untereinander, um den inhaltlichen Austausch zu regeln. Darüber hinaus finden einmal jährlich eine Jahrestagung statt sowie Exkursionen in die Mitgliedsländer statt.

Die interne Kommunikation wird darüber hinaus auch durch die ‚Netzwerk-Info' geleistet, eine Mitgliedszeitung, die zweimal im Jahr erscheint und in die vier Sprachen der Mitgliedsländer übersetzt wird. Administrative Tätigkeiten für das Netzwerk übernimmt die Geschäftsstelle der CIPRA mit Sitz in Schaan (Liechtenstein). Die *Allianz in den Alpen* kann aus finanziellen Gründen keine eigene Geschäftsstelle einrichten, da sie in ihrer Entwicklung abhängig ist von den Beiträgen der Mitglieder. Der Mitgliedsbetrag setzt sich aus verschiedenen Anteilen zusammen (einmaliger Aufnahmebetrag, jährlicher Basisbetrag und Zusatzbetrag abhängig von der Gemeindegröße). Weitere Finanzierungsquellen sind Beiträge von Ländern sowie weitere Drittmittel.[2]

4.4 Entwicklung und Stabilität des Netzwerks

Das Netzwerk *Allianz in den Alpen* befindet sich seit seiner Gründung im Jahr 1997 in einer Phase des langsamen, aber stetigen Mitgliederzuwachses; insbesondere seit dem Jahr 2000 ist die Zahl der Gemeinden stark angestiegen. Allerdings ist die quantitative Entwicklung in den Mitgliedsländern sehr unterschiedlich, was die Stabilität eines Netzwerks gefährdet. So verzeichnet das Netzwerk im Jahr 2002 77 Mitgliedsgemeinden aus der Schweiz, aber nur sechs aus Deutschland, eine Gemeinde in Frankreich und fünf in Slowenien. Je ungleichgewichtiger diese Entwicklung ist, desto größer ist die Abhängigkeit von Schlüsselpersonen vor Ort. Geben diese Personen ihre Arbeit auf, so kann dies das Ende der Existenz der konkret geleisteten Arbeit vor Ort bedeuten, da institutionelle Ersatzstrukturen vor Ort fehlen.

Die Stabilität des Netzwerks ist neben einer stetigen und möglichst ausgewogenen Mitgliederentwicklung auch abhängig von einer gesicherten Finanzierung der Gemeindebetreuung. Für den Aufbau des Netzwerks vor Ort und damit auch in den einzelnen Ländern ist eine funktionierende Gemeindebetreuung zentral. Diese Personen treten direkt in Kontakt mit den politisch Verantwortlichen in der Gemeinde, sie initiieren Ideen (mit) und sind als externe Beobachter Begleiter und Ansprechpartner für auftretende ‚Klippen und Schwierigkeiten'. Ihre Funktion als ‚Transmissionsriemen' und ‚Übersetzer' für das Netzwerk kann nicht hoch genug eingeschätzt werden: Sie kommunizieren Projektideen aus anderen Orten in die Gemeinden, unterstützen die Finanzierung, leisten regionale Vernetzung der Gemeinden untereinander. Sie transportieren ihre Erfahrungen vor Ort in den Vorstand und in den Netzwerkbeirat und tragen so zum Aufbau eines besonderen Wissensbestands bei: Sie machen implizites Mikrowissen vor Ort sichtbar und nutzbar. In Bezug auf die interne, aber auch vor allem die externe Kommunikation sind die Mitglieder des Vorstands als weitere *key players* zu nennen.

Von Bedeutung sind weiterhin die Sicherung der internen und der externen Kommunikation, die das weitere gleichmäßige Wachstum des Netzwerks garantieren. Die Aufrechterhaltung der persönlichen Kommunikation in der Allianz, die nach eigenen Angaben eine herausragende Rolle (ALLIANZ IN DEN ALPEN 2002) spielt, wird durch Netzwerk-Info und auch die Homepage ergänzt.

Einen weiteren, höchst interessanten Faktor für die Stabilität ist der bewusste Einsatz der netzwerkeigenen Sprachen in der Funktion der Arbeitssprache. Auch pflegt das Netzwerk eine begrenzte Offenheit gegen außen, die ebenfalls stabilisierend wirkt: So ist der jährliche Wettbewerb „Gemeinde des Jahres" offen auch für Nicht-Mitglieder; Gemeinden sind darüber hinaus auch Mitglied in anderen Netzwerken (wie z. B. dem Klima-Bündnis).

4.5 Problemlösungsfähigkeit des Netzwerks

Das thematische Ziel des Netzwerks, die Umsetzung einer nachhaltigen Entwicklung vor Ort, wird vor allem durch an die örtlichen Gegebenheiten angepasste Projektarbeit geleistet. Durch gemeinsames Lernen in Projekten sollen Kosten eingespart werden, die durch eine nicht-nachhaltige Gemeindepolitik entstehen würde. Die quantitative Politikproduktion des Netzwerks in diesem Bereich ist evident: Besonders nachahmenswerte Projekte finden sich auf der Homepage (*www.alpenallianz.org*) und umfassen alle genannten Themenbereiche gemäß der Alpenkonvention.

In Bezug auf die Wirksamkeit der Politik im Bereich einer nachhaltigen Entwicklung muss die Beurteilung vorsichtiger ausfallen. Sicherlich sind durch Projekte im Umweltbereich und im Bereich regionalen Wirtschaftens Denkanstösse für veränderte Strukturen und Wirtschaftsweisen in Richtung einer nachhaltigen Entwicklung in Gang gesetzt worden. Der konkrete Nachweis kann jedoch noch nicht erbracht werden. Anlässlich der Jahrestagung 2000 in Schaan (Liechtenstein) empfahl der Beirat dem Netzwerk, Nachhaltigkeitsindikatoren zur Evaluation der eigenen Projekte zu entwickeln, um eine materielle Beurteilung in Bezug auf eine nachhaltige Entwicklung fällen zu können. Diese Indikatoren sind jedoch bislang nicht entwickelt. Zu vermuten ist, dass der Widerstand der Mitgliedsgemeinden in der Tatsache begründet liegt, dass ein größerer Wettbewerb zwischen den Gemeinden entstehen könnte.

Inwieweit jedoch bereits materiell ein Beitrag zu einer nachhaltigen Entwicklung geleistet wurde, lässt sich nur dann eindeutig feststellen, wenn die Frage beantwortet wird, ob die Entwicklung der Mitgliedsgemeinde grundsätzlich in eine nachhaltige Richtung verlaufen ist und die Projekte der Allianz damit richtungsweisend waren oder ob die Projekte eher ein ‚Schattendasein' im Rahmen der Gemeindepolitik gespielt haben bzw. spielen, wie dies in Lokale Agenda 21-Prozessen häufig der Fall ist.

5 Fazit: Das Potential von *Policy*-Netzwerken als Instrument der nachhaltigen Entwicklung

KERN (2001) ordnet sowohl das Gemeindenetzwerk *Allianz in den Alpen* als auch Lokale Agenda 21-Netzwerke[3] territorial den regionalen und funktional den spezialisierten Netzwerken zu. Beide Zusammenschlüsse verfolgen das Ziel, eine nachhaltige Entwicklung zu fördern. Nachhaltige Entwicklung ist ein normatives Leitbild, das letztendlich eine Veränderung gegenwärtiger Produktions- und Konsummuster fordert und durch einen Wertewandel begleitet werden muss. Die Reichweite dieses Konzepts erfordert einen breiten Konsens aller zentralen gesellschaftlichen Akteure.

Jeannette BEHRINGER

Die Organisationsform des *Policy*-Netzwerks unterstützt die Umsetzung von Prozessen für eine nachhaltige Entwicklung. Sowohl Gemeindenetzwerke als auch Lokale Agenda-Prozesse vereinen unabhängige Akteurgruppen, die im politischen Geschehen miteinander kooperieren. Zentral sind kommunale Verwaltung, Gemeinderat und die Bürgerschaft. Eine weitere Rolle kommt der Expertise zu, die zeitlich begrenzt angefordert und eingesetzt wird. Zentral ist in beiden Prozessen die Kommune als politische Akteurin, jedoch mit unterschiedlicher Gewichtung: Während im Netzwerk *Allianz in den Alpen* Kommunen die Mitglieder des Netzwerks sind, bilden die Kommunen in Lokale Agenda 21-Prozessen ebenfalls zentrale Akteure, auch wenn ihre Legitimation in diesen Prozessen als alleinige Akteure nicht gegeben ist: „Am ehesten lässt sich die Lokale Agenda 21 somit als mobilisierendes Netzwerk begreifen, das mittels breiter Partizipation, kommunikativer Vernetzung und dialogisch-kooperativer Verfahren lokale Nachhaltigkeit zu fördern versucht, zu diesem Zweck aber der Legitimation und Unterstützung in formellen Politikstrukturen und -verfahren (z. B. durch Stadtrat[4] und Verwaltungsspitze) bedarf" (BRAND 2002, 6). Lokale Agenda 21-Prozesse sind, zumindest von ihrem Anspruch her, bürgerorientierte Prozesse.

Policy-Netzwerke sind darüber hinaus eine Form des Politischen, die besonders für Problemfelder geeignet ist, die institutionelle organisatorische Strukturen überfordert. Sie vernetzen (1) unterschiedliche Akteure auf nicht-hierarchische Weise und verknüpfen (2) dadurch Quantität und Qualität unterschiedlichen Wissens (wissenschaftliches Wissen, politisches Wissen, Erfahrungswissen vor Ort). Diese Vorteile sind in transnationalen Politik-Prozessen besonders evident.

Policy-Netzwerke sind, am Beispiel des Netzwerks *Allianz in den Alpen* exemplarisch dargestellt, unter bestimmten Bedingungen eine stabile und langfristige Form der Kooperation. Dazu ist eine gleichmäßige Entwicklung in den Mitgliedsländern wichtig, die bewusste Betonung eigener Stärken (z. B. Sprachen), die identitätsstiftend wirken, und die Regelung einer stetigen Finanzierung, insbesondere der Schlüsselaufgaben. *Policy*-Netzwerke besitzen qua organisatorischem Anspruch weniger institutionelle Strukturen; ein weiterer Stabilitätsfaktor sind deshalb engagierte und motivierte Schlüsselpersonen.

Insbesondere für die kommunale Ebene ergeben sich erhebliche Synergieeffekte, da Lösungen für gemeinsam vorhandene Probleme kopiert werden können. Gerade für kleine Gemeinden stellt dies eine Chance dar, da andere kostengünstige Lösungsmöglichkeiten kaum zur Verfügung stehen. Die Erfahrung mit partizipativen Entscheidungsmechanismen könnte möglicherweise den Raum erweitern für ähnliche Prozesse, z. B. im Lokale Agenda 21-Bereich. Für grenzüberschreitende Themen der nachhaltigen Entwicklung und der enthaltenen Themenfelder (wie z. B. die Thematik der Klimaveränderung) kann die Organisierung der Problemlösung in Form transnationaler Netzwerke eine größere Motivation für die Akteure bieten als rein lokal organisierte Prozesse.

---

[1] Im folgenden wird aufgrund des zur Verfügung stehenden Platzes der Netzwerkansatz weiter verfolgt.

[2] Im Frühjahr 2003 wurde eine Förderung aus dem INTERREG IIIB-Programm bewilligt.

[3] Kommunen schließen sich sowohl national wie international zusammen, z. B. das Netzwerk „Local Agenda 21 Italy" oder das „Baltic Local Agenda 21 Forum".

[4] Gemeint ist hier die kommunale Legislative.

Literatur

ALLIANZ IN DEN ALPEN (Hrsg.) (2002): Aufbruch in den Alpengemeinden. 5 Jahre Gemeinde-Netzwerk „Allianz in den Alpen" 1997-2002. – Mäder (Vorarlberg).

BÄTZING, W. (2003²): Die Alpen – Geschichte und Zukunft einer europäischen Kulturlandschaft. – München.

BEHRINGER, J. (2001): Legitimität durch Verfahren? Bedingungen semi-konventioneller Partizipation. Eine qualitativ-empirische Studie am Beispiel von Fokusgruppen zum Thema „Lokaler Klimaschutz". – Regensburg.

BEHRINGER, J. (2003): Nationale und transnationale Städtenetzwerke in der Alpenregion. (= Discussion Paper Nr. SP IV 2003-104, Wissenschaftszentrum Berlin für Sozialforschung gGmbH). – Berlin.

BRAND, K.-W. (Hrsg.) (1997): Nachhaltige Entwicklung. Eine Herausforderung an die Soziologie. – Opladen.

BRAND, K.-W. (Hrsg.) (2002): Politik der Nachhaltigkeit. Voraussetzungen, Probleme, Chancen – eine kritische Diskussion. – Berlin.

GENOSKO, J. (1999): Netzwerke in der Regionalpolitik. – Marburg.

ICLEI (International Council for Local Environmental Initiatives) (2000): Auswertung der Agenda 21: Lokale Agenda 21. http://www.iclei.org.

JAHR DER BERGE (2003): http://www.jahr-der-berge.de/sus_dev_alpen.html (Zugriff am 11.09.2003).

KENIS, P. / SCHNEIDER, V. (1996): Organisation und Netzwerk. Institutionelle Steuerung in Wirtschaft und Politik. – Frankfurt/Main.

KERN, K. (2001): Transnationale Städtenetzwerke in Europa. – In: SCHRÖTER, E. (Hrsg.): Empirische Politik- und Verhaltensforschung. Lokale, nationale und internationale Perspektiven. – Opladen. 95-116.

KERN, K. (2002): Diffusion nachhaltiger Politikmuster, transnationale Netzwerke und „globale" Governance. – In: BRAND, K.-W. (Hrsg.): Politik der Nachhaltigkeit. Voraussetzungen, Probleme, Chancen – eine kritische Diskussion. – Berlin. 193-210.

KNOEPFEL, P. / KISSLING-NÄF, I. / MAREK, D. (1997): Lernen in öffentlichen Politiken. Unter Mitarbeit von C. BUSSY und P. GENTILE. – Basel, Frankfurt/Main.

MAYNTZ, R. (1993): Policy-Netzwerke und die Logik von Verhandlungssystemen. – In: HÉRITIER, A. (Hrsg.): Policy-Analyse. Kritik und Neuorientierung. (= PVS-Sonderheft, 24). – Opladen. 39-56.

POLANYI, M. (1983): The tacit dimension. – Magnolia/Mass.

REINHOLD, G. (unter Mitarbeit von LAMNEK, S. und RECKER, H.) (Hrsg.) (1997): Soziologie-Lexikon. – Wien, Oldenburg.

RICHTER, R. / FURUBOTH, E. G. (1994): The new institutional economics: Bounded rationality and the analysis of state and society. 11th seminar on the new institutional economics, June 16-18, 1993, Wallerfangen, Germany. – Tübingen.

SCHARPF, F. W. (1992): Die Handlungsfähigkeit des Staates am Ende des Zwanzigsten Jahrhunderts. – In: KOHLER-KOCH, B. (Hrsg. im Auftrag der Deutschen Vereinigung Politische Wissenschaft): Staat und Demokratie in Europa. 18. Wissenschaftlicher Kongress der Deutschen Vereinigung für Politische Wissenschaft. – Opladen. 93-113.

Thomas HAMMER (Bern)

Schutzgebiete als Grundlagen lokal-regionaler Agenden nachhaltiger Entwicklung

1 Schutzgebiete und Regionalentwicklung

Aus verschiedenen Gründen ist der Alpen- bzw. Gebirgsraum speziell für die Einrichtung von Schutzgebieten geeignet. Dazu gehören u. a. das Vorhandensein relativ großer, schwach besiedelter und extensiv genutzter Räume und die relativ tiefe Bevölkerungsdichte, aber auch die hohe natürliche, landschaftliche und kulturelle (Nutzungs-)Vielfalt in relativ kleinen Räumen. Zudem sind gerade im Gebirgsraum sanfte bzw. extensive Nutzungsformen z. B. im Tourismus und der Berglandwirtschaft relativ weit verbreitet. Solche Nutzungsformen ermöglichen potentiell eine Verbindung und Integration von Naturschutz und sanfter Nutzung, womit einem klassischen Postulat nachhaltiger Entwicklung – der Implementierung integrativer Schutz- und Nutzungskonzepte – entsprochen werden kann. Entsprechend ist der Flächenanteil der Schutzgebiete im Alpenraum im Vergleich zum Flachland hoch und beträgt je nach Berechnungsart 13% bis zu mehr als einem Viertel der Fläche des Alpenkonventionsperimeters (BROGGI / STAUB / RUFFINI 1999; HAMMER 2003a, 189). Dies sagt jedoch noch nichts über die Qualität und regionale Bedeutung der Schutzgebiete im Alpenraum aus.

In der Diskussion um Großschutzgebiete steht neuerlich deren Beitrag zur Regionalentwicklung im Vordergrund – dies hauptsächlich auch vor dem Hintergrund der Diskussion um die Marginalisierung ländlicher Räume im Zeitalter der immer mehr Bereiche umfassenden Globalisierung und der spezifischen Entwicklungspotentiale ländlich-peripherer bzw. von Gebirgsräumen (HAMMER 2003c; MOSE / WEIXLBAUMER 2002). Dabei werden vor allem die durchaus vielfältigen Wirkungen von Schutzgebieten auf die Regionalentwicklung untersucht, so u. a. in regionalwirtschaftlichen, sozialen, kulturellen und ökologischen Bereichen. Es zeigt sich, dass Schutzgebiete durchaus – jedoch in recht unterschiedlichem Ausmaß – zur Regionalentwicklung direkt oder indirekt beitragen, aber als alleinige Instrumente der Regionalentwicklung nicht genügen können.

Eine zentrale Frage wird allerdings nicht oder nur am Rande angegangen (Ausnahmen sind Balzer 1998; HERGER et al. 2003; RATTER 2002 und SCHNORR 2002), nämlich: können Schutzgebiete zumindest als potentielle Grundlagen für lokal-regionale Agenda-Prozesse nachhaltiger Entwicklung betrachtet werden? – Diese Frage zielt somit auf die politisch-institutionelle Dimension nachhaltiger Entwicklung (BRECHTEL 2002; HEINTEL 2000) bzw. auf die entwicklungsstrategische Bedeutung von Schutzgebieten ab. Sie wird hier auf der Grundlage empirischer Befunde stark theoretisch abgehandelt. Beispiele werden soweit möglich eingeflochten.

2 Eingrenzungen und Begriffe

Schon rein theoretisch sind die Regionen, die sich potentiell für ein Schutzgebiet interessieren, stark einzugrenzen, wobei empirische Daten die Eingrenzungen unterstützen:

- Es sind ländlich-periphere und nicht-städtische Regionen bzw. insbesondere Gebirgs- oder Randregionen – die insgesamt Eigenschaften peripherer Regionen aufweisen –, die sich für die Einrichtung von Schutzgebieten interessieren.
- Die Regionen selbst machen sich dann für die Einrichtung von Schutzgebieten stark, wenn wirtschaftliche Vorteile zu erwarten sind.
- In Frage kommen zwar Schutzgebietstypen sämtlicher IUCN-Kategorien, jedoch primär solche, die explizit eine Nutzung und Wertschöpfung vorsehen.
- Von speziellem Interesse sind das „romanische Regionalparkkonzept" sowie das UNESCO-Biosphärenreservat-Konzept, da diese die Förderung der Regionalentwicklung explizit vorsehen.

Zudem ist eine Eingrenzung aufgrund meines spezifischen Erfahrungshintergrunds notwendig. So beziehen sich die Aussagen auf die mir bekannte Literatur sowie die eigene Forschung und Anschauung (vor allem Biosphärenreservat Entlebuch, Kanton Luzern, Schweiz; Regionaler Naturpark und Biosphärenreservat Luberon, Nord-Provence, Frankreich; Nationalpark und Biosphärenreservat Vesuv, Italien; Biosphärenreservate Rhön und Südost-Rügen, Deutschland; Schutzgebiet und Projekt Biosphärenreservat Binder-Lere, Tschad, Zentralafrika, sowie verschiedene weitere Schutzgebiete in Westafrika).

2.1 Was sind Schutzgebiete?

Gemäß der *International Union for the Conservation of Nature and Natural Resources (IUCN)* sind Großschutzgebiete großflächige Schutzgebiete, die mindestens 1.000 ha bzw. 10 km^2 umfassen. Funktional sind Schutzgebiete gemäss IUCN „Gebiete, die speziell dem Schutz und dem Erhalt der biologischen Diversität, der *natürlichen* und den *kulturellen* Ressourcen gewidmet sind und die einen gesetzlichen oder ähnlichen Status aufweisen" (IUCN 1998). Drei Kriterien sind also zentral: 1) die Mindestgröße von 10 km^2, 2) der Zweck des Schutzes und des Erhalts der biologischen Diversität sowie der natürlichen *und* kulturellen Ressourcen und 3) das Vorhandensein eines gesetzlichen oder ähnlichen Status. Dass der eigentliche Zweck eines Schutzgebiets recht unterschiedlich sein kann, zeigt das Klassifikationssystem der IUCN. Vier der sechs Kategorien sehen explizit eine menschliche Nutzung vor, so die Kategorien II (Nationalpark), IV (Biotop- und Artenschutzgebiet), V (Geschützte Landschaften) und VI (Ressourcenschutzgebiet).

Schutzgebiete sämtlicher Kategorien können jedoch Beiträge an die Regionalentwicklung leisten, auch solche, die keine Nutzung vorsehen. Dies zeigt u. a. der Schweizerische Nationalpark, welcher der IUCN-Kategorie I (Strenges Naturreservat/Wildnisgebiet) zugeordnet ist und keine regionalwirtschaftliche Förderung verfolgt, der jedoch klar positive regionalwirtschaftliche Effekte auf die Region ausübt (KÜPFER 2000; VOGT / JOB 2003). Im Zusammenhang mit Lokalen Agenden sind jedoch nicht die IUCN-Kategorien von Bedeutung, sondern die eigentlichen Schutzgebietskonzepte, also neben den Zielen (nach denen die Schutzgebiete in die IUCN-Kategorien eingeteilt werden) u. a. die strategischen, regionalpolitischen und institutionellen Vorgaben. Es ist jedoch oft schwierig, die jeweiligen Schutzgebiete den Schutzgebietskonzepten zuzuteilen, da international kaum einheitliche Vorstellungen bestehen. Auch sehen die international, national oder auf einer tieferen politischen Ebene vorgegebenen, angestrebten oder zugelassenen institutionellen Regelungen partizipativer Verfahren und Abläufe recht unterschiedlich aus. Doch zeichnen sich – wie oben schon erwähnt – zwei für den Alpenraum bedeutungsvolle Konzepte ab (HAMMER 2003a): einerseits das UNESCO-

Biosphärenreservat-Konzept und andererseits das von WEIXLBAUMER (1998, 107ff) sogenannte Romanische Regionalparkkonzept:

- UNESCO-Biosphärenreservate (BR) – sieben im Alpenraum mit einer Fläche von mehr als 1.000 ha, wobei das Luberon in den französischen Südalpen mit 179.600 ha das mit Abstand größte ist – wollen gemäß der seit 1996 gültigen Sevilla-Strategie Modell-, Experimentier- und Lernräume nachhaltiger Entwicklung sein und sehen partizipative Prozesse explizit vor.
- Dagegen gibt es für die meist als regionale Naturparks bezeichneten Schutzgebiete, die dem Romanischen Regionalparkkonzept zuzurechnen sind (RRP: romanischer Regionalpark), keine internationale, sondern nationale oder sub-nationale Vorgaben, die jedoch meist regionalwirtschaftliche (Kreislauf-)Förderung und Landschaftsentwicklung mittels partizipativer Verfahren anstreben.

In beiden Konzepten werden demnach Regionalentwicklung und partizipative Verfahren in direkten Zusammenhang gebracht (EISCHEN 2002).

3 Analyseraster und Vorgehen: Vier Verständnisse von Agenda-Prozessen und deren Umsetzung in Schutzgebieten

Um die Ausgangsfrage beantworten zu können – nämlich inwieweit Schutzgebiete als eigentliche Grundlagen lokal-regionaler Agenden nachhaltiger Entwicklung gelten können, ist das Verständnis bezüglich lokaler Agenden zentral. Im folgenden werden vier Verständnisse unterschieden, diese jeweils auf die Schutzgebietsdiskussion übertragen, bevor die Frage angegangen wird, ob die Erfahrungen mit Schutzgebieten den jeweiligen Anforderungen genügen.

3.1 Lokale Agenda 21 als Konsultations- *und* Konsensfindungsprozess zur Erreichung der (globalen) Ziele der Agenda 21 auf lokaler Ebene (Rio-Verständnis im engeren Sinne)

Die in Rio 1992 verabschiedete Agenda 21 definiert die Aufgabe der lokalen Agenda 21 als Konsultations- *und* Konsensfindungsprozess zur Erreichung der (globalen) Ziele der Agenda 21 auf lokaler Ebene: „Viele der in Agenda 21 aufgeführten Probleme und Lösungen beruhen auf *lokalen Maßnahmen*; deshalb kommt den Lokalbehörden bei der Durchsetzung einer nachhaltigen Entwicklung eine Schlüsselrolle zu. [...] Bis 1996 sollte jede *Lokalbehörde* ihre *Bürger befragt* und eine ‚lokale Agenda 21' für ihre Gemeinschaft ausgearbeitet haben. [...] [sie] sollten mit Bürgern und Gemeinschaften, Handels- und Industriebetrieben Kontakt aufnehmen, um Informationen zu sammeln und einen Konsens über nachhaltige Entwicklungsstrategien zu erzielen. Ein solcher Konsens würde ihnen erlauben, die *lokalen Programme, Politiken, Gesetze und Verordnungen* so *anzupassen*, dass die *Ziele der Agenda 21 erreicht* werden können" (KEATING 1993, 47, Hervorhebungen durch den Autor). Eckpunkte dieses Verständnisses sind demnach:

- Die Lokale Agenda 21 ist ein Konsultations- und Konsensfindungsprozess (TISCHER 2002, 185) zur Erreichung der globalen Ziele der Agenda 21 auf lokaler Ebene. Beispielsweise soll gemäß Kapitel 4 („Das Konsumverhalten ändern") das Konsumverhalten vor allem in den Industrienationen verändert werden.

- Partizipation (Mitwirkung) ist ein Mittel zum Zweck, die (globalen) Ziele der Agenda 21 lokal zu erreichen.
- Besonders einbezogen werden sollen folgende Akteursgruppen: Bürger, Gemeinschaften, Handels- und Industriebetriebe.
- Zudem sind gemäß Agenda 21, Abschnitt 3, Kapitel 24 bis 32 folgende Akteursgruppen bzw. deren Interessen besonders zu berücksichtigen: Frauen, Kinder und Jugendliche, Eingeborenenvölker, Nicht-Regierungsorganisationen (NRO), Arbeiter und Gewerkschaften, Wissenschaftler und Bauern.

Übertragen auf die Schutzgebietsdiskussion lautet die Hauptfragestellung gemäß diesem Verständnis: Können Schutzgebiete über Konsultations- *und* Konsensfindungsverfahren zur Lösung der in der Agenda 21 formulierten (globalen) Probleme auf lokaler Ebene *substantiell* beitragen? – Gemäß dieser Fragestellung wäre es das eigentliche Ziel, mittels Schutzgebieten die Lösung globaler Probleme auf lokaler Ebene entscheidend zu unterstützen.

Meine These zu den empirischen Erfahrungen ist ernüchternd: Nein; sie können nicht *substantiell* zur Lösung globaler Probleme auf lokaler Ebene beitragen. Weltweit betrachtet haben die 1998 gemäß den IUCN-Kategorien registrierten 12.754 Großschutzgebiete (IUCN 1998) sogar Mühe, ihren Urauftrag – den Schutz und Erhalt der Artenvielfalt und der Habitate – zu erfüllen. Sowohl weltweit als auch regional und im Alpenraum haben die Schutzgebiete jedoch durchaus graduelle Erfolge – primär als *defensive Instrumente* im Natur- und Landschaftsschutz – zu verzeichnen.

Dies bedeutet jedoch nicht, dass die Schutzgebiete als bedeutungslos anzusehen sind, denn: Ist das Ziel überhaupt realistisch, mittels lokaler Agenden 21 wesentlich zur Lösung globaler Probleme beizutragen? – Der bereits sehr hohe Eigenanspruch der UNESCO-Biosphärenreservate, Modellräume nachhaltiger Entwicklung zu sein, würde mit den Eigenansprüchen lokaler Agenden im Sinne des ursprünglichen Rio-Verständnisses noch hinaufgeschraubt.

So hat die ernüchternde Einschätzung des relativ geringen Lösungsbeitrags der Schutzgebiete zur Lösung globaler Probleme mit den impliziten Grundannahmen der Agenda 21 zu tun, nämlich

- dass viele der (globalen) Probleme lokal lösbar seien (bzw. dass diese lösbar seien, wenn viele Lokalbehörden Veränderungen im Sinne der Agenda 21 erzielten),
- dass gleichzeitig auch die lokalen Probleme lokal lösbar seien,
- dass „buttom up"-Prozesse viele der globalen und lokalen Probleme lösen könnten, und
- dass über die Summe relativ kleiner Maßnahmen große Veränderungen erwirkt werden können.

Solche Grundannahmen erinnern an „alte" Konzepte wie *community development* (gemeinschaftliche Entwicklung), Entwicklung „von unten" oder *self-reliance* (Vertrauen in die eigenen Kräfte) und die Agenda 21 insgesamt an ein *Big-Push*-Konzept (der Glaube, dass über eine geballte externe Unterstützung breite endogene Entwicklungsprozesse ausgelöst werden können). Solche Konzepte erwiesen sich in der entwicklungspolitischen Analyse immer wieder als Fehlschläge, gerade weil übergeordnete Zusammenhänge der lokalen Problemmanifestation zu stark außer acht gelassen wurden.

3.2 Lokale Agenda 21 als Mitwirkung relevanter Akteursgruppen zur Lösung der Probleme auf *lokaler* Ebene im Sinne nachhaltiger Entwicklung (Rio-Verständnis im weiteren Sinne)

Einiges bescheidener sind die Ansprüche des in der Praxis weiter verbreiteten Verständnisses lokaler Agenden, nämlich: Lokale Agenden als behördenverbindliche oder zumindest behördenrelevante Gestaltungsprozesse lokaler Entwicklung unter Mitwirkung der relevanten Akteursgruppen zur Lösung *lokaler* Probleme im Sinne nachhaltiger Entwicklung. Je nach Problemlage sind die jeweils relevanten Akteursgruppen einzubeziehen. Gemäß diesem Verständnis sind lokale Agenden im Rahmen nachhaltiger Entwicklung nur ein Element unter verschiedenen.

Auf die Großschutzgebietsdiskussion übertragen – und vor allem im Sinne des Biosphärenreservat- und des Romanischen Regionalparkkonzepts – wären mehrere Akteurgruppen zu berücksichtigen, nämlich

- *Nutzungsrelevante Akteurgruppen*, u. a. in den Bereichen Landwirtschaft, Forstwesen, Jagd, Natur- und Landschaftsschutz, Tourismus, Fischerei,
- *Akteursgruppen in regionalen Wertschöpfungsketten*, u. a. in den Bereichen Rohstoffverarbeitung, Holzwirtschaft, regionale Nahrungsmittelproduktion, regionale Energiegewinnung, Produktion regionaler Qualitätsgüter und regionaler Qualitätsdienstleistungen, und
- *Akteursgruppen mit hohem Einfluss auf die Bodennutzung, die Landnutzungsplanung und die Gestaltung regionaler Wertschöpfungsketten*, so u. a. Gemeinden, Regionalverbände, regionale Organisationen und administrative Dienste.

Daraus ergibt sich sinngemäß folgende Hauptfragestellung: Können Schutzgebiete über den Einbezug der lokal relevanten Akteursgruppen zur Lösung *lokaler* Probleme im Sinne nachhaltiger Entwicklung – der jeweiligen Schutzgebietskonzepte – beitragen?

Die Antwort darauf ist ebenfalls ernüchternd. Selbst im Biosphärenreservat Entlebuch, das partizipative Prozesse relativ erfolgreich anstoßen konnte, sind die lokalen Agenda 21-Prozesse wenig erfolgreich und kaum in einen größeren Entwicklungskontext integriert (HERGER et al. 2003). Insbesondere fehlt die Gesamtsicht der lokalen Entwicklung, eine genügende Vernetzung der lokalen Agenden mit den regionalen Projekten, dem Regionalmanagement des Biosphärenreservats und der strategischen Gestaltung in der Region selbst. Aus den lokalen Agenden ergeben sich zwar Gemeindeprojekte, die durchaus einen Beitrag an die nachhaltige Entwicklung leisten, jedoch keine breiten partizipativen, regionalen Mitwirkungsprozesse. Insgesamt scheint die *lokale* Mitwirkung in Schutzgebieten außerhalb der üblichen politischen Verfahren einen schweren Stand zu haben.

3.3 Lokale Agenda 21 als nachhaltige (Regional-)Entwicklung „von unten"

Grundsätzlich sieht dies jedoch anders aus, wenn die Lokale Agenda 21 in einem weiteren Sinne als Grundlage der Mitwirkung in Regionalentwicklungsprozessen „von unten" interpretiert wird. PERMIEN (2001) betrachtet die Lokale Agenda 21 durchaus als Baustein der Regionalentwicklung, wenn die regional unterschiedliche Ressourcenlage berücksichtigt, die Beteiligung der lokalen Akteure gesichert und der Prozesscharakter nachhaltigen Entwicklung beachtet wird. Da Partizipation (Beteiligung) ganz unterschiedliche Formen annehmen kann, je nach Verständnis auch nur die Information der Akteure oder die Kommunikation mit den Akteuren umfasst (SCHNORR 2002, 10ff), kommt dem Mitwirkungsprozess auf lokaler Ebene weniger Bedeutung zu. Dagegen werden entsprechend den Konzepten der nachhaltigen Regionalentwicklung die regionalen Akteursgruppen wichtig, so gemäß den Dimensionen nachhaltiger Regionalentwicklung solche in den Bereichen Regionalwirtschaft (u. a. Handel, Industrie, Landwirtschaft, Tourismus), Sozio-Kulturelles (u. a. Sozialverbände, Heimatschutz) und Natur-, Landschafts- und Umweltschutz sowie Zivilgesellschaft (u. a. Nicht-Regierungsorganisationen, Bürgervereinigungen), Interessengruppen aller Art und Öffentliche Institutionen (u. a. Lokalbehörden, Gemeinden, Gemeindeverbände).

Die Hauptfragestellung lautet gemäss diesem Verständnis: Können Schutzgebiete über die Mitwirkung der lokal-regionalen Akteursgruppen zur Lösung der *regionalen* Probleme im Sinne nachhaltiger Entwicklung beitragen?

Die These auf diese Fragestellung fällt positiver als diejenigen zu den beiden vorhergehenden Verständnissen aus: Ja, Schutzgebiete können sehr wohl – zumindest graduell – über regionale Mitwirkungsprozesse zu einer nachhaltigen Regionalentwicklung beitragen.

Für mich war überraschend zu erkennen, dass sich Akteursgruppen im Rahmen von Schutzgebietsstrategien auf *regionaler* Ebene besser organisieren und einbinden lassen als auf lokaler Ebene. Es ist offenbar einfacher, regionale Exponenten und „Zukunftssucher" der Akteursgruppen auf regionaler Ebene zu finden, zu motivieren und zu organisieren (wie u. a. die Beispiele Entlebuch und Binder-Lere zeigen). Jedoch trifft dies nicht auf alle Akteursgruppen zu, sondern primär auf die „traditionellen" regionalwirtschaftlichen Akteure, die sich über regionale Wertschöpfungsketten und die regionale Vermarktung eine wirtschaftliche Prolemlösung erhoffen (so u. a. in Land- und Forstwirtschaft sowie im Tourismus im Biosphärenreservat Entlebuch bzw. in der Fischerei und Landwirtschaft im Projekt Biosphärenreservat Binder-Lere).

Bei der Betrachtung der potentiell relevanten Akteursgruppen für eine nachhaltige Regionalentwicklung fällt denn auch auf, dass das Spektrum dieser in den untersuchten Beispielen eng ist. So fehlen im Biosphärenreservat Entlebuch Akteure aus Handel und Industrie weitgehend, ebenso solche aus dem sozio-kulturellen Bereich, aus Natur- und Landschaftsschutz und auch Gruppierungen aus der Zivilgesellschaft. Die Mitwirkung beschränkt sich auf einige wenige Akteursgruppen; doch werden über ein aktives Partizipationsmanagement bewusst immer mehr Akteursgruppen einbezogen.

Eine zweite These sei erlaubt: Der primäre direkte bzw. kurzfristige Beitrag der regionalen Mitwirkungsprozesse in Schutzgebieten kommt jedoch weder der wirtschaftlichen noch der umweltrelevanten Dimension nachhaltiger Regionalentwicklung zugute, sondern zuerst einmal der *sozio-kulturellen* Dimension: Über die Mitwirkung der „traditionellen" Nutzungsgruppen und das Suchen nach neuen wirtschaftlichen Perspektiven werden 1) „traditionelle" Bereiche (u. a. Berglandwirtschaft, Wandertourismus) aufgewertet und in einen zukunftsfähigen Kontext eingebettet, 2) über prospektive Konzepte ein Vergangenheitsbezug hergestellt und 3) das jeweilige „traditionelle" Selbstverständnis zukunftsträchtig gestaltet, so dass Aspekte der Aufwertung der regionalen Identität sowohl im Inneren (u. a. Zusammenarbeit anstatt

Konkurrenz) als auch gegen außen (u. a. Marketing: Verkauf regionaler Produkte und Dienstleistungen sowie der Region insgesamt) zentral werden. Die Stärkung der sozio-kulturellen Dimension wirkt sodann fördernd für Innovationen allgemein und speziell für neue regionale Wertschöpfungsketten. Die Akteursgruppen selbst betonen denn auch die Wichtigkeit soziokultureller Aspekte (u. a. Austausch unter verschiedenen Interessengruppen und über die Dörfer bzw. Gemeinden hinaus, regionale Zusammenarbeit, gemeinsames Suchen nach Lösungen, Aufwertung von lokal-regionalen Produkten, Dienstleistungen und Nutzungsformen).

3.4 Lokale Agenda 21 als neuer Politiktypus

Letztere Aussagen führen womöglich zum Kern von Lokalen Agenden. Sie können im Sinne von BRAND / WARSEWA (2003) als neuer Politiktypus verstanden werden, als Politikverständnis basierend auf *Partizipation*, *Dialog* und *Konsens*. Lokale Agenden stellen neue Dialogformen und Beteiligungsmodelle sowie innovative, zukunftsfähige Problemlösungsverfahren dar. Dabei geht es um eine „möglichst umfassende Beteiligung der [...] gesellschaftlichen Gruppen an einer dialogischen, möglichst konsensuellen Formulierung und Umsetzung von Nachhaltigkeitszielen". Im Zentrum stehen „innovative, zukunftsfähige Problemlösungen der jeweils beteiligten Akteure trotz aller Wert- und Interessendivergenzen" (BRAND / WARSEWA 2003, 15). Damit ist eine lokale Agenda zugleich soziale Organisation *und* zielgerichteter, gesellschaftsverändernder Prozess (BRAND / WARSEWA 2003, 16).

Aufgrund ihrer vielfältigen Erfahrungen mit Agenda-Prozessen setzen BRAND / WARSEWA – aber auch andere wie ROGALL (2003, 197ff) – die Ziele hoch an. Wenn es keine Reformen der etablierten Politikstrukturen und der Kriterien der Problembearbeitungsabläufe gibt, ist der Zweck verfehlt und die Akteure verlieren früher oder später die Motivation (Stichwort Agenda 21 als „Strohfeuer"). Die Agenda würde auf ein Verwaltungsprogramm oder ein einmaliges Projekt reduziert, und die Agenda-Prozesse könnten nicht stabilisiert werden. In dieser Sicht sind Reformen unabdingbar. Damit die Agenda 21 ihre Ziele erreichen kann, muss sie zum Motor eines kooperativ gestalteten (kommunalen) Reformprozesses und Teil des weltweiten Reformprozesses auf verschiedenen Ebenen werden. So sollte sie die Funktion eines „Kommunikations-Motors" und einer „Vernetzungsagentur" übernehmen können (BRAND / WARSEWA 2003, 18).

Damit Agenda-Prozesse aufrecht erhalten werden können, sind gemäß BRAND / WARSEWA (2003, 19ff) Stabilisierungsbedingungen grundlegend. Dazu gehören – jeweils bezogen auf die Lokale Agenda 21 – ein hoher politischer Stellenwert, eine hohe Sichtbarkeit, die Integration von Themen und Akteuren, ein gezieltes Partizipationsmanagement, ein effizientes Prozessmanagement sowie ein Nachhaltigkeits-Controlling, damit Erfolge auch messbar und sichtbar werden.

Auf die Schutzgebietsdiskussion übertragen lautet die Fragestellung demnach: Können über Schutzgebiete innovative, zukunftsfähige Problemlösungsverfahren – Agenda 21 als soziale Organisation – zur Etablierung *und* Stabilisierung *gesellschaftsverändernder Prozesse* in Richtung nachhaltiger Entwicklung erzeugt werden?

Meine Hypothese dazu lautet: Jawohl, wenn es gelingt, die dazu notwendigen Reformen vorzunehmen, entsprechende Institutionen zu bilden und am Leben zu erhalten und diesen sowohl „von oben" als auch „von unten" eine gewisse Legitimität zu verschaffen.

Entwicklungsstrategien im Spannungsfeld von Geopolitik und lokalen Agenden

Der Institutionsentwicklung kommt damit eine zentrale Bedeutung zu, und zwar auf zwei Ebenen: einerseits auf der Ebene des Schutzgebiets, andererseits auf der Ebene der regionalen Akteure. Falls das Schutzgebietsmanagement – wie häufig der Fall – einer Verwaltungsstelle des Umwelt- und Naturschutzes unterstellt ist, dürfte es schwierig sein, „gesellschaftsverändernde Prozesse" seitens des Schutzgebiets zu unterstützen. Ebenso ist eine gewisse – jedoch flexible – Institutionalisierung der regionalen Akteure sinnvoll.

Ein Modell könnte das Biosphärenreservat Entlebuch (Kanton Luzern, Schweiz) darstellen, falls sich die eingeleiteten Reformen und institutionellen Entwicklungen als tragfähig erweisen sollten (HAMMER 2003b):

- Die Trägerschaft ist nicht eine Verwaltungsstelle, sondern ein speziell weiter entwickelter Regionalplanungsverband (RPV), der von den acht betroffenen Gemeinden selbst gebildet wird (ein von Kanton und Bund anerkannter supra-kommunaler Gemeindeverband). In der Delegiertenversammlung sitzen 40 Gemeindevertreter, die vor dem Hintergrund des Biosphärenreservat-Konzepts die strategische Ausrichtung des Schutzgebiets – und damit der Region! – vorgeben.
- Das Regionalmanagement der UNESCO Biosphäre Entlebuch untersteht dem Vorstand des Regionalplanungsverbands und ist primär für die Konzeptentwicklung und die operative Umsetzung verantwortlich. Es arbeitet sowohl mit den Gemeinden als auch mit verschiedensten Akteuren eng zusammen und koordiniert zwischen „unten" (u. a. Akteurgruppen) und „oben" (u. a. Sektorpolitiken).
- Die Akteure selbst sind in Foren und Arbeitsgruppen organisiert, in denen sie gemeinsam Projekte entwickeln und dabei vom Regionalmanagement unterstützt werden. Beispiele von erfolgreichen Projekten sind die Zertifizierung regionaler Produkte oder der Erhalt des Labels „Energiestadt".
- Um die vielen Projekte auf der Ebene der Foren und Arbeitsgruppen abzustimmen, wurde ein Koordinationsgremium aus Vertretern der Foren, Arbeitsgruppen und des Regionalmanagements gebildet, das die Absprache und die Vernetzung der Projekte weiter fördert.

Damit kommt das Biosphärenreservat Entlebuch den oben skizzierten Anforderungen recht nahe: Es hat zu gewissen institutionellen Reformen und Reformen in politischen Abläufen geführt sowie neue Dialogformen und Beteiligungsmodelle ermöglicht. Ob dadurch auch gesellschaftsverändernde Prozesse in Richtung nachhaltiger Entwicklung etabliert und diese stabilisiert werden können, wird aber erst die nahe Zukunft zeigen.

Großschutzgebiete und insbesondere neuere Schutzgebietskonzepte wie das Romanische Regionalpark- und das UNESCO-Biosphärenreservat-Konzept können dann zu wichtigen Grundlagen regionaler Agenden nachhaltiger Entwicklung werden, wenn

- in ländlich-peripheren Regionen ein gewisser *Problem- und Leidensdruck* vorhanden ist, der über *naturorientierte Produktionsformen* in eher „traditionellen" Bereichen wie Landwirtschaft, Fischerei, Waldwirtschaft und Tourismus gelindert werden kann (u. a. naturorientierter Tourismus, regionale Qualitätsprodukte),
- *funktionierende Verwaltungs- bzw. Gemeindeinstitutionen* vorhanden sind, die gewisse Aufgaben delegieren wollen und *institutionelle Reformen* bzw. *Reformen in Abläufen* überhaupt zulassen,

- ein *Regionalmanagement*, losgelöst vom institutionellen Natur- und Umweltschutz und betraut mit Aufgaben *aller* Dimensionen nachhaltiger Entwicklung, eingesetzt wird und optimal arbeiten kann,
- es dem Regionalmanagement gelingt, die Probleme „von unten" (d. h. die regionalen Probleme), die Politikbereiche „von oben" (u. a. Sektorpolitiken) und die Nachfrage von außen (u. a. Nachfrage im Tourismus) zu kohärenten Lösungsansätzen zu integrieren,
- dazu die Akteure erfolgreich in *neue Problemlösungsverfahren* einbezogen werden können und eine gewisse *Institutionalisierung der Beteiligung* gelingt und
- wenn schließlich *Projekte erfolgreich verlaufen* bzw. mit dem Schutzgebiet eine *mehrdimensionale Wertschöpfung* erfolgt, so in kulturellen (u. a. regionale Identität), sozialen (u. a. Arbeitsplätze) und regionalwirtschaftlichen (u. a. Einkommen) Bereichen.

Dieses sind im Sinne von BRENDLE (1999) wichtige politisch-institutionelle, konstitutive Bausteine eines erfolgversprechenden Agenda-Managements, so dass Schutzgebiete zu Grundlagen lokal-regionaler Agenden werden können; sie garantieren jedoch keinen Erfolg. Doch wird mit den erwähnten Bedingungen ein neues, langfristiges Denken und Handeln – wozu Schutzgebiete an sich den idealen Rahmen vorgeben – zumindest denkbar, so wie andere Studien belegen (BRAND / WARSEWA 2003; ULLI-BEER / MOSLER 2003).

Für die Schutzgebietsforschung – und die Erforschung der Agenda-Prozesse allgemein – liegt die Schlussfolgerung nahe: Zukünftige sozialwissenschaftliche Forschung sollte sich verstärkt mit Fragen der Institutionalisierung und institutionellen Regelung von Schutzgebieten und Agenda-Prozessen, der Institutionalisierung und institutionellen Regelung der Beteiligung und Mitwirkung sowie der Stabilisierung von Mitwirkungsprozessen auseinander setzen.

Literatur

BALZER, E. (1998): Kooperation und Beteiligung im Biosphärenreservat Rhön. Verfahrensmodelle für eine nachhaltige Entwicklung? [Staatsexamensarbeit, Institut für Politikwissenschaften, Univ. Marburg]
BRAND, K.-W. / WARSEWA, G. (2003): Lokale Agenda 21: Perspektiven eines neuen Politiktypus. In: GAIA 12(1). – 15-23.
BRECHTEL, K. (2002): Beteiligungsmethoden in der Regionalentwicklung. – In: GERBER, A. / KONOLD, W. (Hrsg.): Nachhaltige Regionalentwicklung durch Kooperation – Wissenschaft und Praxis im Dialog. (= Culterra, 29, Schriftenreihe des Instituts für Landespflege der Universität Freiburg). – Freiburg. 177-180.
BRENDLE, U. (1999): Musterlösungen im Naturschutz – Politische Bausteine für erfolgreiches Handeln. – Bonn-Bad Godesberg. 198-211.
BROGGI, M. F. / STAUB, R. / RUFFINI, F. V. (1999): Grossflächige Schutzgebiete im Alpenraum. – Berlin, Wien.
EISCHEN, A.-M. (2002): Vers un développement régional durable grâce aux espaces protégés? Evaluation des différents concepts d'espaces protégés pratiqués en France et étude de cas du Luberon en Provence. [Travail de diplôme, Université de Fribourg]
HAMMER, T. (2003a): Schutzgebiete als Instrumente der Regionalentwicklung im Alpenraum? – In: Berichte zur deutschen Landeskunde 77(2-3). – 187-208.
HAMMER, T. (2003b): Mensch – Natur – Landschaft: Exkursionen im Biosphärenreservat Entlebuch. (= Geographica Bernensia, B14). – Bern.

HAMMER, T. (Hrsg.) (2003c): Großschutzgebiete – Instrumente nachhaltiger Entwicklung. – München.
HEINTEL, M. (2000): Voraussetzungen nachhaltiger Regionalentwicklung im Rahmen der Agenda 21: Theoretische Einblicke – praxisbezogener Ausblick. – In: MOSE, I. / WEIXLBAUMER, N. (Hrsg.): Regionen mit Zukunft? Nachhaltige Regionalentwicklung als Leitbild ländlicher Räume. (= MUWV, Materialien Umweltwissenschaften Vechta, 8). – Vechta. 6-17.
HERGER, U. et al. (2003): Mitwirkungs- und Agenda-21-Prozesse im Biosphärenreservat Entlebuch. Interdisziplinäre Projektarbeit in Allgemeiner Ökologie, Interfakultäre Koordinationsstelle für Allgemeine Ökologie (IKAÖ), Universität Bern. – Bern.
IUCN (International Union for the Conservation of Nature and Natural Resources) (1998): Press release to the United Nations List of Protected Areas. – Gland, Cambridge.
IUCN (International Union for the Conservation of Nature and Natural Resources) (1994): Guidelines for Protected Area Management Categories. – Gland.
KEATING, M. (1993): Erdgipfel 1992 – Agenda für eine nachhaltige Entwicklung. Centre for Our Common Future. – Genf.
KÜPFER, I. (2000): Die regionalwirtschaftliche Bedeutung des Nationalparktourismus – untersucht am Beispiel des Schweizerischen Nationalparks. (= Nationalpark-Forschung in der Schweiz, 90). – Zernez.
MOSE, I. / WEIXLBAUMER, N. (Hrsg.) (2002): Naturschutz – Großschutzgebiete und Regionalentwicklung. (= Naturschutz und Freizeitgesellschaft, 5). – Aachen.
PERMIEN, T. (2001): Lokale Agenda 21 als Baustein der Regionalentwicklung. – In: BEHRENS, H. / DEHNE, P. / KAETHER, J. (Hrsg.): Regionalmanagement – Der Weg zu einer nachhaltigen Regionalentwicklung. (= Schriftenreihe der Fachhochschule Neubrandenburg, 15). – Neubrandenburg. 57-63.
RATTER, B. (2002): Bevölkerungsbeteiligung und Umweltschutz im Wattenmeer. Herausforderungen an ein integriertes Küstenzonenmanagement. – In: Geographische Rundschau 54(12). – 16-20.
ROGALL, H. (2003): Akteure der nachhaltigen Entwicklung. Der ökologische Reformstau und seine Gründe. – München.
SCHNORR, K. (2002): Partizipation im Projekt Biosphärenreservat Entlebuch. [Diplomarbeit, Geographisches Institut, Universität Zürich]
TISCHER, M. (2002): Vom Messen zum Handeln – Messen und Bewerten in lokalen und regionalen Agenda-Prozessen. – In: GERBER, A. / KONOLD, W. (Hrsg.): Nachhaltige Regionalentwicklung durch Kooperation – Wissenschaft und Praxis im Dialog. (= Culterra, 29, Schriftenreihe des Instituts für Landespflege der Universität Freiburg). – Freiburg. 185-189.
ULLI-BEER, S. / MOSLER, H.-J. (2003): Erfahrungen mit der Lokalen Agenda 21 in Schweizer Gemeinden. – In: GAIA 12(1). – 24-28.
VOGT, L. / JOB, H. (2003): Strukturelle Differenzierung ausgewählter Alpen-Nationalparks hinsichtlich der nachhaltigen Inwertsetzung ihrer Schutzgüter. – In: HAMMER, T. (Hrsg.): Großschutzgebiete – Instrumente nachhaltiger Entwicklung. – München. 137-177.
WEIXLBAUMER, N. (1998): Gebietsschutz in Europa: Konzeption – Perzeption – Akzeptanz. Ein Beispiel angewandter Sozialgeographie am Fall des Regionalparkkonzeptes in Friaul-Julisch Venetien. (= Beiträge zur Bevölkerungs- und Sozialgeographie, 8). – Wien.

Sibylle **REINFRIED** (Zürich)

Leitthema D5 – Entwicklungsperspektiven in der Fachdidaktik

Das Leitthema D steht unter dem Titel „Entwicklungsstrategien im Spannungsfeld von Geopolitik und lokalen Agenden". Der Leitthemensitzung D5 „Entwicklungsperspektiven in der Fachdidaktik" kommt in diesem Kontext die Aufgabe zu, neue Entwicklungen im heutigen bildungspolitischen Umfeld in ihrer Bedeutung für die Geographiedidaktik und den Geographieunterricht in einer sich verändernden globalisierten Welt zu umreißen. In den Vorträgen werden neue Erkenntnisse und Betrachtungsweisen aus anderen Wissenschaftsbereichen, wie beispielsweise der Neurobiologie, der Wissenschaftstheorie oder den Umweltwissenschaften, in geographiedidaktische Konzepte einbezogen und die Konsequenzen dieser neuen Ansätze und Erkenntnisse für das Schulfach Geographie dargestellt.

Bezugnehmend auf die jüngeren Erkenntnisse der Neuro- und Evolutionsbiologie beleuchtet H. Köck Forschungsergebnisse der Geographiedidaktik zur alters- und geschlechtsbezogenen Raumwahrnehmung, zum Raumverhalten und zu Raumemotionen neu. Er benennt Defizite der geographiedidaktischen Forschung, skizziert aber auch, was heute schon, unter Einbezug des bekannten Wissens über evolutionsbiologisch erworbene Verhaltensdispositionen, getan werden könnte, um positive raumbezogene Kognitionsleistungen von Schülerinnen und Schülern im Geographieunterricht zu fördern.

T. Rhode-Jüchtern nähert sich der Frage der Erkenntnis in Wissenschaft und Unterricht mit einem Exkurs über die modernen Naturwissenschaften, die er einer weitreichenden Wissenschaftskritik unterzieht. Wissen und Erkenntnis sind auch dann, wenn eine klare Begrifflichkeit vorliegt, interpretierbar und unterliegen Werturteilen. Am Beispiel der Megalopolis von Lagos (Nigeria) stellt er unter Einbezug verschiedener Maßstabsebenen und Sachaspekte ein Konzept vor, mit dem durch narratives, imaginäres und verständnisintensives Lernen Wissen und Verständnis und damit Erkenntnis über geographische Sachverhalte erworben werden können.

A. Rempfler knüpft an aktuellen Ansätzen der fachdidaktischen Forschung an, indem er den systemtheoretischen Ansatz mit der konstruktivistischen Perspektive zu einem integrativen Modell kombiniert, in dem beide eng aufeinander bezogen sind. An einem von ihm ausgearbeiteten und erprobten Unterrichtsbeispiel über die Alpen zeigt er am Thema Permafrost auf, wie sein Modell durch die kritische Gegenüberstellung von subjektiven Vorstellungen und erarbeitetem objektiven Wissen im Unterricht umgesetzt werden kann.

Ausgehend von den zukünftigen Kernproblemen der Menschheit, wie Bevölkerungs- und Wohlstandswachstum, erläutert E. Kroß deren globale Dimension und begründet damit die Notwendigkeit des Globalen Lernens. Der Weg dazu führt über das Wissen und Handeln. An einem vierdimensionalen Modell, einem didaktischen Würfel mit den Dimensionen Raum, Zeit, Lernziele und Inhalte, begründet Kroß, warum Globales Lernen nicht nur im Unterricht stattfinden soll, sondern warum Geographieunterricht im curricularen Sinn mit Globalem Lernen gleichzusetzen ist.

Helmuth **KÖCK** (Landau)

Endogene Hemmnisse und Potentiale geographischen Lehrens und Lernens

1 Ausgangsposition und Fragestellung

Wenn ich von Hemmnissen und Potentialen geographischen Lehrens und Lernens spreche, so beinhalten diese beiden Begriffe bereits bestimmte Bewertungen entsprechender Dispositionen der Lerner: Hemmnisse stellen dann negativ, Potentiale positiv bewertete Dispositionen dar. Allerdings ist diese Bewertung kontextabhängig, in unserem Fall abhängig von der Aufgabenstellung des Geographieunterrichts, nämlich die Fähigkeit und Bereitschaft zu kompetentem Raumverhalten in der Welt aufzubauen. Im Lichte dieser Intention erscheint beispielsweise die Hier-Orientierung menschlichen Raumverhaltens eher hemmend, da sie der zunehmend verhaltensbedeutsameren Ferne-Orientierung im Wege steht oder zumindest stehen kann. Existentiell betrachtet ist sie dagegen unabdingbar und stellt sie somit ein Potential dar.

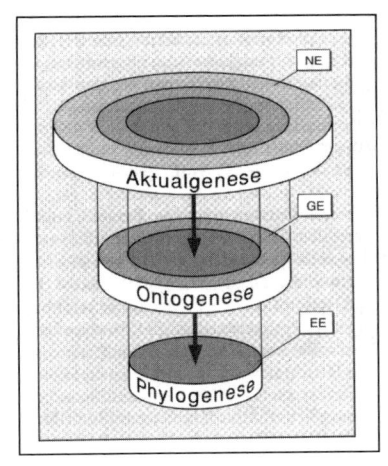

Abb. 1: Beziehung zwischen evolutionärer (EE), genetischer (GE) und neuronaler (NE) Erkenntnistheorie. (Quelle: OESER / SEITELBERGER 1995², 196)

Wenn ich dabei von *endogenen* Hemmnissen und Potentialen spreche, so sind damit solche Dispositionen gemeint, die in der Person des Lernsubjekts begründet, also gewissermaßen ‚innenbürtig' sind. Endogen sind die betreffenden Dispositionen dabei in doppeltem Sinn: Zum einen betrifft dies ihre je aktuelle Ausprägung oder Manifestation, z. B. ein bestimmtes Komplexitätsniveau räumlichen Denkens bewältigen zu können. Zum anderen bezieht sich endogen auf ihr Zustandekommen, und zwar soweit sie eine Funktion phylogenetischer, also stammesgeschichtlicher, wie ontogenetischer, also individualgeschichtlicher Anpassungs- und Entwicklungsprozesse des Gehirns korrespondierend zu den jeweiligen abiotischen, biotischen und soziokulturellen Um- bzw. Außenweltbedingungen und -wirkungen sind (vgl. Abb. 1; KÖSTERS 1993, 340; OESER / SEITELBERGER 1995², 25ff, 37ff, 87, 142, 190ff; RIEDL 1985, 43-80; STRAUCH 2003, 302f; VESTER 1999²⁶, 15-52).

Im Lichte ihrer in der geographiedidaktischen Forschung bislang nicht beachteten evolutionär wie ontogenetisch bedingten neurobiologischen Verankerung ergeben sich für manche der für geographisches Lehren und Lernen relevanten endogenen Dispositionen interessante und wichtige erkenntnis- ebenso wie technologisch orientierte Forschungsperspektiven.

2 Endogene Dispositionen der Raumkognition

Unter den Dispositionen der Raumkognition stellt das *räumliche Denken* eine Grunddisposition geographischen Lehrens und Lernens dar. Dies findet auch darin seinen Ausdruck, dass räumliches Denken in der Psychologie zu den klassischen Intelligenzfaktoren gerechnet wird (vgl. BLOOM 1971, 98f; ROST 1977, 15, 20f; STURZEBECHER 1972). Indem die Lerner prinzipiell in der Lage sind, erdbezogene räumliche Konstrukte gedanklich herzustellen, zu bearbeiten und zu handhaben, ist die Disposition zu räumlichem Denken zunächst als Potential zu werten. Da es hinsichtlich Abstraktions- und Komplexitätsgrad erheblich, wenngleich nicht beliebig steigerbar ist, stellt räumliches Denken ein hochwertiges Potential dar.

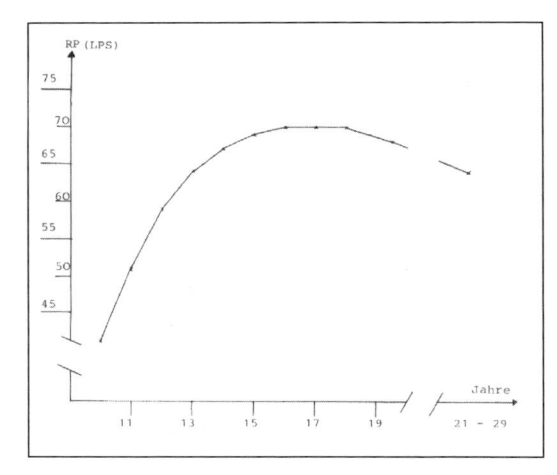

Abb. 2: Entwicklung der Raumvorstellungsfähigkeit. (Quelle: ROST 1977, 46; nach Horn 1962)

Allerdings nimmt die *altersparallele* Entwicklung dieses Potentials einen gespaltenen Verlauf. Dies haben vor allem Untersuchungen der Psychologie zur Entwicklung der Raumvorstellungsfähigkeit gezeigt. Unter Einbezug der Vor- und Grundschulzeit erweist sich räumliches Denken zunächst als progressiv wachsendes Potential (vgl. Abb. 2, hier jedoch ohne Vor- und Grundschulzeit). Danach „sind bis zum 9./10. Lebensjahr rund 50% und bis zum 12.-14. Lebensjahr 80% der Raumvorstellungsfähigkeit (gemessen an den Leistungen von Erwachsenen) entwickelt" (ROST 1977, 47). Zu zwar nicht ganz so ‚schönen', strukturell jedoch analogen Kurven ist in der Geographiedidaktik SCHRETTENBRUNNER (1978) bei einigen Untertests seiner auf ‚Kartentests' basierenden Untersuchung gelangt. Ähnliches ergibt sich aus Untersuchungen etwa von HEINEKEN / BANCIC / GIPMANS (1986) und KÖCK (1984).

Für die weitere geographiedidaktische Forschung sind aus diesen Befunden mindestens zwei Folgerungen zu ziehen und zu überprüfen:

- Zum einen müsste untersucht werden, ob sich im Kontext *geographischen* Raumverständnisses ähnliche relative, also auf Erwachsene im Alter von 30/40 Jahren oder auf das schulische Maximum im Alter von etwa 16 bis 18 Jahren bezogene Kurvenverläufe ergeben.
- Zum zweiten wäre zu untersuchen, ob der gängige Geographieunterricht die Schüler vor allem der 5. und 6. Klasse nicht unterfordert, das vorhandene Potential also unzureichend ausschöpft. Täte er dies, würde er dem Anspruch der Lerner auf optimale/maximale geistige Förderung nicht gerecht und müsste dementsprechend umkonzipiert werden.

Helmuth KÖCK

Verfolgt man nun in Abb. 2 den weiteren Verlauf der Kurve der Raumvorstellungsfähigkeit, wie er sich zunächst wiederum aus der psychologischen Forschung darstellt, so schwenkt der progressiv-lineare Leistungsanstieg jenseits des 11./12. Lebensjahrs um in einen konvexen Verlauf mit abnehmenden Zuwachsraten, bis der Höhepunkt im Alter von etwa 16 bis 18 Jahren erreicht ist und jenseits hiervon eine tendenzielle Abnahme der Leistungshöhe erkennbar wird (ROST 1977, 46). Partielle geographiedidaktische Bestätigung hierfür findet man wiederum bei einigen Untertests SCHRETTENBRUNNERs (1978) sowie bei HEINEKEN et al. (1986) und auch bei KÖCK (1984). Im Unterschied zum Potentialcharakter des zuvor besprochenen Kurvenabschnitts assoziiert man mit diesem Abschnitt nun eher ein Hemmnis.

Offenbar schlägt hier die seit der evolutionären Vorzeit bis zum frühen 19. Jahrhundert vorherrschende durchweg begrenzte, strukturell einfache und überschaubare Beschaffenheit menschlicher Lebensräume durch, in Korrespondenz zu und Wechselwirkung mit welchen das menschliche Gehirn nur ein entsprechend begrenztes, per genetischer Mitgift stets reproduziertes nicht beliebig steigerbares raumbezogenes Leistungsvermögen herausgebildet hat, das zur mittlerweile erreichten Reichweite und Komplexität wie auch Abstraktheit menschheitlicher wie individueller lebensräumlicher Verhältnisse in einem grotesken Missverhältnis steht und angesichts des evolutionären Schneckentempos so schnell auch nicht dramatisch gesteigert und an jene angepasst werden kann (vgl. EICHLER 1993, 27; KÖSTERS 1993, 355-395; VERBEEK 1998^3, 18ff; WUKETITS 1993, 59ff).

Dass dieses Hemmnis gleichwohl keinen absoluten Stillstand oder Grenzwert bedeutet, belegt vor allem die jüngste Hirnforschung. Danach ist und bleibt das trainierte Gehirn lebenslang dynamisch, formbar, was sich vor allem in Um- und Restrukturierung, Verdickung, Verdichtung, Wachstum der Synapsen, bei ausbleibender Beanspruchung allerdings auch in deren Rückbildung äußert (vgl. OERTER 1998^4, 282; OESER / SEITELBERGER 1995^2, 40ff; RATEY 2001, 24ff, 46ff, 450; SPITZER 2002, 52, 94, 227ff, 277f; STRAUCH 2003, 45, 64ff). Damit dazu auch der Geographieunterricht sein Scherflein beitragen kann, ist eine prinzipielle dosierte Höherorientierung im Leistungsanspruch vonnöten, eine Niveausenkung vor allem in der Sekundarstufe II, aber auch generell dagegen kontraproduktiv. In diesem Sinne zitiert STRAUCH (2003, 306) David Fassler, einen amerikanischen Psychiater, mit Bezug auf die Jugendlichen: „Wir müssen sie [die Jugendlichen, Anm. d. Verf.] [...] bis an ihre Grenzen oder knapp darüber hinaus fordern [...]". Auf welchem Niveau sich dabei die Leistungsgrenze in der Geographie befindet, ist eine interessante, aber schwierig zu klärende geographiedidaktische Forschungsfrage. Dies umso mehr, als jene interindividuell stark differiert und sich intraindividuell lernbedingt zwangsläufig dynamisch verändert. Neben dieser erkenntnisorientierten ist jedoch auch die technologische Forschungsfrage von Interesse, nämlich, wie man das wirkliche Leistungsmaximum unterrichtlich erreichen und entwicklungsparallel steigern kann.

Nach dieser entwicklungsbezogenen Betrachtung möchte ich die endogene Disposition zur Raumkognition nun *geschlechtsbezogen* charakterisieren. Diesbezüglich ist mittlerweile sowohl durch die geographiedidaktische (vgl. SCHRETTENBRUNNER 1978; HEINEKEN et al. 1986, 33ff; OESER 1987, 123ff; SCHEE 1988, 74; HEMMER 1995, 214ff) als auch durch die psychologische sowie neurophysiologische Forschung (vgl. z. B. ROST 1977, 29ff; WITELSON 1979; RESTAK 1980; HARRIS 1981; ORSINI et al. 1982; TRAUTNER 1991, 359ff; RUBNER 1996; RATEY 2001, 330ff) vielfach belegt, dass die Jungen gegenüber den Mädchen eine durchschnittlich höher ausgeprägte Fähigkeit zum räumlichen Denken besitzen. Zu spezifizieren ist dieser generelle Befund durch zwei modifizierende Ausprägungen: So streuen die Werte der Jungen stärker als diejenigen der Mädchen. Zudem sind auch Mädchen zu raumbezogenen Spitzenleistungen fähig, jedoch in geringerer Anzahl als die Jungen. Zur Demonstration dieses geschlechtsspezifischen Leistungsunterschieds sei auf eine Darstellung aus SCHRETTENBRUNNER (1978) zurückgegriffen (vgl. Abb. 3). Über alle vier von Schrettenbrunner untersuchten Jahrgangsstufen hinweg ist die durch die Jungen erbrachte Leistung „höchst signifikant (p < 0,001)" besser als die der Mädchen, und zwar unabhängig von der Intelligenz (SCHRETTENBRUNNER 1978, 67, 73).

Abb. 3: Entwicklung der Raumvorstellungsfähigkeit im Vergleich der Geschlechter. (Quelle: SCHRETTENBRUNNER 1978, 66, verändert)

Fragt man nun, warum dies so ist, so wird der endogene Charakter dieser unterschiedlichen Disponiertheit von Jungen und Mädchen erst eigentlich evident. Denn strukturell-funktional resultiert diese Differenz aus der unterschiedlichen Beschaffenheit und Funktionsweise von männlichem und weiblichem Gehirn (vgl. DAMASIO 1997³, 103f; HARRIS 1981, 97ff; OESER / SEITELBERGER 1995², 67f; RATEY 2001, 330ff; RESTAK 1980; ROST 1977, 36f; RUBNER 1996; STRAUCH 2003, 195ff; TRAUTNER 1991, 359ff; WITELSON 1979, 345ff): Im Kern besteht dieser Unterschied in einer Asymmetrie bzw. unterschiedlichen Spezialisierung der beiden Hirnhälften im Vergleich der beiden Geschlechter. So dominieren zwar generell in der linken Hirnhälfte die verbal-analytisch-schlussfolgernden, in der rechten Hirnhälfte dagegen die visuell-räumlich-ganzheitlichen Operationen. Während das männliche Geschlecht zum Sprechen jedoch nur die linke und für raumbezogene Operationen nur die rechte Hirnhälfte benutzt, benutzt das weibliche Geschlecht zum Sprechen dagegen beide Hirnhälften, die im Vergleich zum männlichen Geschlecht überdies eine stärker ausgeprägte Verbindung (sogenannte ‚Balken') aufweisen. Aus dieser unterschiedlichen funktionalen Spezialisierung resultiert für das weibliche Geschlecht die vielfach nachgewiesene höhere sprachliche Leistungsfähigkeit, für das männliche Geschlecht dagegen die größere raumbezogene Leistungsfähigkeit, da aufgrund seiner größeren Spezialisierung in der rechten Hirnhälfte mehr Verarbeitungskapazität für raumbezogene Operationen zur Verfügung steht, die beim weiblichen Gehirn dagegen aufgrund der beidseitigen Sprachaktivität geringer ausfällt. Diese unterschiedliche Hirnhälftenspezialisierung wird bereits pränatal durch das männliche Hormon Testosteron gesteuert und ist in letzter Konsequenz genetisch und damit evolutionsbiologisch durch die unterschiedliche Aufgabe und Rolle von Männern (Sammeln und Jagen und dabei stärker entwickelte und trainierte räumliche Vorstellungskraft bei gleichzeitigem Mangel an Gelegenheiten zum Sprechen) und Frauen (Kindererziehung sowie Pflege des sozialen Zusammenhalts und dabei stärker entwickelte und trainierte Sprachfähigkeit und soziale Dispositionen bei gleichzeitigem Mangel an Gelegenheiten zum räumlichen Denken) bedingt.

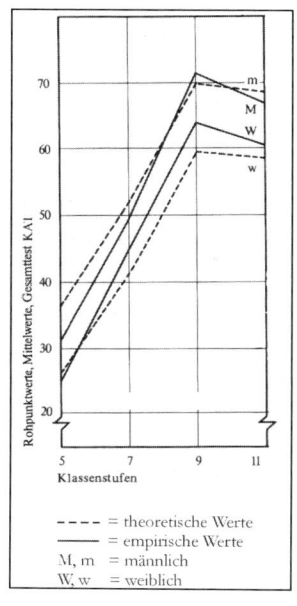

Ähnlich der zuvor besprochenen altersbezogenen Entwicklung der raumbezogenen Kognitionsleistung beinhaltet auch deren geschlechtsbezogene Ausprägung Momente von Hemmnis und Potential zugleich. Als Potential kann man sicher die höhere Leistungsdisposition der

Jungen, aber auch die überdurchschnittlichen Leistungsmöglichkeiten einzelner Mädchen ansehen. Dem müssen Geographiedidaktik und Geographieunterricht durch entsprechende theoretische und praktische Anforderungsprofile Rechnung tragen; denn auf die dadurch mögliche maximale Förderung haben die genannten Lerner nun einmal Anspruch. Als Hemmnis muss man dagegen das durchschnittlich geringere raumbezogene kognitive Leistungsvermögen der Mädchen wie auch eines Teils der Jungen ansehen. Wie aber ist mit diesen zu verfahren? Sollen auch die leistungsschwächeren Lerner in vergleichbarem Maße gefordert und gefördert werden? Oder sollen Jungen und Mädchen gar getrennten Geographieunterricht erhalten, wie es in Bezug auf den naturwissenschaftlichen Unterricht immer einmal wieder gefordert wird (vgl. zuletzt FAZ vom 29.09.2003)? Wie aber müsste gegebenenfalls eine spezifische Förderung vor allem der Mädchen erfolgen, und zwar so, dass sie auch den jüngsten Erkenntnissen der Hirnforschung Rechnung trägt? Wie wirkt sich der seit den 1970er Jahren vor allem in den Industrieländern, mittlerweile zumindest ansatzweise jedoch auch in den Entwicklungsländern stattfindende Wandel von Sozialisation und Enkulturation auf die raumbezogene Kognitionsleistung von Jungen und Mädchen aus? Fragen über Fragen, denen sich die geographiedidaktische Forschung sowohl erkenntnisorientiert als auch technologisch orientiert zuwenden müsste, auch wenn die Bedingungen dafür von der Materie wie von der Forschungsausstattung her überaus schwierig sind.

3 Endogene Dispositionen der Raumemotion

Nach diesen Ausführungen zu endogenen Komponenten raumbezogener kognitiver Dispositionen will ich nun auf zwei für geographisches Lehren und Lernen besonders bedeutsame raumbezogene emotionale Dispositionen bzw. deren endogene Komponenten eingehen.

Eine davon besteht in dem *Einstellungs- und Interessensunterschied* zwischen Jungen und Mädchen Geographieunterricht und geographischen Sachverhalten gegenüber. Hierzu sind durch die geographiedidaktische Forschung zwei Grundtendenzen belegt: Auf der Ebene des Fachs zeigen die Jungen ein durchschnittlich größeres Interesse bzw. eine durchschnittlich positivere Einstellung als die Mädchen, wobei diese Differenz altersaufwärts tendenziell zunimmt (vgl. KÖCK 1982, 22ff; 1984, 56f; HEILIG 1984, 108f; HEMMER 1995, 212ff; OBERMAIER 1997, 78, 111; GOLAY 2000, 137f; vgl. auch Abb. 4). Auf der Ebene der Inhalte dagegen äußern die Jungen ein höheres Interesse an Themenkreisen wie Topographie, Physische Geographie und Wirtschaftsgeographie, die Mädchen hingegen ein solches für Menschen und Völker sowie Umwelt (vgl. HEMMER / HEMMER 1996; 1999; 2002; OBERMAIER 1997, 76f, 111; GOLAY 2000, 140ff; KERSTING 2002). Je nach Konstellation scheint für die geographiedidaktische Bildung wieder entweder der Hemmnis- oder der Potentialfaktor durch.

Fragt man nach den Ursachen vor allem dieser fachbezogenen Einstellungs- und Interessensunterschiede, so muss man letztlich wieder auf die Evolution, weiter dann auf Sozialisation und Enkulturation als den aktuellen evolutionären Prozessen und darüber hinaus auf die individuelle Ontogenese zurückgreifen. Als universelle Gesetzesprämisse gilt dabei nach VESTER (1999[26], 39ff), dass wohl ein Teil der Verknüpfungen der Neuronen genetisch festgelegt ist, dass der restliche Teil jedoch in Korrespondenz zur jeweiligen Umwelt, in der Säuglinge und Kinder aufwachsen, ein je unterschiedliches und spezifisches Wachstum und Verknüpfungsmuster zeitigt. „Durch diese [...] ‚kybernetische Gestaltung' unseres Denkapparates entsteht ein inneres Abbild der Welt [...]. So findet zum einen die jeweilige Umwelt in unserem Gehirn automatisch Assoziationsmöglichkeiten [...]. Und zum anderen erkennt unser Gehirn sich auf diese Weise selbst in dieser Umwelt wieder. [...] Die Hirnrinde wird demnach so verdrahtet, dass sie möglichst gut mit derjenigen Umwelt zurechtkommt, die in den ersten Lebenswochen wahrgenommen wird" (VESTER 1999[26], 41f).

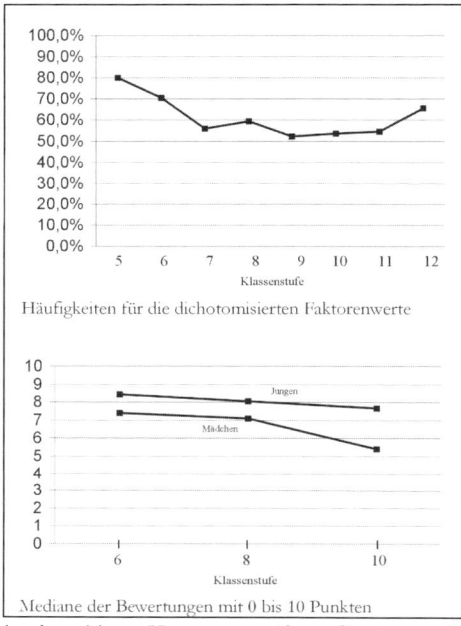

Abb. 4: Interesse am Fach Geographie – Erdkunde „ist interessant" (oben) – „Wie gerne" die Schüler „Erdkunde machen" (unten). (Quelle oben: Entwurf Köck, nach HEILIG 1984, 110; Quelle unten: Entwurf Köck, nach KÖCK 1984, 57; Graphik: Reck)

Akzeptiert man den in diesen Prämissen ausgesagten Prägungsmechanismus einmal und überträgt seine Geltung auch auf die Herausbildung mentaler Präferenzen, so benötigen wir nur noch entsprechende Randbedingungen, aus deren logischer Verknüpfung mit diesen Prämissen dann die raum- und erdbezogenen Einstellungs- und Interessensunterschiede zwischen Jungen und Mädchen folgen. Diese unterschiedlichen Randbedingungen liegen in den je unterschiedlichen Umwelten und dementsprechenden Verhaltensmustern, denen männliche und weibliche Menschen in ihrer frühesten und frühen Kindheit und großenteils dann auch in ihrem weiteren Leben durch die Menschheitsgeschichte hindurch bis in die Sozialisation und Enkulturation der 1960er Jahre ausgesetzt waren. Dies sind, wie bereits im kognitiven Kontext erwähnt, für Jungen und Männer die durch vielfältige Raumsachverhalte und Raumbeziehungen gekennzeichneten Außenwelten, für Mädchen und Frauen die durch soziale und sprachliche Aktivitäten gekennzeichneten Innenwelten. Dieser Dualismus steuerte dann die Herausbildung nicht nur der, wie oben erwähnt, kognitiven Dispositionen, sondern auch der emotionalen Bindungen von Jungen und Mädchen zu geographischen Sachverhalten wie zur geographischen Weltbetrachtung. Da sich natürlich auch die heute als genetisch vorgegeben betrachteten neuronalen Strukturen und als Folge davon Prägungen irgendwann einmal evolutionär, also phylogenetisch herausgebildet haben, gilt dieser Erklärungsmechanismus letztlich natürlich auch für den genetischen Anteil selbst. Entsprechend folgern denn auch Melissa Hines und Gerianne Alexander (*Der Spiegel* 52/2002, 127) aus entsprechenden Experimenten mit Grünen Meerkatzen, dass auch „der Hang von Kindern zu unterschiedlichen Spielsachen evolutionär bedingt ist. Die klassischen Jungenspielzeuge hätten gemeinsam, dass man sich mit ihnen durch einen Raum bewegen müsse – sie erinnerten an die traditionellen Navigationsleistungen des jagenden Säugetiers. Mädchenspielzeug knüpfe an die traditionelle Weibchenrolle des Hegens und Pflegens an." Von analogen Experimenten, nun tatsächlich mit Kindern, wurde am 22.03.1997 (und ergänzend am 12.04.1997) in der *Rheinpfalz* berichtet. Dabei wurden in „einigen Experimenten [...] Familien beobachtet, die Mädchen und Jungs die Wahl ihrer Spielzeuge von vorne an völlig offen ließen. Frappierenderweise wählten die kleinen Mädchen trotzdem öfter die Puppen, während Jungs sich die typischen ‚Bubenspiele' aussuchten – ohne dass irgendeine Form von Zwang dabei ausgeübt worden wäre." Zur Erklärung wird dann außer auf die Verstärkung durch Sozialisation vor allem auf die evolutionäre Herausbildung dieser Dispositionen, korrespondierend zu den oben charakterisierten unterschiedlichen Arten der Weltbegegnung von Jungen und Mädchen bzw. Männern und Frauen, verwiesen.

Auf derselben Argumentationsebene liegt es nun allerdings, wenn man aufgrund des ebenfalls bereits angesprochenen radikalen gesellschaftlichen und darin eingeschlossenen Sozialisations- und Rollenwandels von Jungen und Mädchen seit den 1970er Jahren annimmt, dass diese Einstellungsunterschiede mit der Zeit, wenngleich noch nicht sofort in ihrem genetischen, so doch aber in ihrem enkulturations- und sozialisationsbedingten, also ‚erlernten' Anteil abgebaut werden. In diesem Sinne wäre für die geographiedidaktische Forschung von Interesse herauszufinden, auf welchem Wege sich die bestehenden Unterschiede gezielt vermindern lassen, und zwar beidseitig, so dass bei Jungen wie bei Mädchen die jeweils hemmenden Interessenskomponenten in Potentiale umgewandelt und die ohnedies vorhandenen Potentiale eventuell noch ausgebaut werden. Denn da Jungen wie Mädchen in derselben Welt leben und vergleichbaren lebensräumlichen Situationen und Anforderungen ausgesetzt sind bzw. diese gestalten und bewältigen müssen, und da Interesse eine wesentliche Voraussetzung für erfolgreiches Lehren und Lernen ist, würde ein vergleichbares Interesse an der geographischen Weltbetrachtung überhaupt wie auch an den verschiedenen Gegenstandsbereichen einem vergleichbaren Lernerfolg dienlich sein. Hierfür bieten gerade die neurophysiologischen Erkenntnisse SPITZERs (2002) und VESTERs (1999[26]) interessante Hinweise (Neues, Bedeutsames, Assoziationen, Belohnung, Aufmerksamkeit, Spaß, Freude, Dopamin ...).

Die zweite emotionale Disposition, auf die ich noch näher eingehen möchte, betrifft die *altersparallele Änderung von Interesse und Einstellung*. Diese bezieht sich vor allem auf die Geographie als Fach, ist aber auch für einzelne Themenbereiche nachgewiesen und verläuft dabei zum Teil themen-, zum Teil aber auch kontextabhängig (vgl. zum letzteren HEMMER / HEMMER 1996; 1997; 1999, 53; 2002, 3; OBERMAIER 1997, 65, 109; BAYRHUBER et al. 2002). Für diesen Zusammenhang ist natürlich nur die auf das Fach bezogene Interessens- und Einstellungsänderung von Bedeutung. Wie Abb. 4 zeigt, nimmt das Interesse von einem hohen Ausgangswert und damit Potential im fünften Schuljahr jahrgangsaufwärts ab und wandelt sich somit zu einem Hemmnis für eine effektive geographische Auseinandersetzung mit der Welt. In einzelnen Untersuchungen wird eine Stabilisierung, zum Teil auch ein Wiederanstieg gegen Ende der Sekundarstufe I mit Fortsetzung in die Sekundarstufe II hinein festgestellt. Insgesamt fällt das Interesse der Mädchen dabei tendenziell stärker ab als das der Jungen (vgl. im einzelnen GOLAY 2000, 138f; HEILIG 1984, 110ff; HEMMER 1995, 212; HEMMER / HEMMER 1998; KÖCK 1984, 57; SCHRETTENBRUNNER 1969, 100).

Dieser Interessenseinbruch in der mittleren Sekundarstufe I konnte meines Wissens bislang nicht erklärt werden. Mittlerweile jedoch gibt es Hinweise darauf, dass diese negative Tendenz möglicherweise neuronal verursacht wird. STRAUCH (2003) fasst den jüngsten diesbezüglichen, wenngleich noch spärlichen Forschungsstand zusammen. Danach „erfährt das Gehirn von Jugendlichen in seiner grundlegenden Struktur eine tiefgreifende Umgestaltung, und zwar in allen Bereichen – von Logik und Sprache bis zu Impulsen und Intuition" (STRAUCH 2003, 26), wobei diese Umgestaltung mit ‚größter Unordnung' verbunden ist (37; vgl. auch STRAUCH 2003, 294). Wesentliches Merkmal dabei ist einerseits das Anwachsen und Verdichten der ‚grauen Gehirnmasse' (Neuronen mit Dendriten und auch Synapsen; im Unterschied zur ‚weißen Gehirnmasse' der Axone) vor allem in den Stirnlappen bis weit über den Wert von Erwachsenen, andererseits ihr daran sich anschließendes rasches Schrumpfen (STRAUCH 2003, 29ff; 292). „Wenn im Gehirn von Heranwachsenden zunächst eine Überproduktion von Verzweigungen und Synapsen stattfindet, die später in großem Umfang zurückgestutzt werden, dann könnte dieser Lebensabschnitt eine ‚kritische Zeit' sein" (STRAUCH 2003, 69). Wenn dann ein Kind, so STRAUCH an anderer Stelle (2003, 307), „in der siebten Klasse mit Naturwissenschaft und abstrakten Begriffen nicht zurechtkommt, ist es ein wichtiger Gedanke, dass das unter Umständen nichts mit Intelligenz zu tun hat, sondern mit Gehirnentwicklung und entwicklungsbedingter Bereitschaft." So muss es denn auch nicht wundern, wenn „Lernen nicht viel bewirkt, solange die notwendigen Gehirnstrukturen nicht fertig ausgebildet sind" und dass dies „möglicherweise der Hemmschuh des Jugendalters" ist (STRAUCH 2003, 55ff).

Akzeptiert man diese Erkenntnisse der Gehirnforschung einmal als vorläufige Erklärung des Interessens- und wohl auch Leistungseinbruchs der Jugendlichen in der Geographie, so muss man dies gleichwohl nicht als unabänderliches Schicksal hinnehmen. Den Schlüssel zur Meisterung dieser kritischen Phase liefert wiederum das Gehirn selbst, und zwar in Gestalt des gehirneigenen Belohnungssystems und speziell des Botenstoffs Dopamin (vgl. dazu im einzelnen SPITZER 2002, 177ff sowie auch STRAUCH 2003, 136ff). In der Jugend geht dieser Dopaminspiegel und in dessen Wirkungsgefolge der gehirneigene Belohnungsmechanismus im Vergleich zum kindlichen Spitzenwert zurück, weshalb die Jugendlichen „allgemein anregendere Tätigkeiten brauchen, damit sich der gleiche ‚Kick' einstellt, den auch die Erwachsenen empfinden. ‚Sie brauchen womöglich mehr für den gleichen Knalleffekt'" (STRAUCH 2003, 149, auch 139, nach Spear). Um aber diesen ‚Kick' im gehirneigenen Belohnungssystem und damit ‚Aufmerksamkeit' der Jugendlichen zu bewirken sowie überhaupt ein optimales Funktionieren des Gehirns zu ermöglichen, sind nach SPITZER (2002), STRAUCH (2003, 142ff) und VESTER (1999[26]) vor allem folgende Bedingungen essentiell:

- Neuigkeit und Bedeutsamkeit der Unterrichtsinhalte gewährleisten und transparent machen
- Verknüpfung neuer Unterrichtsinhalte mit bereits Bekanntem durch ständige Aktivierung des Assoziationspotentials
- Herbeiführung von Lern- und Verhaltensergebnissen, die besser sind als erwartet
- Schaffung einer angenehmen Lernatmosphäre
- schließlich, und dies ist nach Spitzer die Bedingung schlechthin, Lehrer, die ihr Fach können und von ihm begeistert sind; denn nicht „der Overheadprojektor, die Tafel, die Kopien oder gar die Power-Point-Präsentation", „sondern ein vom Fach begeisterter Lehrer [...] bringt deren [der Schüler; Anm. d. Verf.] Belohnungssystem auf Trab."

Derartige Erkenntnisse in die Geographiedidaktik zu übertragen und empirisch zu testen, dürfte angesichts der Schwierigkeit, überhaupt in Schulen und dazu noch experimentell forschen zu können, überaus mühselig sein. Möglicherweise muss man außerschulisch geeignete Forschungsarrangements treffen. Da der prinzipielle, grundsätzliche Transfer derartiger Erkenntnisse aus der Gehirnforschung in die Geographiedidaktik aber zwingend ist, verfügen wir einstweilen zumindest über Hypothesen zur Erklärung bislang unverstandener Phänomene wie auch zur Behebung der damit verbundenen Probleme.

Helmuth KÖCK

4 Ausblick

Nach allem, was ich in jüngster Zeit vor allem aus der Gehirn- sowie der Evolutionsforschung gelernt habe, scheint das Maß, in dem Hemmnisse des Lehrens und Lernens ausgeschaltet, Potentiale des Lehrens und Lernens ausgeschöpft oder erstere in letztere umgewandelt werden können, ganz wesentlich auch von der Lehrperson und deren Kompetenz, Engagement, Wahrhaftigkeit und Überzeugungskraft abzuhängen. Und dass dies wiederum auch von der Lehrerbildung, also von Kompetenz, Engagement, Wahrhaftigkeit und Überzeugungskraft der Hochschullehrer abhängt, ist ebenso offenkundig. Dass beides wiederum, Schülerbildung wie Lehrerbildung, nicht zuletzt auch von den staatlich zu verantwortenden Rahmenbedingungen abhängig sind, ist gleichfalls schlüssig. Damit aber gelangt man unversehens zu einem gerne verdrängten Bedingungszusammenhang, den man „*exogene* Hemmnisse und Potentiale geographischen Lehrens und Lernens" nennen könnte und der allerdings Gegenstand eines eigenen Vortrages sein müsste!

Literatur

BAYRHUBER, H. et al. (2002): Interesse an geowissenschaftlichen Themen. – In: geographie heute, H. 202. – 22-23.
BLOOM, B. S. (1971): Stabilität und Veränderung menschlicher Merkmale. – Weinheim et al.
DAMASIO, A. R. (1997³): Descartes' Irrtum. Fühlen, Denken und das menschliche Gehirn. – München et al.
EICHLER, H. (1993): Ökosystem Erde. Der Störfall Mensch – eine Schadens- und Vernetzungsanalyse. – Mannheim et al.
GOLAY, D. (2000): Das Interesse der Schüler/-innen am Schulfach Geographie auf der Sekundarstufe I in der Region Basel. – In: Geographie und ihre Didaktik. – 131-147.
HARRIS, L. J. (1981): Sex-Related Variations in Spatial Skill. – In: LIBEN, L. S. / PATTERSON, A. H. / NEWCOMBE, N. (eds.): Spatial Representation and Behavior Across the Life Span. – New York et al. 83-125.
HEILIG, G. (1984): Schülereinstellungen zum Fach Erdkunde. – Berlin.
HEINEKEN, E. / BANCIC, B. / GIPMANS, M. (1986): Zur kognitiven Repräsentation der geographischen Lage europäischer Städte bei Gymnasialschülern. – In: Geographische Zeitschrift 74(1). – 31-42.
HEMMER, I. (1995): Geographie – kein Fach für Mädchen? – In: Geographie und ihre Didaktik. – 211-225.
HEMMER, I. / HEMMER, M. (1996): Welche Themen interessieren Jungen und Mädchen im Geographieunterricht? – In: Praxis Geographie, H. 12. – 41-43.
HEMMER, I. / HEMMER, M. (1997): Welche Länder und Regionen interessieren Mädchen und Jungen? – In: Praxis Geographie, H. 1. – 40-41.
HEMMER, I. / HEMMER, M. (1998): Wie beurteilen Schüler und Schülerinnen das Unterrichtsfach Geographie? – In: Geographie und Schule, H. 112. – 40-43.
HEMMER, I. / HEMMER, M. (1999): Schülerinteresse und Geographieunterricht. – In: KÖCK, H. (Hrsg.): Geographieunterricht und Gesellschaft. – Nürnberg. 50-62.
HEMMER, I. / HEMMER, M. (2002): Mit Interesse lernen. Schülerinteresse und Geographieunterricht. – In: geographie heute, H. 202. – 2-7.
KERSTING, R. (2002): Wo sind die Mädchen? Erste Ergebnisse einer Befragung von Schülerinnen und Schülern von Erdkundekursen in der Sek. II. – In: geographie heute, H. 202. – 20-21.
KÖCK, H. (1982): Schülerinteresse an chorologischer Geographie. – In: Geographie und ihre Didaktik. – 2-26.

KÖCK, H. (1984): Zum Interesse des Schülers an der geographischen Fragestellung. – In: KÖCK, H. (Hrsg.): Studien zum Erkenntnisprozeß im Geographieunterricht. – Köln. 37-112.
KÖSTERS, W. (1993): Ökologische Zivilisierung. – Darmstadt.
OBERMAIER, G. (1997): Strukturen und Entwicklung des geographischen Interesses von Gymnasialschülern in der Unterstufe – eine bayernweite Untersuchung. – München.
OERTER, R. (1998[4]): Kindheit. – In: OERTER, R. / MONTADA, L. (Hrsg.): Entwicklungspsychologie. – Weinheim. 249-309.
OESER, E. / SEITELBERGER, F. (1995[2]): Gehirn, Bewußtsein und Erkenntnis. – Darmstadt.
OESER, R. (1987): Untersuchungen zum Lernbereich „Topographie". – Lüneburg.
ORSINI, A. et al. (1982): Sex Differences in a Children's Spatial Serial-Learning Task. – In: The Journal of Psychology. – 67-71.
RATEY, J. J. (2001): Das menschliche Gehirn. – Düsseldorf et al.
RESTAK, R. M. (1980): Frauen denken wirklich anders. – In: Das Beste aus Reader's Digest, H. 1. – 17-21.
RIEDL, R. (1985): Die Spaltung des Weltbildes. Biologische Grundlagen des Erklärens und Verstehens – Berlin et al.
ROST, D. H. (1977): Raumvorstellung. – Weinheim et al.
RUBNER, J. (1996): Weiblich denken – männlich denken. Hormone entscheiden. – In: Bild der Wissenschaft, H. 5. – 46-49.
SCHEE, J. A. van der (1988): Eine fachdidaktische Untersuchung über die Kartenanalysefähigkeiten von Schülern der Sekundarstufe II. – In: SCHRETTENBRUNNER, H. / WESTRHENEN, J. van (Hrsg.): Empirische Forschung und Computer im Geographieunterricht. – Lüneburg. 67-77.
SCHRETTENBRUNNER, H. (1969): Schülerbefragung zum Erdkundeunterricht. – In: Geographische Rundschau. – 100-106.
SCHRETTENBRUNNER, H. (1978): Konstruktion und Ergebnisse eines Tests zum Kartenlesen (Kartentest KAT). – In: Der Erdkundeunterricht 28(2). – 56-75.
SPITZER, M. (2002): Lernen. Gehirnforschung und die Schule des Lebens. – Darmstadt.
STRAUCH, B. (2003): Warum sie so seltsam sind. Gehirnentwicklung bei Teenagern. – Berlin.
STURZEBECHER, K. (1972): Raumvorstellung – bedeutsamer Intelligenzfaktor in der Schule? – In: Die Deutsche Schule. – 690-701.
TRAUTNER, H. M. (1991): Lehrbuch der Entwicklungspsychologie. Band 2. – Göttingen et al.
VERBEEK, B. (1998[3]): Anthropologie der Umweltzerstörung. – Darmstadt.
VESTER, F. (1999[26]): Denken, Lernen, Vergessen. – München.
WITELSON, S. F. (1979): Geschlechtsspezifische Unterschiede in der Neurologie der kognitiven Funktionen und ihre psychologischen, sozialen, edukativen und klinischen Implikationen. – In: SULLEROT, E. (Hrsg.): Die Wirklichkeit der Frau. – München. 341-368.
WUKETITS, F. M. (1993): Verdammt zur Unmoral? – München et al.

Tilman **RHODE-JÜCHTERN** (Jena)

„Zahlen, Figuren, wahre Weltgeschichten" – Fachwissen und verständnisintensives Lernen im Geographieunterricht

1 Einleitung

Was beobachten wir an der Welt und *wie* wird beobachtet? *Warum* beobachten wir dies und nicht das? In welche *Form* bringen wir die Beobachtung und teilen diese mit? Was taugen dabei unsere *Begriffe, Kategorien* und *Modelle*? Was taugen unsere *Festsetzungen* (Axiome) und *Standards* wie Messbarkeit, Wiederholbarkeit und Entscheidbarkeit? – Das sind so die Fragen zur Erkenntnisarbeit jedes Wissenschaftlers und – propädeutisch – auch an den Unterricht in der Schule und ein „public understanding of science".

Weiter: Wie gehen wir um mit Chaotik, Fuzzy-Logik und Uneindeutigkeit, wie mit der subjektiven Perspektivität von Wahrnehmung und Sprache? Noch weiter: Wie stellen wir uns in der Geographie als Wissenschaft und Schulfach diesen Fragen, zumal in unserer Position zwischen „Zwei Kulturen", den Geistes- und den Naturwissenschaften (die wir zumindest in der Schulgeographie als Einheit bewahren sollen)? Wie schaffen wir Vertrauen in unsere Wahrnehmung und wie schaffen wir Gelegenheit, sie einzuüben?

Man sieht: Im Streit um die Fragen, was ein lohnendes wissenschaftliches Problem (und/oder gar drittmittelwürdig) sei und was die Geographie in der Konkurrenz der Schulfächer legitimiere und was eigentlich heute in der selbsternannten „Wissensgesellschaft" Bildung sei, geht es wieder mal um alles.

Beginnen wir mit dem Allerweltsbeispiel des BSP und verfolgen dies durch verschiedene Formen der Darstellung, Stich- und Rätselwort: Anamorphose (vgl. Abschnitt 2). Es folgt ein wissenschaftstheoretischer Exkurs über die Behauptung, Wissenschaft, auch Naturwissenschaft, sei als Kunst zu denken, als eine Schule des Sehens, als ein Grenzgang zwischen äußerer und innerer Realität, als Anschauen und Schaffen von Wirklichkeit (vgl. Abschnitt 3). Es folgt ein zweites Beispiel, nämlich die Betrachtung einer Megalopole in der Dritten Welt (Lagos) in Wort und Bild, unter den Aspekten der Maßstabsebenen und verschiedener Fenster der Beobachtung. Hier wird mit minimalem Aufwand das didaktische Potenzial für echte Erkenntnisprozesse anstatt träger Fragen vorgestellt (vgl. Abschnitt 4). Abgeschlossen wird der Beitrag mit einer Kennzeichnung der drei vorgeschlagenen Konzepte des narrativen, des imaginativen und des verständnisintensiven Lernens (vgl. Abschnitt 5).

2 (Bewusste) Verzerrung eines Gegenstands: Die Anamorphose

Es hat sich herumgesprochen, dass es eine einfache 1:1-Wiedergabe objektiver Daten nicht geben kann. Es geht immer um eine Vermittlung mit Hilfe bestimmter Instrumente. Dadurch werden aber zugleich die Gegenstände erst geschaffen.

Entwicklungsstrategien im Spannungsfeld von Geopolitik und lokalen Agenden

Nehmen wir als Beispiel den Sachverhalt „Reichtum der Nationen". Der Atlas der Globalisierung (2003) erläutert dieses Thema so: „Bemessen wird das Wohlstandsgefälle zwischen den Nationen nach zwei Schlüsselindikatoren: dem Bruttosozialprodukt (BSP) der jeweiligen Länder und dem BSP pro Kopf" (ATLAS DER GLOBALISIERUNG 2003, 46).

Mit einem klassischen Instrument, nämlich Zahlen und deren Fassung in Worte und Kurvendiagramme, versucht es der Weltentwicklungsbericht 2000 der Weltbank.

„Die Schere zwischen dem jeweiligen durchschnittlichen Pro-Kopf-Einkommen des ärmsten und des mittleren Drittels aller Länder einerseits und dem Durchschnittseinkommen des reichsten Drittels andererseits ist in den letzten Jahrzehnten immer weiter auseinander gegangen (Schaubild 8). Das durchschnittliche BIP pro Kopf des mittleren Drittels ist von 12,5 auf 11,4 Prozent und das des ärmsten Drittels von 3,1 auf 1,9 Prozent des BIP pro Kopf des reichsten Drittels gesunken. In der Tat verzeichneten die reichen Länder seit der Industriellen Revolution Mitte des 19 Jahrhunderts ein stärkeres Wachstum als die armen Länder. Laut einer neueren Schätzung hat sich das Verhältnis des Pro-Kopf-Einkommens der reichsten Länder zu dem der ärmsten Länder von 1870 bis 1985 versechsfacht."

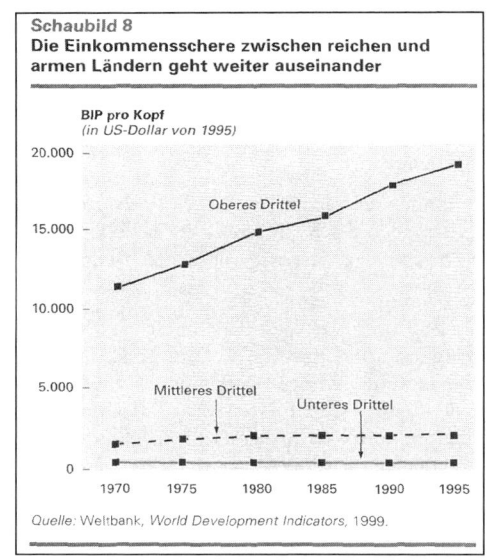

Schaubild 8
Die Einkommensschere zwischen reichen und armen Ländern geht weiter auseinander

BIP pro Kopf (in US-Dollar von 1995)

Oberes Drittel / Mittleres Drittel / Unteres Drittel

Quelle: Weltbank, World Development Indicators, 1999.

Text und Graphik aus WELTBANK (2000, 16f)

Interessant ist das schon, was man sonst GINI-Index nennt (das Verhältnis der höchsten Einkommen zu den niedrigsten in einem Land). Nur: Sind diese Worte und diese Graphik zur Vermittlung von weitergehender Erkenntnis geeignet? Vermutlich nicht. Die Graphik zeigt die Schere, aber so grob und allgemein, dass sie banal bleibt (sie zeigt allenfalls den sogenannten „Matthäus-Effekt": Wer da hat, dem wird gegeben). Und Spezialfragen wie über 25 Jahre Inflation etc. bleiben ganz unbenannt. Das Kurvenbild zeigt nur: Immer weiter, immer mehr? – Das wäre der hierdurch geschaffene Gegenstand. Damit das Thema „Globales Wohlstandsgefälle" überhaupt beachtet und dann genauer betrachtet wird, brauchen wir also andere Instrumente.

Ein inzwischen oft benutztes Medium ist das Kartogramm, in dem die Länder der Welt etwa lagetreu nach ihrer jeweiligen Größe in bestimmten Parametern dargestellt werden. Immerhin eine eindrucksvolle Anschauung, die für Themen wie „G-8-Treffen" oder „Deutschland als Schlusslicht in Europa?" etc. eine sachliche Information liefert. Das ist aber wichtig zu betonen: Allein wäre das Kartogramm als Übersetzung einer Statistik zwar eine Anschauung, aber sonst auch banal; es folgt nämlich daraus weiter nichts.

Entscheidend ist der Kontext, in dem da bestimmte Größen eine Bedeutung bekommen. Wichtig sind natürlich zuvor Leseübungen, z. B: Sind die USA neunmal so wohlhabend wie Italien? (Der Überschrifttext behauptet ja: BSP ist ein Schlüsselindikator für das Wohlstandsgefälle zwischen Ländern). Methodische Erkenntnis dürfte sein: Absolute Zahlen sagen allein nichts aus über den Wohlstand; auch eine Umlage pro Kopf wäre noch unscharf (Kaufkraftparität, informeller Sektor etc.).

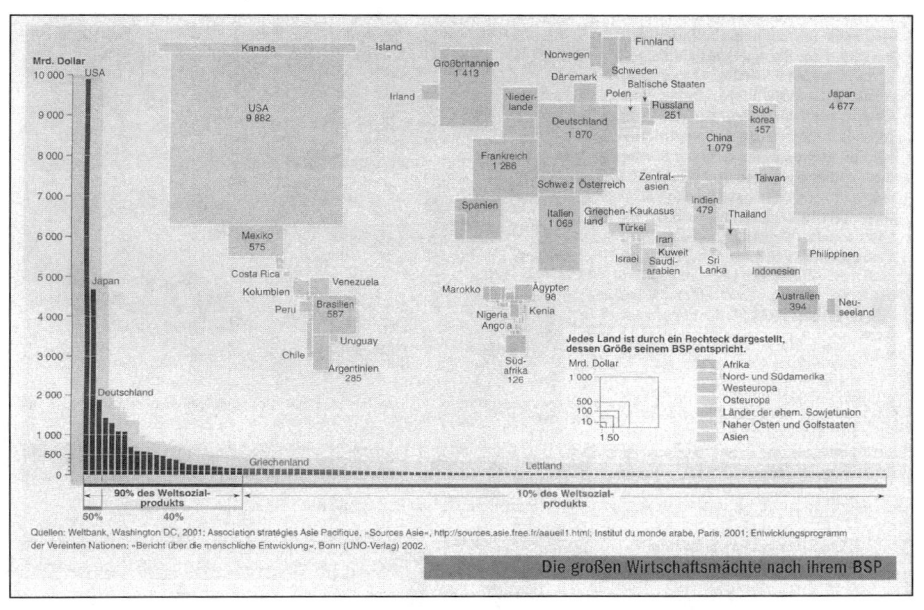

Die großen Wirtschaftsmächte nach ihrem BSP. (Quelle: ATLAS DER GLOBALISIERUNG 2003, 46)

Eine Aussage über den relativen (und durchschnittlichen) Wohlstand gibt es erst durch Relationen, etwa BSP pro Kopf, ins Bild gesetzt mit einer Weltkarte und Kreisflächen für die Relation Bevölkerung und BSP.

Aber auch hier ist das Bild noch zum Durchschnitt verzerrt, weil etwa die himmelschreiende Armut in den USA überhaupt kein Thema werden kann, trotz der Überschrift: Wohlstandsgefälle. Erklärung: Der Gegenstand der Beobachtung befindet sich auf der globalen Maßstabsebene – das ist also explizit mitzudenken bei der Interpretation.

Ein drittes Instrument kann die anamorphotische Darstellung des BSP sein. Ähnlich dem Kartogramm wird hier die Größe der Länder durch das BSP bestimmt, und die Länder werden nach BSP/Kopf in verschiedenen Farben dargestellt, reizvoll durch die Verzerrung der Formen der Länder (Länder sind ja keine Kästen, wie im Kartogramm).

Eine reizvolle Frage zu diesem reizvollen Bild könnte sein: Kann man China und Japan in einem sogenannten Kulturerdteil zusammenfassen (wie das in einigen Lehrplänen und Schulbüchern auch heute noch geschieht)?

Entwicklungsstrategien im Spannungsfeld von Geopolitik und lokalen Agenden

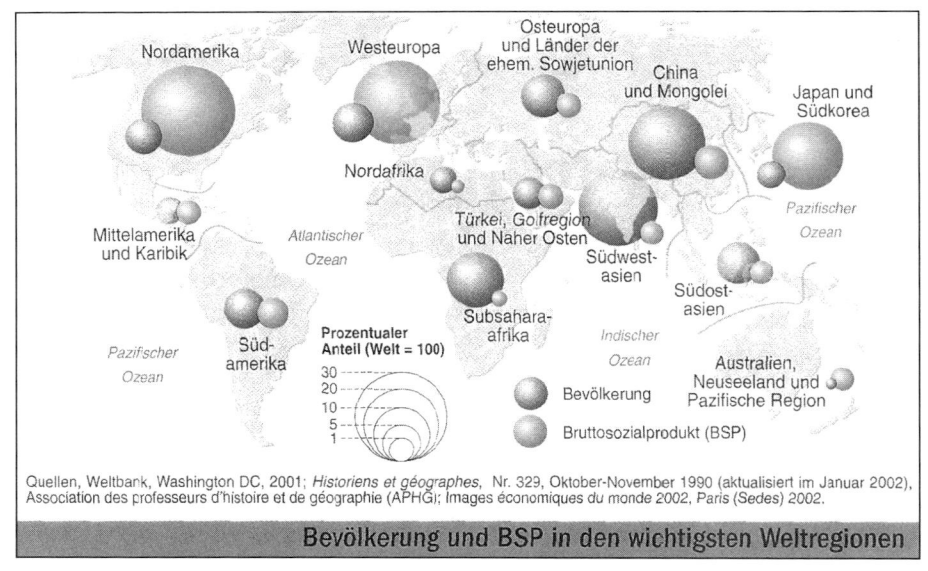

Bevölkerung und BSP in den wichtigsten Weltregionen. (Quelle: ATLAS DER GLOBALISIERUNG 2003, 47)

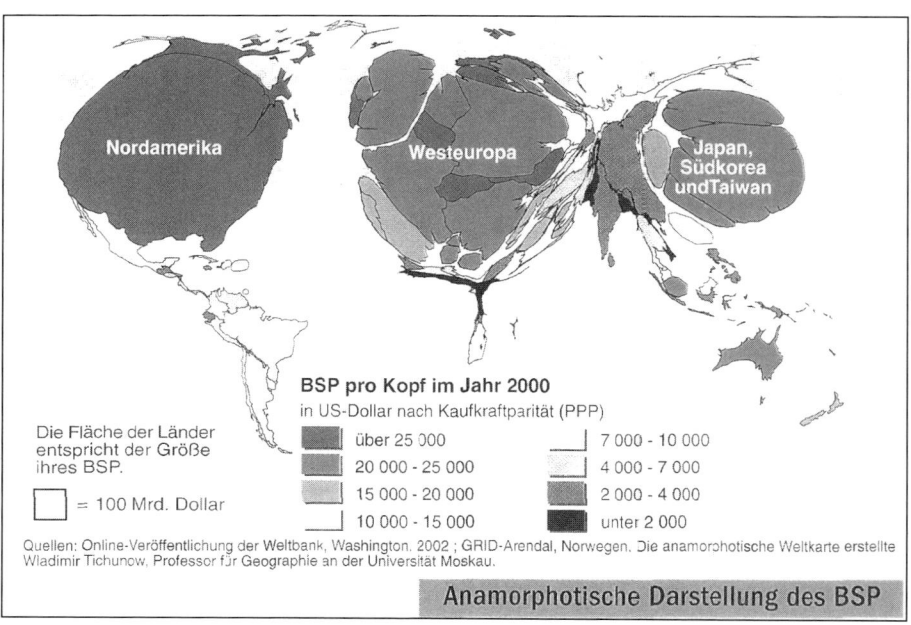

Anamorphotische Darstellung des BSP. (Quelle: ATLAS DER GLOBALISIERUNG 2003, 47)

Tilman RHODE-JÜCHTERN

Was ist denn nun eine *Anamorphose* (griechisch „Umgestaltung")? Es ist zunächst eine nach optischen Gesetzen verzerrt gezeichnete Abbildung eines Gegenstands, die unter bestimmten Bedingungen in richtigen Verhältnissen erscheint. „Die optischen Anamorphosen bedingen einen bestimmten Standpunkt, von wo aus sie gesehen werden müssen", so steht es bereits 1905 in der sechsten Auflage in Meyers-Konversations-Lexikon.

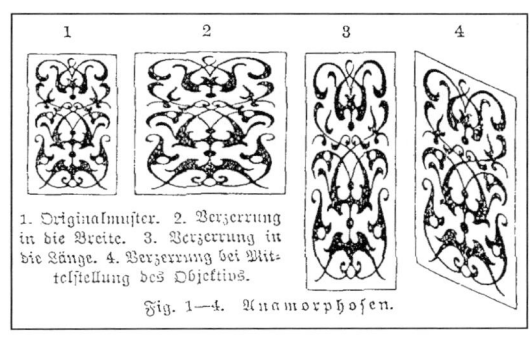

Anamorphosen: verzerrt gezeichnete Abbildung eines Gegenstands

1. Originalmuster. 2. Verzerrung in die Breite. 3. Verzerrung in die Länge. 4. Verzerrung bei Mittelstellung des Objektivs.
Fig. 1–4. Anamorphosen.

Damit ist für Schüler die Brücke zu schlagen zwischen der eigenen *Erfahrung* mit einem Zerrspiegel auf dem Jahrmarkt und der *Vorstellung* davon, dass diese Art der Verzerrungen auch andernorts bewusst oder unbewusst vorgenommen werden, nach bestimmten Gesetzen und Standpunkten. Das schließt die *Erkenntnis* ein, dass ein und dieselbe Wirklichkeit wohl immer nur verzerrt erscheint und es darauf ankommt, die Gesetze dafür zu kennen und bestimmte Standpunkte zu suchen, um die Verzerrungen zu erkennen und zu relativieren. Man ist nicht dick oder dünn, nur weil der Spiegel das so zeigt; es erscheint nur so, weil hier der Spiegel ein Zylinder ist und zurück in die Ebene übersetzt werden muss.

3 Wissenschaft als Fenster und als Kunst denken?

Nun wird es trotz der Binsenweisheit, dass eine Abbildung nicht die Realität *ist*, vielen schwer fallen, dies auch für einfache Daten und Tatsachen der physischen Welt zu akzeptieren. Ein Vulkan ist doch ein Vulkan, und die Begrifflichkeit dafür ist doch eindeutig, eine deskriptive Statistik ebenso und ein Stadtplan doch auch!? Gerade in den Realienfächern wie Geographie tut es doch gut, wenn man sich auf klare Tatsachen berufen kann, ohne Interpretation und Sinnverstehen und Werturteile!?

Die jährlichen Schülerwettbewerbe „Geographie-Wissen" von *National Geographic* und vom Verband der Deutschen Schulgeographen fragen scheinbar nach Tatsachen und sind sicher auch deshalb hoch beliebt: „Welche Gemeinsamkeiten haben alle Orte, die auf einem Meridian liegen? Welches Bundesland ist flächenmäßig größer: Sachsen-Anhalt oder Schleswig-Holstein? Welches Gastgeberland stand bei der Fußball-WM 2002 im Halbfinale? Auf welchem Kontinent liegt das Wohltat-Massiv?"

Nein, sagt der Naturwissenschaftler (Physik und Mathematik) Ernst Peter Fischer, auch das sind von Wissenschaftlern und Betrachtern *gemachte* Realitäten. Wie ist das zu verstehen? (Wenn man es verstanden hat, kommt zu den Schüler-Operationen *Erfahrung*, *Vorstellung* und *Begreifen* noch die *Metakognition* dazu, vgl. Abschnitt 5).

Allein die Frage nach der Gemeinsamkeit aller Orte auf einem Meridian zeigt dies. Gemeint ist wohl die Antwort „Zeitzone". Das stimmt geometrisch, nicht aber politisch-tatsächlich; das zeigt jeder Taschenkalender und Schulatlas mit den vielen Abweichungen. Wofür taugt also die einfältige kategoriale Antwort, die zugleich über die sonstigen Realitäten schweigt?

Die Erkenntnistheorie und -geschichte der Naturwissenschaft müsste jeder Geographielehrer verstehen, der statt Stadt-Land-Fluss verständnisintensiv und zutreffend unterrichten will. Deshalb hier ein Exkurs (und eine Empfehlung des Buchs von E. P. FISCHER, 2001²) zur „Naturwissenschaft für gebildete Menschen", in der man z. B. nicht leichtfertig vom „Gleichgewicht der Natur" reden sollte, „obwohl sie sich permanent entwickelt" (FISCHER 2001², 13).

„Wissenschaft wird erst verstanden, so vermute und behaupte ich, wenn sie wie ein Kunstwerk gestaltet wird, das eine bestimmte wahrnehmbare Form bekommen soll, die ein offenes Geheimnis tragen und zur Schau stellen kann." (FISCHER 2001², 17), d. h. Dinge durchschauen und durchsichtig machen. Die Naturwissenschaften spiegeln nicht die Natur, sie zeigen nicht, was sichtbar ist, sondern das, was unsichtbar bleibt. „Sie erklären etwas, das wir sehen – z. B. das Fallen eines Apfels – durch etwas, das wir nicht sehen, also die Schwerkraft der Erde. [...] Sie bringen im Bereich des Sichtbaren Fenster an, um uns die Möglichkeit zu geben, die Natur in diesem Rahmen zu durchschauen. Folglich sollten auch die Wissenschaften selbst als Fenster vor- und dargestellt werden, um durchschaubar zu werden" (FISCHER 2001², 17). Es gibt Fenster zur „äußeren Wissenschaft" und Fenster zur „inneren Wissenschaft", die sich u. a. mit Wahrnehmungen und Gefühlen befasst. Zwei Arten von Fragen sind zu unterscheiden: Fragen, die sich nach Tatsachen erkundigen („Warum färbt der Sonnenuntergang den Himmel rot, während er tagsüber blau ist?") und Fragen, die sich nach Werten und Zielen erkundigen („Wie sollen wir ein Land entwickeln?"). – Das gilt auch für die Naturwissenschaft, die mehr ist als eine Reihe von Fortschritten in einzelnen Disziplinen: Genomsequenzen werden entdeckt, neue metallurgische Verbindungen hergestellt usw. Aber die Frage nach der Vertretbarkeit des Klonens oder nach der Einführung des Katalysators überfordert diese Kompetenzen.

Schon die Verständigung über die Eigenschaften von Stoffen fällt schwer. Wenn z. B. von der Reinheit eines Stoffes, z. B. Wasser, „als wissenschaftliches Konzept die Rede ist, sollte klar sein, dass es dann darum geht, Eigenschaften zu bestimmen, die nicht von Beimischungen stammen. Ein Ökologe versteht darunter etwas anderes als ein Chemiker. Wenn Reinheit von Wasser meint, dass es ausschließlich aus H_2O-Molekülen besteht, dann handelt es sich um einen giftigen Stoff, und an den denkt weder ein Biologe noch ein anderer Wissenschaftler, der seinen Blick nicht nur auf das Wasser, sondern auch auf das Leben lenkt, das von ihm abhängt." (FISCHER 2001², 413f). „Ein Chemiker und ein Botaniker können sich noch über die Verteilung von Schwermetallen im Wald verständigen; die Frage, welche Menge an Metallen für den Wald schädlich ist, überschreitet die Grenze der wissenschaftlichen Methode." (FISCHER 2001², 20).

Die Wissenschaft befasst sich mit den Fragen, die sie sich selbst ausgedacht hat, z. B. die Geschwindigkeit des Lichts im Vakuum. „Präzise Antworten sind hier möglich, weil die Fragen innerhalb eines Bereichs auftauchen, der durch das definiert ist, was man wissenschaftliche Methode nennt" (z. B. Experimente, Messverfahren. FISCHER 2001², 21). Aber: Die Disziplinen müssen sich nach dem Problem richten und nicht umgekehrt. Bislang nimmt sich jede Disziplin im Detail die Objekte vor, die sie mit der Idee der Objektivität verbinden kann: Astronomie mit Sternen, Chemie mit Stoffen, Biologie mit Organismen.

Tilman RHODE-JÜCHTERN

„Wissenschaft funktioniert objektiv, solange es möglich ist, sich einen Gegenstand auszusuchen und über ihn Fragen zu stellen, ohne ihn selbst in Frage zu stellen" (FISCHER 2001[2], 21), so wie es z. B. Alexander von Humboldt am Orinoco tat. Was aber ist, wenn das Ideal der Objektivität brüchig wird, wenn gar der alte Gegenstand keine plausiblen Fragen mehr trägt? Was ist, wenn die Frage gestellt wird, ob nicht mehr Stadt-Land-Fluss und Systemgraphiken, sondern das Handeln der Menschen im Raum der neue Gegenstand der Geographie sein müssten?

Noch einmal: „Zwar lässt sich die Natur nach wie vor teilweise objektiv vermessen, in dem ich z. B. Tierarten zähle, deren Zellen isoliere und ihre Genome sequenziere, aber ich kann die dadurch erzielten Ergebnisse nicht ebenso objektiv bewerten" (FISCHER 2001[2], 22). Oder in einem Bild des Astrophysikers H. P. Dürr: Es gibt die objektive Realität einer CD und die subjektive Welt der Musik darauf. Zwei Arten von Dingen sind also zu unterscheiden: die, über die man sich einigen kann, und die, die Menschen etwas bedeuten.

Viele Naturwissenschaftler wie Kepler und Einstein haben erzählt, dass ihr Erkennen durch Bilder zustande gekommen ist, die sie sich aus Wahrnehmungen entwickeln und mit anderen Bildern (Imaginationen) vergleichen, bis sie mühsam in Worte und Formeln übersetzt und mitteilbar werden. Wir wissen „dann etwas über die Welt, wenn wir sie uns durch Bilder zu eigen gemacht haben" (FISCHER 2001[2], 37). Bilder sind eine Wissensform vor den Begriffen, aber auch sie wollen erst entdeckt und wahrgenommen sein, das braucht Erfahrung und Geschick. Zum Wissen brauchen die Menschen Zahlen und Figuren ebenso wie das wahrnehmende Erleben. In Abwandlung eines Gedichts von Novalis durch FISCHER (2001[2], 39) klingt das so (und erklärt den Titel dieses Beitrags):

> „Wenn nicht nur Zahlen und Figuren
> Sind Schlüssel aller Kreaturen,
> Wenn die, so singen oder küssen,
> So viel wie Tiefgelehrte wissen,
>
> Und auch in Bildern und Gedichten
> Sich zeigen wahre Weltgeschichten,
> Dann fliegt das Wissen ohne Wort
> Dem Menschen zu an seinem Ort"

Ob es nun um Konzepte der Zeit geht oder um die Entropie oder andere Versuche kategorialer Ordnung – stets wird die Darstellung dann und nur dann gelingen, wenn sie (in den Worten von Alexander von Humboldt, Vorlesungen über den Kosmos) den „Hauch des Lebens" spüren lassen.

Man denke darüber nach, wie wir im Geographieunterricht mit den Dingen der äußeren Realität und der subjektiven Wahrnehmung umgehen wollen. Wollen wir einfach lehren und abfragen (wie in einem Testheft zur Physischen Geographie): „Die Sonne geht im Osten auf"? Oder wollen wir diesen Satz im Sinne von Kopernikus, Kepler und Newton differenzieren: Die Sonne *erscheint* uns im Osten. *Wenn* Sommer ist. Und *wenn* wir in mittleren Breiten wohnen. Denn: Die Sonne dreht sich nicht um die Erde, sondern die Erde um die Sonne, und zweitens dreht sich die Erde um sich selbst und drittens steht ihre Achse schräg zur Umlaufbahn.

Ich weiß, dass Fachkollegen bereits eine solche bescheidene Differenzierung haarspalterisch finden; aber es ist eine gute Gelegenheit, Begriffe und Realitäten genau zu betrachten und auch in ihrer scheinbaren Widersprüchlichkeit ins Visier zu nehmen. Verstehen tut das jedes Kind, wenn man es nicht abspeist mit „patenten" Antworten zum Ankreuzen. (Aber zugleich war die These des Kopernikus eine der großen Kränkungen, die der Mensch durch die Wissenschaft erfahren musste, sagt Sigmund Freud: Man sieht etwas und es ist nur Schein.) Kant hat (in der Kritik der reinen Vernunft) daraus die Konsequenz gezogen: Nicht die Erkenntnis richtet sich nach den Gegenständen, sondern die Gegenstände richten sich nach dem menschlichen Erkenntnisvermögen.

Wie aber bringen wir die Welt des Erklärens und die Welt des Erlebens in einem Kopf zusammen? „Eine Spaltung zwischen der sinnlichen und begrifflichen Erkenntnis, zwischen der Welt der Erscheinungen und der Welt der Theorien, zwischen dem ästhetischen und dem rationalen Zusammenhang zur Wirklichkeit: Ich sehe zwar, wie die Sonne sich dreht, aber ich weiß, dass sich die Erde dreht und zwar um sich selbst und um die Sonne" (FISCHER 2001^2, 61).

Der Physiker Wolfgang Pauli hat im interdisziplinären Gespräch mit dem Psychologen C. G. JUNG herausgefunden, das wissenschaftliche Erkennen der Natur, etwa für die Konzepte von Welle, Atom, Atomkern und Radioaktivität, „als eine Entsprechung, das heißt als ein zur Deckung kommen von präexistenten inneren Bildern der menschlichen Psyche mit äußeren Objekten und ihrem Verhalten zu interpretieren" (FISCHER 2001^2, 387) Für diese präexistenten inneren Bilder und die unanschaulichen Ordnungsfaktoren benutzen wir in der europäischen Geistesgeschichte den Begriff „Archetypus" (griechisch „Urbild"), als wirksame Bilder außerhalb des Bewusstseins, aber relativ zum Standpunkt des Bewusstseins.

Ein letzter Punkt für unsere Zwecke: das *Ende der Lösbarkeit* jedes Problems, so wie im 17. Jahrhundert von Leibniz erträumt und 1900 von David Hilbert aufgelistet. Alle verbleibenden Probleme sahen so lösbar aus wie das Vierfarbproblem, mit der Behauptung, dass vier Farben reichen, um alle Länder mit gemeinsamer Grenze unterschiedlich zu markieren. Außerdem die Visionen vom *Verschwinden aller Geheimnisse* (Ernst Haeckel 1899) und der *Entzauberung der Welt* (Max Weber).

Die Physiker sind heute, seit den ersten Jahrzehnten des 20. Jahrhunderts, zur Einsicht gezwungen, dass es „Fragen gibt, die ohne Antwort bleiben, die Frage nach der Natur des Lichts zum Beispiel oder die Frage nach dem Ort, den ein Elektron einnimmt." (FISCHER 2001^2, 395). „Licht hat eine duale Natur, nämlich als Welle und als Teilchen; Elektronen sind von einer klassisch nicht beschreibbaren Zweideutigkeit, als Partikel und als Welle und beides nicht auf konkreter Bahn, sondern als Potenzial; ihre spür- und messbaren Formen nehmen sie erst an, wenn sie von einem Subjekt darauf festgelegt werden. [...] Atome sind keine Wirklichkeit mehr in einem konkret anschaulichen Sinn, sondern Möglichkeiten in ihrer abstrakten Form" (FISCHER 2001^2, 398f).

Der Beobachter bestimmt, was von Natur aus unbestimmt, potenziell ist. Die Ergebnisse der Wissenschaft sind Ausdruck menschlichen Handelns (d. h. aber nicht etwa beliebig oder willkürlich). Das Subjekt kann nämlich selbst entscheiden, ob es beim Licht nach seinen Wellen- oder seinen Teilcheneigenschaften fragt. Der Physiker Pauli betrachtet deshalb ein Atom weder als empirische oder heuristische Größe noch als logischen Begriff, sondern als *Symbol*. Auch Gene sind zunächst Symbole, die erst im Kontext der Zelle als Genom real existieren. Wie Atome sind Gene zweigeteilt, als materielles Molekül und als immaterielle Information. Symbole sind das Fenster, um das Geheimnis zu suchen.

So ist auch die Unvorhersehbarkeit der Zukunft und ungeradlinige Komplexität der Wirklichkeit zu verstehen. *Szenarien* sind die Brücke in mögliche Zukünfte. Das Gleiche gilt für die Ungenauigkeit von Begriffen in der Fuzzylogik (englisch *fuzzy*: „undeutlich", „verschwommen"), z. B. Gesundheit, Armut, Sicherheit.

„Wenn man genau wüsste, was ein Atom oder ein Gen ist, blieben die ihm zugeordneten Wissenschaften steril. Ihre maßgeblichen Größen müssen unscharf sein." „Aber es gibt einen festen Kern, eine klare Mitte, auf die sich ein Begriff wie Energie, Leben, Natur oder Potenzial bezieht" (FISCHER 2001², 413).

Was bleibt? „Sieh hin, und Du weißt" (Hans Jonas, Prinzip Verantwortung).

Fazit:
1) Die Fragen zum „Geographie-Wissen" und das Beispiel vom Sonnenaufgang zeigen: Hier werden Gegenstände durch eine bestimmte Art zu beobachten erst geschaffen.
2) Die Gegenstände haben eine duale Struktur, die zugeschriebenen Begriffe und Kategorien sind unbestimmt und fuzzy-logisch.
3) Bestimmte Konzepte, z. B. die Darstellung eines BSP in Zahlen oder Karten, sind Symbole, sie sollen/können ein Fenster sein zum Blick in ein Rätsel.
4) Die Betrachtung wird bedeutungsvoll dadurch, dass sie den „Hauch des Lebens" spüren lässt und in Szenarien dem Gegenstand verschiedene Gestalten gibt (BSP/Kopf ist nicht alles, dazu gehören auch Kaufkraft, Subsistenz, Bürgerkrieg, Bodenschätze in ausländischer Hand etc.).
5) Diese Verschwommenheit und Dualität ist Merkmal des wissenschaftlichen Prozesses und realisiert sich in Zeitgeist und beteiligten Personen; einfache Konzepte und Fraglosigkeit machen Wissenschaft (und wissenschaftspropädeutischen Unterricht) überflüssig oder steril.
6) Wir werden stets in Vorstellungen und Imaginationen arbeiten, so wie ein Geistes- und ein Naturwissenschaftler auch.

Wie könnte nun z. B. die Geo-Wissen-Frage zu den Meridianen dieses Kriterium der Dualität erfüllen? (Die Frage nach dem Sonnenaufgang hatten wir schon differenziert.) Vielleicht so: „Das Konzept der Zeitzonen orientiert sich an den Meridianen; wie viele Längengrade liegt danach ein Ort von Greenwich entfernt, an dem es sechs Stunden vorher Morgen wird?" Das wäre eine Wissens- und Nachdenkfrage, die sich auf *ein* bestimmtes Konzept richtet. Sie richtet sich nicht auf die andere Wahrheit der tatsächlichen Zeitzonen-Zickzacklinien. Eine Frage dazu könnte lauten: „Schlage im Atlas nach, auf welcher Insel im Pazifik tatsächlich zuerst Silvester ist: Tonga oder Fidschi? Begründe die Antwort!"

4 Zum Beispiel: Eine Megalopole verstehen, z. B. Lagos

Im Schulbuch kann es einem passieren, dass Afrika eher als ländlicher Raum vorgestellt wird und in seinen Städten vielleicht durch eine Hochhaus-Skyline. Beides wäre zutreffend, aber zunächst punktuell. Eine duale Struktur von Stadt und Land, von Arm und Reich oder auch von Fern und Nah wäre darin nicht enthalten und würde deshalb das Wesen des Gegenstands vereinseitigen: Afrika ist Hackbauern, Afrika ist Bürgerkrieg, Afrika ist Armut.

Wie lässt sich bei Schülern über Erfahrung, Vorstellung, Begreifen und Metakognition ein verständnisintensives Lernen anregen? Ohne großen Aufwand und realistisch?

Entwicklungsstrategien im Spannungsfeld von Geopolitik und lokalen Agenden

Photo zu einem Schulbuchkapitel „Nigeria – ein Vielvölkerstaat" (ohne Unterschrift)

Die vorgeschlagene Methode geht aus von einem Photo und wenigen Text-Sequenzen; diese entfalten den Gegenstand und geben ihm eine – natürlich duale – Gestalt. Sie zeigen die Anamorphose des Abbilds, die in der jeweiligen Betonung *eines* Aspekts besteht und andere verkleinert. Das Photo zeigt einen Ausschnitt von Lagos (es könnte auch eine andere Megalopole sein). Das Wichtige an der Gestalt ist, dass es Vorder-, Mittel- und Hintergrund zusammen enthält: Im Vordergrund halbzerfallene Fischerboote und Hütten mit zwei Kindern, im Mittelgrund eine aufgeständerte Schnellstraße (ein „fly over"), im Hintergrund verschwommen Hochhäuser. Lagos erscheint vorn als Slum, in der Mitte als autogerechte Stadt, hinten als moderne Großstadt – dies ließe sich anamorphetisch optisch auch umdrehen. (Das oben abgebildete Schulbuchfoto zeigt nur die Aspekte Wohn- und Hochhäuser und Schnellstraße, schafft also für Schüler einen ganz anderen Gegenstand.)

Das „duale" Foto legt also imaginativ ein räumliches und soziales Profil durch die Stadt und schafft damit einen komplexen und fuzzy-logischen Gegenstand, den man in Szenarien den Humboldt'schen „Hauch des Lebens" einhauchen kann: Lebenswelt der Fischer? Besitzer der Autos? Ziele auf den Wegweisern? Bauepoche der Hochhäuser? etc. Um die Mehrdeutigkeit der Kategorie „Megalopole" mit Informationen zu unterstützen, gibt es Textsequenzen (die später durch Fachartikel ergänzt werden können, zunächst noch illustrativ, z. B. in GEO 3/1997, 54-74).

Text 1:
Dann stehen wir und bleiben stehen. Nichts ruckelt und nichts rührt sich mehr, was eigentlich nichts Besonderes ist in Lagos, einer Stadt, in der es fünf Ampeln gibt, doch 15 Millionen Menschen, alle ständig unterwegs, voller Ungeduld drängend, eilend, schiebend – so lange, bis sie sich fürchterlich verkeilt haben. [...] Wir stehen in schwerer Luft, 35 feuchtheiße Grad lösen uns auf. Rechts sehen wir, wie gerade einer Ziege der Kopf abgesäbelt wird, von links donnert uns infernalische Musik entgegen. Dazu blubbert unser Motor und überhitzt sich.
Lagos kann auch kühl sein, im Garten des Goethe-Instituts sogar lieblich. Man sitzt unter einem Dach aus dickfleischigen Blättern, schaut hinaus in die Weiten der Lagune, spürt die Brise, und fühlt sich wie in Venedig. [...]
Dann hört man, dass es irgendwo da draußen Märkte geben soll, auf denen sie mit Menschenfleisch handeln. Oder dass manche Polizisten nachts ihre Maschinenpistolen an die Unterwelt verleihen, um ihr kärgliches Gehalt aufzubessern. [...] Gern gibt man sich diesen Gruselgeschichten hin, wohl wissend, dass sie nur erfunden sind. Andererseits, warum sollen sie nicht stimmen?

Text 2:
Zu den alltäglichen Widersinnigkeiten gehört auch, dass jeder weiß, dass diese Stadt eigentlich ein Ort des Wohllebens sein könnte. Nigeria ist reich an Gold, Eisen, Zinn und vor allem an Erdöl. Der Staat verdient gut an der Förderung, doch merkwürdigerweise versickert das Geld, wird aufgezehrt von korrupten Beamten oder technikgläubigen Großprojekten. Lagos baute drei Müllverbrennungsanlagen, in keiner wurde je ein Feuer gezündet. Mächtige Verkehrsleitsysteme entstanden, von Siemens geplant, heute stehen sie verrottet im Autogewimmel – als verwitternde Zeichen für eine Mangelwirtschaft ohne Mangel. Alles gibt es in der Stadt zu kaufen, doch zugleich verdienen die meisten Menschen nur einen Euro am Tag, was für kaum mehr als zwei Brote reicht. Viele leben im Dunst der brennenden Müllhalden und in den Bleischwaden der Autos, ohne fließendes Wasser. [...] Selbst die mächtigen Autobahnbrücken, die fly-overs, auf denen man sich der Armut enthoben

fühlt, werden in Markt- und Wohnplätze verwandelt, es nisten unter den Stelzen quirlige Autowerkstätten, Frisiersalons, Schlachtereien. Man sieht diese Orte und begreift, dass der Staat jede Idee von Ordnung hat fahren lassen.

Text 3:
Und doch ist Lagos keine Stadt von Verzweifelten, die Enge verengt nicht die Gemüter. Ungebeugt gehen die Menschen, entspannt und aufrecht, wiegend der Schritt, mit den Armen weit ausholend – ein Gang voller Selbstbewusstsein, das Kraushaar zu Miniatursskulpturen gewunden, die Gewänder frohfarbig, der seidige Damast rein und geglättet, als gehörten ihre Körper gar nicht in diese staubigen Gassen, als seien sie erhaben, dem Unzumutbaren entrückt. [...] In diesem Kleinstkosmos regiert so etwas wie ein Gesetz der Makellosigkeit, auch der liebevollen Schönheit, wie man sie auf den zusammengezimmerten Tischchen sieht, auf denen die Kleinsthändler ihre Waren feilbieten. Kunstvoll arrangieren sie Flaschen und Dosen, bauen aus Orangen verwegene Dreierstapel und aus Kartoffeln raffinierte Pyramiden.

Text 4:
Diese Planlosigkeit ist für die meisten ein Fluch, und gleichwohl gilt sie vielen als Faszinosum. Es zieht sie in diese Stadt, sie verlassen ihr ärmliches Dorfdasein, die engen Stammes- und Glaubensregeln (gerade im islamischen Teil Nigerias) und halten Lagos für Freiheit. [...] Rem Kohlhaas, berühmt als Architekt, reiste nach Lagos, begeistert von der Tragik und der Vorläufigkeit der Stadt, die ganz ohne das ästhetische Wollen der Architekten auskommt und alle europäischen Vorstellungen vom Masterplan auslöscht. Im Stechschritt, eine gelbe Plastiktüte in der Hand, durchmaß er die Slums, besuchte die Märkte und entdeckte, dass sich auch im Verworrenen noch Regeln finden, dass selbst auf den Riesenmärkten sich Ordnungen entwickeln, sogar eine selbst ernannte Gerichtsbarkeit – auch wenn man nie weiß, ob dort nur die Gesetze des Dschungels exekutiert werden, die stets den Stärkeren im Recht sehen und die Schwächeren der Willkür ausliefern.

(Quelle: RAUTERBERG 2002)

Jeder Text gibt der Stadt Lagos eine andere Gestalt, macht sie zu einem anderen Gegenstand. Neben der Gestalt im Foto kommen dazu einige Dinge, die man nicht sehen kann, die aber die Tatsachen erklären, so wie das Gravitationsgesetz den Fall des Apfels (vgl. Abschnitt 3): Das duale Stadtbild, Mangelwirtschaft ohne Mangel, ungebeugte Menschen im Unzumutbaren, Planlosigkeit und Regeln – und Faszinosum für westliche Fachleute. Vier Beschreibungen, vier Bilder von Lagos, die dem Foto den „Hauch von Leben" verleihen, in verschiedenen Perspektiven neben dem Wechsel der Maßstäbe von Nah und Fern. Alle diese Vorstellungen können weit mehr Verständnis und Eigentätigkeit der Schüler wecken als es entsprechende Zahlen und Figuren allein könnten.

5 Wissen und Verständnis: Zwei Säulen schulischen Lernens

Der Exkurs über die Denkweise der modernen Naturwissenschaft, nämlich Gegenstände in multiplen Strukturen (etwa Materie, Prozess, Information und Potenzial) zu sehen und sich der Uneindeutigkeit der dafür gesetzten Begriffe und Kategorien bewusst zu sein, betrifft den wissenschaftlichen Aspekt. Er ist auch deshalb nötig, damit man dies nicht für „typisch geisteswissenschaftlich", also „weichwissenschaftlich" (vulgo: Laberei) hält. Das Beispiel von Lagos betrifft den pädagogischen und fachdidaktischen Aspekt; hier wird die Oberfläche des Gegenstands in verschiedenen Dimensionen betrachtet (Maßstabsebenen, Morphologie, Ökonomie, Subjektzentrierung, Außensicht). Dadurch werden zugleich jeweils neue Gegenstände erzeugt: „Lagos als ...". Dies ist eine Übung im Perspektivenwechsel am geschickt gewählten Lernmaterial und überwindet im Lernprozess gleichsam von selbst die einfältige und eingeschränkte Tatsachenbenennung nach dem Muster der Fragen in „Wie wird man Millionär?". Wissen über die Dinge wird verbunden mit Durchleuchten und „Drehen nach allen Seiten" (Edmund Husserl). Dieses Konzept wäre philosophisch aus der Phänomenologie und dem Konstruktivismus herzuleiten; pädagogisch spricht man vom *narrativen*, vom *imaginativen* und vom *verständnisintensiven Lernen*.

Narratives Lernen heißt: Eine kleine Erzählung, die nicht kommentiert und nicht analysiert, sondern darstellt und mit Bild und Bildhaftigkeit arbeitet, *konstituiert eine Wirklichkeit*. Mit der Sprache „aktualisieren wir aus der Fülle des Möglichen jene Ordnung, vollziehen wir jene Ausdifferenzierung und jene komplexe Vernetzung, auf die wir als unsere Welt Bezug nehmen" (ANDEREGG 1985, 40), in objektivierter Distanz, in der Erweiterung des Blicks neben der konventionellen Welt, in der Öffnung neuer Sinnhorizonte. Eine Erzählung, die nicht sogleich erklärt und bewertet, fordert zur Aneignung heraus und initiiert das Verstehen immer wieder neu. Kant spricht von den drei Säulen des Erkennens, nämlich den Sinneswahrnehmungen, den Verstandesurteilen und der darauf bezogenen „produktiven Einbildungskraft". Erzählen ist eine aktive und individuelle Handlung, ebenso das Zuhören und die Deutung.

Imaginatives Lernen heißt, Vorstellungen sowohl sinnlich zu füllen (Wahrnehmung) als auch kategorial zu ordnen (begrifflich-abstraktes Denken), ohne fertiges Schema, auf der Suche nach dem Funktionsganzen von Struktur und Gestalt (jedes Haus, jedes Werkzeug etc. hat eine Gestalt, eine Struktur und eine Funktion). „Wenn wir die ‚Gestalt', also das Ganze eines Objekts oder Zusammenhangs kennen, genügen uns sehr wenige Informationen zum Wiedererkennen – die Sinnesdaten werden dann in eine komplex und ganzheitlich konstruierte ‚kategoriale Ordnung' aufgenommen" (COLLMAR 1996, 222).

Verständnisintensives Lernen heißt, 1) wir sind zum Verstehen auf Wahrnehmung, Beobachtung, *Erfahrung* angewiesen, auf eigenen aktiven Umgang mit der Wirklichkeit; 2) das Gesehene können wir nur dann interpretieren, wenn wir im Kopf dazu ein Modell, eine *Vorstellung* entwickeln können; 3) man braucht beim Verstehen allgemeine Konzepte und Begriffe, um zu *Begreifen*; 4) wir müssen Folgerichtigkeit, Reichweite und Grenzen unserer Interpretation selbstkritisch beurteilen und korrigieren lernen, das ist die *Metakognition*.

Diese drei didaktischen Zugriffe erfüllen die Standards der Wissenschaftlichkeit (im Sinne der „Anderen Bildung" von E. P. FISCHER) und sind deshalb auch wissenschaftspropädeutisch geboten.

Literatur

ANDEREGG, J. (1985): Sprache und Verwandlung. Zur literarischen Ästhetik. – Göttingen.
ATLAS DER GLOBALISIERUNG (2003): Hrsg. von Le Monde Diplomatique. – Berlin.
COLLMAR, N. (1996): Die Lehrkunst des Erzählens: Expression und Imagination. – In: FAUSER, P./ IRMERT-MÜLLER, G. (Hrsg.): Vorstellungen bilden. Zum Verhältnis von Imagination und Lernen. – Velber. 211-244.
FAUSER, P. (2002): Lernen als innere Wirklichkeit. Über Imagination, Lernen und Verstehen. – In: Neue Sammlung 42(2). – 39-68.
FISCHER, E. P. (2001[2]): Die andere Bildung. Was man von den Naturwissenschaften wissen sollte. – München.
GUMIN, H./ MEIER, H. (Hrsg.) (1998[4]): Einführung in den Konstruktivismus. – München, Zürich.
LANDESINSTITUT FÜR SCHULE UND WEITERBILDUNG (Hrsg.) (1995): Lehren und Lernen als konstruktive Tätigkeit. – Soest.
MADELUNG, E. (1996): Vorstellungen bilden. Beiträge zum imaginativen Lernen. – In: FAUSER, P./ IRMERT-MÜLLER, G. (Hrsg.): Vorstellungen bilden. Zum Verhältnis von Imagination und Lernen. – Velber. 177-191.
RAUTERBERG, H. (2002): Die Kunst im Chaos. – In: Die Zeit 15. – 35.
RHODE-JÜCHTERN, T. (2004): Narrative Geographie – Plot, Imagination und Konstitution von Wissen. – In: VIELHABER, C. (Hrsg.): Fachdidaktik: alternativ, innovativ. (= Materialien zur Didaktik der Geographie und Wirtschaftskunde, 17). – Wien. 48-61.
SCHNOTZ, W. (1998): Imagination beim Sprach- und Bildverstehen. – In: Neue Sammlung 38. – 141-154.
WELTBANK (Hrsg.) (2000): Globalisierung und Lokalisierung. Neue Wege im entwicklungspolitischen Denken. (= Weltentwicklungsbericht 1999/2000). – Frankfurt/Main.

Armin REMPFLER (Luzern)

Systemtheorie und Konstruktivismus im Geographieunterricht – Möglichkeiten und Grenzen

1 Begriffsklärung und kombinierte Anwendung der beiden Ansätze

Angesichts des Leitthemas der Tagung werden die beiden Begriffe anhand eines Unterrichtsbeispiels aus dem Alpenraum erläutert. Dort stehen konkrete Permafrostprobleme an, die einer Lösung harren. So drohen etwa dem Engadiner Dorf Pontresina (Kanton Graubünden) Murgänge durch die Val Giandains-Rinne. Die Steilhänge beiderseits der Rinne konnten zwar mit Lawinenverbauungen gesichert werden, aus bautechnischen Gründen aber nicht die Erosionsrinne selber. Im Kar oberhalb der Rinne befindet sich ein Blockgletscher, der bei einem weiteren Auftauen des Permafrosts Schutt in die Val Gaindains-Rinne liefert. Weil diese Schuttmassen dann über die Rinne direkt ins Dorf geleitet würden und somit Siedlungsteile zerstören könnten, ließ die Gemeinde am Siedlungsrand ein Auffangbecken bauen, das Murgänge bis 100.000 m^3 Schuttmasse aufzunehmen vermag. Eine völlig andere Permafrostproblematik weist der Gemsstock bei Andermatt (Kanton Uri) auf – ein auf 3.000 m ü. M. gelegener Berggipfel, auf dem man Setzungserscheinungen im Gestein beobachtete: Da die Bergstation talwärts zu kippen drohte, installierte man u. a. eine ca. einen Meter mächtige Betonplatte horizontal in den Berg hinein (KÖCK / REMPFLER 2003, 194ff).

Mit dieser knapp skizzierten Problemlage könnten Lernende auch im Geographieunterricht konfrontiert werden, wobei die Fallbeispiele etwas weiter auszuführen wären. Das Grundlagenwissen zum Phänomen Permafrost würde mit Hilfe von Arbeitsblättern erarbeitet und im Idealfall im Rahmen einer Exkursion angewandt. Wenn nun aber Lernen – im Sinne des Konstruktivismus – als ein Prozess der Wissenskonstruktion aufgefasst wird, bei dem Lernende auf der Basis ihres bereits verfügbaren Wissens selber neues Wissen generieren und nicht vorfabriziert und passiv übernehmen, so ist ein anderes Vorgehen zu wählen (vgl. HÄUSSLER et al. 1998, 170ff). Ausgangslage für ein konstruktivistisches Vorgehen – zumindest nach dem Unterrichtsmodell von LANDWEHR (1997^3), das sich an Erkenntnistheoretikern wie Holzkamp, Piaget und Popper anlehnt – ist die Bestimmung einer ‚erkenntnisleitenden Problemstellung'. Orientiert sich das Erkenntnisproblem an der Fachwissenschaft, so liegt es kaum im Erfahrungshorizont der Lernenden. In dem Fall müssen sie so an die Problemstellung herangeführt werden, dass sie die Relevanz des Problems erkennen und sich davon angesprochen fühlen. Weist die Problemstellung hingegen einen alltags- bzw. lebensweltlichen Bezug auf, so wird sie im optimalen Fall von den Lernenden selber erkannt und entsprechend mit höherer Motivation angegangen. So oder so besteht das Ziel des Unterrichts darin, die in der Problemstellung formulierten Probleme – zumindest hypothetisch – zu lösen.

Eine günstige Voraussetzung, um eine eigene Problemstellung anzugehen, bietet in der Schweiz das so genannte Ergänzungsfach, welches die Jugendlichen vor der Matur wählen können (vgl. REINFRIED 2000). Im vorliegenden Fall mussten sie innerhalb des Rahmenthemas ‚Die Alpen als Natur-, Lebens- und Wirtschaftsraum' eigenständig ein Unterthema nach bestimmten Vorgaben erarbeiten und präsentieren. Als Zeitgefäße dienten ein erster theoretischer Teil – mit sechs Blöcken à drei Lektionen – und ein zweiter praktischer Teil, der während fünf Tagen in Andermatt stattfand. Eine der acht Gruppen wählte – freiwillig – das Unterthema Permafrost.

Um die inhaltlich fundierte Bearbeitung der Unterthemen sicherzustellen, kann sich die Lehrperson des systemtheoretischen Ansatzes bedienen. Das bedeutet, dass sie einen erdräumlichen Sachverhalt als System betrachtet. KLUG / LANG (1983, 22) haben dies wie folgt charakterisiert: „Die wichtigste Eigenheit des Geosystems wie jedes Systems ist, dass es aus mehreren Elementen – Geoelementen – besteht, dass diese jedoch nicht in einem regellosen Verbund existieren, sondern in einer bestimmen Anordnung vernetzt sind. Jedes Geosystem ist folglich mehr als die Summe seiner Teile. Das ‚Mehr' ist die Organisation, das Netzwerk der Wechselwirkungen." Erfasst man demgemäß das räumliche Zueinander der beteiligten Geoelemente eines Systems, so wird dessen Struktur aufgedeckt. Zusätzlich muss man die Prozesse verstehen, welche die entsprechende Struktur hervorgebracht haben. Und je genauer die Wechselwirkungen zwischen den Geoelementen bekannt sind, desto besser ist das System als Ganzes verstanden und desto fundierter lassen sich daraus Prognosen und allenfalls notwendige Maßnahmen ableiten. In diesem Sinn übernimmt der Systemansatz gleichsam die Funktion eines Scheinwerfers, mit dem die Welt oder Ausschnitte davon tiefgründiger erfahren und interpretiert werden. Angewandt auf das Beispiel Permafrost bedeutet dies, dass die betreffende Lerngruppe das Phänomen im Gelände nur erkennen wird, wenn sie sich mit dessen räumlicher Struktur auseinandersetzt. Des Weiteren kommt sie nicht darum herum, die an der Permafrostbildung beteiligten Prozesse zu erarbeiten. Systemische Erkenntnis wird schließlich vorliegen, wenn die Lernenden in der Lage sind, aus den komplexen Interaktionen der Struktur- und Prozessgrößen ein übergeordnetes Gesamtgefüge zu bilden. Zudem wird sich die Frage aufdrängen, wie das System Permafrost auf aktuelle Einflüsse und zukünftige Veränderungen reagieren wird und welche Folgen dies mit sich bringt.

Bevor darauf eingegangen wird, wie diese systemtheoretisch fundierten Ziele zu erreichen sind, soll aufgezeigt werden, welches weitere Vorgehen die oben erwähnte ‚problemorientierte Arbeitsweise' nach Landwehr vorsieht: Ausgehend von der Problemstellung formuliert die Lerngruppe ‚subjektiv bedeutsame Leitfragen' (vgl. Tab. 1). Überprüft man diese Fragen auf ihre Systemorientierung hin, so wird deutlich, dass explizite Fragen zur Struktur des Permafrosts und zum Prozessgeschehen fehlen. Ein Betreuungsgespräch, das die ungefähr gewünschte Richtung des Erkenntnisprozesses sicherstellt, hätte zwar eine Korrektur ermöglicht. Sie wurde in diesem Fall aber nicht angewandt, weil die Struktur- und Prozessebene in der ersten, etwas vage formulierten Frage impliziert sein kann.

- Was genau ist Permafrost, und wo tritt er auf?
- Wie wirkt sich die Klimaerwärmung auf den Permafrost aus?
- Welche Gefahren können aus dem Permafrost entstehen?
- Ist mit volkswirtschaftlichen Schäden zu rechnen, die durch den Permafrost entstehen?
- Welche Schutzmaßnahmen werden gegen mögliche, durch den Permafrost verursachte Schäden getroffen?
- Gibt es konkrete Beispiele von Schäden, die durch Veränderungen im Permafrost entstanden sind?

Tab. 1: Subjektiv bedeutsame Leitfragen zum Unterthema Permafrost. (Quelle: KÖCK / REMPFLER 2003, 199)

Armin REMPFLER

In einem weiteren Schritt suchen die Lernenden nach Antworthypothesen und halten diese schriftlich fest. Nach dieser ‚Lösungssuche', bei der die Lerngruppe lediglich auf ihre subjektive Wissensbasis zurückgreift, folgt der zeitlich intensivste Teil, die ‚Lösungsevaluation': Indem das subjektive mit objektivem Wissen – durch die Auseinandersetzung mit diversen Medien – verglichen wird, können die Antworthypothesen verifiziert bzw. falsifiziert werden. Die Ergebnisse dieser Arbeitsschritte sind in einem schriftlichen Bericht festzuhalten und kurz zu präsentieren. Als Beispiel liegt das Inhaltsverzeichnis zum Permafrost-Bericht vor (vgl. Tab. 2).

1. Einführung
2. Fragestellungen
3. Unsere Hypothesen
4. Erarbeitung der Beantwortungsgrundlagen
    4.1 Permafrost: Charakteristik und Verbreitung
    4.2 Auswirkungen der Klimaerwärmung auf den Permafrost
    4.3 Mögliche Gefahren durch den Permafrost
        4.3.1 Permafrost als Baugrund
        4.3.2 Permafrost und Naturgefahren
    4.4 Schutzmaßnahmen gegen mögliche, durch Permafrost verursachte Schäden
        4.4.1 Früherkennung von Permafrost
        4.4.2 Baugrundabklärungen
        4.4.3 Bauliche Maßnahmen
    4.5 Der Gemsstock als konkretes Beispiel
        4.5.1 Die örtlichen Verhältnisse am Gemsstock
        4.5.2 Maßnahmen am Gemsstock
5. Verifizierung und/oder Falsifizierung der Hypothesen
6. Methodische Vorgehensweise vor Ort
    6.1 Permafrosterkennung
    6.2 Grundlagen der Permafrosterkennung
        6.2.1 Diverse Kriterien
        6.2.2 Blockgletscher
7. Quellen

Tab. 2: Inhaltsverzeichnis zum Permafrost-Bericht. (Quelle: KÖCK / REMPFLER 2003, 201)

Es lässt sich feststellen, dass Fragestellung, Hypothesen und ihre Verifizierung bzw. Falsifizierung explizit darzulegen sind. Aus Kap. 5 werden einige Ausschnitte genauer betrachtet (vgl. Tab. 3).

„Als wir den Auftrag bekamen, Hypothesen betreffend des Permafrosts aufzustellen, wussten wir zunächst nicht so recht was schreiben. Nach kurzer Überlegung begannen wir einfach mal damit, den Permafrost zu erklären. In unseren Erklärungen lagen wir nicht allzu schlecht, was die [...]

Mit den Maßnahmen, die wir aufgezählt haben, lagen wir erstaunlich nahe an der Realität. Jedoch haben wir [...]

Zum Schluss [...] möchten wir noch kurz anmerken, dass wir diese Methode, einen Bericht anzugehen, bisher nicht kannten, aber umso mehr positiv davon überrascht wurden. Wir finden es eine äußerst gute Art, eine solche Arbeit anzugehen, damit man einmal alles verschriftlichen und sich bewusst machen kann, was an Wissen schon vorhanden ist."

Tab. 3: Verifizierung und Falsifizierung von Antworthypothesen zum Unterthema Permafrost. (Quelle: KÖCK / REMPFLER 2003, 202, gekürzt)

Die kritische Gegenüberstellung von subjektiver Ausgangslage und erarbeitetem objektivem Wissen zwingt die Lerngruppe, sich nochmals über die wesentlichen neuen Erkenntnisse Rechenschaft abzulegen und diese auf den Punkt zu bringen. Von entscheidender Bedeutung ist hierbei die selbständig erarbeitete Einsicht, dass ursprüngliche Vorstellungen zum Teil einseitig, unpräzise formuliert oder gar falsch waren und entsprechend zu revidieren sind. Das Bewusstsein über den Erkenntniszuwachs, aber auch die Feststellung, vorher schon einiges gewusst zu haben, motiviert. Die einleitenden Bemerkungen zeigen aber auch, dass Lernende für derartige Arbeitsschritte einer Gewöhnungszeit bedürfen. Deren Nutzen ist bei manchen Lernenden nicht schon bei der ersten Anwendung einsichtig.

Untersucht man die Inhalte des Berichts (vgl. Tab. 2) auf ihre Systemorientierung hin, lässt sich feststellen, dass die Lerngruppe – vermutlich unbewusst und ‚aus der Sache heraus' – Prozesse vor allem in Kap. 4.1 und 4.5, Strukturen in Kap. 6.2 anspricht. Eine Möglichkeit, um den systemtheoretischen Ansatz noch stärker zu gewichten und auch den Lernenden bewusst zu machen, bietet sich beim vorliegenden Beispiel im Rahmen der ‚Sicherung und Weiterführung der gewonnenen Erkenntnisse'. Dieser Arbeitsschritt erfolgt primär durch den zweiten Teil der Veranstaltung, indem Erkundungen vor Ort, also in der Region Andermatt, eine erneute Überprüfung und weitere Differenzierung der Thesen ermöglichen. Weil sich aber die zusätzlichen Erkenntnisse auf den Einzelfall der gewählten Region beziehen, muss es gelingen, daraus auch allgemeingültige Gesetzmäßigkeiten abzuleiten. Gelänge dieser Schritt nicht, blieben die Erkenntnisse einzig an die betreffende Region gebunden. Der Verzicht auf den gedanklichen Transfer wäre aber aus lerntheoretischer wie lernökonomischer Perspektive nicht begründbar. Konkret geschieht der Transfer durch Modellbildung, indem die Lernenden – im anspruchsvolleren Fall – dazu angehalten werden, basierend auf ihren Untersuchungen selbst ein Modell zu entwickeln, oder indem sie mit einem bestehenden Modell konfrontiert werden (vgl. Abb. 1). Hierbei handelt es sich um ein Systemmodell in dem Sinne, dass die wesentlichen Geoelemente im ‚System Permafrost' und die dazwischen ablaufenden Prozesse und Relationen graphisch dargestellt sind. Mit Hilfe diverser Aufgaben dazu können die Lernenden ihre bisherigen Erkenntnisse einbringen und neue dazu gewinnen. Über die Ableitung inhaltsbezogener Gesetze hinaus eignet sich das Modell außerdem zur Erörterung systemischer Gesetzesaussagen, die für jedes räumliche System gelten.

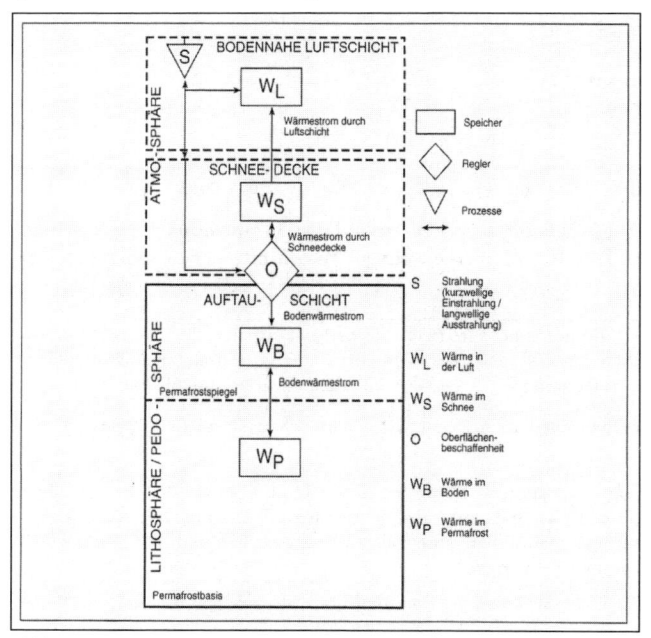

Abb. 1: Systemmodell Permafrost. (Quelle: KÖCK / REMPFLER 2003, 205)

Armin REMPFLER

Vorausgesetzt, dass die grundlegenden Wechselwirkungen im System Permafrost verstanden sind, fällt auch der letzte Schritt der problemorientierten Arbeitsweise, die ‚Anwendung der Erkenntnisse', leichter. Dabei steht die Frage im Zentrum, wie der alpine Permafrost mittel- und langfristig auf die globale Erwärmung reagieren wird, welches Gefährdungspotential damit verbunden ist und wie man damit umzugehen gedenkt. Angesichts der dominanten Verbreitung des Permafrosts in den Hohen Breiten drängt sich zudem die Frage auf, wie sich denn die globale Erwärmung dort auf den Dauerfrostboden auswirken wird. Aus Platzgründen werden diese Fragen hier aber nicht weiter erörtert.

2 Bedeutung der Ansätze für den Geographieunterricht und ihre Begründung

2.1 Systemansatz

Wie eingangs erwähnt, wurde unter Berücksichtigung des Leitthemas der Tagung der alpine Permafrost als Beispiel gewählt. Analog wurden auch die Themen ‚Stadtland USA' und ‚Plattentektonik des Oberrheingrabens' bearbeitet (KÖCK / REMPFLER 2003). Damit soll verdeutlicht werden: „Ob ein Stadtviertel, eine Stadt oder ein Städtesystem, ob ein Nebenfluss, ein Hauptfluss oder ein ganzes Flusssystem, ob eine geotektonische Kleineinheit in Gestalt eines Gebirgszuges oder Grabenbruchs, eine einzelne Erdplatte oder das gesamte Plattensystem, ob – als letztes Beispiel – ein Bezirk, ein Staat oder ein ganzes Staatensystem: Stets lässt sich das kleine Einmaleins der Systemtheorie [...] durchspielen. Das Systemparadigma ist also nicht an die Klasse der (geo)ökologischen bzw. umweltbezogenen Erdsachverhalte gebunden, sondern auf prinzipiell jede Raumsachverhaltsklasse und jeden individuellen Raumsachverhalt anwendbar" (KÖCK 1997, 138f).

Nun lässt sich einwenden, das sei ja noch kein Grund, erdräumliche Sachverhalte deshalb auch tatsächlich systemisch zu betrachten. Die Entscheidung hängt letztlich davon ab, wie tiefgründig deren Durchdringung geschehen soll. Der realen Komplexität räumlicher Phänomene kann weder die strukturelle noch die prozessuale Betrachtung allein gerecht werden. Denn innerhalb eines Raumsachverhalts und zwischen mehreren Raumsachverhalten finden zahlreiche Wechselwirkungen statt, die nicht linear-eindimensional verlaufen, sondern mehrseitig und rückgekoppelt. Somit erscheint die systemische Betrachtungsweise als die einzig angemessene, soll Geographieunterricht zu einem kompetenten, das heißt u. a. systemisch adäquaten Raumverhalten qualifizieren (KÖCK 1997).

In Bezug auf die Anwendbarkeit von Wissen liefert die Kognitionspsychologie weitere wichtige Argumente (ARBINGER 1998):

- Es ist davon auszugehen, dass die Übertragung von Wissen auf neue und komplexe Situationen nur dann gelingen kann, wenn auch der Erwerb von Wissen in authentischen und damit notwendigerweise komplexen Situationen stattgefunden hat. Nun eignet sich aber, wie oben gezeigt, der Systemansatz besonders für die Erarbeitung komplexer Problemstellungen mit einem hohen Grad an Authentizität.
- Hinzu kommt, dass der Systemansatz über die Inhalte hinaus auch formale Erkenntnisse und allgemeine Prozeduren vermittelt, die dem ‚strategischen Wissen' zuzuordnen sind. Da diese allgemeingültigen Strategien im Umgang mit Systemen nicht an einen bestimmten Realitätsbereich gebunden sind, lassen sie sich in ver-

schiedenen Situationen einsetzen. Voraussetzung ist allerdings, dass mehrere und unterschiedliche Kontexte für die Wissensanwendung geschaffen werden.

2.2 Konstruktivistischer Ansatz

Die grundlegende Bedeutung des Konstruktivismus für sämtliche Formen des Lernens führte dazu, dass dieser Ansatz in den letzten Jahren einige Schulfächer stark beeinflusste. Seine allgemeinen Merkmale und Vorteile gelten auch für den Geographieunterricht (LANDWEHR 1997[3]; HÄUSSLER et al. 1998):

- Unsere kognitiven Strukturen sind relativ veränderungsresistent. Sie passen sich neuem Wissen erst an durch die Auseinandersetzung mit ‚echten' Problemen, also kognitiven Konflikten, die einen betreffen und herausfordern. Je weiter deshalb ein Erkenntnisproblem von der Alltagswelt der Lernenden entfernt ist, desto mehr Zeit muss für die eigentliche Problemerkennung verwendet werden, damit der kognitive Konflikt überhaupt sichtbar wird.
- Der Konstruktivismus legt starken Wert auf den Einbezug vorunterrichtlicher Vorstellungen. Um dieses bereits vorhandene subjektive Wissen der Lernenden genügend zu gewichten, geht die Problemstellung im Idealfall von Fragen der Lernenden aus oder bezieht zumindest deren Fragen mit ein.
- Im konventionellen Unterricht werden mehrheitlich Informationen angeboten, welche die Unterrichtsteilnehmer passiv aufnehmen und anschließend, etwa im Rahmen einer Diskussion oder Anwendungsaufgabe, aktiv verarbeiten. Weil aber in diesem Fall das objektive Wissen dem subjektiven zeitlich vorausgeht, wird das subjektive Wissen der Lernenden kaum aktiviert und eine Integration der neuen Informationen in den subjektiven Erfahrungshorizont erschwert, wenn nicht gar verunmöglicht. Wird das subjektive Wissen nun aber frühzeitig aktiviert – schon durch die Fragestellung und erst recht durch die Hypothesenbildung –, so kann die während jeder Informationsaufnahme stattfindende Bewertung, Strukturierung und Selektion von Information viel effizienter ablaufen, indem das subjektive Wissen kontinuierlich dem neu dazukommenden objektiven Wissen angepasst wird.
- Die thematische Beschränkung auf ausgewählte Fragen birgt insofern eine methodische Hilfe, als die notwendige Recherche gezielter vorgenommen werden kann.
- Der Lerneffekt ist direkt mess- bzw. beobachtbar, indem zu einem späteren Zeitpunkt das ausgehende subjektive dem objektiven Wissen gegenübergestellt wird.
- Transferleistungen sind wichtig, um den möglichen Anwendungsbereich neu erarbeiteter kognitiver Strukturen auszuloten und das erworbene Wissen in verschiedenen Kontexten anzuwenden.

3 Entwicklungsperspektiven der beiden Ansätze

Aus Sicht des Verfassers gibt es zwei Ebenen – sei dies nun auf der Sekundarstufe I oder II –, auf denen sich die konkrete unterrichtliche Anwendung der beiden Ansätze anbietet: Zum einen in größeren Projekten – etwa im Rahmen eines Ergänzungsfachs, einer Studienwoche oder eines Leistungskurses –, in denen all die genannten Elemente bzw. Arbeitsschritte kombiniert werden. Angesichts des höheren Zeitaufwands und der intensiveren Beanspruchung der Lernenden im Vergleich zum Normalunterricht sind dafür größere zusammenhängende Zeitblöcke von Vorteil, aber nicht zwingend. Denkbar ist auch ein fächerübergreifendes Arbeiten. Bezüglich der Themenwahl gilt es zu beachten, dass sich nicht jeder beliebige Raumsachverhalt gleich gut für die systemtheoretische Betrachtung eignet. Soll es darum gehen, dass Lernende den Ansatz auch metatheoretisch reflektieren, so muss dies an besonders signifikanten Beispielen geschehen.

Zum anderen wird die Auffassung vertreten, dass ausgewählte Elemente der beiden Ansätze auch im konventionellen Unterricht zu berücksichtigen sind, auch wenn dieser stärker durch 1-Lektionen-Rhythmus und Lehrplan eingeengt ist. Bezogen auf den Systemansatz bedeutet dies, dass Lehrpersonen die Inhalte viel gezielter auf ihre Struktur-, Prozess- und Systemdimension hin überprüfen müssen. Wenn sie sich der Dimensionen bewusst sind, können sie diese auch präziser herausarbeiten – etwa im Rahmen von Lernzielen – und damit manchen inhaltlichen Ballast abwerfen. Zum konstruktivistischen Ansatz sei auf LABUDDE (2000) verwiesen, der zwölf Elemente nennt, die unseren Unterricht durchdringen sollten (vgl. Tab. 4). Dabei unterscheidet er zwischen individueller, inhaltlicher, sozial-kommunikativer und unterrichtsmethodischer Dimension. Hervorzuheben sind bereits erwähnte Elemente wie ‚Integration des Vorverständnisses', ‚aktives Lernen', ‚lebensweltlicher Bezug' und ‚authentische, offene Probleme'. Beachtenswert ist auch die an dritter Stelle genannte Dimension, die verdeutlicht, dass der Konstruktivismus dem gemeinsamen Lernen einen hohen Stellenwert beimisst.

Individuelle Dimension
• Integration des Vorverständnisses
• Selbstverantwortung der Lernenden
• Zeit und Umgebung für aktives Lernen
Inhaltliche Dimension
• Lebensweltlicher Bezug
• Authentische, offene Probleme
• Exemplarisches Prinzip
Sozial-kommunikative Dimension
• Kommunikation und Disput
• Sich komplementär ergänzende Sozialformen
• Zusammenarbeit der Lernenden
Unterrichtsmethodische Dimension
• Repertoire von Unterrichtsmethoden
• Rollen der Lehrperson
• Projektartiger Unterricht

Tab. 4: Konstruktivistische Elemente im Unterricht. (Quelle: LABUDDE 2000)

Über die unterrichtspraktischen Ebenen hinaus kommt der curricularen Einbettung der beiden Ansätze eine große Bedeutung zu. Dies scheint unabdingbar, weil beide erkenntnistheoretisch untermauert sind und auch noch überzeugen, wenn man sie aus schulpraktischer und allenfalls individueller lernbiographischer Sicht betrachtet. Denn Systemansatz und konstruktivistischer Ansatz bauen Schlüsselqualifikationen auf, die weit über das Fach hinaus einen Nutzen erbringen. Abgesehen davon lassen sich mit deren Hilfe aus dem Wust neuer geographischer Erkenntnisse unterrichtsrelevante Inhalte transparent auswählen. Allerdings führt das konsequente Arbeiten mit diesen Ansätzen auch zwingend zu einer Reduktion der Inhalte, die aber durch mehr Qualität im Sinne von größerer Nachhaltigkeit wettgemacht werden dürfte.

Schließlich muss es der Geographiedidaktik gelingen, das methodische Repertoire zur Erarbeitung und Darstellung systemischer Zusammenhänge zu erweitern, natürlich unter Berücksichtigung konstruktivistischer Elemente. Es mangelt an Anregungen und Hilfestellungen, wie Lernende selber erarbeitete Strukturen, Prozesse und Wechselwirkungen kommunizieren können. Teilweise müsste es gelingen, die Position der Beobachterperson, der Gruppe, der Gesellschaft mit einzubeziehen und allenfalls sogar geschlechterspezifische Unterschiede zu berücksichtigen. Anregungen sind diesbezüglich auch von der systemisch-konstruktivistischen Pädagogik und Psychologie zu erhoffen (vgl. z. B. REICH 2002^4). Bedarf herrscht zudem an materiellen und nicht zuletzt an virtuellen Modellen, Experimenten und Spielen, die ein ‚forschendes Lernen' zulassen und zu systemtheoretischen Erkenntnissen führen. Angesichts der EDV-technischen Möglichkeiten darf man diesen Entwicklungsperspektiven optimistisch entgegensehen.

Literatur

ARBINGER, R. (1998): Komplexität bei der Entwicklung und dem Aufbau von Wissensstrukturen. – In: Geographie und Schule 20/116. – 25-32.
HÄUSSLER, P. et al. (1998): Naturwissenschaftsdidaktische Forschung – Perspektiven für die Unterrichtspraxis. – Kiel.
KLUG, H. / LANG, R. (1983): Einführung in die Geosystemlehre. – Darmstadt.
KÖCK, H. (1997): Der systemtheoretische Ansatz im Geographieunterricht. – In: CONVEY, A. / NOLZEN, H. (Hrsg.): Geographie und Erziehung. (= Münchner Studien zur Didaktik der Geographie, 10). – München. 137-146.
KÖCK, H. / REMPFLER, A. (2003): Erkenntnisleitende Ansätze in Geographie und Geographieunterricht. Von der Grundlegung zur Anwendung. – Köln.
LABUDDE, P. (2000): Konstruktivismus im Physikunterricht der Sekundarstufe II. – Bern.
LANDWEHR, N. (1997^3): Neue Wege der Wissensvermittlung. – Aarau.
REICH, K. (2002^4): Systemisch-konstruktivistische Pädagogik. – Neuwied, Kriftel.
REINFRIED, S. (2000): Geographieunterricht in Schweizer Gymnasien nach der Maturitätsreform – eine Analyse der neuen Geographielehrpläne. – In: Geographica Helvetica 55. – 204-217.

Eberhard **KROSS** (Bochum)

Globales Lernen – eine neue Perspektive für den Geographieunterricht

1 Globalisierung als Anlass für Globales Lernen

Das Phänomen der Globalisierung wird inzwischen seit rund zehn Jahren immer stärker diskutiert, wie die sprunghaft angestiegenen Veröffentlichungen zeigen. Vorläufer finden sich in der entwicklungspolitischen Diskussion um die Dependenztheorie und in der umweltpolitischen Diskussion um die Grenzen des Wachstums. Da ich mich seit 1991 mit den didaktischen Konsequenzen dieser Entwicklung befasse (KROSS 1991), scheue ich davor zurück, von einer völlig neuen Perspektive zu sprechen. Da es aber nie schadet, wenn wichtige Dinge wiederholt werden, freue ich mich, dass ich meine Vorstellungen weiter präzisieren und in die aktuelle Diskussion einordnen kann.

In den ersten Darstellungen des Globalisierungsprozesses wurden einzelne Prozesse von exemplarischer Bedeutung thematisiert, so der „Global Shift" von Dicken oder die „Global City" von Sassen. Darauf folgten Versuche, diese Prozesse zu verallgemeinern und besser zu strukturieren. In diesem Sinne unterscheiden JOHNSTON / TAYLOR / WATTS (2002^2) in ihrem Sammelband globale wirtschaftliche, politische, soziale, kulturelle und ökologische Veränderungen. Auf einer noch höheren Abstraktionsebene, die bereits durch didaktisches Streben nach Strukturklarheit bestimmt ist, bündelt FUCHS (1998) die Globalisierungseffekte nach vier Dimensionen und spricht von der vernetzten Welt für Kommunikation und Verkehr, dem Weltbinnenmarkt für wirtschaftliche Aktivitäten, der Welt als globalem Dorf für kulturelles Zusammenwachsen und der Welt als Risikogemeinschaft für ökologische Gefährdungen.

Der Globalisierungsprozess beeinflusst die unterschiedlichsten Entwicklungen. Die dabei beobachtbaren Vernetzungen haben nicht nur eine räumlich-topographische, sondern auch eine thematische Dimension, indem ganz verschiedene Bereiche unseres Lebens betroffen sein können: Was in der Ferne passiert, hat Auswirkungen auf mich. Wie ich mich (in Verbindung mit anderen) verhalte, hat Bedeutung selbst an entlegenen Orten der Erde. Was als wirtschaftliche Maßnahme gedacht war, betrifft die Politik gleichermaßen wie die Umwelt. Globalisierung ist also ein Prozess, der nicht nur weltweit wirksam ist, sondern der sehr verschiedene Lebensbereiche und Lebensräume miteinander verbindet und deshalb nur ganzheitlich betrachtet werden kann.

Unterricht über Globalisierung oder Globalisierungsprozesse ist jedoch noch kein Globales Lernen. Es ist zunächst einmal ein Unterricht über ein neues Thema, so wie früher Entwicklung in der Dritten Welt oder Ökologie zu neuen Unterrichtsthemen geworden sind. Globales Lernen ist vielmehr als Antwort der Schule auf den Globalisierungsprozess und dessen Folgen für das Leben unserer Schüler zu verstehen. Damit sind drei Herausforderungen für die Didaktik umrissen.

- Wenn der Prozess für gegenwärtige Lebensbedingungen bestimmend geworden ist und weiter an Bedeutung zunehmen wird, dann müssen wir unsere Schüler angemessen auf diese Situation vorbereiten.

- Zu dieser angemessenen Vorbereitung gehört nicht nur neues – also zusätzliches – Wissen. Vielmehr werden wir auch bisheriges Wissen umstrukturieren müssen und – um Schüler handlungsfähig zu machen – über die bloße Wissensinformation hinausgehen und der Werteerziehung sowie dem Alltagshandeln einen zentraleren Platz einräumen müssen.
- Wir sollten uns bewusst sein, dass der Globalisierungsprozess so komplex und kompliziert ist, dass man nicht mit herkömmlichen schulischen Mitteln darauf reagieren kann, sondern dass er möglicherweise Veränderungen im ganzen Schulsystem nach sich ziehen wird.

Nach einer weitgehend akzeptierten Definition, die vom Schweizer Forum *Schule für eine Welt* entwickelt wurde, ist Globales Lernen „die Vermittlung einer globalen Weltsicht und die Hinführung zum persönlichen Urteilen und Handeln in globaler Perspektive auf allen Stufen der Bildungsarbeit. Die Fähigkeit, Sachlagen und Probleme in einem weltweiten und ganzheitlichen Zusammenhang zu sehen, bezieht sich nicht auf einzelne Themenbereiche. Sie ist vielmehr eine Perspektive des Denkens, Urteilens, Fühlens und Handelns, eine Beschreibung wichtiger sozialer Fähigkeiten für die Zukunft" (FORUM SCHULE FÜR EINE WELT 1996, 19). Das ist ein hoher Anspruch. Die Frage stellt sich, wie er konkret eingelöst werden kann. Dafür müssen wir die Kernprobleme des Globalisierungsprozesses analysieren.

2   Kernprobleme als Herausforderungen für Globales Lernen

Betrachten wir zunächst zwei Entwicklungen, die schon lange bekannt sind, aber unter dem Einfluss der Globalisierung ihre Brisanz erst jetzt ganz zeigen: das Bevölkerungswachstum und das Wohlstandswachstum – oder in journalistischer Sprache Bevölkerungsexplosion und Wohlstandsexplosion. Der Weltbank-Vizepräsident RISCHARD (2003) hat sie jüngst noch einmal betont.

Heute leben auf der Erde etwa 6,5 Mrd. Menschen. 2050 sollen es nach seriösen und sehr stabilen Prognosen der UNO etwa 8,9 Mrd. sein. Die Menschheit hat auf ihrem Weg dorthin also erst zwei Drittel zurückgelegt. Bis unsere Kinder in Rente gehen, werden wir in Dörfern und Städten, in Schulen und Krankenhäusern, auf den Strassen und in Urlaubsorten für drei Milliarden Menschen zusätzlichen Lebensraum schaffen müssen. Drei Milliarden Menschen mehr wollen ernährt und gekleidet werden, sie verbrauchen Wasser und verschmutzen es, sie suchen Arbeitsplätze und schaffen zusätzlichen Verkehr. Was bedeutet das etwa für ein Land wie Äthiopien, wo jetzt schon extreme Armut herrscht? Dort leben heute 65 Mio. Menschen, 2050 sollen es 170 Mio. sein. Im Bergland sind überall Zeichen von verheerender Bodenerosion und im Tiefland von Wüstenbildung zu beobachten. Wohin also mit den zusätzlichen Menschen? In die Städte – vielleicht ins Ausland? Was wird in Äthiopien passieren, wenn der Bau von Schulen nicht nachkommt, wenn die Bildung unzureichend bleibt, wenn aus Armut keine Geburtenkontrolle greift?

Wie viele Menschen kann die Erde tragen bzw. ertragen? Diese Frage nach der Tragfähigkeit der Erde ist eine alte geographische Frage, die von Penck einmal zu einem geographischen Hauptproblem erklärt worden war (KROSS 1996). Da viele ältere Prognosen längst vom Bevölkerungswachstum übertroffen worden sind, wird diese Frage so auch nicht mehr gestellt. Die bloße Menschenzahl auf dem Globus ist weitgehend unerheblich geworden. Viel mehr hängt davon ab, wie viel Rohstoffe die Menschen verbrauchen und was sie mit den dabei entstehenden Emissionen machen. Die Tragfähigkeit berechnet sich mit Hilfe der einfachen Formel IPAT (*Impact, Population, Affluence, Technology*) Umweltbelastung = Produkt aus Bevölkerung, Wohlstand und Technologie.

Damit sind wir beim Wohlstandswachstum. Seit der Industriellen Revolution haben wir eine ungeheure Vermehrung unseres Wohlstands erlebt, so dass wir analog zur Bevölkerungsexplosion von einer Wohlstandsexplosion sprechen können. Aber unser Wohlstandsniveau für alle Menschen auf der Erde – das wird nicht funktionieren. Ein Deutscher verbrauchte beispielsweise 1998 soviel Energie wie 13 Inder, ein US-Amerikaner sogar wie 25 Inder. Rein rechnerisch geht also von der „Bevölkerungsexplosion" eine geringere Gefahr aus als von der „Wohlstandsexplosion".

Aus dem Bevölkerungs- und Wirtschaftswachstum ergeben sich zwei Konsequenzen: die Gefährdung der Umwelt und die Gefährdung des sozialen Friedens – jeweils in globaler Dimension betrachtet. Die Gefährdung der Umwelt zeigt angesichts der sehr konträren Lebensbedingungen auf dem Globus markante Unterschiede. In den Wohlstandsländern ist die Entsorgung von Emissionen des hohen Konsumniveaus das brennende Problem, in den Armutsländern demgegenüber die rigorose Nutzung der Ressourcen, um das Überleben zu sichern oder den bescheidenen Wohlstand zu mehren. Dabei werden in den Industrieländern technische Einsparungen weitgehend durch gestiegenen Konsum aufgewogen, und in den Entwicklungsländern nimmt das Wohlstandswachstum zunächst in absoluten Zahlen zu. Leidtragende dieser Entwicklungen sind besonders die Allerärmsten, weil sie ihr Überleben nur durch Raubbau an der Natur sowie durch Selbstausbeutung sicherstellen können.

Die Gefährdung des sozialen Friedens ergibt sich durch die Auflösung traditioneller Strukturen in den Ländern der Dritten Welt im Zuge des Modernisierungsprozesses. Die Labilität der Gesellschaftssysteme korrespondiert dabei mit einer Labilität der Ökosysteme. Gesellschaften sind nicht mehr in der Lage, mit traditionellen Verhaltensweisen die Bedrohungen durch Katastrophen aufzufangen und beginnen zu zerfallen. Es kommt zu Konflikten und zur Verdrängung von Bevölkerungsteilen, wobei die Grenze zwischen Umweltflüchtlingen und Wirtschaftsmigranten schwer zu ziehen ist. Eine wesentlich größere Dimension liegt vor, wenn ganze Kulturen sich gegen die vom Westen ausgehenden Globalisierungstendenzen auflehnen – nicht zuletzt aufgrund ausgebliebener Wachstumsversprechungen – und im Fundamentalismus ihr Heil suchen. HUNTINGTON (1996) befürchtet gar einen „Kampf der Kulturen".

Der Zusammenhang dieser vier Faktoren – der beiden Wachstumsprozesse und der beiden Gefährdungen – lässt sich in einem Magischen Viereck (Abb. 1) darstellen. Ähnlich wie beim Magischen Viereck der volkswirtschaftlichen Stabilität, bei dem Wirtschaftswachstum, Geldwertstabilität, Vollbeschäftigung und ausgeglichene Zahlungsbilanz in einem Abhängigkeitsverhältnis gesehen werden, sind die vier Faktoren miteinander verzahnt und beeinflussen sich gegenseitig. Es fällt schwer, sie vernünftig auszutarieren – vor allem wenn man sie im Rahmen des Globalisierungsprozesses betrachtet. Die Gegenüberstellung von Bevölkerungswachstum und Wohlstandswachstum bringt den Zusammenhang zwischen Dritter und Erster Welt in den Blick, die Gegenüberstellung von Sicherung der Umwelt und sozialem Frieden öffnet den Blick für die Zielsetzungen der nachhaltigen Entwicklung.

Magisches Viereck

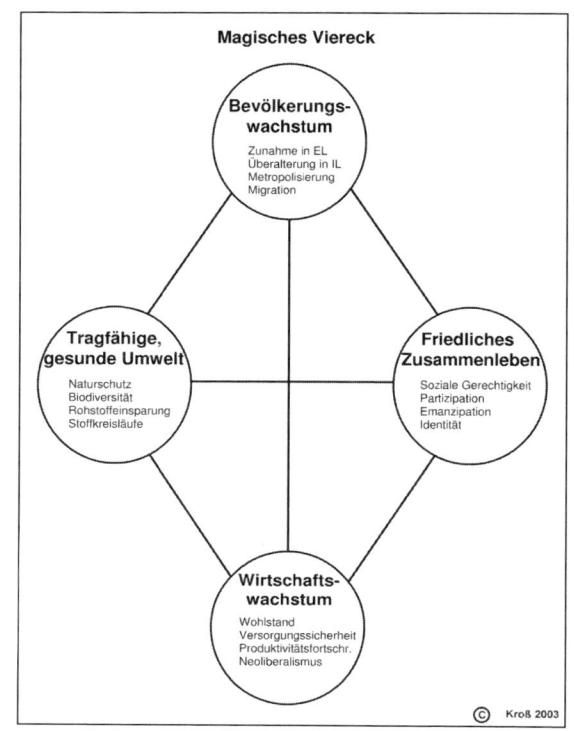

- Bevölkerungswachstum
  - Zunahme in EL
  - Überalterung in IL
  - Metropolisierung
  - Migration
- Tragfähige, gesunde Umwelt
  - Naturschutz
  - Biodiversität
  - Rohstoffeinsparung
  - Stoffkreisläufe
- Friedliches Zusammenleben
  - Soziale Gerechtigkeit
  - Partizipation
  - Emanzipation
  - Identität
- Wirtschaftswachstum
  - Wohlstand
  - Versorgungssicherheit
  - Produktivitätsfortschr.
  - Neoliberalismus

© Kroß 2003

Abb. 1: Magisches Viereck der globalen Kernprobleme

Auf Gandhi wird die Vorstellung zurückgeführt, dass nicht nur Reichtum, sondern noch stärker Armut die Ursache für Umweltzerstörungen ist. Diese Vorstellung ist seit dem Brundtland-Bericht (WELTKOMMISSION FÜR UMWELT UND ENTWICKLUNG 1987) auch für uns zentral. Sie ist 1992 durch die Konferenz von Rio zu einem umwelt- und entwicklungspolitischen Dogma geworden, das weltweit akzeptiert wird, auch wenn der Begriff der Nachhaltigkeit recht unterschiedlich interpretiert werden kann. Dafür steht das sogenannte Dreieck der Nachhaltigkeit (vgl. u. a. ENGELHARD 2000, 40). Von HAAN / HARENBERG (1999) wird es zu einem generellen Bezugssystem schulischer Bildung gemacht.

Die Affinität zwischen dem Nachhaltigkeitsdreieck und meinem Viereck ist groß, wenn man bedenkt, dass Nachhaltigkeit auch für die Zukunft gilt und damit das Bevölkerungswachstum – wenn auch nicht so explizit – einbezieht. Deshalb dürften die Faktoren des Magischen Vierecks helfen, in die interne geographiedidaktische Diskussion größere Klarheit zu bringen.

3 Wege zum Globalen Lernen im Geographieunterricht

Die Geographiedidaktik ist seit jeher bemüht, ein zeitgemäßes Weltverständnis zu fördern. Selbst im alten länderkundlichen Unterricht ging es letztlich darum, ein „geographisches und zugleich politisches Weltbild" zu vermitteln (KNÜBEL 1970). Diese Formulierung spricht die zwei bis heute gültigen Dimensionen des Weltbilds an – die topographische und die inhaltliche.

Bei der Strukturierung der topographischen Dimension hat der Geographieunterricht zwar eine Monopolstellung. Dennoch bereitet uns dieser Lernbereich genug Probleme – sowohl hinsichtlich der Anforderungen im einzelnen wie der jahrgangsmäßigen Strukturierung. Inzwischen hat KIRCHBERG (1980) überzeugend herausgearbeitet, dass der topographische Lernbereich auf drei Säulen ruht: Basiswissen, Orientierungsraster und Fertigkeiten. Ich bin der Meinung, dass er in Hinblick auf den Globalisierungsprozess um eine vierte Säule ergänzt werden muss, die sich mit unseren Weltbildern und unserer Weltwahrnehmung befasst (KROSS 1995).

Eberhard KROSS

Globales Lernen: Erziehung zur nachhaltigen Entwicklung

Arrow 1 (Unterricht über Eine Welt):
- 1955 Bandung-Konferenz der Blockfreien
- 1960 Rostow: Wirtschaftl. Entwicklung
- 1961 Allianz für den Fortschritt
- 1969 Frank: Kapitalismus und Unterentwicklung
- 1973 Zusammenbruch des Bretton-Woods-Systems
- 1974 UNESCO Empfehlung „Internationale Verständigung"
- 1976 Schmitt: Soziale Erziehung
- 1976 ILO: Grundbedürfnisse
- 1982 Mexico-Schock: Schuldenkrise/Washington Konsens: „Strukturanpassung"
- 1987 KMK: Dritte Welt im Unterricht
- 1989 H. Haubrich: Internationale Erziehung
- 1989 Fall der Mauer
- 1996 KMK-Empfehlung: Interkulturelle Bildung
- 1997 KMK-Empfehlung: „Eine Welt/Dritte Welt"

Phasen: Unterricht über Entwicklungsländer → Unterricht über Entwicklungshilfe → Entwicklungspolitischer Unterricht → Unterricht über Eine Welt

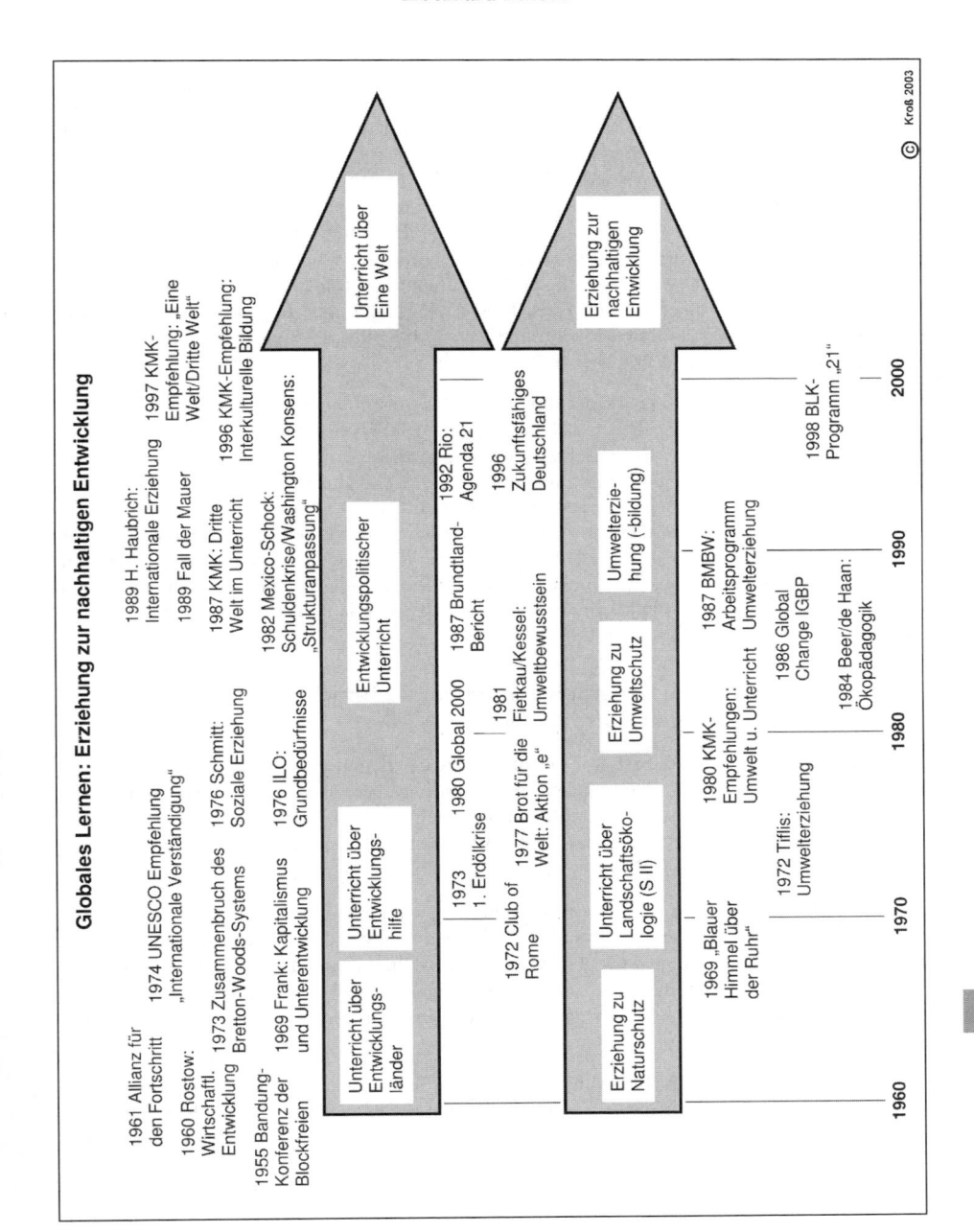

Arrow 2 (Erziehung zur nachhaltigen Entwicklung):
- 1969 „Blauer Himmel über der Ruhr"
- 1972 Club of Rome
- 1972 Tiflis: Umwelterziehung
- 1973 1. Erdölkrise
- 1977 Brot für die Welt: Aktion „e"
- 1980 Global 2000
- 1980 KMK-Empfehlungen: Umwelt u. Unterricht
- 1981 Fietkau/Kessel: Umweltbewusstsein
- 1984 Beer/de Haan: Ökopädagogik
- 1986 Global Change IGBP
- 1987 Brundtland-Bericht
- 1987 BMBW: Arbeitsprogramm Umwelterziehung
- 1992 Rio: Agenda 21
- 1996 Zukunftsfähiges Deutschland
- 1998 BLK-Programm „21"

Phasen: Erziehung zu Naturschutz → Unterricht über Landschaftsökologie (S II) → Erziehung zu Umweltschutz → Umwelterziehung (-bildung) → Erziehung zur nachhaltigen Entwicklung

Zeitachse: 1960 – 1970 – 1980 – 1990 – 2000

© Kroß 2003

Abb. 2: Globales Lernen: Erziehung zur nachhaltigen Entwicklung. (Entwurf: E. Kross)

Hinsichtlich der inhaltlichen Dimensionen sind die Probleme noch größer. Die Richtung bei der Herausbildung eines neuen zeitgemäßen Weltbilds lässt sich aber gut an den veränderten Zielen, Inhalten und Methoden des Geographieunterrichts im Bereich des entwicklungspolitischen Lernens sowie des umweltpolitischen Lernens verfolgen (Abb. 2). Während der entwicklungspolitische Unterricht im Laufe der letzten 40 Jahre von einem Unterricht über Entwicklungsländer hin zu einem Unterricht über die Eine Welt geführt hat, lässt sich beim umweltpolitischen Lernen eine Veränderung von der Erziehung zum Naturschutz über die Erziehung zum Umweltschutz bis hin zu einer Erziehung zur nachhaltigen Entwicklung verfolgen (ENGELHARD 2000; HOFFMANN 2002). Zunehmend trat in beiden Fällen der Inhalt hinter der Methode zurück, um den Einsichten auch Handlungen folgen zu lassen. Die Bewusstseinsbildung wurde zu einem zentrierenden Konzept, das Umweltwissen, Umwelteinstellungen und Umwelthandeln miteinander verknüpft.

Leider fällt es noch schwer, beide Stränge nahtlos so miteinander zu verschmelzen, dass die Erziehung zur nachhaltigen Entwicklung zu einem wirklichen Oberbegriff für die grundlegende Zielsetzung unseres Unterrichts werden kann. Eine differenzierte Analyse der Pfeildarstellungen kann aber zeigen, dass zunehmend identische Impulse das entwicklungspolitische und das umweltpolitische Lernen geprägt haben. Das ist insofern nicht verwunderlich, als die Schule als gesellschaftliche Institution natürlich Impulse der allgemeinen Diskussion aufgreift und sich ihnen stellt. Das gleiche gilt für die Wissenschaft. Auch in der Geographie gibt es wissenschaftstheoretische Überlegungen, die den Paradigmenwechsel von einer funktionalistischen Geographie hin zu einer eher holistisch ausgerichteten postmodernen Geographie konstatieren (BLOTEVOGEL 1998).

4 Globales Lernen im Geographieunterricht als Erziehung zu einer nachhaltigen Entwicklung

Damit ist die Bühne hergerichtet, auf der die neuen Überlegungen zum Globalen Lernen im Geographieunterricht ihren Platz finden. Sie haben naturgemäß auch die Diskussion innerhalb der Erziehungswissenschaften zu berücksichtigen, die Globales Lernen als ein interdisziplinäres, integratives Lernen begreifen. Eine Vorstellung davon liefert die Konzeption des Globalen Lernens von SEITZ (2000).

Bei der Entwicklung neuer Lehrpläne bedienten wir uns bisher gern der Strukturgitter, etwa in Nordrhein-Westfalen. Für das Globale Lernen reichen solche zweidimensionalen Modelle nicht mehr aus. Deshalb stelle ich ein vierdimensionales Modell in Würfelform vor. Der Würfel zwingt uns noch stärker, die für einen globalen Unterricht wichtigen Faktoren in ihrer Verflechtung zu sehen (Abb. 3). Er geht auf eine Anregung von SCHEUNPFLUG / SCHRÖCK (2002²) zurück.

Mit der *Raumdimension* dürften wir die wenigsten Schwierigkeiten haben, sowohl was die Maßstabsebene von individuell bis global wie die Anforderungsebene hinsichtlich räumlicher Aspekte wie Raumausstattung, Raumverflechtung, Raumbelastung und Raumgestaltung sowie Raumorientierung und Raumwahrnehmung betrifft. Von besonderer Bedeutung für das Globale Lernen sind dabei die Verflechtungen zwischen entfernten Räumen, die Wirkung globaler Einflüsse im lokalen Umfeld und die Auswirkungen lokalen Handelns in entfernten Regionen. Im entwicklungspolitischen Lernen ist dafür der Verflechtungsansatz aus der Bielefelder Schule übernommen worden.

Eberhard KROSS

Eine quasi gegenläufige Blickrichtung von hier nach außen impliziert das Konzept des Umweltraums. Es wurde in der Wuppertaler Studie über das zukunftsfähige Deutschland entwickelt (BUND / MISEREOR 1996). Der Umweltraum ist die Raumeinheit, die einem Menschen zur Verfügung steht, um seine Lebensbedürfnisse zu befriedigen und die dabei entstehenden Abfallprodukte zu entsorgen.

Mit der *Zeitdimension* haben wir Geographen uns weniger explizit befasst. Wir greifen dabei auf genetische und prognostische Methoden zurück. Allerdings werden wir gewarnt. Schon der erste Bericht des *Club of Rome* weist darauf hin, dass wir Menschen uns vor allem um die Dinge kümmern, die in unserem persönlichen unmittelbaren Umfeld passieren (MEADOWS et al. 1972, 13). Für das Globale Lernen aber ist gerade die Einbeziehung ferner Räume und Zeiten unabdingbar. Die Kluft zwischen dem „hier und dort" und dem „jetzt und später" zu überbrücken, ist *die* didaktische Herausforderung. Hierfür steht das bekannte Motto „Global denken – lokal handeln". Dieser globale Blick sollte sowohl zeitlich wie räumlich schrittweise eingeübt werden (KIRCHBERG 2002).

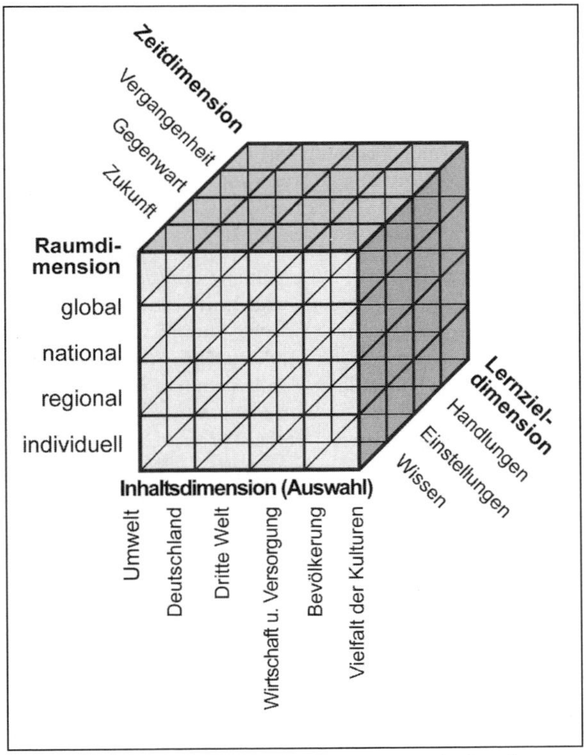

Abb. 3: Dimensionen Globalen Lernens. (Entwurf: E. Kross, in Anlehnung an SCHEUNPFLUG / SCHRÖCK 2002[2])

Damit sind wir bei den *Lernzieldimensionen*. Auch im Globalen Lernen werden wir den Schwerpunkt des Unterrichts auf die Aufklärung legen müssen und damit zunächst einmal rein kognitive Ziele ansteuern. CAPRA (1990) hat mit seinem „Netz der Weltprobleme", das wesentliche Zusammenhänge zwischen den Bereichen darstellt und damit Systeme und Subsysteme identifiziert, darauf hingewiesen, dass das globale Denken ein vernetztes Denken sein muss. Der Syndrom-Ansatz, der zunächst vom Wissenschaftlichen Beirat der Bundesregierung „Globale Umweltveränderungen" als Forschungsinstrument entwickelt worden ist, bietet sich dafür als Unterrichtskonzept an (HAAN / HARENBERG 1999).

Nun weisen die Forschungen zum Umweltbewusstsein darauf hin, dass Wissen zwar eine Bedingung für Handeln darstellt, aber keineswegs ein bestimmtes Handeln zur Folge haben muss (KÖCK 2003). Über die bloße Wissensvermittlung hinaus sind Einstellungen und Handlungsoptionen einzubeziehen. Das sollte nicht als Indoktrination missverstanden werden, zumal eine erfolgreiche Gesundheits-, Verkehrs- oder Demokratieerziehung ohne wert- und handlungsbezogene Zielsetzungen auch nicht funktioniert. Es geht also darum, Gestaltungsmöglichkeiten für eine nachhaltige Entwicklung auszuprobieren und möglichst auch einzuüben. So zeigen sich überall hoffnungsvolle Ansätze, dass die Schule auf dem Weg zu einer Lernwerkstatt ist, jedoch ohne den alten Auftrag als Lehranstalt aufzugeben. TERHART (2002) hat überzeugend darauf hingewiesen, dass Schule heute beides zugleich sein muss.

Zum Schluss bleibt der Blick auf die *Inhaltsdimension*, für die das Magische Viereck gute Anknüpfungspunkte bietet. Zunächst ist es wichtig, die innovativen Themen für eine Erziehung zu nachhaltiger Entwicklung deutlich auszuflaggen. So bietet sich in Hinblick auf das Bevölkerungswachstum und dessen Konsequenzen das Migrationsthema an (KROSS 1998). Darüber hinaus müssen sich die etablierten Themen verändern. Wir sollten beispielsweise die USA nicht mehr im Sinne der Stadienlehre von Rostow als Endgesellschaft begreifen, die Modellcharakter für uns besitzt, sondern in Hinblick auf Energie-, Umwelt- und Ressourcenverbrauch durchaus kritisch bewerten. Bei jedem Thema ist also die Forderung nach sozialer und ökologischer Nachhaltigkeit zu beachten.

Viele didaktische Umsetzungen betonen bislang die „Grenzen des Wachstums" und dramatisieren die Bedrohung durch Globalisierungsprozesse. Dabei müssen wir davon ausgehen, dass unsere Jugend die Globalisierung ganz anders wahrnimmt als wir Älteren und sie mit all den Chancen und Freiheiten lebt. Allerdings fühlt sie sich auch durch Arbeitslosigkeit, Terroranschläge, Umweltzerstörung oder Zuwanderung bedroht. Die vielfältigen und teilweise verborgenen Zusammenhänge zwischen den Licht- und Schattenseiten der Globalisierung gilt es deshalb behutsam aufzuzeigen.

Da Globalisierung kein auf ein bestimmtes Ziel hinsteuernder Prozess ist, ist er der bewussten Auseinandersetzung und Einflussnahme zugänglich. Unsere Schüler sind nicht bloß Betroffene, sondern auch Akteure. Sie müssen sich ihrer Gestaltungsmacht bewusst werden, die durch wissenschaftlich fundierte Informationsvermittlung, durch öffentlichkeitswirksame Proteste und nicht zuletzt durch verantwortungsbewusstes Konsumverhalten Einfluss ausüben können. Gerade die Tatsache, dass wir noch nicht um alle Details der Wirkungen und Rückkoppelungen unseres Verhaltens wissen, sollte Ansporn sein, den Ehrgeiz, die Kreativität und die Innovationskraft unserer Schüler zu mobilisieren, damit sie ihre Zukunft selbstbewusst gestalten können. Dafür bietet sich die Trias „Besser – anders – weniger" an (LOSKE 1996). Besonders vor dem Weniger haben wir Angst, weil es zu sehr nach Verzicht klingt. Doch wäre nicht auch in naher Zukunft ein grundlegender Paradigmenwechsel denkbar? So wie sich die Ideen der Gleichheit oder des Nationalen historisch entwickelt haben, könnte ja die Idee der Umweltgerechtigkeit bald allgemein anerkannt werden. Die schulischen Lernprozesse werden in dieser Richtung durch gesellschaftliche Lernprozesse verstärkt, die mit den sich häufenden Naturkatastrophen einhergehen.

Wie sollte das *Leitbild* aussehen, das das Verhältnis des Menschen zu seiner Mitwelt, Umwelt und Nachwelt beschreibt? In einem aktuellen englischen Schulbuch sind vier unterschiedliche Möglichkeiten anschaulich dargestellt worden: der Mensch als Weltenherrscher, der Mensch als Opfer, der Mensch als Geißel oder der Mensch als Partner (WIDDOWSON / SMITH / KNILL 2001, xi). Ich habe mich in diesem Sinne sehr prononciert zu dem Leitbild „Bewahrung der Erde" bekannt. Andere sprechen von „umweltbewusstem Raumverhalten"

Eberhard KROSS

(KÖCK 2000) oder von „Global Citizenship" (OXFAM 2003). Das Ziel ist jeweils klar: Es geht um eine Erziehung zu einer nachhaltigen Entwicklung. Und der Weg dorthin führt über das Globale Lernen. Mit anderen Worten: Der künftige Geographieunterricht sollte Globales Lernen nicht als eine Aufgabe neben vielen anderen behandeln, sondern sich in curricularem Sinne als Globales Lernen verstehen. Deshalb möchte ich mein Vortragsthema korrigieren und als Aufforderung formulieren: „Globales Lernen – *die* Perspektive für den Geographieunterricht".

Literatur

BLOTEVOGEL, H. H. (1998): Geographische Erzählungen zwischen Moderne und Postmoderne. – In: BLOTEVOGEL, H. H. / OSSENBRÜGGE, J. / WOOD, G. (Hrsg.): Lokal verankert – weltweit vernetzt. (= Deutscher Geographentag, Tagungsbericht und wissenschaftliche Abhandlungen). – Stuttgart. 465-478.
BUND / MISEREOR (Hrsg.) (1996): Zukunftsfähiges Deutschland. Ein Beitrag zu einer global nachhaltigen Entwicklung. – Basel et al.
CAPRA, F. (1990): Das Netz der Weltprobleme. – In: Natur 1. – 36-37.
ENGELHARD, K. (2000): Welt im Wandel. (= Informationen zur Meinungsbildung, A 6). – Grevenbroich.
FORUM *SCHULE FÜR EINE WELT* (1996): Globales Lernen. Anstöße für Bildung in einer vernetzten Welt. – Jona.
FUCHS, G. (1998): Globalisierung – (mehr als) Wirtschaft ohne Grenzen. – In: Praxis Geographie 28(7/8). – 4-10.
HAAN, G. de / HARENBERG, D. (1999): Bildung für eine nachhaltige Entwicklung. (= BLK-Reihe Materialien zur Bildungsplanung und zur Forschungsförderung, 72). – Bonn.
HOFFMANN, R. (2002): Umweltbildung im Geographieunterricht: Von Umwelterziehung zu Bildung für nachhaltige Entwicklung. – In: Geographie und ihre Didaktik 30(4). – 173-188.
HUNTINGTON, S. P. (1996): Kampf der Kulturen. – München, Wien.
JOHNSTON, R. J. / TAYLOR, P. J. / WATTS, M. J. (eds.) (2002²): Geographies of Global Change. – Oxford.
KIRCHBERG, G. (1980): Topographie als Gegenstand und Ziel geographischen Unterrichts. – In: Praxis Geographie 10(8). – 322-329 und 367.
KIRCHBERG, G. (2002): Weltorientierung durch Fachunterricht. – In: Pädagogik 54(4). – 10-14.
KNÜBEL, H. (1970): Zum Lernziel des Erdkundeunterrichts. – In: Geographische Rundschau 22(8). – 331.
KÖCK, H. (2000): Warum umweltbewusstes Raumverhalten so schwer fällt – und wie der Geographieunterricht dem gegensteuern könnte. – In: SCHALLHORN, E. (Hrsg.): Didaktik und Schule. – Bretten. 64-97.
KÖCK, H. (2003): Dilemmata der (geographischen) Umwelterziehung. – In: Geographie und ihre Didaktik 31(1 und 2). – 28-43 und 61-79.
KROSS, E. (1991): „Global denken – lokal handeln". Eine zentrale Aufgabe des Geographieunterrichts. – In: Geographie heute 12(93). – 40-45.
KROSS, E. (1995): Global lernen. – In: Geographie heute 16(134). – 4-9.
KROSS, E. (1996): Tragfähigkeit – Zukunftsfähigkeit. – In: Geographie heute 17(146). – 4-9.
KROSS, E. (1998): Migration als Unterrichtsthema: Genese – Intentionen – Modelle. – In: RINSCHEDE, G. / GAREIS, J. (Hrsg.): Global denken – Lokal handeln: Geographieunterricht! Bd. 2. (= Regensburger Beiträge zur Didaktik der Geographie, 5). – Regensburg. 145-152.
LOSKE, R. (1996): Besser – Anders – Weniger. Zukunftsfähige Entwicklung braucht Leitorientierungen. – In: Geographie heute 17(146). – 10-11.

MEADOWS, D. et al. (1972): Die Grenzen des Wachstums. Bericht des Club of Rome zur Lage der Menschheit. – Stuttgart.
OXFAM (ed.) (2003): The Challenge of Globalization. A handbook for teachers of 11-16 year olds. – Oxford.
RISCHARD, J. F. (2003): Countdown für eine bessere Welt. – München.
SCHEUNPFLUG, A. / SCHRÖCK, N. (2002²): Globales Lernen. – Stuttgart.
SEITZ, K. (2000): Bildung in weltbürgerlicher Absicht: Umrisse einer pädagogischen Konzeption „Globalen Lernens". – In: FÜHRING, G. / BURDORF-SCHULZ, J. (Hrsg.): Globales Lernen und Schulentwicklung. (= Materialien und Berichte des Comenius-Instituts, 16). – Münster. 17-25.
TERHART, E. (2002): Schule heute: Lehranstalt *und* Lernwerkstatt. – In: Geographie heute 23(200). – 38-41.
WELTKOMMISSION FÜR UMWELT UND ENTWICKLUNG (1987): Unsere gemeinsame Zukunft. – Greven.
WIDDOWSON, J. / SMITH, J. / KNILL, R. (2001): GCSE Geography in Focus. – London.